6वाँ संस्करण

माजिद हुसैन

भारत एवं विश्व का भूगोल

सिविल सेवा प्रारंभिक और मुख्य परीक्षा हेतु

संपादित
तसव्वुर हुसैन ज़ैदी

McGraw Hill Education (India) Private Limited

Published by McGraw Hill Education (India) Private Limited
Registered Office: Anjana Complex No: 5/90A, Butt Road, St. Thomas Mount, Chennai-600016

Bharat Evam Vishva Ka Bhugol, 6e

1 2 3 4 5 6 7 8 9 D102542 26 25 24 23 22

Printed and bound in India

Print Edition:
ISBN (13) : 978-93-5532-241-8
ISBN (10) : 93-5532-241-0

e-Book Edition:
ISBN (13): 978-93-5532-242-5
ISBN (10): 93-5532-242-9

Typeset at Bharati Composers, 159-A, Pkt-D-6, Sector-6, Rohini, Delhi-85 and printed at
Rajkamal Electric Press, Plot No. 2, Phase-IV, Kundli, Haryana.

Cover Designer: Kapil Gupta

Cover Image Source: Shutterstock

Visit us at: www.mheducation.co.in

Write to us at: info.india@mheducation.com

CIN: U80302TN2010PTC111532

Toll Free Number: 1800 103 5875

निवेदन

जालसाज़ी का विरोध करें और सफलता के लिए एक मजबूत आधार तैयार करें।

पुस्तकें हमारी सबसे अच्छी दोस्त होती हैं, यही वह कहावत है जिसे सुन कर हम सब बड़े हुए हैं हालांकि पायरेसी के चोर लगातार 'हमारे सबसे अच्छे दोस्त' के साथ जालसाज़ी कर रहे हैं। हमारी सभी पुस्तकों और उनसे संबंधित ऑनलाइन पूरक संसाधनों का कॉपीराइट हमारे पास सुरक्षित हैं, और हम किसी को भी इन्हें कॉपी करने का कोई अधिकार नहीं देते हैं, पायरेसी पुस्तकों की चोरी करने जैसा है। ज्ञान वास्तविकता से आता है, आइए इस जालसाज़ी को हतोत्साहित करें। इसलिए, हम अपने सभी पाठकों से पायरेटेड पुस्तकों को रोकने और प्रमाणिक पुस्तकों को **चुनने का निवेदन करते हैं।**

पायरेटेड पुस्तकों की पहचान कैसे करें?

1 पुस्तक का ट्रांसपेरेंसी कोड

आप बधाई के पात्र हैं! आपने जो पुस्तक खरीदी है, वह ट्रांसपेरेंसी के द्वारा सुरक्षित है। अमेज़न द्वारा ट्रांसपेरेंसी एक इकाई-स्तरीय उत्पाद क्रमवार सेवा है जो एक ईकाई की प्रमाणिकता की पुष्टि करती है और आपको खरीदे गए उत्पाद के बारे में समग्र जानकारी प्राप्त करने में सक्षम बनाती है। कृपया पुस्तक के पिछले कवर पर ट्रांसपेरेंसी लोगो और कोड देखें (ट्रांसपेरेंसी बारकोड एक चौकोर कोड है जो "T" प्रतीक के बगल में पाया जाता है)। पुस्तक की प्रमाणिकता सत्यापित करने के लिए आप ट्रांसपेरेंसी ऐप के साथ बारकोड को स्कैन कर सकते हैं। बस App Store या Google Play से ट्रांसपेरेंसी ऐप डाउनलोड करें और ऐप के साथ बारकोड को स्कैन करें। पुस्तक के प्रमाणिक होने के रूप में सत्यापित होने पर ऐप एक हरे रंग का चेकमार्क दिखाएगा।

2 कवर और स्पाइन

- देखें और महसूस करें (नई या इस्तेमाल की गई पुस्तक)
- कवर पर धुंधली तस्वीरें
- सामने चिपकाया गया होलोग्राम
- खराब स्पाइन (सिकुड़न) या इसके निचले भाग पर एयर पॉकेट
- अस्पष्ट ISBN/बार कोड
- पूरक ऑनलाइन या ई-लर्निंग सामग्री के लिए मिटा हुआ/गैर-कार्यात्मक एक्सेस कोड

3 टेक्स्ट/प्रिंटिंग/बाइंडिंग

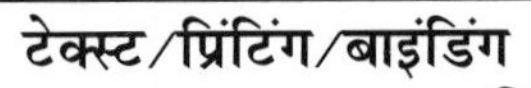

- पृष्ठों की असमान स्याही
- खराब गुणवत्ता या धुंधली तस्वीरें/छवियां/चार्ट
- निम्न स्तरीय गुणवत्ता और अपारदर्शिता
- गलत संरेखण वाले पृष्ठ
- पृष्ठों का गायब होना
- निम्न स्तरीय जिल्द गुणवत्ता

आप इस वीडियो पर जाकर देख सकते हैं कि पायरेटेड पुस्तक की पहचान कैसे करें।

पायरेसी की पहचान करने के बारे में अधिक जानकारी के लिए, https://www.mheducation.co.in/piracy पर जाएं। पायरेटेड पुस्तक की रिपोर्ट करने के लिए, बैक कवर पर दिए गए व्हाट्सएप कोड पर 'Hi' भेजे या हमें support.india@mheducation.com पर लिखें।

रिपोर्ट की गई पायरेटेड पुस्तकों की जांच उनकी चोरी से निपटने के लिए की जाती है।

आइए पायरेसी के चोरों से लड़ें और असली पुस्तक का इस्तेमाल करने का संकल्प करें!

लेखक के विषय में

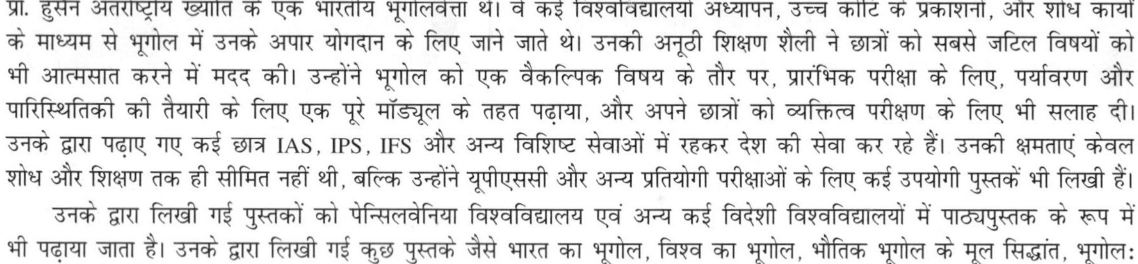

प्रो. माजिद हुसैन का जन्म 2 जुलाई 1938 को ग्राम बनहेरा टांडा, जिला हरिद्वार में हुआ था। उन्होंने अपनी प्रारंभिक शिक्षा नेहरू इंटर कॉलेज, मंगलौर जिला हरिद्वार, उत्तराखंड से पूरी की। अलीगढ़ मुस्लिम विश्वविद्यालय, अलीगढ़ से उन्होंने भूगोल में एमए (गोल्ड मेडलिस्ट), एलएलबी और भूगोल में पीएच.डी. की डिग्री प्राप्त की थी। स्वानसी विश्वविद्यालय (वेल्स) और स्कूल ऑफ ओरिएंटल एंड अफ्रीकन स्टडीज, लंदन से भी उन्होंने उच्च शिक्षा प्राप्त की।

प्रो. हुसैन जामिया मिलिया इस्लामिया, नई दिल्ली के भूगोल विभाग के अध्यक्ष रहे और 2003 में प्रोफेसर के पद से सेवानिवृत्त हुए थे। भूगोल में कठिन अवधारणाओं को स्पष्ट और सरल बनाने की उत्कृष्ट क्षमता रखने के कारण उन्होंने चार दर्जन से अधिक पुस्तकों का लेखन और संपादन किया। प्रो. हुसैन अंतर्राष्ट्रीय ख्याति के एक भारतीय भूगोलवेत्ता थे। वे कई विश्वविद्यालयों अध्यापन, उच्च कोटि के प्रकाशनों, और शोध कार्यों के माध्यम से भूगोल में उनके अपार योगदान के लिए जाने जाते थे। उनकी अनूठी शिक्षण शैली ने छात्रों को सबसे जटिल विषयों को भी आत्मसात करने में मदद की। उन्होंने भूगोल को एक वैकल्पिक विषय के तौर पर, प्रारंभिक परीक्षा के लिए, पर्यावरण और पारिस्थितिकी की तैयारी के लिए एक पूरे मॉड्यूल के तहत पढ़ाया, और अपने छात्रों को व्यक्तित्व परीक्षण के लिए भी सलाह दी। उनके द्वारा पढ़ाए गए कई छात्र IAS, IPS, IFS और अन्य विशिष्ट सेवाओं में रहकर देश की सेवा कर रहे हैं। उनकी क्षमताएं केवल शोध और शिक्षण तक ही सीमित नहीं थी, बल्कि उन्होंने यूपीएससी और अन्य प्रतियोगी परीक्षाओं के लिए कई उपयोगी पुस्तकें भी लिखी हैं।

उनके द्वारा लिखी गई पुस्तकों को पेन्सिलवेनिया विश्वविद्यालय एवं अन्य कई विदेशी विश्वविद्यालयों में पाठ्यपुस्तक के रूप में भी पढ़ाया जाता है। उनके द्वारा लिखी गई कुछ पुस्तके जैसे भारत का भूगोल, विश्व का भूगोल, भौतिक भूगोल के मूल सिद्धांत, भूगोल: 3000 नियम और अवधारणाएँ, भारत और विश्व भूगोल, पर्यावरण और पारिस्थितिकी - जैव विविधता, जलवायु परिवर्तन और आपदा प्रबंधन, मानव भूगोल, भौगोलिक विचारधारा का विकास, जनसंख्या भूगोल (मानव भूगोल में परिप्रेक्ष्य), भूगोल में मॉडल, व्यवस्थित कृषि भूगोल, जैव-भूगोल (भौतिक भूगोल के परिप्रेक्ष्य में) भारत में सबसे अधिक बिकने वाली पुस्तकों में शामिल हैं।

उन्होंने जिन शिक्षा संस्थानों की सेवाएं दी उनमें जामिया मिलिया इस्लामिया, नई दिल्ली, नॉर्थ ईस्ट हिल यूनिवर्सिटी, शिलांग; और कश्मीर विश्वविद्यालय, श्रीनगर शामिल हैं। अपने 43 वर्षों के लंबे सेवाकाल में वह कई अन्य पदों पर भी आसीन रहे हैं जिनमें पूर्व-अध्यक्ष इंडियन नेशनल कार्टोग्राफिक एसोसिएशन, पूर्व-उपाध्यक्ष-इंटरनेशनल एसोसिएशन ऑफ लैंडस्केप इकोलॉजी (दो कार्यकाल) आदि शामिल है।

प्रो. माजिद हुसैन भारत में भूगोल के सबसे वरिष्ठ संकायों में से एक थे, जिन्हें भूगोल के क्षेत्र में उनके अमूल्य शोध के लिए कई पुरस्कारों और विशिष्टताओं से भी सम्मानित किया गया था।

उन्हें 1997 में अमेरिकन बायोग्राफिकल सोसाइटी द्वारा "मैन ऑफ द ईयर अवार्ड" से सम्मानित किया गया था।

दिल्ली सरकार ने उन्हें 1997 में "सर्वश्रेष्ठ भूगोल शिक्षक" अवार्ड दिया था। उन्हें 2008 में "भूगोल भूषण पुरस्कार" और 2011 में "शिक्षा रत्न पुरस्कार" डेक्कन जियोग्राफिकल सोसाइटी इंडिया द्वारा दिया गया था।

प्रो. माजिद हुसैन को भारत के एक प्रतिष्ठित शिक्षाविद के रूप में हमेशा याद किया जाएगा।

संपादक के बारे में

डॉ तसव्वुर हुसैन ज़ैदी, जामिया मिलिया इस्लामिया, नई दिल्ली में भूगोल और आपदा प्रबंधन पढ़ाते हैं। डॉ ज़ैदी ने भूगोल में स्नातकोत्तर डिग्री, रिमोट सेंसिंग और जीआईएस अनुप्रयोगों में उन्नत डिप्लोमा, और भूगोल में डॉक्टरेट की डिग्री भी इसी विश्वविद्यालय से पूरी की है। उनकी अनुसंधान रुचि मुख्य रूप से भौगोलिक जटिलताओं, घटनाओं और प्रक्रियाओं को आपदा प्रबंधन और सतत विकास के परिप्रेक्ष्य में समझने और सहसंबंधित करने में हैं। वह आपदा/जोखिम प्रबंधन, पर्यावरण प्रबंधन और वैश्विक स्थिरता को भौगोलिक अध्ययन का सबसे उचित लक्ष्य मानते हैं। इन्होंने पर्यावरण विकास, आर्थिक विकास और कृषि स्थिरता के मुद्दों पर कई शोध पत्र प्रकाशित किए हैं। उनके मोनोग्राफ, The 2010 Pakistan Floods: Environmental and Economic Impact, को शिक्षाविदों, योजनाकारों और नीति निर्माताओं ने बहुत सराहा है।

मेरी बहन

स्वर्गीय सईदा बानो को समर्पित

छठे संस्करण का प्राक्कथन

विशेष रूप से भारतीय प्रशासनिक सेवाओं (आईएएस) और राज्य सेवाओं की तैयारी करने वाले अपने समर्पित पाठकों के सामने 'भारत और विश्व का भूगोल' के उन्नत और अद्यतन संस्करण को प्रस्तुत करते हुए हमें खुशी हो रही है। 2011 में अपने पहले प्रकाशन के बाद से यह पाठय-पुस्तक तेजी से लोकप्रिय हो रही है। आईएएस के उम्मीदवारों, भूगोल के स्नातकोत्तर छात्रों और भारत और विदेशों के कई विश्वविद्यालयों के संकाय सदस्यों से कई प्रशंसा पत्र प्राप्त हुए हैं। कुछ रचनात्मक सुझाव भी प्राप्त हुए हैं जिनका उपयोग पुस्तक को और भी अधिक प्रासंगिक, उपयोगी और अद्यतन बनाने के लिए किया गया है।

वर्तमान खंड भारत और विश्व के भौतिक और सांस्कृतिक भूगोल के बारे में त्वरित एवं आकर्षक जानकारियां प्रदान करता है। सरल शैली में लिखी गयी इस पुस्तक में स्पष्टता और संक्षिप्तता के सिद्धांतों को बनाए रखा गया है। नए संस्करण में अद्यतन जानकारी और बिग बैंग थ्योरी जैसे कई नए विषय शामिल हैं; इसके अलावा आकाशगंगाओं के प्रकार; क्रायोस्फीयर; भारत का अंतरिक्ष कार्यक्रम; मानव भूगोल, भू-आकृति विज्ञान, जलवायु विज्ञान, समुद्र विज्ञान और जीवन की अवधारणाओं का परिचय; डेल्टा गठन के बारे में विस्तृत जानकारी; भूकंप छाया क्षेत्र; ज्वालामुखी विस्फोटक सूचकांक VEI की शुरूआत, ज्वालामुखी हॉटस्पॉट जैसे विषयों को भी शामिल किया गया है।

तापमान वितरण और बादलों की विशेषताओं का वर्णन, समुद्री क्षेत्रों का परिचय; महासागर और जलवायु परिवर्तन; समुद्र की लहरें; पारिस्थितिकी और जीवन का संगठन; आर्द्रभूमि; जानवरों और पौधों का वर्गीकरण भी इस संस्करण का भाग हैं। अधिक तुलनात्मक विश्लेषण और मानसिक-दर्शन के लिए सभी महाद्वीपों के नए मानचित्र शामिल किए गए हैं। आर्थिक, जनसांख्यिकीय और कृषि के बारे में अद्यतन आँकड़े प्रदान किए गए हैं। COVID-19 समस्याओं और वैश्विक स्तर पर और भारत में समाज पर इसके प्रभाव के बारे में हालिया घटनाक्रम को वर्तमान संस्करण में शामिल किया गया है। जटिल प्राकृतिक प्रक्रियाओं की अधिक स्पष्टता के लिए कई नए आरेख भी शामिल किए गए हैं। यह आशा की जाती है कि यह पुस्तक न केवल वैकल्पिक भूगोल के छात्रों के लिए बल्कि उनके लिए भी बहुत मददगार होगी जो यूपीएससी और राज्य सेवा परीक्षाओं के सामान्य अध्ययन (प्रारंभिक और मुख्य) के लिए विश्वसनीय सामग्री खोज रहे हैं।

मैं मैकग्रा हिल विशेष रूप से सुश्री ज्योति नागपाल (पोर्टफोलियो मैनेजर), मौसमी मुखर्जी (कंटेंट डेवलपर), और धर्मेंद्र शर्मा (अस्सिटेंट मैनेजर प्रोडक्शन सर्विसेज) का उनके समर्पण और प्रतिबद्धता के लिए ऋणी हूं, जिन्होंने कम समय में सावधानीपूर्वक पुस्तक का निर्माण करने में सहायता की है।

मैं अपने सभी शिक्षकों, मित्रों को उनके प्रोत्साहन के लिए धन्यवाद देता हूं। मेरी पत्नी के लिए भी धन्यवाद, जो शक्ति के एक बारहमासी स्रोत के रूप में बनी रहीं। मैं अपनी बेटी डॉ. शगुफ्ता बानो हुसैन, मेरे बेटे इंजी. जावेद आलम और इंजी. मंसूर माजिद, मेरे दामाद स्वर्गीय इंजी. अब्दुल रहमान महदी असद, बहू शाहिदा नाज और सैफी जका, मेरी भतीजी सुश्री उजमा एहतेशम और मेरे पोते (कैप्टन माजिद अब्दुल रहमान, मदीहा जावेद, जिब्रान मंसूर, रशद अब्दुल रहमान, फरीहा जावेद, अरीब मंसूर, हिबा-अब्दुल रहमान और उजैर आलम) का तहे दिल से शुक्रिया अदा करता हूं। जिन्होंने इस पुस्तक को पूरा करने के लिए एक सुखद और अनुकूल वातावरण प्रदान किया। भगवान उन सबका भला करे।

लेखक **- माजिद हुसैन**

संपादक **- तसव्वुर हुसैन जैदी**

प्रथम संस्करण का प्राक्कथन

संघ लोक सेवा आयोग ने 2011 से सिविल सेवा की प्रारम्भिक परीक्षा के प्रारूप में परिवर्तन कर दिया है। प्रारम्भिक परीक्षा में अब दो अनिवार्य प्रश्न-पत्र सम्मिलित होंगे, जिनके प्रत्येक के 200 अंक होंगे। प्रश्नपत्र-I में समसामयिक घटनाएं, भारत का इतिहास, भारत एवं विश्व का भूगोल (भारत एवं विश्व का भौतिक, आर्थिक भूगोल), भारतीय राजव्यवस्था एवं शासन, आर्थिक एवं सामाजिक विकास तथा पर्यावरण एवं पारिस्थितिकी।

प्रश्नपत्र-II अभियोग्यता परीक्षण पर आधारित होगा, जिसमें अभ्यर्थी की अवबोध क्षमता, निर्णयन एवं सामान्य मानसिक योग्यता का परीक्षण किया जाएगा।

प्रारम्भिक परीक्षा के संशोधित प्रारूप में, भारत एवं विश्व का भूगोल, जनांकिकी, पर्यावरण एवं पारिस्थितिकी को विशेष महत्व दिया गया है। प्रस्तुत पुस्तक सिविल सेवा (संघ लोक सेवा आयोग) की प्रारम्भिक परीक्षा में स्वयंमेव संलग्न अभ्यर्थियों को तैयारी हेतु त्वरित सहायता प्रदान करती है। इसका उद्देश्य अभ्यर्थियों को भौतिक एवं आर्थिक भूगोल की अवधारणाओं की जानकारी देना तथा भूगोल, जनांकिकी, पर्यावरण एवं पारिस्थितिकी से सम्बन्धित मुद्दों के तर्कपूर्ण अवबोध एवं जटिल परीक्षणों से परिचित कराना है।

यह पुस्तक 13 अध्यायों में विभाजित की गई है-(1) ब्रह्माण्ड एवं सौरमण्डल, (2) विश्व भू-आकृति विज्ञान, (3) जलवायु विज्ञान, (4) समुद्र विज्ञान, (5) जैव भूगोल, (6) विश्व के महाद्वीपों तथा देशों से संबन्धित तथ्य, (7) आर्थिक भूगोल, (8) कृषि, (9) मानव भूगोल, (10) भारत: भौतिक पर्यावरण एवं विकास, (11) भारत की जनसंख्या, (12) भारतीय की सामाजिक एवं आर्थिक समस्याएं तथा; (13) भारतीय राज्य और संघशासित क्षेत्र

सरल एवं स्पष्ट भाषा शैली में लिखित एवं लगभग 400 मानचित्रों एवं रेखाचित्रों से सुसज्जित यह पुस्तक न केवल विभिन्न लोक सेवा परीक्षाओं के अभ्यर्थियों की गहन अध्ययन में सहायक होगी अपितु भूगोल विषय में रुचि रखने वाले पाठकों के लिए भी उपयोगी सिद्ध होगी। इसके अतिरिक्त यह अधिकाधिक सीखने का स्रोत भी सिद्ध होगी।

लेखक उन समस्त लेखकों का सहृदय धन्यवाद करता है जिनके कार्यों की सहायता एवं संदर्भ इस पुस्तक में लिए गए हैं। लेखक डॉ. रमेश सिंह (निदेशक, सिविल्स इण्डिया) तथा उनके सहयोगियों ऋतुराज सिंह, आशीष के. वशिष्ठ और उनके स्टाफ का उनके अंप्रतिम सहायोग एवं उपयोगी सुझावों हेतु आभार व्यक्त करता हैं। इस पुस्तक के यथासमय प्रकाशन करने हेतु लेखक मैक्ग्रॉ-हिल एजुकेशन के दक्ष कार्मिकों को विशेष रूप से धन्यवाद प्रेषित करता है।

पुस्तक लेखन के दौरान घर एवं कार्यालय में अनुकूल वातावरण का होना अत्यावश्यक है। लेखक अपने घर के सदस्यों, सहयोगियों एवं मित्रों के प्रति विशेष धन्यवाद व्यक्त करता है। लेखक जावेद आलम, डॉ. एस. बी. हुसैन, मंसूर माजिद, ए. आर. मेहदी, शाहिदा नाज, सैफी जाका, माजिद ए. रहमान, मदीहा, जिबरान, राशिद फरीहा, अरीब, हिबा एवं उजैर का आभार प्रकट करना चाहता है, जिन्होंने पुस्तक लेखन के दौरान शांत वातावरण बनाए रखा। ईश्वर इन सभी का भला करे।

माजिद हुसैन

भाग-I
विश्व का भूगोल (World's Geography)

अध्याय-3 जलवायु विज्ञान (Climatology) **I.3.1 – I.3.65**

अध्याय-4 समुद्र विज्ञान (Oceanography) **I.4.1 – I.4.25**

अध्याय-5 जैवभूगोल (Biogeography) **I.5.1 – I.5.24**

अध्याय-6 विश्व के महाद्वीपों तथा देशों से संबंधित तथ्य (Facts about the World Continents and Countries) **I.6.1 – I.6.85**

भाग–II

भारत का भूगोल (India's Geography)

भाग–I

विश्व का भूगोल (WORLD'S GEOGRAPHY)

- ब्रह्माण्ड एवं सौरमण्डल (The Universe and the Solar System)
- विश्व का भू–आकृति विज्ञान (Geomorphology)
- जलवायु विज्ञान (Climatology)
- सागरीय विज्ञान (Oceanography)
- जैविक भूगोल (Biogeography)
- विश्व महाद्वीपों तथा देशों से संबंधित तथ्य (Facts about the World/Continents/Countries)
- विश्व आर्थिक भूगोल (World Economic Geography)
- कृषि (Agriculture)
- मानव भूगोल (Human Geography)

1 अध्याय
ब्रह्माण्ड एवं सौरमण्डल (The Universe and the Solar System)

ब्रह्माण्ड (The Universe)

ब्रह्माण्ड आकार में इतना बड़ा है जिसकी कल्पना नहीं की जा सकती है। ब्रह्माण्ड में सूक्ष्म कणों से लेकर बड़ी से बड़ी मंदाकिनियाँ सम्मिलित हैं। किसी को पता नहीं है कि ब्रह्माण्ड का आकार कितना बड़ा है परन्तु खगोल विद्वानों के अनुसार ब्रह्माण्ड में 100 अरब (100 billion) मंदाकिनियाँ हैं और प्रत्येक मंदाकिनी में औसतन 100 अरब सितारे (Stars) हैं। **(Fig. 1.1)**

विकासवादी सिद्धान्त के अनुसार, ब्रह्माण्ड में मंदाकिनियों का वितरण प्रत्येक दिशा में लगभग समान दूरी पर है। इसी कारण किसी पर्यवेक्षक (Observer) को किसी भी मंदाकिनी से ब्रह्माण्ड की रचना (Composition) समरूप दिखाई देती है।

सैद्धांतिक भौतिकी द्वारा प्रस्तुत साक्ष्यों और खगोलविदों द्वारा टिप्पणियों के अनुसार, ब्रह्मांड का जन्म लगभग 13.8 बिलियन साल पहले एक अकल्पनीय रूप से गर्म, घने बिंदु जिसे एक विलक्षणता कहा जाता है के महाविस्फोट से हुआ था। ब्रह्मांड की उत्पत्ति की इस व्याख्या को महाविस्फोट सिद्धान्त अथवा बिग बैंग थ्योरी के नाम से भी जाना जाता है। इस सिद्धांत के अनुसार ब्रह्मांड में वर्तमान और भूतकाल के सभी पदार्थ एक ही समय में अस्तित्व में आए। ब्रह्मांड अपने जन्म के बाद से एक अविश्वसनीय दर से विस्तार कर रहा है जिसे प्रसरण के रूप में जाना जाता है। इस प्रक्रिया में अंतरिक्ष प्रकाश की गति की तुलना में अधिक तेजी से फैला है। ब्रह्मांड का विस्तार अंतरिक्ष में नहीं हुआ, क्योंकि ब्रह्मांड से पहले अंतरिक्ष का अस्तित्व ही नहीं था। महाविस्फोट के साथ स्थान की भी उत्पत्ति हुई और ब्रह्मांड के प्रसरण के कारण वहाँ पदार्थ भी पहुँचता रहा है। जैसे जैसे- अंतरिक्ष का विस्तार हुआ, ब्रह्मांड ठंडा हो गया और पदार्थ बन गया और यह तुरंत न्यूट्रॉन, प्रोटॉन, इलेक्ट्रॉन, एंटी-इलेक्ट्रॉन, फोटॉन और न्यूट्रिनो से भर गया। इसका मतलब है कि हमारे बाहर की आकाशगंगाएं हमसे दूर जा रही हैं, और जो सबसे दूर हैं वे सबसे तेज गति से आगे बढ़ रही हैं।

सन 1925 में अमेरिकी खगोलशास्त्री एडविन हबल यह साबित करने वाले पहले व्यक्ति थे कि ब्रह्मांड का विस्तार हो रहा है। और वर्तमान शोधों से संकेत मिलता है कि ब्रह्मांड का विस्तार अनंत काल तक हो सकता है। पहले यह सोचा जाता था कि ब्रह्मांड का विस्तार धीमी गति से हो रहा होगा क्योंकि पदार्थ के गुरुत्वाकर्षण ने विस्तार को धीमा कर दिया होगा। लेकिन, 1998 में, हबल स्पेस टेलीस्कोप के अवलोकनों के आधार पर यह पता चला कि ब्रह्मांड का विस्तार गुरुत्वाकर्षण के कारण धीमा

नहीं हो रहा था, बल्कि किसी अज्ञात बल के कारण तेज हो रहा था। इस त्वरित विस्तार को चलाने वाले इस बल का नाम गुप्त ऊर्जा अथवा डार्क एनर्जी है, जो विज्ञान के सबसे बड़े रहस्यों में से एक है। हमारे ब्रह्मांड में असंख्य खगोलीय पिंड मौजूद हैं जैसे- ग्रह प्रणाली, तारा समूह, निहारिका और आकाशगंगा, साथ ही साथ खगोलीय पिंड जैसे- क्षुद्रग्रह, चंद्रमा, ग्रह आदि।

आकाशगंगाएँ (Galaxies)

सितारों के एक विशाल समूह को मंदाकिनी कहते हैं। सबसे छोटी मंदाकिनी में भी लगभग एक लाख सितारे होते हैं, परन्तु सब से बड़ी मंदाकिनी में लगभग 3000 अरब सितारे होते हैं।

ब्रह्माण्ड की रचना में मंदाकिनियाँ बिल्डिंग-ब्लॉक (Building - Block) का स्थान रखती हैं, अर्थात् ब्रह्माण्ड की रचना मंदाकिनियों से होती है।

ब्रह्मांड में अरबों आकाशगंगाएँ हैं। वे आकृति और माप में भिन्न होती हैं। बौनी आकाशगंगाएँ वह होती हैं जिनमें कम-से-कम 100 मिलियन तारे होते हैं और विशाल आकाशगंगाओं में एक ट्रिलियन से अधिक तारे होते हैं।

आकाशगंगाओं की दो मौलिक प्रकारों की पहचान की गई है:

(i) नियमित आकाशगंगाएँ और (ii) अनियमित आकाशगंगाएँ (**चित्र 1.1।**)। नियमित आकाशगंगाओं को उनके नियमित आकार से पहचाना जाता है जो डिस्क के आकार का, अंडाकार, सर्पिल और मसुराकार (लेंटिकुलर) हो सकता है (**चित्र 1.2**)। अनियमित आकाशगंगाओं में किसी विशिष्ट आकार का अभाव होता है और वे हबल अनुक्रम के किसी भी नियमित वर्ग में नहीं आती हैं। अनियमित आकाशगंगाओं में प्राचीन तारों की संख्या अधिक होती है (**चित्र 1.3**)।

(i) नियमित आकाशगंगाएँ (Regular Galaxies)

व्यवस्थित आकाशगंगाएँ डिस्क (Disc) अथवा दीर्घवृत्तीय (Elliptical) होती हैं तथा उनमें नये सितारे पाये जाते हैं **(Fig. 1.2)**। इसके विपरीत अव्यवस्थित आकाशगंगाओं में सितारे बहुत पुराने होते हैं **(Fig. 1.3)**।

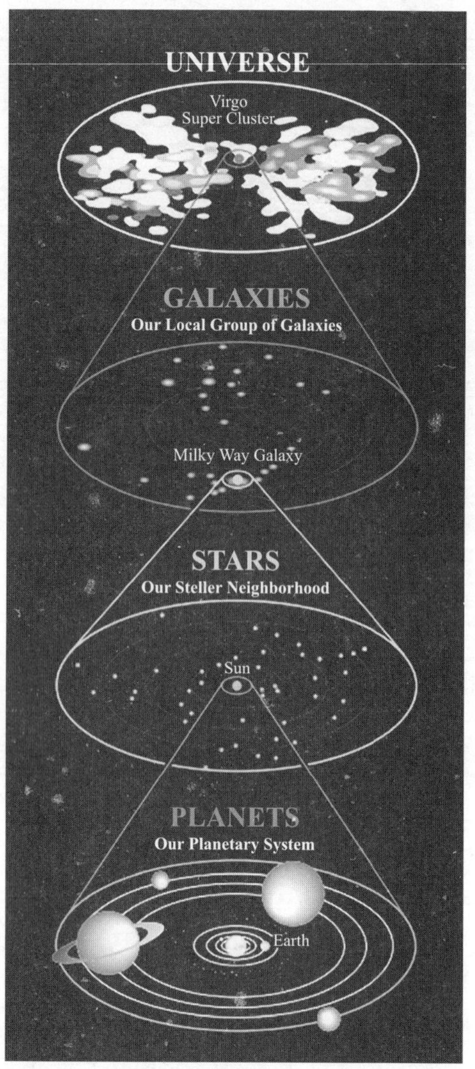

Fig. 1.1 Our Universe

व्यवस्थित आकाशगंगाओं का आकार पेंचदार/सर्पिल (Spiral) अथवा दीर्घवृत्तीय भी हो सकता है।

(a) सर्पिलाकार आकाशगंगाएँ (Spiral Galaxies)

आकाश-गंगा एवं विशाल ऐण्ड्रोमिडा (Andromeda), सर्पिलाकार आकाशगंगाओं (Spiral Galaxies) के उत्तम उदाहरण हैं। इनके मध्य भाग में सितारों का जमावड़ा अधिक होता है **(Fig. 1.3)**। सर्पिलाकार आकाशगंगाओं में वक्राकार भुजायें होती हैं। लगभग 25 प्रतिशत आकाशगंगाओं में वक्राकार भुजायें होती हैं। सर्पिलाकार आकाशगंगाओं में अन्तरातारकीय (Intersteller) गैस, पर्याप्त मात्रा में होती

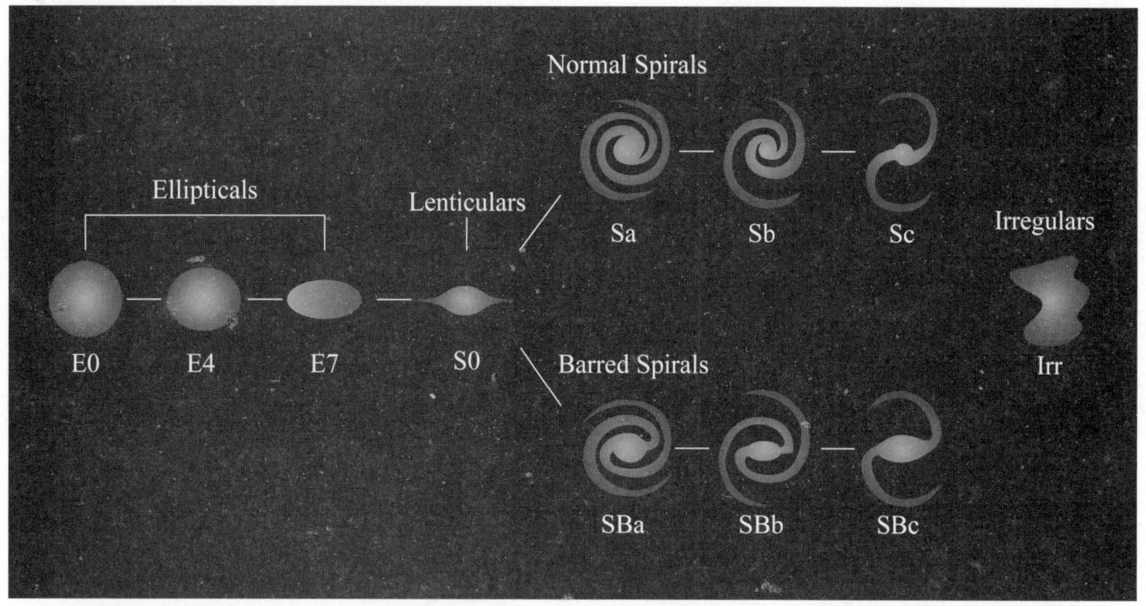

Fig. 1.1A Types of Galaxies

Fig. 1.2(A) Disc - Shaped

Fig. 1.2(B) Disc - Shaped Andromeda

Fig. 1.2(C) Elliptical Galaxy

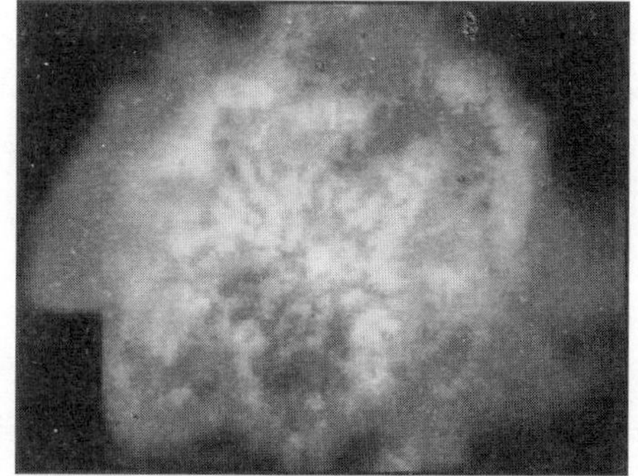

Fig. 1.2(D) Elliptical

Fig. 1.2 (A,B,C,D) Regular Galaxies

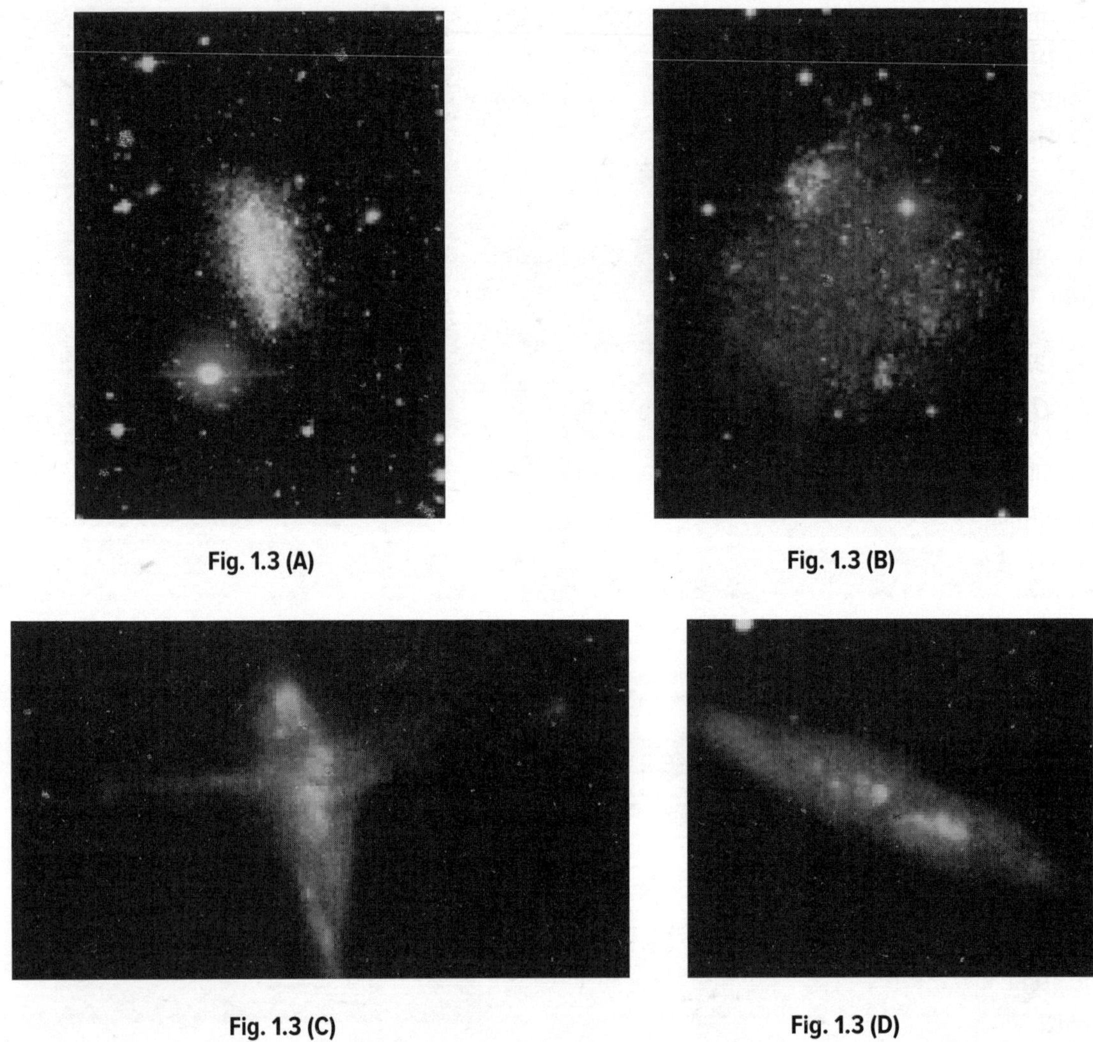

Fig. 1.3 (A)

Fig. 1.3 (B)

Fig. 1.3 (C)

Fig. 1.3 (D)

Fig. 1.3 Irregular galaxies

है, जिससे नये सितारों की उत्पत्ति होती है। सर्पिलाकार आकाशगंगाओं की परिक्रमा के दौरान उनकी भुजाओं में नये चमकीले सितारों का जन्म होता रहता है।

(b) दीर्घवृत्ताकार आकाशगंगाएँ (Elliptical Gallaxies)

अधिकतर आकाशगंगाएँ दीर्घवृत्ताकार (Elliptical) होती हैं। सामान्यत: इनका आकार सर्पिलाकार आकाशगंगाएँ *(Spiral Galaxies)* की तुलना में छोटा होता है। इनका आकार सममित (Symmetrical) अथवा गोलाकार (Spheroidal) होता है। इनमें से कुछ का आकार इतना छोटा होता है कि उनको बौना (Dwarf) की संज्ञा दी जाती है। सबसे बड़ी दीर्घवृत्ताकार आकाशगंगाओं का व्यास लगभग 200,000 प्रकाश वर्ष (Light years) माना जाता है। ब्रह्माण्ड में बड़ी तथा अधिक चमकने वाली आकाशगंगाएँ दीर्घवृत्ताकार होती हैं। लगभग दो-तिहाई (66%) आकाशगंगाएँ दीर्घवृत्तीय हैं।

(c) मसुराकार (लेंटिकुलर) आकाशगंगाएँ

इन आकाशगंगाओं को अण्डाकार और सर्पिल आकाशगंगाओं के बीच रूपात्मक रूप से वर्गीकृत किया गया है। उनके

पास सर्पिल आकाशगंगाओं के समान केंद्र और डिस्क में एक उभार है, लेकिन सर्पिल भुजाओं या और अधिक मात्रा में अंतरतारकीय सामग्री के कोई संकेत नहीं दिखाते हैं। इन आकाशगंगाओं की उत्पत्ति अभी भी अज्ञात है। लेकिन एक विचार के अनुसार वे मूल रूप से सर्पिल आकाशगंगाएँ थीं जो किसी अन्य आकाशगंगा के संपर्क में आने के बाद अपनी अंतरतारकीय सामग्री का उपयोग कर चुकी हैं अथवा खो चुकी हैं।

(ii) *अनियमित आकाशगंगाएँ (Irregular Galaxies)*

कुल आकाशगंगाओं का लगभग 10 प्रतिशत अव्यवस्थित आकाशगंगाएँ हैं। इनके सितारे बहुत पुराने हैं तथा कुछ में नये तथा पुराने सितारों का मिश्रण पाया जाता है। हमारी आकाशगंगा तथा अन्य सर्पिलाकार आकाशगंगाओं में पुराने सितारे मध्य भाग में तथा नये एवं अधिक चमकने वाले सितारे उनकी भुजाओं में पाये जाते हैं **(Fig. 1.3)**।

हमारी आकाशगंगा *(Our Galaxy-Milky Way)*

हमारी आकाशगंगा की आकृति एक चपटी डिस्क (Flat Disc) के समान है। इसका व्यास लगभग एक लाख प्रकाश वर्ष के बराबर है तथा केन्द्र (Nucleus) में इसका व्यास दस हजार के बराबर है, जबकि डिस्क के छोरों पर इसकी मोटाई पाँच सौ प्रकाश वर्ष से लेकर दो हजार प्रकाश वर्षों के बराबर है। आकाशगंगा सितारों तथा धूल से भरी हुई है तथा इसकी भुजाओं में जुड़वां सितारे पाये जाते हैं। अभी तक शुद्ध रूप से यह नहीं कहा जा सकता कि सूर्य आकाशगंगा के केन्द्र से कितनी दूर है, परन्तु इसको परम्परागत रूप से 33,000 प्रकाश वर्ष के बराबर माना जाता है। आकाशगंगा की तुलना में हमारा सौरमण्डल (Solar System) बहुत छोटा है, जो केवल बारह प्रकाश वर्ष अथवा 13 अरब किलोमीटर के बराबर है। पूरी आकाशगंगा अंतरिक्ष में परिक्रमा कर रही है। इसके केन्द्रीय भाग के सितारे, बाह्य भाग के सितारों की तुलना में तीव्र गति से परिक्रमण करते हैं। हमारा सूर्य (Sun) आकाशगंगा का एक चक्कर लगभग 22 करोड़ (220 Million) वर्ष में लगाता है **(Fig. 1.4)**।

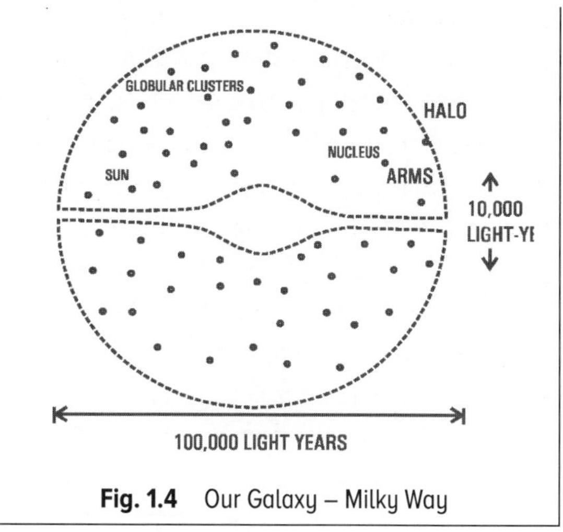

Fig. 1.4 Our Galaxy – Milky Way

निहारिका (Nebula)

मंदाकिनी में पाये जाने वाले धूल के बादलों को निहारिका कहते हैं **(Fig. 1.5)**। यदि निहारिका के बादल की गैस उज्ज्वलित हो जाये तो निहारिका चमकने लगती है।

Fig. 1.5 Nebula

श्वेत वामन (White Dwarf)

सफेद रंग के ड्वार्फ सितारों का घनत्व सामान्य पार्थिव ग्रहों की तुलना में अधिक होता है तथा उनका आकार बहुत छोटा होता है। ऐसा अनुमान किया जाता है कि श्वेत वामन (White Dwarf) सितारे किसी समय में सामान्य सितारों की भाँति थे। धीरे-धीरे इनके नाभिक ईंधन (Nuclear-fuel) का ह्रास हुआ और इनका आकार घट कर छोटा हो

गया। यद्यपि कुछ श्वेत वामन तारे हमारी पृथ्वी के आकार के हैं, परन्तु उनका घनत्व हमारे सूर्य के समान है। जल की तुलना में इनका घनत्व दस लाख गुना माना जाता है। इनके एक चम्मच भर पदार्थ का वजन कई टन के बराबर होता है। पदार्थ का इतना अधिक घनत्व तब ही सम्भव है, जब इलेक्ट्रॉन (Electron) अपना स्थान बदल कर नाभिक (Nucleus) के निकट आ जाये। ऐसे पदार्थ को *विकृत पदार्थ* (Degenerated Matter) कहते हैं।

यदि कोई सितारा श्वेत वामन का रूप धारण कर ले तो इसकी ऊर्जा तथा ऊष्मा समाप्त हो जाती है जिसके कारण यह ठंडा हो जाता है, धुन्धला पड़ जाता है। इसकी अन्तिम अवस्था एक *कृष्ण वामन* (Black Dwarf) की हो जाती है।

कृष्ण छिद्र (Black-Holes) अथवा न्यूट्रॉन सितारे (Neutron Stars)

जैसा कि ऊपर वर्णन किया जा चुका है छोटे आकार के श्वेत वामन तारे का घनत्व अधिक होता है तथा बड़े आकार के श्वेत वामन का घनत्व कम। यदि हमारी पृथ्वी कृष्ण छिद्र के रूप में नष्ट (Collapse) हो जाये तो इसके व्याय का आकार घट कर एक फुटबॉल मैदान की लम्बाई के समान रह जायेगा।

सौरमण्डल (The Solar System)

सूर्य के परिवार को सौरमण्डल कहते हैं। सौरमण्डल में आठ ग्रह, एक छोटा ग्रह (Dwarf Planet) प्लूटो, बहुत-से

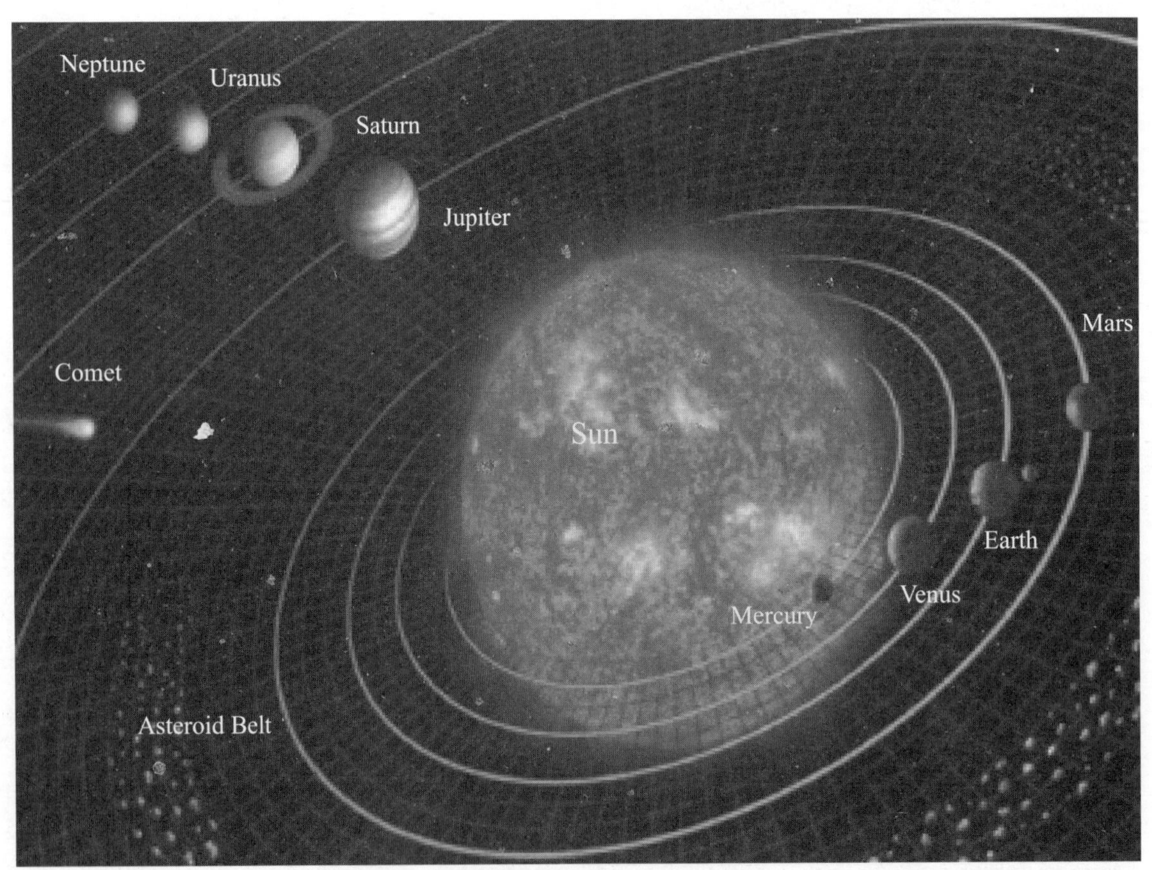

Fig. 1.6(A) Our Solar System

चन्द्रमा (Satellites) तथा अनगिनत ग्रहिकाएं (Asteroids), उल्काएं, धूमकेतु आदि सम्मिलित हैं, जो सूर्य के चारों ओर परिक्रमा करते हैं। पृथ्वी पर ऊष्मा तथा प्रकाश सूर्य से आता है। सूर्य तथा उसके परिवार के सदस्य (ग्रह) **Fig. 1.6** में दिखाये गये हैं।

सौरमण्डल की उत्पत्ति (Origin of Solar System)

कहा जाता है कि, अंतरिक्ष में अवस्थित विशाल बादल में गुरुत्वाकर्षण के नष्ट होने (Gravitation collapse) के कारण सौरमण्डल की उत्पत्ति हुई। सूर्य से दूर जाते हुए ग्रहों की संरचना एवं घनत्व में विभिन्नता इस तथ्य को सिद्ध करते हैं। उदाहरण के लिये जो ग्रह सूर्य के निकट हैं, वे चट्टानों तथा धातुओं के बने हुये हैं जो ऊँचे तापमान पर बने थे। इसके विपरीत सूर्य से अधिक दूरी पर पाये जाने वाले ग्रहों की उत्पत्ति ऐसी धातुओं से हुई जो कम अथवा निम्न तापमान पर ठोस (solid) होते हैं।

अधिकांश वैज्ञानिकों का मानना है कि ब्रह्मांड की शुरुआत लगभग 13.8 अरब साल पहले एक विशाल विस्फोट से हुई थी जिसे **बिग बैंग** के नाम से जाना जाता है। इस विस्फोट के कारण पदार्थ का जन्म और विस्तार हुआ और अरबों घूमती हुई आकाशगंगाएँ और समय के साथ, तारे और उनके ग्रह बन गए। आमतौर पर यह माना जाता है कि हमारा सौर मंडल, आकाशगंगा की सर्पिल भुजा के भीतर गहरे, गैस और धूल के ठंडे, फैलते बादल में पैदा हुआ था।

सूर्य (Sun)

व्यास: 1,392,000 किलोमीटर (864,948 मील)
मास (Mass): 1990 मिलियन, मिलियन, मिलियन, मिलियन टन।

सूर्य का निर्माण तब हुआ जब धूल और गैस के एक घूमते हुए बादल ने पदार्थ को अपने केंद्र में खींच लिया। इस कारण इस बादल के केंद्र का तापमान 1,000,000°C तक बढ़ गया। इसके कारण हाइड्रोजन का हीलियम में

Fig. 1.6(B) The size of each planet and the sun

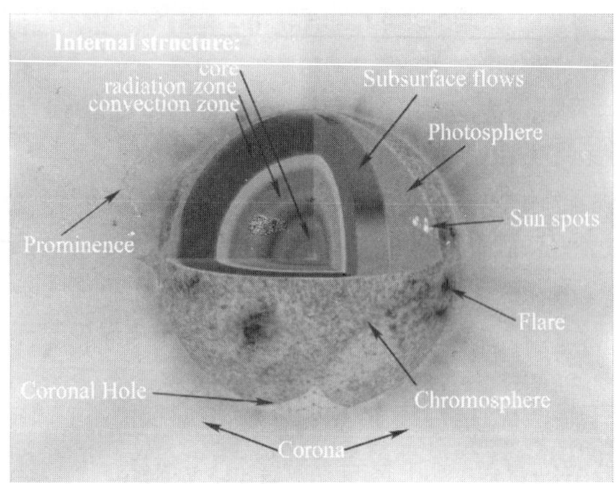

Fig. 1.6 (C) Structure and Atmosphere of the Sun

संलयन हुआ ऊर्जा का निर्माण हुआ, और ताप और प्रकाश की एक निरंतर धारा उससे निकलती रही। सूर्य का द्रव्यमान सौर मंडल के 99 प्रतिशत द्रव्यमान से भी अधिक है। सूर्य के द्रव्यमान में हाइड्रोजन (71 प्रतिशत), हीलियम, 27.1 प्रतिशत, ऑक्सीजन 0.97 प्रतिशत, कार्बन 0.4 प्रतिशत और अन्य तत्वों की एक छोटी मात्रा होती है। आंतरिक संरचना के एक अध्ययन से पता चलता है कि इसमें कोर, विकिरण क्षेत्र और संवहनी क्षेत्र शामिल हैं। सूर्य का वातावरण तीन परतों में विभाजित है जिन्हें प्रकाशमंडल, वर्णमण्डल अथवा क्रोमोस्फीयर, और **किरीट** या **कोरोना** (Corona) कहते हैं (चित्र: 1.6(C))।

प्रकाश-मण्डल (Photosphere)

सूर्य की अधिक चमकीली बाह्य परत को प्रकाश-मण्डल कहते हैं। सूर्य के इस भाग में 300 किलोमीटर की गहराई तक गैस (Gases) जलती रहती हैं। प्रकाश-मण्डल का तापमान लगभग 6000°K (11,000°F) रहता है।

वर्णमण्डल (Chromosphere)

प्रकाश-मण्डल के बाह्य भाग को वर्णमण्डल (Chromosphere) कहते हैं। वास्तव में यह जलती गैसों की एक पतली परत होती है।

तालिका 1.1: पृथ्वी की उत्पत्ति की परिकल्पनाएँ और सिद्धांत
(Hypothesis and theories about the origin of the Earth)

क्रमांक	परिकल्पना/सिद्धांत का नाम	प्रतिपादक	वर्ष
1.	गैसीय परिकल्पना	इम्मैनुएल कांत	1755
2.	नेबुलर परिकल्पना	पियरे-साइमन लाप्लास	1796
3.	ग्रहीय परिकल्पना	टी.सी. चेम्बरलिन, एफआर मौलटन	1905
4.	ज्वारीय परिकल्पना	सर जेम्स जीन्स और जेफ्रीस	1919
5.	द्वैतारक परिकल्पना	एच.एन. रसेल	1937
6.	सेफिड परिकल्पना	ए.सी. बनर्जी	1942
7.	अंतर-तारकीय धूल परिकल्पना	ओट्टो युलिविच श्मिट	1943
8.	भंवर मॉडल	सी.एफ. वॉन वीजसैकर	1944
9.	गैसीय-बादल संघनन परिकल्पना	जेरार्ड कूपर	1944
10.	महानोवा परिकल्पना	एफ. हॉयल	1946
11.	विद्युतचुंबकीय सिद्धांत (बैंड-संरचना मॉडल)	हेंस अल्फवेन	1954
12.	प्रोटोप्लैनेट थ्योरी	विलियम हंटर मैक्रे	1960
13.	ग्रहण सिद्धांत अथवा कैप्चर थ्योरी	माइकल मार्क वूल्फसन	1964
14.	बृहस्पति-सूर्य बाइनरी सिस्टम परिकल्पना	ई.एम. ड्रोबिशेव्स्की	1974

किरीट/कोरोना

सूर्य के वायुमंडल की तीसरी परत को **किरीट** या **कोरोना** कहा जाता है जो दृश्य प्रकाश में प्रकाशमंडल की तुलना में दस लाख गुना अधिक धुंधली होती है। यह केवल पूर्ण सूर्य ग्रहण के दौरान ही देखा जा सकता है। यह सफेद स्ट्रीमर या आयनित गैस के प्लम के रूप में प्रकट होता है जो अंतरिक्ष में बाहर की ओर फैले रहते हैं। सूरज के कोरोना में तापमान 20 लाख डिग्री सेल्सियस तक पहुंच सकता है। जैसे ही गैसें ठंडी होती हैं, वे सौर पवन बन जाती हैं। यह क्षेत्र अत्यधिक पराबैंगनी और एक्स-रे उत्सर्जन का एक शक्तिशाली स्रोत भी है।

सूर्य-कलंक (Sun-spot)

सूर्य की परत पर कुछ धब्बे उत्पन्न होते हैं, जिन्हें सूर्य कलंक कहते हैं। सूर्य के इन कलंकों (Sunspots) का तापमान, आस-पास के तापमान से लगभग 1500°C कम होता है। सूर्य कलंक की औसत आयु चंद दिनों से लेकर कुछ महीनों तक होती है। प्रत्येक सूर्य-कलंक के मध्य भाग को प्रच्छाया (Umbra) कहते हैं और प्रकाशित भाग को उपछाया (Penumbra) कहते हैं। एक सूर्य-कलंकी चक्र ग्यारह-वर्ष का होता है। एक सूर्य-कलंकी चक्र में सूर्य-कलंकों की संख्या घटती बढ़ती रहती है। कहा जाता है कि जब सूर्य-कलंक उत्पन्न नहीं होते तब सूर्य का तापमान लगभग 1°C कम रहता है। सूर्य कलंकों की कम अथवा अधिक संख्या का पृथ्वी की जलवायु पर प्रभाव पड़ता है।

ग्रह (Planet)

ग्रह एक ऐसे खगोलीय पिण्ड (Celestial-body) हैं जो सूर्य के चारों ओर परिक्रमा करते हैं। ग्रह के पास अपना प्रकाश एवं ऊष्मा नहीं होती। हमारी पृथ्वी भी एक ग्रह है जो सूर्य से प्रकाश एवं ऊष्मा लेती है और उसके चारों ओर परिक्रमा करती है। ग्रहों को निम्न दो वर्गों में विभाजित किया जाता है:

(i) **आन्तरिक ग्रह:** [(बुध-Mercury), (शुक्र-Venus), (पृथ्वी- Earth) तथा (मंगल Mars)].

(ii) **बाह्य ग्रह:** [(बृहस्पति-Jupiter), (शनि-Saturn), (अरुण-Uranus), तथा (वरुण-Neptune)]

विभिन्न ग्रहों के मुख्य तथ्य निम्न प्रकार हैं:

(i) आन्तरिक ग्रह

बुध *(Mercury) (वाणिज्य एवं निपुणता का ग्रह)*

व्यास: 4878 किलोमीटर (3031 मील)

राशि (Mass): 330 मिलियन मिलियन, मिलियन टन

तापमान: न्यूनतम-173°C, अधिकतम 427°C

सूर्य से दूरी: 58 मिलियन किलोमीटर (36 मिलियन मील)

दिन की अवधि: 58.65 पृथ्वी दिनों के बराबर

वर्ष: पृथ्वी के 87.97 दिनों के बराबर

ऊपरी सतह का घनत्व: 1किग्रा. = 0.38 किग्रा.

बुध ग्रह चन्द्रमा के समान है जिस पर बहुत से प्रसुप्त ज्वालामुखी और उनके क्रेटर (Crater) पाये जाते हैं।

शुक्र (Venus) (सुन्दरता की देवी)

व्यास: 12,102 किलोमीटर, (7520 मील)

मास (Mass): 4870 मिलियन, मिलियन, मिलियन टन

तापमान: 457°C (अत्यधिक तापान्तर उपलब्ध नहीं)

सूर्य से दूरी: 108 मिलियन किलोमीटर (67 मिलियन मील)

दिन की अवधि: पृथ्वी के 243.01 दिन के बराबर

वर्ष: पृथ्वी के 224.7 दिनों के बराबर

ऊपरी सतह का घनत्व: 1 किलोग्राम = 0.88 किलोग्राम

शुक्र (वीनस) को पृथ्वी का जुड़वां ग्रह भी माना जाता है, परन्तु दोनों ग्रहों में बहुत-सी असमानतायें हैं। उदाहरण के लिए शुक्र ग्रह पर ऊँच-ऊँचे पठार, अनेक ज्वालामुखी, वलनदार पर्वतमालायें तथा समतल लावे के मैदान हैं। शुक्र ग्रह कार्बन डाई-ऑक्साइड तथा सल्फर ऑक्साइड (Sulfuric Oxide) युक्त वायुमण्डल से लिपटा हुआ है। इसमें दो बडे भू-भाग महाद्वीपों के समान हैं जिनकी ऊँचाई कई किलोमीटर है। इसीलिए कहा जाता है कि शुक्र ग्रह का धरातल हमारी पृथ्वी के समान है।

पृथ्वी (Earth)

व्यास: 12,756 किलोमीटर (7926 मील)
मास (Mass): 5976 मिलियन, मिलियन, मिलियन टन
तापमान: –80°C से 58°C तक
सूर्य से दूरी: 150 मिलियन किलोमीटर (93 मिलियन मील)
दिन की अवधि: 23.92 घंटे
वर्ष की अवधि: 365.25 दिन (पृथ्वी के)
धरातलीय घनत्व: 1 किलोग्राम = 1 किलोग्राम

पृथ्वी एक गेंद के समान है, परन्तु पूर्ण रूप से गोल नहीं है। पृथ्वी की दैनिक गति के कारण इसका विषुवतरेखीय भाग कुछ उभरा हुआ है तथा ध्रुवीय भाग कुछ चपटा है। पृथ्वी इसी कारण एक जियोइड (Geoid) आकृति की है।

हमारी पृथ्वी अन्य पार्थिव ग्रहों (बुध, शुक्र तथा मंगल) से भिन्न है। केवल पृथ्वी पर ही जीवन है। इसकी सूर्य से दूरी तथा आकार के कारण इस पर वायुमण्डल की उत्पत्ति सम्भव हो सकी है। इस पर ठोस, द्रव्य तथा गैस पाई जाती हैं। पृथ्वी पर जल है जिसके कारण जीवन सम्भव हो सका है।

पृथ्वी का वायुमण्डल: पृथ्वी-उत्पत्ति की प्रारम्भिक अवस्था में पृथ्वी के धरातल पर लगातार ज्वालामुखियों के उद्गार हो रहे थे। इन ज्वालामुखियों से निकलने वाले लावा, राख, धुआँ तथा वाष्प (जल) से वायुमण्डल की उत्पत्ति हुई। इस प्रकार बादल बने, वर्षा हुई और पृथ्वी के निचले भागों में जल एकत्रित होकर सागर का रूप धारण करता गया। पृथ्वी के तापमान में स्थिरता आई और धरती पर जीवन की उत्पत्ति आरम्भ हुई। कार्बन-डाइ-ऑक्साइड जीवन दान देने वाली ऑक्सीजन में बदलने लगी।

पृथ्वी के लगभग 367 वर्ग किलीमीटर पर सागर फैला हुआ है जो मंगल-ग्रह के क्षेत्रफल का दुगना तथा चन्द्रमा के क्षेत्रफल का नौ गुना है।

पृथ्वी के धरातल का सबसे निचला भाग प्रशान्त महासागर में है, जिसको मेरियाना गर्त (Mariana Trench) कहते हैं। इसकी गहराई 10920 मीटर है। यदि माउंट ऐवरेस्ट (Mt. Everest) को इस गर्त में डाल दिया जाये तब भी जल की गहराई लगभग दो किलोमीटर होगी।

मंगल (Mars) (लाल ग्रह-युद्ध का देवता)

व्यास: 6786 किलोमीटर (4217 मील)
मास (Mass): 642 मिलियन, मिलियन, मिलियन टन
तापमान: न्यूनतम –137°C अधिकतम 37°C
सूर्य से दूरी: 228 मिलियन किलोमीटर (142 मिलियन मील)
दिन की अवधि: 24.623 घंटे
वर्ष: पृथ्वी के 188 वर्षों के बराबर
ऊपरी सतह का घनत्व: 1 किग्रा. = 0.38 किग्रा.

मंगल ग्रह, पृथ्वी तथा शुक्र से छोटा है परन्तु इस में बहुत-सी विचित्र भू-आकृतियाँ पाई जाती हैं। इस पर बहुत बड़े आकार के ज्वालामुखी हैं, जिनमें से एक ज्वालामुखी की ऊँचाई 28 किलोमीटर से अधिक है। एक बहुत बड़ी कैनियन (Canyon) पूरे गोलार्द्ध पर फैली हुई है जिसकी लम्बाई लगभग चार हजार किलोमीटर है। इस ग्रह पर जल-अपवाह एवं बाढ़ के प्रमाण मिले हैं। बहुत-सी भू-आकृतियाँ पवन द्वारा निर्मित प्रतीत होती हैं। इसके ध्रुवीय भागों में हिम तथा धूल के निक्षेपों की सम्भावनायें जताई गई हैं।

बाह्य ग्रह (Outer Planets)

बृहस्पति (Jupiter), शनि (Saturn) अरूण (Uranus), तथा वरुण (Neptune) तथा प्लूटो (Pluto) बाह्य ग्रह कहलाते हैं। ये सभी ग्रह हल्के पदार्थ के बने हुये हैं जिनमें हाइड्रोजन, हीलियम तथा ऑक्सीजन मुख्य हैं। बाह्य ग्रह चट्टानों द्वारा निर्मित नहीं बल्कि हिम के बने हुये हैं।

बृहस्पति (Jupiter) (देवताओं का ग्रह)

व्यास: 142, 984 किलामीटर (88,846 मील)
मास (Mass): 1,900,000 मिलियन, मिलियन, मिलियन टन
तापमान: न्यूनतम –153°C, अधिकतम (ज्ञात नहीं)
सूर्य से दूरी: 778 मिलियन किलोमीटर (483 मिलियन मील)
दिन की अवधि: 9.84 घंटे
वर्ष: 11.86 पृथ्वी के वर्षों के बराबर
ऊपरी सतह का घनत्व: 1 किग्रा. = 2.53 किग्रा.

बृहस्पति का अधिकतर भाग गैस एवं तरल पदार्थ का बना हुआ है। इसका कोई भी भाग ठोस पदार्थ का बना हुआ नहीं है। परंतु इसके चंद्रमा ठोस पदार्थ के बने हुए हैं।

बृहस्पति के चार बड़े चन्द्रमाओं में आओ (Io), यूरोपा (Europa), गेनेमीड (Ganymede) तथा केलिस्टो (Callisto) की खोज 1610 ई. में गैलिलियो ने की थी इसलिये इनको गैलिलियो चन्द्रमा कहते हैं। इसका आयतन पृथ्वी के आयतन (Volume) की तुलना में 1300 गुणा है।

शनि (Saturn) (कृषि का देवता)

व्यासः 120,660 किलोमीटर (74,974 मील)
मास (Mass): 570 मिलियन, मिलियन टन
तापमानः न्यूनतम –185°C अधिकतम ज्ञात नहीं
सूर्य से दूरी: 1427 मिलियन किलोमीटर (887 मिलियन मील)
दिन की अवधिः 10.23 घंटे
वर्षः पृथ्वी के 29.46 वर्षों के बराबर
ऊपरी सतह का घनत्वः 1 किलोग्राम = 1.07 किलोग्राम

शनि का वलय तंत्र (Saturn's Ring System): वलय बर्फ से ढके चन्द्रमा के अवशेष हैं। 2015 में कोलोराडो विश्वविद्यालय के एक शोधकर्ता रॉबिन कैनअप (ग्रह वैज्ञानिक) ने अपने सिद्धान्त को प्रतिष्ठित वैज्ञानिक पत्रिका नेचर में प्रकाशित किया। अपनी परिकल्पना को विकसित करने के लिए कैनप ने कणों की जमी रचना को समझाने के लक्ष्य के साथ विस्तृत कंम्यूटर सिमुलेशन बनाया जिसमें ओलों के आकार से लेकर अन्य छोटे टुकड़े भी थे।

उनका सिद्धान्त बताता है कि 4.6 अरब साल पहले सौरमण्डल के जन्म के दौरान शनि का एक उपग्रह ग्रह में डूब गया था। शनि का वलय तंत्र उस विशाल हिम चन्द्रमा (उपग्रह) का अवशेष है जिसमें एक चट्टानी कोर है जिसने ग्रह को मारी गयी टक्कर में निकाले विशाल टुकड़ों ने रिंगों की एक प्रणाली बनाई, जो आज हम देख सकते है। लेकिन अरबों वर्षों में इन बड़े टुकड़ों के बीच कई टकरावों ने छोटे कणों के बड़े वलय को जन्म दिया जो आज देखा जा सकता है।

क्षुद्र ग्रह और धूमकेतू (Asteroids and Comets): वे ग्रह विकास के जीवाश्म रिकार्ड की तरह हैं। वर्तमान में 829,337 ज्ञात क्षुद्रग्रह और 3591 ज्ञात धूमकेतू हैं।

यूरेनस/अरुण (Uranus) (हरित ग्रह अथवा स्वर्ग का देवता)

व्यासः 51,118 किलोमीटर (31,763 मील)
मास (Mass): 86,800 मिलियन, मिलियन, मिलियन टन
तापमान: –214°C (अधिकतम ज्ञात नहीं)
सूर्य से दूरी: 2870 मिलियन किलोमीटर (1783 मिलियन मील)
दिन की अवधि: 17.9 घंटे
वर्ष: 84.01 पृथ्वी के वर्षों के बराबर
घनत्वः 1 किलोग्राम = 0.92 किलोग्राम

नेप्च्यून/वरुण (Neptune) (सागर का देवता)

व्यासः 49,528 किलोमीटर (30,775 मील)
मास (Mass): 102,000 मिलियन, मिलियन, मिलियन टन
तापमान: –225°C (अधिकतम ज्ञात नही)
सूर्य से दूरी: 4497 मिलियन किलोमीटर (2794 मिलियन मील)
दिन की अवधि: 19.2 घंटे
वर्ष: पृथ्वी के 164.79 वर्षों के बराबर
घनत्वः 1 किलोग्राम = 1.18 किलोग्राम

यूरेनस एवं नेप्च्यून को जुड़वां ग्रह भी कहते हैं। यह ग्रह हाइड्रोजन, हीलियम तथा मिथेन से घिरे हुये हैं।

प्लूटो (Pluto) (बौना ग्रह-मृत्यु का देवता)

व्यास: 2300 किलोमीटर (1428 मील)
मास (Mass): 13 मिलियन टन
तापमान: –236°C (अधिकतम ज्ञात नहीं)
सूर्य से दूरी: 5900 मिलियन किलोमीटर (3666 मील)
दिन की अवधि: 6.39 घंटे
वर्षः पृथ्वी के 248.54 वर्षों के बराबर
घनत्व: 1 किलोग्राम = 0.30 किलोग्राम

> 24 अगस्त 2006 को अन्तर्राष्ट्रीय खगोल संघ (International Astronomy Union – IAU) के प्राग सम्मेलन में वैज्ञानिकों ने इसके ग्रह का दर्जा समाप्त कर इसे बौने ग्रह की श्रेणी में रखा गया है।

ग्रहिका (Asteroid)

सूर्य के चारों ओर करोडों छोटी ग्रहिकाएँ मंगल एंव बृहस्पति ग्रहों के मध्य परिक्रमा करती रहती हैं जिनको एस्टिरॉयड कहते हैं। कभी-कभी यह ग्रहिकाएँ टूट कर पृथ्वी के वायुमण्डल में प्रवेश कर जाती हैं और पृथ्वी पर आ गिरती हैं।

धूमकेतु/पुच्छल तारा (Comets)

सौरमण्डल में पुच्छल तारे आश्चर्यजनक खगोलीय पिण्ड माने जाते हैं। जमी (Frozen) हुई गैसों से बने धूमकेतुओं

तालिका 1.2: ग्रहों के बारे में तथ्य (Facts about the Planets)

	बुध	शुक्र	पृथ्वी	मंगल	बृहस्पति	शनि	अरुण	वरुण
द्रव्यमान (10^{24} किग्रा.)	0.330	4.87	5.97	0.642	1898	568	86.8	102
व्यास (किमी.)	4879	12,104	12,756	6792	142,984	120,536	51,118	49,528
घनत्व (किग्रा/मी.^{3})	5427	5243	5514	3933	1326	687	1271	1638
गुरुत्व (मी./से.^{2})	3.7	8.9	9.8	3.7	23.1	9.0	8.7	11.0
पलायन वेग (किमी./से.)	4.3	10.4	11.2	5.0	59.5	35.5	21.3	23.5
घूर्णन समय (घन्टे)	1407.6	−5832.5	23.9	24.6	9.9	10.7	−17.2	16.1
दिन की लम्बाई (घन्टे)	4222.6	2802.0	24.0	24.7	9.9	10.7	17.2	16.1
सूर्य से दूरी (10^6 किमी.)	57.9	108.2	149.6	227.9	778.6	1433.5	2872.5	4495.1
कक्षीय समय (दिन)	80.0	224.7	365.2	687.0	4331	10,747	30,589	59,800
कक्षीय वेग (किमी./से.)	47.4	35.0	29.8	24.1	13.1	9.7	6.8	5.4
कक्षीय झुकाव (डिग्री)	7.0	3.4	0.0	1.9	1.3	2.5	0.8	1.8
माध्य तापमान (से.)	167	464	15	−65	−110	−140	−195	−200
उपग्रहों की संख्या	0	0	1	2	79	82	27	14
वलय तंत्र	नहीं	नहीं	नहीं	नहीं	हाँ	हाँ	हाँ	हाँ

नोट: प्लूटो अब ग्रह नहीं है इसलिए इसका वर्णन नहीं दिया गया है।

प्लेनेटरी फेक्ट शीट नोट्स

द्रव्यमान (10^{24} किग्रा. एवं 10^{21} टन्स) यह सेप्टिलियन (1 के बाद 24 शून्य) किग्रा. या सेक्स्टिलियन (1 के बाद 21 शून्य) टन में ग्रह का द्रव्यमान है। कड़ाई से बोलने वाले टन वजन के माप हैं, न कि द्रव्यमान लेकिन इसका उपयोग यहाँ पृथ्वी गुरुत्वाकर्षण के तहत 1 टन सामग्री के द्रव्यमान का प्रतिनिधित्व करने के लिए किया जाता है।

व्यास (किमी./मील में) भूमध्य रेखा पर ग्रह का व्यास, भूमध्य रेखा पर एक बिन्दु से विपरीत दिशा में ग्रह के केन्द्र के मध्य से दूरी, किमी. या मील में।

घनत्व (किग्रा./मी.^{3} या पाउंड/फुट^3) पूरे ग्रह का औसत घनत्व (द्रव्यमान मात्रा से विभाजित) स्थलीय ग्रहों के लिए वायुमंडल सहित। प्रति किग्रा या पाउंड प्रति क्यूबिक फुट में नहीं है।

गुरुत्वाकर्षण (मी./से.^{2} या फुट/से.^{2}) घूर्णन के प्रभावों सहित प्रति सेकंड वर्ग या फीट प्रति सेकंड, भूमध्य रेखा पर सतह पर गुरुत्वाकर्षण/त्वरण। गैस विशालकाय ग्रहों के लिए गुरुत्वाकर्षण को वायुमंडल में बार दबाव स्तर पर दिया जाता है। पृथ्वी पर गुरुत्वाकर्षण 9.8 या 1g है।

पलायन वेग (किमी./से.) प्रारंभिक वेग किमी प्रति सेकंड या मील प्रति सेकंड, सतह पर शरीर के गुरुत्वाकर्षण खिचाव से बचने के लिए आवश्यक है वायुमण्डली खिचाव को अनदेखा करके।

घूर्णन समय (घंटे) यह वह समय है जब ग्रह को निश्चित पृष्ठभूमि वाले सितारो (सूर्य के सापेक्ष नहीं) के सापेक्ष एक चक्कर पूरा करना होता है। ऋणात्मक संख्याएं प्रतिगामी (पृथ्वी के सापेक्ष पीछे) घूर्णन का संकेत देती है।

दिन की लम्बाई (घंटे) सूर्य के लिए घंटे में औसत समय आकाश में दोपहर की स्थित से भूमध्य रेखा पर एक ही स्थित में वापस जाने के लिए होता है।

सूर्य से दूरी (10^6 किमी. या 10^6 मील) यह लाखों किमी या लाखों मील में सूर्य से ग्रह की औसत दूरी है, जिसे अर्ध प्रमुख धुरी के रूप में भी जाना जाता है।

कक्षीय समय (दिन) यह पृथ्वी के दिनों का समय है। जब एक ग्रह सूर्य से एक विषुव से अगले विषुव तक परिक्रमा करता है, इसे उष्ण कटिबन्धीय कक्षा अवधि के रूप में जाना जाता है। यह पृथ्वी पर एक वर्ष के बराबर है।

कक्षीय वेग (किमी./से. या मील/से.) ग्रह का औसत वेग या गति जो सूर्य की परिक्रमा करती है किमी. प्रति सेकंड या मील प्रति सेकंड ही होती है।

कक्षीय झुकाव (डिग्री) डिग्री में वह कोंण जिस पर सूर्य के चारों ओर ग्रह परिक्रमा करता हैं, वह समीपसव तल के सापेक्ष झुका होता है एक्लिप्टिक विमान को पृथ्वी की कक्षा वाले विमान के रूप में परिभाषित किया गया इसलिए पृथ्वी का झुकाव 0 है।

मध्य तापमान (से.ग्रे./फारेन.) यह पूरे ग्रह की सतह (या एक बार के स्तर पर गैस दिग्गजों के लिए) का औसत तापमान डिग्री सेल्शियस या डिग्री फॉरेनहाइट है।

सतह पर दबाव (बार्स) यह बार या वायुमंडल में ग्रह की सतह पर वायुमंडलीय दबाव है।

*बृहस्पति, शनि, अरुण और वरुण की सतह वातावरण में गहरी हैं और स्थान दबाव का पता नहीं है।

उपग्रहों की संख्या यह ग्रह की परिक्रमा करने वाले अधिकारिक तौर पद IAU की संख्या देता है। नए चंद्रमाओं की खोज अभी भी की जा रही है।

वलय तंत्र यह बताता है कि क्या किसी ग्रह के चारों ओर वलय का एक सेट है, शनि सबसे स्पष्ट उदाहरण है, जहां पर वलय बर्फ से ढके चन्द्रमा के अवशेष है।

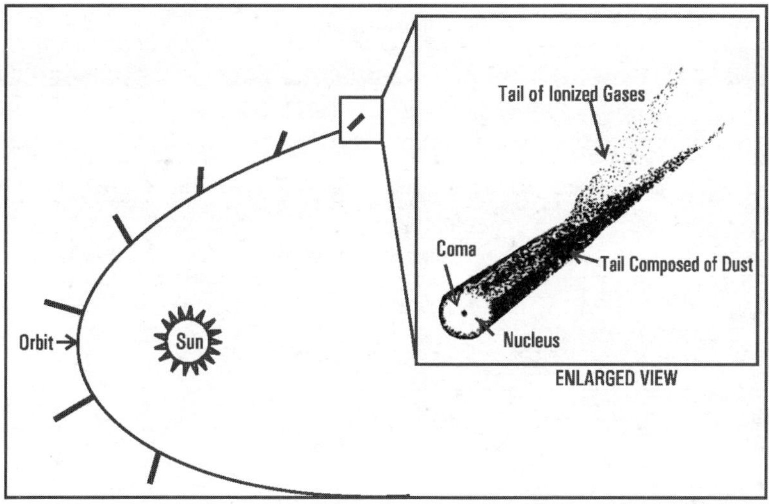

Fig. 1.7 Orientation of comet's tail as it orbits the sun

की तुलना बर्फ की गेंद से की जाती है। बहुत-से धूमकेतु दीर्घ-मार्ग (Elongated Orbit) में परिक्रमा करते हैं। धूमकेतु, जब शनि की कक्षा (Orbit) में प्रवेश करते हैं तब यह नजर आने लगते हैं। हैली धूमकेतु, बड़े धूमकेतुओं में एक है। हर 76 वर्ष के पश्चात् यह पृथ्वी की कक्षा से गुजरता है **(Fig. 1.7)**।

उल्का (Meteoroids)

उल्का पिण्ड तीव्र गति से अन्तरिक्ष में घूमते रहते हैं। उल्का पिण्ड जब पृथ्वी के वायुमण्डल में प्रवेश करते हैं तो घर्षण के कारण वह जलकर चमकने लगते हैं। जलने के पश्चात् यह राख में बदल कर धरती पर बिखर जाते हैं। सामान्यत: इनको *शूटिंग स्टार* (Shooting Star) कहते हैं।

उल्का पिण्ड (Meteorite)

अन्तरिक्ष से कोई भी वस्तु पृथ्वी के धरातल पर गिरती है तो उल्का पिण्ड (Meteorite) कहलाती है। ये उल्का पिण्ड चट्टानों के टुकड़े, राख, निकेल-लोहे आदि के बने होते हैं। विश्व में उल्का पिण्ड के गिरने से अरिजोना राज्य में एक बहुत बड़ा क्रेटर बन गया था। कहा जाता है कि, 1300 मीटर गहरा यह क्रेटर लगभग दस हजार वर्ष पूर्व बना था।

चन्द्रमा

विभिन्न अंतरिक्ष अभियानों तथा खोज कार्यों के पश्चात् चन्द्रमा के बारे में बहुत-सी जानकारी प्राप्त हुई है। चन्द्रमा पृथ्वी का उपग्रह है, जिसका व्यास (Diameter) 3470 किलोमीटर है। चन्द्रमा पर करोड़ों ज्वालामुखी (Crater) हैं, जो आकार में छोटे गड्ढे (Pits) से लेकर सैकड़ों किलोमीटर व्यास के हैं। चन्द्रमा पृथ्वी की तुलना में मन्द गति से अपनी धुरी पर घूमता है। इसको अपनी धुरी पर एक चक्कर लगाने में लगभग 27 दिन लगते हैं। चूँकि चन्द्रमा को पृथ्वी के चारों ओर चक्कर लगाने में भी लगभग इतना ही समय लगता है, इसलिये चन्द्रमा का एक भाग (Same Face) ही पृथ्वी से नजर आता है। एक पूर्ण चन्द्रमा से दूसरे पूर्ण-चन्द्रमा के बीच 29.5 दिन का समय लगता है।

एक महीने के अलग-अलग दिनों में चन्द्रमा की आकृति भी भिन्न-भिन्न दिखाई देती है, जिसका मुख्य कारण चन्द्रमा तथा पृथ्वी का पारस्परिक बदलता स्थान है। चन्द्रमा के इन बदलते स्वरूपों को *चन्द्रकलाएं* कहते हैं **(Fig. 1.8)**।

द्रव्यमान: 0.073 द्रव्यमान (10^{24} किग्रा.)
व्यास: 3475 किमी.
घनत्व: 3340 किग्रा./मी^{3}
गरुत्व: 1.6 मी/से^{2}

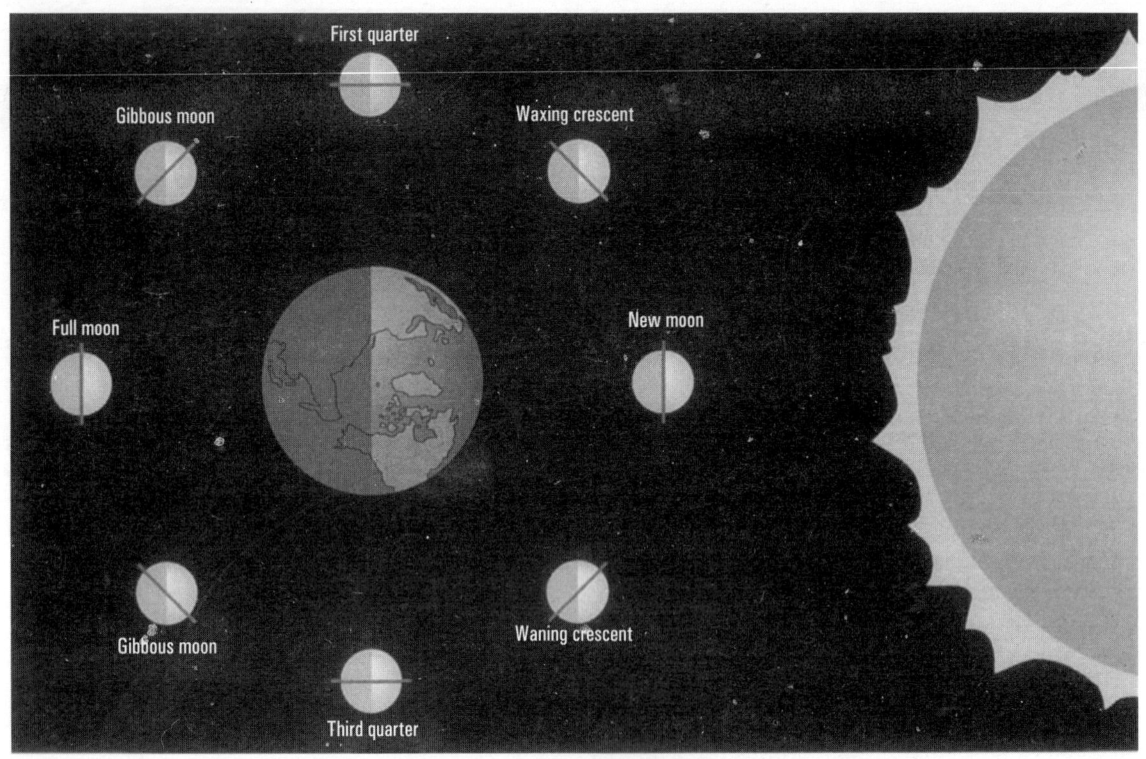

Fig. 1.8 Phases of the Moon
(After: Conte, Thompson, Moses, Earth Science, 1997, Mc Graw Hill Higher Education, p.34)

पलायन वेग: 2.4 किमी./से.
घूर्णन समय: 655.7 घन्टे
दिन की अवधि: 708.7 घंटे
सूर्य से दूरी: 0.384 (10^6 किमी.)
कक्षीय समय: 27.3 दिन
कक्षीय वेग: 1.0 किमी./से.
कक्षीय झुकाव: 5.1°
माध्य तापमान: –20 से.
उपग्रहों की संख्या: 0
वलय तंत्र: नहीं

तालिका 1.3: मौसम बदलने के पाँच मुख्य कारण

कारण	वर्णन
1. परिक्रमण (Revolution)	सूर्य के चारों ओर परिक्रमा, जिसमें 365.25 दिन लगते हैं।
2. घूर्णन (Rotation)	पृथ्वी अपनी धुरी पर 24 घंटे में एक चक्कर पूरा कर लेती है जिसकी गति विषुवत रेखा पर 1675 किलोमीटर प्रति घंटा होती है।
3. झुकाव (Tilt)	पृथ्वी अपनी धुरी पर 23½ डिग्री के कोण पर झुकी हुई है।
4. धुरी (Axis)	पृथ्वी अपनी धुरी पर सदैव एक ही कोण पर झुकी रहती है तथा ध्रुव तारा (Polaris) सदैव उत्तरी ध्रुव पर रहता है
5. गोलाई (Sphericity)	पृथ्वी की आकृति एक जियोइड (Geoid) के समान है यह पूर्ण रूप से वृत्ताकार नहीं है।

Source: *Christopherson, R.W., 1995 Elemental Geosystem a Foundation in Physical Geography, Prentice Hall, P.48.*

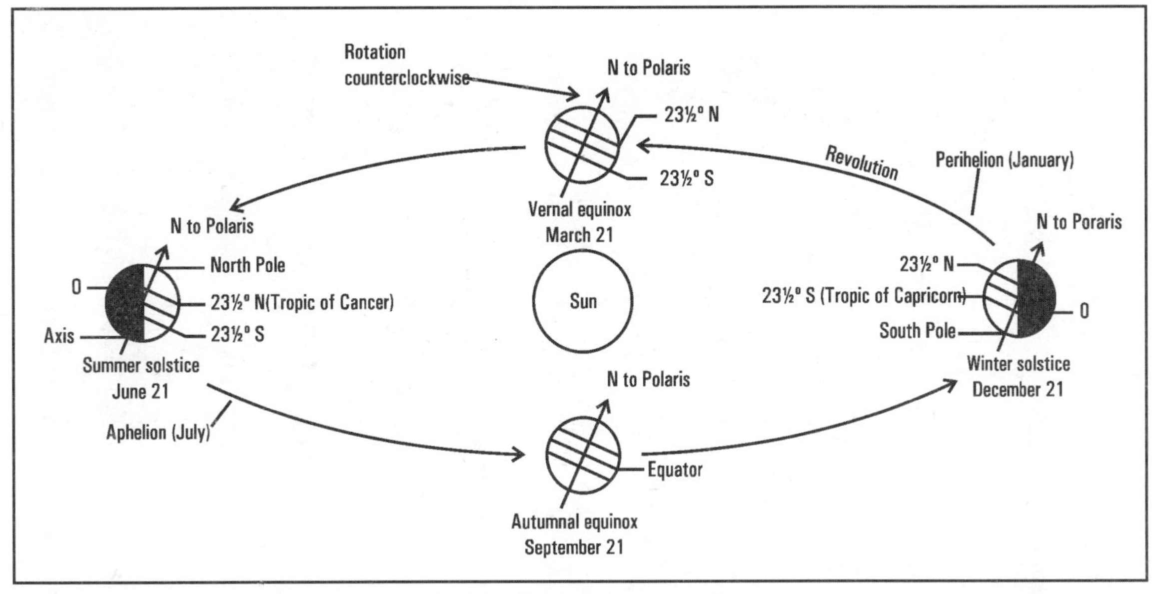

Fig. 1.9 Earth–Sun relationship

मौसम (Seasons)

पृथ्वी अपनी धुरी (Axis) पर 23½° कोण पर झुकी हुई है **(Fig. 1.9)**। जून के महीने में जब उत्तरी गोलार्द्ध सूर्य के सामने होता है, तो सूर्य की किरणें कर्क रेखा पर लम्बवत पड़ती हैं। इसलिये उत्तरी गोलार्द्ध में गर्मी का मौसम होता है तथा दक्षिणी गोलार्द्ध में सर्दी का मौसम। छह महीने के पश्चात् दिसम्बर में सूर्य की किरणें मकर रेखा पर लम्बवत पड़ती हैं। इसलिये दिसम्बर के महीने में दक्षिणी गोलार्द्ध में गर्मी का मौसम और उत्तरी गोलार्द्ध में सर्दी का मौसम होता है।

तालिका 1.4: वार्षिक गति तथा ऋतु परिवर्तन

दिवस (निकट)	नाम, उत्तरी गोलार्द्ध में	अर्द्ध-ध्रुवीय बिन्दु की अवस्थिति
1. दिसम्बर 21-22	मकर संक्रांति (दिसम्बर सोल्सटीस)(December Solstice)	23.5° दक्षिण अक्षांश (मकर रेखा)
2. मार्च 20-21	बसन्त-विषुव (Vernal-equinox)	0° (विषुवत रेखा)
3. जून 20-21	कर्क संक्रान्ति (जून सोल्सटीस)	23.5° अक्षांश (कर्क रेखा)
4. सितम्बर 22-23	शरदकालीन-विषुवत (Autumnal equinox)	0° (विषुवत रेखा)

Source: *Christopherson, R.W. 1995, Elemental Geosystems_A Foundation in Physical Geography, Prentice Hall, P.51.*

अन्तर्राष्ट्रीय तिथि रेखा (International Date Line)

कोई भी स्थान जो ग्रीनविच (Greenwich) से 180° पश्चिम में स्थित है उसका समय ग्रीनविच (लन्दन) के समय से 12 घंटे पीछे होगा और कोई स्थान जो 0° से 180° पूर्व में है उसका समय 12 घंटे आगे होगा। जैसे कोई मुसाफिर पूर्वी गोलार्द्ध से पश्चिमी गोलार्द्ध की ओर अन्तर्राष्ट्रीय तिथि रेखा (180°) पार करता है तो उसको एक दिन छोड़ देना पड़ता है। इसके विपरीत यदि कोई मुसाफिर पश्चिमी गोलार्द्ध से पूर्व गोलार्द्ध की ओर अन्तर्राष्ट्रीय तिथि रेखा (180°) को पार करता है तो उसको एक दिन बढ़ाना पड़ता है। अन्तर्राष्ट्रीय तिथि रेखा तथा समय-क्षेत्र (Time Zone) को **(Fig. 1.10)** में दिखाया गया है।

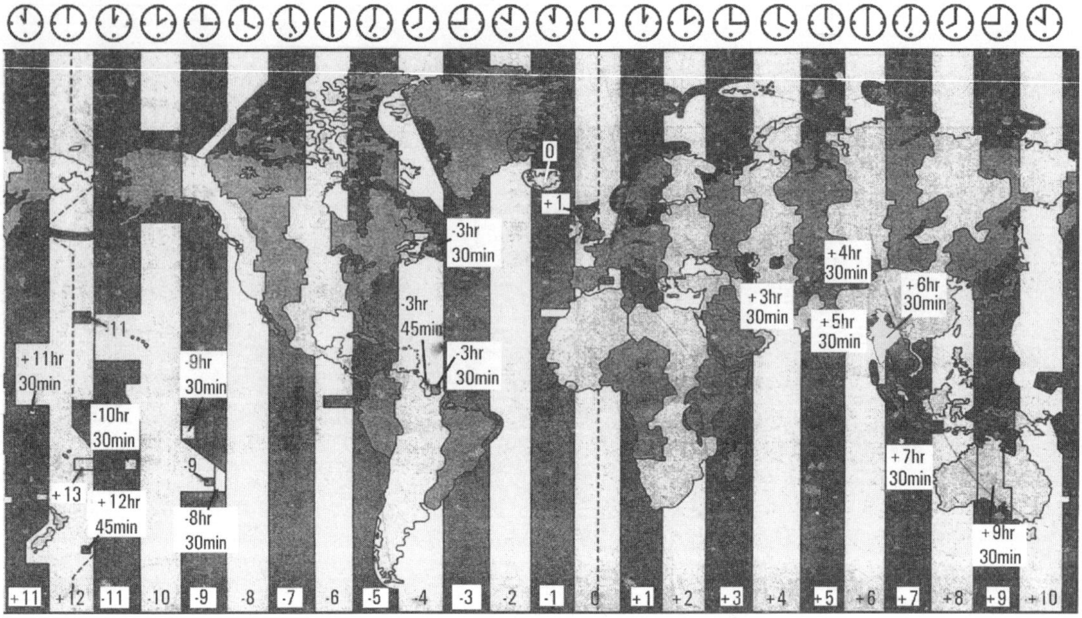

Fig. 1.10 Standard time zones of the world
(After: *Earth Science* – Mc Graw Hill Higher Education, 1997, p.35)

समकक्ष सार्वभौम समय (Co-ordinated Universal Time)

1928 में ग्रीनविच (लन्दन) समय को समकक्ष सार्वभौम समय (Coordinated Universal Time) से बदल दिया गया। वर्तमान में सभी देशों में सरकारी कामकाज के लिए UTC समय का इस्तेमाल किया जाता है। UTC समय को पेरिस (फ्रांस) के प्रसारण समय से निर्धारित किया जाता है।

प्रत्येक समय-क्षेत्र (Time Zone) के मध्य भाग के दोनों ओर 7.5° का अन्तराल होता है (**Fig. 1.10**). यदा-कदा, कुछ देशों में समय-क्षेत्रों में संशोधन करके सीमाओं में परिवर्तन किया गया है, ताकि स्थानीय समय की जटिलता को दूर किया जा सके। देखिये चीन के समय-क्षेत्र (Time Zone of China)।

दिन का प्रकाश बचाने का समय (Daylight Saving Time)

विश्व के कुछ देशों में बसंत ऋतु के आते ही अप्रैल के पहले रविवार को समय को एक घंटा आगे कर दिया जाता है और अक्टूबर के आखिरी रविवार को घड़ियों को एक घंटा पीछे कर दिया जाता है ताकि सूर्य प्रकाश से लाभ उठाकर बिजली के उपभोग में बचत की जा सके। इस प्रकार से घड़ियों को आस्ट्रेलिया, कनाडा, ग्रेट ब्रिटेन, जर्मनी तथा संयुक्त राज्य अमेरिका में उपयोग किया जाता है। समय को इस प्रकार प्रकाश समंजन करने का आविष्कार बेंजामिन फ्रैंकलिन (Benjamin Franklin) ने किया था।

दीर्घ वृत्त (Great Circle) तथा लघु वृत्त (Small Circle)

अक्षांश तथा देशान्तरों के निर्धारण में दीर्घ वृत्त एवं लघु वृत्त की बड़ी भूमिका है। दीर्घ-वृत्त (Great Circle) ऐसे वृत्त को कहते हैं, जिसका केन्द्र पृथ्वी के केन्द्र के अनुरूप हो। इनकी संख्या अनन्त (Infinite) हो सकती है। एक दीर्घ वृत्त में प्रत्येक देशान्तर रेखा, दीर्घ वृत्त की आधी होती है। एक चपटे कागज पर बने मानचित्र पर हवाई जहाजों के मार्ग सीधी रेखाओं के द्वारा दिखाया जाता है। दीर्घ वृत्त (Great Circle) को छोड़कर अन्य सभी अक्षांश रेखाओं की लम्बाई विषुवत रेखा से ध्रुव की ओर घटती चली जाती है, जिस कारण वे लघु वृत्त बनाती हैं। इन लघु वृत्तों का केन्द्र पृथ्वी के केन्द्र के अनुरूप नहीं होता (**Fig. 1.11**)।

Great circle

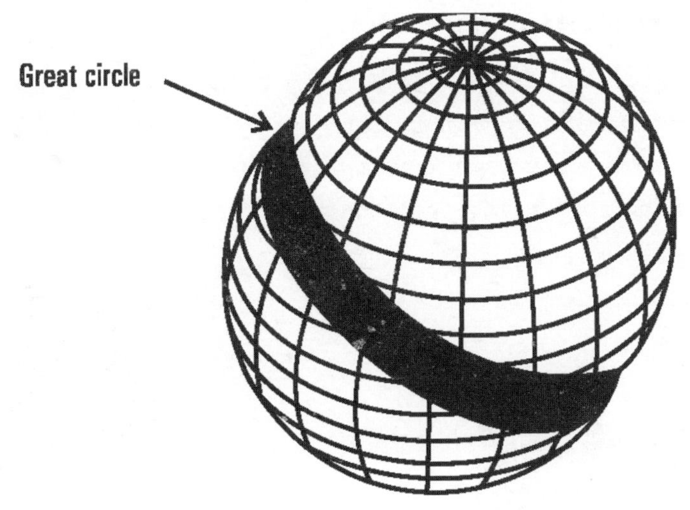

(a)
Each pair of meridians forms a great circle
All other parallels form small circles
Equator
The equatorial parallel is a great circle
(b)
Great circle
A plane intersecting the globe along a great circle divides the globe into equal halves and passes through its center
(c)
Small circle
A plane that intersects the globe along a small circle splits the globe into unequal sections–this plane does not pass through the centerof the globe

Fig. 1.11 Great circles and small circles on Earth

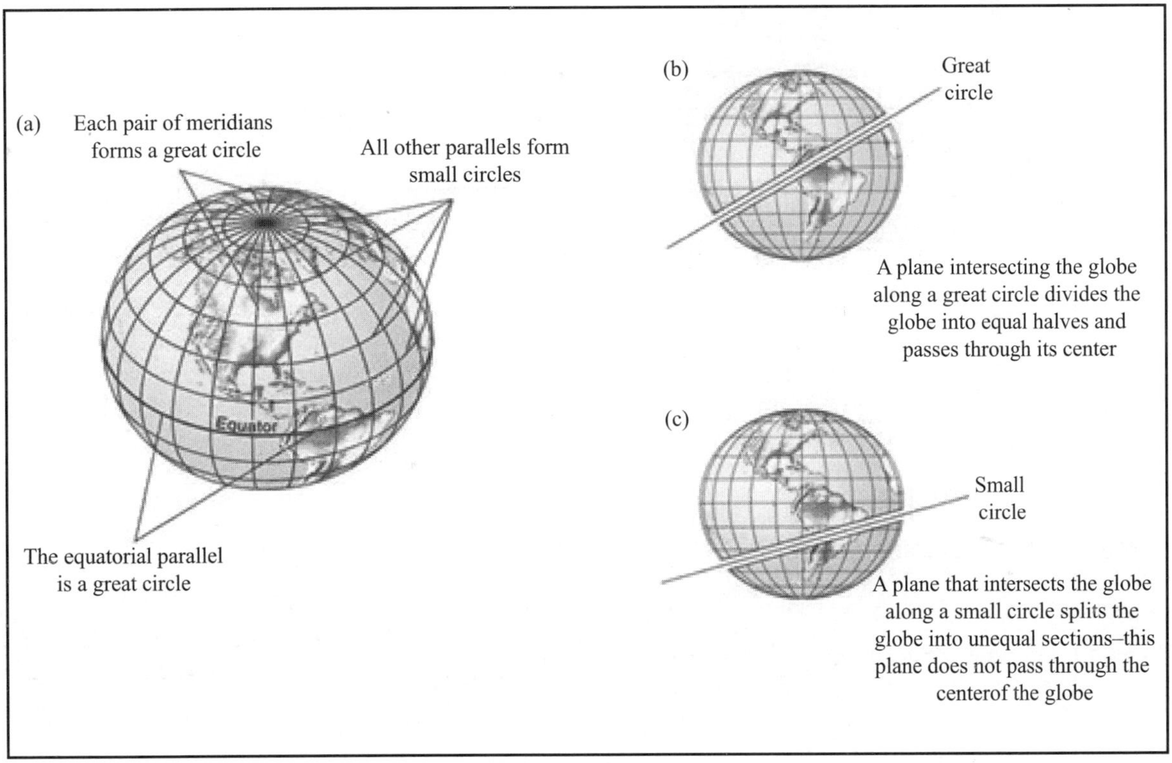

उत्तरी तथा दक्षिणी गोलार्द्ध (The Northern and Southern Hemispheres)

विषुवत रेखा एक काल्पनिक रेखा है जो पृथ्वी के मध्य से पश्चिम से पूर्व की ओर खींची गई है तथा पृथ्वी को दो बराबर भागों में विभाजित करती है। इसके उत्तरी भाग को उत्तरी गोलार्द्ध तथा दक्षिणी भाग को दक्षिणी गोलार्द्ध कहते हैं (**Fig. 1.12**)।

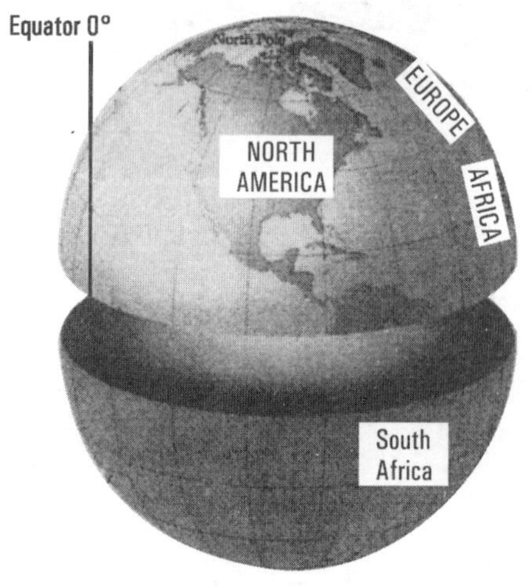

Fig. 1.12 The southern hemisphere contains three of the Earth's four great oceans — the Pacific, Indian and Arctic oceans

पूर्वी तथा पश्चिमी गोलार्द्ध (The Eastern and Western Hemispheres)

पृथ्वी को उत्तर से दक्षिण की ओर 0° डिग्री तथा 180° देशान्तरों के साथ दो बराबर भागों में विभाजित किया गया है। इस प्रकार के विभाजन से पृथ्वी को पूर्वी तथा पश्चिमी गोलार्द्ध में विभाजित किया जा सकता है। 0° (ग्रीनविच-लन्दन) से 180° पूर्व तक पूर्वी गोलार्द्ध तथा 0° (ग्रीनविच-लन्दन) से 180° पश्चिम तक पश्चिमी गोलार्द्ध (**Fig. 1.13**)।

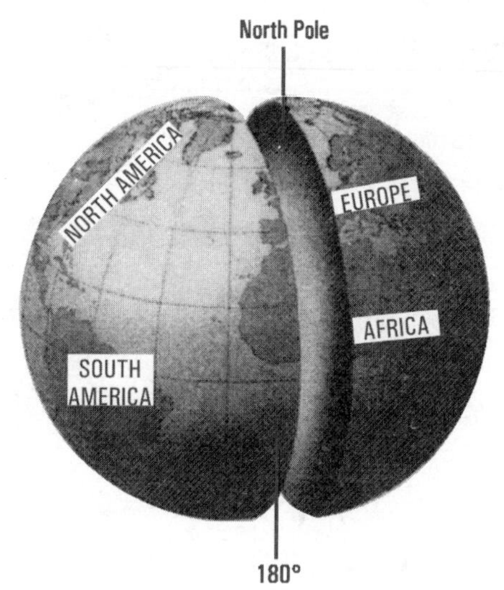

Fig. 1.13 The Eastern and Western hemispheres

थलीय गोलार्द्ध (Land Hemisphare) एवं जल-गोलार्द्ध (Water Hemisphere)

थल तथा जल के आधार पर भी पृथ्वी को दो गोलार्द्धों में विभाजित किया जा सकता है। विषुवत रेखा से उत्तर (उत्तरी गोलार्द्ध) में थलीय का भाग अधिक है, इसलिये इसको थलीय-गोलार्द्ध कहते हैं। इसके विपरीत दक्षिण गोलार्द्ध में जल का क्षेत्रफल अधिक है इसलिये दक्षिणी गोलार्द्ध को जल का गोलार्द्ध कहते हैं।

ग्लोबल पोजीशनिंग सिस्टम (Global Positioning System-GPS)

इस सिस्टम का आविष्कार 1970 में सुरक्षा तथा सैन्य उद्देश्य के लिये किया गया था। इसमें पृथ्वी के चारों ओर चक्कर लगाने वाले मानव द्वारा छोड़े गये 2434 उपग्रहों की सहायता से किसी स्थान के अक्षांश तथा देशान्तर का निर्धारण किया जाता है। इसके द्वारा किसी स्थान का निर्धारण सेंटीमीटर की शुद्धता तक किया जा सकता है।

इस विधि में पॉकिट-रेडियो के आकार का एक यन्त्र होता है, जिसमें तीन कृत्रिम उपग्रहों की सहायता से शुद्ध रूप से अक्षांश तथा देशान्तर को निर्धारित कर लिया जाता है।

आजकल इस यन्त्र का उपयोग जहाजरानी, भूमि-सर्वेक्षण, राजमार्गों, खनन, संसाधनों के मानचित्र तैयार करने तथा पर्यावरण से सम्बंधित परियोजना तैयार करने में होता है। भूगोल में इस विधि का विशेष महत्व है क्योंकि इसकी सहायता से मानचित्र बनाने तथा स्थानों का निर्धारण करने में सहायता मिलती है।

जीपीएस एक ऐसी प्रणाली है जिसके द्वारा कोई भी विश्व में कहीं की भी स्थिति की जानकारी प्राप्त कर सकता है। जीपीएस तीन खण्डों में विन्यासित है। ये तीन खण्ड हैं-

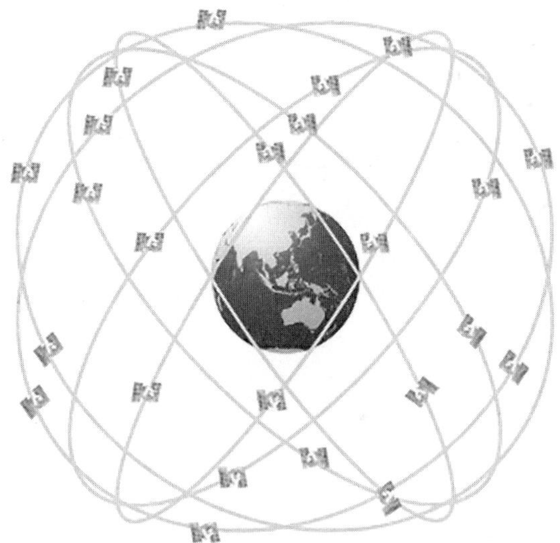

Fig. 1.14 (A)

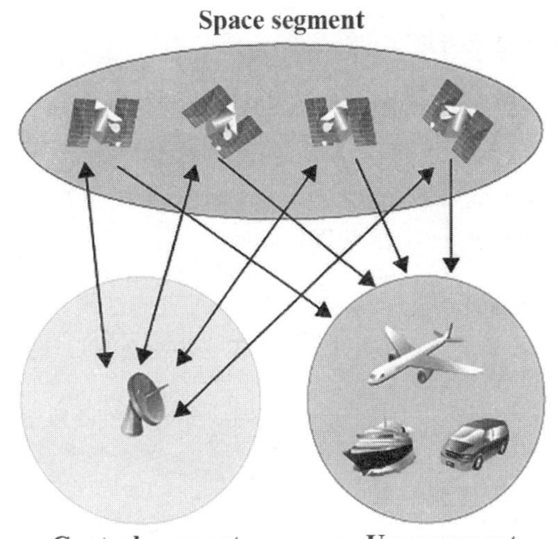

Fig. 1.14 (B)

अंतरिक्ष खंड (जीपीएस उपग्रह)

लगभग 20,000 किमी. (प्रति एक कक्षा में चार जीपीएस उपग्रह) की ऊँचाई पर पृथ्वी के चारों और छह कक्षाओं पर कई जीपीएस उपग्रह कार्यरत हैं और 12 घंटे के अंतराल पर पृथ्वी के चारों तरफ घूमते हैं।

नियंत्रण खंड (भू-नियंत्रण केन्द्र)

ग्राउंड नियंत्रण केन्द्र उपग्रह की कक्षा की निगरानी, नियत्रंण और रख-रखाव की भूमिका निभाते है। यह सुनिश्चित करने के लिए कि कक्षा से जीपीएस के साथ-साथ उपग्रहों का विचलन सहिष्णुता स्तर के भीतर है।

भारत का अंतरिक्ष कार्यक्रम

डॉ. विक्रम साराभाई, भारतीय अंतरिक्ष कार्यक्रम के संस्थापक एवं जनक थे। यह कार्यक्रम तिरुवनंतपुरम के पास थुंबा में स्थित थुम्बा इक्वेटोरियल रॉकेट लॉन्चिंग स्टेशन (TERLS) में शुरू हुआ था। डॉ. साराभाई और डॉ. कालपति रामकृष्ण रामनाथन के नेतृत्व में परमाणु ऊर्जा विभाग ने 1962 में INCOSPAR (अंतरिक्ष अनुसंधान के लिए भारतीय राष्ट्रीय समिति) का गठन किया। भारतीय अंतरिक्ष अनुसंधान संगठन (ISRO) का गठन 15 अगस्त, 1969 को अंतरिक्ष प्रौद्योगिकी और विकसित करने के मुख्य उद्देश्य के साथ किया गया था। विभिन्न राष्ट्रीय आवश्यकताओं के लिए इसका अनुप्रयोग। अब, यह दुनिया की छह सबसे बड़ी अंतरिक्ष एजेंसियों में से एक है। अंतरिक्ष विभाग (DOS) और अंतरिक्ष आयोग की स्थापना 1972 में हुई थी और इसरो को 1 जून 1972 को DOS के तहत लाया गया था। भारत ने संचार और सुदूर संवेदन उपग्रह, अंतरिक्ष परिवहन प्रणाली और अनुप्रयोग कार्यक्रम विकसित किए हैं और जबरदस्त प्रगति की है। भारतीय राष्ट्रीय उपग्रह (इनसैट) प्रणाली को दूरसंचार, टेलीविजन प्रसारण और मौसम संबंधी सेवाओं के लिए और भारतीय रिमोट सेंसिंग सैटेलाइट (आईआरएस) को प्राकृतिक संसाधनों की निगरानी और प्रबंधन और आपदा प्रबंधन सहायता के लिए विकसित किया गया है। हाल ही में भारत ने अपने अंतरिक्ष अन्वेषण के एक भाग के रूप में मंगल और चंद्रमा पर मिशन भेजे हैं।

संदर्भ (References)

- Bondi, H., 1960, *The Universe at Large*, New York, Doubleday.
- Christopherson, R.W. 1995, *Elemental Geosystems: A Foundation in Physical Geography*, Englewood Cliff.
- Christopherson, R.W, 2016, Geosystems: *An Introduction to Physical Geography*, 4th Canadian edition. Toronto, Pearson.
- D.K. *Concise Atlas of the World,* 2001, London, Dorling Kindersley Ltd.
- Fundamentals of Physical Geography, Majid Hussain (2018)
- Hamblin, W.K. and E.H. Christiansen, *Earth's Dynamic* Systems, Seventh Edition, Prentice Hall, Englewood Cliffs, NJ.
- Lyttleton, R., 1956, *The Modern Universe*, New York, Harper and Row.
- McFadden, L.A., Johnson, T., Weissman, P., 2006, *Encyclopedia of the Solar System*, 2nd ed. Academic Press.
- Palen, S., et. al, 2015, *Understanding Our Universe,* 2nd ed. New York, W.W. Norton & Company, Inc.
- *Reader's Digest, Great World Atlas*, London.
- Strahler, A., et. al. 1997, *Physical Geography*, New York, John Wiley & Sons Inc.
- Struve, O., 1962, *The Universe, Cambridge,* Mass. M.I.T. Press.
- Seeds, M.A., and Backman, D.E., 2016, *The Solar System,* 9th ed. Boston, Cengage Learning.

Web references

- https://www.nationalgeographic.org/activity/planetarysize-and-distance-comparison/
- https://nssdc.gsfc.nasa.gov/planetary/factsheet/
- https://solarsystem.nasa.gov/asteroids-cometsand meteors/overview/
- https://www.bbvaopenmind.com/en/science/physics/the-mysterious-rings-of-saturn/
- https://www.furuno.com/en/gnss/technical/tec_what_gps

2 अध्याय

विश्व का भू-आकृति विज्ञान (World's Geomorphology)

भू-आकृति विज्ञान (Geomorphology)

भू-आकृति विज्ञान में भू-आकृतियों की उत्पत्ति, उनका वर्गीकरण, तथा उनके प्रादेशिक वितरण का अध्ययन किया जाता है। भू-आकृति विज्ञान (Geomorphology) शब्दावली का सबसे पहला प्रयोग सम्भवत: **जे. डब्ल्यू. पोवल** (J.W. Powell) तथा **डब्ल्यू. जे. मकगी** (W.J. McGee) ने किया था। उनके अनुसार भू-आकृति विज्ञान का उद्देश्य पृथ्वी की भू-आकृतियों के परीक्षण के आधार पर भूपटल का इतिहास संकलित करना है। आज के युग के भू-आकृति विज्ञान के विशेषज्ञों, इस विषय में अपक्षय (Weathering) तथा अपरदन की प्रक्रियाओं का अध्ययन भी करते हैं। भू-आकृति विज्ञान को मानवीय भू-आकृति विज्ञान (Anthropogeomorphology) तथा प्रायोगिक भू-आकृति विज्ञान (Applied Geomorphology) में विभाजित किया जाता है।

पृथ्वी के चार मण्डल (Earth's Four Spheres)

पृथ्वी के धरातल पर चार मण्डल पाये जाते हैं **(Fig. 2.1)**। इस चित्र 2.1 के परीक्षण से ज्ञात होता है कि वायुमण्डल, जलमण्डल तथा स्थलमण्डल जहाँ परस्परव्यापी होते हैं वहाँ जीवमण्डल अर्थात जीवन पाया जाता है। वास्तव में ये चारों मण्डल एक-दूसरे पर आधारित हैं तथा एक-दूसरे को प्रभावित करते हैं।

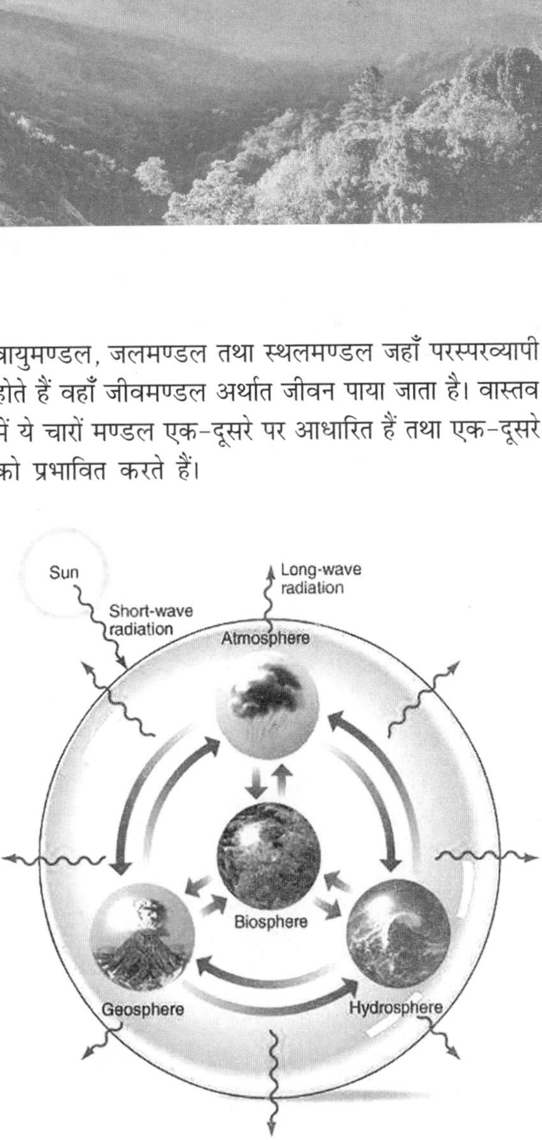

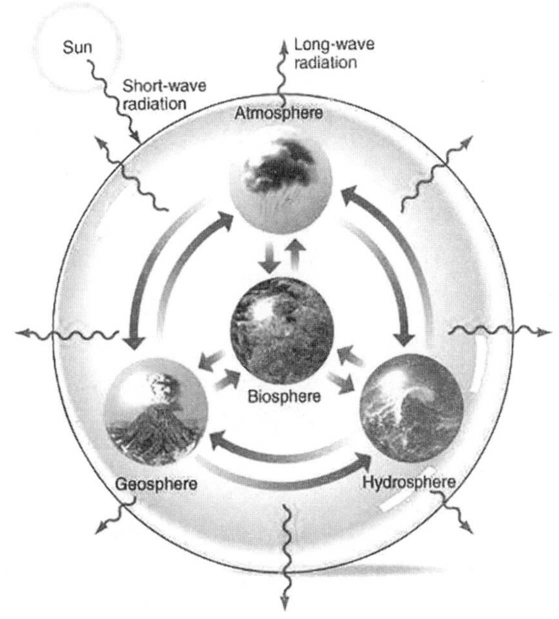

Fig. 2.1 Four spheres of the Earth

वायुमण्डल (Atmosphere)

पृथ्वी के चारों ओर गैस के आवरण (Envelope) को वायुमण्डल कहते हैं। वायुमण्डल में पाई जाने वाली गैसों की उत्पत्ति पृथ्वी के आंतरिक भाग से ही हुई है। वायुमण्डल के निचले भाग में नाइट्रोजन, ऑक्सीजन, ऑर्गन (Argon), कार्बन-डाइ-ऑक्साइड तथा वाष्प का ऐसा मिश्रण है, जिसमें जीवन सम्भव है।

जलमण्डल (Hydrosphere)

पृथ्वी पर जल, ठोस, तरल तथा वाष्प के रूप में पाया जाता है। पृथ्वी के धरातल पर पाया जाने वाला जल दो प्रकार का होता है:

(i) लवणयुक्त (सागरों का जल),

(ii) ताजा पानी (Fresh water)

हमारे सौरमण्डल में केवल पृथ्वी ही एक ऐसा ग्रह है जिस पर पानी पाया जाता है।

स्थलमण्डल (Lithosphere)

पृथ्वी के ऊपरी पटल को स्थलमण्डल कहते हैं। हमारा भूपटल (Lithosphere) पृथ्वी के आंतरिक भागों की तुलना में काफी भंजनशील है। इस पर विभिन्न प्रकार की भू-आकृतियाँ पाई जाती हैं।

जीवमण्डल (Biosphere)

पृथ्वी पर जहाँ वायुमण्डल, जलमण्डल तथा स्थलमण्डल मिलते हैं, वहाँ जीवमण्डल पाया जाता है। जीवमण्डल को पारिस्थितिकी मण्डल (Ecosphere) भी कहते हैं। सागर स्तर से लगभग आठ किलोमीटर की ऊँचाई तक जीवमण्डल पाया जाता है। जीवमण्डल का सभी अन्य मण्डलों पर भी प्रभाव पड़ता है।

हमारी पृथ्वी पर छह अरब से अधिक मानव जनसंख्या, दस लाख से अधिक जीव-जन्तुओं की प्रजातियाँ (Species) तथा 355,000 वृक्षों की प्रजातियाँ पाई जाती हैं।

शीतमंडल/क्रायोस्फेयर

क्रायोस्फेयर शब्द दो ग्रीक शब्दों **क्रियोस** जिसका अर्थ है ठंड या बर्फ और **स्पैरा** जिसका अर्थ है ग्लोब या बॉल से मिलकर बना है। इस प्रकार, क्रायोस्फेयर का अर्थ है पृथ्वी का बर्फ से जमा हुआ क्षेत्र। हिंदी भाषा में इसका अर्थ निम्नतापमंडल, तुषारमंडल या शीतमंडल आदि निकाला जाता है। यह क्षेत्र बर्फ, पर्माफ्रॉस्ट, तैरती बर्फ और ग्लेशियरों के रूप में जमे हुए पानी से बनता है। पर्यावरण संतुलन के लिए इस क्षेत्र की स्थिरता और निरंतरता आवश्यक है। क्रायोस्फेयर के आयतन में कोई भी उतार-चढ़ाव समुद्र के स्तर में परिवर्तन का कारण बनता है, ऊर्जा वितरण को प्रभावित करता है जो अंततः जलमंडल, वायुमंडल और जीवमंडल को प्रभावित करता है

पृथ्वी की आन्तरिक संरचना (Interior of the Earth)

पृथ्वी की आन्तरिक संरचना एक भारी विवाद का विषय रहा है। पृथ्वी की आंतरिक संरचना के सम्बन्ध में कोई प्रत्यक्ष प्रमाण नहीं है इसी कारण बहुत समय तक तापमान, दाब (Pressure) तथा पृथ्वी के घनत्व के आधार पर, पृथ्वी की आन्तरिक संरचना जानने का प्रयास किया जाता रहा।

भूकम्पीय लहरें तथा पृथ्वी की आन्तरिक संरचना

पृथ्वी की विभिन्न परतों में भूकम्पीय लहरों के व्यवहार से पृथ्वी की आंतरिक संरचना के बारे में विश्वसनीय तथा सटीक ज्ञान प्राप्त हुआ है। किसी भूकम्प के आने पर भूकम्प के फोकस (Focus) से विभिन्न प्रकार की लहरें उत्पन्न होती हैं। इन भूकम्पीय लहरों को तीन वर्गों में विभाजित किया जा सकता है:

भूकंप की घटना के दौरान उत्पन्न विभिन्न प्रकार की तरंगों को आम तौर पर तीन व्यापक श्रेणियों में विभाजित किया जाता है: (i) प्राथमिक तरंगें, (ii) द्वितीयक तरंगें, और (iii) सतही तरंगें। विभिन्न माध्यमों (ठोस, तरल और गैसीय) में भूकंप तरंगों के व्यवहार का वर्णन इस प्रकार किया गया है **(चित्र 2.2 और 2.2A):**

(i) प्राथमिक लहरें (Primary Waves)

प्राथमिक लहरों को अनुदैर्ध्य लहरें (Longitudinal waves) अथवा सम्पीड़ित लहरें (Compressional waves) भी कहते हैं। इस प्रकार की लहरों में कण प्रसारण की दिशा में कम्पन करते हैं। इनकी आवृत्ति (Frequency) अधिक होती

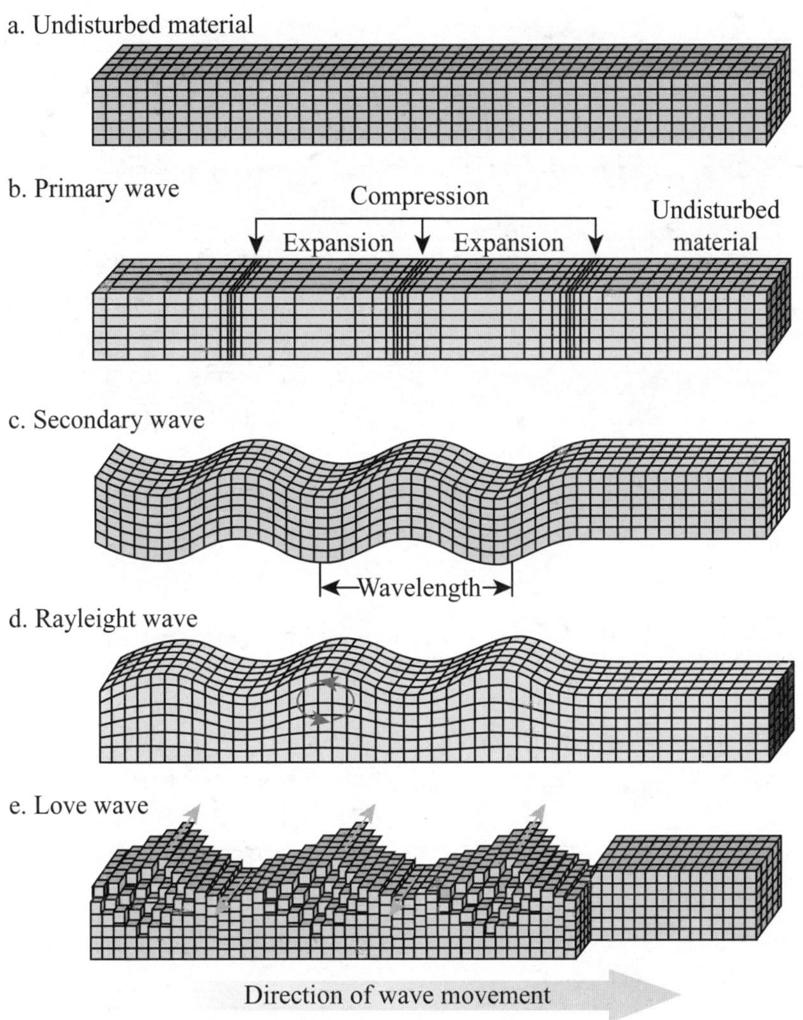

Fig. 2.2 Movement of Seismic Waves

है। प्राथमिक लहरें ठोस तथा तरल अर्थात सभी माध्यमों से गुजर जाती हैं। जिस स्थान की चट्टानों की कठोरता जितनी अधिक होती है उनकी गति भी उतनी ही अधिक होती है। तरल पदार्थ में इनकी गति कम हो जाती है इन लहरों की तुलना ध्वनि लहरों से की जाती है **(Fig. 2.2)**।

(ii) द्वितीयक लहरें (Secondary Waves)

द्वितीयक लहरों को अनुप्रस्थ अथवा आड़ी (Transverse) लहरें भी कहते हैं। इन लहरों की तुलना प्रकाश की लहरों से की जाती है **(Fig. 2.2)**। द्वितीयक लहरें तरल माध्यम से नहीं गुजर पातीं। ये लहरें पृथ्वी के विभिन्न भागों में स्थापित सभी भूकम्पीय यन्त्रों पर रिकॉर्ड नहीं की जातीं। ये लहरें फोकस से 103° के कोण पर बाहर आती हैं तथा इस कोण के पश्चात् एक छाया क्षेत्र बन जाता है। इससे यह सिद्ध होता है कि पृथ्वी की लगभग आधी गहराई पर एक तरल परत है, जिसमें द्वितीयक लहरें प्रवेश नहीं कर पाती। अर्थात वे पृथ्वी के मध्य से भी नहीं गुजर पातीं।

धरातलीय तरंगें (Surface Waves)

इन तरंगों को लंबी तरंगें भी कहते हैं। धरातलीय तरंगें कम आवृत्ति वाली, दीर्घ तरंगदैर्घ्य की मानी जाती हैं। इनका निरूपित कंपन, अधिकेन्द्र के निकट विकसित होता है।

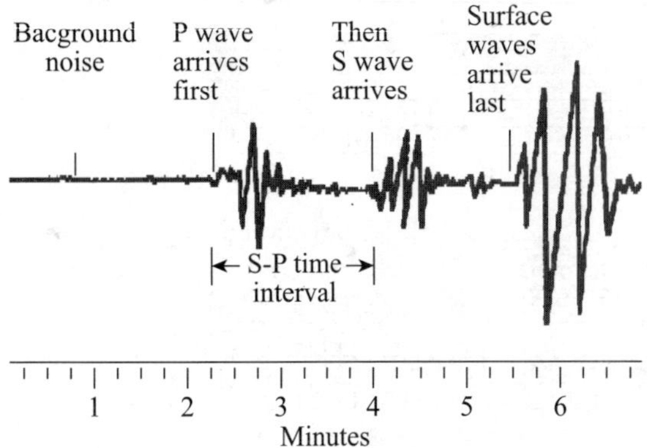

Fig. 2.2 A Graphical presentation of different types of seismic waves

धीमी गति के कारण ये तरंगें भूकम्प मापक (सिस्मोग्राफ) पर सबसे अन्त में रिकॉर्ड की जाती हैं।

पृथ्वी के धरातल पर अधिकतर जान व माल का नुकसान इन्हीं लहरों के द्वारा होता है।

भूकम्पीय लहरों के अध्ययन के आधार पर पृथ्वी की आन्तरिक संरचना

भूकम्पीय लहरों के पृथ्वी के अन्दरूनी भाग में व्यवहार से पता चलता है कि पृथ्वी में निम्न परतें है:

(i) आंतरिक ठोस भाग (Solid Inner Core),
(ii) बाह्य तरल कोर (liquid Outer Core),
(iii) मैण्टल (Mantle), तथा;
(iv) कठोर भूपटल (Rigid Lithosphere)।

यदि पृथ्वी की आन्तरिक संरचना एक जैसी होती तो भूकम्पीय लहरें इसमें समान गति से चलतीं **(Fig. 2.3)**। परन्तु इन लहरों के अध्ययन से ज्ञात हुआ कि भूकम्पीय लहरें दूर स्थित स्थानों पर तुलनात्मक रूप से शीघ्र रिकॉर्ड की जाती हैं। दूसरे द्वितीयक लहरें 103° के पश्चात् के क्षेत्र में रिकॉर्ड नहीं की जातीं। इस बात से सिद्ध होता है कि पृथ्वी का आन्तरिक भाग एक ही प्रकार का नहीं है उसमें विभिन्न प्रकार की परतें पाई जाती हैं और इन परतों का घनत्व अलग-अलग है और इसी कारण भूकम्प की लहरें वक्राकार चलती हैं **(Fig. 2.3)**।

भूकम्पीय असम्बद्धता (Seismic Discontinuities)

पृथ्वी के आन्तरिक भाग में दो असम्बद्धताएँ (Discontinuities) पाई जाती हैं। पहली असम्बद्धता भूपटल तथा मैण्टल को एक-दूसरे से अलग करती है। इस सीमा को मोहो असम्बद्धता (Moho Discontinuity) कहते हैं। दूसरी सीमा मैण्टल तथा कोर को अलग करती है। इस सीमा को गुटेनर्बन असम्बद्धता कहते हैं। यह असम्बद्धता पृथ्वी में 2900 किलोमीटर की गहराई पर है **(Fig. 2.3)**।

पृथ्वी के आंतरिक भाग को रासायनिक विशेषताओं के आधार पर:

(i) भूपटल (Crust)
(ii) आवरण (Mantle)
(iii) केन्द्रीय भाग (Core)

में विभाजित किया जाता है। पृथ्वी की आंतरिक संरचना भौतिक विशेषताओं के आधार पर

(क) स्थलमण्डल (Lithosphere),
(ख) दुर्बलतामण्डल (Asthenosphere),
(ग) मध्यमण्डल (Mesosphere),
(घ) बाह्य केन्द्र (Outer Core), तथा;
(ङ) आंतरिक केन्द्र (Inner Core) में विभाजित किया जाता है।

छाया क्षेत्र अथवा शैडो जोन

पृथ्वी के चारों ओर एक ऐसा क्षेत्र है जिसे छाया क्षेत्र कहा जाता है, जहाँ कोई भूकंपीय तरंगें प्राप्त नहीं होती हैं। यह भूकंप के फोकस या हाइपोसेंटर से 104 से 140 डिग्री की कोणीय दूरी से बनता है। यह क्षेत्र S तरंगों के रुकने और P तरंगों के तरल कोर द्वारा मोड़े जाने या अपवर्तित होने के परिणामस्वरूप बनता है।

भूपटल *(Crust)*

पृथ्वी की बाहरी पलट को भूपटल अथवा भूपर्पटी (Crust) कहते हैं। ऊपरी क्रस्ट का घनत्व 2.8 तथा निचली क्रस्ट का 3 है। पृथ्वी का क्रस्ट कुल आयतन का एक प्रतिशत

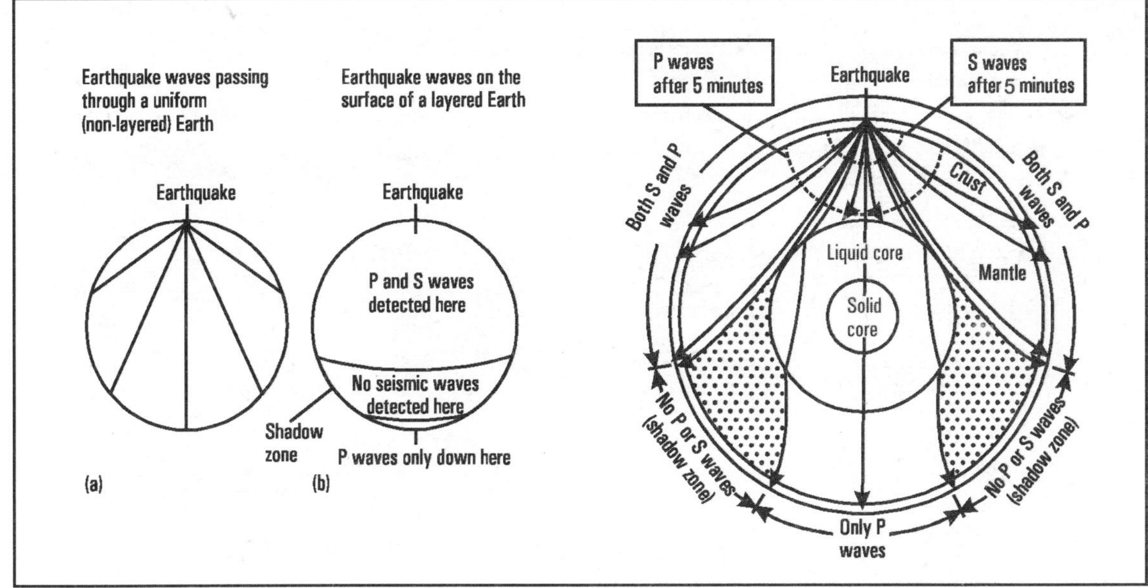

Seismic Wave model: How earthquakes contributed to our model of the layered earth.

(a) If the earth were homogeneous throughout, seismic waves would travel in straight-line paths at constant speed.

(b) Actually, the earth has a dense core, producing a shadow zone in which no seismic waves are detected.

(c) The patterns of reflected and refracted waves helped geophysicists deduce the structure of the earth's layers (after T. Garrison).

Fig. 2.3 Seismic waves inside the Earth

है (**Fig. 2.4** तथा **2.5**)। इसकी नीचे की सीमा मोहो असम्बद्धता है।

मैण्टल (Mantle)

भूपटल एवं कोर (Core) के बीच की परत को मैण्टल कहते हैं। इसका घनत्व 3.3 से लेकर 5.7 है और इसकी नीचे की गहराई 2900 किलोमीटर है (**Fig. 2.4** तथा **2.5**)।

कोर (Core)

कोर का विस्तार 2900 किलोमीटर से पृथ्वी के केन्द्र (6371 किलोमीटर) तक है। कोर मुख्यत: निकेल (Nickel) तथा आयरन (Iron) अर्थात नाईफ (Nife) का बना हुआ है तथा इसका तापमान लगभग 2700°C है। कोर का बाहरी भाग तरल तथा आन्तरिक भाग ठोस है (**Fig. 2.4** तथा **2.5**)।

चट्टानें (Rocks)

चट्टान खनिजों का एक समुच्चय है जो स्थलमंडल का एक महत्वपूर्ण भाग है। सबसे महत्वपूर्ण चट्टान बनाने वाले खनिज हैं फेल्डस्पार, माइका, एम्फीबोल्स, पाइरोक्सेन, ओ. लिविन, क्वार्ट्ज, कैल्साइट, डोलोमाइट, क्ले और जिप्सम। चट्टानों को उत्पत्ति और निर्माण के तरीके के आधार पर वर्गीकृत किया जा सकता है। यह वर्गीकरण इस प्रकार है: (i) आग्नेय, (ii) तलछटी, और (iii) रूपांतरित। इस प्रकार की चट्टानों का वैश्विक वितरण **(Fig. 2.5A) में दिया गया है।**

1. आग्नेय चट्टानें (Igneous Rocks)

भूपटल पर लावा ठंडा होने से जो चट्टानें बनती हैं उनको आग्नेय चट्टानें कहते हैं। अग्नेय चट्टानों को संरचना के आधार पर विभाजित किया जाता है। मुख्य आग्नेय चट्टानों

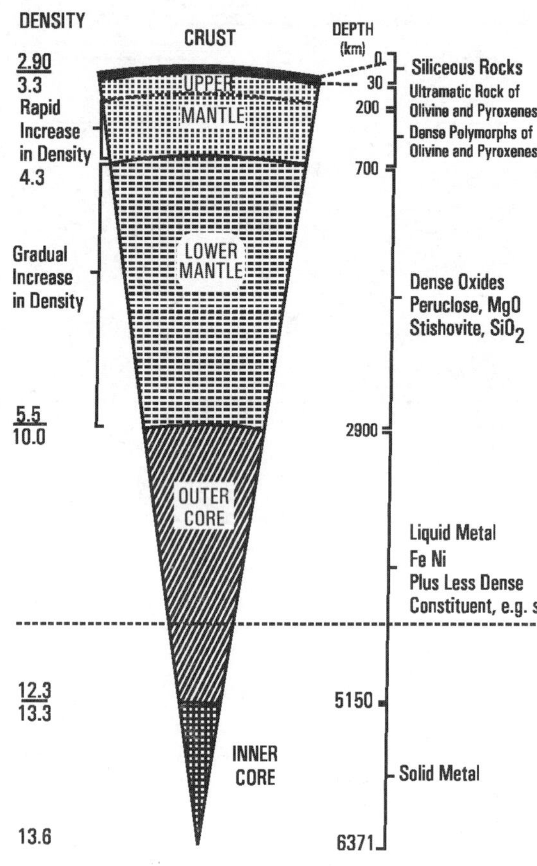

Fig. 2.4 A Schematic section of the Earth

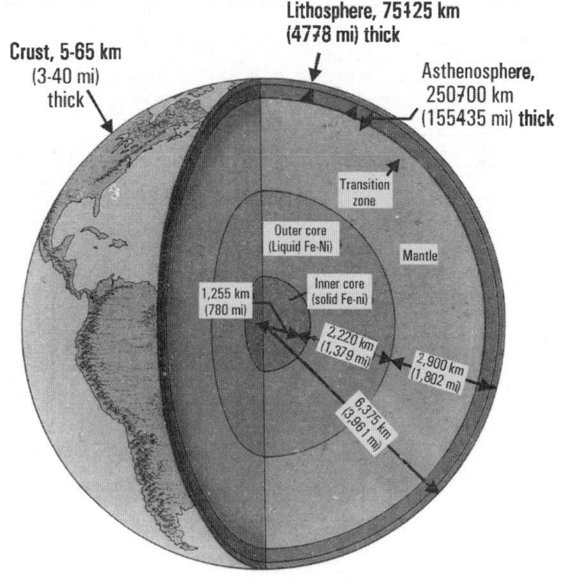

Fig. 2.5 Major of Earth's interior after Conte Thompson, Moses, Earth Science, 1977, p. 35.

में बेसाल्ट, गैबरो, एण्डेसाइट, डायोराइट, रियोलाइट (Rhyolite) तथा ग्रेनाइट सम्मिलित हैं। आग्नेय चट्टानों को अन्त: निर्मित (Intrusive) एवं बाह्य निर्मित (Extrusive) वर्गों में विभाजित किया जा सकता है।

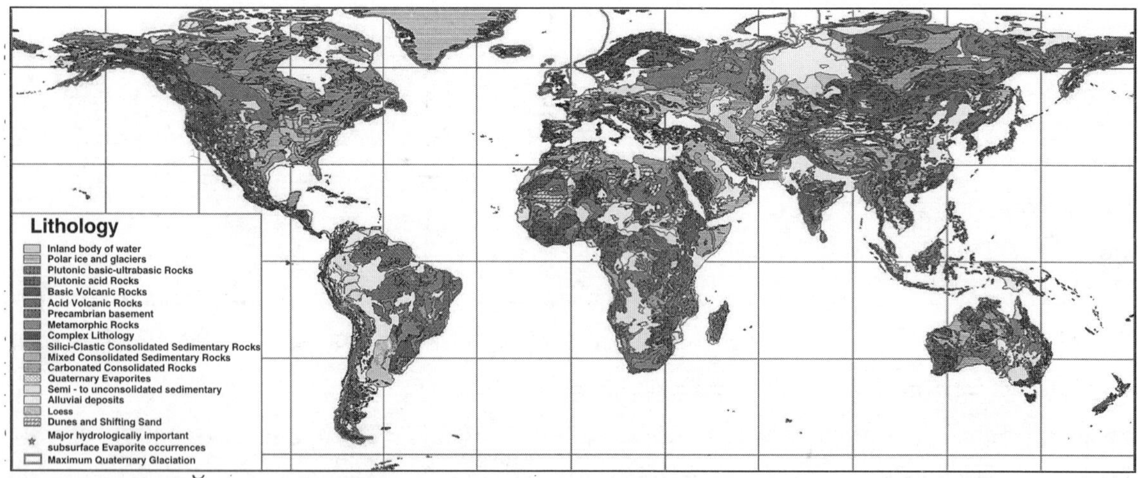

Source: *Hans H. Dürr, H. H., Meybeck, M., & Dürr, S. H. Lithologic composition of the Earth's continental surfaces derived from a new digital map emphasizing riverine material transfer, Global Biogeochemical Cycle, Volume 19, Issue 4, December 2005*

Fig. 2.5 (A) Distribution of Different Rocks in the World

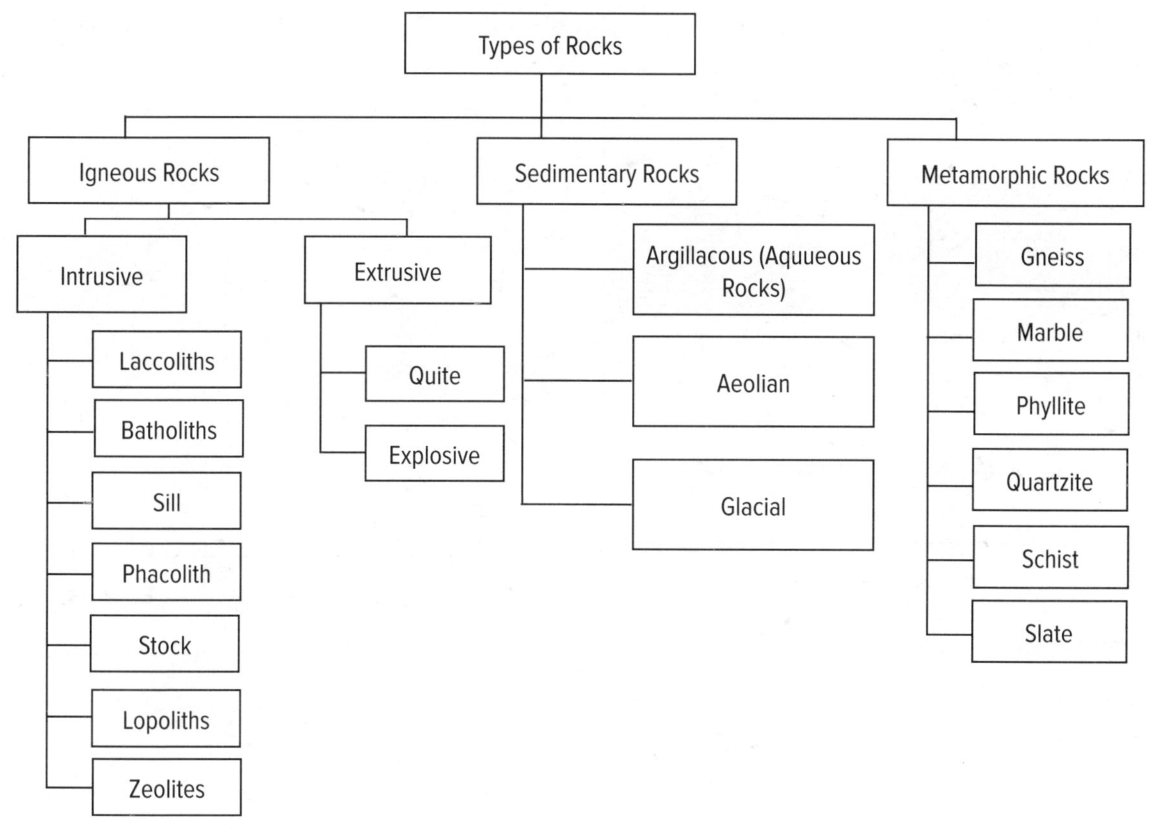

Fig. 2.6 Types of Rocks

(i) अन्त:निर्मित आग्नेय चट्टानें (Intrusive Igneous Rocks)

जब लावा के उद्‌गार के समय मैग्मा (Magma) ऊपर की ओर अग्रसर होकर धरातल के ऊपर न पहुँचकर धरातल के अन्दर ही ठंडा होकर ठोस रूप धारण कर ले तो उसको अन्त:निर्मित अग्नेय चट्‌टान कहते हैं **(Fig. 2.5)**।

बैथोलिथ (Batholith)

यह एक विस्तृत, असमान तथा उभरे हुये आकार की आग्नेय चट्‌टान होती है। इसकी आकृति प्राय: गुम्बद के आकार की होती है, जिसके किनारों का ढाल तीव्र होता है। अपरदन के कारण उसका ऊपरी भाग दिखाई देता है, परन्तु उसका आधार नहीं देखा जा सकता है **(Fig. 2.6)**।

लैकोलिथ (Laccolith)

लैकोलिथ मैग्मा द्वारा निर्मित एक अन्तर्जात चट्‌टान है, जो आस-पास के अवसादों पर एक मेहराब (Arch) के भाँति होती हैं तथा इसका ऊपरी भाग चपटा होता है **(Fig. 2.6)**।

सिल (Sill)

सिल, एक परत के रूप में आग्नेय चट्‌टान का समूह होता है। यह प्राय: दो परतदार या परिवर्तित चट्‌टानों के बीच में मैग्मा के ठंडा होने से बनता है **(Fig. 2.7)**।

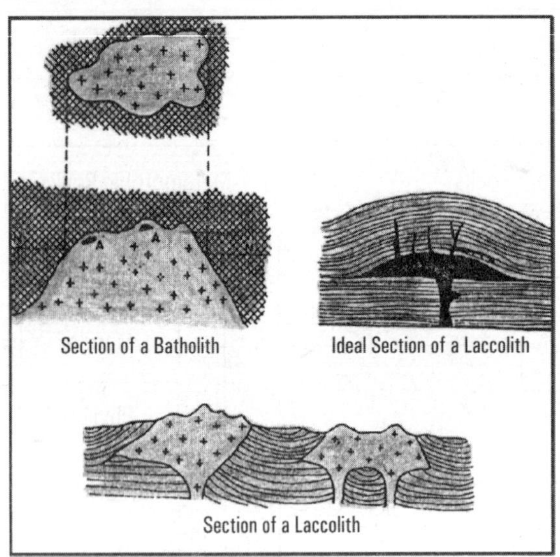

Fig. 2.7 Section of Intrusive Rocks

डाइक (Dyke, Dike)

डाइक प्राय: सिल का एक लम्बवत रूप है। वास्तव में डाइक एक दीवार की भाँति होता है **(Fig. 2.8)**।

फैकोलिथ (Phacolith)

यदि ज्वालामुखी उद्गार के समय मोड़दार पर्वतों की अपनति (anticline) तथा अभिनति (syncline) में मैग्मा ठंडा हो जाये तो उसे फैकोलिथ कहते हैं।

स्टॉक (Stock)

मैग्मा द्वारा निर्मित छोटी अंतर्जात चट्टानों, जिनका क्षेत्रफल 100 वर्ग किलोमीटर हो, उनको स्टॉक कहते हैं।

ज़ियोलाइट (Zeolites)

ये सिलिकेट चट्टानें होती हैं, जो ज्वालामुखी द्वारा निकाले गये लावे के जलीय गुफाओं में एकत्रित हो ठंडा होने से बनती है।

लोपोलिथ (Lopolith)

जब मेग्मा जमकर तश्तरीनुमा आकार ग्रहण कर लेता है तो उसे लोपोलिथ कहते हैं। लोपोलिथ की चट्टानें मैग्मा के धीमा ठण्डा होने के कारण साधारणत: मोटे कणों वाली होती है।

(ii) बाह्य आग्नेय चट्टानें (Extrusive Igneous Rocks)

जब ऊँचे तापमान वाला अधिक तरल मैग्मा धरातल के ऊपर फैल कर ठंडा होकर चट्टान का रूप धारण कर लेता है तो उसके द्वारा बाह्य आग्नेय चट्टानों का निर्माण होता है। बाह्य-आग्नेय चट्टानें निम्न दो प्रकार की होती हैं:

(i) विस्फोटक उद्गार से निर्मित (Explosive Rocks)

जब ज्वालामुखी उद्गार विस्फोटक होता है तो बहुत-सा लावा, चट्टानी टुकड़े, राख एवं झाँवे धरातल पर एकत्रित हो चट्टान का रूप धारण कर लेते हैं। ऐसी चट्टानों को विस्फोटक उद्गार चट्टान कहते हैं।

(ii) शांत-विरल उद्गार से निर्मित (Quiet Type Igneous Rocks)

जब लावा दरारों से चश्मे (springs) की भाँति उबलता है और फैल कर ठंडा होकर एक चट्टान का रूप धारण कर लेता है तो उसको क्वाइट प्रकार की बाह्य चट्टान कहते हैं **(Fig. 2.8)**।

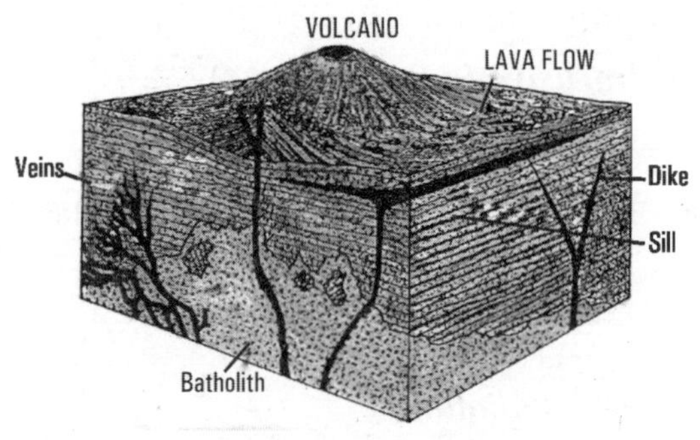

Fig. 2.8 Various forms of intrusive igneous rock plutons and extensive lava flow (after A. Strehler)

आग्नेय चट्टानें (Igneous Rocks)

आग्नेय चट्टानों की मुख्य विशेषतायें हैं:

(i) यह पिघले मैग्मा (लावा) के ठंडे होने से बनती हैं।

तालिका 2.1: आग्नेय चट्टानों के प्रकार

	चट्टान का प्रकार		उदाहरण
आग्नेय चट्टानें (Igneous Rocks)	आन्तरिक आग्नेय शैल	बैथोलिथ	• मिस्र में अस्वान ग्रेनाइट बैथोलिथ।
		लेकोलिथ	• उत्तरी अमेरिका में रॉकी पर्वत।
		सिल	• न्यूयार्क शहर के सामने हडसन नदी के पश्चिमी किनारे पर 300 मीटर मोटी सिल।
		डाइक	• चैनल द्वीप समूह। • स्पोरीन पीक क्षेत्र विश्व में अपनी डाइक्स के लिए प्रसिद्ध है।
		स्टॉक	• पार्क सिटी उटाह के पास। • अल्टा और क्लेटोन पीक स्टॉक्स। • ब्रिटिश कोलम्बिया कनाडा में हैलरोरिंग क्रीक और सलाल क्रीक स्टाक्स। • पायरेनीज औरिएन्टल्स, फ्रांस में सीरीह स्टॉक।
		लोपोलिथ	• ऑटेरियों का सुडबुरी आग्नेयस कॉम्पलेक्स। • दक्षिण अफ्रीका का द बुशवेल्ड आग्नेयस कॉम्पलेक्स। • जिम्बाब्वे का द ग्रेट डाइक। • ग्रीनलैण्ड का द स्केयरगार्ड कॉम्पलेक्स। • नवादा का द हम्बोल्ट लोपोलिथ।
		जिओलिट्स	• चीन • जापान • जॉर्डन • तुर्की • स्लोवाकिया • संयुक्त राज्य अमेरिका
	बाह्य आग्नेय शैल	विस्फोटक चट्टानें	• वियोमिंग में यलोस्टोन • कैलीफोर्निया में लॉग वैली • न्यू मैक्सिको में वाल्स
		शांत प्रकार	• ऑरेगन और वाशिंगटन राज्य में कोलम्बिया पठार (यूएसए) • प्रायद्वीपीय भारत (पश्चिम घाट दिखाई देने वाले भाग में मुख्य रुप से खण्डाला में बैसाल्टिक लावा की अनेक तलहटियाँ दिखाई देती हैं) (मुम्बई और पुणे के बीच) और (महाबलेश्वर पठार के ऊपर)

(ii) इनमें सामान्यत: परतें नहीं होती।

(iii) इनमें जीवाश्म नहीं होते।

(iv) यह कठोर होती हैं और इनमें से पानी नहीं छनता।

(v) यह रवेदार (granular) होती हैं और इनमें क्रिस्टल (crystal) होते हैं।

(vi) इनका अपक्षय प्राय: भौतिक प्रक्रिया के द्वारा होता है।

(vii) आग्नेय चट्टानों का सम्बंध ज्वालामुखियों से होता है।

(viii) इनमें सिलिकेट खनिज होता है।

(ix) अधिकतर धात्विक खनिज (लोहा, मैंगनीज, जस्ता, सोना, चाँदी) इन चट्टानों में पाये जाते हैं।

तलिका 2.2: परतदार चट्टानों के प्रकार

	चट्टान का प्रकार		उदाहरण
अवसादी चट्टानें (Sedimentary Rocks)		समुद्री	• मलेशिया
			• पाकिस्तान
			• वियतनाम
			• ब्राजील
		सरोवरीय नदीकृत	• बुलगारिया • बांग्लादेश • फ्रांस • यूनाइटेड किंगडम • ईरान • जर्मनी • भारत • ऑस्ट्रेलिया • दक्षिण कोरिया • चीन • चेक रिपब्लिक • स्पेन • दक्षिण अफ्रीका • संयुक्त राज्य अमेरिका
	कायूढ़	बालूटिब्बा लोएस जमाव वेन्टीफेम्ट यारढ्ंग्स वातगर्त मरुस्थल बरखान अर्ग सिन्क बालू पहाड़ी	• उत्तर • चीन • उत्तर यूरोपियन मैदान • दक्षिण एशियाटिक स्टैपी • मध्य-उत्तर अमेरिका • अर्जेन्टीना
	हिमनदीय	पार्श्विक हिमोढ़	• एन्टार्कटिका महाद्वीप में हिमनदीय बर्फ बहुत मात्रा में पाई जाती है।
		मध्य हिमोढ़	• ग्रीनलैण्ड का बहुत बड़ा भाग।
		ग्राउंड हिमोढ़ टर्मिनल हिमोढ़	• इसका थोड़ा-सा प्रतिशत अलास्का, **कनाडियन आर्कटिक पटागोनिया, नीजीलैण्ड द हिमालय पर्वत** और **आल्पस** में पाया जाता है।

2. अवसादी अथवा परतदार चट्टान (Sedimentary Rocks)

परतदार चट्टानों की उत्पत्ति अवसादों (sediments) के समूहन के फलस्वरूप होती है। परतदार चट्टानें निम्न प्रकार की होती हैं:

(i) जलज चट्टानें (Argillaceous Rocks)

इस प्रकार की चट्टानें सागर, झील तथा जलमार्गों में निर्मित होती हैं। बलुआ पत्थर, कांग्लोमरेट (conglomerate), चिकनी-मिट्टी, शैल तथा चूना-पत्थर इस प्रकार के उदाहरण हैं।

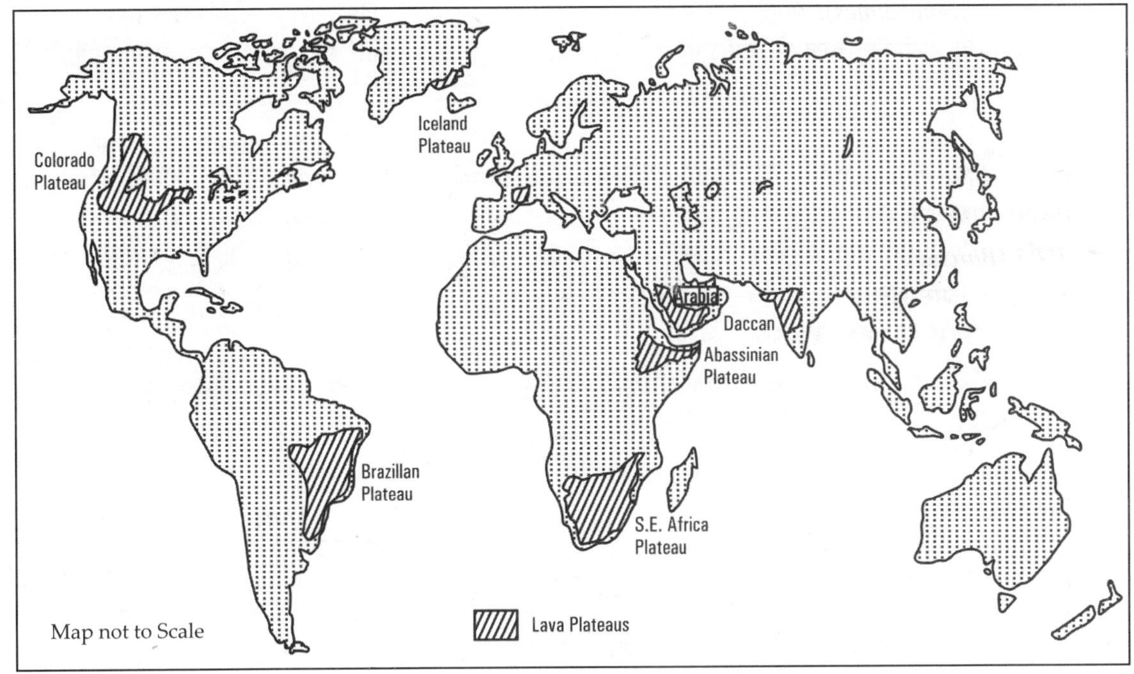

Fig. 2.9 Main lava plateaus of the world

जलज अवसादी चट्टान को आगे तीन भागों में बांटा गया है:

(i) **समुद्री जलज** अवसादी चट्टानों का निर्माण मुख्य रूप से सागरों तटवर्ती क्षेत्रों अवसाद के जमाव के कारण होता है।

(ii) **सरोवरीय जलज** अवसादी चट्टानों का निर्माण सरोवरों अथवा झीलों के तल पर तलक्षर के जमने से होता है।

(iii) **नदीकृत जलज** अवसादी चट्टानें वह हैं जिनका निर्माण नदी के तटवर्ती क्षेत्रों में तलछट के जमाव से होता है। इस प्रकार की चट्टानें बाढ़ के मैदानों में विशेष रूप से पाई जाती हैं।

(ii) वायुनिर्मित चट्टानें (Aeolian Rocks)

मरुस्थलों एवं अर्द्ध–मरुस्थलीय क्षेत्रों में भौतिक अपक्षय होता है। वायु चट्टानों के अपक्षयित अवसादों को उड़ा ले जाती है और वायु का वेग कम होने पर रेत इत्यादि परतों के रूप में एकत्रित हो जाता है। कभी–कभी वायु द्वारा निर्मित अवसादों में परतें नहीं भी होतीं। लोयस (Loess) में परत का क्रम ठीक से नहीं पाया जाता। इनमें जल आसानी से छन जाता है। लोयस मिट्टी का सबसे बड़ा क्षेत्र उत्तरी चीन में ह्वांग हो नदी के बेसिन में पाया जाता है **(Fig. 2.10)**।

वायूढ़ भू–स्वरूप (Aeolian landfarm): वायु अपरदन और निक्षेपण की दोनों क्रियाओं के माध्यम से अनेक भू–स्वरूपों का निर्माण करती है–

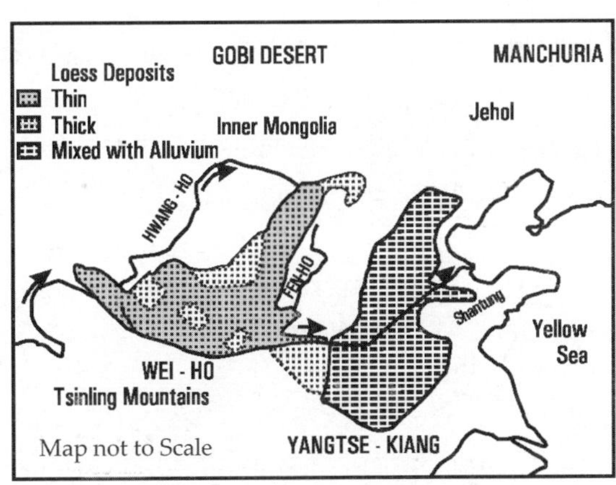

Fig. 2.10 Loess deposits in Northern China

- *बालू टिब्बा (Sand dunes):* वायूढ़ प्रक्रिया या बहते जल के द्वारा असंगठित बालू से बनी एक पहाड़ी।
- *लोएस (Loess):* साधारणतः पवन द्वारा उड़ाकर लाई हुई सूक्ष्म कणों वाली धूल का निक्षेप।
- *वातगर्त (Blowout):* बलुआ क्षेत्र में एक गर्त जो विशेषतः मरुस्थलों में टिब्बों के मध्य पाया जाता है।
- *बखनि (Barchan):* एक चापाकार टिब्बा।
- *अर्ग (Erg):* मरुस्थल का एक समतल चौड़ा क्षेत्र जो बालू चादरों से ढका रहता है।
- *सिंक (Sink):* इसे पलाया भी कहा जाता है। गड्ढे जहाँ पानी का जमाव स्थल दिखाई नहीं देता है।
- *बालू पहाड़ी (Sand Hill):* एक प्रकार का पारिस्थितिकी समुदाय।

(iii) हिमानी-निर्मित परतदार चट्टान (Glacial Rocks)

हिमनद द्वारा परिवहन किये गय पदार्थ को हिमोढ़ कहते हैं। यह हिमोढ़ हिमनद के विभिन्न क्षेत्रों में परत-दर-परत जमा होते जाते हैं। इस प्रकार की परतदार चट्टानों को हिमानी-निर्मित परदार चट्टान कहते हैं। इनके अतिरिक्त सागर की लहरें तथा भूगर्भिक जल भी परतदार चट्टानों का निर्माण करते हैं:

चार प्रकार के हिमोढ़ जमाव

(Four types of Moraine deposit)

(i) *पार्श्व हिमोढ़*— जब हिमोढ़ीय मलवा, ग्लेशियर के दोनों तरफ जमा हो जाता है।

(ii) *मध्य हिमोढ़*—जब हिमोढ़ीय अवसादी मलवा दो ग्लेशियरों के मध्य जम जाता है।

(iii) *स्थलीय हिमोढ़*—जब हिमोढ़ीय अवसादी मलवा ग्लेशियर के तल पर जम जाता है।

(iv) *अन्तिम हिमोढ़*—यह ग्लेशियर विखण्डित होता है और इसका मलवा इसके अन्दर जमा हो जाता है, तब इसका निर्माण होता है।

परतदार चट्टानों की मुख्य विशेषताएं

अवसादी अथवा परतदार चट्टानों की प्रमुख विशेषताएं निम्नलिखित हैं:

(i) अवसादी चट्टानों में परतें होती हैं।

(ii) अवसादी चट्टानों की परतें क्षैतिज अथवा तिरछी हो सकती हैं।

(iii) अवसादी चट्टानों में जैविक एवं अजैविक पदार्थ होते हैं।

(iv) अवसादी चट्टानें सामान्यतः सागरों, झीलों, नदियों तथा सागरी तटों पर परत-दर-परत निर्मित होती हैं।

(v) अवसादी चट्टानों में विभिन्न आकार के छिद्र होते हैं।

(vi) अवसादी चट्टानों में पानी सरलतापूर्वक छन जाता है।

(vii) अवसादी चट्टानों में जीवाश्म (fossils) पाये जाते हैं।

(viii) अवसादी चट्टानों के कण विभिन्न आकार के होते हैं।

(ix) जलोढ़ अवसादी चट्टानों के सूखने पर दरारें पड़ जाती हैं।

3. कायांतरित चट्टान (Metamorphic Rocks)

यदि परतदार, आग्नेय अथवा कायांतरित चट्टानों पर अधिक भार या तापमान बढ़ने के कारण उनका रूपान्तरण हो जाये तो ऐसी चट्टानों को कायांतरित चट्टान कहते हैं **(Fig. 2.11)**।

(i) नीस (Gneiss)

यह मोटे तथा बड़े कणों वाली कायांतरित चट्टान होती है। इनका पत्रीकरण अच्छी प्रकार विकसित नहीं होता।

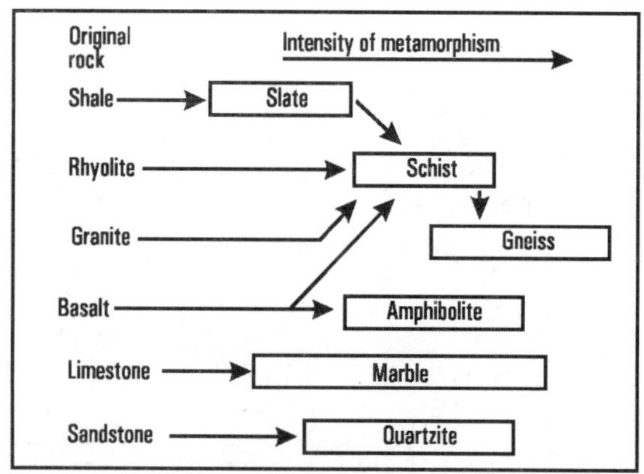

Fig. 2.11 The origin of common metamorphic rocks is complex. In some cases, such as quartzite, marble, and metaconglomerate (not shown in diagram), the nature of the original rocks is easily determined. In other cases, such as schist and gneiss, it is difficult and sometimes impossible to determine the type of source rock. This diagram is a simplified flowchart showing the origin of some of the common metamorphic rocks

(ii) संगमरमर (Marble)

यदि चूने की परतदार चट्टान पर अधिक भार अथवा तापमान पड़ जाये तो परिवर्तित चट्टान संगमरमर बन जाती है।

(iii) फायलाइट (Phyllite)

फायलाइट एक कायांतरित चट्टान है जो स्लेट की भाँति होती है।

(iv) सिस्ट (Schist)

सिस्ट एक बारीक कणों वाली कायांतरित चट्टान है। यह आसानी से टूटती है।

(v) क्वार्ट्जाइट (Quartzite)

क्वार्टजाइट की उत्पत्ति प्राय: बालू–पत्थर (sandstone) के कायांतरण के फलस्वरूप होती है।

(vi) स्लेट (Slate)

स्लेट एक बहुत बारीक कण वाली कायांतरित चट्टान होती है, जिसका रंग काला अथवा स्लेटी होता है।

कायांतरित चट्टानों की मुख्य विशेषताएं

(i) कायांतरित चट्टानों में भार तथा तापमान के कारण इनके भौतिक एवं रासायनिक तत्वों में परिवर्तन आ जाता है।

(ii) कुछ चट्टानें परिवर्तित होकर पहले से अधिक कठोर हो जाती हैं।

(iii) कायांतरित चट्टानों में जीवाश्म नष्ट हो जाते हैं।

(iv) कुछ कायांतरित चट्टानों में पपड़ियाँ पड़ जाती हैं।

(v) बहुत–सी कायांतरित चट्टानों में पानी नहीं छन पाता, जैसे–संगमरमर एवं स्लेट।

(vi) बहुत–सी कायांतरित चट्टानें दानेदार होती हैं, जैसे–क्वार्ट्ज तथा फेल्स्पार।

(vii) बहुत–सी कायांतरित चट्टानें संस्तरण–तल (Bedding Plane) के सहारे चटक जाती हैं।

तालिका 2.3: कायान्तरित चट्टानों के प्रकार

चट्टान का प्रकार		उदाहरण
कायांतरित चट्टान	नीस	• न्यू इंगलैंड, द पीडमोन्ट, एडीरोनडेक्स • द रॉकी पर्वत • ऑस्ट्रेलिया • उत्तरी केरोलिना और दक्षिण केरोलिना, यूएस • ब्रेवर्ड शींअर जोन के पूर्व
	मार्बल	• भारत, ग्रीस, स्पेन, तुर्की, इटली और संयुक्त राज्य अमेरिका
	फिलाइट	• उत्तर पश्चिम एशन का डलरेडियन मेटासेडीमेन्ट्स
	क्वार्टजाइट	• संयुक्त राज्य: पेंसिलवानिया का भाग, पूर्व–दक्षिण डकोटा, मध्य टैक्सास, द.प. मिनीसोटा, विसकोन्सिन में बराबू शृंखला में डेविल्स लेक स्टेट पार्क। • यूनाइटेड किंगडम : इंग्लैण्ड, वेल्स, होलीहेड पर्वत • स्कॉटिश उच्च भूमि, अनेक पर्वत क्वार्टजाइट से बने हैं। • कनाडा ओन्टेरियो में द ला क्लोची पर्वत • मोजाम्बिक में उच्चतम पर्वत मान्टे बिंगा (2436 मी.) और चिमानीमानी पठार के चारों तरफ का बचा क्षेत्र। • ब्राजील
	शिष्ट	• ब्राजील, यूएस का भाग और आयरलैण्ड, ऑस्ट्रेलिया
	स्लेट	• ब्राजील और यूनाइटेड किंगडम, भारत, चीन, फ्रांस स्पेन और पुर्तगाल।

महाद्वीपीय विस्थापन सिद्धांत (Continental Drift Theory)

जर्मनी के प्रसिद्ध भूगोलवेत्ता तथा जलवायु विज्ञान के विशेषज्ञ **अल्फ्रेड वेगनर** ने महाद्वीपीय विस्थापन का सिद्धान्त **सन् 1912** में प्रस्तुत किया था। उनके अनुसार महाद्वीप स्थिर नहीं रहते बल्कि उनमें विस्थापन होता रहता है। वेगनर के अनुसार एक समय पर सभी महाद्वीप एक–दूसरे से जुड़े

हुये थे। इन जुड़े हुये महाद्वीपों को वेगनर ने पैंजिया कहा। इस पैंजिया पर छोटे-छोटे आन्तरिक सागरों का विस्तार था। पैंजिया के चारों ओर एक विशाल सागर था जिसका नाम पैंथालसा रखा गया। पैंजिया का उत्तरी भाग लॉरेशिया (उत्तरी अमेरिका, यूरोप तथा एशिया) तथा दक्षिणी भाग का नाम गोण्डवानालैण्ड (दक्षिणी अमेरिका, ऑस्ट्रेलिया, अफ्रीका तथा अंटार्कटिका) था **(Fig. 2.12)**।

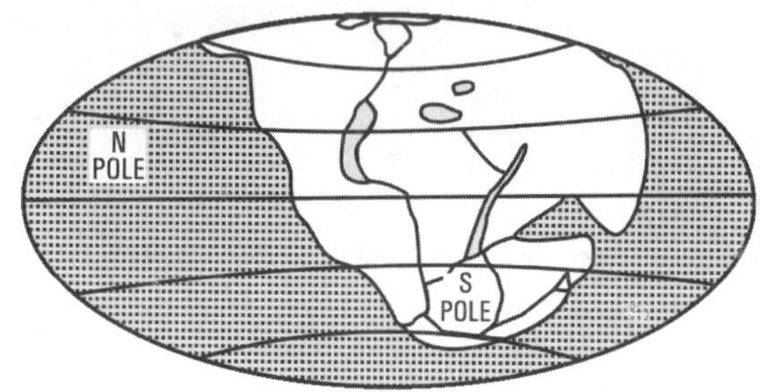

Fig. 2.12 Pangaea

कार्बोनिफेरस युग में महाद्वीपों का विस्थापन आरम्भ हुआ, जो लगभग तीस करोड़ वर्ष पूर्व माना जाता है। वेगनर ने महाद्वीपीय विस्थापन के बारे में दो परिकल्पनायें प्रस्तुत की:

(i) *पहली परिक्रमा:* यदि महाद्वीप एक जगह पर स्थिर रहे हैं तो जलवायु कटिबंध क्रमशः अपना स्थान बदलते रहे हैं। परन्तु ऐसे विस्थापन के प्रत्यक्ष प्रमाण नहीं मिलते। जलवायु कटिबंधों का सम्बन्ध सूर्य तथा पृथ्वी की पारस्परिक परिक्रमा से है, जिसमें कोई परिवर्तन नहीं हुआ।

(ii) *दूसरी परिकल्पना:* यदि जलवायु कटिबंध स्थिर रहे हैं, तो महाद्वीपों में विस्थापन हुआ है। वेगनर का पूर्ण विश्वास था कि महाद्वीपों का विस्थापन हुआ है।

विस्थापन के पक्ष में प्रमाण

वेगनर महोदय ने अपने सिद्धान्त के समर्थन में निम्न प्रमाण प्रस्तुत किये:

1. वेगनर के अनुसार, अटलांटिक महासागर के दोनों तटों पर भौगोलिक एकता पाई जाती है। इस महासागर के दोनों किनारों को आरी के दाँतों की भाँति जोड़ा जा सकता है, जिसको अंग्रजी भाषा में जिग सॉ-फिट (Jig saw-fit) कहते हैं **(Fig. 2.13** तथा **2.14)**।

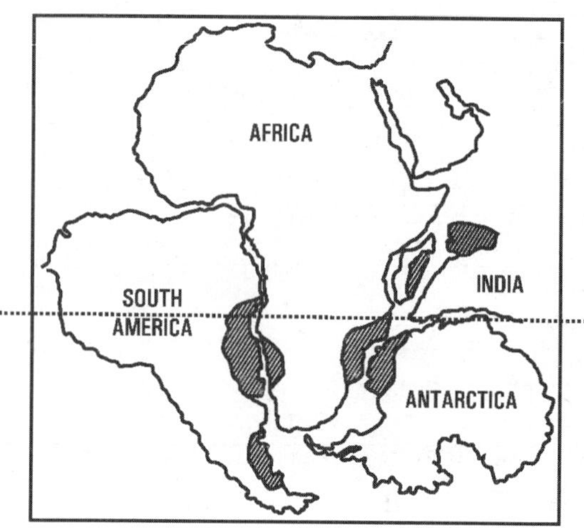

Fig. 2.13 Jig-saw fit of continents and major basalt plateaus

2. अटलांटिक महासागर के दोनों तटों की चट्टानों की संरचना एवं आयु एक ही युग की है।
3. अटलांटिक महासागर के दोनों तटों पर पाये जाने वाले जीवाश्मों में समानता पाई जाती है।
4. ऑस्ट्रेलिया, अंटार्कटिका तथा भारत (महानदी बेसिन) में पाए जाने वाले जीवाश्मों में समानता पाई जाती है।
5. कार्बोनिफेरस युग का बना कोयला उत्तरी यूरोप, पिचोरा बेसिन तथा साइबेरिया के उन भागों में पाया जाता है जो बर्फ से ढके रहते हैं और जहाँ प्राकृतिक वनस्पति नहीं उगती। ग्रीनलैंड तथा अर्ण्टाकटिक महाद्वीप पर बर्फ के नीचे भी कोयले के भंडार मिले हैं।
6. ब्राजील के पठार, कांगो बेसिन, भारतीय प्रायद्वीप तथा ऑस्ट्रेलिया के मरुस्थल में हिम नदी द्वारा निर्मित भू-आकृतियाँ पाई गई हैं जो इस बात की तरफ संकेत करती हैं कि किसी समय यह भाग ध्रुवीय क्षेत्रों में स्थित था जहाँ हिम नदियों और महाद्वीपीय विस्थापन के कारण उनका स्थान परिवर्तन हुआ है।

सिद्धान्त का मूल्यांकन

1. महाद्वीपों के विस्थापन के लिये कितने बल की आवश्यकता है उसकी व्याख्या वेगनर नहीं कर पाये। उनके अनुसार महाद्वीपों का उत्तर की ओर विस्थापन गुरुत्वाकर्षण बल के द्वारा होता है तथा पश्चिम की

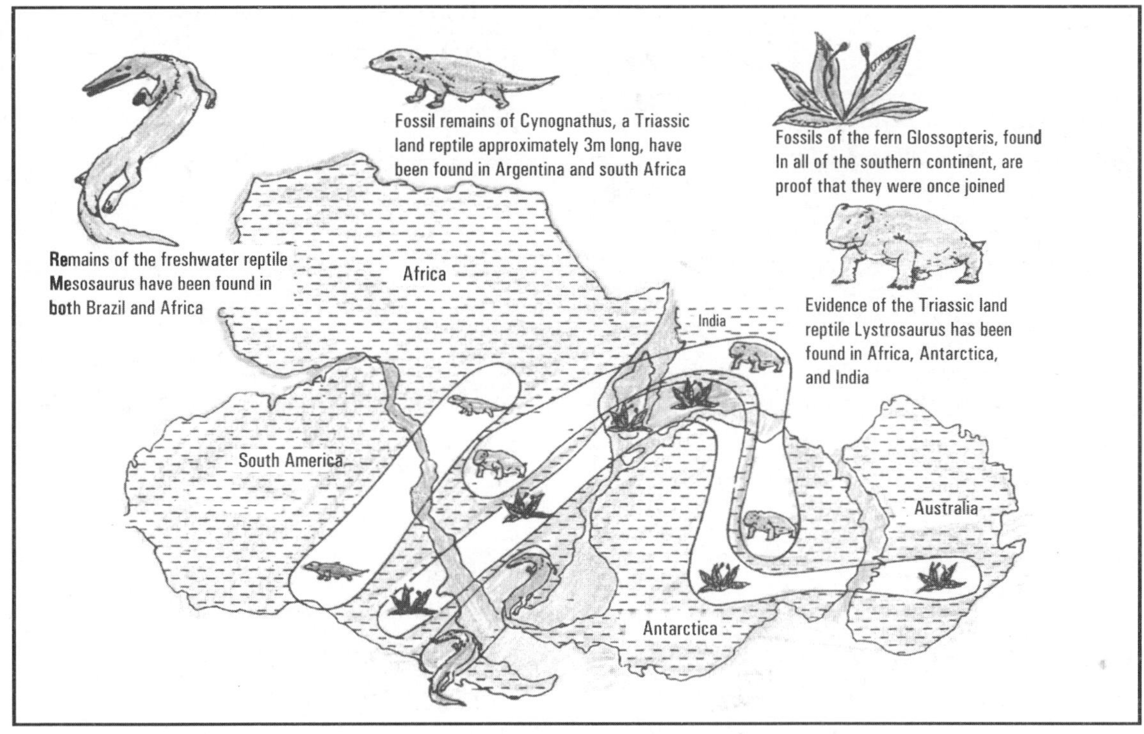

Fig. 2.14 Paleontological evidence of Continental Drift (after Hamblin, 1995)

ओर विस्थापन ज्वार-भाटा बल के द्वारा। ये दोनों बल महाद्वीपों के विस्थापन के लिए पर्याप्त नहीं हैं।

2. अटलांटिक महासागर के दोनों तटों की भूगर्भीय विशेषताएं हर जगह मेल नहीं खाती।
3. कार्बोनीफेरस युग से पहले पैंजिया किस बल के द्वारा स्थिर था।

सागर नितल का विस्तार (Sea Floor Spreading)

सागर नितल प्रसरण की संकल्पना का प्रतिपादन सर्वप्रथम अमेरिका के विद्वान हैनरी हैजल हेस (Henry Hassel Hess) ने 1960 में किया था। प्रो. हेस प्रिंस्टन यूनिवर्सिटी के विद्वान थे। उनके अनुसार पृथ्वी के ऐस्थेनोस्फियर से लावा सागरीय कटकों के मध्य भाग में आकर ठंडा होकर भूपटल का भाग बन जाता है। लावे से नया भूपटल बनने के कारण पुराने लावा से बनी चट्टानें दोनों ओर खिसक जाती हैं जिसके कारण सागर का विस्तार होता है एवं महाद्वीपों का विस्थापन **(Fig. 2.18)**।

सागर नितल विस्तार के सिद्धान्त ने बहुत-से जटिल प्रश्नों को सुलझाने में सहायता की है। इससे पता चला है कि कटकों के मध्य भाग के लावे की चट्टानों की आयु कम क्यों है और उनकी मोटाई कम क्यों है। इस संकल्पना से वेगनर के महाद्वीपीय सिद्धान्त की पुष्टि हुई और पता चला कि भूकम्प तथा ज्वालामुखियों का उद्गार कुछ विशेष पेटियों में ही क्यों होता है तथा वलनदार पर्वतों की उत्पत्ति किस प्रकार होती है?

प्लेट विवर्तनिकी सिद्धान्त (Theory of Plate Tectonics)

प्लेट विवर्तनिकी का सिद्धान्त 1967 में डब्ल्यू. जे. मॉर्गन (W. J. Morgan) ने प्रस्तुत किया था। उनके अनुसार, हमारी पृथ्वी का भूपटल (crust) स्थलीय दृढ़ भूखण्डों (plates) का बना हुआ है। वास्तव में स्थलीय दृढ़ भूखण्ड को प्लेट कहते हैं। प्लेट विवर्तनिकी का सिद्धान्त, महाद्वीपीय विस्थापन तथा सागर तल के विस्तार पर आधारित है। अब तक सात बड़ी तथा कुछ लघु प्लेटों का निर्धारण किया जा चुका है **(Fig. 2.18)**। ये प्लेटें निम्न प्रकार हैं:

तलिका 2.4: बड़ी और छोटी प्लेटों का विवरण
(List of Major and Minor Plates)

क्र.सं.	प्लेट का नाम	प्रकार	आकार (वर्ग किमी. में)
1.	प्रशान्त प्लेट	बड़ी	103,300,000
2.	उत्तरी अमेरिका प्लेट	बड़ी	75,900,000
3.	यूरेशियन प्लेट	बड़ी	67,800,000
4.	अफ्रीकन प्लेट	बड़ी	61,300,000
5.	अन्टार्कटिक प्लेट	बड़ी	60,900,000
6.	भारत आस्ट्रेलियन प्लेट	बड़ी	58,900,000
7.	दक्षिण अमेरिकन प्लेट	बड़ी	43,600,000
8.	सोमाली प्लेट	छोटी	16,700,000
9.	नाजका प्लेट	छोटी	15,600,000
10.	फिलीपीन्स सागर प्लेट	छोटी	5,500,000
11.	अरेबियन प्लेट	छोटी	5,000,000
12.	कैरैबियन प्लेट	छोटी	3,300,000
13.	कोकोज प्लेट	छोटी	2,900,000
14.	केरोलिना प्लेट	छोटी	1,700,000
15.	स्कॉटिया प्लेट	छोटी	1,600,000
16.	बर्मा प्लेट	छोटी	1,100,000
17.	नई हर्बीसाइड प्लेट	छोटी	1,100,000

इन बड़ी और छोटी प्लेटों के छोर एक-दूसरे के साथ सटे हुये हैं। इन प्लेटों के किनारे निम्न तीन प्रकार के होते हैं:

1. रचनात्मक प्लेट सीमा अथवा किनारा,
2. विनाशी प्लेट सीमा अथवा किनारा,
3. संरक्षी प्लेट सीमा अथवा किनारा।

I. *रचनात्मक प्लेट सीमा (Constructive Plate Boundaries)*

रचनात्मक छोरों पर नये भूपटल का निर्माण होता है। यह प्रक्रिया सागरीय कटकों पर होती है, जहाँ दो बड़ी प्लेटें विपरीत दिशा में प्रस्थान करती हैं **(Fig. 2.16)**।

1. संसृत या विध्वंसक प्लेट उपांत (Subduction)

जब प्लेट एक दूसरे की तरफ बढ़ते हैं **(Fig. 2.16)** तो इस तरह के उपांत को संसृत या विध्वंसक प्लेट उपांत कहते हैं। सामुद्रिक परत महाद्वीपीय परत की वनिस्पत घनी और पतली होती है—सामुद्रिक परत औसतन 5 किमी. (3 मील) मोटी होती है, जबकि महाद्विपीय परत 30-40 किमी. (15-24 मील) मोटी होती है। जब समान घनत्व

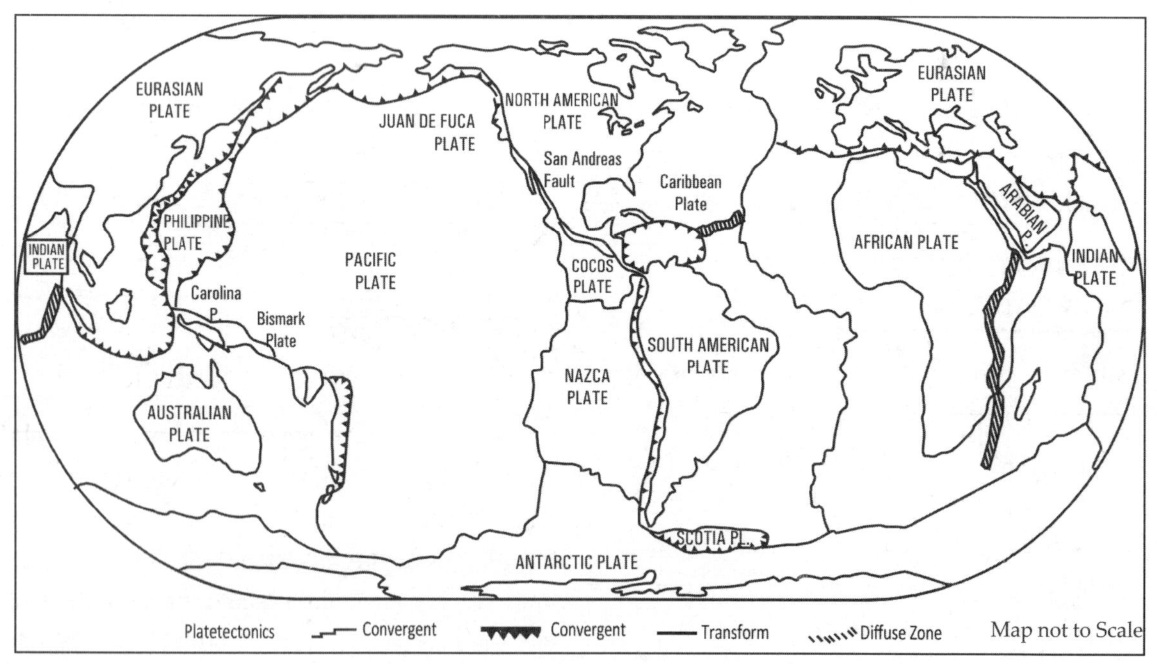

Fig. 2.15 Major and minor plates

वाले सामुद्रिक प्लेट आपस में मिलते हैं, तो वे विकृत हो जाते हैं और प्लेट एक-दूसरे पर चढ़ जाते हैं, इससे गहरे समुद्र में सामुद्रिक खाई बनती है और समुद्री स्तर पर अर्धवृत्ताकार ज्वालामुखीय द्वीप बनता है। एंडीज पर्वत अभिसरण के प्रभाव से बने पर्वत का एक आदर्श नमूना है।

आल्पस पर्वत का निर्माण तब हुआ, जब 65 मिलियन वर्ष पहले अफ्रीकी प्लेट, यूरोशियन प्लेट से टकराया था। इसी तरह, जब हिन्द महासागरीय प्लेट, यूरोशियन प्लेट से टकराया, तब हिमालय का निर्माण हुआ।

Fig. 2.16 Convergent plate boundaries

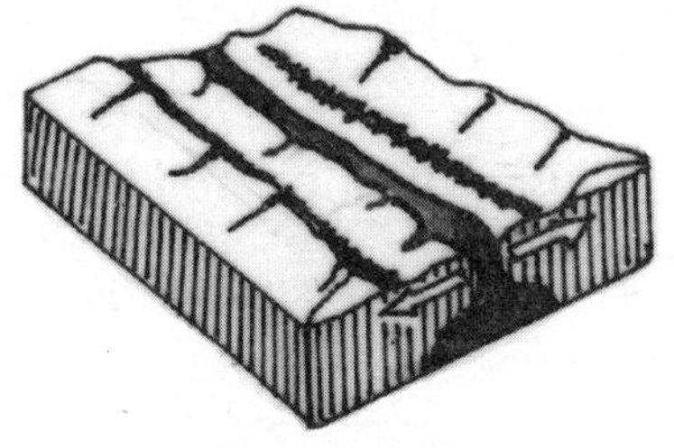

Fig. 2.17 Divergent plate boundaries

2. अपसारी या रचनात्मक प्लेट उपांत

प्लेट, जब एक-दूसरे से दूर जाते हैं, तो उसे अपसारी या रचनात्मक प्लेट उपांत कहा जाता है **(Fig. 2.16)**। प्लेटों के अपसरण से तरल पदार्थ मैग्मा नीचे से ऊपर एक बल लगाता है। इससे सामुद्रिक चोटियों का निर्माण होता है।

इससे मध्य सामुद्रिक चोटियों पर ज्वालामुखीय पदार्थों की बड़ी मात्रा निकलती है, जो 3,000 मीटर (लगभग 10,000 फीट) की ऊंचाई तक पहुंच सकती है।

आइसलैण्ड में मध्य अटलांटिक चोटियां समुद्र स्तर पर ऊपर उठती हैं, जिससे गरम पानी के झरने और ज्वालामुखी का निर्माण होता है।

आइसलैण्ड की आइजाफ्जोएल ज्वालामुखी 17 अप्रैल 2010 को अटलांटिक महासागर के अपसारी प्लेट पर फूट पड़ी थी।

3. तटस्थ प्लेट उपांत

प्लेटें जब एक-दूसरे के पीछे फिसलती हैं, तब न तो भू-परत का निर्माण करती हैं और न ही उसे ध्वस्त करती हैं। जब दो प्लेटें पीछे फिसलती हैं, तो भ्रंश रेखा के साथ घर्षण पैदा होता है, जो उन दोनों को अलग कर देता है।

प्लेटें आसानी से आगे नहीं बढ़ती हैं और प्लेटों के विषम हलचल से ही भूकंप होता है। इस तरह के उदाहरणों में से एक सैन एंड्रीज भ्रंश (कैलिफोर्निया-संयुक्त राज्य अमेरिका) की फिसलती प्लेटों के कारण पैदा होने वाला व्यापक भ्रंश है **(Fig. 2.18)**।

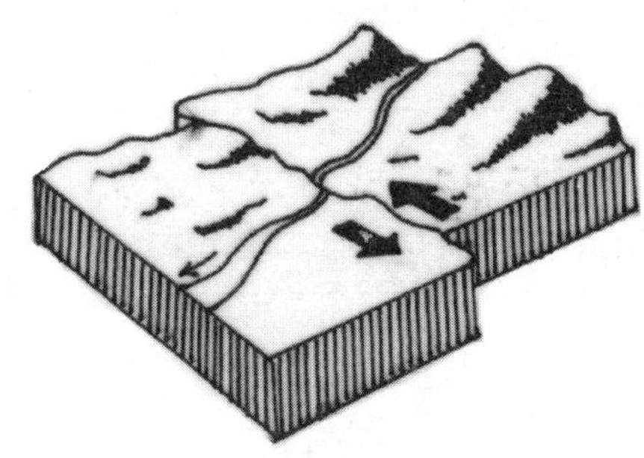

Fig. 2.18 Transform plate boundaries

अग्नि वलय (Ring of Fire)

अग्नि-वलय की संकल्पना 1940 में ह्यूगो बेनिऑफ (भूकंप वैज्ञानिक) ने दी थी। उन्होंने प्रशांत महासागर के किनारों पर गहरे भूकम्पों के स्थान को आरेखित किया। उनके मापन ने 'अग्नि-वलय' प्रशांत महासागर के ज्यादातर भागों में होने वाले भीषण ज्वालामुखीय गतिविधियों के एक वृत्त की सटीक व्यापकता को उजागर किया **(Fig. 2.19)**। बेनिऑफ के और जापानी भूकंप वैज्ञानिक पद्धति के अनुसार, पृथ्वी की सतह पर बड़े भूकंप अचानक नहीं आते हैं, बल्कि उन क्षेत्रों में ये भूकंप घनीभूत होते हैं, जहां धरती की परत के सामानांतर विस्तृत होते हैं। बेनिऑफ और अन्य भूकंप वैज्ञानिक धरती पर आने वाले

गहरे भूकंप के क्रमिक प्रणाली को लेकर हैरान थे। मध्य अटलांटिक में कार्य करते हुए (मौसम समुद्र वैज्ञानिकों द्वारा 1928 में पहली बार आरेखित किया गया) सामुद्रिक पर्वत शृंखलाओं की किसी विश्वव्यापी प्रणाली से सम्बद्ध इस तरह की बातों का पता चला। अग्नि-वलय की इस संकल्पना ने समुद्र तल के प्रसार और प्लेट टेक्टोनिक की नयी अवधारणा को विकसित करने में बड़ी सहायता की।

बेनिऑफ जोन (Benioff Zone)

समुद्री पपड़ी में प्लेनरी भूकंपीय क्षेत्र जिसके साथ-साथ लिथोस्फेटिक प्लेटों का अपहरण लगातार भूकंपों को जन्म देता है। यह निकटवर्ती द्वीप आर्क्स या महाद्वीपों की ओर लगभग 45 डिग्री पर नीचे की ओर ढलान वाले समुद्री खाइयों द्वारा चिन्हित है।

समुद्र तल का प्रसार (Sea Floor Spreading)

समुद्र तल के प्रसार की संकल्पना 1960 में प्रिंस्टन विश्वविद्यालय के प्रोफेसर एच. हैरी हेस द्वारा दी गयी थी। उनका मानना था कि मध्य अटलांटिक पर्वत शृंखला (और अन्य नयी खोजी गयी सामुद्रिक पर्वत शृंखलाओं) में नया समुद्र तल बन रहा है और इस उत्पत्ति रेखा से आगे इसका विस्तार हो रहा है। इसी तरह की शक्तियों द्वारा महाद्वीप को भी आगे की ओर धक्का दिया जा रहा है और यह समुद्र के विस्तार के रूप में सामने आ रहा है **(Fig. 2.19)**।

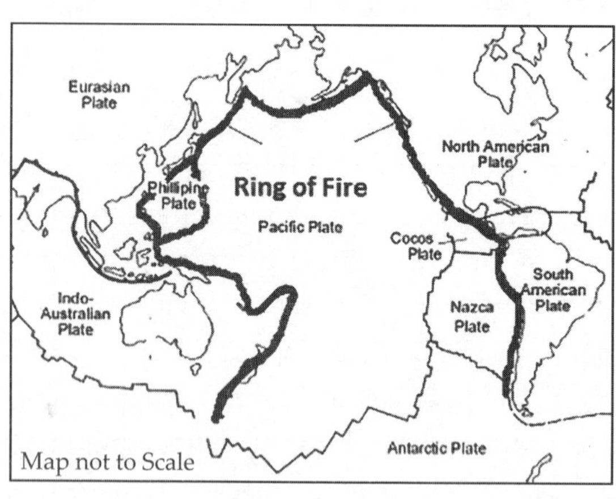

Fig. 2.19 Ring of fire

समुद्र तल के प्रसार के इस सिद्धांत ने कई अनसुलझी समस्याओं को सुलझाने में मदद की। इससे मध्य सामुद्रिक पर्वत शृंखलाओं पर परत के नवीनतम स्थिति की समस्या को सुलझा दिया और इस संकल्पना ने इस बात पर से भी पर्दा उठा दिया कि इन पर्वत शृंखलाओं के मध्य भागों से पुरानी चट्टानें दूर हो रही हैं। इससे इस बात को सुलझाने में भी सहायता मिली कि सामुद्रिक पर्वत शृंखलाओं के मध्य भागों पर तलछट अपेक्षाकृत पतली क्यों है। आखिरकार, समुद्र तल के प्रसार की संकल्पना ने महाद्विपीय बहाव सिद्धांत को साबित कर दिया, जिसे वेनेगर ने प्रतिपादित किया था और इससे प्लेट टेक्टोनिक सिद्धांत के विकास में सहायता मिली।

महाद्वीपीय भू-आकृतियाँ (Continental Relief)

सभी महाद्वीपों में शील्ड (Shield), पर्वत, पठार, मैदान तथा ज्वालामुखी पाये जाते हैं। इन भू-आकृतियों का संक्षिप्त वर्णन नीचे दिया गया है।

महाद्वीपीय शील्ड (Continental Shield)

महाद्वीपों की शील्ड पूर्व-कैम्ब्रियन युग (Pre-Cambrian) से पहले की बनी हुई हैं, अर्थात यह 57 करोड़ वर्ष से

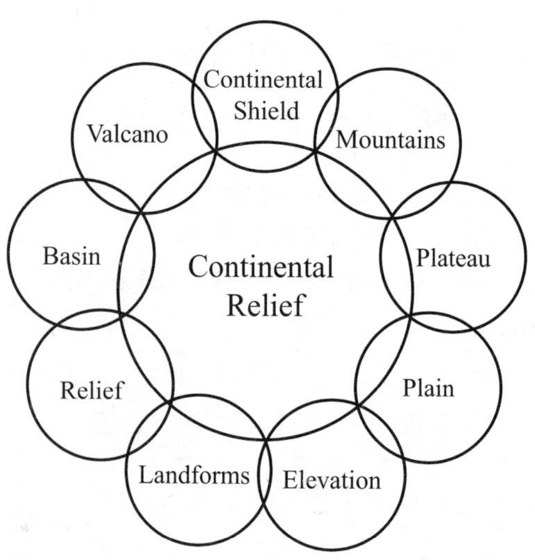

Fig. 2.20 Continental relief

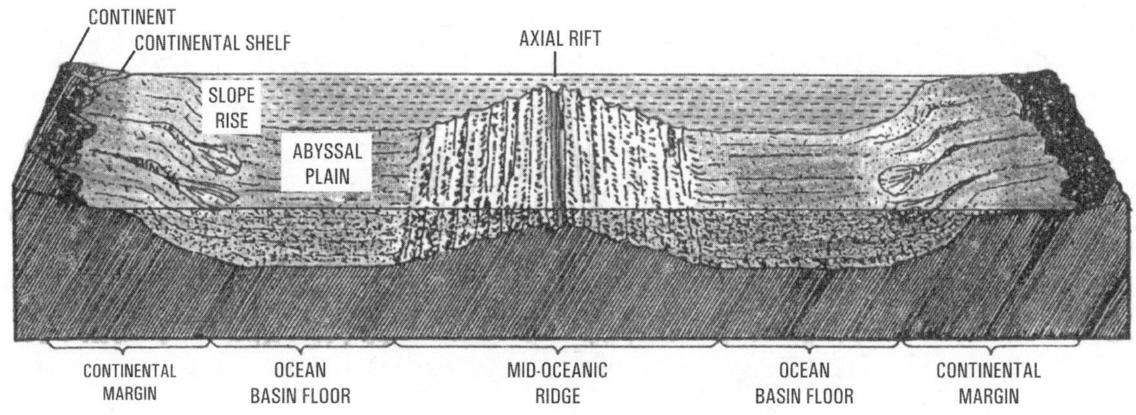

Fig. 2.21 Sea floor - spreading (after A.H. Strahler et. al.)

अधिक पुरानी है। इनमें से कनाडा की शील्ड सबसे पुरानी मानी जाती है, जिसकी आयु तीन अरब वर्ष से भी अधिक पुरानी है। आजकल यह धरातल के समतल पाई जाती है। उनका निर्माण अशांत परिघटनाओं की एक श्रृंखला से हुआ था और ये परिघटनायें थीं–प्लेटों की गति, भूकंप और ज्वालामुखी विस्फोट। इन चट्टानों में छोटी–छोटी टेक्टोनिक गतिविधियां होती रही हैं और इन महाद्वीपों के स्थायी केन्द्रों से ठोसीकृत पिघले हुए तरल चट्टानों के निम्नोन्मुख खंड, सपाट रूप में आज भी मिलते हैं। विश्व की मुख्य महाद्वीपीय शील्डों को **Fig. 2.22** में दिखाया गया है।

पर्वत (Mountains)

महाद्वीपीय-शील्ड के किनारों पर सामान्यत: वलनदार पर्वत पाये जाते हैं। ये पर्वत एक श्रृंखला के रूप में हो सकते हैं और कहीं-कहीं एक अकेले शिखर के रूप में। हिमालय पर्वत विश्व की एक महत्वपूर्ण वलनदार पर्वतमाला है, जिसका सबसे ऊँचा पर्वत शिखर माउंट एवरेस्ट 8848 मीटर ऊँचा है। पर्वतों को आकार के आधार पर निम्नलिखित वर्गों में वर्गीकृत किया जा सकता है:

(क) वलनदार,

(ख) ज्वालामुखी,

(ग) फॉल्ट-ब्लॉक, तथा;

(घ) गुम्बदाकार (**Fig. 2.23**)।

पठार (Plateau)

पठारों का ऊपरी तल, समतल होता है तथा उसके किनारों का ढाल तीव्र होता है। चीन में स्थित तिब्बत का पठार विश्व के बड़े पठारों में से एक है।

मैदान (Plain)

ऐसे विस्तृत भू-भाग, जिनका ढलान बहुत मन्द होता है मैदान कहलाते हैं। उत्तरी भारत का मैदान, उत्तरी चीन का मैदान तथा मिसीसिपी, मिसौ के मैदान बड़े मैदानों में से एक हैं।

ऊँचाई (Elevation)

सागर स्तर से किसी स्थान की ऊँचाई को कहते हैं।

रिलीफ (Relief)

किसी स्थान पर सबसे ऊँचे तथा सबसे निचले स्थान के अन्तर को भू-आकृति अथवा रिलीफ कहते हैं।

बेसिन (Basin)

ऐसे निचले भाग, जिसके चारों ओर ऊँचाई हो तथा उन ऊँचाइयों से पानी का बहाव बेसिन की ओर होता है।

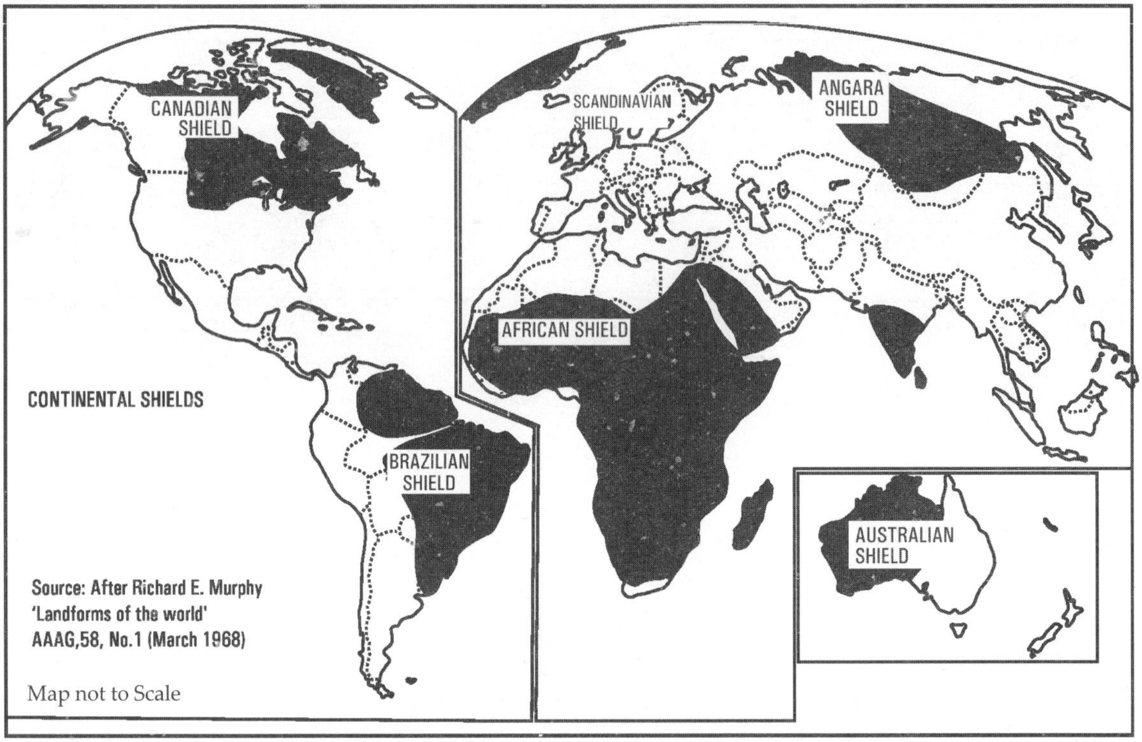

CANADIAN SHIELD
SCANDINAVIAN SHIELD
ANGARA SHIELD
AFRICAN SHIELD
CONTINENTAL SHIELDS
BRAZILIAN SHIELD
AUSTRALIAN SHIELD
Source: After Richard E. Murphy 'Landforms of the world' AAAG,58, No.1 (March 1968)
Map not to Scale

Fig. 2.22 Major continental shields of the world

A. Folded
B. Volcanic
C. Fault-Block
D. Dome-Uparching of Beds

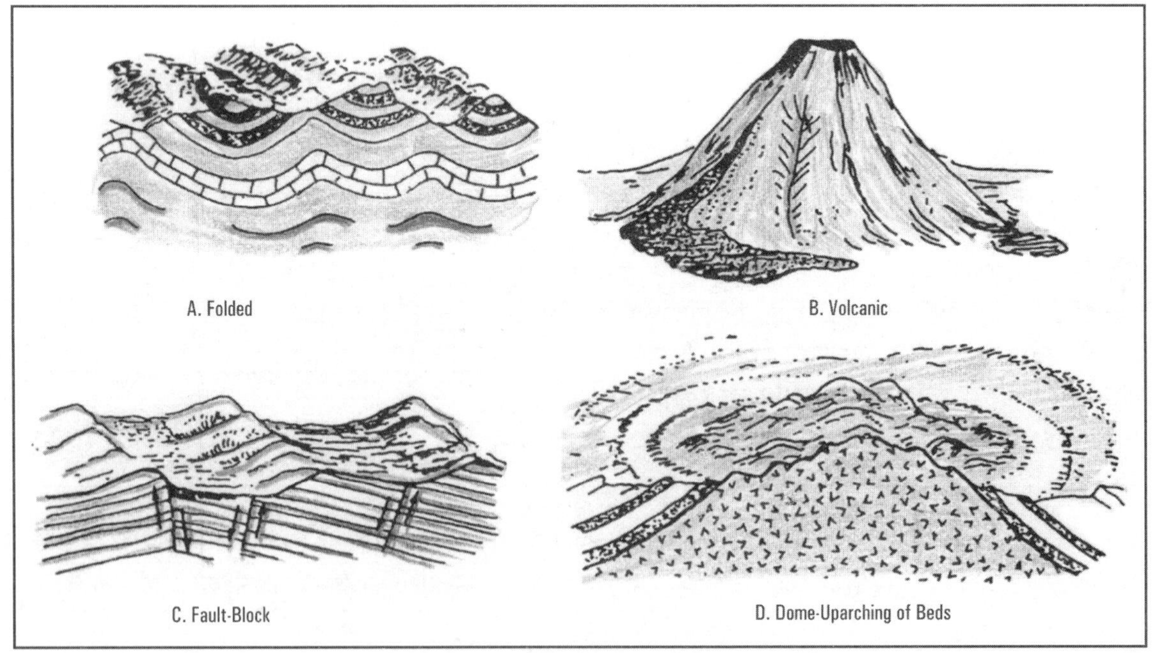

Fig. 2.23 Classification of mountains

ज्वालामुखी (Volcanoes)

ज्वालामुखी किसी नलिका या वाहक नलिका के छोर पर स्थित एक भू-आकृति होती है, जो परत के नीचे से ऊपर उठती है तथा छेद से होते हुए पृथ्वी की सतह तक आती है। मैग्मा ऊपर उठता है तथा बहुत नीचे किसी मैग्मा खाने में जमा होता है, जो ज्वालामुखी विस्फोट के रूप में सामने आता है, जो पर्वत को निर्माण करने वाला असंयत या विस्फोटक होता है। किसी ज्वालामुखी का एक आदर्श अनुप्रस्थ काट **Fig. 2.24** में दिया गया है।

जो मैग्मा वास्तव में ज्वालामुखी से निकलता है, उसे लावा (तरल चट्टान) के रूप में जाना जाता है। लावा, गैस और निकलने वाले चट्टानों के टुकड़े (चट्टानों के चूर्णित टुकड़े, ज्वालामुखी विस्फोट के दौरान खतरनाक रूप से बाहर आने वाले पदार्थ) सतह की नलिका से गुजरते हैं और ज्वालामुखीय भू-आकृति का निर्माण करते हैं।

छार शंकु, असल में किसी शंकु के आकार वाली पहाड़ी होती है, जिसकी ऊंचाई सामान्य रूप से 450 मीटर (1500 फीट) होती है और जिसका छोटा मुहाना उस राख से बना होता है, जो विस्फोट के समय धीरे-धीरे जमा होती जाती है। छार शंकु निकलने वाले छोटे-छोटे चट्टान के टुकड़ों से बने होते हैं। अन्य विशिष्ट भू-आकृति कॉल्डेरा (केटल से बना स्पेनिश शब्द) कहलाती है, काल्डेरा एक बड़ा क्रेटर होता है। यह एक बड़े ज्वालामुखी विस्फोट से बनता है जिससे इसका मुख टूट जाता है पृथ्वी की सतह खाली या आंशिक रूप से खाली मैग्मा कक्ष में गिर जाती है। जिससे सतह पर एक बड़ा अवसाद हो जाता है। कभी-कभी इसमें पानी भर जाता है जिससे क्रेटर झील बन जाती है।

संयुक्त ज्वालामुखी (Composite Volcanoes)

इस प्रकार के ज्वालामुखियों की उत्पत्ति लावा तथा राख इत्यादि के परत दर परत उद्गार के कारण होती है।

ज्वालामुखी उद्गारों के प्रकार (Types of Volcanic Eruptions)

ज्वालामुखियों को उद्गार के आधार पर निम्नलिखित वर्गों में विभाजित किया जा सकता है **(Fig. 2.25)**।

(i) *हवाई प्रकार के उद्गार (Hawaiian Eruption)*

इस प्रकार के ज्वालामुखी उद्गार में बहुत तरल लावा निकलता है, जो धरातल पर तेजी से फैल कर ठंडा होता है। इस प्रकार के उद्गार में काई धमाका नहीं होता **(Fig. 2.25)**।

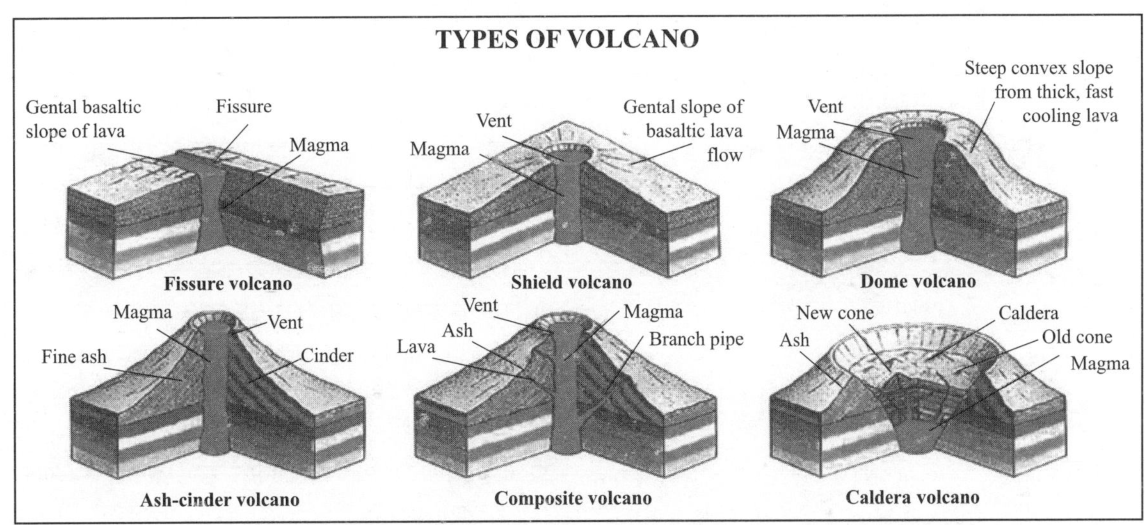

Fig. 2.24 Types of Volcano

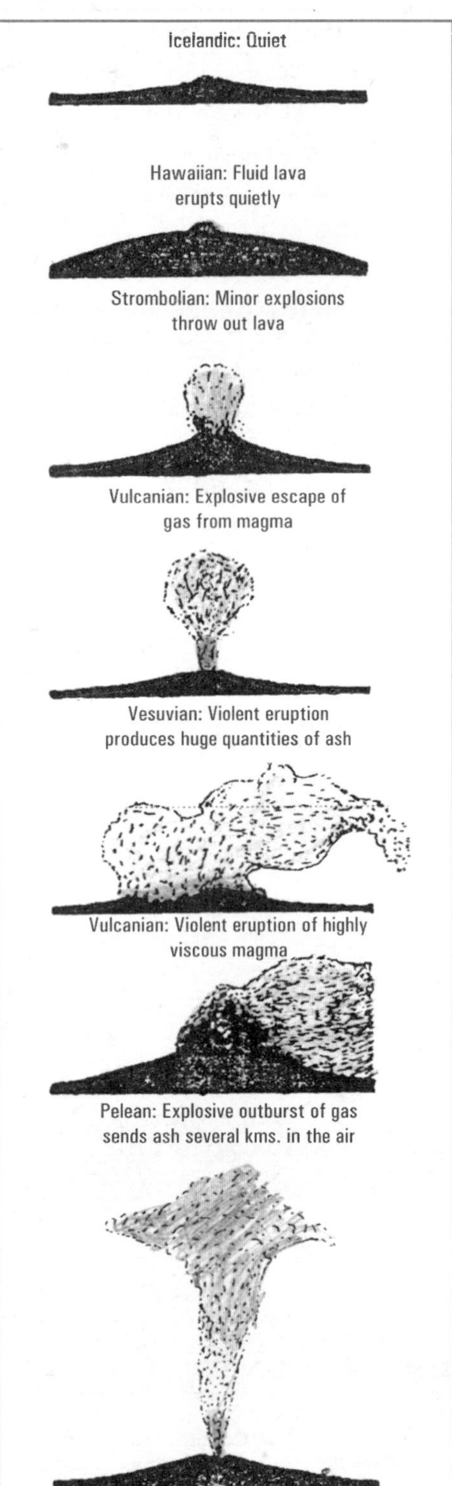

Fig. 2.25 Types of vocanic eruptions

(ii) *स्ट्राम्बोलियन उद्गार (Strombolian Eruption)*

इस प्रकार के उद्गार में लावा हवाई-उद्गार की तुलना में गाढ़ा होता है। गाढ़े लावे के कारण इसमें प्रायः धमाकेदार उद्गार होते हैं। सिसली द्वीप पर स्थित स्ट्राम्बोली ज्वालामुखी के नाम पर इसका नाम पड़ा है **(Fig. 2.25)**।

(iii) *वल्केनियन उद्गार (Vulcanian Eruption)*

वल्केनियन प्रकार के उद्गार में लावा बहुत अधिक गाढ़ा होता है जो धरातल पर पहुँचते ही कठोर होकर जम जाता है।

यदि लावा ज्वालामुखी के रास्ते में जम जाये तो विस्फोटक उद्गार होता है, जिसके साथ भारी मात्रा में राख, झॉवे, चट्टानें आदि निकलते हैं **(Fig. 2.25)**।

(iv) *पीलियन उद्गार (Pelean Eruption)*

इसके उद्गार में भी लावा बहुत गाढ़ा होता है। पीलियन उद्गार की एक मुख्य विशेषता यह है कि इसमें धुएँ के साथ आग की लपटें भी उठती हुई नजर आती हैं, जिसको न्यू-आर्डेंटे (Nuee Ardentes) कहते हैं।

(v) *प्लिनियन उद्गार*

प्लिनियन ज्वालामुखी विस्फोट 4-8 के बीच की ज्वालामुखी विस्फोटक सूचकांक (VEI) के साथ अत्यधिक विध्वंसक होते हैं और बड़ी मात्रा में झांवा और राख का उत्पादन करते हैं, जो आमतौर पर पाइरोक्लास्टिक घनत्व धाराओं (PDCs) से जुड़े होते हैं। इन ज्वालामुखियों के विस्फोट स्तंभ 20-55 किमी. तक ऊंचे होते हैं और समताप मंडल में प्रवेश करते हैं, ऊपरी वायुमंडल में बड़ी मात्रा में जल और सल्फर एरोसोल को अन्तःक्षेप करते हैं। इस प्रकार के विस्फोट की विशिष्ट विशेषताएं एयरफॉल झांवा बेड और राख-प्रवाह हैं, कभी-कभी इसमें इग्निमब्राइट भी शामिल होते हैं। इन विस्फोटों से अस्थायी वैश्विक शीतलन भी हो सकता है। काल्डेरा पतन भी अक्सर इस प्रकार के विस्फोटों से जुड़ा होता है।

ज्वालामुखियों को उनके उद्गार की अवधि के आधार पर निम्नलिखित वर्गों में विभाजित किया जा सकता है:

1. जागृत ज्वालामुखी (Active Volcano)

जिन ज्वालामुखियों से लावा, गैस, राख तथा अन्य पदार्थ सदैव निकलते रहते हैं जागृत ज्वालामुखी कहलाते हैं। वर्तमान समय में जागृत ज्वालामुखियों की संख्या लगभग 600 है। इटली में एटना, सिसली में स्ट्राम्बोली, आइसलैंड, एल्यूशियन द्वीप समूह के ज्वालामुखी इस वर्ग में सम्मिलित हैं।

2. प्रसुप्त अथवा सोये हुये ज्वालामुखी (Dormant Volcano)

बहुत–से ज्वालामुखी उद्गार के पश्चात् शांत पड़ जाते हैं तथा उनसे उद्गार के लक्षण दिखाई नहीं देते। ऐसे ज्वालामुखियों को सोये हुये ज्वालामुखी कहते हैं। इटली का विसुवियस ज्वालामुखी इसका एक उदाहरण है। इस ज्वालामुखी में 79 ई.पू. में उद्गार हुआ था।

उसके पश्चात 1631, 1803, 1872, 1906, 1927, 1928, 1929 में उद्गार हुये। तंजानिया का किलिमंजारों भी एक ऐसा ही ज्वालामुखी है।

3. शांत ज्वालामुखी (Extinct Volcano)

जिन ज्वालामुखियों का उद्गार पूर्ण रूप से शांत हो जाता है उनको शान्त ज्वालामुखी कहते हैं। ईरान के कोह–सुलेमान, एवं दमेबन्द इस वर्ग में सम्मिलित हैं **(Fig. 2.27)**।

विश्व में ज्वालामुखियों का वितरण (Distribution of Volcanoes in the World)

भूपटल की प्लेटों के किनारों तथा ज्वालामुखियों के वितरण में घनिष्ठ सम्बन्ध है। अधिकतर ज्वालामुखी प्लेटों के किनारों पर पाये जाते हैं। विश्व के अधिकांश ज्वालामुखी निम्नलिखित पेटियों में पाये जाते हैं **(Fig. 2.26)**:

1. **विनाशी प्लेटों के किनारे:** प्रशान्त महासागर के चारों ओर तथा ज्वाला वृत्त (Ring of Fire) में विश्व के लगभग दो–तिहाई ज्वालामुखी फैले हुये हैं। जापान, फिलीपीन्स एवं अमेरिका के प्रशान्त महासागरीय तटों के ज्वालामुखी इसी पेटी में आते हैं।
2. **महासागरी कटकों की पेटी:** विश्व के सभी महासागरों में कटक पाये जाते हैं। ये कटक रचनात्मक किनारे कहलाते हैं। इन कटकों पर विश्व के बहुत से ज्वालामुखी फैले हुये हैं।
3. **पृथ्वी के भूपटल के गर्म बिन्दु (Hot Spots):** हवाई द्वीप समूह के ज्वालामुखी इसी वर्ग में आते हैं।

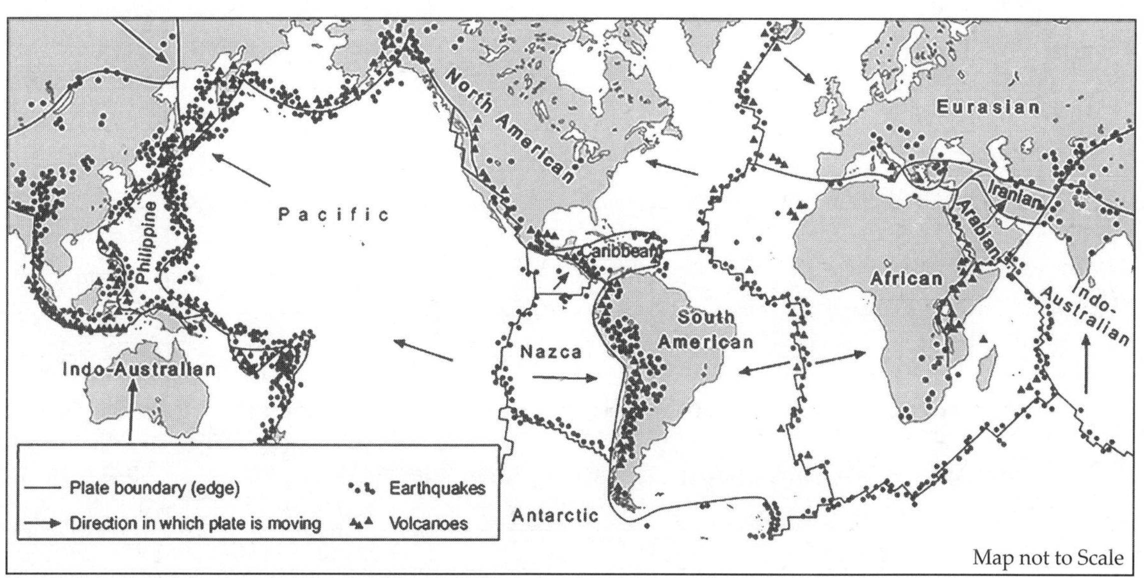

Fig. 2.26 Plate margins, volcanoes and earthquakes

तालिका 2.5: ज्वालामुखियों के प्रकार

	ज्वालामुखी प्रकार					
विवरण	कवच ज्वालामुखी	समग्र या स्ट्रैटो ज्वालामुखी	ज्वालामुखीय गुंबद	राख शंकु	काल्डेरा	फिशर कोन
आकार	कोमल आर्क या शील्ड, कई बार के लावा प्रवाह से बनी उथली ढलानों के साथ कम आकार	शंकु के आकार की खड़ी भुजाएँ, लावा प्रवाह और पाइरोक्लास्टिक के जमा होने से वैकल्पिक परतों से निर्मित	ज्वालामुखी से चिपचिपा लावा निकलने की वजह से एक मोटा गोलाकार टीला के आकार का फैलाव	छोटे शंकु के आकार की पहाड़ी जो आमतौर पर 450 मीटर (1500 फीट) से कम की होती है, जो एक छोटे से बांधने वाले शीर्ष से बनती है और जो माध्यम रूप से विस्फोट के दौरान जमा होती है। टेफरा और स्कोरिया से बना है।	एक बड़े बेसिन के आकार का अवसाद है। यह तब बनता है जब ज्वालामुखी पर्वत शिखर पर मैग्मा के विस्फोट या अन्य किसी नुकसान के बाद अंदर की ओर ढह जाती है, जिससे एक कैल्डेरा बनता है जो वर्षा जल से भरा हो सकता है जैसे कि गड्ढा या झील। ये काल्डेरास कई मील तक फैले हो सकते हैं।	यह एक रैखिक ज्वालामुखीय वेंट है जिसके माध्यम से लावा का क्षरण होता है। वेंट अक्सर कुछ मीटर चौड़ा होता है और कई किलोमीटर लंबा हो सकता है। फिशर वेंट्स बड़े बाढ़ बेसल का कारण बन सकते हैं जो पहले लावा चैनलों में और बाद में लावा ट्यूबों में चलते हैं। कुछ समय के बाद विस्फोट स्पटर शंकु का निर्माण करता है।
मैग्मा की सिलिका सामग्री	निचला	मध्यम	उच्च	निचला		निचला
श्यानता	निचला	मध्यम	उच्च	निचला		
गैस सामग्री	निचला	उच्च	उच्च	निचला		
रॉक प्रकार का गठन किया	बाजालत	एनडीसाइड	राओलाइट	बुनियादी		
विस्फोट प्रकार	लावा बहता, टेफरा इजेक्शन	लावा प्रवाह और विस्फोटक गतिविधि या संयोजन	अत्यधिक विस्फोटक	टेफ्रा (ज्यादातर ऐश) इजेक्शन		गैर-विस्फोटक
उदाहरण	मौना, लोआ, हवाई	माउंट फूजी, जापान	माउंट लासेन, यूएसए	स्प्रिंगविली	फिलीपींस में ताल झील	होलुहरुलन, आइसलैंड

किसी कालचक्र के आधार पर ज्वालामुखी को तीन प्रकारों में विभाजित किया जा सकता है:

(i) सक्रिय ज्वालामुखी,

(ii) सुसुप्त ज्वालामुखी, और

(iii) मृत ज्वालामुखी

(i) सक्रिय ज्वालामुखी

जिस ज्वालामुखी से लगातार लावा, गैसें, राख, छार, झांवा आदि निकलते रहते हैं, उसे सक्रिय ज्वालामुखी कहते हैं। इस समय विश्व में लगभग 600 सक्रिय ज्वालामुखी हैं, जिनमें से ज्यादातर प्रशांत महासागर में स्थित है।

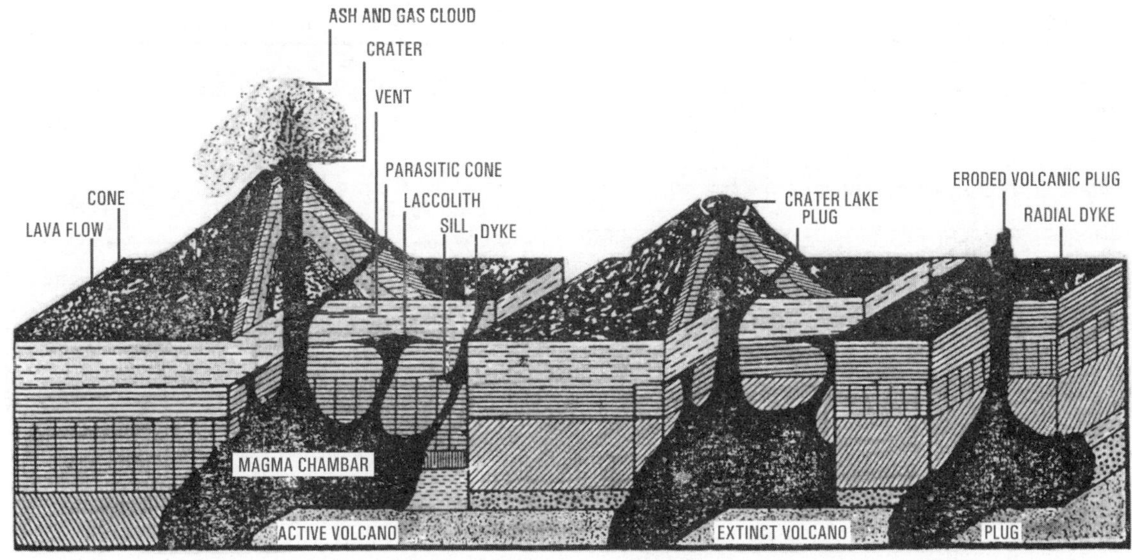

Fig. 2.27 Active and Extinct Volcanoes and their main features (after The Encyclopedia of Earth's Resources, Exeter Books N.Y.)

(ii) सुसुप्त ज्वालामुखी

वह ज्वालामुखी जो मृत तो नहीं है, लेकिन लम्बे समय से उसमें किसी भी तरह का विस्फोट भी नहीं हुआ है, उसे सुसुप्त ज्वालामुखी कहते हैं। सुसुप्त ज्वालामुखी का सबसे अच्छा उदाहरण इटली का विसुवियस ज्वालामुखी है, जिसमें पहली बार 79 ईसा पूर्व में विस्फोट हुआ था। इसके बाद यह लगभग 1550 सालों तक शांत रही और एकाएक यह 1631 ई. में फूट पड़ी। फिर इसके बाद क्रमश: 1803, 1872, 1906, 1927, 1928, 1929 में विस्फोट हुआ। तंजानिया की किलिमंजारो ज्वालामुखी भी सुसुप्त ज्वालामुखी का एक उदाहरण है।

(iii) मृत ज्वालामुखी

ऐसे ज्वालामुखी, जो कभी अतीत में तो सक्रिय थी, लेकिन जो लम्बे ऐतिहासिक समयांतराल से एकदम शांत है। इसके क्रेटर में पानी भरा हुआ है और अब झील में बदल चुका है। आर्थर की सीट (एडिनबर्ग, स्कॉटलैण्ड की राजधानी), एकांकागुआ (एंडीज), अल्बुर्ज (ईरान) में सुलैमान तथा दीमावंद, मृत ज्वालामुखी के कुछ उदाहरणों में से हैं **(Fig. 2.27)**।

ज्वालामुखियों का समाज पर प्रभाव

ज्वालामुखी प्रकृति की अद्‌भुत लीलाओं में से एक है। मानव जीवन सदैव इनसे प्रभावित रहा हैं। जहाँ ज्वालामुखी विनाशकारी माने जाते हैं वहीं इन से बहुत-से लाभ भी हैं। ज्वालामुखियों के लावा द्वारा ही लोहा, ताँबा, मैंगनीज, सोना, चाँदी, जस्ता इत्यादि की रचना एवं उत्पत्ति होती है। बहुमूल्य पत्थर, हीरे-जवाहरात बनते हैं। आइसलैंड के लाकी, कतला एवं इयाफोयल ज्वालामुखी सुन्दर दृश्य प्रस्तुत करते हैं। जापान का फूजीयामा, तंजानिया का किलिमंजारो तथा बोलीविया-पेरू सीमा पर स्थित टीटीकाका झील के सुन्दर दृश्य ज्वालामुखियों की देन है। विश्व के कुछ मुख्य ज्वालामुखियों की अवस्थिति तथा उद्‌गार वर्ष **तालिका 2.6** में दिये गये हैं:

ज्वालामुखी द्वारा निर्मित मुख्य भू-आकृतियों में लावा डाट (Lava Plug), क्रेटर (Crater), काल्डेरा (Caldera), शंकु (Cone), ज्वालामुखी ग्रीवा (Volcanic neck) आदि सम्मिलित हैं।

ज्वालामुखीय हॉटस्पॉट

विश्व में ज्वालामुखियों की अधिकांश गतिविधियाँ प्लेट सीमाओं से जुड़ी हुई हैं। हालांकि, मैग्मा अपवेलिंग या थर्मल प्लम के अनुमानित 50 से 100 सक्रिय स्थल हैं जो प्लेट सीमाओं से स्वतंत्र मौजूद हैं। इन जगहों को हॉट स्पॉट कहा जाता है। इन स्थलों पर पृथ्वी की गहराई से ऊष्मीय प्लम के रूप में ऊष्मा का उदय होता है। स्थलमंडल (टेक्टोनिक प्लेट) के आधार पर उच्च ताप और निम्न दबाव चट्टान के पिघलने की सुविधा प्रदान करता है। यह पिघला हुआ पदार्थ, जिसे मैग्मा कहा जाता है, दरारों के माध्यम से ऊपर उठता है इस पदार्थ के चट्टान तोड़कर बहार निकलने से ही ज्वालामुखी बनती है। जैसे ही टेक्टोनिक प्लेट हॉट स्पॉट वाले स्थिर गर्म स्थान के ऊपर से गुजरती है, तब प्लेट पर स्थित ज्वालामुखी दूर हो जाते हैं और उनके स्थान पर नए बनते हैं। इसका परिणाम ज्वालामुखियों की श्रृंखलाओं में होता है, जैसे कि हवाई द्वीप समूहों के सम्बन्ध में देखने को मिलता है। (**चित्र 2.27A**)।

ज्वालामुखी विस्फोटक सूचकांक, (वीईआई):

ज्वालामुखी विस्फोटक सूचकांक, (वीईआई) 1982 में हवाई विश्वविद्यालय में क्रिस न्यूहॉल और स्टीफन सेल्फ द्वारा तैयार किया गया था। यह सूचकांक ज्वालामुखी उदगारों की विस्फोटकता का एक सापेक्ष उपाय है। यह अब सार्वभौमिक रूप से विस्फोटक उद्गारों के सापेक्ष आकारों को वर्गीकृत करने के साधन के रूप में स्वीकार किया जाता है। वीईआई संख्या जितनी अधिक होगी, विस्फोट उतना ही शक्तिशाली होगा। वीईआई ज्वालामुखी अन्त:क्षेपण, की मात्रा और विभिन्न अन्य भौतिक मानदंडों, जैसे कि विस्फोट स्तंभ की ऊंचाई और विस्फोट की अवधि आदि को सहसंबंधित करता है। यह पैमाना खुला है और इसमें इतिहास के सबसे बड़े ज्वालामुखियों के उदगारों को परिमाण 8 दिया गया है के साथ और गैर विस्फोटक उद्गारों के लिए 0 का मान दिया गया है जिनके विस्फोटक उद्गारों को 10,000 मीटर^3 (350,000 घन फीट) से कम टेफ्रा के रूप में परिभाषित किया गया है। वीईआई पर 8 का मान एक विशाल-विस्फोटक उद्गार का प्रतिनिधित्व करता है जो 1.0×10^{12} मीटर^3 (240 क्यूबिक मील) टेफ्रा को बाहर निकाल सकता है और इसकी क्लाउड कॉलम ऊंचाई

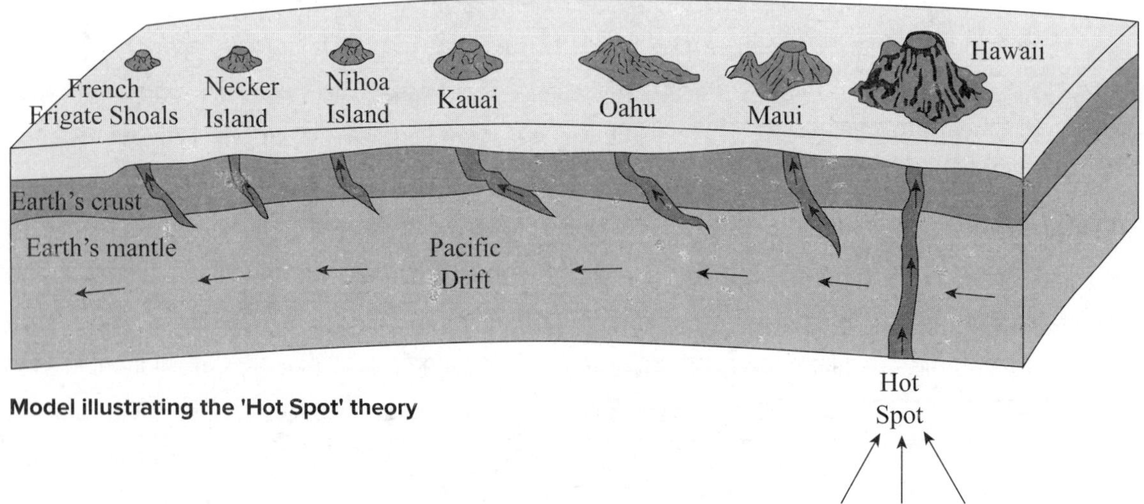

Fig. 2.27 (A) Hot Spots and the Formation of Hawaiian Archipelago

तालिका 2.5A: ज्वालामुखी विस्फोटक सूचकांक (वीईआई)

मानदंड	ज्वालामुखी विस्फोटक सूचकांक (वीईआई)								
	0	1	2	3	4	5	6	7	8
आकार विवरण	गैर विस्फोटक	छोटा	संतुलित	संतुलित विशाल	विशाल	बहुत बड़ा →			
इजेक्टा का आयतन (एम^3)	$<10^4$	10^4-10^6	10^6-10^7	10^7-10^8	10^8-10^9	10^9-10^{10}	$10^{10}-10^{11}$	$10^{11}-10^{12}$	$>10^{12}$
विस्फोट स्तंभ की ऊंचाई (किमी.)*	<0.1	0.1–1	1–5	3–15	10–25	> 25 →			
विस्फोटक वर्गीकरण का विवरण	← कोमल, प्रभावशाली →		← विस्फोटक →		← प्रलयकारी, पैरॉक्सिस्मल, विशाल →				
	← स्ट्रोम्बोलियन →					← प्लिनियन →			
	← हवाई →			← वल्केनियन →			← अल्ट्राप्लिनियन →		
निरंतर विस्फोटों की अवधि (घंटा)	<1						> 12 →		
निचले वातावरण का अन्त:क्षेपण, (क्षोभ मंडल)	नगण्य	गौण	संतुलित	संतोषजनक →					
ऊपरी वायुमंडल का अन्त:क्षेपण (समताप मंडल)	← कोई भी नहीं ←			संभव	निश्चित	संतोषजनक →			
आवृत्ति	निरंतर	रोज	हर दो हफ्ते	3 महीने	18 महीने	बारह साल	50–100 वर्ष	500–1000 वर्ष	> 50,000 वर्ष
उदाहरण	पिटोन डे ला फोरनाइस (2017)	माउंट सेंट हेलेन्स 1 अक्टूबर 2004	माउंट सेंट हेलेन्स 7 दिसंबर 1989	माउंट सेंट हेलेन्स 12 जून 1980	मेरापी, इंडोनेशिया, 2010	माउंट सेंट हेलेन्स 18 मई 1980	पिनातुबो, 1991 क्रैकटाऊ, 1883	माउंट तंबोरा 1815	येलोस्टोन काल्डेरा 600,000 साल पहले

* 0 से 2 तक के वीईआई के लिए, कॉलम की ऊंचाई वेंट से किमी में ऊपर है; 2 से अधिक वीईआई के लिए, स्तंभ की ऊंचाई समुद्र तल से किमी. में है।

Source: *Newhall & Self (1982), USGS, Volcano Hazards Programme*

तलिका 2.6: विश्व के मुख्य क्रियाशील ज्वालामुखी

ज्वालामुखी (उदगार)	देश	वर्ष	मौतें
पुएहु कोईन क्यूल	चिली	2011	
शिवेलूच	रूस	2001	
सआंग	इंडोनेशिया	2002	
रीवेन्टाडोर	इक्वाडोर	2002	
मनभ	पापुआ न्यू गिनी	2004	
राबोल	पापुआ न्यू गिनी	2006	
माउण्ट ओकमोक	संयुक्त राज्य	2008	
चैटन	चिली	2008	1
कालारोची	संयुक्त राज्य	2008	
सारीचेव पीक	रूस	2009	
आईजाफ्जाला गोकुल	आइसलैण्ड	2010	353
माउंट गेरापी	इंडोनेशिया	2010	
ग्रिम्स बोटन	आइसलैण्ड	2011	
नाब्रो	एरीटिया	2011	31
केलुड	इण्डोनेशिया	2014	2
कालबूको	चिली	2015	
राजकोके	रूस	2019	
उलावुन	पापुआ न्यू गिनी	2019	
शिवेलूच	रूस	2019	
एटना	इटली	2013	
माउण्ट आनटेक	जापान	2014	63
वालकेन डी फ्यूगो	ग्वाटेमाला	2018	190
अनक काकाटोआ	इण्डोनेशिया	2018	426
माउण्ट सिनाबुंग	इण्डोनेशिया	2014	15
माउण्ट सिनाबुंग	इण्डोनेशिया	2016	7
स्ट्राम्बोली	इटली	2019	1
नीरागोगो	कॉन्गो	2002	147

20 किमी. (66,000 फीट) से अधिक होती है। यह स्केल लॉगरिदमिक है स्केल पर प्रत्येक अंतराल इजेक्टा मानदंड में दस गुना वृद्धि का प्रतिनिधित्व करता है। वीईआई-0 और वीईआई-2 के बीच के स्केल को अपवाद के साथ मनाया गया

भूकम्प (Earthquake)

भूकम्प भूपटल की कम्पन अथवा लहर है, जो धरातल के नीचे अथवा ऊपर चट्टानों के लचीलेपन या गुरुत्वाकर्षण की समस्थिति में क्षणिक अव्यवस्था होने पर उत्पन्न होती है।

भूकम्प की तीव्रता को रिक्टर मापक (Richter Scale) पर प्रकट किया जाता है। भूकम्प को नापने वाले यन्त्र को सीस्मोग्राफ (Seismograph) कहते हैं। प्रत्येक वर्ष लगभग 507,150 भूकम्प रिकॉर्ड किये जाते हैं, जिनमें से केवल 50,000 को ही मानव महसूस कर पाता है।

भूकम्प (Earthquake)

रिक्टर स्केल (Richter Scale)

भूकंप की तीव्रता और परिणाम मापने का प्रथम सफल प्रयास फ्रांसिसी भू-वैज्ञानिक चार्ल्स फ्रांसिसी रिक्टर ने

1935 में किया था, यह गणितीय मापक है इसमें 1-9 की संख्याएँ होती हैं और रिक्टर पैमाने पर प्रत्येक अगली इकाई पिछली इकाई की तुलना में 10 गुना अधिक तीव्रता रखती है।

	उच्चीकृत मरकैली पैमाना (Modified Mercalli Scale)	रिक्टर मैग्नीट्यूड पैमाना
I.	संवेदनशील यंत्र द्वारा पहचाना जाता है।	1.5
II.	आराम करते समय कुछ लोग फर्स के ऊपर गिर जाते हैं। लटकी हुई चीजें हवा में हिलने लगती हैं।	2
III.	घर के अन्दर अनुभव किया जाता है, लेकिन हमेशा भूकम्प का अनुभव नहीं किया जाता है खड़े हुए ऑटो हिलने लगते हैं। ट्रक के गुजरने से उत्पन्न तरंगों का अनुभव होता है।	2.5
IV.	घर के अंदर बहुतों द्वारा अनुभव, बाहर कम के द्वारा, रात में कुछ जाग सकते हैं, बर्तन, खिड़कियाँ, दरवाजे बाधित होते हैं ऑटो हिलने लगते हैं।	3
V.	बहुत लोगों द्वारा अनुभव, बर्तन, खिड़कियां और प्लास्टर टूट जाता है, लम्बी चीजों में व्यवधान होता है।	3.5 4
VI.	सभी के द्वारा अनुभव, बहुत से डर से घर के बाहर भागते हैं, प्लास्टर और चिमनियों में थोड़ा नुकसान।	4.5
VII.	हरेक घर से बाहर की ओर भागता है। इमारतों में उनकी निर्माण की गुणवत्ता के आधार पर नुकसान। ऑटों के ड्राइवरों का ध्यान जाता है।	5
VIII.	पैनल वाल फ्रेम से बाहर फैंक दिए जाते हैं। दीवारों का गिरना, स्मृति चिन्ह, चिमनी, बालू और मिट्टी के सामान फेंक दिए जाते हैं। ऑटो के ड्राइवर बाधित होते हैं।	5.5
IX.	इमारतें अपने फाउण्डेशन से हट जाती है, चटक जाती है, धरातल में दरार पड़ जाती है, धरती के अंदर की पाइप लाइन टूट जाती है।	6
X.	अधिकांश पक्के निर्माण ध्वस्त हो जाते हैं। धरती में दरारें, रेल लाइनें मुड़ जाती है। भूस्खलन होता है।	6.5 7
XI.	कुछ निर्माण खड़े रहते हैं, पुल नष्ट हो जाते हैं। सतह पर गड्ढे हो जाते हैं। पाइप टूट जाते हैं। भूस्खलन होता है तथा पटरियाँ मुड़ जाती है।	7.5
XII.	सम्पूर्ण नष्ट, तरंगें धरती पर दिखती हैं सामान हवा में फिकने लगता है।	8

Fig. 2.28 Mercalli scale and richter scale

मरकेली स्केल (Mercalli Scale)

भूकम्प द्वारा हुई क्षति की माप आजकल मरकेली पैमाने से की जाने लगी है। यह 12 अंकों वाला सबसे उत्तम वर्णनात्मक तीव्रता पैमाना है। यह अनुभव प्रधान पैमाना है।

सीस्मोग्राफ (Seismograph)

यह भूकम्प, विस्फोट या अन्य पृथ्वी को हिलाने वाली क्रियाओं से उत्पन्न सीसमिक तरंगों को रिकार्ड करने वाला यंत्र है।

भूकम्प के कारण (Causes of Earthquakes)

भूकम्प आने के मुख्य कारण निम्नलिखित हैं:

1. प्लेट विवर्तनिकी (Plate Tectonic)

पृथ्वी का भूपटल सात बड़ी एवं एक दर्जन से अधिक छोटी प्लेटों से बना है। यह प्लेटें स्थिर नहीं हैं तथा यह सरकती रहती हैं।

जब ये प्लेटें अपने स्थान से खिसकती हैं तो भूपटल में कम्पन पैदा हो जाता है।

2. ज्वालामुखी उद्गार (Volcanic Eruptions)

ज्वालामुखी उद्गार भूकम्प के मुख्य कारणों में से एक हैं। ऐसे भूकम्प या तो ज्वालामुखी उद्गार के साथ ही आते हैं अथवा भूकम्प उद्गार से पहले आते हैं।

3. वलन एवं भ्रंश (Folding and Faulting)

भूगर्भीय हलचल के कारण, भूपटल की परतों में हलचल उत्पन्न होती है तथा वलन एवं भ्रंश पड़ते हैं। वलन एवं भ्रंश पड़ने से चट्टानें टूटती हैं तथा भूकम्प आते हैं।

4. मानवीय कारण (Anthropogenic Causes)

मानव पृथ्वी के भूपटल से खनिजों तथा पत्थरों का खनन करता है, नदियों पर बाँध बनाकर जलाशय बनाता है तथा जंगलों को काटता है। यह खनन नीचे धंस जाए तो भूपटल में कम्पन उत्पन्न होता है। बाँध के जलाशयों के भार से भी भूपटल का संतुलन बिगड़ता है, जिससे भूकम्प आते हैं। सतारा जिले (महाराष्ट्र) में कोयना बाँध

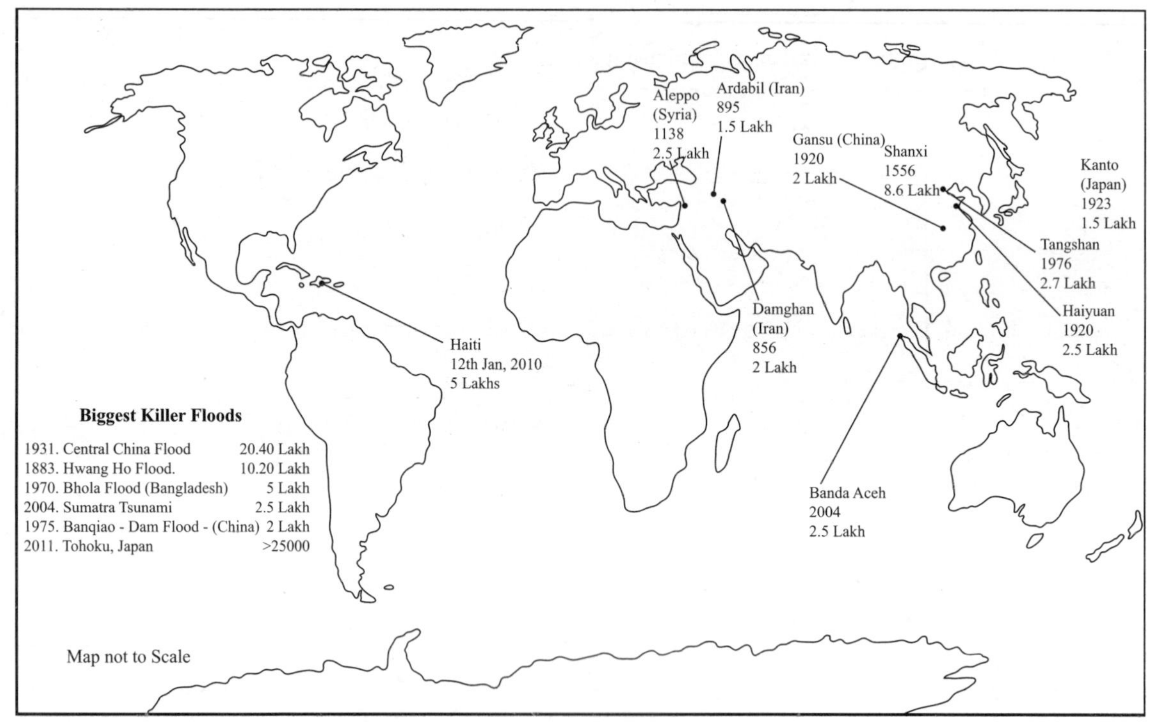

Fig. 2.29 Largest killer earthquakes (Epicentres, Years and Casualties)

के जलाशय के भार (1967) के कारण भारी भूकम्प आया था। जाम्बिया में करीबा बाँध, रूस के नुरेक बाँध (Nourek Dam) और यूनान के मेराथन बाँध, (1931) में इस प्रकार के भूकम्प रिकॉर्ड किये गये हैं **(Fig. 2.29)**।

भारत के भूकम्प क्षेत्र (Earthquake Zones of India)

भारत के अधिकतर भूकम्प हिमालय, कच्छ (गुजरात) तथा उत्तर-पूर्वी भारत की पर्वतमालाओं में आते हैं। दूसरे नम्बर पर उत्तरी भारत के मैदान का नम्बर है। तुलनात्मक रूप से दक्षिण प्रायद्वीप, छोट-नागपुर का पठार, बुन्देलखण्ड, बघेलखण्ड तथा छत्तीसगढ़ में भूकम्प कम आते हैं **(Fig. 2.30)**।

भूकम्पों का प्रभाव (Consequences of Earthquakes)

भूकम्पों से मानव समाज को सदैव ही भारी जान माल का नुकसान हुआ है। भूकम्पों से मानव-समाज एवं पारिस्थितिकी को निम्न प्रकार की हानि होती है:

(i) भू-आकृतियों में परिवर्तन: 1819 के भूकम्प के कारण भुज (गुजरात) में अल्लाह बंध की रचना हो गई थी।

(ii) बड़े भूकम्पों से भारी जान माल का नुकसान होता है। देखिये **तालिका 2.7**।

(iii) भवनों, घरों, राजमार्गों, रेल की पटरियों, पुलों तथा नगरों को भारी हानि होती है।

(iv) महासागरों में बड़े भूकम्प आने से सुनामी (Tsunami) आ जाती हैं। (Sumatra) सुमात्रा के 2004 के भूकम्प

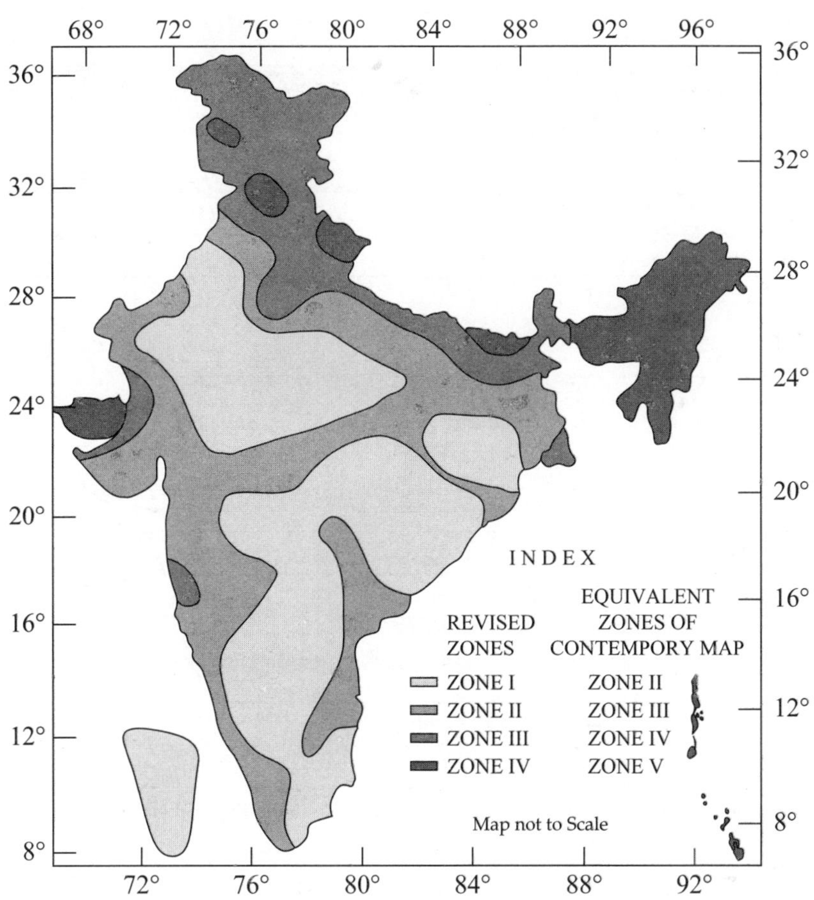

Fig. 2.30 Seismic Zones of India

के परिणामस्वरूप आई सुनामी में दो लाख से अधिक व्यक्तियों की जान गई थी।

(v) बहुत-से स्थानों पर भूपटल नीचे धंस जाता है या ऊपर उठ जाता है।

(vi) भूकम्प आने पर शॉर्ट सार्किट (Short Circuit) के कारण नगरों में आग लग जाती है तथा पानी के पाईप फट जाने से नगरों की गलियों में पानी भरने से बाढ़ जैसी परिस्थिति उत्पन्न हो जाती है।

भूकम्पों की भविष्यवाणी

भूकम्पों के बारे में अभी तक वैज्ञानिक ढंग से भविष्यवाणी नहीं की जा सकती। केवल पशुओं के व्यवहार के आधार पर ही कभी–कभी भविष्यवाणी की जा सकी है। 1975 में चीन के हैचांग नगर में एक विश्वसनीय भविष्यवाणी की गई थी। भूकम्प से पहले पानी में रहने वाली बतखें पानी से बाहर आ गईं, साँप अपने बिलों से निकलकर बाहर आ गये, कुत्ते भौंकने लगे, मछलियाँ पानी से बाहर निकलकर रेत पर उछलने लगीं तथा कुओं का पानी दो तीन मीटर ऊपर चढ़ गया। इन लक्षणों को देखकर भूकम्प की भविष्यवाणी की गई तथा लोगों को चेतावनी देकर मैदानों एवं खुले उद्यानों में आने का सुझाव दिया गया। मैदानों में भोजन तथा मनोरंजन के प्रबन्ध किये गये। दूसरे दिन भारी भूकम्प आया, सारा नगर ध्वस्त हो गया परन्तु लोगों की जान बच गई। इसके विपरीत 1976 में त्येनशान नगर में अचानक भारी भूकम्प आया, जिसमें ढाई लाख से अधिक लोग क्षण भर में मौत के घाट उतर गये और नगर खण्डहर में बदल गया।

तालिका 2.7: विश्व के कुछ बड़े भूकम्प

वर्ष	तारीख	अवस्थिति	मृत्यु संख्या	भूकम्प की तीव्रता
1556	23 जनवरी	शैन्सी प्रान्त (चीन)	830,000	–
1737	11 अक्टूबर	कोलकाता (भारत)	300,000	–
1923	01 सितम्बर	कुवान्टो मैदान (जापान)	143,000	8.2
1939	27 दिसम्बर	अर्जीकन (तुर्की)	40,000	8.6
1970	31 मई	उत्तरी पेरू	66,000	7.8
1976	28 जुलाई	त्येनशांग (चीन)	250,000	7.6
1978	16 सितम्बर	ईरान	25,000	7.7
2004	24 दिसम्बर	बान्दा-अके-सुमात्रा इण्डोनेशिया	> 200,000	8.5
2011	11 मार्च	टोहकू, जापान	> 25,000	9.0
2011	18 सितम्बर	सिक्किम (भारत)	> 500	6.8
2011	23 अक्टूबर	वॉन (वॉन-तुर्की)	> 1,000	7.2
2015	25 अप्रैल	गोरखा जिले (नेपाल)	> 1500	7.9
2016	16 अप्रैल	इक्वाडोर	1339	7.8
2017	12 नवम्बर	ईरान-ईराक सीमा, ईरान	1232	7.3
2018	28 सितम्बर	सुलावेसी, इण्डोनेशिया	5239	7.5
2019	25 सितम्बर	एम्बोन, इण्डोनेशिया	220	6.5

Source: 1. *Christopherson, R.W., 1995,* **Elemental Geosystem – A Foundation in Physical Geography,** *Prentice Hall, Englewood Cliffs, New Jersey-07632, p. 298.*

2. *Frontline, Vol-28, N.7, March 26, 2011, pp.8-14.*

अनाच्छादन (Denudation)

भूपटल की भू-आकृतियों में अपक्षय तथा अपरदन की प्रक्रियाओं के द्वारा लाये गये परिवर्तन को अनाच्छादन कहते हैं। अपक्षय में केवल स्थैतिक क्रिया तथा अपरदन में गतिशील क्रिया होती है। अपक्षय भौतिक, रासायनिक तथा मानवीय प्रक्रियाओं के द्वारा होता है, जबकि अपरदन बहते जल, पवन, हिमनद, सागर की लहरों तथा भूगर्त जल के द्वारा होता है **(Fig. 2.31)**।

(क) अपक्षय (Weathering)

अपक्षय, ताप, जल, वायु तथा प्राणियों का कार्य है, जिनके द्वारा भौतिक एवं रासायनिक अपक्षय होता है और चट्टानें अपने ही स्थान पर कमजोर पड़ जाती हैं।

किसी क्षेत्र की चट्टानों के अपक्षय में निम्नलिखित तथ्यों का काफी प्रभाव पड़ता है **(Fig. 2.32)**:

(i) चट्टानों की संरचना एवं कठोरता,
(ii) जलवायु,
(iii) भू-आकृतियों की ढलान
(iv) प्राकृतिक वनस्पति,
(v) समय, तथा;
(vi) मानव द्वारा भूमि उपयोग

अपक्षय निम्नलिखित तीन प्रकार से होता है:

(1) भौतिक अथवा यांत्रिक अपक्षय (Physical or Mechanical Weathering)
(2) रासायनिक अपक्षय (Chemical Weathering)
(3) जैविक अपक्षय (Biological Weathering)

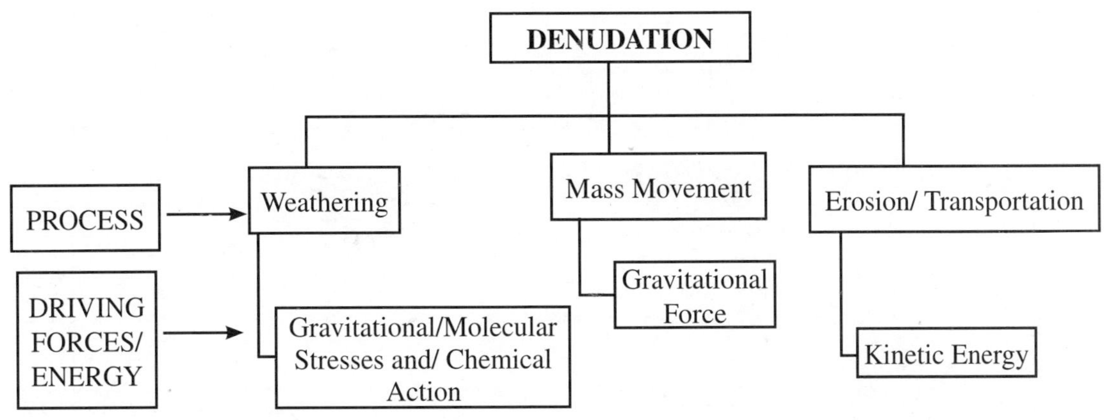

Fig. 2.31 Denudation processes and their driving forces

1. *भौतिक अथवा यांत्रिक अपक्षय (Physical or Mechanical Weathering)*

(i) ताप परिवर्तन (Physical Weathering)

भौतिक अपक्षय के मुख्य कारण सूर्यताप, तुषार (पाला) हैं। इन कारकों में ताप परिवर्तन सर्वाधिक प्रभावशाली है। मरुस्थल एवं अर्द्ध–मरुस्थलों में दिन के समय अधिक तापमान के कारण चट्टानें फैलती हैं तथा रात के समय ठंडी होकर सिकुड़ती हैं। चट्टानों के इस प्रकार निरन्तर फैलने तथा सिकुड़ने से वे अपने ही स्थान पर कमजोर पड़ जाती हैं और उनका विघटन हो जाता है **(Fig. 2.32)**।

(ii) तुषार कारक (Frost Action)

तुषार के द्वारा चट्टानों का विघटन मुख्य रूप से शीतोष्ण तथा शीत कटिबंध में होता है। इनके अतिरिक्त ऊँचे पर्वतों के अधिक ऊँचे भागों में भी इस प्रकार का अपक्षय देखा जा सकता है। रात के समय तापमान यदि शून्य डिग्री से नीचा हो जाये तो चट्टानों के छिद्रों में वायु में पाया जाने वाला जल बर्फ अथवा तुषार में बदल जाता है। दिन के समय तापमान शून्य से ऊपर होने के कारण तुषार पिघल जाता है। इस प्रकार की निरन्तर प्रक्रिया से चट्टानें अपने ही स्थान पर कमजोर पड़ जाती हैं।

(iii) क्रिस्टलीकरण (Crystallization)

इस प्रकार का अपक्षय मरुस्थलों एवं अर्द्ध–मरुस्थलों में होता है। इस प्रकार के अपक्षय में वाष्पीकरण के कारण मिट्टी एवं चट्टानों के नीचे के लवण ऊपर की तरफ सतह पर आ जाते हैं, जिससे चट्टानें अपने ही स्थानों पर कमजोर पड़ जाती हैं।

(iv) जलयोजन (Hydration)

जलयोजन प्रक्रिया में जल के कारण कुछ चट्टानों के कण फैल कर मोटे हो जाते हैं और धीरे–धीरे चट्टानों की संरचना का अपक्षय हो जाता है।

(v) अपदलन (Exfoliation)

कुछ चट्टानें ताप तथा वायु के कारण प्याज के छिलकों की भाँति परत-दर-परत उतर कर गुम्बदाकार रूप धारण कर लेती हैं।

इस प्रकार से चट्टानों के अपने स्थान पर कमजोर पड़ने को अपदलन कहते हैं। यह क्रिया प्रायः रवेदार चट्टानों में अधिक होती है। अपदलन मुख्य रूप से मरुस्थल तथा अर्द्ध–मरुस्थल क्षेत्रों में अधिक होता है **(Fig. 2.33)**।

2. *रसायनिक अपक्षय (Chemical Weathering)*

वायुमण्डल में पाई जाने वाली ऑक्सीजन, कार्बन–डाइ–ऑक्साइड गैसों तथा वाष्प की मात्रा अधिक होती है। इन

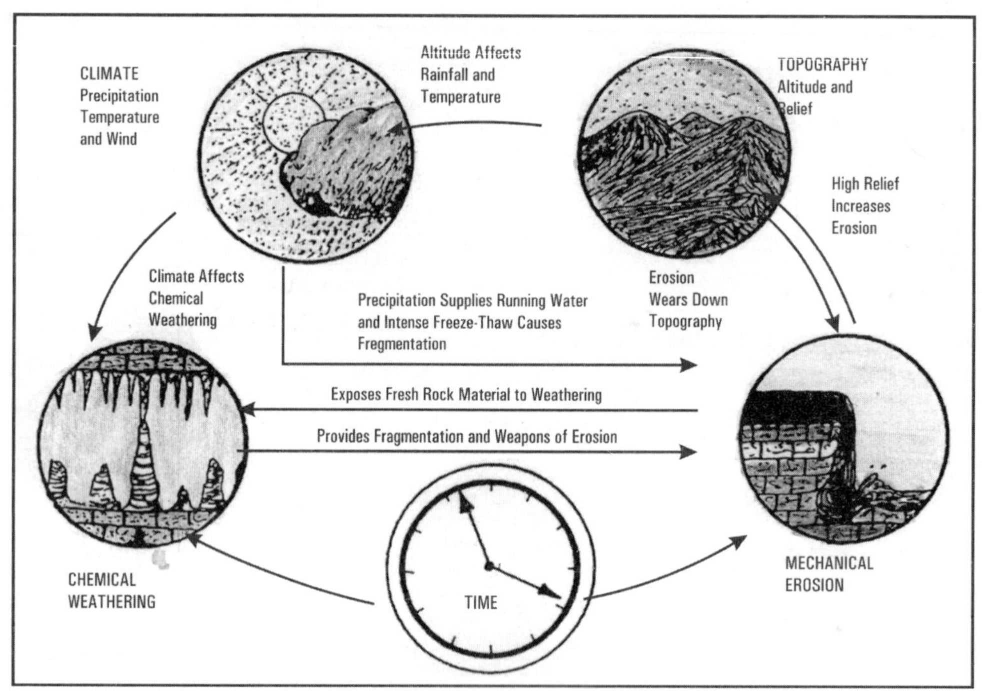

Fig. 2.32 Major determinants of weathering (after A.H. Strahler)

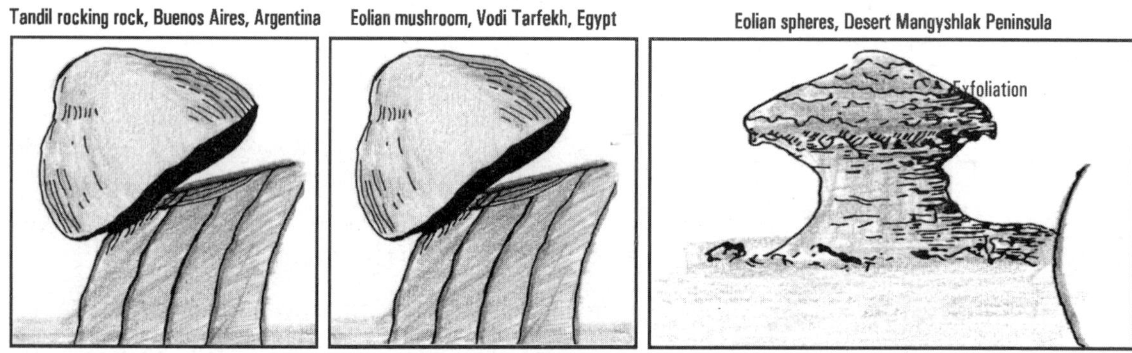

Fig. 2.33 Physical weathering

गैसों के प्रभाव से चट्टानों में रासायनिक परिवर्तन आरम्भ हो जाता है। रासायनिक अपक्षय निम्न प्रक्रियाओं से होता है।

(i) ऑक्सीकरण (Oxidation)

जब ऑक्सीजन गैस का संयोग जल से होता है और उनका सम्पर्क चट्टानों से होता है तो ऑक्सीकरण का प्रभाव अधिक होता है उनमें ऑक्सीजन का प्रभाव अधिक होता है। लोहे के कणों को जंग लग कर उनका अपक्षय हो जाता है। ऑक्सीकरण विशेष रूप से ऊष्ण-आद्र जलवायु प्रदेशों में होता है।

(ii) कार्बोनीकरण (Carbonation)

जब कार्बन-डाई-ऑक्साइड गैस का मिश्रण जल से होता है तो कई प्रकार के कार्बोनेट बन जाते हैं, जो चट्टनों को

घोल देते हैं। चूने की चट्टानों का संयोग जब कार्बन-डाई -ऑक्साइड गैस से होता है तो चूने का पत्थर कैल्शियम बाई कार्बोनेट में बदल जाता है, जो आसानी के साथ जल में धुल जाता है। इस प्रकार अपक्षय विशेष रूप से कार्स्ट (Karst) अथवा चूने के क्षेत्रों में होता है।

(iii) जलयोजन (Hydration)

जब चट्टनों पर जल पड़ता है तो वह जल को सोख लेती हैं तथा उनके कणों के आयतन में वृद्धि हो जाती है। आयतन के विस्तार के कारण चट्टानें कमजोर पड़ जाती हैं।

(iv) घोल (Solution)

कुछ चट्टानें पानी में सरलतापूर्वक घुल जाती हैं। कार्बोनेट विशेष रूप से जल में घुल जाते हैं। इस प्रकार से कठोर चट्टानों का भी अपक्षय हो जाता है।

3. जैविक अपक्षय (Biological Weathering)

वनस्पति, जीव-जंतु तथा मानव स्वयं भी चट्टानों के अपक्षय में सहायक होते हैं। बहुत-से प्राणी चट्टानों में बिल बनाते हैं, कीड़े-मकोड़े चट्टानों को कमजोर करते हैं। वनस्पति की जड़े चट्टानों की परती में घुसकर उनको कमजोर कर देती हैं।

(ख) अपरदन (Erosion)

पृथ्वी की ऊपरी सतह की चट्टानों का कटकर एक स्थान से दूसरे स्थान पर परिवहन करने एवं निक्षेप का रूप धारण करने को अपरदन कहते हैं। अपरदन के प्रमुख कारक निम्नलिखित हैं:

(1) बहता हुआ जल,
(2) हिमनद (Glaciers) पवन,
(4) भूमिगत जल, तथा;
(5) सागरीय लहरें।

1. नदीय-अपरदन (Fluvial Processes)

नदियों का प्राय: पृथ्वी का जीवन रुधिर कहा जाता है। इनके द्वारा पोषक (Nutrients) एक स्थान से दूसरे स्थान पर परिवहन करते है, जिनसे उपजाऊ भूमि की उत्पत्ति होती है। नदियों से मानव समाज को बहुत-से लाभ होते हैं। मानव के दैनिक उपभोग, सिंचाई, उद्योगों तथा नवगमन में नदियों के जल का उपयोग किया जाता है। बहते जल की कारीगरी तथा उसके द्वारा निर्मित भू-आकृतियों का संक्षिप्त वर्णन निम्न में दिया गया है।

बहता हुआ जल नदियाँ पृथ्वी धरातल पर सबसे अधिक परिवर्तन लाकर विभिन्न प्रकार की भू-आकृतियों को जन्म देता है। बहते जल के कारनामें पृथ्वी के सभी भागों में देखे जा सकते हैं, जबकि, हिमनद, पवन, तथा भूगृत जल, तथा सागरीय लहरों के द्वारा कुछ स्थानों पर अपरदन होता है।

नदी तन्त्र (River System)

एक नदी की सभी सहायक नदियों के जाल को नदी तन्त्र कहते हैं **(Fig. 2.34)**।

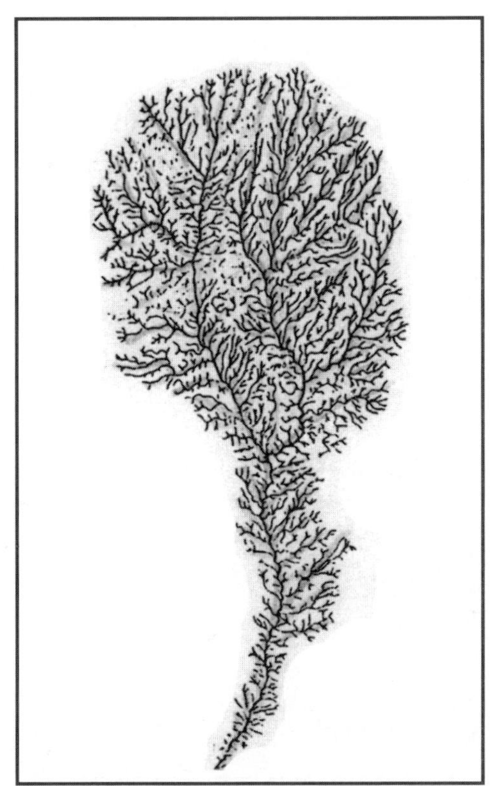

Fig. 2.34 A river system is highly complex (after W.K. Hamblin *et. al.*)

किसी भी नदी को तीन भागों में विभाजित किया जा सकता है:

(a) संचयन तंत्र, (Collection System),

(b) परिवहन तन्त्र (Transport System),

(c) निक्षेपात्मक तन्त्र (Depositional or Dispersing System) **(Fig. 2.35)**।

किसी नदी की अपरदन क्षमता निम्नांकित कारकों पर निर्भर करती है:

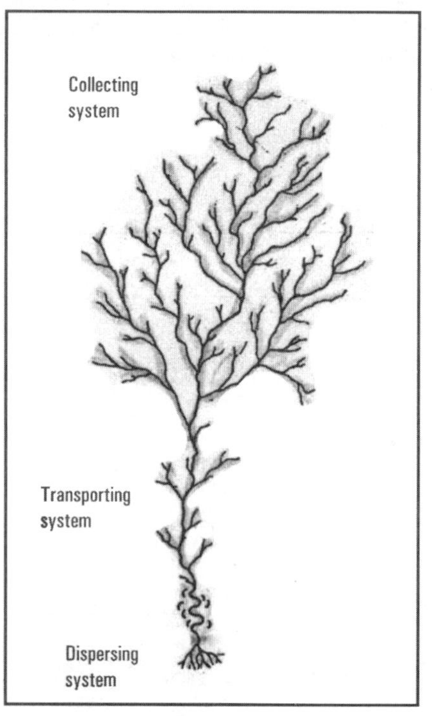

Fig. 2.35 Major parts of a river system (after W.K. Hamblin, *et.al.*)

(i) नदी का जल-अपवाह,

(ii) गति,

(iii) ढलान,

(iv) अवसादों का भार, तथा;

(v) आधार तल।

किसी नदी के मुख्य कार्यों में अपक्षित चट्टानी कण (Regolith) को साथ लेना, नीचे की ओर कटाव करना, जल मार्ग को सिरे की ओर काटना (Headward Erosion), तथा अवसादों को एकत्रण करना आदि आते है।

बहते जल (नदी) के द्वारा अपरदन (Erosion by Running Water)

अपरदन के सभी कारकों में जल का कार्य सब से अधिक विस्तृत एवं महत्वपूर्ण है। बहता पानी रासायनिक एवं यांत्रिक रूप से चट्टानों का अपरदन करता है। रासायनिक अपरदन में पानी चट्टानों को घोल लेता है, जबकि यांत्रिक अपरदन में चट्टानें एक-दूसरे से टकरा कर छोटे बोल्डर, पत्थर कंकड़ों, मोटे रेत, बालू-रेत, बारीक-सिल्ट और चिकनी मिट्टी में बदलती रहती हैं। इस प्रकार ये चट्टानों के आपस में टकराने और रगड़ व घर्षण से बारीक हो जाते हैं, जिनका परिवहन आसानी से हो जाता है **(Fig. 2.36)**।

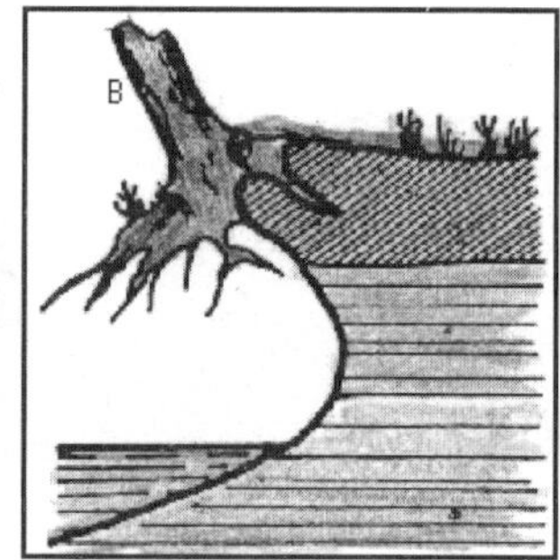

Fig. 2.36 A. River bank eroded by current. B – Eroded - bank with tree stump and roots

नदी का परिवहन (Stream Transportation)

नदी बहुत-से अपरदित मलबे और अवसादों का अपने साथ परिवहन करती है। नदी अपने भार का परिवहन कई प्रकार से करती है। यह परिवहन लुढ़का कर (by traction), उछलकर (by saltation) तथा लटककर (by Suspension) हो सकता है। अधिकतम भार का परिवहन लटकते हुए पानी के साथ आगे बढ़ता है।

नदी का निक्षेपण कार्य (Depositional work of stream)

नदी का निक्षेप कार्य रचनात्मक होता है। नदी द्वारा निक्षेप के मुख्य कारण निम्न हैं:

(i) नदी के वेग में कमी,

(ii) नदी के जल मार्ग के ढलान में कमी,

(iii) नदी के जल में अधिक विस्तार,
(iv) नदी के मार्ग में रुकावट,
(v) नदी के जल की मात्रा में कमी,
(vi) नदी के जल में अवसादों की मात्रा में भारी वृद्धि, इत्यादि।

नदी का अनुलम्ब प्रोफाइल (Longitudinal Profile of a River)

वह रेखा चित्र, जो नदियों की ऊंचाई और दूरी के बीच के संबंध को स्पष्ट करता है, उसे देशांतर रेखा-चित्र कहा जाता हैं। यह रेखाचित्र सामान्य रूप से अवतल ऊर्ध्व होता है, जो स्थानीय या क्षेत्रीय आधारतल को बताता है और संभव है कि उन छोटी-छोटी बिन्दुओं से अलग होता है, जहां नदी, पूर्व घाटी भूमितल या नदी तल के जरिये काटती है **(Fig. 2.37)**।

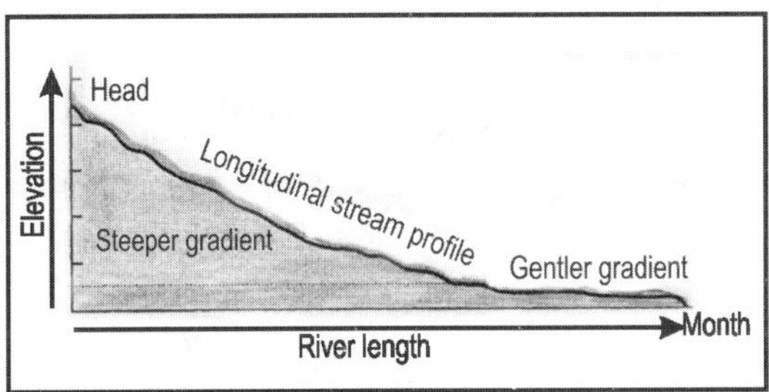

Fig. 2.37 lealilsed cross-section of the longitudinal profile of a stream showing its gradient. Upstream segments have a steeper gradient, whereas downstrean the gradient is more gentle

क्रॉस अथवा नदी की चौड़ाई का प्रोफाईल (Cross Profile of a River)

किसी नदी प्रणाली या घाटी के चारों तरफ नदी प्रवाह की दिशा में दाएं कोण पर एक रूपरेखा का सर्वेक्षण किया जा सकता है, जिसमें नदी प्रणाली होती है। घाटी रेखीय रूपरेखा को रेखांकित करने के लिए समोच्च या स्थलाकृति मानचित्रों की जानकारी अक्सर पर्याप्त रूप से विस्तृत होती है **(Fig. 2.38)**।

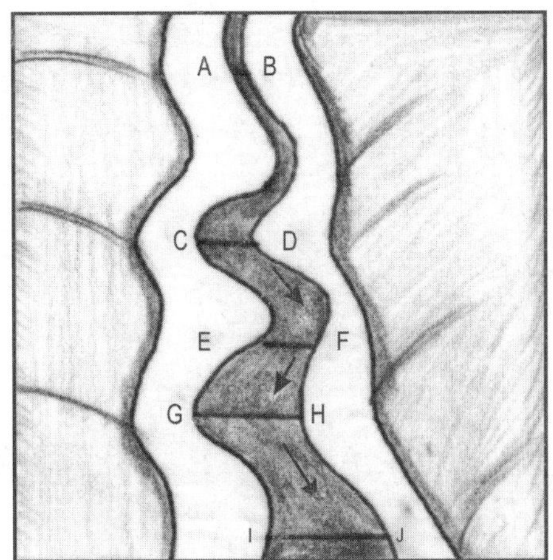

Fig. 2.38 Cross or transverse profiles

आधार तल (Base Level)

उप-हवाई क्षरण प्रक्रियाओं के संचालन के लिए निचली सीमा, आमतौर पर प्रवाहित होने वाले पानी की भूमिका के संदर्भ में परिभाषित की जाती है। किसी भी संचलन पर समुद्र की सतह का स्तर महाद्वीपों के लिए सामान्य आधारतल के रूप में कार्य करता है, हालांकि स्थानीय आधारतल की एक विस्तृत श्रृंखला हो सकती है, कुछ ऊपर और कुछ समुद्र तल से नीचे हो सकती हैं। इस शब्द का पहली बार प्रयोग करने वाले जे.डब्ल्यू. पॉवेल (1875) थे, जिन्होंने निम्नलिखित को शामिल करने के लिए इसे बहुत ही व्यापक रूप में परिभाषित किया था–सबसे पहले, समुद्र की अवधारणा एक व्यापक आधारतल के रूप में है, जिसके नीचे शुष्क भूमि को नष्ट नहीं किया जा सकता है। दूसरी बात, स्थानीय या अस्थायी आधारतलों का अस्तित्व, जो मुख्य धाराओं के नदी तल के स्तर हैं, जो क्षरण के उत्पादों को दूर करते हैं और, आखिरकार, एक काल्पनिक सतह के रूप में, इस क्षेत्र से निकलने वाली प्रमुख धारा के निचले सिरों की ओर अपने सभी भागों में थोड़ा-सा झुकाव रखता है। डब्ल्यू.एम. डेविस (1899-1902) ने माना कि पॉवेल की परिभाषा के विस्तार ने विभिन्न प्रकार के रिवाजों और भ्रम की शुरुआत की थी। इसलिए, उन्होंने इस

बात का प्रस्ताव दिया कि आधारतल को केवल सीमित किया जा सकता है। सामान्य उप-हवाई क्षरण के संबंध में आधारतल शुरू होता है **(Fig. 2.39)**।

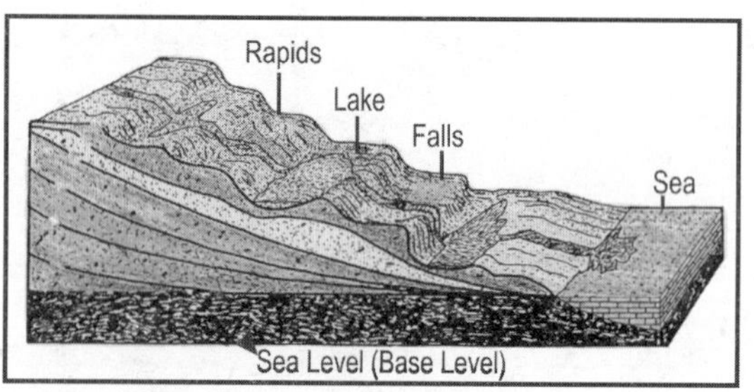

Fig. 2.39 Base level (after W.M. Davis)

आधारतलों की पहचान कई अलग-अलग पैमाने पर की जा सकती है। एक प्रवाह प्रणाली आसन्न ढलान पर प्रक्रियाओं के लिए आधारतल के रूप में कार्य करती है। कोई भी प्रमुख प्रवाह अपनी सहायक नदियों के सिलसिले में आधारतल होता है। पूरे बेसिन प्रतिकूल धारा के लिए एक झील या जलाशय या झरना आधारतल होता है। स्पष्ट है कि ये आधारतल उप-हवाई क्षरण प्रक्रियाओं के संचालन के प्रभाव के साथ-साथ समय के साथ भी बदल सकते हैं और बदलेंगे। आधारतल में कुल प्रवाह में वृद्धि करके संभावित ऊर्जा में वृद्धि होती है।

नदी द्वारा निर्मित भू-आकृतियाँ (Land Forms of Streams)

नदी के द्वारा निर्मित विभिन्न, भू-आकृतियों का संक्षिप्त वर्णन निम्न में दिया गया है:

(i) गॉर्ज (Gorge)

नदी की 'V' आकार की गहरी घाटी को गॉर्ज कहते हैं। गॉर्ज प्राय: नदी के पवर्तीय भाग में पाए जाते हैं **(Fig. 2.40)**।

(ii) कैन्यन (Canyon)

गार्ज के विस्तृत स्वरूप को ही कैनियन या संकीर्ण नदी कंदरा कहते हैं। यह आकार में विशाल परंतु अपेक्षाकृत अधिक सकरा होता है। संयुक्त राज्य अमेरिका के एरिजोना प्रान्त में कोलोराडो नदी का ग्राण्ड कैनियन (Grand Canyon) विश्व का सबसे बड़ा कैनियन है।

Fig. 2.40 Gorge (canyon)

(iii) क्षिप्रिका (Rapids)

पहाड़ी भागों में नदी के मार्ग में भूमि का ढाल तीव्र होने पर नदी का जल तीव्र गति से नीचे की ओर बहता है। इस प्रकार तेज बहते पानी को क्षिप्रिका (Rapid) कहते हैं **(Fig. 2.41)**।

(iv) नदी वेदिका (River Terraces)

नदी की घाटी के दोनों ओर नदी के चबूतरे मिलते हैं, जिनको नदी-वेदिका कहते हैं। कुछ नदियों की घाटियों में यह चबूतरे सीढ़ीनुमा रूप धारण कर लेते हैं **(Fig. 2.42)**।

(v) जल प्रपात (Waterfalls)

जब किसी नदी का जल ऊँचाई से खड़े ढलान पर गिरे तो उसे जल प्रपात कहते है। इस प्रकार की भू-आकृतियाँ नदी के पर्वतीय भाग में देखी जा सकती हैं **(Fig. 2.41 एवं 2.43)**।

(vi) जलोढ़ पंख (Alluvial Fans)

पवर्तीय ढाल से नीचे उतरती हुई नदी जब गिरिपद के पास समतल मैदान में प्रवेश करती है तो उसका वेग अचानक कम हो जाता है, जिस कारण उसके साथ बहने वाले अवसाद एक पंख के रूप में फैल कर जमा हो जाता है। इस प्रकार की भू-आकृति को जलोढ़ पंख कहते हैं **(Fig. 2.44)**।

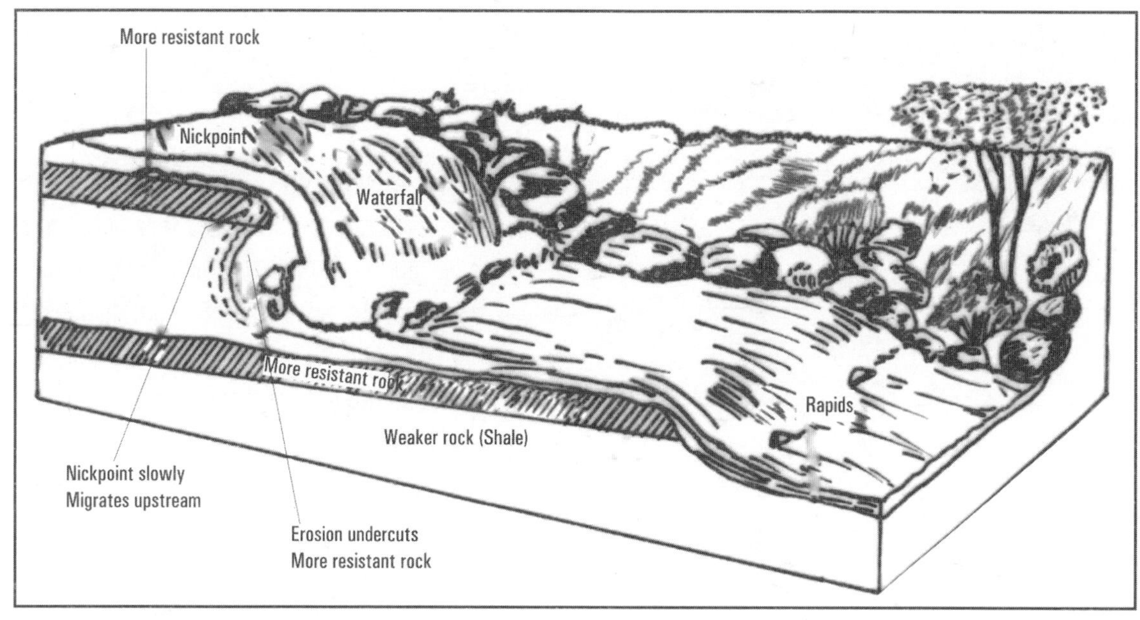

Fig. 2.41 Rapids and waterfalls

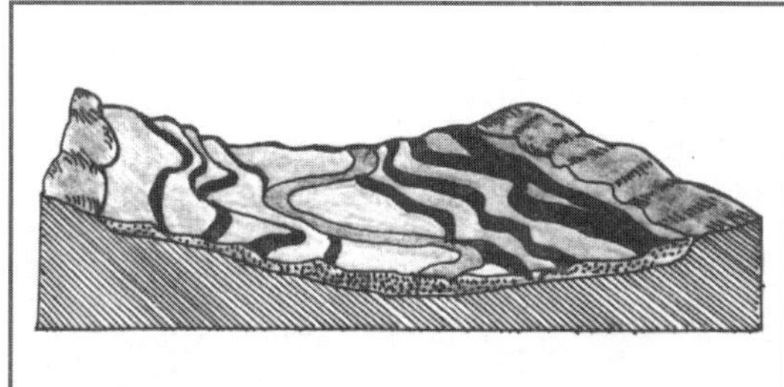

Fig. 2.42 River terraces (after R.W. Christopherson)

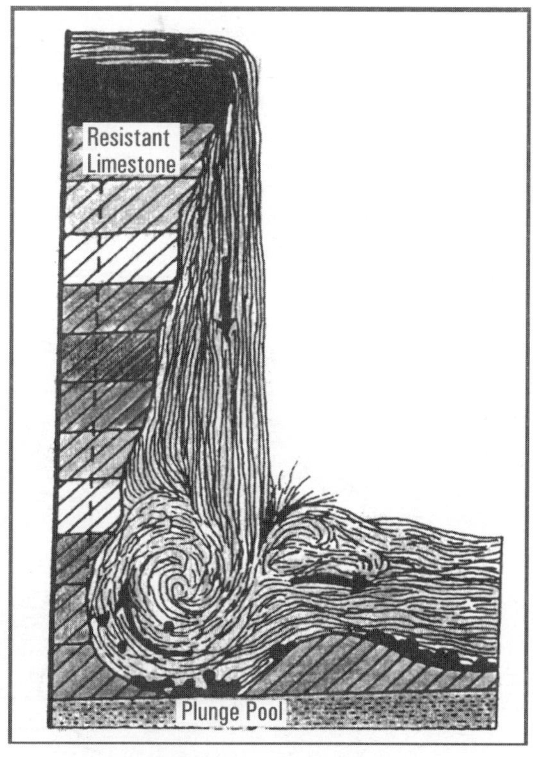

Fig. 2.43 The Niagra fall

(vii) सरिता अपहरण (River Capture)

जब कोई नदी अपने उद्गम की ओर अपरदन करती हुई किसी दूसरी नदी के जल को अपने जलमार्ग में खींच लाये उसे नदी या सरिता अपहरण कहते हैं **(Fig. 2.45)**।

निम्न दशाओं में नदी अपहरण होता है:

1. धाराओं का तेज बहाव
2. जुड़ी हुई पतली घाटियां जिससे कि पानी फैलता नहीं है और समतल घाटी
3. पर्याप्त मात्रा में उच्च वेग के साथ पानी का तेज बहाव

Fig. 2.44 Alluvial. fan

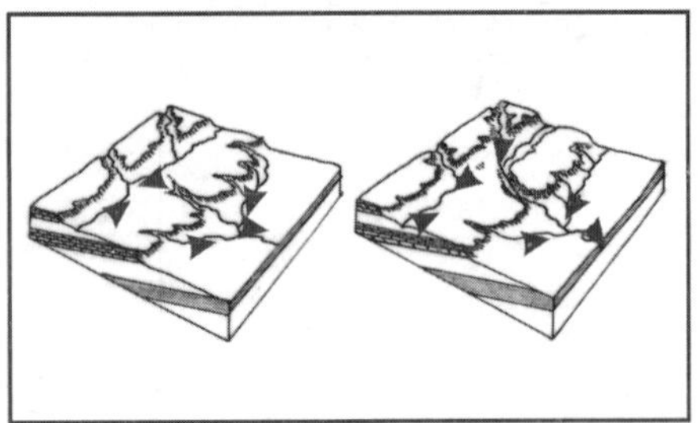

Fig. 2.45 River capture

4. तेज गति से अभिशीष अपरदन को लिए मुलायम चट्टान
5. अन्य पड़ोसी नदियों की घाटियों की तुलना में नीची घाटी
6. अवसादों निम्न बहाव जिससे कि नदी अपरदन की क्रिया जारी रखें

उदाहरण (Examples)

1. हीज नदी का ओहिओ नदी द्वारा अपहरण
2. नदी स्लूअर, केन्ट का नदी ब्यूल्ट, बाल्ट, नदी तीस और अन्य नदियों द्वारा अपहरण
3. दक्षिण इंग्लैंड की वी नदी बांई भुजा जोकि ब्लैक वाटर नदी का पुराना ऊपरी पानी है।
4. बेल्स में रीडोल नदी जिसने अन्य धाराओं के ऊपरी पानी का अपहरण किया है।
5. देवन (इंग्लैण्ड) में लिड नदी
6. चैक गणराज्य में व्लारा मोराविया
7. भारत में यमुना नदी द्वारा सरस्वती नदी अपहरण।

(viii) बाढ़-मैदान (Flood Plain)

किसी नदी के मध्य एवं निचले मार्ग में जहाँ तक बाढ़ के समय नदी का पानी फैलता हो उसका बाढ़-मैदान कहलाता है **(Fig. 2.46)**।

(ix) प्राकृतिक तटबंध (Levee)

बाढ़–मैदान प्रवाह या अंतर्ज्वारीय प्रवेशिका के साथ चलने वाली एक विस्तृत, लम्बे शिखर वाली पर्वतपृष्ठ सामान्य रूप से मोटी रेत तथा बाढ़ के पानी से जमा सिल्ट ग्रेड निलंबित तलछट से बनी होती है, क्योंकि ये जल प्रणाली राशि ज्यादा

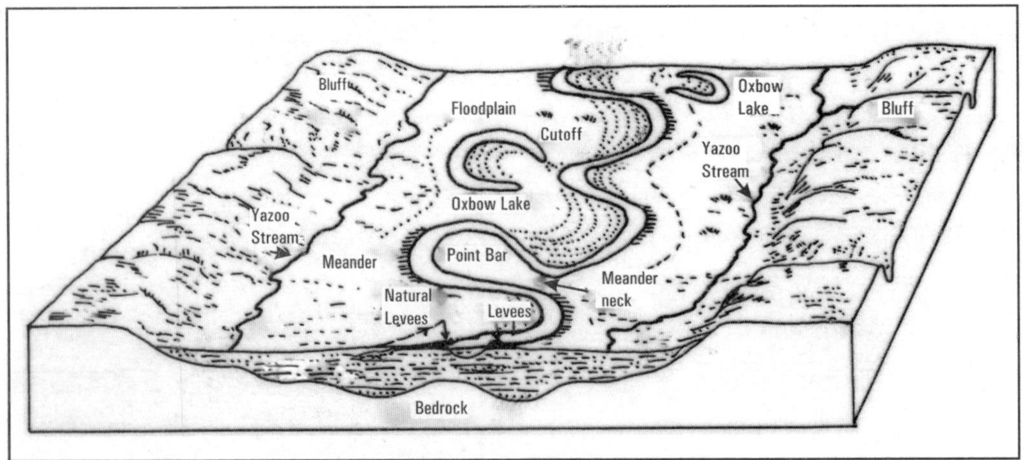

Fig. 2.46 Major features of floodplain – Meanders, point-bars, ox-bow lakes, natural levees, stream-channels and Yazoo-stream

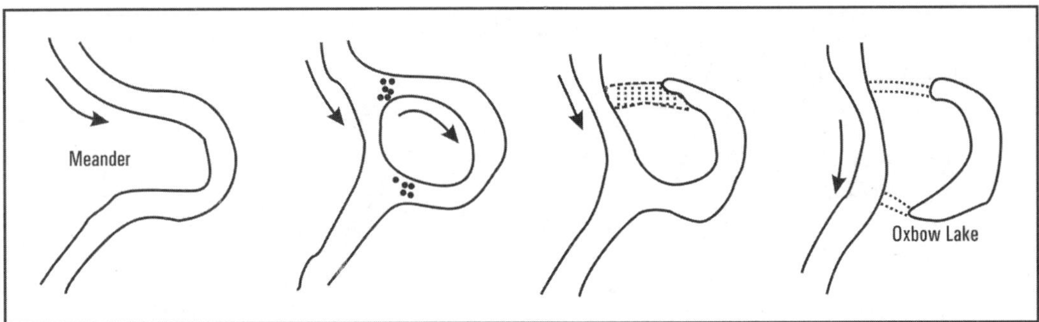

Fig. 2.47 Transformation of Meander into Ox-bow Lake

होती है। तटबंध, नदी से क्रमिक रूप से ढलान के साथ दूर होता है और जैसे-जैसे जल प्रणाली या जलडमरूमध्य से दूरी बढ़ती है, धीरे-धीरे बारीक होते तलछट जमा होते जाते हैं। तटबंध बाढ़ से सुरक्षा के लिए कृत्रिम रूप से भी बनाया जाता है **(Fig. 2.46)**।

(x) नदी विसर्प (River Meander)

कोई नदी जब मैदान में बहती है, जहाँ मैदान का मन्द ढलान होता है, वहाँ नदी विसर्प या मियाण्डर बनाती हुई बहने लगती है। यह शब्द तुर्की की मियाण्डर नदी से लिया गया है जो अधिकतर भाग में पेचाक (मियाण्डर) बनाती हुई बहती है **(Fig. 2.47)**।

(xi) गोखुर अथवा ऑक्सबो झील (Ox-bow Lake)

इस शब्द को अत्यधिक घुमावदार सक्रिय घुमावदार प्रणाली पर भी लागू किया जा सकता है, जिसमें आसन्न पहुंच के बीच या यहां तक कि पहुंच के भीतर जमीन तक केवल एक संकीर्ण टोंटी होती है। असल में यह शब्द एक काम लिये जाने वाले बैल की गर्दन के चारों ओर लगाए गए लकड़ी के यू आकार के टुकड़े से निकला है। इस प्रकार के झील तलछट के साथ सक्रिय हो सकते हैं जहां वे चौनल के साथ जुड़ते हैं और फिर क्रमश: भरते हैं **(Fig. 2.47)**।

(xii) निम्न घाटी की भू-आकृति (Landforms of the Lower Valley)

निम्न घाटी के भूमि रूपों में एक-दूसरे से जुड़ी हुई प्रणाली, डेल्टा, नदी और जलोढ निक्षेप शामिल होते हैं।

गुंफित जलमार्ग (Braided Stream)

नदी के निचले भाग में, धरातल का ढलान बहुत मन्द हो जाता है, जिसके कारण जलमार्ग कई धाराओं में विभाजित हो जाता है। ऐसे जलमार्ग को गुंफित जल मार्ग कहते हैं **(Fig. 2.48)**।

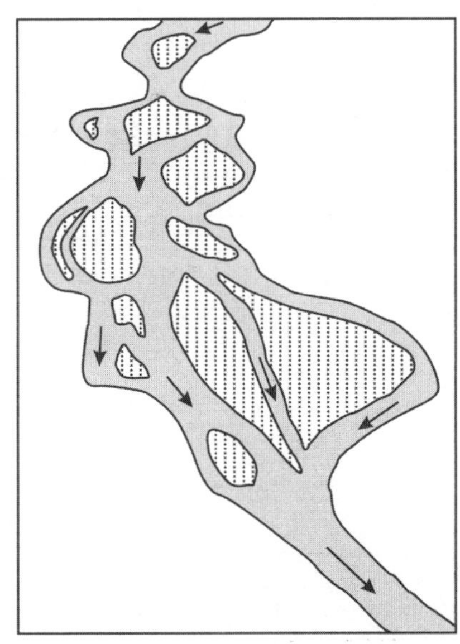

Fig. 2.48 A braided stream

(xiii) डेल्टा (Delta)

डेल्टा नदी के मुहाने पर जमा तलछट का एक बड़ा त्रिकोणीय क्षेत्र होता है। इतिहास के पिता हेरोडोटस, पहले लेखक थे जिन्होंने नील नदी के फैले हुए मुंह के आकार को त्रिकोणीय, डेल्टा आकार के रूप में वर्णित किया था। विभिन्न प्रकार के डेल्टा **(चित्र 2.49A)** में दिए गए हैं।

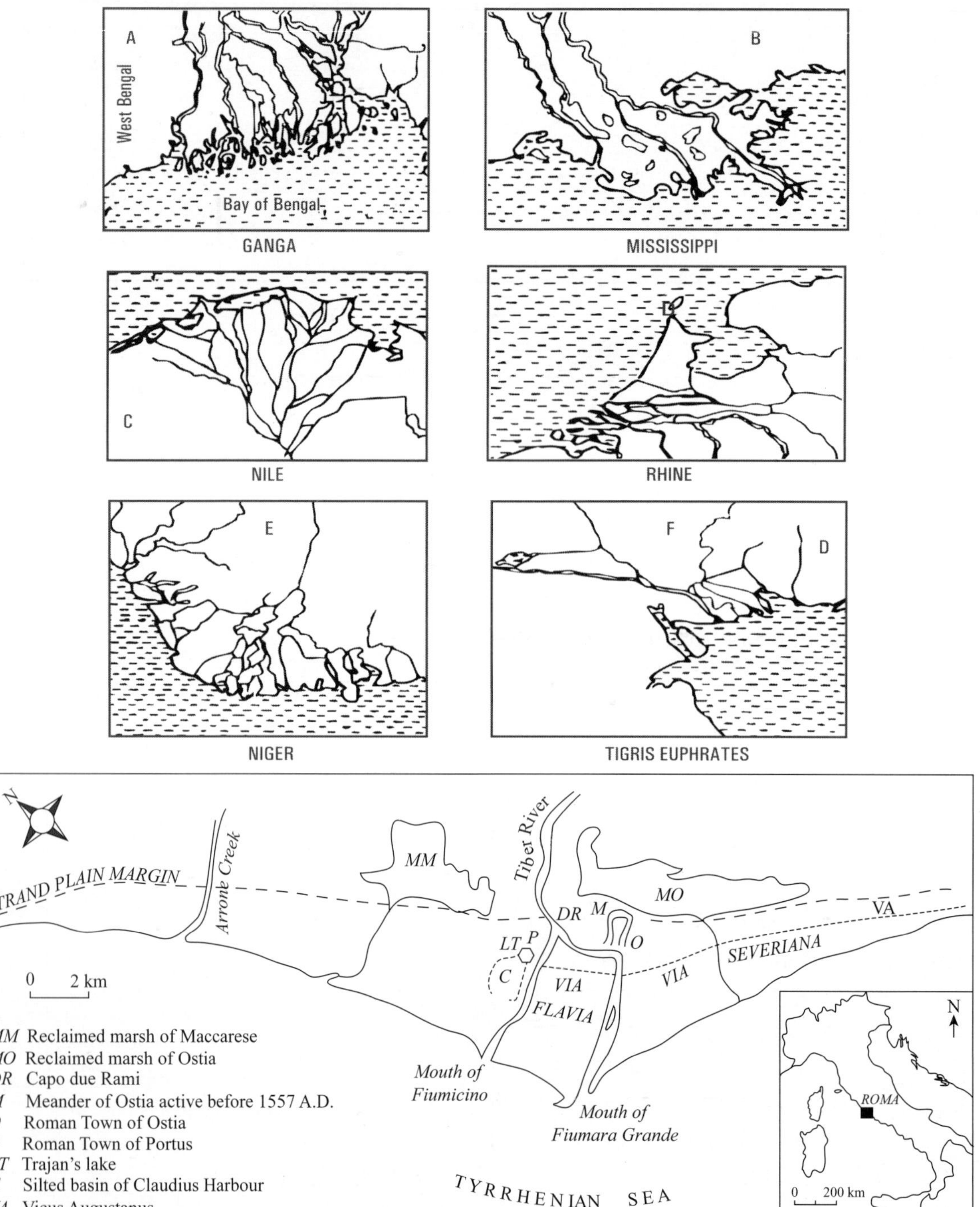

TIBER RIVER, Cuspate delta

Fig. 2.49

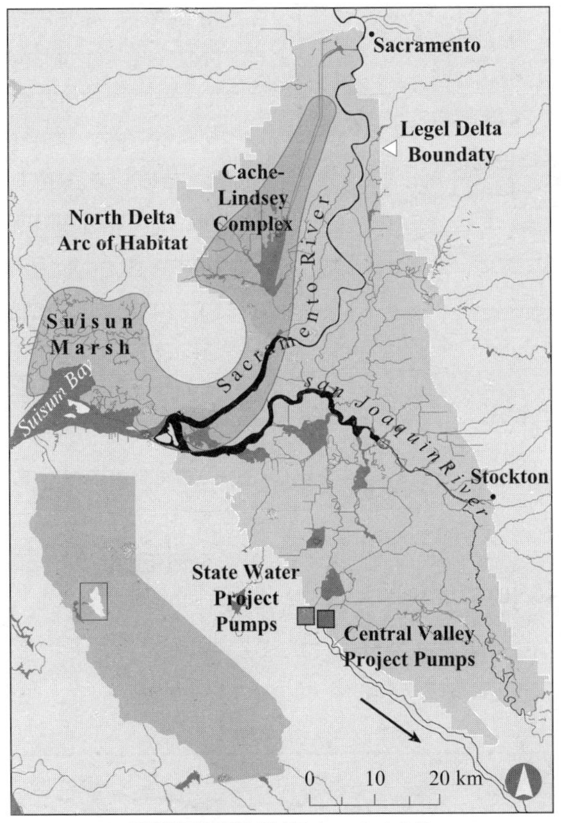

SACRAMENTO RIVER, Inverted delta

Fig. 2.49 (A) Some of the great Deltas of the World

डेल्टा के प्रकार:

डेल्टा को आमतौर पर दो प्रमुख कारकों के प्रवाह के आधार पर वर्गीकृत किया जाता है।

प्रभावित करने वाले कारक के आधार पर:

1. लहर-प्रधान डेल्टा (नील नदी डेल्टा)
2. ज्वार-प्रधान डेल्टा (गंगा-ब्रह्मपुत्र डेल्टा)
3. गिल्बर्ट डेल्टा (ताजे पानी की झील डेल्टा)
4. ज्वारनदमुखी डेल्टा (नर्मदा और तापी डेल्टा)

आकार के आधार पर

1. चापाकार डेल्टा (नील डेल्टा)
2. अग्रवर्धी डेल्टा (टाइबर डेल्टा)
3. पंजाकार डेल्टा (मिसिसिपी डेल्टा)
4. उलटा डेल्टा (सैक्रामेंटो-सैन जोकिन नदी डेल्टा)

डेल्टास के अन्य प्रकार

1. अंतर्देशीय डेल्टा (बोत्सवाना में ओकावांगो डेल्टा)
2. परित्यक्त डेल्टा (पीली नदी डेल्टा, मिसिसिपी डेल्टा)
3. रूण्डित डेल्टा (सैन मिगुएल डेल्टा सिस्टम)
4. अवरुद्ध डेल्टा (सेनेगल आर नदी डेल्टा)
5. प्रगतिशील डेल्टा (गंगा-ब्रह्मपुत्र डेल्टा)

(xiv) एस्चुरी (Estuary)

जब कोई नदी बहुत-सी भुजाओं में न बँटकर सीधी सागर में जा मिले तो ऐसे मुहाने को एस्चुरी कहते हैं। नर्मदा और तापी नदियां खंभात की खाड़ी में नदमुख बनाती हैं। **(Fig. 2.50)**।

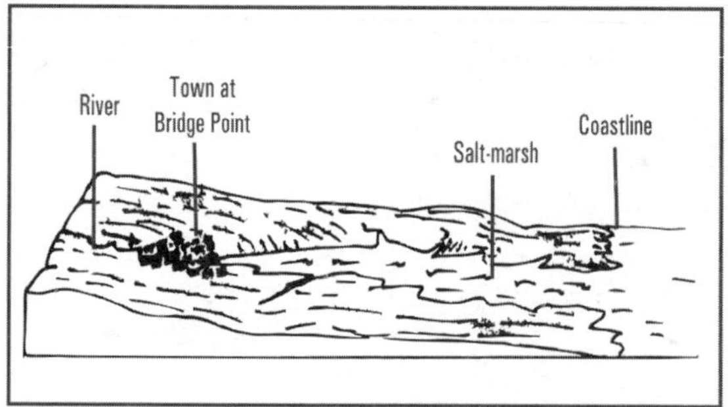

Fig. 2.50 Estuary

(xv) जलोढ़ निक्षेप (Alluvial Deposits)

नदियों द्वारा बनाये गये निक्षेपो को जलोढ़ निक्षेप कहते हैं **(Fig. 2.51)**।

पुनर्युवन अथवा नवीकरण (Rejuvenation)

यदि किसी कारण से नदी की अपरदन शक्ति में वृद्धि हो जाये तो वह सामान्य से अधिक कटाव करने लगती है तो उसको पुनर्युवन अथवा नवीकरण (Rejuventaion) कहते हैं। पुनर्युवन के कारण अपरदन चक्र की अवधि (Period) में वृद्धि होती है। उदाहरण के लिये अपरदन चक्र (Cycle of Erosion) प्रौढ़ अवस्था के निकट हो और अन्तर्जात बल के उत्थान के कारण उसकी अपरदन गति में तीव्रता आ जाये तो उसको पुनर्युवन कहा जाता है।

पुनर्युवन (Rejuvenation) के मुख्य कारण निम्न प्रकार हैं:

(i) अन्तर्जात बल (Endogenic Force) के कारण भूआकृति/भूपटल का उत्थान होना,

(ii) ज्वालामुखी उद्‌गार के कारण भूपटल का उत्थान होना, अथवा

(iii) जलवायु परिवर्तन का कारण सागर स्तर का नीचा होना।

पुनर्युवन के द्वारा निम्न प्रकार की भू-आकृतियों की उत्पत्ति होती है:

(i) घाटी में नई घाटी का उत्पन्न होना (Multi-storyed valley),

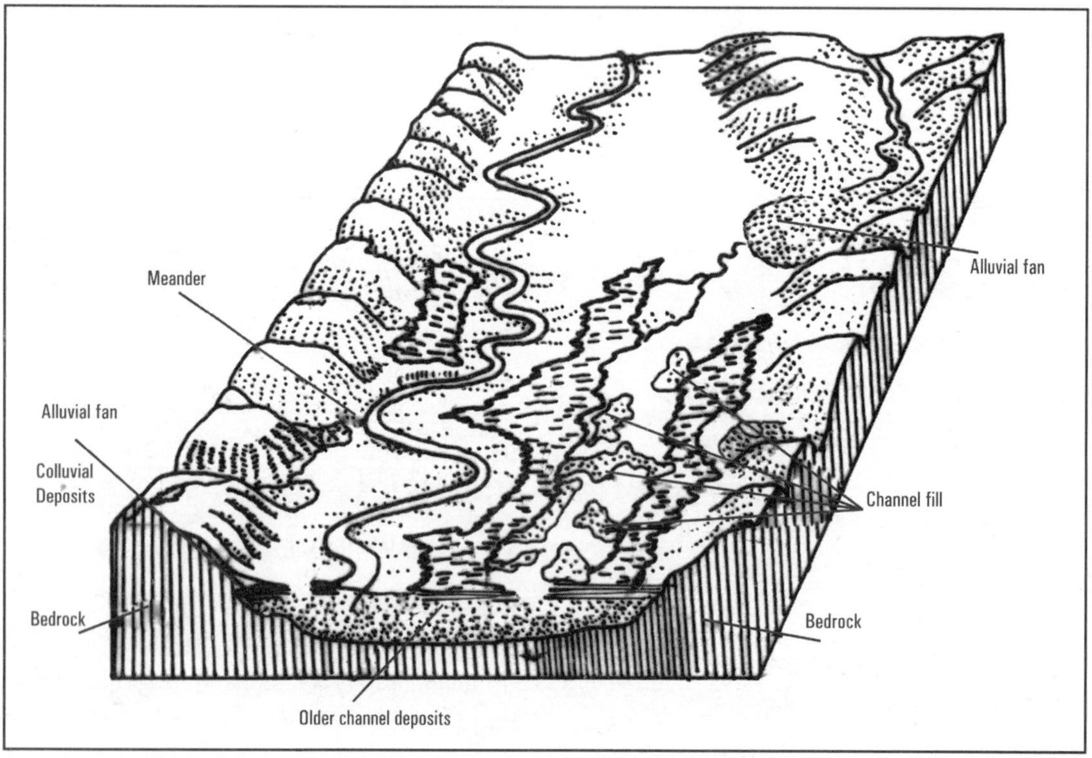

Fig. 2.51 Types of Alluvial deposits

(ii) छेदित विसर्पण (Incised Meander),

(iii) पेनीप्लेन (Peneplains) में उत्थान होना,

(iv) छोटे जलप्रपातों का विकसित (Nick-Points) होना तथा;

(v) प्रौढ़ घाटी में जुड़वां चबूतरे (Paired-terraces) उत्पन्न होना।

झारखण्ड के हज़ारीबाग में पुनर्युवन टोपोग्राफी (Rejuvenated Topography) देखी जा सकती है। संयुक्त राज्य अमेरिका के अप्लेशियन पर्वत (Appalachian Mt.) तथा कोलोराडो ग्रेट केन्यन (Colorado Grand Canyan) में भी इस प्रकार की स्थालाकृतियां देखी जा सकती हैं। छोटानागपुर पठार की पृष्ठभूमि भी उन्नत भू-आकृति के उदाहरण हैं। निम्न बिन्दु फिर से युवावस्था प्राप्त ढलान में कोई नदी इस देशान्तर रूपरेखा में दरार बनाते हैं। उन निम्न बिन्दुओं पर छोटे-छोटे झरने विकसित होते हैं। उत्तरी गोयल नदी की एक सहायक नदी–बुरहा नदी पर बुरहाघाघ जलप्रपात, तथा जबलपुर के निकट नर्मदा नदी का धुंआधार जलप्रपात निम्न जलप्रपात के उदाहरण हैं।

2. *हिमनद तथा हिमनद द्वारा निर्मित भू-आकृतियाँ (Glaciers and Glacial Landforms)*

हिमनद धरातल पर सरिताओं के समान ही हिमयुक्त नदियों के रूप में होते हैं, यद्यपि इनकी गति बहुत मन्द होती है। हिमनद वास्तव में हिम समूह होता है, जो हिम क्षेत्र (Snowfields) से गुरुत्व के कारण प्रवाहित होते हैं। हिमनद का निर्माण एक सामान्य प्रक्रिया के अन्तर्गत सम्पन्न होता है। हिमनद इस समय लगभग डेढ़ करोड़ वर्ग किलोमीटर अथवा धरातल के 10 प्रतिशत भाग पर फैले हुये हैं। हिमनदों का लगभग 96 प्रतिशत हिम अंर्टाकटिका तथा ग्रीनलैंड में पाया जाता है। हिम की सब से अधिक मोटाई 4270 मीटर अण्टार्कटिका में पाई जाती है। सागर स्तर से वह ऊँचाई जहाँ साल भर बर्फ जमी रहती है, हिम-रेखा (Snowline) कहलाती है। हिम-रेखा की ऊँचाई विभिन्न ऊँचाइयों, अक्षांशों तथा महाद्वीपों में भिन्न-भिन्न होती है।

हिमनद के प्रकार (Types of Glaciers)

हिमनदों को निम्न वर्गों में विभाजित किया जा सकता है:

(i) आइस कैप्स (Ice caps)

आइस कैप्स को हिम चादर भी कहा जाता है। वास्तव में यह महाद्वीपीय हिमनद हैं, जिनमें पर्वत-शिखरों की हिम चादरों को भी सम्मिलित किया जाता है जहाँ से कई हिमनदों का उद्‌गम होता है। अर्ण्टाकटिका तथा ग्रीनलैंड के हिम क्षेत्र प्रमुख हिम चादर हैं।

(ii) पर्वत हिमनद अथवा घाटी हिमनद (Mountain or Valley Glaciers)

पर्वतों के ऊँचे स्थानों पर स्थित हिम क्षेत्र (Snowfields) से हिम राशि जब गुरुत्व के कारण निचले ढाल की ओर प्रवाहित होती है तो उसे पर्वतीय ग्लेशियर कहते हैं। इनका अध्ययन सर्वप्रथम आल्पस पर्वत (Alps Mountaion) में हुआ था इसलिये इनको अल्पाइन ग्लेशियर भी कहते हैं। इनकी लम्बाई कुछ मीटर से लेकर 2000 किलोमीटर तक होती है।

(iii) गिरिपद हिमनद (Piedmont Glaciers)

जब पर्वतीय भाग से कई घाटी हिमनद नीचे उतर कर पर्वत के आधार पर एक–दूसरे से मिल जाते हैं तो उसे गिरिपद हिमनद कहते हैं। अलास्का का मेलास्पिना ग्लेशियर इसका मुख्य उदाहरण है।

अपरदित भू–आकृतियाँ (Erosional Land forms)

हिमनद के द्वारा निर्मित प्रमुख अपरदित भू-आकृतियाँ निम्न हैं। सर्क (क्वाम-वेल्श भाषा में) अथवा कोरी (Corrie) बर्गशरूण्ड (Bergschrund), कोल (Col), क्रेग एण्ड टेल (Crag and Tail), फियोर्ड (Fiord), लटकती घाटी (Hanging Valley), शृंग (Horn), आइस-फाल (Icefall), नीवी (Neve), नूनाटक (Nunataks), पिनेकिल (Pinnacle), रोचेस-मुताने (Rochess Moutonnes) तथा यू-आकार घाटी (U-Shaped Valley)।

(i) एरेटे (Aretes)

दो घाटियों के हिम विभाजक को एरेटे कहते हैं। यह मछली की हड्डी के समान होती है **(Fig. 2.52)**।

(ii) बर्गशरूण्ड (Bergschrund)

किसी पर्वतीय हिमनद के चट्टान तथा हिम समूह के बीच एक हिम-दरार (Crevasse) होती है **(Fig. 2.53)**।

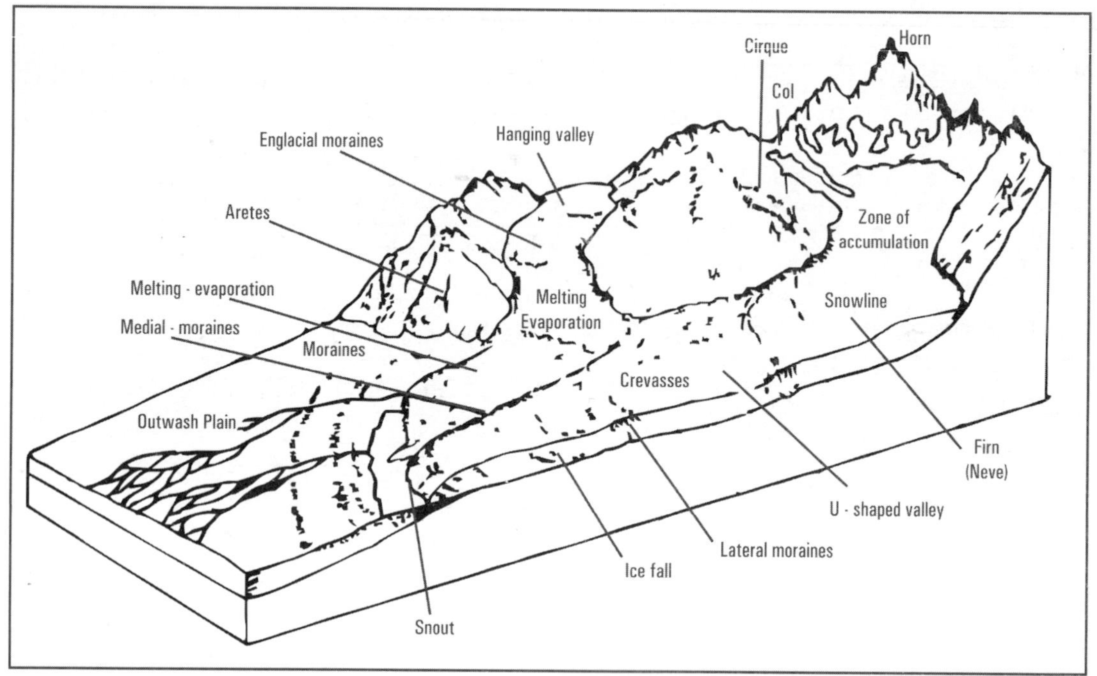

Fig. 2.52 A Glacial system

तलिका 2.8 (a): विश्व के घाटी ग्लेशियर

क्र.सं.	ग्लेशियर का नाम	महाद्वीप/देश
1.	लैमबर्ट ग्लेशियर	अन्टार्कटिका
2.	हर्ड आइसलैंड ग्लेशियर	ऑस्ट्रेलिया
3.	सियाचिन ग्लेशियर	एशिया
4.	किलमंजारो का ग्लेशियर	अफ्रीका
5.	वत्नाजोकुल ग्लेशियर	यूरोप
6.	पैरिटो मोरीनो ग्लेशियर	दक्षिणी अमेरिका
7.	हुब्बार्ड ग्लेशियर	उत्तरी अमेरिका

(iii) सर्क अथवा क्वाम (Cirque or Cwm)

हिमनद के मार्ग में एक आराम कुर्सी जैसी भू-आकृति, जो हिम के अपरदन से बनती है **(Fig. 2.54)**।

(iv) कोल अथवा काठी (Col or Saddle)

दो पर्वतीय शिखरों के बीच एक काठीनुमा दर्रा **(Fig. 2.52)**।

(v) क्रेग एण्ड टेल (Crag and Tail)

जब किसी हिमनद के मार्ग में बेसाल्ट अथवा ज्वालामुखी प्लग (Volcanic Plug) ऊपर गाँठ के रूप में निकला रहता है तो जिस ओर से हिमनद आता है उस ओर प्लग के उठे भाग पर स्थित मुलायम मिट्टी का हिमनद द्वारा अपरदन हो जाता है तथा ढाल तीव्र हो जाती है।

ढाल से होकर हिमनद जब बेसाल्ट के उठे भाग पर प्लग को पास करके दूसरी ओर उतरने लगता है, तो प्लग के साथ संलग्न दूसरी ओर की मुलायम चट्टान का अपरदन कम होता है, क्योंकि हिमनद के द्वारा यहाँ पर चट्टान को संरक्षण प्राप्त होता है। इस कारण दूसरी ओर की ढाल मन्द हो जाती है।

इस प्रकार प्लग या बेसाल्ट वाले ऊँचे भाग को क्रेग (Crag) तथा उसके पीछे वाले भाग को पूँछ (Tail) कहते हैं **(Fig. 2.55)**।

(vi) फर्न (Firn)

ऐसी बर्फ जो गर्मी के मौसम में न पिघल सके तथा हिमनद भी न बन सकी हो फर्न कहलाती है।

(vii) फियोर्ड (Fiord)

ऊँचे अक्षांशों में जलमग्न हिमानीकृत घाटियों को फियोर्ड कहते हैं। फियोर्ड मुख्य रूप से नॉर्वे, अलास्का, ग्रीनलैंड तथा न्यूजीलैंड में पाये जाते हैं **(Fig. 2.56)**।

तलिका 2.8 (b): भारत में घाटी ग्लेशियर

क्र.सं.	ग्लेशियर का नाम	तथ्य
1.	सियाचिन ग्लेशियर	• भारत का सबसे बड़ा ग्लेशियर। • विश्व के ध्रुवीय और उपध्रुवीय क्षेत्रों में दूसरा सबसे बड़ा ग्लेशियर। • यह 75.6 किमी. लम्बा और 2.8 किमी. चौड़ा है।
2.	गंगोत्री ग्लेशियर	• यह उत्तराखण्ड राज्य में उत्तरकाशी जिले में स्थित है। • यह गढ़वाल हिमालय का सबसे बड़ा ग्लेशियर है। • यह 30–20 किमी. लम्बा और 0.20–2.35 किमी. चौड़ा है। • गोमुख जोकि गंगोत्री ग्लेशियर का थूथन है यहाँ से भागीरथी नदी निकलती है।
3.	पिण्डारी ग्लेशियर	• यह कुमाऊ हिमालय पर्वत शृखलाओं में 3353 मीटर की ऊँचाई पर स्थित है। • यह नन्दको पर्वतों और बर्फ से ढकी नंदादेवी के मध्य स्थित है। • इसकी लम्बाई 3 किमी. और चौड़ाई 0.25 किमी.। • पिण्डारी नदी इसी ग्लेशियर से निकलती है।

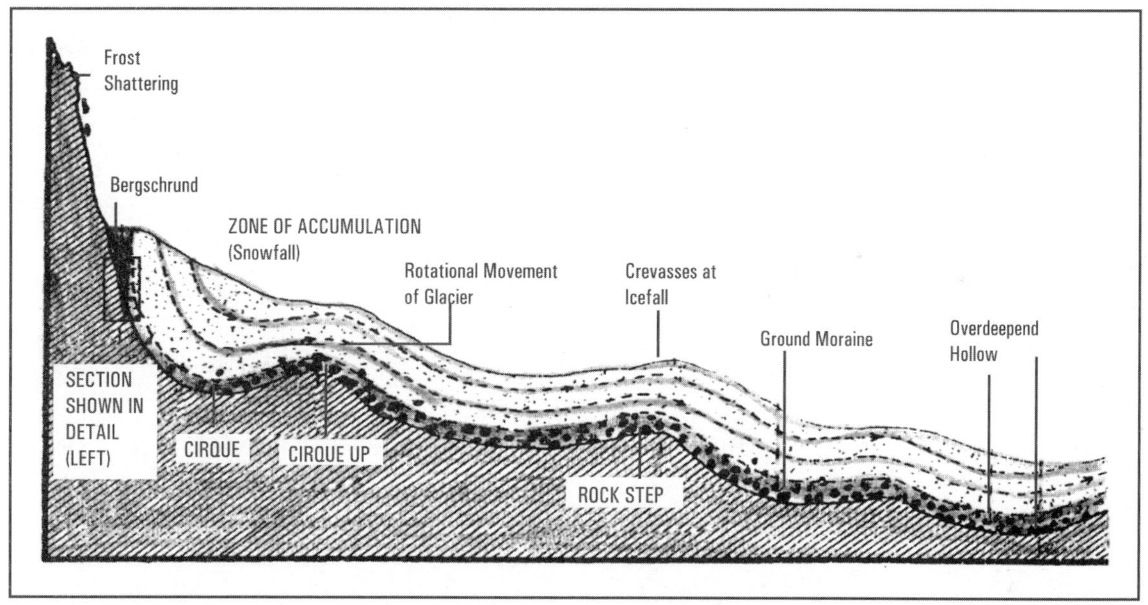

Fig. 2.53 Longitudinal profile of a Glacier

(viii) शृंग (Glacial Horn)

हिमनद क्षेत्र में नुकीली चोटी को शृंग (Horn) कहते हैं। स्विट्जरलैण्ड में अल्पस पर्वत स्थित मैटर-हॉर्न इसका प्रमुख उदाहरण है।

(ix) लटकती घाटी (Hanging Valley)

यदि मुख्य हिमनद में कोई सहायक हिमनद ऊँचाई पर आकर मिले तो सहायक हिमनद घाटी को लटकती घाटी कहते हैं।

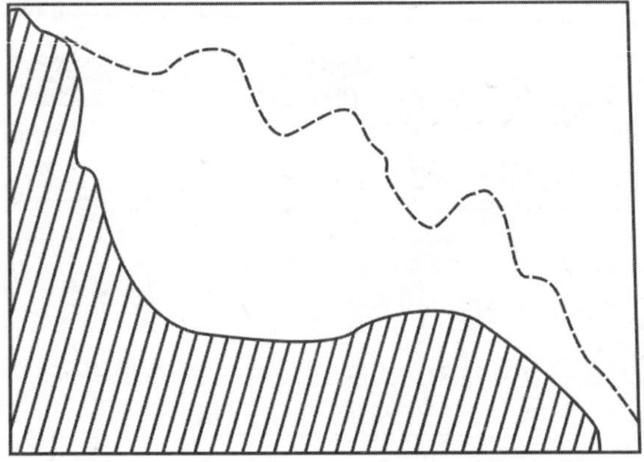

Fig. 2.54 Longitudinal section of a Cirque (corrie)

(x) हिम प्रपात (Icefall)

यदि हिमनद का मार्ग ऊबड़-खाबड़ अथवा तीव्र ढाल का हो तो हिम ऊपर से नीचें की ओर गिरने लगती है, जिसे हिमपात कहते हैं।

(xi) नीवी (Neve)

फर्न का दूसरा नाम, जो आजकल कम प्रचलित है।

(xii) नूनाटक (Nunatak)

विस्तृत हिमनदों के बीच ऊँचे उठे चट्टानी टीले, जो चारों ओर से हिम से घिरे हों। ये हिम से घिरे द्वीप के समान होते हैं **(Fig. 2.57)**।

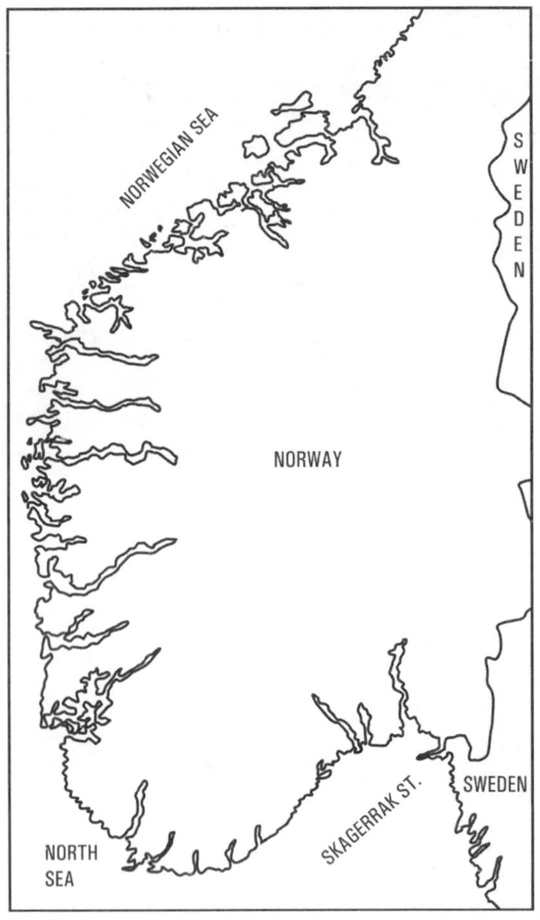

Fig. 2.56 Fiord/Fjord

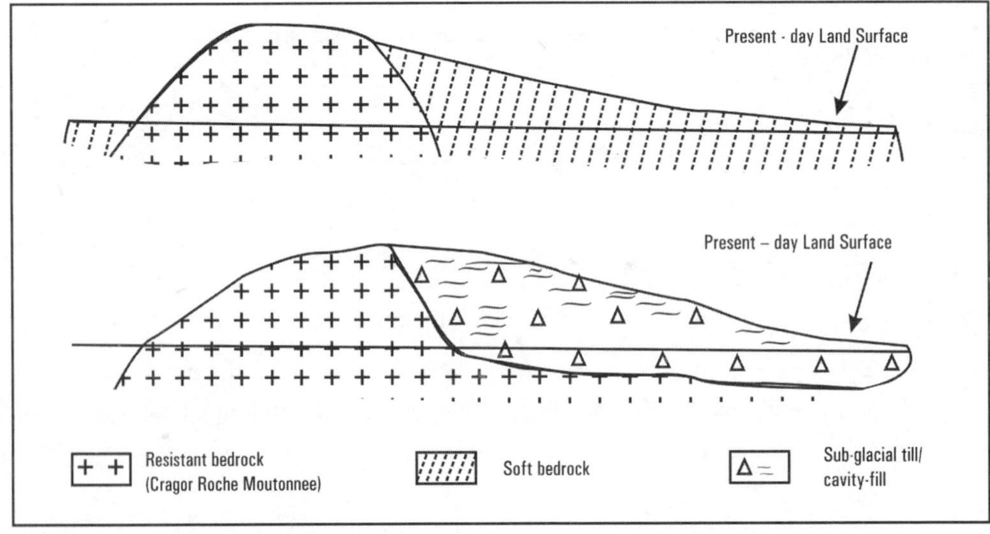

Fig. 2.55 Crag and tail (Source: Born and Evans 1998)

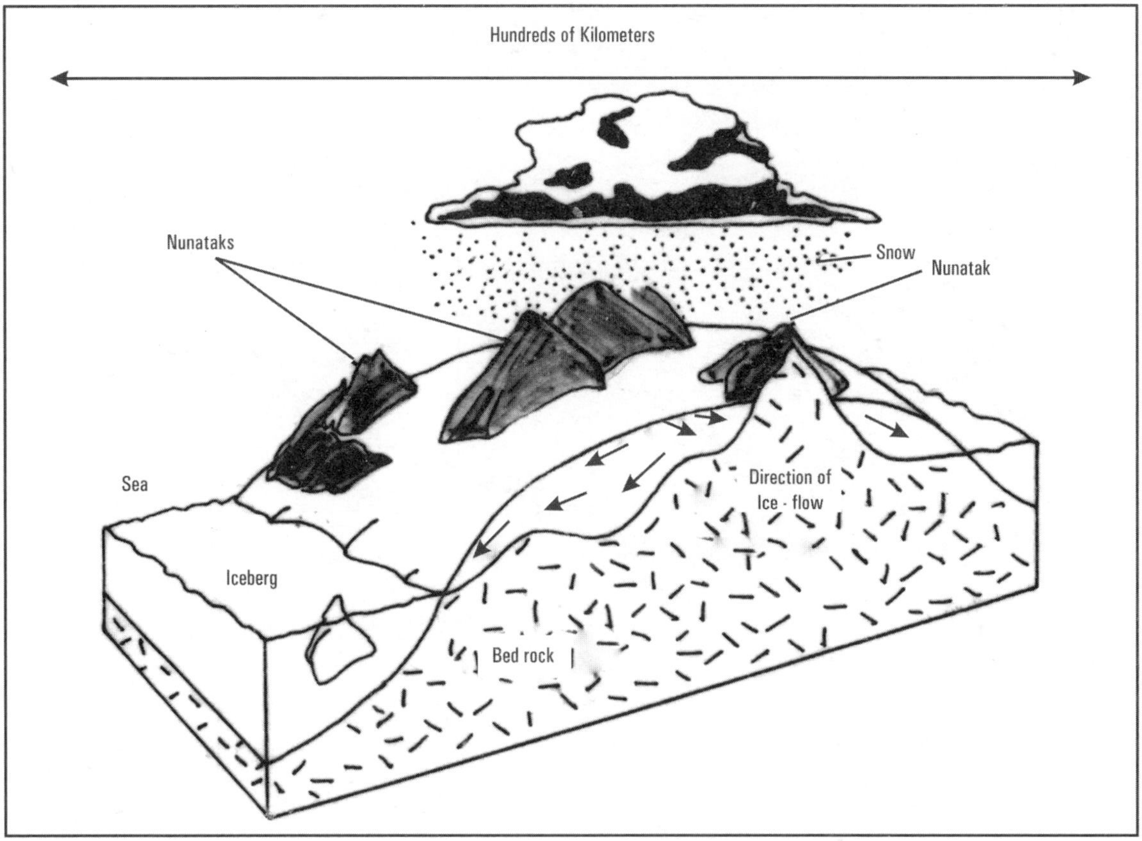

Fig. 2.57 Ice movement in valley and Continental Glaciers

(xiii) रॉश मुताने अथवा भेड़-पीठ के आकार की चट्टानें (Roche Moutonnee)

हिमनदों के क्षेत्र में कुछ ऐसी हिम अपरदित भू-आकृतियाँ विकसित होती हैं, जो दूर से देखने पर ऐसी लगती हैं, जैसे-किसी खेत में भेड़ों का रेवड बैठा हो **(Fig. 2.58)**।

(xiv) जिह्वा अथवा स्नाऊट (Snout or Tung)

हिमनद के अग्रिम भाग को उसकी जिह्वा अथवा स्नाऊट कहते हैं। इसकी ढाल तीव्र होती है **(Fig. 2.58)**।

(xv) टार्न (Tarn)

सर्क के बेसिन में अधिक हिमभार तथा अधिक गहराई तक हिम के कारण नीचे की तली में अपरदन द्वारा गड्ढा बन जाता है। हिम के नीचे बने गड्ढे में जल एकत्रित हो जाता है, जिसे टार्न कहते हैं।

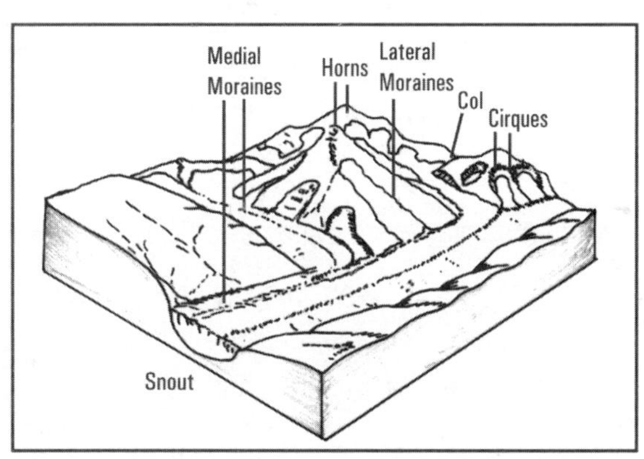

Fig. 2.58 Snout (Tung) of a glacier

(xvi) यू-आकार की घाटी (U-Shaped Valley)

हिमनद की घाटी को यू-आकार की घाटी कहते हैं। इसके दोनों किनारों की ढाल खड़ी तथा हिमनद मार्ग चपटा होता है जिससे यू-आकार की घाटी बनती है।

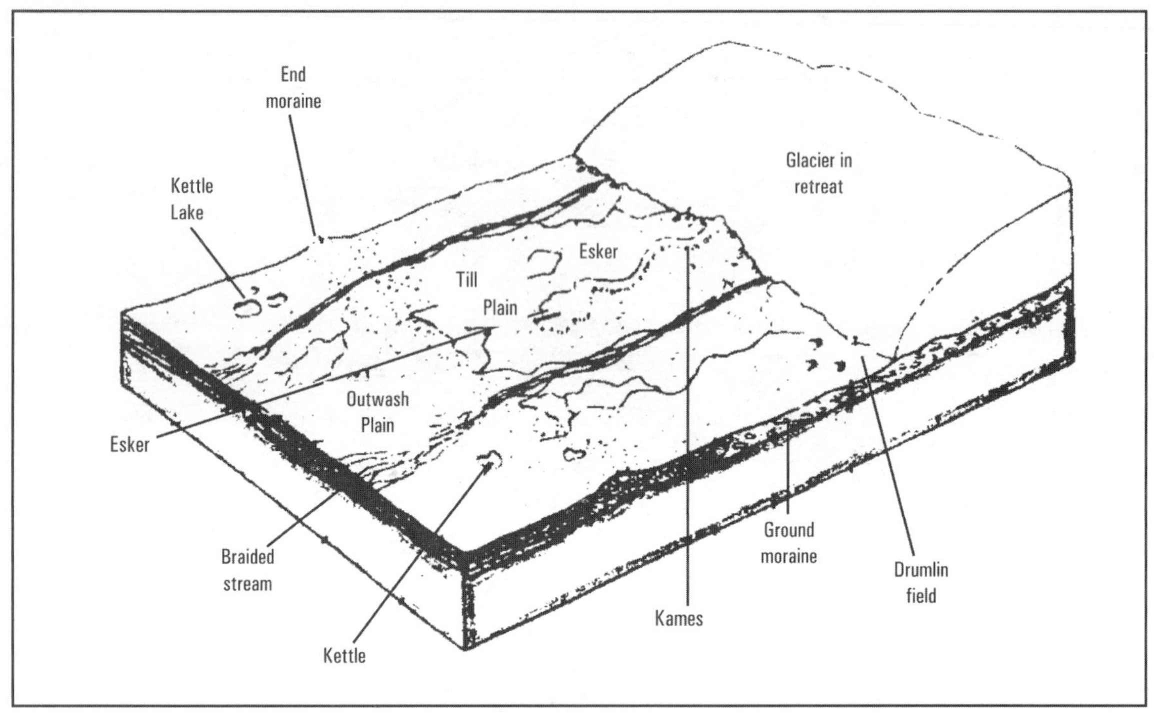

Fig. 2.59 Glaciers depositional landforms (after Christopherson, R.W., Geogsytems, 1996, p. 435)

(xvii) अपरदित भू-आकृतियाँ
(Erosional Land forms)

हिमनद की निक्षेपजनित भू-आकृतियों में हिमोढ़ एस्कर, केमड्रमलिन तथा सन्दूर मुख्य हैं **(Fig. 2.59)**।

(xviii) ड्रमलिन (Drumlin)

हिमनद के निक्षेप द्वारा निर्मित भू-आकृतियों में ड्रमलिन एक प्रकार के रेत, कंकड़ आदि के छोटे-छोटे टीले होते हैं। इनका आकार उल्टी किश्ती की भाँति होता है।

इसके आकार को लेकर कोई ठोस परिभाषा नहीं है, लेकिन सामान्य रूप से एक किलोमीटर लंबी और पचास मीटर तक की दूरी तय होती है। यह भू-आकृति कनाडा, आयरलैंड, स्वीडन, नॉर्वे और फिनलैंड में बहुत ही व्यापक रूप में पायी जाती है **(Fig. 2.59)**।

(xix) एस्कर (Eskar)

हिम के पिघलने से छोटी-छोटी जलधाराएं उत्पन्न हो जाती हैं। इस जल के साथ बहते हुये अवसाद लम्बे, संकरे, लहरदार, कम ऊँचाई के कटक बनाते हैं, जिनको एस्कर कहते हैं। एस्कर्स लंबाई में सैकड़ों किमी. और ऊंचाई में 100 मीटर हो सकते हैं। अधिकांश एस्कर्स उपगमनिक पिघलती नदियों की प्रणाली में जमा होते हैं और उनका अभिविन्यास आमतौर पर समग्र हिम प्रवाह के समानांतर होता है **(Fig. 2.59)**।

(xx) केम (Kame)

हिमनद के सामने औसाद के छोटे-छोटे टीले निक्षेप्रित हो जाते हैं, जिनको केम कहते हैं। हिमयुग के दौरान हिमीकरण गतिविधि से एक अनियमित टीला स्तरीकृत तलछट जुड़ी होती है। यह एक भूमि रूप के लिए स्कॉटिस शब्द है, जो विभिन्न प्रकार के लिए गोल्फ कोर्स से जुड़ा हुआ है **(Fig. 2.59)**।

(xxi) हिमोढ़ (Moraines)

हिमनद अपने साथ चट्टानों के अपक्षित अवसाद लुढ़काकर लाता है तथा मन्द ढलान के क्षेत्रों में उनको छोड देता है। इस प्रकार के निक्षेपों को हिमोढ़ कहते हैं, जिनमें अन्तिम

हिमोढ़, पार्श्विक हिमोढ़, धरातलीय हिमोढ़, मध्यस्थ हिमोढ़, तथा तलस्थ हिमोढ़ मुख्य हैं। हिमोढ़ में रेत, मिट्टी, कंकड़, पत्थर आदि मिश्रित होते हैं।

(xxii) हिमनद अपक्षेप (Outwash Plains)

हिमनद का अग्रभाग पिघलने पर जल की धाराएं हिमनद के सामने के क्षेत्र में बहने लगती हैं, जिनसे एक विशेष प्रकार का मैदान बन जाता है। ऐसे मैदान को अपक्षेप अथवा आऊट-वॉश अवक्षेप (Outwash Plain) कहते हैं **(Fig. 2.59)**।

(xxiii) सन्दूर अथवा सेन्दर

हिमनद तथा उसके पिघले जल से बना ऐसा मैदान, जिसमें कंकड़-पत्थर, रेत, मिट्टी इत्यादि के कण होते हैं। इस मैदान में जल की छोटी नालियाँ बहती हुई देखी जा सकती हैं। इस मैदान में मलबे तथा अवसादों के विभिन्न स्वरूप देखे जा सकते हैं **(Fig. 2.59)**।

(xxiv) टिल (Till)

यह एक प्रकार के हिमोढ़ हैं जो हिमनद अग्रिम भाग में एकत्रित होते है। इनको हिमनद अपक्षेप भी कहते हैं **(Fig. 2.59)**।

3. पवन क्रिया (Wind Action)

अपरदन कारकों में चलती पवन भी एक मुख्य कारक है। पवन का कार्य तथा उसके द्वारा निर्मित भू-आकृतियां मरुस्थलों में देखी जा सकती हैं। पवन मिट्टी, रेत आदि को एक स्थान से दूसरे स्थान पर उड़ाकर ले जाती है तथा रेत के टीलों के रूप में एकत्रित करती है। विश्व के प्रसिद्ध मरुस्थलों को **Fig. 2.60** में दिखाया गया है।

पवन का अपरदन कार्य (Erosion by Wind)

पवन अपना अपरदन कार्य निम्नलिखित क्रियाओं द्वारा सम्पन्न करती है:

(i) सत्रिघर्षण (Attrition),
(ii) अपवहन (Deflation), तथा;
(iii) अपघर्षण (Abrasion)।

इन प्रक्रियाओं की संक्षिप्त व्याख्या निम्न में दी गई है।

(i) सत्रिघर्षण (Attrition)

मरुस्थलों तथा अर्द्ध-मरुस्थलों में तीव्र पवन के साथ उड़ने वाले चट्टानों तथा धूल के कण रास्ते की चट्टानों को रगड़ते हैं तथा आपस में टकराकर टूटते-फूटते रहते हैं।

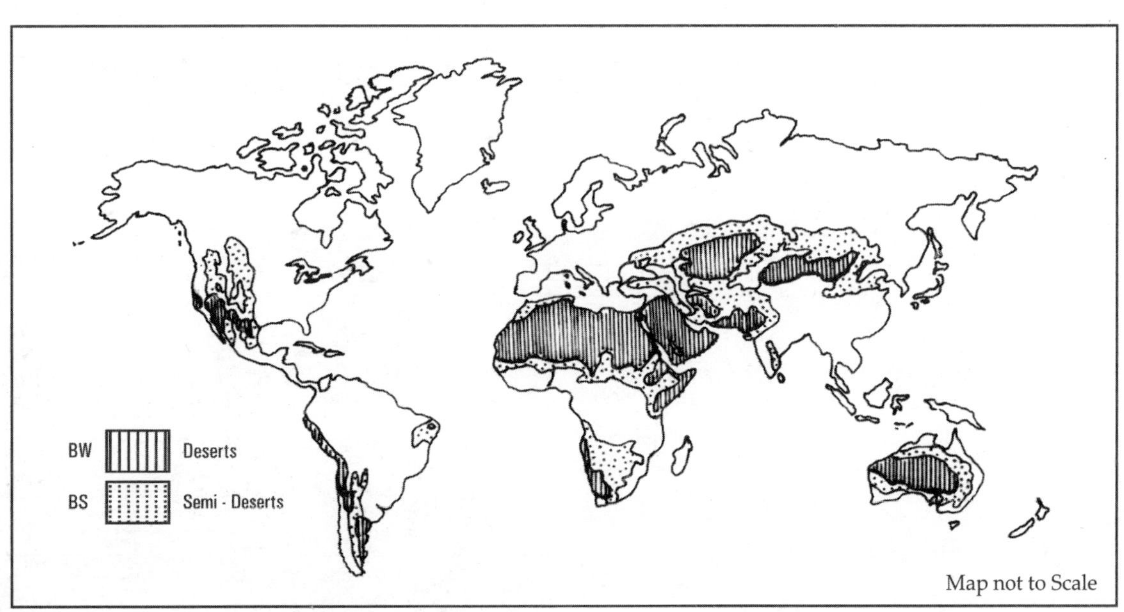

Fig. 2.60 Deserts and semi-desert regions of the World

इस कारण कणों का आकार छोटा होता है। इस परिक्रिया को सत्रिघर्षण कहते हैं।

(ii) अपवहन (Deflation)

इस प्रक्रिया में पवन अपक्षय द्वारा चट्टानों के कमजोर कणों को उड़ाकार अपरदन करती है। इस प्रकार के अपरदन को उड़ान की क्रिया भी कहते हैं। मिस्र का कट गर्त अपवहन के द्वारा निर्मित है। इस प्रकार के गर्त सहारा तथा अन्य मरुस्थलों में देखे जा सकते हैं।

(iii) अपघर्षण (Abrasion or Corrosion)

मरुस्थलों में वेग से चलने वाली पवन उड़ाये गये रेत तथा धूल की सहायता से चट्टानों को रेगमाल कागज की भाँति रगड़ती है। रेत और धूल के कण इस प्रकार चट्टानों को रगड़ने और उनमें खरोंच डालने में सहायता करते हैं। अपघर्षण का सबसे अधिक प्रभाव धरातल से लगभग दो मीटर की ऊँचाई पर होता है।

वायु परिवहन (Transportation by Wind)

वायु परिवहन, धूल, रेत और कंकड़ आदि विभिन्न तरीके के होते हैं, जो ठीक है, हल्के पदार्थों को हवा में शामिल कर लेता है और उसे दूर ले जाता है। बड़े रेत के टुकड़ों के भार को जमीन की सतह के साथ खींचा जाता है। दूसरे शब्दों में, हवा क्षारीकरण और सतह से बहने की प्रक्रिया द्वारा रेत का परिवहन करती है। हवा द्वारा जिस परिवहन को अंजाम दिया जाता है, वह कणों की मात्रा आकार और हवा की गति पर निर्भर करता है। धूल को लम्बी दूरी तक ढोने वाले आंधी-तूफान को अरबी भाषा में हबूब्स के रूप में जाना जाता है, यह खासकर सूडान, मिस्र, सऊदी अरब और यमन में पाया जाता है

अपरदित भू-आकृतियां (Erosional Landforms)

पवन के द्वारा निर्मित भू-आकृतियों पर चट्टानों की संरचना, जलवायु, रेत की मात्रा, तथा पवन की रफ्तार का गहरा प्रभाव पड़ता है। पवन अपरदन के द्वारा निर्मित कुछ मुख्य भू-आकृतियों का संक्षिप्त वर्णन निम्न में दिया गया है:

(i) छत्रक शिला अथवा जियुजेन (Mushroom Rock or Zeugens)

मरुस्थलों में किसी चट्टान का ऊपरी भाग कठोर तथा उसके नीचे की चट्टान मुलायम हो तो पवन नीचे की चट्टान को अधिक काटती है तथा ऊपर की चट्टान में अपरदन कम होता है। फलस्वरूप एक छत्रक भू-आकृति विकसित हो जाती है।

(ii) यारडांग (Yardang)

जब कोमल तथा कठोर चट्टानों के स्तर लम्बवत् दिशा में मिलते हैं तो पवन कठोर चट्टान की अपेक्षा मुलायम चट्टान को जल्द अपरदित करती है, जिसके कारण कठोर चट्टानों के भाग खड़े रह जाते है। इन चट्टानों के पार्श्व में पवन द्वारा कटाव होता है और नालियाँ-सी बन जाती हैं। इस प्रकार की भू-आकृतियों को यारडांग (Yardang) कहते हैं।

(iii) भूस्तम्भ (Demoiselles)

मरुस्थलों में जहाँ ऊपर कठोर परत पतली तथा उसके नीचे मुलायम मोटी परत की चट्टान होती है, वहाँ कठोर चट्टान का अपरदन नहीं हो पाता क्योंकि ऊपर की कठोर चट्टान नीचे की मुलायम चट्टान को संरक्षण देती रहती है। परन्तु समीपी कोमल चट्टान का अपरदन होता रहता है। जिस कारण अगल-बगल की चट्टानें कट जाती हैं और भूस्तम्भ जैसी भू-आकृति विकसित हो जाती है **(Fig. 2.61)**।

Fig. 2.61 Demoiselles

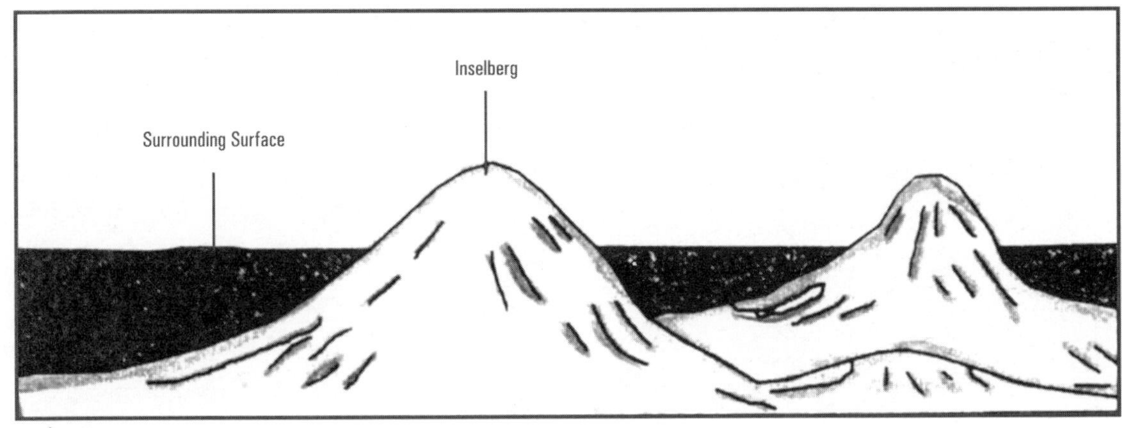

Fig. 2.62 Inselberg

(iv) ड्राइकान्टर (Dreikanter)

पथरीले मरुस्थलों में पवन कुछ चट्टान के टुकड़ों को रेगमाल की भाँति रगड़ कर चिकना कर देती है। ऐसी चिकनी पथरियों को ड्राइकान्टर कहते हैं।

(v) इन्सेलबर्ग (Inselberg)

इन्सेलबर्ग जर्मन भाषा में एक द्वीपीय पर्वत को कहते हैं। वास्तव में विस्तृत रेगिस्तानी क्षेत्र में कठोर चट्टान के सामान्य से ऊँचे टीले ऐसे लगते हैं जैसे द्वीप हों। इनका ढाल तीव्र होता है तथा इनके आधार पर मिट्टी आदि का निक्षेप नहीं मिलता है **(Fig. 2.62)**। उत्तरी ऑस्ट्रेलिया की उलेरू चट्टान (Ayers Rock) इन्सेलबर्ग का एक उत्तम उदाहरण है।

(vi) बहाड़ा अथवा बजाडा (Bahada or Bajada)

बहाडा स्पेनिश भाषा का शब्द है। इस शब्द का अर्थ किसी पहाड़ी के सामने की ढलान पर हवा के द्वारा कुछ अवसादों को जमा करना हैं। ऐसे चबूतरे को बहाड़ा कहते हैं **(Fig. 2.65)**।

(vii) बरखान (Barchan)

बरखान तुर्की भाषा का शब्द है। दूज के चाँद की आकृति के बने रेत के टीलों को बरखान कहते हैं।

Fig. 2.63 Yardangs

बरखान-रेत के टीले ऐस मरुस्थलों में पाये जाते हैं, जिनमें रेत की मात्रा कम तथा पवन मद्धिम अथवा सामान्य गति से चलती हो **(Fig. 2.66)**।

(viii) रेत के टीले अथवा स्तूप (Sand-dunes)

गति मद्धिम पड़ने पर पवन अपने रेत और धूल को निक्षेप के रूप में छोड़ने लगती है। पवन के इन निक्षेपों को रेत के टीले अथवा रेत के स्तूप कहते हैं **(Fig. 2.67)**। रेत के इन टीलों को निम्नलिखित वर्गों में विभाजित किया जाता है:

(i) पवनवर्ती रेत का टीला (Longitudinal-sand-dune):

(ii) अनुप्रस्थ रेत के टीले (Transverse sand-dunes),

(iii) अण्डाकार रेत के टीले (Ovalshape),

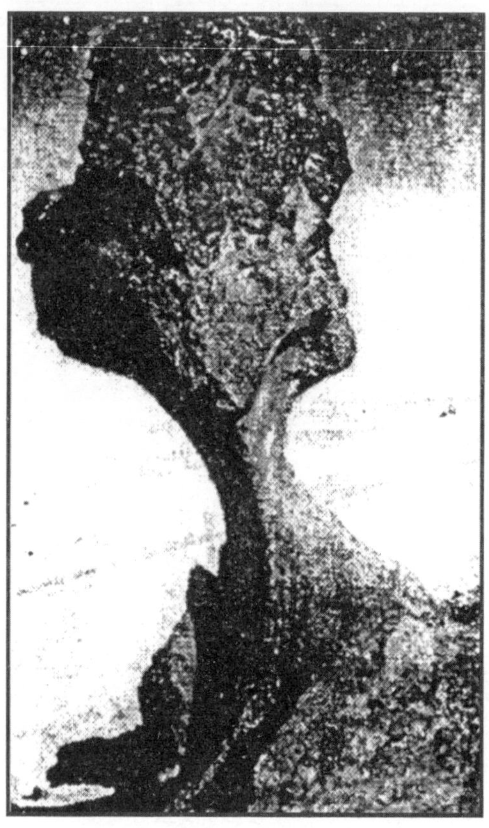

Fig. 2.64 Zeugens (Rock Mushroom)

(iv) सितारे नुमा (Star-like), तथा;

(v) बरखान (Barchans) **(Fig. 2.66)**।

(ix) लोयस (Loess)

पवन द्वारा उड़ाई गई धूल यदि निक्षेप का रूप धारण कर ले तो उसे लोयस कहते हैं। लोयस निक्षेप में परतें नहीं होतीं। इसका सबसे बड़ा क्षेत्र उत्तरी चीन के शांसी तथा शांसी राज्यों में पाया जाता है।

ह्वांग-हो नदी लोयस क्षेत्र से होकर बहती हैं। मध्य एशिया, यूरोप, अर्जेन्टीना तथा उत्तरी अमेरिका के मैदानों में भी लोयस मिट्‌टी के निक्षेप पाये जाते हैं। यह मिट्‌टी बहुत उपजाऊ होती है **(Fig. 2.68)**।

(x) पेडीमेंट (Pediment)

पेडीमेंट शब्दावली का उपयोग सब से पहले गिल्बर्ट ने किया था। मरुस्थल के मन्द पवर्तीय ढलान पर जहाँ जलोढ़ के निक्षेप पाये जाएं, पेडीमेंट कहलाते हैं।

(xi) रिपिल (Ripple)

मरुस्थलों एवं सागर के तटों पर छोटे-छोटे लहरदार निक्षेप को रिपिल कहते हैं। देखने में ये बहुत सुन्दर लगते हैं।

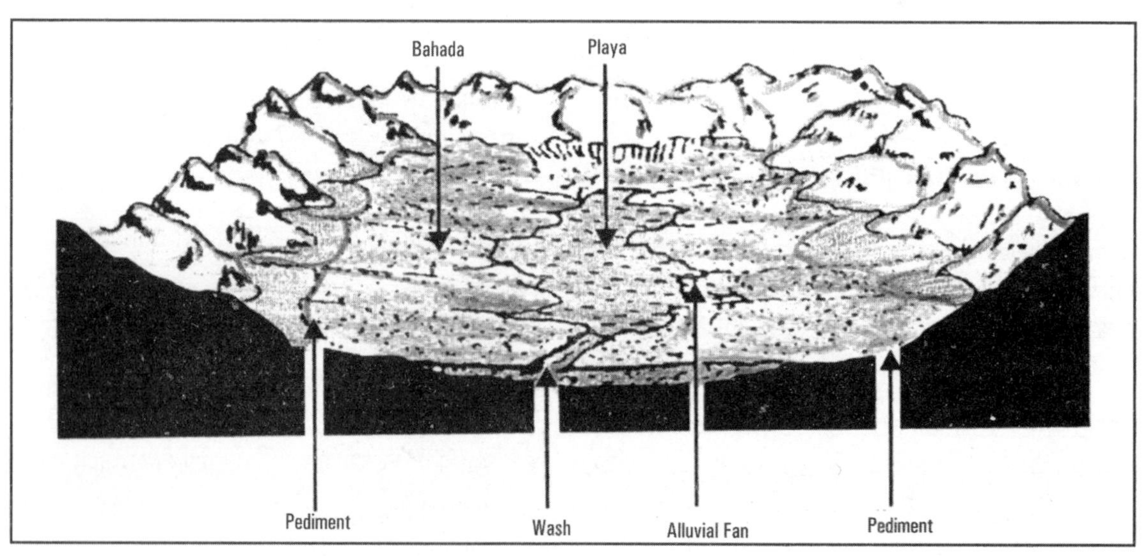

Fig. 2.65 Bahada and Playa

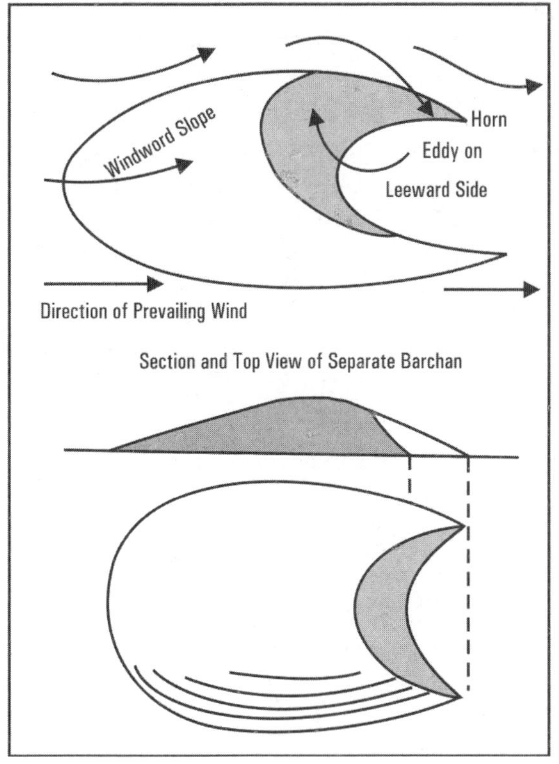

Fig. 2.66 Barchans

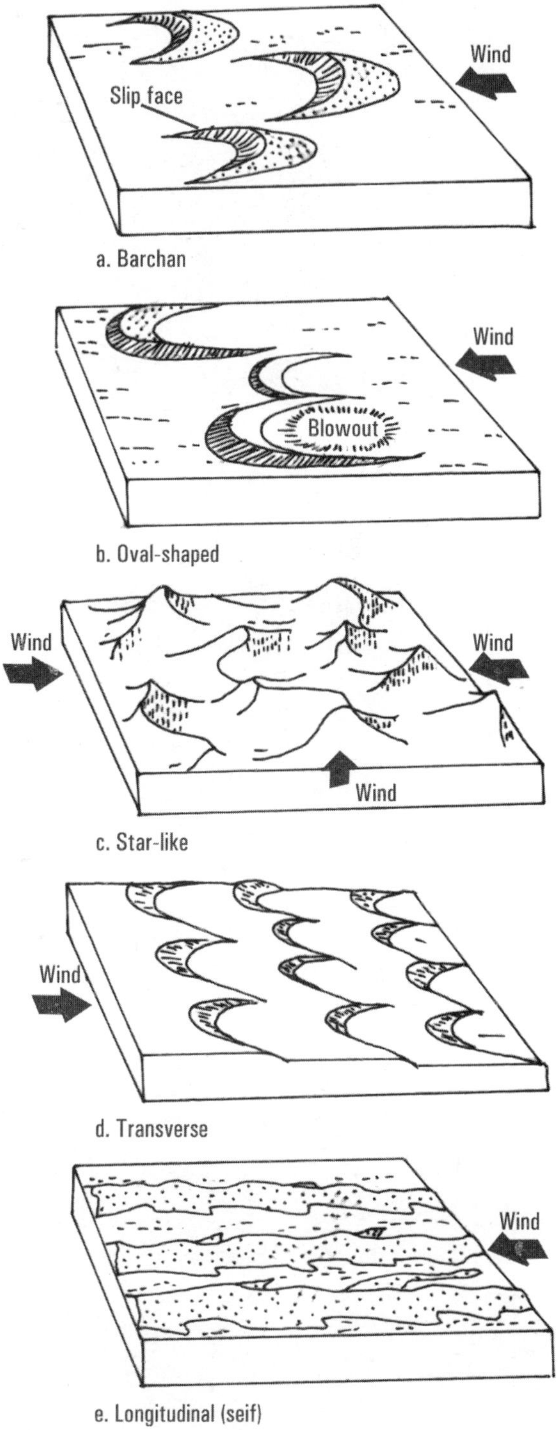

a. Barchan

b. Oval-shaped

c. Star-like

d. Transverse

e. Longitudinal (seif)

Fig. 2.67 Types of sand-dunes

4. भूमिगत-जल द्वारा अपरदन (Erosion by Underground Water)

चट्टानों एवं उनके छिद्रों में पाये जाने वाले जल को भूमिगत जल कहते हैं। यद्यपि थोड़ी बहुत मात्रा में सभी चट्टानों में जल पाया जाता है। तथापि अधिकतर जल परतदार चट्टानों में पाया जाता है। भूमिगत जल द्वारा निर्मित भू-आकृतियाँ विशेष रूप से कार्स्ट क्षेत्र (चूना-पत्थर) में अधिक देखी जा सकती हैं। कार्स्ट भू-आकृति क्रोएशिया, बोसनिया तथा सर्बिया के कर्स पठार (Kars Plateall) में विस्तृत रूप में पाई जाती है **(Fig. 2.69)**। इस पठार पर भूमिगत जल के द्वारा निर्मित बहुत-सी विचित्र भू-आकृतियाँ देखी जा सकती है।

कार्स्ट भू-आकृति के लिए अनुकूल परिस्थितियाँ (Conditions for the Development of Karst Topography)

भूमिगत जल द्वारा निर्मित भू-आकृतियों के लिए निम्न परिस्थितियों की आवश्यकता होती है:

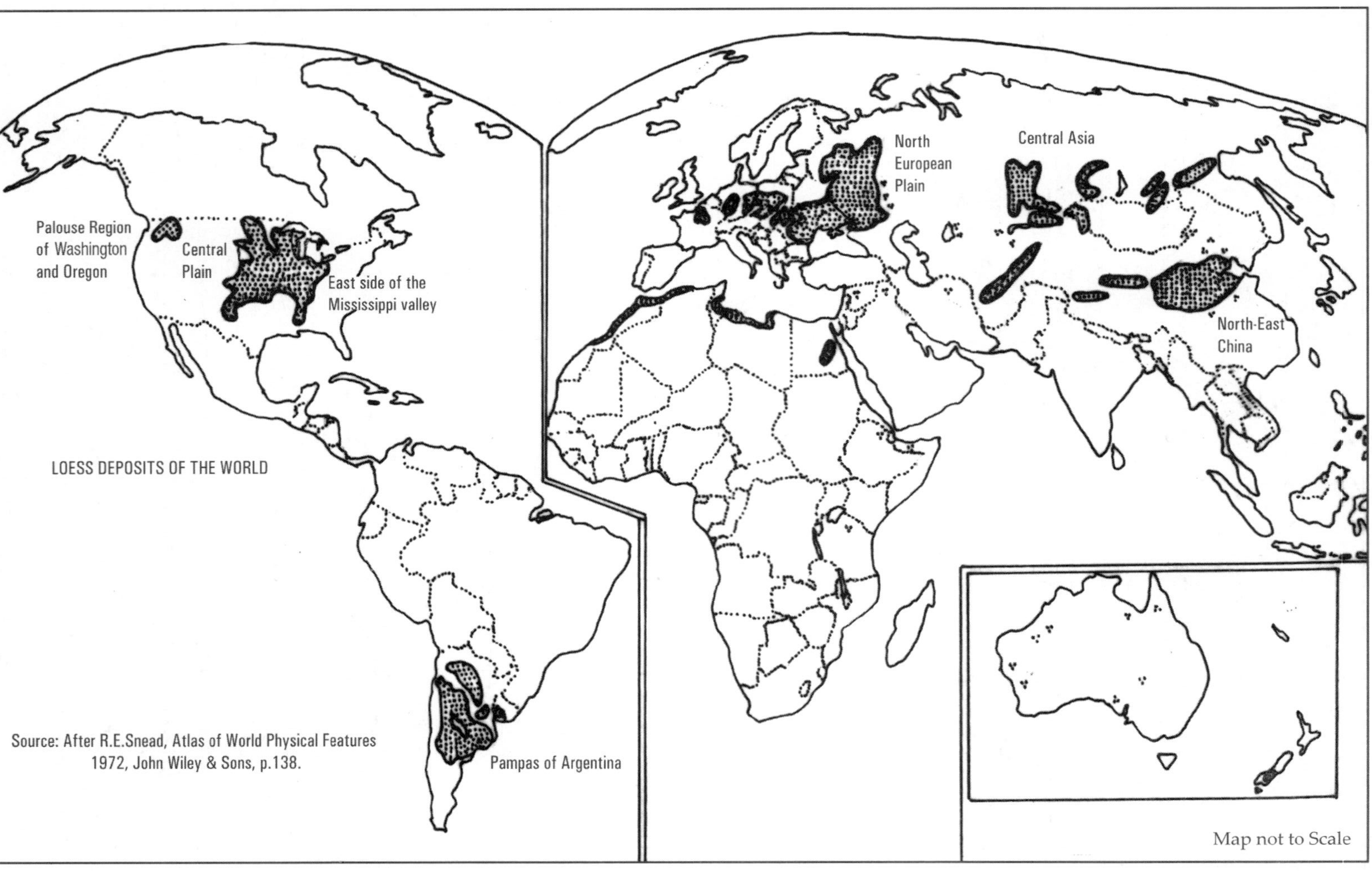

Fig. 2.68 Worldwide loess deposits

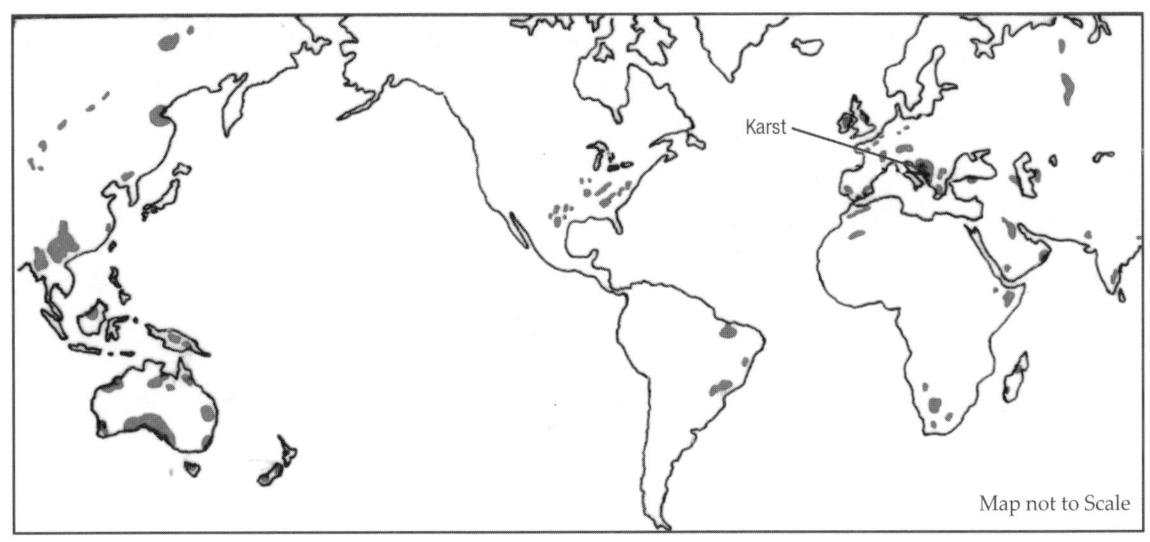

Fig. 2.69 Major areas of Karst Topography of the World

(i) धरातल के निकट चूने की चट्टानों की मोटी परत होनी चाहिये।

(ii) चूने की परतदार चट्टानों में जोड़ (Joints) पर्याप्त मात्रा में होने चाहिये।

(iii) चूने की परतों में नदियों की विस्तृत तथा गहरी घाटियाँ (entrenched valley) होनी चाहिये।

(iv) जलवायु आर्द्र-शीतोष्ण होनी चाहिये, जिसमें मूसलाधार वर्षा न होती हो।

(v) उस क्षेत्र में औसत वार्षिक वर्षा अधिक न हो बल्कि सामान्य वर्षा के क्षेत्र हों।

कार्स्ट भू-आकृतियां

(i) एवेन (Aven)

यह फ्रैंच भाषा का शब्द है, जिसका अर्थ है। शाफ्ट (shaft) प्रकार का निकास अथवा द्वार जिस द्वार से किसी गुफा को प्रवेश किया जाये।

(ii) कारेन अथवा लैपीज (Carren or lapies)

कार्स्ट प्रदेश में घुलन क्रिया के फलस्वरूप ऊपरी सतह अत्यधिक ऊबड़-खाबड़ तथा असमान हो जाती है। इस प्रकार की भू-आकृति को लैपीज अथवा कारेन कहते हैं। **(Fig. 2.70)**।

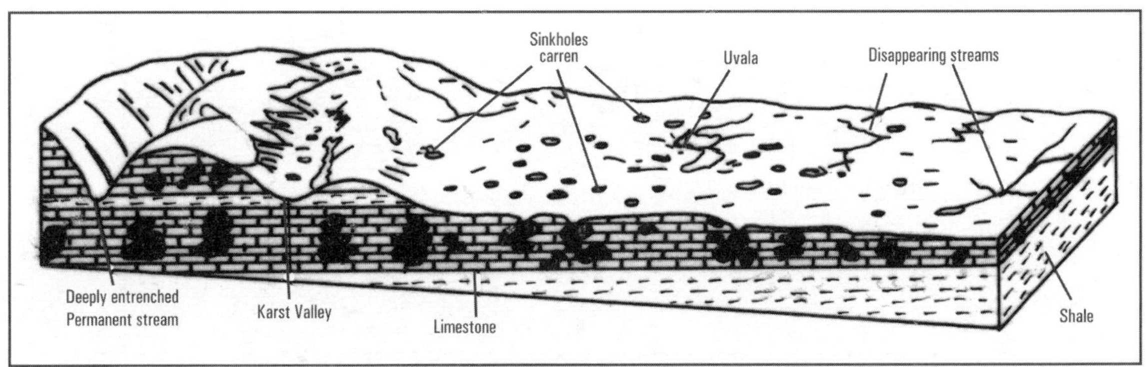

Fig. 2.70 Salient features of Karst Topography

(iii) गुफा (Cave)

चूने के पत्थर वाली परतों में पानी के द्वारा बने चैम्बर। ये भूगर्त चैम्बर कई किलोमीटर लम्बे हो सकते हैं **(Fig. 2.71)**।

(iv) लैपीज (Lapies)

कारेन को फ्रैंच भाषा में लैपीज कहते हैं।

(v) प्राकृतिक सेतु (Natural Bridge)

कार्स्ट टोपोग्राफी में पानी के द्वारा बने प्राकृतिक पुल। ये किसी नदी को चूने की चट्टानों में लुप्त होने से बनते हैं।

(vi) पोल्जे (Polje)

कार्स्ट प्रदेश में एक ऐसी गर्त रूपी घाटी, जिसके किनारों का ढाल तीव्र, तथा तलहटी चपटी और लगभग समतल होती है।

(vii) पोनोर (Ponores)

एक लम्बवत् छिद्र, जो गुफा को सतह से जोड़ता है।

(viii) घोल छिद्र (Sinkhole)

किसी कार्बन के नीचे धंसने से पैदा होने वाले छिद्र, जिनके द्वारा पानी छन कर नीचे जाता है।

(ix) युवाला (Uvala)

चूने की चट्टानों में निरन्तर घोलीकरण के फलस्वरूप एक बड़े गर्त का निर्माण हो जाता है, जिसको युवाला कहते हैं।

भूमिगत जल द्वारा निक्षेपित भू-आकृतियाँ (Depositional Landforms)

भूमिगत जल की निक्षेपित मुख्य भू-आकृतियाँ निम्न हैं:

(i) गुफा-स्तम्भ (Cave Pillars)

कार्स्ट क्षेत्र में स्टैलेकटाईट एवं स्टेलेगमाईट के जुड़ जाने से बने स्तम्भ।

(ii) स्टैलेक्टाइट (Stalactites)

भूमिगत कन्दराओं में जब जल रिसाव होता है तो छत में आवसाद के बारीक कण निक्षेप का रूप धारण कर लेते हैं जिनको स्टैलेक्टाइट कहते हैं **(Fig. 2.72)**।

(iii) स्टैलेग्माइट (Stalagmite)

कार्स्ट क्षेत्र में यदि छत से रिसने वाले जल की मात्रा कुछ अधिक हो तो वह टपक कर कन्दरा के फर्श पर गिरता है। इस प्रकार कन्दरा के फर्श पर निक्षेपात्मक स्तम्भ का निर्माण हो जाता है, जिनको स्टैलेग्माइट कहते हैं **(Fig. 2.72)**।

(iv) टैरा रोजा (Terra Rossa)

कन्दरा के फर्श पर निक्षेपात्मक मिट्टी जिसका रंग लाल होता है। इसका लाल रंग आयरन-ऑक्साइड (Iron-oxide) के कारण हो जाता है।

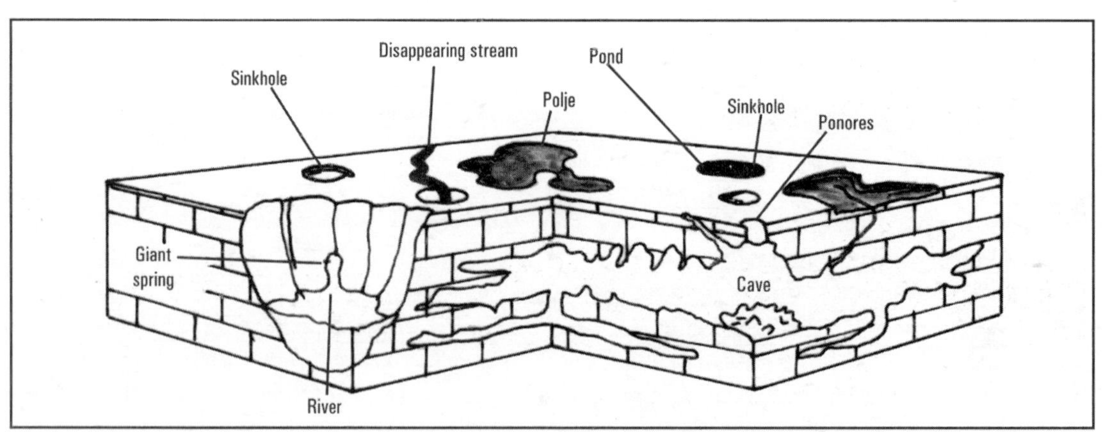

Fig. 2.71 Karst Topography

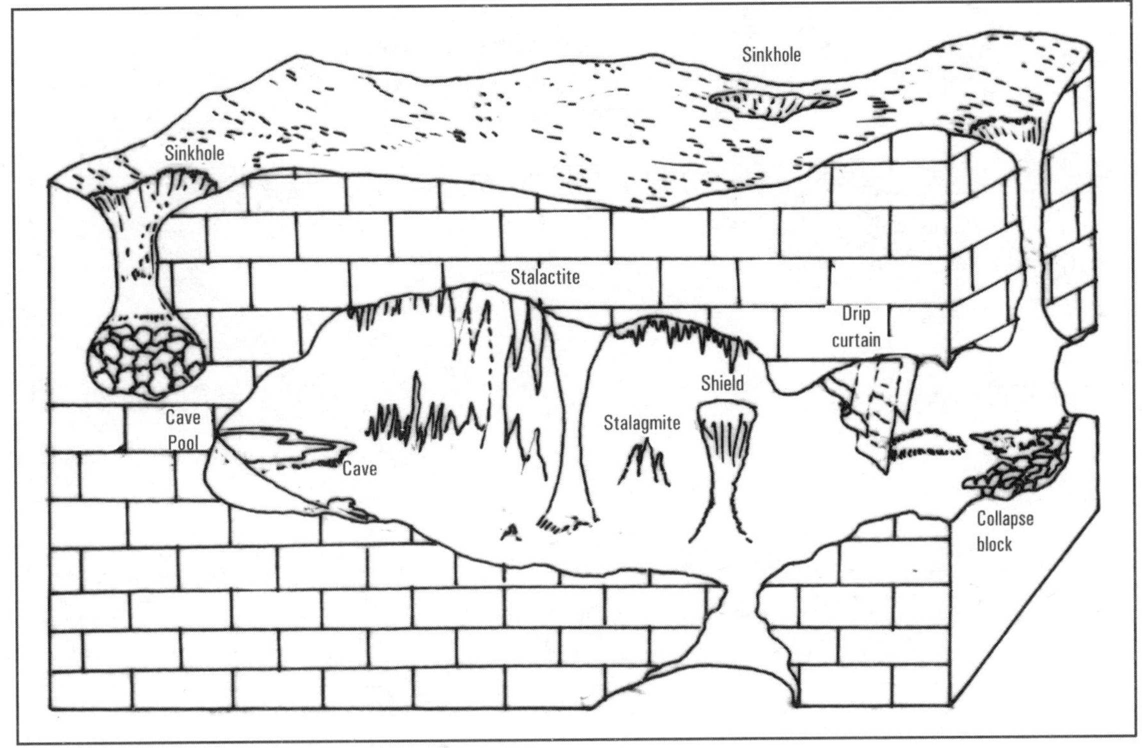

Fig. 2.72 Karst deposits

5. सागरीय जल द्वारा अपरदन (Marine Erosion) तथा भू-आकृतियाँ

सागर की लहरों के द्वारा अपरदन तथा निक्षेपीकरण द्वारा बनी भू-आकृतियों का संक्षिप्त वर्णन निम्न में दिया गया है:

अपरदन द्वारा निर्मित भू-आकृतियाँ (Erosional Land Forms)

(i) मेहराब अथवा आर्च (Sea Arch)

सागर के तट पर आर्च या मेहराब उस समय बनते हैं जब सागर की लहरें तट को काट कर पीछे की ओर धकेल रही हों। यदि ऐसे मेहराब की छत गिर जाये तो वह एक स्तम्भ (सतून) (Stack) का रूप धारण कर लेता है **(Fig. 2.73)**।

(ii) तटीय-क्लिफ (Coastal Cliff)

सागरीय तरंगों के द्वारा निर्मित तट के खड़े ढाल को क्लिफ कहते हैं **(Fig. 2.73)**।

(iii) तटीय गुफा (Sea Cave)

सागर तट पर सागरी लहरों के द्वारा बनी गुफा **(Fig. 2.73)**।

(iv) स्टैक (Sea stack/Needle/Skerries)

सागर के तट पर लहरों के अपरदन से बने महराब की यदि छत गिर जाये तो वह स्टैक का रूप धारण कर लेता हैं। इसका निर्माण उस समय होता है जब चट्टान का कोमल भाग घुल जाये तथा कठोर चट्टान स्टैक के रूप में छोटे हो जाते हैं **(Fig. 2.73)**।

(v) तरंगघर्षित प्लेटफॉर्म (Wave Cut Platforms)

सागरीय लहरें तट के खड़े ढाल को काट-छाँट कर पीछे की ओर धकेलती हैं। लहरों के निरन्तर कटाव से खड़ा ढाल एक प्लेटफॉर्म में बदल जाता है। इस प्लेटफॉर्म का ढलान सागर की ओर होता है। इस प्लेटफॉर्म को सागर की लहरें घर्षित करती रहती हैं **(Fig. 2.73)**।

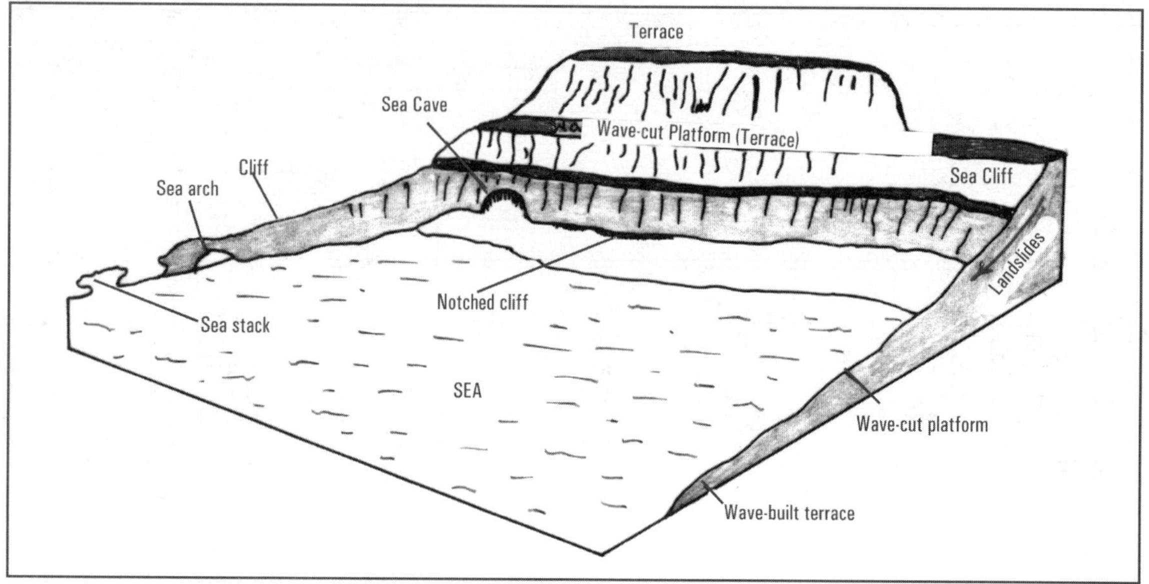

Fig. 2.73 Coastal erosional landforms

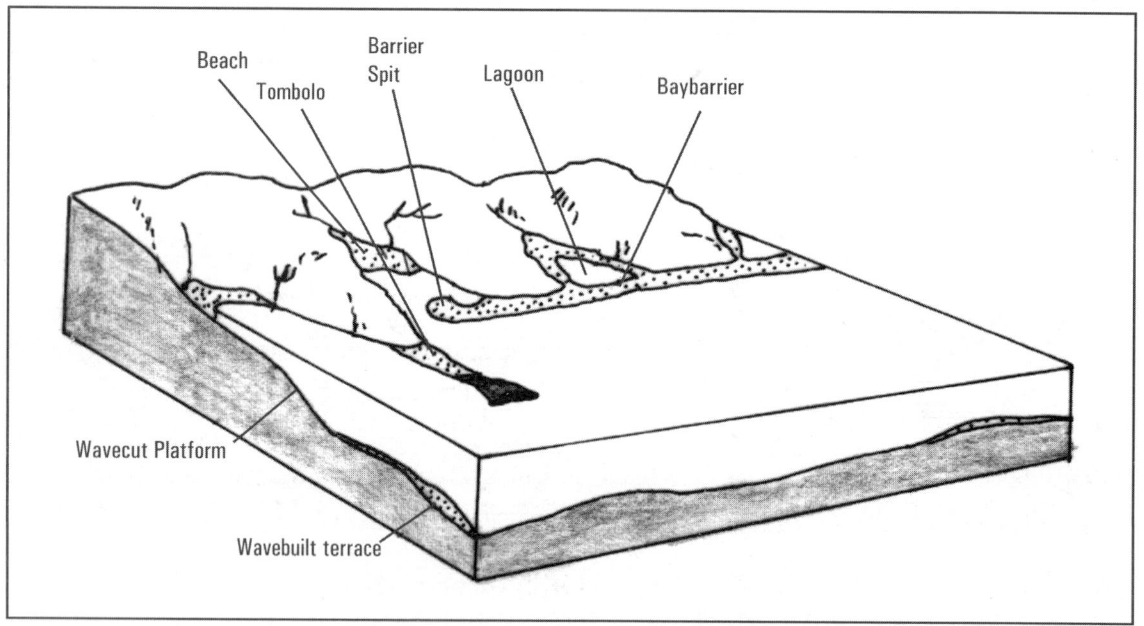

Fig. 2.74 Coastal depositional landform

निक्षेपित भू-आकृतियाँ (Depositional Landforms)

(i) बीच अथवा पुलिन (Beach)

सागर के तट पर रेत, कंकड़, मिट्टी के द्वारा निर्मित चबूतरे **(Fig. 2.74)**।

(ii) रोधिका तथा बार (Bars)

सागर के तट पर सागरी लहरों के द्वारा बने रेत के छोटे कटक अथवा बार। इनका रूप कई प्रकार का होता है **(Fig. 2.74)**।

(iii) स्पिट (Sand-Spit)

जब सागरीय अवसाद का निक्षेप इस तरह हो कि वह रोधिका के रूप में जल की ओर निकला हुआ हो तो उसको स्पिट कहते हैं **(Fig. 2.74)**।

(iv) टोम्बोलो (Tombolo)

यदि तट के सहारे दो रोधिकाओं का विस्तार इतना अधिक हो जाये कि दो शीर्षस्थलों (Headlands) को या दो द्वीपों को जोड़ दे तो उसे टोम्बोलो कहते हैं **(Fig. 2.74)**।

तटों के प्रकार

सागर तट वह क्षेत्र है जिस पर सागर की लहरें अपना अपरदन तथा निक्षेपीकरण करती हैं। कुछ मुख्य तटों के प्रकार निम्न हैं:

(i) डाल्मेटियन तट (Dalmatian Coast)

ऐसे तट सामान्यत: तटीय रेखा के समानान्तर होते हैं। भूमध्य सागर में एड्रियाटिक सागर (Adriatic Sea) का तट इसी प्रकार का है। उत्तरी अमेरिका के पश्चिमी तट भी इसी प्रकार के हैं **(Fig. 2.75)**।

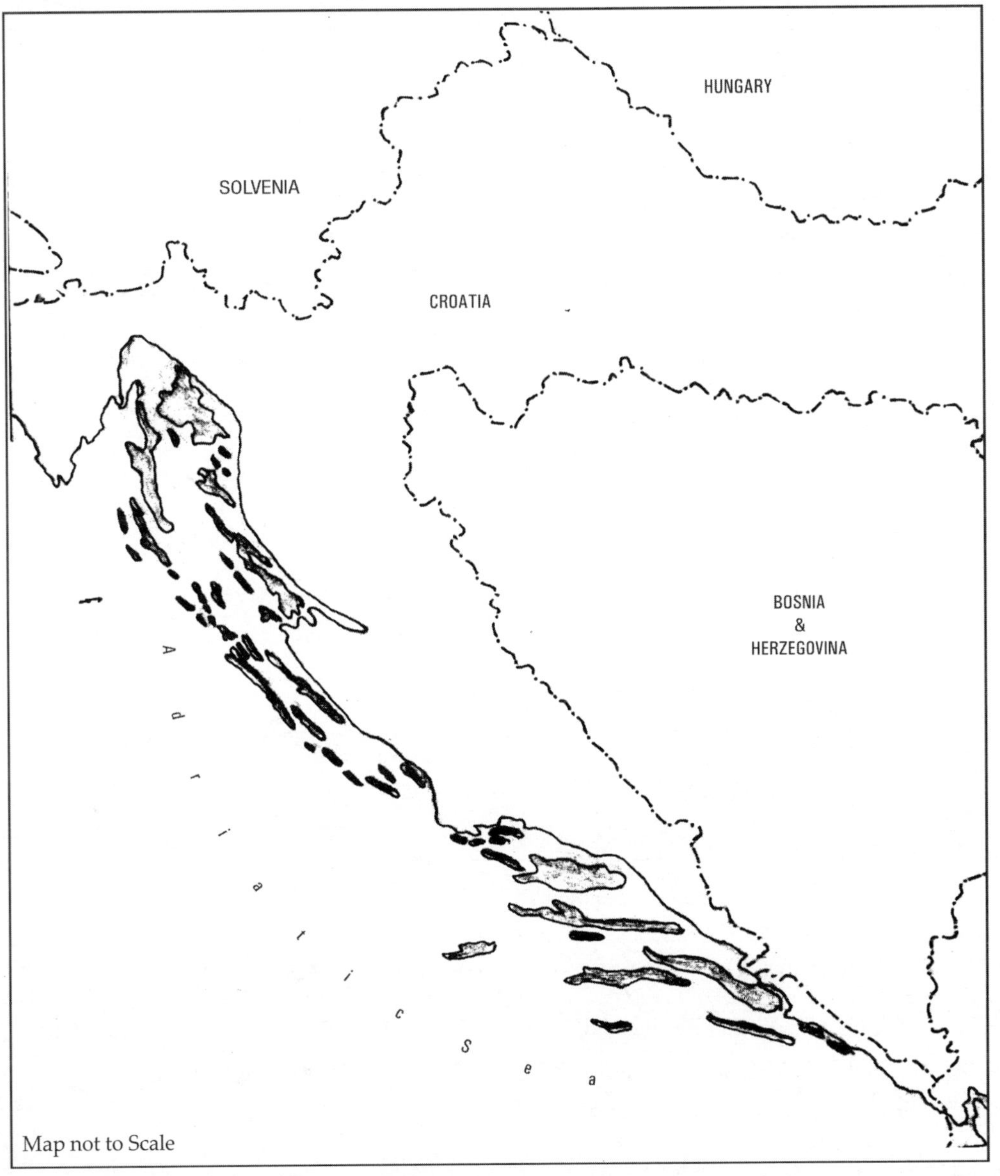

Fig. 2.75 Dalmatian Coast

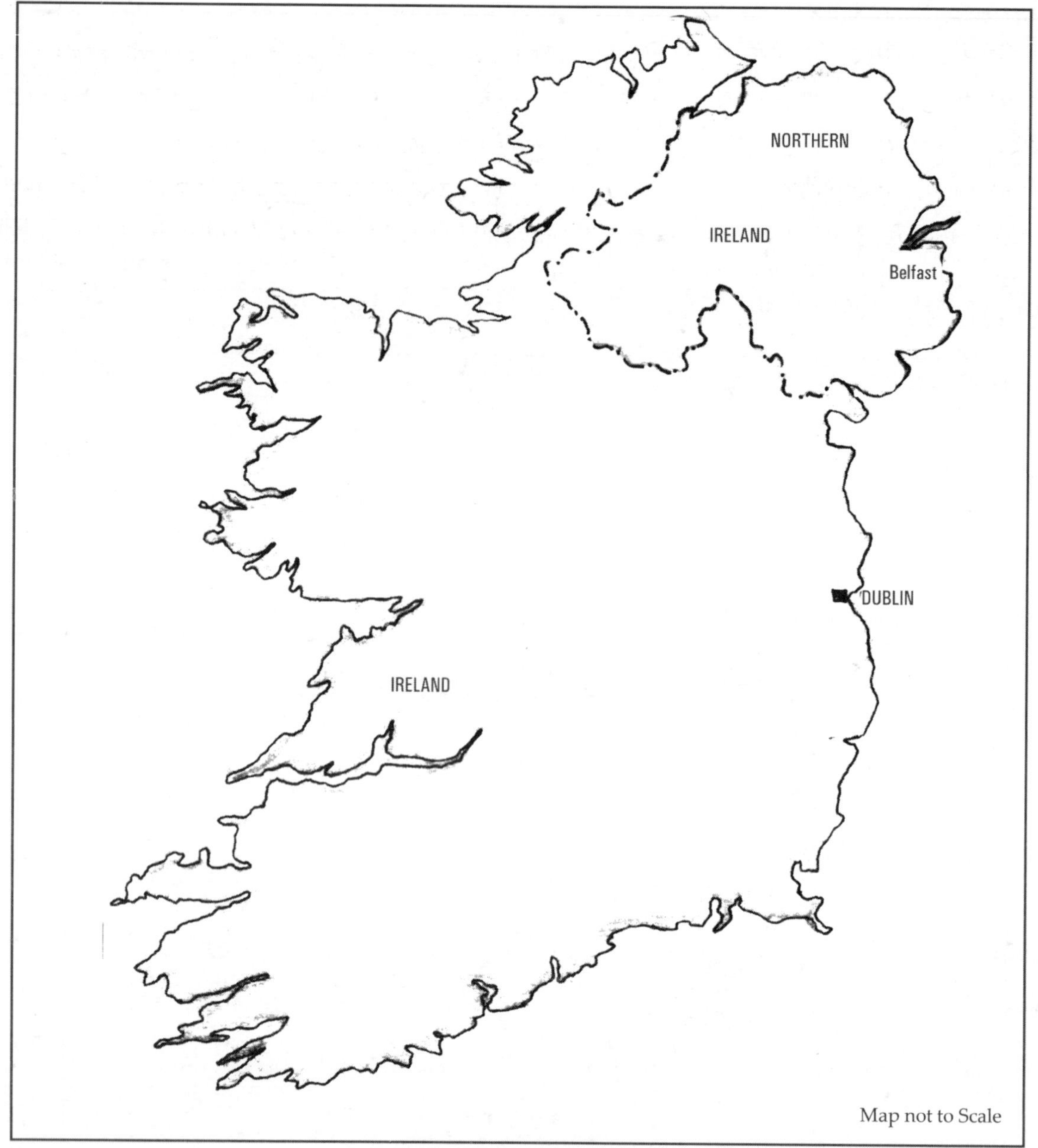

Fig. 2.76 Ria Coast

(ii) फियोर्ड तट (Fiord/Fjord Coasts)

हिमनद की तटीय यू-आकार की घाटियाँ यदि जलमग्न हो जायें तो ऐसे तट को फियोड तट कहते हैं। नॉर्वे, ग्रीनलैंड तथा न्यूजीलैंड के तट इसी प्रकार के हैं।

(iii) रिया तट (Ria Coast)

यदि तट के निकट किसी नदी की घाटी जलमग्न हो जाये तो उसे रिया तट कहते हैं **(Fig. 2.76)**।

संदर्भ (References)

- Ahmad, E., 1982, ***Physical Geography***, Ludhiana, Kalyani Publications.
- Bloom, A.l, 2002, ***Geomorphology***, New Delhi, Prentice Hall.
- Bullard, F., ***Volcanoes of the Earth***, 2nd rev. ed. Austin, University of Texas Press.
- Christopherson, R.W., 1995, ***'Elemental Geosystems': A Foundation in Physical Geography***, NJ, Prentice Hall.
- Chorley, Richard J., Stanley A. Schumm, and David E. Sugden, 1985, ***Geomorphology***, New York, Methuen.
- Chistopherson, R.W., 1995, ***Elemental Geosystems***, New Jersey,Prentice Hall.
- Condie, K.C., 1989, ***Plate Tectonics and Crustal Evolution***, 3rd ed. Elmsford, NY, Pergamon.
- ***D.K. Ultimate Visual Dictionary 2000***, London, Dorling Kindersley.
- Green, J., and N.M. Short, 1971, **Volcanic Landforms and Surface Features, *A Photographic Atlas and Glossary***, New York, Springer-Verlag.
- Gregory, K.J. and Walling, D.E., 1976, ***Drainage Basin Form and Processes***, London, Edward Arnold.
- Hamblin, W.K., and E.H. Christiansen, ***Earth's Dynamic Systems***, 7th ed., Prentice Hall.
- Holmes, A., 1965, ***Principles of Physical Geography***, London, Nelson.
- Husain, M., 2002, ***Fundamentals of Physical Geography***, Jaipur, Rawat Publications.
- Newhall, C. G. and Self, S., 1982, "The volcanic explosivity index (VEI) – an estimate of explosive magnitude for historical volcanism." *Journal of Geophysical Research*, 87, C2, 1231–8.
- Oliver, J.E., 1979, ***Physical Geography: Principles and Applications***, Massachusetts, Duxbury Press.
- Ordway, R.J., 1971, ***Earth Science***, Van Nostrand.
- Singh, S., 2003, ***Physical Geography***, Allahabad, Prayag Pustak Bhawan.
- Strahler, A., and A. Strahler, ***Physical Geography***, New York, John Wiley & Sons, Inc.
- Strahler, A. et.al, 1997, ***Physical Geography: Science and Systems of Human Development***, New York, John Wiley & Sons, Inc.
- Summerfield, M.A., 1991, ***Global Geomorphology***, Harlow: Longman.
- Susan Mayhew, ***Oxford Dictionary of Geography***, 1997, Indian ed. Oxford University Press.
- Thomas, D.S.G., 2006, ***The Dictionary of Physical Geography***, London, Blackwell.
- Thornbury, W.D., 1998, ***Principles of Geomorphology***, New Delhi, New Age International Press.
- Wylle, P.J., 1995, ***The Dynamic Earth***, New York, J. Wiley & Sons.

Web references

- http://coloradogeologicalsurvey.org/coloradogeology/igneous-rocks/plutonic-rocks/sills/
- http://coloradogeologicalsurvey.org/coloradogeology/igneous-rocks/plutonic-rocks/dikes/
- http://worldlandforms.com/landforms/list-of-alllandforms/
- http://www.geographynotes.com/india/river/rivercapture-meaning-conditions-and-types-riversgeography/2384
- http://www.geographynotes.com/rocks/igneous-rocks/groups-of-igneous-rocks-intrusive-and-extrusive-rocksgeography/2192
- http://www.geographynotes.com/rocks/igneous-rocks/groups-of-igneous-rocks-intrusive-and-extrusive-rocksgeography/2192)
- http://www.geographynotes.com/rocks/sedimentary rocks/classification-of-sedimentary-rocksgeography/2223
- http://www.greenpacks.org/2009/04/17/worlds-7-largest-glaciers-by-continent/
- http://www.worldofstones.com/blog/quartzite/
- https://ase.tufts.edu/cosmos/view_picture.asp?id =280
- https://bcgeography.weebly.com/a2---majorinteractions-of-the-4-spheres.html
- https://en.wikipedia.org/wiki/List_of_landforms
- https://en.wikipedia.org/wiki/Zeolite#Natural_occurrence
- https://rashidfaridi.com/2012/11/06/river-capture/
- https://ww2.odu.edu/~tmmathew/geol110/earthquakes.shtml

परिचय (Introduction)

जलवायु विज्ञान, समय के साथ पृथ्वी की विशाल और हमेशा बदलती जलवायु प्रणालियों का वैज्ञानिक अध्ययन है। यह समुद्र विज्ञान, जैवभूगोल और भू-आकृति विज्ञान के साथ-साथ भौतिक भूगोल के प्राथमिक उप विषयों में से एक है। जलवायु विज्ञान के अंतर्गत छह प्रमुख उप-विषय हैं: (1) पूर्व-जलवायु विज्ञान, (2) सूक्ष्म जलवायु विज्ञान, (3) भौतिक जलवायु विज्ञान, (4) समकालिक और गतिशील जलवायु विज्ञान, (5) जल-जलवायु विज्ञान, और (6) स्वास्थ्य/चिकित्सा जलवायु विज्ञान। पृथ्वी की सतह पर विभिन्न प्राकृतिक, सांस्कृतिक परिदृश्यों और घटनाओं को समझने में जलवायु विज्ञान का अध्ययन बहुत मददगार होता है।

जलवायु शब्द का तात्पर्य किसी भी स्थान पर लंबे समय तक अनुभव की जाने वाली मौसम की स्थिति से है। यह आमतौर पर 30 वर्षों के रिकॉर्ड के आधार पर एक समयावधि में औसत मौसम की स्थिति का सारांश है।

जलवायु, भूमि और समुद्र-द्रव्यमान के संबंध में स्थान की स्थिति, वायुमंडल के सामान्य परिसंचरण, अक्षांश, ऊंचाई और स्थानीय भौगोलिक विशेषताओं के द्वारा निर्धारित की जाती है। जलवायु विशेषताओं को आमतौर पर तापमान, दबाव, हवा, वर्षा और आर्द्रता पर संख्यात्मक आंकड़ों द्वारा दर्शाया जाता है।

मौसम शब्द को किसी विशेष स्थान और समय पर वहां की तापमान (गर्मी), बादल, सूखापन, धूप, हवा, बारिश आदि की स्थिति के रूप में परिभाषित किया जाता है। तापमान इस बात की माप है कि पृथ्वी की सतह के पास हवा कितनी गर्म या ठंडी है।

वायुमण्डल (Atmosphere)

पृथ्वी के चारों ओर गैसीय आवरण को वायुमण्डल कहते हैं। वायु मण्डल की मोटाई लगभग 480 किलोमीटर (300 मील) मानी जाती है। पृथ्वी के वायुमण्डल में पाई जाने वाली गैसें पृथ्वी के अन्दर से निकली हैं।

इन्हीं गैसों के सहारे धरती पर जीवन सम्भव हुआ है। वायुमण्डल में बहुत-सी गैसों का मिश्रण है। ये सभी गैसें एक-दूसरे में इस प्रकार मिश्रित हैं कि वायुमण्डल एक ही गैस का बना हुआ प्रतीत होता है।

हमारे वायुमण्डल का आधुनिक स्वरूप पूर्व कैम्ब्रियन युग में (Pre Cambrian Period) विकसित हुआ था। इस प्रकार आज के वायुमण्डल की उत्पत्ति लगभग 60 करोड़ वर्ष पुरानी मानी जाती है (**तालिका 3.1**)।

तालिका 3.1: भौतिक और रासायनिक

	क्र.सं.	भौतिक	क्र.सं.	रासायनिक	
				गैस	मात्रा प्रतिशत में
वायुमण्डल	1.	गंधहीन	1.	नाइट्रोजन (N_2)	78.084
	2.	रंगहीन	2.	ऑक्सीजन (O_2)	20.946
	3.	स्वादहीन	3.	आर्गन (Ar)	00.934
	4.	आकारहीन	4.	कार्बनडाईआक्साइड (CO_2)	00.0314
	5.	पूर्णत: मिला हुआ	5.	निओन (Ne)	00.0018
			6.	हीलियम (He)	00.0005
			7.	मीथेन (CH_4)	00.0002
			8.	क्रिप्टोन (Kr)	00.00011
			9.	हाइड्रोजन (H_2)	00.00005
			10.	क्सीनन (Xe)	00.0000087

आज का वायुमण्डल एक क्रमिक विकास से गुजर कर बना है। इसमें बहुत-सी गैसें ज्वालामुखियों, गर्म पानी के स्रोतों, जीवमण्डल तथा मानव प्रक्रियाओं के कारण मिश्रित हुई हैं।

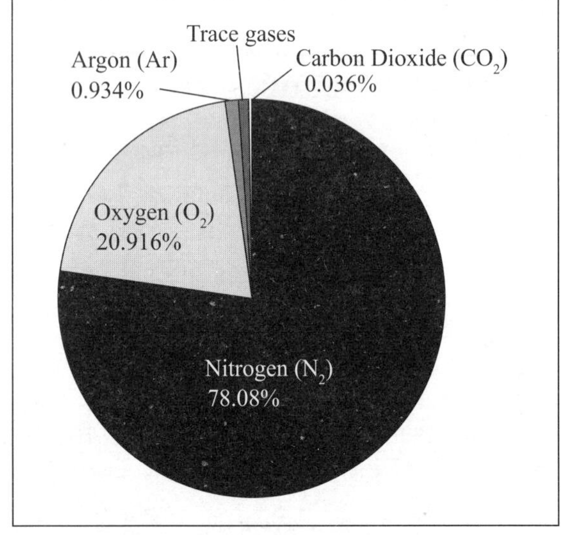

Fig. 3.1 Stable components of modern atmosphere (Percentage concentration by volume)

वायुमण्डल की संरचना

मुख्य गैसों और वायुमंडल में उनके अनुपात को **चित्र 3.1** में दिखाया गया है। हमारे वातावरण में शुष्क हवा का 78.084 प्रतिशत नाइट्रोजन (N_2), 20.946 प्रतिशत ऑक्सीजन (O_2), 0.934 प्रतिशत आर्गन (A), 0.036 प्रतिशत कार्बन डाइऑक्साइड (CO_2) और बहुत कम अनुपात में नियॉन, हीलियम, मीथेन और हाइड्रोजन जैसी दुर्लभ गैसें हैं।

गैसों की संरचना के आधार पर वायुमंडल को (i) सममंडल, और (ii) विषममंडल में विभाजित किया जा सकता है, जिसकी व्याख्या निम्नलिखित अनुच्छेदों में की गई है **(चित्र 3.2)**।

संरचना के आधार पर वायुमण्डल को दो भागों में विभाजित किया जा सकता है **(तालिका 3.1):**

(A) सममण्डल (Homosphere) **(Fig. 3.2)**

(B) विषममण्डल (Heterosphere) **(Fig. 3.2)**

A. *सममण्डल (Homosphere)*

सममण्डल की ऊँचाई सागर स्तर से 80 किलोमीटर (50 मील) मानी जाती है। यद्यपि गैसों की सघनता ऊँचाई की ओर जाते हुये कम होती जाती है फिर भी विभिन्न गैसों के मिश्रण में समानता पाई जाती है। केवल ओजोन गैस ही एक अपवाद है, जो समतापमण्डल (Stratosphere)

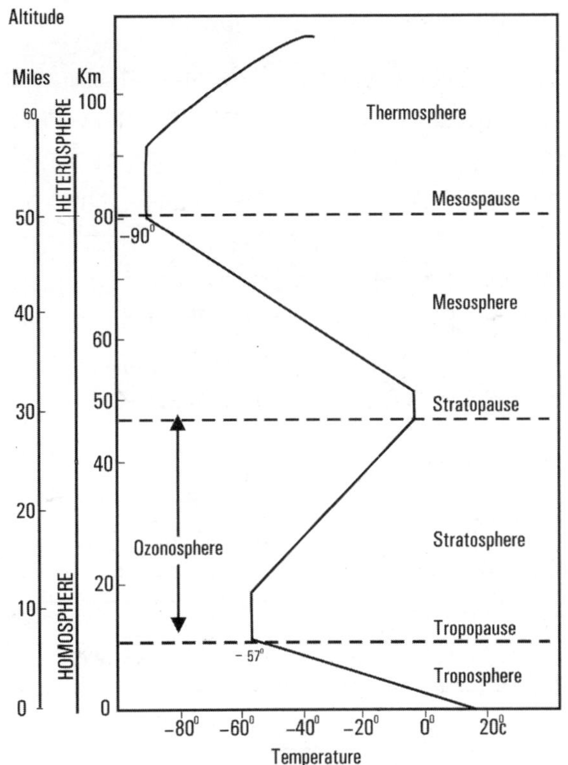

Fig. 3.2 Vertical structure of atmosphere

में 19 से 50 किलोमीटर के बीच सीमित है। दूसरे वाष्प की मात्रा सममण्डल के निचले भाग में तुलनात्मक रूप से अधिक होती है। सममण्डल को निम्न तीन भागों में विभाजित किया जा सकता है:

(1) क्षोभमण्डल (Troposphere)

(2) समतापमण्डल (Stratosphere)

(3) मध्यमण्डल (Mesosphere)

1. *क्षोभमण्डल (Troposphere)*

सागर स्तर (पृथ्वी के धरातल) से लेकर क्षोभसीमा (Tropopause) तक क्षोभमण्डल है। क्षोभमण्डल की ऊपरी सीमा –57°C तापमान भी मानी जाती है। विषुवत रेखा पर क्षोभमण्डल की ऊँचाई 19 किलोमीटर तथा ध्रुव पर 8 किलोमीटर है जबकि 45° पर इसकी ऊँचाई 13 किलोमीटर है। वायुमण्डल की कुल वायु राशि (Mass) का 90 प्रतिशत भाग क्षोभमण्डल में पाया जाता है। अधिकतर वाष्प तथा प्रदूषण भी क्षोभमण्डल में पाया जाता है। इस मण्डल की ऊँचाई में ऋतु एवं धरातलीय तापमान के साथ परिवर्तन होता रहता है। पवन का चलना, बादल, वर्षा, हिमपात आदि इस मण्डल तक सीमित है। इस मण्डल में तापमान का ह्रास 6.4°C प्रति 1000 मीटर की दर से होता है। इस मण्डल में तापमान के इस ह्रास को नॉमर्ल लेप्स रेट (Normal Lapse Rate) कहते हैं **(Fig. 3.3)**।

2. *समतापमण्डल (Stratosphere)*

वायुमण्डल की दूसरी परत को समतापमण्डल कहते हैं। यह मण्डल, क्षोभमण्डल के ऊपर फैला है। समतापमण्डल के निचले भाग का तापमान – 57°C तथा 50 किलोमीटर की ऊँचाई पर तापमान 0°C रहता है। इस मण्डल में ओजोन गैस पाई जाती है, जो सूर्य से आने वाली हानिकारक अल्ट्रा वॉयलट किरणों (Ultra-Violet Rays) को सोख लेती हैं। इस प्रकार धरातल के जीवों पर खराब प्रभाव नहीं पड़ता। इसकी ऊपरी सीमा को समताप सीमा कहते हैं।

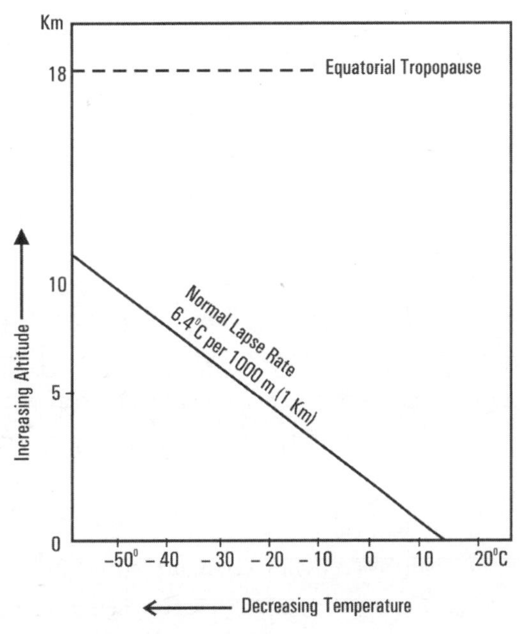

Fig. 3.3 Normal lapse rate

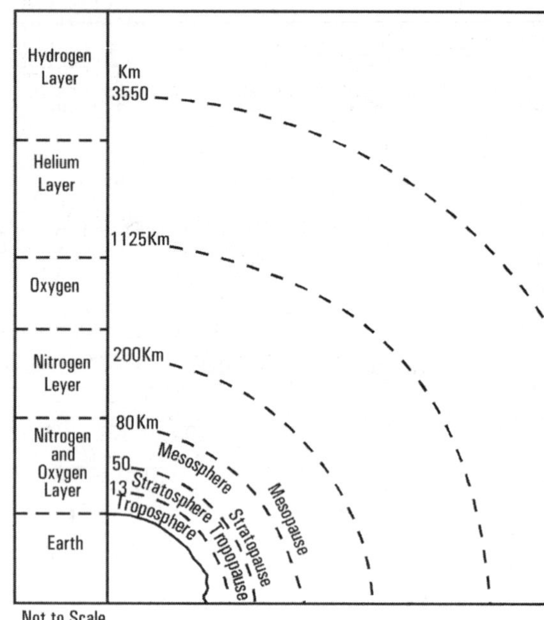

Fig. 3.4 Chemical zones in the atmosphere

3. *मध्यमण्डल (Mesosphere)*

इस मण्डल का विस्तार 50 किलोमीटर की ऊँचाई से लेकर 80 किलोमीटर की ऊँचाई तक हैं। इसकी ऊपरी सीमा को मध्य सीमा (Mesopause) कहते हैं। वायुमण्डल का यह सबसे ठंडा मण्डल है, जिसका औसत तापमान – 90°C रहता है, यद्यपि इस तापमान में ±20° से 30°C का अन्तर हो सकता है **(Fig. 3.4)**।

B. विषममण्डल (Heterosphere)

वायुमण्डल के इस भाग में गैसों का पूर्ण मिश्रण नही है। इसकी ऊँचाई 80 किलोमीटर तक मानी जाती है। वायु मण्डल में सौर कांस्टेण्ट (Solar Constant) इसी ऊँचाई पर मापा जाता है। इस ऊँचाई (480 किलोमीटर) के ऊपर वायुमण्डल में लगभग (Cacuum) की परिस्थिति पाई जाती है जिसको बाह्य-अंतरिक्ष (Outer space) कहा जाता है। इस हाइड्रोजन तथा हीलियम (Helium) जैसी हल्की गैसें पाई जाती हैं। इस मण्डल को तापमण्डल (Thermosphere) तथा आयोनोसफियर (Ionosphere) भी कहते हैं।

1. *तापमण्डल (Thermosphere)*

80 किलोमीटर से लेकर 480 किलोमीटर की ऊँचाई तक तापमण्डल फैला हुआ है। इस मण्डल में तापमान अधिक रहता है परन्तु गैसों का घनत्व बहुत कम है। इस की गैसों के अणुओं (Molecules) का तापमान 1200°C तक हो सकता है। इतना अधिक तापमान होने के बावजूद भी यह मण्डल गर्म नहीं है क्योंकि इस मण्डल में गैस के अणुओं (Molecules) की सघनता बहुत ही कम है। पृथ्वी के धरातल के निकट गैसों के अणुओं (Molecules) की सघनता बहुत अधिक होती है **(Fig. 3.4)**।

2. *आयनमण्डल (Ionosphere)*

यह मण्डल, तापमण्डल (Thermosphere) का ही एक भाग है। इस मण्डल में ऐसे परमाणु (Atoms) पाये जाते हैं, जो सूर्य की किरणों से सक्रिय हो जाते हैं। इसके सक्रिय परमाणुओं को आयन कहते हैं। इस मण्डल में अलट्रो तथा सक्रिय परमाणुओं का प्रवाह होता रहता है। तापमण्डल के ऊपर स्वचालित ऑक्सीजन पाई जाती है **(Fig. 3.4)**।

वायुमंडलीय तापमान

वातावरण में तापमान का वितरण एक समान नहीं होता है। यह अक्षांश, ऊंचाई, महाद्वीपीयता और मौसमी परिवर्तनशीलता से प्रभावित होता है। तापमान के वितरण में ये बदलाव हवा की गति और विभिन्न मौसम स्थितियों के लिए जिम्मेदार हैं। निम्नलिखित अनुच्छेदों में तापमान के वितरण और संबंधित वायुमंडलीय घटनाओं का विस्तार से अध्ययन किया गया है।

सौर ऊष्मांक (Solar Constant)

पृथ्वी द्वारा अवशोषित (Intercepted) सौर विकिरण को सूर्यताप (Insolation) कहा जाता हैं। सौर ताप की जो मात्रा वायुमण्डल की बाह्य सीमा (480 किलोमीटर) पर पहुँचती है, वह सौर ऊष्मांक (Solar Constant), कहलाती है। सौर उष्मांक का औसत मूल्य 1.968 कैलोरी प्रति वर्ग सेंटीमीटर प्रति मिनट होता है। एक कैलोरी ऊष्मा एक ग्राम जल को

15°C पर तापमान को एक डिग्री तापमान में वृद्धि होती है। कैलोरी ऊर्जा की वह मात्रा होती है जिसकी आवश्यकता एक ग्राम जल के तापमान (15 डिग्री सेल्सियस पर) को एक डिग्री सेल्सियस ऊपर उठाने के लिए होती है। इस प्रकार, सौर स्थिरांक पृथ्वी के वातावरण की ऊपरी सीमाओं (पृथ्वी के तल से 480 किमी. या 300 मील ऊपर) पर उपलब्ध ऊर्जा की मूलभूत मात्रा है। जब यह वातावरण से होकर गुजरती हैं तो कई प्रक्रियाएं सौर विकिरण को कम कर देती हैं। सौर ऊष्मांक वायुमण्डल से गुजरता है तो कुछ ऊष्मा का ह्रास हो जाता है। जिन प्रक्रियाओं से ऊष्मा का ह्रास होता है उनमें परावर्तन (Reflection), छितराना (Scattering), शोषण (Absorption) तथा विकिरण (Reflaction) मुख्य हैं।

1. *परावर्तन (Reflection)*

पृथ्वी के धरातल एवं वायुमण्डल से बहुत-सी ऊष्मा परावर्तन (Reflaction) के कारण कमजोर पड़ जाती है। परावर्तन को एलबिडो (Albedo) भी कहते हैं। एलबिडो को प्रतिशत में दर्शाया जाता है। बादलों का एलबिडो 40 से 90 प्रतिशत होता है।

2. *अवशोषण (Absorption)*

इस प्रक्रिया के द्वारा सौर प्रकाश, ऊष्मा में बदल जाता हैं। उदाहरण के लिये जब सूर्य का प्रकाश किसी दीवार पर पड़ता है तो दीवार गर्म हो जाती है, इसी प्रक्रिया से प्रकाश की ऊष्मा में बदल देती है। जब यह वातावरण से होकर गुजरती हैं तो प्रतिबिंब, छितराव एवं अवशोषण किरण पुंज को कम कर देती हैं।

3. *प्रसारण या संचारण (Transmission)*

जब यह वातावरण से होकर गुजरती हैं तो प्रतिबिंब, छितराव एवं अवशोषण किरण पुंज को कम कर देती हैं।

4. *प्रकीर्णन (Scattering)*

वायुमण्डल में भरी गैस के कणों से टकरा कर छितरा जाती है, जिस से कुछ ऊष्मा का ह्रास हो जाता है।

भोर की लाली तथा संध्या लाली (Dawn and Twilight)

सूर्य का प्रकाश भोर के समय विकिरण के कारण पूर्व की दिशा में आकाश लाल रंग का दिखाई देता है। यह भोर अथवा सुबह की लाली कहलाती है। इसी प्रकार शाम के समय पश्चिम की दिशा में आकाश का लाल रंग दिखाई देता है, जिसको संध्या की लाली कहते है। विषुवत रेखा से ध्रुव की ओर जाते हुये संध्या की लाली तथा भोर की लाली का समय बढ़ता जाता है।

विषुवत रेखा पर सूर्य की किरणें प्राय: लम्बवत पड़ती हैं। विषुवत रेखीय प्रदेश में संध्या की लाली का समय 30 मिनट से लेकर 45 मिनट होता है, जबकि 40 डिग्री तथा 60 डिग्री पर संध्या की लाली का समय क्रमश: एक तथा दो घंटे होता है। ध्रुवीय क्षेत्रों में सात हफ्ते संध्या का धुंधलका और सात हफ्ते भोर की लाली रहती है। इन क्षेत्रों में शीत ऋतु में ढाई महीने की रात तथा ग्रीष्म काल में ढाई महीने का दिन होता है।

तापमान के निश्चित गुणक (Determinants of Temperature)

पृथ्वी का औसत तापमान लगभग 15°C हैं, परन्तु स्थानीय औसत तापमान में भारी भिन्नता पाई जाती है। मानचित्रों पर तापमान क्षैतिज वितरण सामान्यत: समताप रेखाओं के द्वारा दिखाया जाता है क्षैतिज तापमान के वितरण पर निम्नलिखित प्रभाव पड़ता है:

1. *अक्षांश (Latitude)*

किसी स्थान की अक्षांशीय स्थित का सूर्यताप की प्राप्ति पर एक गहरा प्रभाव डलता है। दूसरे शब्दों में विषुवत रेखीय प्रदेशों में ऊँचा तापमान रिकॉर्ड किया जाता है जबकि ध्रुवीय प्रदेशों में तापमान नीचे रहता हैं।

2. *ऊँचाई (Altitude)*

क्षोभमण्डल में ऊँचाई की ओर जाते हुये तापमान में 6-4°C प्रति किलोमीटर की दर से कमी होती जाती है,

तालिका 3.2: विश्व की स्थानीय पवनें

क्र.सं.	नाम	हवा की प्रकृति	स्थान
1.	चिनूक	गर्म-सूखी पवन	रॉकी पर्वत
2.	फाहेन	गर्म-शुष्क पवन	आल्पस
3.	खमसिन	गर्म-शुष्क पवन	मिस्र
4.	सिराको	गर्म-नम पवन	सहारा से भूमध्य सागर तक
5.	सलानो	गर्म-नम पवन	सहारा से लाइवेश्यिन प्रायद्वीप तक
6.	हरमट्टान	गर्म-शुष्क पवन	पश्चिम अफ्रीका
7.	बोरा	ठण्डी-शुष्क पवन	हंगरी से उत्तरी इटली
8.	मिस्ट्रल	ठण्डी पवन	आल्पस और फ्रांस
9.	पुना	ठण्डी-शुष्क पवन	एण्डीज पर्वत के पश्चिम की ओर
10.	ब्लिजर्ड	ठण्डी पवन	टुण्ड्रा क्षेत्र
11.	पुर्गा	ठण्डी पवन	रूस
12.	लेवेण्टर	ठण्डी पवन	स्पेन
13.	नोरवेस्टर	गर्म पवन	न्यूजीलैण्ड
14.	सान्ताआना	गर्म पवन	दक्षिण केलीफोर्निया
15.	काराबुह्न	गर्म धूल भरी पवन	मध्य एशिया
16.	कालिमा	धूल भरी शुष्क पवन	केनरी द्वीप समूह के पार सहारा
17.	ऐलीफेण्टा	मानसूनी में नम पवन	हवाई परत
18.	गिब्ली	गर्म-शुष्क पवन	मालाबर तट
19.	लू	गर्म-शुष्क पवन	लीबिया उत्तर भारत में सतलुज-गंगा के मैदान में

इसीलिये किसी भी अक्षांश पर सागरीय स्तर (Sea-leval) पर तापमान सब से अधिक रिकॉर्ड किया जाता है। यही कारण है कि विषुवत रेखा के निकट स्थित लिब्रेविली (गैबोन) सागर स्तर से केवल 15 मीटर की ऊँचाई पर स्थित है वहाँ का औसत तापमान 28°C रहता है, जबकि क्यूटो (इक्वेडोर), जो विषुवत रेखा के निकट 3000 मीटर की ऊँचाई पर स्थित है, का वार्षिक औसत तापमान 13°C रहता है।

3. मेघ आवरण (Cloud Cover)

तापक्रम के वितरण पर बादलों का प्रभाव भी भारी पड़ता है। एक अनुमान के अनुसार किसी भी समय आकाश का 50 प्रतिशत भाग हमेशा बादलों से ढका रहता है। सामान्यत: यदि दिन के समय बादल हो तो तापमान कम रहता है परन्तु यदि रात के समय बादल हो तो रात का तापमान बढ़ जाता है। यही कारण है कि विषुवत रेखा पर जहाँ सूर्य की किरणें लम्बवत पड़ती है सबसे ऊँचे तापमान रिकॉर्ड नहीं होते, इसके विपरीत कर्क रेखा पर हर एक महाद्वीप के पश्चिमी भाग पर स्थित मरुस्थलों में जहाँ बादल कम रहते हैं। विश्व के सबसे अधिक तापमान रिकॉर्ड किये जाते हैं। लीबिया में अल-अजीजया तथा केलिफोर्निया में डैथ-वैली (Death Valley) एवं राजस्थान में गंगानगर तथा जोधपुर में उच्च तापमान दर्ज किये जाते हैं।

4. समुद्र/महासागर से दूरी (Distance from the Sea/Ocean)

समुद्र या महासागरों के संबंध में किसी स्थान की अवस्थिति भी तापमान के वितरण को प्रभावित करती है। वास्तव में, समान अक्षांश पर भूमि एवं समुद्र का विभेदकारी तापन होता है। समुद्र का जल अपनी ऊष्मा को नीचे की ओर बढ़ा

सकता है, या वाष्पीकरण और महासागर की धाराएं सतह तापमान को कम कर सकती हैं, लेकिन भूमि अपारदर्शी होती है और भूमि पर सूर्य की किरणें केवल एक मीटर तक की गहराई तक पैठ सकती हैं, जबकि पानी (समुद्रों/महासागरों) में वे काफी गहरे पैठ सकती हैं। एक ही अक्षांश पर अवस्थित दो स्थानों-एक समुद्र तट के साथ एवं दूसरी तट से दूर भीतरी क्षेत्र-पर दो भिन्न तापमान दर्ज होंगे। उदाहरण के लिए, मुंबई एवं आदिलाबाद (आंध्र प्रदेश) लगभग समान अक्षांश पर अवस्थित हैं, लेकिन समुद्री तट एवं भीतरी भूमि के विभेदकारी तापन के कारण, उनके माध्य वार्षिक एवं तापमान की दैनिक परिवर्तन सीमा में स्पष्ट अंतर है। मुंबई के तापमान की वार्षिक परिवर्तन सीमा केवल 6 डिग्री सेल्सियस है, जबकि आदिलाबाद की लगभग 20 डिग्री सेल्सियस है। ग्रीष्म ऋतु एवं जाड़े में चरम तापमान का एक विशिष्ट उदाहरण ताशकेंट नगर द्वारा दिया जा सकता है। ताशकेंट में जुलाई का माध्य अधिकतम तापमान 40 डिग्री सेल्सियस है जबकि जनवरी में माध्य न्यूनतम तापमान माइनस (–)40 डिग्री सेल्सियस है। तापमानों में यह अधिकतम परिवर्तन ताशकेंट के विस्तृत भूभाग (महाद्वीपीय) का परिणाम है। वास्तव में, ताशकेंट सागरीय क्षेत्रों से काफी अधिक दूरी पर स्थित है और यह ऊंचे पहाड़ों से घिरा हुआ है जो महासागरीय हवाओं की राह में मजबूत बाधाओं का निर्माण करते हैं।

5. पवन (Wind)

तापमान के क्षैतिज वितरण पर पवन के वेग तथा दिशा का भी प्रभाव पड़ता है। सागर से आने वाली पवन तापमान को कम करने में सहायक होती है जबकि थल के ऊष्मा भागों से आने वाली पवन तापमान में वृद्धि करती है।

6. धरातल की प्रकृति तथा ढाल (Topography and Slope)

तापमान का वितरण प्राकृतिक भूगोल संबंधी विशेषताओं से भी प्रभावित होता है। सूर्य के सामने पड़ने वाली भूमि के ढलान को हवा की दिशा में पड़ने वाले ढलान की तुलना में अधिक सूर्यविकिरण (तापमान) प्राप्त होता है। उदाहरण के लिए, हिमालय के दक्षिणवर्ती ढलानों पर उत्तरवर्ती ढलानों की तुलना में अधिक तापमान दर्ज किया जाता है। उत्तरवर्ती ढलान के ऊपर बर्फ हो सकती है, जबकि इसी अक्षांश पर दक्षिणवर्ती ढलान अनावृत हो सकता है। उत्तरी ढलान को कम सघन विकिरण प्राप्त होता है और चूंकि सूर्य आसमान में नीचे हो जाता है, यह दक्षिणवर्ती ढलान के पहले लंबे समय तक छाया में रहेगा। दक्षिणी गोलार्द्ध के मामले में स्थिति इसके बिल्कुल विपरीत है। पहाड़ों के तटीय पवनमुखी ढलान में समुद्र के प्रभाव और हवा के बहाव के कारण अपेक्षाकृत कम तापमान होता है। यही वजह है कि मुंबई और पुणे के तापमान में काफी अंतर है। ढलान के पहलू कई प्राकृतिक घटनाओं को प्रभावित करते हैं। उदाहरण के लिए, पहाड़ों पर स्थायी बर्फ एवं हिम की ऊंचाई में एक ढलान से दूसरे ढलान की तुलना में अंतर होता है जैसेकि पेडों की पंक्ति में होता है। इसी प्रकार, बर्फ एवं पाले की गहराई उत्तर एवं दक्षिण दिशाओं वाले ढलान में अलग होती है। ये घटनाएं भी तापमान को प्रभावित करती हैं।

भौगोलिक स्थिति भी कुछ निचली भूमियों की जलवायु में महत्वपूर्ण भूमिका अदा करती है। महाद्वीपीय माप पर पहाड़ी शृंखलाएं, जो उत्तर से दक्षिण की ओर बढती हैं, का प्रभाव उनकी तुलना में बहुत अलग होता है जो पूर्व से पश्चिम दिशा की ओर बढ़ती हैं। हिमालय की उपस्थिति साइबेरिया की ठंडी हवा को भारतीय उपहाद्वीप में प्रवेश करने से रोकती हैं। हिमालय के दक्षिणी ढलान के साथ भारी वर्षा उस बाधा का परिणाम है जो यह भारत के ग्रीष्म ऋतु के मानसून की हवाओं की राह में सृजित करती है।

7. महासागरीय जलधाराएं (Ocean Currents)

महासागरों में बहते पानी को जलधारा कहते हैं। जलधाराएं गर्म पानी को ठंडे प्रदेशों की ओर तथा ठंडे जल को गर्म प्रदेशों की ओर ले जाती हैं। इस प्रकार जल के तापमान का प्रभाव निकटवर्ती प्रदेशों पर पडता है। खाड़ी की धारा (Gulf Stream) का गर्म पानी 60° उत्तर में स्थित नॉर्वे के बन्दरगाहों को शीतकाल में खुले रखने में सहायक रहता है, जबकि लेब्रेडोर ठंडे पानी (Labrador Current) की जलधारा कनाडा के 50° उत्तर तक बन्दरगाहों को शीत काल में जमा देती है और जल परिवहन का कार्य और जहाजों का आना जाना बन्द हो जाता है।

तापमान का क्षैतिक वितरण (Horizontal Distribution of Temperature)

तापमान के क्षैतिज वितरण को तापमान के क्षेत्रीय वितरण के नाम से भी जाना जाता है। पृथ्वी के तल पर तापमान का क्षैतिज वितरण एकसमान नहीं है। तापमान का क्षैतिज/क्षेत्रीय वितरण कई भौतिक कारकों जैसे–1. अक्षांश, 2. उन्नतांश (ऊंचाई), 3. बादल आच्छादन, 4. समुद्र से दूरी, 5. हवाएं, 6. भूमि की ढलान, एवं 7. समुद्र की धाराओं, द्वारा नियंत्रित होता हैं।

आमतौर पर, विषवत रेखा से ध्रुवों की ओर बढ़ने पर तापमान में कमी आती जाती है। विषुवत रेखा से ध्रुव की तरफ तापमान में कमी की दर को तापमान ढाल (ग्रेडिएंट) के नाम से जाना जाता है। चूंकि स्थलाकृति क्षेत्र को सर्वाधिक सूर्यातपन प्राप्त होता है, इस क्षेत्र में तापमान पूरे वर्ष उच्च बना रहता है। बहरहाल विषुवत रेखा के क्षेत्र में बादलों की उपस्थिति आतपन की दर को बाधित करती है। इसके परिणामस्वरूप, विषुवत रेखा के निकट सर्वाधिक तापमान दर्ज नहीं किया जाता बल्कि कर्क रेखा और मकर रेखा के क्षेत्रों में यह सर्वाधिक होता है। कर्क रेखा एवं मकर रेखा के सटे पश्चिमी हिस्सों में वर्ष के अधिकांश समय आसमान साफ नजर आता है।

जनवरी में तापमान (Temperature in January)

विश्व में जनवरी का तापमान वितरण **(Fig. 3.5)** में दिखाया गया है। जनवरी के महीने में सूर्य की किरणें लम्बवत मकर-रेखा पर पड़ती हैं, इसलिये दक्षिणी गोलार्द्ध में अधिक तापमान रिकॉर्ड किया जाता है तथा तापीय-विषुवत रेखा दक्षिण गोलार्द्ध से गुजरती हैं। इसके विपरीत उत्तरी गोलार्द्ध में शीत ऋतु होती है और बहुत नीचे तापमान दर्ज किये जाते है। इस महीने में वर्कोयांस्क (साइबेरिया) का तापमान गिरकर – 68°C तक नीचा होता जाता है।

जुलाई में तापमान वितरण (Temperature in July)

जुलाई के महीने का तापमान वितरण **(Fig. 3.6)** में दिखाया गया है। जुलाई के महीने में सूर्य की किरणें लम्बवत् कर्क रेखा पर पडती हैं। फलस्वरूप उत्तरी गोलार्द्ध में गर्मी का मौसम होता है। उत्तरी गोलार्द्ध के उष्ण मरुस्थलों में दिन का तापमान 59°C को पार कर जाता है। विश्व में सबसे ऊँचा तापमान अल-अजीजिया (लीबिया) में 13 सितम्बर, 1922 को 58°C रिकॉर्ड किया गया था। इस मौसम में सागर स्तर पर सबसे अधिक तापमान 36°C फारस की खाडी में रिकॉर्ड किया गया था **(Fig. 3.6)**।

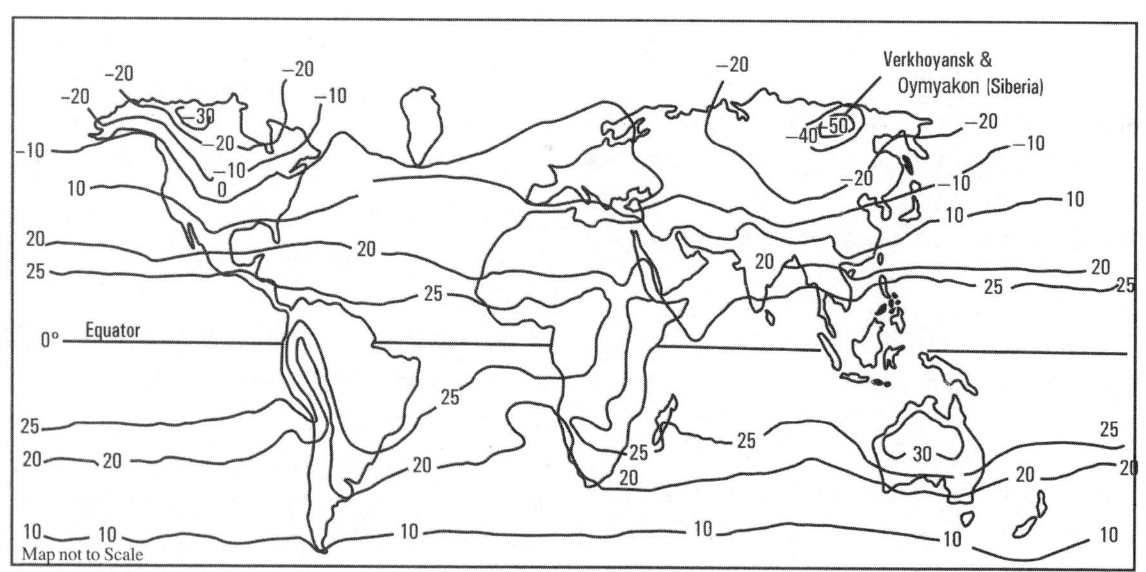

Fig. 3.5 Mean January temperature

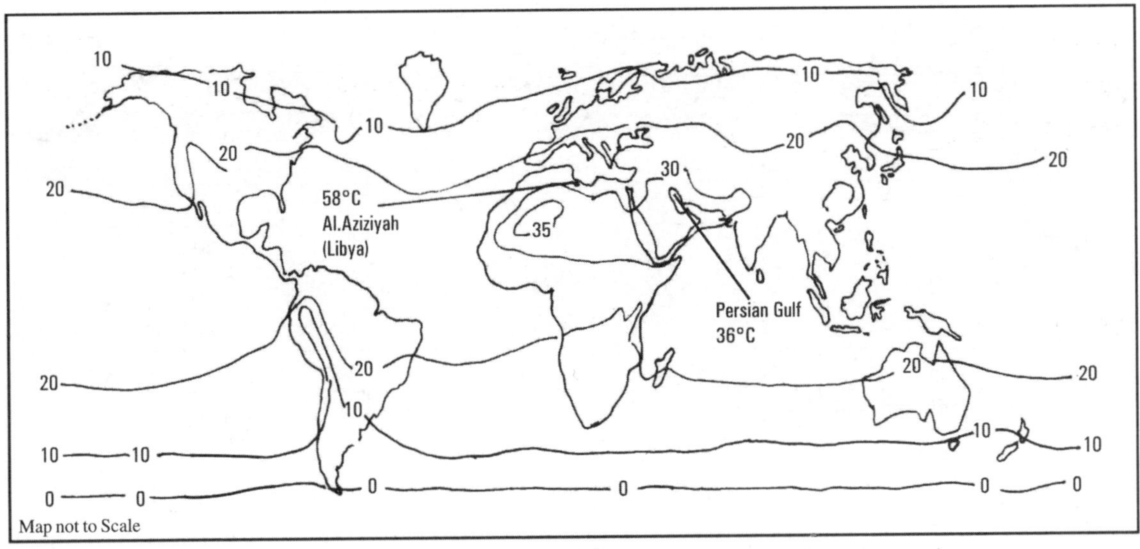

Fig. 3.6 Mean July temperature (°C)

वार्षिक तापान्तर (Annual Range of Temperature)

जुलाई तथा जनवरी के औसत तापमान के अन्तर को वार्षिक तापान्तर कहते हैं। विश्व का सबसे अधिक तापान्तर साइबेरिया (Siberia) में पाया जाता है। जहाँ वार्षिक तापान्तर लगभग 64°C है **(Fig. 3.7)**।

हडसन की खाडी के पश्चिम में (कनाडा) वार्षिक तापान्तर 60°C रहता है। इसके विपरीत दक्षिणी गोलार्द्ध में

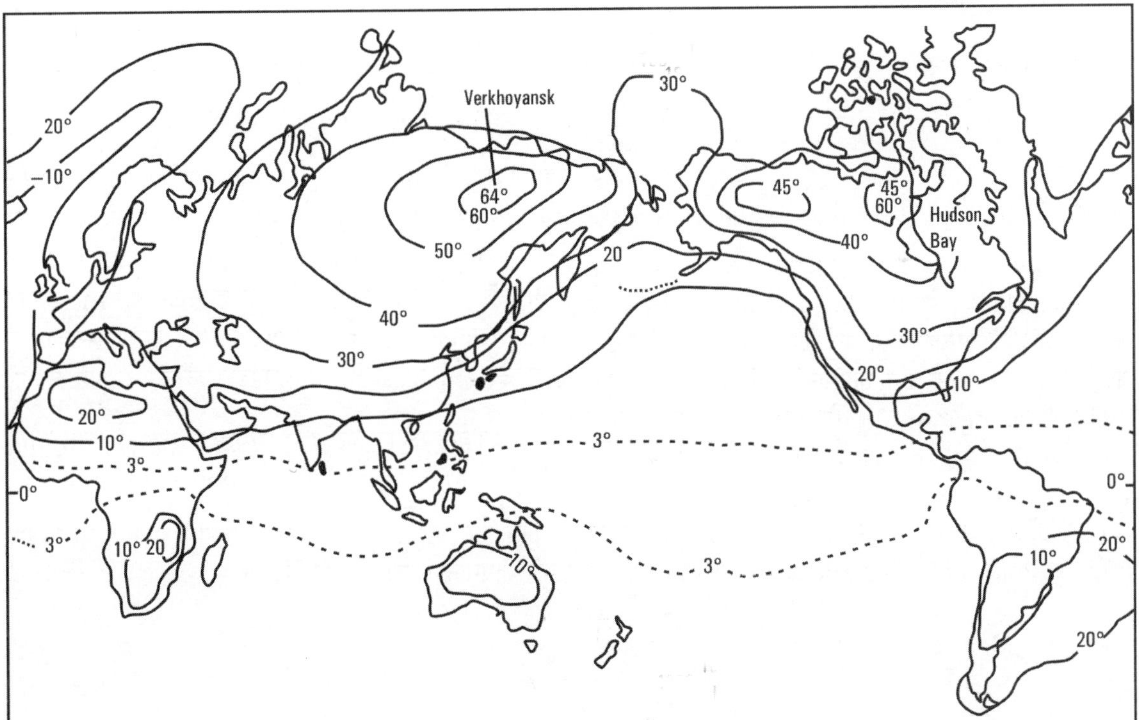

Fig. 3.7 Annual range of air temperature °C

तालिका 3.2A: महाद्वीप के अनुसार उच्चतम और निम्नतम तापमान

महाद्वीप	उच्च कम	तापमान	रिकॉर्ड की तारीख	स्थान
उत्तरी अमेरिका	अधिकतम	134°F (56.7°C)	10 जुलाई, 1913	फर्नेस क्रीक रेंच, डेथ वैली, यूएसए
	न्यूनतम	-81.4°F (-63°C)	3 फरवरी, 1947	स्नैग, युकोन टेरिटरी, कनाडा
दक्षिण अमेरिका	अधिकतम	120°F (48.9°C)	11 दिसंबर, 1905	रिवादाविया, अर्जेंटीना
	न्यूनतम	-27°F (-32.8°C)	1 जून, 1907	सर्मिएन्टो, अर्जेंटीना
यूरोप	अधिकतम	118.4°F (48°C)	10 जुलाई 1977	एथेंस और एलेफ्सिना, ग्रीस
	न्यूनतम	-72.6°F (-58.1°C)	दिसम्बर 31, 1978	उस्त 'शूगोर, रूस'
एशिया	अधिकतम	129.2°F (54°C)	21 जून 1942	तिरात जेवी, इजराइल
	न्यूनतम	-90°F (-67.8°C)	1) फरवरी 5, 1892 2) फरवरी 6, 1933	1) वेरखोयांस्क, रूस 2) ओइमाकॉन, रूस
अफ्रीका	अधिकतम	131°F (55°C)	7 जुलाई, 1931	केबिली, ट्यूनीशिया
	न्यूनतम	-11°F (-23.9°C)	फरवरी 11, 1935	इफ्रेन, मोरक्को
ऑस्ट्रेलिया	अधिकतम	123°F (50.7°C)	2 जनवरी, 1960	ऊदनादत्ता, दक्षिण ऑस्ट्रेलिया
	न्यूनतम	-9.4°F (-23°C)	21 जुलाई 1983	शार्लोट पास, न्यू साउथ वेल्स
अंटार्कटिका	अधिकतम	67.6°F (19.8°C)	जनवरी 30, 1982	साइनी रिसर्च स्टेशन, अंटार्कटिका
	न्यूनतम	-129°F (-89.2°C)	21 जुलाई 1983	वोस्तोक स्टेशन, अंटार्कटिका

Source: *World Meteorological Organization, Available at https://wmo.asu.edu/content/world-meteorological-organization-global-weather-climate-extremes-archive.*

वार्षिक तापान्तर तुलनात्मक रूप से कम रहता है, जिसका मुख्य कारण दक्षिणी गोलार्द्ध में जल का क्षेत्रफल कम होना है।

दैनिक तापान्तर (Diurnal Range of Temperature)

किसी दिन के सब से अधिक एवं सब से कम तापमान के अन्तर को दैनिक तापान्तर कहते हैं। किसी भी स्थान पर सब से अधिक तापमान दिन के दोपहर बाद रिकॉर्ड किया जाता है तथा सब से कम तापमान आधी रात के पश्चात रिकॉर्ड किया जाता हैं। सब से अधिक दैनिक तापान्तर उष्ण मरुस्थलों में पाया जाता है। सहारा मरुस्थल में स्थित अल-अजीजिया (लीबिया) में सितम्बर 1922 को दिन का तापमान 56°C तथा रात का सब से कम तापमान शून्य डिग्री से. रिकॉर्ड किया गया था।

तापमान की विलोमता (Inversion of Temperature)

सामान्यतः वायुमण्डल में ऊपर की ओर जाते हुये तापमान में ह्रास होता है, जिसकी दर 6-4°C प्रति एक हजार मीटर की ऊँचाई पर है। इसके विपरीत यदि वायुमण्डल में ऊँचाई की ओर जाते हुये तापमान में वृद्धि होने लगे तो उसे तापमान की विलोमता कहते हैं। तापमान की विलोमता धरातल के निकट हो सकती है तथा वायुमण्डल के ऊपरी भाग में भी।

1. धरातल के निकट की तापमान विलोमता (Ground surface Inversion of Temperature)

मानव समाज पर सब से अधिक प्रभाव धरातल के निकट की तापमान विलोमता का पड़ता है।

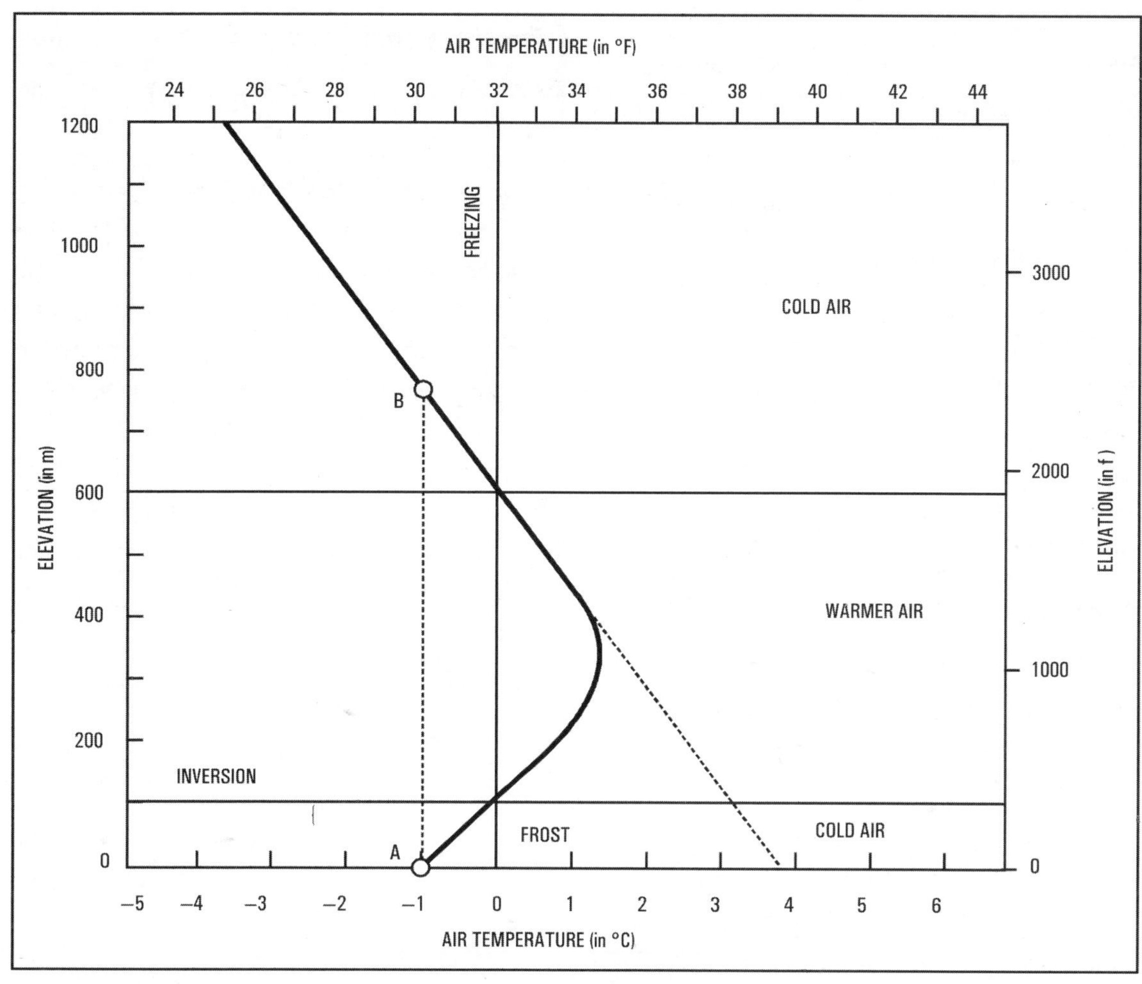

Fig. 3.8 Low level – Inversion of temperature with frost

वायुमण्डल के ऊपरी भाग की तापमान विलोमता

यदि वायुमण्डल के ऊपरी भाग में तापमान अधिक और उसके नीचे कम तापमान हो तो उसको ऊपरी वायुमण्डल में तापमान की विलोमता कहते हैं।

धरातलीय तापमान विलोमता के लिये भौगोलिक परिस्थितियाँ

धरातलीय तापमान की विलोमता के लिये निम्न भौगोलिक परिस्थितियों की आवश्यकता होती है **(Fig. 3.8)**:

(i) सर्दी के मौसम की लम्बी रातें।

(ii) स्वच्छ आकाश में बादल न हों।

(iii) वायुमण्डल में सापेक्षिक आर्द्रता कम हो।

(iv) वायुमण्डल शान्त हो या हल्की हवा चल रही हो।

(v) धरातल पर बर्फ जमी हुई हो।

2. ऊपरी भाग की विलोमता (Upper Air Inuersion)

इस प्रकार की विलोमता उस समय उत्पन्न होती है जब वायु गर्म होकर ऊपर उठती है और उसका स्थान ठंडी हवा ले, या ऊपर से नीचे की ओर उतरती वायु से नीचे वायु भार में वृद्धि हो जाये।

3. वाताग्र विलोमता (Frontal Inversion)

इसको चक्रवर्ती विलोमता भी कहते हैं। इस प्रकार की तापमान विलोमता शीतोष्ण कटिबन्ध में उत्पन्न होती है।

शीतोष्ण चक्रवर्ती पेटी में गर्म वायु नीचे की ओर तथा ठंडी वायु ऊपर की ओर रहती है। गर्म वायु ऊपर की ओर उठती है तथा उसका स्थान ठंडी पवन ले लेती है। इस प्रकार वाताग्र तापमान विलोमता उत्पन्न हो जाती है।

तापमान की विलोमता का समाज पर प्रभाव

तापमान की विलोमता का समाज पर निम्न प्रभाव पड़ता है:

1. कोहरे का पड़ना

तापमान में विलोमता उत्पन्न होने पर घना कोहरा पड़ता है, वास्तव में धरातल के निकट बादल-सा उत्पन्न हो जाता है। फलस्वरूप धरातल के निकट कोहरे के कारण पारदर्शिता बहुत कम हो जाती है। ऐसे मौसम में सड़कों पर दुघर्टनाओं की संख्या बढ़ जाती है।

2. दुर्घटनाओं की संख्या में वृद्धि

सड़कों पर तथा रेलमार्गों तथा सागरों में दुर्घटनाएं बढ़ जाती हैं। हवाई जहाजों की उड़ानों में देरी होती है तथा रेलगाड़ियां विलम्ब से चलती हैं।

3. फसलों को हानि

तापमान की विलोमता पर प्राय: कोहरा पड़ता है। कोहरे से रबी की फसलों पर खराब प्रभाव पड़ता है। गेहूँ, चने, सरसों, तिलहन, गन्ने और सब्जियों की फसलों पर खराब प्रभाव पड़ता है।

भूमध्य सागरीय प्रदेशों में सेब, सन्तरे, अंगूर आदि की फसलें खराब हो जाती है।

4. मानव अधिवासों पर प्रभाव

जिन क्षेत्रों में तापमान की विलोमता होती है वहाँ पर मानव अधिवास 500 मीटर से अधिक ऊँचाई पर बनाये जाते हैं। सागर से लगभग 500 मीटर की ऊँचाई पर विलोमता की सम्भावना कम होती है।

5. तापमान की विलोमता तथा वायुमण्डल की स्थिरता

तापमान की विलोमता से वायुमण्डल में स्थिरता उत्पन्न हो जाती है। इस प्रकार वायुमण्डल स्थिरता उत्पन्न हो जाती है और वर्षा की सम्भावना कम हो जाती है।

वायुमण्डलीय वायुदाब (Atmospheric Pressure)

वायुमण्डल एक गैसों का आवरण है जो पृथ्वी को चारों ओर से घेरे हुये है। सभी गैसों में वजन होता है। इस कारण धरातल पर वायु अपने भार द्वारा दबाव डालती है। धरातल पर या सागर तल पर क्षेत्रफल की समस्त परतों के पड़ने वाले दाब को ही वायु दाब कहा जाता है। सागर तल पर वायुदाब सबसे अधिक होता है। सागर स्तर पर एक वर्ग इंच क्षेत्र पर 14.7 पौंड (1 किलोग्राम प्रतिवर्ग सेंटीमीटर) का दाब होता है। सागर स्तर पर मानक वायु दाब 1013.25 मिलीबार होता है। सागर स्तर से ऊपर जाते हुये वायु दाब में तेजी से कमी होती जाती है। पाँच किलोमीटर की ऊँचाई पर वायु दाब घट कर 50 प्रतिशत रह जाता है **(Fig. 3.9)**।

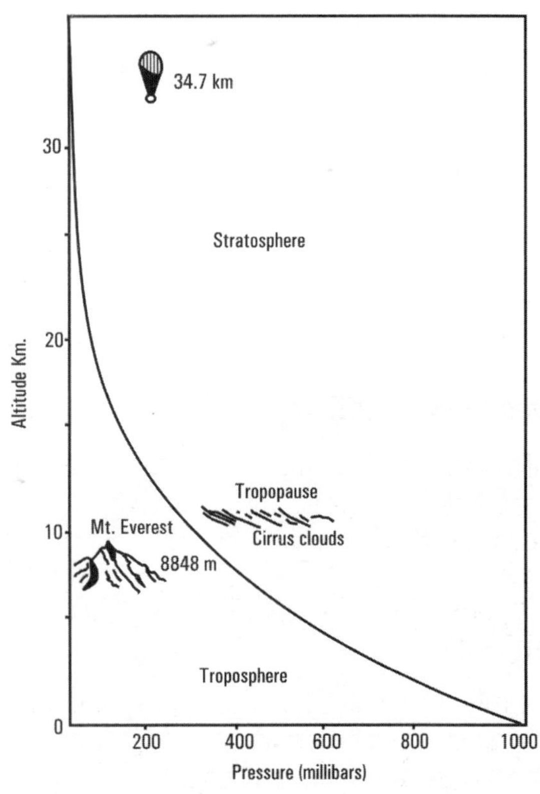

Fig. 3.9 Atmospheric pressure decreases with increasing altitude above the Earth's surface

उच्च ऊँचाई के रोग (High Altitude Sickness)

तीन प्रकार के उच्च ऊँचाई के रोग है:

- **एक्यूट माग्ण्टेन सिकनैस**- यह सबसे हल्का रूप है और यह बहुत ही सामान्य है। इसमें हैंगओवर के लक्षण होते हैं जैसे- चक्कर आना, सिरदर्द, मॉसपेशियों के दर्द, मिचली।
- **हाईएक्टीट्यूड पल्मोनरी एडिमा**- फेफड़ों में तरल पदार्थ का एक निर्माण है जो बहुत खतरनाक और यहाँ तक कि जीवन के लिए खतरा हो सकता है।
- **हाई एल्टीट्यूड सेरेब्रल एडिमा**- यह ऊँचाई की बीमारी का सबसे गंभीर रूप है और यह तब होता हैं जब मस्तिष्क में द्रव होता है यह जीवन के लिए खतरा भी है।

वायु दाब का ढलान (Pressure Gradient)

वायुमण्डल में वायु दाब सब स्थानों पर समान नहीं रहता। इसलिये अधिक वायु दाब की ओर ढलान उत्पन्न हो जाता है। वायु दाब के ढलान के कारण ही पवन चलती है **(Fig. 3.10)**। यदि वायु दाब रेखायें पास पास हों तो तीव्र ढलान होता है और यदि समभार रेखायें दूर-दूर हों तो वायु दाब का ढलान मन्द होता है।

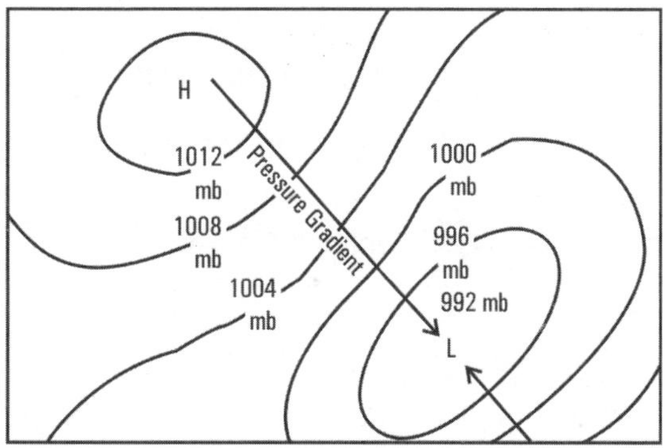

Fig. 3.10 Pressure gradient and wind direction

वायुमण्डलीय संचार (Atmospheric Circulation)

विभिन्न स्थानों पर वायु दाब भिन्न-भिन्न होता हैं। पवन अधिक वायुदाब से कम वायु दाब की ओर चलती है। वायु दाब की प्रवणता (ढलान) जितनी अधिक होती है पवन का वेग भी उतना ही अधिक होता है। पवन की दिशा भी वायु दाब प्रवणता पर निर्भर करती है।

वायुमण्डल में पवन-संचार, वेग एवं दिशा इत्यादि निम्न कारणों से प्रभावित होता है:

तालिका 3.2B: उच्चतम और निम्नतम वायुदाब

विभिन्न समुद्र स्तर	हेक्टोपास्कल, एचपीए (hPa) में वायु दाब	रिकॉर्ड की तारीख	साइट अवलोकन	भू-राजनैतिक स्थान	देशांतर अक्षांश	ऊंचाई
उच्चतम समुद्र स्तर वायु दाब 750 मी. से नीचे	1083.8 एचपीए	31/12 (दिसंबर) /1968	1961 - वर्तमान	अगाटा, रूस	66°53' उत्तर, 93°28' पूर्व	261मी (856.3 फीट)
उच्चतम समुद्र स्तर वायु दाब 750 मी. से ऊपर	1089.1 एचपीए	30/12 दिसंबर) /2004	1963 - वर्तमान	Tosontsengel मंगोलिया	48°44' उत्तर, 98°16' पूर्व	1724.6 मी. (5658.1 फीट)
निम्नतम समुद्र तल वायुदाब (बवंडर को छोड़कर)	870 एचपीए	12/10 अक्टूबर) /1979	1951- वर्तमान	आई ऑफ टाइफून टिप	16°44' उत्तर, 137°46' पूर्व	0 मीटर

Source: *World Meteorological Organization, Available at https://wmo.asu.edu/content/world-meteorological-organization-global-weather-climate-extremes-archive,*

1. पृथ्वी की गुरुत्वाकर्षण शक्ति (Gravitation Force of the Earth)

पृथ्वी की गुरुत्वाकर्षण शक्ति सभी स्थानों पर समान होती है। वायुमण्डल के नीचे की परतों में वायु दाब अधिक होता है और जैसे-जैसे वायुमण्डल में ऊपर की ओर जाते हैं वैसे-वैसे वायु भार कम होता जाता है।

2. वायु दाब की प्रवणता (Pressure Gradient Force)

इस बल के कारण पवन अधिक वायु दाब से कम वायु दाब की ओर चलती है **(Fig. 3.10)**।

3. कोरियॉलिस अथवा विक्षेप बल (G.G. Coriolis or Deflection Force)

धरातल पर चतने वाली पवन की दिशा वायु दाब तथा पृथ्वी के घूमने की गति द्वारा निर्धारित होती है। यदि पृथ्वी में अक्षीय गति नही होती, तो हवा समदाब रेखाओं के समकोण की दिशा में प्रवाहित होती, परन्तु पृथ्वी की अक्षीय गति के कारण हवाओं की दिशा में विक्षेप (Deflection) हो जाता है। इस परिवर्तनकारी बल को विक्षेप बल (Deflection Force) कहते हैं। इस बल को कोरियॉलिस बल (Coriolis Force) भी कहते हैं। इस विक्षेप बल के कारण उत्तरी गोलार्द्ध में सभी हवायें दाहिनी ओर तथा दक्षिणी गोलार्द्ध में बाईं ओर मुड़ती नजर आती हैं **(Fig. 3.11)**।

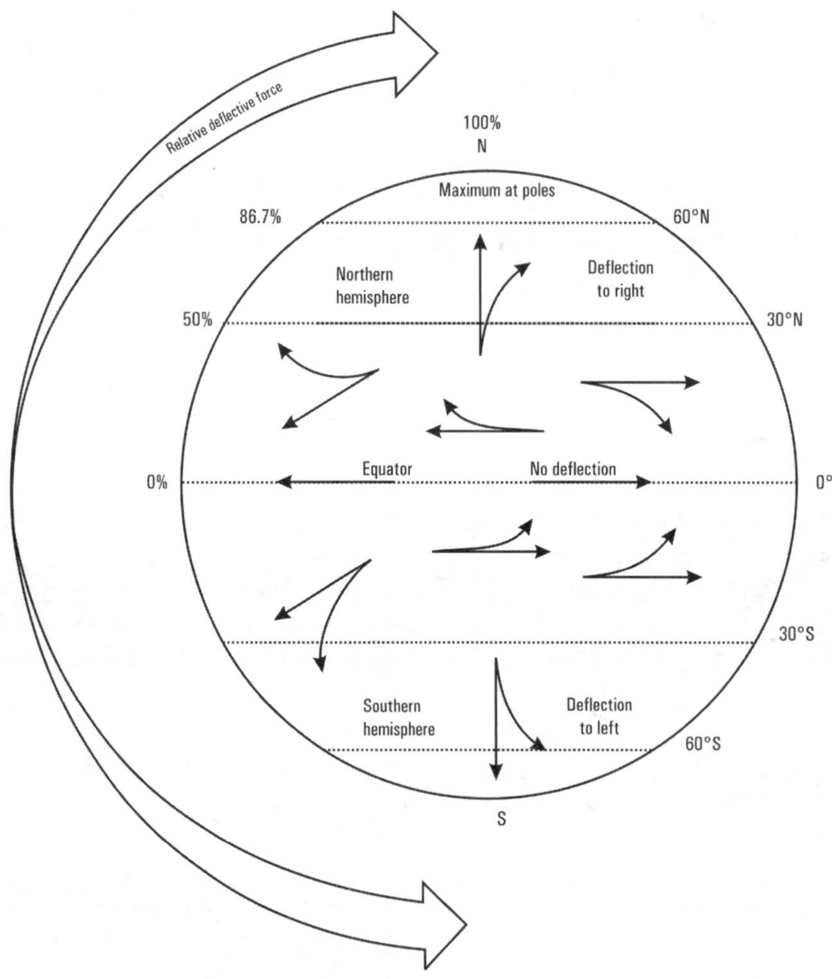

Fig. 3.11 The Coriolis effect acts to deflect the paths of winds or ocean currents to the right in the northern hemisphere and to the left in the southern hemisphere as viewed from the starting point

फेरल का सिद्धान्त (Ferrel's Law)

इस सिद्धान्त के अनुसार जिस दिशा में पवन प्रवाहित हो रही हो, यदि उस दिशा में मुख करके खड़े हो जाएं, तो हवायें उत्तरी गोलार्द्ध में दाहिनी ओर तथा दक्षिणी गोलार्द्ध में बाईं ओर मुड़ जाती हैं। भूमध्य रेखा पर हवाओं की दिशा पर पृथ्वी की अक्षीय गति का प्रभाव नाममात्र का होता है। इसी सिद्धान्त के आधार पर बायज बैलट (Buys-Ballet) ने अपने सिद्धान्त का प्रतिपादन किया। इस सिद्धान्त के अनुसार, "जिस दिशा में हवा चल रही है, यदि उस दिशा में मुंह करके खड़ा हुआ जाये तो उत्तरी गोलार्द्ध में कम वायु दाब बाईं ओर तथा अधिक वायु दाब दाहिनी ओर होगा" दक्षिणी गोलार्द्ध कम वायु दाब दाहिनी ओर तथा अधिक वायु दाब बायें हाथ की ओर होगा **(Fig. 3.11)**।

4. घर्षण बल (Friction Force)

जब हवा सतहों से होकर गुजरती है तो घर्षण बल हवा के प्रवाह को अवरूद्ध करता है, सतह से ऊपर की ऊंचाई के साथ इसमें कमी आने लगती है। सतह घर्षण का प्रभाव लगभग 500 मीटर की ऊंचाई तक विस्तारित होता है और सतह की संरचना, वायु की गति, दिन एवं वर्ष का समय तथा वातावरण की स्थितियों के अनुरूप परिवर्तित होती है। विषम सतह अधिक घर्षण पैदा करते हैं। ये सभी चार बल बहती हवा तथा पानी पर परिचालित होते हैं और वैश्विक हवाओं के परिसंचरण पैटर्न को प्रभावित करते हैं **(Fig. 3.12)**।

पवन की दिशा (Direction of Wind)

पवन जिस दिशा से आती है उस का नाम उसी दिशा के आधार पर रखा जाता है, अर्थात यदि पवन पश्चिम की ओर से आती है तो पश्चिमी हवा कहलाती है और यदि पूर्व की ओर से आती है तो पूर्वी हवा कहलाती है **(Fig. 3.13)**।

भू-विक्षेपी पवन अथवा दीर्घ पवनें (Geostrophic Winds or Rossby Waves)

पवनें सामान्यतः वायुभार रेखाओं के सामानान्तर चलती हैं। वायुमण्डल के ऊपरी भार में वायु भार बल तथा केरियॉलिस

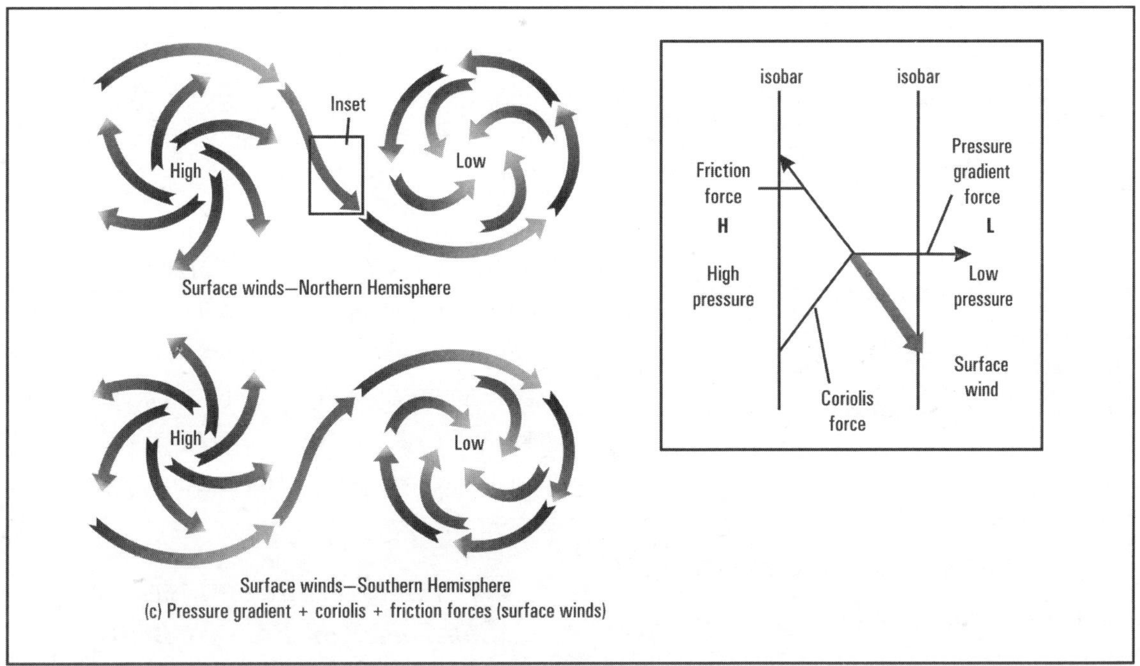

Fig. 3.12 Effect of friction force and coriolis force

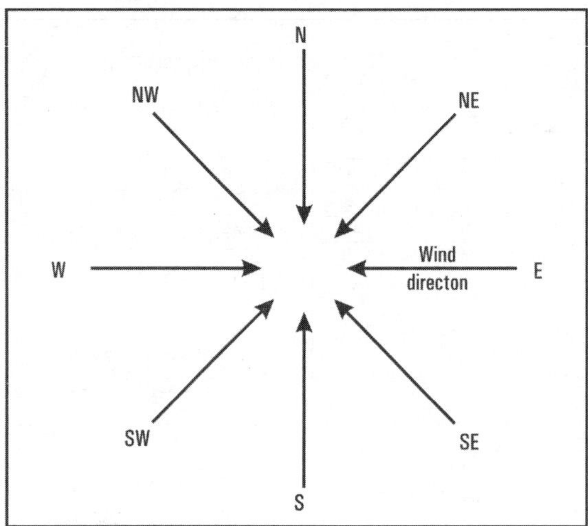

Fig. 3.13 Winds are designated according to the compass point from which the wind comes. An east wind comes from the east, but the air is moving westward

बल के बराबर होता है इसी कारण विक्षेप बल तथा वायु दाब प्रवणता बल से प्रभावित पवनें वायु भार रेखाओं के समानान्तर चलती है **(Fig. 3.14)**। ऐसी पवनें धरातल से लगभग 600 मीटर ऊँचाई पर चलती हैं। संक्षिप्त में पवनें क्षोभमण्डल के ऊपरी भाग में घर्षण बल से प्रभावित नहीं होतीं।

वायुदाब का क्षैतिज वितरण (Horizontal distribution of Air-Pressure)

विश्व वायु दाब वितरण में भारी विविधता पाई जाती है। विश्व में वायु दाब की सात पेटियाँ हैं। उत्पत्ति के आधार पर वायु दाब की पेटियों को दो वर्गों में विभाजित किया जा सकता हैं:

(i) कम वायु दाब की पेटियाँ, तथा;

(ii) अधिक वायु दाब की पेटियाँ **(Fig. 3.15)**।

वायु दाब पेटियों का संक्षिप्त वर्णन निम्न में दिया गया है:

1. विषुवत रेखीय निम्न वायु-दाब की पेटी (Equatorial Low Pressure Belt)

कम वायु दाब की यह पेटी, विषुवत रेखा के दोनों ओर 5°C में फैली हुई है। कम वायु दाब की इस पेटी को डोलड्रम भी कहते हैं। मौसम के अनुसार यह पेटी उत्तर तथा दक्षिण की ओर खिसकती रहती है **(Fig. 3.15)**।

2. उपोष्ण कटिबंधीय उच्च दाब की पेटी (Sub Tropical High Prassure Belt)

लगभग 30° से 35° के बीच दोनों गोलार्द्धों में उच्च दाब की पेटियाँ पाई जाती हैं। भूमध्य रेखा पर ऊपर उठी हुई हवा लगभग 30°-35° अक्षांशों के पास नीचे उतरती है, जिस कारण उसका दाब बढ़ जाता है। इस कारण यहाँ पर प्रतिचक्रवात की दिशायें स्थापित हो जाती हैं, जिससे वायु मण्डल में स्थिरता उत्पन्न हो जाती है।

इस प्रकार यहाँ पर पवन संचार बहुत कम हो जाता है। इस शांत पवन वाले भाग में आने पर प्राचीन काल में घोड़ों से लदे जहाजों के संचालन में कठिनाई होती थी। जहाजों को हल्का करने के लिय इन आक्षांशों में घोड़ों को रस्सों से बाँध कर सागर में छोड़ देते थे इसलिए इन अक्षांशों को अश्व अक्षांश (Horse Latitudes) भी कहते हैं **(Fig. 3.15)**।

3. उप-ध्रुवीय निम्न वायु दाब की पेटी (Sub-Polar Low Pressure Belt)

लगभग 60°–65° उत्तर तथा दक्षिण में कम वायु दाब की पेटियाँ पाई जाती हैं। ध्रुवीय क्षेत्रों से घूमती पृथ्वी पर, हल्की

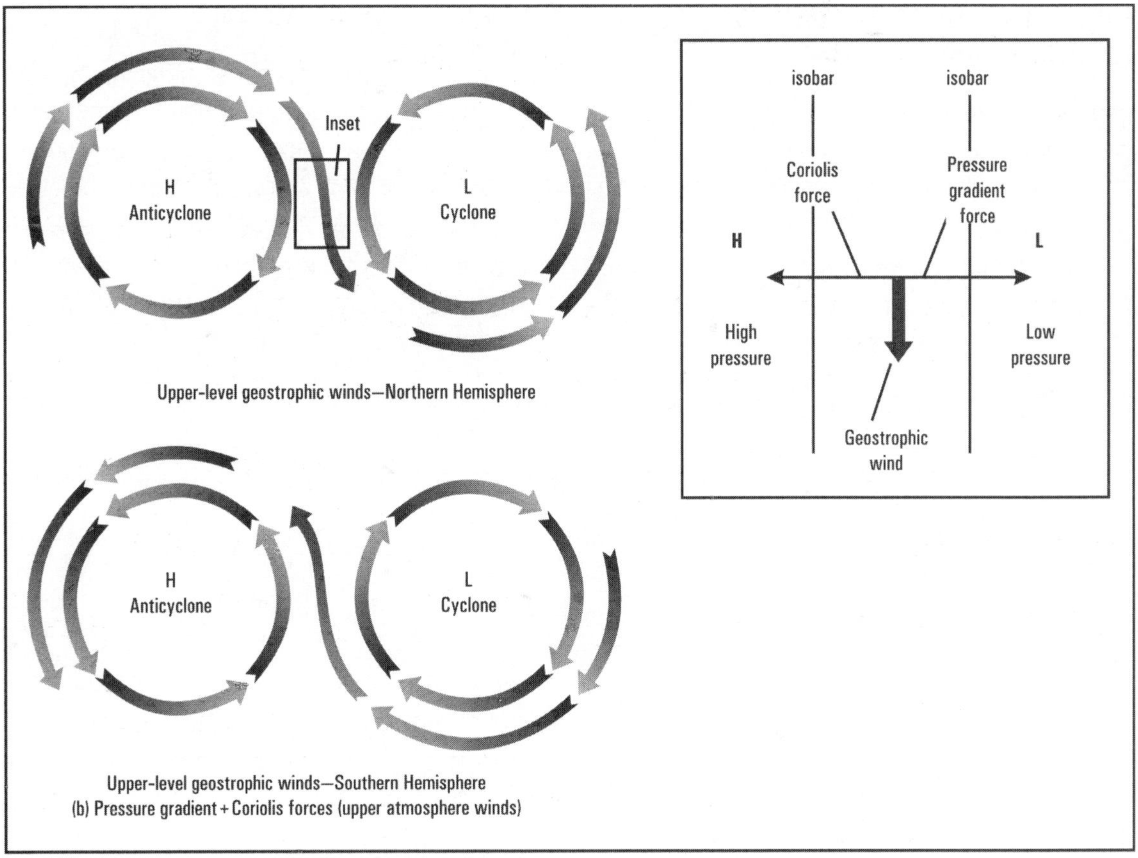

Upper-level geostrophic winds—Northern Hemisphere

Upper-level geostrophic winds—Southern Hemisphere
(b) Pressure gradient + Coriolis forces (upper atmosphere winds)

Fig. 3.14 Geostrophic wind (After R.W. Christopherson, 1995)

हवा दूर जाती है जिस कारण उपरोक्त अक्षांशों में कम वायु दाब की पेटियाँ विकसित हो जाती हैं।

उत्तरी गोलार्द्ध में कम वायु दाब की ये पेटियाँ एलुशियन तथा ग्रीनलैंड के निकट अधिक प्रमुखता से देखी जा सकती हैं **(Fig. 3.15)**।

4. ध्रुवीय उच्च वायु दाब की पेटी (Polar High Pressure Belt)

दोनों ध्रुवीय क्षेत्रों में नीचे तापमान के कारण अधिक वायु दाब की पेटियाँ विकसित होती हैं। ध्रुवीय ऊँचे भार के कारण इन क्षेत्रों में हवा शुष्क और हल्की गति से चलती है। यहाँ चलने वाली पवनों को ध्रुवीय पुर्वा कहते है **(Fig. 3.15)**।

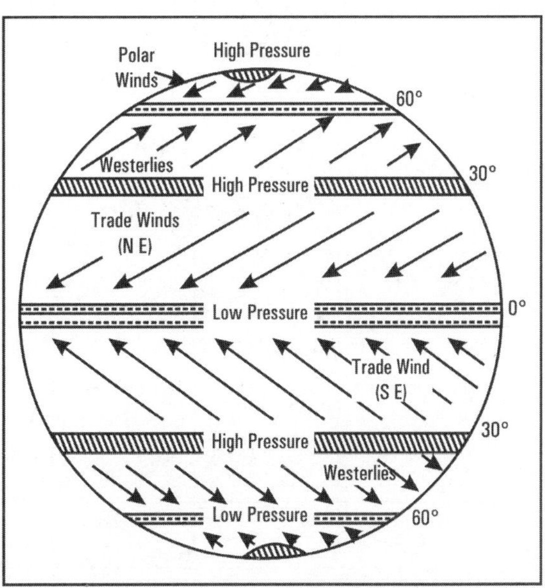

Fig. 3.15 Air–pressure and wind belts

वायु दाब की पेटियों का खिसकना (Shifting of Pressure Belts)

पृथ्वी की वार्षिक गति के कारण, उसकी सूर्य से संबंधित स्थिति में परिवर्तन होता रहता है। 21 जून को सूर्य कर्क रेखा पर लम्बवत होता है, जिस कारण सभी वायु दाब की पेटियाँ उत्तर दिशा में खिसक जाती हैं।

भूमध्य रेखीय निम्न वायु दाब 0° तथा 10° अक्षाशों के बीच उपोष्ण कटिबंधीय उच्च दाब 30° – 40° के बीच हो जाता है। 21 जून के पश्चात् 23 सितम्बर को सूर्य की किरणें भूमध्य रेखा पर लम्बवत् पड़ती हैं, जिस कारण वायु पेटियाँ अपनी यथावत स्थिति में आ जाती हैं।

23 दिसम्बर को सूर्य की किरणें मकर रेखा पर लम्बवत पड़ती हैं। इस प्रकार शीत ऋतु में वायु दाब की सभी पेटियाँ दक्षिण की ओर खिसक जाती हैं **(Fig. 3.16)**।

वायु दाब की पेटियों के खिसकने का मौसम तथा जलवायु पर भारी परिवर्तन पड़ता है।

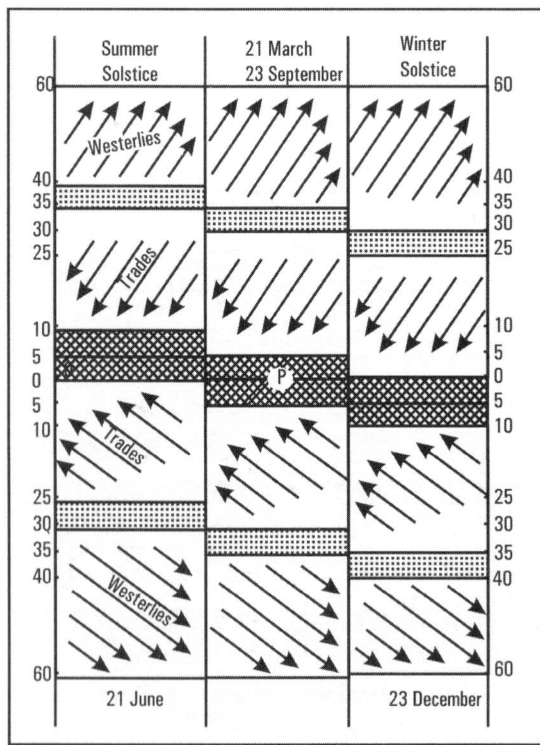

Fig. 3.16 Shifting of pressure and wind belts

वायु दाब का मौसमी वितरण

वायु दाब के जुलाई एवं जनवरी के महीनों का वायु भार का वितरण 3.17 A तथा 3.17 B में दिखाया गया है। जुलाई के महीने में मध्य एशिया तथा उत्तरी अटलांटिक महासागर में उच्च वायु दाब रहता है। **(Fig. 3.17 A)**

जनवरी के महीने में उत्तरी गोलार्द्ध के साइबेरिया तथा उत्तरी अमेरिका के मध्य कनाडा में अधिक वायु दाब विकसित होता है। इसके विपरीत महासागरों पर कम वायु दाब विकसित होता है **(Fig. 3.17 B)**

वायु दबाव का जुलाई प्रतिरूप

जुलाई के महीने में उत्तरी गोलार्द्ध में ग्रीष्म की अवधि होती है। जुलाई के महीने में, कई क्षेत्र, विशेष रूप से मध्य एशिया, साइबेरिया, भारत के उत्तरी मैदानी क्षेत्र एवं उत्तरी अमेरिका के पश्चिमी हिस्से, निम्न दबाव वाले क्षेत्र होते हैं। महासमुद्रों पर, हवाई द्वीपों (प्रशांत महासागर) एवं एजोरेस के समुद्र (उत्तरी अटलांटिक महासागर) के आसपास उच्च दबाव दर्ज किए जाते हैं। जुलाई के महीने में दोनों गोलार्द्धों में महासागर के ऊपर उच्च दबाव प्रकोष्ठ विकसित होते हैं **(Fig. 3.17 A)**।

वायु दबाव का जनवरी प्रतिरूप

Fig. 3.17 B में देखा जा सकता है कि जनवरी के महीने में, विषवत रेखीय निम्न दबाव विषवत रेखा के दक्षिण संकीर्ण जोन में पाए जाते हैं। उप-उष्णकटिबंधीय उच्च दबाव क्षेत्र दक्षिण की ओर खिसक गया है। जनवरी महीने में, साइबेरिया एवं कनाडा में उच्च दबाव दर्ज किया जाता है और एलेयूशियन द्वीप समूहों एवं आइलैंड के दायरे में निम्न दबाव पाया जाता है। दक्षिणी गोलार्द्ध के उच्चतर अक्षांशों में उच्च दबाव दर्ज किया जाता है।

वायुमण्डल का त्रिकोशिकीय-देशान्तरीय संचार (Tri-cellular Meridional Circulation of the Atmosphere)

वायुमण्डल में वायु गर्म होकर विषुवत रेखा से ध्रुव की ओर प्रवाहित नहीं होती, वह तीन कोशिकीय रूप (Tri-Cellular) में लम्बवत रूप धारण करती है। इस प्रकार

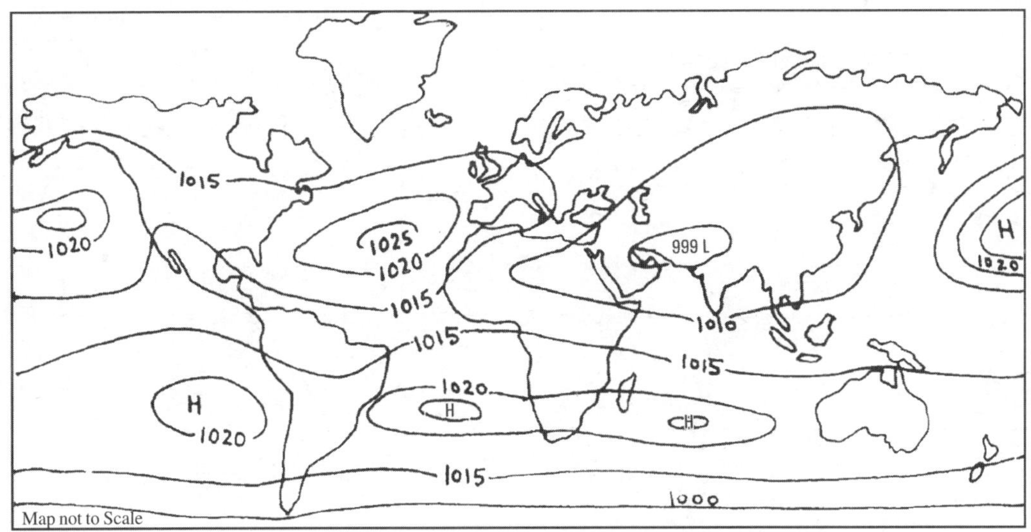

Fig. 3.17 A Distribution of air pressure in July (in millibars)

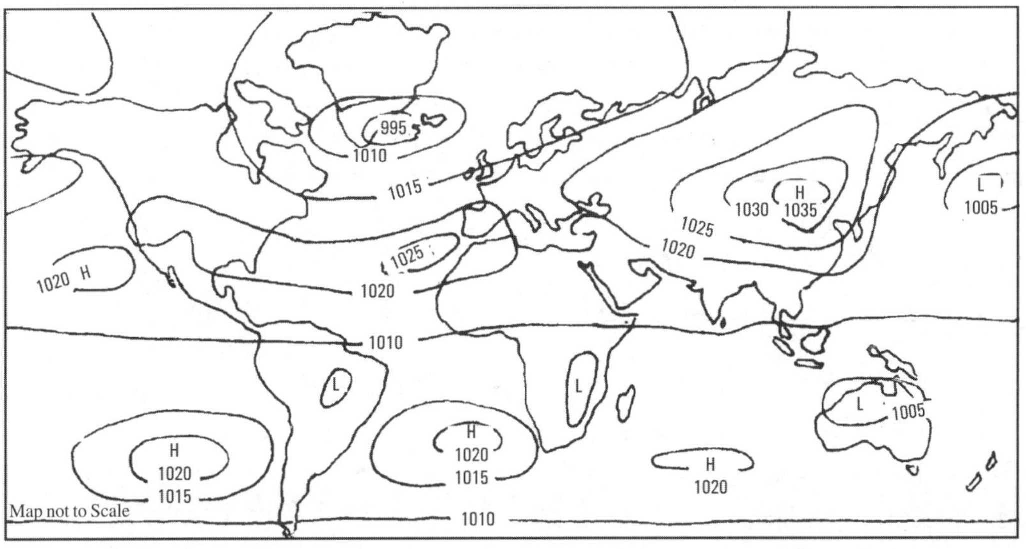

Fig. 3.17 B Distribution of air pressure in January (in millibars)

गर्म वायु विषुवत रेखा से ऊपर उठती है तथा ऊपरी हवायें धरातल की ओर प्रवाहित करती हैं। इस प्रकार वायुमण्डल में तीन कोशिकायें पाई जाती हैं:

(i) उष्णकटिबंधीय
(ii) मध्य अक्षांशीय
(iii) ध्रुवीय

त्रिकोशिकीय वायु संचार की संकल्पना सबसे पहले जॉर्ज हैडले ने 1735 में प्रस्तुत की थी। उनके अनुसार, विषुवत रेखा से वायु गर्म होकर ऊपर जाती है और ध्रुवों पर नीचे उतरती है और ध्रुव से ठंडी पवन विषुवत रेखा की ओर प्रवाहित होती है **(Fig. 3.18 A)**

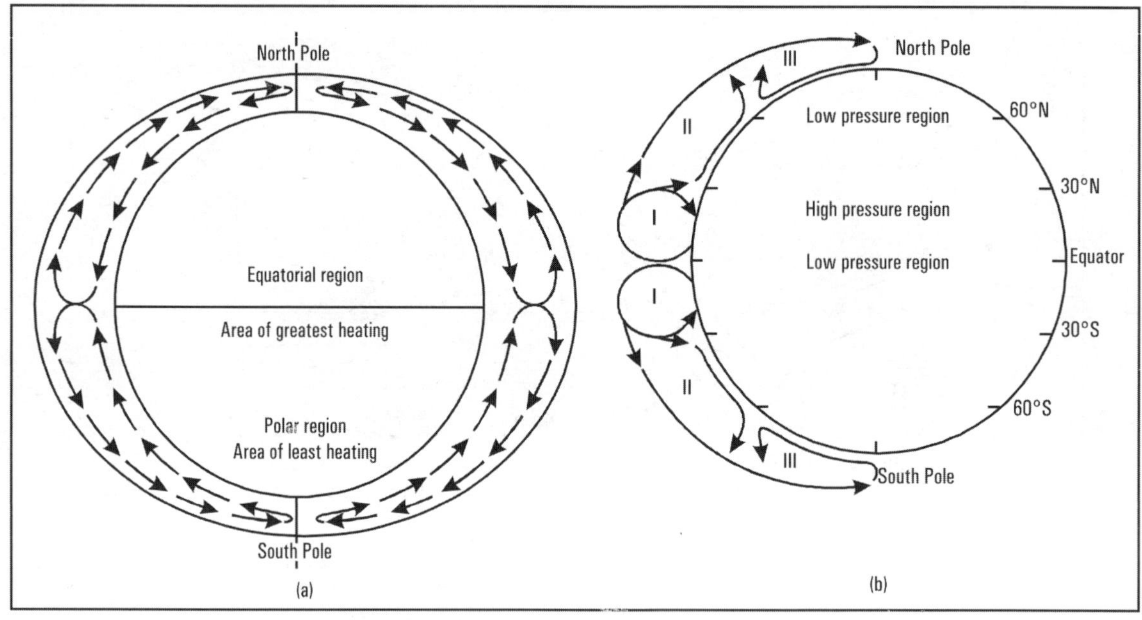

Fig. 3.18 (a) The fundamental driving mechanisms of the general circulation
(b) A three–cell model that results from differential heating, the earth's rotation, and the fluid dynamics of the atmosphere

पामेन (Palmen) ने 1951 में हैडले की अवधारणा में संशोधन किया। पामेन के अनुसार, वायुमण्डल में लम्बवत रूप से पवन तीन कोशिकाओं के रूप में प्रवाहित होती है, जिसको त्रिकोशिकीय प्रवाह कहते हैं **(Fig. 3.18 B)**।

1. *उष्ण अथवा हेडले कोशिका (Tropical or Hadley Cell)*

- लगभग 30° उत्तर और दक्षिण अक्षांशों के बीच प्रत्येक गोलार्द्ध में एक हेडली कोशिका होती है।
- लंदन के वकील और दार्शनिक जार्ज हैडली जिन्होंने 1735 में पवन संचालन की एक समग्र योजना बनाई थी, के सम्मान में वे हैडली सैल्स के नाम से जानी जाती है।
- अन्तर उष्ण-कटिबन्धीय अभिणष्ण क्षेत्र में भूमध्य रेखा के पास उठने वाली गर्म हवा ध्रुवों की ओर ऊँचाई पर बहते हुए 30°-40° अक्षांशों पर नीचे आती है, विशेषकर इन अक्षांशों पर बहुत तीव्र उप-उष्ण-कटिबन्धीय दबाब वाले क्षेत्रों के पूर्वी आधे भाग में, और फिर पृथ्वी की सतह के पास ध्रुवों की ओर या भूमध्य रेखा की ओर बहती है।
- पृथ्वी के घूमने के कारण भूमध्य रेखा की ओर बहने वाली पवन अपने दायीं तरफ मुड़ जाती है और यह उत्तर-पूर्व की ओर हो जाती है।
- दक्षिणी गोलार्ध में ये बाँयीं ओर मुड़ जाती है जिससे इनकी दिशा दक्षिणी-पूर्व से उत्तर-पश्चिम की ओर हो जाती है **(Fig. 3.19)**।

2. *फेरेल कोशिका (Ferrel Cell)*

(a) प्रत्येक गोलार्ध में मध्य अक्षांश परिसंचरण सैल का नाम फैरल सैल, विलिय फैरल के नाम पर रखा गया है। वह अमेरिकी थे जिन्होंने उन्नीसवी शताब्दी के मध्य अपने आंतरिक काम की खोज की थी।

(b) ध्रुवीय अंश कोशिका 30° उत्तर और 60° दक्षिण के मध्य पाई जाती है।

(c) इन अक्षांशों में हवा के परिसंचरण का तरीका उष्ण-कटिबन्धीय सैल के ठीक विपरीत है।

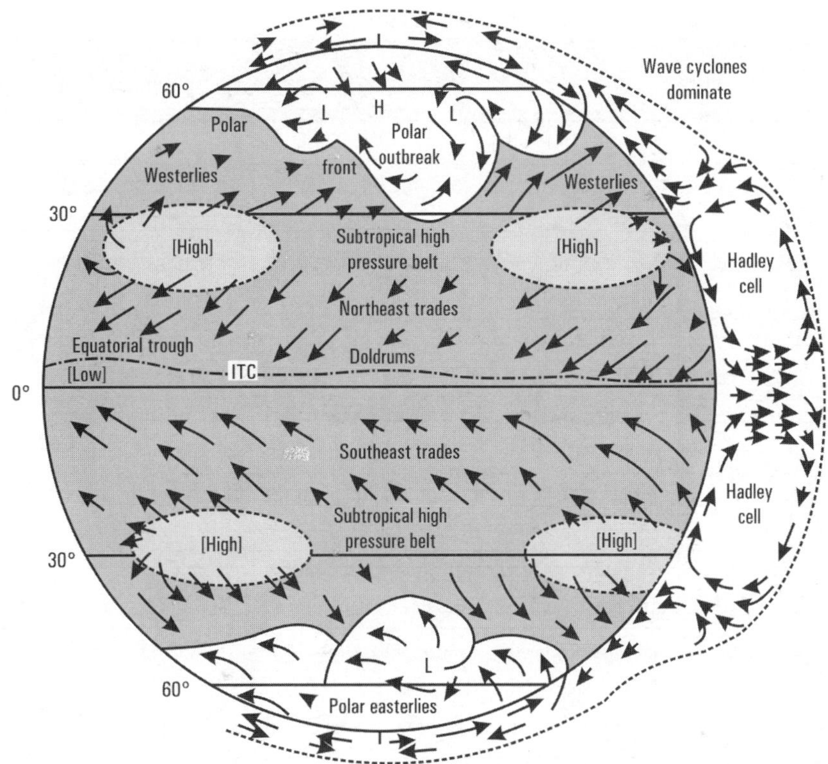

Fig. 3.19 This schematic diagram of global surface winds and pressures shows the features of an ideal Earth, without the disrupting, effect of oceans and continents and the variation of the seasons. Surface winds are shown on the disk of the Earth, while the cross section at the right shows winds aloft

(d) इस सैल में सतही हवा की दिशा ध्रुवों की ओर होती है और कोरिओलिल बल के कारण हवाएं अधिकतर पश्चिम से पूर्व की और बहती है **(Fig. 3.19)**।

3. ध्रुवीय कोशिका (Polar Cell)

(a) वायु जो ध्रुवों पर ठंडी हो गई है सतह पर भूमध्य रेखा की ओर बढ़ने लगती है।

(b) प्रत्येक गोलार्द्ध में 50° से 60° अक्षांशों के बीच इस हवा में ऊपर उठने के लिए पर्याप्त ऊष्मा और नमी होती है।

(c) यह ध्रुवीय हवा निकटवर्ती फैरल सेल की हवा की तुलना में घनी होती है और इसमें आसानी से मिलती नहीं है।

(d) अधिक ऊँचाई पर 50° से 60° अक्षांशों के मध्य ऊपर चढ़ने वाली हवा तीसरा सर्किट बनाने के लिए ध्रुवों की ओर मुड़ जाती है। इन सर्किटों को पोलन सैल के नाम से जाना जाता है **(Fig. 3.19)**।

पवनें (Wind)

- पवन चलती हवा है जो वातावरण में वायु दबाब की भिन्नता के कारण होती है उच्च वायुदाब से हवा निम्न वायुदाब के क्षेत्रों की ओर बहती है दबाव में बड़ा अन्तर हवा की गति को तेज करता है।
- हवा दिशा और गति से वर्णित की जाती है हवा की दिशा इस बात से व्यक्त की जाती है कि हवा किस दिशा से बह रही है उदाहरण के लिए पूर्वी हवा पूर्व से पश्चिम की ओर बहती है जबकि पश्चिमी हवा पश्चिम से पूर्व की ओर बहती है।
- हवा की गतियों में विभिन्नता होती है जैसे ब्रीज और गाले इस पर आधारित है कि वे कितनी गति से बह सकती है।

तालिका 3.3: ब्यूफोर्ट विंड स्केल (Beaufort wind scale)

बल	पवन (नोट्स)	डब्लू एम ओ का वर्गीकरण	पवन के दिखने वाले प्रभाव	
			पानी पर	धरती पर
0.	< 1	शान्त	समुद्र की सतह शीशे की तरह साफ दिखती है।	शान्त, धुँआ लम्बवत उठता है।
1.	1-3	हल्की हवा	स्केली तरंगें कोई झाग तरंग नहीं	धुएँ का बहाव हवा की दिशा बताता है, हवा सूचक भी।
2.	4-6	हल्की बीज	छोटी तरंगिमाऐ, तरंग टूटने लगती है, छितरी हुई झागदार लहरें	चेहरे पर हवा का अनुभव पत्तियों के फडफड़ाने से लगती है सूचक चलने लगता है।
3.	7-10	साधारण बीज	10 बड़ी तंरगिका	पत्तियाँ और छोटी टहनियाँ एक गति से हिलती है, हल्के झण्डे सीधे हो जाते हैं।
4.	11-16	संयत बीज	1-4 फीट की तरंगे बड़ी होती जाती है, असंख्य झागदार लहरें	धूल, पत्तियों, लूज कागज उड़ जाते हैं, छोटे पेड़ों की शाखा भी हिलने लगती है।
5.	17-21	ताजा बीज	संतुलित तरंगे 4-8 फुट की जो बड़ी आकार लेती जाती है बहुत झागदार लहरें कुछ फैलती है	छोटे पेड़ो की पत्तियां हिलने लगती हैं।
6.	22-27	महबूत बीज	8-13 फुट की लम्बी लहरें झागदार लहरें सामान्य कुछ फुहार	बड़े वृक्षों की शाखाए हिलने लगती हैं, तारों से सीटी की आवाज
7.	28-33	गाले समान	सागर उठता हैं लहरे 13-19 फीट सफेद फोम घाटी के ऊपर टूटती है	सभी वृक्ष हिलने लगते हैं सतह हवा के विरूद्ध डगमगाने लगती है
8.	34-40	गाले	सन्तुलित ऊँचाई (18-25 फीट) वाली लम्बी लहरें तरंगों के कगार में टूटकर चक्कर लगाते हुए गिरती है	वृक्षों से टहनियाँ टूट जाती है
9.	41-47	मजबूत गाले	ऊँची लहरें 29-41 फीट, समुद्र मे उतार-चढ़ाव शुरू छिड़काव दृश्यता को कम करता है	हल्का निर्माण क्षतिग्रस्त हो जाता है स्लेट छत से हट जाती है
10.	48-55	तूफान	बहुत ऊँची लहरें 29-41 फीट प्रलम्बी तरंगों के साथ, सफेद समुद्र फोम की सधनता से, भारी उतार-चढ़ाव न्यूनतम दृश्यता	कभी-कभी धरती पर अनुभव किया जाता है, पेड़ टूट जाते हैं या जड़ों से उखड़ जाते है, निर्माण ढांचे मे सोचनीय नुकसान
11.	56-63	प्रचण्ड तुफान	अपवाद स्वरूप लहरें 37-52 फीट ऊँची, फोम टुकडों से समुद्र को ढक लेती है, दृश्यता बहुत कम हो जाती है	–
12.	64+	हरीकेन	फोम से भरी हवा, 45 फीट अधिक लहरें ड्राइविंग स्प्रे के साथ समुद्र पूरी तरह से सफेद दृश्यता बहुत कम होती है	–

यू.के. रॉयल नेवीं के सर ब्यूफोर्ट द्वारा 1805 में विकसित

इस प्रकार, तीन बड़े वातावरण परिसंचरण प्रकोष्ठ– 1. हैडली सेल, 2. फेरेल सेल एवं 3. पोलर सेल प्रत्येक गोलार्द्ध में विद्यमान होते हैं। प्रत्येक प्रकोष्ठ के भीतर वायु परिसंचरण को विषम सौर तापन से शक्ति मिलती है और ये कोरियोलिस प्रभाव से प्रभावित होती हैं।

पवनों का वर्गीकरण (Classification of Winds)

पृथ्वी पर चलने वाली पवनों को निम्न वर्गों में विभाजित किया जा सकता है:

(1) स्थाई पवनें (Permanent winds),

(2) सामयिक पवनें (Periodic winds),

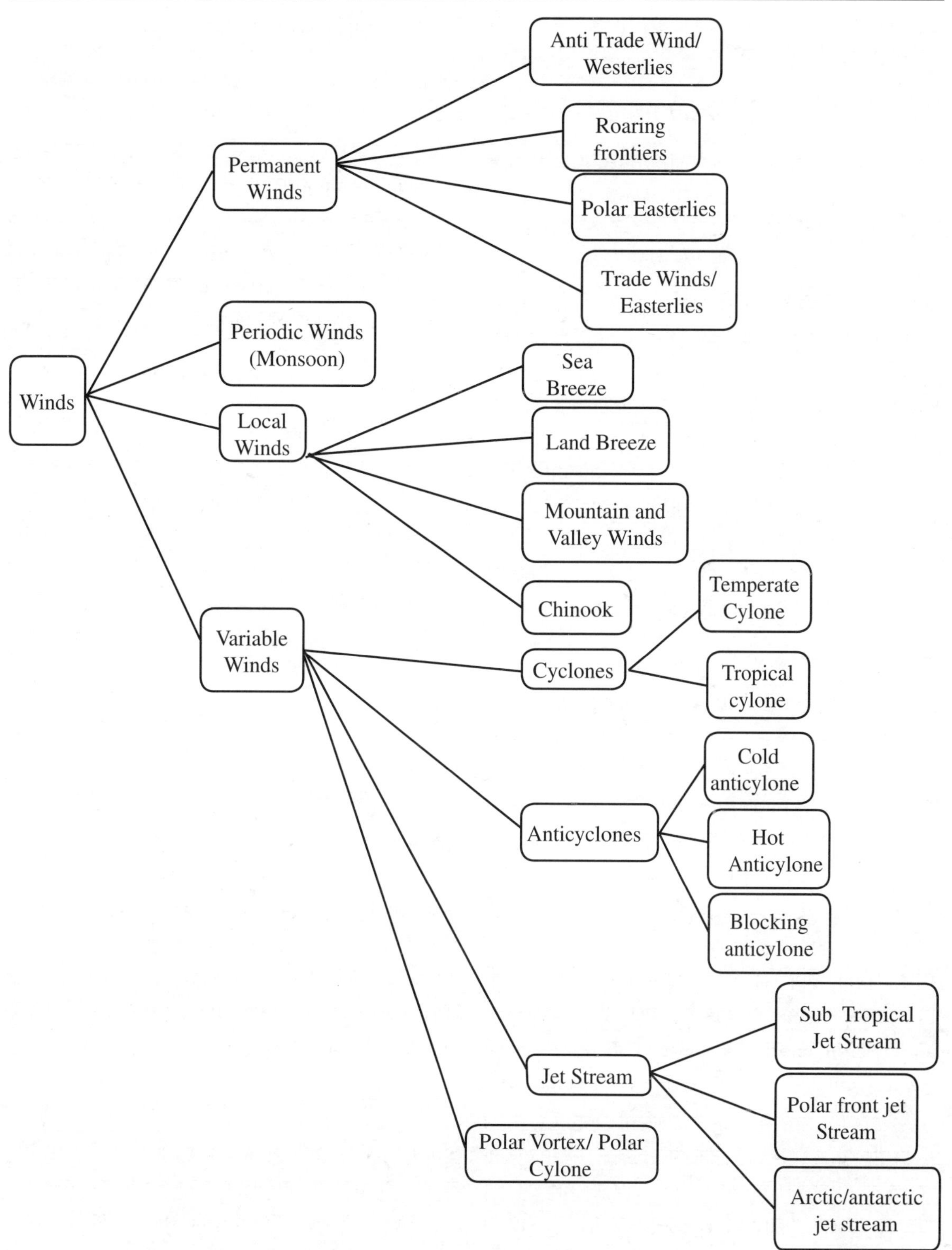

Fig. 3.20 Classification of wind

(3) स्थानीय पवनें (Local winds) तथा चक्रवाती पवनें (Cyclones)।

(1) स्थाई पवनें (Permanent Winds)

इस वर्ग में व्यापारिक, प्रतिव्यापारिक तथा ध्रुवीय पवनें आती हैं।

(क) व्यापारिक पवनें (Trade Winds)

उपोष्ण अक्षाशों पर विकसित उच्च वायु दाब की पेटी से जो पवनें विषुवत रेखा की डोलड्रम (Doldrum) की पेटी की ओर चलती हैं, को व्यापारिक पवनें कहते हैं। ये पवनें अधिक नियमितता के साथ महासागरों पर चलती हैं जहाँ इनके रास्ते में कोई रुकावट नहीं होती। सागर पर इनकी गति 10 किलोमीटर प्रति घंटे से लेकर 15 किलोमीटर प्रति घंटा के आस-पास रहती है। आमतौर पर व्यापार वायु की औसत गति प्रति घंटे 15 से 30 किमी. के बीच रहती है जहां प्रशांतता बहुत दुर्लभ होती है और खिली धूप की स्थितियां सामान्य होती हैं। **(Fig. 3.21)**।

अश्व अक्षांश (Horse Latitudes)

उपोष्ण अक्षांशों में एक उच्च भार की पेटी विकसित होती है। इन अक्षांशों में पवन ऊपर से धरातल की ओर उतरती है, जिसके कारण इन आक्षांशों में वायुमण्डल शान्त रहते हैं। इन परिस्थितियों में घोड़ों के व्यापारी अपने घोड़ों को रस्से से बाँध कर सागर में छोड़ देते थे ताकि जहाजों का भार हल्का हो जाये। इस कारण इनको अश्व अक्षांश कहते हैं।

दूसरे शब्दों में, वे उपोष्ण कटिबंधीय उच्च दबाव क्षेत्रों (30 से 35 डिग्री) से उप-ध्रुवीय निम्न दबाव क्षेत्रों (60 से 65 डिग्री) की ओर बहने वाली स्थायी हवाएं होती हैं। पश्चिमी हवाओं की सामान्य दिशा उत्तरी गोलार्द्ध में दक्षिण-पश्चिम से उत्तर-पूर्व की ओर होती है और दक्षिणी गोलार्द्ध में उत्तर-पश्चिम से दक्षिण-पूर्व होती है **(Fig. 3.21)**।

जाड़े के मौसम में, उत्तर अटलांटिक महासागर दुनिया में किसी भी मौसम की तुलना में संभवत: सबसे तूफानी क्षेत्र होता है, लेकिन गर्मियों में हवाएं एवं मौसम कम उग्र होता है। दक्षिणी गोलार्द्ध में, पश्चिमी हवा पूरे वर्ष जोर से बहती है और उन्हें 'रोरिंग फोर्टिज' का नाम दिया गया है।

गरजता चालीसा (Roaring Forties)

40 डिग्री एवं 50 डिग्री दक्षिण के अक्षांशों के बीच के क्षेत्र में व्याप्त पश्चिमी हवा जमीन पर अबाधित तरीके से बहती है। इस क्षेत्र में पश्चिमी हवाएं नियमित रूप से एवं पूरी ताकत से बहती हैं। विक्षोभों की बारंबारता से तूफान आते हैं, बादल छा जाते हैं और समुद्र अशांत हो उठता है जो जहाजरानी क्षेत्र के लिए काफी खतरनाक माना जाता है। इस क्षेत्र में पश्चिमी हवाओं को अक्सर गरजता चालीसा (Roaring Forties) कहा जाता है।

ध्रुवीय पूर्वी हवाएं (Polar Easterlies)

ध्रुवीय पूर्वी हवाएं ध्रुवीय क्षेत्र में 60 डिग्री एवं 90 डिग्री के बीच बहा करती हैं। आमतौर पर वे कभी-कभार होती हैं और कम तीव्रता वाली होती हैं। ध्रुवीय क्षेत्रों से ठंडी हवाएं विषवत रेखा की दिशा में बहती हैं। ध्रुवीय पूर्वी हवाएं दक्षिणी गोलार्द्ध में काफी सुस्पष्ट होती हैं। उत्तरी गोलार्द्ध में, दबाव एवं वायु की स्थितियां इतनी जटिल होती हैं कि ये ध्रुवीय हवाएं बेहद अनियमित होती हैं। ठंडी और सूखी होने के कारण, ध्रुवीय हवाओं से वर्षा बहुत कम होती हैं **(Fig. 3.20)**।

(ख) प्रतिचक्रवाती पवनें अथवा पछुआ पवनें (Anti Trade Winds or Westerlies)

उपोष्ण उच्च वायु दाब से पवनें 60° अक्षांश पर विकसित कम वायु दाब की ओर चलती हैं। इनकी दिशा व्यापारिक पवनों के विपरीत होती है। यह उत्तरी गोलार्द्ध में दक्षिण पश्चिम से उत्तर-पूर्व की ओर चलती हैं तथा दक्षिणी गोलार्द्ध में उत्तर-पश्चिम से दक्षिण-पूर्व की ओर चलती हैं **(Fig. 3.20)**। दक्षिणी गोलार्द्ध में इनका वेग अधिक होता है, जहाँ इनको गरजता चालीसा (Roaring Forties) कहते हैं।

(ग) ध्रुवीय पवनें (Polar Winds)

ध्रुवीय पवनें ध्रुवीय क्षेत्रों में 60° से 90° अक्षांशों के बीच चलती हैं। ध्रुवों पर अत्यधिक शीत के कारण उच्च वायु दाब साल भर बना रहता है जहाँ से शीतोष्ण कटिबंधीय निम्न दाब की ओर हवायें चलने लगती हैं। उत्तरी गोलार्द्ध

में इनकी दिशा उत्तर-पूर्व से दक्षिण-पश्चिम तथा दक्षिण गोलार्द्ध में दक्षिण-पूर्व से उत्तर-पश्चिम की ओर चलती है **(Fig. 3.20)**।

(2) सामयिक अथवा मानसून पवनें (Periodic or Monsoon Winds)

मानसून एक अरबी भाषा का शब्द है, जिसका अर्थ मौसम होता है। जलवायु विज्ञान में मानसून उन पवनों को कहते हैं, जो हर एक छह महीने के पश्चात अपनी दिशा में पूर्ण परिवर्तन कर लेती हैं। मानसून पवनें छह महीने सागर से थल की ओर तथा छह महीने थल से सागर की ओर चलती हैं **(Fig. 3.22)**।

पृथ्वी पर मानसूनी पवनें सबसे अधिक नियमिता के साथ दक्षिण-पूर्वी एशिया तथा हिन्द महासागर में चलती हैं।

मानसून पवनों की उत्पत्ति के सम्बन्ध में सबसे पहले हेली ने 1686 ई. में प्रस्तुत किया था। उनके अनुसार मानसून की उत्पत्ति का मुख्य कारण थल एवं जल का तापान्तर है। दूसरे शब्दों में, एक ही अक्षांश पर थल तथा जल (सागर) के तापमान में भारी अन्तर होता है। इस तापमान की विविधता से कम वायु दाब तथा अधिक वायु

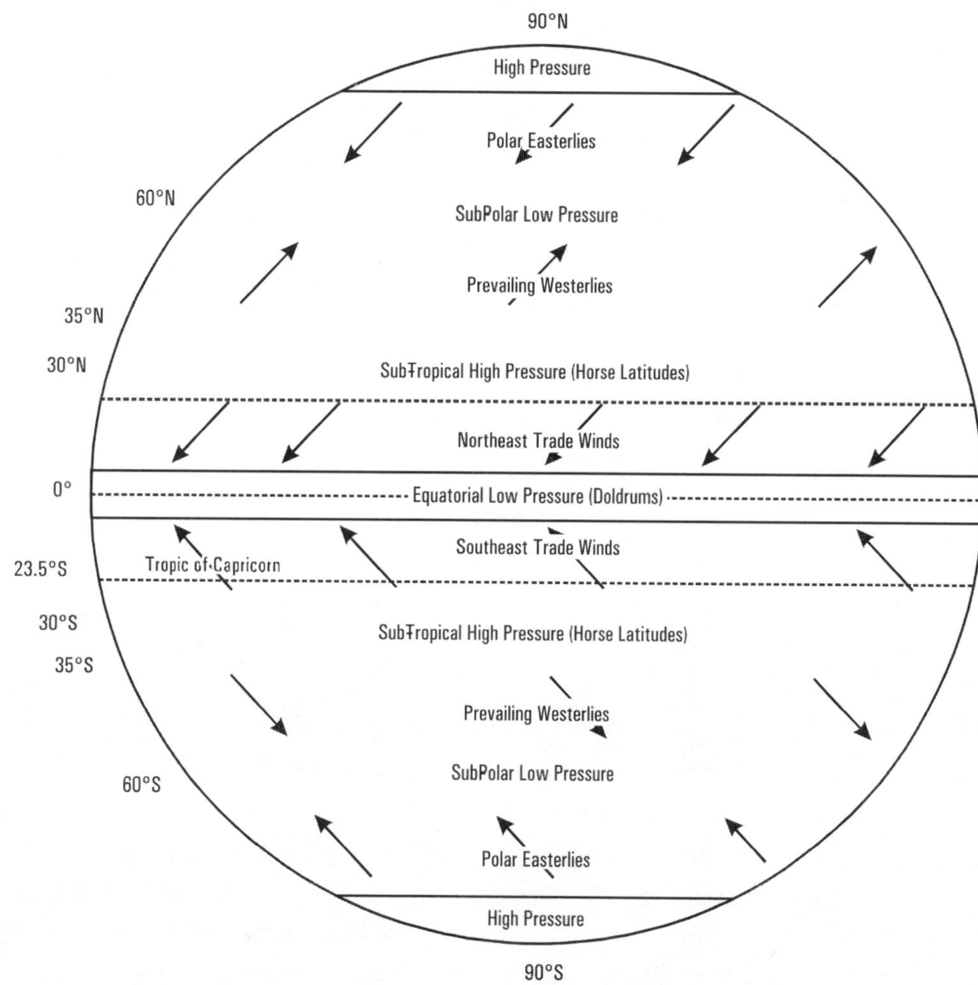

Fig. 3.21 Major pressure belts and wind system

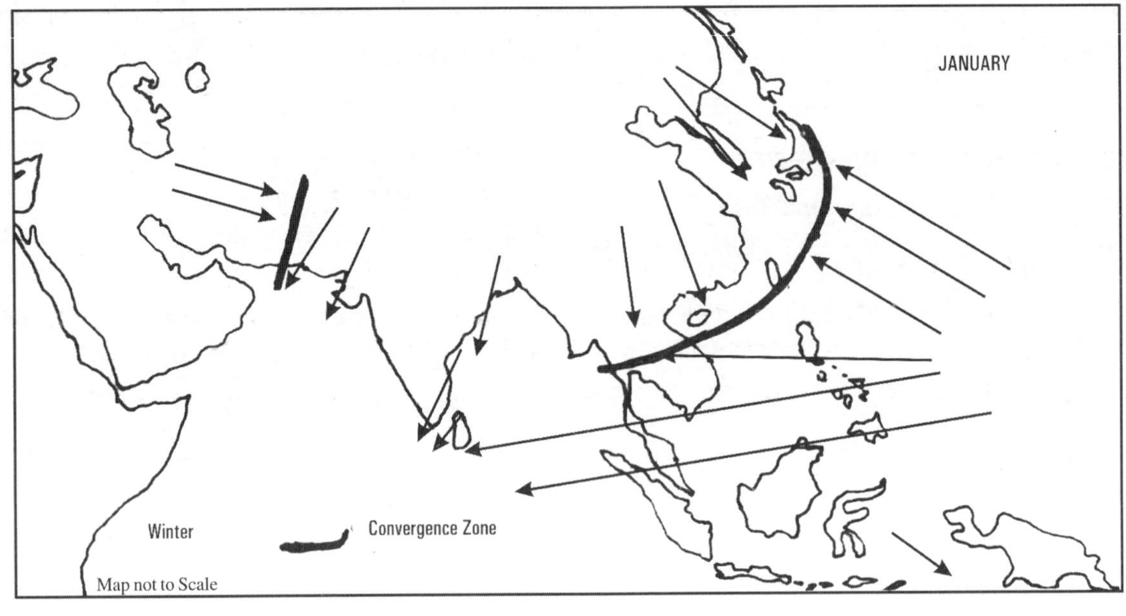

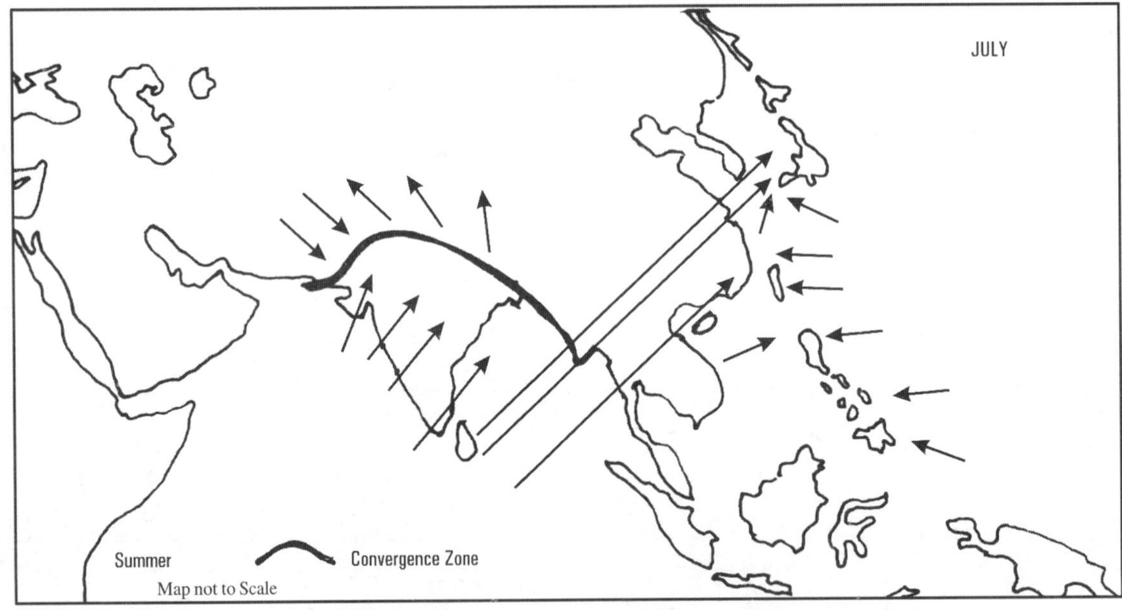

Fig. 3.22 Winter and summer monsoons in Asia

दाब उत्पन्न हो जाता है। फलस्वरूप, पवन अधिक दाब से कम वायु दाब की ओर चलती हैं। इस प्रकार मानसून बड़े पैमाने पर जल समीर तथा थल समीर हैं। गर्मी के मौसम में उत्तरी भारत में पंजाब से पेशावर तक एक कम वायु दाब का क्षेत्र विकसित हो जाता है और इसी प्रकार साइबेरिया में बैकाल झील के निकट भी एक कम वायु दाब का क्षेत्र विकसित होता है।

ऐसी परिस्थिति में सागर से थल की ओर पवन चलने लगती हैं, जिनको ग्रीष्म ऋतु का मानसून कहते हैं। शीतकाल में दूसरे विपरीत थल पर उच्च वायु दाब तथा जल पर कम वायु दाब विकसित होता है, जिसके फलस्वरूप पवन थल से सागर की ओर चलने लगती है, जिसको शीत ऋतु अर्थात उत्तर-पूर्वी मानसून कहते हैं।

गतिज अवधारणा (Dynamic Concept)

मानसून की उत्पत्ति के सम्बन्ध में यह अवधारणा फ्लोहन (Flohan) ने 1951 में प्रतिपादित की थी। इस अवधारणा के अनुसार वायु दाब एवं व्यापारिक पवन पेटियों के मौसम के साथ खिसकने के कारण मानसून की उत्पत्ति होती है।

उत्तर-पूर्वी एवं दक्षिणी-पूर्वी व्यापारिक पवनों, जो भूमध्य रेखा के समीप हैं, अभिसरण के कारण अन्त: उष्णकटिबंधीय अभिसरण बनता है। इस ITCZ (अन्त: उष्णकटिबंधीय अभिसरण) की उत्तरी एवं दक्षिणी सीमाएं NITCZ (North Inter Tropical Convergence Zone) एवं SITCZ कहलाती हैं। इसके बीच डोलड्रम की पेटी है। 21 जून को जब सूर्य की सीधी किरणें कर्क रेखा पर पड़ती हैं तब NITCZ 30° उत्तरी अक्षांश तक विस्तृत हो जाता है, जिसका दक्षिणी एवं दक्षिणी-पूर्वी एशिया के क्षेत्र तक प्रभाव रहता है एवं उच्च तापीय भूमध्य रेखा उत्तरी भारत के मैदान पर स्थापित हो जाती है। इस समय हिन्द महासागर के दक्षिणी भाग से भी व्यापारिक पवनें विषुवत को पार करके उत्तरी गोलार्द्ध में प्रवेश करती हैं। विषुवत रेखा को पार करने पर यह व्यापारिक पवनें उत्तर-पूर्व दिशा की ओर मुड़ जाती हैं, जिसको दक्षिणी-पश्चिमी मानसून कहते हैं।

संक्षेप में, फ्लोहन के अनुसार एशिया में मानसून का अस्तित्व स्थल एवं जल के तापक्रम के अन्तर के कारण नहीं है वरन् ताप के कारण उत्पन्न व्यापारिक पवनें एवं वायु दाब की पेटियों के वार्षिक स्थानान्तरण के कारण है। फ्लोहन ने ऊपरी वायुमण्डल के परिसंचरण, जो एशिया के मानसून का एक जटिल तन्त्र बनाता है, पर विचार नहीं किया। अत: इस गतिज विचारधारा को भी पूर्णतया मानसून की उत्पत्ति की अवधारणा नहीं माना जा सकता।

द्वितीय महायुद्ध के पश्चात मौसम सम्बंधी आंकडों की बाढ़ आ गई। मानसून उत्पत्ति के सम्बंध में नई अवधारणाओं का परिपादन किया गया। इन अवधारणाओं में वायुमण्डलीय परिसंचरण तिब्बत का पठार, जेट प्रवाह एवं भारतीय उप महाद्वीपीय व समीप के क्षेत्रों में अल-नीनो (Al-Nino) के प्रवाह से मानसून की उत्पत्ति बताई गई हैं। इन विद्वानों के अनुसार मानसून की उत्पत्ति निम्न बातों से सम्बंधित है:

(i) हिमालय एवं तिब्बत का पठार एक भौतिक बाधा एवं ताप स्रोत के उच्च स्तर के रूप में।
(ii) क्षोभमण्डल में ऊपरी जेट वायु प्रवाह का परिसंचरण।
(iii) एशिया के विस्तृत स्थल एवं हिन्द महासागर व प्रशान्त महासागर के क्षेत्रों के तापन एवं शीतलन की विभिन्नता।
(v) दक्षिणी प्रशान्त एवं हिन्द महासागर में अल-नीनो की मौजूदगी।

मानसूनी जलवायु की विशेषताएं

मानसूनी जलवायु की विशिष्ट विशेषताएं भारतीय उप-महाद्वीप में पाई जाती हैं। भारत में एक वर्ष को निम्न ऋतुओं में विभाजित किया जा सकता है:

(i) उत्तरी-पूर्वी मानसून का मौसम
  (क) शीत ऋतु (जनवरी-फरवरी), तथा;
  (ख) गर्मी का मौसम (मार्च से मई)।
(ii) दक्षिणी-पश्चिमी मानसून का मौसम
  (ग) वर्षा ऋतु जून से सितम्बर,
  (घ) मानसून वापसी का मौसम (अक्टूबर से दिसम्बर)

(3) स्थानीय पवनें (Local Winds)

स्थानीय पवनें किसी विशेष क्षेत्र में चलती हैं। इनकी उत्पत्ति स्थानीय वायु दाब की विविधता, आर्द्रता तथा तापमान के कारण होती है। कहीं-कहीं इनकी उत्पत्ति भौतिक अवरोधों (पर्वत इत्यादि) के कारण भी होती है **(Fig. 3.23)**।

स्थानीय पवनों की संख्या बहुत अधिक है। फिर भी उनमें से कुछ मौसम विज्ञान के लिये अत्यंत रुचिकर हैं, क्योंकि वह प्रत्यक्ष रूप से समाज को प्रभावित करती हैं। कुछ प्रमुख स्थानीय पवनों का संक्षिप्त वर्णन निम्न में दिया गया है:

जल समीर एवं थल समीर (Sea Breeze and Land Breeze)

जल समीर तथा थल समीर उष्णकटिबंध के तटीय भागों में प्रवाहित होती हैं। इनकी दिशा में प्रत्येक 12 घंटे के पश्चात पूर्ण परिवर्तन हो जाता है। इनकी उत्पत्ति का मुख्य कारण थल एवं जल के तापमान की विविधता है।

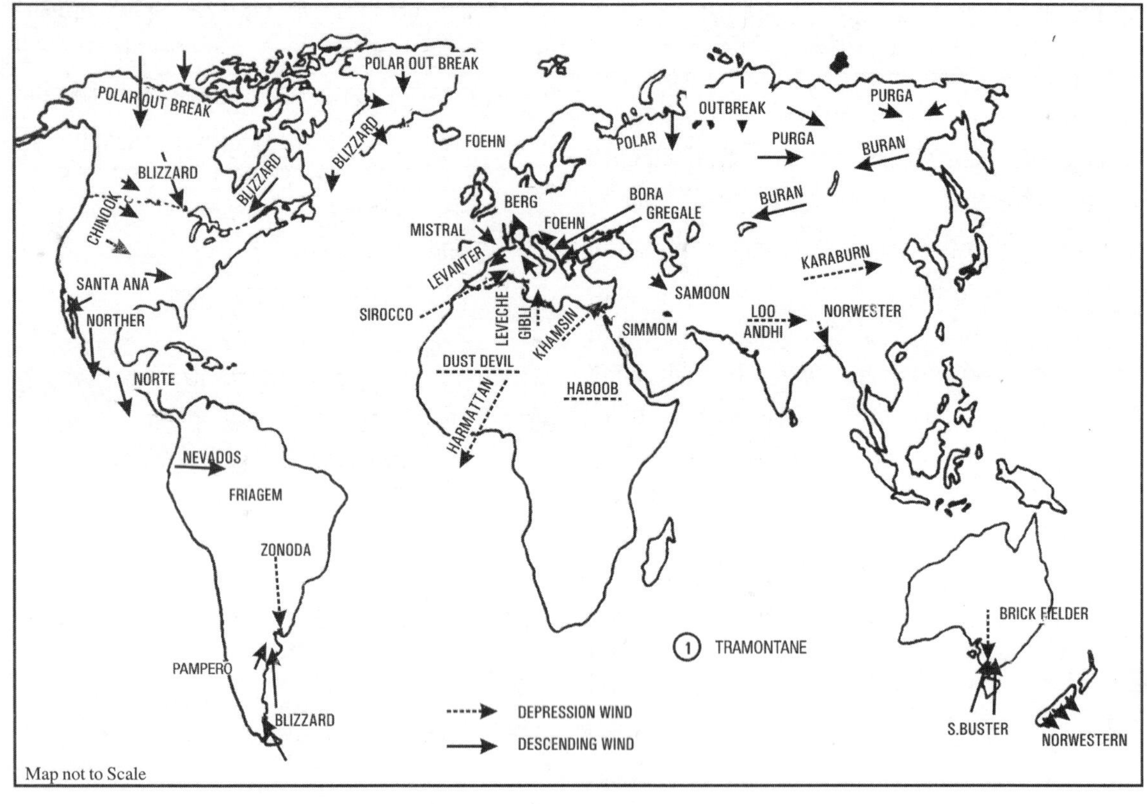

Fig. 3.23 Main local winds of the world

(i) जल समीर (Land Breeze)

दिन के समय सागर की तुलना में तटीय धरातल का तापमान अधिक हो जाता है। परिणामस्वरूप थल पर कम वायु दाब तथा सागर पर अधिक वायु दाब उत्पन्न हो जाता है, ऐसी परिस्थिति में सागर से थल की ओर पवन चलने लगती है, जिसको जल समीर कहते हैं **(Fig. 3.24-A)**

(ii) स्थलीय समीर (Land Breeze)

सूर्य अस्त होने के पश्चात विकिरण के कारण धरातल, सागर की तुलना में ठंडा हो जाता है। इस प्रकार स्थल अधिक वायु दाब तथा सागर पर कम वायु दाब उत्पन्न हो जाता है। परिणामस्वरूप आधी रात के पश्चात पवन स्थल से सागर की ओर चलने लगती है, जिसको थल समीर कहते हैं **(Fig. 3.24-B)**।

जल समीर तथा स्थल समीर का सागर के तट पर रहने वाले मछुआरों के जीवन पर भारी प्रभाव पड़ता है। आधी रात के पश्चात जब स्थल से सागर की ओर पवन चलती है तो मछुआरे मछली के लिये सागर की ओर प्रस्थान करते हैं और दिन के लगभग 12 बजे जब सागर से थल की ओर पवन चलती है तो यह अपना कार्य समाप्त करके घरों को लौटते हैं। जल समीर का श्रमिकों की कार्यक्षमता पर भी प्रभाव पड़ता है। एक सर्वेक्षण के अनुसार सागरीय तटों पर मजदूरों की कार्यक्षमता जल समीर आने के पश्चात बढ़ जाती है। तटों पर पाये जाने वाले नारियल के बगीचों पर भी जल समीर का अनुकूल प्रभाव पडता हैं।

पर्वत तथा घाटी समीर
(Mountain and Valley Breezes)

पर्वत तथा घाटी समीर भी स्थानीय पवनें हैं, जो प्रत्येक 12 घंटे के पश्चात अपनी दिशा में पूर्ण परिवर्तन कर लेती हैं। रात के समय पर्वतीय घाटियों के निचले भाग में अधिक तापमान के कारण हवा गर्म होकर ऊपर उठती है तथा उसके स्थान पर ढलान के सहारे पवन शिखर से घाटी

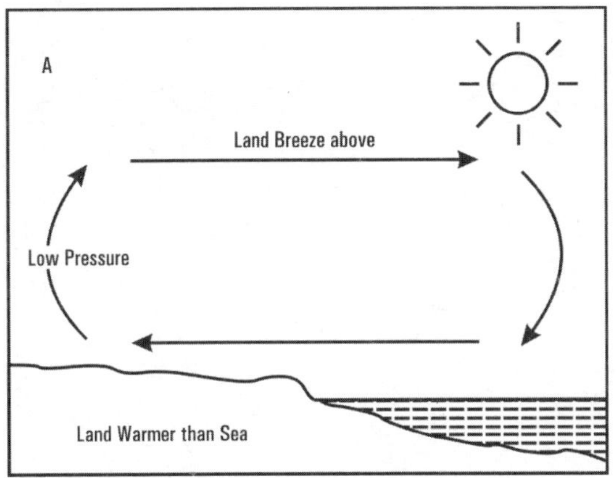

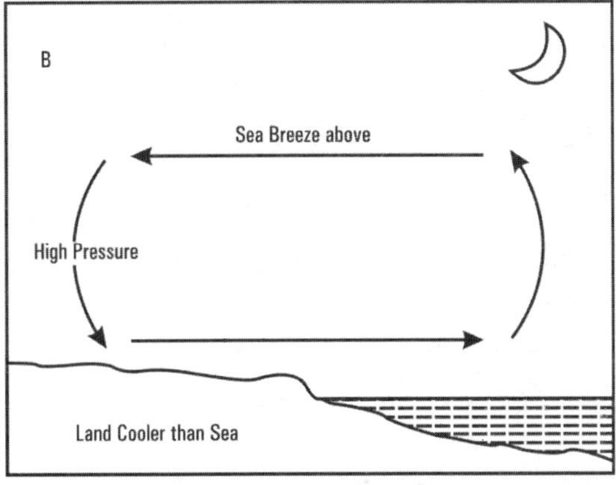

Fig. 3.24 A– Sea-Breeze and B – Land-Breeze

की ओर चलने लगती है। दिन के समय इसके विपरीत वायु दाब की परिस्थिति उत्पन्न होती है। शिखर पर कम वायु दाब तथा घाटी में अधिक वायु दाब उत्पन्न हो जाता है। परिणामस्वरूप दिन के समय घाटी से शिखर की ओर हवा चलती है, जिसको घाटी समीर कहते हैं **(Fig. 3.25)**।

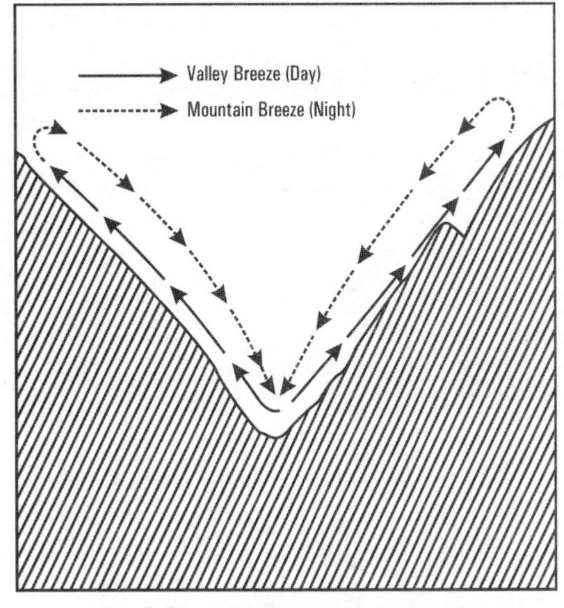

Fig. 3.25 Mountain and valley winds

चिनूक तथा फोहन (Chinook and Foehn)

चिनूक शब्द रेड-इण्डियन की भाषा का है, जिसका अर्थ बर्फ पिघलाने वाली पवन से है। चिनूक पवन रॉकी पर्वत के पूर्वी ढलानों पर चलती है। इसके चलने का समय दिसम्बर से मार्च के महीने हैं। पर्वत के पूर्वी ढलान पर उतरती पवन का तापमान बढ़ता जाता है। कभी-कभी तापमान में तीव्र गति से वृद्धि हो जाती है। शून्य से ऊपर तापमान होने के कारण धरती पर पड़ी बर्फ पिघल जाती है, बर्फ के नीचे से चारागाह निकल आते हैं, जिसके कारण मानव समाज को राहत तथा पशुओं को चारागाहों में घास पर्याप्त मात्रा में उपलब्ध हो जाती है **(Fig. 3.26)**। आल्पस पर्वत से जर्मनी में उतरने वाली

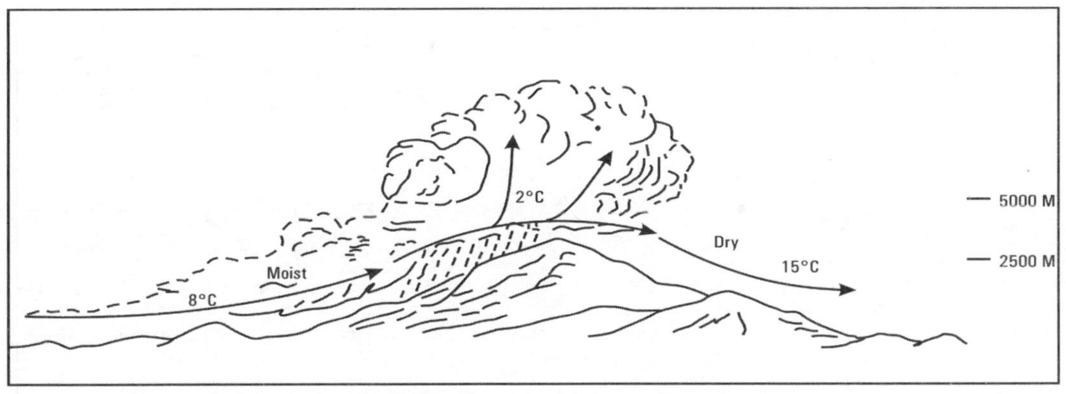

Fig. 3.26 Chinook or Fohn wind

तालिका 3.4: प्रमुख स्थानीय पवनों की विशेषताएं

स्थानीय पवनें	अवस्थिति	विशेषताएं
1. बोरा (Bora)	एड्रियॉटिक तट (Adriatic Coast)	उत्तरी-पूर्वी दिशा से चलने वाली ठंडी तेज गति से चलने वाली स्थानीय पवन। शीत काल में लगभग 36 दिन चलती है। कभी-कभी इसकी गति 100 किलोमीटर प्रति घंटे तक हो जाती है।
2. चिनूक	रॉकी पर्वत के पूर्वी ढ़लान	गर्म स्थानीय पवन, जिसके तापमान में अकस्मात 10° से 20° तक वृद्धि हो जाती है। इनकी सापेक्षिक आर्द्रता केवल 10% तक रह जाती है। इनके चलने पर बर्फ की परतें तेजी से पिघल जाती हैं।
3. इटेजियन	पूर्वी भूमध्यसागर	सर्द-शुष्क पवन जो ग्रीष्म काल तथा पतझड़ के मौसम में चलती है।
4. फोहन (Foehn)	आल्पस के उत्तरी ढ़लान पर	इनकी तुलना चिनूक पवन से की जाती है। सामान्यत: शीत ऋतु के अन्त तथा बसंत ऋतु में चलती हैं।
5. हबूब (अरबी भाषा का शब्द)	सूडान में सहारा मरुस्थल के दक्षिणी भाग में	ऊष्ण-आर्द्र स्थानीय पवन। एक वर्ष में लगभग 24 दिन चलती है।
6. हर्मटन (Harmattan)	पश्चिमी अफ्रीका	ऊष्ण-शुष्क स्थानीय पवन जिसमें धूल की मात्रा अधिक होती है। इसकी वजह से पूर्वी अफ्रीका देशों की अधिक आर्द्रता को यह पवन सोख लेती है, जिसके कारण मौसम सुहावना हो जाता हैं। इस पवन की इस विशेषता के कारण इनको डॉक्टर पवन भी कहते है।
7. खमसीन (Khamsin)	उत्तरी अफ्रीका तथा अरब प्रायद्वीप	ऊष्ण-शुष्क्क स्थानीय पवन जो लगभग 50 दिन ग्रीष्म काल में चलती है। कभी-कभी खमसीन पवन का तापमान 40° से लेकर 50° तक हो जाता है। लीबिया में चलने वाली गिबली (Gibli), स्पेन की लवेचे (Leveche) तथा सिरोक्को (Sirocco) भी इसी प्रकार की स्थानीय पवनें हैं।
8. लेवाण्टर (Levanter)	पूर्वी भूमध्य सागर	जब्राल्टर तथा दक्षिण स्पेन में चलने वाली स्थानीय पवन। यह पवन सर्द ऋतु के आरम्भ में चलती है। तेज गति से चलने वाली इस ठंडी पवन के चलने पर कोहरा भी पड़ता है।
9. मिस्ट्राल (Mistral)	फ्रांस की राइन (Rhine) नदी घाटी में चलने वाली पवन	शीतकाल में उत्तर से दक्षिण को चलने वाली मिस्ट्राल की गति कभी 100 किलोमीटर प्रति घंटे तक हो जाती है। इसके आने पर कभी-कभी घना कोहरा पड़ता है।
10. नॉर्थर (Norther)	संयुक्त राज्य अमेरिका के टैक्सास राज्य तथा मैक्सिको की खाड़ी का तट	शीलकाल में उत्तर से दक्षिण की ओर चलने वाली ठंडी पवन, जिससे तापमान में भारी गिरावट आती है।
11. पेम्परो (Pampero)	दक्षिण अमेरिका के पेम्पाज (Pampas)	इसकी तुलना उत्तरी गोलार्द्ध की नोरदर से की जाती है। यह ठंडी पवन तापमान में भारी गिरावट लाती है।
12. जोंडा (Zonda)	अजेन्टीना	गर्म-शुष्क स्थानीय पवन जो अर्जेन्टीना तथा उरुग्वे के पम्पाज घास के मैदानों में ग्रीष्म ऋतु में चलती है, जिनसे घास के मैदानों पर विपरीत प्रभाव पड़ता है, चारागाह सूख जाते हैं तथा चारे का अभाव होता है।

Source: *John, E. et.al., 2002,* **Climatology–An Atmospheric Science**, *Low Price, 2nd edn. Delhi, Pearson Education, pp.98-99.*

पवनों को फोहन कहते हैं। इनकी विशेषतायें भी चिनूक पवनों से मिलती हैं, जो दक्षिणी जर्मनी की बर्फ को पिघलाने में सहायक होती हैं। इन गर्म पवनों से एक दिन में 15 सेन्टीमीटर बर्फ की परत पिघल जाती है। कुछ अन्य प्रमुख स्थानीय पवनों की मुख्य विशेषतायें **तालिका 3.4** में दी गई हैं।

परिवर्तनीय पवनें (Variable Winds)

जो हवाएं प्रत्येक कुछ घंटों के बाद अपनी दिशा बदल लेती हैं, उन्हें परिवर्तनीय हवाएं कहते हैं। परिवर्तनीय हवाओं में 1. चक्रवाती एवं 2. प्रतिचक्रवाती हवाएं शामिल होती हैं।

1. चक्रवात (Cyclones)

सामान्यत: चक्रवात कम वायु दाब के क्षेत्र को कहते हैं। इस कम वायु दाब के चारों ओर अधिक वायु भारी होता है। अधिक वायु दाब से कम वायु दाब की ओर पवन चलती है। उत्तरी गोलार्द्ध में चक्रवात में पवन की दिशा घड़ी की सुइयों के विपरीत होती है, जबकि दक्षिणी गोलार्द्ध में पवनों की दिशा घड़ी की सुइयों के अनुकूल होती है। चक्रवातों को दो वर्गों में विभाजित किया जा सकता है:

(i) शीतोष्ण कटिबंधीय चक्रवात

(ii) उष्णकटिबंधीय चक्रवात

(i) शीतोष्ण कटिबंधीय चक्रवात (Temperate Cyclones)

शीतोष्ण कटिबंधीय चक्रवात मध्य अक्षांशों में चलते हैं। इनकी उत्पत्ति उत्तरी अटलांटिक महासागर में आइसलैंड के निकट तथा उत्तरी प्रशान्त महासागर में एल्युशियन द्वीपों के दक्षिण में होती है। दक्षिणी गोलार्द्ध में भी इनकी उत्पत्ति 30° तथा 45° अक्षाशों में होती है। दक्षिणी गोलार्द्ध में इनकी आवृत्ति तथा नियमितता अधिक होती है।

वाताग्र (Front)

वायु राशि के अगले भाग को वाताग्र कहते हैं। वाताग्रों को तीन वर्गों में विभाजित किया जा सकता है **(Fig. 3.27)**।

(*a*) *शीत वाताग्र (Cold Front):* ठंडी वायु राशि के अगले भाग को शीत वाताग्र कहते हैं। शीत वाताग्र को मौसम मानचित्र पर त्रिभुजाकार नोकों (Spikes) के द्वारा दिखाया जाता हैं शीतवाताग्र की गति गर्म वायु राशि की तुलना में अधिक होती है **(Fig. 3.27)**

(*b*) *उष्ण वाताग्र (Warm Front):* उष्ण वाताग्र के अगले भाग को अर्द्धवृत्त के द्वारा दिखाया जाता है जो गति की दिशा की ओर बने हुये होते हैं **(Fig. 3.27)** उष्ण वाताग्र की गति, ठंडे वाताग्र की गति की तुलना में कम होती है **(Fig. 3.27)**।

(*c*) *अवरुद्ध अथवा मिश्रित वाताग्र (Occluded Front):* ऊपर उठती ऊष्ण वाताग्र तथा उसके क्षेत्र में प्रवेश करने वाले ठंडे वाताग्र जब एक-दूसरे में मिश्रित हो जाएं तो उसको अवरुद्ध वाताग्र कहते हैं **(Fig. 3.27)**।

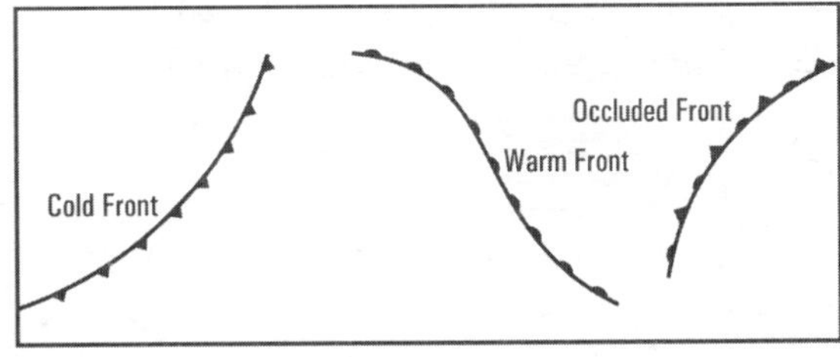

Fig. 3.27 Types of fronts

शीतोष्ण कटिबंधीय चक्रवात की उत्पत्ति (Cyclogenesis)

शीतोष्ण कटिबंधीय चक्रवात की उत्पत्ति को साइकलोजे-नेसिस (Cyclogenesis) कहते हैं। सामान्यत: एक शीतोष्ण कटिबंधीय चक्रवात की उत्पत्ति में तीन दिन से लेकर दस दिन तक लग सकते हैं।

शीतोष्ण चक्रवात की विशेषताएं (Characteristics of Temperate Cyclones)

(1) शीतोष्ण चक्रवात की सम्भार रेखायें लगभग अण्डाकार होती हैं।

(2) शीतोष्ण चक्रवात का विस्तार 1600 किलोमीटर चौड़ा हो सकता है। कभी-कभी एक ही चक्रवात पूरे यूरोप पर फैला हुआ होता है।

(3) शीतोष्ण चक्रवात स्थिर हो सकते हैं तथा 900 से 1000 किलोमीटर प्रति दिन की गति से गतिमान हो सकते हैं।

ध्रुवीय वाताग्र सिद्धान्त (Polar Front Theory)

एक आगे बढ़ती हुई वायु का अगला सिरा वाताग्र कहलाता है। बीसवीं शताब्दी के प्रथम चतुर्थांश में नॉर्बे के मौसम विशेषज्ञ वी. बिरकनेस (V. Bjerknes- 1862-1951) और उसके पुत्र जैकब बिरकनेस (Jacob Bjerknes) ने शीतोष्ण चक्रवात की उत्पत्ति का ध्रुवीय सिद्धान्त प्रस्तुत किया था। यह सिद्धान्त मौसम की पूर्व सूचना देने और मौसम की व्याख्या एवं भविष्यवाणी के लिये उपयोगी सिद्ध हुआ। इस सिद्धान्त के अनुसार किसी शीतोष्ण चक्रवात की उत्पत्ति निम्न छह चरणों में होती है **(Fig. 3.28)**।

प्रथम चरण (Stage I): इस अवस्था में उष्ण वायुराशि तथा ठंडी वायु राशियाँ एक-दूसरे के समानान्तर स्थित होती हैं और वायुमण्डल लगभग शान्त होता है।

दूसरा चरण (Stage II): इसको चक्रवात की आरम्भिक अवस्था कहते हैं। इस अवस्था में उष्ण वायुराशि ऊपर उठने लगती है तथा ठंडी वायुराशि, गर्म वायुराशि की ओर अग्रसर होती है।

तीसरा चरण (Stage III): यह चक्रवात की युवा अवस्थिति कहलाती है। इस अवस्था में चक्रवात की वायु भार रेखायें वृत्ताकार होने लगती हैं।

चौथा चरण (Stage IV): इस अवस्था में गर्म तथा ठंडी वायु राशियाँ एक-दूसरे के निकट आ जाती हैं।

पाँचवा चरण अवस्था (Stage V): इस अवस्था में गर्म तथा ठंडी वायु राशियाँ मिश्रित हो जाती हैं।

छठा चरण (Stage VI): इस अवस्था में उष्ण सेक्टर पूर्ण रूप से लुप्त हो जाता हैं और चक्रवात पूर्ण रूप से विकसित हो कर आगे बढ़ने लगता है **(Fig. 3.28)**।

(4) इनकी उत्पत्ति महासागरों के उन क्षेत्रों में होती है जहाँ उष्ण कटिबंधीय वायु, शीत कटिबंधीय वायु से मिलती है।

(5) इनकी सामान्य दिशा उत्तरी गोलार्द्ध में पश्चिम से पूर्व की ओर होती है।

(6) प्रत्येक शीतोष्ण चक्रवात की गति भिन्न होती है, परन्तु अधिकतर चक्रवात 30 से 50 किलोमीटर प्रति घंटे की गति से आगे बढ़ते हैं।

(7) इनसे हल्की वर्षा फुहार के रूप में होती है, कभी-कभी तेज बौछार पड़ती है।

(8) वर्षा में कोहरा का मौसम बना रहता है।

(9) चक्रवात के अन्तिम भाग में बिजली की चमक तथा बादलों की गरज-कड़क होती है।

(10) झंझा और तड़ित के पश्चात मौसम साफ हो जाता है, आकाश नीला हो जाता है तथा प्रतिचक्रवात की स्थिति उत्पन्न हो जाती है।

शीतोष्ण चक्रवात के मौसम (Weather Associated with Temperate Cyclones)

शीतोष्ण चक्रवात के विभिन्न भागों में विभिन्न प्रकार का मौसम एवं वर्षा होती है। पश्चिम की दिशा से आने वाला चक्रवात जब निकट आ जाता है तो वायु दाब गिरने लगता है तथा चन्द्रमा और सूर्य के चारों ओर प्रभामण्डल (Halo) स्थापित हो जाता है। तत्पश्चात् जैसे-जैसे चक्रवात करीब आता है, तापमान बढ़ने लगता है, वायु की दिशा बदल कर दक्षिण-पूर्व से आने लगती है, बादलों की ऊँचाई कम होने लगती है तथा हल्की वर्षा आरम्भ हो जाती है **(Fig. 3.29)**। उष्ण वाताग्र के आने पर घने काले बादल (Nimbus Clouds) आकाश में छा जाते हैं। वर्षा मन्द गति से विस्तृत क्षेत्र पर होने लगती है। इसके पश्चात तापमान में गिरावट आती है तथा वर्षा की बौछार तेज हो जाती है। इसके पश्चात् बादलों में गरज-चमक (Thunder and Lightning) होती है। इस प्रकार का मौसम चक्रवात के अन्त का संकेत देता है। इस प्रकार से मौसम साफ हो जाता है तथा प्रतिचक्रवात की स्थिति उत्पन्न हो जाती है।

शीतोष्ण चक्रवातों का भौगोलिक वितरण (Geographical Distribution of Temperate Cyclones)

शीतोष्ण चक्रवात का वितरण 3.29 में दिखाया गया है। सामान्यत: शीतोष्ण चक्रवात 40° तथा 60° अक्षांशों में पश्चिम से पूर्व की ओर प्रवाहित होते हैं। इनकी बारम्बारता दक्षिणी गोलार्द्ध अक्षांशों के बीच सब से अधिक होती है। मौसम परिवर्तन के साथ इनके मार्गों में भी परिवर्तन होता रहता है। शीतोष्ण चक्रवात उत्तरी गोलार्द्ध की तुलना में दक्षिणी गोलार्द्ध में अधिक वर्षा देते हैं, जिसका मुख्य कारण जल तथा थल का असमान वितरण है। दक्षिणी गोलार्द्ध में सागर का क्षेत्रफल अधिक है **(Fig. 3.30)**।

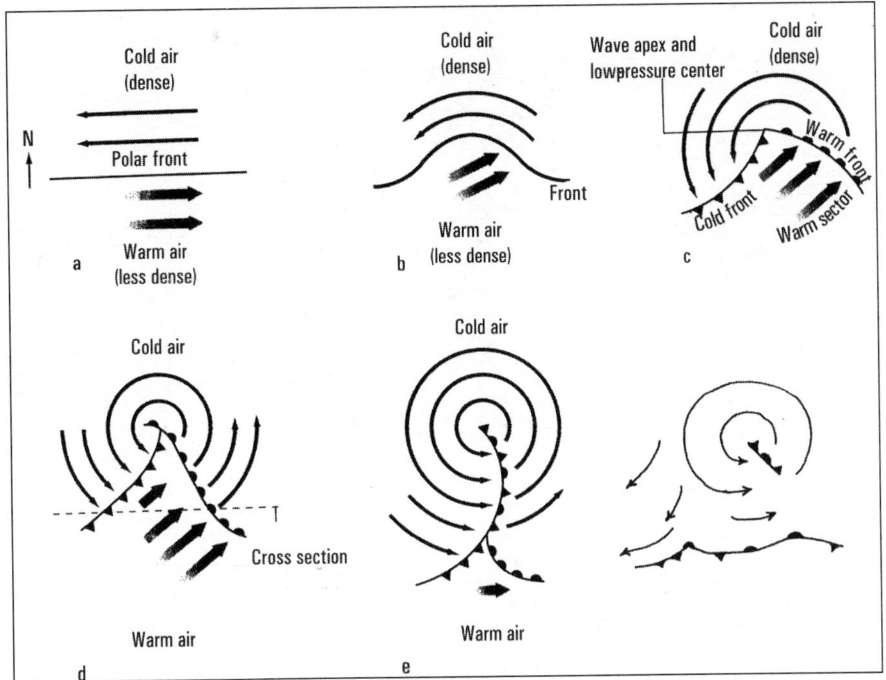

Fig. 3.28 Origin of extra tropical cyclone (after T. Garrison, Oceanography, 1995, p. 125)

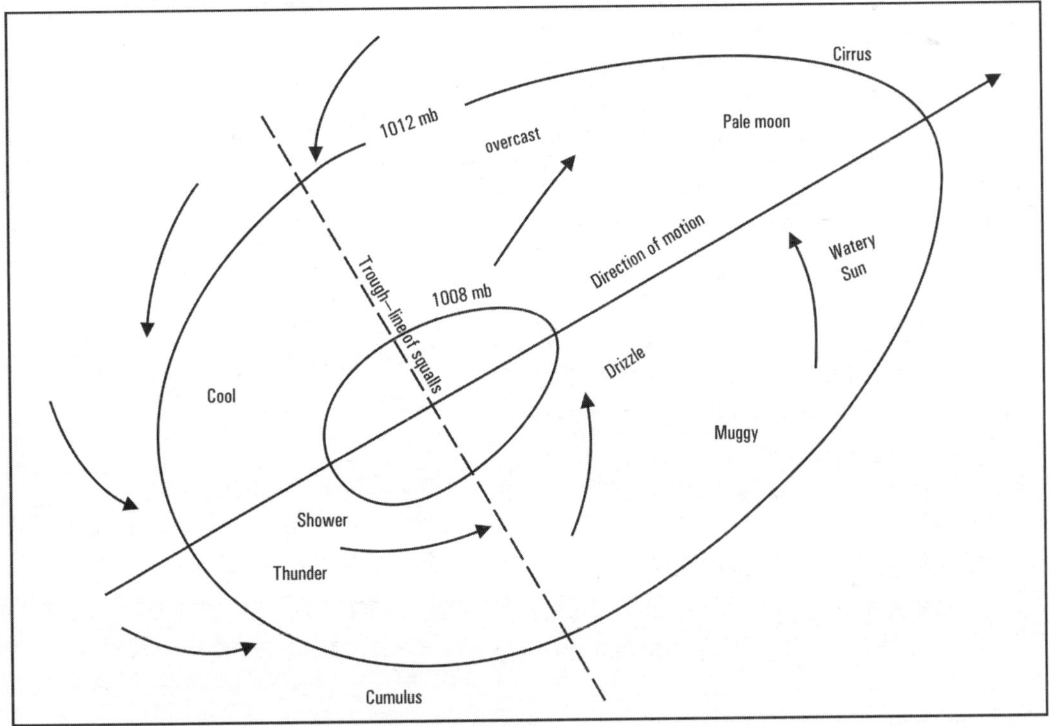

Fig. 3.29 Weather in temperate cyclone

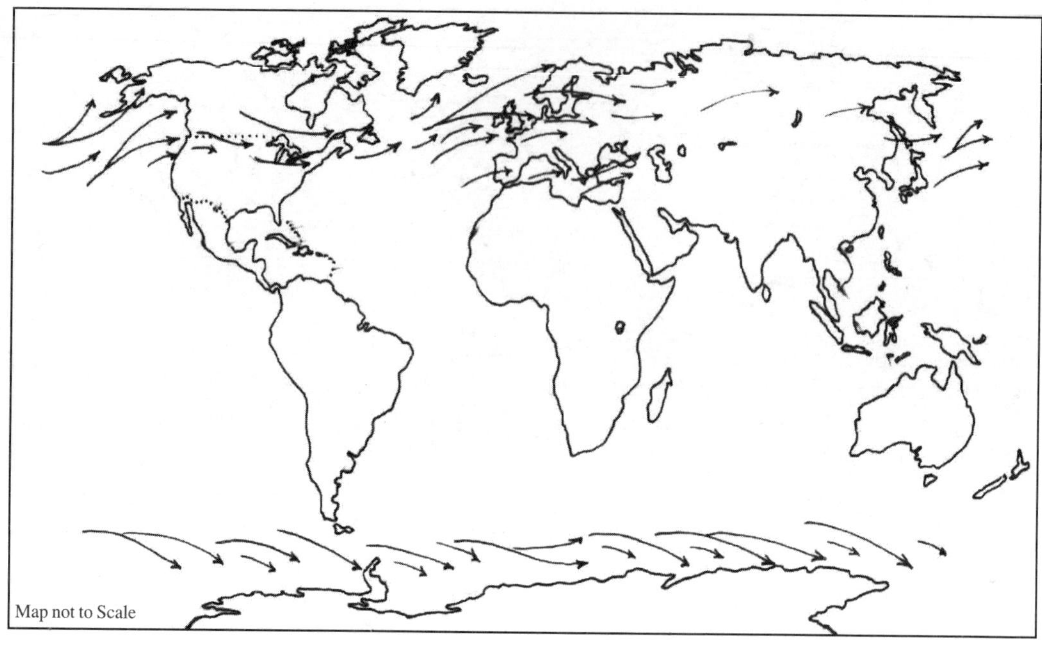

Fig. 3.30 Principal paths of temperate cyclones

उष्णकटिबंधीय चक्रवात (Tropical Cyclones)

उष्णकटिबंधीय चक्रवात एक निम्न वायु-भार का तन्त्र है जो उष्णकटिबंधीय अक्षांशों में विकसित होते है। उष्ण कटिबंधीय क्षेत्र कर्क रेखा पर 23.5 डिग्री उत्तर से मकर रेखा पर 23.5 डिग्री दक्षिणी की ओर फैला हुआ है। दुनिया भर में हर साल लगभग 80 उष्ण कटिबंधीय या तेज तूफान आते हैं। अधिकांश उष्ण चक्रवात डोलड्रम की पेटी के उत्तर अथवा दक्षिण में विकसित होते हैं।

उत्पत्ति (Origin)

उष्णकटिबंधीय चक्रवात विश्व की ऊष्मा एवं आर्द्रता का एक शक्तिशाली प्रदर्शन है। इसमें निम्न भार वायु राशियाँ नही होती बल्कि सागर स्तर से कई सौ मीटर की ऊँचाई तक एक ही प्रकार का तापमान, आर्द्रता तथा वायु राशि होती है। **(Fig. 3.31 तथा 3.32)**। एक उष्ण चक्रवात की उत्पत्ति के लिये निम्न मौसमी दशाओं की आवश्यकता होती है।

1. गर्म एवं आर्द्र वायु की निरन्तर आपूर्ति होनी चाहिए।
2. निम्न आक्षांशों में सागर की सतह का तापमान 20° से 25° के आस-पास।
3. वायुमण्डल शान्त।
4. सागर स्तर से 9-15 किलोमीटर की ऊँचाई तक प्रतिचक्रवात प्रवाह होना, जिससे वायु का ऊपर की ओर संचार तेज गति से होता रहे।
5. कोरियों के प्रभाव के कारण व्यापरिक पवनें मन्द गति से उत्तरी गोलार्द्ध में दाहिनी ओर मुड़ जाती हैं।

उष्ण चक्रवात की प्रमुख विशेषतायें (Characteristics of Tropical Cyclones)

उष्ण चक्रवात की मुख्य विशेषतायें निम्न हैं:

1. वायु भार रेखाओं का आकार वृत्ताकार होता है।
2. चक्रवात का व्यास 150 से 300 किलोमीटर होता है।
3. चक्रवात के केन्द्रीय भाग को चक्रवात की आँख कहते हैं।
4. इनमें वाताग्र (Fronts) नहीं होते।
5. वाष्पीकरण के कारण इनमें भारी मात्रा में निहित ऊष्मा (Latent Heat) होती है।
6. इनकी रफ्तार 50 किलोमीटर से लेकर 300 किलोमीटर प्रति घंटा तक हो सकती है।
7. इनकी उत्पत्ति पतझड़ के मौसम में होती है।
8. इनमें प्रमुख रूप से मुकुटधारी तथा काले बादल पाये जाते हैं (Cumulus-Nimbus), बादल छाये रहते हैं।

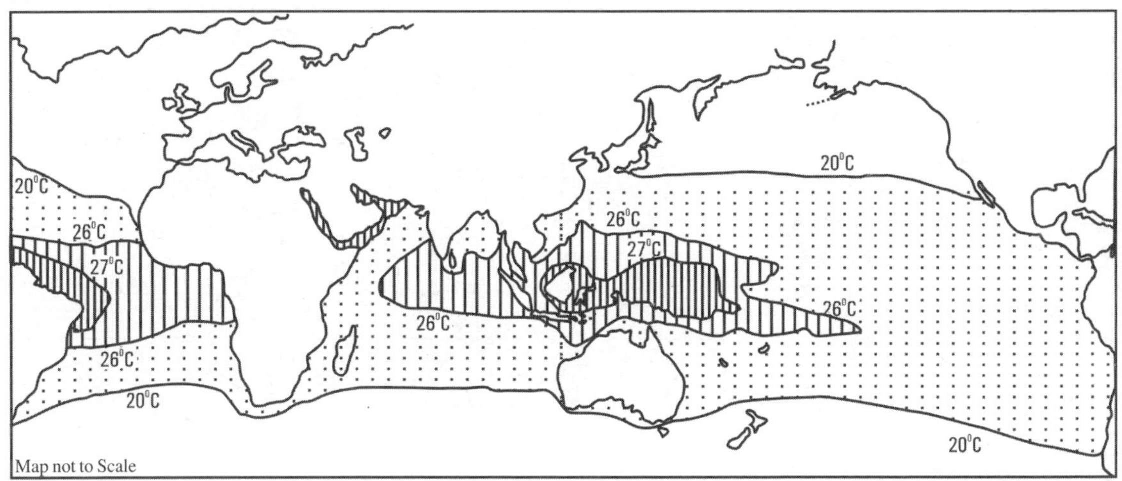

Fig. 3.31 Average annual temperature. The western Pacific and western Atlantic Oceans record high temperatures in all seasons, (After R. W. Christopherson, Geosystems, 1995, p. 92)

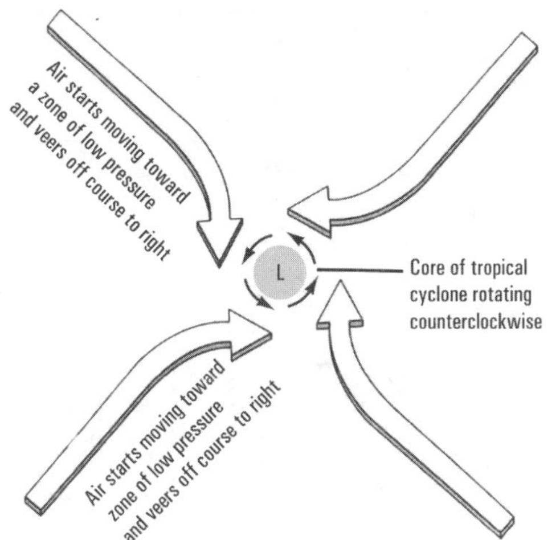

Fig. 3.32 The dynamics of a tropical cyclone, showing the influence of the Coriolis effect.
Note that the storm turns the "wrong" way (that is, counterclockwise) in the Northern Hemisphere for the "right" reasons

9. इनसे मूसलाधार वर्षा होती है।
10. इनको विनाशात्मक माना जाता है।

उष्ण चक्रवातों को निम्न नामों से जाना जाता है **(Fig. 3.33)**

(i) टाईफून (तूफान) चीन में।
(ii) टेफु-जापान में।
(iii) बेजियो-फिलीपीन्स में।
(iv) हरिकेन-कैरेबियन सागर में।
(v) विली-विली-ऑस्ट्रेलिया में।
(vi) चक्रवात-बंगाल की खाड़ी, अरब सागर तथा हिन्द महासागर में।

उष्ण चक्रवात की संरचना (Structure of Tropical Cyclones)

उष्ण चक्रवात की आँख कहते हैं **(Fig. 3.34)**। चक्रवात के केन्द्रीय भाग को चक्रवात का आँख का विस्तार (व्यास) 20 से 50 किलोमीटर तक होता है। चक्रवात के केन्द्रीय भाग में पवन की गति मन्द होती है। इस भाग में प्रायः बादल नहीं होते। केन्द्रीय भाग (आँख) के चारों ओर अधिक वर्षा होती है और इसी के निकट पवन की गति सबसे अधिक होती है। उष्ण चक्रवात में काली घटा पेटियों के रूप में चक्र खाती हुई आगे की ओर बढ़ती है **(Fig. 3.34)**

उष्णकटिबंधीय चक्रवात का केन्द्रीय हिस्सा कपासी वर्षा मेघों की दीवारों द्वारा घिरा रहता है। अधिकतम वायु गतियां हमेशा उष्णकटिबंधीय चक्रवात के केन्द्र के समीप रिकॉर्ड की जाती हैं। इसके अतिरिक्त, सबसे भारी वर्षा इस क्षेत्र के दायरे में रिकार्ड की जाती हैं। जब वर्षा व्यवहारिक रूप से बंद हो जाती है तो आई वॉल से केन्द्र की तरफ हवा समान गति से कम हो जाती है।

Hurricanes
July– October
Taifu
Typhoon
Cyclone
Cyclone
Baguio
Willy–willy
Dec. March
Cyclone
Map not to Scale

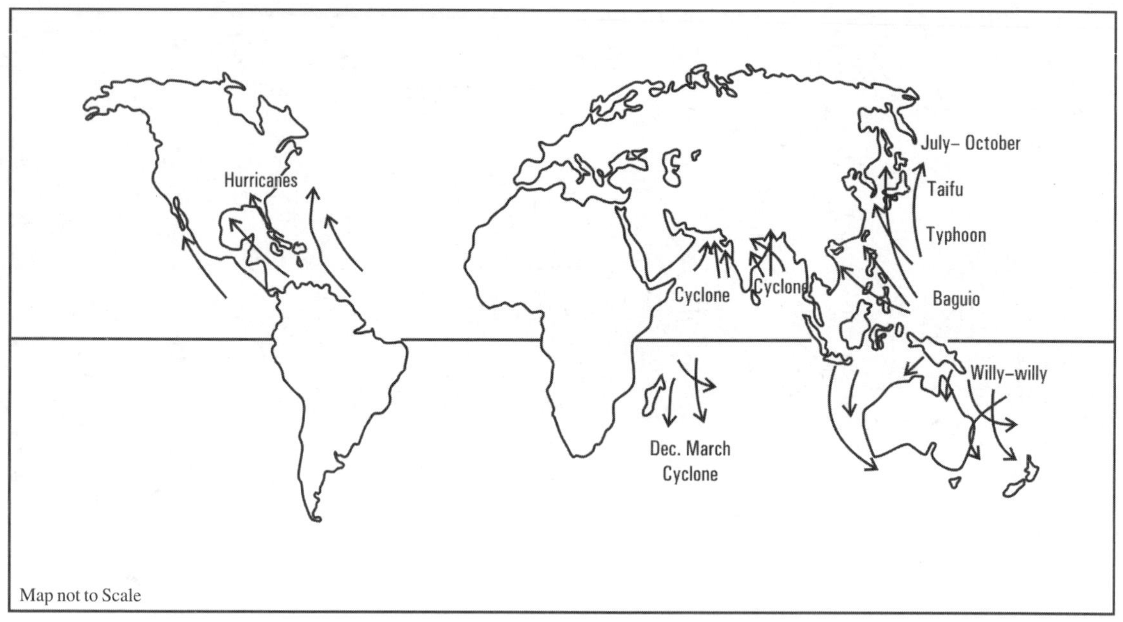

Fig. 3.33 Areas of tropical cyclone

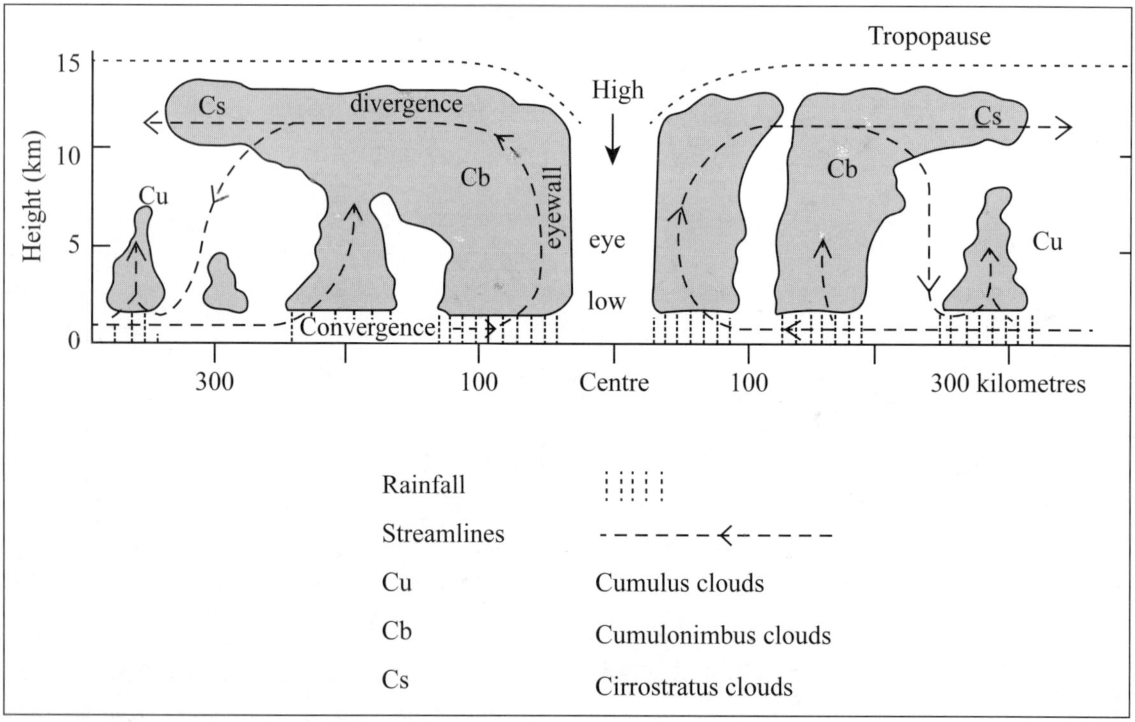

Tropopause
Height (km)
15
10
5
0
Cs
divergence
High
Cb
eyewall
Cu
eye
low
Convergence
Cb
Cs
Cu
300
100
Centre
100
300 kilometres
Rainfall
Streamlines
Cu
Cumulus clouds
Cb
Cumulonimbus clouds
Cs
Cirrostratus clouds

Fig. 3.34 Cross section of a tropical cyclone

उष्णकटिबंधीय चक्रवात जान-माल की हानि कर सकता है। 400 किमी. प्रति घंटे की गति से बहने वाली विध्वंसात्मक हवायें अपने आप में इसका प्रमाण हैं। वेगवान वर्षा से भीषण बाढ़ आ सकती है जब तूफान भूमि की तरफ बढ़ता है। लेकिन सबसे बड़ा खतरा तूफान के बढ़ने में निहित होता है जब तूफान की वजह से पानी का बड़ा हिस्सा जमीन पर चला जाता है जिसे समुद्र का अतिक्रमण भी कहा जाता है। कई बार 12 मीटर की ऊंचाई वाली समुद्री लहरें उठ सकती हैं।

टॉरनेडो (Tornado)

चक्रवात का सबसे छोटा आकार टॉरनेडो कहलाता है परन्तु अत्यधिक गति के कारण सबसे अधिक विनाशकारी होता है। इनका आकार सार्पिल (Spiral) और पेंचदार होता है, जिसका पतला भाग धरातल के निकट और चौड़ा भाग ऊपर की ओर कपासी-काले बादल (Cumulus-Nimbus) बादलों से जुड़ा होता है। टॉरनेडो का निचला भाग 50 से 100 मीटर तक हो सकता है। तीव्र गति के कारण इस में धूल, रेत, मिट्टी भारी मात्रा में मिले रहते हैं। टॉरनेडो के केन्द्र में वायु भार न्यूनतम होता है तथा केन्द्र और परिधि के वायु भारों में इतना अन्तर होता है कि हवाएँ तीव्र गति से केन्द्र की ओर अग्रसर होती हैं। यही कारण है कि टॉरनेडो में हवाएं 500 से 800 किलोमीटर प्रति घण्टे की रफ्तार से चलती हैं **(Fig. 3.35)**।

टॉरनेडो की उत्पत्ति के लिये निम्न मौसमी परिस्थितियों की आवश्यकता है:

(i) धरातल के निकट अत्यधिक उष्णार्द्र वायु राशि।

(ii) वायुमण्डल में अस्थिर तापमान संरचना।

(iii) वायु में चक्कर उत्पन्न करने की प्रक्रिया।

(iv) शान्त वायुमण्डल।

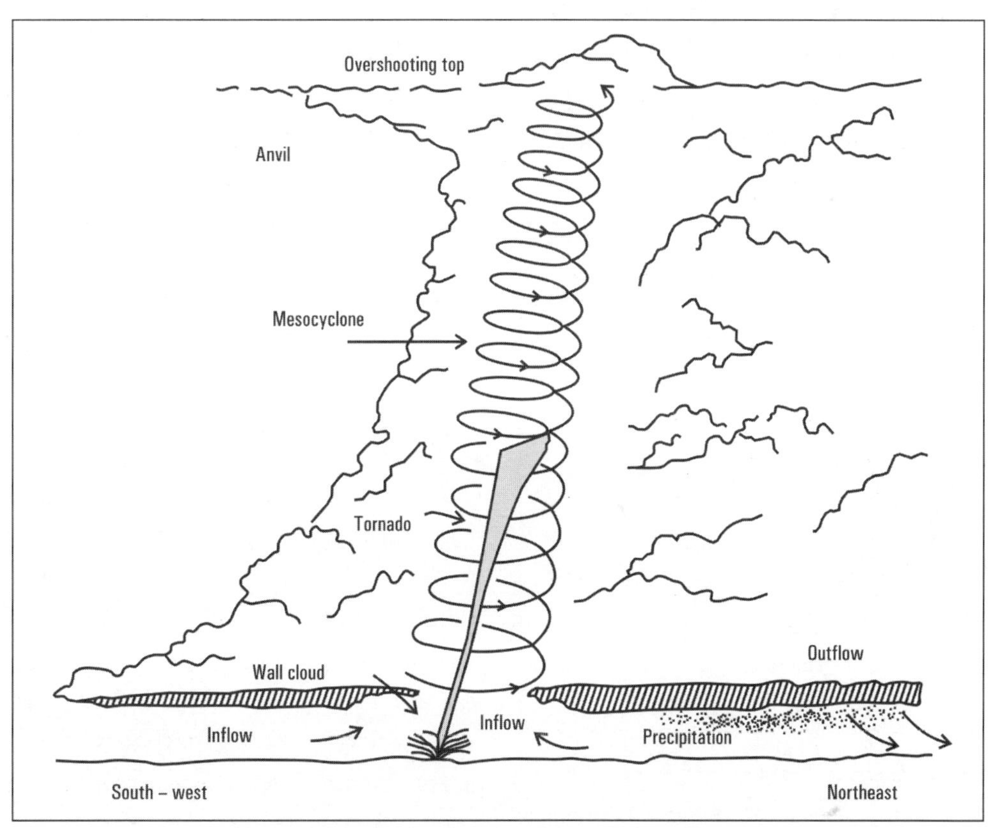

Fig. 3.35 Development of a mesocyclone and tornado
(After Donald Ahrens C., Meteorology, West Publishing Co.1988)

टॉरनेडो के बारे में भविष्यवाणी करना कठिन कार्य है। टॉरनेडो के आते ही आकाश में काले घने बादल छा जाते हैं, जिस कारण अन्धकार-सा छा जाता है। वायु दाब निम्न हो जाता है तथा वायु अत्यधिक रफ्तार से चलती है। इस कारण मकानों की छतें उड़ जाती हैं। वायु दाब में अचानक कमी होने के कारण खाली बोतलों की डाट (Cork) खुल जाती है। मार्ग में पड़ने वाले पेड़ तथा बिजली के खम्भे उखड़ जाते हैं। यदि टॉरनेडो का निचला भाग धरातल से छूकर चले तो कुछ ही मिनट में भारी विनाश होता है। इसके विपरीत यदि टॉरनेडो धरातल से कुछ ऊपर हो तो कम तबाही होती है।

2. प्रतिचक्रवात (Anticyclone)

प्रतिचक्रवात के केन्द्र में अधिक वायु दाब होता है और केन्द्र से बाहर की ओर पवन प्रवाहित होती है। उत्तरी गोलार्द्ध में पवन की दिशा घड़ी की सुइयों के अनुकूल होती है, जबकि दक्षिणी गोलार्द्ध वायु की दिशा घड़ी की सुइयों के विपरीत होती है **(Fig. 3.36)**।

प्रतिचक्रवात (Anticyclone) शब्दावली का उपयोग सब से पहले एफ. गैल्टन (F. Galton) ने 1861 में किया था।

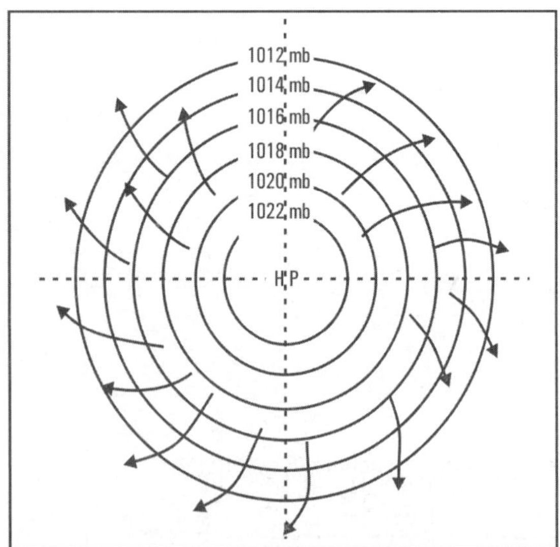

Fig. 3.36 Anticyclone-air pressure and wind system in the Northern Hemisphere

प्रतिचक्रवात के प्रकार (Types of Anticyclone)

प्रतिचक्रवातों को दो प्रकारों में वर्गीकृत किया जा सकता है:

(a) **शीत प्रतिचक्रवात:** शीत चक्रवात साधारणतया आर्कटिक एवं अंटार्कटिक क्षेत्रों से उत्पन्न होते हैं और पूर्वी तथा दक्षिण-पूर्वी क्षेत्रों की तरफ बढ़ते हैं। उनमें बहुत कम गति होती है। उष्ण कटिबंधीय क्षेत्रों में प्रवेश करते ही ये प्रतिचक्रवात खत्म हो जाते हैं।

(b) **गर्म प्रतिचक्रवात:** गर्म प्रतिचक्रवात उपोष्ण कटिबंधीय उच्च दबाव के क्षेत्र में उत्पन्न होते हैं जहां हवाएं हैडली के सेल में नीचे आती हैं। इन्हें हल्की हवाओं, निम्न आर्द्रता एवं बादल रहित आसमान से जोड़कर देखा जाता है।

(c) **अवरोधी चक्रवात:** इस प्रकार के प्रतिचक्रवात क्षोभ मण्डल (Troposphere) के ऊपरी भाग में विकसित होते है। इनकी उत्पत्ति का मुख्य कारण वायु संचार में रुकावट या अवरोध होता है। इनका आकार छोटा होता है तथा मन्द गति से चलते हैं। यह उत्तरी अटलान्टिक तथा उत्तरी प्रशान्त महासागर में विकसित होते है। अभी तक इनके बारे में अधिक जानकारी प्राप्त नहीं की जा सकी शोध कार्य जारी है, आशा है इनके बारे में नये तथ्य जल्द सामने आयेंगे।

जेटस्ट्रीम (Jet Stream)

क्षोभमण्डल के ऊपरी भाग में पश्चिम से पूर्व की ओर चलने वाली विशाल पवनें। धरातल से लगभग 8 से 12 किलोमीटर पर चलने वाली जेटस्ट्रीम 160 से 480 किलोमीटर चौड़ी तथा एक किलोमीटर से दो किलोमीटर मोटी होती हैं। इनके मध्य भाग की गति 300 किलोमीटर प्रति घंटे से अधिक तथा बाह्य किनारों पर 110 किलोमीटर प्रति घंटा होती है **(Fig. 3.37)** जेट स्ट्रीम के बारे में सबसे पहले जानकारी अमेरिका के युद्ध में भाग लेने वाले पायलेटों ने दी थी जो जापान पर आक्रमण कर रहे थे। उनके अनुसार जब पायलट

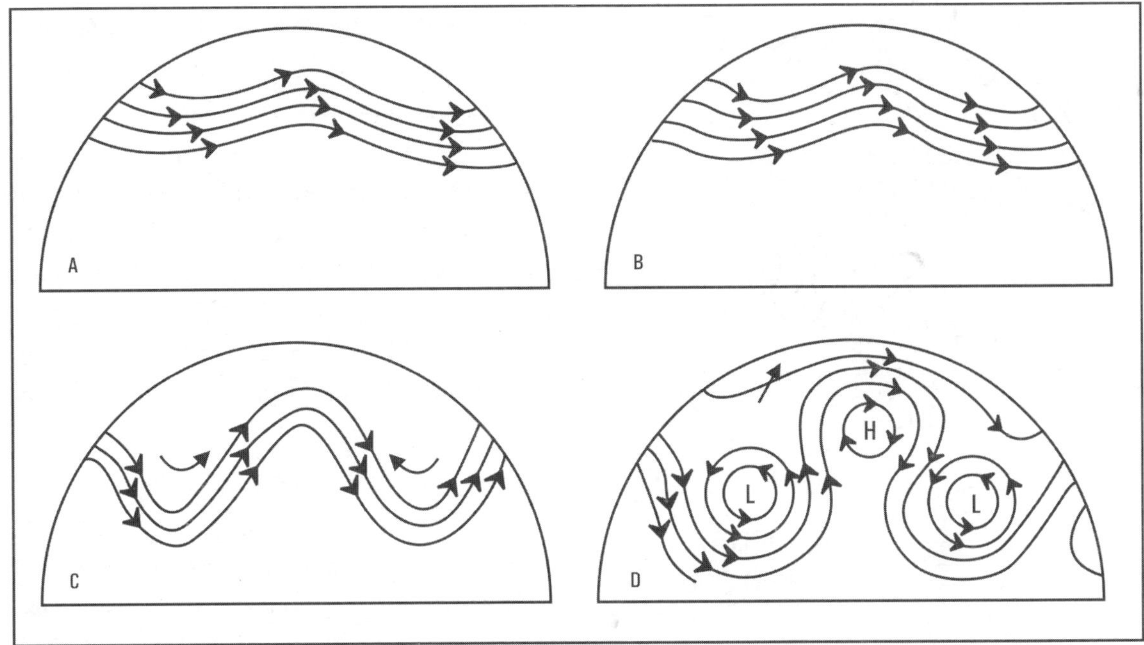

Fig. 3.37 Jet stream cycle

प्रशान्त महासागर में पूर्व से पश्चिम की ओर जाते हैं तो विमान की गति मन्द हो जाती है और जब आक्रमण के बाद पश्चिम से पूर्व की ओर लौट रहे होते हैं तो विमान की गति तेज हो जाती है।

विश्व की जेटस्ट्रीम को निम्न तीन वर्गों में विभाजित किया जा सकता है:

(i) उपोष्ण जेटस्ट्रीम (Sub-Tropical Jet Stream)
(ii) ध्रुवीय-वाताग्र जेटस्ट्रीम
(iii) अण्टार्कटिक जेटस्ट्रीम।

जेटस्ट्रीम का विश्व तापमान प्रतिरूपों, वायुभार, पवन संचार तथा मानसून की उत्पत्ति पर भारी प्रभाव पड़ता है।

ध्रुवीय चक्रवात (Polar Vortex)

ध्रुवीय बगूले अथवा ध्रुवीय तूफान

ध्रुव्रीय वोर्टक्स को ध्रुवीय चक्रवात अथवा आर्किट चक्रवात भी कहते हैं। ध्रुवीय चक्रवातों के बारे में सबसे पहले 1853 में ज्ञात हुआ था। वर्ष 1952 में ध्रुवीय तूफानों के बारे में वैज्ञानिक आंकड़ों के आधार पर नई जानकारी प्राप्त हुई। इनकी ऊँचाई 20 किलोमीटर अर्थात् स्ट्रेटोस्फियर (Stratosphere) तक हो सकती है। वास्तव में ये चक्रवात उत्तरी तथा दक्षिणी ध्रुवों पर उत्पन्न होते हैं। ये ध्रुवीय चक्रवात ट्रोपोस्फियर के ऊपरी भाग तथा स्ट्रेटोस्फियर के निचले भाग में सक्रिय रहते हैं। ध्रुवीय क्षेत्रों में ऊँचे वायु भार की पेटी पाई जाती है। ध्रुवीय क्षेत्रों में वायुमण्डल (Atmosphere) के घूमने की गति पृथ्वी के घूमने की गति से कहीं अधिक होती है। ये ध्रुवीय चक्रवात चारों ओर जेट-स्ट्रीम (Jet-Stream) से घिरे होते हैं। इस जेट स्ट्रीम विसर्पण (Meanders) बनाती हुई उत्तरी गोलार्द्ध में दक्षिण की ओर (द. के अक्षांशों) में प्रवेश करती हैं। जेट स्ट्रीम के बारे में इन तथ्यों (Facts) की 2006, 2009, 2010 तथा 2014 में पुष्टि हुई **(Fig. 3.38)**।

उत्पत्ति (Origin)

ध्रुवीय तूफानों की उत्पत्ति तथा उनके पृथ्वी पर प्रभाव के बारे में अभी तक पूर्ण जानकारी प्राप्त नहीं हो सकी है और न ही इनके बारे में कोई वैज्ञानिक सिद्धान्त प्रस्तुत किया जा सका है। फिर भी वैज्ञानिकों का विचार है कि

Fig. 3.38 Two centres of Polar Vortex in the Northern Hemisphere, and the Polar Jet-Streams.

स्ट्रेटोस्फियर (Stratosphere) से ट्रोपोस्फियर (Troposphere) के ऊपरी भाग की ओर वायु एक चक्रदार बगूले अथवा तूफान (Vortex) की भाँति इसी प्रकार प्रवेश करती है जैसे पानी किसी ढलान की नाली (Drain) में बह रहा हो। वायु राशि का प्रकार उतरने एवं वायुमण्डल की तीव्र गति के कारण ही ध्रुवीय तूफान की उत्पत्ति मानी जाती है।

वैसे तो ध्रुवीय तूफान (Polar Vortex) उत्तरी तथा दक्षिणी दोनों ही ध्रुवों पर उत्पन्न होते हैं, परन्तु उनकी भीषणता द. ध्रुव पर शीत ऋतु में अधिक होती है जब तापमान के ढलान में तीव्रता (Steepest Temperature Gradient) अधिक होती है। ध्रुवीय तूफान का व्यास 1000 किलोमीटर तक हो सकता है। उत्तरी गोलार्द्ध में इनकी हवायें घड़ी की सुइयों के विपरीत दिशा (Counter clockwise direction) में चलती हैं तथा द. गोलार्द्ध में घड़ी की सुइयों के अनूकूल (Clockwise direction) द. ध्रुव के क्षेत्रों में इनके कारण ओज़ोन परत के ह्रास में वृद्धि होती है। द. ध्रुव पर इनकी बारम्बारता बसंत ऋतु (अगस्त-सितम्बर) में अधिक होती है।

उत्तरी गोलार्द्ध में ध्रुवीय चक्रवात के दो प्रमुख केन्द्र विकसित होते हैं- (i) कानाडा (Canada) के बेफिन द्वीप (Baffin Island) के निकट, तथा; (ii) साइबेरिया के पूर्वी भाग में बेकाल झील (Baikal Lake) के निकट। (Fig. 3.39) दक्षिणी ध्रुव के निकट 160° W रॉस आइस सेल्फ (Ross Ice Shelf) पर प्राय: स्थित होता है।

जैसा कि ऊपर वर्णन किया जा चुका है, द. ध्रुव पर आर्कटिक प्रदेश की तुलना में ध्रुवीय तूफान अधिक सबल तथा भीषण होते हैं। जिसका मुख्य कारण उत्तरी गोलार्द्ध के ऊँचे अक्षांशों (ध्रुवीय क्षेत्रों) में थल (Land) की अधिक मात्रा है जिसके कारण वहाँ रॉस बी लहरों (Rossby Waves) का अपवाह होता है। ये रॉस बी पवनें ध्रुवीय चक्रवात को कमजोर करने में सहायक होती हैं। ध्रुवीय तूफान के कमजोर होने से स्ट्रेटोस्फियर के तापमान में वृद्धि हो जाती है। कभी-कभी तापमान में वृद्धि 30°C-50°C तक कुछ ही दिनों में हो जाती है।

जब कभी स्ट्रेटोस्फियर (Stratosphere) में अकस्मात तापमान में तीव्र वृद्धि होती है तो कमजोर ध्रवीय तूफानों की उत्पत्ति होती है, इसका प्रभाव ट्रोपोस्फियर (Troposhere) पर पड़ता है, जिससे ट्रोपोस्फियर सबल कम वायु दाब उत्पन्न होती है और ध्रुवीय चक्रवात सबल हो जाता है। वास्तव में लगभग 31000 मीटर की ऊँचाई पर एक बहुत कम दबाव का क्षेत्रफल बन जाता जिससे ट्रोपोस्फियर एवं मेजोस्फियर की निचली परत का तापमान भी बढ़ जाता है।

आकृति (Shape)

ध्रुवीय तूफानों का आकार अण्डाकार होता है। उत्तरी गोलार्द्ध में इसके दो केन्द्र पाये जाते हैं, एक तो कनाडा (Canada) के उत्तर में स्थिति बेफिन द्वीप (Baffin Island) पर तथा दूसरा साइबेरिया में बेकाल झील के उत्तर पूर्व में। कभी-कभी यह तूफान साइबेरिया तथा उत्तरी अमेरिका में काफी दक्षिण तक फैल जाते हैं। ऐसी परिस्थिति में इनका प्रभाव मैक्सिको की खाड़ी तक हो जाता है। वर्ष 2013 के दिसम्बर तथा 2014 की जनवरी में इसका प्रभाव क्षेत्र मैक्सिको की खाड़ी तक रिकॉर्ड किया गया था, जिससे समाज एवं पारिस्थितिकी (Ecology) का भारी नुकसान हुआ था।

ध्रुवीय क्षेत्रों के वायु दाब तन्त्र (Pressure system) में समय और मौसम के अनुसार परिवर्तन होता रहता है। मौसम बदलने पर जेट स्ट्रीम (Jet-Steam) के मार्ग में भी परिवर्तन होता है। जेट स्ट्रीम पेचाक (Meanders) बनाती हुई प. से पूर्व की ओर क्षोममण्डल (Troposphere) के ऊपरी भाग में

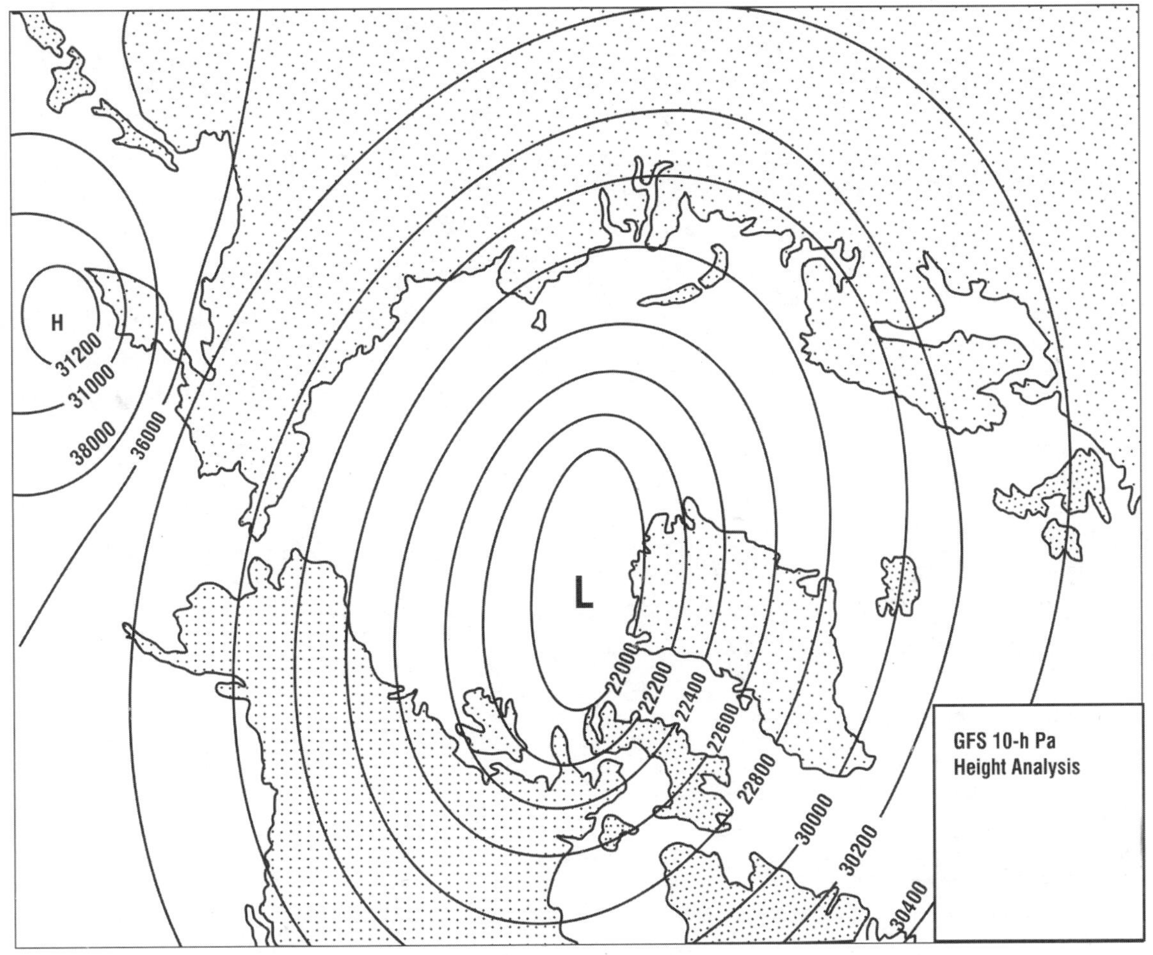

Fig. 3.39 Temperature Analysis showing the warm area (Low Pressure) and Cold area (High Pressure)

चलती है। जेट स्ट्रीम की चौड़ाई 160–480 किमी., चौड़ाई 900 से 2150 मीटर मोटी है। इसके मध्य भाग (Core) में वायु का वेग 300 किमी. प्रति घंटे से अधिक होता है।

ध्रुवीय चक्रवात (Polar Vortex) की ऊँचाई 20 से 30 किलोमीटर तक हो सकती है। इस प्रकार के ध्रुवीय चक्रवात का तापमान शून्य से बहुत नीचा होता है। तापमान शून्य से 50°C कम हो जाता है, फलस्वरूप भारी हिमपात होता है। वर्ष 2014 की जनवरी में आने वाले ध्रुवीय चक्रवात के कारण न्यूयॉर्क, बाल्टीमोर, शिकागो तथा मोण्टरिया एवं टोरण्टो का तापमान शून्य से 50°C नीचे रिकॉर्ड किया गया था। ऐसी कठोर सर्दी में उत्तरी अमेरिका के उत्तर-पूर्व के नगरों में जीवन पूर्ण रूप से अस्त-व्यस्त हो गया था। हवाई अड्डे बन्द करने पडे थे तथा हजारों जहाज कई दिन तक उड़ान नहीं भर पाये थे। ठंड की लपेट में आकर सैकड़ों लोगों की मृत्यु हो गई थी तथा मकानों एवं सम्पत्ति को भारी हानि हुई थी।

ध्रुवीय चक्रवातों के बारे में चूँकि विश्वसनीय भविष्यवाणी नहीं की जा सकती इसलिये तबाही व बर्बादी अत्यधिक हो जाती है। यद्यपि संयुक्त राज्य अमेरिका के राष्ट्रीय मौसम विभाग के ऑफिस (National Weather Services Office of USA) से भविष्यवाणी जारी की जाती है, जिससे ध्रुवीय तूफान के मार्ग तथा प्रभाव क्षेत्र का पता चलता है परन्तु इस आपदा के प्रकोप से भारी

नुकसान होता है। वास्तव में इनके बारे में देर से ही भविष्यवाणी की जा सकती है इसलिये लोगों का जल्द सचेत नहीं किया जा सकता।

वायुमण्डल में आर्द्रता (Moisture in the Atmosphere)

वायुमण्डल में पाई जाने वाली जल वाष्प को आर्द्रता कहते हैं। वायुमण्डल के संगठन में जल वाष्प का योगदान लगभग 2 प्रतिशत है। समस्त जलवाष्प का 50 प्रतिशत वायुमण्डल के निचले 2000 मीटर तक की ऊँचाई तक पाया जाता है। यह जल वाष्प, तरल तथा हिम के रूप में हो सकती है।

जल चक्र

जल चक्र पृथ्वी की सतह पर पानी के आदान-प्रदान का एक वैचारिक मॉडल है। चित्र 3.40 में इस चक्र का एक मॉडल दिखाया गया है । यह वाष्पीकरण, संघनन और वर्षा की प्रक्रियाओं से गुजरते हुए पानी की स्थिति में बड़े पैमाने पर परिवर्तन दिखाता है। वाष्पोत्सर्जन, कुछ मायनों में, वाष्पीकरण का एक विशेष रूप है जिसमें नमी वनस्पति प्रक्रियाओं के माध्यम से हवा में लौटती है। वनस्पति से वाष्पीकरण को वाष्पोत्सर्जन के रूप में जाना जाता है।

वर्षा की कुछ नमी जो सतह पर गिरती है, मिट्टी में चली जाती है और मिट्टी की नमी बन जाती है, कुछ जमीन में गहराई तक जाकर भूजल बन जाती है। जल की कुछ मात्रा वाष्पीकरण के माध्यम से फिर से वातावरण में मिल जाती है। बाकी वर्षा जल सतह से बह कर तालाबों, झीलों और नदियों में चला जाता है। आखिरकार, पानी महासागरों में अपना रास्ता खोज लेता है और फिर से चक्र शुरू करता है।

पृथ्वी की सतह पर पानी का आनुपातिक वितरण **चित्र 3.41** में दिखाया गया है। चित्र से देखा जा सकता है कि पृथ्वी का 97 प्रतिशत जल महासागरों में है। शेष 3 प्रतिशत ज्यादातर बर्फ है जो दुनिया के बड़े हिमच्छद (अंटार्कटिका और ग्रीनलैंड) में पाई जाती है। शेष लगभग सभी भूजल है। नदियों, झीलों और मिट्टी की नमी कुल पानी का 1 प्रतिशत से भी कम है। वायुमंडल में उपलब्ध वाष्प सभी जल का केवल 0.35 प्रतिशत है। फिर भी यह छोटी मात्रा बादलों और वर्षा के लिए नमी प्रदान करती है।

1. आर्द्रता (Humidity)

वायुमण्डल में पाये जाने वाले जल वाष्प को आर्द्रता कहते हैं। वायुमण्डल की आर्द्रता को विभिन्न प्रकार से दर्शाया जाता है, जिनकी संक्षिप्त व्याख्या निम्न में दी गई है।

(i) सापेक्षिक आर्द्रता (Relative Humidity)

तापमान तथा वायु भार के पश्चात सापेक्षिक आर्द्रता मौसम तथा जलवायु का प्रमुख निर्धारक है। सापेक्षिक आर्द्रता जलवाष्प की मात्रा होती है जिसको प्रतिशत में मापा जाता है। किसी दिये गये तापमान पर कोई वायु राशि 100 प्रतिशत तक जलवाष्प ग्रहण करने की क्षमता रखती है। यदि केवल 60 प्रतिशत सापेक्षित आर्द्रता है तो वह वायु राशि 40 प्रतिशत और जल वाष्प ग्रहण कर सकती है। सापेक्षिक आर्द्रता को निम्न सूत्र के द्वारा दिखाया जाता है:

$$\text{सापेक्ष आर्द्रता} = \frac{\text{वायु में वास्तविक जलवायु की मात्रा}}{\text{वायु का अधिकतम जल वाष्प सामर्थ्य}} \times 100$$

वाष्पीकरण, संघनन और तापमान में परिवर्तन के कारण सापेक्ष आर्द्रता में विभिन्नता रहती है। उस वायु को संतृप्त कहते हैं जिसमें सापेक्षिक आर्द्रता 100 प्रतिशत हो।

(ii) विशिष्ट आर्द्रता (Specific Humidity)

वायु की प्रति इकाई भार तथा उस इकाई में उपस्थित जल वाष्प के भार का अनुपात विशिष्ट आर्द्रता कहलाता है।

(iii) निरपेक्ष आर्द्रता (Absolute Humidity)

किसी निश्चित तापमान पर वायु के प्रति इकाई आयतन में विद्यमान जल वाष्प की मात्रा। इसे सामान्यता ग्राम प्रति क्यूबिक मीटर में मापा जाता है। शीतल वायु में उतनी जल वाष्प की मात्रा नहीं होती है, जितनी कि ऊष्ण वायु में। इस कारण से शीतल वायु की सापेक्षिक आर्द्रता ऊष्ण वायु की तुलना में कम होती है। देखें सापेक्षित आर्द्रता।

2. वाष्पन (Evaporation)

किसी तरल का उस तरल के क्वथनांक से नीचे एक तापमान पर वाष्प या गैस में परिवर्तन वाष्पन या वाष्पीकरण कहलाता है। वाष्पीकरण किसी तरल की सतह पर होता है और तरल से गैस में अणुओं को स्रावित करने के लिए ऊर्जा

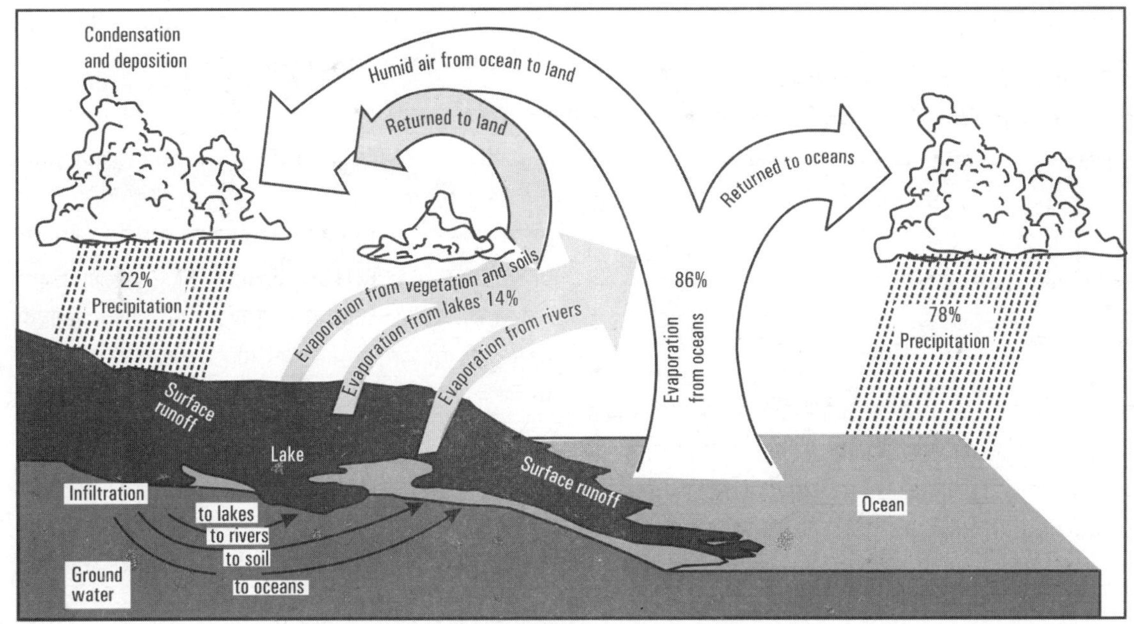

Fig. 3.40 Hydrological cycle (after A. Strahler, 1997)

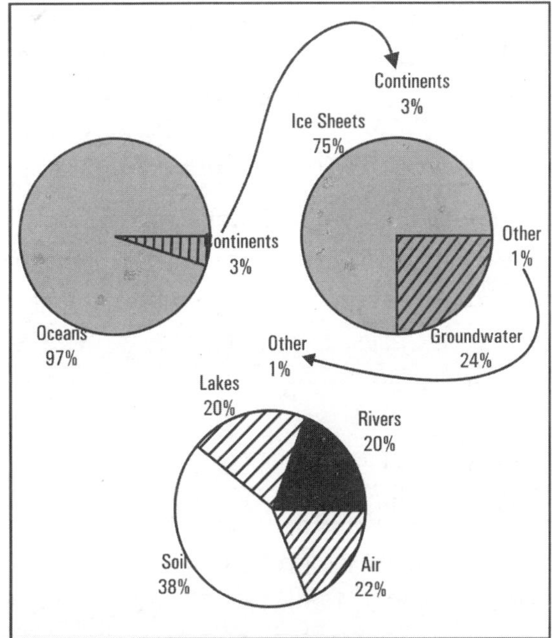

Fig. 3.41 The proportional distribution of water over the Earth's surface (after John E. Oliver, et. al, 2002, Climatology, p. 62)

की जरूरत होती है। सुप्त ताप के नाम से ज्ञात इस ऊर्जा का उपयोग तरल के तापमान में कमी का कारण बनता है।

3. वाष्पन-वाष्पोत्सर्जन (Transpiration or Evapotranspiration)

पृथ्वी से जल वाष्प का स्रवन वाष्पीकरण या उत्सर्जन द्वारा होता है। वाष्पोत्सर्जन जैवकीय प्रक्रिया है जिसके द्वारा पौधे मुख्य रूप से उनकी पत्तियों में पोरों के जरिये जल वाष्प खो देते हैं। आमतौर पर इस जल का विस्थापन जडों से ऊपर की ओर बहने वाले जल के सतत प्रवाह द्वारा होता है। वाष्पन-उत्सर्जन की दरों में हवा के तापमान एवं आर्द्रता, वायु की गति, पादप प्रकार एवं भूमि सतह की प्रकृति जैसे कारकों के साथ परिवर्तित होती हैं। चूंकि वाष्पन-उत्सर्जन इतना अधिक परिवर्तनीय होता है, भौतिक भूवैज्ञानिक संभावित वाष्पन-उत्सर्जन (पीई) की अवधारणा का उपयोग करना पसंद करते हैं। यह जल वाष्प की सबसे बड़ी मात्रा है जो जल की असीमित आपूर्तियों को देखते हुए वातावरण में विसरित हो सकती है।

4. संघनन (Condensation)

जल के गैसीय रूप (जलवाष्प-Water Vapour) का वाष्पीकरण का जल (ठोस-हिम या तरल) में रूपान्तर को ही संघनन करते हैं। इस प्रकार संघनन वाष्पीकरण का विलोम रूप होता है। जब हवा में सापेक्षिक आर्द्रता शत-प्रतिशत हो जाती है तो उस हवा को संतृप्त हवा (saturated air) कहते हैं।

वर्षण (Precipitation)

वर्षण दो चरणों में विकसित होता है। आरंभ में, बादल जल बूंद घनीकरण एवं व्यापन के जरिये न्यूक्लाइड के इर्द-गिर्द बनते हैं। बादलों में, माइनस -10 डिग्री सेल्सियस से अधिक गर्म, बड़े जल की बूंदे समान जल की बूंदों के साथ संघर्ष एवं संलयन के द्वारा बड़ी होती हैं। ठंडे बादलों में, बर्गेरोन-फांइडेसेन मैकेनिज्म संचालित होता प्रतीत होता है, जो संभवत: अनुवृद्धि के जरिये आइस क्रिस्टल के विकास के संगम से होता है, जैसेकि बेहद ठंडे जल की बूंदें बर्फ के प्रभाव से जम जाती हैं और छोटे आइस क्रिस्टल समुच्चयन के जरिये एक साथ जुड़कर बड़े हो जाते हैं। अधिक अवक्षेपण आइस क्रिस्टल के रूप में प्रारंभ होता है, जो बर्फ के टुकड़ों में परिणत हो जाते हैं लेकिन जब गिरते हैं तो पिघल जाते हैं और वर्षा बन जाते हैं। औसतन, 10 इंच (25.4 सेमी) का बर्फ लगभग 1 इंच (2.5 सेमी) वर्षा के बराबर होता है, हालांकि वास्तविक अनुपात में परिवर्तन होता है।

ओस (Dew)

वायुमण्डल में उपस्थित जल वाष्प यदि ठंडे स्थल के संपर्क में आने से जल में बदल जाये तो उससे बनी बूंदों को ओस कहते हैं। ओस पेड़-पौधों तथा घास-फूस पर रात के समय पड़ती है तथा सूर्य उदय होने के पश्चात भाप बनकर उड़ जाती है।

कोहरा (Fog)

कोहरे की उत्पत्ति वायुमण्डल में मौजूद जलवायु से होती है। कोहरा वास्तव मे एक प्रकार का बादल होता है, जो पृथ्वी के धरातल के निकट होता है। धरातल के निकट की वायु यदि ठंडी हो जाये, तब उस वायु में जल कणों के कारण वायुमण्डल की पारदर्शिता या दृश्यता प्रभावित हो जाती है, जिसे कोहरा कहते हैं।

कोहरे का सृजन धरातल के पास विकरण (Radiation), परिचालन (Conduction) तथा गर्म एवं ठंडी वायु राशियों के मिश्रण के कारण होता है। धरातल के पास जब नम-वायु का तापमान ओसांक (Dew Point) को पहुँच जाता है तो संघनन के कारण जलवाष्प वायुमण्डल में व्याप्त धूलिकण, धुँआ आदि के चारों तरफ एकत्र होकर छोटे-छोटे जलसीकरों में बदल जाता है जो कि हल्का होने के कारण वायु में लटकते रहते हैं जो धुँए के बादल के समान दिखाई पड़ता है।

कोहरे में चलने से कपड़े भीग जाते हैं। कोहरे के मुख्य प्रकार निम्न हैं:

(i) सम्पर्की विकिरण कोहरा (Advection Fog)

जब ठंडे धरातल पर गर्म तथा आर्द्र हवा का आगमन होता है तो उष्णार्द एवं ठंडी हवाओं के मिश्रण से उत्पन्न कोहरे को सम्पर्की विकिरण कोहरा कहते हैं। इस प्रकार का कोहरा प्राय: स्थलीय भागों में जाड़े के मौसम में तथा सागरीय भागों पर गर्मी के मौसम में पड़ता है।

(ii) विकिरण कोहरा (Radiation Fog)

विकिरण कोहरे की उत्पत्ति उस समय होती है, जब ठंडे धरातल के ऊपर गर्म और आर्द्र वायु होती है। इस कारण ऊपर स्थित उष्ण वायु ठंडी होकर संघनित हो जाती है और जल कण आर्द्रता ग्राही कणों में बदल कर कोहरे का रूप धारण कर लेते हैं।

विश्व के मुख्य कोहरा क्षेत्र (Foggy Regions of the World)

कोहरा विश्व के कुछ विशेष प्रदेशों में ही पड़ता है। विश्व के ऐसे प्रदेश, जिनमें कोहरे की बारम्बारता अधिक है **(Fig. 3.42)** में दिखाये गये हैं। कोहरा प्रभावित मुख्य क्षेत्रों में न्यूफाऊण्डलैंड (New Foundland)- केलिफोर्निया (California), नमीबिया तट (अफ्रीका), चिली-तट तथा ऑस्ट्रेलिया का दक्षिणी-पश्चमी तट, बैरिंग सागर तथा

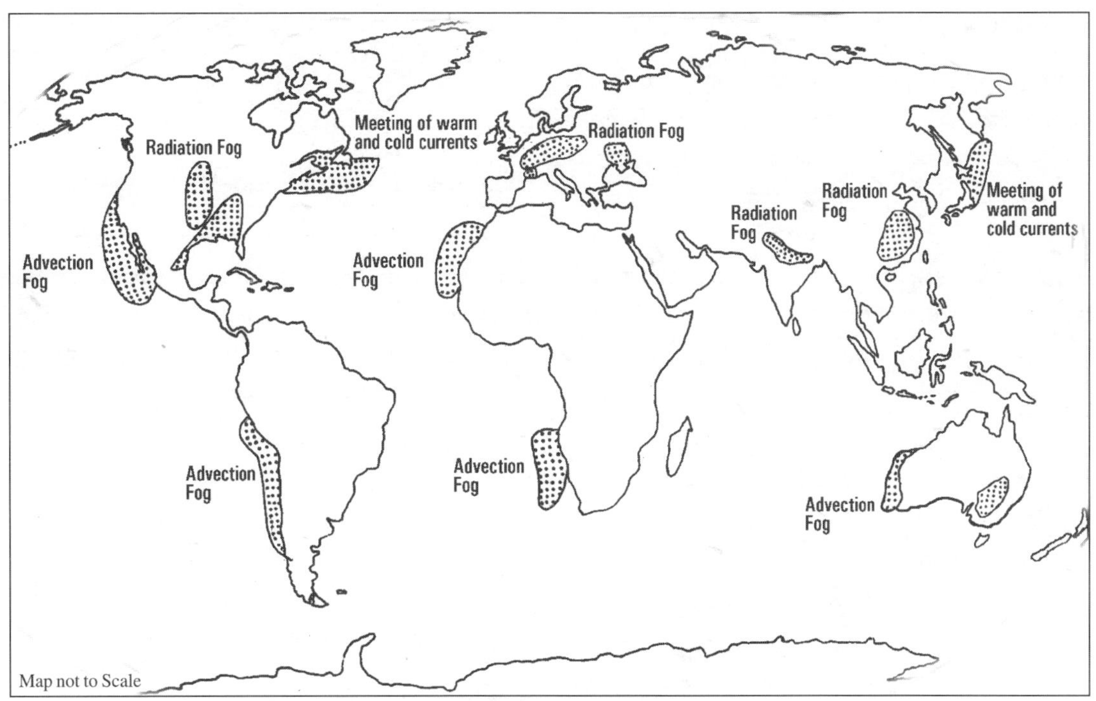

Fig. 3.42 Main areas affected by fog

ओखोटस्क सम्मलित हैं। इनके अतिरिक्त कोहरा यूरोप, उत्तरी तथा दक्षिणी अमेरिका, चीन, पूर्वी ऑस्ट्रेलिया तथा उत्तरी भारत में भी पड़ता है।

कोहरा पड़ने से अनाज की फसलों, फलों के बगीचों, कपास तथा गन्ने की फसलों पर खराब असर पड़ता है। सब्जियों की फसलें नष्ट हो जाती हैं। सड़कों पर वाहनों की दुर्घटनाओं में वृद्धि होती है, रेलें देरी से चलती हैं तथा हवाई जहाजों की उड़ानें देर से उड़ती हैं।

तुषार या पाला (Frost)

जब कभी धरातल का तापमान हिमांक बिन्दु से नीचा हो जाता है, तब वायुमण्डल का जलवाष्प, हिमकणों में बदल जाता है, जिसे तुषार या पाला कहते हैं। यह खड़ी फसलों तथा फलों के बगीचों के लिये हानिकारक होता है।

वर्षा (Rain)

बादलों से जल की बूंदों का गिरना वर्षा कहलाता है। वर्षा की बून्दों का व्यास सामान्यतया एक से पाँच मिलीमीटर होता है।

फुहार (Drizzle)

वर्षा की अत्यंत छोटी बूंदें 0.2 मिलीमीटर तक के व्यास की होती हैं। सघन फुहार को हल्की वर्षा नहीं कहा जा सकता क्योंकि फुहार का आकार वर्षा की बूंदों की तुलना में बहुत छोटा होता है।

राइम (Rime)

यदि वर्षा की बूंदें धरातल पर पड़कर तीव्रता के साथ हिम का रूप धारण कर लें तो उसको राइम कहते हैं।

सहिम वृद्धि (Sleet)

बर्फ के कणों से मिश्रित वर्षा को सहिम-वृद्धि अथवा सलीट कहते हैं।

धुंध अथवा कुहास (Mist)

वायु में विद्यमान जल वाष्प की अत्यंत छोटी बड़ी बूंदें गोलियों के रूप में धरती पर गिरती हैं। बूंदें, जिनके कारण दृश्यता कम होकर दो एक किलोमीटर रह जाती है, धुंध या कुहास कहलाती हैं।

ओले (Hails)

एक प्रकार की वर्षा जिसमें ठोस जल (बर्फ) छोटी-बड़ी गोलियों के रूप में धरती पर गिरती हैं। ओलों का निर्माण तब होता है, जब वर्षा की बूंदें बादल के हिमांक बिन्दु के ऊपर तक नीचे जाती है। इसके प्रत्येक चक्र में हिम की मात्रा बढ़ती जाती है तथा यह क्रम तब तक जारी रहता है जब तक कि पूरी तरह ओले नहीं बन जाते। यह ओले अपने भार तथा गुरुत्वाकर्षण बल के कारण धरती पर आ गिरते हैं। ओलों से प्राय: खड़ी फसलों को भारी हानि होती है।

हिम-कण (Snow Grains)

हिम के सफेद रंग के छोटे-छोटे कण। हिम-कणों को ग्रापेल (Graupel) भी कहते हैं।

आइस-प्रिज़म (Ice Prism)

यदि वायु में बर्फ के छोटे-छाटे कण तैरते हुये दिखाई पडें उनको आइस परिजम कहते हैं। सामान्यत: यह बहुत नीचे तापमान पर विकसित होते हैं। आइस-कोहार, धुंध तथा कोहरा भी एक प्रकार का वर्षण ही है।

बर्फबारी (Hail Snow)

बर्फबारी बर्फ के टुकड़ों या क्रिस्टलों का वृष्टिपात है जिनमें अधिकांश अलग-अलग फैली होती हैं। -5 डिग्री सेल्सियस से ऊंचे तापमान पर आमतौर पर बर्फ के नरम हिम कणों में सपिंडित हो जाते हैं।

बर्फ के छर्रे (Snow Pellets)

बर्फ के छर्रे (Pellets) बर्फ के सफेद और अपारदर्शी कणों से निर्मित होते हैं। ये कण अधिकतर गोलाकार होते हैं और इनका व्यास 2-5 मिमी. होता है। ये कण भुरभुरे होते हैं और जब किसी कड़े सतह से टकराते हैं तो उछलते हैं और टूट जाते हैं। बर्फ के छर्रों को नरम बर्फबारी या कच्चे ओले भी कहा जाता है।

हिम गुटके (Ice Pellets)

ये हिम के पारदर्शी या ट्रांसलुसेंट टुकडों से निर्मित होते हैं जो गोलाकार या अनियमित होते हैं। वे जमी हुई वर्षा बूंदों या मुख्य रूप से पिघले हुए और पुन: शीतित हिमकणों से निर्मित होते हैं।

बादलों का वर्गीकरण (Classification of Clouds)

अन्तर्राष्ट्रीय बादल वर्गीकरण के अनुसार बादल को चार मुख्य प्रकारों में विभाजित किया जा सकता है। ब्रिटिश विद्वान एल. होवार्ड (L. Howard) ने 1803 में बादलों के वर्गीकरण के लिये लैटिन भाषा के शब्दों का उपयोग किया। उनके अनुसार बादल चार प्रकार के हैं:

(i) क्यूम्यूलस (Cumulous) अथवा कपासी,

(ii) स्ट्रेट्स (Stratus) अथवा परतदार,

(iii) निम्बस (Nimbus) काली घटा, तथा;

(iv) सिरस (Cirrus) अथवा पक्षाभ।

अन्तर्राष्ट्रीय क्लाइड एटलस में दस प्रकार के दिए गए है, मुख्य प्रकार के बादल निम्न प्रकार है-

ऊंचे बादल (7000 मीटर से ऊपर)

1. **साईरस (Cirrus)**: सफेद, जटिल तंतुओं के रूप में असंबद्ध बादल, या सफेद या अधिकतर सफेद टुकड़ों या संकीर्ण पट्टियों (bands) के रूप में होते हैं। ये बादल रेशेदार दिखते हैं या रेशमी चमक वाले प्रतीत होते हैं **(Fig. 3.43)**।
2. **सिरोंकुमलस (Cirrocumulus)**: ये पतले, सफेद टुकड़ों, फलक या बादलों की परत होते हैं जो बिना छाया वाले कणों आदि के रूप में बहुत छोटे तत्वों से निर्मित, आपस में मिले हुए या अलग और कमोबेश व्यवस्थित होते हैं (अधिकांश तत्वों की प्रत्यक्ष चौड़ाई 1 डिग्री या 1 डिग्री से कम-लगभग नजदीक में छोटी अंगुली की चौड़ाई के बराबर होती है **(Fig. 3.43)**।
3. **सिरोंस्ट्राउट (Cirrostratus)**: पारदर्शी रेशेदार सफेद बादलों के आवरण या सहज दिखने वाले, संपूर्ण या आंशिक रूप से आकाश में आच्छादित या चित्रित आकाश वाले और आमतौर पर प्रभामंडल परिघटना (halo) पैदा करने वाले बादल होते हैं।

तालिका 3.5: मेघों का वर्गीकरण

वर्गीकरण	बादल का नाम	औसत संरचना	आधारों की ऊँचाई
उच्च	पक्षाभ मेघ पक्षाभ कपासी बादल पक्षाभ स्तरी बादल	जमे हुए पानी की बूंदें या बर्फ के क्रिस्टल	20,000 फीट
मध्यम	उच्च स्तरी बादल उच्च कपासी बादल	बर्फ के क्रिस्टल और पानी की बूंदें	6500–20,000 फीट
कम	वर्षा-स्तरी बादल स्तरी बादल स्तरी कपासी मेघ खण्डित परतीले मेघ खण्डित मुकुटधारी मेघ	पानी की बूंदें (सर्दियों में बर्फ के क्रिस्टल)	50–6500 फीट
लंबवत विकास	कपासी मेघ कपासी वर्षी मेघ	''निचले स्तरों पर पानी की बूंदें और ऊपरी स्तरों पर बर्फ के क्रिस्टल''	कम सीमा वाले बादलों में

मध्य बादल (2000 से 7000 मीटर)

4. **एटोकुमुलस (Atocumulus):** सफेद या भूरे या सफेद और भूरे दोनों, टुकड़े, चादर या बादलों की परत आमतौर पर छाया वाले, गोल परिमाणों पिंडों (rolls) आदि से निर्मित (कभी कभार आंशिक रेशेदार या विकीर्ण और जिनका विलय हो सकता है या नहीं भी हो सकता है) अधिकांश नियमित रूप से व्यवस्थित छोटे तत्वों की अकसर 1 डिग्री से 5 डिग्री के बीच प्रत्यक्ष चौड़ाई होती है–नजदीक से (arms length) लगभग तीन उंगलियों की चौड़ाई के बराबर होती है **(Fig. 3.43)**।
5. **अल्टोस्ट्रेटस (Altostratus):** भूरे या नीले बादलों की चादर या रेखांकित रेशेदार या समान दिखने वाली परत, आंशिक या पूर्ण रूप से आसमान को ढकने वाले बादल और ऐसे पतले हिस्से जिससे सूर्य की किरणें अस्पष्ट रूप से ग्राउंड ग्लास के जरिये दिख रही हों, सूर्य धुंधला दिख रहा है। बहरहाल, अल्ट्रोस्ट्रेटस बादलों में प्रभामंडल की परिघटना देखने में नहीं आती।

निचले बादल (2000 मीटर से नीचे)

6. **निम्बोस्ट्रेटस (Nimbostratus):** भूरे बादलों की परत, अक्सर काले, यह देखने में लगातार कम या अधिक होने वाली वर्षा या हिमपात (जो अधिकतर धरती तक पहुंच जाता है) के कारण विस्तारित दिखता है। यह इतना मोटा होता है कि बादलों को एक लेता है। निम्न खुरदुरे बादल अकसर परत के नीचे उभरते हैं जिनका विलय हो भी सकता है या नहीं भी हो सकता है **(Fig. 3.43)**।
7. **स्ट्रैटोकुमुलस (Stratocumulus):** भूरे या सफेद या दोनों भूरे तथा सफेद टुकड़ों चार या बादलों की परत जिसमें लगभग हमेशा ही काले हिस्से होते हैं जो पच्चीकारियों (essellations), गोल परिमाणों, पिंडों आदि से निर्मित होत हैं जो गैर-रेशेदार (विर्गा को छोड़कर) होते हैं और जिनका विलय हो भी सकता है और नहीं भी हो सकता है **(Fig. 3.43)**।
8. **स्ट्रेटस (Stratus):** आमतौर पर सफेद समान आधार के साथ भूरे बादलों की परत, जो झींसी, बर्फ के पार्श्व या बर्फ के छोटे कण देते हैं। जब सूर्य पूरे बादलों से दृष्टिगोचर होता रहता है, इसकी रूपरेखा स्पष्ट रूप से इंद्रियगोचर होती रहती है।

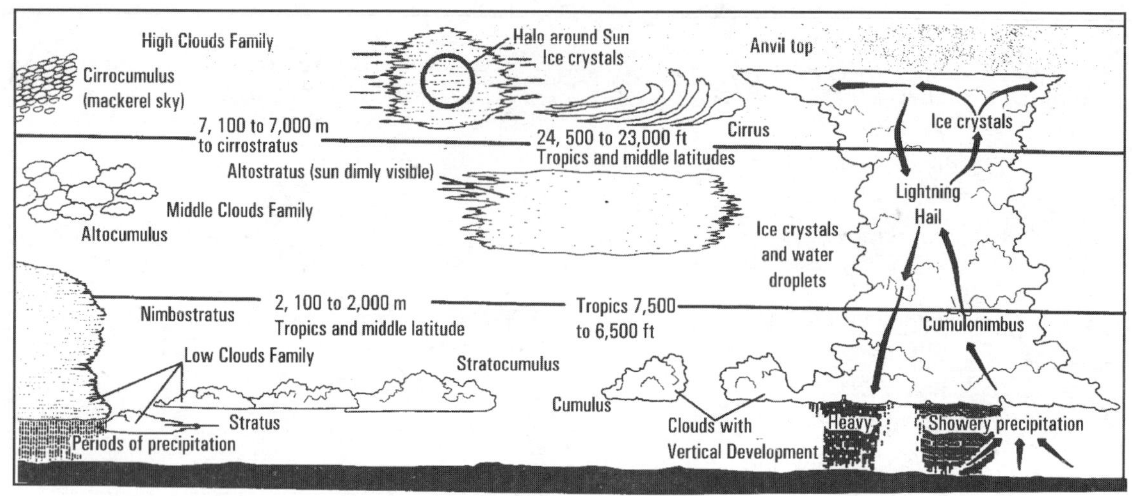

Fig. 3.43 Cloud types

स्ट्रेटस प्रभामंडल परिघटना को जन्म नहीं देता (संभवत: बहुत निचले तापमान पर को छोड़कर)। कभी-कभार स्ट्रेटस जीर्ण-शीर्ण टुकड़ों के रूप में भी दिखता है **(Fig. 3.43)**।

9. **कुमुलस (Cumulus):** असंबद्ध बादल, आमतौर पर घने एवं तेज रूपरेखाओं के साथ ऊर्ध्व रूप से उभरते टीलों, गुंबदों या टावरों के रूप में, जिसमें उभार वाला हिस्सा अक्सर फूलगोभी के सदृश्य होता है। इन बादलों का सूर्य की रोशनी से चमकीला हिस्सा अधिकतर बहुत सफेद होता है उसके आधार अपेक्षाकृत काले होते हैं और लगभग क्षैतिज होते हैं। कभी-कभार कुमुलस विषय होता है **(Fig. 3.43)**।
10. **कुमुलोनिम्बस (Cumulonimbus):** पहाडों के विशाल टावर के रूप में उल्लेखनीय रूप से ऊर्ध्वाकार स्थिति में भारी एवं घने बादल। इसके ऊपरी हिस्से का कुछ भाग चिकना, या रेखित का धारीदार और लगभग हमेशा चपटा होता है। यह हिस्सा अक्सर किसी निहाई या पिच्छक के आकार में फैला रहता है। इस बादल के आधार के नीचे, जो अक्सर काफी काला होता है, अकसर निम्न क्लांत बादल होते हैं जिनका इसके साथ विलय हो भी सकता है या नहीं भी हो सकता है। कुमुलोनिम्बस बादल मूसलाधार बारिश करते हैं। बिजली चमकने एवं बिजली गिरने की घटनाएं भी इन बादलों की सामान्य विशेषताएं होती हैं **(Fig. 3.43)**।

तड़ित (Lightning)

बादलों में बिजली की चमक को तड़ित कहते हैं। तड़ित की उत्पत्ति 15 हजार से 30 हजार डिग्री सेण्टीग्रेट ताप की वायु में उत्पन्न विद्युतीय आवेश से होती है। इस अकस्मात अत्यधिक तापमान के कारण बादलों में कड़क-चमक उत्पन्न हो जाती हैं। यदि बिजली बहुत दूरी पर चमक रही हो तो उसको ऊष्मा-तड़ित (Heat lightning) कहते हैं। बिजली गिरने से जान-माल की हानि हो सकती है।

वर्षा का अर्थ (Meaning of Rainfall)

वर्षा पानी के चक्र का एक महत्वपूर्ण भाग है। यह पानी के कणों के संघनित होने के कारण होता है और गुरुत्वाकर्षण के कारण बूँदों के रूप में बादलों से वर्षा करता है।

संघनन तब होता है जब हवा ठंडी हो जाती है और संतृप्त हो जाती है। हवा में उपस्थित कणों पर पानी के संघनन के कारण बादल बनते हैं।

हवा को कई प्रकार से ठण्डा किया जा सकता है-

- हवा के उठने और फैलने के कारण नमोष्ण कूलिंग है।
- प्रवाहकीय कूलिंग तब होती है जब हवा ठंडी सतह से प्रभावित होती है।

- विकरणशील कूलिंग इन्फ्रारेड विकरण के कारण होती है और वाष्पीकरणीय कूलिंग तब होती है जब हवा वाष्पीकरण के कारण संतृप्ति होती है। शीतलन के इन सभी रूपों से हवा की संतृप्ति, संक्षेपण और वर्षा हो जाती है। इन प्रक्रियाओं से मेघों और पानी की बूँदों का निर्माण हो सकता है, जो हवा को बारिश की तरह छोड़ते है।

वर्षा के प्रकार (Types of Rainfall)

जलवायु विज्ञान के विशेषज्ञ वर्षा को निम्न वर्गों में विभाजित करते हैं:

1. **संवाहनीय वर्षा (Convectional Rainfall) :** वायु मण्डल में संवाहन के द्वारा होने वाली वर्षा को संवाहनी वर्षा कहते हैं। जब वायुमण्डल की निचली परत गर्म होती है तो वायु गर्म होकर ऊपर उठती है। संवाहन द्वारा ऊपर उठती पवन ठंडी होती है। बादल बनते हैं तथा ऊसांग बिन्दु को पहुँचकर मूसलाधार वर्षा देने लगते हैं। संवाहनी वर्षा मुख्य रूप से विषुवतरेखीय प्रदेशों में होती है, जिनमें अमेजन बेसिन, कांगो बेसिन तथा दक्षिणी-पूर्वी एशिया द्वीप-समूह प्रमुख हैं **(Fig. 3.44-A)**।
2. **पर्वतीय वर्षा (Orographic Rainfall) :** सागर की ओर से आने वाली पवन के रास्ते में यदि कोई पर्वत माला आ जाये तो पवन पर्वतीय अवरोध के कारण ऊपर उठती है। ऊपर उठती पवन ठंडी होकर बादलों का रूप धारण करती है तथा ओसांक बिन्दु पर पहुँचकर वर्षा देने लगती है। दक्षिणी-पूर्वी मानसून एशिया में इसी प्रकार की वर्षा होती है **(Fig. 3.44-B)**।
3. **चक्रवाती अथवा वाताग्री वर्षा (Cyclonic or Frontal Rainfall) :** चक्रवाती वर्षा गर्म तथा ठंडे वाताग्रों के मिश्रण के फलस्वरूप उत्पन्न होने वाले बादलों से होती है। इस प्रकार की वर्षा में बून्दों पर आकार छोटा होता है। चक्रवाती वर्षा मुख्यत: उत्तरी-पश्चिमी यूरोप, संयुक्त राज्य अमेरिका, कनाडा इत्यादि में होती हैं **(Fig. 3.44-B)**।

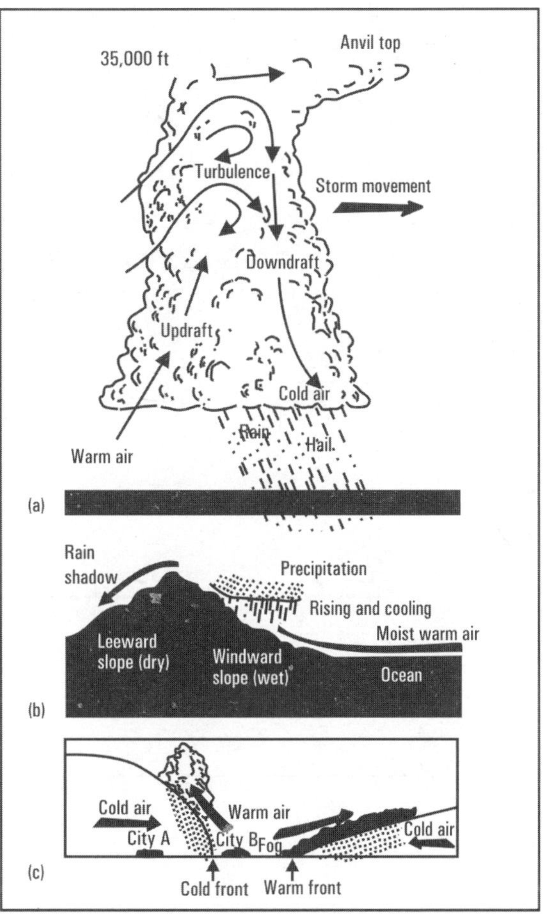

Fig. 3.44 Three types of lifting mechanisms

वर्षण का विश्व में वितरण (World Distribution of Precipitation)

विश्व में औसत वार्षिक वषर्ण 100 सेन्टीमीटर है। विश्व में वर्षण का वितरण अत्यधिक असमान है। वर्षा के वितरण पर अक्षांश ऊँचाई, पर्वतीय ढलान, सापेक्षिक आर्द्रता तथा वायु राशियों का प्रभाव पड़ता है।

विश्व में वर्षा का वितरण **Fig. 3.45** तथा **3.46** में दिखाया गया है। **Fig. 3.45** से विदित होता है कि सब से अधिक वर्षा 200 सेंटीमीटर से अधिक विषुवत रेखीय प्रदेशों में वर्षा की मात्रा में कमी होती जाती है। उपोष्ण प्रदेशों में वर्षा की मात्रा सब से कम है जहाँ साल भर की औसत वर्षा 25 सेंटीमीटर के आस-पास है, शीतोष्ण कटिबंध में

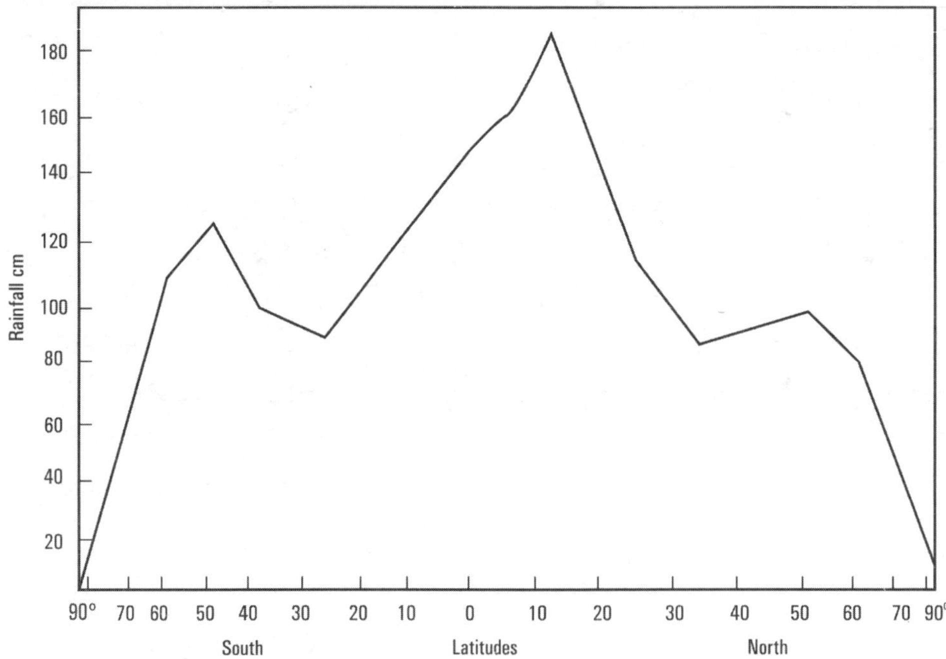

Fig. 3.45 Latitudinal distribution of precipitation

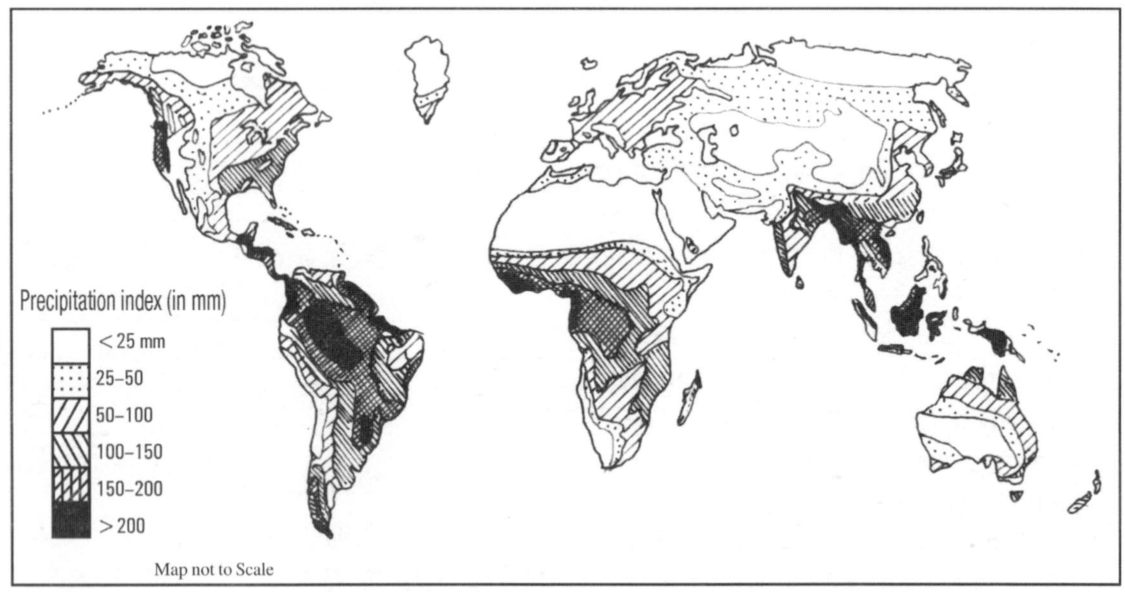

Fig. 3.46 Mean precipitation over the Earth

100 से 125 सेंटीमीटर वार्षिक वर्षा शीतोष्ण चक्रवातों से होती है। ध्रुवीय प्रदेशों में भी वर्षण का वार्षिक और 25 सेंटीमीटर के निकट है **(Fig. 3.46)**।

अल-निनो (El-Nino)

दक्षिणी अमेरिका के पश्चिमी तट पर ठंडे पानी की धारा बहती है। कभी-कभी ठंडे पानी की जलधारा के तापमान में वृद्धि हो जाती है और यह गर्म जलधारा में बदल जाती है। जलधारा के इस प्रकार तापमान परिवर्तन को अल-निनो कहते हैं। पेरू के तट पर जलधारा का अधिक तापमान होने के कारण वहाँ कम वायुदाब उत्पन्न हो जाता है, जिसके परिणामस्वरूप व्यापारिक पवनें कमजोर पड़ जाती हैं तथा विषुवतरेखीय गर्म जल धारा का अपवाह पश्चिम से पूर्व की ओर हो जाता है। अल-निनो वर्ष में पेरू तट पर भारी वर्षा होती है और ऑस्ट्रेलिया तथा इण्डोनेशिया में सूखा पड़ता है। अल-निनो वर्ष में भारतीय मानसून के फेल होने की संभावना अधिक होती है **(Fig. 3.47** तथा **3.48)**।

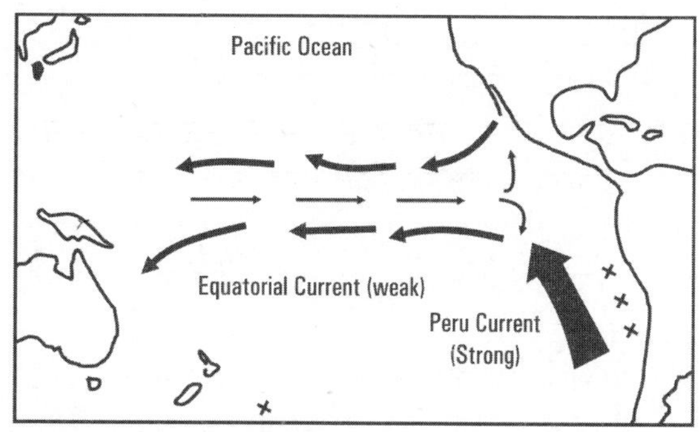

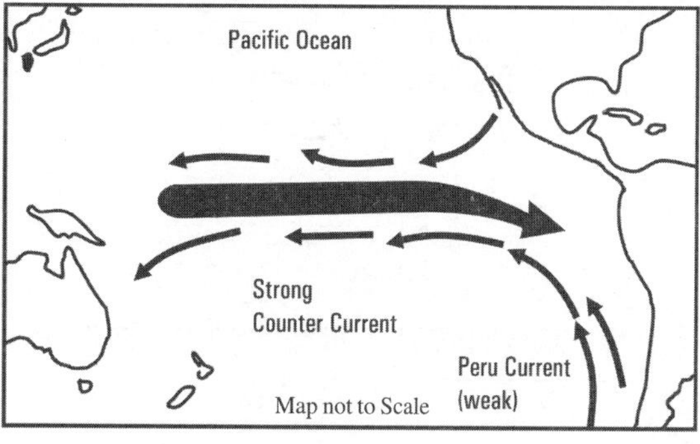

Fig. 3.47 EL-Nino

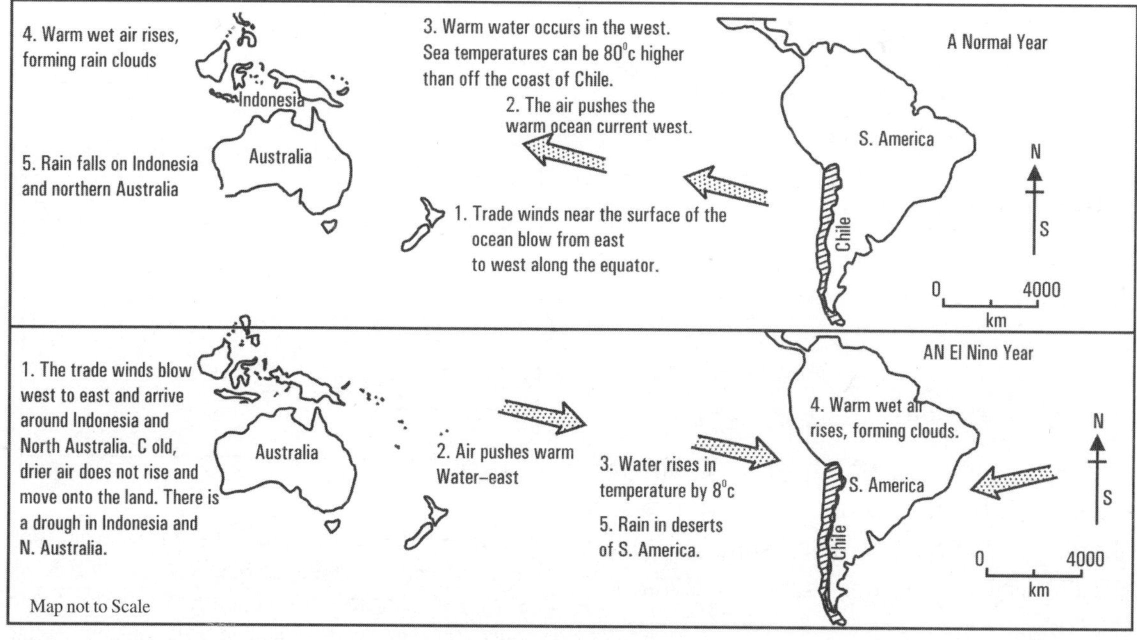

Fig. 3.48 El–Nino

1982-83 में भारी अल-निनो की परिस्थिति उत्पन्न हुई थी, जिसके निम्न परिणाम हुये थे:

1. सम्पूर्ण दक्षिण-पूर्वी एशिया में मानसून फेल हुआ।
2. अफ्रीका के साहेल (Sahel) तथा दक्षिणी-पूर्वी एशिया के देशों में सूखा पड़ा।
3. उत्तरी ऑस्ट्रेलिया तथा उत्तरी न्यूजीलैंड में सूखा पड़ा।
4. दक्षिणी अमेरिका के पेरू, कोलम्बिया तथा इक्वाडोर देशों में अधिक वर्षा के कारण बाढ़ आई।
5. अलास्का तथा कनाडा के तापमान में वृद्धि के कारण हिमनदों में अधिक बर्फ पिघली।
6. संयुक्त राज्य अमेरिका में गत 25 वर्षों का सबसे अधिक तापमान रिकॉर्ड किया गया।
7. क्यूबा तथा दक्षिणी संयुक्त राज्य अमेरिका में बाढ़ आई।
8. प्रशान्त महासागर की प्रवाल भित्तियों में बीमारी फैली।
9. पेरू तट पर मछलियों की संख्या घटी।
10. प्रशान्त महासागर के बहुत-से पक्षी मरे।
11. दक्षिणी-पूर्वी एशिया के देशों में मलेरिया बीमारी फैली।

अल-निनो भविष्यवाणी (El-Nino Forecasting)

अल-निनो के बारे में विश्वसनीय भविष्यवाणी नहीं की जा सकती। आँकड़ों के अनुसासर लगभग सात वर्ष के पश्चात अल-निनो उत्पन्न होती है। कुछ विद्वानों का मत है कि अल-निनो का मुख्य कारण सागर नितल का प्रसारण (Sea Floor Spreading) है, जिसके कारण ऐस्थेनोसफियर (Asthenosphere) से अधिक ऊष्मा सागर के जल में प्रवाहित होती है।

ला-नीना (La-Nina)

ला-नीना का शाब्दिक अर्थ छोटी बच्ची है। यह अल-निनो के विपरीत परिस्थिति है। इस परिस्थिति में मध्य तथा पश्चिमी प्रशांत महासागर में तापमान सामान्य से काफी नीचे गिर जाता है। इसका मुख्य कारण गर्मी के मौसम में दक्षिणी प्रशान्त महासागर में उपोष्ण कटिबंधीय उच्च वायु दाब (Sub-tropical High Pressure) का सामान्य से अधिक प्रबल होना है। ऐसी परिस्थिति में व्यापारिक पवनें (Trade Winds) बहुत सबल हो जाती हैं। ला-निनो के वर्ष में पेरू की जलधारा का तापमान काफी गिर जाता है। ऐसी परिस्थिति में ऑस्ट्रेलिया के तट पर, इण्डोनेशिया तथा भारतीय उप-महाद्वीप में अधिक वर्षा होती है **(Fig. 3.49)**।

ओजोन ह्रास (Ozone Depletion)

वायुमण्डल की दूसरी परत समतापमण्डल में ओजोन गैस पाई जाती है। ओजोन गैस की यह परत सूर्य से आने वाली अल्ट्रा-वॉयलट (Urtra-violat) किरणों को सोख लेती हैं, जिसका खराब प्रभाव मानव समाज, वनस्पति तथा पशुपक्षियों

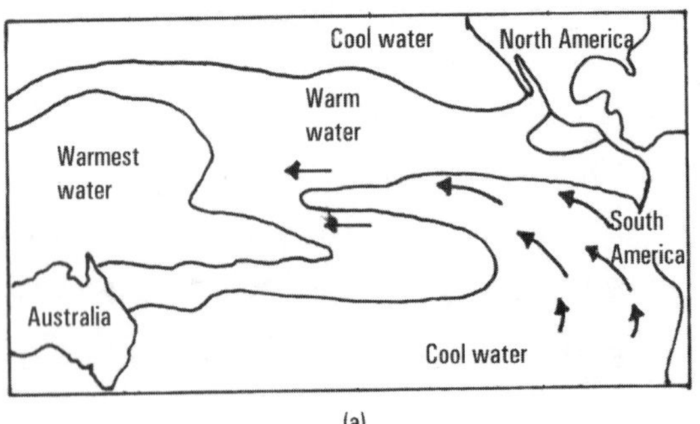

(a)

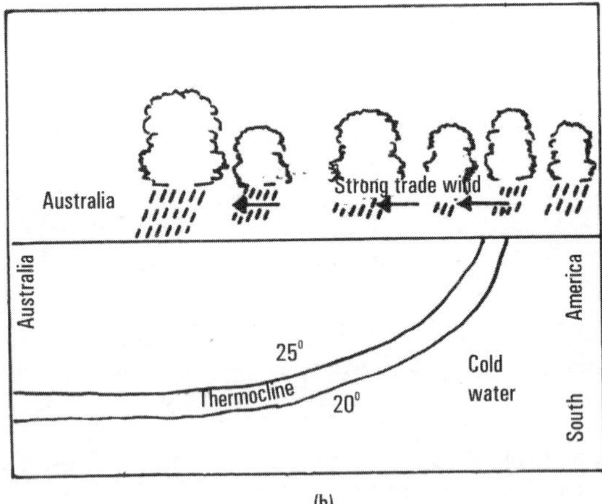

(b)

Fig. 3.49 (a) – Ocean temperatures and wind direction during La-Nino
(b) The thermocline reaches the surface for west of South America. The warm water is limited to the western Pacific Ocean. This restricts cloud cover and precipitation to the far western Pacific Ocean

पर पड़ता है। वायुमण्डल में सी. एफ. सी. (C F C) गैसों तथा कार्बन-डाइ-ऑक्साइड गैसों के कारण ओजोन परत का तेजी से ह्रास हो रहा है **(Fig. 3.50)**। यदि ओजोन परत का ह्रास निरन्तर जारी रहा तो धरती के प्राणियों, जीव जन्तुओं तथा मानव समाज को भारी हानि होगी।

'हानिकारक' सिंथेटिक रसायन वातावरण में छोड़ा जाता है-मुख्य रूप से क्लोरोफ्लुरोकार्बन (सीएफसी) जिसका उपयोग साफ करने वाले कारकों रेफ्रिजेरेंट्स आग बुझाने वाले प्रायो स्प्रे-कैन प्रोपैलैंट्स में किया जाता है और सूर्य की रोशनी द्वारा इनसुलेटिंग फोम ऐसे यौगिकों में रूपांतरित हो जाते हैं जो पृथ्वी के वातावरण के ओजोन पर हमले करते हैं और आंशिक रूप से इसमें कमी लाते हैं। सीएफसी क्लोरीन, फ्लुओरीन एवं कार्बन के जटिल सिंथेटिक अणु होते है। वे पृथ्वी की सतह की स्थितियों के तहत बहुत स्थिर (जड़) होते हैं और उनमें ताप के उल्लेखनीय गुण हाते हैं जो उन्हें रेफ्रिजरेटर के रूप में मूल्यांकन और एरोसोल स्प्रे के रूप में (प्रोपेलैंट) बना देते हैं।

समतापमंडल (स्ट्रेटोस्फेयर) में ओजोन स्तर में अमेरिका में कम-से-कम 3 प्रतिशत, ऑस्ट्रेलिया और न्यूजीलैंड में 4 प्रतिशत तथा उत्तरी एवं दक्षिणी ध्रुवों के निकट 50 प्रतिशत की कमी आई है। कमी की मात्रा अक्षांश (और मौसम के साथ) के साथ बदलती है जो धूप की तीव्रता में परिवर्तन के कारण होती है **(Fig. 3.50)**।

ओजोन में कमी का तंत्र (Mechanism of Ozone Depetion)

अंटार्टिका के ऊपर सर्दी के महीने में बेहद ठंडी, सूखी हवा की एक बहुत बड़ी मात्रा महाद्वीप के आसपास की अपेक्षाकृत गर्म हवा को दूर रखती है। यह ठंडी हवा सर्दी के महीनों में और ठंडी हो जाती है जब धूप नहीं होती।

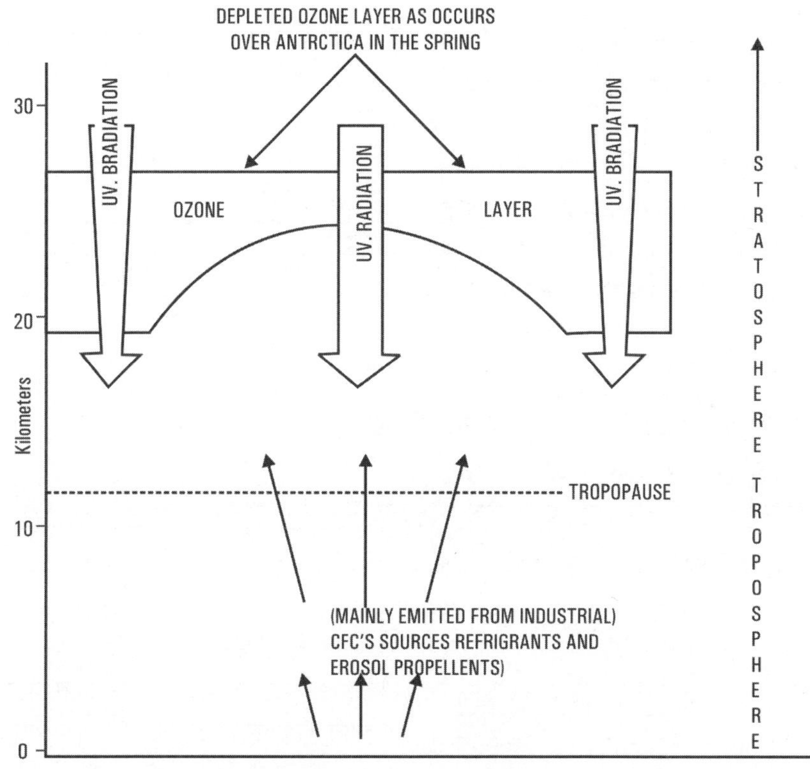

Fig. 3.50 Ozone layer depletion

अंटार्टिका में तापमान -85 डिग्री सेल्सियस तक गिर जाता है। बेहद अधिक ठंड में, आर्द्रता सघन होकर हिम कणों में बदल जाती है और नाइट्रिक एसिड कण का भी निर्माण होता है। ये कण बहुत उच्च पतले बादलों का निर्माण करते हैं जिन्हें पोलर स्ट्रेटोस्फेरिक क्लाउड्स (पीएससी) कहा जाता है। बादलों के ये टुकड़े सीएफसी के रसायन एवं ओजोन में कमी करने में बहुत महत्वपूर्ण भूमिका का निर्वाह करते हैं। नाइट्रोजन ऑक्साइड क्रिस्टल क्लोरीन एवं ब्रोमाहेन यौगिकों तथा हिम-कणों को पीछे छोड़ते हुए स्ट्रैटोस्फेयर से बाहर निकल आते हैं। रासायनिक प्रक्रियाएं उस वक्त तीव्र होती हैं जब कोई ऐसी सतह होती है जिस पर प्रतिक्रिया होती हैं जब कोई हिम के कण अच्छे सतह होते हैं और जल बूंदों के सतह की तरह 10 गुना सक्षम होते हैं। आंशिक रूप से यह उस गति की व्याख्या करता है जिसके साथ अंटार्टिका वसंत (स्प्रिंग) में यह प्रक्रिया होती है। यह इसकी भी व्याख्या करता है कि निम्न अक्षांशों पर प्रक्रिया क्यों कम प्रभावी होती है।

रासायनिक प्रक्रिया तब आरंभ होती है जब वसंत में सूर्य उगता है। गर्म होने से रासायनिक प्रतिक्रियाओं की गति बढ़ती हैं और क्लोरीन तेज गति से ओजोन को नवट कर देता है। कमी सबसे पहले अंटार्टिका सर्किल से आरंभ होती है जहां सूर्य की किरणें स्ट्रैटोस्फेयर में प्रवेश करती हैं। दक्षिण ध्रुव में वसंत सितम्बर और अक्टूबर में आता है। अंटार्टिका छिद्र के केन्द्र में ओजोन में 60 प्रतिशत तक का कुल नुकसान हो सकता है। कुछ अक्षांशों पर तो यह 90% तक है। अंततोगत्वा, आसपास के क्षेत्रों से वायु इस क्षेत्र में बहने लगता हैं और ओजोन के स्तर में सुधार आता है। पोलर स्ट्रैटोस्फेयर बादल वसंत ऋतु के गर्म होने के साथ गायाब हो जाते हैं। ऐसी ही प्रक्रिया, वातावरण में अन्यत्र कहीं होती है लेकिन उच्च अक्षांशों पर एवं धीमी गति से।

ओजोन में कमी वैज्ञानिकों को सतर्क कर देती है क्योंकि स्ट्रैटोस्फेरिक ओजोन सूर्य से बनने वाली कुछ उच्च अल्ट्रावॉयलेट विकिरण को रोक देती हैं। अल्ट्रावॉयलेट विकिरण डीएनए की लड़ियों को तोड़ने और प्रोटीन अणुओं को खोल देता है। सूर्य की रेशनी का सामना करने वाली प्रजातियों ने अल्ट्रावॉयलेट विकिरण की औसत मात्रा से बचाव का रास्ता ढूंढ़ लिया है लेकिन इनकी बढ़ी हुई मात्रा इस बचाव के रास्तों पर हावी हो सकती है। सोयाबीन और चावल जैसे भूमि में उगाए जाने वाले पौधे सूर्य की रोशनी से प्रभावित होंगे जो उनकी उपज को घटा देती हैं। महासागर में ऊपरी दो मीटर की सतह पर रहने वाले प्लवक पर भी इनका प्रतिकूल प्रभाव पड़ेगा। हाल के अनुसंधानों से संकेत मिलता हैं कि अंटार्टिका के आसपास तटीय जलों में पादप प्लवक प्राथमिक उत्पादकता में 6 प्रतिशत से 12 प्रतिशत तक की खतरनाक कमी आ चुकी है।

मनुष्य भी ओजोन में कमी के प्रतिकूल प्रभावों से अछूते नहीं रहेंगे। वातावरण के ओजोन में लगभग 1 प्रतिशत की कमी से मानों त्वचा के कैंसर में लगभग 5 से 7 प्रतिशत की बढ़ोत्तरी होगी। मजबूत अल्ट्रावायलेट किरणें प्रतिरोधन प्रणाली को भी कम कर सकती हैं और आंखों में मोतियाबिंद का कारण बन सकती हैं।

विश्व समुदाय ओजोन में कमी के प्रतिकूल प्रभावों को लेकर काफी चिंतित हैं और सीएफसी गैसों के उत्पादन को कम किया जा रहा है। दुर्भाग्य से, सीएफसी गैसें वायुमंडल में 110 वर्षों से हैं और इसलिए उनका विध्वंसकारी प्रभाव जारी रहेगा। अब पहले ही बहुत देरी हो चुकी है।

जलवायु परिवर्तन (Climatic Change)

परिवर्तन प्रकृति का सिद्धान्त है। जलवायु भी इसका अपवाद नहीं। विशेषज्ञों के अनुसार पृथ्वी के तापमान में वृद्धि हो रही है। तापमान वृद्धि से सागर स्तर निरंतर ऊँचा हो रहा है, जिससे तटों पर स्थित नगरों के जलमग्न होने का खतरा बढ़ रहा है।

हरित गृह गैसों का प्रभाव (Greenhouse Effect)

हरित गृह गैस जलवायु परिवर्तन का एक कारण माना जाता है। इन गैसों के द्वारा वायुमण्डल में ऊष्मा का मार्ग अवरुद्ध हो जाता है, जिसके कारण विकिरण ऊष्मा किरणें वापस होकर क्षोभमण्डल को भेद कर ऊपर नहीं जातीं इससे सूर्य से प्राप्त होने वाली ऊष्मा का संचय वायुमण्डल के निचले भाग में हो जाता है। इस कारण पृथ्वी के धरातल तथा नीचे के वायुमण्डल का तापमान बढ़ जाता है।

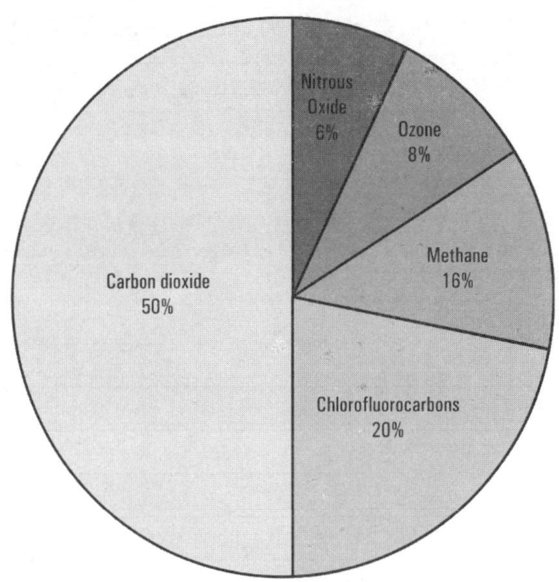

Fig. 3.51 Main greenhouse gas

हरित गृह गैसों में जलवाष्प तथा धुँआ (Co_2) सब से महत्वपूर्ण हरित गृह गैसें हैं **(Fig. 3.51)**। वायुमण्डल में इन गैसों के कारण पृथ्वी का औसत तापमान लगभग 15°C के आस-पास बना रहता है। यदि यह गैस वायुमण्डल में न होती तो पृथ्वी का तापमान –19°C होता और इस धरती के तापमान पर मानव जीवन सम्भव न होता।

पृथ्वी का औसत तापमान लगभग 15°C है। समय-समय पर पृथ्वी के तापमान में परिवर्तन होता है। पृथ्वी के 1590 से 2000 एवं 1800 से 2000 ई. के तापमान को **Fig. 3.52** तथा **3.53** में दिखाया गया है इन ओरखों को

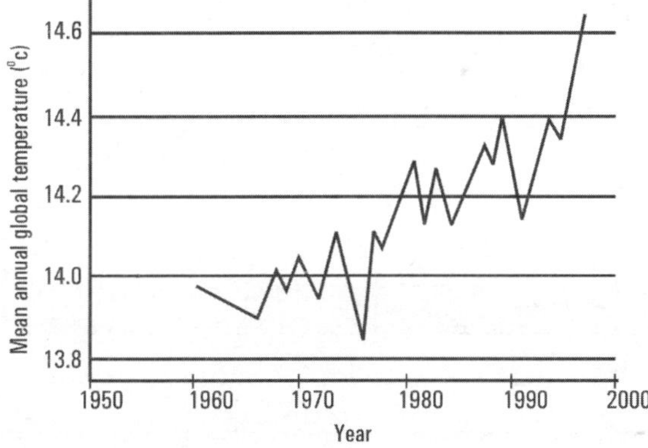

Fig. 3.52 An increase in the average temperature of the Earth

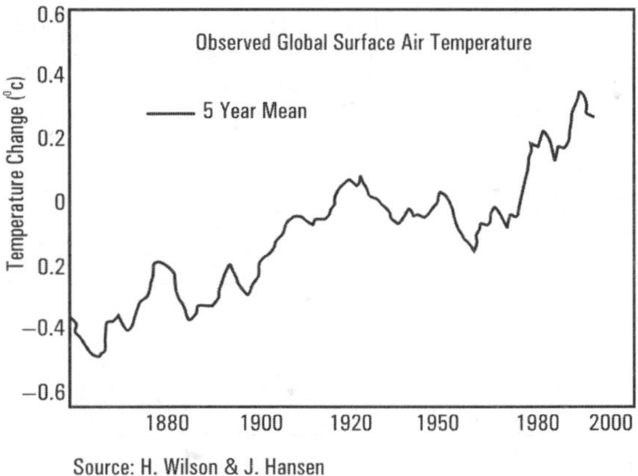

Fig. 3.53 Increase in global surface air temperature

देखकर आसानी से समझा जा सकता है कि पिछली शताब्दी में पृथ्वी के तापमान में तीव्र गति से वृद्धि हुई है।

वैश्विक ताप वृद्धि (Global Warming)

पृथ्वी पर तापमान वृद्धि के निम्न प्रमाण हैं:

1. अंटार्कटिका की हिम परतों का टूटना।
2. पृथ्वी के पर्वतों के ग्लेशियरों का पिघलना।
3. सागर स्तर का ऊँचा होना।
4. सागरों के तापमान में वृद्धि।
5. अंटार्कटिका महासागर की परतों का पतला होना।
6. उत्तरी गोलार्द्ध के स्थाई तुषार में कमी (Permafrost) आना।
7. पर्वतमालाओं में वृक्ष रेखा (Tree Line) का ऊँचाई की ओर खिसकना।
8. दुबई और अबुधाबी में 1907-08 में हिमपात होना।
9. 1990 का दशक बीसवीं शताब्दी का सब से गर्म दशक होना।
10. पिछले एक हजार वर्षों में बीसवीं शताब्दी सबसे गर्म शताब्दी।
11. बीसवीं शताब्दी में 1998 में सबसे ऊँचे तापमान रिकॉर्ड किये जाना।
12. अंटार्कटिका में अडेली पैंग्विनों (Adelie Penguin) की संख्या का कम होना।
13. अंटार्कटिका के तीव्र पर्वतीय ढलानों पर काई तथा लिकन (Mosses and Lichen) जैसी वनस्पति उत्पन्न होना।

14. महासागरों में पूर्वी भित्तियों (Coral Reef) में कोरल ब्लीचिंग (Coral Bleaching) बीमारी का महामारी का रूप धारण करना।

मौसम सम्बंधी कुछ चिन्हों को **Fig. 3.56** में दिखाया गया है।

तालिका 3.6: कुछ प्रमुख जलवायविक शब्दावलियां

सममुल्य रेखा (Isoline)	क्या दर्शाती है?
आइसएलोबार	समभार प्रवृत्ति जो समान वायु दाब अन्तर को दिखाती है।
आइसम्पलाटियुड	समान विस्तारण
आइसानोमली	समवायु भार
आइसोबार	समवायु दाब
आइसोक्रेम	सबसे ठंडे महीने का औसत न्यूनतम तापमान
आइसोहेल	समान धूप
आइसोहाइट	सम वर्षा को दर्शाने वाली रेखा
आइसोकेरन	समान बादलों की गरज-तूफान (Thunder storm) को दिखाने वाली रेखा
आइसोमर	समान औसत मासिक वर्षा जिसको प्रतिशत में दिखाया जाये।
आइसोनिफ	समान हिम पात को दर्शाने वाली रेखा
आइसोरेम	समान तुषार को दिखाने वाली रेखा
आइसोथर्म	समताप रेखा

***Source:** John E., et. al. Climatology-An Atmospheric Science, Pearson Education.*

कोपेन का जलवायु वर्गीकरण (The Koppen Climate Classification)

यह पहली बार 1884 में रूसी जर्मन पर्वतारोही ब्यादिमीर कोपेन द्वारा प्रकाशित किया गया था, बाद में कोपेन और अन्य द्वारा कई संशोधनों के साथ विशेष रूप से रुडोल्फ गीगर द्वारा, इसलिए इस प्रणाली को कभी-कभी कोपेन गीगर जलवायु वर्गीकरण प्रणाली भी कहा जाता है। यह व्यापक रूप से वनस्पति आधारित जलवायु वर्गीकरण प्रणाली पर आधारित है। वर्गीकरण प्रणाली अपनी जलवायु सीमाओं के अनुसार विश्वभर में वनस्पति क्षेत्रों या बायोग को वर्गीकृत करने के लिए एक सूत्र के प्रयोग का प्रभाव करती है 1918 में कोपेन ने अपनी वर्गीकरण प्रणाली में संशोधन किया और पुन: प्रकाशित किया और 1940 में अपनी मृत्यु तक प्रणाली को संशोधित करना जारी रखा। 1940 में कोपेन के छात्र रुडोल्फ गीगर ने कोपेन जलवायु वर्गीकरण प्रणाली का एक मानचित्र प्रस्तुत किया।

जलवायु का वर्गीकरण (Climate Classification)

तालिका 3.7: कोपेन द्वारा जलवायु का वर्गीकरण

क्र.स.	कोड	विवरण	समूह	वर्षण का प्रकार	ताप का स्तर
1.	Af	उष्ण कटिबंधीय वर्षा वन जलवायु	उष्ण कटिबंधीय	वर्षा वन	
2.	Am	उष्ण कटिबंधीय मानसूनी जलवायु		मानसूनी	
3.	As	उष्ण कटिबंधीय शुष्क सवाना जलवायु		सवाना शुष्क	
4.	Aw	उष्ण कटिबंधीय सवाना नम जलवायु		सवाना नम	

क्र.स.	कोड	विवरण	समूह	वर्षण का प्रकार	ताप का स्तर
5.	Bsh	गर्म अर्ध शुष्क (स्टैपी) जलवायु	शुष्क	स्टैपी	गर्म
6.	Bsk	ठंडी अर्ध शुष्क (स्टैपी) जलवायु		स्टैपी	ठंडी
7.	Bwh	गर्म मरुस्थली जलवायु		मरुस्थली	गर्म
8.	Bwk	ठंडी मरुस्थली जलवायु		मरुस्थली	ठंडी
9.	Cfa	आद्र उपोष्णकटिबंधीय जलवायु		बिना सूखे मौसम	तप्त ग्रीष्म
10.	Cfb	शीतोष्ण सागरीय जलवायु		बिना सूखे मौसम	गरम ग्रीष्म
11.	Cfc	उप ध्रुवीय सागरीय जलवायु		बिना सूखे मौसम	शीत ग्रीष्म
12.	Csa	गर्म ग्रीष्म भूमध्यसागरीय जलवायु		बिना सूखे मौसम	बहुत ठंड
13.	Csb	उष्ण ग्रीष्म भूमध्यसागरीय जलवायु	शीतोष्ण	शुष्क ग्रीष्म	तत्प्त ग्रीष्म
14.	Csc	शांत ग्रीष्म भूमध्यसागरीय जलवायु		शुष्क ग्रीष्म	गरम ग्रीष्म
15.	Cwa	मानसून से प्रभावित आर्द्र उपोष्ण कटिबंधीय	जलवायु	शुष्क ग्रीष्म	शीत ग्रीष्म
16.	Cwb	शुष्क सर्दियों के साथ उपोष्ण कटिबंधीय जलवायु या शीतोष्ण समुद्री जलवायु	उच्च गर्म	शुष्क ग्रीष्म	तप्त ग्रीष्म
17.	Cwc	तप्त ग्रीष्म आर्द्र महाद्वीपीय जलवायु	ठंडी उपोष्ण उच्च भूमि जलवायु या उप-ध्रुवीय समुद्री जलवायु		सूखी ठंड के साथ
18.	Dfa	गरम ग्रीष्म आर्द्र महाद्वीपीय जलवायु			
19.	Dfb	उप-आर्कटिक जलवायु	शुष्क ठंड		गरम ग्रीष्म
20.	Dfc	बहुत ठंडी उप-आर्कटिक जलवायु			
21.	Dfd	बहुत ठंडी उप-आर्कटिक जलवायु	ठंडी	शुष्क ठंड	शीत ग्रीष्म
22.	Dsa	तप्त शुष्क-ग्रीष्म महाद्वीपीय जलवायु			
23.	Dsb	गर्म शुष्क ग्रीष्म महाद्वीपीय जलवायु	महाद्वीपीय	शुष्क ठंड	
24.	Dsc	शुष्क ग्रीष्म उप-आर्कटिक जलवायु			बहुत ठंड
25.	Dwa	मानसून प्रभावित तप्त शुष्क आद्र		शुष्क ठंड	
26.	Dwb	महाद्वीपीय जलवायु मानसून प्रभावित गर्म शुष्क आद्र			
27.	Dwc	महाद्वीपीय जलवायु			
28.	Dwd	मानसून प्रभावित बहुत ठंडी उप-आर्कटिक जलवायु			
29.	EF	बर्फीली जलवायु	ध्रुवीय	आइस कैप टुण्ड्रा	
30.	ET	टुण्ड्रा			

- **Af:** प्रत्येक महीने वर्षा का औसत कम-से-कम 60 मिमी. (2.4 इंच)।
- **Af:** प्रत्येक महीने वर्षा का औसत 60 मिमी. (2.4 इंच) से कम ।
- **Am:** 60 मिमी. (2.4 इंच) वर्षा के साथ सबसे शुष्क महीना।
- **Af:** प्रत्येक महीने वर्षा का औसत 60 मिमी. (2.4 इंच) से कम।
- **Am:** 60 मिमी. (2.4 इंच) से कम वर्षा के साथ सबसे शुष्क महीना लेकिन कुल वार्षिक वर्षा का 4% से कम।
- **As:** सबसे शुष्क महीने में 60 मिमी. (2.4 इंच) वर्षा से कम और कुल वार्षिक वर्षा का 4% से कम। उच्च

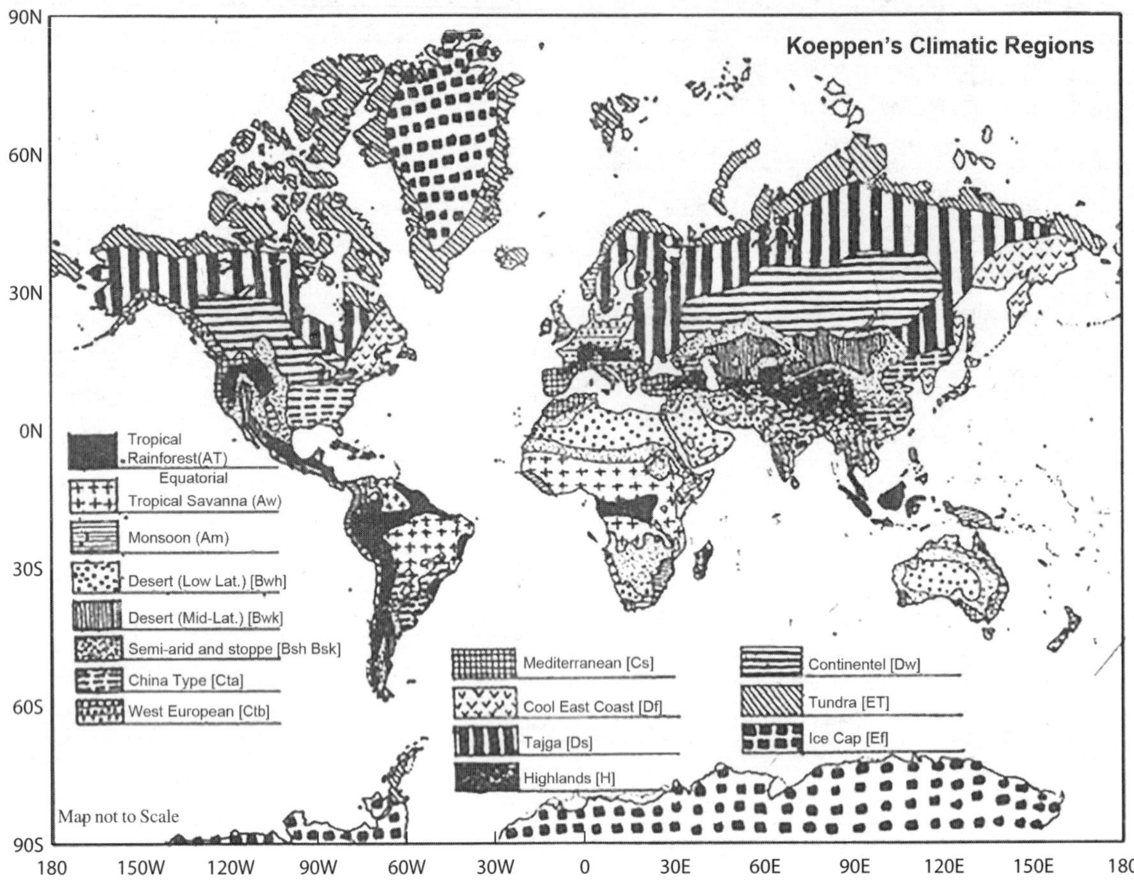

Fig. 3.54 Koppen's Climate Classification

सूर्य के समय के दौरान यहां शुष्क मौसम हो सकता है। बारिश द्वारा प्रभाव के कारण प्राय: लम्बे दिन होते हैं जोकि उष्ण कटिबन्धीय क्षेत्रों में गर्मी की वर्षा में कटौती करते हैं। इस स्थिति में यह इसे उष्णकटिबन्धीय आर्द्र सवाना जलवायु होने से रोकता है।

- **Aw:** सबसे शुष्क महीनों में 60 मिमी. (2.4 इंच) से कम बारिस और कुल वार्षिक वर्षा का 4% से कम।
- **Bsh:** गर्म अर्द्ध-शुष्क जलवायु जिसमें मध्य वार्षिक तापमान कम-से-कम 18°C में या सबसे ठंडे महीने का मध्य तापमान 0°C से अधिक हो।
- **Bsk:** ठण्डी अर्द्ध-शुष्क जलवायु जिसमें औसत वार्षिक तापमान 18°C से कम होता है या शीतलतम महीने का औसत तापमान 0°C से अधिक न हो।
- **Bwk:** गर्म मरुस्थल में औसत वार्षिक तापमान 18°C से कम होता है और वार्षिक वर्षा 200 मिमी. से अधिक न हो।

इस प्रकार की जलवायु की विशेषता साधारणत: गर्म, कभी-कभी आशा के अनुरूप पूरे वर्ष गर्मी। बहुत से स्थानों में इसकी विशेषता गर्म मरुस्थलीय जलवायु की होती है जिसमें अधिकतम तापमान 40°C (104°F) से अधिक गर्मियों में असामान्य नहीं है और गर्मतम क्षेत्रों में 45°C (113°F) से अधिक पहुँच जाता है।

- **Cfa:** शीतोष्ण, शुष्क मौसम के बिना, गर्म गर्मी, ठंडे महीने का औसत 0°C (32°F) से ऊपर, कम-से-कम एक महीने का औसत तापमान 22°C (71.6°F) न्यूनतम चार महीनों का औसत तापमान 10°C(50°F) ऊपर

हो। मौसमों के बीच वर्षा के अन्तर का महत्व नहीं। गर्मियों में कोई सूखा महीना नहीं।

- **Cfb:** शीतोष्ण, शुष्क मौसम के बिना, और गर्म। सबसे ठंडे महीने का औसत 0°C (32°F) से ऊपर, सभी महीनों का औसत तापमान 22°C (71.6°F) से ऊपर और न्यूनतम चार महीनों का औसत 10°C (50°F) मौसमों के बीच वर्षा का अन्तर महत्वपूर्ण नही।
- **Cfc:** शीतोष्ण, बिना शुष्क मौसम के, ठण्डी गर्मी। सबसे ठण्डे महीने का औसत 0°C (32°F) और 1-3 महीनों का औसत 10°C (50°F) मौसमों के बीच वर्षा के अन्तर का महत्व नहीं।
- **Csa:** शीतोष्ण, शुष्क गर्म गर्मी। सबसे ठण्डे महीने का औसत 0°C (32°F), कम-से-कम एक महीने का औसत तापमान 22°C (71.6°F) और चार महीनों का औसत 10°C (50°F), ठंड के सबसे कम महीने तथा गर्मी के शुष्कतम महीने में कम-से-कम तीन बार वर्षण और गर्मी के सबसे शुष्क महीने में कम-से-कम 30 मिमी. (1.2 इंच)।
- **Csb:** शीतोष्ण, शुष्क गर्म गर्मी, सबसे ठण्डे महीने का औसत तापमान 0°C (32°F), सभी महीनों का औसत तापमान 22°C (71.6°) और कम-से-कम चार महीनों का औसत 10°C (50°F), ठंड के सबसे नम महीने तथा गर्मी के सबसे शुष्क महीने में 30 मिमी (1.2 इंच) वर्षा।
- **Csc:** शीतोष्ण, शुष्क ठण्डी गर्मी, ठण्ड के महीने का औसत तापमान 0°C (32°F) और 1-3 महीनों का औसत 10°C (50°F)। ठंड के सबसे आद्रतम महीने साथ ही गर्मी के शुष्कतम महीने में कम-से-कम तीन बार वर्षा।
- **Cwa:** शीतोष्ण, शुष्क ठण्ड, गर्म गर्मी, सबसे ठंडे महीने का औसत (0°C) (32°F), कम-से-कम एक महीने का औसत तापमान 10°C (50°F) से ऊपर गर्मी के सबसे आद्रतम महीने साथ-ही-साथ सबसे शुष्क महीने में कम-से-कम दस बार वर्षा (एक अन्य परिभाषा 70%) या सबसे गर्म 6 महीनों में औसत से अधिक वार्षिक वर्षा।
- **Cwb:** शीतोष्ण, शुष्क ठण्ड, गर्म गर्मी, सबसे ठंडे महीने का औसत (0°C) (32°F), सभी महीनों का औसत तापमान 22°C (71.6°F) और कम-से-कम 4 महीनों का औसत 10°C (50°F) से ऊपर। गर्मी के सबसे नम महीने साथ ही सर्दी के सबसे सूखे महीने में कम-से-कम 10 बार वर्षा। (एक अन्य परिभाषा 70%) है या गर्मी सबसे अधिक गर्मी के 6 महीनों में वार्षिक वर्षा के औसत से अधिक की प्राप्ति।
- **Cwc:** शीतोष्ण, शुष्क ठण्ड, ठंडी गर्मी। सबसे अधिक ठंडे महीने का औसत 0°C (32°F) और 1-3 महीने का औसत 10°C (50°F) से ऊपर। गर्मी सबसे अधिक नम महीने साथ ही ठंड के सबसे सूखे महीने मे कम-से-कम 10 बार वर्षा (अन्य परिभाषा 70%) है सर्वाधिक गर्मी 6 महीने मे वार्षिक वर्षा औसत से अधिक।
- **Dfa:** ठंडी (महाद्वीपीय) बिना शुष्क मौसम, गर्म गर्मी। सर्वाधिक ठंडे महीने का औसत 0°C (32°F) से नीचे, कम-से-कम एक महीने का औसत 22°C (71.6°F) से ऊपर और कम-से-कम चार महीनों का औसत 10°C (50°F)। मौसमों के बीच वर्षा अन्तर महत्वपूर्ण नहीं।
- **Dfb:** ठंड (महाद्वीपीय), बिना शुष्क मौसम, गर्म गर्मी। ठंड के महीने का औसत 0°C (32°F) से नीचे, सभी महीनों का औसत तापमान 22°C (71.6°F) और कम-से-कम चार महीनों का औसत 10°C (50°F) मौसमों के बीच वर्षा का अन्तर महत्वपूर्ण नहीं।
- **Dfc:** ठण्ड (महाद्वीपीय) बिना शुष्क मौसम, 6 ठंडी गर्मी सर्वाधिक ठंडे महीने का औसत 0°C (32°F) से नीचे और 1-3 महीनों का औसत 10°C (50°F) से ऊपर। मौसमों के बीच वर्षा का अन्तर महत्वपूर्ण नहीं।
- **Dfd:** ठण्ड (महाद्वीपीय) बिना शुष्क मौसम, बहुत ठंडी शीत। सर्वाधिक ठंडे महीने का औसत – 38°C (– 36.4°F) से नीचे और 1-3 महीनों का औसत 10°C (50°F) से ऊपर। मौसमों के बीच वर्षा का अन्तर महत्वपूर्ण नहीं।
- **Dsa:** ठण्ड (महाद्वीपीय) शुष्क गर्म गर्मी। ठंड के महीने का औसत 0°C (32°F) से नीचे, कम-से-कम एक महीने का औसत तापमान 22°C (71.6°F) से ऊपर और कम-से-कम चार महीनों का औसत 10°C (50°F) से ऊपर। ठंड से सर्वाधिक आद्र महीना साथ ही गर्मी का सर्वाधिक शुष्क महीने में कम-से-कम

तीन बार वर्षा और गर्मी के शुष्कतम महीने में 30 मिमी. (1.2 इंच)।

- **Dsb:** ठण्ड (महाद्वीपीय) शुष्क गर्म गर्मी। सर्वाधिक ठंडे महीने का औसत 0°C (32°F) से नीचे, सभी महीनों का औसत तापमान 22°C (71.6°F) और कम-से-कम चार महीनों का औसत 10°C (50°F)। कम-से-कम गर्मी के तीन महीनों में 30 मिमी. (1.2 इंच) वर्षा।
- **Dsc:** ठण्ड (महाद्वीपीय), शुष्क ठंडी गर्मी। सर्दी के सर्वाधिक आद्र महीने का औसत 0°C (32°F) से नीचे और 1-3 महीनों औसत 10°C (50°F) से ऊपर, सर्दी के सर्वाधिक आद्र महीने साथ ही गर्मी के सर्वाधिक शुष्क महीने में कम-से-कम तीन बार वर्षा और गर्मी के सर्वाधिक शुष्क महीने में 30 मिमी. (1.2 इंच) वर्षा की प्राप्ति।
- **Dwa:** ठण्ड (महाद्वीपीय) शुष्क सर्दी, गर्म गर्मी। सर्वाधिक ठंडे महीने का औसत 0°C (32°F), कम-से-कम एक महीने का औसत तापमान 22°C (71.6°F) से ऊपर और गर्मी के सर्वाधिक आर्द्र महीने साथ ही सर्दी के सर्वाधिक शुष्क महीने में कम-से-कम तीन बार वर्षा (अन्य परिभाषा 70% है या सर्वाधिक गर्मी के 6 महीनों में औसत वार्षिक वर्षा से अधिक)।
- **Dwb:** ठंड (महाद्वीपीय) शुष्क गर्मी, गर्म गर्मी। सर्वाधिक ठंडा महीने का औसत 0°C (32°F) से नीचे, सभी महीनों का औसत तापमान 10°C (50°F) से ऊपर। गर्मी के सर्वाधिक आर्द्र महीना साथ ही सर्दी के सर्वाधिक शुष्क महीने में कम-से-कम 10 बार वर्षा (अन्य दशाएं 70% है। सर्वाधिक गर्मी 6 महीनों में वर्षा औसत वार्षिक वर्षा से अधिक)।
- **Dwc:** ठण्ड (महाद्वीपीय) बहुत ठंडी शुष्क ठंड। सर्वाधिक ठण्डे महीने का औसत – 38°C (– 36.4°F) से नीचे, और 1-3 महीनों का औसत 10°C (50°F) से ऊपर। गर्मी के सर्वाधिक आद्र महीने साथ ही सर्दी के सर्वाधिक शुष्क महीने में कम-से-कम 10 बार वर्षा (एक अन्य परिभाषा 70% है या सर्वाधिक गर्मी के 6 महीनों में वर्षा औसत वार्षिक वर्षा से अधिक)।
- **Dwd:** ठंड (महाद्वीपीय) बहुत ठण्ड शुष्क सर्दी। सर्वाधिक ठंडे महीने का औसत – 38°C (– 36.4°F) से नीचे, और 1-3 महीनों का औसत 10°C (50°F) से ऊपर। गर्मी के सर्वाधिक आद्र महीने साथ ही सर्दी के सर्वाधिक शुष्क महीने में कम-से-कम 10 बार वर्षा (अन्य परिभाषा 70% है या सर्वाधिक गर्मी के 6 महीनों में वर्षा औसत वार्षिक से अधिक)।
- **Ef:** ध्रुवीय जीवंत ठण्ड वर्ष के 12 महीने औसत तापमान 0°C (32°F) से नीचे।
- **ET:** ध्रुवीय टुण्ड्रा वर्ष के 12 महीने औसत तापमान 0°C (32°C) और 10°C (50°F) के बीच रहता है।

जी.टी. ट्रीवाथी जलवायु (G.T. Trewartha Climate Classification)

जी.टी. ट्रीवाथी एक अमेरिकन जलवायु विज्ञानी थे उन्होंने 1930 से कोपेन के जलवायु वर्गीकरण में अनेक संशोधन और परिवर्तन किए और अन्त में विश्व की जलवायु के वर्गीकरण की एक आसान योजना प्रस्तुत की। उन्हें जलवायु के वर्गीकरण का आधार वर्षा और तापमान को बनाया। उन्होंने विश्व स्तर मुख्य पहले वर्ग में 6 मुख्य प्रकार की जलवायु की पहचान की और उनको ABCDEF से दिखाया इनमें से B जलवायुओं का क्षेत्र निर्धारण वर्षा के मापदण्ड के आधार पर किया गया था जबकि अन्य का निर्धारण तापमान के मापदण्ड के आधार पर।

(1) **उष्ण कटिबन्धीय आद्र जलवायु (ए जलवायु)** Tropical Humid Climates (A Climates) यह जलवायु भूमध्य रेखा के दोनों ओर उन निम्न अक्षांशों मे पायी जाती है जहां पूरे वर्ष की विशेषताएं उच्च तापमान और पर्याप्त वर्षा और ठंण्ड के मौसम की अनुपस्थित रहती है।

(i) AF (उष्ण कटिबन्धीय तट जलवायु)

(ii) Aw (उष्ण कटिबन्धीय तट और शुष्क जलवायु)

(iii) Am (मानसून जलवायु)

(i) **AF:** उष्ण कटिबन्धीय तट जलवायु का विस्तार भूमध्य रेखा के दोनों ओर 5° से 10° अक्षांशों के मध्य पाया जाता है। पूरे वर्ष पर्याप्त वर्षा इसकी विशेषता है। इसे उष्ण कटिबन्धीय वर्षा वन जलवायु भी कहा जाता है। यहाँ शीत ऋतु नहीं होती है और पूरे वर्ष उच्च तापमान रहता है।

(ii) **Aw:** उष्ण कटिबन्धीय और शुष्क जलवायु की विशेषता पूरे वर्ष एक समान उच्च तापमान का रहना लेकिन दो महीने से अधिक शुष्क महीने रहते ही इस जलवायु को सवाना जलवायु के समान भी जाना जाता है जिसमें शीत ऋतु के दौरान उपोष्ण कटिबन्धीय प्रतिचक्रवात या शुष्क व्यापारिक हवाओं का प्रभुत्व होता है और गर्मी की ऋतु के दौरान भूमध्यरेखीय यह जलवायु और अन्तर उष्ण कटिबन्धीय अभिसरण होता है।

(iii) **Am:** मानसूनी जलवायु में 80% से अधिक वार्षिक वर्षा गर्मी के चार मानसूनी महीनों में होती है।

(2) **शुष्क जलवायु (बी जलवायु)** Dry Climates (B Climates) इस प्रकार की जलवायु का विस्तार A जलवायु की बाहरी सीमा से मध्य अक्षांशो तक है। B जलवायु की विशेषताओं में उच्च वाष्पीकरण

(i) **BW:** (शुष्क या मरुस्थल जलवायु)

(ii) **BS:** (अर्द्ध शुष्क या स्टैपी जलवायु)

तापमान की विभिन्नता के आधार पर शुष्क (BW) और अर्द्ध शुष्क जलवायु को 4 प्रकार की जलवायु में विभाजित किया गया है-

(a) **BWs:** जलवायु: उपोष्ण कटिबन्धीय गर्म शुष्क जलवायु।

(b) **BWk:** जलवायु: मध्य अक्षांशीय शुष्क जलवायु।

(c) **BSh:** जलवायु: उपोष्ण कटिबन्धीय स्टेपी जलवायु।

(d) **BSk:** जलवायु: मध्य अक्षांशीय स्टेपी जलवायु।

- उष्ण शुष्क जलवायु और शीत शुष्क जलवायु की सीमा का निर्धारण सबसे ठंडे महीने की 32°F (0°C) की समताप रेखा द्वारा होता है। शुष्क मरुस्थलीय (BWs) तथा स्टेपी (BSh) जलवायु उपोष्ण कटिबन्धीय प्रति चक्रवात तथा शुष्क व्यापारिक पवन से प्रभावित होती है तथा वर्ष भर शुष्क मौसम होता है
- शीत मरुस्थलीय (BWk) तथा स्टेपी जलवायु (BSk) पर्वतों के पवन विमुखी ढाल पर

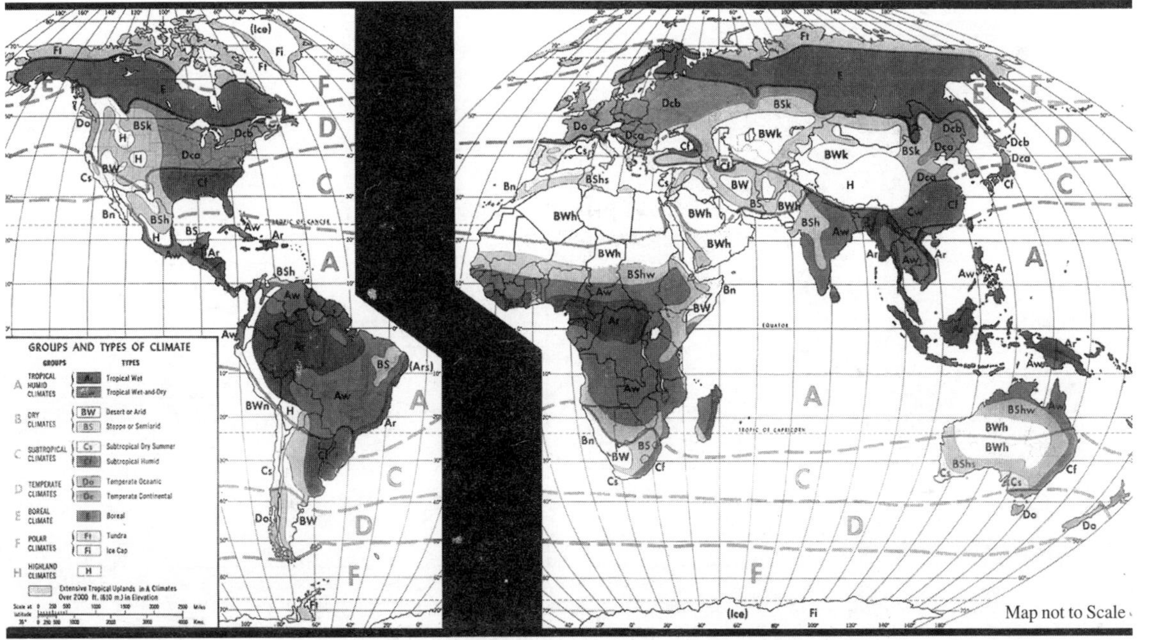

Fig. 3.55 Trewartha's Climate Classification

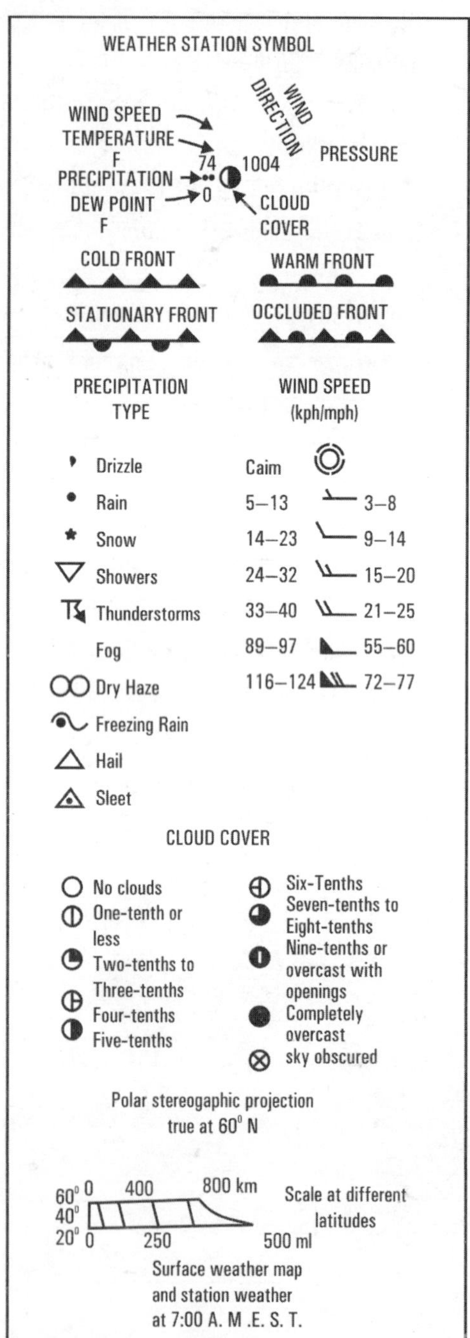

Wind Speed Symbol	Miles (Statute) Per Hour	Knots
	Calm	Calm
	1–2	1–2
	3–8	3–7
	9–14	8–12
	15–20	13–17
	21–25	18–22
	26–31	23–27
	32–37	28–32
	38–43	33–37
	44–49	38–42
	50–54	43–47
	55–60	48–52
	61–66	53–57
	67–71	58–62
	72–77	63–67
	78–83	68–72
	84–89	73–77
	119–123	103–107

Fig. 3.56 Forms of meteorological symbols, approved by the International Meteorological Organisation, Warsaw, 1935

महाद्वीपों के आन्तरिक भागों में पायी जाती है जहाँ पर शीत काल में प्रतिचक्रवात सक्रिय रहते है।

(3) **मध्य अक्षांशीय आद्र जलवायु (सी जलवायु)** Middle Latitude Wet Climate (C Climate) इस जलवायु के अन्तर्गत शीत काल छोटा तथा सामान्य होता है। मौसमी वर्षा के वितरण के आधार पर इसे तीन भागों में बाँटा गया है-

(i) **Cs जलवायुः** उपोष्ण कटिबंधीय उप आर्द्र जलवायु जिसमें ग्रीष्मकाल शुष्क होता है। इसे भूमध्यसागीय जलवायु भी कहा जाता है।

(ii) **Ca जलवायुः** उपोष्ण कटिबंधीय आर्द्र जलवायु।

(iii) **Cb जलवायुः** मध्य अक्षांशीय सागरीय जलवायु।

- Cs जलवायु ग्रीष्म काल में उपोष्ण कटिबन्धीय प्रतिचक्रवात तथा शीतकाल में पछुआ हवा से प्रभावित होती है। ग्रीष्मकाल शुष्क होता है। शीतकाल में पछुआ हवा से वर्षा होती है।
- Ca जलवायु महाद्वीपों के पूर्व में पायी जाती है। इस जलवायु में गर्मी में उपोष्ण कटिबन्धीय प्रतिचक्रवात तथा शीतकाल में पछुआ हवाएं चलती है वर्षा प्रत्येक मौसम में होती है।
- Cb जलवायु वर्ष भर पछुआ हवा से प्रभावित होती है।

(4) **सूक्ष्म तापीय या शीतोष्ण जलवायु (डी जलवायु)** Micorothermal or Temparate Climate (D Climate) यह जलवायु उच्च मध्य अक्षांशों में पाई जाती है, जहाँ पर यह ग्रीष्मकाल में पछुआ हवा तथा शीतकाल में ध्रुवीय हवा से प्रभावित होती है। तापीय विषमता के आधार पर इसे कई प्रकारों में विभक्त किया जाता है-

(i) **Da जलवायुः** आद्र महाद्वीपीय जलवायु में सबसे गर्म महीने का तापमान 25°C से ऊपर रहता है।

(ii) **Db जलवायुः** आर्द्र महाद्वीपीय जलवायु में सबसे गर्म महीने का तापमान 22°C से कम होता है।

(iii) **Dc जलवायुः** उपध्रुवीय जलवायु लघु ग्रीष्मकाल।

(iv) **Dd जलवायुः** सबसे ठंडे महीने का तापमान –38°C से कम रहता है।

(5) **बोरियल जलवायु (ई जलवायु)** Bereal Climate (E Climate) यह जलवायु मध्य उच्च अक्षांशों में पायी जाती है। और इसकी विशेषता छोटा और ठंडा ग्रीष्म काल, लम्बा और बहुत ठंडी शीत ऋतु में एक से तीन महीने का औसत तापमान 10°C या इससे अधिक रहता है।

(6) **ध्रुवीय जलवायु (पी जलवायु)** Polar Climate (F Climate) ग्रीष्मकाल अनुपस्थित रहता है। वर्ष भी ध्रुवीय हवाएँ चलती हैं। यह जलवायु उत्तरी गोलार्द्ध में पाई जाती है किसी भी महीने का तापमान 10°C से ऊपर नहीं रहता है। इसके दो उपप्रभार किए जाते हैं-

(i) Fe जलवायु (टुण्ड्रा जलवायु)

(ii) Ff जलवायु (हिम दीप जलवायु)

तालिका 3.8: मौसम संबंधी उपकरण

मौसम	उपकरण	आविष्कारक	साल	उपयोग
एक्टिनोमीटर	Actinometer	जॉन हर्शेल	1825	सौर विकिरण
एल्टीमीटर	Altimeter	लुई पॉल कैलेटेट	–	ऊंचाई मापने (ऊंचाई) हेतु
एम्मिटर	Ammeter	फ्रेडरिक ड्रेक्स्लर		विद्युत धारा की शक्ति को एम्पीयर में मापता है
एनीमोमीटर	Anemometer	लियोन बतिस्ता अल्बर्टी	1450	हवा की गति को मापता है
एटमोमीटर	Atmometer	पीटर वैन मुशचेनब्रोक, सर जॉन लेस्ली	–	वाष्पीकरण दर की माप
बैरोमीटर	Barometer	इवेंजेलिस्टा टोरिसेली	1643	वायुमंडलीय दबाव को मापने के लिए प्रयुक्त

वायु दाब लेखी	Barograph	लुसिएन विडी	1843	वायुमंडलीय दबाव की निरंतर रिकॉर्डिंग के लिए उपयोग किया जाता है
बोलोमीटर	Bolometer	सैमुअल पी. लैंगली	1878	ऊष्मा विकिरण को मापने के लिए उपयोग किया जाता है
कैथीटोमीटर	Cathetometer	पी. डुलोंग, ए. पेटिट	1816	ऊंचाई में छोटे अंतर को मापता है
क्रायोमीटर	Cryometer			बहुत कम तापमान को मापता है
वाष्पीकरणमापी	Evaporimeter	अल्बर्ट पिचे	1872	वाष्पीकरण की दर
फैदोमीटर	Fathometer	हर्बर्ट ग्रोव डोर्सी	1923	समुद्र की गहराई मापने के लिए प्रयुक्त होता है
हाइड्रोमीटर	Hydrometer	विलियम निकोलसन		तरल का विशिष्ट गुरुत्व
आर्द्रतामापी	Hygrometer	होरेस बेनेडिक्ट डी सौसुरे	1783	वातावरण में आर्द्रता और जल वाष्प की मात्रा को मापें
हिप्सोमीटर	Hypsometer	मार्टिन फॉस्टमैन	1856	समुद्र तल से पूर्ण ऊंचाई
लाइसीमीटर	Lysimeter	फिलिप डे ला हिरे	1688	वास्तविक वाष्पीकरण
दबाव नापने का यंत्र	Manometer	ओटन वॉन गुएरिक	1661	गैस का दबाव
नेफोस्कोप	Nephoscope	मिखाइल पोमोर्त्सेव	1894	बादलों की ऊँचाई, गति और वेग
दीप्तिमापी	Photometer	दिमित्री लाचिनोव	–	प्रकाश के स्रोत की चमकदार तीव्रता
साइक्रोमीटर	Psychrometer	अर्न्स्ट फर्डिनेंड अगस्त	1818	सापेक्षिक आर्द्रता
उष्णता के कारण वस्तुओं का प्रसार नापने का यंत्र	Pyrometer	योशिय्याह वेजवुड		बहुत अधिक तापमान
रेडियो माइक्रोमीटर	Radio micrometer	प्रो. सीवी बॉयज	1889	उपाय उज्ज्वल गर्मी
रेनगेज (टिपिंग बाल्टी)	Rainguage (tipping bucket)	क्रिस्टोफर रेन	–	वर्षण
सेलिनोमीटर	Salinometer	टिम डूफिनी	1975	घोल की लवणता
सोलारिमीटर	Solarimeter	फादर एंजेलो बेलानी	–	सौर विकिरण की तीव्रता
थर्मामीटर	Thermometer	सैंटोरियो सैंटोरियो	1612	तापमान
थर्मोस्टेट	Thermostat	मार्क हनीवेल	1906	तापमान को एक विशेष बिंदु पर नियंत्रित करता है
गीला और सूखा थर्मामीटर	Wet and Dry Thermometer	एडॉल्फ रिचर्ड एस्समान	सापेक्षिक आर्द्रता	

संदर्भ (References)

- Ahrens, C.D., 2001, ***Essentials of Meteorology,*** 3rd ed. Pacific Grove, CA, Brooks/Cole.
- Barry, R.G., and Chorley, R.J., 1998, ***Atmosphere, Weather, and Climate,*** London, Routledge.
- Boucher, K, 1975, ***Global Climate,*** New York, Halstead Press.
- Bryant, R., 2002, ***Physical Geography,*** 1990, New Delhi, Rupa Co.
- Chang, C.P. 1987, ***Monsoon Meteorology,*** Oxford University Press.
- Christopherson, R.W., 1995, ***Elemental Geosystems: A Foundation in Physical Geography,*** Englewood Cliff, New Jersey, Prentice Hall.
- Cole, F.W., 1980, ***Introduction to Meteorology,*** New York, John Wiley and Sons.
- ***Concise Atlas of the World,*** 2001, London D.K.
- Critchfield, H.J. 2002, ***General Climatology,*** New Delhi, Printice Hall.
- David, S.G. Thomas and Andrew Goudie, 2006, ***The Dictionary of Physical Geography,*** Oxford, Blackwell Publishing.
- Fundamentals of Physical Geography, By Dr. Majid Husain, 2018, Rawat Pub.
- Garrison, T., 1999, ***Essentials of Oceanography,*** Wadsworth Publishing Company.
- Goody, R.M. and Walker, J.C.G, 1972, ***Atmosphere,*** Englewood Cliffs, NJ, Prentice Hall.
- Goudie, A.S., 1983, ***Environmental Change,*** New York, Oxford University Press.
- Hrens, C.D., 2001, ***Essentials of Meteorology,*** 3rd ed. Pacific Grove, CA, Brooks/Cole.
- Hidore, J.J. 1996, ***Global Environmental Change,*** New Jersey, Printice Hall.
- Husain, M., 2010, ***Geography: Glossary of Terms,*** McGraw Hill Education.
- Husain, M., 2009, ***Fundamentals of Physical Geography,*** Jaipur, Rawat Publications.
- John E. Oliver, John J. Hidore, 2002, ***Climatology – An Atmospheric Science,*** Second Edition, Delhi, Pearson Education.
- Lal, D.S., 2003, ***Climatology,*** Allahabad, Sharda Pustak Bhawan.
- Macdonald, G.A., 1983, ***Volcanoes,*** 2nd ed., Englewood Cliffs, N.J., Prentice Hall.
- Mayhew, Susan, 1997, ***Oxford Dictionary of Geography,*** India.
- McIntosh, D.H. and Thomas, A.S., 1969, ***Essentials of Meteorology,*** London, Wykeham Publications.
- Miller, A., et.al, 1983, ***Elements of Meteorology,*** Columbus, Merril.
- Oliver, J.E., J.J. Hidore, 2003, ***Climatology: An Atmospheric Science,*** second ed.
- Oliver, J.e, Fairbridge, R.W., 1987, ***Encylopaedia of Climatology,*** New York, Van Nostrand Reinhold.
- Oliver, J.E., J.J. Hidore, 2003, ***Climatology: An Atmospheric Science,*** second ed. Delhi, Pearson Education.
- Peterson, J., 1969, ***Introduction to Meteorology,*** New York, McGraw-Hill.
- Riehl, H., 1978, ***Introduction to Atmosphere,*** New York, McGraw-Hill.
- Singh, S.2005, ***Climatology,*** Allahabad, Prayag Pustak Bhawan.
- Strahler, A. et.al., 1997, ***Physical Geography, Science and Systems of the Human Environment,*** New York, John Wiley & Sons. Inc.

Web references

- https://oceanservice.noaa.gov/facts/rossby-wave.html
- https://www.google.com/search?safe=active&rlz=1C1CHBF_enIN811IN811&sxsrf=ACYBGNRIXfHv tDsHvuDqeFX6XpAPXlqmkw%3A1574179431689&ei=ZxL UXZDSKbG-3LUPs6ua6AI&q=koppen%27s+climate+classification&oq=koppin%27s+&gs_l=psy-ab.1.0.0i13l3j0i13i10j0i13l3j0i13i30l3.419519.427298..430381...1.2..4.237.2567.0j12j2......0....1..gws-wiz.....10..0i71j35i39j35i362i39j0i273j0i131j0j0i67j0i131i273j0i10j0i30j0i10i30j0i5i30.YWTdH4bcZbk
- https://www.mindat.org/climate.php
- https://www.pmfias.com/climatic-regions-of-indiastamps-koeppens-classification/
- https://www.pmfias.com/winds-hadley-ferrel-polarwalker-cell-trade-winds-westerlies-polar-easterliesloo-foehn-fohn-chinook-mistral-sirocco/#Ferrel_Cell
- https://www.reference.com/science/rainfallc07be7b5a5a80bd
- https://www.worldatlas.com/articles/foggiest-placeson-earth.html

परिचय (Introduction)

समुद्र, पृथ्वी प्रणाली का एक अहम क्षेत्र हैं। समुद्र विज्ञान के अंतर्गत समुद्र की रासायनिक, भूवैज्ञानिक, मौसम विज्ञान संबंधी, जैविक और अन्य विशेषताओं का वैज्ञानिक अध्ययन है, यह एक अन्तर्विषयी अध्ययन क्षेत्र है और अन्य कई विज्ञानों से जुड़ा हुआ है। इसलिए महासागरों के बारे में हमारे ज्ञान के विस्तार में भूविज्ञान, भूगोल, भूभौतिकी, भौतिकी, रसायन विज्ञान, भू-रसायन विज्ञान, गणित, मौसम विज्ञान, वनस्पति विज्ञान और प्राणीशास्त्र आदि सभी महत्वपूर्ण भूमिका निभाते हैं। भूगोल में महासागरों का अध्ययन विशेष रूप से महत्वपूर्ण है क्योंकि जलवायु परिवर्तन, प्रदूषण और अन्य कारक उन्हें और उनके निहित जीवन को खतरे में डाल रहे हैं। साथ-ही-साथ समुद्री संसाधनों के समुचित उपयोग और विकास, व्यापार और वाणिज्य के विकास और राष्ट्रीय सुरक्षा के लिए भी महासागरों का अध्ययन विशेष रूप से महत्वपूर्ण है। इन सभी आधारों पर समुद्र विज्ञान को निम्न अन्य कई उप-विषयों में बांटा जाता है।

भौतिक समुद्र विज्ञान लहरों, धाराओं और ज्वारों सहित जल आंदोलनों के कारणों और विशेषताओं और समुद्री पर्यावरण पर उनके प्रभाव से संबंधित अध्ययन है। साथ ही इसके अध्ययन में समुद्री जल में ध्वनि, प्रकाश और ऊष्मा जैसी ऊर्जा का संचरण भी शामिल है। **भूवैज्ञानिक समुद्र विज्ञान** का संबंध किनारों, सतह और उन प्रक्रियाओं के इतिहास के अध्ययन से है जो महासागरीय घाटियों और अन्य भूवैज्ञानिक विशेषताओं का निर्माण करती हैं। **रासायनिक समुद्र विज्ञान** पर्यावरण में समुद्र के पानी की रासायनिक संरचना, इतिहास, प्रक्रियाओं और अंत:क्रियाओं का अध्ययन करता है। **जैविक समुद्र विज्ञान** समुद्री जीवों, अन्य जीवों और पर्यावरण के साथ उनके संबंधों का अध्ययन करता है। **समुद्री मौसम विज्ञान** भी भौतिक समुद्र विज्ञान और गर्मी हस्तांतरण, जल चक्र, और वायु-समुद्री अंत:क्रियाओं के अध्ययन करता है। **महासागर इंजीनियरिंग** एक अच्छी तरह से विकसित अनुशासन है जो समुद्री अन्वेषण के लिए उपकरणों और प्रतिष्ठानों की डिजाइनिंग और योजना से संबंधित है। आधुनिक विज्ञान के रूप में समुद्र विज्ञान का विकास 1800 के मध्य के दशकों और उसके बाद और पिछले कुछ दशकों में वैज्ञानिक विकास के परिणामस्वरूप और भी तेजी से हुआ।

पृथ्वी के लगभग 71 प्रतिशत भाग पर सागर फैले हुये हैं। विश्व के महासागरों एवं सागरों का क्षेत्रफल 367 मिलियन वर्ग किलोमीटर है, जो मंगल ग्रह के क्षेत्रफल का दो गुणा तथा चाँद के क्षेत्रफल का नौ गुना है। विश्व का लगभग 98 प्रतिशत जल सागरों में लगभग 2 प्रतिशत नदियों, झीलों, भूगर्त तथा मिट्टी में है। जल की बहुतायत

के कारण पृथ्वी को जल ग्रह (Water Planet) कहा जाता है। यदि पृथ्वी के उच्चावच को सागर में डालकर समतल कर दिया जाये तो पूरी पृथ्वी पर सागर की गहराई लगभग 2.25 किलोमीटर होगी। जल के कारण पृथ्वी पर जीवन सम्भव हो सका है। महासागरों में पाये जाने वाली बहुत-सी चीजों के बारे में अभी पूर्ण ज्ञान प्राप्त नहीं है। महासागरों में पाई जाने वाली भू-आकृतियों, प्रवल भित्तियों, महाखड्डों, कटकों, ज्वालामुखियों, गर्म पानी के स्रोतों तथा समतल मैदानों के बारे में शोध कार्य चल रहा है।

महासागर (Oceans)

पृथ्वी के 70.8 प्रतिशत पर महासागर एवं सागर फैले हुये हैं। विश्व के पाँच महासागर हैं, जिनके नाम:

(i) प्रशांत महासागर (Pacific Ocean),

(ii) अंध महासागर (Atlantic Ocean),

(iii) हिन्द महासागर (Indian Ocean),

(iv) आर्कटक महासागर (Arctic Ocean), तथा;

(v) अंटार्कटिक अथवा दक्षिणी महासागर (Antarctic or Southern Ocean) हैं,

महासागरों के अधिकतर तल बाद के बने हुये हैं जिनकी आयु आठ करोड़ वर्ष से कम है। यूरेशिया तथा अफ्रीकी प्लेटों के एक-दूसरे के निकट आने तथा टकराव (Collision) से आज के महाद्वीपों तथा महासागरों का स्वरूप बना। पृथ्वी की विभिन्न आकृतियों का क्षेत्रफल **Fig. 4.1** में दिखाया गया है।

सागरीय तट (Coasts)

विश्व के सभी महासागरों के तटों की लम्बाई 500,000 किलोमीटर है, जो विषुवत् रेखा की लम्बाई का बारह गुणा है। दुनिया के अधिकतर लोग सागरी तटों पर रहते हैं। विश्व के दस बड़े नगरों में से आठ बड़े नगर समुद्री तटों पर स्थित हैं।

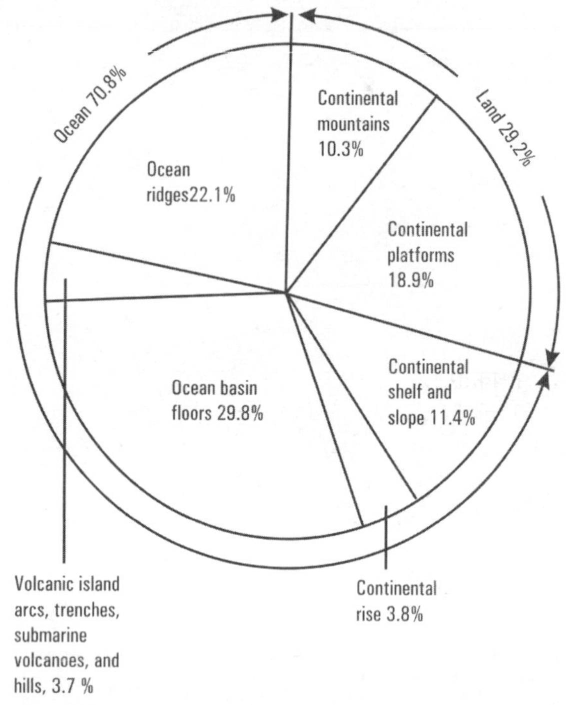

Fig. 4.1 Features of the Earth's solid surface, shown as percentages of the planet's total surface

महासागरों की भू-आकृतियाँ (Ocean Relief)

महासागरों के नितल में विभिन्न प्रकार की भू-आकृतियाँ पाई जाती हैं। सागरीय नितल की मुख्य भू-आकृतियों का संक्षिप्त वर्णन निम्न प्रकार है।

(i) महाद्वीपीय शेल्फ,

(ii) महाद्वीपीय ढलान

(iii) महाद्वीपीय उठान,

(iv) अथाह सागर,

(v) महासागरीय कन्दराएं,

(vi) महासागरीय कटक, तथा;

(vii) समुद्री पर्वत (Sea mount)

महाद्वीपीय सीमांत (मार्जिन) (Continental Margin)

महाद्वीप का जलमग्न क्षेत्र महाद्वीपीय सीमांत के रूप में जाना जाता है। यूवैज्ञानिक रूप से यह महाद्वीप का हिस्सा

है न कि महासागर के बेसिन का हिस्सा। महाद्वीपीय सीमांत में शामिल है–(i) महाद्वीपीय शेल्फ, एवं (ii) महाद्वीपीय ढलान।

(i) महाद्वीपीय शेल्फ (Continental Shelf)

महाद्वीपों के किनारे जो महासागरीय जल में डूबे हुये हैं उनको महाद्वीपीय शेल्फ कहते हैं। महाद्वीपीय शेल्फ की गहराई 500 मीटर तक हो सकती है। परन्तु अधिकतर महाद्वीपीय शेल्फ 200 मीटर के कम गहरे हैं। इनमें से अधिकतर शेल्फ की चौड़ाई 70 मीटर के आस-पास है। पृथ्वी के क्षेत्रफल का लगभग 5 प्रतिशत महाद्वीपीय शेल्फ है। सबसे अधिक चौड़ा महाद्वीपीय शेल्फ आर्कटक महासागर में है जहाँ इनकी चौड़ाई 1280 किलोमीटर से अधिक है। महाद्वीपीय शेल्फों से पेट्रोलियम, प्राकृतिक गैस, मछली, प्रवाल (Coral) तथा बहुमूल्य पदार्थ प्राप्त किये जाते हैं **(Fig. 4.2)**।

(ii) महाद्वीपीय ढलान (Continental Slope)

महाद्वीपीय शेल्फ से आगे सागर की ओर महाद्वीपीय ढलान का क्षेत्र होता है। इसका ढलान दो से पाँच डिग्री होता है। महासागरों का 6.4 प्रतिशत क्षेत्रफल महाद्वीपीय ढलान का है **(Fig. 4.1)**।

(iii) महासागरीय उठान (Continental Rise)

महाद्वीपीय ढलान के सामने भारी मात्रा में निक्षेप एकत्रित होते हैं, जिनको महाद्वीपीय उठान कहते हैं।

(iv) अथाह सागर (Abyssal Floor)

महासागरों का यह समतल गहरा भाग मैदान के समान होता है। इसकी गहराई तीन हजार मीटर से अधिक होती है। महासागरों का 80 से 85 प्रतिशत क्षेत्रफल अथाह सागर का है **(Fig. 4.2)**।

(v) महासागरीय कन्दरायें (Oceanic Trenches)

महासागरों के सबसे गहरे भागों को कन्दरा (Trench) कहते हैं। इनका आकार कन्दरा की भाँति होता है। एक अनुमान के अनुसार महासागरों में सौ से अधिक कन्दराएं हैं। उत्तरी प्रशान्त महासागर में मेरियाना कन्दरा अथवा गर्त (Mariana Trench) विश्व की सब से गहरी गर्त है,

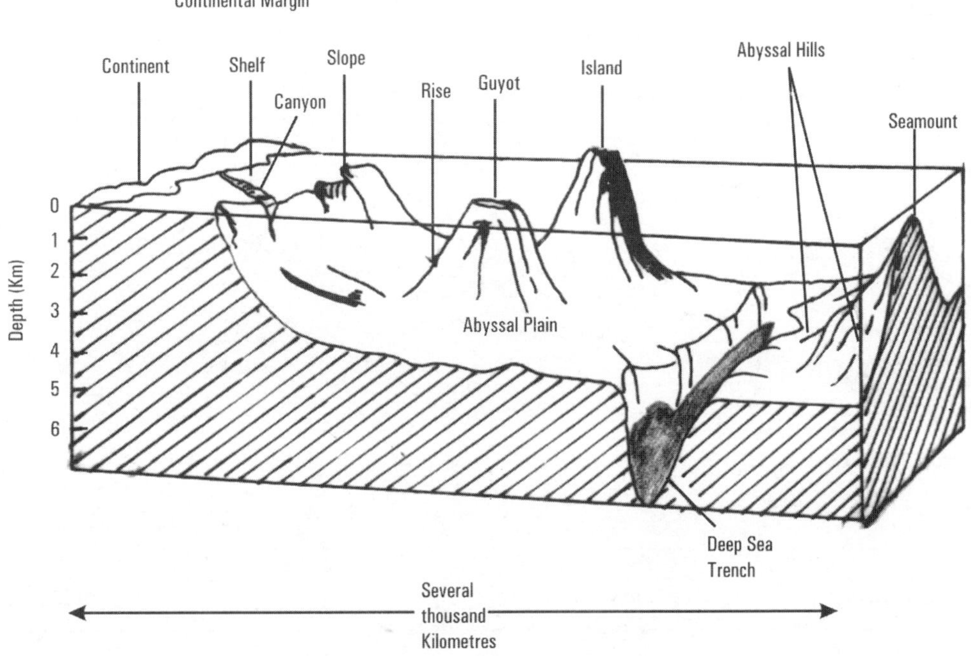

Fig. 4.2 Marine environment

जिसकी गहराई 11022 मीटर है। कुछ प्रमुख गर्तों को **Fig. 4.3** में दर्शाया गया है।

मेरियाना गर्त के अतिरिक्त रमापो गर्त (10,544 मीटर), एलुशियन गर्त (10,498 मीटर), टोंगा गर्त, पेरू गर्त, प्यूर्टो रिको गर्त, सुण्डा गर्त तथा जावा गर्त मुख्य हैं।

उत्तर प्रशांत महासागर

मारियाना खंदक (11,022 मीटर), रामापो डीप या जापानी खंदक (10,554 मीटर), अलेयूशियन खंदक (10,498 मीटर), फिलीपींस खंदक (10,475 मीटर)।

दक्षिण प्रशांत महासागर

करमाडेक-टोंगा ट्रेंच (विश्व की सबसे गहरी खंदक) न्यू हेब्राइड्स ट्रेंच, पेरू-चिली या अटाकामा ट्रेंच (7635 मीटर)।

उत्तर अटलांटिक

प्यूर्टो रिकोट्रेंच (8358 मीटर), रोमांचे ट्रेंच (7631 मीटर)।

हिंद महासागर

सुंडा ट्रेंच (सुमात्रा) एवं जामा ट्रेंच (7454 मीटर)।

महासागरीय पर्वतश्रृंखला (Oceanic Ridge)

महासागरीय पर्वत श्रृंखला समुद्र के तल की सर्वाधिक उल्लेखनीय एवं महत्वपूर्ण विशेषता है। वे महासागरों के तल के लगभग 22.1 प्रतिशत को कवर करते हैं। उनकी कुल लंबाई लगभग 66 हजार किलोमीटर है। महासागरीय पर्वत श्रृंखला आर्किटिक बेसिन के लगातार अटलांटिक महासागर के केन्द्र, हिंद महासागर में और दक्षिण प्रशांत तक फैली हुई है। महासागरीय पर्वतश्रृंखला अनिवार्य रूप से एक व्यापक, मंजिल फैलाव है और आमतौर पर 1400 किमी से अधिक चौड़ी है। इसकी उच्चतर चोटी महासागर के तल से 3000 मीटर तक ऊंची हो सकती हैं। लगभग 14,450 किमी की लंबाई वाली मध्य अटलांटिका रिज उत्तर में आइसलैंड से दक्षिण में बौटेट द्वीप तक फैली हुई है। महासागरीय पर्वतश्रृंखलाओं का निर्माण लावा से होता है जो समुद्र के नीचे फूटता है एवं ठंडा होकर ठोस-चट्टान में बदल जाता है। यह प्रक्रिया ठंडे लावा पर ज्वालामुखियों के निर्माण के प्रतिबिंबित करता है। समुद्र तल के चट्टान मध्य महासागरीय पर्वत श्रृंखलाओं से बाहर की ओर समानांतर पट्टियों में बढ़ते हैं। विश्व की प्रमुख महासागरीय पर्वत श्रृंखलाओं को **Fig. 4.4** में प्रदर्शित किया गया है।

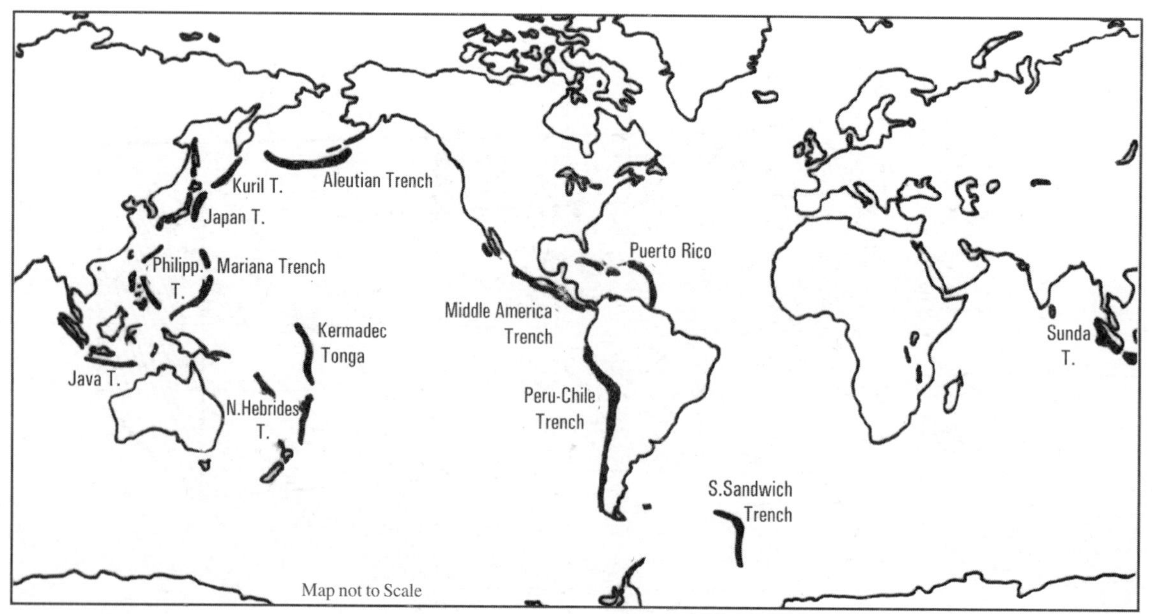

Fig. 4.3 Major ocean trenches of the world

तालिका 4.1: महासागरीय गर्त

क्र.सं.	गर्त का नाम	गहराई (मीटर में)	महासागर का नाम
1.	मेरियाना गर्त	11022	उत्तर प्रशान्त महासागर
2.	जापान गर्त	10554	–
3.	अल्यूशियन गर्त	10498	–
4.	फिलीपीन गर्त (भिंडनाओ)	10540	–
5.	कुरिल कमयटका गर्त	10500	–
6.	करमडिक-टोंगा गर्त	10047	दक्षिण प्रशान्त महासागर
7.	न्यूहराब्रेडस गर्त	7600	–
8.	पेरू-चिली या अटाकामा गर्त	7635	–
9.	पोर्टोरिको गर्त	8358	उत्तर अटलांटिक महासागर
10.	रोमशे गर्त	7631	–
11.	दक्षिणी सेण्डविंच गर्त	8428	दक्षिण अटलांटिक महासागर
12.	सुण्डा गर्त	7454	हिन्द महासागर

आईलैंड आर्क्स

ये ज्वालामुखी द्वीप समूहों एवं समुद्री पहाडों की वक्रशृंखलाएं है जो हमेश खंदको किनारों के समानांतर पाई जाती हैं। उनका निर्माण खबडक्शन की विवर्तनिक गतिविधियों से होता है। कुछ महत्वपूर्ण द्वीप समूह आर्कों में अलेयूशन द्वीप समूह द लेसर एंटाइल्स एवं मारियाना द्वीप समूह शामिल हैं।

(vi) महासागरीय कटक (Oceanic Ridges)

महासागरों के मध्य प्रसार के कारण, अथाह सागरीय भागों में पर्वतों जैसे कटक पाये जाते हैं। महासागरों के लगभग 22 प्रतिशत भाग पर कटक फैले हुये हैं। महासागरों के कटकों की लम्बाई 65,000 किलोमीटर है **(Fig. 4.4)**।

(vii) सागरीय पर्वत (Sea Mount)

अथाह सागर पर पाए जाने वाले शिखरों को सी-माऊंट कहते हैं। महासागर नितल से इनकी ऊँचाई एक किलोमीटर से भी अधिक हो सकती है।

गुयोट (Guyot)

गुयोट एक चपटे शीर्ष, जलमग्न, निष्क्रिय ज्वालामुखी है। वे समुद्र के तल तक पैठ करने लायक लंबे होते हैं **(Fig. 4.2)**। आमतौर पर वे पश्चिम-मध्य प्रशांत तक सीमित हैं।

ब्लैक स्मोकर्स (Black Smokers)

ब्लैक स्मोकर्स समुद्र तक के मुंह होते हैं जो पृथ्वी के गहरे पटल से गर्म, सल्फर, समृद्ध जल उगलते हैं। बहुत गहराई में होने के बावजूद, कई प्रकार के जीवन रूपों ने रसायन समृद्ध-पर्यावरण का अनुकूलन किया है जो ब्लैक स्मोकर्स के इर्द-गिर्द हैं।

उच्चतामितीय वक्र (Hypsographic or Hypsometric Curve)

स्थल की ऊँचाई तथा गहराई को उच्चतामितीय वक्र (Hypsometeric) अथवा (Hypsographic Curve) कहते हैं **(Fig. 4.5)**।

महासागरों का तापमान (Temperature of The Oceans)

सूर्य से प्राप्त होने वाली ऊष्मा का 80 प्रतिशत सागर सोखते हैं। सूर्य से प्राप्त होने वाली ऊष्मा का अधिकतर भाग ऊपर के 10 प्रतिशत जल-परत तक सीमित रहता है। महासागरों में वार्षिक एवं दैनिक तापान्तर भी कम रहता है, जिसके मुख्य करण निम्न प्रकार हैं।

जल, थल की अपेक्षा देर में गर्म होता है तथा देर ही में ठंडा होता है। अधिक तापमान होने पर सागर का जल

तालिका 4.2: विश्व के चारों ओर सागरीय कटक

क्र.सं.	समुद्री कटक	स्थिति और विशेषताएं
1.	अदन कटक	• अदन की खाड़ी में स्थित। • यह सोमालियन और अरेबियन टैम्टोनिक प्लेटों के बीच विभाजित सीमा है।
2.	कोकोस कटक	• प्रशान्त महासागर में इक्वाडोर में स्थिति है। • यह ज्वालामुखी क्षेत्र है।
3.	एक्सप्लोरर कटक	• यह बेंकूवर द्वीप, ब्रिटिश कोलम्बिया, कनाडा में स्थित है। • यह बेंकूवर द्वीप, ब्रिटिश कोलम्बिया, कनाडा के बीच अपसारी टैम्टोनिक प्लेट सीमा है।
4.	गोर्डा कटक	• यह कैलीफोर्निया के उत्तरी किनारे और दक्षिणी ऑरेगन में स्थित है। यह विवर्तनिक फैला केन्द्र है जो तीन भागों में बंटा हुआ है-उत्तरी कटक, मध्य कटक और दक्षिणी कटक
5.	जुआन डे फूका कटक	• अमेरिका के उ.प्र. क्षेत्र में प्रशान्त महासागर के तट पर। • यह मध्य सागर फैलाव का केन्द्र है और अपसारी प्लेट सीमा है। • यह प्रशान्त प्लेट को पश्चिम से अलग करता है और जुआन डे फूका प्लेट को पूर्व से।
6.	अमेरिकन अन्टार्कटिक कटक	• दक्षिण अमेरिका और अन्टार्कटिका के मध्य स्थिति। • यह दक्षिण अमेरिकन प्लेट और अन्टार्कटिका प्लेट के बीच विवर्तनिक प्रसार केन्द्र है।
7.	चिली कटक	• पेरू चिली खाई के मध्य स्थित है। • यह नजका और अन्टार्कटिक प्लेट्स के बीच विवर्तनिक अपसारी प्लेट सीमा है।
8.	पूर्वी प्रशान्त कटक	• प्रशान्त महासागर की सतह के समानान्तर स्थिति। • यह अपसारी विवर्तनिक प्लेट है जो पश्चिम में प्रशान्त प्लेट को (उत्तर-दक्षिण) अमेरिका प्लेट, रिवेश प्लेट, कोको प्लेट, नजका प्लेट और अन्टार्कटिक प्लेट से अलग करती है।
9.	पूर्वी स्कोटिया कटक	• दक्षिण अटलांटिक और दक्षिण सागर के किनारे स्थिति।
10.	गक्केल कटक (मध्य आर्कटिक कटक)	• ग्रीनलैण्ड और साइबेरिया के मध्य आर्कटिक सागर के यूरेशिया बेसिन में स्थिति है। • यह उत्तर अमेरिकन प्लेट और यूरेशियन प्लेट के बीच अपसारी टेक्टोनिक प्लेट है।
11.	नजका कटक	• दक्षिण प्रशान्त महासागर में स्थिति।
12.	प्रशान्त-अण्टार्कटिक कटक	• दक्षिण प्रशान्त महासागर के सागर तल पर स्थित है। • यह एक अपसारी विवर्तनिक प्लेट है जो प्रशान्त प्लेट को अन्टार्कटिक प्लेट से अलग करती है।
13.	केन्द्रीय भारतीय कटक	• पश्चिमी भारतीय सागर में स्थिति है। • यह उत्तर-दक्षिण मध्य सागर कटक है।
14.	कार्ल्सबर्ग कटक	• केन्द्रीय भारतीय कटक के उत्तरी भाग में स्थिति है। • यह हिंद महासागर के पश्चिमी क्षेत्रों को पार करते हुए अफ्रीकी प्लेट और इडो ऑस्ट्रेलियाई प्लेट के बीच एक अपसारी विवर्तनिक प्लेट सीमा है।
15.	दक्षिण-पूर्व भारतीय कटक	• दक्षिण भारतीय सागर में स्थित है। • यह हिंद महासागर में रॉड्रिग्स ट्रिपिल जंक्शन और प्रशान्त महासागर में मेक्टोरी ट्रिपिल जंक्शन के बीच अपसारी विवर्तनिक प्लेट सीमा है। एसईआईआर ऑस्ट्रेलियाई और अंटार्कटिक प्लेटों के बीच प्लेट सीमा बनाती है।
16.	दक्षिण-पश्चिम भारतीय कटक	• दक्षिण-पश्चिम भारतीय सागर और दक्षिण-पूर्व अटलाण्टिक सागर के तल के समानान्तर स्थित है। • यह अपसारी विवर्तनिक प्लेट सीमा है जो प्लेट को उत्तर में दक्षिणी अफ्रीका प्लेट को दक्षिण में अन्टार्कटिक प्लेट से अलग करती है।
17.	मध्य अटलाण्टिक कटक	• यह विश्व की सबसे लम्बी पर्वत श्रृंखलाओं और अटलाण्टिक महासागर के तल के साथ-साथ स्थिति है।

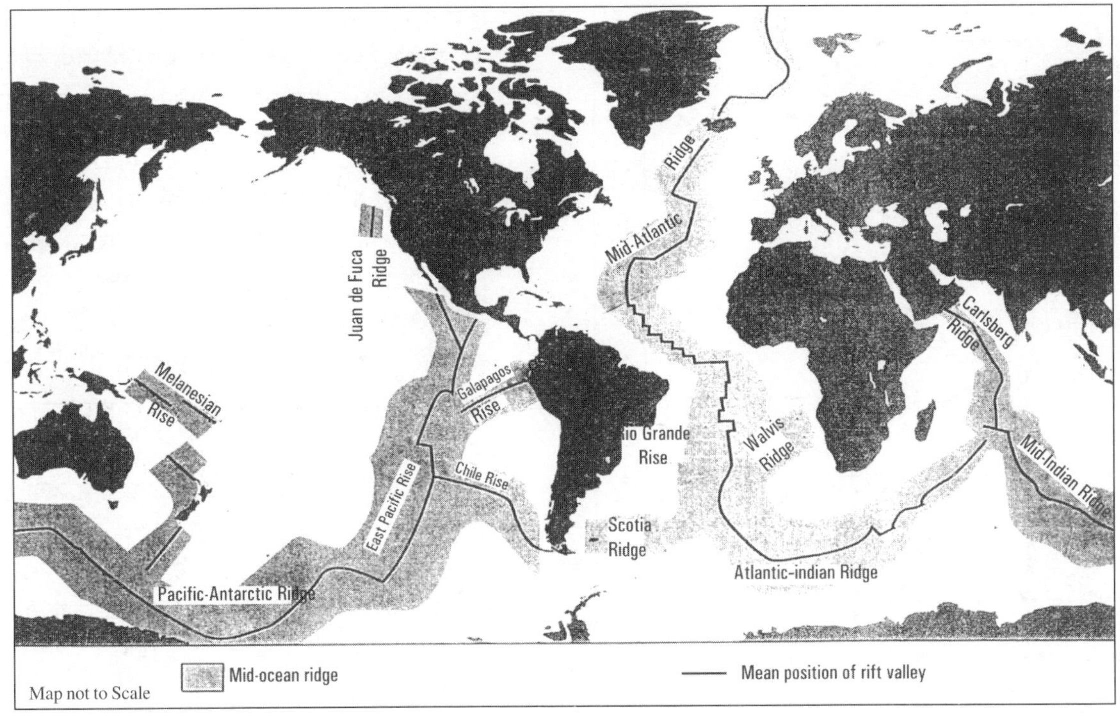

Fig. 4.4 The oceanic ridge system

वाष्प में बदल जाता है। इसके अतिरक्त जल धारायें तापमान को मिश्रित करने में सहायक होती हैं।

महासागरों के क्षैतिज तापमान वितरण पर निम्न कारकों का प्रभाव पड़ता है।

(i) **अक्षांश (Latitudes):** विषुवतरेखीय प्रदेशों में सूर्य की किरणें लम्बवत् पड़ती है, जिस कारण इन प्रदेशों में ऊँचे तापमान रिकॉर्ड किये जाते है। इसके विपरीत ध्रुवीय क्षेत्रों के तापमान नीचे रहते हैं। इस प्रकार विषुवत् रेखा से ध्रुवों की ओर जाते हुये तापमान में कमी आती जाती है।

(ii) **पवनें (Winds):** सागरों के तापमान वितरण पर पवनों का भी प्रभाव पड़ता है। व्यापारिक एवं प्रतिव्यापारिक पवनों के क्षेत्रों में तुलनात्मक रूप से पवनों का प्रभाव कम रहता है, शान्त-वायुमण्डल क्षेत्रों की तुलना में।

(iii) **जल एवं थल का असमान वितरण (Unequal Distribution of Land and Sea):** उत्तरी गोलार्द्ध में स्थल तथा दक्षिणी गोलार्द्ध का क्षेत्रफल अधिक है। उत्तरी गोलार्द्ध की तुलना में दक्षिणी गोलार्द्ध के सागरों का तापमान कम रहता है।

(iv) सागरों के जिन भागों में बादल अधिक रहते है। वहाँ तापमान कम रहते हैं।

(v) सागर के जल में पाई जाने वाली लवणता का भी तापमान के वितरण पर प्रभाव पड़ता है। सागरों के जिस भाग में लवणता अधिक होती है। वहाँ का तापमान भी अधिक होता है।

(vi) सागरों के तापमान वितरण को जलधारायें भी प्रभावित करती हैं। गर्म पानी की जलधारायें ठंडे प्रदेशों की ओर प्रवाहित होती हैं तथा ठंडी जलधारायें ध्रुवों की ओर से ऊष्ण प्रदेशों की ओर प्रवाहित होती रहती हैं, जिससे सागरों के क्षैतिज तापमान पर प्रभाव पडता है।

(vii) सागरीय कटक, वाष्पीकरण प्रक्रिया, कोहरे आदि का प्रभाव भी तापमान वितरण पर पड़ता है।

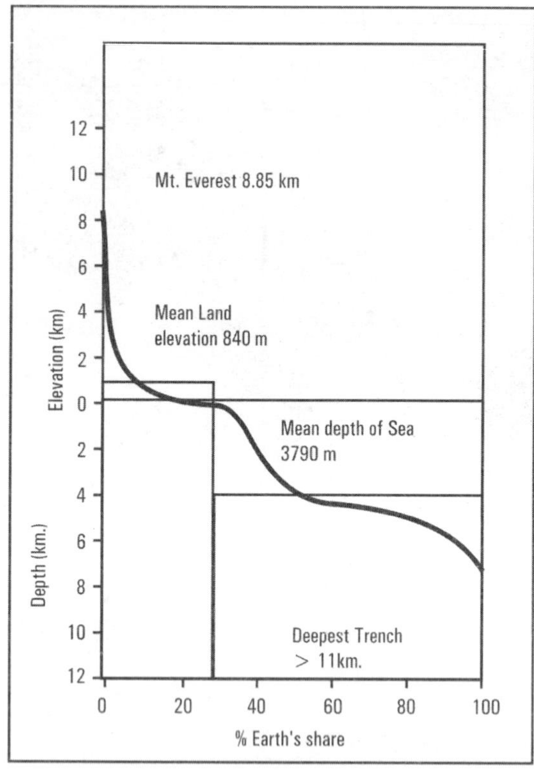

Fig. 4.5 The hypsographic curve

तापमान का क्षैतिज वितरण (Horizontal Distribution of Temperature)

सामान्यत: विषुवतरेखीय प्रदेशों में सागर की सतह का तापमान लगभग 26°C रहता है। उत्तरी गोलार्द्ध के सागरों का औसत तापमान 19.4°C तथा दक्षिणी गोलार्द्ध के सागरों का औसत तापमान लगभग 16.1°C रहता है **(Fig. 4.6)**।

महासागरीय तापमान का ऊर्ध्वाधर वितरण (Vertical Distribution of Temperature)

महासागरों का सबसे अधिक तापमान ऊपरी सतह पर पाया जाता है। सूर्य की किरणें सागर के जल में 100 मीटर से अधिक गहराई पर नहीं पहुँच पाती। तापमान के आधार पर सागर की गहराई को निम्न तीन परतों में विभाजित किया जा सकता है **(Fig. 4.7)**।

1. **ऊपरी परत अथवा फोटिक जोन (Surface or Photic Zone):** सागर की ऊपरी परत की गहराई लगभग 100 मीटर होती है, और सागर के कुल जल का केवल 2 प्रतिशत जल इस परत में पाया जाता है **(Fig. 4.7)**। सागर की इस परत में तापमान तथा लवणता लगभग समान रहते हैं।
2. **थर्मोकलाइन अथवा पैकनोकलाइन (Thermocline or Pycnocline):** सागर की 100 मीटर से लेकर 1000 मीटर की गहराई तक थर्मोकलाइन परत है। इस परत के तापमान में तीव्र गति से ह्रास है। गहराई की ओर जाते ही, लवणता बढ़ती जाती है।
3. **गहरी परत (Deep Zone):** एक किलोमीटर से लेकर सागर की तली तक सबसे गहरी परत है। इसमें गहराई की ओर जाते हुये तापमान मन्द गति से कम होता है परन्तु सागर के सबसे गहरे भाग-नितल का तापमान भी शून्य से ऊपर रहता है। यदि तापमान शून्य से नीचे हो जाये तो पानी हिम में बदल जायेगा और बर्फ पानी से हल्का होती है, इसलिये वह ऊपर तैर जायेगी **(Fig. 4.7)**।

लवणता (Salinity)

सागर के जल में घुले प्रदूषण लवण आदि को सागर की लवणता कहते हैं। सागर की औसत लवणता 35 ग्राम लवण प्रति हजार ग्राम जल है। महासागरों में 96.5 प्रतिशत जल तथा 3.5 प्रतिशत लवण है। सागरीय जल लवण के मुख्य तथ्य निम्नलिखित हैं **(तालिका 4.3)**:

लवणता के स्रोत (Sources of Salinity)

सागर में पाये जाने वाले लवण का अधिकतर भाग धरातल से आता है। वर्षा का बहता पानी, चलती पवन, हिमनदियाँ तथा सागरी लहरें स्थल से लवणता सागर में सम्मलित होती हैं। इनके अतिरक्त सागरों में उद्गम होने वाले ज्वालामुखी तथा सागर में मरने वाले जीव-जन्तु तथा घास-फूस भी लवणता में वृद्धि करते हैं।

सागरीय लवणता के निर्धारक (Determinants of Salinity in Oceans)

लवणता के वितरण पर निम्न कारकों का गहरा प्रभाव पड़ता है:

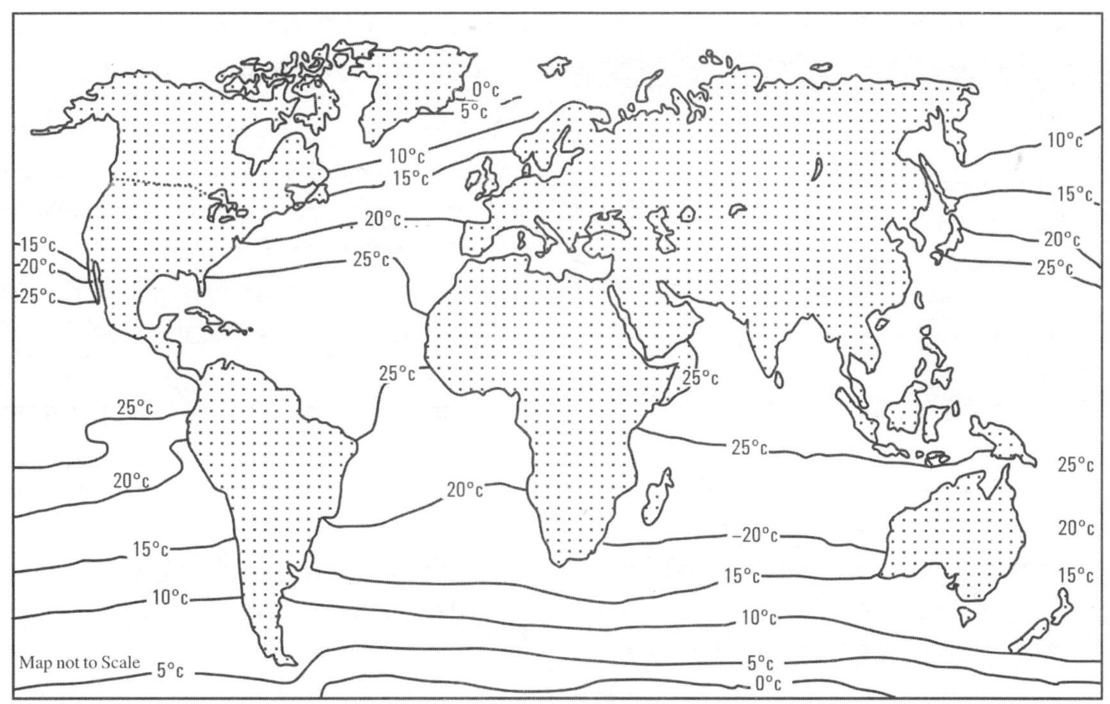

Fig. 4.6 Oceans: Horizontal distribution of temperature

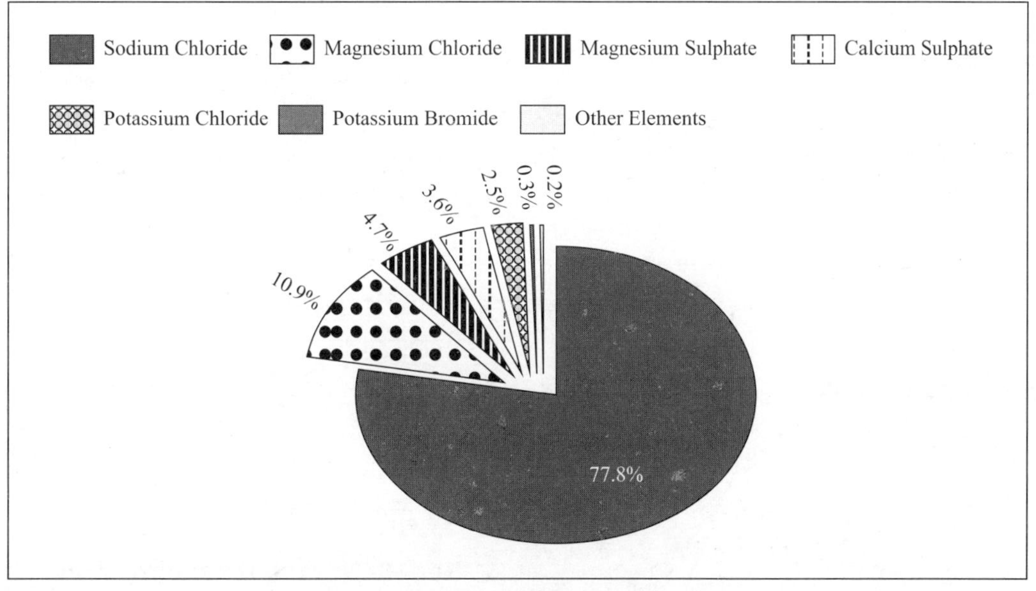

Fig. 4.7 Chemical Composition of Sea Water

तालिका 4.3: सागरीय जल का संघटन

लवण	प्रतिशत
सोडियम क्लोराइड	77.8
मैगनीशियम क्लोराइड	10.8
मैगनीशियम सल्फेट	4.7
कैलशियम सल्फेट	3.6
पोटेशियम सल्फेट	2.5
कैलशियम कार्बोनेट	0.3
मैगनीशियम ब्रोमाइड	0.2
योग	**100**

1. **वाष्पीकरण (Evaporation):** वाष्पीकरण एवं लवणता की मात्रा में सीधा सम्बंध होता है। सागर के जिन भागों में वाष्पीकरण अधिक होता है। वहाँ की लवणता भी अधिक होती है दक्षिणी-पश्चिमी एशिया में लाल-सागर, फेरिस की खाड़ी तथा मृत सागर में वाष्पीकरण, स्वच्छ आकाश के कारण अधिक होता है। इसलिये इन भागों में लवणता भी अधिक है।
2. **तापमान (Temperature):** जिन सागरों का तापमान अधिक होता है। वहाँ की लवणता भी अधिक होती है। इसी कारण शीतकटिबंध की तुलना में उष्णकटिबंध के सागरों में लवणता अधिक होती है।
3. **वर्षण (Precipitation):** वर्षण की मात्रा तथा सागर की लवणता में विपरीत सम्बंध है। सागरों के जिन भागों में वर्षा अधिक होती है, उन भागों में लवणता कम है। उदाहरण के लिये विषुवतरेखीय प्रदेशों में वर्षा अधिक होती है, इस कारण इन भागों में लवणता की मात्रा कम है।
4. **जलधारायें (Ocean Currents):** जलधारायें अधिक लवणता के क्षेत्रों से कम लवणता के क्षेत्रों में ले जाती हैं।
5. **नदियों के डेल्टा (River Deltas):** नदियों के डेल्टा के सामने लवणता की मात्रा कम होती है। नदियों से आने वाला जल सागर की लवणता मात्रा को कम कर देता है। सुन्दरवन के डेल्टा तथा अमेजन नदियों में सागरों की लवणता तुलनात्मक रूप से कम है।

लवणता का क्षैतिज वितरण (Horizontal Distribution of Salinity)

महासागरों की औसत लवणता 35% है। परन्तु महासागरों के विभिन्न भागों, सागरों तथा झीलों की लवणता में भारी अन्तर पाया जाता है। लवणता के आधार पर सागरों को निम्न वर्गों में विभाजित किया जा सकता है:

(i) **सामान्य से अधिक लवणता वाले सागर:** लाल सागर, भूमध्य तथा फारस की खाड़ी में लवणता 37% से लेकर 41% है।

(ii) **सामान्य लवणता के सागर:** कैरेबियन सागर, मैक्सिको की खाड़ी, चीन सागर, पीला सागर तथा जावा सागर में लवणता की मात्रा लगभग सामान्य (35%) है।

(iii) **सामान्य से कम लवणता के सागर:** आर्कटक तथा अंटार्कटिक महासागरों में लवणता सामान्य से कम अर्थात 31% से कम है।

लवणता का लम्बवत वितरण (Vertical Distribution of Salinity)

सागर की गहराई में जाते समय लवणता में अन्तर आता जाता है। हैलण्ड हैनसेन ने लम्बवत लवणता दर्शाने के लिए 1916 में T-S डायग्राम तैयार किया था। इस आरेख के अनुसार महासागरों के विभिन्न अक्षांशों में तापमान तथा लवणता के प्रतिरूप निम्न प्रकार हैं। इन प्रतिरूपों को **Fig. 4.8** में दर्शाया गया है।

लम्बवत लवणता के वितरण प्रतिरूप निम्न प्रकार हैं:

(i) सागर के ऊपरी भाग में लगभग एक किलोमीटर तक लवणता का ह्रास होता जाता है।

(ii) सागर की ऊपरी परत की लवणता तुलनात्मक रूप से कम है।

(iii) मध्य अक्षांशों में गहराई की ओर जाते समय लवणता में वृद्धि होती जाती है।

टी.एस. आरेख (T.S. Diagram): तापमान-लवणता आरेख, जिसको टी.एस. आरेख के नाम से भी जाना जाता है, का उपयोग जल की लवणता की पहचान के लिए किया जाता है। टी.एस. आरेख में सम्भावित तापमान को

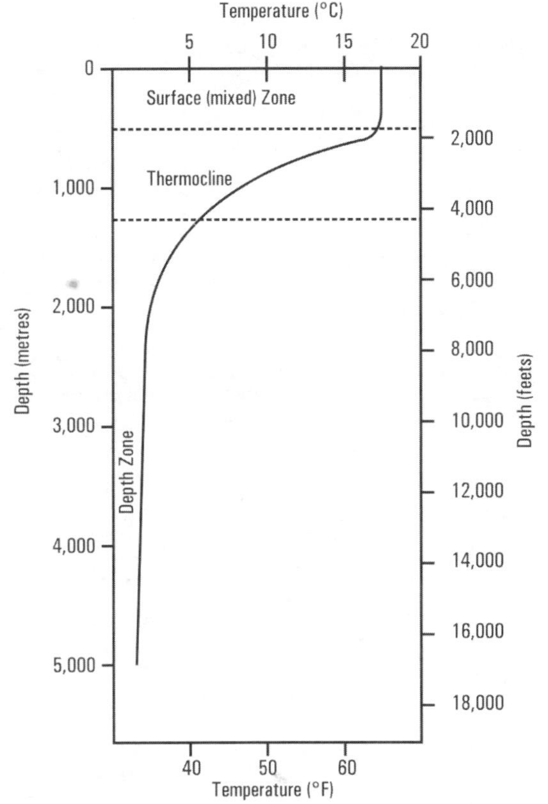

Fig. 4.8 Typical temperature variation with deep ocean at Mid-latitude

ऊर्ध्वाधर अक्ष और क्षैतिज अक्ष और लवणता पर आलेखित किया जाता है। जब तक यह सतह से अलग-थलग रहता है जहां गर्मी या ताजे पानी को प्राप्त किया जा सकता है और अन्य पानी के द्रव्यमान के साथ मिश्रण की अनुपस्थिति में एक पानी वार्सल के संभावित तापमान और लवणता को संरक्षित किया जाता है, इस प्रकार गहरे पानी के द्रव्यमान लम्बे समय तक अपनी टी.एस. विशेषता को बनाए रखते है और टी.एस. आलेख पर आसानी से पहचाने जा सकते है।

महासागरीय निक्षेप (Ocean Deposits)

विभिन्न प्रकार के अवसाद में आकर जमा होते हैं। उनको सागरीय निक्षेप कहते है। सागरीय निक्षेपों के मुख्य स्रोत निम्न हैं **(Fig. 4.9)**:

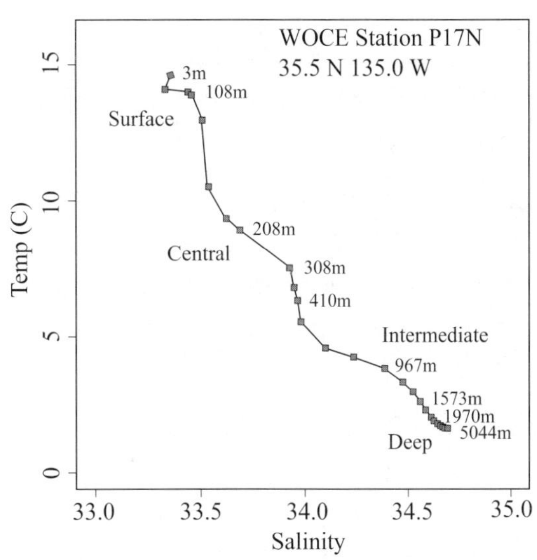

Fig. 4.9 T-S Diagram (Example)

(i) स्थलजात अवसाद (Terrigenous Sediments): महासागरों में अधिकतर निक्षेप स्थल से जा कर जमा होते हैं। रेत, मिट्टी, सिल्ट आदि इसी प्रकार के अवसाद हैं।

(ii) ज्वालामुखी निक्षेप (Volcanic Deposits): महासागरों में ज्वालामुखियों के उद्गार होते रहते हैं, जिनसे निकलने वाली राख, कंकड़-पत्थर आदि सागर के नितल पर निक्षेप का रूप धारण कर लेती हैं।

(iii) जैविक निक्षेप (Biotic Deposits): महासागरों में नाना प्रकार के जीव-जन्तु पशु-पक्षी एवं शैवाल, घास-फूस आदि गल-सड़ कर सागर के नितल पर निक्षेपों का रूप धारण कर लेते हैं।

(iv) अंतरिक्षीय निक्षेप (Cosmogenous Deposits): अंतरिक्ष से गिरने वाली राख तथा टेकटाईट (Tektite) इत्यादि सागरीय निक्षेपों में बदल जाते हैं। निक्षेपों की मोटाई अलग-अलग सागरों में भिन्न-भिन्न है। निक्षेपों की परत अन्ध महासागर मे तथा आधा किलोमीटर मोटी परत प्रशान्त महासागर में है।

सागरीय धारायें (Oceanic Currents)

महासागरों में बहने वाली धाराओं को सागरीय धारा कहते हैं। महासागरी धारायें दो प्रकार की होती हैं:

(i) गर्म जलधारायें, तथा;

(ii) ठंडी जलधारायें।

गर्म पानी की जलधारायें उष्णकटिबंध से ध्रुवों की ओर तथा ठंडे पानी की धारायें, ध्रुवीय क्षेत्रों से उष्णकटिबंध की ओर बहती हैं।

जलधारायें उत्पन्न होने के मुख्य निम्न कारण हैं:

1. स्थल तथा जल (सागर) के तापमान में अन्तर।
2. स्थाई पवनें (व्यापारिक तथा प्रतिव्यापारिक पवनें)।
3. घूमती पृथ्वी पर केरोलिस प्रभाव।
4. सागरों का तापमान तथा लवणता में अन्तर।
5. सागरों के नितल की बनावट।

विश्व की मुख्य जलधाराओं को **Fig. 4.10** में दिखाया गया है तथा **तालिका 4.4** में उनकी विशेषतायें संक्षेप में दी गई हैं।

सागरीय लहरें (Sea Waves)

एक लहर मूल रूप से दो गर्तों के बीच पानी का एक उभार होती है। जैसे ही लहरें तट के पास पहुँचती हैं, वे एक चाप में मुड़ जाती हैं और टूट जाती हैं। सतही तरंगों की ऊर्जा तट के क्षरण के लिए उत्तरदायी है। लहरें उन शक्तिशाली धाराओं को भी आरंभ करती हैं जो तट के साथ-साथ चलती हैं। लहर की ऊंचाई आमतौर पर हवा के वेग के वर्ग के समानुपाती होती है। तालिका 4.4A में विभिन्न प्रकार की तरंगों और उनकी विशेषताओं की व्याख्या की गई है।

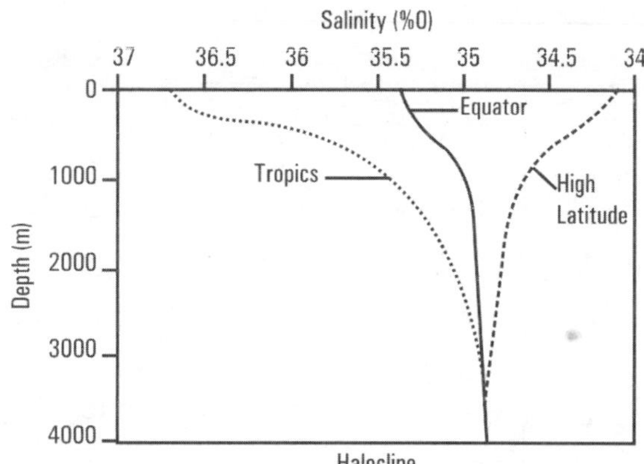

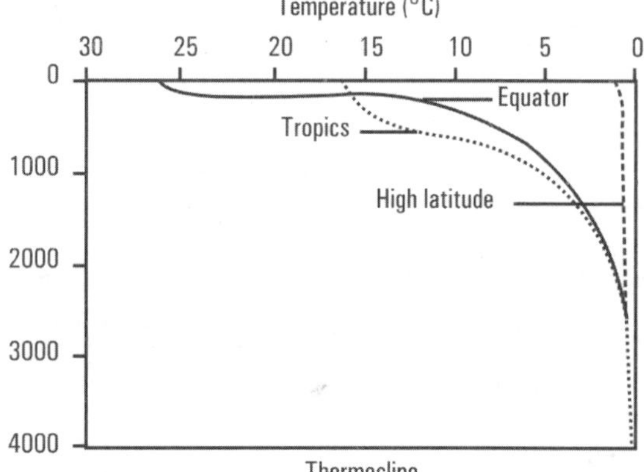

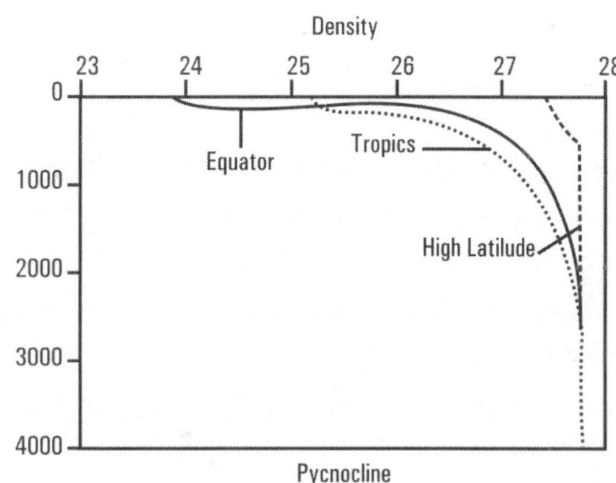

Fig. 4.10 Halocline, Thermocline and Pycnocline

ज्वार भाटा (Tides)

समुद्र का जलस्तर एक-सा नहीं रहता। यह नियमित रूप से दिन में दो बार ऊपर उठता है और नीचे उतरता है। समुद्री जलस्तर में इसी बदलाव के कारण से ज्वार एवं भाटा की उत्पत्ति होती है। इस जलस्तर के ऊपर उठने को ज्वार एवं नीचे उतरने को भाटा कहते है। सागर स्तर में इसका मुख्य कारण चन्द्रमा एवं सूर्य की गुरुत्वाकर्षण शक्ति के कारण होता है **(Fig. 4.13)**।

तालिका 4.4: विश्व की प्रमुख जलधारायें

महासागर	जलधारा का नाम	स्वभाव	प्रभाव
उत्तरी अलांटिक महासागर	उत्तरी विषुवत रेखीय जलधारा	गर्म	गिनी की खाड़ी से आरम्भ हो कर पश्चिम की ओर चलती है। तापमान लगभग 36°C
	ऐण्टीलिस जलधारा	गर्म	वेस्ट इण्डीज के एण्टीलिस द्वीप के निकट से गुजरती है। इसका तापमान लगभग 35°C रहता है।
	कैरेबियन जलधारा	गर्म	क्यूबा के दक्षिण से मैक्सिको की खाड़ी में प्रवेश करती है।
	खाड़ी की धारा (गल्फ स्ट्रीम)	गर्म	न्यूफाऊण्डलैण्ड के निकट लेब्राडोर की ठंडी धारा से मिलकर भारी कोहरा पड़ता है। यह क्षेत्र विश्व में मछली पकड़ने के लिये प्रसिद्ध है।
	उत्तरी अटलांटिक ड्रिफ्ट (North Atlantic Drift)	गर्म	नार्वे के तटीय सागर के तापमान में वृद्धि करती, जिसके कारण ऊँचे अक्षांशों में स्थित बन्दरगाह शीत ऋतु में भी व्यापार के लिये खुले रहते हैं।
	लेब्राडोर (Labrador)	ठंडी	ग्रीनलैंड के पश्चिम से दक्षिण की ओर बहती हुई न्यूफाऊण्डलैण्ड के निकट खाड़ी की धारा से मिलकर भारी कोहरा का कारण बनाती है। इस भाग में विश्व प्रसिद्ध मछली-गाह है। कोहरे के कारण नौवहन में बाधा पड़ती है तथा दुर्घटनाएं भी होती हैं।
	केनरी जलधारा	ठंडी	उत्तर से दक्षिण की ओर बहती हुई अफ्रीका के पश्चिमी तट के सहारे बहती है। अफ्रीका के पश्चिमी तट पर भारी कोहरा पड़ता है। इस धारा की उपस्थिति से सहारा मरुस्थल की उत्पत्ति में सहायता मिली है।
दक्षिणी अटलांटिक महासागर	दक्षिणी विषुवत् रेखीय जलधारा	गर्म	गिनी की खाड़ी के गर्म जल को पश्चिम की ओर बहाती है। इसकी सतह का तापमान लगभग 25°C रहता है।
	ब्राजील जलधारा	गर्म	ब्राजील के पूर्वी तट के तापमान को बढ़ाती है। इसका तापमान लगभग 20°C रहता है।
	बेन्गुला धारा	ठंडी	नामीबिया के तट पर भारी कोहरा पड़ता है। नामीबिया मरुस्थल की उत्पत्ति में यह जलधारा सहायक हुई है।
उत्तरी प्रशांत महासागर	उत्तरी विषुवत् रेखा जलधारा	गर्म	प्रशान्त महासागर से ऊष्मा संचार पूर्वी भाग से दक्षिणी-पूर्वी द्वीप समूह की ओर होता है। इस जलधारा की सतह का तापमान लगभग 25°C रहता है।
	क्युरोशियो (Kuroshio) जलधारा	गर्म	पूर्वी प्रशान्त महासागर के गर्म जल को अलास्का के तट पर ले जाती हैं, जिससे उत्तरी-पश्चिम कनाडा तथा अलास्का के बन्दरगाह खुले रहते हैं।
	ओयाशियो क्युराइल (Oyashio) जलधारा	ठंडी	उत्तर से दक्षिण की ओर क्यूराइल द्वीप समूह के पास से बहती है। जापान के निकट क्यूरोशिवो धारा से मिलकर भारी कोहरा उत्पन्न करती है। यह क्षेत्र विश्व के मुख्य मत्स्य क्षेत्रों में से एक है।
	कैलिफोर्निया जलधारा	ठंडी	कैलिफोर्निया के निकट उत्तर से दक्षिण की ओर चलती हुई यह जलधारा भारी मात्रा में कोहरा उत्पन्न करती है।
दक्षिण प्रशान्त महासागर की जलधारायें	दक्षिण विषुवतरेखीय जलधारा	गर्म	पूर्वी प्रशान्त-महासागर के जल का संचार ऑस्ट्रेलिया की ओर करती है। इसकी सतह का तापमान लगभग 24°C रहता है।
	पूर्वी ऑस्ट्रेलिया जलधारा	गर्म	ऑस्ट्रेलिया के पूर्वी तट पर उत्तर से दक्षिण की ओर बहती है।
	पेरू अथवा हम्बोल्ट जलधारा	ठंडी	चिली तथा पेरू के पश्चिमी तट पर बहती इस ठंडी धारा के बहने के कारण आटाकामा के मरुस्थल की उत्पत्ति में सहायता मिली है। यह जल लगभग छह-सात वर्ष के पश्चात् गर्म हो जाता है, जिसको अल-निनो (El-Nino) कहते है।

महासागर	जलधारा का नाम	स्वभाव	प्रभाव
हिन्द महासागर	मोजाम्बीक जलधारा	गर्म	मोजाम्बीक के तट को गर्म रखती है।
	अगुल्हास जलधारा	गर्म	दक्षिण अफ्रिका के पूर्वी तट को गर्म रखने में सहायक है।
	पश्चिमी ऑस्ट्रेलिया जलधारा	ठंडी	दक्षिण से उत्तर की ओर बहने वाली यह ठंडी जलधारा ऑस्ट्रेलिया के मरुस्थल की उत्पत्ति में सहायक हुई है।

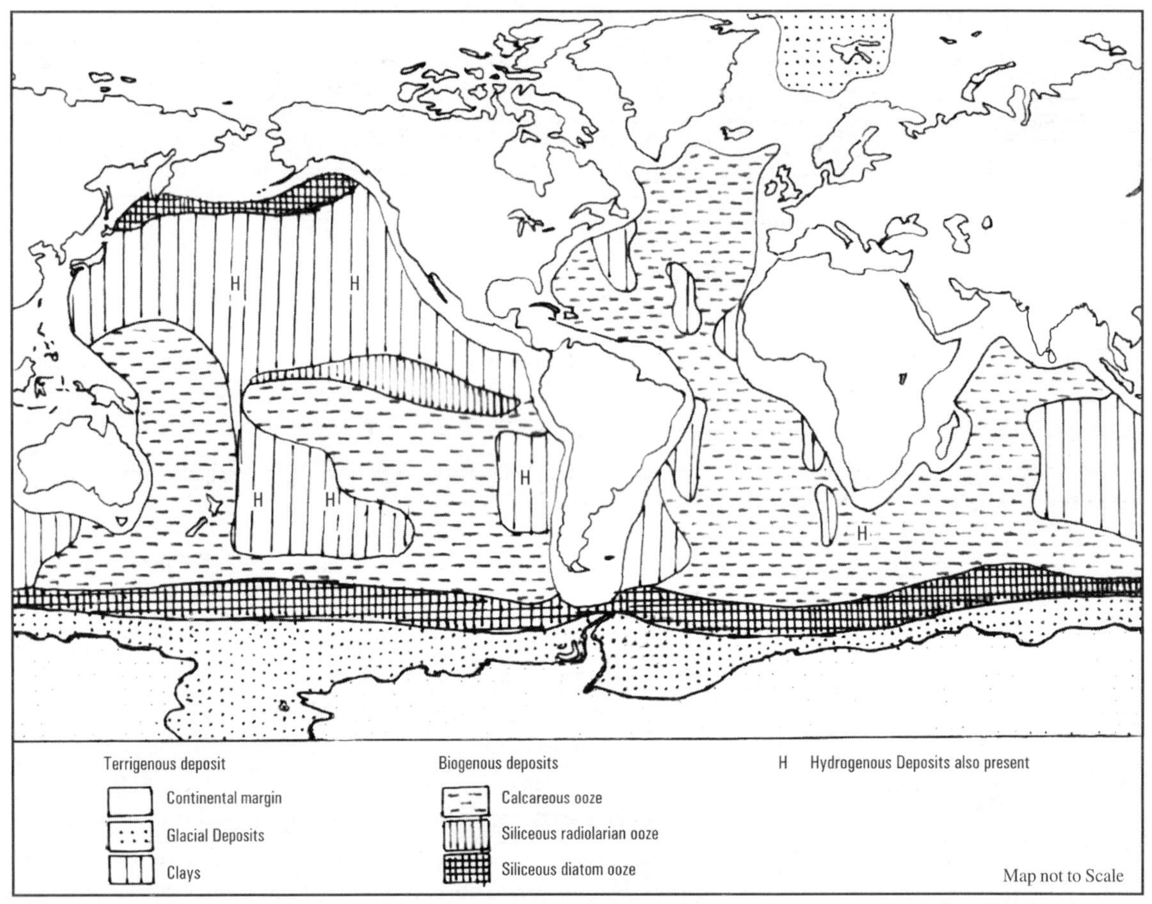

Fig. 4.11 Ocean deposits

दीर्घ ज्वार (Spring Tide)

पूर्ण चंद्र पर सबसे ऊंचे ज्वार उठते हैं और इन्हें वसंत ज्वार के नाम से जाना जाता है जबकि महीने के पहले और तीसरे क्वार्टर में ये सामान्य से नीचे होते हैं जिन्हें नीप ज्वार (**Fig. 4.13**) के नाम से जाना जाता है। विश्व में सबसे ऊंचे ज्वार फुंडी की खाड़ी में उठते हैं। भारत में सबसे ऊंचे ज्वार ओखा, गुजरात में रिकार्ड किया गए हैं। अपने अक्ष पर धूम रही पृथ्वी को समान याम्योत्तर को लंबवत रूप से प्रतिदिन चांद के नीचे लाने में 24 घंटे 50 मिनट लगते हैं। इस प्रकार, ज्वार 12 घंटे एवं 25 मिनट के नियमित अंतरालों पर उठते हैं। आमतौर पर, ज्वार प्रतिदिन दो बार उठते हैं।

तालिका 4.4A: विभिन्न प्रकार की तरंगें और उनके गुण

लहरों के प्रकार	आंदोलित करने वाला बल	पुनर्स्थापना बल	विशिष्ट तरंग दैर्ध्य
केशिका तरंगें	आमतौर पर हवा	पानी के अणुओं का सामंजस्य	1.73 सेमी. तक (0.68 इंच)
वायु लहर	समुद्र के ऊपर की हवा	गुरुत्वाकर्षण	60–150 मीटर (200–500 फीट)
सेइचे	वायुमंडलीय दबाव परिवर्तन, तूफान वृद्धि, सुनामी	गुरुत्वाकर्षण	बड़ा, परिवर्तनशील; एक महासागर के बेसिन के आकार का परिणाम
भूकंपीय समुद्री लहर (सुनामी)	समुद्र तल का भ्रंश, ज्वालामुखी विस्फोट, भूस्खलन	गुरुत्वाकर्षण	200 किमी (125 मील)
ज्वार-भाटा	गुरुत्वाकर्षण आकर्षण, पृथ्वी का घूमना	गुरुत्वाकर्षण	पृथ्वी की आधी परिधि

Source: *Tom Garrison (2012). Essentials of Oceanography, Sixth Edition, Brooks/Cole, Cengage Learning, p. 201*

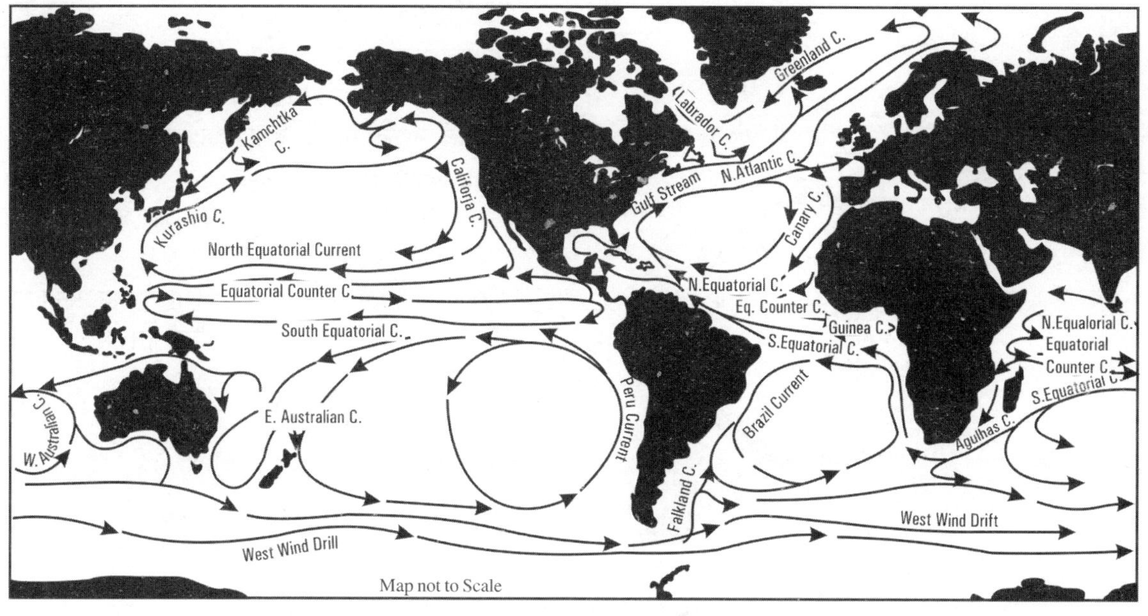

Fig. 4.12 Major surface ocean currents of the world

लघु ज्वार (Neap Tide)

चन्द्रमा की समकोणीय स्थिति के समय होने वाला ज्वार, जब ज्वार उत्पन्न करने वाले बल एक-दूसरे को संपूर्ण नहीं करते, लघु ज्वार परिसर का कारण होता है **(Fig. 4.13)**।

ज्वार-भाटा के प्रभाव (Effects of Tides)

ज्वार-भाटा का मानव और समाज के लिये अत्यधिक महत्व है। ज्वार से उथले पत्तनों के जल की गहराई में वृद्धि होती है और कुछ पत्तनों के उथले प्रवेश को जलयानों के लिए सुगम बना देते हैं। इस प्रकार पत्तनों को उच्च ज्वार के समय जहाजों के लिये सुलभ बनाते हैं। इसके अतिरिक्त

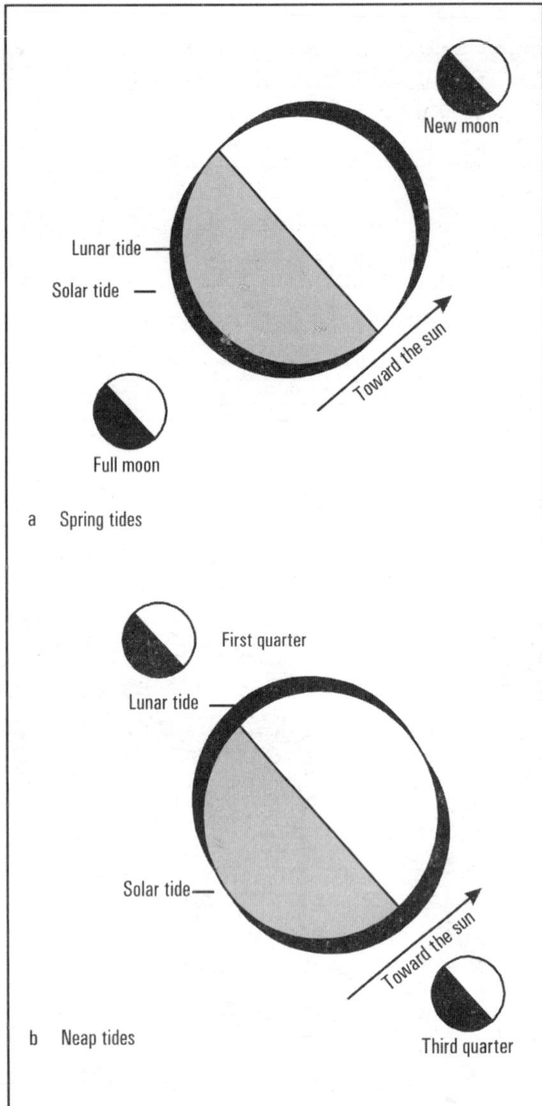

Fig. 4.13 Relative positions of the Sun, Moon, and Earth during spring and neap tides

खाड़ियों के प्रवेश को खुरचते हैं, नगरों तथा उद्योगों से लाये अवशिष्ट पदार्थों को जलमार्ग से हटाते हैं और नदियों द्वारा महासागरों में पंक, अवसाद तथा गाद को वितरित करते हैं। यह तटों को काट-छाँट कर मानव के लिये उपयोगी बनाते हैं। विकसित देशों में ज्वार-भाटे से बिजली का उत्पादन भी किया जाता है। संयुक्त राज्य अमेरिका, फ्रांस, ब्रिटेन, जर्मनी, इटली, जापान, ज्वार-भाटा से बिजली उत्पन्न करने वाले प्रमुख देश हैं। भारत में खम्भात की खाड़ी (गुजरात तट) में ज्वार-भाटा से बिजली का उत्पादन किया जाता है। बिजली की बढ़ती मांग को देखते हुये, ज्वार-भाटा से बिजली उत्पादन में वृद्धि होने की संभावना है।

प्रवाल भित्तियाँ (Coral Reefs)

प्रवाल भित्तियाँ तटों के निकट प्रवाल (Coral) द्वारा निर्मित भित्ती होती हैं। प्रवाल भित्तियों की उत्पत्ति उष्णकटिबंधीय सागरों में होती है। प्रवाल उत्पत्ति के लिये निम्न भौगोलिक परिस्थितियों की आवश्यकता होती है:

1. सागर के जल का तापमान लगभग 21°C होना चाहिये। 18°C से कम तापमान पर प्रवाल मरने लगते हैं।
2. प्रवाल भित्तियाँ प्राय: 30° उत्तर तथा 30° दक्षिण में विकसित होती हैं **(Fig. 4.14)**।
3. प्रवाल उथले सागरों, तथा महाद्वीपीय शेल्फ (Continental Shelf) में विकसित होते हैं।
4. सागरी तट प्रदूषण रहित हों। गंदे और अवसादी जल में प्रवाल मर जाते हैं।
5. प्रवाल भित्तियाँ प्राय: 5 से 10 मीटर गहरे प्रकाशित जल में भली-भाँति विकसित होती हैं।

प्रवाल भित्तियों का वर्गीकरण (Classification of Coral Reefs)

प्रवाल भित्तियों को निम्न वर्गों में विभाजित किया जा सकता है:

1. तटीय प्रवाल भित्तियाँ (Fringing Reef)

ये प्रवाल भित्तियाँ तट से सटी हुई होती हैं। सामान्यत: इनकी चौड़ाई एक किलोमीटर तक हो सकती है। इस प्रकार की भित्तियाँ प्रशान्त महासागर कैम्ब्रियन सागर लाल सागर, मेडागास्कर के तट के निकट पाई जाती हैं। भारत के लक्षद्वीप में भी बहुत-सी तटीय प्रवाल भित्तियाँ हैं।

2. प्रवाल रोधिका (Barrier Reef)

प्रवाल रोधिका (Barrier Reef) धरातल से थोड़ी दूरी पर तट के समानान्तर विकसित होती है। धरातल एवं रीफ के

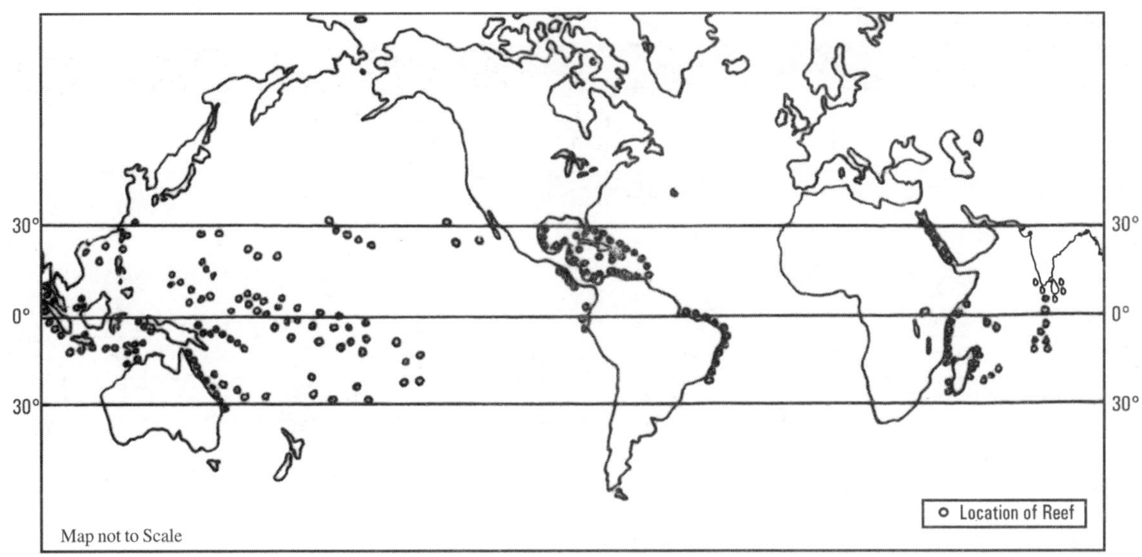

Fig. 4.14 Distribution of coral reefs

बीच एक लैगून अथवा झील होती है। बैरियर रीफ का सागर की ओर का ढलान तीव्र होता है।

ऑस्ट्रेलिया के पूर्वी तट पर स्थित ग्रेट बैरियर रीफ विश्व की सबसे बड़ी बैरियर रीफ है, जिसकी लम्बाई लगभग 2000 किलोमीटर और चौड़ाई लगभग 150 किलोमीटर है।

3. एटॉल (Atoll)

एटॉल एक वलयाकार द्वीप भित्ति होती है, जो सागर में किसी द्वीप के चारों ओर विकसित होती है। विश्व में लगभग 330 एटॉल है। जिनमें से अधिकतर हिन्द महासागर में स्थित हैं। भारत में लक्षद्वीप समूह में भी बहुत-से छोटे बड़े एटॉल है।

प्रवाल भित्तियों का विश्व वितरण

जैसा कि ऊपर वर्णन किया जा चुका है, विश्व की अधिकतर प्रवाल भित्तियाँ 30° उत्तर तथा 30° दक्षिण के अक्षांशों में पाई जाती हैं। एक अनुमान के अनुसार विश्व की कुल प्रवाल भित्तियों का क्षेत्रफल 284,300 वर्ग किलोमीटर है **(Fig. 4.14)**।

सुनामी (Tsunami)

तीव्र गति के भूकम्पों से महासागरों में उत्पन्न होने वाली ऊँची लहरों को सुनामी कहते हैं। सुनामी जापानी भाषा का शब्द है। सुनामी की लहरों से जान-माल की भारी हानि होती है। सामान्यत: सुनामी लहरें 100 से 150 किलोमीटर प्रति घंटे की गति से चलती हैं परन्तु भीषण भूकम्प आने पर इनकी गति 900 किलोमीटर प्रति घंटे से भी अधिक हो सकती है। सुनामी की उत्पत्ति महासागरीय गर्तों (Trenches) में होती है। इसी कारण अधिकतर सुनामी प्रशान्त महासागर में आती हैं, जिसमें गर्तों की संख्या सबसे अधिक है।

सुमात्रा द्वीप के बान्दा-एकेह के निकट प्रशांत महासागर में 26 दिसम्बर, 2004 को भारी भूकम्प आया था, जिसके परिणामस्वरूप दो लाख से अधिक लोग मारे गये थे तथा हिन्द महासागर के तटीय देशों को भारी नुकसान हुआ था। निकोबार द्वीप में स्थित भारत का सबसे दक्षिणी छोर इंदिरा प्वाइंट (Indira Point) ध्वस्त होकर सागर में सदा के लिए डूब गया।

जापान की 1703 की सुनामी में एक लाख से अधिक लोग मारे गये थे। इण्डोनेशिया के 1883 के कराकेटवा भूकम्प में भी 36 हजार से अधिक लोग मारे गये थे **तालिका 4.5**। अभी तक सुनामी के बारे में भविष्यवाणी

तालिका 4.5: मुख्य सुनामी की सूची

क्र.सं.	सुनामी	स्थिति	वर्ष	भूकम्प का परिमाण
1.	न्यू फाउण्डलैण्ड सुनामी	न्यू फाउण्डलैण्ड, कनाडा	18 नवम्बर 1929	7.2
2.	एल्यूशियन सुनामी	एल्यूशियन द्वीप समूह, यूएसए	1 अप्रैल 1946	8.6
3.	कमचटका सुनामी	कमचटका, रूस	4 नवम्बर 1952	9.0
4.	एल्यूसिय द्वीप सुनामी	एल्यूसियन द्वीप, यूएसए	9 मार्च 1957	8.6
5.	चिली सुनामी	चिली	22 मई 1960	9.5
6.	अलास्का सुनामी	अलास्का, यूएसए	28 मार्च 1964	9.2
7.	कालापना सुनामी	कालापना, हुवई, यूएसए	29 नवम्बर 1975	7.7
8.	मोरो गल्फ सुनामी	मोरो खाड़ी, फिलीपीन्स	17 अगस्त 1976	7.9
9.	सुण्ड द्वीप समूह सुनामी	सुण्ड द्वीप समूह, इंडोनेशिया	19 अगस्त 1977	8.3
10.	नरीनो सुनामी	नरीनो, कोलम्बिया	12 दिसम्बर 1979	7.7
11.	जापान सुनामी	जापान सागर, जापान	26 मई 1983	7.9
12.	फ्लोरेस सुनामी	फ्लोरेस, इंडोनेशिया	12 दिसम्बर 1992	7.7
13.	निकारगुआ सुनामी	निकारगुआ, इंडोनेशिया	2 सितम्बर 1992	7.6
14.	ओकुशिरी सुनामी	ओकुशिरी, जापान	12 जुलाई 1993	7.7
15.	जावा-इंडोनेशिया सुनामी	जावा, इंडोनेशिया	2 जून 1994	7.8
16.	कुरिल द्वीप समूह शिकीटन सुनामी	कुरिल द्वीप समूह, शिकोतन, रूस	4 अक्टूबर 1994	8.1
17.	मिन्द्रोरो सुनामी	मिन्द्रोरा, फिलीपीन्स	15 नवम्बर 1994	7.1
18.	मन्जानिलो सुनामी	मन्जानिलो, मैक्सिको	9 अक्टूबर 1995	8.0
19.	एण्ड्रीनोल सुनामी	एण्ड्रीनोव, यूएसए	10 जून 1996	7.9
20.	उत्तरी पेरू सुनामी	पेरू, यूएसए	21 फरवरी 1996	7.8
21.	पापुआ न्यूगिनी सुनामी	पापुआ न्यूगिनी	17 जुलाई 1998	7.0
22.	बनातू सुनामी	बनातू, द.प्रशान्त सागर	26 नवम्बर 1999	7.4
23.	मरमार सुनामी का सागर	मरमार सागर, तुर्की	17 अगस्त 1999	7.6
24.	अपतटीय कोलिमा सुनामी	मैक्सिको	22 जनवरी 2003	7.6
25.	द. द्वीप सुनामी	न्यूजीलैण्ड	21 अगस्त 2003	7.2
26.	होक्काइडो सुनामी	होक्काइडो, जापान	25 सितम्बर 2003	8.3
27.	चूहा द्वीप सुनामी	चूहा द्वीप समूह, एलेयूशियन द्वीप समूह, यूएसए	31 अक्टूबर 2003	7.7
28.	होंशू पूर्वीतर सुनामी	होंशू, जापान	31 अक्टूबर 2003	7.0
29.	मैकक्वेरी सुनामी	मैकक्वेरी द्वीप का उत्तर	23 दिसम्बर 2004	8.1
30.	होक्काइडो सुनामी	होक्काइडो, जापान	28 नवम्बर 2004	7.0
31.	बेंकूवर सुनामी	बेंकूवर द्वीप क्षेत्र	2 नवम्बर 2004	6.7
32.	होंशू सुनामी	होंशू, जापान	5 सितम्बर 2004	7.2
33.	उत्तर सुमात्रा सुनामी	पश्चिमी तट, उत्तरी सुमात्रा	26 दिसम्बर 2004	9.0
34.	पलाऊ सुनामी	पलाऊ, इंडोनेशिया	28 सितम्बर 2018	7.5
35.	अलास्का सुनामी	अलास्का	23 जनवरी 2018	7.9

करना सम्भव नहीं हो सका है, इस दिशा में प्रयास जारी हैं। प्रशांत महासागर के तटों पर सुनामी संबंधित शोध केन्द्र स्थापित किये जा रहे हैं परन्तु निकट भविष्य में सुनामी के बारे में भविष्यवाणी कर पाना कठिन प्रतीत होता है।

सागरीय प्रदूषण (Marine Pollution)

विश्व की बढ़ती जनसंख्या तथा बढ़ते हुये सागरीय व्यापार तथा तेल के सागर द्वारा आयात निर्यात के कारण सागरों के प्रदूषण में तीव्र गति से वृद्धि हो रही है। महासागरों में प्रदूषण के मुख्य कारण निम्न हैं:

(i) सागरों में तेल तथा पेट्रोल का रिसाव,

(ii) ज्वालामुखियों का उदगार,

(iii) मानव द्वारा सागरों में रसायनिक तत्वों को निष्कासित करना,

(iv) नदियों द्वारा सागर में अवसाद एकत्रित करना इत्यादि।

यूँ तो विश्व के सभी महासागरों में प्रदूषण व्याप्त हो चुका है। फिर भी उष्णकटिबन्ध के महासागर आर्कर्टिक महासागर की तुलना में अधिक प्रदूषित हैं।

सर्वाधिक प्रदूषण इनके नौवहन हेतु प्रयुक्त होने वाले जलमार्गों में है **(Fig. 4.15)**।

महासागर के काफी प्रदूषित भूभागों को **(Fig. 4.15)** में प्रदर्शित किया गया है। इसमें यह देखा जा सकता है कि अंतर्राष्ट्रीय समुद्री-रास्ते काफी अधिक प्रदूषित हैं। सभी महासागरों में, उत्तर अटलांटिक महासागर, अरब सागर, लाल सागर, भूमध्य महासागर, उत्तर सागर, बाल्टिक सागर, मलक्का जलडमरूमध्य, चाइना सागर दुनिया के सबसे प्रदूषित क्षेत्रों में से हैं।

समुद्री प्रदूषण (Marine Pollution) समुद्री प्रदूषण मनुष्यों से समुद्री वातावरण में पदार्थों या ऊर्जा का परिचय है जो मछली पकड़ने के लिए जीवित संसाधनों, मानव स्वास्थ्य और समुद्री गतिविधियों को नुकसान पहुँचाता है। यह समुद्र के पानी के उपयोग और सुविधाओं में कमी के लिए गुणवत्ता की हानि का कारण बनता है।

समुद्री प्रदूषण के प्रकार (Type of Marine Polution)

समुद्री प्रदूषण में कई प्रकार के प्रदूषण शामिल होते है जो रासायनिक, प्रकाश, शोर और प्लास्टिक प्रदूषण सहित समुद्री पारिस्थितिक तंत्र को बाधित करते है।

- **रासायनिक प्रदूषण** हानिकारक प्रदूषण की शुरुआत ही समुद्र तक पहुँचने वाले आम मानव प्रदूषकों में कीटनाशक, शाकनाशी, उर्वरक, डिटर्जेंट, तेल, औद्योगिक रसायन और सीवेज शामिल है।
- **प्रकाश प्रदूषण** पानी के नीचे प्रवेश करता है जो शहरी वातावरण के पास उथली भित्तियों में रहने वाली मछलियों के लिए एक अलग तरह की प्रतियां बनाता है। प्रकाश से जुड़े सामान्य संकेतों को बाधित करता है, सर्केडियन लय/घड़ी जिससे प्रजातियों के प्रवासन, प्रजनन और खिलाने का समय विकसित हुआ है। रात में कृत्रिम प्रकाश शिकारियों के लिए छोटी मछलियों के शिकार को आसान बना सकता है और रीफ मछली में प्रजनन को प्रभावित कर सकता है।
- **शोर प्रदूषण** जहाजों, सोनार उपकरणों और तेल रिसाव से तेज या लगातार आवाजों की बढ़ती उपस्थिति समुद्री वातावरण में प्राकृतिक शोर को बाधित करती है। अप्राकृतिक शोर बहुत से समुद्री जानवरों के लिए पुनरुत्पादन ढांचे और प्रवसन, संचार तथा शिकार को बाधित करती है।
- **प्लास्टिक प्रदूषण** समुद्र में रन ऑफ और यहां तक कि उद्देश्यपूर्ण हो जाता है। एक बार प्रयोग की जाने वाली प्लास्टिक सबसे ज्यादा नुकसानदायक है। एक बार उपयोग की जाने वाली वस्तुएं दुर्घटनावश समुद्री जीवों द्वारा खा ली जाती हैं। प्लास्टिक के थैले जेलीफिश के सदृश्य होते है, समुद्री कछुओं के लिए यह एक आम भोजन है, जबकि कुछ समुद्री पक्षी प्लास्टिक खाते हैं क्योंकि यह एक रसायन जारी करता है जो इसे प्राकृतिक भोजन बनाता है। वर्षो से मछली पकड़ने और स्तनपाइयों को फसाने के लिए जाल को छोड़ दिया जाता है। अटलांटिक महासागर में प्लास्टिक की मात्रा जैसी गंध 1960 के दशक के बाद तीन गुना हो गई है। प्रशान्त

महासागर में तैरता हुआ कचरा, लगभग 620,000 वर्ग मील, दो बार के टैक्सॉस के आकार का है।

समुद्री प्रदूषण के कारण (Cause of Marine Pollution)

यूट्रोफिकेशन जब पानी में मुख्य रूप से नाइट्रेट और फॉस्फेट के रासायनिक पोषक तत्वों की अधिकता होती है, तो यह यूट्रोफिकेशन या पोषक तत्वों के प्रदूषण की ओर ले जाता है। यूट्रोफिकेशन ऑक्सीजन के स्तर को कम करता है, पानी की गुणवत्ता को कम करता है। पानी को मछली के रहने योग्य बनाता है। समुद्री जीवन के भीतर प्रजनन प्रक्रिया को प्रभावित करता है और समुद्री पारिस्थितिक तंत्र की प्राथमिक उत्पादकता को बढ़ाता है।

अम्लीकरण महासागर पृथ्वी के वायुमण्डल से कार्बन-डॉइ-ऑक्साइड को अवशोषित करने के लिए एक प्राकृतिक जलाशय के रूप में कार्य करते है। लेकिन वातावरण में कार्बन-डाई-ऑक्साइड के बढ़ते स्तर के कारण विश्व भर में महासागर प्रकृति में अम्लीय होते जा रहे हैं; एक परिणाम के रूप में यह महासागरों के अम्लीयकरण की ओर जाता है। इस बात की प्रबल चिंता है कि तिजापीकरण कैल्शियम कार्बोनेट के ढांचे को विघटित कर देता है, जो मछलियों और अन्य समुद्री जीवों में शैलों के निर्माण को प्रभावित करता है।

टॉक्सिन्स कीटनाशक, डीडीटी, पीसीबी, फुरंस, टीबीटी, रेडियोधर्मी कचरा फेनेल्स और डाइऑक्सि जैसे विशाक्त पदार्थ समुद्री जीवन के ऊतकों की कोशिकाओं में जमा हो जाते है और जीवन को पानी के भीतर बाधा उत्पन्न करने वाले बायो केमिकल के लिए नेतृत्व करते है और कभी-कभी जलीय जीवों के स्वरूप में परिवर्तन करते है।

प्लास्टिक इसमें महासागरों में पाए जाने वाले मलबे का 80 प्रतिशत हिसा होता है। महासागरों में पाए जाने वाले प्लास्टिक समुद्री जीवों और वन्य जीवों के लिए खतरनाक होते है क्योंकि कभी-कभी यह गला घोंटकर उन्हें मौत के घाट उतार देता है। महासागरों में पाए जाने वाले प्लास्टिक के ढेरों का बढ़ता स्तर घुटन अंत:ग्रहण और जीवन पानी के अन्दर और इसके साथ ही ऊपर से उलझ रहा है।

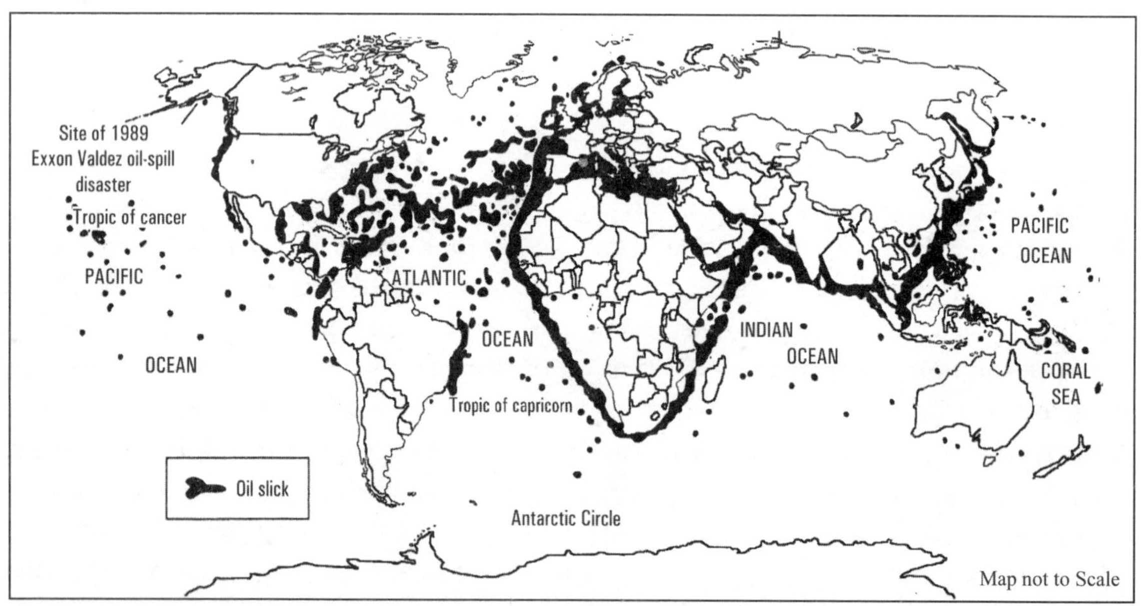

Fig. 4.15 Location of recent visible oil slicks worldwide. The location of the 1989 Exxon Valdez oil spill is noted on the map. [Data from Organisation for Economic Cooperation and Development, The State of the Environment. Paris: Organisation for Economic Cooperation and Development, 1985.] After Christopherson, R.W. Elemental Geosystem, 1995, p. 533

समुद्री प्रदूषण को रोकने के उपाय (Steps to prevent to Marine Pollution)

- रीसाइक्लिंग और पुन: उपयोग को प्रोत्साहित करना प्लास्टिक प्रदूषण को कम कर सकता है। प्लास्टिक और कूड़े कचरे का उपभोग बन्द करें क्योकि वे न केवल नालियों को रोकते है बल्कि महासागरों में बहकर चले जाते है।
- यह सुनिश्चित करें कि पानी की धाराओं के पास रसायन का उपयोग नहीं किया जाए और ऐसे रसायनों के उपयोग को कम करने का प्रयास करें।
- किसानों के लिए आवश्यक है कि वे कृषि में रासायनिक खादों, कीटनाशकों का प्रयोग बन्द करें और जैविक कृषि की ओर बढ़े।
- सार्वजनिक परिवहन का उपयोग करे और कार्बन को कम करने के लिए छोटे और परिणात्मक उपायों को अपनाएं, यह केवल वातावरण में प्रदूषण को कम करने में ही सहायता नहीं करेगा बल्कि आने वाली पीढ़ियों के लिए सुरक्षित और स्वास्थ्यवर्धक भविष्य सुनिश्चित करेगा।
- समुद्र में, किसी भी रूप में, तेल और रसायनों को छोड़ने को रोकें।
- स्वयंसेवक या समुद्र तट (बीच) को साफ करने वाले कार्यकर्ता काम शुरू करें और इस जागरुकता को आसपास फैलाएं।

अंतर्राष्ट्रीय समुद्री क्षेत्र

संयुक्त राष्ट्र समुद्री कानून संधि (यूएनसीएलओएस), जिसे समुद्री कानून का सम्मेलन या समुद्री संधि का कानून भी कहा जाता है, 1982 में 60 देशों द्वारा हस्ताक्षरित होने के बाद 16 नवंबर 1994 को लागू हुआ। अब, इसकी पुष्टि 168 दलों के द्वारा कर दी गई है, जिसमें 164 संयुक्त राष्ट्र सदस्य देश शामिल हैं। यह सम्मेलन समुद्री कानूनों के सिद्धांतों को स्थापित करता है। इसने निम्नलिखित समुद्री क्षेत्रों को मान्यता दी है जो एक समुद्री आधार रेखा से परिभाषित होते हैं। यह सामान्य रूप से निम्न-जल रेखा का अनुसरण करती है, लेकिन जब समुद्र तट गहरा और कटा फटा होता है, जिसमें तटीय द्वीप भी होते हैं या अत्यधिक अस्थिर होते हैं, तो सीधी आधार रेखा का उपयोग किया जा सकता है **तालिका 4.5A** और **चित्र 4.15A**। इनमें से कई क्षेत्रों के सीमांकन और संप्रभुता के बारे में कई संघर्ष और विवाद हैं। **चित्र 4.15B**।

महासागर और जलवायु परिवर्तन

महासागर और वायुमंडल सक्रिय रूप से जुड़े हुए हैं क्योंकि इनके बीच ऊर्जा और सामग्री का निरंतर आदान-प्रदान होता रहता है। एक क्षेत्र में कोई भी परिवर्तन दूसरे के गुणों को प्रभावित कर सकता है। इसलिए, जलवायु परिवर्तन की समस्या ने महासागरों के भौतिक-रासायनिक और जैव-भू-रासायनिक गुणों को प्रभावित किया है। जलवायु परिवर्तन का प्रभाव समुद्र के बढ़ते स्तर और तटीय क्षेत्रों के संशोधन, अम्लीकरण के बढ़ते स्तर, बदलती प्रकृति और महासागरीय धाराओं, सतह और उपसतह के तापमान के वितरण और समुद्र तल की गतिविधियों में तेजी से दिखाई दे रहा है। जलवायु परिवर्तन पर अंतर सरकारी पैनल (आईपीसीसी) की पांचवीं आकलन रिपोर्ट के अनुसार, 1970 के दशक से ग्रीनहाउस गैसों के उत्सर्जन से उत्पन्न अतिरिक्त गर्मी का 93 प्रतिशत से अधिक विश्व महासागरों ने अवशोषित कर लिया था। यह अतिरिक्त ऊष्मा ज्यादातर ऊपरी परत में ही सीमित है और 1971 से 2010 तक जलवायु प्रणाली में संग्रहीत ऊर्जा की कुल वृद्धि का लगभग 63 प्रतिशत है । महासागरीय परतों का 700 मीटर नीचे से समुद्र तल तक गर्म होना संग्रहीत ऊर्जा के अन्य 30 प्रतिशत के लिए उत्तरदायी है। पिछली सदी में समुद्र के बढ़ते तापमान के परिणामस्वरूप, समुद्र का स्तर वैश्विक स्तर पर औसतन 1-2 मिमी/वर्ष की दर से बढ़ा है। सैटेलाइट अल्टीमेट्री पर आधारित हाल के अध्ययनों ने निष्कर्ष निकाला है कि 1990 से 2010 की अवधि के आंकड़ों के आधार पर यह दर लगभग 3 मिमी./वर्ष के करीब पहुंच गई है। जहां तक समुद्र के स्तर में वृद्धि पर जलवायु परिवर्तन के प्रभाव का संबंध है, अध्ययनों से पता चलता है कि 1993 के बाद से 55 प्रतिशत वृद्धि महाद्वीपीय बर्फ के पिघलने के कारण हुई है, समुद्री जल का तापीय विस्तार 30 प्रतिशत वृद्धि के लिए जिम्मेदार है। आईपीसीसी द्वारा किए गए जलवायु मॉडलिंग ने भी वर्तमान सदी के अंत तक औसत वैश्विक महासागर तापमान में 1-4 डिग्री सेल्सियस की वृद्धि की भविष्यवाणी

तालिका 4.5A: अंतर्राष्ट्रीय समुद्री क्षेत्र

क्र.सं.	क्षेत्र	सीमाएं परिभाषित करना	टिप्पणियां
1.	आंतरिक जल	आधार रेखा से भू-भाग की ओर विस्तार	कुछ शर्तों के तहत इन जल क्षेत्रों में समुद्र के कानून में सीधे मार्ग का अधिकार प्रदान किया गया है।
2.	प्रादेशिक सागर	समुद्र की ओर 12 समुद्री मील तक फैला हुआ है।	प्रादेशिक समुद्र की बाहरी सीमा वह रेखा है जिसका प्रत्येक बिंदु आधार रेखा के निकटतम बिंदु से प्रादेशिक समुद्र की चौड़ाई के बराबर दूरी पर है।
3.	सन्निहित क्षेत्र	अपनी बेसलाइन से समुद्र की ओर 24 समुद्री मील तक फैला हुआ है।	इस क्षेत्र में कोई भी देश चार विशिष्ट क्षेत्रों (सीमा शुल्क, कराधान, आव्रजन और प्रदूषण) में अपना कानून लागू कर सकता है यदि उल्लंघन राज्य के क्षेत्र या क्षेत्रीय जल के भीतर शुरू हुआ या होने वाला है।
4.	विशिष्ट आर्थिक क्षेत्र	अपनी बेसलाइन से समुद्र की ओर 200 समुद्री मील तक फैला हुआ है।	इस क्षेत्र में तटीय राष्ट्र के पास सभी प्राकृतिक संसाधनों पर एकमात्र शोषण अधिकार है।
5.	महाद्वीपीय शेल्फ	प्रादेशिक समुद्र से परे 200 समुद्री मील की दूरी तक फैला हुआ है।	तटीय देशों को खनिज और निर्जीव सामग्री के उपयोग का अधिकार है। इन देशों का महाद्वीपीय शेल्फ से "संलग्न" रहने वाले संसाधनों पर विशेष नियंत्रण होता है, लेकिन विशेष आर्थिक क्षेत्र से परे गहरे पानी में रहने वाले जीवों पर नहीं।
6.	उच्च समुद्र और गहरे समुद्र तल	ईईजेड से परे सतह और जल स्तंभ वाले क्षेत्र।	खुले समुद्र, सभी राज्यों के लिए खुले हैं, चाहे वे तटीय हों या घिरे हुए।

Source: *United Nations Convention on the Law of the Sea (UNCLOS)*

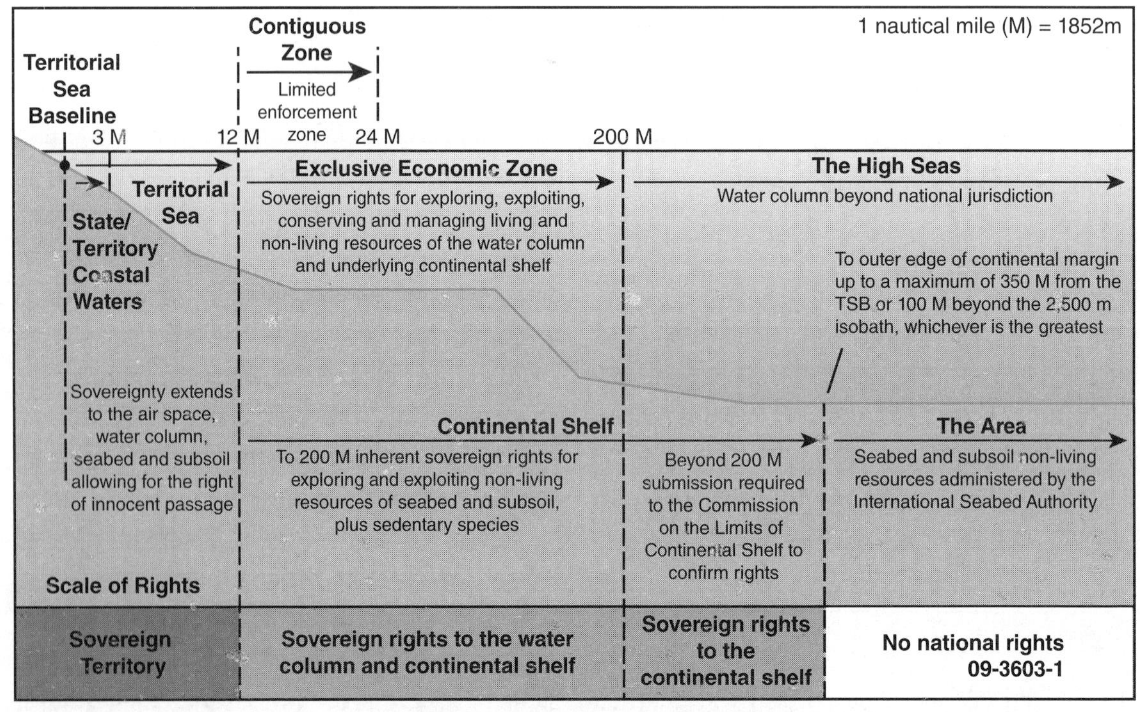

Fig. 4.15A International Maritime Zones

Source: Balla, E. Marine Cadastre in Europe: State of Play (NR 355), paper presented in the World Bank Conference on Land and Poverty" The World Bank - Washington DC, March 20-24, 2017.

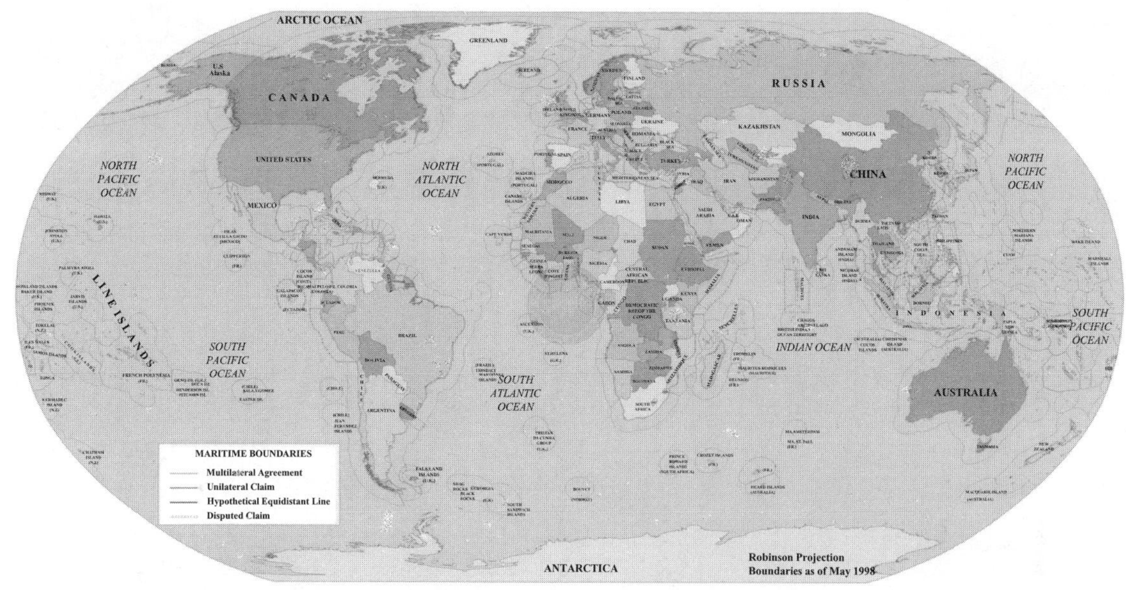

Fig. 4.15B Maritime Claims and Boundaries of the World

स्रोत: वैश्विक समुद्री डेटाबेस

की है। 1901 से समुद्र का स्तर पहले ही 15-25 सेंटीमीटर या (6-10 इंच) तक बढ़ चुका है, जिससे कई पर्यावरणीय और आर्थिक समस्याएं पैदा हो रही हैं। वर्तमान रुझानों के विश्लेषण से यह भी पता चलता है कि अगली सदी में वैश्विक औसत समुद्र स्तर की वृद्धि 0.6 से 2 फीट (0.18 से 0.59 मीटर) के बीच हो सकती है।

ये रुझान वैश्विक स्थिरता के लिए एक गंभीर तस्वीर पेश करते हैं, इसलिए, ग्रीनहाउस गैस को बहुत सीमित करने, जलवायु परिवर्तन पर पेरिस समझौते द्वारा निर्धारित शमन लक्ष्यों को प्राप्त करने और वैश्विक औसत तापमान में वृद्धि को पूर्व-औद्योगिक स्तर से 2 डिग्री से नीचे तक सीमित करने की तत्काल आवश्यकता है। इस प्रवृत्ति को उलटने और जलवायु उपयुक्तता हासिल करने के लिए समुद्री और तटीय पारिस्थितिकी प्रणालियों का संरक्षण, संरक्षण और विकास महत्वपूर्ण हो सकता है। मछली पकड़ने और प्रौद्योगिकी हस्तक्षेप के लिए उपयुक्त नीतियों द्वारा बेहतर मानव अनुकूलन और वैज्ञानिक अनुसंधान को मजबूत करने से जलवायु परिवर्तन के प्रभाव को कम करने में भी मदद मिलेगी।

समुद्री पारिस्थितिकी तंत्र का क्षरण

इसमें समाज को महासागरों से होने वाले लाभों (पारिस्थितिकी तंत्र सेवाओं) की हानि शामिल है। यह या तो प्राकृतिक कारणों या मानवीय गतिविधियों के परिणामस्वरूप होती हैं। समुद्री पर्यावरण के क्षरण के लिए मुख्य रूप से निम्नलिखित कारक जिम्मेदार हैं:

- समुद्री आवासों और प्रक्रियाओं (गहरे समुद्र में खनन, परिवहन, अन्वेषण, मछली आखेट, पर्यटन गतिविधियों आदि) का अत्यधिक दोहन और अव्यवस्था
- समुद्री पर्यावरण का प्लास्टिक प्रदूषण
- रासायनिक संदूषण या पोषक तत्व प्रदूषण
- वैश्विक तापमान
- डी-ऑक्सीजनेशन
- जैव विविधता हानि

वर्तमान में महासागरों में तेल रिसाव और परमाणु रिसाव (फुकुशिमा) पारिस्थितिकी तंत्र को बहुत नुकसान पहुंचा रहे हैं। दुनिया भर में हाल ही में होने वाले तेल के रिसाव के स्थानों को **(चित्र 4.15)** में दिखाया गया है।

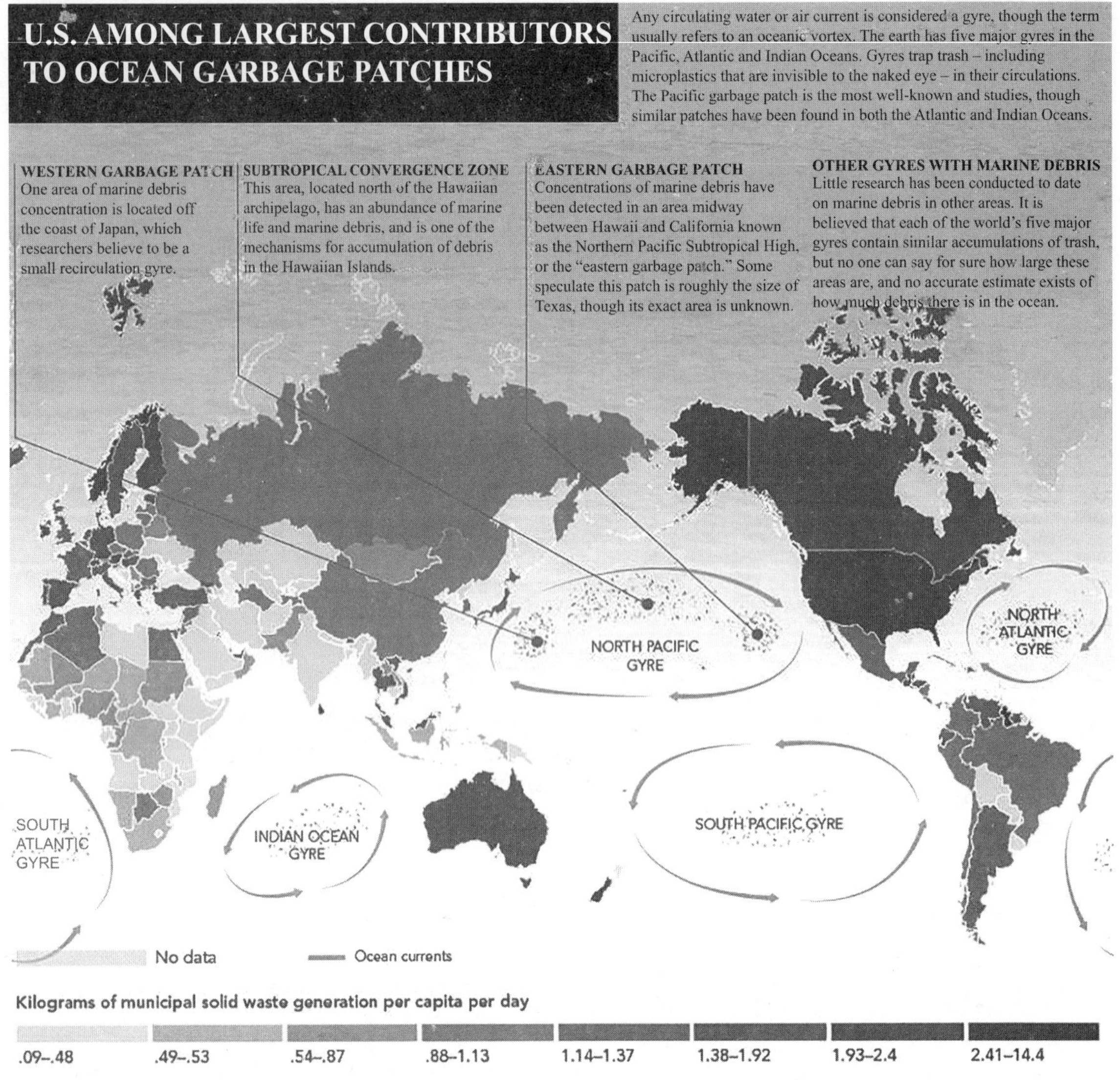

Fig. 4.16 Ocean Garbage Patches

संदर्भ (References)

- Bishop, J.M., 1984, ***Applied Oceanography,*** New York, Wiley.
- Broadus, J.M., 1987, 'Seabed Materials', ***Science 235*** (No. 4791).
- Bishop, J.M., 1984, ***Applied Oceanography,*** New York, Wiley.
- Boucher, K, 1975, ***Global Climate,*** New York, Halstead Press.
- Defant, A., 1958, ***Ebb and Flow: The Tides of Earth, Air and Water,*** Ann Arbor: University of Michigan Press.
- Dudley, W.C., and M. Lee, ***Tsunami,*** Honolulu, University of Hawaii Press.
- Garrison, T., 1999, ***Essentials of Oceanography,*** London, Wadsworth Publishing Company.
- Gross, M.G., 1986, ***Oceanography,*** 3rd. ed. Englewood Cliffs, N.J., Prentice Hall.

- Husain, M., 2009, ***Fundamentals of Physical Geography,*** Jaipur, Rawat Publications.
- Kennett, J.P., 1982, ***Marine Geology,*** Englewood Cliff, NJ, Prentice Hall.
- Ross, D.A., 1980, ***Opportunities and Uses of Ocean,*** New York, Springer-Verlag.
- Thomas, S.G. and A. Goudie, 2006, ***The Dictionary of Physical Geography,*** 3rd ed. First Indian Reprint, Blackwell Publishing Ltd.
- Von Arx, W.S., 1962, ***An Introduction to Physical Oceanography,*** New York, Addison-Wesley.

Web references

- https://www.clearias.com/ocean-floor/
- https://iasexamportal.com/general-knowledge/oceansof-the-world
- http://itic.ioc-unesco.org/index.php?option=com_content&view=featured&Itemid=2441
- https://www.mapsofindia.com/my-india/society/marine-pollution-causes-types-effects-prevention
- https://www.nationalgeographic.com/environment/oceans/critical-issues-marine-pollution
- https://www.pmfias.com/pacific-ocean-atlantic-oceanindian-ocean/#Trenches-2
- https://ris.utwente.nl/ws/portalfiles/portal/139199436/Balla_355_V2.pdf
- http://www.globalgisdata.com/10974.html

परिचय (Introduction)

जैवभूगोल एक अकादमिक अनुशासन है जो 'भूगोल, पारिस्थितिकी और जीवन के इतिहास के प्रश्न जैसे कोई कहाँ रहता है, वहाँ कैसे रहता है और वहाँ कैसे रहने के लिए पहुँचा आदि के अध्ययन से संबंधित है'। इसकी तीन मुख्य शाखाएँ हैं- विश्लेषणात्मक जैवभूगोल, पारिस्थितिक जैवभूगोल और ऐतिहासिक जैवभूगोल। **ऐतिहासिक जैवभूगोल** के अंतर्गत जीवन के दीर्घकालिक विकास पर महाद्वीपीय विस्थापन, वैश्विक जलवायु परिवर्तन और अन्य बड़े पैमाने पर पर्यावरणीय कारकों के प्रभाव का अध्ययन किया जाता है। **पारिस्थितिक जैवभूगोल** जीवन और पर्यावरणीय जटिलताओं के बीच संबंधों के अध्ययन से संबंधित है। **विश्लेषणात्मक जैवभूगोल** इस बात की जांच करती है कि जीव आज कहां रहते हैं और कैसे फैलते हैं।

वर्तमान समय में, सात अरब से अधिक मनुष्य, लगभग दस लाख पशु प्रजातियां और 355,000 से अधिक ज्ञात पौधों की प्रजातियां पृथ्वी की हवा, पानी और भूमि पर निर्भर हैं। विश्व में असाधारण रूप से उच्च जैविक समृद्धि जैव विविधता हॉटस्पॉट के क्षेत्रों को चित्र 5.6 में दिखाया गया है।

यह चित्र 5.6 से देखा जा सकता है कि एंटिल्स के द्वीप, मेसो-अमेरिकी वन, उष्णकटिबंधीय एंडीज, सेराडो (ब्राजील) और अटलांटिक वन क्षेत्र में विशेष जैव-विविधता है। पश्चिम अफ्रीका, मेडागास्कर, केप और पश्चिमी केप (दक्षिण अफ्रीका), पश्चिमी घाट (भारत), दक्षिण-पूर्व एशिया, विशेष रूप से इंडोनेशिया, मलेशिया, फिलीपींस और गिनी आदि के जंगलों में असाधारण रूप से उच्च जैविक विविधता है।

यह विषय मूल रूप से अठारहवीं शताब्दी के अन्वेषण के युग के दौरान विकसित हुआ था। बफन ने 1761 में अपना मत प्रस्तुत किया जिसमें कहा गया है कि विभिन्न क्षेत्रों में अलग-अलग पौधे और जानवर हैं। यह आगे उन्नीसवीं सदी के उत्तरार्द्ध के प्रकृतिवादियों जिसमें वालेस, स्लेटर और डार्विन शामिल थे के द्वारा विकासवादी और पारिस्थितिकीय ढांचे के भीतर विकसित हुआ। बाद में यह ऐतिहासिक (क्रम-विकास, व्यवस्था विज्ञान, जीवाश्म विज्ञान) और पारिस्थितिक (जनसंख्या, समुदाय, पारिस्थितिकी तंत्र) जैवभूगोल के दो अलग-अलग प्रक्षेपवक्रों के साथ विकसित हुआ। 1960 के दशक में प्लेट टेक्टोनिक, महाद्वीपीय विस्थापन के मॉडल और द्वीप जैवभूगोल के संतुलन सिद्धांत के विकास ने इस विषय को बहुत विकसित किया। वर्तमान में यह चार सतत विषयों (जैव-भौगोलिक क्षेत्रीयकरण, ऐतिहासिक पुनर्निर्माण, क्षेत्रों के बीच समय के साथ बदलाव और समय और स्थान सम्बन्धी बदलाव, और निकट एवं संबंधित प्रजातियों के भीतर और उनके बीच भौगोलिक भिन्नता) को एकीकृत करता है, जिसमें फाईलोजिओग्राफी, वृहद पारिस्थितिकी और संरक्षण जैवभूगोल शामिल हैं।

जीवमण्डल (Biosphere) सामान्यत: पृथ्वी की सतह के चारों ओर एक आवरण है, जिसके अंतर्गत वनस्पति तथा प्राणी जीवन सम्भव होता है। पृथ्वी के सभी जीवित जीव (Living Organism) तथा पर्यावरण, जिनसे इन जीवों की पारस्परिक क्रिया होती है। जीवमण्डल का विस्तार सागर स्तर से लगभग आठ किलोमीटर ऊँचाई तक होता है। जीवमण्डल के अध्ययन करने वाले विज्ञान को जीव भूगोल कहते हैं। जीवमण्डल को ईकोस्फीयर (Ecosphere) भी कहते हैं। सौरमण्डल में केवल पृथ्वी पर ही जीव मण्डल पाया जाता है।

जीवमण्डल के संघटक (Components of Biosphere)

जीवमण्डल के घटकों में जैविक एवं अजैविक घटक सम्मिलित हैं। उदाहरण के लिये प्रकाश, तापमान, जल, जलवाष्प, वायु, जलवायु, चट्टानें इत्यादि अजैविक घटक हैं, जबकि वनस्पति, पशु-पक्षी, सूक्ष्म प्राणी तथा मानव प्राणी घटक हैं।

पारिस्थितिकी और जीवन का संगठन Ecology and the Organisation of Life

भूगोल, पृथ्वी की सतह के परिवर्तनशील स्वरूप का सटीक, व्यवस्थित तथा तर्कसंगत विवरण और व्याख्या करता है। पारिस्थितिकी, भूगोल विषय का एक अनिवार्य भाग है क्योंकि इसके अंतर्गत जीवन और उनके विविध आवासों और पर्यावरणीय परिस्थितियों का वितरण का अध्ययन किया जाता है। पारिस्थितिकी को एक ऐसे विज्ञान के रूप में परिभाषित किया जा सकता है जो एक ओर जीवों और उनके भौतिक वातावरण के बीच और दूसरी ओर जीवों के बीच अन्योन्याश्रित, पारस्परिक रूप से प्रतिक्रियाशील और परस्पर संबंधों का अध्ययन करता है। यह न केवल अलग-अलग जीवों के उनके पर्यावरण के साथ संबंधों के अध्ययन से संबंधित है, बल्कि समग्र रूप से आबादी, समुदायों, पारिस्थितिक तंत्र, बायोम और जीवमंडल के अध्ययन से भी संबंधित है (**तालिका 5.1**)।

पशु और पौधों का वर्गीकरण Classification of Animal and Plants

सभी जीवों और पौधों को श्रेणीबद्ध रूप से वर्गीकृत किया जाता है। एकल जीव को प्रजातियों में, प्रजातियों को जेनेरा में, जेनेरा

तालिका 5.1: जीवन का संगठन

1.	जैवमंडल	यह पृथ्वी प्रणाली के जीवों द्वारा बसाए गए क्षेत्रों से बना है और इसमें सामूहिक रूप से पृथ्वी पर सभी पारिस्थितिक तंत्र शामिल हैं। यह जीवन के क्षेत्र का प्रतिनिधित्व करता है जिसमें जीवित और निर्जीव दोनों घटक शामिल हैं।
2.	जीवोम	एक बड़े भौगोलिक क्षेत्र में रहने वाले जीवों का एक प्रमुख पारिस्थितिक समुदाय, जो उनकी विशेष जलवायु और पर्यावरणीय स्थिति के अनुकूल है।
3.	भू-दृश्य	एक क्षेत्र में पारिस्थितिक तंत्र की परस्पर क्रिया द्वारा गठित स्थानिक रूप से विषम क्षेत्र।
4.	पारिस्थितिकी तंत्र	यह जीवमंडल की एक संरचनात्मक और कार्यात्मक इकाई है। इसमें जीवित प्राणियों का एक समुदाय और भौतिक वातावरण होता है और उनके बीच परस्पर क्रिया और सामग्री का आदान-प्रदान दोनों करते हैं।
5.	जैविक समुदाय	यह विभिन्न प्रकार के जीवों के एक साथ रहने और एक ही निवास स्थान को साझा करने से बनता है।
6.	जनसंख्या	यह एक ही प्रजाति के विभिन्न जीवों के समूह द्वारा एक विशिष्ट अवधि के दौरान एक परिभाषित क्षेत्र पर रहने से बनता है।
7.	जीव	जीव एक जीवित प्राणी है जो स्वतंत्र रूप से कार्य करने या कार्य करने की क्षमता रखता है। यह एक पौधा, जानवर, जीवाणु, कवक आदि हो सकता है।
8.	अंग	एक संरचना आमतौर पर कई ऊतकों से बनी होती है जो एक कार्यात्मक इकाई बनाती है।
9.	कोशिका	जीवन की सबसे छोटी इकाई
10.	जीन	ये डीएनए और आनुवंशिकता की बुनियादी भौतिक और कार्यात्मक इकाई हैं।

को परिवारों में, आदि में बांटा जाता है। प्रत्येक प्रजाति, जीन, परिवार और जीवों के उच्च-क्रम के औपचारिक समूह को टैक्सोन (बहुवचन) कहा जाता है। पदानुक्रम में प्रत्येक स्तर एक टैक्सोनॉमिक श्रेणी है। जानवरों को आमतौर पर किंगडम, फाइलम, सबफाइलम, क्लास, सबक्लास, सुपरऑर्डर, ऑर्डर, सबऑर्डर, फैमिली, सबफैमिली, जीनस और स्पीशीज में उच्च से निम्न श्रेणी में वर्गीकृत किया जाता है। पौधों को किंगडम, डिवीजन, सबडिवीजन, क्लास, ऑर्डर, फैमिली, ट्राइब, जीनस और स्पीशीज में उच्च से निम्न श्रेणी में वर्गीकृत किया जाता है। पौधों और जानवरों के अधिक सटीक अध्ययन के लिए अन्य विशिष्ट मध्यवर्ती श्रेणियां भी अपनाई जाती हैं।

पारिस्थितिकी अनुक्रम (Ecological Succession)

वह प्रक्रिया, जिसमें सामान्यतः पेड़-पौधों तथा जीव-जन्तुओं की जटिल प्रजातियां, पुरानी एवं सरल प्रजातियों द्वारा विस्थापित कर दी जाती हैं। यह परिवर्तन अधिकतर परिपक्व दशाओं में होता है।

ईकोटोन (Ecotone)

सम्बद्ध पारिस्थितिकी तन्त्र में सीमावर्ती संक्रमण क्षेत्र, जिसकी चौड़ाई (विस्तार) अलग-अलग हो सकती है।

उत्पादक (Producer)

कार्बन-डाई-ऑक्साइड का इस्तेमाल करने में समर्थ जीव, जिसे अपने लिए कार्बन के एकमात्र स्रोत हैं, जो स्वयं को पोषण उपलब्ध कराने के लिए प्रकाश संश्लेषण के जरिये रासायनिक रूप से सुनिश्चित करते हैं। ये जीव स्वपोषी भी कहलाते हैं जिस प्रणाली के जरिये ये अपने स्वयं के लिए खाद्य, ऊर्जा के प्रवाह की व्यवस्था करते हैं, उसे खाद्य श्रृंखला कहते हैं, वस्तुतः इसी श्रृंखला के जरिये ये उपभोक्ता तथा अपघटकों के बीच भी पहुंचते हैं। पारितंत्र सामान्यतः खाद्य संजाल से बना होता है, यह एक ऐसी जटिल प्रणाली की रचना करता है, जो खाद्य श्रृंखला का निर्माण करता है। खाद्य संजाल में उपभोक्ता विभिन्न खाद्य श्रृंखलाओं में भागीदारी करते हैं। समान आधारभूत खाद्य की हिस्सेदारी करने वाले जीव के बारे में भी यही कहा जाता है कि वो भी उसी स्वयंपोषण (आहार, पोषण) स्तर पर होते हैं।

उपभोक्ता (Consumer)

किसी भी पारितंत्र में वे जीव, जो कार्बन-डाई-ऑक्साइड के एकमात्र स्रोत वाले उत्पादकों (स्वपोषी) पर अपने पोषण के लिए आश्रित होते हैं, उपभोक्ता कहलाते हैं।

शाकाहारी (Herbivore)

खाद्य- श्रृंखला के प्राथमिक उपभोक्ता जो कि उत्पादकों द्वारा तैयार किये गये पौधों के उत्पादों को खाते हैं।

मांसाहारी (Carnivore)

द्वितीयक उपभोक्ता, जो मुख्यतया अपने भोजन के रूप में मांस खाते हैं। खाद्य श्रृंखला में सर्वोच्च मांसाहारियों को तृतीयक उपभोक्ता भी माना जाता है।

सर्वाहारी (Omnivore)

वे जीव जो मांसाहारी तथा शाकाहारी दोनों प्रकार का भोजन करते है।

अपघटक (Decomposer)

अत्यन्त सूक्ष्म जीव, जो कार्बन पदार्थों का पाचन करके उसका पुनर्चक्रण करते हैं तथा इसे वातावरण में छोड़ देते हैं। इसमें जीवाणु, कवक, कीट आदि सम्मलित हैं।

आहार श्रृंखला (Food Chain)

वह श्रृंखला, जिसमें उत्पादकों से ऊर्जा का प्रवाह होता है, जो कि अपना भोजन स्वयं बनाते है। यह ऊर्जा उपभोक्ताओं के द्वारा प्रयुक्त की जाती है। अपघटक इस श्रृंखला की अंतिम कड़ी होते हैं **(Fig. 5.1)**।

आहार जाल (Food -Web)

जब कई खाद्य श्रृंखलाएं एक जाल बनाने के लिए जुड़ जाती है या एक-दूसरे के साथ घुल मिल जाती है तब इसे आहार जाल कहा जाता है। इसमें विभिन्न जीवों की प्रजातियों की जनसंख्या सम्मिलित होती है। इन सब में एक बात सामान्य होती है कि इन्हें अपने क्रिया-कलापों के लिए ऊर्जा की आवश्यकता होती है। पृथ्वी पर ऊर्जा का प्रमुख स्रोत सूरज है। इस ऊर्जा का उपयोग हरे पौधों द्वारा

तालिका 5.1A: फूड चेन और फूड बेव में तुलना

तुलना के लिए आधार	खाद्य श्रृंखला	आहार जाल
अर्थ	निम्न पौष्टिकता स्तर से उच्च पौष्टिकता स्तर की ओर एक सीधे रास्ते के माध्यम से ऊर्जा का बहाव खाद्य श्रृंखला कहलाता है।	अन्तर सम्बन्धित असंख्य खाद्य श्रृंखलाएं जिनके माध्यम से पारिस्थितिक तंत्र में ऊर्जा का प्रवाह होता है, आहार जाल कहलाता है।
श्रृंखलाओं की संख्या	इसमें एक सीधी श्रृंखला होती है।	इसमें आपस में जुड़ी हुई कई खाद्य श्रृंखलाएं होती हैं।
स्थायित्व	अलग और सीमित खाद्य श्रृंखला की संख्या बढ़ने के कारण अस्थिरता बढ़ती है।	मिश्रित खाद्य श्रृंखला के कारण इसमें स्थायित्वता बढ़ती है।
व्यवधान उत्पन्न होने के कारण	अगर जीवों का एक भी समूह बाधित होता है, तो पूरी श्रृंखला प्रभावित होगी।	जीवों के एक समूह के हट जाने से आहार जाल बाधित नहीं होगा।
निर्भरता	उच्च पौष्टिकता स्तर वाले सदस्य एक प्रकार के पौष्टिक स्तर वाले जीवों पर निर्भर होते हैं।	पौष्टिकता वाले सदस्य विभिन्न प्रकार की पौष्टिकता वाले जीवों पर निर्भर रहते हैं।
पौष्टिकता स्तर	विभिन्न प्रजातियों में 4.6 पौष्टिकता स्तर होते हैं।	इसमें विभिन्न प्रजातियों की जनसंख्या में असंख्य पौष्टिकता स्तर होते हैं।
प्रकार	1. चाराहगाह खाद्य श्रृंखला 2. अपरद खाद्य श्रृंखला	प्रकार नहीं

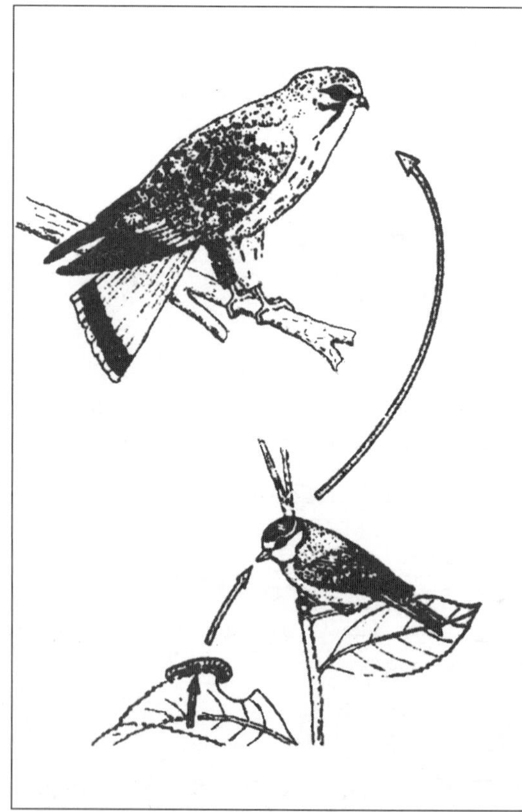

Fig. 5.1 A Food Chain: The caterpillar eats the leaf; the blue-tit eats the caterpillar but may fall prey to the kestrel

अपना भोजन बनाने के लिए किया जाता है। एक बार जब ऊर्जा ग्रहण कर ली जाती है तब यह एक विशेष क्षेत्रों के जीवों में कई चरणों से होकर गुजरती है, इसे ही आहार जाल कहा जाता है।

आहार जाल एक समुदाय की प्रजातियों के बीच भोजन सम्बन्ध है। यह प्रजातियों की आन्तरिक क्रियाओं और सामुदायिक सरंचना को दिखाता है और पारिस्थितिक तंत्र में ऊर्जा की गतिशीलता के परिवर्तन को समझाता है **(Fig. 5.2)**।

जीवों का एक समुद्र, जो आहार सम्बंधों की एक जटिल श्रृंखला से एक-दूसरे से सम्बंधित होते है। ये खाद्य ऊर्जा का प्रवाह करते हैं, जो प्राथमिक उपभोक्ताओं से होकर अन्य उपभोक्ताओं तक पहुँचती है।

गर्त (Niche)

(फ्रेच में नाइकर, रहना) यह किसी दिये गये समुदाय के भीतर किसी जीवन स्वरूप के कार्यों या आजीविका शैली को इंगित करता है। यही तरीके इसके भौतिक, रासायनिक एवं जैविक कारकों के बने रहने की आवश्यकता है। यही दिये गये समुदाय के भीतर किसी जीवन-रूप का आधारभूत कार्य एवं आजीविका है और इसी तरीके से यह अपने लिए आहार, वायु एवं पानी का इंतजाम करता है। अन्य शब्दों में, गर्त-'इसके कार्यों' किसी जीव की कार्यात्मक

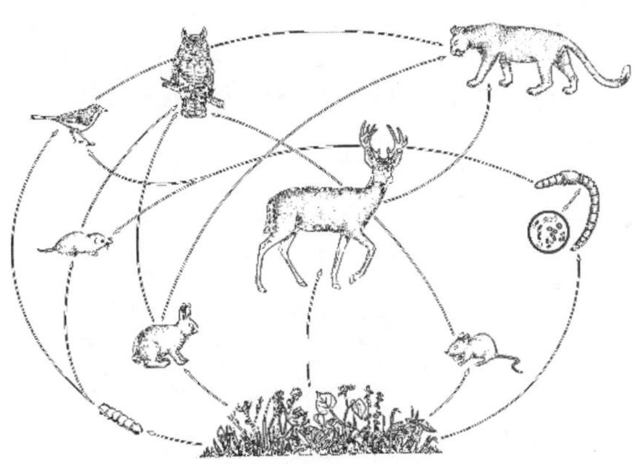

Fig. 5.2 A Food-web of Forest

भूमिका की यह व्याख्या है। इन कार्यों के बीच किसी गर्त में शामिल हैं–1. निवास स्थान, 2. पोषण (भोजन) स्थान तथा 3. प्रजनन स्थान।

निवास स्थान (Habitat)

एक स्थान या क्षेत्र जहाँ एक विशेष प्रजाति रहती है, इसका निवास स्थान है। निवास स्थान एक भाग है जो पारिस्थितिकी तंत्र के वास्तविक स्थान की तरह है। घटक जैसे-सूर्य की रोशनी, औसत वर्षा, वार्षिक तापमान, मिट्टियों के प्रकारों की उपस्थित और अन्य अजैव घटक जीवों की उपस्थित प्रभावित करते हैं। ये कारक एक विशेष प्रकार के प्राकृतिक वातावरण की उपस्थिति को निश्चित करने में सहायता करते हैं। निवास स्थान सभी प्रकार के जीवों, प्रजातियों के प्रकारों का ध्यान किए बिना पौष्टिक या ऊर्जा प्रदाता क्षेत्र हैं।

तालाब, नदी, सागर निवास स्थल के सबसे अच्छे उदाहरण हैं। इनमें एक स्थान या निवास स्थल में बहुत से जीव पाए जाते हैं (**तालिका 5.2**)।

तालिका 5.2: हैबीटेट और निचे में तुलना

तुलना के लिए आधार	निवास स्थान	गर्त
अर्थ	निवास स्थान एक क्षेत्र है जहाँ प्रजातियाँ रहती हैं और अन्य कारकों से अर्न्तक्रिया करती है।	गर्त एक विचारधारा है कि जीव पर्यावरणीय हालातों में किस प्रकार रहते या सरवाइव करते हैं।
बना हुआ	निवास स्थान में असंख्य गर्त होते हैं।	एक गर्त में ऐसे घटक नहीं होते हैं।
शामिल	तापमान, वर्षा और अन्य अजैव तथ्यों का प्रभाव।	ऊर्जा का प्रवाह एक जीव से अन्य में पारस्थितिक तंत्र के द्वारा होता है।
उदाहरण	मरुस्थल, सागर, जंगल नदियों, पर्वत आदि निवास स्थल के उदाहरण हैं।	यह केवल निवास स्थल का भाग है जहाँ जीवित जीवों के लिए आश्रय जुटाया जाता है।
सहायता	निवास स्थल एक समय में असंख्य प्रजातियों की सहायता करते हैं।	गर्त एक समय में एक प्रजाति की सहायता करता है।
यह क्या है	सुपर सैट	सबसैट
प्रकृति	निवास स्थल एक भौतिक स्थल है।	गर्त एक क्रिया है जो जीवों द्वारा की जाती है।
विशेष	निवास स्थल प्रजातियों के लिए विशेष नहीं है।	नीचे प्रजाति विशेष है।

पारिस्थितिकीय सम्बद्धता (Ecological Relationship)

आहार शृंखला तथा आहार जाल का अध्ययन पारिस्थितिकी सम्बद्धता में किया जाता है (**Fig. 5.3**)। **Fig. 5.3** के अध्ययन से पता चलता है किसी भी पारिस्थितिकी तन्त्र में सबसे अधिक संख्या मांसाहारियों की होती है। इसको पारिस्थितिकी पिरामिड (Ecological Pyramids) कहते हैं।

यूट्रोफिकेशन (Eutrophication)

भौतिक रसायनिक एवं जैविक परिवर्तन की एक शृंखला, जो तब होता है जब जल में अत्यधिक पोषक तत्व छोड़ दिये जाते हैं। इस प्रक्रिया से जलाशयों, झीलों इत्यादि की गहराई कम हो जाती है।

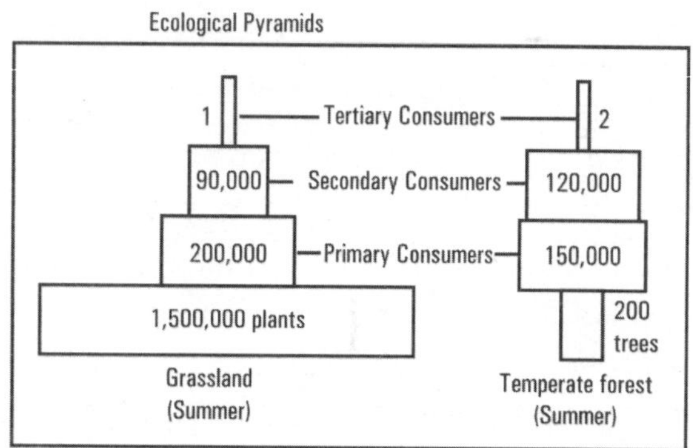

Fig. 5.3 Ecological pyramids for 0.1 hectare (0.25 acres) of grassland and forest in the summers are shown
Source: Fundamentals of Ecology by E. P. Odum, 1971

जीवन क्षेत्र (Life Zone)

विभिन्न समुदाय के जीवों के लिये आवास का एक विशिष्ट क्षेत्र। प्रत्येक जीवन क्षेत्र का एक नियत तापमान होता है तथा उस स्थान विशेष की वर्षा की मात्रा से भी उसका गहरा सम्बंध होता है।

जैव-समूह (Biomass)

पृथ्वी के किसी क्षेत्र में सकल जैविक जीवों का कुल भार या किसी क्षेत्रीय इकाई में किसी जाति का कुल भार।

पृथ्वी के पारिस्थितिकी (Ecosystems of the Earth)

पृथ्वी के महत्वपूर्ण पारिस्थितिकी को सामान्य रूप से दो भागों में बांटा गया है–1. जलीय पारिस्थितिकी, 2. स्थलीय पारिस्थितिकी

1. **जलीय पारिस्थितिकी:** जल में स्थित पादप तथा पशुओं के साथ उनके निर्जीव वातावरण का सहचर्य जलीय पारिस्थितिकी कहलाता है।
2. **स्थलीय पारिस्थितिकी:** विशिष्ट पादप निर्माण से चिन्हित स्वनियमित सहचर्य को स्थलीय पारिस्थितिकी कहते हैं। सामान्यत: महत्वपूर्ण वनस्पतियों के लिए इसका नामकरण किया जाता है तथा जब यह व्यापक तथा स्थायी होता है, तब इसे बायोम कहते हैं।

पृथ्वी के मुख्य जीवोम (Major Terrestrial Biomes)

विश्व के धरातलीय जीवोम (Biomes) को निम्न वर्गों में विभाजित किया जा सकता है:

1. **उष्णकटिबंधीय वर्षा वन बायोम (Tropical Rain Forest Biome):** यह विषुवत रेखीय जलवायु प्रदेश में फैला हुआ है। इस प्रदेश में साल भर अधिक वर्षा होती है तथा तापमान 27°C के आस-पास रहता है। इसका सर्वाधिक विस्तार अमेजन बेसिन, कांगो बेसिन तथा इण्डोनेशिया में है। अमेजन के जंगलों को सेल्वा (Selvas) कहते हैं। इन घने जंगलों पर नाना प्रकार की बेलें लिपटी रहती हैं, सूर्य का प्रकाश धरातल पर कम ही पहुँचता है **(Fig. 5.4)**।

   इस जीवोम में 40,000 से अधिक प्रजातियाँ पाई जाती हैं। एक हेक्टेयर में 50 से 100 प्रजातियाँ पाई जाती हैं। इन वनों में प्राणी जीवन में भी भारी विविधता पाई जाती है यहाँ के पशुओं में स्थानान्तरण की प्रवृत्ति कम पाई जाती है।
2. **उष्णकटिबंधीय मौसमी वन तथा झाड़ियां (Tropical Seasonal forest and Scurle):** यह बायोम उन क्षेत्रों में पाया जाता है, जहां निम्न एवं अनियमित वर्षा होती है। इस क्षेत्र के वृक्ष पर्णपाती तथा अर्धपर्णपाती होते हैं। अर्धपर्णपाती वृक्ष शुष्क मौसम में अपने पत्ते गिरा देते हैं। इस बायोम में वर्षाकाल लगभग 90 दिनों का होता है। वास्तव में, यह बायोम मानसून वाले जलवायु क्षेत्रों में पाया जाता है। मानसून वनों में पेड़ों की औसत ऊंचाई 15 मीटर होती है और उसके साथ पत्ते का आवरण नहीं होता है। यह बायोम उत्तर-पूर्व भारत, इंडोनेशिया, मलेशिया, म्यांमार, फिलिपींस, थाइलैण्ड, ब्राजील, जाम्बिया और तंजानिया जैसे देशों में पाया जाता है **(Fig. 5.4)**। इस बायोम के मुख्य वृक्ष हैं–साल, सागौन (टीक), शीशम, कार्नूबा तथा पाम हार्ड वैक्सेज जैसे गोंद के पेड़।

   इन समुदायों के स्थानों के मुताबिक अलग-अलग स्थानीय नाम हैं–उत्तर-पूर्व ब्राजील के बाहिया राज्य का काटिंगा क्षेत्र, पराग्वे तथा उत्तरी अर्जेण्टीना का काको क्षेत्र, ऑस्ट्रेलिया का ब्रिगालो स्क्रब, तथा दक्षिण अफ्रीका का डॉर्नवेल।

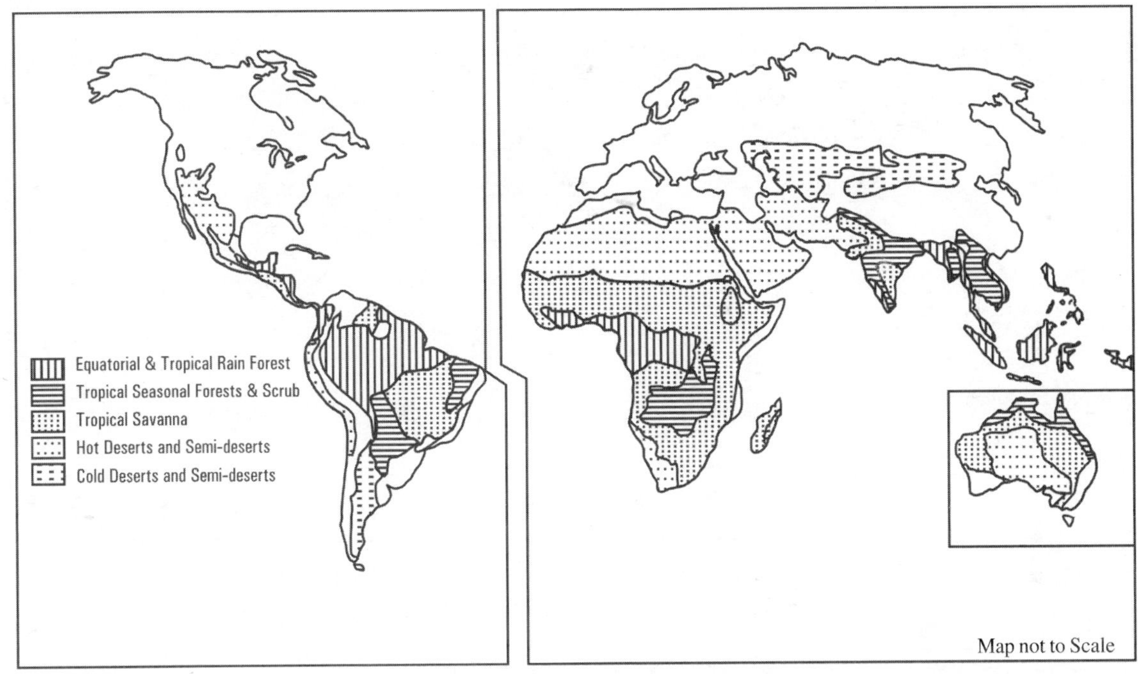

Fig. 5.4 The major terrestrial biomes of the world
(after Christopherson R.W. Geosystems, 1999, Printice-Hall)

3. **उष्णकटिबंधीय सवाना (Tropical Savanna):** उष्णकटिबंध में सवाना एक विशिष्ट प्रकार की प्राकृतिक वनस्पति है। सवाना बायोम में अधिकतर लम्बी-लम्बी घास के रूप में प्राकृतिक वनस्पति पाई जाती है। इस बायोम में शीत ऋतु में वर्षा नहीं होती। लम्बी घास कठोर होती है। पृथ्वी के लगभग 40 प्रतिशत धरातल पर फैला हुआ है। इस बायोम की हाथी घास (Elephant Grass) विशिष्ट है, जिसकी ऊँचाई 5 मीटर से भी अधिक हो सकती है। यहाँ के वृक्ष शुष्क ऋतु में अपने पत्ते गिरा देते हैं। दक्षिणी सूडान, तंजानिया, वेनेजुएला, दक्षिणी ब्राजील, मैक्सिको आदि में इस प्रकार का बायोम पाया जाता है **(Fig. 5.4)**। सवाना में विभिन्न प्रकार के जीव-जंतु तथा पशु-पक्षी पाये जाते है। मुख्य पशुओं में जिराफ, जेब्रा, हाथी, हिप्पोपोटेमस, गैण्डा, चीता, शेर, आदि पाये जाते हैं। ऑस्ट्रेलिया में कंगारू आदि प्रजातियाँ पाई जाती हैं।

4. **उष्ण-मरुस्थल बायोम (Hot Desert Biome):** प्रत्येक में कर्क एवं मकर रेखा के पश्चिमी भाग में उष्ण-मरुस्थलीय बायोम फैले हुये हैं। इस बायोम में सहारा, अरब, थार, अरिजोना, अटाकामा, नामीबिया, कालाहारी तथा ऑस्ट्रेलिया के मरुस्थल सम्मिलित हैं। इस बायोम में वर्षण की तुलना में वाष्पीकरण अधिक होता है, वर्षा की मात्रा 25 सेंटीमीटर से कम है। प्रमुख वनस्पति में नागफनी, कांटेदार झाड़ियाँ तथा बबूल के वृक्ष सम्मलित हैं **(Fig. 5.4)**।

5. **शीत मरुस्थल (Cold Deserts):** पैटिगोनिया, गोबी, लद्दाख, आदि इस प्रकार के मरुस्थल हैं। इन मरुस्थलों में वर्षण की तुलना में वाष्पीकरण की मात्रा अधिक है। इन मरुस्थलों में झाड़ियां और कहीं-कहीं घास पाई जाती है **(Fig. 5.4)**।

6. **भूमध्यसागरीय बायोम (Mediterranean Biome):** इसको रोमसागरी बायोम भी कहते है। इसका विस्तार 30° से 40° अक्षांशों में फैला हुआ है। भूमध्य सागर के चारों ओर कैलिफोर्निया की घाटी, चिली के मध्य भाग, दक्षिणी अफ्रीका के दक्षिणी भाग तथा ऑस्ट्रेलिया के टस्मानिया द्वीप एवं विक्टोरिया के द. भाग में यह बायोम फैला हुआ है। इस की वनस्पति को कैलिफोर्निया में चैपारल (Chaparral), यूरोप में माकोइस, चिली में मैटोरल (Mattoral) तथा ऑस्ट्रेलिया में माली (Mallee) कहते हैं। इनकी पत्तियाँ मोटी तथा

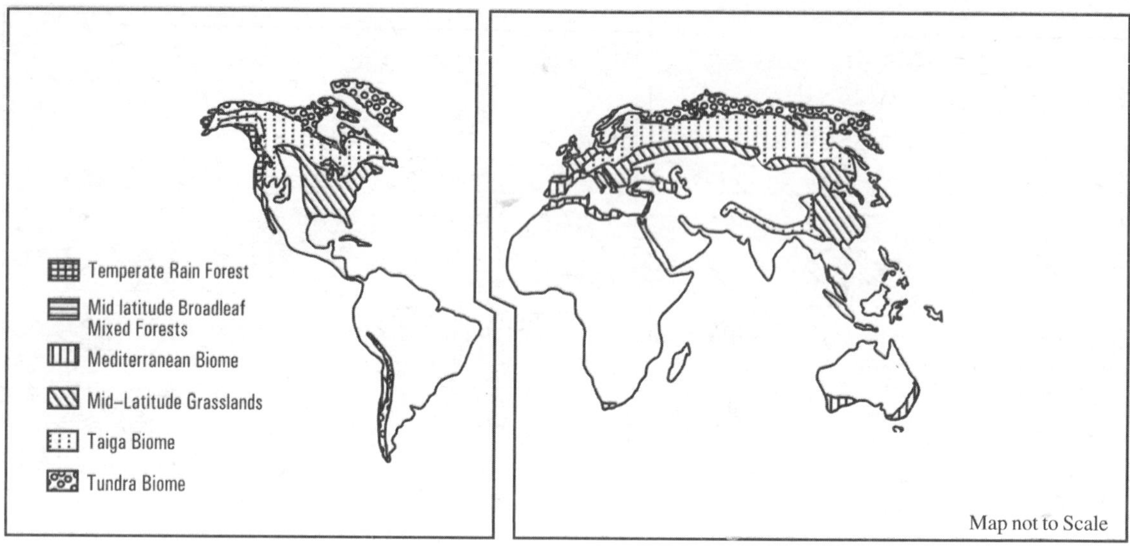

Fig. 5.5 The major terrestrial biomes of the world
(After Christopherson, R.W., Geosystems, 1999, Printice-Hall)

चिकनी होती है, इसलिये इनको सेलोरोफाइलस (Sclerophyllous) भी कहते हैं **(Fig. 5.5)**।

7. **शीतोष्ण वर्षा वन बायोम (Temperate Rain Forest Biome):** शीतोष्ण कटिबंध के साल भर वर्षा वाले प्रदेशों में इस बायोम का विशिष्ट उदाहरण सयुक्त राज्य अमेरिका के कैलिफोर्निया के उत्तर में प्रशान्त महासागर के तटीय भाग में है। विश्व के सबसे ऊँचे वृक्ष इसी बायोम में कैलिफोर्निया में पाये जाते हैं। इन वृक्षों की लम्बाई 90 मीटर तक होती है। वृक्षों में डग्लस, फर स्प्रुस सम्मिलित हैं। कुछ वृक्षों की आयु 1500 वर्षों से भी अधिक है **(Fig. 5.5)**।
8. **शीतोष्ण कटिबंधीय घास के बायोम (Temperate Grassland Biome):** इस बायोम को यूरेशिया में स्टेपी, अमेरिका में परेरी, दक्षिण अमेरिका में पम्पाज, दक्षिण अफ्रीका में वेल्ड तथा ऑस्ट्रेलिया में डाऊन कहते हैं **(Fig. 5.5)**।
9. **कोणधारी वन अथवा टैगा बायोम (Taiga Biome):** यह बायोम यूरेशिया, साईबेरिया तथा कनाडा में फैला हुआ है। दक्षिणी गोलार्द्ध में यह बायोम नहीं पाया जाता। इस बायोम में वृक्षों का घनत्व कम तथा आकार शंकु होता है। पशुओं में रेण्डियर क्रेबू, सफेद भालू और सफेद लोमड़ी प्रमुख हैं **(Fig. 5.5)**।
10. **टुंड्रा बायोम (Tundra Biome):** टुंड्रा बायोम में साल के अधिकतर भाग में बर्फ जमी रहती है। नीचे तापमान के कारण वृक्ष नहीं उगते। ग्रीष्म ऋतु में जिन स्थानों से बर्फ पिघल जाती है काई, लिकिन और छोटी घास उग जाती है। इस बायोम में समूरदार जानवर पाये जाते हैं जिनमें सफेद रंग के भालू तथा लोमड़ी प्रमुख हैं **(Fig. 5.5)**।
11. **मध्य-आक्षांश चौड़ी पत्ती वाले मिश्रित वन:** यह बायोम उत्तरी अमेरिका, यूरोप तथा एशिया के आर्द्र महादेशीय जलवायु में पाया जाता है **(Fig. 5.5)**। इस बायोम के मुख्य वृक्ष हैं–पाइन, हेमलॉक (एक जहरीला पौधा), पर्णपाती प्रकार वाले ओक, बीच, हिकोरी, मेपल, इल्म, चेस्टनट के वृक्ष इत्यादि।

मैंग्रोव वन अथवा गरान (Mangrove Forests)

जलमग्न दलदलीय क्षेत्रों, सागरों के तटीय भागों में मैंग्रोव बायोम पाया जाता है। इस बायोम की वनस्पति लवणदार जल में भली-भाँति पनपती है। इस बायोम की वनस्पति में समुद्री के वृक्ष प्रमुख हैं। इस बायोम का विस्तार दक्षिण पूर्वी एशिया द्वीप समूह, गिनी तट, ब्राजील तट, वेस्ट-इण्डीज, सुन्दर वन के डेल्टे, गोदावरी, कृष्णा, कावेरी, महानदी के डेल्टे, खम्बात तथा कच्छ की खाड़ी में हैं।

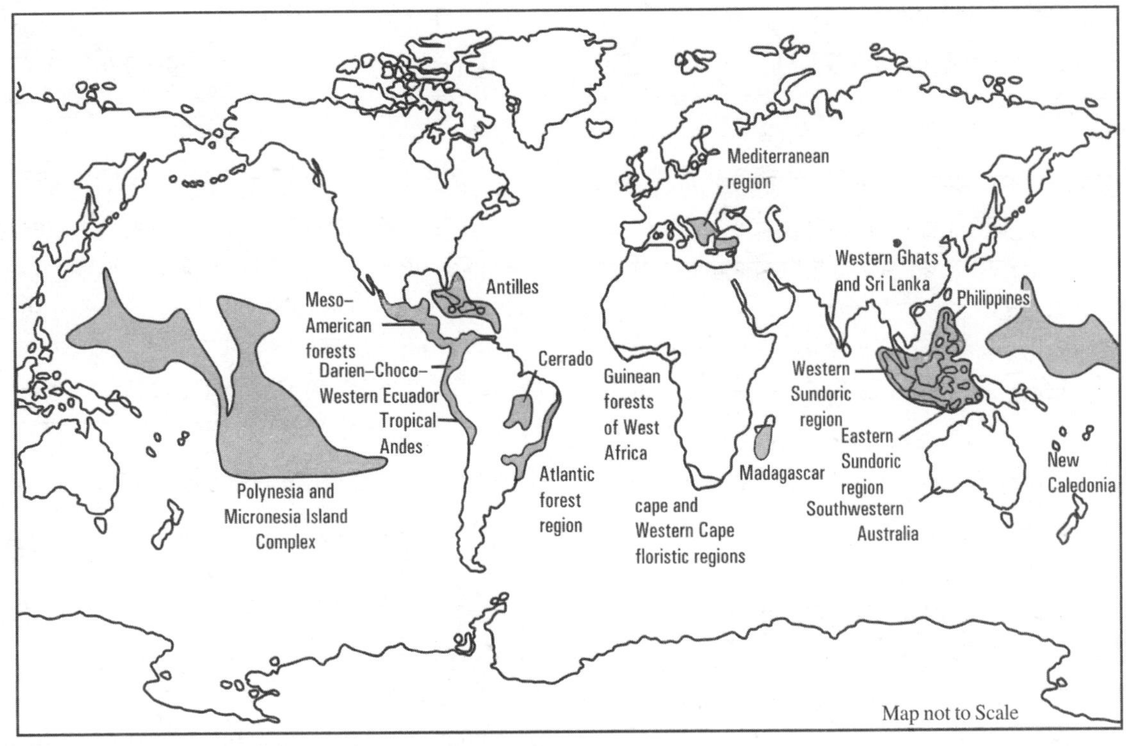

Fig. 5.6 The location of areas of exceptionally high biological richness–biodiversity hot spots, as determined by Conservation International

Source: C. Barry Cox et. al. 2004, *An Ecological and Evolulionary Approach, 6th ed. London Blackwell Science. p. 25*

मैंग्रोव के अतिरिक्त, 30वें सामानांतर रेखा के आस-पास उत्तरी गोलार्द्ध में भी खार हैं। इस दलदली भूमि में लवण सहिष्णु पौधे उगते हैं, जिन्हें लवणमृदोद्भिद कहते हैं। आर्द्रभूमि पारिस्थितिकी नाजुक होती है तथा मानव विकास से इसे खतरा है। कुछ देशों में दलदलीय भूमि में बीमारी और महामारी के अनुमानित डर के कारण लवणीय क्षेत्र तथा मैंग्रोव को कृषि क्षेत्र में बदल दिया गया है।

जैव विविधता (Biodiversity)

जीव-जन्तुओं की विभिन्न प्रजातियाँ। पर्यावरणीय दृष्टि तथा मानवी संसाधनों के लिये जैव विविधता को बनाये रखना एक अत्यंत महत्वपूर्ण विषय है **(Fig. 5.6)**।

जैव विविधता की पाँच मुख्य विशेषतायें निम्न हैं:

1. विभिन्न प्रकार के पारिस्थितिकी तंत्रों का वर्णन, जिसमें विभिन्न प्रकार के जंतु एवं वृक्षों-पौधों की प्रजातियाँ शामिल हैं। इसके अतिरिक्त इनमें इन जीवधारियों के चारों ओर पाया जाने वाला पर्यावरण भी शामिल है। इन सबका प्रभाव जीवधारियों को प्रभावित करता है तथा उनके अस्तित्व को बनाये रखता है।
2. किसी क्षेत्र में पायी जाने वाली कुल प्रजातियाँ।
3. किसी क्षेत्र में पायी जाने वाली विशेष प्रकार के जीवधारी।
4. किसी प्रजाति विशेष की आनुवांशिक विविधता।
5. किसी प्रजाति विशेष की उप-जनसंख्या, जो कि आनुवांशिक विविधता से प्रभावित होती है।

जैविक विविधता शब्दावली का उपयोग सबसे पहले वर्ष 1968 में आर.एफ. डेस्मैन (R.F. Dasman) ने वर्ष 1968 में किया था। जैविक विविधता का अर्थ है, पारिस्थितिकी तन्त्र (Ecosystem) के जैविक तथा अजैविक घटकों और उनके पारस्परिक सम्बंध को कहते हैं।

जैविक विविधता से जीव-प्रजातियों (Species) आनुवंशिक (Genetic) एवं परितंत्र की विशेषताओं का ज्ञान

प्राप्त होता है। मानव समाज के लिये परितंत्र (Ecosystem) से बहुत-से प्रत्यक्ष एवं अप्रत्यक्ष लाभ होते हैं। इसलिये जीव-जगत एवं वनस्पति जगत को टिकाऊ बनाये रखने के लिये पारिस्थितिकी तन्त्र को स्वस्थ्य एवं टिकाऊ बनाये रखने की आवश्यकता होती है। परितंत्र से मानव समाज को मिलने वाले लाभ निम्न प्रकार से हैं:

1. मानव समाज को भोजन पारिस्थितिकी तन्त्र से प्राप्त होता है।
2. परितंत्र से उद्योगों के लिये कच्चा माल प्राप्त होता है।
3. परितंत्र से औषधियों के लिये जड़ी-बूटी प्राप्त होती है।
4. जैविक विविधता से परितंत्र में संतुलन स्थापित होता है।
5. जैविक पारिस्थितिकी अध्ययन से विकासवादी प्रक्रिया (Evolutionary Process) को समझने में सहायता मिलती है।
6. जैविक विविधता एक सौन्दर्यपरक (Aesthetic) महत्वपूर्ण संसाधन है।
7. जैविक विविधता से प्रकाश संश्लेषण (Photosynthesis) में वृद्धि होती है।
8. जैविक विविधता परागण (Pollination) प्रक्रिया को बढ़ावा देती है।
9. जैविक विविधता का प्रस्वेदन ((Transpiration) रासायनिक चक्र (Chemical Cycling) तथा पोषक चक्र (Nutrient Cycle) पर अनूकूल प्रभाव पड़ता है।
10. जैविक विविधता का जल-चक्र (Hydrological cycle) पर अनुकूल प्रभाव पड़ता है।
11. जैविक विविधता से कीटाणु नियंत्रण में सहायता मिलती है।
12. जैविक विविधता से पयर्टन (Tourism) एवं पारिस्थितिकी-पयर्टन (Eco-Tourism) को बढ़ावा मिलता है।
13. सरकार की आय में वृद्धि होती है, विदेशी मुद्रा में वृद्धि होती है।
14. देश के चहुंमुखी विकास में सहायता होती है।
15. जलवायु पर अनुकूल प्रभाव पडता है।
16. देश आत्म-निर्भर होता है, सम्पन्नता बढ़ती है और राष्ट्र सम्मान में वृद्धि होती है। पारिस्थितिकी विज्ञान के विशेषज्ञों के अनुसार विश्व में जीव-प्रजातियों (Species) की कुल संख्या एक करोड़ से दस करोड़ तक हो सकती है। जीव-प्रजातियों की संख्या के आधार पर विश्व में भारत का 12वाँ स्थान है। जैव-विविधता के आधार पर भारत के 70 प्रतिशत क्षेत्रफल का सर्वेक्षण किया जा चुका है। सर्वेक्षण किये गये 70 प्रतिशत क्षेत्रफल 45,600 प्रकार के पेड़-पौधे तथा 91000 प्रकार के पशु-पक्षी तथा जीव-जंतु हैं। मई 1994 में भारत अन्तर्राष्ट्रीय जैव विविधता अभिसमय (International Convention of Biological Diversity) का सदस्य बन चुका है।

जैव-विविधता अभिसमय के मुख्य उद्देश्य निम्न प्रकार हैं:

1. जैव-विविधता संरक्षण (Conservation of Biological diversity)
2. जैविक विविधता का उपयुक्त एवं वैज्ञानिक तथा टिकाऊ ढंग से विकास करना।
3. जैविक विविधता से पूरे समाज का लाभ पहुँचाना।
4. सामाजिक, आर्थिक एवं मानव विकास इस प्रकार करना कि पारिस्थितिकी तन्त्र को कम-से-कम हानि पहुँचे और वे टिकाऊ बने रहें।
5. जैविक विविधता का उपयोग शिक्षा, शोधकार्य, ट्रेनिंग एवं ज्ञापन के लिये किया जाये।
6. जैविक के साथ-साथ सांस्कृतिक धरोहर एवं विविधता को संरक्षण प्रदान किया जाये।

जीव-प्रजातियों का वर्गीकरण (Categorisation of Species)

अन्तर्राष्ट्रीय प्रकृति एवं प्राकृतिक संसाधन संघ (International Union of Nature and Natural Resources(IUCN) ने जैव-प्रजातियों को निम्न वर्गों में विभाजित किया जा सकता है:

1. **सामान्य जीव-प्रजातियाँ (Normal Species):** ऐसी जीव-प्रजातियाँ जिनकी जनसंख्या सामान्य होती है, जैसे-गायें, भैंस, भेड़-बकरी, घोड़े, हिरण, चूहे, छछून्दर, कॉक्रोच आदि तथा आम, पीपल, बरगद, बबूल, साल, सागौन, शीशम, देवदार, चीड़ इत्यादि।

तालिका 5.3: विश्व की कुछ संकटापन्न जीव-प्रजातियाँ (Species)

संकटापन्न जीव-प्रजातियाँ (Endangered Species)	महाद्वीप/देश/प्रदेश
1. अफ्रीका	*अफ्रीका हाथी, आई-आई (Aye-Aye),मेडागास्कर, काला गैण्डा (Rhinoceros), कुबंग (Lemus), प. अफ्रीका के शतुर्मुग (Ostrich)*
2. एशिया	*अरब के गज़ाले (बड़ी आँखों वाले हिरण), एशियाई हाथी, भीमकाय पाण्डा (Giant Panda), भारतीय अजगर (Indian Phython), बर्फीला तेन्दुआ (Snow-Leopard)*
3. आस्ट्रेलिया	*भूरे रंग का कंगारू, नेल-टेल्ड वालाबी (Nail-Tailed Wallaby), वोम्बेट (Wombat)*
4. यूरोप	*इम्पीरियल शाहीन (Imperial Eagle), स्पेनी लिन्कस (Spanish-Lynx)*
5. उत्तरी अमेरिका	*काले पैर वाले फेरिट (Black Footed Farret), कैलिफोर्निया केण्डोर, फलोरिडा-पैंथर, गिरिजली भालू, चित्तीदार उल्लू*
6. द. अमेरिका	*काला शेर, चिनचिल्ला (Chinchilla), तमारिन (Tamarin)*
7. अटलांटिक महासागर	*नीली ह्वेल (Blue Whale), हम्पवेक ह्वेल (Humback Whale), केम्प-कछुआ (Kemp's - Turtle)*
8. प्रशान्त महासागर	*नीली ह्वेल (Blue Whale), गालापेगोस-कछुये (Galapagos-Turtle), भूरे रंग की ह्वेल (Grey Whale), हवाई मोंक सील (Hawaian Monk Seal)*

2. **दुलर्भ, असाधारण जीव-प्रजातियाँ (Rare Species):** ऐसी जीव-प्रजातियाँ (Species) जिनकी जनसंख्या कम हो तथा विशेष क्षेत्र एक सीमित हों, दुलर्भ जीव प्रजातियाँ कहलाती हैं। समय बीतने पर इनकी संख्या कम हो सकती है तथा असुरक्षित वर्ग (Vulnerable categories) में गिनी जा सकती हैं। यदि इनके संरक्षण के लिये विशेष प्रबन्धन किये जायें तो इनकी जनसंख्या लुप्त होने की कगार पर पहुँच सकती है।

3. **असुरक्षित जीव प्रजातियाँ (Vulnerable Species):** जिन जीव प्रजातियों की जनसंख्या काफी घट गई हो, असुरक्षित वर्ग (Vulnerable Species) में सम्मिलित की जाती हैं। इनको विशेष संरक्षण प्रदान करने की आवश्यकता होती है। एशियाई हाथी, बर्फ में रहने वाला तेन्दुआ, काला गैण्डा, (अफ्रीका), नीली ह्वेल (Blue Whale), जंगली गधा, नीलगिरि तहर (Nilgiri Tahr), ब्लैक बाज़ा (केराला) इसके उदाहरण हैं।

4. **संकटापन्न जीव प्रजातियाँ (Endangered Species):** जिन जीव-प्रजातियाँ की संख्या इतनी घट गई कि उनके लुप्त होने की सम्भावना बढ़ जाए संकटापन्न जीव-प्रजातियाँ (Endangered Species) कहलाती हैं, जैसे- बाघ (Tiger), अफ्रीका का काला गैण्डा, ऑस्ट्रेलिया का भूरा कंगारू, दक्षिण अमेरिका का काला शेर आदि।

5. **लुप्त जीव-प्रजातियां (Extinct Species):** जिन जीव-प्रजातियों का पृथ्वी पर कोई भी जीवित प्राणी न पाया जाता हो, उसको लुप्त वर्ग में सम्मिलित किया जाता है। डायनासोर (Dinasour) तथा मैमथ (Mammoth) लुप्त प्राणियों के उदाहरण हैं।

जैसा कि ऊपर वर्णन किया गया जा चुका है, जैविक-विविधता से मानव समाज को बहुत-से प्रत्यक्ष एवं अप्रत्यक्ष लाभ है, जिनको संक्षिप्त में नीचे दिया गया है:

1. **आर्थिक लाभ (Economic Benefits):** (i) भोजन का स्रोत, (ii) कपडा, (iii) मकान (iv) खेल के सामान के लिये लकड़ी, (v) उद्योगों के लिये कच्चा-समान, (vi) पयर्टन, (vii) जेनेटिक (Genetic) का खजाना (Stare house) इत्यादि।

तालिका 5.4: भारत की संकटमय (Endangered) एवं गैर-स्थानीय जीव-प्रजातियाँ (Non-Endemic Species)

संकटापन्न जीव-प्रजातियाँ	जैविक नाम (Biological Name)	टिप्पणी (Remarks)
1. अण्डमान छछूंदर	*(Crocidura Andamanesesis),*	*भारत की स्थानीय (Endemic)*
2. अण्डमान काँटेदार छछून्दर	*(Crocidura Hispide)*	*भारत की स्थानीय (Endemic)*
3. एशियाई हाथी	*(Elephas Maximus)*	*(Non-Endemic)*
4. बान्टेंग	*(Bos-Javanicus)*	*(Non-Endemic)*
5. नीली ह्वेल (Blue Whale)	*(Balaenoptera Musculus)*	*(Non-Endemic)*
6. बन्दर (Capped Leaf)	*(Trachypithecus Pileatus)*	*(Non-Endemic)*
7. चीरू (तब्बतीय हिरण)	*(Pantholopos Hodgsonil)*	*(Non-Endemic)*
8. फिन ह्वेल (Fin Whale)	*(Balaenoptera Physalus)*	*(Non-Endemic)*
9. गंगा नदी डॉल्फिन	*(Platanista Gangetic Ganagtica)*	*(Non-Endemic)*
10. गोल्डन लीफ बन्दर	*(Trachypithecus Geal)*	*(Non-Endemic)*
11. हिसीपड़ खरगोश	*(Caprolagus Hispidus)*	*(Non-Endemic)*
12. हुलोक गिबोन	*(Bunopithecus Hoolock)*	*(Non-Endemic)*
13. भारतीय गैंडा	*(Rhinoceros Unicornis)*	*(Non-Endemic)*
14. भारतीय नदी डॉल्फिन	*(Platanista Miron)*	*(Non-Endemic)*
15. कोण्डाना सोफट-फर चूहा	*(Millardia Kondana)*	*भारत की स्थानीय (Endemic)*
16. लघु वानर (शेर जैसे पूँछ वाला)	*(Macaca Silenus)*	*भारत की स्थानीय (Endemic)*
17. मारखोर (Markhor)	*(Capra Falconeri)*	-
18. दलदली नेवला (Mangoose)	*(Herpestes Palustris)*	*भारत की स्थानीय (Endemic)*
19. निकोबारी छछून्दर	*(Crocidura Nicobarica)*	*भारत की स्थानीय (Endemic)*
20. निकोबारी वृक्षों पर रहने वाली छछून्दर	*(Tupaia Nicobarica)*	*भारत की स्थानीय (Endemic)*
21. नीलगिरि तहर (Nilgiri Tahar)	*(Hemitragus Hylocnius)*	-
22. पार्ती उड़ने वाली गिलहरी	*(Hylopetes Albonier)*	*भारत की स्थानीय (Endemic)*
23. पीटर मेटी नाक वाले चमगादड	*(Murina Grisea)*	-
24. लाल पाण्डा (लघु पाण्डा)	*(Ailrus Fulgens)*	-
25. सी ह्वेल (Sei Whale)	*(Balaenoptera)*	-
26. सर्वेन्ट चूहा	*(Mus Famulus)*	-
27. बर्फीला तेंदुआ	*(Unica Unicia)*	-
28. चीता	*(Panthera Tigris)*	-
29. जंगली भैंस (जल में रहने वाली)	*(Babalus habalis)*	-
30. उड़ने वाली गिलहरी	*(Enpetaurus Cinereus)*	-

2. **अप्रत्यक्ष लाभ (Indirect Benefits):** (i) जल संरक्षण, (ii) वायु को शुद्ध करना, (iii) मृदा निर्माण एवं मृदा संरक्षण (vi) जलवायु तथा मौसम पर अनुकूल प्रभाव, (v) जलचक्र में सहायक, (vi) सांस्कृतिक एवं धार्मिक महत्वता, (vii) पर्यावरण को टिकाऊ बनाना तथा (viii) सौन्दर्यपरक (Aesthetic) महत्व।

जैविक विविधता का ह्रास तथा जीव-प्रजातियों का लुप्त होना (Biodiversity Loss and Extinction of Species)

जैविक विविधता एक गतिशील (dynamic) अवधारणा है। यह समय और स्थान के साथ-साथ बदलती रहती है। यदि कोई जीव प्रजाति (Species) पृथ्वी से पूर्ण रूप से लुप्त हो जाये और कहीं उसका कोई प्राणी न मिले तो उसको उस जीव जाती का लुप्त होना (Extinction) होना कहते हैं। जैविक विविधता ह्रास के कारण निम्नलिखित हैं:

1. **प्राकृतिक कारण (Natural Causes):** (i) ज्वालामुखी उद्गार, (ii) महाद्वीपीय विस्थापन, (iii) जलवायु परिवर्तन, (iv) बाढ़ एवं सूखा (v) महामारी।

2. **मानवीय कारण (Anthropogenic Causes):**

   (i) प्राकृतिक आवास को समाप्त होना, सडकों, रेलों, कारखानों, हवाई-अड्डों, बन्दरगाहों, बाँध, खनन, बहुउद्देशीय योजनाओं, के निर्माण के कारण जीव प्रजातियों (species) के प्राकृतिक आवास को नष्ट होना है। प्राकृतिक आवासों के नष्ट होने से बहुत से जंगली जानवर ग्रामीण एवं नगरीय बस्तियों की ओर घुस कर मानव समाज को हानि पहुंचा रहे हैं, बहुत से लोगों को मार देते हैं। वर्ष 2014 की एक बाघनी (Tigress) जिला बिजनौर (उत्तर प्रदेश) के गांव में जिमनेशनल राष्ट्रीय उद्यान से भाग कर आई और बहुत-से लोगों को अपना शिकार बना लिया था।

   (ii) संसाधनों का अधिक दुरुपयोग (Over exploitation): जंगली जानवरों का आखेट और बहुत-से जानवरों को मारने से पारिस्थितिकी में परिवर्तन हो रहा है। चीते, गैण्डे, हाथी इत्यादि के गैर-कानूनी तौर पर शिकार करने से उनकी संख्या में तेजी से कमी आ रही है। सागरों और महासागरों में छोटी-बड़ी मछलियों का शिकार करने से उनके संख्या में कमी आ रही है।

   (iii) विदेशी जीव-प्रजातियों का विसरित करना (Diffusion of Exotic Species): विदेशी मूल के पशु-पक्षियों तथा पेड़-पौधों के प्रसारण से भी जैविक विविधता का ह्रास हो रहा है। उदाहरण के लिये लान्टाना (Lantana) को खेती एवं उद्यानों की बाढ़ (Hedges) आदि के लिये लाया गया था। परन्तु अब इस से देशी वनस्पति को भारी हानि हो रही है। ऐसे ही 'गाजर घास' भी फसलों को भारी नुकसान पहुंचा रही है। एक समय ब्रिटिश सरकार ने ऑस्ट्रेलिया में इंग्लैंड से खरगोशों को फैलाया ताकि वहां की खरपतवार घास को नष्ट किया जा सके, परन्तु कुछ ही समय पश्चात खरगोशों की संख्या में भारी वृद्धि हो गई जिससे वहां की पारिस्थितिकी को भारी नुकसान पहुंचा।

   (iv) झूमिंग (Shifting Cultivation): उष्णार्द्र जलवायु के पवर्तीय ढलानों पर बहुत-से आदिवासी जंगलों को काटकर तथा जलाकर खेती करते हैं जिससे जंगली जानवरों के प्राकृतिक आवासों को भारी हानि पहुंचती है और वन प्राणी या तो पलायन कर जाते हैं या मर जाते हैं। भारत के उत्तर-पूर्वी पहाड़ी राज्यों तथा पश्चिमी घाट, पूर्वी घाट, छोटे नागपुर के पठार, झारखण्ड, छत्तीसगढ आदि। झूमिंग से जैविक विविधता को भारी नुकसान पहुँच रहा है।

   (v) परिर्यावरण प्रदूषण (Environmental Pollution): मृदा, जल, वायु तथा शोर (Noise) प्रदूषण का भी पशु-पक्षियों, जीव-जन्तुओं तथा पेड-पौधों पर प्रतिकूल प्रभाव पडता है। बढ़ती हुई जनसंख्या एवं उपभोक्तावाद के कारण पर्यावरण में प्रदूषण की मात्रा बढ़ती जाती है, जिसका जैविक विविधता का ह्रास होता है।

   (vi) भूमण्डलीय तापन (Global Warming): पिछले लगभग 100 वर्षों में और विशेष रूप से दूसरे महायुद्ध के पश्चात भूमण्डलीय तापन (Global Warming) की गंभीर समस्या उत्पन्न हो गई है। भूमण्डलीय तापन का पारिस्थितिकी तन्त्र एवं जैविक विविधता पर खराब असर पड़

रहा है। सागरों और महासागरों में तापमान वृद्धि के कारण प्रवाल भित्तियों (Coral Bleeching) में बीमारी महामारी का रूप धारण कर रही है।

(vii) महामारी तथा बीमारी (Disease and Epidemics): पशु-पक्षियों तथा पेड-पौधों में बीमारी फैलने से भी जैविक विविधता का ह्रास होता है। कश्मीर घाटी में बहुत-से चिनार के वृक्ष तथा छोटा नागपुर के पठार पर साल एवं सागौन के वृक्षों में बीमारी फैलने से बहुत-से वन नष्ट हो गये एवं जैविक विविधता में परिवर्तन हो रहा है।

(viii) पर्यटन (Tourism): पयर्टन उद्योग से भी पारिस्थितिकी को भारी हानि पहुँच रही है। धनी लोग जब पर्यटकों के रूप में पर्वतों इत्यादि में जाते हैं तो लापरवाही के साथ परितन्त्रों को हानि पहुँचाते हैं जंगली जानवरों का शिकार करने से भी जैविक विविधता का ह्रास होता है।

(ix) वन प्राणियों का व्यापार (Trade in Wild Species): बहुत-से व्यापारी पालतू जानवरों, कुत्तों, बिल्लियों, चिड़ियों, मछलियों इत्यादि को बेचने से भी जैविक-विविधता में कमी आती है। जैविक विविधता में संतुलन स्थापित करने के लिये उपरोक्त समस्याओं का समाधान करना अनिवार्य हो जाता है।

जैविक विविधता संरक्षण (Biodiversity Conservation)

विकासशील तथा विकसित देशों में जैविक विविधता ह्रास एक भारी प्रश्न के रूप में उभरी है। वर्ष 1992 में आयोजित अर्थ सम्मेलन (Earth Summit) के पश्चात विश्व के सभी देश पारिस्थितिकी एवं पर्यावरण पर विशेष ध्यान दिया जा रहा है। इस विश्व शिखर सम्मेलन में इस बात पर विशेष बल दिया गया कि विकसित देश, विकासशील देशों के संसाधनों का इस्तेमाल कर रहे हैं इसलिये उनकी जिम्मेदारी बनती है कि विकसित देश, विकासशील देशों को बायो-टेक्नोलॉजी (Biotechnology) को मुफ्त में उपलब्ध करायें। जैविक विविधता संरक्षण के लिये विश्व शिखर सम्मेलन (Earth Summit) में निम्न बातों पर सहमति प्रकट की गई जिसके लिये नीचे दी गई योजनायें तैयार की गई हैं:

1. जैविक विविधता को संरक्षण प्रदान किया जाये।
2. जैविक विविधता को स्वस्थ एवं टिकाऊ बनाया जाये।
3. जैविक विविधता का लाभ समाज के सभी वर्गों को विवेकतापूर्ण ढंग से पहुंचना चाहिये।

विश्व सम्मेलन (Earth Summit) पर इस मुद्दे पर सहमति हुई कि अपने संसाधनों पर प्रत्येक देश का पूर्ण नियन्त्रण होना चाहिये। यदि कोई देश किसी दूसरे देश के जैविक संसाधनों का इस्तेमाल कर रहा है तो उनके बीच होने वाले लाभ के बारे में संधि होनी चाहिये। यह कार्यक्रम 1993 में लागू किया गया।

जैविक संरक्षण रणनीति (Strategt for Biodiversity Conservation) जैविक विविधता के संरक्षण के लिये निम्न दो प्रकार की योजनाओं पर काम किया जा सकता है:

1. **स्वस्थाने (In-Situ):** जैविक विविधता को स्वस्थान संरक्षण प्रदान करने के लिये सरकार को बायोस्फियर रिजर्व (Biosphere Reserves) राष्ट्रीय उद्यान (National parks) शरण्य (Sanctuaries) सुरक्षित क्षेत्र (Protected Areas) तथा आर्द्र-स्थलों (Wetlands) का सीमांकन करना चाहिये।
2. **बायोस्फियर रिर्जव (Biosphere Reserves):** बायोस्फियरों का सीमांकन करना, जैविक विविधता को संरक्षण प्रदान करने का एक प्रभावशाली तरीका है। बायोस्फियर रिजर्व के अंतर्गत, पेड-पौधों, पशु-पक्षियों, लघु प्राणियों तथा जलाशयों एवं सांस्कृतिक धरोहर को संरक्षण प्रदान किया जाता है। इनका सीमांकन यूनेस्को (UNESCO) के Man and Bioshpere (MAB-1968) में दिये गये सिद्धान्तों के अनुसार किया जाता है। भारत में इनका सीमांकन केन्द्रीय सरकार के द्वारा किया जाता है।

जैव मण्डल रिजर्व (Biosphere Reserves)

यूनेस्को ने 124 देशों में 701 जैव मण्डल रिजर्व की पहचान की है जिनमें 21 ट्रांसबाउण्ड्री साइट है। इनका वितरण निम्न प्रकार है:

- अफ्रीका में 29 देशों में 79 साइट्स
- अरब राज्यों में 12 देशों में 33 साइट्स
- एशिया और प्रशान्त में 24 देशों में 157 साइट्स
- यूरोप और उत्तरी अमेरिका में 38 देशों में 302 साइट्स
- लैटिन अमेरिका और द कैरेबियन में 21 देशों में 130 साइट्स

1976 में यूनैस्को की टास्क फोर्स ने जैवमंडल आरक्षित क्षेत्र के मंडल निर्धारित किए हैं, इस प्रभाव में तीन मंडलों को शामिल किया गया है:

1. कोर क्षेत्र में पूर्ण रूप से प्राकृतिक संरक्षण प्रबन्धन के कार्य किए जाते हैं। ये संरक्षित परिस्थितिक तंत्र है। इनमें भूआकृतियों, पारिस्थितिक तंत्र, प्रजातियों और जैनेटिक विभिन्नता का संरक्षण किया जाता है। इसे प्राकृतिक रिजर्व भी कहते हैं।

तालिका 5.5: यूनेस्को का मानव और जैवविविधता कार्यक्रम

क्र. सं.	महाद्वीप	देश	जैवमण्डल का नाम (उदाहरण)	शुरू होने का वर्ष
1.	अफ्रीका	कैमरुन	बाजा	1979
		बैनिन	मोनो	2017
		मध्य अफ्रीकी गणराज्य	बासे-लोबे	1977
		काँगों	डिमोनिया	1988
2.	अरब देश	अलजीरिया	टलेमसेन पर्वत	2016
		लेबनान	जबल मूसा	2009
		मिस्र	वाडी अलाकी	1993
		जॉर्डन	मुजिब	2011
		कतर	अलरीम	2007
		यूएई	बाडी वुरायाह	2018
3.	एशिया और प्रशान्त	ऑस्ट्रेलिया	ग्रेट सेन्डी	2009
		चीन	शेन्नोनजिया	1990
		कम्बोडिया	टॉनलेसाप	1997
		इण्डोनेशिया	रिनजेसनी लोमबोक	2018
		ईरान	लेकओरामी	1976
		जापान	अया	2012
		कजाखस्तान	अलाकोल	2013
		कोरिया	माउण्ट कुवोल	2004
		मंगोलिया	डोरनोड मंगोल	2005
		पाकिस्तान	जियराल जुनुपर फॉरेस्ट	2013
		फिलीपीन्स	पुर्इतो गलेरा	1977
		श्रीलंका	हुरुलू	1977
4.	यूरोप और उत्तरी अमेरिका	ऑस्ट्रिया	ग्रौलेस वालसेर्टल	2000
		कनाडा	नियाग्रा एसकार्पमेंट	1990
		चेकगणराज्य	सुमावा	1990
		फ्रांस	मोंट वैन्टोक्स	1990
		जर्मनी	शाल्सी	2000

		ग्रीस	माउण्ट ओलम्पस	1981
		इटली	सिला	2014
		पोलैण्ड	बाबिया गोरा	1976
		पुर्तगाल	पोलडो बोक्वीलोनो	1981
		रोमानिया	पीट्रोसुल मारे	1979
		रूस	माउण्टीनियस यूराल	2018
		सर्बिया	बाको पोडनावल्जे	2017
		स्पेन	वाले डे लेसीयाना	2003
		लीडन	लेक वावीर्न आर्कीपैल्गो	2010
		स्विटजरलैण्ड	रिजर्वात डा बायोल्फेरा वाल मुस्टेर पार्क नजीअल	1979
		यूक्रेन	कारपेथियन	1992
		संयुक्त राज्य अमेरिका	हवाई आइसलैण्ड्स	1980
5.	लैटिन अमेरिका और कैरीबियन	अर्जेन्टीना	पयगोनिया आजुल	2015
		ब्राजील	सैण्ट्रल अमेजन	2001
		चिली	लौका	1981
		कोलम्बिया	सी फ्लॉवर	2000
		कोस्टरिका	सावीग्री	2017
		इक्वाडोर	चोको एन्डीनो डी पिचिच्चा	2018
		मैक्सिको	भापिमि	1977
		पेरू	हुआसकरन	1977

भारत के जैवमण्डल (Biosphere reserve of India)

भारत में 18 जैवमण्डल हैं।

तालिका 5.6: मैन एण्ड बायोस्फीयर प्रोग्राम बाई यूनेस्को

क्र. सं.	नाम	नाम	क्षेत्रफल (किमी. में)	स्थित (राज्य)
1.	नीलगिरि	1.9.1986	5520 (कोर 1240 बफर 4280)	वायनाड, नगरहोल, बांदीपुर और मडुमलाई, नीलाम्बुरसाइलैण्ट घाटी और सिरुवानी पहाडियों का भाग तमिलनाडु, केरल और कर्नाटक
2.	नन्दादेवी	18.1.1988	5860.69 (कोर 712.12 बफर 5148.570) टी 546.34)	चमोली, पिथौरागढ़ और बागेश्वर जिलों का भाग (उत्तराखण्ड)
3.	नोक्रीक	1.9.1988	820 (कोर 47.48 - बफर 227.92) ट्रॉजिंसन जोन 544.60	गारो पहाड़ियों का भाग मेघालय
4.	ग्रेट निकोबार	6.1.1989	885 (कोर 705 - बफर 180)	अण्डमान और निकोबार द्वीप समूह का दक्षिणतम भाग
5.	मन्नार की खाड़ी	18.2.1989	10500 कुल खाड़ी क्षेत्र (द्वीपों का क्षेत्र 5.55 वर्ग किमी)	भारत और श्रीलंका के बीच मन्नार की खाड़ी का भारतीय भाग (तमिलनाडु)
6.	माननास	14.3.1989	2837 (कोर 391 - बफर 2446)	कोकराझा, बोंगाईगाँव, बारपेटा नलबारी, कामरूप और दरांग जिले का भाग (असम)

7.	सुन्दरवन	29.3.1989	2630 (कोर 1700 - बफर 7900)	गंगा का मैदानी भाग ब्रह्मपुत्र नदी तंत्र (पं. बंगाल)
8.	सिमलीपाल	21.6.1994	4374 (कोर 845 - बफर 2129) ट्रांजिसन 1400)	मयूरभंज जिले का भाग (ओडिशा)
9.	डिब्रू-साईखोवा	28.7.1997	765 (कोर 340 - बफर 425)	डिब्रूगढ़ और तिनसुखिया जिले का भाग (असम)
10.	देहांग-दिबांग	2.9.1998	5111.50 (कोर 4094.80) - बफर 1016.70	सियांग और दिबांग घाटी का हिस्सा (अरुणाचल प्रदेश)
11.	पचमढ़ी	3.3.1999	4926	बेतूल, होशंगाबाद और छिंदवाड़ा जिले का भाग (मध्य प्रदेश)
12.	खामचेंदजोगा	7.2.2000	2629.92 (कोर 1919.34 - बफर 835.92)	खांगचेंदजोगा पहाड़ियों का भाग और सिक्किम
13.	अगस्थ्यमलाई	12.11.2001	3500.36	थिरुनलवेली और कन्याकुमारी जिलों का भाग (तमिलनाडु), तिरुवनंतपुरम, कोल्लम व पथनमथिट्टा जिलों का भाग (केरल)
14.	अचनकमार अमरकंटक	30.3.2005	3835.51 कोर 551.55 - बफर 3283.86	अनुपुर और डिंडोरी जिले (म.प्र.), विलासपुर जिला (छत्तीसगढ़)
15.	कच्छ	29.1.2008	12454	कच्छ, राजकोट, सुरेन्द्रनगर व पाटन जिलों के भाग गुजरात
16.	कोल्ड डिजर्ट	28.8.2009	7770	हिमाचल प्रदेश में पिनवेली राष्ट्रीय पार्क तथा आसपास के क्षेत्र, चन्द्रताल व सरचू व किब्बर वन्य जीव अभयारण्य
17.	शेषाचलमहिल	29.9.2010	4755.997	आंध्र प्रदेश में चित्तूर और कुडप्पा जिलों के पूर्वी घाटों के हिस्सों को शामिल करते हुए शेषाचलम पर्वत श्रेणी।
18.	पन्ना	25.8.2011	2998.98	मध्य प्रदेश के पन्ना और छतरपुर जिलों के भाग

2. बफर क्षेत्र कोर क्षेत्र के चारों तरफ या पास होता है। इस क्षेत्र में केवल वे कार्य होते हैं जो कोर क्षेत्र के संरक्षण से सम्बन्धित हो जैसे- शोध कार्य, पर्यावरण ीय शिक्षा प्रशिक्षण, पर्यटन, आमोद-प्रमोद। सीमित मानवीय क्रिया-कलापों की अनुमति है।
3. संक्रमण क्षेत्र रिजर्व का वह भाग है जहाँ अत्यधिक क्रिया कलापों की अनुमति है जैसे- वनीकरण, आर्थिक और मानव विकास जो सामाजिक सांस्कृतिक और पारिस्थिति को बनाए रखे।

विश्व के कुछ जैवमण्डलों का वर्णन नीचे किया गया है:

जैवमण्डल रिजर्व के अंतर्राष्ट्रीय स्तर

यूनेस्को ने विकास और संरक्षण के बीच इन को कम करने के लिए प्राकृतिक क्षेत्रों में जैवमण्डल रिजर्व के लिए दिशा-निर्देश जारी किए है। जैवमण्डल रिजर्वस को राष्ट्रीय सरकार द्वारा नामित किया जाता है, जो मानदंडों के एक न्यूनतम सेट को मानव और जैवमण्डल आरक्षित कार्यक्रम के तहत जैवमण्डल रिजर्व के विश्व नेटवर्क में शामिल करने के लिए न्यूनतम सेट की शर्तों का पालन करता है। विश्व स्तर पर 124 देशों में 701 जैवमण्डल है।

भारत में अन्तर्राष्ट्रीय पहचान के 11 जैवमण्डल रिजर्व (BRs) है।

1. नीलिगिरि 2000
2. गल्फ ऑफ मन्नार 2001
3. सुंदर वन 2001
4. नंदादेवी 2004
5. नौक्रीक 2009

6.	पचमढ़ी	2009
7.	सिमिलीपाल	2009
8.	अचनकभार अमरकंटक	2012
9.	ग्रेट निकोबार	2013
10.	अगस्तमल्लै	2016
11.	खानचेंद जोंगा	2018

राष्ट्रीय उद्यान (National Park)

राष्ट्रीय उद्यान

केन्द्रीय सरकार के द्वारा सीमांकित एक ऐसे विस्तृत क्षेत्र को कहते हैं कई पारिस्थितिकी तन्त्र (Eco Systems) पाये जाते हैं। राष्ट्रीय उद्यान में पेड़-पौधों, पशु-पक्षियों, भू-आकृतियों को संरक्षण प्रदान किया जाता है तथा जहाँ शिक्षा एवं शोध कार्य की सुविधा होती है। मई 2014 के आंकड़ों के अनुसार भारत में (104) राष्ट्रीय उद्यान हैं। भारत में वन प्राणी संरक्षण अधिनियम 1972 के अनुसार
राष्ट्रीय उद्यानों का सीमांकन किया जाता है। राष्ट्रीय पार्कों में निम्न क्रिया-कलापों (Activities) पर प्रतिबंध होता है। (i) पशु-पक्षियों का शिकार करने, पकड़ने, चुराने, (Poaching) मछली मारने पर प्रतिबंध, (ii) किसी भी जंगली जानवर के प्राकृतिक आवास को नष्ट करने पर प्रतिबंध होता है, (iii) राष्ट्रीय उद्यान में हथियारों का प्रयोग नहीं किया जा सकता, (iv) पशुचारण पर प्रतिबंध होता है तथा (v) राष्ट्रीय पार्क की सीमाओं को बदला नहीं जा सकता।

विश्व में राष्ट्रीय पार्कों के उदाहरण

1. कॉरकोवाडो नेशनल पार्क (कोस्टारिका)
2. गालावगोस नेशनल पार्क (इक्वाडोर)
3. ग्राण्ड कैनियन नेशनल पार्क (यू.एस.ए.)
4. ग्रेट बैरियर रीफ नेशनल पार्क (ऑस्ट्रेलिया)
5. जिम कॉर्बेट नेशनल पार्क (भारत)
6. क्रूबार नेशनल पार्क (दक्षिण अफ्रीका)
7. मनु नेशनल पार्क (पेरू)
8. तरंगगिरी नेशनल पार्क (तंजानिया)
9. तिकाल नेशनल पार्क (ग्वाटेमाला)
10. टोरेस डेल पेनी नेशनल पार्क (चिली)

अभयारण्य (Sanctuaries)

भारत में अभयारण्य

(Sanctuaries) का सीमांकन राज्य सरकारों के द्वारा किया जाता है। राज्य सरकार भी पारिस्थितिकी महत्व के क्षेत्र को अभयारण्य (Sanctuary) घोषित करके उसका सीमांकन कर सकता है। किसी भी शरण्य में पारिस्थितिकी के विशेष पशु-पक्षी, अथवा पेड़-पौधों को संरक्षण प्रदान करना होता है। भारत में मई 2019 के आंकड़ों के अनुसार 551 अभयारण्य हैं, जिनमें से 50 बाघ-अभयारण्य (Tiger Sanctuaries) तथा 21 पक्षी-अभयारण्य हैं।

विश्व में सेंक्चुरीज के उदाहरण

1. टिगीविंकल्स (यूके)
2. वुडस्टॉक फार्म सेंक्चुरी (यूएसए)
3. लोन पाइन कोआला सेक्चुरी ऑस्ट्रेलिया
4. बून लोट्स सेंक्चुरी (थाइलैण्ड)
5. सेडर रो फार्म सेंक्चुरी (कनाडा)
6. द डंकी सेंचुरी (यूके)
7. सेनाविल्ड वाइल्ड लाइफ सेंक्चुरी (द. अफ्रीका)
8. सेपीलोक आरेंगूटन सेंक्चुरी (बोर्नियो)
9. बीयर रेसक्यू सेन्टर (चीन)

अस्वस्थाने संरक्षण (Ex-situ conservation): यदि पशु-पक्षियों का प्राकृतिक आवास नष्ट अथवा बर्बाद हो जायें तो उनको अस्वस्थाने (Ex-site) संरक्षण प्रदान किया जाता है। अस्वस्थाने संरक्षण में मानव द्वारा संकटमय जीव-प्रजातियों (Endangered Species) के लिये प्राकृतिक आवास दूर ऐसी जीव-प्रजातियों को कृत्रिम आवास में रखा जाता है। इस प्रकार के संरक्षण के लिये चिड़िया घर (Zoological Parks) वनस्पति उद्यान (Botanical Gardens), बीज-बैंक (Seed Bank), आदि का निर्माण किया जाता है। संकटमय (Endangered species) को संरक्षण प्रदान करने के लिये बहुत-से स्थानों पर पुनर्वास केन्द्र (Rehabilitation centres) स्थापित किये जाते हैं। भारतवर्ष में ऐसे पुनर्वास केन्द्रों की स्थापना राष्ट्रीय योजना 1983 (National Action Plan, 1983) के अंतर्गत की जाती है। इन पुनर्वास केन्द्रों (Rehabilitation Centres) के मुख्य उद्देश्य निम्न प्रकार हैं:

(i) जिन संकटमय जीव-प्रजातियों को संरक्षण प्रदान करना है उनकी शिनाख्त (identification) करना। जो जीव-प्रजातियाँ लुप्त होने की कगार पर हैं या संकटमय हैं उनको इन पुनर्वास केन्द्रों पर संरक्षण दिया जाता है।

(ii) कुछ विशेष जीव-प्रजातियों, जो वास्तव में गम्भीर रूप से संकटमय हैं, को पकड़ कर पुनर्वास केन्द्रों पर लाना और संरक्षण देना।

(iii) जिन जीव-प्रजातियों (Species) को पुनर्वास में पकड़कर लाया जाये उनको खान-पान (Feeding), प्रजनन (Breeding) तथा बीमारियों (Pathlogy) का अध्यन किया जाये।

(iv) पुनर्वास केन्द्रों में रखे गये पशु-पक्षियों के स्वास्थ्य पर विशेष ध्यान देना तथा उनके प्रजनन का प्रबन्ध करना।

(v) पुनार्वास में शरण दिये गये पशु-पक्षियों के बच्चों को एक विशेष आयु के पश्चात, प्राकृतिक-आवासों (Natural Habitats) में छोड़ना।

(vi) पुनार्वास केन्द्रों में रखी गई जीव-प्रजातियों का बीजारोपण, गर्भाधान, वीर्य-सेचन (Artificial insemination) का प्रबंध करना।

(vii) चिड़ियाघर (Zoological parks), वनस्पति उद्यान (Botanical Gardens), बीज-बैंक (Seeds Bank) की स्थापना करना।

उपरोक्त उपायों के अतिरिक्त लुप्त प्राणियों, संकटमय दुलर्भ जीव-प्रजातियों की सम्पूर्ण सूची तैयार करना। यदि उपरोक्त योजनाओं पर गम्भीरता से काम किया जाये तो बहुत अच्छे एवं सकारात्मक नतीजे निकल सकते हैं।

भारत में आर्द्रभूमि

आर्द्रभूमि को उन क्षेत्रों के रूप में परिभाषित की जाती है जहां पानी मिट्टी को आच्छादित करता रहता है या पूरे वर्ष मिट्टी की सतह पर या उसके पास मौजूद होता है, या वर्ष के दौरान अलग-अलग समय के लिए होता है, जिसमें फसल का समय भी शामिल होता है। ये पर्यावरणीय स्थिरता और स्थानीय लोगों की आजीविका के लिए महत्वपूर्ण हैं। भारत में 1,52,60,572 हेक्टेयर क्षेत्र में 7,57,060 आर्द्रभूमि के क्षेत्र हैं **(तालिका 5.6A)**

मृदा तंत्र (Soil System)

धरातल की ऊपरी परत, जिससे मानव समाज की अधिकतर आवश्यकता की आपूर्ति होती है, मृदा अथवा मिट्टी कहलाती है। मानव की तीन मूलभूत आवश्यकतायें भोजन, वस्त्र एवं आवास की आपूर्ति के लिये मिट्टी सब से अधिक महत्वपूर्ण संसाधन है।

अपक्षपि पदार्थ (Regolith), अवरण शैल की ऊपर परत जिसमें गली-सड़ी वनस्पति, कीटाणु (Humus) आदि मिश्रित हों और उसमें पेड़-पौधे उगाने की क्षमता हो, मिट्टी कहलाती है।

मिट्टी मुख्यत: खनिज कणों, जैविक पदार्थों, मृदा जल एवं जीवित जीवों (Living organism) से बनी होती है। मिट्टी के भौतिक एवं रासायनिक पदार्थों में समय के अनुसार परिवर्तन होता रहता है।

मृदा घटक (Components of Soil)

मिट्टी के मुख्य घटक निम्न प्रकार हैं:

1. *मातृ पदार्थ* (Parent Material)

कार्बोनिक एवं खनिजों का एक असंगठित पदार्थ, जो मृदा विकास के लिये मूल पदार्थ होता है।

2. *ह्यूमस तथा जैविक खाद* (Humus)

मृदा में विद्यमान विघटित जैविक पदार्थ, जिसकी उत्पत्ति वनस्पति तथा जंतुओं के गलने-सड़ने से होती है। जिस कृषि भूमि को कुछ समय के लिए जोत कर छोड़ दिया जाये, उसमें जंतु एवं पौधे गिरकर सड़ जाते हैं। ऐसी भूमि में काफी ह्यूमस पाया जाता है। गोबर और हरी-खाद आदि के द्वारा भी खेतों में ह्यूमस की मात्रा बढ़ाई जा सकती है।

3. *मृदा जल*

जल भी मृदा का एक मुख्य घटक है। विभिन्न प्रकार की मिट्टियों में जल की मात्रा भिन्न-भिन्न होती है। उष्ण मरुस्थलों तथा शुष्क प्रदेशों की मिट्टी में जल की मात्रा नाम-मात्र की होती है, जबकि आंध्र प्रदेश की मिट्टी में

तालिका 5.6A: भारत में आर्द्रभूमियों के प्रकार व क्षेत्र अनुमान

क्र.सं.	कोड	आर्द्रभूमि श्रेणी	आर्द्रभूमि की संख्या	कुल आर्द्रभूमि क्षेत्र	आर्द्रभूमि क्षेत्र का प्रतिशत	खुला पानी	
						मानसून के बाद का क्षेत्र	प्री-मानसून क्षेत्र
	1100	अंतर्देशीय आर्द्रभूमि - प्राकृतिक					
1.	1101	झील/तालाब	11740	729532	4.78	454416	**198054**
2.	1102	गौखुर झील/कटे हुए मिएंडर	4673	104124	0.68	57576	**37818**
3.	1103	अधिक ऊंचाई पर	2707	124253	0.81	116615	**109277**
4.	1104	नदी आर्द्रभूमि	2834	91682	0.60	48918	**29739**
5.	1105	सैलाबी	11957	315091	2.06	197003	**112631**
6.	1106	नदी/धारा	11747	5258385	34.46	3226238	**2628182**
	1200	अंतर्देशीय आर्द्रभूमि - मानव निर्मित					
7.	1201	जलाशय/बैराज	14894	2481987	16.26	2260574	**1268237**
8.	1202	टैंक/तालाब	122370	131043	8.59	916020	**349512**
9.	1203	सैलाब किया हुआ	5488	135704	0.89	85715	**33822**
10.	1204	लवण-कुण्ड	60	13698	0.09	5293	**2599**
		कुल अंतर्देशीय	188470	10564899	69.23	7368368	**4769871**
	2100	तटीय आर्द्रभूमि - प्राकृतिक					
11.	2101	खाड़ी	178	246044	1.61	208915	**191301**
12.	2102	क्रीक	586	206698	1.35	199743	**189489**
13.	2103	रेतीला समुद्र तट	1353	63033	0.41		
14.	2104	अंतर्ज्वारीय मिट्टी फ्लैट	2931	2413642	15.82	516636	**366953**
15.	2105	खार (Salt Marsh)	744	161144	1.06	5369	**2596**
16.	2106	सदाबहार	3806	471407	3.09	-	-
17.	2107	मूंगा - चट्टान	606	142003	0.93	-	-
	2200	तटीय आर्द्रभूमि - मानव निर्मित					
18.	2201	लवण-कुण्ड	609	148913	0.98	105253	**94047**
19.	2202	मत्स्य पालन तालाब	2220	287232	1.88	196514	**186963**
		कुल - तटीय	13033	4140116	27.13	1232430	**1031349**
		उप कुल	201503	14705015	96.36	8600798	**5801220**
		आर्द्रभूमि (2.25 हेक्टेयर)	555557	555557	3.64	-	-
		कुल	**757060**	**15260572**	**100.00**	**8600798**	**5801220**

Source: *Ministry of Environment, Forest and Climate Change, Government of India*

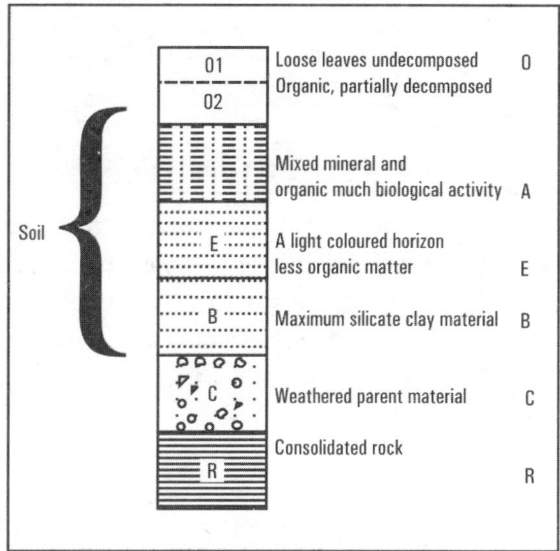

Fig. 5.7 Soil profile and soil horizons

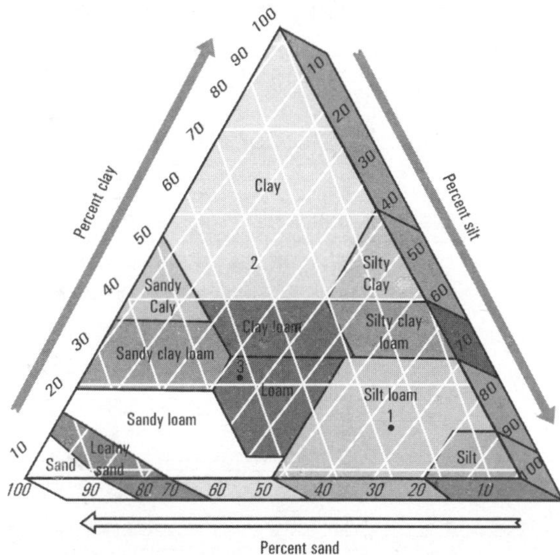

Fig. 5.8 Soil texture triangle. As an example, points 1, 2. and 3 designate samples taken at three different horizons in the Miami silt loam in Indiana. A sample taken near the surface in the A horizon is recorded at point 1; in the B horizon at point 2; and in the C horizon at point 3, Note that silt dominates the surface, clay the B horizon, and sand the C horizon [After USDA Soil Conservation Service, soil Taxonomy, Agricultural Handbook No. 436, Washington, DC: U.S. Government Printing Office 1975]

जल की मात्रा अधिक होती है। जल की मात्रा का प्रभाव मृदा की उर्वकता पर पड़ता है। जल की मात्रा से मिट्टी के रासायनिक तत्व भी प्रभावित होते हैं।

4. मृदा संरचना (Soil Texture)

मृदा की विशिष्टता की पहचान उसमें पाये जाने वाले कणों के आधार पर की जाती है। चिकनी मिट्टी (Clay) में सूक्ष्म कणों की मात्रा अधिक होती है, जबकि बलुई मृदा में मोटे कणों की मात्रा अधिक होती है। इनके विपरीत सिल्ट में महीन तथा बलुई कणों की मात्रा लगभग समान होती है (**Fig. 5.7** तथा **5.8**)।

5. मृदा वर्गिकी (Soil Structure)

मृदा कणों की विद्यमानता तथा उनका संगठन। दूसरे शब्दों में महीन, मोटे कण और ह्यूमस (Humus) आपस में किस प्रकार संगठित हैं।

मृदा संस्तर (Soil Horizon)

मृदा परिच्छेदिका में सुनिश्चित परत, जो स्थानीय भू-सतह के समानान्तर होती है। मृदा संस्तर को कई परतों में विभाजित किया जा सकता है जैसा कि **Fig. 5.7** में दिखाया गया है।

मृदा प्रोफाइल (Soil Profile)

किसी स्थान की मृदा का लम्बवत् परिच्छेदिका, जिसमें मृदा की विभिन्न परतों को तथा उनकी भौतिक एवं रासायनिक विशेषताओं को दर्शाया जाता है (**Fig. 5.7**)।

मृदा उर्वरता (Soil Fertility)

मृदा की फसलों तथा पेड़-पौधों को उगाने की क्षमता को उसकी उर्वरता कहते हैं।

मृदा के प्रमुख प्रकार (Major Soil Types)

मृदा को दो वर्गों में विभाजित किया जा सकता है:

(i) कटिबंधीय मृदा (Zonal Soil), तथा;

(ii) गैर-कटिबंधीय मृदा (Azonal Soil)।

(i) **कटिबंधीय मृदा (Zonal Soil):** जो मिट्टियाँ अपने मातृ-पदार्थ, जलवायु एवं वनस्पति से प्रभावित हों, कटिबंधीय मृदा कहलाती हैं, जैसे-भारतीय प्रायद्वीप की काली तथा लाल मिट्टी तथा कश्मीर घाटी की करेवा (Karewa) मिट्टी।

(ii) **गैर-कटिबंधीय मिट्टी (Azonal Soil):** ऐसी मृदा जो स्थानीय मातृ-पदार्थ, जलवायु तथा वनस्पति से प्रभावित न हो तथा गैर-कटिबंधीय मृदा कहलाती है। इस प्रकार की मृदा में 'B' संस्तर (B-Horizon) का अभाव होता है।

(iii) **अन्त:क्षेत्रीय मृदा (Intrazonal Soil):** ऐसी मृदा जो मृदा-उत्पत्ति के विभिन्न चरणों से गुजर कर न विकसित हुई हो। इसकी उत्पत्ति पर स्थानीय जलवायु तथा प्राकृतिक वनस्पति का अधिक प्रभाव नहीं देखा जाता। इस मृदा में 'ब' संस्तर नहीं होता।

मृदा वर्गीकरण (Soil Taxonomy)

संयुक्त राज्य अमेरिका के मृदा विशेषज्ञों ने विश्व-मृदा को भौतिक तथा रासायनिक गुणों के आधार पर विभाजित किया था, जिसको मृदा वर्गीकरण कहते हैं। यह वर्गीकरण पूरी दुनिया से मृदा के नमूने (Soil Samples) एकत्रित करके विश्लेषण (Analysis) के आधार पर किया गया था **(तालिका 5.7)**।

तालिका 5.7: मृदा टैक्सोनॉमी तथा मृदा वर्ग

मृदा वर्ग	मार्बुत तुल्य कैनाडाई	सामान्य अवस्थिति एवं जलवायु	विश्व भू-क्षेत्रफल प्रतिशत	वर्णन
1. ऑक्सीसोल (Oxisol (Ox)	लैटेराइट	उष्णकटिबंधीय	9.2%	अधिकतम अपक्षय, आकस्मिक-संस्तर, निरन्तर-प्लिन्टथाइट परत; लाल रंग।
2. एरिडीसोल (एरिड) (Aridisol)	मरुस्थलीय धूसर अथवा रेतीली (बलुआ) मिट्टी।	मरुस्थलीय तथा अर्द्ध-मरुस्थली मृदा	19.2%	मातृ पदार्थ की विशिष्टता तथा रसायनिक प्रक्रिया का अभाव, हल्का रंग।
3. मोल्ली सोल (Mollisols)	चेस्टनट, चर्नोजम	अर्द्ध-आर्द्र घास के मैदान	9.0%	भूरा तथा काला रंग, जैव पदार्थ की पर्याप्त मात्रा।
4. अल्फीसोल (Alfisol)	धूसर भूरी, पोडोजोलिक घटिया चिर्नोजम मृदा	आर्द्र शीतोष्ण जलवायु	14.7%	'ब' संस्तर का अभाव। बारीक कणों की मिट्टी की बहुतायत। कोई विशेष रंग नहीं। गहराई में विविधता।
5. अल्टीसोल (Altisol)	लाल-पीला पोडजोल	अत्यधिक अपक्षीय वन मृदा (शीतोष्ण कटिबंध में)	8.5%	'ब' संस्तर की मोटी परत। चिकनी मिट्टी की पर्याप्त मात्रा, हल्का भूरा एवं हल्का लाल रंग।
6. स्पोडोसोल (Spodosol)	पोडोजोलिक	कोणधारी वन प्रदेश (टैगा)	5.4%	अत्यधिक निक्षेपित, अम्लीय अपरिष्कृत कणों वाली संरचना।
7. एण्टीसोल (Entisol)	असुस्तरी मृदा, टुण्ड्रा	हाल की बनी मृदा। सभी जलवायु में पाई जाती है	12.5%	युवा मृदा, मृदा में संस्तर की कमी।
8. इंसेपटिसोल (Inceptisol)	उप-आकर्टिक मृदा	शीतकटिबंध के आर्द्र क्षेत्रों की मृदा	15.8%	माध्यमिक विकसित मृदा- संस्तर पूर्ण रूप से विकसित नहीं।
9. वर्टीसोल (Vertisol)	उष्ण तथा अर्द्ध-उष्ण की शुष्क मृदा	उपोष्णकटिबंधीय शुष्क प्रदेश	2.1%	सूखने पर मृदा में दरारें पड़ जाती हैं।
10. हिस्टोसोल (Histosol)	पीट तथा दलदली मृदा	आर्द्र स्थानों की दलदल	0.8%	जैविक पदार्थों की मात्रा 20 से 50 प्रतिशत तक।

11. एण्डीसोल (Andisol)	ज्वालामुखी राख इत्यादि से बनी मृदा	ज्वालामुखी प्रभावित क्षेत्र, जैसे-इण्डीज पर्वत	1 प्रतिशत से कम	ज्वालामुखी जनक पदार्थ, जैविक पदार्थ का अभाव, प्राय: उपजाऊ भूमि, कृषि के लिये अनुकूल।

Source: Christopherson, R.W., 1995, **Geosystems**, New Jersey, Prentice Hall, p.464.

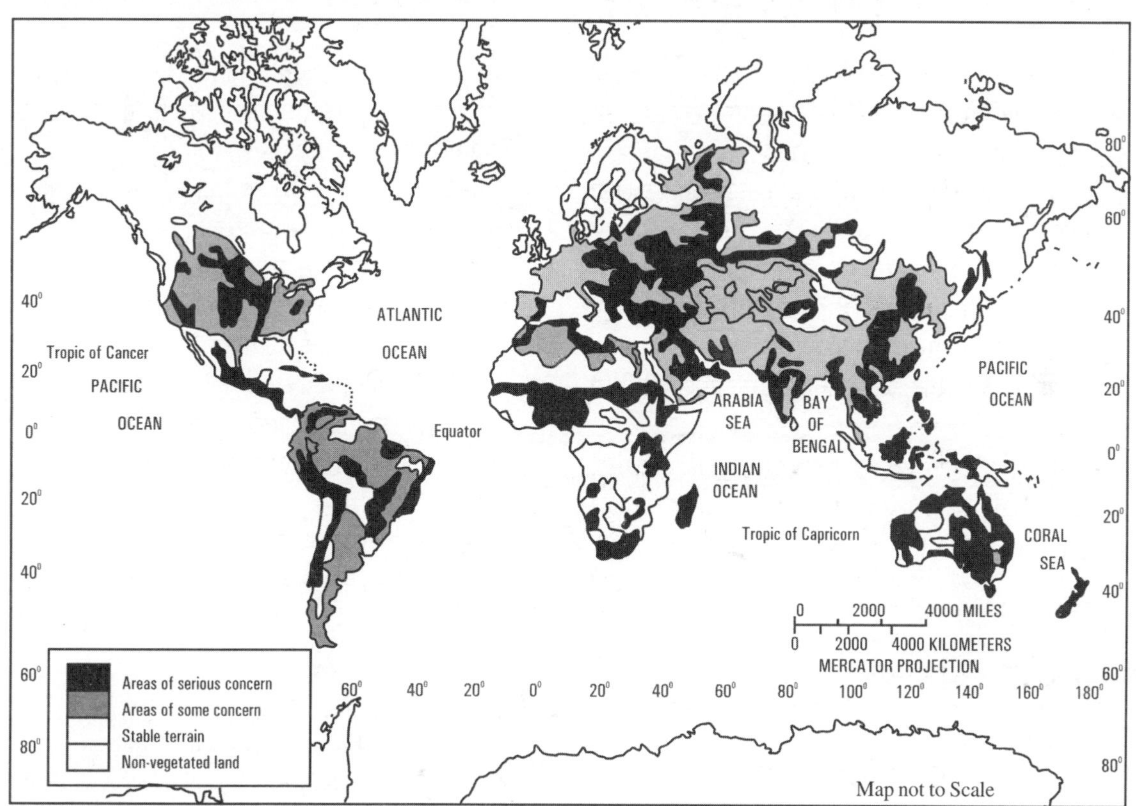

Fig. 5.9 Approximately 1.2 billion hectares (3.0 billion acres) of Earth's soils suffer some degree of degradation through erosion caused by human misuse and abuse. [A Global Assessment of Soil Degradation, adapted from United Nations Environment Programme, International Soil Reference and Information Centre, "Map of Status of Human-induced Soil Degradation," Sheet 2, Nairobi, Kenya, 1990.]

मृदा अपरदन (Soil Erosion)

मृदा की ऊपरी सतह के अनावरण (कटने) को मृदा अपरदन कहते हैं। जल तथा पवन इत्यादि के द्वारा अपरदन एक निरन्तर प्राकृतिक प्रक्रिया है। कुछ प्रदेशों में मानव द्वारा भूमि के दुरुपयोग के कारण भी अपरदन प्रक्रिया तीव्र हो जाती है **(Fig. 5.9)**। मृदा अपरदन से लगभग 75,000 मिलियन टन उपजाऊ भूमि नष्ट होती है। मृदा अपरदन के मुख्य क्षेत्रों को मानचित्र 5.8 में दिखाया गया है। भारत में प्रतिवर्ष लगभग 6000 मिलियन टन उपजाऊ मिट्टी अपरदित हो जाती है।

मृदा अपरदन का प्रभाव केवल उन स्थानों पर नहीं होता जहाँ पर वह निक्षेपित होती है। इस महत्वपूर्ण संसाधन को सुरक्षित करने के लिये अनिवार्य कदम उठाने की आवश्यकता है।

मृदा संरक्षण (Soil Conservation)

मृदा संरक्षण के लिये निम्न उपाय बहुत उपयोगी सिद्ध हो सकते हैं:

1. **वृक्षारोपण:** वृक्षारोपण मृदा अपरदन में कमी लाता है। वृक्ष न केवल मृदा की ऊपरी उर्वर परत को

जल द्वारा बहाये जाने अथवा हवा द्वारा उड़ाये जाने से रोकते हैं, बल्कि वे जल के रिसाव की बेहतर व्यवस्था करके मृदा में नमी और जल-स्तर (Water Label) को भी बनाये रखने में सहायक होते हैं।

2. **वृक्षों की कटाई पर प्रतिबंध:** वृक्षारोपण के अतिरिक्त वृक्षों की निर्बाध कटाई को नियंत्रित करने की आवश्यकता है। चिपको आन्दोलन जैसे जग-जागरुकता अभियानों द्वारा वृक्ष एवं वनों के महत्व को प्रचारित एवं प्रसारित किए जाने की आवश्यकता है।
3. **समोच्च जुताई और सीढ़ीनुमा खेत** बनाकर ढलानों पर खेती करना।
4. **बाढ़ नियन्त्रण:** भारत में मृदा अपरदन का बाढ़ से काफी नजदीकी सम्बंध है। बाढ़ प्राय: वर्षा काल में ही आती है। अत: वर्षा काल के जल को संगृहीत करने से अतिरिक्त जल-निकासी, काफी उपयोगी हो सकता है।
5. **नदियों द्वारा अपरदन (Gully Erosion):** अवनालिकाओं तथा रेवाइन (Ravine) का उद्धार (reclamation) मृदा अपरदन की समस्या के निदान के लिए एक आवश्यक कार्य है। चम्बल नदी की इस प्रकार की बीहड़ भूमि को फिर से कृषि योग्य बनाने का प्रयास किया जा रहा है।
6. **स्थानान्तरी कृषि पर प्रतिबंध:** भारत के उत्तर-पूर्व के पर्वतीय राज्यों में बहुत-से किसान वनों को जलाकर खेती करते हैं, जिससे वन सम्पदा को भारी हानि होती है।
7. परती भूमि को कृषि के अंतर्गत लाया जाये।
8. लवणीय एवं क्षारीय मृदाओं को फिर से उपयोगी बनाया जाये।
9. नहरों, नदियों तथा सागर के तटों को कटने से रोकने के लिए विशेष उपाय किये जाये।
10. जैविक खाद का कृषि में अधिक उपयोग किया जाये। गोबर एवं हरित खाद को लोकप्रिय बनाया जाये।
11. वैज्ञानिक फसल चक्र अपनाया जाये।
12. सतत् कृषि की तकनीक को अपनाया जाए।
13. स्थायी कृषि के लिए तकनीक का अंगीकरण।
14. मृदा अपक्षय के विपरीत प्रभाव को लेकर लोगों को जागरुक करना।
15. जल प्रबंधन का संचालन।
16. आर्द्रता संरक्षण व्यवस्था।

संदर्भ (References)

- Christopherson, R.W., 1995, ***Elemental Geosystems,*** New Jersey, Prentice Hall.
- Foth, H.D., ***Fundamentals of Soil Science,*** 8th ed., New York, John Wiley & Sons.
- Foth, H.D., 1990, ***Fundamentals of Soil Science,*** 8th ed., New York, John Wiley & Sons.
- Husain, M., 2005, ***Fundamentals of Physical Geography,*** Jaipur, Rawat Publication.
- Mayhew, S., 1997, ***Oxford Dictionary of Geography,*** Indian Edition, Oxford University Press.
- Nyle, B., 1990, ***The Nature and Properties of Soils,*** 10th ed. New York, Macmillan Publishing Company.
- Odum, 1985, ***Ecology,*** London.
- Singer, Michael J., and Donald N. Munns, 1987, ***Soils–An Introduction,*** 2nd ed., New York, Macmillan Publishing Company.
- Strahler, A. et. al., 1996, ***Physical Geography,*** New York, John Wiley.
- Wilson, E.O., ***The Diversity of Life,*** Cambridge, MA, The Belknap Press of Harvard University Press.
- ***World Resources,*** 2008–09, a joint publication by the World Resource Institute (WRI), UNEP, UNDP, and the World Bank, Oxford University Press.
- World Commission on Environment and Development, ***Our Common Future,*** 1987, Oxford and New York, Oxford University Press.

Web references

- https://biodifferences.com/difference-between-habitatand-niche.html
- https://discovercorps.com/
- https://en.unesco.org/
- https://www.onegreenplanet.org/animals andnature/10-global-sanctuaries-that-aretransforming-the-lives-of-animals/

6 अध्याय विश्व के महाद्वीपों तथा देशों से संबंधित तथ्य (Facts about the World Continents and Countries)

पृथ्वी का अवलोकन (Over view of the Earth)

पृथ्वी, जिसको 'विश्व' या अंग्रेजी में 'ग्लोब' भी कहा जाता है, दूरी के आधार पर सूर्य से तीसरा ग्रह है। यह सूर्य के चारों ओर एक कक्षा में अपनी धुरी पर घूमती है। सूर्य पृथ्वी पर सभी प्रकार के जीवन के लिए ऊर्जा का मुख्य स्रोत है। रेडियोमितीयकाल-निर्धारण अथवा रेडियोधर्मी डेटिंग तकनीक के आधार पर पृथ्वी की आयु 4.54 अरब वर्ष निर्धारित की गई है। समय के साथ इसकी संरचना, सतह, वातावरण, जलवायु और जीवन रूप विकसित हुए हैं और बहुत जटिल हो गए हैं। पृथ्वी के स्थलीय भाग को विशाल भूमि क्षेत्रों में विभाजित किया गया है जिन्हें महाद्वीप (continents) कहा जाता है। विश्व में सामान्यत: सात महाद्वीपों को मान्यता प्राप्त है। निम्नलिखित पैराग्राफ (paragraphs) में महाद्वीपों से संबंधित कुछ विशेषताओं का विवरण दिया गया है।

तालिका 6.1: पृथ्वी के बारे में तथ्य

क्र.सं.	विशेष	तथ्य
1.	अनुमानित वजन (मास)	6.6 सेक्सटिलियन (6 सेक्सटिलिन मीट्रिक टन)
2.	अनुमानित आयु	4.54 विलियन वर्ष
3.	अद्यतम जनसंख्या	7.5 विलियन में अधिक
4.	स्थलीय क्षेत्रफल	148,647,000 वर्ग किमी. (29%)
5.	कुल जलीय क्षेत्रफल	361,419,000 वर्ग किमी. (70.9%)
6.	सागरीय क्षेत्रफल	335,258,000 वर्ग किमी
7.	पानी प्रकार	97% खारा (3% मीठा)
8.	भूमध्य रेखा पर परिधि	40030 किमी. (24874 मील)
9.	ध्रुवों पर परिधि	40008 किमी. (24860 मील)
10.	भूमध्य रेखा पर व्यास	12756 मिमी. (7926 मील)

11.	ध्रुवों पर व्यास	12714 किमी. (7898 मील)
12.	माध्य व्यास	6371 किमी. (3959 मील)
13.	कक्षीय गति	पृथ्वी 108,000 किमी. प्रति घंटा (70 मील हजार मील प्रति घंटा) पर परिक्रमा करती है।
14.	सूर्य की कक्षा	पृथ्वी 365 दिन, 5 घंटे, 48 मिनट और 46 सेकंड में सूर्य की परिक्रमा करती है।

Source: *worldatlas.com*

तालिका 6.2: पृथ्वी और चन्द्रमा की सरंचना

धातु	पृथ्वी	चाँद
लोहा	34.6	9.3
ऑक्सीजन	29.5	42.0
सिलिकॉन	15.2	19.6
मैग्नीशियम	12.7	18.7
कार्बन	1.1	4.3
एल्यूमिनियम	1.1	4.2
निकल	2.4	0.6
सोडियम	0.6	0.07
गंधक	1.9	0.3

Source: *worldatlas.com*

तालिका 6.3: महासागर: क्षेत्रफल, अधिकतम और औसत गहराई

क्र.सं.	महासागर	क्षेत्रफल (वर्ग किमी. में)	अधिकतम गहराई (मीटर में)	औसत गहराई (मीटर में)
1.	प्रशान्त महासागर	155,557,000	11022	4280
2.	अटलान्टिक महासागर	106,460,000	8605	3.664
3.	हिन्द महासागर	70,560,000	7258	3.890
4.	दक्षिणी महासागर*	20,327,000	7235	–
5.	आर्कटिक महासागर	14,056,000	4665	1,038

Source: *worldatlas.com*

* दक्षिणी महासागर को कभी-कभी अंटार्कटिका महासागर कहा जाता है। जिसको मान्यता वर्ष 2000 की अन्तर्राष्ट्रीय हाइड्रोग्राफिक संगठन द्वारा दी गई थी। यह अब चौथा सबसे बड़ा महासागर है।

तालिका 6.4: विश्व भूक्षेत्रफल और जनसंख्या-महाद्वीपों के अनुसार, 2020

क्र. सं.	महाद्वीप	क्षेत्रफल (वर्ग मील में)	क्षेत्रफल (मिलियन वर्ग किमी. में)	भूक्षेत्रफल क्षेत्र (प्रतिशत में)	जनसंख्या (हजार में)	विश्व की आबादी (प्रतिशत में)	जीडीपी यूएस बिलियन डॉलर में	कुल का प्रतिशत	प्रति व्यक्ति जीडीपी यूएस डॉलर में
1.	एशिया	17,212,200	44.6	29.4	4 641 055	59.54	36,764	38.7	8,034
2.	अफ्रीका	11,730,000	30.4	20.2	1 340 598	17.20	2,687	2.8	2,009
3.	उत्तरी अमेरिका	9,540,000	24.7	16.2	368 870	4.73	26,803	28.2	46,160
4.	दक्षिण अमेरिका	6,890,000	17.8	11.9	653 962	8.39	3,244	3.4	7,524
5.	अंटार्कटिका	5,400,000	14.2	9.3	–	0.00	–	–	–
6.	यूरोप	3,930,000	10.2	7.0	747 636	9.59	23,499	24.8	31,589
7.	ऑस्ट्रेलिया और ओशेनिया	2,969,907	8.5	6.0	42 678	0.55	1,893	2.0	44,741
	विश्व			100.0			94,935	100.0	12,284

Source: *https://www.worldatlas.com, UN Population Division*

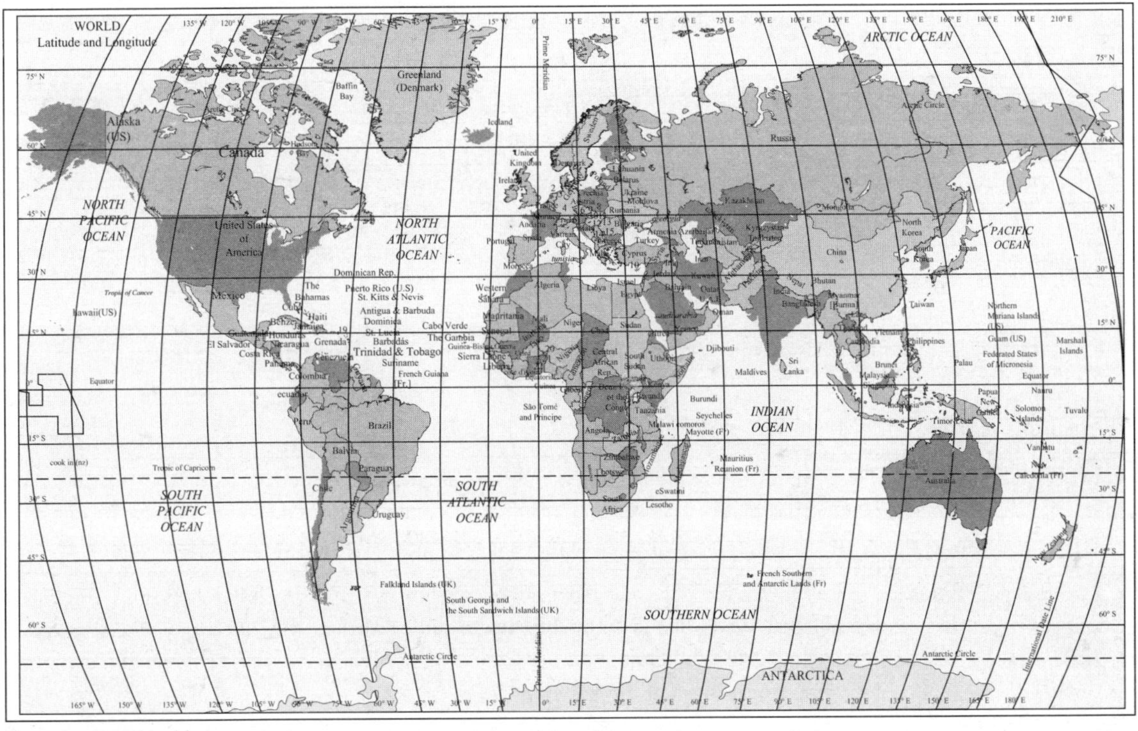

Source: *mapsofworld.com*

Fig. 6.1 World map

1. अफ्रीका (Africa)

मुख्यत: उष्णकटिबंध में अवस्थित अफ्रीका विश्व का दूसरा सबसे बड़ा महाद्वीप है। महान खोजक डेविड-लिविंग स्टोन तथा एच. एम. स्टेनले ने अफ्रीका के मध्य भाग की खोज की थी, उन्होंने ही अफ्रीका को अन्ध महाद्वीप (Dark Continent) की संज्ञा दी थी। अफ्रीका में 54 देश हैं, जिनकी संख्या सभी महाद्वीपों में सर्वाधिक है। अफ्रीका में बहुत-सी प्रजातियाँ, नृजातियाँ तथा जनजातियाँ रहती हैं। यह एक बहु-सांस्कृतिक महाद्वीप है।

तालिका 6.5: अफ्रीका की स्थलाकृतिक तथा जलवायुविक अतिरेक

क्र.सं.	विशेष	तथ्य
1.	महाद्वीप का आकार	30221532 वर्ग किमी., 11668,599 वर्ग मील
2.	पृथ्वी की भूमि का प्रतिशत	20.2 प्रतिशत
3.	उच्चतम बिन्दु	किलमंजारो पर्वत, तनजानियाँ, 19341 फीट (5895 मीटर) (सी मैप)
4.	निम्नतम बिंदु	अस्सालझील, जिबूती -512 फीट, (-156 मीटर सी मैप)
5.	भौगोलिक केन्द्र	अफ्रीका का भौगोलिक केन्द्र लोबेक नेशनल पार्क में दक्षिण पूर्व केमरुन में 2°37' उ.16°06' पूर्व में है
6.	क्षैतिज चौड़ाई	4355 मील (70009 किमी) डकार सेनेमल पूर्व से मोगदिसु, सोमालिया
7.	लम्बवत् लम्बाई	4504 मील (7248 किमी) केवल उन द. अफ्रीका के उत्तर से ट्रिपोली लीबिया
8.	सबसे लम्बी शृंखला	एटलस माउंटेन 2410 किमी. (1500 मील)
9.	उच्चतम अंकित तापमान	58°C अल अजीजिआ-लीबिया *(चित्र 6.1)*
10.	निम्नतम अंकित तापमान	24°C इफ्रान-मोरक्को *(चित्र 6.1)*
11.	सबसे बड़ा द्वीप	मेडागास्कटर -587041 वर्ग किमी. (26828 वर्ग मील)
12.	सबसे बड़ी झील	टॉगानिका झील 32900 वर्ग किमी. (12700 वर्ग मील)
13.	दूसरी सबसे बड़ी झील	विक्टोरिया झील -69484 वर्ग किमी. (26828 वर्ग किमी.)
14.	सबसे लम्बी नदी	नील -6650 किमी. (4132 मील)
15.	दूसरी बड़ी नदी	काँगों नदी 4700 किमी. (2900 मील)
16.	समुद्री रेखा	30539 किमी.
17.	दक्षिणतम बिन्दु	अगुल्हास

Source: *World Geography by Majid Husain worldatlas.com*

* नोट: लम्बाई और चौड़ाई बिन्दु टू बिन्दु, सीधी लाइन की माप है अन्य मैप प्रोजेक्शन के प्रयोग में कुछ अन्तर होगा।

तालिका 6.6: अफ्रीका की भौतिक विशेषताएँ

1. ऐटलस पर्वत	यह पर्वत तंत्र द.प. मोरक्को से भूमध्यसागर की तट सीमा के सहारे ट्यूनिशिया के पूर्वी किनारे तक जाता है। इसमें तमाम छोटी शृंखलाएं सम्मिलित हैं जिनके नाम हैं-उच्च ऐटलस, मध्य ऐटलस और मेरी टाइम ऐटलस। सबसे ऊँची चोटी माउंट तुबकल (13671 फीट)(4167 मी) पश्चिमी मावको में है।
2. कॉंगो नदी बेसिन	मध्य अफ्रीका का कॉंगो नदी बेसिन इसकी उपजाऊ घाटी लगभग 1,400,000 वर्ग किमी. मील (3,600,000 वर्ग किमी.) है और इसमें विश्व के अधिकांश 20% वर्षा जंगल है। कॉंगो नदी अफ्रीका की दूसरी सबसे बड़ी नदी है। इसका नेटवर्क, सहायक नदियों और धाराएं लोगों को और शहरों को आन्तरिक रूप से जोड़ने में सहायता करती है।
3. इथियोपियन उच्च भूमि	इथियोपियन उच्च भूमि इथियोपिया इरीड़िया और उत्तरी अफ्रीका में सोनालिया में पर्वतों का एक ऊबड़ खाबड़ समूह है। इथियोपियन उच्च भूमि पूरे महाद्वीप में ऊँचाई का सबसे बड़ा क्षेत्र बनाते हैं। इसकी सतह

	पर छोटा-सा हिल भाग 1500 मीटर (4921 फीट) से नीचा है जबकि शिखर 1550 मीटर (14928 फीट) ऊँचा है। कभी-कभी इसे ऊँचाई और बड़े क्षेत्र के लिए अफ्रीका की छत के रूप में जाना जाता है।
4. महान दरार घाटी	पृथ्वी की सतह पर एक नाटकीय अवसाद, लगभग 4000 मील (6400 किमी.) लम्बाई में मध्य पूर्व में जॉर्डन के निकट लालसागर क्षेत्र से दक्षिण में अफ्रीकी देश मोजम्बिक तक फैला हुआ है। संक्षेप में यह सदियों पहले हुए विशाल ज्वालामुखीय विस्फोटों के कारण भूगर्भीय दरारों की एक श्रृंखला है जो परिणामस्वरूप पैदा हुई जिसे हम अब इथियोपियाई उच्च भूमि कहते हैं और इसकी सम्पूर्ण लम्बाई में अभिलम्ब भृगु, पर्वत कटकों, ऊबड़-खाबड़ घाटियां और बहुत गहरी झीलें हैं। अफ्रीका की कई सबसे ऊँची पर्वतीय भाग, दरार घाटी, जिसमें किलमंजारो पर्वत, केन्या पर्वत और भार्गेरिया शामिल है।
5. हॉगर पर्वत (अहागर)	हॉगर पर्वत जिसे अहागर के नाम से भी जाना जाता है कर्क रेखा के सहारे दक्षिणी अल्जीरिया में या मध्य सहारा में एक उच्च भूमि क्षेत्र है वे अल्जीरिया की राजधानी से लगभग 1500 किमी. (900 मील) दक्षिण में और तमांगस सेट के ठीक पश्चिम में स्थित हैं। यह क्षेत्र समुद्र तल से 900 मीटर (2953 फीट) से अधिक की औसत ऊँचाई वाला विशाल चट्टानी मरुस्थल है। सबसे ऊँची चोटी 3003 मीटर (पर्वत ताहट) है।
6. कालाहारी मरुस्थल	यह आकार में लगभग 600,000 वर्ग मील (259000) वर्ग किमी. में है और यह बोत्सवाना के अधिकांश भाग, दक्षिण अफ्रीका के दक्षिण पश्चिमी क्षेत्र और नामीबिया के पूरे पश्चिमी भाग में फैला हुआ है। मरुस्थलीय पठार को सूखी नदी तलहटियों और घनी झाड़ियों ने उबड़ खाबड़ कर दिया है। यहाँ कुछ ही पर्वत श्रेणियाँ स्थित हैं जिनमें करस और हूण शामिल हैं। नामीबिया की सीमा के पास दक्षिण अफ्रीका में स्थिति कालाहारी जेम्सबोक नेशनल पार्क में वन्य जीवों के बड़े झुंड पाए जाते हैं।
7. नामिब मरुस्थल	नामिब दक्षिण अफ्रीका मे एक तटीय मरुस्थल है जो अंगोला नामीबिया और दक्षिण अफ्रीका के अटलांटिक तटों के साथ दक्षिण की ओर अंगोला में कारुजम्बा नदी से नामीबिया और दक्षिण अफ्रीकी पश्चिमी केप में ओलिफेट्स नदी तक 2000 किमी. (1200 मील) से अधिक में फैला है। अटलांटिक तट के पूर्व की ओर नामिक की ऊँचाई धीरे-धीरे बढ़ती जाती है जो 200 किमी. (120 मील) अन्तस्थल से बड़े कगार के पैट तरु पहुँचती है। वार्षिक वर्षा की मात्रा अधिक शुष्क क्षेत्रों में 2 किमी. (0.079 इंच) से लेकर कगार तक 200 मिमी (7.9 इंच) तक होती है जिससे नामिब दक्षिण अफ्रीका में एकमात्र सही मरुस्थल है। नामिब दक्षिण अफ्रीका का एक मात्र सबसे पुराना मरुस्थल भी है और इसके भूगर्भ में तट के सहारे बालू के समुद्र है। जबकि बजरी के मैदान और बिखरे हुए पर्वत आगे अन्तस्थल में दृश्यांश पड़ते हैं। मरुस्थल के बालू के टीले, जिनमें कुछ 300 मील (980 फीट) ऊँचे और इनका फैलाव 32 किमी. (20 मील) लम्बा है, में ये विश्व के दूसरे बड़े चीन के बदन जारन मरुस्थल टीले के बाद हैं।
8. नील नदी तंत्र	यह विश्व की सबसे लम्बी नदी है जो उ.पू. अफ्रीका की उच्च भूमि से निकलती है और 4160 मील (6693 किमी.) बहते हुए भूमध्य सागर में गिरती है। एक साधारण भाषा में यह बाँधों, तेज धाराओं, सहायक नदियों, झरनों की श्रृंखला है। इस सम्पूर्ण तंत्र में कई नदियाँ शामिल हैं जिसमें एलबर्ट नील, नीली नील, विक्टोरिया नील है।
9. सहेल	उ.म. अफ्रीका में पूरी तरह फैली हुई चौड़ी भूमि है जो सहारा मरुस्थल के ठीक दक्षिणी किनारे पर है। यह सीमा क्षेत्र उत्तर के शुष्क क्षेत्रों और दक्षिण के उष्णकटिबंधीय क्षेत्रों के बीच संक्रमित क्षेत्र है यहाँ एक वर्ष में बहुत ही कम (6.8 इंच) वर्षा होती है और यहाँ की अधिकतम वनस्पतियों में बवाना विरल घास का विकास और झाड़ियाँ हैं।
10. सहारा मरुस्थल	सहारा विश्व का सबसे बड़ा मरुस्थल है जो अफ्रीका महाद्वीप के एक तिहाई भाग को ढके हुए हैं। यह आकार में लगभग 3,500,000 वर्ग मील (9065000 वर्ग किमी.) है। स्थालाकृति में पथरीले छितरे मैदान, लहरदार बालू के टीले और असंख्य बालू के सागरों के क्षेत्र शामिल है। क्षेत्रीय मरुस्थलों में लीबियम, नुवियन और मिस्र का पश्चिमी मरुस्थल शामिल हैं। यह क्षेत्र पूर्ण रूप से वर्षा रहित है कुछ धरती के नीचे बहती हैं जो ऐटलस पद्धति से निकलती है जो एकाकी में उद्यानों की सिंचाई में सहायता करती है। पूर्व में नील का पानी छोटे भू-भाग को उपजाऊ बनाने में सहायता करता है।

Source: *World Geography by Majid Husain*

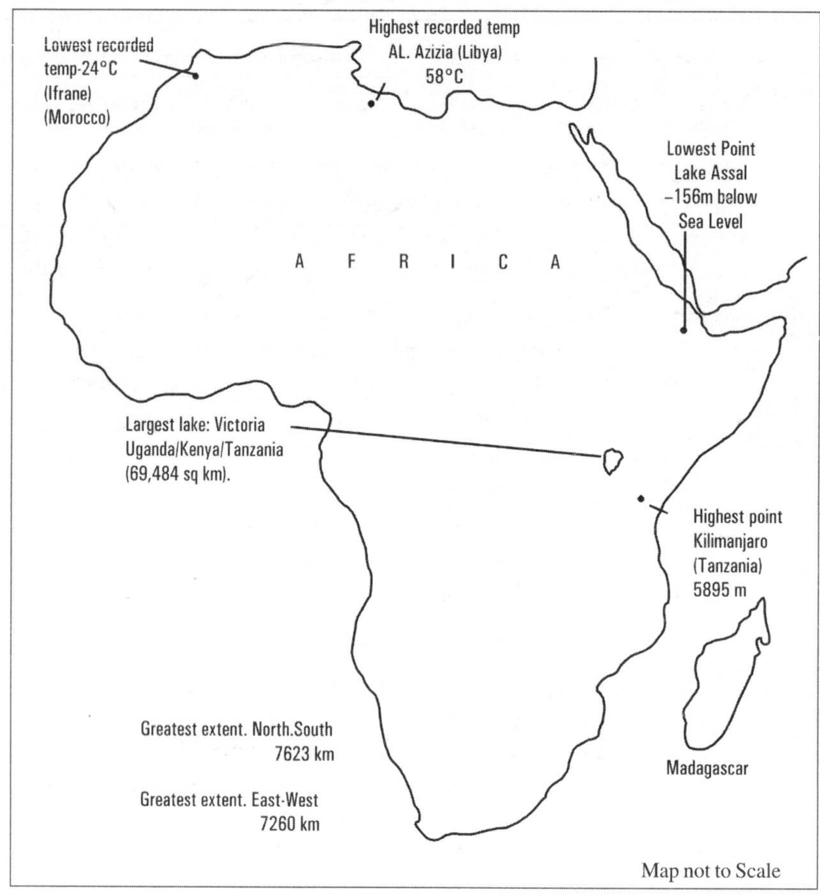

Fig. 6.1(A) Africa

तालिका 6.7: सबसे बड़े अफ्रीकी देश (क्षेत्रफल के अनुसार)

रैंक	देश	क्षेत्रफल (वर्ग मील में)
1.	अल्जीरिया	919,595
2.	कॉंगो लोकतांत्रिक गणराज्य	905,355
3.	सूडान	728,285
4.	लीबिया	700,000
5.	चाड	496,000
6.	नाइजर	489,200
7.	अंगोला	481,321
8.	माली	478,800
9.	द. अफ्रीका	470,900
10.	इथियोपिया	426,400

Source: *worldatlas.com, November 2018*

तालिका 6.8: अफ्रीका की जनांकिकीय विशेषताएं, 2021

क्र.सं.	विवरण	तथ्य
1.	जनसंख्या	1,373,486,524
2.	जनसंख्या के हिसाब से सबसे बड़ा देश	नाइजीरिया
3.	सबसे घनी आबादी वाला देश	मायोट (765.40/वर्ग किमी.)
4.	सबसे से कम घनी आबादी वाला देश	नामीबिया (8.26 व्यक्ति/ वर्ग किमी)
5.	लिंग अनुपात	प्रति 1,000 महिलाओं पर 1,000 पुरुष
6.	माध्यिका आयु	19.7
7.	शिशु मृत्यु दर	41.6
8.	शहरी आबादी	43.8%
9.	जनसंख्या घनत्व	45 व्यक्ति प्रति वर्ग किमी.

Source: *https://www.worldatlas.com, UN Population Division*

तालिका 6.9: अफ्रीका के खनिज

क्र.सं.	देश	खनिज
1.	बोत्सवाना	हीरा (35%), ताँबा, कोयला, सोडा राख और निकिल।
2.	डेमोक्रेटिक रीपब्लिक ऑफ द कॉंगो	हीरा (34%), ताँबा, हीरा (13%), कोबाल्ट, तेल, कोल्टम, सोना, टिन
3.	दक्षिण अफ्रीका	हीरा, सोना, एल्युमिनियम, ताँबा, प्लेटीनम, कोयला
4.	तंजानिया	सोना, तन्जानाइट, हीरा और चाँदी
5.	नामीबिया	यूरेनिया (46%), हीरा, जिंक, सीसा, सल्फर, नमक, टेन्टालाइट और ताँबा
6.	मोजाम्बिक	एल्युमिनियम (32%)
7.	जम्बिया	ताँबा (65% -77%), एमराल और कोबाल्ट
8.	गिनी	बॉक्साइट (75%)
9.	नाइजर	यूरेनियम (44%), कोयला, सीमेन्ट और सोना।
10.	घाना	सोना (15%), बॉक्साइट, हीरा, मैग्नीज, कच्चा तेल
11.	नाइजीरिया	तेल और गैस

***Source:** Legit, 2018*

तालिका 6.10: कृषि: मुख्य उत्पादक

फसल	अधिकतम उत्पादन करने वाला देश
कॉफ़ी (क़हवा)	लाइबेरिया
कोकोआ (Cocoa)	घाना
नारियल	तंजानिया
कपास	मिस्र
लौंग (Clove)	ज़ांज़ीबार
खजूर	नाइजीरिया
फल तथा सब्जियाँ	द. अफ्रीका
मक्का	द. अफ्रीका
तेल-ताड़ (Oil & Palm)	नाइजीरिया
रबड़	लाइबेरिया
सीसल (Sisal)	तंजानिया
चाय	केन्या
गेहूँ	द. अफ्रीका
ऊन	द. अफ्रीका

ओकोसोम्बो बाँध - वाल्टा नदी पर बनाया गया, घाना में स्थित अफ्रीका के बड़े बांधों में से एक।

लोंग-पियाल (Clove-Bowl of the World): ज़ांज़ीबार तथा पैम्बा।

अफ्रीका के वे देश जो यूरोपीय साम्राज्यवाद के अधीन नहीं रहे : इथोपिया तथा लाइबेरिया।

नाइजर नदी का सबसे बड़ा बाँध: कैंजी बाँध।

अफ़्रीका का सबसे बड़ा जल-प्रपात: विक्टोरिया।

सीसल का सबसे अधिक उत्पादन करने वाला देश: तंज़ानिया।

द. अफ़्रीका में डच मूल के किसानों को बोयर (Boer) कहते हैं।

अफ्रीका महाद्वीप में जनसंख्या में सबसे बड़े नगर : लागोस (21 मिलियन), काहिरा (20.4 मिलियन)।

तालिका 6.11: अफ्रीकी देश व नगर के पुराने तथा नये नाम

नगर/देश का पुराना नाम	नये नाम
1. एलिजेबिथवली (Lumbashasi)	लुम्बाशासी
2. गोल्ड-कोस्ट	घाना
3. कटांगा	शाबा
4. लियोपोल्डविले	किंशासा
5. उत्तरी रोडेशिया	जाम्बिया
6. न्यासालैंड	मलावी
7. स्टेनलेविले	किसांगनी
8. दक्षिण रोडेशिया	जिम्बाब्वे
9. दक्षिण-पूर्वी अफ्रीका	नामीबिया
10. जायरे	लो.ग. कांगो

2. अंटार्कटिका (Antarctica)

केवल अंटार्कटिका ही ऐसा महाद्वीप है जो पूर्ण रूप से दक्षिणी गोलार्द्ध में है। अंटार्कटिका का अर्थ है- आर्किटिक के विपरीत। क्षेत्रफल में विश्व का पाँचवाँ सबसे बड़ा, तथा इसकी औसत ऊँचाई सब महाद्वीपों में सबसे ऊँची है। इस महाद्वीप पर लगभग दो किलोमीटर मोटी बर्फ की परत जमी हुई है।

बर्फ की मोटाई किसी-किसी स्थान पर चार किलोमीटर से भी अधिक है। इस महाद्वीप में तटीय मैदान नहीं है क्योंकि तटों तक बर्फ जमी हुई है। अंटार्कटिका में बहुत से सक्रिय ज्वालामुखी भी हैं।

विश्व की अधिकतर बर्फ इसी महाद्वीप पर है। इस महाद्वीप में ताँबा, सोना, निकिल, प्लेटिनम तथा पेट्रोलियम के बड़े भंडार हैं।

भू-आकृतिक तथा जलवायविक अतिरेक (Topographic and Climatic Extremes)

तालिका 6.12: अंटार्कटिका में स्थलाकृतिक तथा जलवायविक अतिरेक

क्र.सं.	विशेष	तथ्य
1.	महाद्वीप का आकर	14.2 मिलियन वर्ग किमी.
2.	पृथ्वी के भूभाग का प्रतिशत	9.3%
3.	उच्चतम चोटी	माउण्ट विन्सन, 4900 मी. ऊपर समुद्र तल से
4.	निम्नतम बिंदु	डेनमन ग्लेशियर 11500 फीट नीचे समुद्र तल से
5.	वर्षा	मध्य अन्टाकर्टिका में वर्षा 50 मिमी. प्रति वर्ष से कम तटीय क्षेत्रों में वर्षा लगभग 600 मिमी. प्रति वर्ष द्वीपों के तट से दूर वार्षिक वर्षा का औसत दर 1000 मिमी. तक है।
6.	सबसे बड़ा व्यास	5500 किमी.
7.	औसत ऊँचाई	2.3 किमी.
8.	सबसे लम्बी श्रृंखला	ट्रॉस अंटार्कटिक पर्वत (3500 किमी.)
9.	उच्चतम अंकित तापमान	14.6° से (58.3°F) वन्दा स्टेशन पर (न्यूजीलैण्ड द्वारा प्रशासित स्टेशन) 5 जून 1974

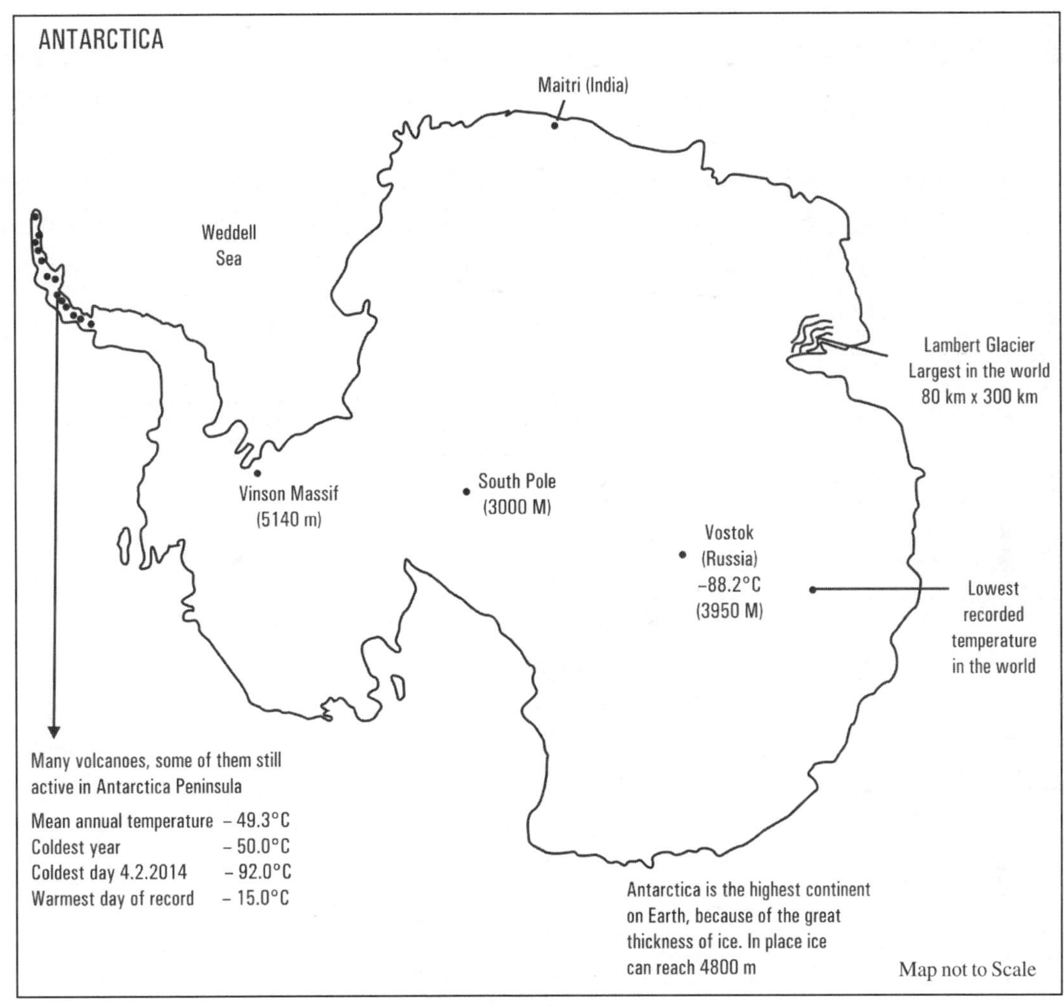

Fig. 6.2 Antarctica

10.	निम्नतम अंकित तापमान	-93.2°C (-135.8°F) अन्टार्कटिका के अंदर अगस्त 2010 में -89°C वोस्टोक में (रसियन भाग) 21 जुलाई 1982
11.	सबसे बड़ी बर्फ शेल्स	अमेरी शेल्फ, रोनेशेल्फ और रॉस शेल्फ
12.	सम्पूर्ण तट रेखा	24000 किमी. (बर्फ शेल्स सहित)
13.	बर्फ की चादर की अधिकतम मोटाई	500 मी.
14.	बर्फ की चादर की औसत मोटाई	1300 मी. पश्चिम में और 2700 मी. पूर्व में
15.	हवा की गति	मध्य क्षेत्रों में मध्यम (10 से 20 किमी./घंटा) तटों पर मजबूत (30 से 70 किमी./घंटा) डूमॉन्ट डी 'मूरविल स्टेशन पर रिकार्ड स्पीड समावत 320 किमी./घंटा नापी गई है
16.	वार्षिक वर्षा	2.5 सेमी. से कम
17.	सबसे बड़ा ग्लेशियर	लेम्बर्ट ग्लेशियर 50 मील (85 किमी.) चौड़ा 250 मील (400 मिमी.) से अधिक लम्बा और लगभग 2500 मी. गहरा

Source: *World Geography by Majid Husain*
Worldatlas.com

भूविज्ञान (Geology)

अंटार्कटिका में दो भू-वैज्ञानिक प्रभाव क्षेत्र हैं:

- सबसे पुराना पूर्व में है और यह नाभिकीय चट्टानों के रूप में महाद्वीपीय अवशेषों से बना है जिन्हें कोटोन्स कहा जाता है, जो महाद्वीपीय बहाव से प्रेरित टकराव और अंशछादन के दौरान निर्मित बेल्टों से घिरा हुआ है। अपरदन ने यहाँ की आकृतियों के उच्च भागों को समतल से नीचा कर दिया है। अब वे सब सबसे गहरी तह वाले क्षेत्र हैं और वे सबसे प्राचीन शृंखलाओं की जड़े हैं।
- पश्चिमी भाग जिसे कई बार फिर से तैयार किया गया है (संलयन द्वारा फिर मेग्माटिका) इसलिए यह छोटा है। आज दो पर्वत शृंखला यहाँ की भू-आकृति को नियंत्रित करती है।

तालिका 6.13: अंटार्कटिका का भूविज्ञान

1. पश्चिमी अंटार्कटिक कॉर्डीलेरा	यह ज्वालामुखी और भूकम्प प्रधान क्षेत्र है। जिसकी उत्पत्ति की तुलना, जो एन्डीज में देखा गया, के साथ की जाती है।
2. ट्रांस अंटार्कटिक पर्वत	यह महाद्वीप में 3000 किमी. से अधिक की दरार (लिथोस्फीयर के कारण उत्पन्न हुआ है और ज्वालामुखियों के फाड़ से) द्वारा छिद्रित है। इनमें सबसे प्रसिद्ध, माउंट एरेबस है, यह अभी भी सक्रिय है और लगातार क्लोरीन निकाल रहा है।

Source: *National geographic channel*

तालिका 6.14: अंटार्कटिका के प्राकृतिक संसाधन

सही तरह से यह जानना मुश्किल है कि अंटार्कटिका में कौन से खनिज पदार्थ हैं क्योंकि वे चट्टानों के अन्दर दफन हैं जो कि एक बर्फ की मोटी चादर से ढकी हुई है। यह सोचा जाता है कि यहाँ बहुत मात्रा में बहुमूल्य खनिज बर्फ के अन्दर जमा हैं। यह इसलिए है क्योंकि यहाँ के एक छोटे से क्षेत्र की चट्टानों से जो नमूना मिला है वह दिखाता है कि दक्षिण अफ्रीका और दक्षिण अमेरिका में भी जो कुछ पाया गया है वह लाखों वर्षो पहले यह उसी चट्टान संस्तर के भाग थे जो कभी अंटार्कटिका था।		
1.	खनिज	लौह अयस्क, क्रोमियम, सोना, निकिल, प्लेटिनम और अन्य खनिज और कोयला और हाइड्रोकार्बन्स व्यापारिक मात्रा में पाए गए है। वैज्ञानिक अनुसंधान को छोड़कर खनिजों के शोषण को अंटार्कटिका संधि में पर्यावरण प्रोटोकाल द्वारा प्रतिबंधित किया गया है।
2.	वनस्पति एवं जीव-जन्तु	क्रिल, नर्फ मछली, टुथ मछली और केकड़ा वाणिज्यिक मत्स द्वारा लिया गया है। जिसका प्रबन्धन कमीशन फॉर द कन्जरवेशन ऑफ अंटार्कटिका लिविंग मैराइन रिसोर्सेज द्वारा किया जाता है।

3. एशिया (Asia)

क्षेत्रफल में एशिया विश्व का सबसे बड़ा महाद्वीप है। विश्व की 60 प्रतिशत से अधिक जनसंख्या एशिया में रहती है। विश्व धरातल का लगभग 30 प्रतिशत क्षेत्रफल एशिया में फैला हुआ है।

यूराल पर्वत, यूराल नदी, कैस्पियन सागर, कॉकेसस पर्वत, तथा काला सागर, एशिया को यूरोप से अलग करता है जबकि लाल सागर तथा सुवेज नगर एशिया को अफ्रीका से अलग करता है। पूर्व में बैरिंग जल विभाजक एशिया को उत्तरी अमेरिका से अलग करता है।

तालिका 6.15: एशिया की स्थलाकृतिक तथा जलवायविक अतिरेक

क्र.सं.	विशेष	तथ्य
1.	महाद्वीप का आकार	49.7 मिलियन वर्ग किमी.
2.	पृथ्वी की भूमि का प्रतिशत	29.4%
3.	उच्चतम बिन्दु	माउंट ऐवरेस्ट (8848 मी. (**चित्र 6.3**))
4.	निम्नतम बिन्दु	392 मी. मृत सागर, इजरायल
5.	भौगोलिक केन्द्र	चीन में स्थिति अनुमानत 43°40' उत्तर 87°19' पूर्व पर
6.	क्षैतिज चौड़ाई	अंकार, तुर्की से पूर्व में टोक्यो, जापान तक 5515 मील (8876 किमी.)
7.	लम्बवत लम्बाई	वोरकुला (रूस) से दक्षिण में जकार्ता इंडोनेशिया तक
8.	सबसे लम्बी शृंखला	हिमालय 240 किमी.
9.	उच्चतम अंकित तापमान	54ºC तिरट तवी (इजरायल)
10.	निम्नतम अंकित तापमान	68ºC वर्श्वोयान्स्क (**चित्र 6.3**)
11.	सबसे द्वीप	बोर्नियो (743, 330 वर्ग किमी.)
12.	सबसे बड़ी झील	कैस्पियन सागर 371000 वर्ग किमी. (**चित्र 6.3**)
13.	सबसे गहरी झील	बैकाल 1620 मी., 31,499 वर्ग किमी.
14.	सबसे लम्बी नदी	चांग जियांग (यांगम लिन्यांग) 6300 किमी.
15.	दूसरी सबसे बड़ी नदी	यनीसी नदी (5540 किमी.)
16.	सबसे आड स्थल	मासिनराम-1080 सेमी वर्षा एक वर्ष में मेघालय (भारत)
17.	एशिया की मुख्य भूमि उत्तरतम बिन्दु	केप चेल्युस्किन 77°44'0" उत्तर 104°15'0" पूर्व उत्तरी ध्रुव से 1370 किमी.
18.	दक्षिणतम बिन्दु	पमाना द्वीप, 11°00'36" दक्षिण 122°52'37" पूर्व
19.	पश्चिमतम बिन्दु	केप बाबा 39°28'47" उत्तर 26°03'50" पूर्व एनालोलियन, तुर्की
20.	सबसे बड़ा डेल्टा	सुदरंवन डेल्टा (भारत और बांग्लादेश में)
21.	पूर्वतम बिन्दु	बिग डाओमेडे 65°46'52" उत्तर 169°03'2" पश्चिम डाओगेडे द्वीप (रूस)
22.	उच्चतम पठार	तिब्बत (विश्व में सबसे ऊँचा बहुधा इसे विश्व की छत कहा जाता है।

Source: *World Geography by Majid Husain*
Worldatlas.com

भौतिक विशेषताएं

एशिया की महत्वूपर्ण भू-आकृति विशेषताओं में विश्व का सबसे ऊँचा पर्वत, विश्व का सबसे निम्नतम बिन्दु, दुनिया की सबसे गहरी झील विश्व की सबसे लम्बी तट रेखा और कुछ सबसे महत्वपूर्ण नदियाँ शामिल हैं।

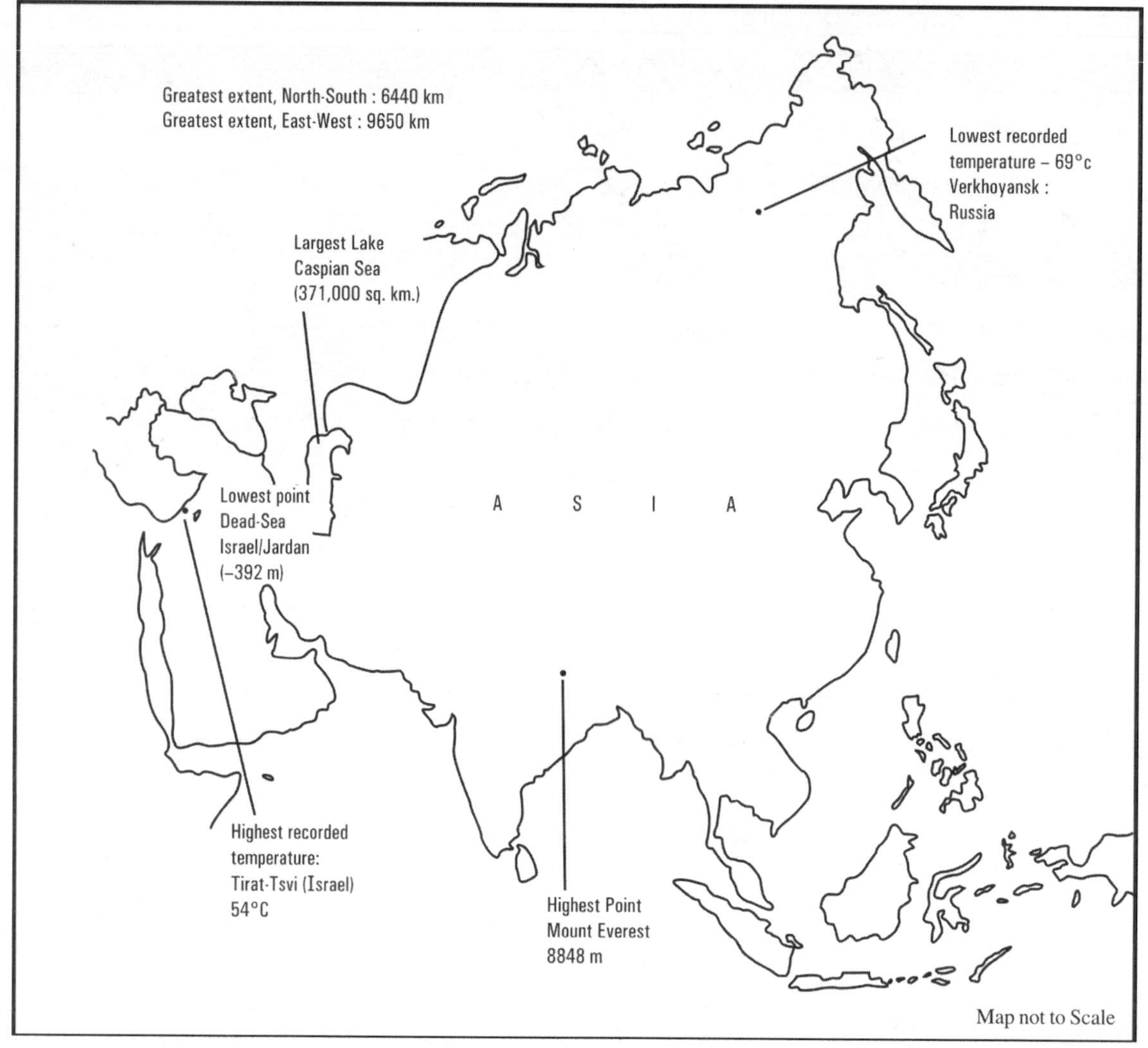

Fig. 6.3 Asia

तालिका 6.16: भौतिक विशेषताएं

1. मरुस्थल	अरब मरुस्थल (900000 वर्ग मील) सबसे बड़ा मरुस्थल गोबी मरुस्थल (500000 वर्ग मील) दूसरा सबसे बड़ा काराकुम मरुस्थल (135000 वर्ग मील)
2. पर्वत शृंखलाएं	**हिमालय** (विश्व की सबसे ऊँची पर्वत शृंखला, विश्व की सबसे ऊँची चोटियाँ जिनमें माउंट ऐवरेस्ट 8848 मीटर (29029 फीट) और K 2 8611 मीटर (28251 फीट) समुद्र तल से ऊँची हैं। यूराल (इस पर्वत शृंखला का सबसे ऊँचा बिन्दु 1895 मीटर (6.217 फीट) ऊँचा है। **तिआशान** सबसे ऊँची चोटी विक्ट्री पीक है जो 7439 मीटर (24406 फीट) ऊँची है।

	कुनलुन (सबसे ऊँची पर्वत कुनलुन गोडेस है जो 7167 मीटर (23514 फीट) है। **जारोस** (सबसे ऊँचा बिन्दु जाई कुछ बाखतिआरी जो 4548 मीटर (14921 फीट) ऊँचा है। **पूर्वी और पश्चिमी घाट** (सबसे ऊँचा बिन्दु जिंघागदा चोटी है जो 1690 मीटर (55450 फीट) ऊँची है। **अल्टाई** (बेलुरवा पर्वत सबसे ऊँची चोटी है जो 4506 मीटर (14787 फीट) ऊँची है।
3. नदियाँ	**गंगा** 1560 मील (2510 किमी.) **लीना** 2734 मील (4400 किमी.) **सिन्धु** 1800 मील (2900 किमी.) **मीकांग** 3050 मील (4909 किमी.) **ओब** 2268 मील (3650 किमी.) **यांगटज** 915 मील (6301 किमी.) **पीली** 3395 मील (5464 किमी.)
4. झीलें	**कैस्पियन सागर** (371,000 वर्ग किमी. **बैकाल** (31,500 वर्ग किमी.) **बाल्खश** (16400 वर्ग किमी.) **ताइमर** (6990 वर्ग किमी.) **इसिक** कुल (6200 वर्ग किमी.) **उरमियां** (6001 वर्ग किमी.) **सारिगामिश** (5000 वर्ग किमी.) **किंग्घाई** (4489 वर्ग किमी.) **खानका** (4190 वर्ग किमी.)
5. पठार	तिब्बत/किंगजांग पठार (0.97 मिलियन वर्ग मील) अर्मेनियन पठार (0.154 वर्ग मील) ईरानियन/पार्सियन पठार (14 मिलियन वर्ग मील) दक्षिण पठार (735,000 वर्ग मील)
6. द्वीप समूह	**बोर्नियो** इंडोनेशिया मलेशिया बुनेई (28000 वर्ग मील) **सुमात्रा** इंडोनेशिया (16400 वर्ग मील) **होन्शू** जापान (87805 वर्ग मील) **सेलेबेस** इंडोनेशिया (67400 वर्ग मील) **जावा** इंडोनेशिया (48900 वर्ग मील) **लुजोन** फिलीपीन्स (40419 वर्ग मील) **सखालीन** रूस (29500 वर्ग मील) **श्रीलंका** (25200 वर्ग मील)

Source: *worldatlas.com*

तालिका 6.17: एशिया के 10 सबसे बड़े देश (भू क्षेत्रफल के आधार पर)

अनुक्रम	देश	राजधानी	क्षेत्रफल (वर्ग किमी. में)
1.	रूस	मॉस्को	13,100,000 (171,125,200 यूरोपियन भाग शामिल)
2.	चीन	बीजिंग	9,596,961 (हॉगकॉग, मकाऊ, ताइवान और विवादास्पद क्षेत्र/द्वीप समूह
3.	भारत	नई दिल्ली	3,287,263
4.	कजाकस्तान	अल्गाती	2,455,034 (2,724,902 वर्ग किमी. यूरो के भाग सहित)
5.	सऊदी अरब	रियाद	2,149,690
6.	ईरान	तेहरान	1,648,195
7.	मंगोलिया	उलानबातर	1,564,110
8.	इंडोनेशिया	जकार्ता	14,72,639 (1904)
9.	पाकिस्तान	इस्लामाबाद	796,095
10.	तुर्की	अंकारा	747,272 (783.562 वर्ग किमी. यूरोपियन भाग)

Source: *worldatlas.com*

तालिका 6.18: एशिया की जनांकिकीय विशेषताएं

क्र.सं.	विवरण	तथ्य
1.	जनसंख्या	4,721,182,693 व्यक्ति
2.	जनसंख्या के हिसाब से सबसे बड़ा देश	पीपुल्स रिपब्लिक ऑफ चाइना (1,453,545,955)
3.	सबसे घनी आबादी वाला देश	हांगकांग (8371.19/वर्ग किमी.)
4.	सबसे से कम घनी आबादी वाला देश	मंगोलिया (2.16/वर्ग किमी.)
5.	लिंग अनुपात	प्रति 1000 पुरुषों पर 955 महिलाएं
6.	माध्यिका आयु	32.0 वर्ष
7.	शिशु मृत्यु दर	21.6 (प्रति 1,000 जीवित जन्मों पर शिशु मृत्यु दर)
8.	शहरी आबादी	50.9%
9.	सबसे बड़ा शहरी क्षेत्र	टोक्यो, जापान
10.	जनसंख्या घनत्व	150 व्यक्ति प्रति वर्ग किमी.

Source: *https://www.worldatlas.com, UN Population Division*

तालिका 6.19: एशिया में खनिज

क्र.सं.	खनिज	देश
1.	कोयला	चीन और रूस (साइबेरिया), भारत, कजाखस्तान, उत्तर कोरिया, दक्षिण कोरिया और जापान
2.	पेट्रोलियम	सऊदी अरब, यूएई, ईरान, कुवैत, ओमान, इराक, रूसी साइबेरिन, चीन, इंडोनेशिया और मलेशिया
3.	प्राकृतिक गैस	साइबेरिया, मध्य एशियन रिपब्लिक, इंडोनेशिया, सऊदी अरब, यूएई और ईरान
4.	लौह अयस्क	चीन, साइबेरिया, भारत, ईरान, कजाखस्तान, उत्तर कोरिया, फिलीपीन्स, ताइवान, श्रीलंका, दक्षिण कोरिया, मलेशिया, थाइलैंड, म्यानमार, पाकिस्तान, वियतनाम, तुर्की और इंडोनेशिया
5.	मैंगनीज अयस्क	भारत, चीन और साइबेरिया
6.	क्रोमाइट	कजाखस्तान, तुर्की, भारत और ईरान

7.	निकिल	इंडोनेशिया, साइबेरिया, चीन, फिलीपीन्स और मध्य एशिया
8.	टिन	चीन, इंडोनेशिया, थाइलैंड, म्यानमार, वियतनाम और मलेशिया
9.	ताँबा	उज्बेकिस्तान, कजाखस्तान, फिलीपीन्स, चीन और इंडोनेशिया
10.	बॉक्साइड	चीन, भारत, साइबेरिया, कजाखस्तान, इंडोनेशिया, तुर्की और मलेशिया
11.	सोना	चीन, साइबेरिया, उज्बेकिस्तान और फिलीपीन्स
12.	ग्रेफाइट	चीन और दक्षिण कोरिया
13.	यूरेनियम	किर्गिस्तान, चीन और भारत
14.	क्रोमियम	तुर्की, फिलीपीन्स, भारत, ईरान, पाकिस्तान और कजाखस्तान

Source: *Britannica Encyclopaedia*

4. ऑस्ट्रेलिया तथा ओशेनिया (Australia and Oceania)

ओसानिया वह क्षेत्र है जहाँ हजारों द्वीप समूह पूरे मध्य और दक्षिण प्रशान्त महासागर में स्थिति है। इसी में ऑस्ट्रेलिया शामिल है जो कुल का क्षेत्रफल के आधार सबसे छोटा महाद्वीप है। अधिकतर ऑस्ट्रेलिया और ओसानिया प्रशान्त महासागर में है। ओशेनिया ऑस्ट्रेलिया देश के प्रभाव क्षेत्र में है। ओशेनिया के अन्य दो भूमध्य छोटा महाद्वीप न्यूजीलैंड है जिसमें न्यूजीलैंड देश शामिल है और न्यू गिनी का आधा पूर्वी भाग पापुआ न्यू गिनी देश से बना है। ओशेनिया में तीन द्वीप क्षेत्र शामिल है मेलानेशिया, माइकोनेशिया और पोलीनेशिया (संयुक्त राज्य का हवाई भी शामिल है) स्थलाकृतिक तथा जलवायविक अतिरेक

तालिका 6.20: ओशेनिया और ऑस्ट्रेलिया की स्थलाकृतिक तथा जलवायु अतिरेक

क्र.सं.	विशेष	तथ्य
1.	महाद्वीप का आकार	8.9 मिलियन वर्ग किमी
2.	पृथ्वी के भू-भाग का प्रतिशत	60%
3.	उच्चतम बिंदु	माउंट विलहीम पापुआ न्यू गिनी 18506 फीट (5642 मी.)
4.	निम्नतम बिंदु	लेक दूरी ऑस्ट्रेलिया (–52 फीट) (–16 मी)
5.	कुल तटरेखा	25760 किमी. (16007 मील)
6.	क्षैतिज चौड़ाई	5889 मील (9478 किमी.) पर्थ ऑस्ट्रेलिया
7.	लम्बवत लम्बाई	पूर्व में पपीते वाहिनी 889 मील (9478 किमी. दूर)
8.	सबसे लम्बी पर्वत शृंखला	ऑकलैंड, न्यूजीलैण्ड से उ.प. गुआम। द ग्रेट डिवाइडिंग रेंज, 3500 किलोमीटर (2175 मील) ऑस्ट्रेलिया
9.	उच्चतम अंकित तापमान	50–7°C एयरपोर्ट (द. ऑस्ट्रेलिया) 2 जनवरी 1960
10.	निम्नतम अंकित तापमान	–23°C चारलोटी पास (न्यू साउथ वेल्स) 29 जून 1994
11.	सबसे बड़ा द्वीप	तस्मानिया (65022 वर्ग किमी.)
12.	सबसे बड़ी झील	लेक आइरे (9500 वर्ग किमी.)
13.	सबसे गहरी झील	सेंट क्लेयर (160 मी गहरी)
14.	सबसे लम्बी नदी	मरे (2508 किमी.)
15.	दूसरी सबसे लम्बी नदी	मुरुम्बिजी नदी 1485 किमी.)
16.	आद्रतम स्थल	बैलेंडेन कर, उत्तर क्वींसलैंड (12462 मिमी.)

17.	दक्षिणतम बिंदु	जक्वीमार्ट द्वीप न्यूजीलैंड (52°37') दक्षिण ओशेनिया
18.	पश्चिमतम बिंदु	डिर्क हर्टोग द्वीप ऑस्ट्रेलिया (112.55" पूर्व) ओशेनिया।
19.	पूर्वतम बिंदु	पूर्वी द्वीप चिली (109°13' पश्चिम) ओशेनिया

Source: *World Geography by Majid Husain*
Worldatlas.com

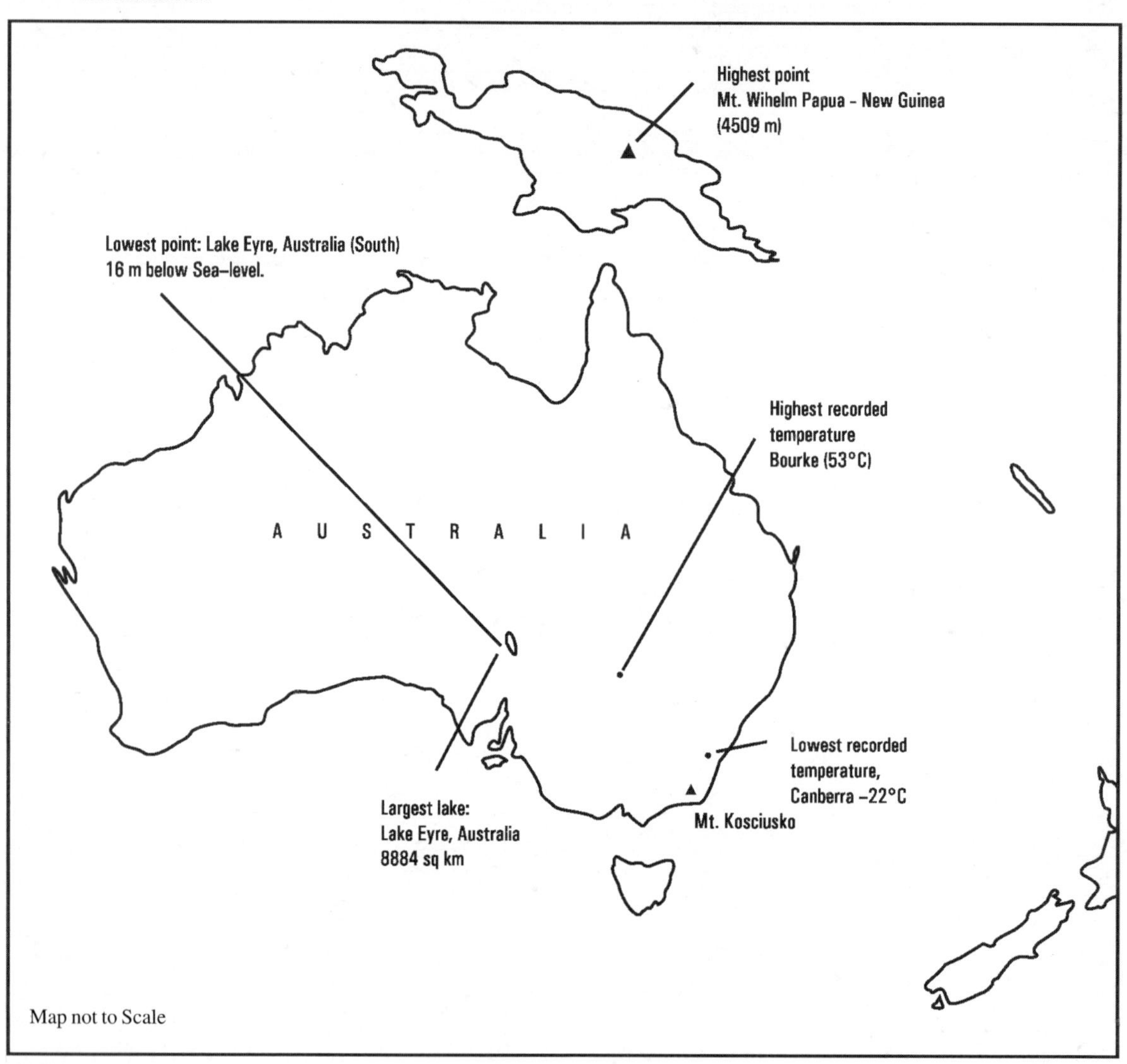

Fig. 6.4 Australia

भौतिक विशेषताएँ

1. ऑस्ट्रेलिया का आधा उत्तरी भाग उष्णकटिबंधीय क्षेत्र में स्थिति है और दक्षिण का आधा भाग शीतोष्ण कटिबंधीय क्षेत्र में स्थिति है।
2. मकर रेखा इस महाद्वीप के ठीक मध्य से होकर गुजरती है।

तालिका 6.21: ओशेनिया और ऑस्ट्रेलिया की भौतिक विशेषताएँ

1. मरुस्थल	**द ग्रेट विक्टोरिया मरुस्थल**-यह ऑस्ट्रेलिया में सबसे बड़ा मरुस्थल है। यह पश्चिमी ऑस्ट्रेलिया पूर्वी गोल्ड फील्डस से दक्षिण ऑस्ट्रेलिया में गावलर श्रेणियों के बीच 700 किलोमीटर चौड़ा (430 मी) है और 348750 वर्ग किमी. (134650 वर्ग मील) क्षेत्र पर फैला है। इसमें तमाम रेत की पहाड़ियाँ, घास के मैदान, समतल मरुस्थल और खारी झीलें हैं। **ग्रेट सेंडी मरुस्थल**-यह पश्चिम ऑस्ट्रेलिया को उत्तर पश्चिम पिलबारा और दक्षिणी किम्बटर्स के बीच फैला हुआ है। यह ऑस्ट्रेलिया का दूसरा सबसे बड़ा मरुस्थल है। यह 284993 वर्ग किमी. (110,036 मील) क्षेत्र में फैला हुआ है। इसमें बड़े अर्गल शामिल हैं, जो अक्सर अनुदैर्ध्य टिब्बा से मिलकर बनते हैं। मरुस्थल के उत्तर पूर्व में एक उल्कापिण्ड के टकराने से बना क्रेटर, द वोल्फ ग्रीक क्रेट है। **तनामी मरुस्थल**-यह उत्तरी क्षेत्र और पश्चिमी ऑस्ट्रेलिया में स्थिति है। इसमें 25997,277 हेक्टेयर (64,240,670 एकड़) का क्षेत्र शामिल है। इसमें छोटी पहाड़ियों के साथ एक चट्टानी इलाका है। **सिम्पसन मरुस्थल**-यह ऑस्ट्रेलिया का चौथा बड़ा मरुस्थल है जिसका क्षेत्रफल 76500 वर्ग किमी. (68100 वर्ग मील) है इसमें सूखे, लाल बलुई मैदान और टिब्बे है। यह उत्तरी क्षेत्र, दक्षिण ऑस्ट्रेलिया और मध्य ऑस्ट्रेलिया के क्वीन्सलैंड में स्थित है। यहाँ एक अर्ग है जो विश्व के सबसे लम्बे समानान्तर बालू टिब्बे को समेटे हुए हैं। सबसे बड़ा टिब्बा नप्पानीरिक या बिग रेड है जो ऊँचाई में 40 मीटर (130 फीट) ऊँचा है। **गिब्सन मरुस्थल:** यह पश्चिमी ऑस्ट्रेलिया में स्थिति है जो 155,000 वर्ग किमी. (60,000 वर्ग मील) क्षेत्र पर फैला है। यह ऑस्ट्रेलिया का पाँचवा बड़ा रेगिस्तान है। **लिटिल सेंडी मरुस्थल:** यह ग्रेट सेडी डिजर्ट के दक्षिण और गिब्सन मरुस्थल के पश्चिम में पश्चिमी ऑस्ट्रेलिया में स्थिति है। यह 111500 वर्ग किमी. क्षेत्र पर फैला है।
2. पर्वत	**द ग्रेट डिवाइडिंग चेन** (ऑस्ट्रेलिया) माउंट कोशिगुटको (2228 मी.) सबसे ऊँचा बिंदु है। **आस्ट्रेलियन आल्पस** (ऑस्ट्रेलिया) माउंट कोशियुस्को (2228 मी.) उच्चतम बिंदु है। **स्नोईमाउंटेन** (ऑस्ट्रेलिया) माउंट कोशिमुस्को (2228 मी.) उच्चतम बिन्दु है। **ब्लू माउंटेन** (ऑस्ट्रेलिया) माउंट वीरोग (1189 मी.) **काइकौरा श्रेणी** (न्यूजीलैंड) टपुआ ओउएनुक (2885 मी.) **दक्षिणी आल्पस** (न्यूजीलैंड) औराकी/माउंट कुक (3724 मी.) **तरारुआ श्रेणी** (न्यूजीलैंड) मिट्टी (1571 मी.) **ओवेन स्टेनली रेंज** (पापुआ न्यू गिनी) माउंट विक्टोरिया (4030 मी.) **विस्मांक श्रेणी** (पापुआ न्यू गिनी) माउंट विल्हेम (4509 मी.)
3. नदियाँ	**मरे** (1558 मील) **मुरुमबिजी** (923 मील) **डार्लिंग** (915 मील) **कूपर ग्रीक** (810 मील) **सीपिक** (700 मील) **प्लाई** (650 मील)
4. झीलें	**रोटोमहाना** (न्यूजीलैंड) इसका क्षेत्रफल 8 वर्ग किमी. (3.1 वर्ग मील) और अधिकतम गहराई 112 मीटर (367 फीट) है। **दूर** (ऑस्ट्रेलिया) यह ऑस्ट्रेलिया की सबसे बड़ी झील है जिसका अनुमानित सतही क्षेत्रफल 9500 वर्ग किमी. है हालांकि झील शायद ही कभी पानी से भरी हो जब से यह मरुस्थल में स्थित है। यह ऑस्ट्रेलिया में समुद्र तल से 15 मीटर नीचे सबसे नीचा प्राकृतिक बिंदु है। **बाइकरेमोआना** (न्यूजीलैंड) इसका क्षेत्रफल 49 वर्ग किमी. और अधिकतम गहराई 156 मीटर है। यह हुइयारौ पर्वत श्रृंखला में स्थित तेरुवेरा राष्ट्रीय पार्क में स्थित है।

	ताउपो-यह सतही क्षेत्रफल के हिसाब से यह न्यूजीलैंड की सबसे बड़ी झील है जिसका क्षेत्रफल 616 वर्ग किमी. (238 वर्ग मील) और अधिकतम गहराई 186 मीटर (610 फीट) है। इसके तट की लम्बाई 193 किमी. (120 मील) हैं। **बांका झील**-यह न्यूजीलैंड की चौथी सबसे बड़ी झील है जिसका सतही क्षेत्रफल 192 वर्ग किमी. है। यह ओटागो क्षेत्र में 300 मीटर की ऊँचाई पर स्थित है। इसकी अधिकतम गहराई 300 मीटर है इसके तट पर स्थित शहर को बांका कहा जाता है। **ते अनाड**-यह न्यूजीलैंड की दूसरी सबसे बड़ी झील है। यह न्यूजीलैंड में दक्षिणी द्वीप के द.प. में स्थित 344 वर्ग किमी. क्षेत्रफल में 210 मीटर की ऊँचाई पर 417 मीटर गहरी है। **वाकरिपु** 80 किमी. की लम्बाई के साथ न्यूजीलैंड की सबसे लम्बी झील है और 291 वर्ग किमी. सतही क्षेत्रफल के साथ देश की तीसरी बड़ी झील है जो न्यूजीलैण्ड के दक्षिणी द्वीप पर स्थिति है यह ओटानों क्षेत्र का द.प. भाग है। यह 310 मी. की ऊँचाई पर स्थित है और अधिकतम 380 मीटर गहरी है।
5. पठार	**उत्तरी टेबललैंड**-यह ऑस्ट्रेलिया में सबसे बड़ी उच्च भूमि है इसे न्यू इंगलैंड टेबललैंड भी कहा जाता है। यह ग्रेट डाइविंग क्षेत्र में स्थित है। क्षेत्रफल 18197 वर्ग किमी. है। **अर्नहम पठार** (उत्तरी ऑस्ट्रेलिया में), क्षेत्रफल 2,306,023 हेक्टेयर्स (5,698,310 एकड़) **अहरटोन पठार** यह क्वीस आइसलैंड ऑस्ट्रेलिया में ग्रेट डिवाइडिंग रेंज में स्थित है। क्षेत्रफल-64768 वर्ग किमी. **आस्ट्रेलियन शील्ड** या पश्चिमी आस्ट्रेलियन शील्ड और पश्चिमी पठार, क्षेत्रफल-700,000 वर्ग किमी. **डोरिगो पठार** न्यू द. वेल्स, ऑस्ट्रेलिया के न्यू इंगलैंड क्षेत्र और उत्तरी टेबल लैंड में स्थित हैं। इसकी सबसे ऊँची चोटी बारेन पर्वत है जो 1437 मीटर (4715 फीट) ऊँची है।
6. डाउन्स	ये शीतोष्ण कटिबंधीय घास के मैदान हैं।

Source: *World Geography by Majid Husain*
Worldatlas.com

तालिका 6.22: ऑस्ट्रेलिया और ओशेनिया के 10 सबसे बड़े देश (भू-क्षेत्र के आधार पर)

क्र.सं.	देश	क्षेत्रफल (वर्ग किमी.)	क्षेत्रफल (वर्ग मील)	क्षेत्र	उपक्षेत्र
1.	ऑस्ट्रेलिया	7692024	2969121	ओशेनिया	ऑस्ट्रेलिया और न्यूजीलैंड
2.	पापुआ न्यू गिनी	462840	178665	ओशेनिया	मेलानेशिया
3.	न्यूजीलैंड	270467	104400	ओशेनिया	ऑस्ट्रेलिया और न्यूजीलैंड
4.	न्यू कालेडोनिया	18,575	7170	ओशेनिया	मेलानेशिया
5.	फिजी	18,272	7053	ओशेनिया	मेलानेशिया
6.	बनातु	12,189	4705	ओशेनिया	मेलानेशिया
7.	फ्रेंच पोलीशेनिया	4167	1608	ओशेनिया	पोलिनेशिया
8.	सामोआ	2842	1097	ओशेनिया	माइक्रोनेशिया
9.	किरिबाती	811	313	ओशेनिया	माइक्रोनेशिया
10.	टोंगा	747	288	ओशेनिया	पोलिनेशिया

Source: *worldpopulationreview.com 2020*

तालिका 6.23: ओशेनिया/ऑस्ट्रेलिया की जनांकिकीय विशेषताएं

क्रमांक	विवरण	तथ्य
1.	ओशेनिया की जनसंख्या	43,733,573
2.	जनसंख्या के हिसाब से सबसे बड़ा देश	ऑस्ट्रेलिया (26,269,298 व्यक्ति)
3.	सबसे घनी आबादी वाला देश	नाउरू- 519 व्यक्ति/वर्ग। किमी. (2021)
4.	सबसे कम घनी आबादी वाला देश	ऑस्ट्रेलिया- 03 व्यक्ति/वर्ग। किमी. (2021)
5.	लिंग अनुपात	प्रति 1000 पुरुषों पर 998 महिलाएं
6.	माध्यिका आयु	33.5 साल
7.	शिशु मृत्यु दर	16.0
8.	शहरी आबादी	67.8%
9.	सबसे बड़ा शहरी क्षेत्र	सिडनी, ऑस्ट्रेलिया (4 मिलियन लोग)
10.	जनसंख्या घनत्व	5 व्यक्ति प्रति वर्ग किमी.

Source: *https://www.worldatlas.com, UN Population Division*

तालिका 6.24: ओशेनिया और ऑस्ट्रेलिया में खनिज

क्र.सं.	देश	खनिज
1.	आस्ट्रेलिया	कोयला (विश्व का सबसे बड़ा निर्यातक) लौह आयस्क, निकिल, सोना, यूरेनियम, हीरा और जिंक
2.	न्यूजीलैंड	कोयला, चांदी, लोह-आयस्क, चूना-पत्थर, और सोना
3.	पापुआ न्यूगिनी	ताँबा, सोना और तेल
4.	न्यूकालेडोनिया	निकिल (10% विश्व के संरक्षित भंडार)
5.	फिजी	सोना

Source: *Nationalgeographic.org*

तालिका 6.25: ओशेनिया के धर्म

क्र.सं.	धर्म	अनुयायियों की संख्या	कुल जनसंख्या का प्रतिशत
1.	ईसाई	31,201,921	74.4%
2.	धार्मिक असंबद्धता	8,004,495	19.0%
3.	बौद्ध	780,440	1.9%
4.	इस्लाम	739,600	1.8%
5.	हिन्दू	715,714	1.7%
6.	लोक या परम्परागत धर्म	268,797	0.6%
7.	यहूदी	137,943	0.3%
8.	अन्य	307,899	0.7%

Source: *countrymeters.info*

5. यूरोप (Europe)

यूरोप विश्व का दूसरा सबसे बड़ी जनसंख्या का महाद्वीप है। साइबेरिया एक विशाल रूसी प्रांत है जिसमें अधिकांश उत्तरी एशिया शामिल है, आस्ट्रेलिया के पश्चात यूरोप सबसे छोटा महाद्वीप है। औद्योगीकरण का जनक, यूरोप महाद्वीप की अधिकतर जनसंख्या उद्योगों तथा सेवा क्षेत्र पर निर्भर है। आर्थिक दृष्टि से विकसित यूरोप महाद्वीप में दीर्घ आयु के व्यक्तियों की संख्या बढ़ती जा रही है इसलिये यूरोप को वृद्ध-नागरिकों (Senior Citizens) का महाद्वीप भी कहा जाता है।

तालिका 6.26: स्थलाकृतिक और जलवायुविक अतिरेक

क्र.सं.	विशेष	तथ्य
1.	महाद्वीप का आकार	3,930,000
2.	पृथ्वी के भू-भाग का प्रतिशत	70%
3.	उच्चतम बिंदु	रूस में माउंट एलब्रस 8,506 फीट (5,642 मी.)
4.	निम्नतम बिंदु	कैस्पियन सागर (रूस) -92 फुट (-28 मी.)
5.	भौगोलिक केन्द्र	54°54' उ. 25°19' पू. विलनियस शहर, लिगुयाना
6.	क्षैतिज चौड़ाई	1,339 मील (2154 किमी.) लंदन, इंग्लैंड से पूर्व में कीव, यूक्रेन
7.	लम्बवत लम्बाई	2076 मील (3341 किमी.) इराकियोक्रेटी से उत्तर में लुलिया, स्वीडन तक
8.	सबसे लम्बी शृंखला	यूराल पर्वत
9.	उच्चतम अंकित तापमान	50°C सेविली (स्पेन)
10.	निम्नतम अंकित तापमान	–55°C (–67°F)
11.	सबसे बड़ा द्वीप	सेशिली (9908 वर्ग मील) (25662 वर्ग किमी.)
12.	सबसे बड़ी झील	लाडोगा (17700 वर्ग किमी) रूस
13.	सबसे गहरी झील	हॉर्नइंडलास्वानेट 514 मीटर (1,686 फीट), नॉर्वे
14.	सबसे लम्बी नदी	वोल्गा (3692 किमी.)
15.	दूसरी बड़ी नदी	डेन्यूब (2860 किमी.)
16.	सबसे आद्र स्थान	बरगन (नोरवे)
17.	दक्षिणतम बिंदु	केनरी द्वीप समूह
18.	उच्चतम बिन्दु	अज़ोरेस (39°27' उ. – 31°16' प.)
19.	पश्चिमतम बिंदु	यूराल (67°59' उ. – 66°10' प.)
20.	पूर्वतम बिंदु	वोल्गा रिवर डेल्टा (160 किमी.)
21.	सबसे बड़ा डेल्टा	हार्डंगरविद्दा (1321 वर्ग मील)
22.	कुल तटरेखा	24000 मील (38000 किमी.)

Source: World Geography by Majid Husain
Worldatlas.com

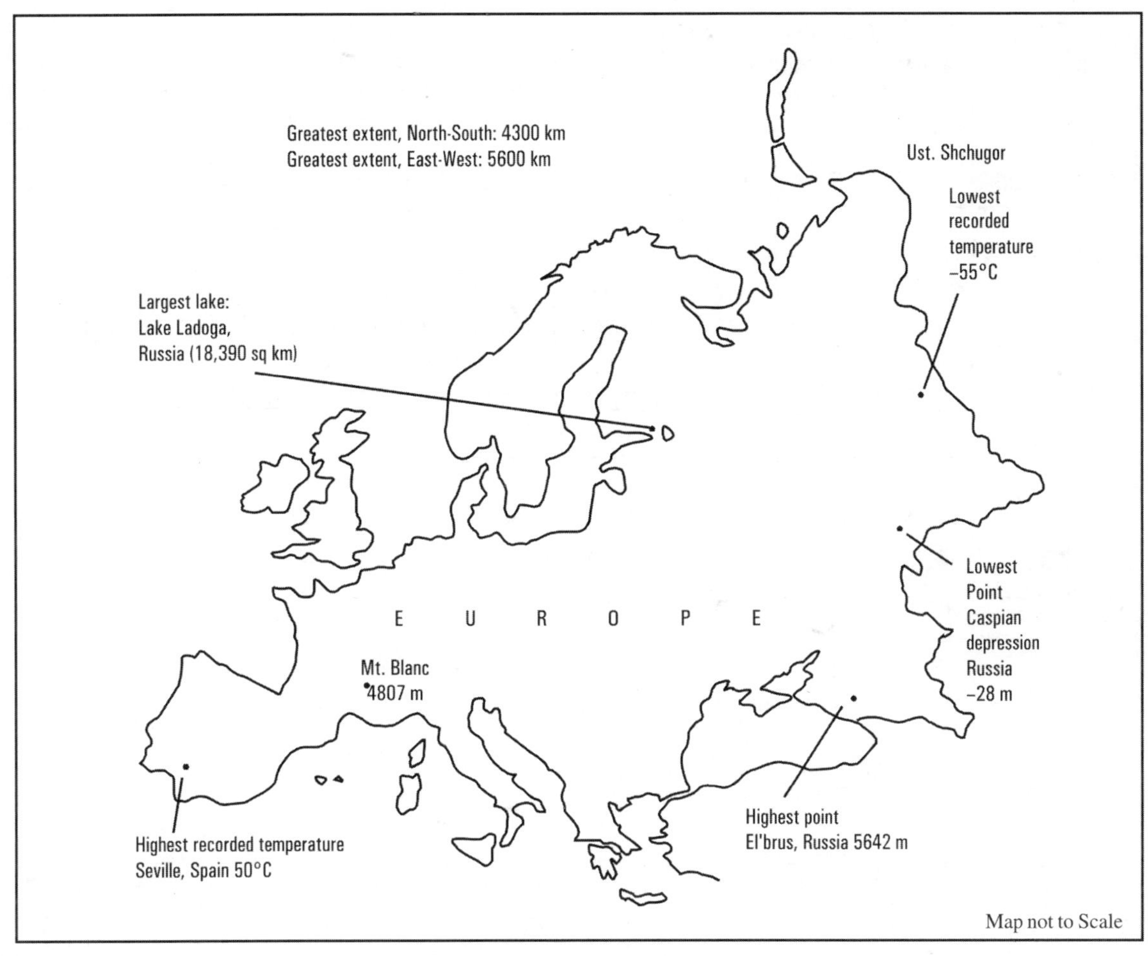

Fig. 6.5 Europe

भौतिक विशेषताएँ

यूरोप के महत्वपूर्ण भू-स्वरूपों की विशेषताओं में विश्व के ऊँचे पर्वत, विश्व का सबसे नीचा स्थान, विश्व की सबसे गहरी झील, विश्व की सबसे लम्बी तटरेखा और महत्वपूर्ण नदियाँ हैं।

तालिका 6.27: यूरोप की भौतिक विशेषताएँ

1. मरुस्थल	**अकोना** मरुस्थल, इटली ओल्टेनिअन सहारा मरुस्थल, रोमानी 200000 एकड़) **सर्बिया** (300 वर्ग किमी.)
2. पर्वत	**आल्पस** (सबसे ऊँची चोटी माउंट ब्लांक है जो 15771 फीट (4807 मी.) ऊँची है। **एपेनाइन** सबसे ऊँची चोटी माउंट कॉर्नो है जो 9560 फीट (2914 मी.) ऊँची है। **बाल्कन** (9568 फीट (2918 मी.) **कारपोथियन** **तनदवद काकेड्रास** (सबसे ऊँची एल्बस 18506 फीट (5642 मी.) ऊँची है। **पिरेनीज** (सबसे ऊँची चोटी यूराल (1640 मील) (2640 किमी.) लम्बे पर्वत।

3. नदियाँ	**वोल्गा** 3690 किमी. (2290 मील) **डेन्यूब** 2860 किमी. (1780 मील) **यूराल** 2428 किमी. (1509 मील) **नीपर** 2290 किमी. (1420 मील) **डॉन** 1950 किमी. (1210 मील) **काया** 1805 किमी. (1122 मील)
4. झीलें	**लागेगा** यूरोप की सबसे बड़ी झील जो 17700 वर्ग में फैली है। यह ताजे पानी की झील है जो 82 किमी. चौड़ी, 51 मीटर गहरी, 837 किमी. आयतन में है। इसमें 660 द्वीप है। **ओनगा** यूरोप की दूसरी सबसे बड़ी झील है जिसका सतही क्षेत्रफल 9849 वर्ग किमी. है। यह 90 किमी. चौड़ी, 245 किमी. लम्बी और 280 किमी.[3] आयतन में ही इसमें 1650 द्वीप हैं। **वेनर्न** यह 5655 वर्ग में है यह 27 मीटर गहरी है और समुद्र तल से 44 मी. ऊपर है। **साइया** 4377 वर्ग किमी. में फैली यह झील फिनलैंड में है।
5. पठार	**मासिफ सेंट्रल** लगभग 32189 वर्ग मील (85001 वर्ग किमी.) में फैला है और इसकी सबसे ऊँची चोटी व्यूदेसेशी 6186 फीट (1855 मी.) ऊँची है। **मध्य पठार/मेसाटा**
6. द्वीप समूह	ग्रेट ब्रिटेन (209331 वर्ग किमी.) अटलांटिक महासागर आइसलैंड (103000 वर्ग किमी.) उत्तर अटलांटिक महासागर आयरलैंड (84421 वर्ग किमी.) उत्तर अटलांटिक महासागर सेवर्नी द्वीप (48904 वर्ग किमी.) आर्कटिक महासागर स्पिट्स बर्गन (37673 वर्ग किमी.) यज़ीनी द्वीप (33275 वर्ग किमी.) आर्कटिक महासागर
7. मैदान	**ग्रेट हंगेरियन मैदान**-यह द.पू. यूरोप में स्थित है। यह औसतन समुद्र तल से 100 मी पर है और यहाँ हमेशा शुष्क हवाएं बहती हैं। इस प्रकार यह सर्दियों में आल्पस और कारपेथियन पर्वत की बर्फबारी पर निर्भर रहता है। **उत्तर यूरोपियन मैदान** दूसरा ढाल उत्तर-पूर्व की ओर है जो बढ़ते हुए बाल्टिक सागर, डेनमार्क, दक्षिणी फिनलैंड, नार्वे और स्वीडन तक है। यह पूर्व की ओर 2500 मील पर (4000 किमी. रशियन फेडरेशन हैं। अधिकांश ग्रेट यूरोपियन मैदान 152 मी. (500 फीट) से नीचे स्थित है।

Source: Britannica Encyclopaedia

तालिका 6.28: यूरोप के सबसे 10 बड़े देश (भू-क्षेत्र के आधार पर)

क्र.सं.	देश	क्षेत्रफल (वर्ग किमी. में)
1.	रूस	3,972,400
2.	यूक्रेन	603,628
3.	फ्रांस	551,394
4.	स्पेन	498,468
5.	स्वीडन	449,964
6.	नार्वे	385,178
7.	जर्मनी	357,168
8.	फिनलैण्ड	338,145
9.	पोलैण्ड	312,685
10.	इटली	301,318

Source: Worldatas.com

तालिका 6.29: यूरोप की जनांकिकीय विशेषताएं

क्र.सं.	विवरण	तथ्य
1.	जनसंख्या	2021 में 747.8 मिलियन
2.	जनसंख्या के हिसाब से सबसे बड़ा देश	रूस (143,964,709)
3.	सबसे घनी आबादी वाला देश	मोनाको (19,694 व्यक्ति/वर्ग किमी.)
4.	सबसे से कम घनी आबादी वाला देश	आइसलैंड (3 व्यक्ति/वर्ग किमी.)
5.	लिंग अनुपात	प्रति 100 पुरुषों पर 953 महिलाएं
6.	माध्यिका आयु	42.5 वर्ष (2021)
7.	शिशु मृत्यु दर	2.87
8.	शहरी आबादी	यूरोप की 74.5% आबादी शहरी है
9.	सबसे बड़ा शहरी क्षेत्र	17 मिलियन से अधिक की आबादी के साथ रूसी राजधानी मास्को
10.	जनसंख्या घनत्व	34 व्यक्ति प्रति वर्ग किमी (87 व्यक्ति प्रति वर्ग मील)-2021

Source: *https://www.worldatlas.com, UN Population Division*

तालिका 6.30: यूरोप के खनिज संसाधन

क्र.सं.	खनिज	देश
1.	कोयला	ब्रिटेन, बेलिज्यम, द. नीदरलैंड, फ्रांस, जर्मनी, पोलैंड, यूक्रेन
2.	पेट्रोलियम और प्रकृतिक गैस	रूस, रोमानिया, नार्वे, यूनाइटेड किंगडम, यूक्रेन, एशिया, स्वीडन
3.	लौह अयस्क	यूक्रेन, एशिया, स्वीडन
4.	गोल्ड	स्पेन, स्वीडन और द.प. यूरोप
5.	यूरेनियम	फ्रांस, स्पेन, हंगरी, एस्टोनिया, यूक्रेन और मध्य और पूर्व यूरोप के भाग

Source: *Britannica Encyclopaedia*

6. उत्तरी अमेरिका (North America)

उत्तरी अमेरिका विश्व का तीसरा सबसे बड़ा महाद्वीप है। ग्रीनलैंड तथा कैरिबियन द्वीप समूहों को सम्मिलित करते हुए इसका कुल क्षेत्रफल 24238000 वर्ग किमी. है। इस महाद्वीप में विश्व के दो बड़े देश कनाडा और संयुक्त राज्य अमेरिका शामिल हैं। यूरोप, अफ्रीका, एशिया और अमेरिकी (रेड इंडियन) पूर्वजों के साथ लेकर मैदानों और पहाड़ी क्षेत्रों में निवास करते हैं।

तालिका 6.31: उत्तरी अमेरिका की स्थलाकृतिक तथा जलवायविक अतिरेक

क्र.सं.	विशेष	तथ्य
1.	महाद्वीप का आकार	24.7 मिलियन वर्ग किमी.
2.	पृथ्वी की भूमि का प्रतिशत	16.2%

3.	उच्चतम बिंदु	माउंट मेकिन ले (अलास्का) 20320 फीट (6194 मील)
4.	निम्नतम बिंदु	मृतघाटी (कैलिफोर्निया) (-282 फीट) (-86 मी.)
5.	भौगोलिक केन्द्र	48.1030100°10' प. लगभग 6 मील घाटी के पश्चिम में वियर्स काउंटी, उत्तर डकोटा, संयुक्त राज्य में स्थित है।
6.	क्षैतिज चौड़ाई	2680 मील
7.	लंबवत लम्बाई	1582 मील
8.	सबसे लम्बी श्रृंखला	रॉकी पर्वत 4800 किमी. (3000 मील) कनाडा में उत्तरी ब्रिटिश कोलम्बिया से दक्षिण में न्यू मैक्सिको संयुक्त राज्य में
9.	उच्चतम अंकित तापमान	56.7° सेल्सियस-फर्नेस शीक रेन्ज (मृत घाटी), कालिफ यूएसए (जुलाई 10, 1913)
10.	निम्नतम अंकित तापमान	–66° सेल्सियस, उत्तरी ग्रीनलैंड (जनवरी 9, 1954)
11.	सबसे बड़ा द्वीप	ग्रीनलैंड
12.	सबसे बड़ी झील	सुपीरियर (82100 वर्ग मील)
13.	सबसे गहरी झील	ग्रेट स्लेव झील (उ. प. कनाडा में)-2010 फीट गहरी
14.	सबसे लम्बी नदी	मिसौरी नदी (6275 किमी.)
15.	दूसरी सबसे लम्बी	मिसीसिपी नदी (3770 किमी.)
16.	आद्रतम स्थल	वेंकूवर द्वीप (07 मीटर या 22 फीट वर्षा प्रतिवर्ष)
17.	उच्चतम बिंदु	कफेक्लस्वेन द्वीप, ग्रीनलैण्ड (83°4029'5029°50'प.)
18.	दक्षिणतम बिंदु	कोकोस द्वीप कोस्टारिका (5°31'3087°4'18"प.)
19.	पूर्वतम बिंदु	नॉर्डोस्ट ग्रुन्डिंगन, ग्रीनलैंड (81°26'25"5 उ.11°29'22"प.)
20.	पश्चिमतम बिंदु	अमाटिगक द्वीप (51°17'उ.179°9' प.)
21.	सबसे बड़ा डेल्टा	सस्फेचेवान नदी डेल्टा 10,000 वर्ग किमी. (3900 वर्ग मील)
22.	सबसे ऊँचा पठार	कोल्डर माउंटेन (50,00 एकड़)

Source: *World Geography by Majid Husain*
Worldatlas.com

भौतिक विशेषताएँ

उत्तरी अमेरिका की भूआकृति विशेषताओं में विश्व के सबसे बड़े पर्वत, विश्व के सबसे निम्नतम स्थल, विश्व की सबसे गहरी झील, विश्व की सबसे लम्बी तट रेखा और कुछ महत्वपूर्ण नदियाँ हैं।

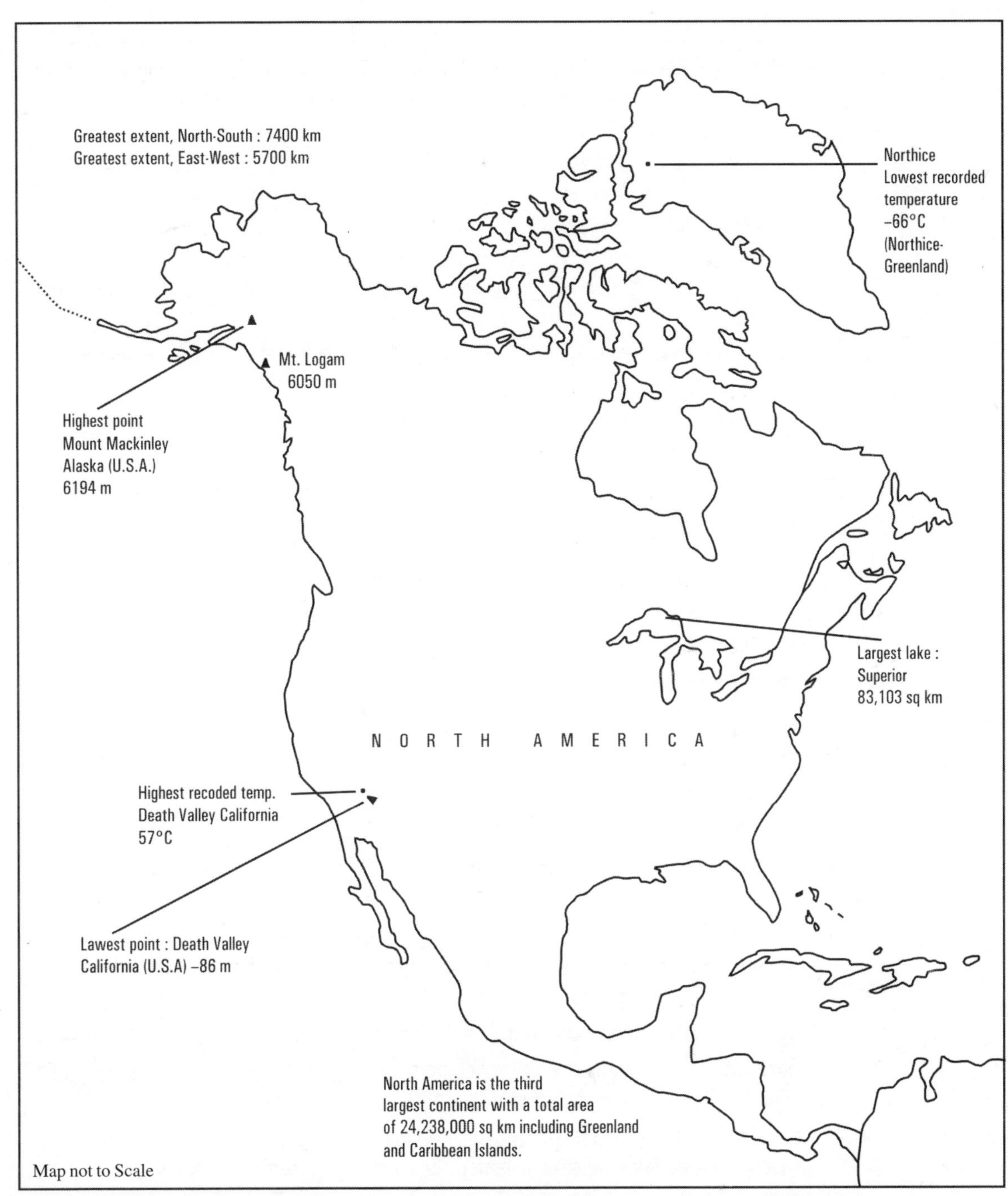

Fig. 6.6 North America

तालिका 6.32 उत्तरी अमेरिका की भौतिक विशेषताएँ

1. मरुस्थल	**ग्रेट बेसिन मरुस्थल**- यह 190,000 वर्ग मील क्षेत्रफल पर विस्तृत है। यह उत्तरी अमेरिका का सबसे बड़ा मरुस्थल है। इस क्षेत्र में कुछ वृक्षों का अनुमान 5000 वर्ष से ज्यादा पुराना होने का है। **चिहुआहुआन मरुस्थल**- यह अमेरिका और मैक्सिको के बीच 139769 वर्ग मील क्षेत्र में फैला है। इसका अधिकांश भाग मैक्सिको में स्थित है। इसका उच्चतम बिंदु समुद्र तल से 12139 फीट ऊपर है जबकि निम्नतम बिन्दु समुद्र तल से 1969 फीट ऊपर है। रियोग्रांडे नदी चिहुआ आहु आन मरुस्थल को पार करती है। **सोनोरन मरुस्थलः** यह मैक्सिको से एरिजोना होते हुए कैलिफोर्निया में फैला है। यह लगभग 100000 वर्ग मील के क्षेत्र में फैला है, जो ओगावे मरुस्थल, प्रायद्वीपीय श्रृंखलाओं और कोलोराडो पठार की सीमा बनाता है। **बाजा कैलिफोर्निया मरुस्थलः** यह संयुक्त राज्य अमेरिका में कैलिफोर्निया की सीमा से कर्क रेखा के पास इसके दक्षिणी भाग तक 150 किमी. चौड़ा 1300 किमी. चौड़ी और फैली हुई भूमि है। **कारक्रॉस मरुस्थलः** इसे अक्सर विश्व का सबसे छोटा रेगिस्तान माना जाता है। यह अनुमानतः 1 वर्ग मील या 2.6 वर्ग किमी. या 640 एकड़ में है। यह एक वास्तविक रेगिस्तान नहीं है लेकिन बालू का एक बड़ा बिस्तर है जो कि आखिरी हिमकुण्ड के दौरान बना है जब बड़ी हिमानी झीलों का निर्माण हुआ और सिल्ट जम गई। जब झीले सूख गई तो टिब्बे रह गए। **मोजावे मरुस्थलः** यह नवादा एरीजोना और कैलिफोर्निया 47877 वर्ग मील क्षेत्रफल में फैला है। यह अमेरिका का सबसे बड़ा शुष्क मरुस्थल है क्योंकि यहाँ वार्षिक वर्षा 2 इंच से भी कम होती है। यहाँ का सबसे उच्च तापमान 134°" F अंकित किया गया है। टेलीस्कोप चोटी (11049 फीट समुद्र तल से ऊपर) सबसे ऊँची है। सबसे नीचा बिंदु मृत घाटी है जो समुद्र तल से 282 फीट नीचे है। **कोलोराडो पठार** **मोआब मरुस्थल** **एन के मित्र मरुस्थल** **पेनटेड मरुस्थल** **युहा मरुस्थल**
2. पर्वत शृंखलाएं	**अलास्का शृंखलाः** इसका विस्तार प्रायद्वीपीय अलास्का से कनाडा में यूक्रोन क्षेत्र की सीमा तक है। माउंट मैकिन ले 620320 फीट, (6194 मी) सर्वोच्च बिंदु है। **अप्लेशियन पर्वतः** यह संयुक्त राज्य में मध्य अलबागा से न्यूइंगलैंड स्टेट्स और केनेडियन राज्य के न्यू बुंझाविक, न्यूफाउंड लैंड और क्यूबैक तक 1500 मील की लम्बाई में फैला है। इसका सर्वोच्च बिंदु उत्तरी कारोलिना में माउंट मिशेल है जिसकी ऊँचाई 6684 फीट (2037 मी) है। **ब्रुक्स श्रेणियाँः** यह उत्तरी अलास्का के पर्वत हैं। उच्चतम बिंदु माउंट इस्तो 9060 फीट (2760 मी.)। **कास्केड्सः** यह उत्तरी-पूर्वी कैलिफोर्निया से ओरेगण और वाशिंगटन तक फैले हैं। माउंट हूड, माउंट रेनियर और माउंट हेलेंस प्रमुख चोटियाँ हैं। **कोस्टरेंजः** यह कैलिफोर्निया ओरेगन और वाशिंगटन की प्रशान्त महासागर की तट रेखा के सहारे फैले हैं। इसका विस्तार ब्रिटिश कोलम्बिया, कनाडा और अलास्का की दक्षिणी कगार की पश्चिमी सीमा के सहारे भी विस्तृत हैं। **कॉन्टिनेंटल डिवाइडः** यह रॉकी पर्वत की चोटी के साथ-साथ ब्रिटिश कोलम्बिया होते हुए कनाडा में ब्रिटिश कोलम्बिया अलबर्ट सीमा के सहारे मौटाना, त्योमिंग, कोलोराडो राज्यों से होते हुए संयुक्त राज्य में न्यू मैक्सिको तक जाते हैं। यह मध्य अमेरिका और मैक्सिको में लगातार दक्षिण की जाती है। यह महाद्वीप के मुख्य अपवाह तंत्र को दो भागों में विभाजित करता है-पूर्व की ओर हडसन की खाड़ी और पश्चिम की ओर प्रशान्त महासागर।

	रॉकी पर्वतः इसकी लम्बाई लगभग 300 मील है इसका विस्तार संयुक्त राज्य के न्यू मैक्सिको से पश्चिम संयुक्त राज्य से होते हुए कनाडा के ब्रिटिश कोलम्बिया के उच्च्तम में पहुँचता है। माउंट एलवर्टिस इसका उच्चतम बिंदु है जो 14433 फीट (4399 मी.) ऊँचा है। **सियरा गाडेः** यह पर्वत कैलिफोर्निया की सीमा के पास शुरू होकर लगातार ग्वाटेमाला तक जाता है। यह समुद्र तल से 600 फीट से 12000 फीट ऊँचे है। इसमें दो मुख्य और एक छोटी शृंखला हैं। **दसियरा माद्रे ऑक्सीडेंटल** (प. की ओर) द सियरा आद्रे ऑरिएंट (पूर्व की ओर) और सियरा माडे डेल सर (दक्षिण की ओर) **सिएरा नवोडाः** यह पूर्व के कैलिफोर्निया की पर्वत शृंखला है जो लगभग 400 मील लम्बी है। माउंट व्हिटने (14494 फीट) (4418 मी) सर्वोच्च बिन्दु है।
3. नदियां	**मिसीसिपी नदीः** यह उत्तरी अमेरिका की सबसे लम्बी नदी है मिसीसिपी मिनीसोटा की इतास्का झील से निकलती है और 2340 मील बहते हुए मैक्सिको की खाड़ी में गिरती है और विशाल डेल्टा बनाती है। इसकी प्रमुख सहायक नदियों में इलिनोइस, मिसौरी, ओहियो, अर्कासस और रेडश्विर हैं। **कोलोराडो नदीः** यह कोलोराडो में रॉकी पर्वत नेशनल पार्क से निकलकर द.प. की ओर 1450 मील बहते हुए उत्तर-पश्चिम मैक्सिको में कैलिफोर्निया की खाड़ी में गिरती है। कोलोराडो नदी अनेक केन्यान्स का निर्माण करती है जिसमें एरीजोना का ग्रांड केनियान बहुत प्रसिद्ध है। **ओहियो नदीः** यह मध्य संयुक्त राज्य के एक महत्वपूर्ण औद्योगिक क्षेत्र से होकर बहती है, इसकी लम्बाई 981 मील है। इसका निर्माण पिट्सबर्ग में एलेघेनी और मोनोहोल नदियों के संगम से हुआ है ओहियो की सहायक नदियों में कान्हा, केन्टकी, टेनेसी, वबाश और कबेरलैंड नदियाँ शामिल हैं। **कोलम्बिया नदीः** यह कनाडा में ब्रिटिश कोलम्बिया के द.पू. में स्थित केनेडियन पर्वत से निकलती है, दक्षिण की ओर वाशिंगटन राज्य से बहती है तब वाशिंगटन और ओरेगन के बीच प्राकृतिक सीमा को बनाती है। और प्रशान्त महासागर में गिरती है। इसकी लम्बाई 1152 मील (1857 किमी.) है। **सेंट लारेंस नदीः** यह परिवहन की दृष्टि से विश्व की व्यस्ततम नदी है, जो ओंटारियो झील से निकलकर उ.पू. की ओर बहते हुए सेंट लारेंस की खाड़ी में गिरती है। यह 760 मील (1225 किमी.) लम्बी है। यह विश्व का सबसे लम्बा अन्तस्थलीय जलमार्ग बनाती है। यह कनाडा ओर संयुक्त राज्य के बीच प्राकृतिक सीमा बनाती है। **हडसन नदीः** यह नदी संयुक्त राज्य अमेरिका के न्यूयार्क राज्य के एडिरॉण्डाक पर्वत से निकलकर अटलांटिक महासागर में गिरती है। **मिसौरी नदीः** यह रॉकी पर्वत में दक्षिणी मोंटाना से निकलती है। पहले यह उत्तर की ओर बहती है इसके बाद साधारणतः द.पू. में संयुक्त राज्य से बहते हुए मिसीबिनी नदी में मिल जाती है। यह संयुक्त राज्य में सबसे लम्बी नदी 2500 मील (4023 किमी.) है। **दक्षिण की रेड नदीः** यह दक्षिण की महान मैदान की प्रमुख नदी है। अपनी 1360 मील लम्बाई के साथ यह ओकलाहोमा और टेक्सास की अधिकांश सीमा बनाती है। वह सीमा 1819 में राज्य-ओनिस समझौते के बाद मैक्सिको (बाद में रिपब्लिक टैक्सास) और संयुक्त राज्य की सीमा बनी। यह नदी लुसियाना शहर स्रेवेपोर्ट और उग्लैग्मेंड्रिया से बहते हुए नेटचेज के दक्षिण में मिसीसिपी में मिल जाती है। **मैकेंजी नदीः** यह कनाडा की सबसे लम्बी नदी है। यह ग्रेट स्लेव झील से निकलकर न्यू फोर्ट सागर मैकेंजी खाड़ी में गिरती है। यह 1200 मील (1800 किमी.) लम्बी है। अपनी सहायक स्लेव पीस और फिनले नदियों के साथ इसकी लम्बाई 2635 मील (4240 किमी.) है और संयुक्त राज्य अमेरिका की दूसरी सबसे बड़ी नदी बनती है। **स्नेक रिवरः** यह उत्तरी पश्चिमी संयुक्त राज्य की प्रमुख नदी है। यह यलोस्टोन नेशनल पार्क से निकलती है। इसकी लम्बाई 1078 मील है। पोकाटेलो और बोइस से बहते हुए यह नदी इदाहो और ऑरेगन की सीमा बनाती है। **डेलावेयर नदीः** अपने उद्गम स्थल कैट्सकिल्स से मिलकर 301 मील बहती है और डेलावेयर और न्यू जर्सी की सीमा बनाती है। डेलावेयर पहले ट्रेंटन, न्यूजर्सी और फिलाडेकिया में बहती थी अटलांटिक महासागर में गिरने से पहले इसमें शूयलकिल नदी मिलती है।

	पोटोमेक नदी: यह पश्चिम वर्जीनिया में फेयरफेम्स स्टोन से निकलती है। 405 मील लम्बी पोटोमेक बर्जीनिया और मेरीलैंड की सीमा बनाती है। **रियोग्रांडे नदी:** यह उत्तरी अमेरिका की सबसे लम्बी नदियों में से एक है। यह कोलोराडो के सानजुआन पर्वत से निकलकर दक्षिण-पश्चिम की ओर बहते हुए मैक्सिको की खाड़ी में गिरती है। इसकी कुल लम्बाई 1885 मील (3034 किमी.) है। यह नदी टैक्सास और मैक्सिको की प्राकृतिक सीमा बनाती है। मैक्सिको में इसे रियो ब्रावो डेल नोर्टी के नाम से जाना जाता है। **फ्रेजर नदी:** यह ब्रिटिश कोलम्बिया, कनाडा की नदी है। यह केनेडियन रॉकी के पास यलोहैड पास से निकलती है और विभिन्न दिशाओं में बहती है और अन्त में पश्चिम की तरफ मुड़कर बेंकूवर के दक्षिण में स्ट्रेट ऑफ जार्जिया में गिरती है। यह 850 मील (1368 किमी.) लम्बी है। **ब्रोजोस नदी:** यह टेक्सास नदी स्टोनवाल काउंटी राज्य के उत्तरी भाग से निकलती है और दक्षिण-पूर्व की ओर बहते हुए ब्राजोरिया काउंटी और मैक्सिको की खाड़ी में मिलती है। यह 840 मील (1351 किमी.) लम्बी है। **चर्चिल नदी:** यह मध्य कनाडा की नदी है जो उ.प. सस्केचेलान से निकलती है और पूर्व की ओर मेनीटोवा में बहती है और हडसन की खाड़ी में गिरती है। यह असंख्य झीलों से गुजरती है। यह 1000 मील (1609 किमी.) लम्बी है। **यूकोननदी:** कनाडा यूकोन क्षेत्र के द.प. किनारे से शुरू होती है और उ.प. में बहती हुई सीमा के पार अलास्का में जाती है। यह विशाल नदी लगातार द.प. मध्य अलास्का के पार बहती है और बीजिंग सागर में मिल जाती है। इसकी लम्बाई 1265 मील (2035 किमी.) है।
4. झीलें	सुपीरियर झील (क्षेत्रफल 82100 वर्ग किमी.) ह्यूरन झील (क्षेत्रफल 59600 वर्ग किमी.) मिशीगन (क्षेत्रफल 58000 वर्ग किमी.) ग्रेट बीयर झील (क्षेत्रफल 31000 वर्ग किमी.) ग्रेट साल्वे झील (क्षेत्रफल 27000 वर्ग किमी.) ग्रेट ईरी झील (क्षेत्रफल 25700 वर्ग किमी.) विनी पेग झील (क्षेत्रफल 25714 वर्ग किमी.) ऑटेरियो झील (क्षेत्रफल 18960 वर्ग किमी.) निकारगुआ झील (क्षेत्रफल 8264 वर्ग किमी.) अथवास्का झील (क्षेत्रफल 7850 वर्ग किमी.)
5. पठार	**स्नेक पठार** (कोलम्बिया): इस पठार का निर्माण ज्वालामुखी उदगवर से निकले बेसाल्ट लावा की तहों के रूप में जमने से हुआ है। यह कास्केड श्रेणी और रॉकी पर्वत से घिरा हुआ है और 300 से 1200 फीट की ऊँचाईयों में विभाजित है। आज यह क्षेत्र कोलम्बिया के पठार का सबसे शुष्क और गर्म भाग है। यहाँ वर्षा का औसत 7 से 10 इंच (180-250 मिमी.) है। कोलम्बिया नदी और इसकी सहायक स्नेक इसी पठार में मिलती हैं। **कोलोरोडो पठार:** यह दक्षिणी-पश्चिमी क्षेत्र के चारों कोनों में केन्द्रित है। और इसमें एरिजोना, उटाह, कोलोरोडो और न्यू मैक्सिको का अधिकांशत: भाग शामिल हैं। इसमें टेवललैंड, पतली घाटी, बड़ी घाटी और सबसे महत्वपूर्ण ग्रांड केनियान शामिल है। **क्षेत्रफल:** 390,000 वर्ग किमी. (150580 वर्ग मील) **वर्षा:** औसत 20 सेमी. (8 इंच) प्रति वर्ष **तापमान:** पठार की कम ऊँचाई में तापमान 20°s से 90°F के बीच रहता है। अधिक ऊँचाई में तापमान कभी-कभी 70° से अधिक पहुँच जाता है। सर्दियों का तापमान एक अंक में रहना सामान्य है। **ऊँचाई: पठार** की औसत ऊँचाई 1936 मीटर (6352 फीट) है, लेकिन पठार की ऊँचाई की सीमा में 750 मीटर (2461 फीट) से नीचे केनियान तली और पर्वतों की चोटियों, जो समुद्र तल से 3840 मी. (12600 फीट) ऊँची है, शामिल हैं

	लॉरेंटियन पठारः इसे केनेडियन शील्ड भी कहा जाता है। इसका उठाव 3905 फीट (1190 मी.) है। ईशापतिना रिज सबसे ऊँचा बिंदु है। इसका सतही क्षेत्रफल 8,000,000 वर्ग किमी. है। **एडवर्ड्स पठार** (टेक्सास यूएसए): दक्षिण मध्य टेक्सास में स्थित है इसकी सतह ऊबड़-खाबड़ है। और यहाँ कई छोटी गुफाएँ हैं। यह लगभग 35000 वर्ग मील क्षेत्र पर फैला है। यह समतल भूमि है जिसका धीमा ढाल उच्च पश्चिम में लगभग समुद्र तल से 3000 फीट उत्तर से दक्षिण पूर्व में लगभग 2000 फीट ऊँचा है।
6. द्वीप समूह	ग्रीनलैंड, बेफिन द्वीप, विक्टोरिया द्वीप, एल्समेयर द्वीप, न्यूफाउंडलैंड, क्यूबा, हिसपानियोला, बैंक्स द्वीप, डेवॉन द्वीप विश्व का सबसे बड़ा निर्जन द्वीप। एक्सल, हीवर्ग द्वीप, मेलविली द्वीप, साउथेप्टन द्वीप, प्रिन्स ऑफ वेल्स द्वीप, वेंकूबर द्वीप, सोमरसेट द्वीप, ब्राथर्स्ट द्वीप, फ्रिस पैट्रिक द्वीप, किंग विलियम द्वीप, एलीफ रिंगनेस द्वीप, जमैका, बाईलट द्वीप, केपब्रेटन द्वीप, प्रिंस चार्ल्स द्वीप, कोडियाक द्वीप (अंत में एक यूएसए में)

Source: *World Geography by Majid Husain*
Worldatlas.com

तालिका 6.33: उत्तर अमेरिका के 10 सबसे बड़े देश (भू-क्षेत्र के आधार पर)

क्र.सं.	देश	क्षेत्रफल (वर्ग किमी. में)	क्षेत्रफल (वर्ग मील में)
1.	कनाडा	9,984,670	3,854,083
2.	संयुक्त राज्य अमेरिका	9,372,610	3,617,827
3.	मैक्सिको	1,964,375	758,249
4.	निकारगुआ	130,373	50,324
5.	होंडुरस	112,492	43,422
6.	क्यूबा	109,884	42,415
7.	ग्वाटेमाला	108,889	42,031
8.	पनामा	75,417	29,111
9.	कोस्टारिका	51,100	19,725
10.	बेलिजी	22,966	8,865

Source: *www.worldometers.info*

तालिका 6.34: उत्तरी अमेरिका की जनांकिकीय विशेषताएं

क्र.सं.	विवरण	तथ्य
1.	जनसंख्या	372 मिलियन
2.	जनसंख्या के हिसाब से सबसे बड़ा देश	यूएसए (331 मिलियन)
3.	सबसे घनी आबादी वाला देश	सिंट मार्टेन (नीदरलैंड का राज्य) 1,293 लोग/वर्ग किमी.
4.	सबसे से कम घनी आबादी वाला देश	ग्रीनलैंड, 0.03 लोग/वर्ग किमी.
5.	लिंग अनुपात	प्रति 1000 पुरुषों पर 1020 महिलाएं
6.	माध्यिका आयु	38.6 साल
7.	शिशु मृत्यु दर	5.4 (प्रति 1,000 जीवित जन्मों पर शिशु मृत्यु)
8.	शहरी आबादी	82.6%
9.	सबसे बड़ा शहरी क्षेत्र	20,892,724 की आबादी वाला मेक्सिको सिटी
10.	जनसंख्या घनत्व	20 प्रति वर्ग किमी (51 व्यक्ति प्रति वर्ग मील)

Source: *https://www.worldatlas.com, UN Population Division*

तालिका 6.35: विभिन्न फसलों का सबसे अधिक उत्पादन करने वाले राज्य

क्र.सं.	फसल	राज्य
1.	सेब	नोवा-स्कोटिया (कनाडा)
2.	जौ	एल्बर्टा (Alberta-Canada)
3.	मक्का	इलिनोय (यू.एस.ए.), ओंटारियो (कनाडा)
4.	कपास	टेक्सास (Texas)
5.	अँगूर	कैलिफोर्निया (California)
6.	मूँगफली	जॉर्जिया (Georgia)
7.	संतरे	फ्लोरिडा (Florida)
8.	चावल	अरिजोना (Arizona)
9.	गन्ना	फ्लोरिडा (Florida)
10.	तम्बाकू	केन्टुकी (Kentucky)

खनन केन्द्र (Mining Centres)

लोहा: मेसाबी, मारक्वेट (मिनिसोटा), वर्मीलियन (दक्षिण डकोटा), अल्बामा, रेड-माऊँटेन, न्यू-जर्सी, पेनसिल्वेनिया।

तांबा: अरिजोना, मिनिसोटा, मिशिगन, मोंटाना, नेबाडा, टेनेसी तथा न्यू-मैक्सिको।

सोना: अलास्का (यूकन नदी घाटी), अरिजोना, कोलोराडो, इदाहो तथा मोंटाना।

कोयला: एपलेशियन पर्वत।

लौह-इस्पात औद्योगिक केन्द्र: एलनटाऊन, बाल्टीमोर, बफैलो, केम्डन, शिकागो, क्लिवलैंड, डेट्रॉयट, गैरी, लॉरैन, लोवेल, मिलवॉकी, मोरिसविली, फिलिस्बर्ग, पिट्सबर्ग, स्पैरो-प्वाइंट, सेन्ट-लूइस, टोलेडो (संयुक्त राज्य अमेरिका), बैल द्वीप, हेमिल्टन, नियाग्रा, नोवा-स्कोटिया, पोर्ट-कोलबोर्न, सेन्ट मेरी, टोरन्टो (कनाडा)

तालिका 6.36: उत्तरी अमेरिका के प्रमुख औद्योगिक केन्द्र

क्र.सं.	उद्योग	प्रमुख औद्योगिक केन्द्र
1.	हवाई जहाज	अटलान्टा, बाल्टीमोर, बफैलो, लास-एंजिल्स, सेन-डियागो तथा सिएटल
2.	कृषि मशीनरी	शिकागो, सिनसिनाटी, विनिपेग
3.	सूती वस्त्र	लोवेल, बोस्टन, टेक्सास, लॉरैंस
4.	फिल्म उद्योग	लॉस-एंजिल्स
5.	गलास (Glass) उद्योग	टोलेडो
6.	मोटरकार/परिवहन	डेट्रॉयट, क्लिवलैंड, बफैलो
7.	पैट्रोकैमिकल	ह्यूस्टन (Houston)
8.	रेल के डिब्बे	शिकागो, फिलाडेल्फिया
9.	रबड़ उद्योग तथा टायर	एकरोन
10.	पोत निर्माण	डेलावेयर, सेन डियागो, न्यूयॉर्क
11.	कागज उद्योग	कैलिफोर्निया, शिकागो, न्यूयॉर्क, बोस्टन
12	प्रिंटिंग तथा पब्लिशिंग	फिलाडेल्फिया, न्यूयॉर्क, लॉस-एंजिल्स, बोस्टन

तालिका 6.37: उत्तरी अमेरिका के खनिज संसाधन

क्र.सं.	खनिज	देश
1.	कोयला	मिसीसिपी, ओहियो, लोलैंड और द ग्रेट प्लेनस, पेंसिलवानिया, प. वर्जीनिया और केन्टुकी, मिशीगन बेसिन, विल्सटोन वेलिन अलबर्टा बेसिन
2.	तेल एवं प्राकृतिक गैस	पेशिलवानिया, लीमा (ओहियो, मिशीगन बेसिन, इलीनोइस कंसास और ओकाहॉगा, हेक्सास, मैक्सिको)
3.	लौह अयस्क	मेसावी, मरकट (मिनीसोटा) वर्मीलियन (द. डकोटा) अलवामा, वेड माउंटेन, न्यू जर्सी, पेंसिलवानिया
4.	सोना	अलास्का (यकोन नदी घाटी) एरीजोना, कोलोराडो, इडाहो, मोंटाना
5.	सल्फर	कनाडा और संयुक्त राज्य अमेरिका
6.	नमक	टैक्सास, उटाह, कंजास, लूसियाना, मिशिगन, ओहियो, प. न्यूयार्क और लोअर आंटेरियो
7.	माइका	जार्जिया, उत्तरी कारोलीना, द. डकोटा और वर्जीनिया
8.	नमक	पेंसिलवानिया, न्यूयार्क
9.	चूना पत्थर	दक्षिणी इंडियाना
10.	सेमीप्रीसिमस स्टोन	मैक्सिको, यूएसए
11.	ओपल्स	मैक्सिको
12.	फोस्फेट	फ्लोरिडा, उत्तरी कारोलिना
13.	हीलियम	केंसास और टेक्सास
14.	ताँबा	चिली, मैक्सिको, पेस एरिजोना, मिनीसोटा, मिशीगन मोंटाना, नेवादा, टेनिली

Source: *Encyclopaedia Britannica*

कनाडा एवं संयुक्त राज्य अमेरिका के प्रमुख बाँध

कास्केड बाँध, बैरियर बाँध, (ब्रिटिश कोलम्बिया), घोस्ट बाँध, ग्रेट-फॉल बाँध, पीस कैनियन बाँध (एलबटी), सेविन सिस्टर बाँध, बुचनान डैम (कोलोराडो नदी), हूवर बाँध (कोलोराडो नदी), पार्कर बाँध (स्नेक नदी), सुवान-फाल बाँध (स्नेक नदी)

अन्य विशेष भू-आकृतियाँ

1. ग्रेट बेसिन
2. कैनेडियन शील्ड
3. ग्रेट-मैदान
4. लैब्रेडोर प्रायद्वीप
5. तटीय मैदान
6. युकाटान प्रायद्वीप
7. कोलोराडो पठार
8. फ्लोरिडा प्रायद्वीप
9, मैक्सिको का पठार

सांस्कृतिक परिपेक्ष्य

कुल जनसंख्या: 61,82,00,000 व्यक्ति।

विश्व का दूसरा सबसे बड़ा देश: कनाडा (क्षेत्रफल: 99,84,670 वर्ग किलोमीटर)।

विश्व का चौथा सबसे बडा देश: संयुक्त राज्य अमेरिका (क्षेत्रफल: 95,22,058 वर्ग किलोमीटर)।

संयुक्त राज्य अमेरिका के क्षेत्रफल में बड़े राज्य:

(1) अलास्का, (2) टेक्सास,
(3) कैलिफोर्निया, (4) मोंटाना।

- **संयुक्त राज्य अमेरिका का सबसे छोटा राज्य:** रोड द्वीप (Rhode Island).
- **संयुक्त राज्य अमेरिका की सबसे अधिक जनसंख्या वाला राज्य:** कैलिफोर्निया।
- **संयुक्त राज्य तथा कनाडा की सीमा:** 49° उत्तरी अक्षांश।
- **उत्तरी अमेरिका का सबसे व्यस्त जलमार्ग:** सेंट लॉरेंस नदी।
- **कनाडा-प्रशांत रेलवे:** हैलिफैक्स से प्रिंस रूपर्ट (ब्रिटिश कोलम्बिया)

- **इरी तथा ओंटारियो को मिलाने वाली नहर:** वैलण्ड नहर (Welland Canal)
- **सबसे अधिक ज्वारभाटा:** फुंडी की खाड़ी में आते हैं।
- **विश्व की लौह-इस्पात की राजधानी:** पिट्सबर्ग।
- **कनाडा का सबसे बड़ा नगर:** टोरन्टो।
- **कनाडा का सबसे बड़ा सूबा:** क्युबेक।
- **कनाडा की सबसे लम्बी नदी:** मेकेन्ज़ी।
- **कनाडा का सबसे अधिक जनसंख्या का सूबा:** ओंटारियो।
- **एस्कीमो राज्य:** नूनावुत (Nunavut)
- **नियाग्रा जल-प्रपात:** अमेरिका तथा कनाडा की सीमा पर है।
- **ओल्ड फेथफुल गीजर** (Old Faithful Geyser) येलो स्टोन पार्क में है।
- **सबसे अधिक जनसंख्या घनत्व का देश:** बरमुडा – 1237 व्यक्ति प्रति वर्ग किलोमीटर।
- **सबसे कम जनसंख्या घनत्व वाला क्षेत्र:** नवासाद्वीप।
- **सबसे बड़ा नगर:** मैक्सिको सिटी (19,411,000)
- **दूसरा सबसे बड़ा नगर:** न्यूयॉर्क (18,718,000)
- **तीसरा सबसे बड़ा नगर:** लॉस एंजिल्स (12,298,000)।
- **जनजातियां:** संयुक्त राज्य अमेरिका तथा कनाडा में लगभग बीस लाख जनजातियों के लोग हैं।

महत्वपूर्ण शब्दावली (Important Termenologies)

कॉर्डीलेरा — इस शब्द का प्रयोग वलित चट्टानों के लिए किया जाता है, वे मुड़ी हुई रस्सी जैसे लगते हैं। कॉर्डीलेरा पैसिफिक रिंग ऑफ फायर के भाग है।

चैपेरल — कैलिफोर्निया राज्य में भूमध्य सागरीय वनस्पति को चैपेरल के नाम से जाना जाता है। यह उत्तरी अमेरिका के दक्षिण पश्चिम में कड़ी पत्ती की झाड़ी वाली सदाबहार वनस्पति है जो बहुतायत में कैलिफोर्निया के तटीय क्षेत्रों और बाजा कैलिफोर्निया में केन्द्रित है।

प्रेअरीज — उत्तरी अमेरिका के मध्य में गेहूं से ढकी भूमि, वृक्षहीन घास स्थल, जो कनाडा में दक्षिणी एल्बर्टा तथा मेनीसोटा और मध्यवर्तीय संयुक्त राज्य अमेरिका में राकी पर्वतों की तलहटी किशिगन झील के पूर्वी भाग तक फैले हैं। इन क्षेत्रों में होने वाली ग्रीष्मकालीन हल्की वर्षा तथा उच्च ताप के कारण घास अधिक होती है, परंतु वृक्ष नहीं उगते। ये जलवायु दशाएं खाद्यान्न उत्पादन के लिए अनुकूल होती हैं और इसलिए आजकल ये घास स्थल संसार के महत्वपूर्ण गेहूँ उत्पादक स्थल हैं।

चिनूक — (स्नोईस्टर) स्थानीय गर्म हवा राकीज के पूर्वी भाग से नीचे उतरती है।

7. दक्षिणी अमेरिका (South America)

दक्षिणी अमेरिका विश्व का चौथा सबसे बड़ा महाद्वीप है। दक्षिणी अमेरिका एण्डीज पर्वत, अमेजन नदी तथा विषुवत रेखीय सदाबहार वनों (Selvas) के लिये जाना जाता है।

तालिका 6.38: दक्षिणी अमेरिका की स्थलाकृतिक तथा जलवायुविक अतिरेक

क्र.सं.	विशेष	तथ्य
1.	महाद्वीप का आकार	17.8 मिलियन वर्ग किमी.
2.	पृथ्वी के भूभाग का प्रतिशत	11.9%
3.	उच्चतम बिंदु	अकोन्कागुआ, अर्जेन्टीना (6901 मी./22641 फीट)
4.	निम्नतम बिंदु	लेगूना डेल कार्बन, 344 फीट
5.	भौगोलिक केन्द्र	चपाडा डोल, गुई मारीज, माटोग्रोसो राज्य में (ब्राजील) में 15°27' दक्षिण 55°44° पश्चिम
6.	क्षैतिज चौड़ाई	लीमा (पेठ) से फोर्टालेजा (ब्राजील) 2705 मील (4353 किमी.)

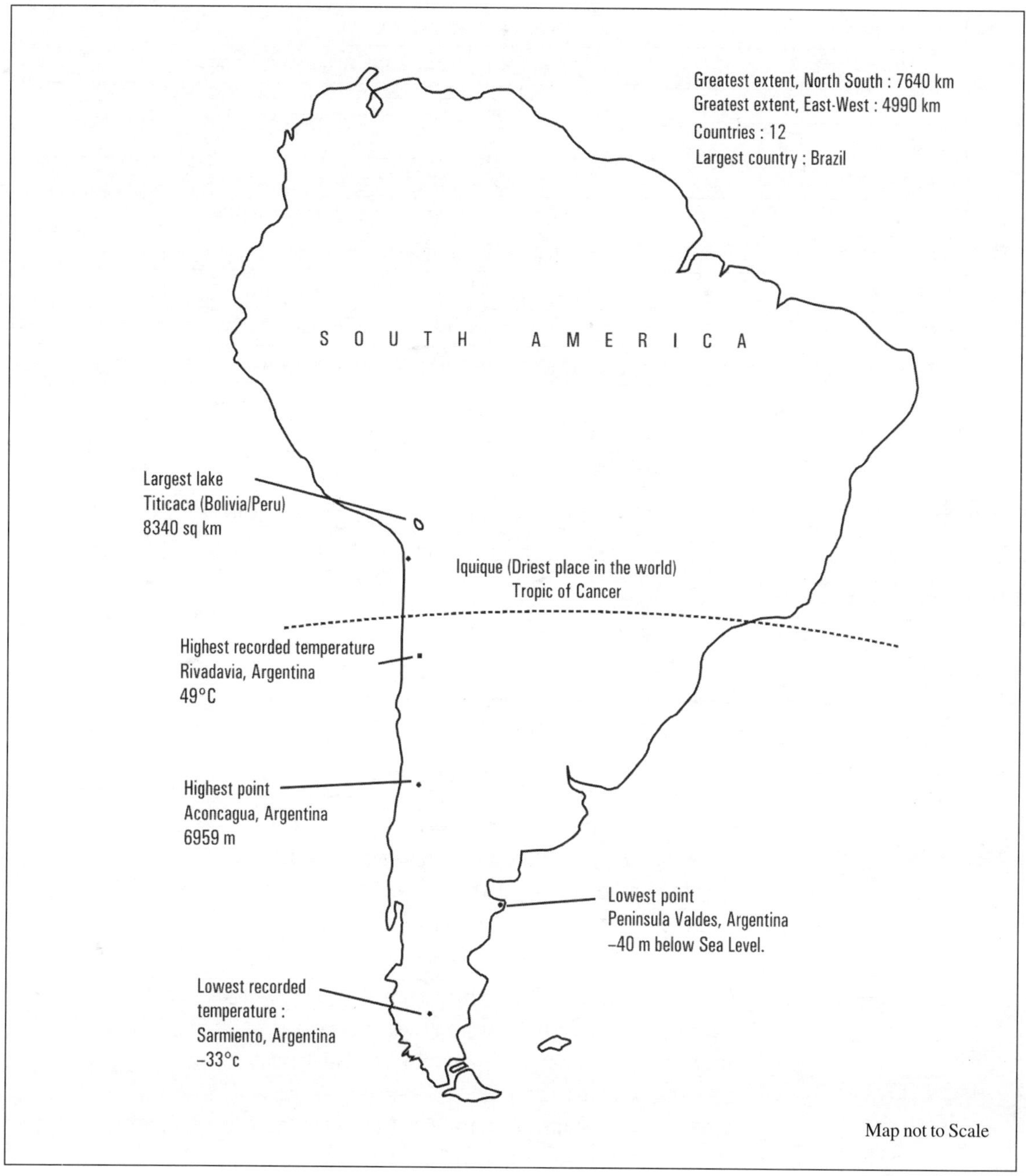

Fig. 6.7 South America

7.	लम्बवत लम्बाई	कार्टेजीना, कोलम्बिया से दक्षिण में
8.	सबसे लम्बी शृंखला	एण्डीज, लगभग 7000 किमी. (4300 मील) लम्बी
9.	उच्चतम अंकित तापमान	48.9° से (120° का) अर्जेंटीना 11 दिसम्बर 1905 को
10.	निम्नतम अंकित तापमान	–32.8° से (–27° का) सारमीटो में अर्जेंटीना में 1 जून 1907 को
11.	सबसे बड़ा द्वीप	द इसला ग्रांडे
12.	सबसे बड़ी झील	टीटीकाका (8372 वर्ग किमी.) बोलीविया (पेरू)
13.	सबसे गहरी झील	सेन मार्टिन (अधिकतम गहराई 836 मी.)
14.	सबसे लम्बी नदी	अमेजन नदी 6400 किमी. लम्बी, देश ब्राजील कोलम्बिया, पेरू
15.	दूसरी सबसे लम्बी नदी	रियो पराना 4880 किमी. लम्बी देश-अर्जेंटीना, ब्राजील, परगुए
16.	आद्रतम स्थल	क्यूको (कोलम्बिया) 350' वारिज (890 सेमी.)
17.	उत्तरतम बिंदु	सांटा कैटालिना द्वीप, कोलम्बिया, 13°23'18" उत्तर 81°22'25" पश्चिमी
18.	दक्षिणतम बिंदु	एगूइला इसलेट 56°32'16" दक्षिण 68°43'10" पश्चिम
19.	पश्चिमतम बिंदु	डार्विन द्वीप 1.678° उत्तर 92.003° पश्चिम
20.	पूर्वतम बिंदु	ल्हा डो सुल 20°29'50" दक्षिण 28°50'51" पश्चिम
21.	सबसे बड़ा डेल्टा	मराओ, पाराराज्य, (ब्राजील) अमेजन नदी

Source: *World Geography by Majid Husain*
Worldatlas.com

भौतिक विशेषताएं

तालिका 6.39: दक्षिणी अमेरिका की भौतिक विशेषताएँ

1. मरुस्थल	**पेटागोनिया मरुस्थल** (अर्जेंटीना) क्षेत्रफल 673000 वर्ग किमी. अशकामा मरुस्थल (पेरू) क्षेत्रफल 105,000 वर्ग किमी. तटीय चिली और पेरू के ऊपर फैला है। यह विश्व का सबसे शुष्क मरुस्थल है जहाँ पिछले 400 वर्षो से कोई वर्षा रिकार्ड नहीं की गई है। यहाँ नाइट्रेट, आयोडीन, और बोरेक्स प्रचुरता में मिलती है नाइट्रेट का प्रयोग मुख्य रूप से गन पाउडर, दवाइयाँ और खाद बनाने में किया जाता है। **मेचुरा मरुस्थल** (पेरू में प्रशान्त महासागर तट के सहारे क्षेत्रफल 188735 वर्ग किमी.
2. पर्वत शृंखलाएं	**एन्डीयन पर्वत या एन्डीज** यह लगभग 4500 मील (7242 किलोमीटर) लम्बा है। एकोनकागुआ सर्वोच्च बिन्दु है। (अर्जेंटीना) जो कि 69608 मीटर ऊँचा है **सिएस नेवादा डे सान्टा मार्टा** क्षेत्रफल 17000 वर्ग किमी. पिंको साइमन बोलीवर सबसे ऊँची चोटी है (5700 मीटर) **कॉर्डीला ब्लांका श्रेणी** पेरू में स्थिति है (200 किमी. लम्बी 21 किमी. चौड़ी। सर्वोच्च चोटी हुआसकरन (6768 मीटर) है। **सेरादो मार श्रेणी** ब्राजील में स्थित है। यह 1500 किमी. लम्बी है और इसकी सबसे ऊँची चोटी पिको पराना है जो 1877 मीटर ऊँची है। ये श्रेणी ब्राजील में अटलांटिक महासागर के समानांतर है। **मान्टीक्वीरा पर्वत:** ये द.पू. ब्राजील में स्थित है। पेडूडा मिना (2798 मीटर) उच्चतम बिंदु है। **कॉर्डीलेरा पेनी शृंखलाएं** यह चिली में पेटागोनिया में टोरेडेल पेनी राष्ट्रीय पार्क में स्थित है। सेरो पेनी ग्रांडे (2884 मीटर) सर्वोच्च बिन्दु है। **विल्देलमिना पर्वत शृंखला:** सुरीनाम में स्थित है। यह 113 किमी. लम्बी है। इसकी सर्वोच्च चोटी जुलियाना टोप (1280 मीटर) है।

	कॉर्डीलेरा हुआयुहुआश: पेरू में स्थित है। यह 30 किमी. लम्बी है। सर्वोच्च चोटी येरुपागा 6635 मीटर है
3. नदियाँ	**अमेजन नदी:** लम्बाई 6400 किमी., देश-ब्राजील, कोलंबिया, पेरू **रियो पराना:** लम्बाई 4800 किमी., देश-अर्जेंटीना, ब्राजील परगुए **मेडीरा:** लम्बाई 3250 किमी., देश-बोलीविया, ब्राजील **रियो पैराग्वे:** लम्बाई 3211 किमी., देश-ब्राजील, पेरू **रियो सैन फ्रांसिस्को:** लम्बाई 2830 किमी., देश-ब्राजील **रियो टोकोटिस:** लम्बाई 2640 किमी., देश-ब्राजील **रियो अरासुइया:** लम्बाई 2627 मिमी., देश-ब्राजील **रियो पराग्वे:** लम्बाई 2621 किमी., देश-पराग्वे, ब्राजी, पेरू, बोलीविया **रियो मिलकोमायो:** लम्बाई 2500 किमी., देश-अर्जेंटीना, बोलीविया पराग्वे **रियो जुरुआ:** लम्बाई 2414 किमी., देश-ब्राजील, पेरू
4. झीलें	**टीटीकाका** (8377 वर्ग किमी.) बोलोविया पेरू **मार चिक्विटा** (6000 वर्ग किमी) अर्जेंटीना **जनरल कोरीरा** झील/ब्यूनस आयर्स झील (1850 वर्ग किमी.) चिली, अर्जेंटीना **लागो अर्जेंटीनो** (1415 वर्ग किमी.) अर्जेंटीना **वीदमा** (1088 वर्ग किमी.) अर्जेंटीना और चिली
5. पठार	**अटाकामा पठार** यह लगभग 200 मील (320 किमी.) लम्बा (उत्तर-दक्षिण) और 150 मील (240 किमी.) चौड़ा और औसत ऊँचाई 11000-13000 फीट (3300 से 4000 मीटर) **अल्टीप्लानो पठार** 800 किमी. लम्बा, औसत ऊँचाई 3700 मीटर स्थिति बोलीविया
6. द्वीप समूह	**गालापागेस द्वीप समूह**, इक्वाडोर **पूर्वी द्वीप समूह**, चिली **ल्हा ग्रांडे** ब्राजील **लसला सुआसी** पेरू **तिनहारे द्वीप समूह** ब्राजील **सेन एंड्रूज** कोलम्बिया
7. कपास	पूर्वी ब्राजील के सवाना घास की भूमि
8. ग्रेन चाको	सेलवास के दक्षिण में शीतोष्ण वन हैं और दक्षिणी-पश्चिमी ब्राजील और उत्तर-पश्चिम में झाड़ियाँ हैं
9. लानोस	ये वेनेजुएला की सवाना घास भूमि है।
10. सेल्वास	ये अमेजन बेसिन के वर्षा वन हैं।
11. पम्पास	ये अमेजन बेसिन के वर्षा वन हैं।
12. ड्राउट पोलीगन	यह उ.पू. ब्राजील का क्षेत्र है जो सूखे से प्रभावित है।
13. एस्टानिसियस	अर्जेंटीना के पशुफार्मा को एस्टानासियस कहा जाता है।
14. फाजीन्डास	फ्राजीके कौकी पौधा रोपड़ फार्म
15. गुआनो	गुआनो चिड़िया की बीट कीमती खाद है ये चिड़िया हजारों की संख्या के रॉकी पर्वत पर पेरू और चिली के तट पर मिलती है।

Source: *World Geography by Majid Husain*
Worldatlas.com

तालिका 6.40: मुख्य फसलें तथा उनके प्रमुख उत्पादक देश

क्र.सं.	फसल	उत्पादक देश
1.	मांस/गोश्त (Beef)	अर्जेन्टीना
2.	कॉफी	ब्राजील
3.	कपास	ब्राजील
4.	मछली	पेरू
5.	सोयाबीन	ब्राजील
6.	गेहूँ	अर्जेन्टीना
7.	गन्ना	ब्राजील
8.	सूरजमुखी	अर्जेन्टीना

तालिका 6.41: दक्षिण अमेरिका के 10 सबसे बड़े देश (क्षेत्रफल के आधार पर)

क्र.सं.	देश	भू-क्षेत्र (वर्ग किमी. में)
1.	ब्राजील	8,515,799
2.	अर्जेन्टीना	2,780,400
3.	पेरू	1,285,216
4.	कोलम्बिया	1,141,748
5.	बोलीविया	1,098,581
6.	वेनेजुएला	916,445
7.	चिली	756,102
8.	पराग्वे	406,750
9.	इक्वाडोर	276,841
10.	गुयाना	214,969

Source: *www.worldometers.info*

तालिका 6.42: दक्षिणी अमेरिका की जनांकिकी विशेषताएं

क्र.सं.	विशेष	तथ्य
1.	जनसंख्या (लैटिन अमेरिका और कैरेबियन)	664,355,942
2.	जनसंख्या के हिसाब से सबसे बड़ा देश	ब्राजील (215,353,593)
3.	सबसे घनी आबादी वाला देश	इक्वाडोर, 65 व्यक्ति प्रति वर्ग किमी.
4.	सबसे से कम घनी आबादी वाला देश	फॉकलैंड द्वीप समूह, 0.29 व्यक्ति प्रति वर्ग किमी.
5.	लिंग अनुपात	प्रति 1000 पुरुषों पर 1030 महिलाएं
6.	माध्यिका आयु	31.0 साल
7.	शिशु मृत्यु दर	15.5
8.	शहरी आबादी	82.5%
9.	सबसे बड़ा शहरी क्षेत्र	साओ पाउलो, ब्राजील (21.7 मिलियन लोग)
10.	जनसंख्या घनत्व	32 प्रति वर्ग किमी.

Source: *https://www.worldatlas.com, UN Population Division*

तालिका 6.43: दक्षिणी अमेरिका के खनिज संसाधन

क्र.सं.	खनिज	देश
1.	कोयला	ब्राजील, कोलम्बिया, चिली, वेनेजुएला, पेरू, अर्जेंटीना इक्वाडोर, बोलीविया
2.	पेट्रोलियम	वेनेजुएला, ब्राजील, इक्वाडोर, कोलम्बिया, अर्जेंटीना, पेरू, चिली, बोलीविया
3.	प्राकृतिक गैस	वेनेजुएला, ब्राजील, पेरू, अर्जेंटीना, बोलीविया, कोलंबिया, चिली, इक्वाडोर
4.	लोहा	चिली, पेरू, बोलीविया, अर्जेंटीना, कोलम्बिया, ब्राजील
5.	मैंगनीज	चिली, पेरू, बोलीविया, अर्जेंटीना, कोलम्बिया, ब्राजील, इक्वाडोर, वेनेजुएला, सुरीनाम, उरुग्वे, गुमाना, पराग्वे
6.	टिन	ब्राजील, बोलीविया, अर्जेंटीना, पेरू, वेनेजुएला, इक्वाडोर, सुरीनाम,. चिली
7.	एल्यूमिनियम	गुयाना, ब्राजील, सुरीनाम, वेनेजुएला, कोलम्बिया, अर्जेंटीना, पेरू, बोलीनिया, फ्रेंच गुयाना, चिली
8.	जिंक	चिली, पेरू, बोलीविया, अर्जेंटीना, कोलम्बिया, ब्राजील, इक्वाडोर, वेनेजुएला, उरुग्वे, पराग्वे
9.	ताँबा	चिली, पेरू, बोलीविया, अर्जेंटीना, कोलम्बिया, ब्राजील, इक्वाडोर, वेनेजुएला, सुरीनाम, उरुग्वे, गुयाना, पराग्वे
10.	हीरा	ब्राजील, वेनेजुएला, गुयाना, सुरीनाम, बोलीविया
11.	सोना	चिली, कोलम्बिया, पेरू, बोलीविया, अर्जेंटीना, कोलम्बिया, ब्राजील, इक्वाडोर, वेनेजुएला, सुरीनाम, उरुग्वे
12.	सीसा	पेरू, अर्जेंटीना, बोलीविया, चिली, कोलम्बिया, ब्राजील, इक्वाडोर, नेनेजुएला, उरुग्वे, पराग्वे
13.	चाँदी	पेरू, चिली, अर्जेंटीना, बोलीविया, कोलम्बिया, इक्वाडोर, ब्राजील, वेनेजुएला, उरुग्वे, गुयाना,

Source: *Encyclopaedia Britannica*
United States Energy Information Administration

विश्व एक दृष्टि में

तालिका 6.44: विश्व के सबसे बड़े देश (क्षेत्रफल के आधार पर)

क्र.सं.	देश	महाद्वीप	क्षेत्रफल (वर्ग किमी.)
1.	रूस	एशिया	17,098,242
2.	कनाडा	उ. अमेरिका	9,984,670
3.	संयुक्त राज्य (क्षेत्रों सहित)	उ. अमेरिका	9,833,517
4.	चीन	एशिया	9,596,961
5.	ब्राजील	द. अमेरिका	8,515,767
6.	ऑस्ट्रेलिया	ऑस्ट्रेलिया/ओशेनिया	7,692,024
7.	भारत	एशिया	3,287,263
8.	अर्जेंटीना	द. अमेरिका	2,780,400
9.	कजाखस्तान	एशिया	2,724,900

10.	अल्जीरिया	अफ्रीका	2,381,741
11.	कांगो डेमोक्रेटिक रिपब्लिक	अफ्रीका	2,344,858
12.	ग्रीनलैंड (डेनमार्क)	उ. अमेरिका	2,166,086
13.	सऊदी अरब	एशिया	2,149,690
14.	मैक्सिको	उ. अमेरिका	1,964,375
15.	इंडोनेशिया	एशिया	1,904,569
16.	सूडान	अफ्रीका	1,861,484
17.	लीबिया	अफ्रीका	1,759,540
18.	ईरान	एशिया	1,648,195
19.	मंगोलिया	एशिया	1,564,116
20.	पेरू	द. अमेरिका	1,285,216

Source: *Encyclopaedia Britannica*

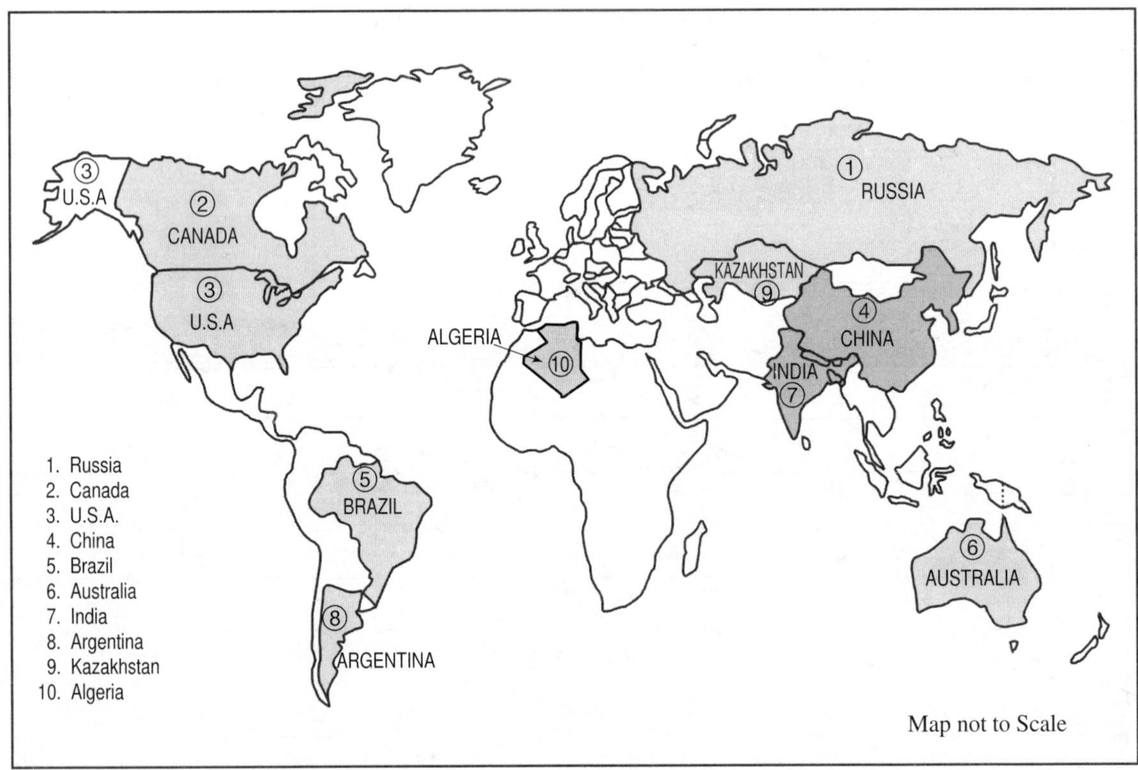

Fig. 6.8 Largest countries of the world by area

तालिका 6.45: विश्व के सबसे छोटे देश (क्षेत्रफल के आधार पर)

क्र.सं.	देश	महाद्वीप	क्षेत्रफल (वर्ग किमी.)
1.	वेटिकन सिटी	यूरोप	0.44
2.	मोनाको	यूरोप	2.02
3.	नौरु	ओशेनिया	21
4.	तुबालु	ओशेनिया	26
5.	सान मारीनो	यूरोप	61
6.	लिचटेंस्टीन	यूरोप	160
7.	मार्शल द्वीप समूह	ओशेनिया	181
8.	सेंटकिट्स और नेविस	उ. अमेरिका	261
9.	मालदीव	एशिया	298
10.	माल्टा	यूरोप	316
11.	ग्रनेडा	उ. अमेरिका	344
12.	सेंट विसेंट और ग्रेनेडीज	उ. अमेरिका	389
13.	बारबाडोस	उ. अमेरिका	431
14.	एंटीगुआ और बरबुडा	उ. अमेरिका	443
15.	शिसेल्स	अफ्रीका	455
16.	पलाउ	ओशेनिया	459
17.	अंडोरा	यूरोप	468
18.	सेंट लूसिया	उ. अमेरिका	606
19.	सिंगापुर	एशिया	687
20.	माइक्रोनेशिया	ओशेनिया	702

Source: *Encyclopaedia Britannica*

तालिका 6.46: विश्व की सबसे लम्बी पर्वत शृखलाएं

क्र.सं.	पर्वत शृंखलाएं	लम्बाई (किमी. में)
1.	एन्डीज	7000
2.	राकीज	4830
3.	ग्रेट डिवाइडिंग रेंज	3500
4.	ट्रांससटेरक्टिक पर्वत	3500
5.	यूराल पर्वत	2500
6.	एटलस पर्वत	2500
7.	अप्टोशियन पर्वत	2414
8.	हिमालय	2400
9.	अल्टाई पर्वत	2000
10.	पश्चिमी घाट	1600
11.	आल्पस	1200
12.	ड्रकिन्सबर्ग	1125
13.	अरावली शृंखलाएं	800

Source: *Encyclopaedia Britannica, geology.com*

तालिका 6.47: विश्व की सबसे ऊँची पर्वत चोटियाँ

क्र.सं.	पर्वत चोटी	शृंखला	स्थिति	ऊँचाई	
				फीट	मीटर
1.	एवरेस्ट[1]	हिमालय	नेपाल/तिब्बत	29,035	8,850
2.	के2 गॉडविन ऑस्टिन	काराकोरम	पाकिस्तान/चीन	28,250	8,611
3.	कंचनजंगा	हिमालय	भारत/नेपाल	28,169	8,586
4.	ल्होत्से I	हिमालय	भारत/तिब्बत	27,940	8,516
5.	मकालु I	हिमालय	नेपाल/तिब्बत	27,766	8,463
6.	चो ओयू	हिमालय	नेपाल/तिब्बत	26,906	8,201
7.	धौलागिरि	हिमालय	नेपाल	26,795	8,167
8.	मनासक I	हिमालय	नेपाल	26,781	8,163
9.	नंगा पर्वत	हिमालय	पाकिस्तान	26,660	8,125
10.	अन्नपूर्णा	हिमालय	नेपाल	26,545	8,091
11.	गाशेरवर्म I	काराकोरम	पाकिस्तान/चीन	26,470	8,068
12.	ब्रॉड पीक	काराकोरम	पाकिस्तान/चीन	26,400	8,047
13.	गाशेरवर्म II	काराकोरम	पाकिस्तान/चीन	26,360	8,035
14.	शीशमा पंगमा (गोसाईंथान)	हिमालय	तिब्बत	26,289	8,013
15.	अन्नपूर्णा I	हिमालय	नेपाल	26,041	7,937
16.	ग्याशुंग कांग	हिमालय	नेपाल	25,910	7,897
17.	दिस्टेगहिल सर	काराकोरम	पाकिस्तान	25,858	7,882
18.	हिमालचूली	हिमालय	नेपाल	25,801	7,864
19.	नुपट्से	हिमालय	नेपाल	25,726	7,841
20.	नंदा देवी	हिमालय	भारत	25,663	7,824
21.	माशेरब्रम	काराकोरम	कश्मीर	25,660	7,821
22.	राकापोशी	कराकोरम	पाकिस्तान	25,551	7,788
23.	कंजूट सर	कराकोरम	पाकिस्तान	25,461	7,761
24.	कामेट	हिमालय	भारत/तिब्बत	25,446	7,756
25.	नामचा बारवा	हिमालय	तिब्बत	25,445	7,756
26.	गुर्ला मांधाता	हिमालय	तिब्बत	25,355	7,728
27.	उलुघ मुजताघ	कुनलून	तिब्बत	25,340	7,723
28.	कुंगुर	मुज्ग एटा	चीन	25,325	7,719
29.	तिरिच मीर	हिन्दु कुश	पाकिस्तान	25,230	7,690

30.	सासेर कांगरी	कराकोरम	भारत	25,172	7,672
31.	मकालू	हिमालय	नेपाल	25,120	7,657
32.	मिन्या कोंका (गोंगा शान)	दाक्शू शॉन	चीन	24,900	7,590
33.	कुला कांगरी	हिमालय	भूटान	24,783	7,554
34.	चांग त्जु	हिमालय	तिब्बत	24,780	7,553
35.	मुजताघ आटा	मुज्तहा अटा	चीन	24,757	7,546
36.	स्काईअंग कांगरी	हिमालय	कश्मीर	24,750	7,544
37.	इस्माइल समानी चोटी (फॉर्मली कम्युनिज्म चोटी)	पामीर	ताजिकिस्तान	24,590	7,495
38.	जोगसोंग चोटी	हिमालय	नेपाल	24,472	7,459
39.	पोबेडा चोटी	तियान शॉन	किर्गिस्तान	24,406	7,439
40.	सिया कांगरी	हिमालय	कश्मीर	24,350	7,422
41.	हारामोश चोटी	काराकोरम	पाकिस्तान	24,270	7,397
42.	इस्तोरो नाल	हिंद कुश	पाकिस्तान	24,240	7,388
43.	टेंट चोटी	हिमालय	तिब्बत/भूटान	24,165	7,365
44.	चोमो लहारी	हिमालय	तिब्बत/भूटान	24,040	7,327
45.	चामलांग	हिमालय	नेपाल	24,012	7,319
46.	कब्रू	हिमालय	नेपाल	24,002	7,316
47.	अलंग गांगरी	हिमालय	तिब्बत	24,000	7,315
48.	बालतोरो कांगडी	हिमालय	कश्मीर	23,990	7,312
49.	मुज्ताग अटा (के-5)	कुनलुन	चीन	23,890	7,282
50.	माना	हिमालय	भारत	23,860	7,273
51.	बरुनत्से	हिमालय	नेपाल	23,688	7,220
52.	नेपाल चोटी	हिमालय	नेपाल	23,500	7,163
53.	आम्ने माचिन	कुनलुन	चीन	23,490	7,160
54.	गोरी संकर	हिमालय	नेपाल/तिब्बत	23,440	7,145
55.	बद्रीनाथ	हिमालय	भारत	23,420	7,138
56.	नुनकुन	हिमालय	कश्मीर	23,410	7,135
57.	लीन चोटी	पामीर	ताजिकिस्तान/किर्गिस्तान	23,405	7,134
58.	पिरामिड	हिमालय	नेपाल	23,400	7,132
59.	अपी	हिमालय	नेपाल	23,399	7,132
60.	पाहुनरी	हिमालय	भारत/चीन	23,385	7,128
61.	त्रिसूल	हिमालय	भारत	23,360	7,120

62.	कोरझीनेवस्की चोटी	पामीर	ताजिकिस्तान	23,310	7,105
63.	कांगलू	हिमालय	तिब्बत	23,260	7,090
64.	नियोनक्वेन्टागल्ह	नियेनक्वेटागल्ह	चीन	23,255	7,088
65.	त्रिशूल	हिमालय	भारत	23,210	7,074
66.	दूनागिरि	हिमालय	भारत	23,184	7,066
67.	रिवोल्यूशन चोटी	पामीर	तजिकिस्तान	22,880	6,974
68.	मकोनकाजुआ	एंडीज	अर्जेंटीना	22,834	6,960
69.	ओजम डेल सलादो	एंडीज	अर्जेंटीना/चिलि	22,664	6,908
70.	बोनेत	एंडीज	अर्जेंटीना/चिलि	22,546	6,872
71.	अमा डबलाम	हिमालय	नेपाल	22,494	6,856
72.	तुपुंगातो	एंडीज	अर्जेंटीना/चिली	22,310	6,800
73.	मॉस्को की चोटी	पामीर	ताजिकिस्तान	22,260	6,785
74.	पिसिज	एंडीज	अर्जेंटीना	22,241	6,779
75.	मर्सीदारियो	एंडीज	अर्जेंटीना/चिली	22,211	6,770
76.	हुआसकरन	एंडीज	पेरू	22,205	6,768
77.	लुल्लाहइल्लाको	एंडीज	अर्जेंटीना/चिली	22,057	6,723
78.	एल लाइवर्टाडोर	एंडीज	अर्जेंटीना	22,047	6,720
79.	काची	एंडीज	अर्जेंटीना	22,047	6,720
80.	कैलाश	हिमालय	तिब्बत	22,027	6,714
81.	इंका हुआसी	एंडीज	अर्जेंटीना/चिली	21,720	6,620
82.	येरूपागा	एंडीज	पेरू	21,709	6,617
83.	कुरुम्डा	पेरिस	ताजिकिस्तान	21,686	6,610
84.	गालान	एंडीज	अर्जेंटीना	21,654	6,600
85.	एल म्यूर्तो	एंडीज	अर्जेंटीना/चिली	21,463	6,542
86.	सजाना	एंडीज	बोलीविया	21,391	6,520
87.	नासीमीन्टो	एंडीज	अर्जेंटीना	21,302	6,493
88.	इल्लाम्पू	एंडीज	बोलीविया	21,276	6,485
89.	इल्लिमनी	एंडीज	बोलीविया	21,201	6,462
90.	कोरोपुना	एंडीज	पेरू	21,083	6,426
91.	लाउदो	एंडीज	अर्जेंटीना	20,997	6,400

92.	एंकोहुमा	एंडीज	बोलीविया	20,958	6,388
93.	कुजको (अस्तांगते)	एंडीज	पेरू	20,945	6,384
94.	तोरो	एंडीज	अर्जेंटीना/चिली	20,932	6,380
95.	ट्रेस क्रुसेस	एंडीज	अर्जेंटीना/चिली	20,853	6,356
96.	हुआनदोय	एंडीज	पेरू	20,852	6,356
97.	पेरीनाकोटा	एंडीज	बोलीविया/चिली	20,768	6,330
98.	टोरटोलास	एंडीज	अर्जेंटीना/चिली	20,745	6,323
99.	चिम्बोराजो	एंडीज	इक्वाडोर	20,702	6,310
100.	अम्पाटो	एंडीज	पेरू	20,702	6,310
101.	एल केडूर	एंडीज	पेरू	20,669	6,300
102.	साल केंटे	एंडीज	अर्जेंटीना	20,574	6,271
103.	हुआनकरहुआस	एंडीज	पेरू	20,531	6,258
104.	फामाटीना	एंडीज	अर्जेंटीना	20,505	6,250
105.	पुमासिलो	एंडीज	पेरू	20,492	6,246
106.	सोलो	एंडीज	अर्जेंटीना	20,492	6,246
107.	पोल्लेरास	एंडीज	अर्जेंटीना	20,456	6,235
108.	पुलर	एंडीज	चिली	20,423	6,225
109.	चानी	एंडीज	अर्जेंटीना	20,341	6,200
110.	मार्किनले (डेनाली)	एंडीज	अलास्का	20,320	6,194
111.	ओकानकिल्चा	एंडीज	चिली	20,295	6,186
112.	जुनकल	एंडीज	अर्जेंटीना/चिली	20,276	6,180
113.	नीग्रो	एंडीज	अर्जेंटीना	20,184	6,152
114.	क्लीला	एंडीज	अर्जेंटीना	20,128	6,135
115.	कोन्डोरीरी	एंडीज	बोलीविया	20,095	6,125
116.	पालेर्मो	एंडीज	अर्जेंटीना	20,079	6,120
117.	सोलीमान	एंडीज	पेरू	20,068	6,117
118.	सान जुआन	एंडीज	अर्जेंटीना/चिली	20,049	6,111
119.	सिएरा नेवादा	एंडीज	अर्जेंटीना	20,023	6,103
120.	एन्टोफाला	एंडीज	अर्जेंटीना	20,013	6,100
121.	मार्मोलेजो	एंडीज	अर्जेंटीना/चिली	20,013	6,100

Source: *Encyclopaedia Britannica, geology.com*

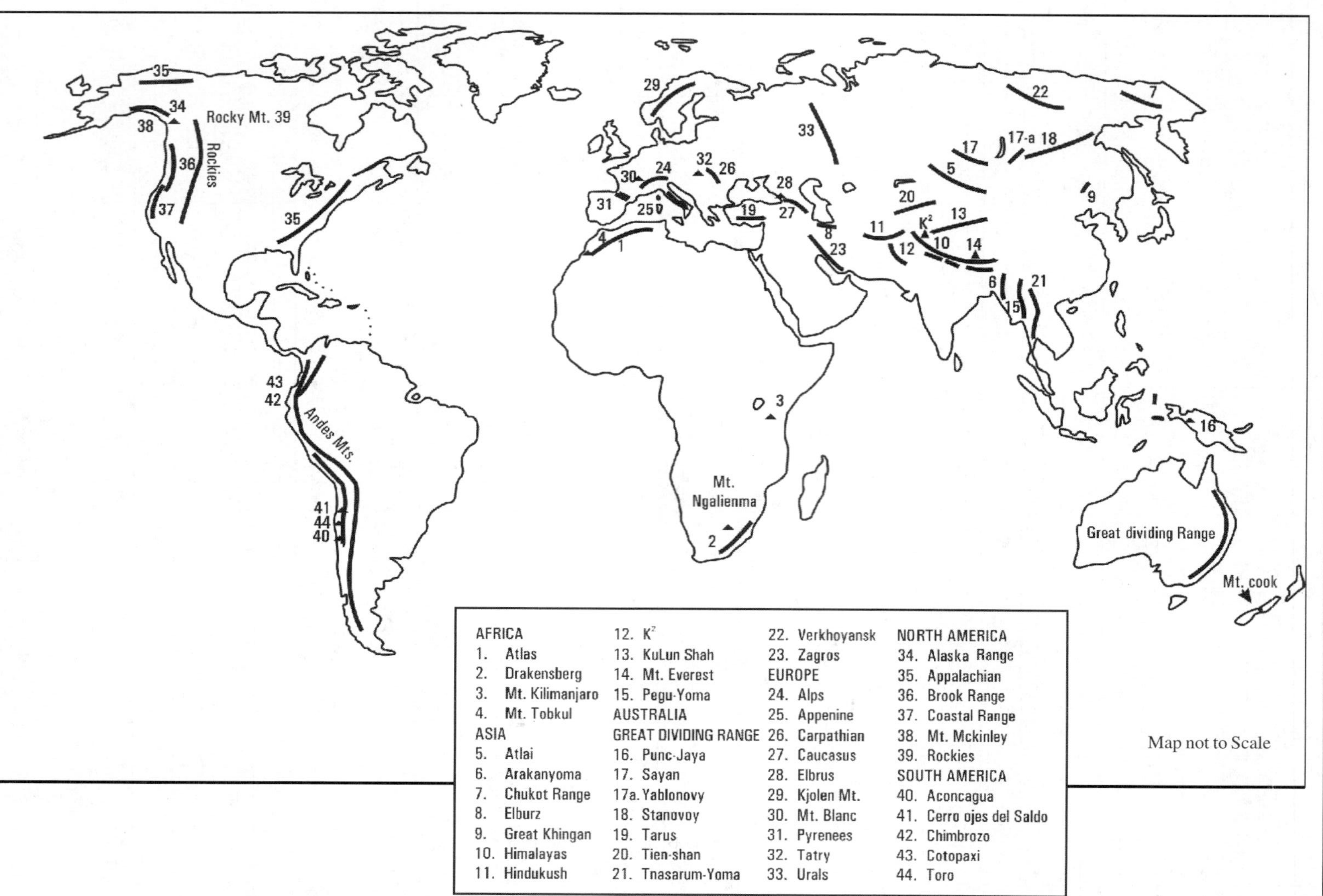

Fig. 6.9 Major mountains and peaks of the world

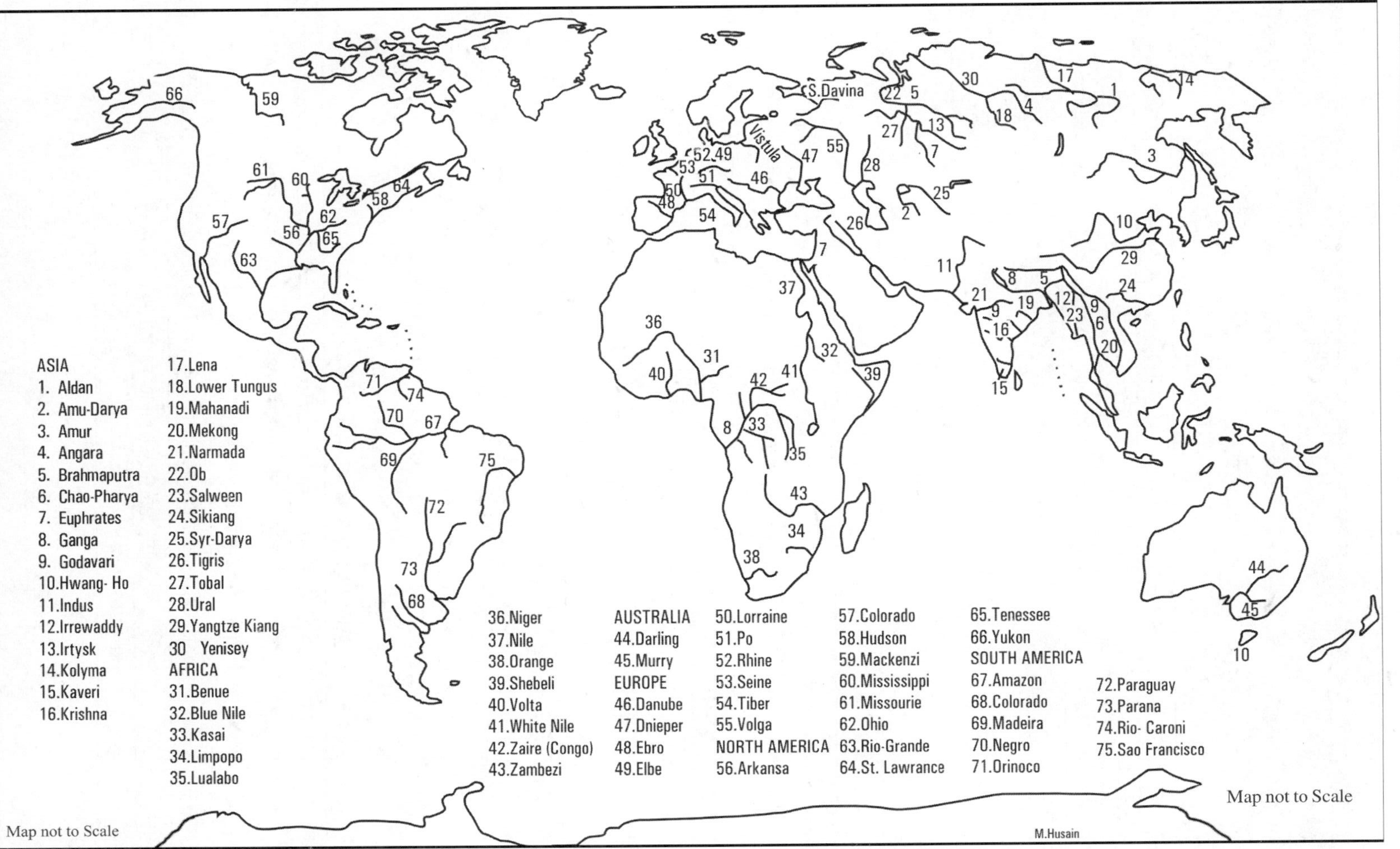

Fig. 6.10 Major rivers of the world

तालिका 6.48: विश्व की सबसे लम्बी नदियां

क्र.सं.	नदी	लम्बाई (किमी)	लम्बाई (मील)	अपवाह क्षेत्र (वर्ग किमी.)	औसत छोड़ा पानी (मी.³/सेक)	गिरती है
1.	नील	6,853	4,258	3,254,555	2,800	भूमध्यसागर
2.	अमेजन	6,400	4,250	7,050,000	209,000	अटलांटिक महासागर
3.	यांग्तज	6,300	3,917	1,800,000	31,900	पूर्वी चीन सागर
4.	मिसीसिपी मिसौरी	6,275	3,902	2,980,000	16,200	मैक्सिको की खाड़ी
5.	यनीसी	5,539	3,445	2,580,000	19,600	कारा सागर
6.	पीली नदी	5,464	3,395	745,000	2,110	बोहाई सागर
7.	ओब	5,410	3,364	2,990,000	12,800	ओज की खाड़ी
8.	पराना-रियो डे ला प्लाटा	4,880	3,030	2,582,672	18,000	रियो डे ला प्लाटा
9.	कॉगों	4,700	2,922	3,680,000	41,800	अटलांटिक महासागर
10.	आमूर	4,444	2,763	1,855,000	11,400	ओखोटस्क सागर

Note: According to Brazilian and Peruvian Studies the Amazon River 'longer than Nile.

***Source:** Encyclopaedia Britannica, geology.com*

स्थलरुद्ध देश (Landlocked Countries)

किसी देश का कोई भाग यदि सागर तट से जुड़ा न हो, अर्थात चारों ओर अन्य देशों से घिरा हो तो उसको स्थलरुद्ध देश कहते हैं। विश्व में 42 स्थलरुद्ध देश हैं। स्थलरुद्ध देशों में वैटिकन-सिटी जैसे सूक्ष्म देश से लेकर मंगोलिया जैसे-बड़े देश सम्मलित हैं।

विश्व के स्थलरुद्ध देशों को **तालिका** 6.49 में तथा **Fig. 6.11** में दर्शाया गया है।

तालिका 6.49: विश्व के स्थलरुद्ध देशों की सूची

क्र.सं.	महाद्वीप	संख्या	देश
1.	एशिया	12	उज्बेकिस्तान, अमेर्निया, तुर्कमेनिस्तान, किर्जिस्तान, अफगानिस्तान, ताजिकिस्तान, लाओस, मंगोलिया, कजाखस्तान, नेपाल, भूटान और आज़रबाइजान
2.	अफ्रीका	16	बोत्सवाना, बुर्कीनाफासो, बुरंडी, मध्य अफ्रीका रिपब्लिक, इथियोपिया, लेसेथो, मलावी, माली, नाइजर, रवांडा, दक्षिणी सूडान, स्वाजीलैंड, युगांडा, जम्बिया, ज़िम्बाब्वे
3.	यूरोप	14	अंडोरा, आस्ट्रिया, बेलारूस, चेक रिपब्लिक, हंगरी, लक्समबर्ग, लिकटेंस्टीन, लकोनबर्ग, मेसेडोनिया, मॉल्दोवा, सैन मैरीनो, सर्बिया, स्लोवाकिया, स्विट्जरलैंड और वेटिकन सिटी
4.	द. अमेरिका		पैराग्वे और बोलीविया
5.	उत्तरी अमेरिका		कोई नहीं (प्रत्येक देश की पहुँच समुद्र तक है इसलिए यहाँ किसी देश की सीमा नहीं है)
6.	ऑस्ट्रेलिया		कोई नहीं (ऑस्ट्रेलिया में कोई सीमा बल देश नहीं है ऑस्ट्रेलिया यह एक देश है जो समुद्र से घिरा हुआ है)

***Source:** Encyclopaedia Britannica, geology.com*

विश्व के बड़े द्वीप (Largest Islands of the World)

विश्व के दस बड़े द्वीपों को **Fig. 6.12** तथा **Fig. 6.13** में दिखाया गया है तथा उनके नाम तथा क्षेत्रफल **तालिका 6.50** में दिये गये हैं।

तालिका 6.50: विश्व के प्रमुख द्वीप तथा उनका क्षेत्रफल

क्र.सं.	द्वीप	क्षेत्रफल (वर्ग किलोमीटर)
1.	ग्रीनलैंड	2,175,600
2.	न्यूगिनी	805,510
3.	कालीमंटन (बोर्नियो)	745,561
4.	मेडागास्कर	587,040
5.	बेफिन	507,451
6.	सुमात्रा	473,606
7.	होंशू	227,414
8.	ग्रेट ब्रिटेन	281,476
9.	विक्टोरिया	217,291
10.	एलेस्मेरे (Ellesmere)	196,236
11.	सेलेब्स (Celebes)	174,600
12.	दक्षिण द्वीप (न्यूजीलैंड)	135,112
13.	जावा	132,187
14.	उत्तरी द्वीप (न्यूजीलैंड)	112,010
15.	लुज़ोन (Luzon)	104,688
16.	न्यूफाऊंडलैंड	103,231
17.	क्यूबा (मुख्य द्वीप)	102,860
18.	आइसलैंड (मुख्य द्वीप)	102,000
19.	मिंडानाओ	97,530
20.	होकाइडो	83,453
21.	आयरलैंड	70,720

1. **ग्रीनलैंड (Greenland):** विश्व का सबसे बडा द्वीप, जो उत्तरी अमेरिका की उत्तरी-पूर्वी दिशा में स्थित है। इसकी कुल जनसंख्या लगभग साठ हजार है। इसकी राजधानी नूक (गोडीथाब) है। इसकी खोज 986 ई. में इरिक एवं रेड (Eric and Red) ने की थी। इस देश का लगभग पाँच प्रतिशत क्षेत्रफल ही रहने योग्य है **(Fig. 6.12)**।

2. **न्यूगिनी (इरियन-जया-इण्डोनेशिया):** विश्व के दूसरे सबसे बड़े द्वीप न्यूगिनी का क्षेत्रफल 805,510 वर्ग किलोमीटर है। यह द्वीप दो भागों में विभाजित है- पूर्वी भाग में पापुआ-न्यूगिनी तथा पश्चिमी भाग में इण्डोनेशिया का इरियन जया प्रान्त है **(Fig. 6.12)**।

3. **कालीमन्टन (बोर्नियो):** जावा के उत्तर में अवस्थित कालीमन्टन का अधिकतर भाग इण्डोनेशिया का प्रान्त है। इसके उत्तरी-पश्चिमी भाग में मलेशिया का सबाह प्रान्त तथा ब्रुनई देश स्थित हैं **(Fig. 6.12)**।

4. **मेडागास्कर (Madagascar):** विश्व का चौथा सबसे बड़ा द्वीप जो अफ्रीका के दक्षिण-पूर्वी भाग में अवस्थित है। अन्तानानरीवो इसकी राजधानी एक प्राकृतिक बन्दरगाह है। इस द्वीप में अभ्रक, ग्रेफाइट तथा क्रेमाइट के भंडार हैं। कॉफी, वनीला, लौंग, तथा चीनी का निर्यात किया जाता है।

5. **बेफिन द्वीप (Baffin Island):** कनाडा के उत्तर पूर्व में अवस्थित, कनाडा देश का सबसे बड़ा द्वीप। इसके अधिकतर भाग पर बर्फ जमी रहती है। इसकी फरोबिशर खाड़ी, केप डायर (Cape Dyer) तथा केप-डोरसेट (Cape Dorset) मछली पकड़ने के छोटे बन्दरगाह हैं।

6. **सुमात्रा (Sumatra):** विश्व का छठा सबसे बड़ा द्वीप इण्डोनेशिया का एक महत्वपूर्ण द्वीप है। मलक्का जलडमरुमध्य इसको मलाया प्रायद्वीप से अलग करता है। मेदान (Medan) इसका सबसे बड़ा नगर है। इस द्वीप से रबड़ तथा लकड़ी का निर्यात किया जाता है।

7. **होंशू (Honshu):** जापान का सबसे बड़ा तथा विश्व का सातवाँ सबसे बड़ा द्वीप है। जापान का सबसे ऊँचा पर्वत फूजी-योमा (3776 मीटर) इसी द्वीप पर स्थित है तथा देश की राजधानी टोक्यो इसके पूर्वी तट पर एक प्राकृतिक बन्दरगाह है।

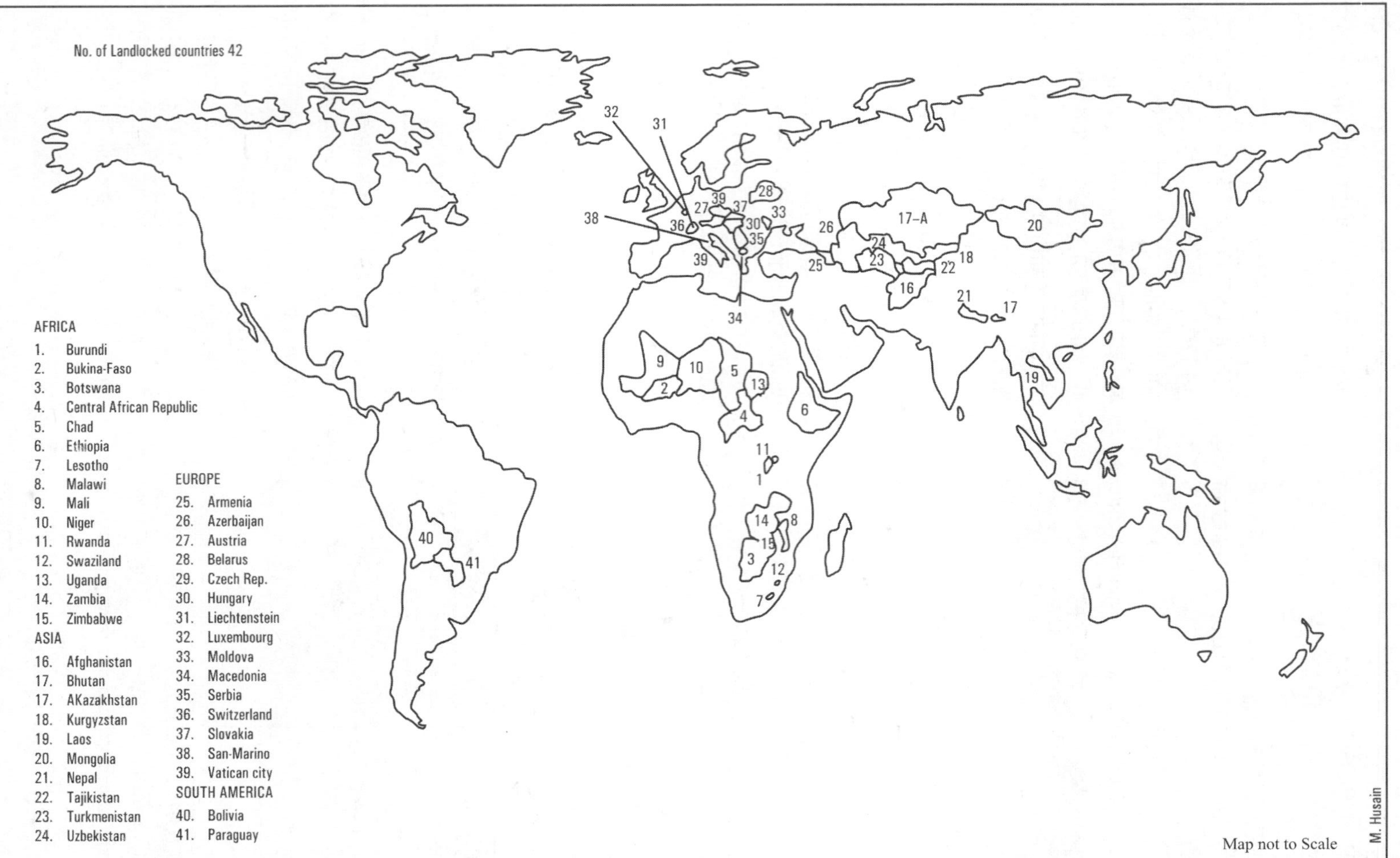

Fig. 6.11 Landlocked countries of the world

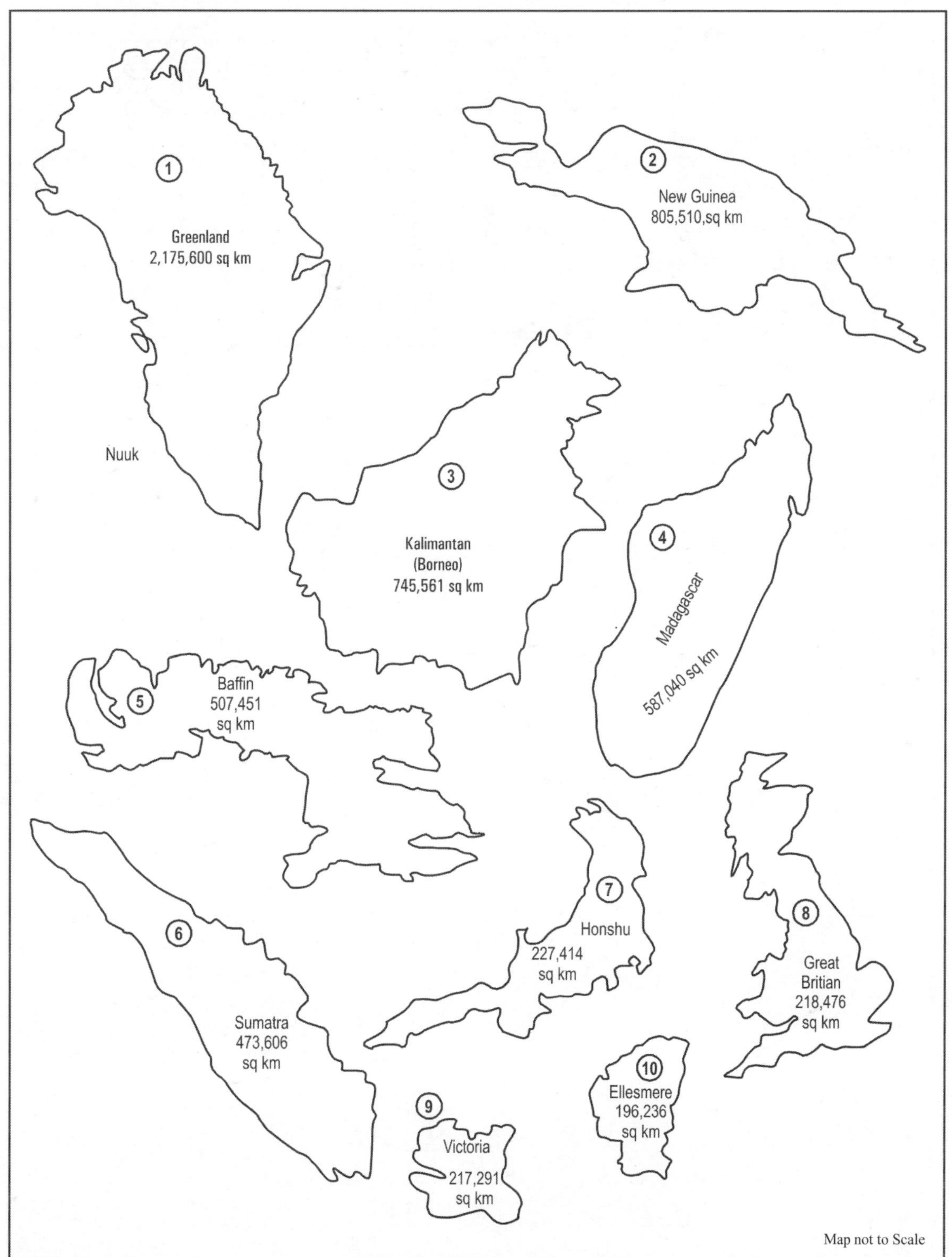

Fig. 6.12 Major islands of the world

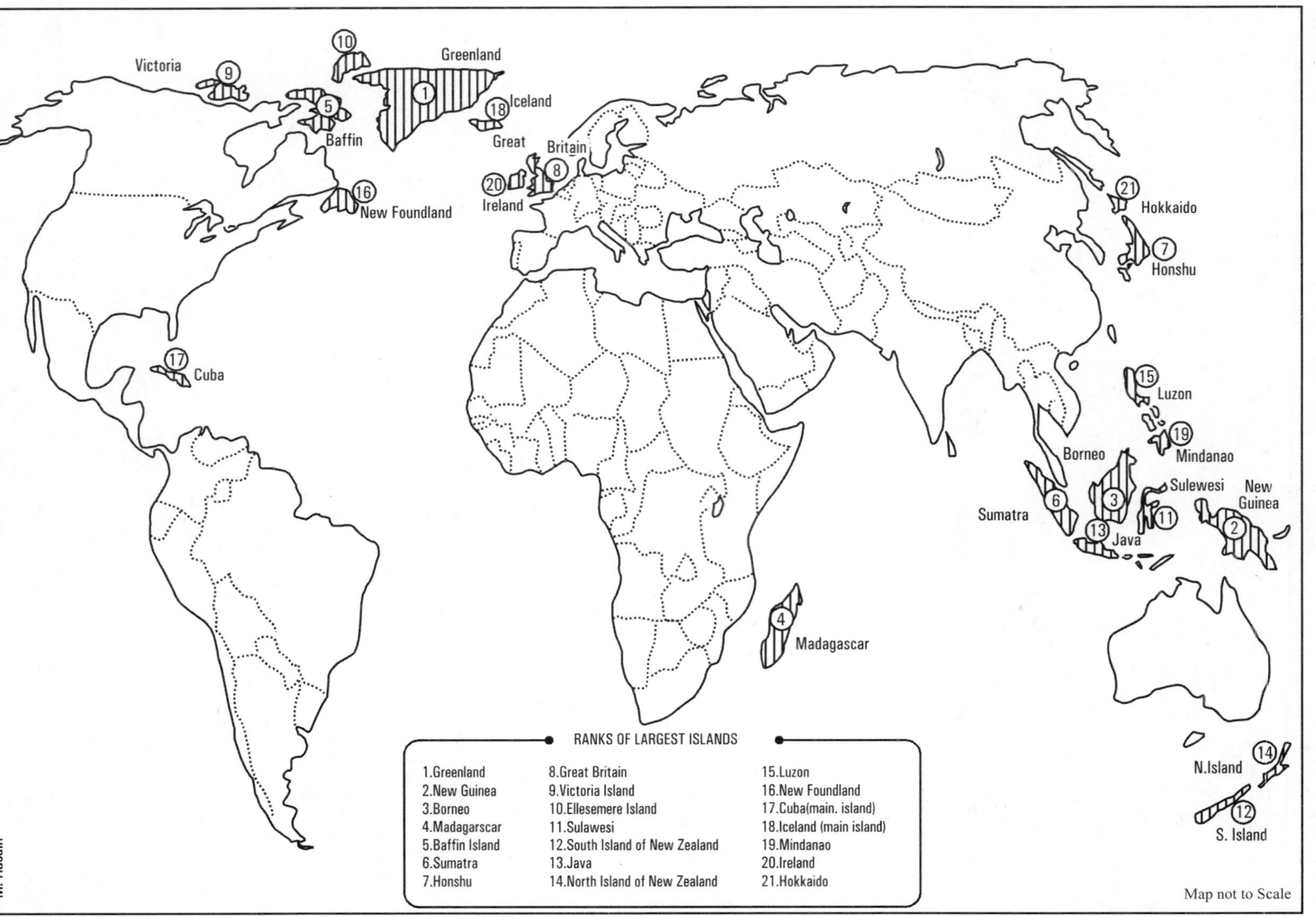

Fig. 6.13 Location of largest islands

8. **ग्रेट ब्रिटेन (Great Britain):** यूनाइटेड किंगडम (U.K) के सबसे बड़े द्वीप में इंग्लैंड, स्कॉटलैंड तथा वेल्स इसी द्वीप के भाग हैं।

9. **विक्टोरिया (Victoria):** कनाडा का यह द्वीप विश्व का नौवाँ सबसे बड़ा द्वीप है। साल के अधिकतर भाग में इस द्वीप पर बर्फ जमी रहती है।

10. **ऐल्समेरी (Ellesmere):** कनाडा का सबसे उत्तर में स्थित एल्समेरी द्वीप ग्रीनलैंड के उत्तर-पश्चिम में अवस्थित है। इस द्वीप को 1616 ई. में विलयम बैफिन ने खोज निकाला था **(Fig. 6.12)**।

11. **सुलावेसी (Sulawesi):** इसका पुराना नाम सेल्बीज था। बेर्नियो के पूर्व में अवस्थित यह द्वीप इण्डोनेशिया का चौथा सबसे बड़ा द्वीप है **(Fig. 6.13)**।

12. **न्यूजीलैंड का दक्षिणी द्वीप (South Island–New Zealand):** न्यूजीलैंड का दक्षिणी द्वीप विश्व का बारहवां सबसे बड़ा द्वीप है। दक्षिणी एल्पस पर्वत का सबसे ऊँचा शिखर कुक (3764 मीटर) इसी द्वीप पर स्थित है। इसका पता सबसे पहले तस्मान नाविक ने 1642 में लगाया था और इसका नाम नीदरलैंड के ज़ीलैंड प्रान्त के नाम पर रखा था। **(Fig. 6.13)**।

13. **जावा (Java):** इण्डोनेशिया के बडे द्वीपों में से एक जावा विश्व का 13वां सबसे बड़ा द्वीप है। इण्डोनेशिया की राजधानी, जकार्ता इसी द्वीप के उत्तरी भाग में स्थित है। इण्डोनेशिया की 60 प्रतिशत जनसंख्या इसी द्वीप पर रहती है।

14. **न्यूजीलैंड का उत्तरी द्वीप (North Island of New Zealand):** दक्षिणी प्रशान्त महासागर में अवस्थित उत्तरी द्वीप विश्व का 14वाँ सबसे बड़ा द्वीप है। न्यूजीलैंड की राजधानी वैलिंग्टन इसी द्वीप के दक्षिणी छोर पर स्थित है। इस द्वीप में बहुत गर्म पानी के चश्मे तथा सक्रिय ज्वालामुखी हैं।

15. **लूजोन (Luzon):** फिलीपीन्स का यह द्वीप विश्व का सबसे बड़ा द्वीप है जिस पर देश की राजधानी मनीला स्थित है **(Fig. 6.13)**।

16. **न्यूफाऊंडलैंड (New Foundland):** कनाडा का न्यूफाऊंडलैंड विश्व का 16वां सबसे बड़ा द्वीप है। 31 मार्च, 1949 से पहले न्यूफाऊंडलैंड ब्रिटेन के अधीन था **(Fig. 6.13)**।

17. **क्यूबा (Cuba):** कैरेबियन सागर में स्थित क्यूबा विश्व का 17वां सबसे बडा द्वीप है। यहां अफ्रीकन-यूरोपियन तथा भारतीय मूल के लोग रहते हैं। गन्ना एक प्रमुख फसल है। कुल कृषि क्षेत्रफल का 60 प्रतिशत भाग गन्ने की खेती के अंतर्गत हैं स्पेनिश देश की मुख्य भाषा है तथा हवाना देश की राजधानी है।

18. **आइसलैंड (Iceland):** उत्तरी अटलांटिक महासागर के मध्य भाग में अवस्थित आइसलैंड विश्व का 18वां सबसे बड़ा द्वीप है। देश की राजधानी रेकेविक (Reykjavik) सागर स्तर से 500 मीटर पर स्थित है। यहां की 96 प्रतिशत जनसंख्या नॉर्वे मूल की है। 96 प्रतिशत जनसंख्या ईसाई धर्म के प्रोटेस्टेण्ट विचारों का पालन करने वाली है।

19. **मिण्डानाव (Mindanao):** फिलीपीन्स का दूसरा सबसे बड़ा द्वीप। इसमें इस्लाम धर्म के मानने वालों की संख्या अधिक है **(Fig. 6.13)**। मिण्डानाव द्वीप को लैंड ऑफ प्रोमिस के नाम से जाना जाता है। यह द्वीप फिलीपींस का एकमात्र मुस्लिम बहुल क्षेत्र है। इस द्वीप पर गुरिल्ला युद्ध जारी है।

20. **आयरलैंड (Ireland):** ब्रिटिश द्वीप समूह का एक द्वीप। यूरोप का यह एक कृषि प्रधान देश है। 40 लाख जनसंख्या वाले इस देश की राजधानी डबलिन है।

21. **होकाइडो (Hokkaido):** इसका पुराना नाम इज़ो अथवा येज़ो था। होंशू के उत्तर में स्थित यह जापान का दूसरा तथा विश्व का 21वाँ सबसे बड़ा द्वीप है।

22. **सिकन सुंरग:** सपोरो, होकाइडो की राजधानी और सबसे बड़ा शहर है।

प्रमुख झीलें (Major Lakes)

विश्व की प्रमुख झीलों को **Fig. 6.14** में दिखाया गया है तथा उनका क्षेत्रफल **तालिका 6.51** में दिया गया है।

तालिका 6.51: विश्व की सबसे बड़ी झीलें (क्षेत्रफल के आधार पर)

क्र.सं.	झील	स्थिति	क्षेत्रफल
1.	कैस्पियन सागर	अजरबैजान, ईरान, कजाखस्तान, रूस, तुर्कमेनिस्तान	3,71,000
2.	सुपीरियर	कनाडा, संयुक्त राज्य अमेरिका	82,103
3.	विक्टोरिया	केन्या, तंजानिया, युगांडा	69,484
4.	ह्यूरॉन	कनाडा, संयुक्त राज्य अमेरिका	59,570
5.	मिशीगन	संयुक्त राज्य अमेरिका	57,760
6.	टांगानिका	बसंडी, कांगो, तंजानिया, जम्बिया	32,900
7.	बैकाल	रूस	31,499
8.	ग्रेट वीयर झील	कनाडा	31,328
9.	मुलाबी	मलावी, मोजाम्बिक, तंजानिया	28,749
10.	ग्रेट स्लेव लेक	कनाडा	28,568
11.	इरी	कनाडा, संयुक्त राज्य अमेरिका	8,900
12.	विनजीपेग	कनाडा	24,387
13.	ओंटेरियो	कनाडा, संयुक्त राज्य अमेरिका	18,960
14.	लडागो	रूस	17,703
15.	बाल्कश	कजाखस्तान	17,275
16.	बोस्तोक	अंटार्कटिका	15,690
17.	ओमेगा	रूस	9,700
18.	टिटीकाका	बोलीविया, पेरू	8,372
19.	निकारगुआ	निकारगुआ	8,264
20.	अथाबास्का	कनाडा	7,850
21.	टुरकाना	इथियोपिया, केन्या	6,405
22.	रेन्डीर झील	कनाडा	6,500
23.	इसिक कुल	किर्गिस्तान	6,236
24.	उर्मिया	ईरान	5,200
25.	वानेर्न	स्वीडन	5,650
26.	विनीपेजेकोसिस	कनाडा	5,370
27.	अलबर्ट	कांगो, कनाडा	5,299
28.	म्वेरु	कांगो, जम्बिया	5,120
29.	नेटीलिंग	कनाडा	5,066
30.	सारिगमिश	तुर्कमेनिस्तान, उज्बेकिस्तान	5,000

Source: *worldatlas.com*

1. **कैस्पियर सागर (Caspian Sea):** रूस, कजाकिस्तान, तुर्कमेनिस्तान, अज़रबैजान तथा ईरान से घिरी हुई कैस्पियन विश्व की सबसे बड़ी झील है। इसका क्षेत्रफल 371,000 वर्ग किलोमीटर है।
2. **सुपीरियर झील (Lake Superior):** उत्तरी अमेरिका में अवस्थित विश्व की दूसरी सबसे बड़ी झील।
3. **विक्टोरिया झील (Victoria Lake):** अफ्रीका में स्थित विश्व की तीसरी सबसे बड़ी झील।
4. **ह्यूरन (Huron):** उत्तरी अमेरिका में अवस्थित विश्व की चौथी सबसे बड़ी झील।
5. **मिशिगन (Michigan):** संयुक्त राज्य अमेरिका की सबसे बड़ी तथा विश्व की पाँचवीं सबसे बड़ी झील।
6. **टंगानियका (Tanganayka):** अफ्रीका की दूसरी सबसे बड़ी तथा विश्व की छठी सबसे बड़ी झील।
7. **बैकाल** (साइबेरिया-रूस)**:** विश्व की सातवीं सबसे बड़ी झील।
8. **ग्रेट बियर झील:** कनाडा में अवस्थित विश्व की आठवीं सबसे बड़ी झील।
9. **न्यासा:** अफ्रीका की तीसरी सबसे बड़ी तथा विश्व की नवीं सबसे बड़ी झील।
10. **ग्रेट स्लेव झील:** कनाडा में अवस्थित विश्व की दसवीं सबसे बड़ी झील।
11. **अरब सागर:** मध्य एशिया स्थित विश्व की ग्यारहवीं सबसे बड़ी झील।
12. **ईरी:** उत्तरी अमेरिका में स्थित विश्व की बारहवीं सबसे बड़ी झील।
13. **विनिपेग:** कनाडा की बड़ी झीलों में से एक।
14. **ओण्टारियो:** उत्तरी अमेरिका में अवस्थित विश्व की चौदहवीं सबसे बड़ी झील।
15. **लडोगा:** यूरोपीय रूस की सबसे बड़ी झील।
16. **बालकश:** रूस के साइबेरिया में स्थित रूस की सबसे बड़ी तथा विश्व की सबसे गहरी झील।
17. **चाड:** अफ्रीका की चौथी सबसे बड़ी झील। मौसम के अनुसार इसके क्षेत्रफल में बदलाव होता रहता है।
18. **माराकाईबो:** वेनेजुएला में अवस्थित दक्षिण अमेरिका की सबसे बड़ी झील।
19. **ओनेगा:** यूरोपिय रूस की दूसरी सबसे बड़ी झील।
20. **आयर:** ऑस्ट्रेलिया की सबसे बड़ी झील।

महासागरीय गर्त (Ocean Trench)

जहां दो प्लेट एक-दूसरे के समीप आती हैं, वहां भारी प्लेट नीचे की ओर खिसकती है, जिसके परिणामस्वरूप महासागरीय गर्तें (Trench) विकसित होती हैं। विश्व की कुछ प्रमुख गर्तें **Fig. 6.15** में दर्शाई गई हैं तथा उनकी सूची **तालिका 6.52** में दी गई है।

1. **मारियाना गर्त (Mariana Tranch):** उत्तरी प्रशान्त महासागर में अवस्थित विश्व की सबसे गहरी गर्त। इस गर्त की गहराई 11022 मीटर है। इसकी गहराई 1960 में मापी गई थी।

तालिका 6.52: विश्व की सबसे गहरी सागरीय खाईयाँ या गर्त

क्र.सं.	नाम	स्थिति	गहराई (फीट)
1.	चैलेंजर द्वीप	इजु बोनिन मेरियाना अर्क, मारियाना खाई, प्रशान्त महासागर	36,197
2.	टोगा खाई	प्रशान्त महासागर	35,702
3.	गालाथिया खाई	फिलीपींस खाई, प्रशान्त महासागर	34,580
4.	कुरील-कमचटका खाई	प्रशान्त महासागर	34,449
5.	कर्माडेक खाई	प्रशान्त महासागर	32,963
6.	इुज ओगास्वारा खाई	प्रशान्त महासागर	32,087

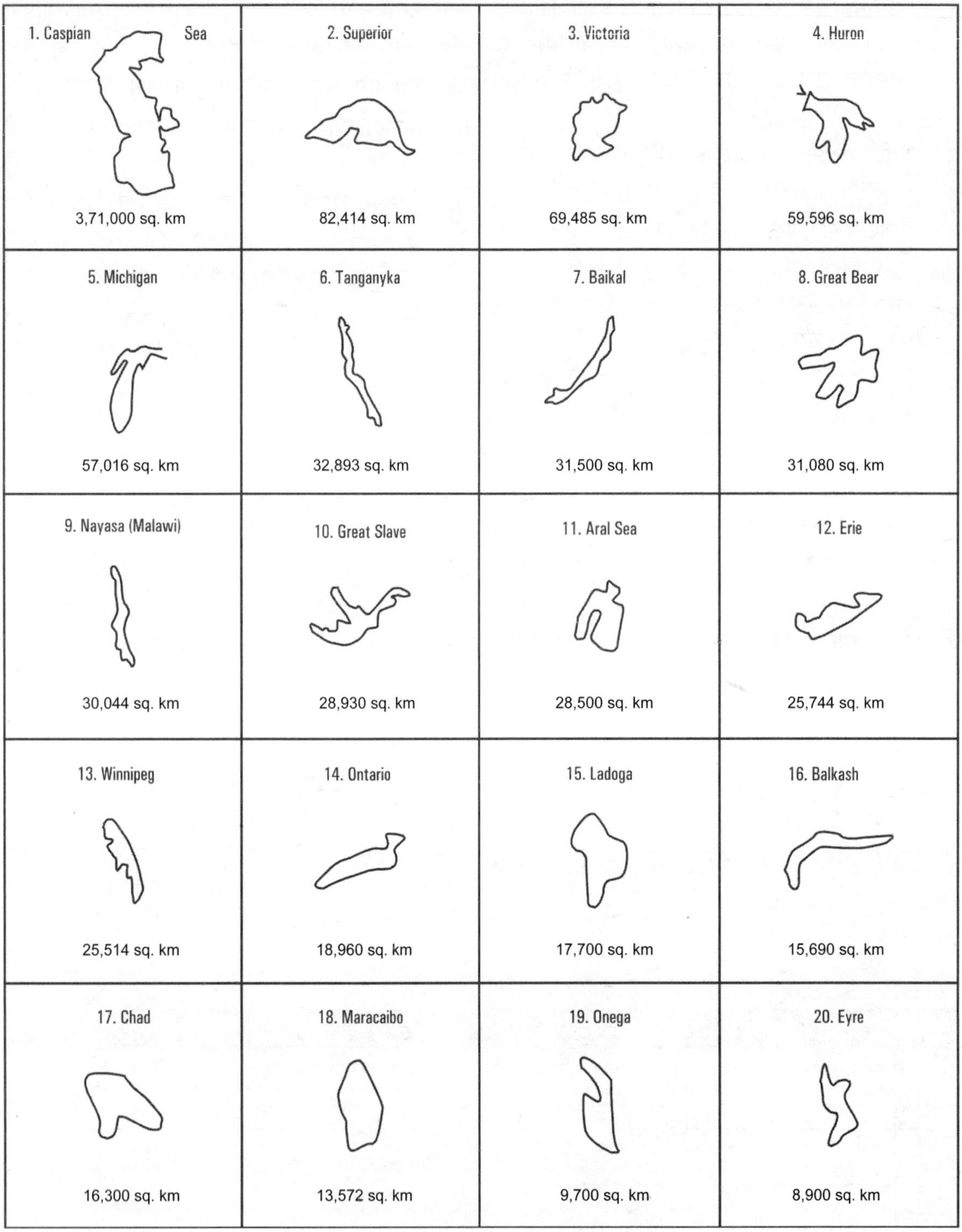

1. Caspian Sea	2. Superior	3. Victoria	4. Huron
3,71,000 sq. km	82,414 sq. km	69,485 sq. km	59,596 sq. km
5. Michigan	6. Tanganyka	7. Baikal	8. Great Bear
57,016 sq. km	32,893 sq. km	31,500 sq. km	31,080 sq. km
9. Nayasa (Malawi)	10. Great Slave	11. Aral Sea	12. Erie
30,044 sq. km	28,930 sq. km	28,500 sq. km	25,744 sq. km
13. Winnipeg	14. Ontario	15. Ladoga	16. Balkash
25,514 sq. km	18,960 sq. km	17,700 sq. km	15,690 sq. km
17. Chad	18. Maracaibo	19. Onega	20. Eyre
16,300 sq. km	13,572 sq. km	9,700 sq. km	8,900 sq. km

Fig. 6.14 Largest lakes of the world

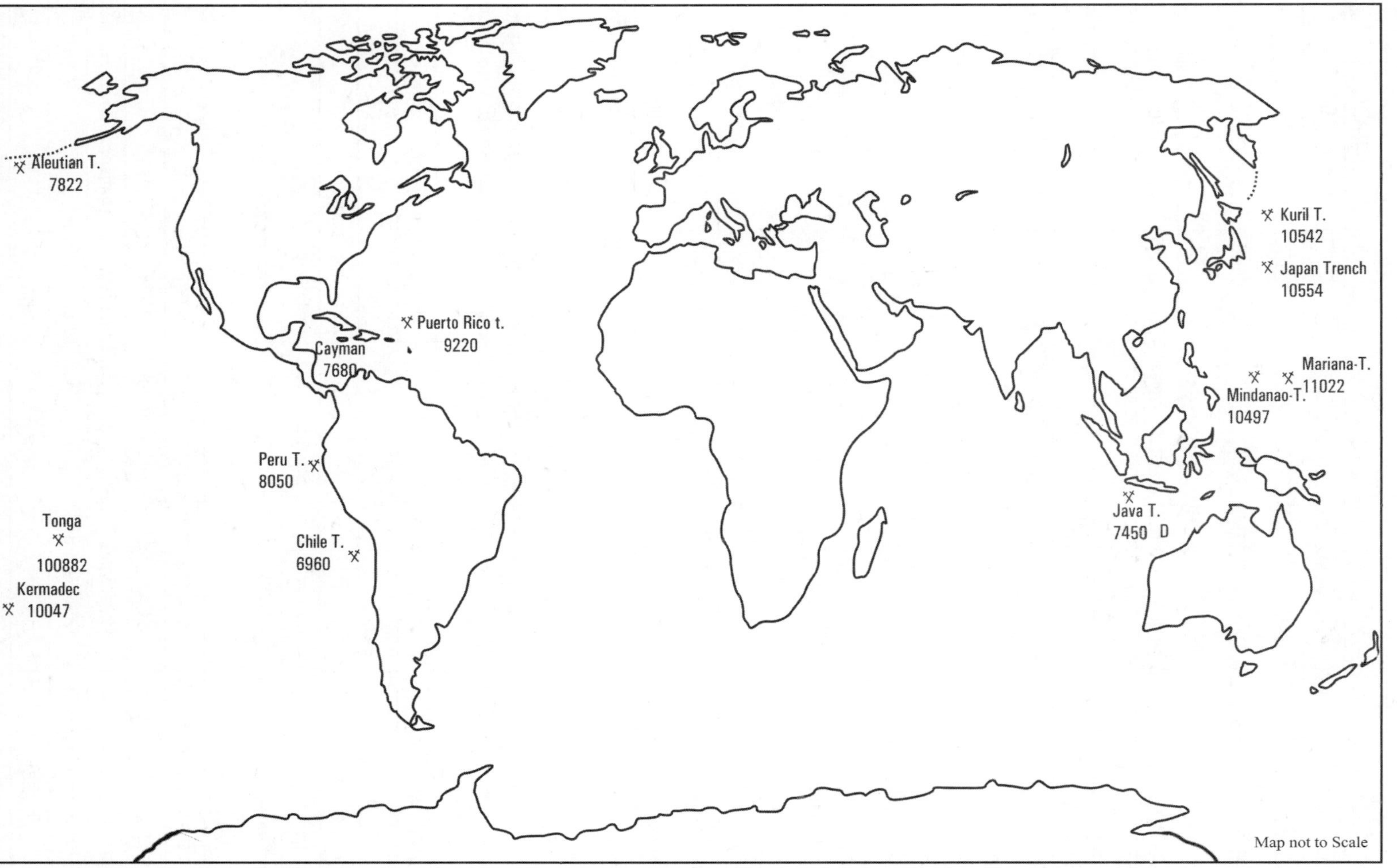

Fig. 6.15 World – Trenches

7.	जापान खाई	प्रशान्त महासागर	29,527
8.	पुर्वोरिको खाई	अटलांटिक महासागर	28,232
9.	याप खाई	प्रशान्त महासागर	27,976
10.	द. सेंडविच खाई	अटलांटिक महासागर	27,651
11.	रिचर्डस द्वीप	पेरू चिली खाई, प्रशान्त महासागर	26,456
12.	डाइमन्ओीना द्वीप	डाइमेंटीना, फ्रेक्चर क्षेत्र, हिंद महासागर	26,401
13.	रोमाची खाई	अटलांटिक महासागर	25,460
14.	केनन द्रुघ	कैरिबियन सागर	25,238
15.	एल्यूशियन खाई	प्रशान्त महासागर	25,194
16.	जावा खाई	हिंद महासागर	24,460
17.	मध्य अमरीकी खाई	प्रशान्त महासागर	21,880
18.	प्यूसेगर ट्रेंच खाई	प्रशान्त महासागर	20,700
19.	वित्याज खाई	प्रशान्त महासागर	20,177
20.	लिटकी द्वीप	यूरेशियन बेसिन, आर्कटिक महासागर	17,881
21.	मनीला खाई	दक्षिण चीन सागर	17,700
22.	कैलीपोसो द्वीप	हैलेनिक खाई, भूमध्य सागर	17,280
23.	रियूक्यू खाई	प्रशान्त महासागर	17,100
24.	मरेकैनियान	दक्षिणी सागर, ऑस्ट्रेलिया	16,400

Source: worldatlas.com

तालिका 6.53: विश्व की प्रमुख खाड़ियाँ **(Fig. 6.16)**

क्र.सं.	खाड़ी	जल संयोजक	देश
1.	अदन की खाड़ी	अरब सागर-हिन्द महासागर	यमन
2.	अलास्का की खाड़ी	प्रशान्त महासागर	कनाडा तथा संयुक्त राज्य अमेरिका
3.	अमंडसन की खाड़ी	बीफोर्ट तथा आर्किटिक सागर	कनाडा
4.	अकाबा की खाड़ी	लाल सागर	मिस्र तथा इजराइल
5.	बो हाय	पीला सागर तथा प्रशान्त महासागर	चीन
6.	बोथनिया की खाड़ी	बाल्टिक सागर	स्वीडन-फिनलैंड
7.	केलिफोर्निया की खाड़ी	प्रशान्त महासागर	मैक्सिको
8.	कारपेंटेरिया की खाड़ी	अराफुरा-हिन्द महासागर	ऑस्ट्रेलिया
9.	डेरियन की खाड़ी	कैरेबियन सागर-अटलांटिक महासागर	पानामा तथा वेनेजुएला
10.	गेब्स की खाड़ी	भूमध्य सागर	लीबिया तथा ट्यूनीशिया
11.	जोसेफ बोनापार्ट की खाड़ी	हिन्द महासागर	प. ऑस्ट्रेलिया
12.	कच्छ की खाड़ी	अरब सागर-हिन्द महासागर	भारत

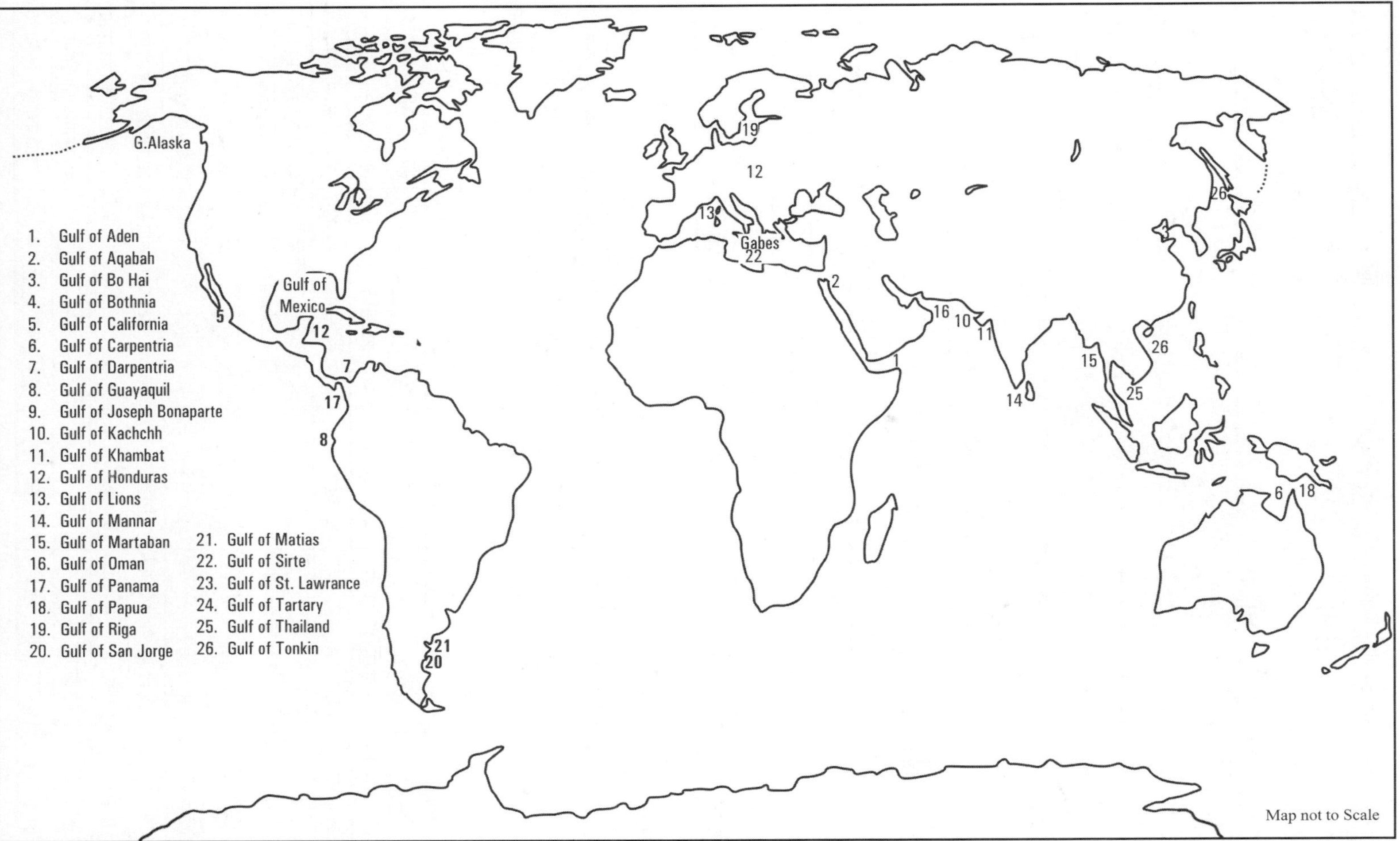

Fig. 6.16 Main gulfs of the world

13.	खम्भात की खाड़ी	अरब सागर-हिन्द महासागर	भारत
14.	होण्डूरास की खाड़ी	कैरेबियन सागर-अटलांटिक महासागर	मैक्सिको
15.	लियास की खाड़ी	भूमध्य सागर	फ्रांस तथा स्पेन
16.	मन्नार की खाड़ी	हिन्द महासागर	भारत-श्रीलंका
17.	मर्तबान की खाड़ी	बंगाल की खाड़ी-हिन्द महासागर	म्यांमार
18.	मैक्सिको खाड़ी	अन्ध महासागर	मैक्सिको-संयुक्त राज्य
19.	ओमान की खाड़ी	अरब सागर	ओमान-ईरान
20.	पानामा की खाड़ी	प्रशान्त महासागर	पानामा
21.	पापुआ की खाड़ी	कोरल सागर	दक्षिण अटलांटिक महासागर
22.	फारस की खाड़ी	अरब सागर-हिन्द महासागर	ईरान, कुवैत, ओमान, कतर, सऊदी अरब आदि
23.	रीगा की खाड़ी	बाल्टिक सागर	एस्टोनिया, लाटविया
24.	सेन-जोगि की खाड़ी	द. अन्ध महासागर	अर्जेन्टीना
25.	सेन माटियास की खाड़ी	द. अन्ध महासागर	अर्जेन्टीना
26.	सिरते की खाड़ी	भूमध्य सागर	लीबिया
27.	सेंट लॉरेंस की खाड़ी	उत्तरी अन्ध महासागर	कनाडा
28.	तातरे की खाड़ी	जापान सागर, उ. प्रशान्त महासागर	रूस
29.	थाइलैंड की खाड़ी	प्रशान्त महासागर	थाइलैंड-कम्पूचिया
30.	टोनकिन की खाड़ी	द. चीन सागर	चीन तथा वियतनाम

तालिका 6.54: विश्व के प्रमुख अंतरीप (Capes) **(Fig. 6.17)**

क्र.सं.	अंतरीप	देश	मुख्य नगर	महासागर/सागर	अवस्थिति
1.	अगुलहास केप	द. अफ्रीका	अगुलहास	हिन्द-महासागर	द.हिन्द महासागर
2.	ब्लांको केप	संयुक्त राज्य अमेरिका	पोर्ट-ओरफर्ड	प्रशान्त महासागर	ऑरेगन, प्रशान्त महासागर
3.	कनावेरल केप	संयुक्त राज्य अमेरिका	कनकिरल नगर	अटलांटिक महासागर	अटलांटिक महासागर तट
4.	कानकुन केप	मैक्सिको	कानकुन	एटलांटिक महासागर	मैक्सिको की खाड़ी
5.	चिडली केप	कनाडा	चिडली	लेबरेडोर सागर	लेबरेडोर प्रायद्वीप
6.	कॉड (Cod) केप	मैंसाचुएट की खाड़ी	बोर्न	फंडे की खाड़ी	उ. अटलांटिक महासागर
7.	फ़ेयरवैल केप	ग्रीनलैंड	लेब्रोडोर	उत्तरी अटलांटिक महासागर	अटलांटिक महासागर
8.	फ़रिया केप	अंगोला	–	अटलांटिक महासागर	द. अटलांटिक महासागर
9.	फ़रायो केप	ब्राज़ील	फ़रायो	द. अटालांटिक	द. अटलांटिक महासागर
10.	गुड होप केप	द. अफ्रीका	गुड होप	द. अटलांटिक	केपटाऊन के दक्षिण में
12.	गुआडीफुल	सोमालिया	गुआडीफुल	अरब सागर	हिन्द महासागर
13.	हैटिरास	संयुक्त राज्य अमेरिका	फ़रिस्को	उ. अटलांटिक महासागर	अटलांटिक महासागर
14.	हार्न-केप	चिली	केप हॉर्न	–	द. अटलांटिक महासागर
15.	होवे केप	ऑस्ट्रेलिया	–	तस्मान सागर	द. प्रशान्त महासागर
16.	आईसी केप	संयुक्त राज्य अमेरिका	वैनराईट	चुकबी सागर	उत्तरी प्रशान्त महासागर

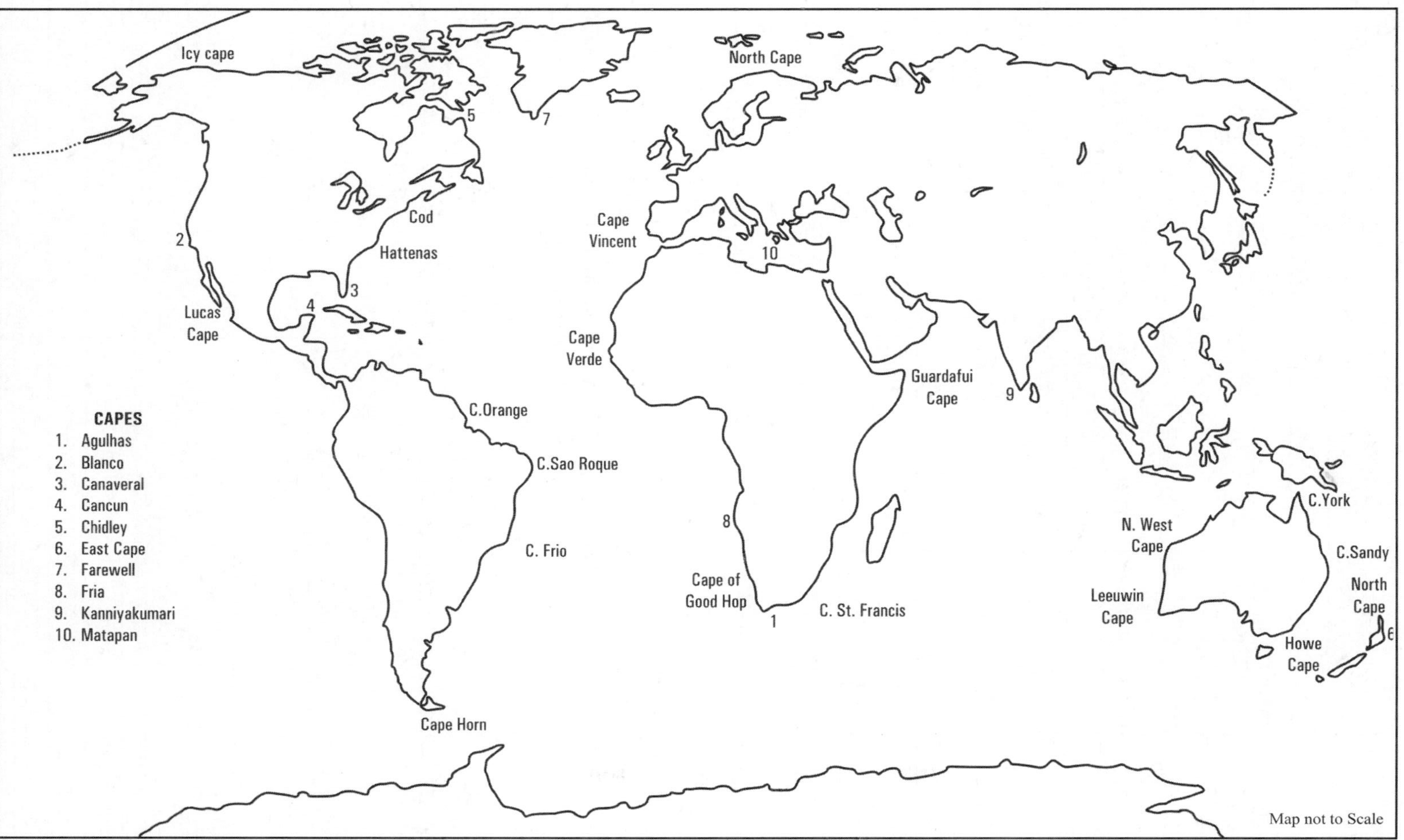

Fig. 6.17 World - Main capes

17.	कन्याकुमारी	भारत	कन्याकुमारी	तामिलनाडु	हिन्द महासागर
18.	लिबुविन	ऑस्ट्रेलिया	–	तस्मान सागर	द. प्रशान्त महासागर
19.	लूकाज़	मैक्सिको	सान लूकाज़	प्रशान्त महासागर	उ. प्रशान्त महासागर
20.	मातापान	यूनान	–	भूमध्य सागर	भूमध्य सागर
21.	नॉर्थ-केप	न्यूज़ीलैंड	–	द. प्रशान्त महासागर	प्रशान्त महासागर
22.	नॉर्थ-केप	नॉर्वे	–	नॉर्वे सागर	अटलांटिक सागर
23.	नॉर्थ-वेस्ट केप	ऑस्ट्रेलिया	–	द. हिन्द महासागर	हिन्द महासागर
24.	ऑरेंज-केप	ब्राजील	पराकूबा	अटलांटिक महासागर	ब्राजील का उत्तरी छोर
25.	सैण्डी-केप	ब्राजील	पराकूबा	द. प्रशान्त महासागर	क्वीन्स लैंड
26.	सान-लूकाज	मैक्सिको	काबो-सान लूकाज	सान-लूकाज़	प्रशान्त महासागर
27.	सेंट-फ्रांसिस केप	द. अफ्रीका	–	हिन्द महासागर	हिन्द महासागर
28.	सेंट-रोक-केप	ब्राजील	सियारा-मिरिम	ब्राजील का उत्तरी छोर	अटलांटिक महासागर
29.	वर्डी-केप	सेनगल	केप वर्डी	डाकर	उत्तरी अटलांटिक महासागर
30.	विंसेन्ट-केप	पुर्तगाल	–	उत्तरी अटलांटिक महासागर	अटलांटिक महासागर
31.	यार्क-केप	ऑस्ट्रेलिया	यार्क	क्वींसलैंड	द. प्रशान्त महासागर

विश्व के प्रमुख जलप्रपात (Main Waterfalls of the World)

नदी की धारा यदि ऊँचाई से नीचे गिरती है तो उसे जलप्रपात कहते हैं। इस प्रकार की स्थिति उस समय उत्पन्न होती है, जब किसी नदी के मार्ग की भूमि में कठोर तथा मुलायम चट्टानों की परतें क्षैतिज अवस्था में पाई जाती हैं या लम्बवत।

नदी का जल मुलायम चट्टान को तो काट डालता है, परन्तु कठोर चट्टान को नहीं काट पाता। फलस्वरूप जल उसके ऊपरी भाग से नीचे की दिशा में गिरने लगता है। इसी प्रकार की भू-आकृति को जलप्रपात कहते हैं। जलप्रपात के उदाहरण प्रत्येक महाद्वीप में पाये जाते हैं। विश्व के कुछ प्रमुख जलप्रपातों को **Fig. 6.18** में दिखाया गया है, जबकि **तालिका 6.55** में जलप्रपातों की ऊँचाई आदि का विवरण दिया गया है।

तालिका 6.55: विश्व के 10 सबसे बड़े झरने प्रपात

क्र.सं.	प्रपात	स्थिति	ऊँचाई	
			फीट	मीटर
1.	एंजल	केनाइमा नेशनल पार्क (वेनेजुएला)	3,212	979
2.	टुगेला	नटाल नेशनल पार्क, (द. अफ्रीका)	3,110	947
3.	ट्रेस हरमन्स प्रपात	ओतिशी नेशनल पार्क, (पेरू)	3,000	914
4.	ओलोपेना प्रपात	मोलोकाई, हवाई (यूएसए)	2,953	900
5.	केटाराटा युम्बीला	एमेजोनस (पेरू)	2,940	896
6.	बिन्नूफोसन	सुडांलसोरा (नार्वे)	2,821	860
7.	बलाईफोसन	नार्वे	2,788	850
8.	पु युका ओकू प्रपात	हवाई (यूएसए)	2,755	840
9.	जेम्स, ब्रूस प्रपात	कनाडा	2,755	840
10.	ब्राउन प्रपात	फेडिलैंड नेशनल पार्क (न्यूजीलैंड)	2,742	836

Source: *worldatlas.com*

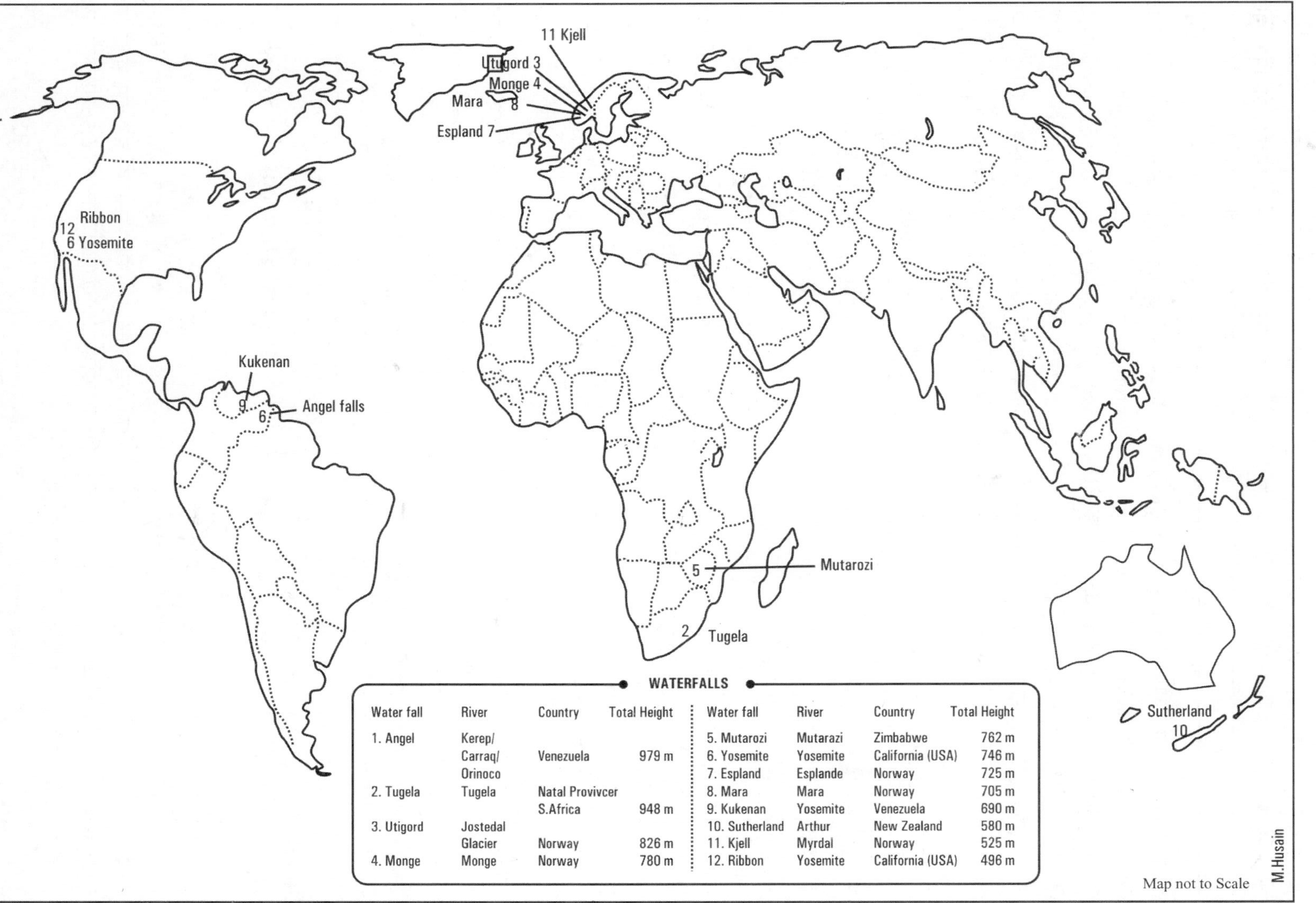

WATERFALLS

Water fall	River	Country	Total Height
1. Angel	Kerep/ Carraq/ Orinoco	Venezuela	979 m
2. Tugela	Tugela	Natal Provivcer S.Africa	948 m
3. Utigord	Jostedal Glacier	Norway	826 m
4. Monge	Monge	Norway	780 m
5. Mutarozi	Mutarazi	Zimbabwe	762 m
6. Yosemite	Yosemite	California (USA)	746 m
7. Espland	Esplande	Norway	725 m
8. Mara	Mara	Norway	705 m
9. Kukenan	Yosemite	Venezuela	690 m
10. Sutherland	Arthur	New Zealand	580 m
11. Kjell	Myrdal	Norway	525 m
12. Ribbon	Yosemite	California (USA)	496 m

Fig. 6.18 World – Highest waterfalls

1. **एंजेल प्रपात (वेनेजुएला):** एंजेल प्रपात वेनेजुएला के बोलिवर प्रांत के बोलिवर प्रांत के कनैया नेशनल पार्क में स्थित है। इसकी ऊँचाई 979 मीटर है। इसका ऊपरी भाग बहुधा बादलों और धुंध से घिरा रहता है। इसको पानी चुसन नदी द्वारा मिलता है। इसका पानी सबसे अधिक (807 मीटर) ऊँचाई से निरन्तर गिरता है जो अनुमानत नियाग्रा प्रपात से 15 गुना अधिक है। एंजेल प्रपात पृथ्वी पर सबसे ऊँचा प्रपात है।
2. **टुगेला प्रपात (द. अफ्रीका):** 948 मीटर की ऊँचाई वाला यह पांच स्तरीय प्रपात दक्षिण अफ्रीका के व्वाजुलु-नताल क्षेत्र के रॉयल नेटाल नेशनल पार्क में स्थिति है। बारिश के मौसम में ही इसका जलप्रवाह मजबूत होता है। शेष वर्ष के दौरान इसका प्रवाह काफी पतला रहता है।
3. **ट्रेस हरमनस प्रपात (पेरू):** ट्रेस हरमनस प्रपात या थीं सिस्टर प्रपात पेरू के सुदूर आयाकूचो क्षेत्र में ओटिशी नेशनल पार्क में स्थित है। इसकी ऊँचाई 914 मीटर है। इसमें तीन स्तर हैं पहले दो प्राकृति जल क्षेत्र से जुड़े हुए हैं जबकि तीसरा स्वयं कटीबीरेनी नदी में गिरता है। तीसरे को देखना अधिकतर असंभव होता है। यह उष्ण कटिबंधीय वर्षा वनों के बड़े-बड़े वृक्षों से ढका हुआ है। यह केवल ऊपर हवा से दिखाई देता है।
4. **ओलो उपेना प्रपात, हवाई, संयुक्त राज्य अमेरिका:** यह संयुक्त राज्य में 900 मी. की ऊँचाई के साथ सबसे ऊँचा जलप्रपात है। ठीक यू 'उका' ओकू प्रपात, प्रपात की तरह। यह मोलोका के हवाई द्वीप पर स्थित है। इसे केवल समुद्र से या हवा से देखा जा सकता है।
5. **यूंबिला प्रपात (पेरू):** पेरू के भौगोलिक संस्थान द्वारा एक भौगोलिक सर्वेक्षण के दौरान 2007 में खोजे गए इस प्रपात की ऊँचाई 896 मीटर है। भूवैज्ञानिकों ने इसे चार या पाँच बड़ी बूँदों वाला टीअर्ड प्रपात बताया है। इसकी जल धारा कैवेर्ना सैन फ्रांसिस्को गुफा से आती है
6. **बिभूफोसेन, नार्वे:** यह पूरे यूरोप में 860 मीटर की ऊँचाई के साथ सबसे ऊँचा जलप्रपात है। यह नार्वे में मोरे भोग रोम्सदल काउंटी के संदलसोर गाँव में स्थित है। यह बिन्नू नदी का भाग है। इसका प्राथमिक पानी का स्रोत विन्नूफोना ग्लेशियर है।
7. **बलाईफोसेन, नार्वे:** यह नार्वे के होर्डालैंड काउंटी में 850 मीटर की ऊँचाई वाला प्रपात है, इसका प्राथमिक जल स्रोत पर्वतों की पिघलती बर्फ है। यह गर्मियों में अधिकांशतः सूख जाता है। अगर वैश्विक तापमान में वृद्धि जारी रहती है तो इसको जल की पूर्ति करने वाले आइस पैक तेजी से सिकुड़ सकते हैं और यह साधारणतः सूखे चट्टान चेनल में बदल सकता है।
8. **यू 'उका' ओकू प्रपात, हवाई, संयुक्त राज्य अमेरिका:** इसकी ऊँचाई 840 मीटर है। यह हवाई में 'ओलोका आई तट के साथ स्थित है। इसमें गुणात्मक उछाल है। Pu'uka'oku के पूरे दृश्य को देखना थोड़ा कठिन है। शक्तिशाली हवाएँ प्रपात से पानी के गिरने को धुंधली फुहारों में बदल देती है।
9. **जेम्स ब्रूस प्रपात, कनाडा:** इसकी ऊँचाई 840 मीटर है। जेम्स ब्रूस प्रपात ब्रिटिश कोलम्बिया में प्रिंसेज लुईसा इनलेट के पास पृथ्वी पर सबसे ऊँचे जलप्रपातों में से एक है। इनके पानी का स्रोत पास के ग्लेशियर हैं जिसका अर्थ है कि इसके प्रवाह की मात्रा कई अन्य झरनों जैसी अधिक नहीं है।
10. **ब्राउन प्रपात न्यूजीलैंड:** यह न्यूजीलैंड के दक्षिणी सिरे पर स्थिति है, ब्राउनी प्रपात फजोर्डलैंड नेशनल पार्क में स्वयं को शंका वाली आवाज में संदिग्ध करते है। इस प्रपात की ऊँचाई 836 मी. है।

विश्व के सबसे ऊँचे बांध (The Highest Dams of the World)

किसी नदी के जल को रोककर उसके उपयोग को बढ़ाना तथा नदी में बाढ़ आदि को रोकने के लिये बाँध बनाये जाते हैं। यूँ तो विश्व में हजारों बाँध हैं जो विभिन्न नदियों पर बनाये गये हैं। विश्व के बड़े दस बांधों का संक्षिप्त परिचय निम्नलिखित **तालिका 6.56** में दिया गया है।

तालिका 6.56: विश्व के 10 सबसे बड़े बांध **(Fig. 6.19)**।

क्र.सं.	बाँध	नदी	देश	ऊँचाई (मीटर में)
1.	जिनपिंग-I बाँध	यालोंग	चीन	305.0
2.	न्यूरेक बाँध	वक्श	ताजिकिस्तान	300.0
3.	झिआवोवान बाँध	मीकाँग	चीन	292.0
4.	झिलुओट बाँध	जिंशा	चीन	285.5
5.	ग्रांडे डाइक्सी बाँध	डीक्सेश	स्विट्जरलैंड	285.0
6.	एनगुरी बाँध	पटारा एंगुरी	ज्योर्जिया	271.5
7.	यूलुफेली बाँध	कोरूए	तुर्की	270.0
8.	नूझाडू बाँध	मीकांग	चीन	261.5
9.	मन्येल मोटेना टॉरेन्स बाँध	ग्रिजाल्वा	मैक्सिको	261.0
10.	टिहरी बाँध	भागीरथी	भारत	260.5

1. **जिनपिंग-I बाँध** (चीन, 305 मीटर): जिनपिंग-I जलविद्युत केन्द्र या जिनपिंग प्रथम कास्केड रूप में भी जाना जाता है, यह 305 मीटर की ऊँचाई के साथ विश्व का सबसे ऊँचा बांध है। चीन के सिचिआन में लिआंगशान में यालॉग नदी पर बना मेहरदार बाँध है। इस बाँध का निर्माण कार्य 2005 में शुरू हुआ और यह 2014 में बनकर तैयार हुआ। इस जलविद्युत केन्द्र की क्षमता 3600 मेगावाट है। परियोजना का उद्देश्य औद्योगीकरण और नगरीयकरण का विस्तार करना है और बाढ़ सुरक्षा में सुधार करना है जिससे कि कटाव को रोका जा सके।
2. **नुरेक बाँध** (ताजिकिस्तान, 300 मीटर): ताजिकिस्तान में बरत नदी पर बना यह बाँध दुनिया के सबसे ऊँचे बाँधों में से एक है, इसकी ऊँचाई 300 मीटर है। यह मिट्टी से भरा तटबंध प्रकार का बाँध है और देश के सबसे बड़े जलाशयों में से एक है। इसका निर्माण 1961 में शुरू हुआ और अंतिम रूप से यह है 1980 में बनकर तैयार हुआ।
3. **झिआओवान बाँध** (चीन, 292 मीटर): यह बाँध मीकांग नदी पर बना है और इसकी ऊँचाई 292 मीटर है। यह बाँध बहुत ऊँचाई पर बना है, इस बाँध का मुख्य उद्देश्य जलविद्युत का उत्पादन है और इसकी क्षमता 4200 मेगावाट है। इसका निर्माण 2002 और 2010 के बीच हुआ था। और दुनिया का सबसे बड़ा मेहराबदार बाँध है।
4. **झिलुओडु बाँध** (चीन, 285.5 मीटर): यह मेहराबदार बाँध जिन्शा नदी पर स्थित है जो चीन में यांगत्जी का ऊपरी मार्ग है। बाँध का प्राथमिक उद्देश्य जलविद्युत उत्पादन के रूप में विद्युत का उत्पादन करना है। इस विद्युत केन्द्र की स्थापित क्षमता 13860 मेगावाट है। बाँध बाढ़ रोकने में मदद करता है। सिल्ट को नियंत्रित करता है और इसके नियमित जल छोड़ने का उद्देश्य डाउन स्ट्रीम में जल यातायात में सुधार करना है।
5. **एंगुरी बाँध** (जॉर्जिया, 271.5 मीटर): यह कंकरीट का चाप बाँध है और 271.9 मीटर की ऊँचाई के साथ विश्व का दूसरा सबसे बड़ा चाप बाँध है। इसका निर्माण जावरी नामक शहर के उत्तर में जार्जियन पर्वतों में एंगुरी बाँध के पार किया गया है। यह एक बड़े जलाशय के रूप में है जिसका उपयोग पानी के वितरण और विद्युत उत्पादन में किया जाता है। इस बाँध का निर्माण 1961 में शुरू हुआ था और 1978 पूर्ण हुआ।
6. **यूसुफअली बाँध** (तुर्की, 270 मीटर): तुर्की के पूर्वी काला सागर क्षेत्र के अंदर अटिविन प्रान्त में कोष्ट नदी पर चापाकार बाँध बनाया गया है। बाँध का मुख्य उद्देश्य जल विद्युत का उत्पादन करना है। यह 540 मेगावाट की क्षमता है। इसकी आधारशिला 2013 में रखी गई थी।

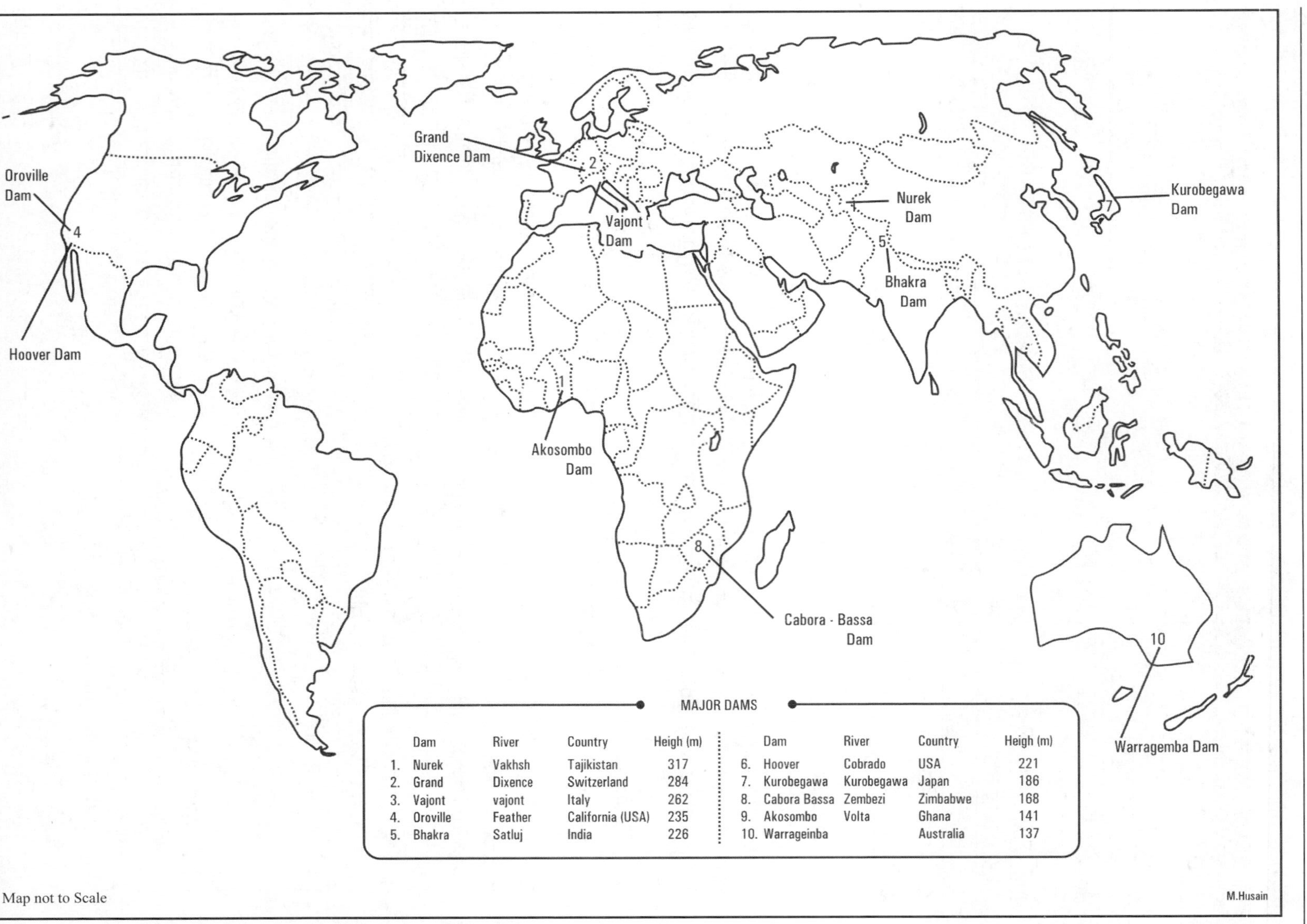

	Dam	River	Country	Heigh (m)
1.	Nurek	Vakhsh	Tajikistan	317
2.	Grand	Dixence	Switzerland	284
3.	Vajont	vajont	Italy	262
4.	Oroville	Feather	California (USA)	235
5.	Bhakra	Satluj	India	226
6.	Hoover	Cobrado	USA	221
7.	Kurobegawa	Kurobegawa	Japan	186
8.	Cabora Bassa	Zembezi	Zimbabwe	168
9.	Akosombo	Volta	Ghana	141
10.	Warrageinba		Australia	137

Fig. 6.19 World – Major Dams

7. **नुओसाडू बाँध** (चीन, 261.5 मीटर): यह मीकांग नदी पर बना चीन का दूसरा बाँध है। यह 2012 में चालू किया गया था और इसकी विद्युत उत्पादन क्षमता 24000 मेगावाट से थोड़ी कम है साथ ही एक 320 वर्ग किमी. का जलाशय बिजली उत्पादन करने के अतिरिक्त इस बाँध का उपयोग मेकांग नदी के आसपास कृषि क्षेत्रों में सिंचाई, बाढ़ नियंत्रण और नेवीगेशन के लिए किया जाता है।
8. **मेनुएल मोरेनो टोरैस बांध** (मैक्सिको, 261 मीटर): इस तटबंध बांध की ऊँचाई 260 मीटर है यह ग्रिजल्वा नदी पर बनाया गया है। यह 1974 और 1980 के बीच बनाया गया था। इसे हाल ही में पुनर्निर्मित किया गया था, वर्तमान में यह मैक्सिको का सबसे ऊँचा बांध है और देश का सबसे बड़ा विद्युत केन्द्र है।
9. **टेहरी बाँध** (भारत, 260.5 मीटर): यह भारत में सबसे ऊँचा बांध है और विश्व में सबसे ऊँचे बांधों में से एक है, इसकी ऊँचाई 260.5 मीटर है। यह उत्तराखण्ड में टेहरी गाँव के पास भागीरथी नदी पर बनाया गया है। इस बांध का मुख्य उद्देश्य विद्युत उत्पादन के साथ सिंचाई और नगर पालिका के लिए पानी का पुनर्वितरण है। यह एक चट्टानों और मिट्टी की तटबंध बांध है।
10. ग्रांडे डिक्सेन्स बांध (स्विटरलैंड, 285 मीटर): यह स्विस आल्पस में डिक्सेन्स नदी पर बनाया गया है। इसकी ऊँचाई 285 मीटर है। इस बाँध का मुख्य उद्देश्य जल विद्युत उत्पादन है। इसकी क्षमता 40,000 घरों को बिजली देने की है।

विश्व के महानगर (Mega Cities of the World)

संयुक्त राष्ट्र संघ के जनसंख्या विभाग के अनुसार एक करोड़ या इससे अधिक जनसंख्या वाले शहर को मेगा सिटी कहा जाता है। विश्व के बड़े शहरों को **चित्र 6.20 (तालिका 6.57)** में दिखाया गया है।

तालिका 6.57: विश्व मेगा शहर

क्र.सं.	शहरी संकुलन	देश या क्षेत्र	अनुमानित जनसंख्या			
			2020	2025	2030	2035
1.	टोक्यो	जापान	37393	37036	36574	36014
2.	दिल्ली	भारत	30291	34666	38939	43345
3.	शंघाई	चीन	27058	30482	32869	34341
4.	साओ पाउलो	ब्राजील	22043	22990	23824	24490
5.	मेक्सिको सिटी	मेक्सिको	21782	22752	24111	25415
6.	ढाका	बांग्लादेश	21006	24653	28076	31234
7.	अल-काहिराह (काहिरा)	मिस्र	20901	23074	25517	28504
8.	बीजिंग	चीन	20463	22596	24282	25366
9.	मुंबई (बॉम्बे)	भारत	20411	22089	24572	27343
10.	किंकी एमएमए (ओसाका)	जापान	19165	18922	18658	18346
11.	न्यूयॉर्क-नेवार्की	अमेरीका	18804	19154	19958	20817
12.	कराची	पाकिस्तान	16094	18077	20432	23128
13.	चूंगचींग	चीन	15872	18171	19649	20531
14.	इस्तांबुल	टर्की	15190	16237	17124	17986
15.	ब्यूनस आयर्स	अर्जेंटीना	15154	15752	16456	17128

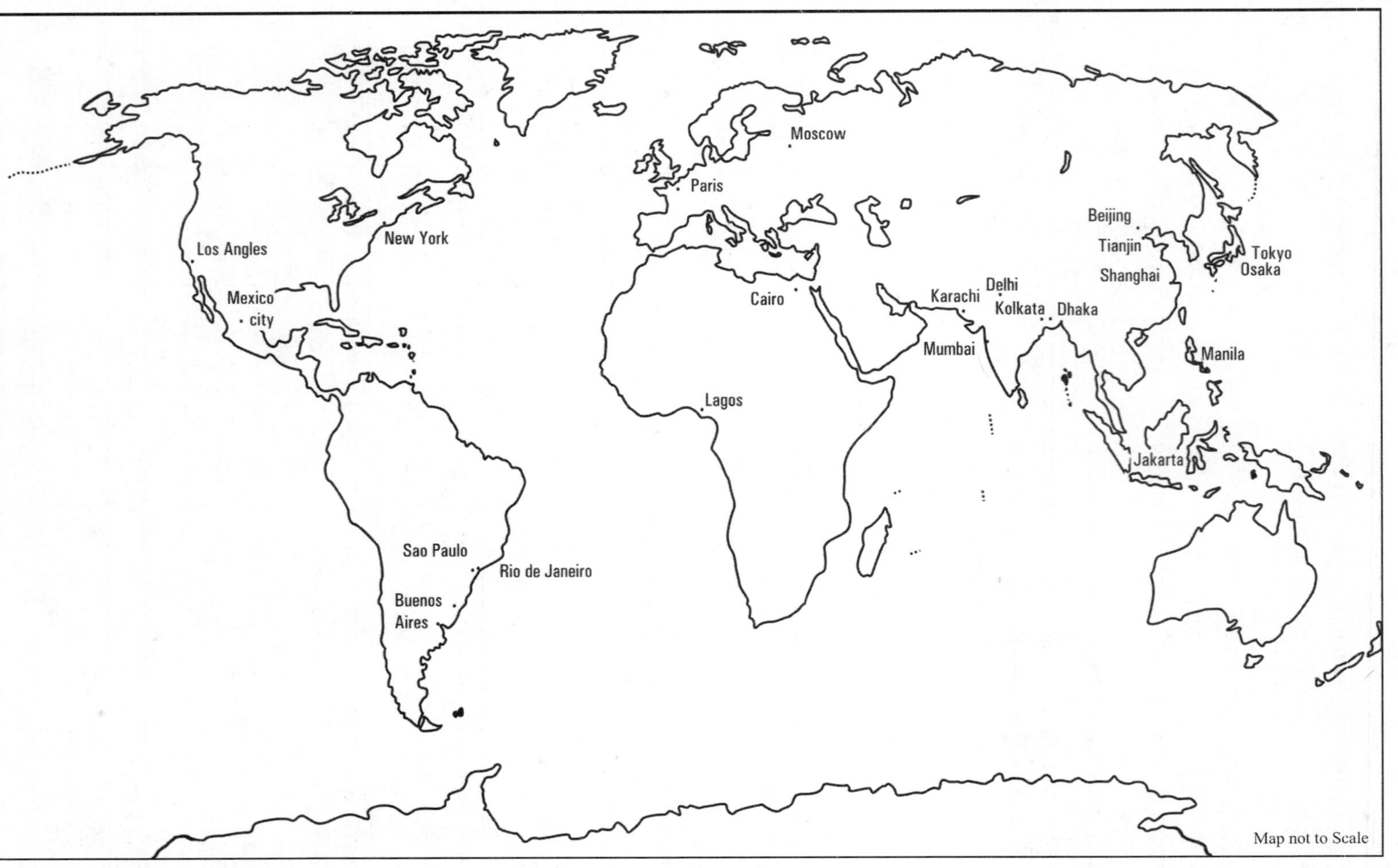

Fig. 6.20 Mega Cites of the World

16.	कोलकाता (कलकत्ता)	भारत	14850	15845	17584	19564
17.	लागोस	नाइजीरिया	14368	17156	20600	24419
18.	कीण्षासा	कांगो लोकतांत्रिक गणराज्य	14342	17778	21914	26682
19.	मनीला	फिलीपींस	13923	15231	16841	18649
20.	तियानजिन	चीन	13589	14704	15745	16446
21.	रियो डी जनेरियो	ब्राजील	13458	13923	14408	14810
22.	गुआंगजौ	चीन	13302	14879	16024	16741
23.	लाहौर	पाकिस्तान	12642	14826	16883	19117
24.	मास्को	रूसी संघ	12538	12737	12796	12823
25.	लॉस एंजिल्स	अमेरिका	12447	12678	13209	13778
26.	शेन्जेन	चीन	12357	13545	14537	15185
27.	बैंगलोर	भारत	12327	14395	16227	18066
28.	पेरिस	फ्रांस	11017	11347	11710	12065
29.	बोगोटास	कोलंबिया	10978	11796	12343	12753
30.	चेन्नई	भारत	10971	12336	13814	15376
31.	जकार्ता	इंडोनेशिया	10770	11634	12687	13688
32.	लीमा	पेरू	10719	11517	12266	12972
33.	बैंकाक	थाईलैंड	10539	11392	12101	12680
34.	हैदराबाद	भारत	10004	11338	12714	14152

Source: *UN Population Division*

1. **टोकियो (Tokyo):** होंशू द्वीप के पूर्वी तट पर अवस्थित जापान की राजधानी तथा विश्व का सबसे बड़ा नगर एवं प्राकृतिक बन्दरगाह।
2. **दिल्ली (Delhi):** जनसंख्या 16,854,000 वाली तथा यमुना के तट पर अवस्थित दिल्ली एक ऐतिहासिक तथा सांस्कृतिक नगर है। तीव्र गति से बढ़ती जनसंख्या के कारण दिल्ली में बहुत-सी समस्यायें उत्पन्न हो रही हैं।
3. **शंघाई (Shanghai):** चीन का सबसे बड़ा तथा प्रमुख औद्योगिक नगर।
4. **मुम्बई (Mumbai):** भारत की वित्तीय राजधानी तथा सबसे बड़ा नगर। अपनी सुन्दरता, बॉलीवुड तथा ऐतिहासिक इमारतों के लिये प्रसिद्ध इस नगर को देखने के लिये हजारों पयर्टक प्रतिवर्ष मुम्बई आते हैं।
5. **साओ-पालो (Sao-Paulo):** ब्राजील का सबसे बडा तथा विश्व का चौथा सबसे बड़ा नगर। साओ- पालो में विश्व का सबसे बड़ा कॉफी का बाज़ार है।
6. **बीजिंग (Beijing):** चीन की राजधानी, सांस्कृतिक तथा देश का दूसरा सबसे बड़ा नगर।
7. **मेक्सिको सिटी (Mexico City):** देश की राजधानी तथा विश्व का सातवां सबसे बड़ा नगर है।
8. **ओसाको (Osaka):** जापान का दूसरा सबसे बड़ा नगर जो सूती तथा ऊनी वस्त्र के लिये प्रसिद्ध है, इसलिये 'मानचेस्टर ऑफ द ईस्ट' भी कहते हैं।
9. **काहिरा (Cairo):** नील नदी के डेल्टा पर स्थित काहिरा, मिस्र की राजधानी एवं सांस्कृतिक नगर है। इस्लाम धर्म का सबसे बड़ा विश्वविद्यालय 'अल-अज़हर' (Al-Azhar) इसी नगर में स्थित है।
10. **न्यूयॉर्क (New York):** संयुक्त राज्य अमेरिका का सबसे बड़ा तथा प्राकृतिक बंदरगाह जहां पर ऊंची इमारतें हैं। यह व्यापारिक एवं सांस्कृतिक नगर पर्यटकों के लिए आकर्षण का केन्द्र है।
11. **ढाका (Dhaka):** पदमा तथा मेघना नदियों के संगम पर स्थित, ढाका बंगलादेश का सबसे बड़ा, सांस्कृतिक एवं औद्योगिक नगर है।

12. **कराची (Karachi):** पाकिस्तान का सबसे बड़ा नगर एवं बंदरगाह। 1947 से 1959 तक कराची पाकिस्तान की राजधानी रहा था।

13. **ब्यूनस आयर्स (Buenos Aires):** अर्जेन्टीना की राजधानी तथा दक्षिणी अमेरिका का दूसरा सबसे बडा नगर।

14. **कोलकाता (Kolkata):** हुगली के तट पर अवस्थित कोलकाता भारत का दूसरा सबसे बड़ा नगर। इस नगर की स्थापना 1690 में हुई थी। 1833 से 1912 तक कोलकाता ब्रिटिश इंडिया की राजधानी रही।

15. **इस्तानबुल (टर्की):** टर्की का सबसे बड़ा नगर जो एशिया और यूरोप को जोड़ता है।

16. **चोंगकिंग (चीन):** चीन का तीसरा सबसे बड़ा नगर जो यांग्त्जी तथा जियोलिंग नदियों के संगम स्थल पर स्थित।

17. **लागोस (नाइजीरिया):** गुआयना की खाड़ी में स्थित यह शहर नाइजीरिया का मुख्य शहर और सांस्कृतिक केन्द्र है। यह शहर विरोधाभासों का शहर है, जिसमें आधुनिक विकास के साथ बहुत बड़ी संख्या में झुग्गी-झोपडियां भी हैं और यहां का यातायात बहुत ही बुरी तरह बाधित है। यहां बहुत सारे लाइट इंडस्ट्रीज और शिल्प उद्योग हैं।

18. **मनीला (Manila):** फिलीपीन्स की राजधानी, प्राकृतिक बन्दरगाह तथा सांस्कृतिक नगर।

19. **गुआंगझाव (चीन):** केन्टन नाम से प्रसिद्ध, यह गुआंगढोंग क्षेत्र की राजधानी तथा सबसे ज्यादा जनसंख्या वाला शहर हैं।

20. **रियो डी जिनेरियो (Rio De Janeiro):** ब्राजील का दूसरा सबसे बड़ा नगर एवं प्राकृतिक बन्दरगाह। इस नगर की अधिकतर इमारतें सफेद संगमरमर की बनी हुई हैं इसलिए इसको 'श्वेत नगर' 'White City' के नाम से भी जाना जाता है।

तालिका 6.58: महाद्वीप क्षेत्रफल, जनसंख्या, देशों की संख्या, उच्चतम बिन्दु, निम्नतम बिंदु

क्र.सं.	महाद्वीप	क्षेत्रफल (मिलियन वर्ग किमी. में)	अनुमानित जनसंख्या	उच्चतम बिन्दु	निम्नतम बिन्दु	देशों की संख्या
1.	एशिया	49.7	4,601,371,266	माउंट एवरेस्ट तिब्बत/नेपाल 8850 मी.	मृत सागर -392 मी. समुद्र तल से नीचे	48 देश और 3 आश्रित क्षेत्र
2.	अफ्रीका	30.1	1,308,064,176	माउंट किलमंजारो तंजानिया 19341 फीट (5895 मी.)	झील असल जिबूती (-512 फीट) (-156 मी.)	54 देश और 4 आश्रित क्षेत्र
3.	उत्तरी अमेरिका	24.7	366,600,944	माउंट मैकिनले (अलास्का) 20,320 फीट (6164 मी.)	मृत घाटी (कैलिफोर्निया (-280 फीट) (86 मी.)	23 देश और 9 आश्रित देश
4.	दक्षिणी अमेरिका	17.8	427,199,424	एकोंकागुआ अर्जेंटीना (6901 मी./22641 फीट)	लेगूना डेल कार्बन, 344 फीट	12
5.	यूरोप	10.2	747,182,185	माउंट विलहीम पापुआ न्यू मिनी, 18,506 फीट (5642 मी.)	इरी झील, ऑस्ट्रेलिया (-52 फीट) (-16 मी.)	44 देश और 4 आश्रित क्षेत्र
6.	ओशेनिया/ऑस्ट्रेलिया	8.9	25,203,199	माउंट विलहीम पापुआ न्यू गनी 18,506 फीट (5642 मी.)	इरी झील, ऑस्ट्रेलिया -52 फीट (-16 मी.)	14 देश और 9 आश्रित क्षेत्र
7.	अंटार्कटिका	14.2	–	माउंट विनसन 4900 मी. समुद्र तल से ऊपर	डेनमन ग्लेशियर पहुँच 11,500 फीट (3.5 किमी.) समुद्र तल से नीचे	–

***Source:** worldatlas.com, worldometers.info*

तालिका 6.59: उच्चतम अंकित तापमान

विश्व	स्थान	तारीख	डिग्री फारेनहाइट	डिग्री सेल्सियस
अफ्रीका	अल अजीज, लीबिया	सितम्बर 13, 1922	136.0	58.0
उत्तरी अमेरिका (यूएस)	मृत घाटी, कैलिफोर्निया	जुलाई, 10, 1913	134.0	57.0
एशिया	तिरत सवी, इजरायल	जून, 21, 1942	129.0	54.0
ऑस्ट्रेलिया*	ओदनादत्ता, द. ऑस्ट्रेलिया	जनवरी, 2, 1960	123.3	50.7
यूरोप	सेविली, स्पेन	अगस्त, 4, 1881	122.0	48.0
द. अमेरिका	रिवादाविया, अर्जेंटीना	दिसम्बर 11, 1905	120.0	49.1
कनाडा	मिडेल और पीली घास सस्काचीवन, कनाडा	जुलाई 5, 1937	113.0	45.0
ओशेनिया*	टुगीगाराओ, फिलीपीन्स	अगस्त 20, 1924	108.0	50.7
पर्सियन खाड़ी (समुद्री सतह)		अगस्त 5, 1924	96.0	36.0
अंटार्कटिका	वंदा स्टेशन, स्कोट कोस्ट	जनवरी 5, 1974	59.0	15.0
दक्षिणी ध्रुव		दिसम्बर 27, 1978	7.5	-14.0

* *On 16 January 1889, a temperature of 53 Â°C (128 Â°F) was recorded at Cloncurry, Queensland. It was measured with a non-standard thermometer, so it is unknown if this reading was valid or not.*

Source: *National Oceanic and Atmospheric Administration (NOAA). February, 2017*

तालिका 6.60: निम्नतम अंकित तापमान

विश्व	स्थान	दिनांक	डिग्री फारेनहाइट	डिग्री सेल्सियस
अंटार्कटिका	वोस्टक	जुलाई 21, 1983	-129	-89
एशिया	आइयीकोन, रूस, वर्खोयनस्क, रूस	फरवरी 6, 1933	-90	-68
ग्रीनलैंड	नार्थीस	जनवरी 9, 1954	-87	-66
उत्तरी अमेरिका (ग्रीनलैंड को छोड़कर)	स्नेग, यूकोन, कनाडा	फरवरी 3, 1947	-81	-63
संयुक्त राज्य अमेरिका	प्रोस्पेक्ट ग्रीक, अलास्का	जनवरी 23, 1971	-80	-62
यूएस (अलास्का को छोड़कर)	रोजर, पास, माउंटेन	जनवरी 20, 1954	-70	-56.5
यूरोप	यूएस, स्वगोर, रूस	जनवरी*	-67	-55
दक्षिणी अमेरिका	सारगीटो, अर्जेंटीना	जून 1, 1907	-27	-33
अफ्रीका	इफ्रेन, मोरक्को	फरवरी 11, 1935	-11	-24
ऑस्ट्रेलिया	चारलोटी पास, एनएसडब्लू	जून 29, 1994	-9	-22
ओशेनिया	मौना कीया, हवाई	मई 17, 1979	12	-11

* Exact date unknown; lowest in 15-year period.

Source: *National Oceanic and Atmospheric, Administration (NOAA). February, 2017*

तालिका 6.61: विश्व के सर्वाधिक 10 आर्द्र स्थल

क्र.सं.	स्थान	स्थिति	देश	औसत वार्षिक वर्षा (मिमी)
1.	मासिनराम	मेघालय	भारत	11,871
2.	चेरापूँजी	मेघालय	भारत	11,777
3.	तूतूनेंडो	कोलम्बिया	दक्षिणी अमेरिका	11,770
4.	काँव नदी	न्यूजीलैंड	न्यूजीलैंड	11,516
5.	सेन एंटोनियो डे यूरेका	बिओको, द्वीप	भूमध्यरेखीय गिनी	10,450
6.	देबुंदरुचा	कैमरून	अफ्रीका	10,299
7.	बिग बोग	मऊ	हवाई	10,272
8.	माउंट वेअलेलुले	कोआई	हवाई	9763
9.	कुकुई	गऊ	हवाई	9293
10.	एमी शान	सियुआन राज्य	चीन	8169

***Source:** worldatlas.com (March 2019)*

तालिका 6.62: विश्व के सबसे अधिक औसत वर्षा अतिरेक

नीचे एक मिनट से एक वर्ष तक के समय काल में सर्वाधिक वर्षा की सूची दी गई है				
समय काल	स्थान	दिनांक	इंच	सेन्टीमीटर
1 मिनट	यूनियनविली, एमडी, यूएसए	जुलाई 4, 1956	1.23	3.12
60 मिनट	होल्ट, एमओ, यूएसए	जून 22, 1947	12.0	30.5
12 घंटे	फोक फोक, ला रीयूनियन	जनवरी, 7-8, 1966	45.0	114.0
24 घंटे	फोक फोक ली रियूनियन	जनवरी 7-8, 1966	71.8	182.5
48 घंटे	चेरापूँजी, भारत	जून 15-16, 1995	98.15	249.3
72 घंटे	क्रेटेअर कॉमर्सन ला रीयूनियन	फरवरी, 24-26, 2007	154.7	392.9
96 घंटे	क्ररेटर कॉमर्सन, ला रीयूनियन	फरवरी 24-27, 2007	191.7	486.9
12 महीने	चेरापूँजी, भारत	अगस्त 1860-जुलाई 1861	1,042.0	2,647.0

***Source:** World Meteorological Organization*

तालिका 6.63: विश्व के सबसे कम औसत वर्षा अतिरेक

स्थान	स्थिति	महाद्वीप	वर्षा इंच	वर्ष का रिकार्ड
अफ्रीका	चिली	दक्षिणी अमेरिका	0.03	59
वाडी हाफा	सूडान	अफ्रीका	<0.10	39
एमंड्सन स्कोट	साऊथ पोल	अंटार्कटिका	0.801	10
बटागुएज	मैक्सिको	उत्तरी अमेरिका	1.20	14
अदन	यमन	एशिया	1.80	50
मुल्का	दक्षिणी ऑस्ट्रेलिया	ऑस्ट्रेलिया/ओशेनिया	4.05	42
अस्त्राखान	रूस	यूरोप	6.40	25
पुआको	हवाई	ओशेनिया	8.93	13

***Source:** U.S. Army Corps of Engineers, Engineer Topographic Laboratories.*

तालिका 6.64: विश्व के सबसे बड़े मरुस्थल

क्र.सं.	मरुस्थल	क्षेत्रफल (वर्ग किमी.)	क्षेत्रफल (वर्ग मील)
1.	अंटार्कटिका	14,000,000	5,500,000
2.	आर्कटिक	13,985,000	5,400,000
3.	सहारा	9,000,000	3,300,000
4.	अरब मरुस्थल	2,330,000	900,000
5.	गोबी मरुस्थल	1,295,000	500,000
6.	कालाहारी मरुस्थल	900,000	360,000
7.	ग्रेट विक्टोरिया मरुस्थल	647,000	220,000
8.	पेटागोनिया मरुस्थल	620,000	200,000
9.	सीरियन मरुस्थल	520,000	200,000
10.	ग्रेट बेसिन मरुस्थल	492,000	190,000
11.	चिकआहुआन मरुस्थल	362,600	140,000
12.	काराकुम मरुस्थल	350,000	140,000
13.	कोलोराडो पठार	336,700	130,000
14.	तकलामाकन मरुस्थल	337,000	130,000
15.	किजलीकुम मरुस्थल	298,000	115,000
16.	ग्रेट सेंडी मरुस्थल	285,000	110,000
17.	सोनोरान मरुस्थल	260,000	100,000
18.	थार मरुस्थल	200,000	77,000
19.	गिब्सन मरुस्थल	155,000	60,000
20.	डास्ट ए मारगो	150,000	57,000

***Source:** worldatlas.com (August 2019)*

तालिका 6.65: महासागरीय धारायें (Ocean Currents)

क्र.सं.	अटलांटिक महासागर	प्रशान्त महासागर	हिन्द महासागर
1.	उत्तरी विषुवत रेखीय जलधारा	1. उत्तरी विषुवत रेखीय गर्म जलधारा	1. उत्तरी विषुवतरेखीय गर्म पानी की धारा
2.	बहामा जलधारा	2. क्यूरोशिवो गर्म पानी की जलधारा	2. द. विषुवत रेखीय गर्म पानी की धारा
3.	खाड़ी की धारा	3. ओया-शियो अथवा क्यूरोशियो ठंडे पानी की धारा	3. प. ऑस्ट्रेलिया की ठंडे पानी की धारा
4.	लेब्रेडोर की धारा	4. अलास्का ठंडे पानी की धारा	4. अगुल्हास गर्म पानी की धारा
5.	कैनरी की धारा	5. कैलिफ़ोर्निया की ठंडे पानी की धारा	5. सोमालिया की गर्म पानी की धारा
6.	उत्तरी अटलांटिक ड्रिफ्ट	6. द. विषुवत रेखीय गर्म पानी की जलधारा	6. वेस्ट-विंड-ड्रिफ्ट

7.	दक्षिणी विषुवत रेखीय धारा	7. पेरू अथवा हम्बोल्ट की ठंडे पानी की धारा	7. विरुद्ध विषुवत रेखीय धारा
8.	ब्राजील की जलधारा	8. पूर्वी ऑस्ट्रेलिया की गर्म पानी की धारा	8. पश्चिमी अपवाह
9.	बेंग्युला जलधारा	9. विषुवत रेखीय विपरीत गर्म पानी की धारा	–
10.	दक्षिणी अटलांटिक भ्रंश	–	–

Source: *geographynotes.com, Majid Husain Physical Geography*

तालिका 6.66: भीषण ज्वालामुखी

क्र.सं.	स्थान तथा देश	वर्ष	मृतकों की संख्या
1.	टम्बोरा (इण्डोनेशिया)	1815	92,000
2.	क्राकाताओ (Karakatoa)	1883	34,417
3.	माऊंटे पिली	1902	29,025
4.	रूइज़ (कोलम्बिया)	1985	25,000
5.	उनज़ेन (जापान)	1792	14,300
6.	लाकी (आइसलैंड)	1783	9,350
7.	कैल्पट (इण्डोनेशिया)	1919	5,110
8.	गालुंगुग (Galunggung Indonesia)	1882	4011
9.	वैसुवियस (इटली)	1631	3500
10.	वैसुवियस (इटली)	79	3360

Source: Husain, M., 2009, **Funadamental of Physical Geography**, Jaipur, Rawat Publications.

तालिका 6.67: विश्व के सबसे भयानक भूकम्प

मानवीय इतिहास में भूकम्प में हताहतों की सूची					
क्र.सं.	स्थिति	वर्ष	अनुमानित मृत्यु	भूकम्प का परिमाण	अतिरिक्त सूचनाएँ
1.	शान्जी, चीन	1556	830,000	8	• चीन में 97 से अधिक देश प्रभावित हुई थे • 520 मील चौड़ा क्षेत्र नष्ट हो गया था। • कुछ देशों में यह अनुमान लगभग गया कि 60% तक जनसंख्या की मृत्यु हो गई। • इस तरह के भयावह नुकसानों का श्रेय गुफा की बस्तियों को दिया जाता है, जो एक परिणाम के रूप में ढह गईं।
2.	पोर्ट ओ प्रिंस हैती	2010	316,000	7	• मृत्यु की हानि अभी भी विवादित है। यहाँ एनओएस और एनजीडीसी द्वारा अपनाया गया आँकडा प्रस्तुत करते हैं। यह आँकडा हिमियन सरकार द्वारा सूचित किया गया है। कुछ स्रोत 22,000 से नीचे का आंकड़ा सुझाते हैं।

3.	अन्टाक्या, तुर्की	115	260,000	7.5	• एंटी गोच और आसपास का क्षेत्र में बहुत नुकसान हुआ। • एथामीया भी नष्ट हो गया और बेरुत में गंभीर क्षति हुई। • एक स्थानीय सुनामी लेबनान के तट पर नुकसान का कारण बनी।
4.	अन्टाक्या, टर्की	525	250,000	7	• बीमान्टिन साम्राज्य के क्षेत्र में गंभीर क्षति। • भूकंप ने कई इमारतों को गंभीर नुकसान पहुँचाया। आगे सूखी घास में आग के साथ तेज हवाओं से गंभीर नुकसान हुआ।
5.	तांगशान, चीन	1976	242,769	7.5	• लगभग सभी इमारतों और संरचनाओं को बिना भूकंप को ध्यान में रखते हुए बनाया था अनुमानत: 85% तक इमारतें ढह गई। • तांगशान में बड़े पैमाने पर असंभव ईंट भवन शामिल हैं जिसके परिणामस्वरूप बड़ी मृत्यु हुई।
6.	गिजन्दआ, अजरवेजान	1139	230,000	अजान	• बहुधा गामा भूकंप शब्द। इस घटना के बारे में अधिक जानकारी उपलब्ध नहीं है।
7.	सुमात्रा, इंडोनेशिया	2004	227,899	9.1	• हिंद महासागर में सुमात्रा के तट पर आए भूकम्प के परिणामस्वरूप • सुनामी की श्रृंखला बन गई (15 से 30 मीटर ऊँची) • इस क्षेत्र में 14 देश प्रभावित हुए जिसमें इंडोनेशिया को सबसे अधिक नुकसान हुआ। इसके बाद श्रीलंका भारत, और थाइलैंड आते हैं। • इस क्षेत्र में सुनामी की चेतावनी देने वाला तंत्र नहीं था।
8.	दागघन, ईरान	856	200,000	7.9	• अनुमान लगाया गया कि क्षति क्षेत्र की सीमा 220 मील लंबी थी। • यह भी परिकल्पना है कि प्राचीन शहर सहर-ए-कुमिस इतनी बुरी तरह से क्षतिग्रस्त हो गया था कि भूकंप के बाद इसे छोड़ दिया गया था।
9.	गांसु, चीन	1920	200,000	8.3	• 7 राज्यों और क्षेत्रों के पार नुकसान हुआ। • कुछ शहरों की लगभग सभी इमारतें गिर गईं या भूस्खलन में दफन हो गई। • यह बताया गया कि ठंड के कारण अतिरिक्त मौतें हुई। भूकंप के बाद के झटकों के कारण बचे लोगों ने केवल अस्थायी आश्रयों पर भरोसा करने की कोशिश की जो कठोर सर्दियों के लिए अनुपयुक्त थे।
10.	द्विन, अर्मेनिया	893	150,000	अंजान	• अधिकांश इमारतों के ढहने, सुरक्षात्मक दीवारों और महलों के ढहने के साथ द्विन शहर नष्ट हो गया। • अनुमान है कि केवल 100 इमारते खड़ी थीं।
11.	टोक्यो, जापान	1923	142,807	7.9	• आधे से अधिक ईंट की इमारतें और 10: प्रचलित ढाँचा नष्ट हो गया। • कारण 12 मीटर ऊँची सुनामी था। • बड़ी आग लग गई एक बड़े बवंडर के साथ, यह तेजी से फैल गई।

Source: *National Geographic.Info (2018)*

तालिका 6.68: विश्व के विभिन्न क्षेत्रों और महाद्वीपों से संबंधित तथ्य

क्षेत्र, उप-क्षेत्र, देश या क्षेत्र	2020 में कुल जनसंख्या	2020 में जनसंख्या घनत्व	विकास दर (2015-2020)	2020 में लिंग अनुपात	माध्य आयु 2020
दुनिया	7 794 799	59.9	1.09	101.7	30.9
संयुक्त राष्ट्र विकास समूह	–	–	–	–	–
अधिक विकसित क्षेत्र	1 273 304	25.9	0.26	95.0	42.0
कम विकसित क्षेत्र	6 521 494	80.5	1.26	103.0	29.0
कम-से-कम विकसित देश	1 057 438	52.5	2.33	99.0	20.3
कम विकसित क्षेत्र, कम विकसित देशों को छोड़कर	5 464 056	89.8	1.06	103.8	30.9
कम विकसित क्षेत्र, चीन को छोड़कर	5 050 208	70.6	1.50	102.5	26.4
भूमि बंद विकासशील देश (एलएलडीसी)	533 143	32.2	2.36	98.4	20.4
छोटे द्वीप विकासशील राज्य (एसआईडीएस)	72 076	60.3	0.91	101.6	30.3
विश्व बैंक आय समूह	–	–	–	–	–
उच्च आय वाले देश	1 263 093	33.3	0.47	99.2	41.0
मध्यम आय वाले देश	5 753 052	74.7	1.04	102.7	30.7
उच्च-मध्यम आय वाले देश	2 654 816	47.8	0.68	101.1	35.4
निम्न-मध्यम आय वाले देश	3 098 235	144.4	1.36	104.0	26.6
कम आय वाले देश	775 711	52.3	2.56	98.6	19.0
कोई आय समूह उपलब्ध नहीं	2 944	8.0	1.21	95.3	32.8
भौगोलिक क्षेत्र	–	–	–	–	–
अफ्रीका	1 340 598	45.2	2.51	99.9	19.7
एशिया	4 641 055	149.6	0.92	104.7	32.0
यूरोप	747 636	33.8	0.12	93.4	42.5
लैटिन अमेरिका और कैरेबियन	653 962	32.5	0.94	96.8	31.0
उत्तरी अमेरिका	368 870	19.8	0.65	98.0	38.6
ओशेनिया	42 678	5.0	1.37	100.2	33.4

Source: *UN Population Division*

तालिका 6.68A: अफ्रीकी देशों से संबंधित तथ्य

क्षेत्र, उप-क्षेत्र, देश या क्षेत्र	2020 में कुल जनसंख्या	2020 में जनसंख्या घनत्व	विकास दर (2015-2020)	2020 में लिंग अनुपात	माध्य आयु 2020
उप सहारा अफ्रीका	1 094 366	50.0	2.65	99.6	18.7
पूर्वी अफ्रीका	445 406	66.8	2.67	98.5	18.7
बुरून्दी	11 891	463.0	3.15	98.5	17.3

कोमोरोस	870	467.3	2.24	101.8	20.4
जिबूती	988	42.6	1.56	110.7	26.6
इरिट्रिया	3 546	35.1	1.18	100.5	19.2
इथियोपिया	114 964	115.0	2.62	100.1	19.5
केन्या	53 771	94.5	2.32	98.8	20.1
मेडागास्कर	27 691	47.6	2.67	99.6	19.6
मलावी	19 130	202.9	2.66	97.3	18.1
मॉरीशस	1 272	626.5	0.20	97.4	37.5
मैयट	273	727.5	2.56	96.8	20.1
मोजाम्बिक	31 255	39.7	2.90	94.5	17.6
रियूनियन	895	358.1	0.73	93.8	35.9
रवांडा	12 952	525.0	2.61	96.7	20.0
सेशल्स	98	213.8	0.70	105.3	34.2
सोमालिया	15 893	25.3	2.83	99.4	16.7
दक्षिण सूडान	11 194	18.3	0.87	100.2	19.0
युगांडा	45 741	228.9	3.59	97.2	16.7
संयुक्त गणराज्य तंजानिया	59 734	67.4	2.97	99.9	18.0
जाम्बिया	18 384	24.7	2.93	98.1	17.6
जिम्बाब्वे	14 863	38.4	1.46	91.3	18.7
मध्य अफ्रीका	179 595	27.6	3.05	99.6	17.3
अंगोला	32 866	26.4	3.29	97.9	16.7
कैमरून	26 546	56.2	2.61	100.1	18.7
केन्द्रीय अफ्रीकी गणराज्य	4 830	7.8	1.45	98.3	17.6
कागज का टुकड़ा	16 426	13.0	3.04	99.7	16.6
कांगो	5 518	16.2	2.56	99.8	19.2
कांगो लोकतांत्रिक गणराज्य	89 561	39.5	3.22	99.7	17.0
भूमध्यवर्ती गिनी	1 403	50.0	3.66	125.3	22.3
गैबॉन	2 226	8.6	2.67	103.7	22.5
साओ टोमे और प्रिंसिपे	219	228.3	1.89	100.2	18.6
दक्षिणी अफ्रीका	67 504	25.5	1.39	96.9	27.0
बोत्सवाना	2 352	4.1	2.07	93.9	24.0
इस्वातिनि	1 160	67.5	0.99	96.7	20.7
लिसोटो	2 142	70.6	0.79	97.4	24.0
नामिबिया	2 541	3.1	1.86	94.1	21.8
दक्षिण अफ्रीका	59 309	48.9	1.37	97.1	27.6
पश्चिमी अफ्रीका	401 861	66.3	2.67	101.4	18.2
बेनिन	12 123	107.5	2.73	99.8	18.8

बुर्किना फासो	20 903	76.4	2.87	99.9	17.6
काबो वर्दे	556	138.0	1.16	100.8	27.6
कोटे डी आइवर	26 378	83.0	2.55	101.7	18.9
गाम्बिया	2 417	238.8	2.94	98.4	17.8
घाना	31 073	136.6	2.19	102.8	21.5
गिन्नी	13 133	53.4	2.77	93.7	18.0
गिनी-बिसाऊ	1 968	70.0	2.50	95.8	18.8
लाइबेरिया	5 058	52.5	2.46	101.1	19.4
माली	20 251	16.6	2.99	100.4	16.3
मॉरिटानिया	4 650	4.5	2.78	100.9	20.1
नाइजर	24 207	19.1	3.82	101.1	15.2
नाइजीरिया	206 140	226.3	2.59	102.8	18.1
सेंट हेलेना	6	15.6	0.71		
सेनेगल	16 744	87.0	2.77	95.3	18.5
सेरा लिओन	7 977	110.5	2.13	99.6	19.4
जाना	8 279	152.2	2.45	99.0	19.4
उत्तरी अफ्रीका	246 233	31.7	1.91	101.0	25.5
एलजीरिया	43 851	18.4	1.98	102.1	28.5
मिस्र	102 334	102.8	2.03	102.1	24.6
लीबिया	6 871	3.9	1.36	101.9	28.8
मोरक्को	36 911	82.7	1.26	98.5	29.5
सूडान	43 849	24.8	2.39	99.8	19.7
ट्यूनीशिया	11 819	76.1	1.11	98.4	32.8
पश्चिमी सहारा	597	2.2	2.54	109.5	28.4

***Source:** UN Population Division*

तालिका 6.69: एशियाई देशों से संबंधित तथ्य

देश/क्षेत्र	2020 में कुल जनसंख्या	2020 में जनसंख्या घनत्व	विकास दर (2015-2020)	2020 में लिंग अनुपात	माध्य आयु 2020
पश्चिमी एशिया	279 637	58.2	1.64	110.0	28.2
आर्मीनिया	2 963	104.1	0.26	88.8	35.4
आजरबाइजान	10 139	122.7	1.05	99.8	32.3
बहरीन	1 702	2238.9	4.31	183.1	32.5
साइप्रस	1 207	130.7	0.78	99.9	37.3
जॉर्जिया	3 989	57.4	-0.18	91.1	38.3
ईराक	40 223	92.6	2.46	102.5	21.0
इजराइल	8 656	400.0	1.63	99.1	30.5

जॉर्डन	10 203	114.9	1.93	102.6	23.8
कुवैत	4 271	239.7	2.15	157.9	36.8
लेबनान	6 825	667.2	0.88	101.4	29.6
ओमान	5 107	16.5	3.59	194.1	30.6
कतर	2881	248.2	2.32	302.4	32.3
सऊदी अरब	34 814	16.2	1.86	137.1	31.8
फिलिस्तीन राज्य	5 101	847.4	2.38	102.9	20.8
सीरियाई अरब गणराज्य	17 501	95.3	−0.56	100.2	25.6
टर्की	84 339	109.6	1.43	97.5	31.5
संयुक्त अरब अमीरात	9 890	118.3	1.31	223.8	32.6
यमन	29 826	56.5	2.37	101.5	20.2
मध्य और दक्षिणी एशिया	2 014 709	195.1	1.21	.106.2	27.6
मध्य एशिया	74 339	18.9	1.64	98.1	27.6
कजाखस्तान	18 777	7.0	1.33	94.3	30.7
किर्गिजस्तान	6 524	34.0	1.81	97.9	26.0
तजाकिस्तान	9 538	68.1	2.41	101.6	22.4
तुर्कमेनिस्तान	6 031	12.8	1.61	97.0	26.9
उज्बेकिस्तान	33 469	78.7	1.58	99.6	27.8
दक्षिणी एशिया	1 940 370	303.2	1.20	106.5	27.6
अफगानिस्तान	38 928	59.6	2.47	105.4	18.4
बांग्लादेश	164 689	1265.2	1.05	102.2	27.6
भूटान	772	20.2	1.17	113.4	28.1
भारत	1 380 004	464.1	1.04	108.2	28.4
ईरान (इस्लामिक रिपब्लिक ऑफ)	83 993	51.6	1.36	102.0	32.0
मालदीव	541	1801.8	3.45	173.5	29.9
नेपाल	29 137	203.3	1.51	84.5	24.6
पाकिस्तान	220 892	286.5	2.05	106.0	22.8
श्री लंका	21 413	341.5	0.48	92.1	34.0
पूर्वी और दक्षिण-पूर्वी एशिया	2 346 709	147.6	0.58	102.8	36.6
पूर्वी एशिया	1 678 090	145.2	0.40	104.0	39.4
चीन	1 439 324	153.3	0.46	105.3	38.4
चीन, हांगकांग सारा	7 497	7140.0	0.85	84.8	44.8
चीन, मकाओ सारा	649	21717.1	1.51	92.5	39.3
चीन, चीन का ताइवान प्रांत	23 817	672.6	0.22	98.8	42.5
डेमोक्रेटिक पीपुल्स रिपब्लिक ऑफ कोरिया	25 779	214.1	0.47	95.7	35.3
जापान	126 476	346.9	−0.24	95.4	48.4

मंगोलिया	3 278	2.1	1.79	97.1	28.2
कोरिया गणराज्य	51 269	527.3	0.18	100.2	43.7
दक्षिण-पूर्वी एशिया	668 620	154.0	1.05	99.8	30.2
ब्रुनेई दारुस्सलाम	437	83.0	1.06	107.8	32.3
कंबोडिया	16 719	94.7	1.49	95.4	25.6
इंडोनेशिया	273 524	151.0	1.14	101.4	29.7
लाओ पीपुल्स डेमोक्रेटिक रिपब्लिक	7 276	31.5	1.53	100.8	24.4
मलेशिया	32 366	98.5	1.34	105.7	30.3
म्यांमार	54 410	83.3	0.65	93.0	29.0
फिलीपींस	109 581	367.5	1.41	100.9	25.7
सिंगापुर	5 850	8357.6	0.90	109.8	42.2
थाईलैंड	69 800	136.6	0.31	94.8	40.1
तिमोर-लेस्ते	1 318	88.7	1.94	102.2	20.8
वियतनाम	97 339	313.9	0.98	99.7	32.5

***Source:** UN Population Division*

तालिका 6.70: यूरोपीय देशों से संबंधित तथ्य

देश/क्षेत्र	2020 में कुल जनसंख्या	2020 में जनसंख्या घनत्व	विकास दर (2015-2020)	2020 में लिंग अनुपात	माध्य आयु 2020
यूरोप	747 636	33.8	0.12	93.4	42.5
पूर्वी यूरोप	293 013	16.2	−0.09	88.8	40.8
बेलारूस	9 449	46.6	0.02	87.1	40.3
बुल्गारिया	6 948	64.0	−0.71	94.4	44.6
चेकिया	10 709	138.6	0.20	97.0	43.2
हंगरी	9 660	106.7	−0.24	90.8	43.3
पोलैंड	37 847	123.6	−0.10	94.0	41.7
मोल्दोवा के गणराज्य	4 034	122.8	−0.18	91.9	37.6
रोमानिया	19 238	83.6	−0.70	94.6	43.2
रूसी संघ	145 934	8.9	0.13	86.4	39.6
स्लोवाकिया	5 460	113.5	0.09	94.9	41.2
यूक्रेन	43 734	75.5	−0.54	86.3	41.2
उत्तरी यूरोप	106 261	62.4	0.52	97.6	40.8
चौनल द्वीपसमूह	174	915.0	1.00	98.0	42.6
डेनमार्क	5 792	136.5	0.36	98.9	42.3
एस्तोनिया	1 327	31.3	0.17	90.0	42.4
फैरो द्वीप	49	35.0	0.33		

फिनलैंड	5 541	18.2	0.22	97.3	43.1
आइसलैंड	341	3.4	0.66	100.9	37.5
आयरलैंड	4 938	71.7	1.19	98.6	38.2
मैन द्वीप	85	149.2	0.43		
लातविया	1 886	30.3	-1.15	85.5	43.9
लिथुआनिया	2 722	43.4	-1.48	86.2	45.1
नॉर्वे	5 421	14.8	0.83	102.2	39.8
स्वीडन	10 099	24.6	0.67	100.4	41.1
यूनाइटेड किंगडम	67 886	280.6	0.61	97.7	40.5
दक्षिणी यूरोप	152 215	117.5	-0.11	95.5	45.5
अल्बानिया	2 878	105.0	-0.09	103.7	36.4
एंडोरा	77	164.4	-0.19		
बोस्निया और हर्जेगोविना	3 281	64.3	-0.89	96.0	43.1
क्रोएशिया	4 105	73.4	-0.61	93.1	44.3
जिब्राल्टर	34	3369.1	-0.03		
यूनान	10 423	80.9	-0.45	96.4	45.6
पवित्र देखो	1	1838.6	0.08		
इटली	60 462	205.6	-0.04	94.9	47.3
माल्टा	442	1379.8	0.37	100.6	42.6
मोंटेनेग्रो	628	46.7	0.04	97.8	38.8
उत्तर मैसेडोनिया	2 083	82.6	0.04	100.1	39.1
पुर्तगाल	10 197	111.3	-0.33	89.8	46.2
सैन मैरीनो	34	565.6	0.40		
सर्बिया	8 737	99.9	-0.32	96.0	41.6
स्लोवेनिया	2 079	103.2	0.08	99.2	44.5
स्पेन	46 755	93.7	0.04	96.6	44.9
पश्चिमी यूरोप	196 146	180.8	0.42	96.6	43.9
ऑस्ट्रिया	9 006	109.3	0.74	97.2	43.5
बेल्जियम	11 590	382.7	0.53	98.3	41.9
फ्रांस	65 274	119.2	0.25	93.8	42.3
जर्मनी	83 784	240.4	0.48	97.8	45.7
लिकटेंस्टाइन	38	238.4	0.35		
लक्समबर्ग	626	241.7	1.99	102.3	39.7
मोनाको	39	26338.3	0.79		
नीदरलैंड	17 135	508.2	0.23	99.3	43.3
स्विट्जरलैंड	8 655	219.0	0.85	98.5	43.1

Source: *UN Population Division*

तालिका 6.71: उत्तरी अमेरिकी देशों से संबंधित तथ्य

देश/क्षेत्र	2020 में कुल जनसंख्या	2020 में जनसंख्या घनत्व	विकास दर (2015-2020)	2020 में लिंग अनुपात	माध्य आयु 2020
लातिन अमेरिका और कैरेबियन	653 962	32.5	0.94	96.8	31.0
कैरेबियन	43 532	192.6	0.42	97.5	31.9
एंगुइला	15	166.7	1.00		
अंतिगुया और बार्बूडा	98	222.6	0.91	93.3	34.0
अरूबा	107	593.1	0.46	90.2	41.0
बहामा	393	39.3	0.99	94.5	32.3
बारबाडोस	287	668.3	0.14	93.8	40.5
बोनेयर, सिंट यूस्टैटियस और सबास	26	79.9	1.30		
ब्रिटिश वर्जिन आईलैन्ड्स	30	201.6	0.73		
केमन द्वीपसमूह	66	273.8	1.26		
क्यूबा	11 327	106.4	0.00	98.6	42.2
कुराकाओ	164	369.6	0.53	85.1	41.6
डोमिनिका	72	96.0	0.23		
डोमिनिकन गणराज्य	10 848	224.5	1.07	99.8	28.0
ग्रेनेडा	113	330.9	0.53	101.5	32.0
ग्वाडेलोप	400	245.8	–0.01	85.6	43.7
हैती	11 403	413.7	1.28	97.4	24.0
जमैका	2 961	273.4	0.48	98.5	30.7
मार्टीनिक	375	354.0	–0.17	85.2	47.0
मोंटेसेराट	5	50.0	0.08		
प्यूर्टो रिको	2861	322.5	–3.34	90.0	44.5
सेंट बार्थेलेम्यो	10	449.3	0.38		
संत किट्ट्स और नेविस	53	204.6	0.76		
सेंट लूसिया	184	301.0	0.50	97.0	34.5
सेंट मार्टिन (फ्रांसीसी भाग)	39	729.4	1.51		
संत विंसेंट अँड थे ग्रेनडीनेस	111	284.5	0.33	102.7	32.9
सिंट मार्टन (डच भाग)	43	1261.2	1.41		
त्रिनिदाद और टोबैगो	1 399	272.8	0.42	97.5	36.2
तुर्क और कैकोस द्वीप समूह	39	40.8	1.47		
यूनाइटेड स्टेट्स वर्जिन आइलैंड्स	104	298.4	–0.10	90.5	42.6
मध्य अमरीका	179 670	73.3	1.23	96.1	28.2

बेलीज	398	17.4	1.94	99.0	25.5
कोस्टारिका	5094	99.8	0.99	99.8	33.5
एल साल्वाडोर	6486	313.0	0.50	88.0	27.6
ग्वाटेमाला	17916	167.2	1.95	97.1	22.9
होंडुरस	9905	88.5	1.67	99.9	24.3
मेक्सिको	128933	66.3	1.13	95.8	29.2
निकारागुआ	6625	55.0	1.25	97.2	26.5
पनामा	4315	58.0	1.67	100.2	29.7
उत्तरी अमेरिका	368870	19.8	0.65	98.0	38.6
बरमूडा	62	1245.5	−0.45		
कनाडा	37742	4.2	0.93	98.5	41.1
ग्रीनलैंड	57	0.1	0.14		
सेंट पियरे और मिकेलॉन	6	25.2	−0.69		
संयुक्त राज्य अमेरिका	331003	36.2	0.62	97.9	38.3

Source: *UN Population Division*

तालिका 6.72: दक्षिण अमेरिकी देशों से संबंधित तथ्य

देश/क्षेत्र	2020 में कुल जनसंख्या	2020 में जनसंख्या घनत्व	विकास दर (2015-2020)	2020 में लिंग अनुपात	माध्य आयु 2020
दक्षिण अमेरिका	430760	24.7	0.87	97.0	32.1
अर्जेंटीना	45196	16.5	0.96	95.3	31.5
बोलीविया (बहुराष्ट्रीय राज्य)	11673	10.8	1.43	100.7	25.6
ब्राजील	212559	25.4	0.78	96.6	33.5
चिली	19116	25.7	1.24	97.3	35.3
कोलंबिया	50883	45.9	1.37	96.5	31.3
इक्वेडोर	17643	71.0	1.69	100.1	27.9
फॉकलैंड द्वीप समूह (माल्विनास)	3	0.3	4.10		
फ्रेंच गयाना	299	3.6	2.70	97.9	25.1
गुयाना	787	4.0	0.49	101.2	26.7
परागुआ	7133	18.0	1.29	103.3	26.3
पेरू	32972	25.8	1.58	98.7	31.0
सूरीनाम	587	3.8	0.96	101.0	29.0
उरुग्वे	3474	19.8	0.36	93.5	35.8
वेनेजुएला (बोलीवियाई गणराज्य)	28436	32.2	−1.13	96.8	29.6

Source: *UN Population Division*

तालिका 6.73: ऑस्ट्रेलिया और ओशेनियन देशों से संबंधित तथ्य

देश/क्षेत्र	2020 में कुल जनसंख्या	2020 में जनसंख्या घनत्व	विकास दर (2015-2020)	2020 में लिंग अनुपात	माध्य आयु 2020
ऑस्ट्रेलिया/न्यूजीलैंड	30 322	3.8	1.21	98.8	37.9
ऑस्ट्रेलिया	25 500	3.3	1.27	99.2	37.9
न्यूजीलैंड	4 822	18.3	0.88	96.7	38.0
ओशेनिया (ऑस्ट्रेलिया और न्यूजीलैंड को छोड़कर)	12 356	22.8	1.77	103.9	23.2
मेलानेशिया	11 123	21.0	1.89	104.0	22.8
फिजी	896	49.1	0.63	102.6	27.9
नया केलडोनिया	285	15.6	1.04	101.1	33.6
पापुआ न्यू गिनी	8 947	19.8	1.97	104.3	22.4
सोलोमन इस्लैंडस	687	24.5	2.60	103.5	19.9
वानुअतु	307	25.2	2.49	102.8	21.1
माइक्रोनेशिया	549	173.2	0.97	102.1	26.8
गुआम	169	312.6	0.84	101.8	31.4
किरिबाती	119	147.5	1.48	96.8	23.0
मार्शल द्वीप समूह	59	328.9	0.60		
माइक्रोनेशिया (फेडरेशन राज्यों के)	115	164.3	1.10	103.4	24.4
नाउरू	11	541.7	0.84		
उत्तरी मरीयाना द्वीप समूह	58	125.1	0.63		
पलाउ	18	39.3	0.48		
पोलिनेशिया	684	84.5	0.50	102.9	27.6
अमेरिकी समोआ	55	276.0	-0.22		
कुक द्वीपसमूह	18	73.2	-0.02		
फ्रेंच पॉलीनिशिया	281	76.7	0.56	102.6	33.6
नियू	2	6.2	0.15		
समोआ	198	70.1	0.50	107.3	21.8
टोकेलाऊ	1	135.0	1.63		
टोंगा	106	146.8	0.95	100.2	22.4
तुवालू	12	393.1	1.21		
वालिस और फ्यूचूना द्वीप समूह	11	80.3	-1.74		

Source: *UN Population Division*

तालिका 6.74: नदियों के किनारे स्थित प्रमुख शहर

क्र.सं.	शहर	देश	नदी
1.	अलैग्जेन्ड्रिया	मिस्र	नील
2.	एमर्स्टड्म	नीदरलैंड	रुमस्टेल
3.	अंतवेर्प	बेल्जियम	शेल्डर
4.	अकारा	तुर्की	किजिल
5.	बगदाद	इराक	टिगरिस
6.	बैकांक	थाइलैंड	चाओ फराया
7.	बेलग्रेड	यूगोस्लाविया	डेन्यूब, सावा
8.	बर्लिन	जर्मनी	स्प्री हावेल
9.	बोगाटा	कोलम्बिया	बोगोटा
10.	बोन	जर्मनी	राइन
11.	ब्रिस्टल	इंग्लैंड	एवन
12.	ब्रसेल्स	बेल्जियम	सीन
13.	बुडापेस्ट	हंगरी	डेन्यूब
14.	ब्यूनस आयर्स	अर्जेंटीना	रियो डे ला प्लाटा
15.	कहिरा	मिस्र	नील
16.	केन्टोन	चीन	केन्टन
17.	कोलोगन	जर्मनी	राइन
18.	कोलकाता	भारत	हुगली
19.	डेमासक्स	सीरिया	बराडा
20.	दिल्ली	भारत	यमुना
21.	ढाका	बांग्लादेश	पद्मा
22.	डबलिन	आयरलैंड	लफी
23.	ग्लासगो	स्कॉटलैंड (यूके)	क्लाइड
24.	हेमबर्ग	जर्मनी	एल्ब
25.	हुल	इंग्लैंड	हम्बर
26.	हाची मिन्ह शहर	वियतनाम	सेगोन
27.	हॉगकांग	चीन	पर्ल
28.	जकार्ता	इंडोनेशिया	लीवुंग
29.	कराची	पाकिस्तान	सिंधु
30.	खार्तूम	सूडान	नील
31.	कीव	यूक्रेन	नीपर
32.	लाहौर	पाकिस्तान	रावी
33.	लिस्बन	पुर्तगाल	तागुस
34.	लीमा	पेरू	रिमेक

35.	लिवरपूल	इंग्लैंड	मर्से
36.	लंदन	इंग्लैड	थेम्स
37.	मैड्रिड	स्पेन	मंजानारस
38.	मेलबर्न	ऑस्ट्रेलिया	यारा
39.	मांडील	कनाडा	सेंट लारेंस
40.	मास्को	रूस	मोस्कवा
41.	न्यू ओरलीनस	यूएसए	मिसीसिपी
42.	न्यूयार्क	यूएसए	हडसन
43.	पेरिस	फ्रांस	सीन
44.	फिलाडोस्फीया	यूएसए	दीलावारे
45.	पराग्वे	चेक रिपब्लिक	मोलडाउ
46.	रंगून	म्यांमार	इरावदी
47.	रोम	इटली	टाइबर
48.	सेन्ट पीटरर्सबर्ग	रूस	नेवा
49.	सेन्टियागो	चिली	मापोचो
50.	साओ पोलो	ब्राजील	टीट
51.	सिओल	दक्षिण कोरिया	हान
52.	शंघाई	चीन	हुआंगपू
53.	टोक्यो	जापान	सुमिदा
54.	विएना	आस्ट्रिया	डेन्यूव
55.	बोल्गोग्रेड	रूस	वोल्गा
56.	वार्सा	पोलैंड	विस्तूला
57.	वशिंगटन डी सी	यूएसए	पोटार्मक
58.	वुहान	चीन	यांगट्यीक्यांग
59.	जग्रेव	क्रोएशिया	सवा
60.	ज्यूरिच	स्विट्जरलैण्ड	लिम्मत, सिहल

Source: *United Nations Department of Economic and Social Affairs (March, 2018)*

तालिका 6.75: संयुक्त राष्ट्र संघ की महत्वपूर्ण एजेंसियां

आईएनटीआरएडब्ल्यू	अन्तर्राष्ट्रीय महिला उन्नति शोध एवं प्रशिक्षण संस्थान
यूएनआईसीईएफ	संयुक्त राष्ट्र बाल कोष (मुख्यालयः न्यूयॉर्क)
यूपीयू	विश्व डाक संघ (मुख्यालयः बर्न)
आईबीआरडी	अन्तर्राष्ट्रीय पुनर्निर्माण एवं विकास बैंक (मुख्यालयः वाशिंग्टन डीसी)
यूएनटीएसओ	संयुक्त राष्ट्र युद्धविराम पर्यवेक्षण संगठन
यूएनईएससीओ	संयुक्त राष्ट्र शैक्षिक, वैज्ञानिक एवं सांस्कृतिक संगठन (मुख्यालयः पेरिस)
यूएनसीटीएडी	संयुक्त राष्ट्र व्यापार एवं विकास सम्मेलन

यूएनआईडीओ	संयुक्त राष्ट्र औद्योगिक विकास संगठन (मुख्यालय: वियना)
आईएफएडी	अन्तर्राष्ट्रीय कृषि विकास कोष (मुख्यालय: रोम)
आईसीएओ	अन्तर्राष्ट्रीय नागरिक उड्डयन संगठन (मुख्यालय: मॉन्ट्रियाल)
यूएनएफपीए	संयुक्त राष्ट्र जनसंख्या गतिविधि कोष (मुख्यालय: न्यूयॉर्क)
आईडीए	अन्तर्राष्ट्रीय विकास संगठन (मुख्यालय: वाशिंगटन)
यूएनआईटीएआर	संयुक्त राष्ट्र प्रशिक्षण एवं अनुसंधान संस्थान
यूएनयू	संयुक्त राष्ट्र विश्वविद्यालय
डब्ल्यूएमओ	विश्व मौसम विज्ञान संगठन
डब्ल्यूएचओ	विश्व स्वास्थ्य संगठन (मुख्यालय: जेनेवा)
आईएफसी	अन्तर्राष्ट्रीय वित्त निगम (मुख्यालय: वाशिंगटन डीसी)
यूएनडीपी	संयुक्त राष्ट्र विकास कार्यक्रम (मुख्यालय: न्यूयॉर्क)
डब्ल्यूएफसी	विश्व खाद्य परिषद
डब्ल्यूएफपी	विश्व खाद्य कार्यक्रम
आईएमओ	अन्तर्राष्ट्रीय सामुद्रिक संगठन (मुख्यालय: लंदन)
आईएलओ	अन्तर्राष्ट्रीय श्रम संगठन (मुख्यालय: जेनेवा)
आईएमएफ	अन्तर्राष्ट्रीय मुद्रा कोष (मुख्यालय: वाशिंगटन)
यूएनईपी	संयुक्त राष्ट्र पर्यावरण कार्यक्रम (मुख्यालय: नैरोबी)
आईएईए	अन्तर्राष्ट्रीय परमाणु ऊर्जा एजेंसी (मुख्यालय: वियना)
एफएओ	खाद्य एवं कृषि संगठन (मुख्यालय: रोम)
डब्ल्यूआईपीओ	विश्व बौद्धिक संपदा संगठन (मुख्यालय: जेनेवा)
आईटीयू	अन्तर्राष्ट्रीय दूरसंचार संघ (मुख्यालय: जेनेवा)

संदर्भ (References)

- Alexander, J.W., 1988, T.A. Hartshorn, ***Economic Geography***, Printice Hall.
- Blij, H.J., 2000, ***Geography Realms, Regions and Concepts 2000***, John Wiley & Sons.
- Burger, J., 1990, ***The Gaia Atlas of First People***, London, Robertson McCarta.
- Buchanan, R.O., 'Some Reflections on Agricultural Geography' ***Geography***, 44, (1959), pp. 1–13.
- D.K. ***Concise Atlas of the World***, 2001, London, Dorling Kindersley.
- Forde,C.D., 1979, ***Habitat Economy and Society***, Methuen & Co.
- Husain, M., 2005, ***Human Geography***, Jaipur, Rawat Publications.
- Morgan, G.C., G.C. Leong, 1982, ***Human and Economic Geography***, Oxford University Press.
- ***The Nystrom Desk Atlas***, 2008, Indianapolis, Nystrom Jones Education Division.
- ***The World Guide***, 2007, 11th edn. New Internationalist Publications Ltd.

आर्थिक भूगोल में वस्तुओं के उत्पादन, वितरण तथा सेवाओं के अवस्थितिक विश्लेषण का अध्ययन किया जाता है।

संसाधनः संकल्पना तथा प्रकार (Resource: Concept and Types)

कोई भी वस्तु जिससे मानव आवश्यकताओं की आपूर्ति होती हो, संसाधन कहलाती है। संसाधन प्राकृतिक हो सकते हैं (जैसे–खनिज, प्राकृतिक वनस्पति, जल, पवन, मिट्टी, तापमान तथा जलवायु) और मानवीय भी हो सकते हैं, जैसे–श्रम, निपुणता, वित्त, अर्थव्यवस्था, पूँजी, टेक्नोलॉजी तथा कार्यवाही पर्यावरण, बिल्डिंग, मशीन इत्यादि। संसाधनों का कई प्रकार से वर्गीकरण किया जा सकता है, जिनमें से मुख्य वर्गीकरण निम्नलिखित हैं:

नवीकरणीय तथा अनवीकरणीय संसाधन (Renewable and Non-renewable Resource)

नवीकरणीय संसाधन (Renewable Resources)

ऐसे संसाधन जिनकी पुनरावृत्ति हो सके और उनका पुनः उपयोग हो सके, नवीकरणीय संसाधन कहलाते हैं। उदाहरण के लिये सूर्य, ज्वार-भाटा तथा पवन ऊर्जा इत्यादि। इन संसाधनों को भविष्य में भी बार-बार उपयोग में लाया जा सकता है। मछलियों को भी इसी प्रकार का संसाधन माना जाता है।

गैर-नवीकरणीय संसाधन (Non-Renewable Resources)

ऐसे संसाधन जो एक बार उपयोग होने पर नष्ट हो जायें तथा उनका नवीकरण न हो सके, उसे गैर-नवीकरणीय संसाधन कहते हैं। उदाहरण के लिये कोयला, पेट्रोलियम, प्राकृतिक गैस, गैर-नवीकरणीय संसाधन कहलाते हैं। इन संसाधनों की उत्पत्ति भूगर्भीय प्रक्रियाओं के द्वारा लाखों करोड़ों वर्ष में होती है।

ऊर्जा संसाधन (Energy Reources)

ऊर्जा संसाधनों को भी निम्न दो वर्गों में विभाजित किया जा सकता है:

नवीकरणीय ऊर्जा संसाधन (Renewable Energy Resources)

विश्व की अधिकतर ऊर्जा पेट्रोलियम, प्राकृतिक गैस, लकड़ी, सूर्य-ताप तथा यूरेनियम से प्राप्त की जाती है। इनमें से

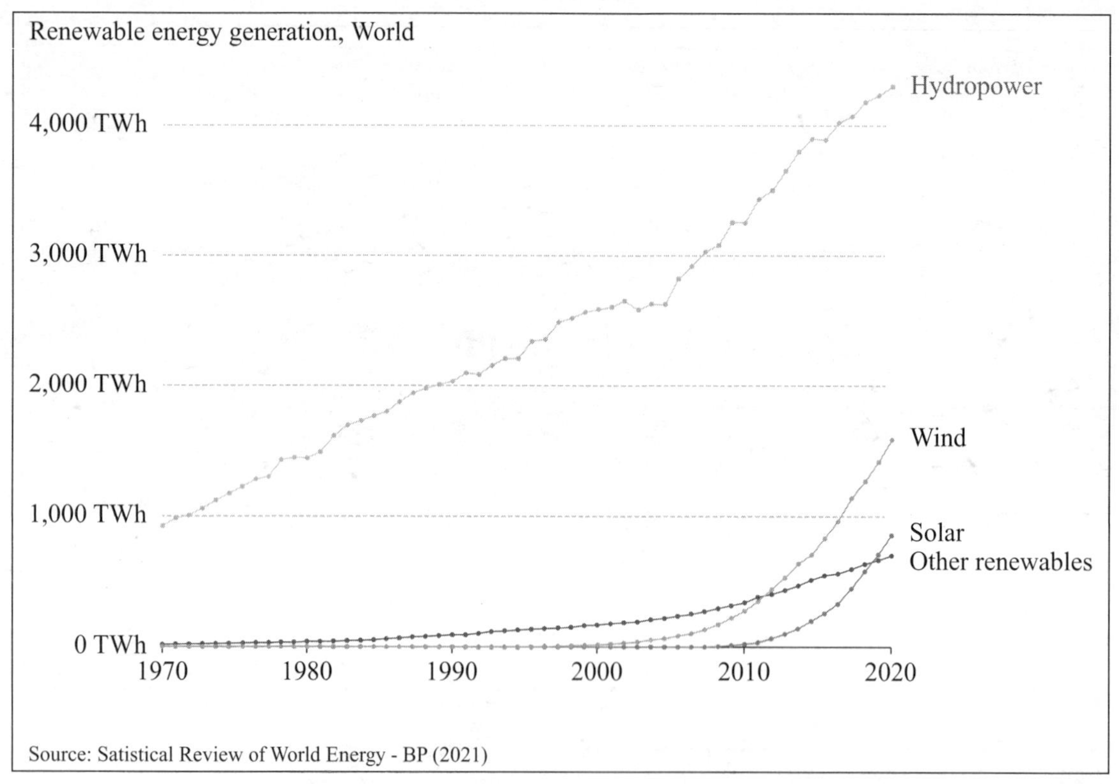

Fig. 7.1 Generation of renewable energy resources around the world

अधिकतर ऊर्जा कोयला, पेट्रोलियम तथा प्राकृतिक गैस से प्राप्त की जाती है, जो गैर-नवीकरणीय संसाधन हैं।

आधुनिक समाज की तकनीकी प्रगति और उसका जीवन स्तर दोनों ही ऊर्जा की खपत से बहुत ही निकटता से जुड़ा है। सामाजिक विज्ञानियों के अनुसार, ऊर्जा की खपत प्रति व्यक्ति जितनी ही अधिक होगी, लोगों का जीवन स्तर उतना ही ऊंचा होगा। पर दुनिया भर में लोगों को ऊर्जा का गंभीर संकट झेलना पड़ रहा है जिसके भविष्य में और बदतर होने की आशंका है। ऐसी परिस्थिति में, पनबिजली और परमाणु ऊर्जा इसके सर्वाधिक बेहतर वैकल्पिक स्रोत हैं।

पनबिजली *(Hydropower)*

कृषि औद्योगिक और व्यापार के विकास में विश्वभर में पानी की महत्वपूर्ण भूमिका रही है। पानी का प्रयोग सिंचाई, उद्योगों, घरेलू कार्यों, पोषण, जलवहन और बिजली के उत्पादन में होता है। पानी ऊर्जा का बड़ा स्रोत है यह उस समय पता चला जब 1882 में जल विद्युत उत्पादन के बारे में पता चला। पानी खुद अपने अंदर किसी भी तरह की ऊर्जा उत्पन्न नहीं कर सकता। पानी ऊर्जा उस समय बनाता है जब उसे ऊंचाई से नीचे तेजी से सीधे गिराया जाता है। पानी को जितना ही ऊंचे से गिराया जाता है, बिजली उत्पादन उतना ही अधिक होता है। बिजली उत्पादन की यह संभावना ऊपरी क्षेत्र या पहाड़ी क्षेत्र में ज्यादा होती है जहाँ बाँध बनाकर बिजली उत्पादन किया जाता है।

हाइड्रोइलेक्ट्रिक पावर प्राथमिक नवीकरणीय ऊर्जा स्रोतों में से एक के रूप में उभरा रहा है। यह कार्बन उत्सर्जन और जीवाश्म ईंधन पर निर्भरता को कम करने में मदद कर सकता है। वर्तमान में जलविद्युत दुनिया भर में सबसे व्यापक रूप से उपयोग किए जाने वाले नवीकरणीय ऊर्जा स्रोतों में से एक है। चीन, अमेरिका, ब्राजील, कनाडा और

तालिका 7.1: शीर्ष जलविद्युत उत्पादक देश, 2020

क्र.सं.	क्षेत्र/देश	बिजली उत्पादन क्षमता (GW) में	क्र.सं.	क्षेत्र/देश	बिजली उत्पादन क्षमता (GW) में
1.	विश्व	1335.114	19.	इटली	22.695
2.	एशिया	569.777	20.	वियतनाम	20.817
3.	चीन	370.280	21.	स्पेन	20.117
4.	यूरोप	222.656	22.	वेनेजुएला	16.521
5.	उत्तरी अमेरिका	199.933	23.	स्वीडन	16.406
6.	दक्षिणी अमेरिका	177.804	24.	मध्य पूर्व	16.084
7.	यूरोपीय संघ	151.035	25.	स्विट्जरलैंड	15.594
8.	ब्राजील	109.318	26.	ऑस्ट्रिया	14.605
9.	अमेरिका	105.767	27.	ओशेनिया	14.453
10.	यूरेशिया	89.220	28.	मेक्सिको	12.671
11.	कनाडा	81.404	29.	ईरान	12.193
12.	रूसी फेडरेशन	52.427	30.	कोलंबिया	11.954
13.	भारत	50.764	31.	अर्जेंटीना	11.348
14.	जापान	50.041	32.	जर्मनी	10.792
15.	अफ्रीका	36.921	33.	पाकिस्तान	10.037
16.	नॉर्वे	33.732	34.	पैराग्वे	8.810
17.	तुर्किये	30.984	35.	ऑस्ट्रेलिया	8.523
18.	फ्रांस	25.712	36.	सी अमेरिका + कैरिब	8.266

Source: *IRENA (2022), Renewable Capacity Statistics 2022; - IRENA (2021), Renewable Energy Statistics 2021. The International Renewable Energy Agency, Abu Dhabi.*

रूस जलविद्युत के सबसे बड़े उत्पादक हैं **(तालिका 7.1)**। अंतर्राष्ट्रीय अक्षय ऊर्जा एजेंसी (IRENA) द्वारा जारी एक रिपोर्ट के अनुसार, दुनिया की जल विद्युत क्षमता 2008 में 960.5 GW से बढ़कर 2017 में 1,270.4 GW और 2020 में 1335 GW हो गई। यह 1.6 प्रतिशत की वर्ष-दर-वर्ष वृद्धि दर्शाता है लेकिन यह दर जलवायु परिवर्तन से निपटने के लिए और जलविद्युत के आवश्यक योगदान को सक्षम करने के लिए आवश्यक 2 प्रतिशत से अभी काफी नीचे है।

अंतर्राष्ट्रीय जल शक्ति संगठन की जलशक्ति स्टेटस रिपोर्ट, 2021

- इंटरनेशनल हाइड्रो पावर एसोसिएशन की 2021 के रिपोर्ट हाइड्रोपावर स्टेटस रिपोर्ट: सेक्टर ट्रेंड्स एंड इनसाइट्स के अनुसार, पनबिजली क्षेत्र ने 2020 में रिकॉर्ड 4,370 टेरावाट घंटे (TWh) स्वच्छ बिजली का उत्पादन किया यह 2019 के 4,306 TWh के रिकॉर्ड से ऊपर है। दूसरे शब्दों में कहें तो यह संयुक्त राज्य अमेरिका की पूरी वार्षिक खपत की बिजली के बराबर है।
- सन् 2020 के दौरान कुल 21 GW क्षमता की जलविद्युत परियोजनाओं को विकसित किया गया जो कि 2019 के दौरान की गई कुल 15.6 GW की वृद्धि से अधिक है। इस वृद्धि में लगभग दो तिहाई योगदान चीन का है जहाँ पर 13.8 GW की नई क्षमता विकसित की गयी थी। 2020 में नई क्षमता जोड़ने वाले अन्य देशों में केवल तुर्की (2.5 GW) ने 1 GW से अधिक जोड़ा था।

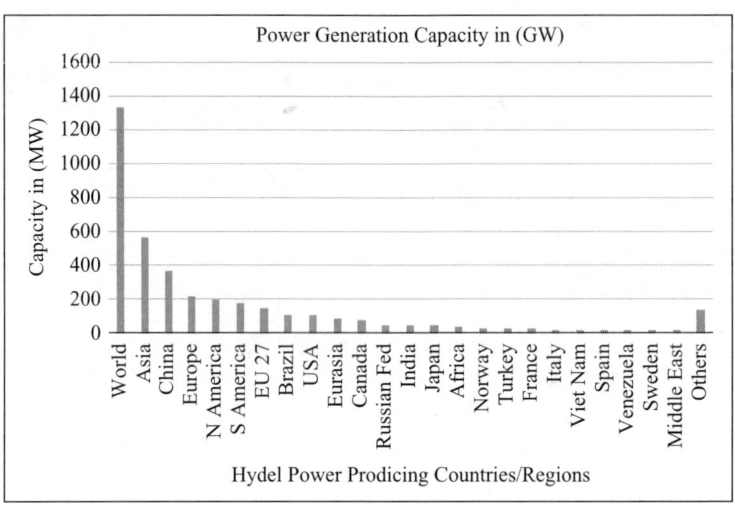

Fig. 7.1A A Hydropower Producing Countries in 2020

Source: IRENA (2022), Renewable Capacity Statistics 2022; & IRENA (2021), Renewable Energy Statistics 2021. The International Renewable Energy Agency, Abu Dhabi.

- नई विकसित क्षमताओं में 1.5 GW का पंप किए गए भंडारण जलविद्युत क्षमता का योगदान था। यह क्षमता 2019 में जोड़े गए 304 मेगावाट से अधिक थी। इसमें से अधिकांश क्षमता चीन (1.2 GW) में विकसित हुई जहां वुडोंगडे परियोजना ने अपनी 12 इकाइयों में से आठ को ऑनलाइन रखा, जिससे चीनी ग्रिड में 6.8 गीगावॉट जुड़ गया। शेष 2021 में चालू होने की उम्मीद थी।
- चीन 370 GW से अधिक के साथ कुल पनबिजली स्थापित क्षमता के मामले में विश्व में अग्रणी बना हुआ है। ब्राजील (109 गीगावॉट), यूएसए (102 गीगावॉट), कनाडा (82 गीगावॉट) और भारत (50 गीगावॉट) शीर्ष के पांच देशों में शामिल हैं। जापान और रूस भारत से ठीक पीछे हैं, इसके बाद नॉर्वे (33 GW) और तुर्की (31 GW) का स्थान है।

परमाणु ऊर्जा *(Nuclear Energy)*

परमाणु के विखण्डन से जो शक्ति निकलती है उसे नाभिकीय ऊर्जा कहते हैं। इसका सबसे पहले विकास 1940 में हुआ था और दूसरे विश्व युद्ध के दौरान इस पर विशेष खोज की शुरुआत बम बनाने के लिए हुई थी।

- पहले नाभिकीय वाणिज्यिक पावर स्टेशन के संचालन की शुरुआत 1950 में हुई थी।
- 450 पावर रिएक्टरों के द्वारा विश्व की लगभग 10% विद्युत नाभिकीय ऊर्जा द्वारा प्रदान की जाती है।
- नाभिकीय ऊर्जा विश्व की दूसरी सबसे बड़ी विश्व कार्बन शक्ति का स्रोत है।
- 50 से अधिक देश नाभिकीय ऊर्जा का उपयोग लगभग 225 शोध रिएक्टरों द्वारा करते हैं। शोध के अतिरिक्त इन रिएक्टरों का उपयोग चिकित्सा और औद्योगिक आइसोटोप के साथ ट्रेनिंग के लिए किया जाता है।
- नाभिकी पावर प्लान्टों का संचालन विश्व के 30 देशों में हो रहा है।
- दिसंबर 2020 में, 32 देशों में 442 परिचालन परमाणु ऊर्जा रिएक्टरों की वैश्विक परिचालन परमाणु ऊर्जा क्षमता कुल मिलाकर 392.6 GW (e) थी। 2011 के बाद से परमाणु ऊर्जा क्षमता में धीरे-धीरे वृद्धि हुई है, जिसमें 23.7 GW (e) की वह भी क्षमता शामिल है जो नई ईकाइयों को ग्रिड से जोड़ने और मौजूदा रिएक्टरों को अपग्रेड करने से विकसित हुई है। 2020 के दौरान, परमाणु ऊर्जा रिएक्टरों ने 2553.2 TWh कम उत्सर्जन और प्रेषण योग्य बिजली की आपूर्ति की जो

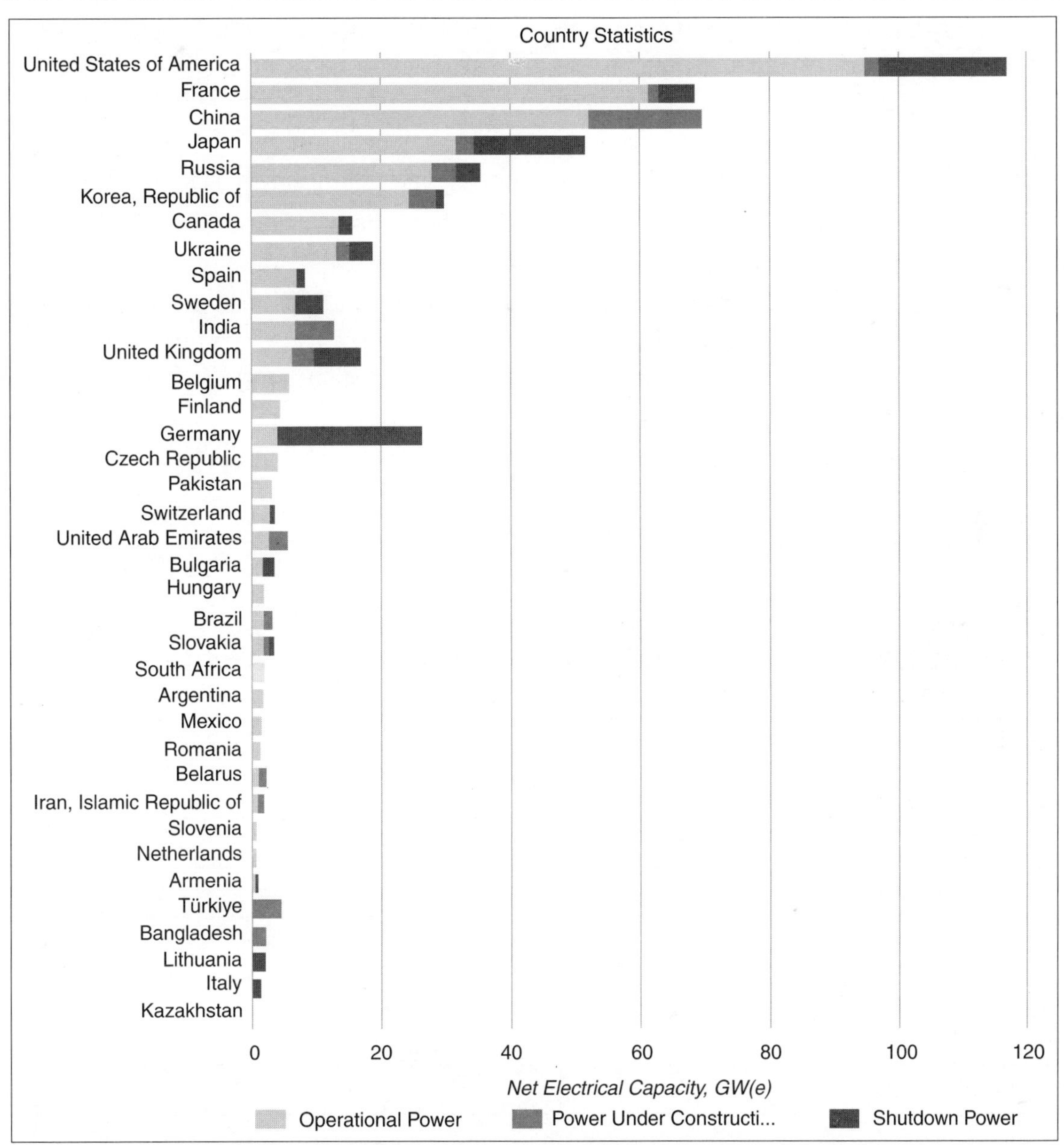

Fig. 7.2 Nuclear energy production capacity in the world, 2021

कुल वैश्विक बिजली उत्पादन का लगभग 10% और दुनिया की कम कार्बन बिजली उत्पादन का लगभग एक तिहाई है। 2020 परमाणु ऊर्जा उत्पादन 2657.1 TWh था। यह 2019 की तुलना में थोड़ा कम था। हालांकि 2012 से 8% से अधिक की वृद्धि के साथ परमाणु ऊर्जा उत्पादन की ऐतिहासिक प्रवृत्ति पिछले वर्षों में निरंतर वृद्धि ही दर्शाती है।

गैर-नवीकरणीय ऊर्जा संसाधन (Non-Renewable Energy Resources)

कोयला (*Coal*)

कोयला ऊर्जा एक सस्ता साधन है, जो प्रचुर मात्रा में उपलब्ध है, परन्तु कोयला ऊर्जा एक अनवीकरणीय (Non-

Renewable) संसाधन है। प्रतिवर्ष कोयले का लगभग पाँच बिलियन टन उपभोग होता है। विश्व के विकसित देशों, जैसे–संयुक्त राज्य अमेरिका, कनाडा, जापान, आस्ट्रेलिया, न्यूजीलैंड, ब्रिटेन, जर्मनी, फ्रांस आदि में प्रति व्यक्ति कोयले का उपयोग पाँच टन है। कोयले के उपयोग से विश्व का 35 प्रतिशत धुआँ (प्रदूषण) भी उत्पन्न होता है।

कोयला मुख्यत: चार प्रकार का होता है- (i) पीट, (ii) लिग्नाइट (iii) बिटुमिनस, तथा; (iv) ऐंथ्रेसाइट। पीट की उत्पत्ति, वनस्पति के दलदल आदि में गलने-सड़ने से होती है। यदि पीट पर भार बढ़ जाये तो वह लिग्नाइट में बदल जाता है। यदि लिग्नाइट पर और अधिक भार बढ़ जाये तो वह बिटुमिनस (Bituminous) में बदल जाता है। बिटुमिनस कोयले को मृदु-कोयला (Soft Coal) भी कहते हैं। यदि बिटुमिनस कोयले पर और अधिक भार पड़ जाये तो वह ऐंथ्रेसाइट कोयले में बदल जाता है। यह कोयले का सर्वोत्तम प्रकार है, जिससे सबसे अधिक ऊर्जा प्राप्त होती है परन्तु कठोर होने के कारण इसको कोक में नहीं बदला जा सकता, इसी कारण उसको धातु पिघलाने के काम में नहीं लाया जा सकता।

विश्व में कोयले का वितरण **Fig. 7.1** में दिखाया गया है, तथा संयुक्त राज्य अमेरिका, यूरोप, तथा रूस के प्रमुख कोयले के भंडारों को **Fig. 7.2** तथा **7.3** तथा **7.4** में दर्शाया गया है। **तालिका 7.1 तथा 7.2** में कोयले के प्रमुख उत्पादक तथा उपभोक्ता देशों को दिया गया है।

तालिका 7.2: विश्व के अग्रणी कोयला उत्पादक/उपभोक्ता देश, 2020

क्र.सं.	देश	में उत्पादन (मीट्रिक टन)	में खपत (मीट्रिक टन)
1.	चीन	3,743	3830
2.	भारत	779	976
3.	इंडोनेशिया	551	149
4.	संयुक्त राज्य अमेरिका	488	419
5.	ऑस्ट्रेलिया	473	99
6.	रूस	386	205
7.	दक्षिण अफ्रीका	247	169
8.	जर्मनी	105	130
9.	कजाखस्तान	104	--
10.	पोलैंड	101	100
11.	टर्की	70	109
12.	कोलंबिया	65	--
13.	जापान	--	171
14.	दक्षिण कोरिया	--	115

Source: *Global Energy Trends 2021*

Fig. 7.3 World – Distribution of coal

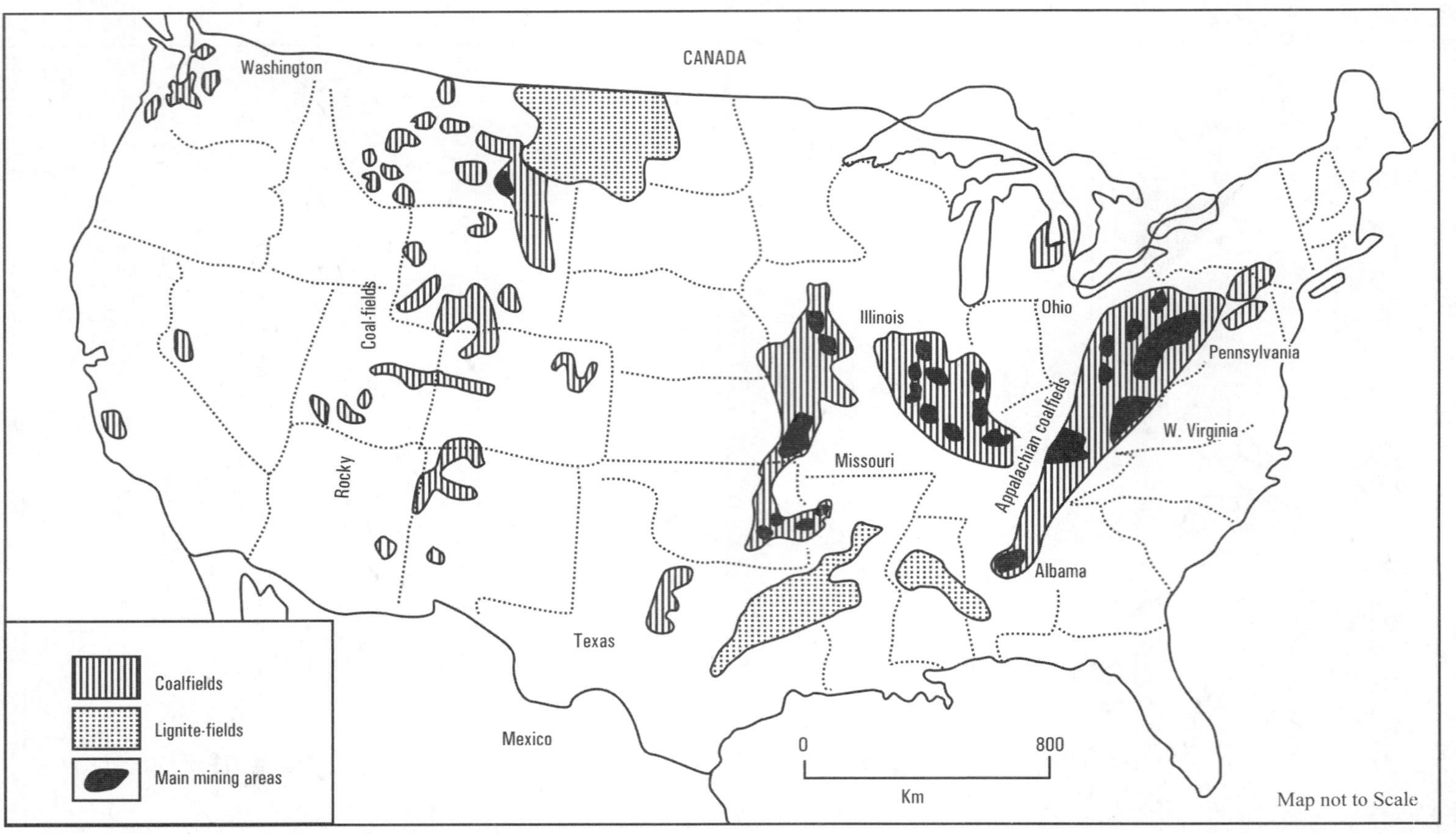

Fig. 7.4 U.S.A. coalfields

तालिका 7.3: विश्व के प्रमुख कोयला खनन केन्द्र

क्र.सं.	देश	कोयला खनन केन्द्र
1.	चीन	शांसी, शैंसी, सिचुआन, फुशुन, शेंयांग, सिंकियांग
2.	संयुक्त राज्य अमेरिका	अर्कांसस, कोलोराडो, इलिनाय, इंडियाना, आइवा, केण्टकी, मिशीगन, न्यू मेक्सिको, उत्तरी-डकोटा, ओहाया, ओकलाहामा, पेंसिल्वेनिया, सेंट पिट्सबर्ग, प. वर्जीनिया, उताह, व्योमिंग **(Fig. 7.2)**
3.	भारत	बोकारो, झरिया, कर्णपुर, नेवेली, कोरबा, रानीगंज, सिंगरेनी, सिंगरौली, तंलचर आदि
4.	ऑस्ट्रेलिया	बोवन-बेसिन, ब्रिस्बेन, केन्ब्रा, सिडनी, न्यू-कैसिल-(न्यू साऊथ वेल्स), फिंगल (तस्मानिया), इपरिवच, (कुवींस लैंड) गिप्सलैंड (विक्टोरिया), पागिंगो
5.	रूस	मास्को-तुला, चोकोट-बेसिन (पूर्वी साइबेरिया), इर्कुटस्कबेसिन, लीना-बेसिन, किजल, कोर्मा-उख़ता (पीचोरा बेसिन), कुज़्नेटस्क (कुज़वास), उत्तरी-पूर्वी साइबेरिया, इर्कुटस्क, ओ-बेसिन, सरवालिन द्वीप, टंगस्का बेसिन, ट्युमैन (ओब-बेसिन), अपर-लीना, वलादिवास्टक, याकूत बेसिन, ज़िरयान्स्का बेसिन **(Fig. 7.3)**
6.	पोलैंड	अपर-साईलिसिया, लुवर-साइलेशिया **(Fig. 7.4)**
7.	जर्मनी	रूहर, सैकसोनी, लेपज़िग, मागडेबर्ग, ड्रस्डेन, सार, बवेरिया, कोलोन **(Fig. 7.4)**
8.	ग्रेट ब्रिटेन (यू.के)	किम्बरलैंड, दुर्हम, डर्बीशायर, लंकाशायर, लीस्टरशायर, नर्दम्बरलैंड, नोटिघमशायर, दक्षिण वेल्स, वार्विकशायर **(Fig. 7.4)**
9.	कनाडा	अल्बर्टी, बैन्कुवर (ब्रिटिश कोलम्बिया)
10.	फ्रांस	पास डी कालेस (उत्तर-पूर्वी फ्रांस), फ्रैंको-बोन्जियन क्षेत्र, लॉरेन का पठार, मध्य पठार
11.	बेल्जियम	फ्रैंको-बेल्जियम कोयला क्षेत्र, कैम्पाईन कोयला क्षेत्र
12.	ब्राजील	दक्षिणी ब्राजील कोयला क्षेत्र
13.	दक्षिणी अफ्रीका	ट्रांसवाल, नाटाल
14.	चिली	कंसेपसियन
15.	अन्य	अर्जेन्टीना, कोलम्बिया, नाइजीरिया, पेरू

विश्व में कोयले का सबसे अधिक आयात (50%) जापान द्वारा किया जाता है। उत्तरी-पश्चिमी यूरोप के देश विश्व के 45 प्रतिशत कोयले का आयात करते हैं। आयात करने वाले देशों में कनाडा का नाम भी प्रमुख है।

पेट्रोलियम (Petroleum)

पेट्रोलियम ऊर्जा का एक महत्वपूर्ण तथा कर्मकुशल साधन है। पेट्रोलियम तथा प्राकृतिक गैस से दैनिक जीवन उपभोग की बहुत-सी वस्तुयें भी तैयार की जाती हैं। यह एक विश्वव्यापी उद्योग है। इसके सबसे अधिक भंडार दक्षिणी-पश्चिमी एशिया में पाये जाते हैं।

विश्व का सबसे पहला कुँआ संयुक्त राज्य अमेरिका के टाइटसविल (Titusville) नामक स्थान पर (1859) खोदा गया था, जो पिट्सबर्ग के उत्तर में 80 किलोमीटर की दूरी पर स्थित है। इसके पश्चात रोमानिया तथा अज़रबैजान की राजधानी बाकू के निकट तेल के कुएं खोदे गये। इस समय विश्व का 50 प्रतिशत पेट्रोलियम दक्षिणी-पश्चिमी एशिया के देशों में पाया जाता है। पेट्रोलियम के प्रमुख देशों को **Fig. 7.7** से **Fig. 7.12** में दिखाया गया है। पेट्रोलियम का उत्पादन करने वाले देशों ने पेट्रोलियम के मूल्य में 1974 में तीव्र वृद्धि कर दी थी, जिसके कारण भारी ऊर्जा संकट उत्पन्न हो गया था। पेट्रोलियम निर्यात करने वाले देशों के संगठन के सदस्य हैं– 1. अंगोला 2. अल्जीरिया 3. ईरान 4. इराक 5. कुवैत 6. इण्डोनेशिया 7. लीबिया, 8. नाइजीरिया, 9. क़तर, 10. सऊदी अरब, 11. संयुक्त अरब अमीरात, तथा; 12. वेनेजुएला। मेक्सिको तथा रूस

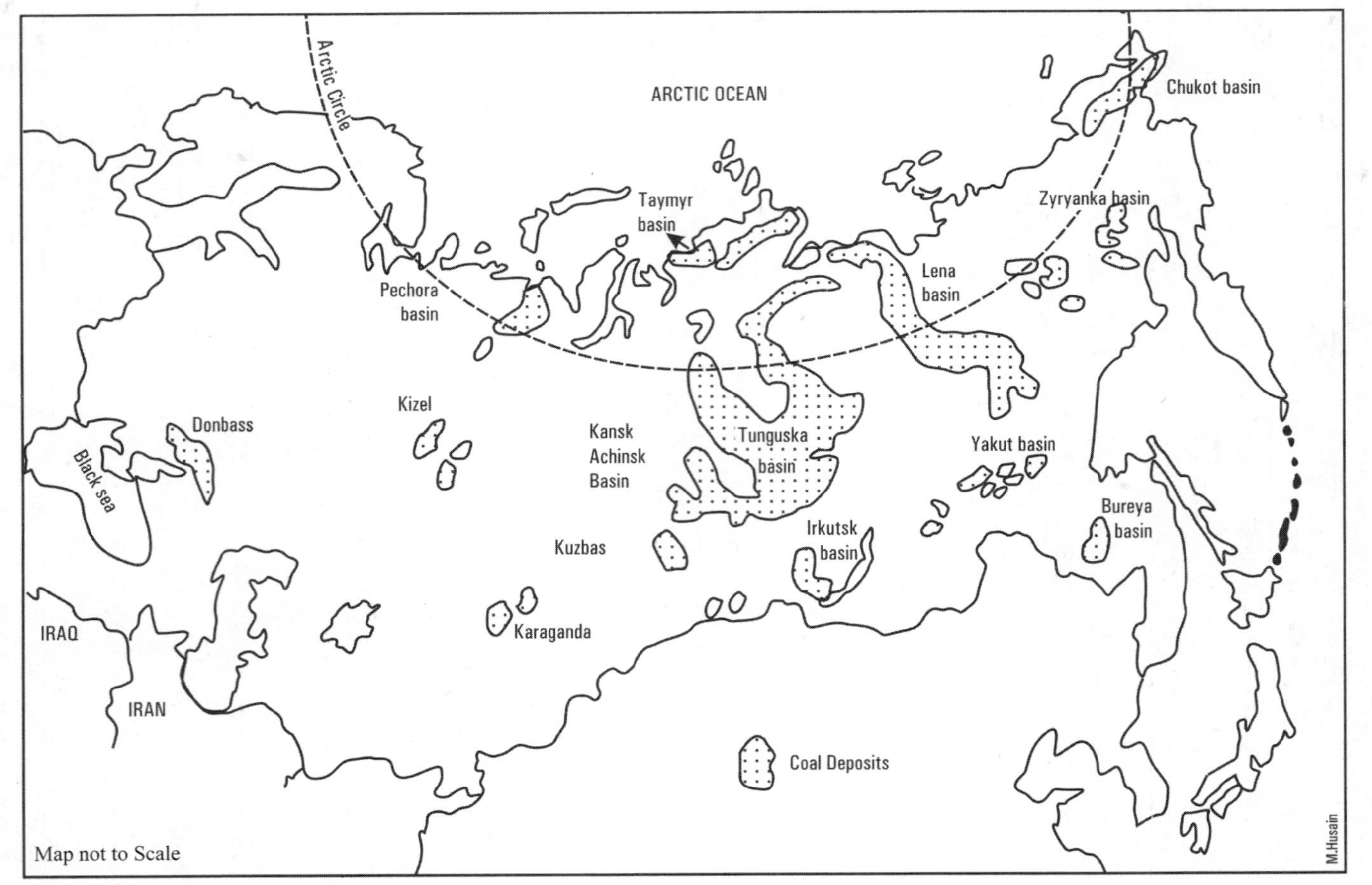

Fig. 7.5 Russia Coal deposits

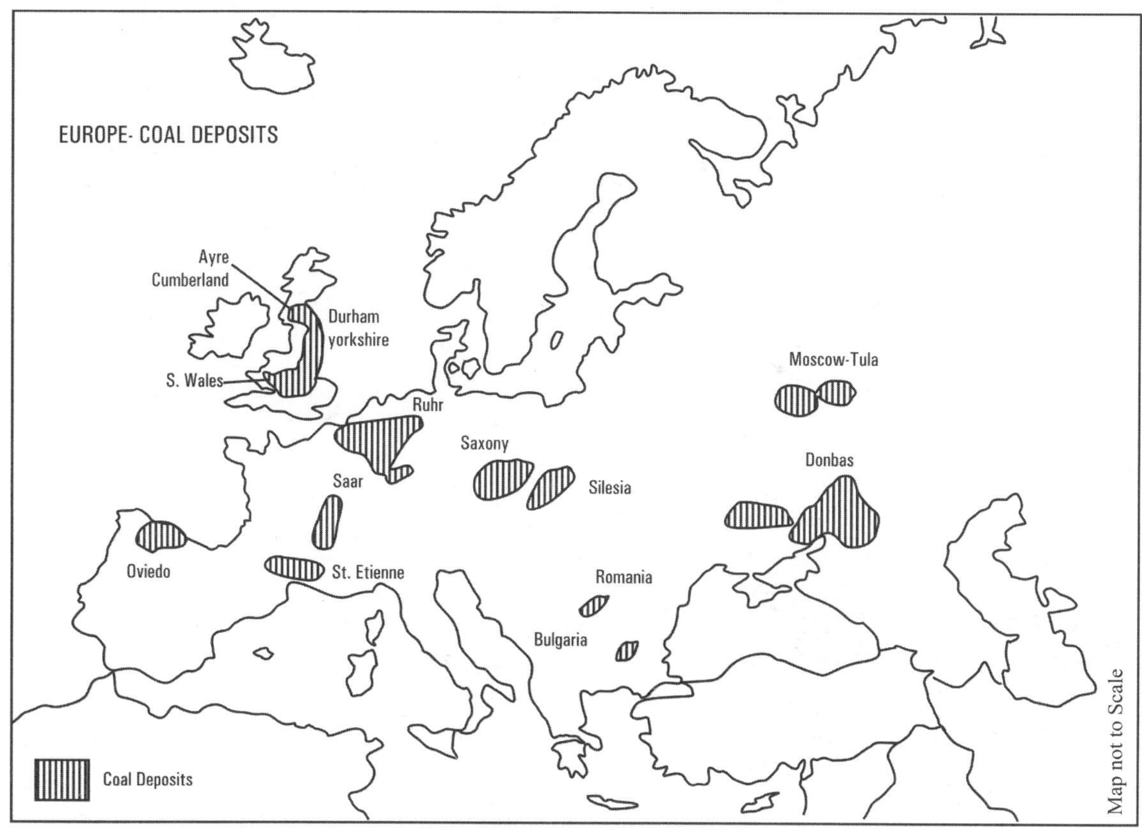

Fig. 7.6 Europe coal deposits

भी तेल निर्यात करने वाले प्रमुख देश हैं परन्तु ये OPEC के सदस्य नहीं हैं **(Fig. 7.13)**।

तालिका 7.4: विश्व के अग्रणी तेल उत्पादक देश, 2020

क्र. सं.	देश	उत्पादन (मीट्रिक टन)
1.	संयुक्त राज्य अमेरिका	722
2.	रूस	512
3.	सऊदी अरब	508
4.	कनाडा	255
5.	इराक	206
6.	चीन	201
7.	संयुक्त अरब अमीरात	165
8.	ब्राजील	156
9.	ईरान	133
10.	कुवैत	132

***Source:** Global Energy Trends 2021*

तालिका 7.5: विश्व में पेट्रोलियम का सबसे अधिक उपभोग करने वाले देश

क्र.सं.	देश	विश्व पेट्रोलियम उपभोग का प्रतिशत
1.	संयुक्त राज्य अमेरिका	20.92
2.	चीन	12.59
3.	भारत	4.37
4.	जापान	4.36
5.	सऊदी अरब	4.09

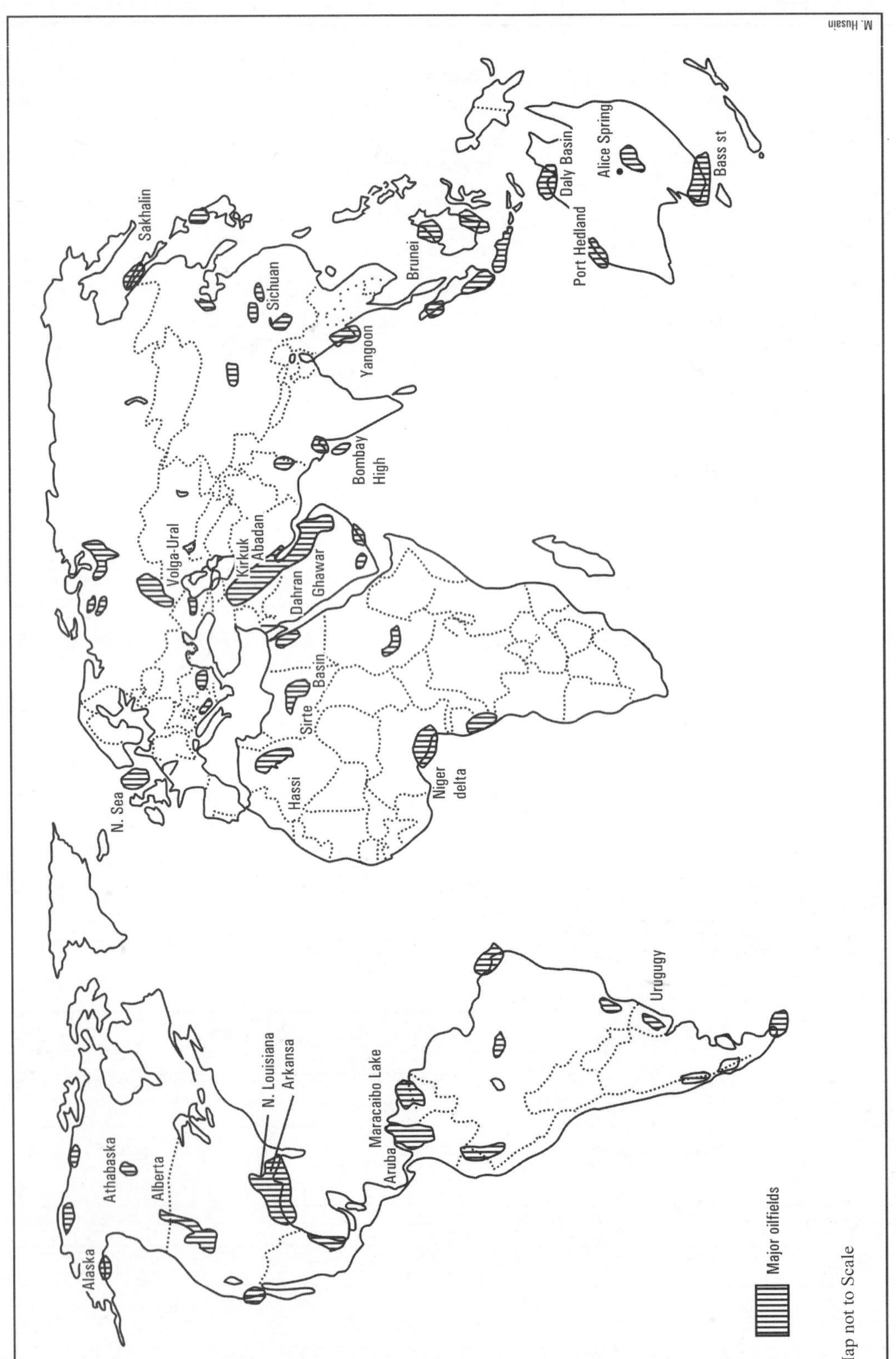

Fig. 7.7 World – Major oilfields

तालिका 7.6: विश्व के प्रमुख पेट्रोलियम उत्पादक केन्द्र

क्र.सं	देश	उत्पादन केन्द्र
1.	अल्जीरिया	बोगी, अदजेलि, हस्सी, मसोल्द, हस्सी-अर-मेल
2.	ऑस्ट्रेलिया	अलायस-स्प्रिंग, बास-डाली-बेसिन, पोर्ट हेडलैंड
3.	ब्रुनेई	ब्रुनेई का उत्तरी महाद्वीपीय-शेल्फ़
4.	ब्राज़ील	अमेजन बेसिन, ब्राज़ील का महाद्वीपीय-शेल्फ
5.	चीन	डाकिंग (टाचिंग), डकांग (टकांग), शांडोग (शांटुंग), पानशान यूमन, करामी (सिंकियांग)
6.	मिस्र	सिनाई प्रायद्वीप
7.	भारत	बॉम्बे, हाई, डिग्बोई, खम्बात की खाड़ी, ऊपरी-असम
8.	इण्डोनेशिया	जाम्बी, मिनस, पालेम्बांग, कालिमण्टान, बालिकपापान
9.	ईरान	आग़ा-जारी, मसजिद-सुलेमान, बहरेगान, अबादान, लाली
10.	इराक	अलवन्द, बसरा, किर्कुक, मोसल
11.	लीबिया	मसी, बसारा, जेन्टेन, रास-सिदर, सिर्ते-बेसिन, तोबरूक
12.	मलेशिया	सरावक-महाद्वीपीय-शेल्फ
13.	मेक्सिको	कलादाद-मडीरो, पोज़ा-रिका, रिनोसा
14.	नाइजर	नाइजर-डेल्टा
15.	रूस	बाशक्रिया, ग्रोजनी, क्युबाशिन, मैकोप, पर्म, सरवालिन, तातारिया, टोम्सक
16.	सऊदी अरब	अबकेक, आइनदार, दहरान, गावर (घावर), जुबैल, साफनिया
17.	यूनाईटेड किंगडम (यू.के.)	उत्तरी सागर
18.	संयुक्त राज्य अमेरिका	अलास्का, अर्कांसस, केलिफोर्निया, इलिनाय, केन्टर्का, लूज़ियाना, मिशगिन, न्यू-मेक्सिको, ओहयो, सेनजेकुबिन, टेक्सास, वियोमिंग
19.	वेनेजुएला	अरूबा, लागुनिल्लास, मराकेवो-झील
20.	कनाडा	अलबर्टा, अथाबास्का, सस्काचेवन

विश्व के प्रमुख पेट्रोलियम निर्यात करने वाले देश को **Fig. 7.13** में दर्शाया गया है। तेल निर्यात करने वाले देशों में अंगोला, अल्जीरिया, ईरान, इराक, कुवैत, इंडोनेशिया, लीबिया, नाइजीरिया, क़तर, सऊदी-अरब, संयुक्त-अरब अमीरात, तथा वेनेजुएला सम्मलित हैं। अन्य तेल निर्यात करने वाले देशों में मेक्सिको तथा रूस सम्मिलित हैं।

प्राकृतिक गैस *(Natural Gas)*

प्राकृतिक गैस भी ऊर्जा का एक महत्वपूर्ण साधन है, परन्तु इसका संचय करना तथा एक स्थान से दूसरे स्थान पर ले जाना एक जटिल प्रक्रिया है। विश्व के प्रमुख प्राकृतिक गैस के उत्पादक तथा निर्यात करने वाले देशों को **Fig. 7.14** में दिखाया है।

तालिका 7.7 से देखा जा सकता है कि 960 बीसीएम के उत्पादन के साथ संयुक्त राज्य अमेरिका प्राकृतिक गैस का प्रमुख उत्पादक है, इसके बाद रूस (705), ईरान (234), चीन (195), कनाडा (172) कतर (167), ऑस्ट्रेलिया (154) और नॉर्वे (116) आदि का स्थान है। जहां तक प्राकृतिक गैस की खपत का संबंध है, संयुक्त राज्य अमेरिका 871 बीसीएम की खपत के साथ

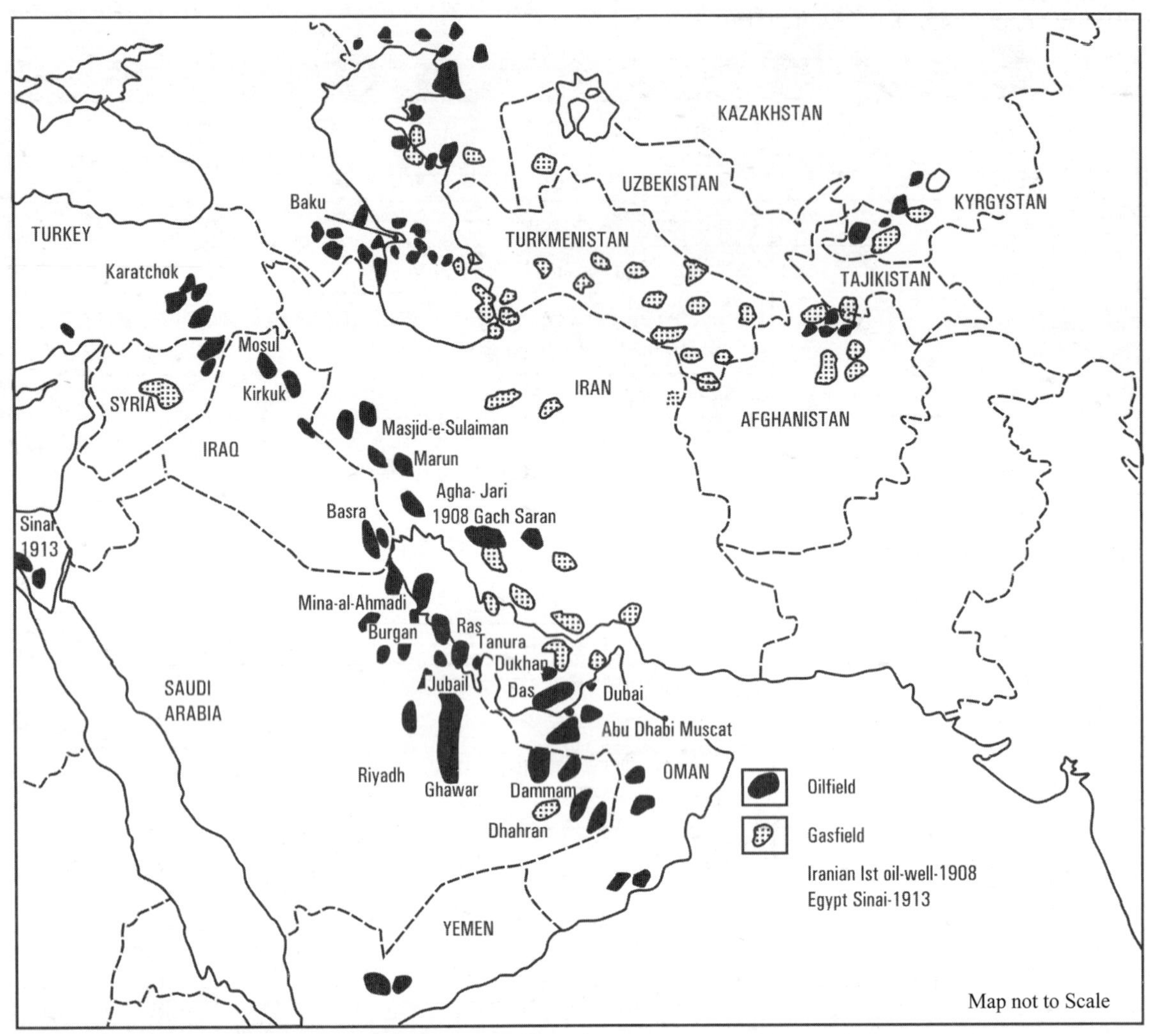

Fig. 7.8 South West Asia and Central Asia – Oil and natural gas deposits

रूस (484 बीसीएम), चीन (326 बीसीएम), ईरान (221 बीसीएम) आदि प्रमुख उपभोक्ता हैं। संयुक्त राज्य अमेरिका, यूरोप तथा ऑस्ट्रेलिया में प्राकृतिक गैस उत्पादन के प्रमुख क्षेत्रों एवं केन्द्रों को **Fig. 7.15, 7.16** तथा **Fig. 7.17** में दिखाया गया है। संयुक्त राज्य अमेरिका के प्रमुख प्राकृतिक गैस राज्यों में अर्कांसस, केलिफोर्निया, कोलोराडो, लूज़ियाना, मोण्टाना, ओहायो, ओकलाहामा, पेंसिल्वेनिया, टेक्सास तथा प. वर्जीनिया सम्मिलित हैं। यूरोप में उत्तरी सागर, जर्मनी, फ्रांस, इटली, रोमानिया तथा यूक्रेन प्राकृतिक गैस उत्पादन करने वाले प्रमुख देश हैं। ऑस्ट्रेलिया के प्राकृतिक उत्पादन क्षेत्रों को **Fig. 7.17** में दिखाया गया है।

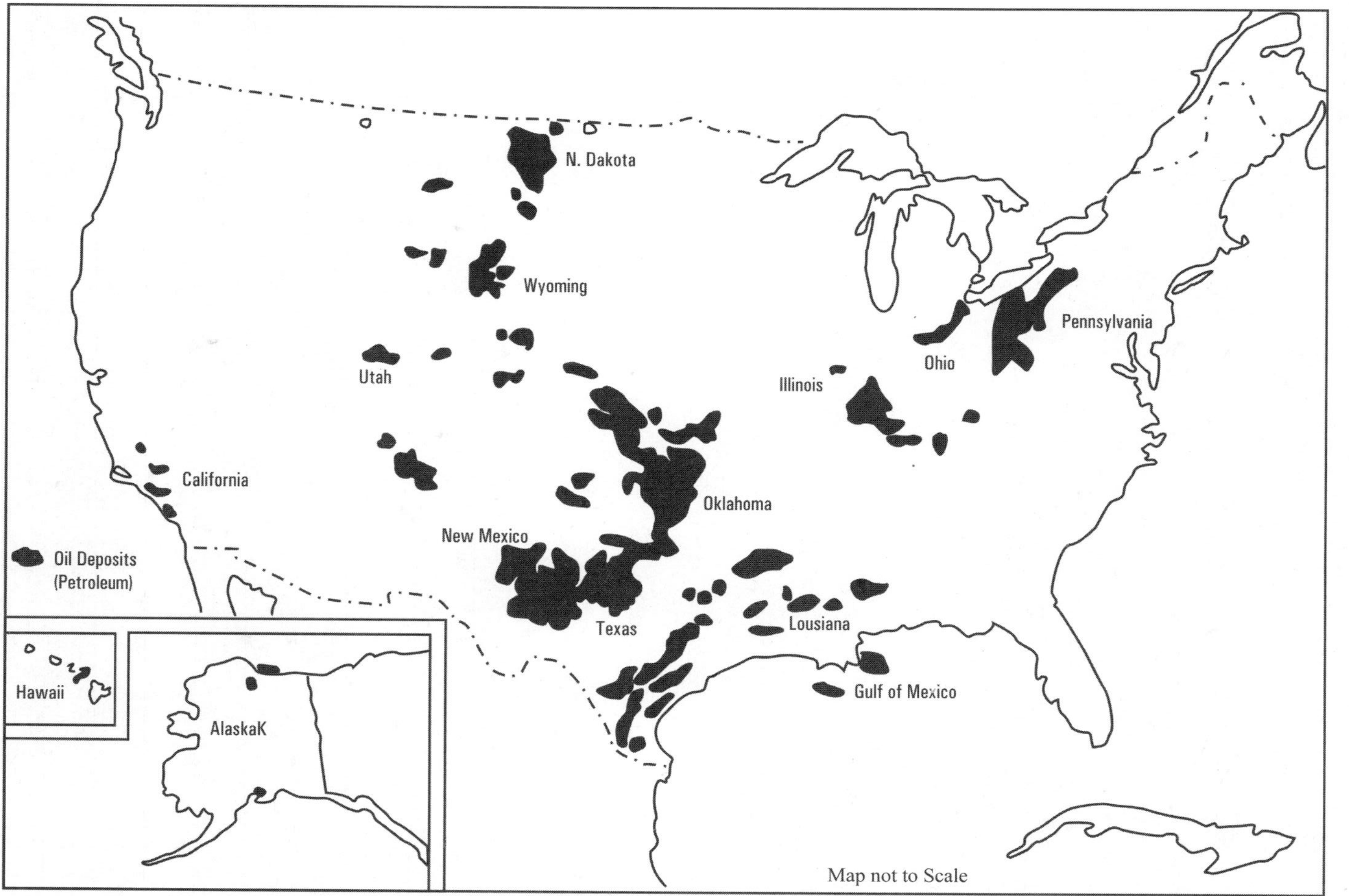

Fig. 7.9 U.S.A. oil deposits

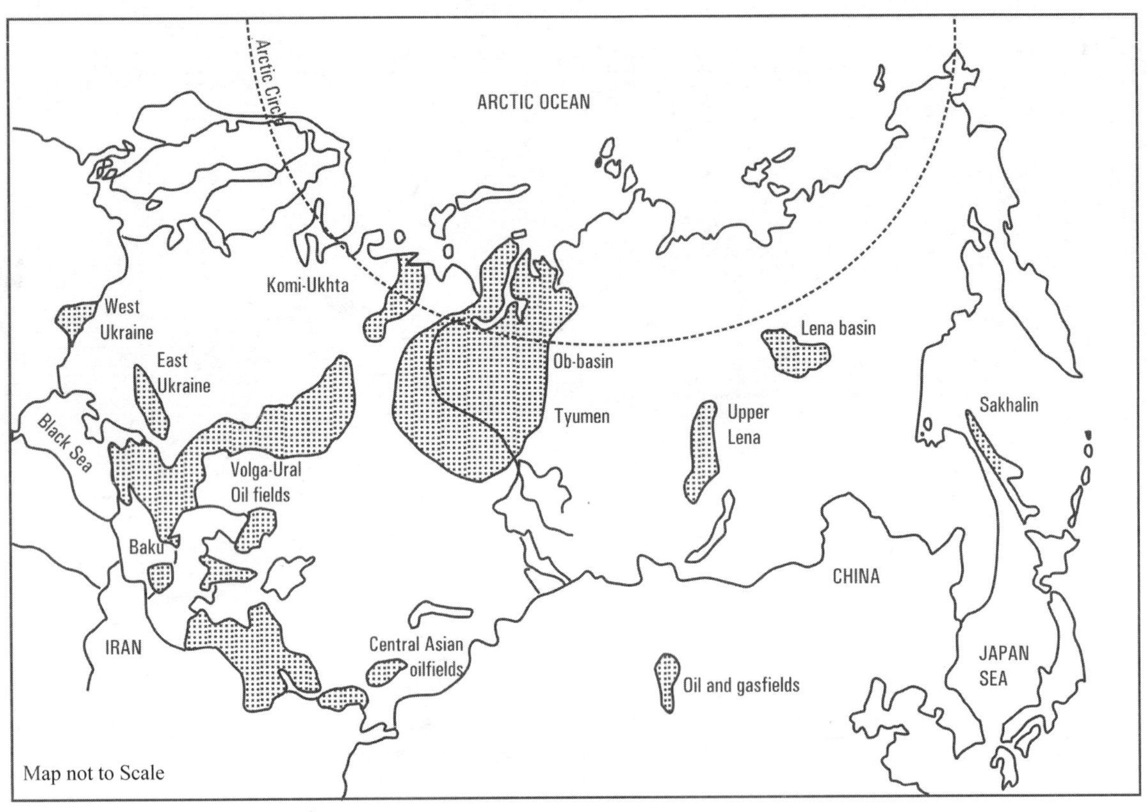

Fig. 7.10 Russia and Central Asia – Oil deposits

तालिका 7.7: विश्व के प्रमुख प्राकृतिक गैस उत्पादक/उपभोग करने वाले देश

क्र.सं.	देश	2018 में उत्पादन (बीसीएम)	2018 में खपत (बीसीएम)
1.	संयुक्त राज्य अमेरिका	960	871
2.	रूस	705	484
3.	ईरान	234	221
4.	चीन	195	326
5.	कनाडा	172	117
6.	कतर	167	–
7.	ऑस्ट्रेलिया	154	40
8.	नॉर्वे	116	6
9.	सऊदी अरब	97	97

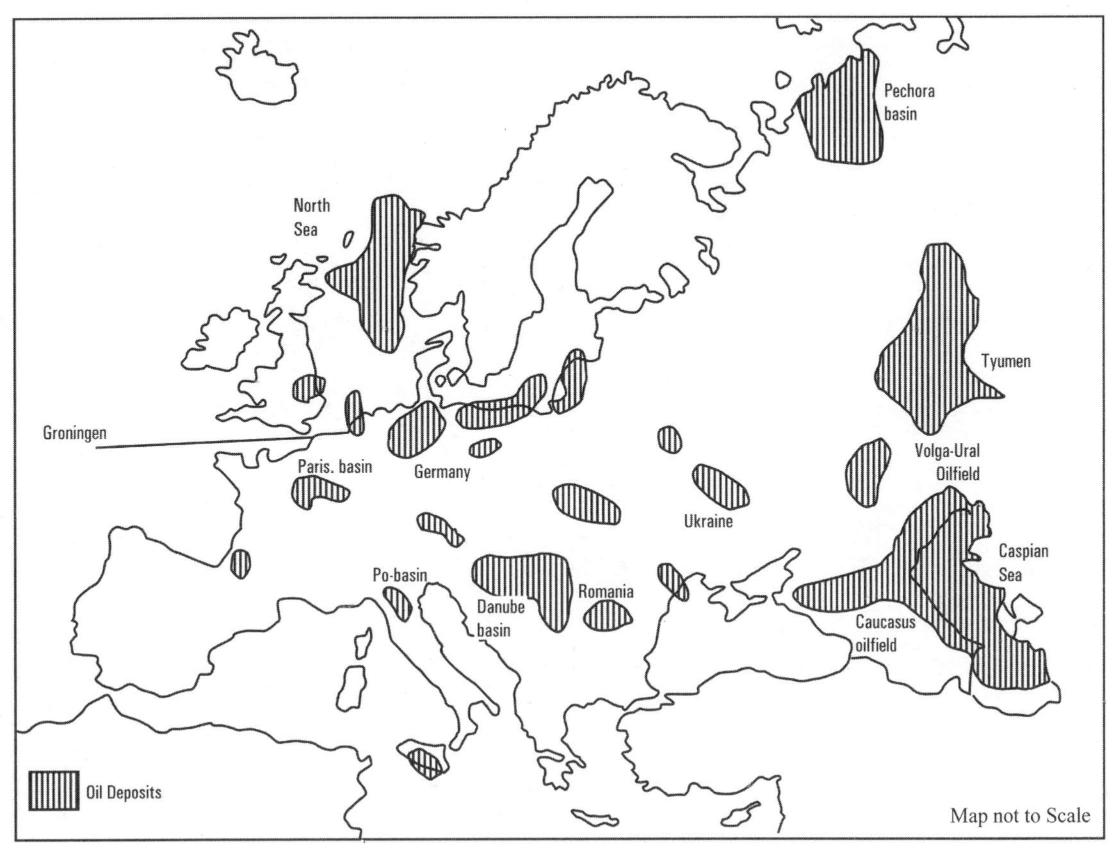

Fig. 7.11 Europe oil–deposits

10.	एलजीरिया	84	44
11.	संयुक्त अरब अमीरात	66	77
12.	इंडोनेशिया	62	39
13.	यूनाइटेड किंगडम	40	73
14.	मेक्सिको	29	78
15.	जर्मनी	6	93
16.	इटली	4	71
17.	जापान	2	100

Source: *Global Energy Trends 2021*

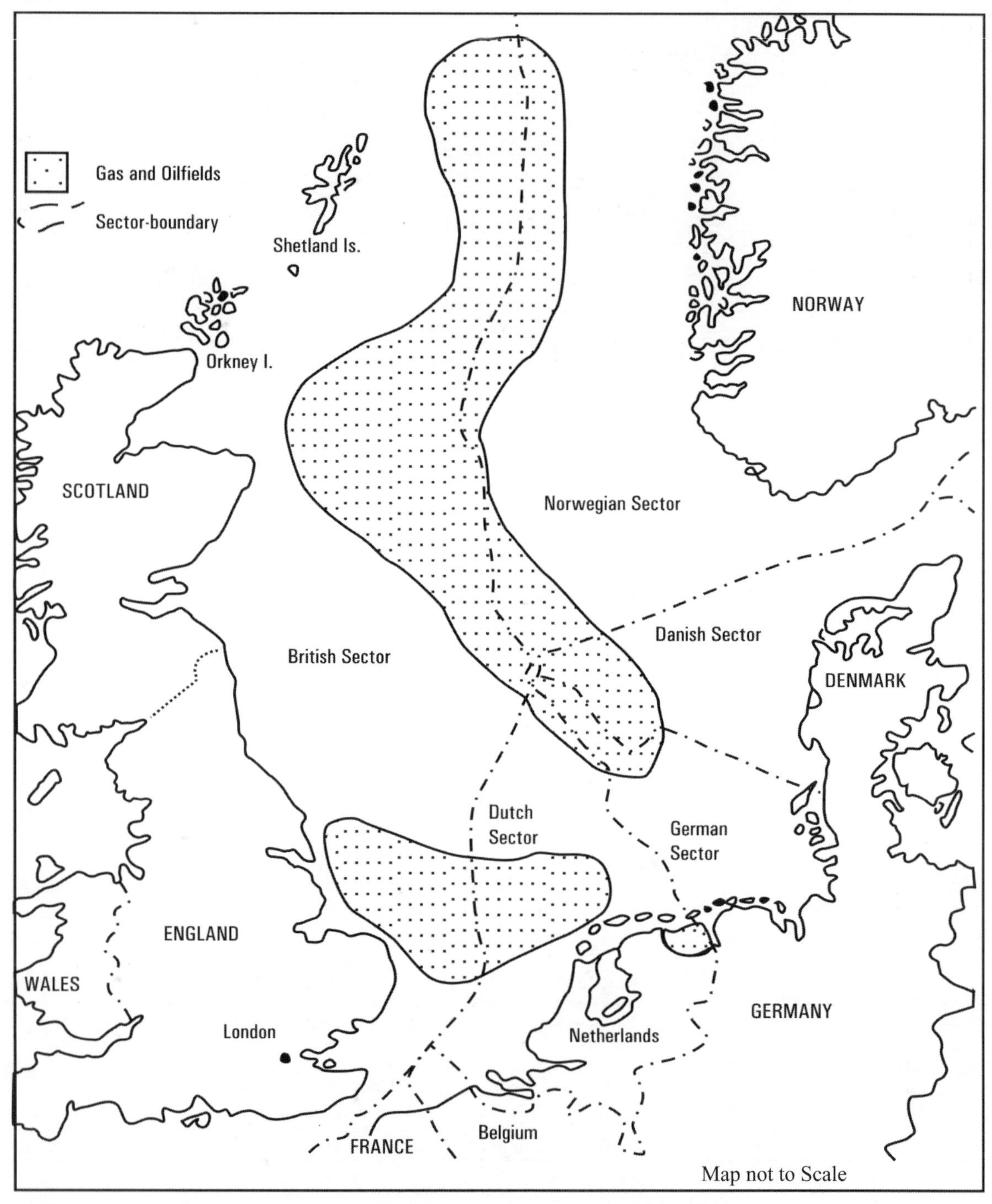

Fig. 7.12 North Sea – Oil and natural gas deposits

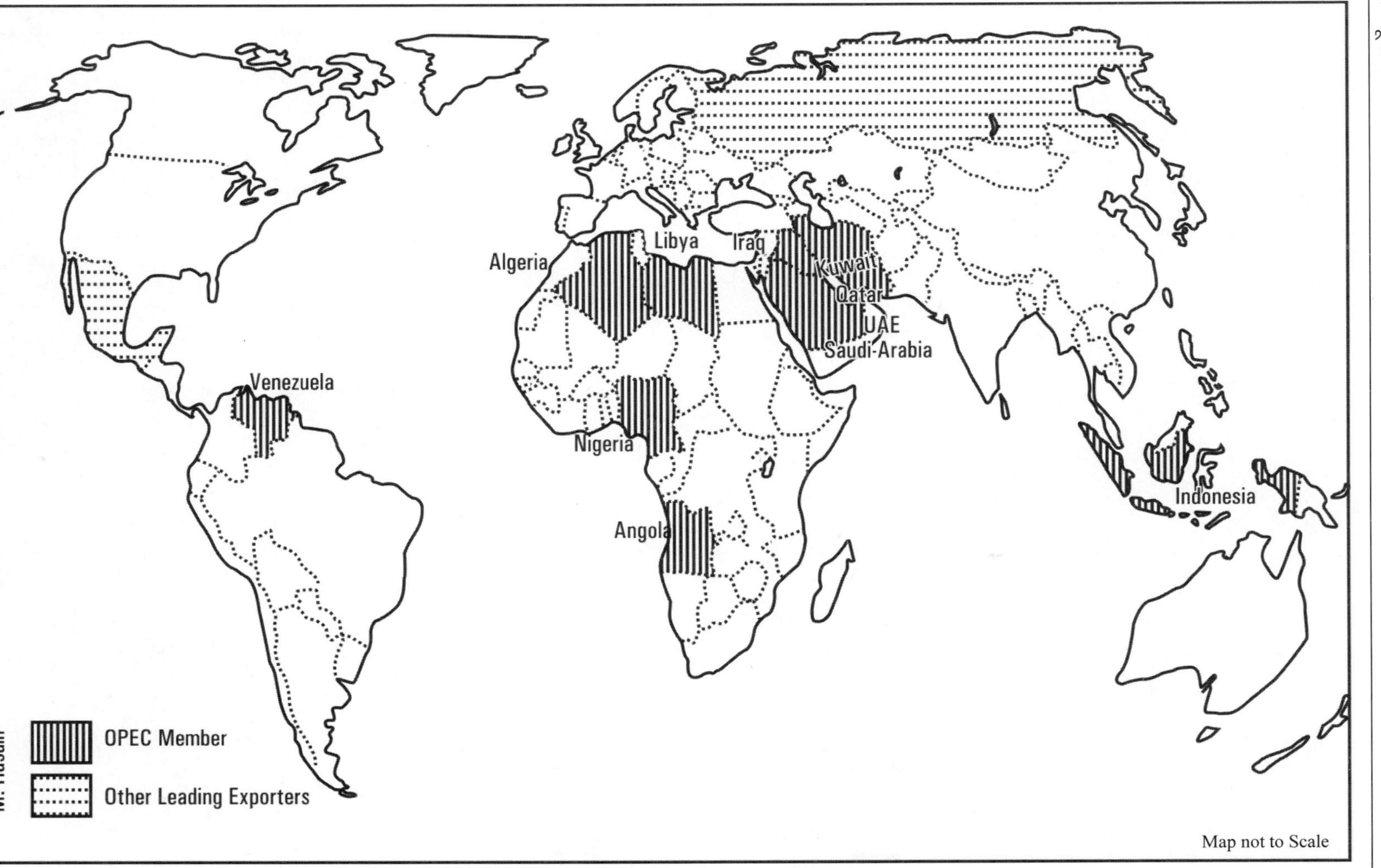

Fig. 7.13 Leading oil exporting countries of the world

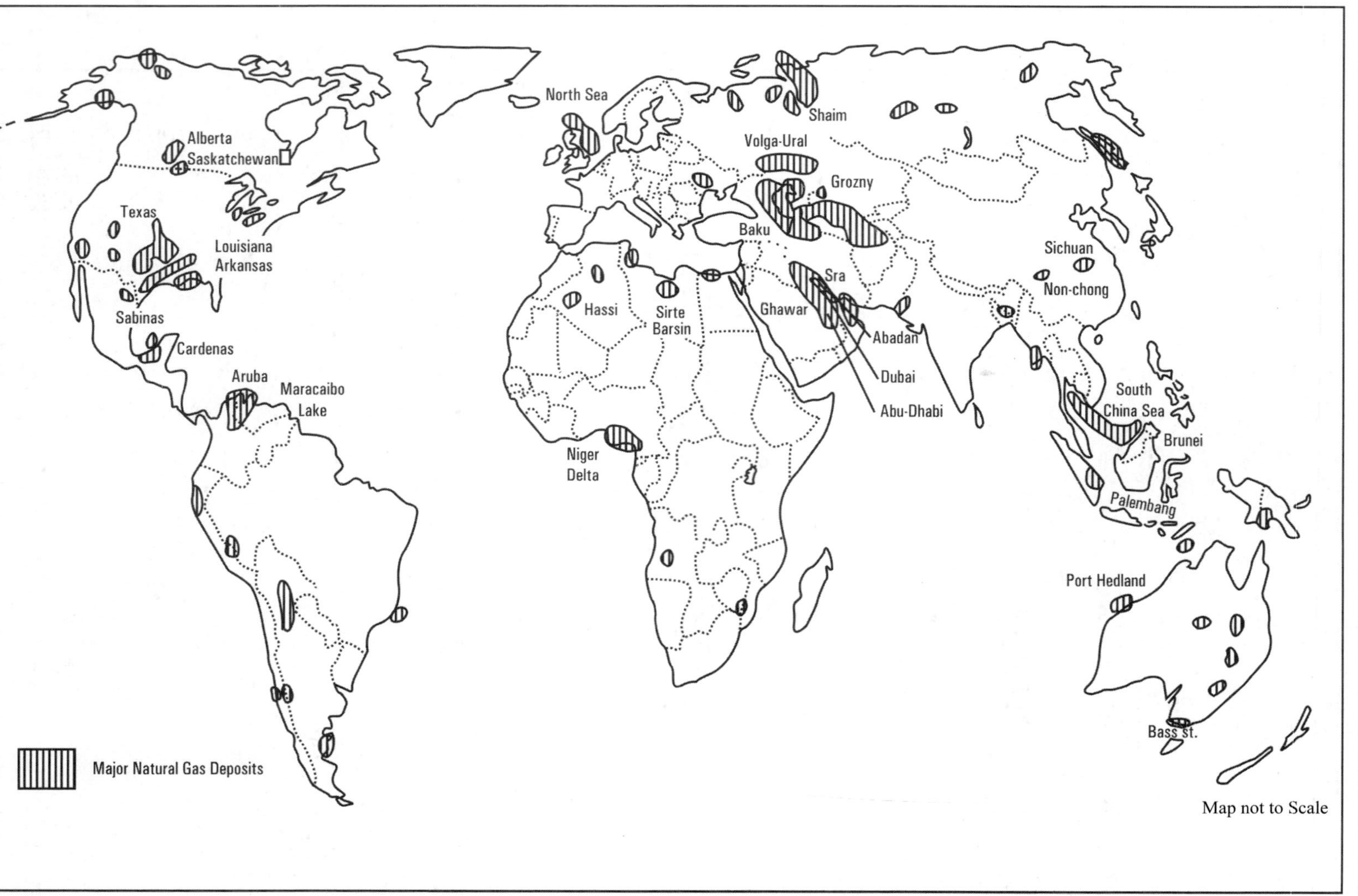

Fig. 7.14 World – Leading producers and consumers of natural gas

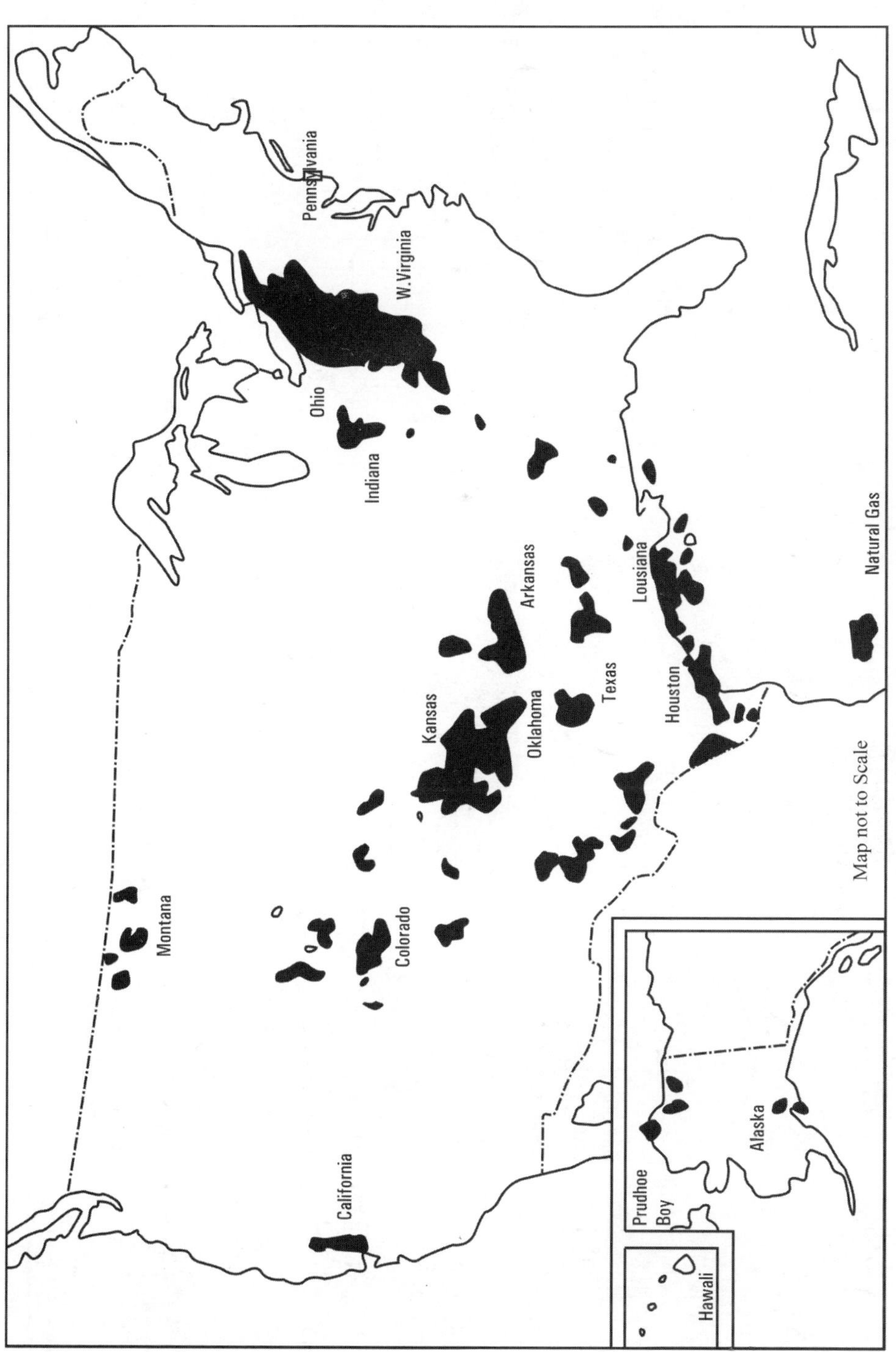

Fig. 7.15 Natural gas deposits of U.S.A

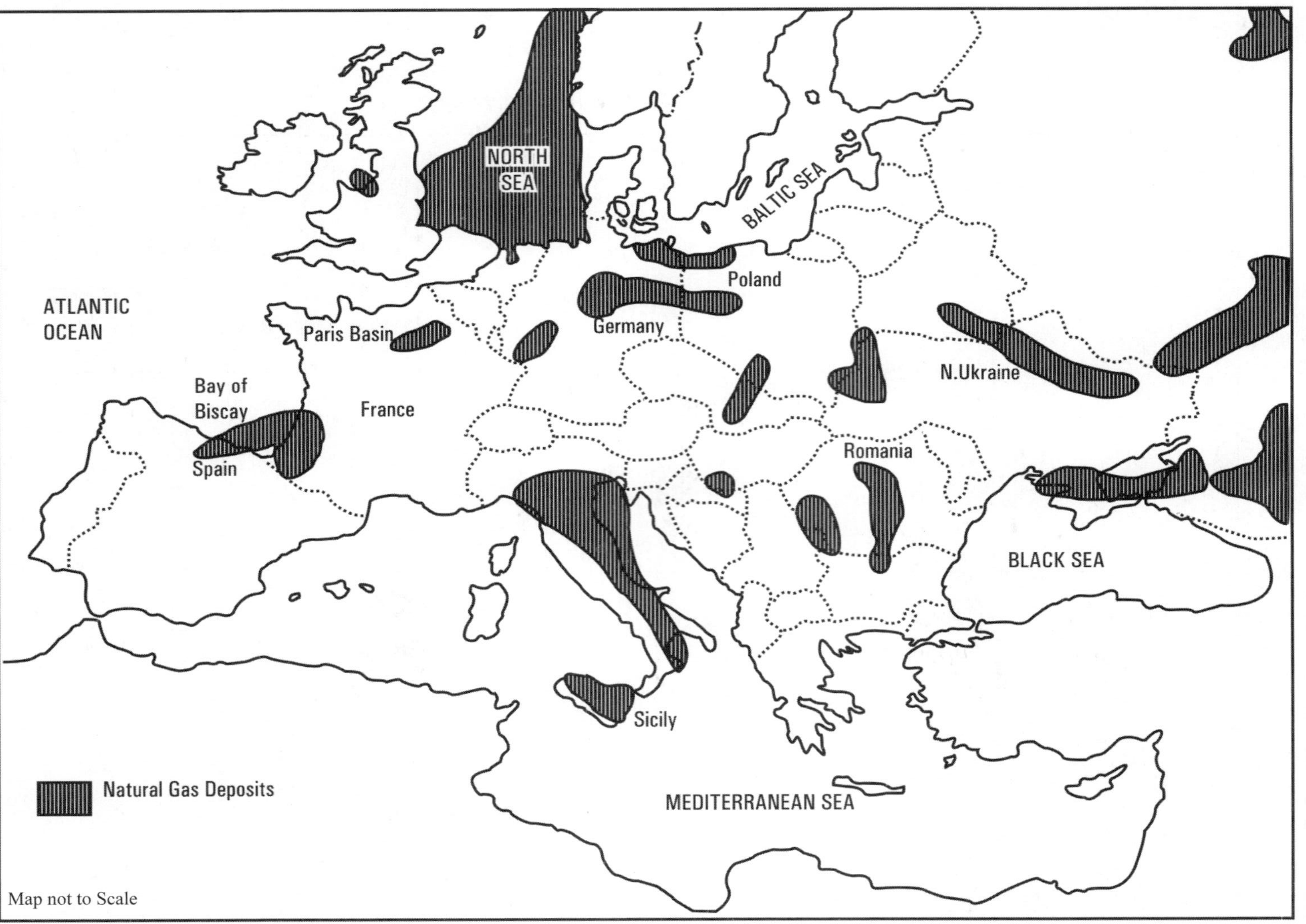

Fig. 7.16 Europe natural gas deposits

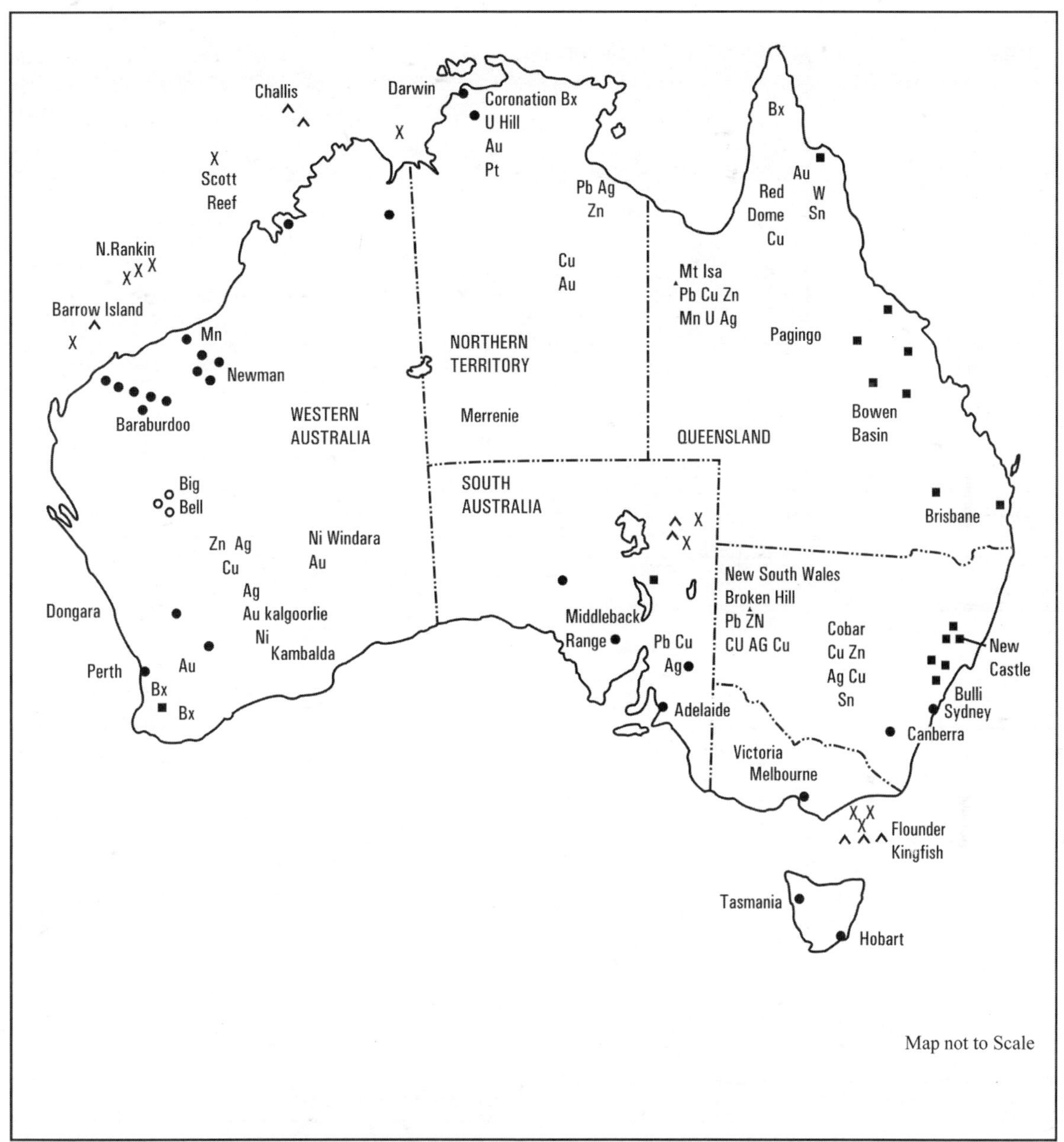

Fig. 7.17 Australia – Natural gas and mineral resources

तालिका 7.8: प्राकृतिक गैस उत्पादन के प्रमुख केन्द्र

क्र.सं.	देश	प्रमुख उत्पादन केन्द्र
1.	अल्जीरिया	हस्सी-रमेल
2.	ऑस्ट्रेलिया	बारो द्वीप, बास जलसंयोजक, फलाऊण्डर, पोर्ट-हैडलैंड, स्काट रीफ़
3.	ब्रुनेई	बन्दर श्री भगवान
4.	कनाडा	एल्बटी, ब्रिटिश-कोलम्बिया, कलाकी झील, एडमन्टन, सास्केचवान
5.	चीन	नान-चांग, सिचुआन
6.	इराक	बसरा, किंकुक, मोसल
7.	ईरान	आग़ा-जारी, गाच-सरन, अबादान
8.	इण्डोनेशिया	पालेम्बांग, कलिमण्टान
9.	लीबिया	सर्ते-बेसिन
10.	मेक्सिको	बाजा प्रायद्वीप, कोर्डेनास, कलादाद-मदीरो, पोज़ा-रिका, रिनोसा, सबिना
11.	नाइजीरिया	नाइजर-नदी-डेल्टा
12.	नीदरलैंड	उत्तरी सागर, राइन नदी डेल्टा
13.	रोमानिया	डेन्युब-डेल्टा
14.	रूस	ग्रोज़नी, वोल्गा-यूराल क्षेत्र, शेयम, शाखालिन द्वीप
15.	सऊदी अरब	बुगानि, दहरान, दम्माम, घावर, जुबैल,
16.	ब्रिटेन	उत्तरी सागर
17.	संयुक्त राज्य अमेरिका	अल्बामा, अर्कासस, केलिफ़ोर्निया, कोलोराडो, ह्यूस्टन, इण्डाना, लूज़ियाना, टेक्सास, अलास्का आदि
18.	वेनेजुएला	अरूबा, मराकेबो झील

खनिज संसाधन (Mineral Resources)

किसी देश की आर्थिक उन्नति में खनिज सम्पत्ति की विशेष भूमिका होती है। लोहा, बॉक्साइट तथा ताँबा किसी देश के प्रमुख धात्विक खनिज हैं।

लौह-अयस्क (Iron-Ore)

प्राकृति में पाया जाने वाला लोहा कई प्रकार का होता है। इनमें से हैमेटाइट उत्तम प्रकार का होता है। हैमेटाइट का रंग कुछ लाल रंग का होता है। मैग्नेसाइट दूसरे ग्रेड का लौह-अयस्क है। अन्य प्रकार के लोह खनिजों में सीडेराइट एवं लिमोनाइट प्रमुख हैं। विश्व के प्रमुख लोहा उत्पादन करने वाले देशों को **Fig. 7.18** में दिखाया गया है तथा प्रमुख खनन केन्द्रों को **तालिका 7.10** में अंकित किया गया है।

तालिका 7.9: विश्व में लौह अयस्क के अग्रणी उत्पादक

क्र. सं.	देश	लौह अयस्क (Fe) का उत्पादन (मिलियन मीट्रिक टन में)					
		2014	2015	2016	2017	2018	2021
1.	ऑस्ट्रेलिया	774	817	825	883	900	900
2.	ब्राजील	411	397	391	425	490	380
3.	चीन	309	375	353	360	340	360
4.	भारत	129	156	160	202	200	240
5.	रूस	102	101	100	95	95	100
6.	दक्षिण अफ्रीका	81	73	60	81	81	61
7.	यूक्रेन	68	67	58	60.5	60	81
8.	कनाडा	44	46	48	49	49	68
9.	संयुक्त राज्य अमेरिका	56	46	41	47.9	49	46
10.	कजाखस्तान	25	21	21	39.1	40	64
11.	ईरान	33	27	26	40.1	40	50
12.	स्वीडन	37	25	25	27.2	27	40
13.	अन्य	153	125	116	119	120	210

***Source:** USGS, 2021*

तालिका 7.10: विश्व के प्रमुख लोहा अयस्क उत्पादन करने वाले प्रमुख खनन केन्द्र

क्र.सं.	देश	खनन केन्द्र
1.	ब्राज़ील	इटाबिरा
2.	ऑस्ट्रेलिया	ब्रूस-पर्वत, गोल्डवर्दी पर्वत, टोम-प्राइस पर्वत, वेहयबैक पर्वत
3.	चीन	अनशान (मंचूरिया), चींगकुइंग, (चुंगकियांग), शान्डोंग (शाटुंग) जिन-जियांग (सिंकियांग), गुआंगजू (केन्टन)
4.	रूस	मैगनेटिगोर्स्क (यूराल), कुज़्वास, अंगारा (पूर्वी साइबेरिया)
5.	संयुक्त राज्य अमेरिका	मेसाबी-शृंखला, वर्मीलियन, मार्केट, श्रेणी (सुपीरियर झील तट) अडीरंडोक (न्यूयॉर्क के निकट), कोर्नवाल (पेंसिल्वेनिया), अल्बामा, बर्मिंघम (अप्लेशियन), केलिफोर्निया, उताह, व्योमिंग आदि
6.	कनाडा	लेब्रेडोर, पूर्वी क्यूबेक
7.	फ्रांस	लोरेन, नामंडे, सैण्ट्रल-मैसिफ़
8.	जर्मनी	रूर बेसिन
9.	लाइबेरिया	बोमी पहाडी, निम्बा पहाडी
10.	स्वीडन	किरूना, गैलिवारे
11.	यूक्रेन	करिवो रोग
12.	मॉरिटानिया	जुएरेट
13.	चिली	अलगारोबो (मध्य चिली)
14.	वेनेजुएला	सीरो-बोलीवर (गुयाना पठार)

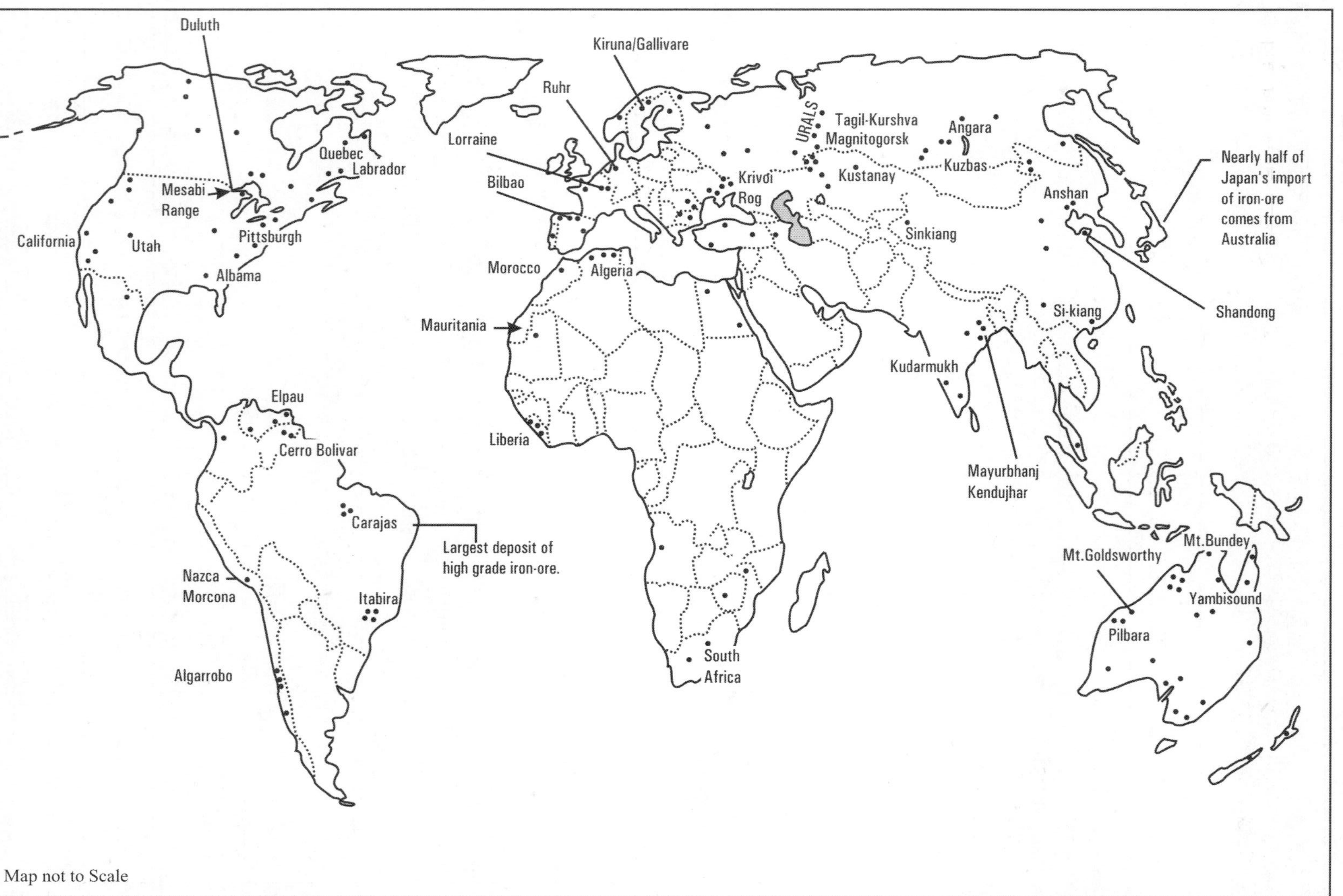

Fig. 7.18 World major iron ore deposits

मैगनीज़ (Manganese)

मैगनीज़ का उपयोग लोहा-इस्पात तैयार करने के लिये किया जाता है। मैगनीज का उपयोग मिस्त्र तथा रोमन साम्राज्यों के समय से होता आया है। भूपटल में मैगनीज़ की मात्रा लगभग 0.1 प्रतिशत है। इस का उपयोग विभिन्न प्रकार की बैटरी तैयार करने के लिये भी किया जाता है। मैगनीज़ उत्पादन करने वाले प्रमुख देशों को **Fig. 7.19** में दिखाया गया है, जबकि उनकी विश्व उत्पादन में भागीदारी **तालिका 7.11** में दी गई है।

तालिका 7.11: दुनिया में मैंगनीज के अग्रणी उत्पादक

क्र. सं.	देश	खनिज उत्पादन		भंडार
		2019	2020	
1.	संयुक्त राज्य अमेरिका	NA	NA	NA
2.	ऑस्ट्रेलिया	3,180	3,300	230,000
3.	ब्राजील	1,740	1,200	270,000
4.	बर्मा	430	400	NA
5.	चीन	1,330	1,300	54,000
6.	कोटे डी आइवर	482	460	NA
7.	गैबॉन	2,510	2,800	61,000
8.	जॉर्जिया	116	150	NA
9.	घाना	1,550	1,400	13,000
10.	भारत	801	640	34,000
11.	कजाकिस्तान	140	130	5,000
12.	मलेशिया	390	350	NA
13.	मेक्सिको	202	190	5,000
14.	दक्षिण अफ्रीका	5,800	5,200	520,000
15.	यूक्रेन	500	550	140,000
16.	वियतनाम	158	150	NA
17.	अन्य देश	270	270	कम मात्रा में
	विश्व कुल	**19,600**	**18,500**	**1,300,000**

***Source:** USGS, 2021*

NA = आंकड़े अनुपलब्ध

तालिका 7.12: मैगनीज़ के प्रमुख भंडार

क्र.सं.	देश	मैगनीज़ भंडार केन्द्र
1.	ऑस्ट्रेलिया	विग्म्बरली-पठार
2.	ब्राजील	अमापा
3.	चिली	मध्य चिली
4.	चीन	हूनान, गुइज़-हू (Guiz-Hou)
5.	घाना	नसूता

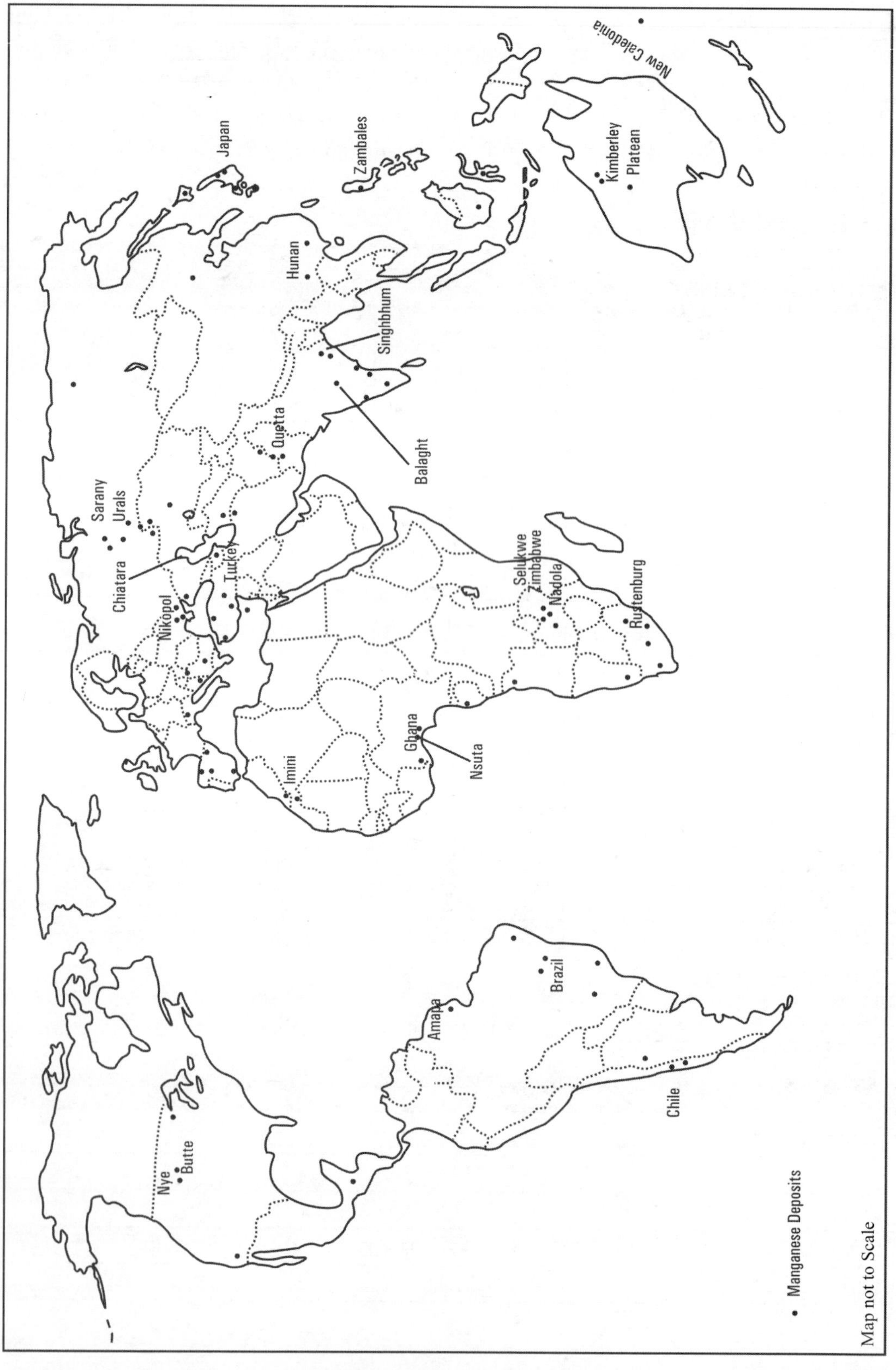

Fig. 7.19 World – Manganese deposits

क्र.सं.	देश	मैगनीज़ भंडार केन्द्र
6.	भारत	बालाघाट, सिंहभूम, गोवा, विशाखापत्तनम
7.	जापान	होंशु द्वीप
8.	मोरक्को	बू-अज्ज़र, इमिनी
9.	पाकिस्तान	क्वेटा
10.	फिलीपीन्स	जम्बालेस
11.	रूस	ओटोकुम्पु, यूराल
12.	दक्षिण अफ्रीका	पोस्टमासबर्ग, करूर्गसट्रोप, रटेमबर्ग
13.	स्पेन	बेटिकन पर्वत
14.	तुर्की	अनांतोलिया का पठार
15.	यूक्रेन	चियातुरा, निकोपोल
16.	संयुक्त राज्य अमेरिका	कुयुना, नई-वट्टी, केलोगो-वट्टी
17.	जाम्बिया	कटांगा, नडोला

तांबा (Copper)

ताँबे का एक धातु के रूप में उपयोग सबसे पहले तुर्की में हुआ था। इसका इस्तेमाल बर्तन बनाने, बिजली के तार तैयार करने तथा सैन्य सामान तैयार करने के लिये किया जाता है।

ताँबे के प्रमुख भंडारों एवं खनन केन्द्रों को **Fig. 7.20** में दिखाया गया है।, जबकि **तालिका 7.13** में प्रमुख ताँबा उत्पादन करने वाले देशों की प्रतिशत भागीदारी दी गई है।

तालिका 7.13: विश्व में तांबे के अग्रणी उत्पादक

क्र.सं.	देश	तांबे का उत्पादन (मिलियन मीट्रिक टन में)				
		2010	2015	2017	2018	2020
1.	चिली	5,420	5,700	5,500	5,800	5700
2.	पेरू	1,250	1,700	2,450	2,400	2200
3.	चीन	1,190	1,710	1,710	1,600	1700
4.	संयुक्त राज्य अमेरिका	1,110	1,380	1,260	1,200	1200
5.	कांगो	–	1,020	1,090	1,200	1300
6.	ऑस्ट्रेलिया	870	971	860	950	870
7.	जाम्बिया	690	712	794	870	830
8.	इंडोनेशिया	872	–	622	780	492
9.	मेक्सिको	260	594	742	760	690
10.	रूस	703	732	705	710	850

***Source:** USGS, 2021*

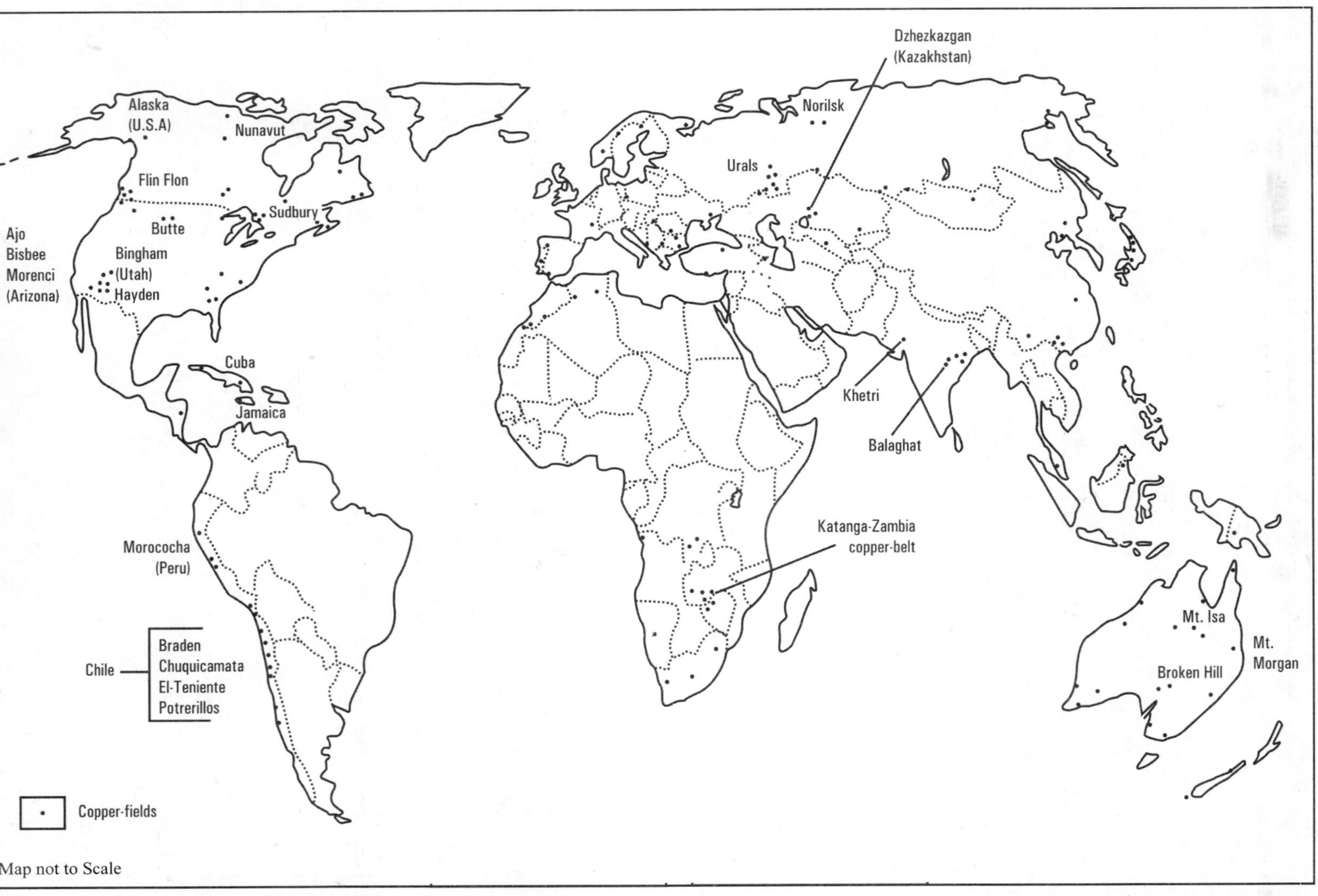

Fig. 7.20 World – Copper deposits

तालिका 7.14: विश्व में ताँबे के प्रमुख खनन केन्द्र

देश	खनन केन्द्र
1. चिली	ब्रादेन, चुक्युकामाता, एल-टिनेन्टे, पोर्टिलस
2. संयुक्त राज्य अमेरिका	अजो, बिस्की, मोरेन्सी (एरिज़ोना), बर्मिंघम, बट्टी, न्यू-मेक्सिको अलास्का
3. इण्डोनेशिया	सुमात्रा
4. ऑस्ट्रेलिया	ब्रोकेन-हिल, माऊंट-हिंसा मोगिन
5. जमैका	जमैका
6. जैमबिया	नचांगा, किटवी, मुफुलिरा, ताँबा-पेटी
7. लो.ग. कांगो	कटांगा-ज़ाम्बिया ताँबा पेटी
8. रूस	जिकाजगान नोरिस्क, युराल
9. जापान	होंशु, शिकोकु
10. पेरू	मोरोकोचा
11. भारत	बालाघाट, खेलडी (झुंझुनु-राजस्थान)
12. द. अफ्रीका	ट्रांस्वाल
13. कनाडा	फिलिन-फलोन, नूनावट, सडबरी
14. पेरू	कासापलाका, मोरोकोचा

बॉक्साइट (Bauxite)

बॉक्साइट से एल्युमीनियम तैयार किया जाता है। बॉक्साइट विशेष रूप से ऊष्ण-आर्द्र जलवायु के चूने-पत्थर तथा चिकनी-मिट्टी परतदारों में अपक्षय के कारण उत्पन्न होता है। बॉक्साइट को धोकर और बारीक कर लिया जाता है फिर 982°C तापमान पर पिघलाया जाता है। एल्युमीनियम का कारख़ाने प्राय: पन-बिजली अथवा सागर के तट पर लगाया जाता है। एल्युमीनियम एक बहु-उपयोगी धातु है जिससे बिजली के तार, वायुयान तथा खाने के बर्तन तैयार किये जाते हैं। एल्युमीनियम उत्पादन करने वाले प्रमुख देशों को **तालिका 7.15** में दिखाया गया है।

तालिका 7.15: विश्व में बॉक्साइट के अग्रणी उत्पादक

क्र.सं.	देश	बॉक्साइट का उत्पादन (मिलियन मीट्रिक टन में)					
		2014	2015	2016	2017	2018	2020
1.	ऑस्ट्रेलिया	78,600	80,000	82,000	87,900	75,000	110,000
2.	चीन	55,000	60,000	65,000	70,000	70,000	60,000
3.	गिन्नी	17,300	17,700	19,700	46,200	50,000	82,000
4.	ब्राजील	34,800	35,000	34,500	38,500	27,000	35,000
5.	भारत	16,500	19,200	25,000	22,900	24,000	22,000
6.	जमैका	9,680	10,700	8,500	8,250	10,000	7,700

7.	इंडोनेशिया	2,550	1,000	1,000	2,900	7,100	23,000
8.	रूस	5,590	6,600	5,400	5,520	5,500	6,100
9.	वियतनाम	1,090	1,100	1,500	2,400	2,500	4,000
10.	मलेशिया	3,260	21,200	1,000	2,000	2,000	500
11.	कजाखस्तान	5,200	5,200	4,600	5,000	–	5,800
12.	अन्य देश	7,200	8,500	6,860	22,500	22,000	14,900

***Source:** USGS, 2021*

टिन (Tin)

टिन का उपयोग अन्य धातुओं के साथ किया जाता है। यह एक लचीली पिटवाँ और चाँदी जैसी सफेद धातु है। यह सबसे पहला श्रेष्ठ सुचालक है। टिन का प्रमुख अयस्क केसेराइट या टिन स्टोन है। यह धातु गिष्ट जैसी कायान्तरित या ग्रेनाइट शैलों के संस्तरों से प्राप्त होती है। इसका उपयोग धातुओं को जोड़ने हेतु टांका लगाने, टिन प्लेट ढालने, शोल्डरिंग में विद्युत उद्योगों तथा विभिन्न प्रकार के रसायन निर्माण उद्योग में बढ़ रहा है। टिन का उत्पादन करने वाले प्रमुख देशों की **तालिका 7.16** एवं **Fig. 7.21** में दिखाया गया है।

तालिका 7.16: विश्व में टिन के अग्रणी उत्पादक

क्र. सं.	देश	मीट्रिक टन में खान उत्पादन		भंडार
		2019	2020	
1.	ऑस्ट्रेलिया	7,740	6,800	430,000
2.	बोलीविया	17,000	15,000	400,000
3.	ब्राजील	14,000	13,000	420,000
4.	बर्मा	42,000	33,000	100,000
5.	चीन	84,500	81,000	1,100,000
6.	कांगो (किंशासा)	12,200	17,000	160,000
7.	इंडोनेशिया	77,500	66,000	800,000
8.	लाओस	1,400	1,200	NA
9.	मलेशिया	3,610	3,300	150,000
10.	नाइजीरिया	5,800	6,000	NA
11.	पेरू	19,900	18,000	140,000
12.	रूस	1,800	2,500	280,000
13.	रवांडा	2,300	1,200	NA
14.	वियतनाम	5,500	4,900	11,000
15.	अन्य देश	549	400	350,000
	विश्व कुल	**296,000**	**270,000**	**4,300,000**

***Source:** USGS, 2021*
NA = आंकड़े अनुपलब्ध

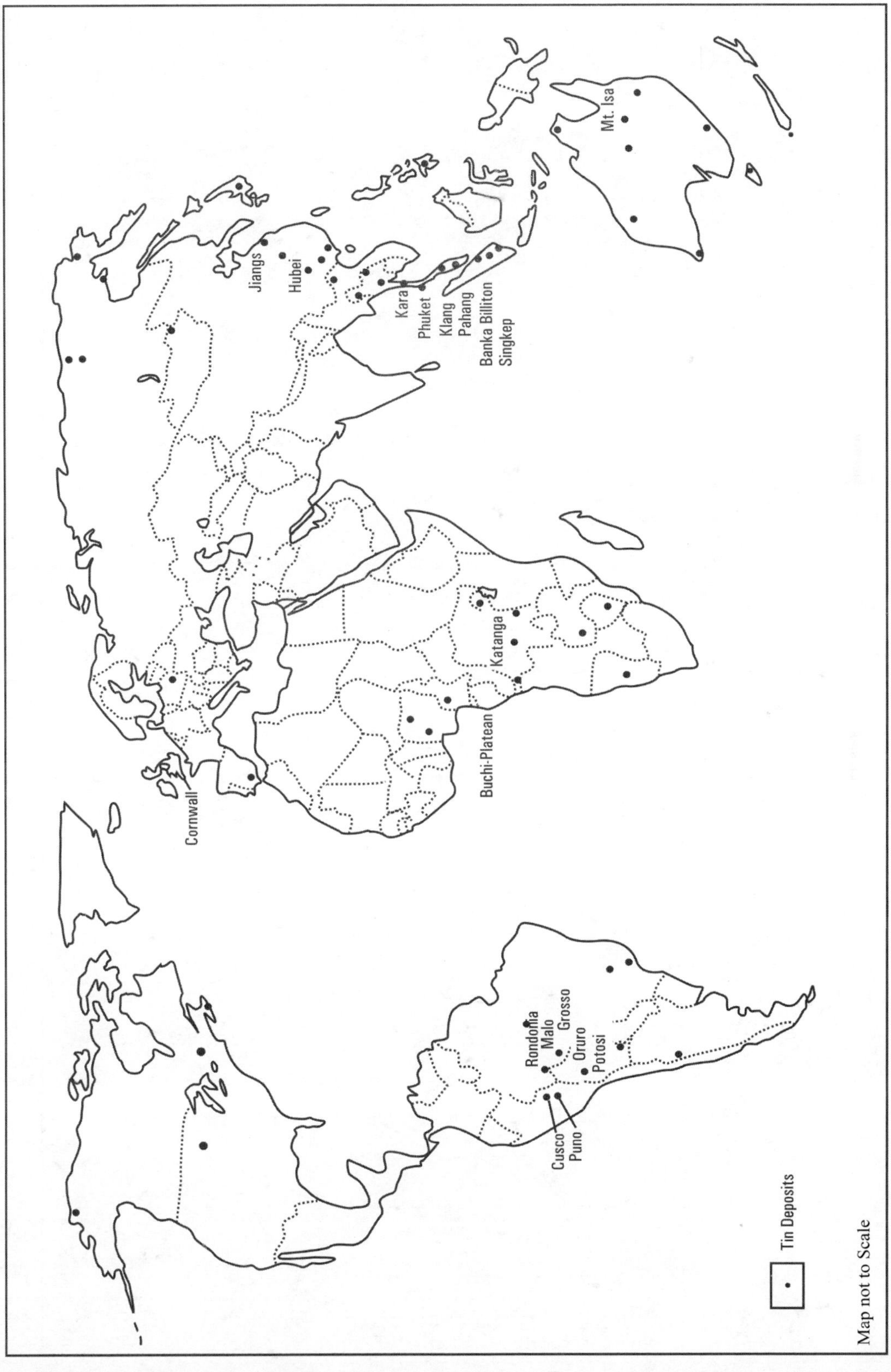

Fig. 7.21 World – Distribution of tin deposits

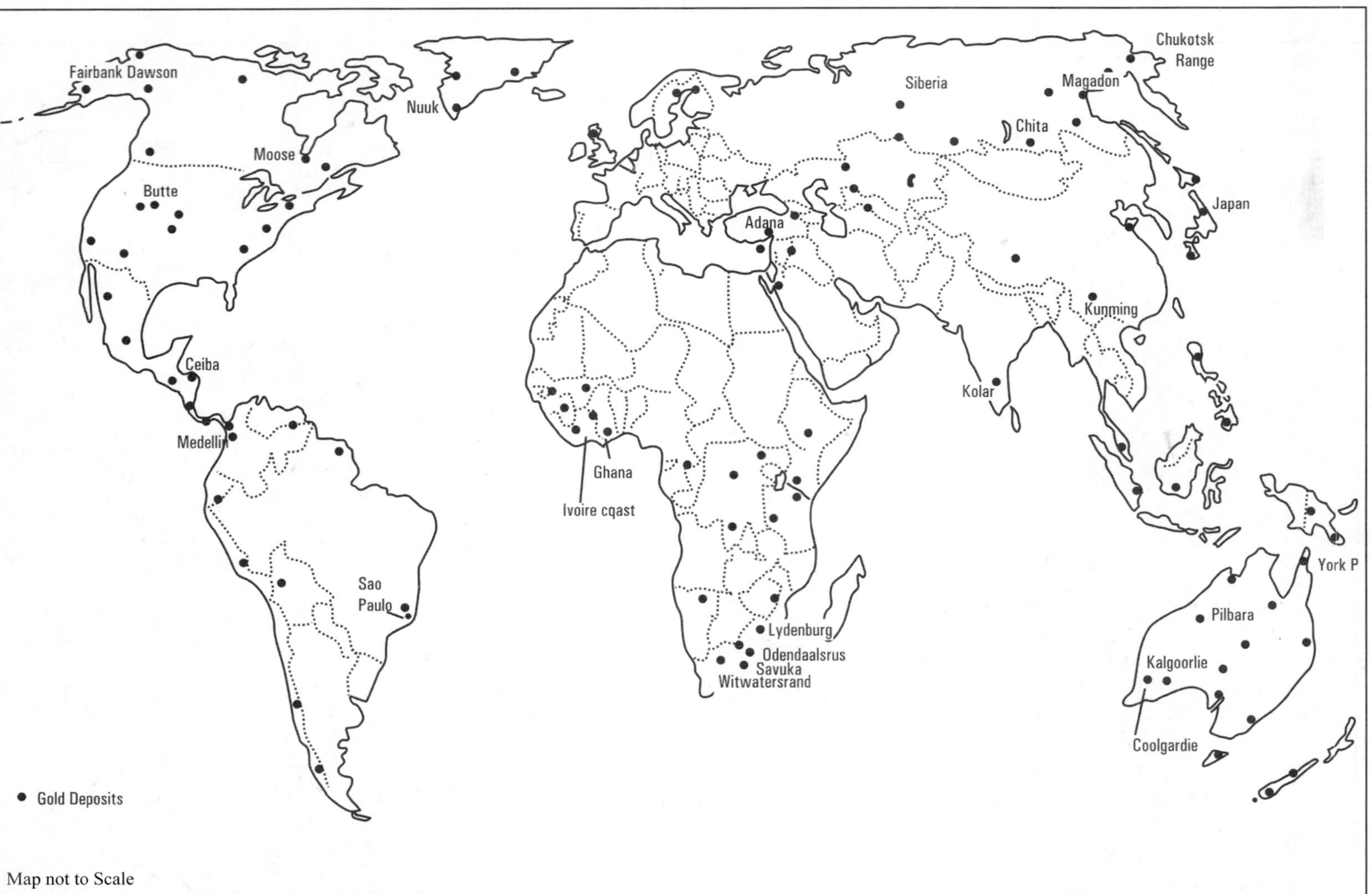

Fig. 7.22 World – Gold deposits

तालिका 7.17: विश्व में टिन के प्रमुख खनन केन्द्र

क्र.सं.	देश	प्रमुख खनन केन्द्र
1.	ऑस्ट्रेलिया	माऊन्ट ईसा (कुचीन्सलैंड)
2.	बोलीविया	पोटोसी (एण्डीज)
3.	ब्राज़ील	गरोसा, माटो, रोन्डोनिया
4.	चीन	हूबी, ही-सियांग, जियांगसा, नानलिंग शान
5.	इण्डोनेशिया	बांका-बिलिटन, सिंहकेप (सुमात्रा)
6.	मलेशिया	किन्टा-घाटी (कुवालालम्पुर के निकट) लरूत का मैदान, केलांग घाटी, कोटा टिंगी
7.	नाइजीरिया	बाची-पठार
8.	थाइलैंड	कारा-प्रायद्वीप, फुकेट-द्वीप, रानोंग, फान-गंगा, टकुआपा
9.	ब्रिटेन	कार्नवाल
10.	लो.ग. कांगो	कटांगा पठार

सोना (Gold)

सोना एक बहुमूल्य धातु है। कुल उत्पादन का 50 प्रतिशत सोना गहने बनाने के काम आता है। अन्तर्राष्ट्रीय मुद्रा के लिये भी सोने ही का उपयोग किया जाता है। विश्व में सोने का वितरण **Fig. 7.22** में दर्शाया गया है। 2009 में सोने का सबसे अधिक उत्पादन दक्षिण अफ्रीका ने किया था।

अन्य प्रमुख उत्पादकों में संयुक्त राज्य अमेरिका, ऑस्ट्रेलिया, चीन तथा रूस उल्लेखनीय हैं।

तालिका 7.18: विश्व में सोने के अग्रणी उत्पादक

क्र. सं.	देश	मीट्रिक टन में खान उत्पादन		भंडार
		2019	2020	
1.	संयुक्त राज्य अमेरिका	200	190	3,000
2.	अर्जेंटीना	60	60	1,600
3.	ऑस्ट्रेलिया	325	320	10,000
4.	ब्राजील	90	80	2,400
5.	कनाडा	175	170	2,200
6.	चीन	380	380	2,000
7.	घाना	142	140	1,000
8.	इंडोनेशिया	139	130	2,600
9.	कजाखस्तान	107	100	1,000
10.	माली	61	61	800
11.	मेक्सिको	111	100	1,400
12.	पापुआ न्यू गिनी	74	70	1,200
13.	पेरू	128	120	2,700
14.	रूस	305	300	7,500
15.	दक्षिण अफ्रीका	105	90	2,700

16.	सूडान	90	90	NA
17.	उज्बेकिस्तान	93	90	1,800
18.	अन्य देश	716	750	9,200
	विश्व कुल	**3,300**	**3,200**	**53,000**

***Source:** USGS, 2021*

NA = आंकड़े अनुपलब्ध

चांदी (Silver)

चांदी भी बहुमूल्य धातुओं में से एक है। चांदी से आभूषण खाने के बर्तन, सजावटी सामान, खाद्य वस्तुयें, बाँसुरी तथा वाद्य यन्त्र, औषधियां इत्यादि तैयार की जाती हैं।

चांदी के प्रमुख उत्पादन केन्द्रों को **Fig. 7.23** में दिखाया गया हैं तथा **Fig. 7.20** में उनकी प्रतिशत भागीदारी दिखाई गयी है।

तालिका 7.19: विश्व में चांदी के अग्रणी उत्पादक

क्र.सं.	देश	खनिज उत्पादन मीट्रिक टन में					
		2010	2013	2015	2017	2018	2020
1.	मेक्सिको	4,410	4,860	5,370	6,110	6,100	5600
2.	पेरू	3,640	3,670	3,850	4,300	4,300	3400
3.	चीन	3,500	4,100	3,100	3,500	3,600	3200
4.	पोलैंड	1,180	1,200	1,180	1,290	1,300	1300
5.	चिली	1,280	1,170	1,370	1,260	1,300	1300
6.	बोलीविया	1,260	1,290	1,190	1,240	1,200	1100
7.	रूस	1,150	1,720	1,430	1,120	1,200	1800
8.	ऑस्ट्रेलिया	1,860	1,840	1,430	1,200	1,200	1300
9.	अर्जेंटीना	–	–	–	1,020	1,100	1000
10.	संयुक्त राज्य अमेरिका	1,270	1,040	1,090	1,030	900	1000
11.	कनाडा	600	627	500	368	392	–

***Source:** USGS, 2021*

यूरेनियम (Uranium)

यूरेनियम की गणना भारी धातुओं में की जाती है। यह एक विघटनाभिक (Radio-Active) धातु है। इससे नाभिक-ऊर्जा का उत्पादन किया जाता है। यूरेनियम का वितरण विश्व में बहुत असमान है। सीसे की तुलना में यूरेनियम का घनत्व सत्तर गुणा होता है। परन्तु यूरेनियम से मानव स्वास्थ्य पर विपरीत प्रभाव पडता है। विशेष रूप से इससे मस्तिष्क प्रभावित होता है। विश्व में यूरेनियम का वितरण **Fig. 7.24** में दिखाया गया है तथा **तालिका 7.20** में विश्व उत्पादन का प्रतिशत दिखाया गया है। कजाखस्तान की खानों में सर्वाधिक यूरेनियम का उत्पादन होता है (इन खानों से विश्व की 41% की पूर्ति 2018 में हुई) इसमें कनाडा (13%) और ऑस्ट्रेलिया (12%) है।

Fig. 7.23 World – Silver deposits

Fig. 7.24 World uranium deposits

तालिका 7.20: विश्व में यूरेनियम के अग्रणी उत्पादक

(यूरेनियम टन में)

क्र. सं.	देश/कुल	वार्षिक उत्पादन									
		2011	2012	2013	2014	2015	2016	2017	2018	2019	2020
1.	कजाखस्तान	19,451	21,317	22,451	23,127	23,607	24,689	23,321	21,705	22,808	19,477
2.	ऑस्ट्रेलिया	5983	6991	6350	5001	5654	6315	5882	6517	6613	6203
3.	नामीबिया	3258	4495	4323	3255	2993	3654	4224	5525	5476	5413
4.	कनाडा	9145	8999	9331	9134	13,325	14,039	13,116	7001	6938	3885
5.	उज्बेकिस्तान	2500	2400	2400	2400	2385	3325	3400	3450	3500	3500
6.	नाइजर	4351	4667	4518	4057	4116	3479	3449	2911	2983	2991
7.	रूस	2993	2872	3135	2990	3055	3004	2917	2904	2911	2846
8.	चीन	885	1500	1500	1500	1616	1616	1692	1885	1885	1885
9.	यूक्रेन	890	960	922	926	1200	808	707	790	800	400
10.	भारत	400	385	385	385	385	385	421	423	308	400
11.	दक्षिण अफ्रीका	582	465	531	573	393	490	308	346	346	250
12.	ईरान	0	0	0	0	38	0	40	71	71	71
13.	पाकिस्तान	45	45	45	45	45	45	45	45	45	45
14.	ब्राजील	265	326	192	55	40	44	0	0	0	15
15.	अमेरिका	1537	1596	1792	1919	1256	1125	940	582	58	6
16.	चेक गणतंत्र	229	228	215	193	155	138	0	0	0	0
17.	रोमानिया	77	90	77	77	77	50	0	0	0	0
18.	फ्रांस	6	3	5	3	2	0	0	0	0	0
19.	जर्मनी	51	50	27	33	0	0	0	0	0	0
20.	मलावी	846	1101	1132	369	0	0	0	0	0	0
	कुल विश्व	**53,493**	**58,493**	**59,331**	**56,041**	**60,304**	**63,207**	**60,514**	**54,154**	**54,742**	**47,731**
	टन यू 3 ओ 8	63,082	68,974	69,966	66,087	71,113	74,357	71,361	63,861	64,554	56,287
	वैश्विक मांग का प्रतिशत	87	94	91	85	98	96	93	80	81	74

Source: *World Nuclear Association*

तालिका 7.21: विश्व में यूरेनियम की खपत और बिजली उत्पादन

क्र. सं.	देश	परमाणु विद्युत उत्पादन 2020		रिएक्टर संचालित मार्च 2022		निर्माणाधीन रिएक्टर मार्च 2022		यूरेनियम आवश्यक 2021
		TWh	% e	No.	MWe net	No.	MWe gross	tonnes U
1.	अर्जेंटीना	10.0	7.5	3	1641	1	29	167
2.	आर्मीनिया	2.6	34.5	1	415	0	0	50
3.	बांग्लादेश	0	0	0	0	2	2400	0
4.	बेलारूस	0.3	1.0	1	1110	1	1194	179
5.	बेल्जियम	32.8	39.1	7	5942	0	0	790
6.	ब्राजील	13.2	2.1	2	1884	1	1405	340
7.	बुल्गारिया	15.9	40.8	2	2006	0	0	322
8.	कनाडा	92.2	14.6	19	13,624	0	0	1492
9.	चीन	344.7	4.9	53	50,769	19	20,930	9563
10.	चेक गणतंत्र	28.4	37.3	6	3934	0	0	706
11.	मिस्र	0	0	0	0	0	0	0
12.	फिनलैंड	22.4	33.9	5	4394	0	0	421
13.	फ्रांस	338.7	70.6	56	61,370	1	1650	8233
14.	जर्मनी	60.9	11.3	3	4055	0	0	521
15.	हंगरी	15.2	48.0	4	1902	0	0	320
16.	भारत	40.4	3.3	23	6885	8	6700	977
17.	ईरान	5.8	1.7	1	915	1	1057	153
18.	जापान	43.0	5.1	33	31,679	2	2756	1396
19.	जॉर्डन	0	0	0	0	0	0	0
20.	कजाखस्तान	0	0	0	0	0	0	0
21.	कोरिया आरओ (दक्षिण)	152.6	29.6	24	23,136	4	5600	4270
22.	लिथुआनिया	0	0	0	0	0	0	0
23.	मेक्सिको	10.9	4.9	2	1552	0	0	226
24.	नीदरलैंड	3.9	3.3	1	482	0	0	69
25.	पाकिस्तान	9.6	7.1	6	3256	0	0	787
26.	पोलैंड	0	0	0	0	0	0	0

27.	रोमानिया	10.6	19.9	2	1300	0	0	185
28.	रूस	201.8	20.6	37	27,653	3	2810	5925
29.	सऊदी अरब	0	0	0	0	0	0	0
30.	स्लोवाकिया	14.4	53.1	4	1837	2	942	359
31.	स्लोवेनिया	6.0	37.8	1	688	0	0	127
32.	दक्षिण अफ्रीका	11.6	5.9	2	1860	0	0	277
33.	स्पेन	55.8	22.2	7	7121	0	0	1221
34.	स्वीडन	47.4	29.8	6	6882	0	0	914
35.	स्विट्जरलैंड	23.0	32.9	4	2960	0	0	412
36.	थाईलैंड	0	0	0	0	0	0	0
37.	टर्की	0	0	0	0	3	3600	0
38.	यूक्रेन	71.5	51.2	15	13,107	2	1900	1876
39.	संयुक्त अरब अमीरात	1.6	1.1	2	2690	2	2800	907
40.	यूनाइटेड किंगडम	45.9	14.5	11	6848	2	3440	1259
41.	अमेरीका	789.9	19.7	93	95,523	2	2500	17,587
	विश्व	2553	10.3	439	392,279	56	61,713	62,496

Source: *World Nuclear Association*

TWh = terawatt hour (billion kilowatt hours); kWh = kilowatt hour; MWe = megawatt (electrical as distinct from thermal)] %e = share of nuclear energy.

थोरियम (Thorium)

थोरियम को मोनोज़ाइट रेत से प्राप्त किया जाता है। थोरियम का प्रयोग नाभिकीय-ऊर्जा उत्पादन में किया जाता है। इसको वायुयान में ईंधन के तौर पर भी इस्तेमाल किया जाता है। भारत का काकरापार रिएक्टर विश्व का पहला रिएक्टर है, जिसमें थोरियम के द्वारा नाभिकीय ऊर्जा का उत्पादन किया जाता है। ऑस्ट्रेलिया, संयुक्त राज्य अमेरिका तथा भारत में थोरियम भारी मात्रा में पाया जाता है। इनके अतिरिक्त कनाडा, ब्राज़ील, दक्षिण अफ्रीका तथा तुर्की में भी थोरियम पाया जाता है।

तालिका 7.22: थोरियम के भंडार वाले बड़े देश

क्र.सं.	देश	भण्डार (टन में)
1.	भारत	963,000
2.	संयुक्त राज्य अमेरिका	440,000
3.	ऑस्ट्रेलिया	300,000
4.	कनाडा	100,000
5.	द. अफ्रीका	35,000
6.	ब्राजील	16,000
7.	मलेशिया	4,500

Source: *World Atlas 2018*

सीसा (Lead)

सीसे का उत्पादन करने वाले प्रमुख देशों को **Fig. 7.25** एवं **तालिका 7.23** में दिखाया गया है।

Fig. 7.25 World – Lead deposits

तालिका 7.23: सीसा उत्पादन के अग्रणी देश

क्र. सं.	देश	उत्पादन हजार मीट्रिक टन में		भंडार हजार मीट्रिक टन में
		2019	2020	
1.	संयुक्त राज्य अमेरिका	274	290	5,000
2.	ऑस्ट्रेलिया	509	480	36,000
3.	बोलीविया	88	65	1,600
4.	चीन	2,000	1,900	18,000
5.	भारत	200	210	2,500
6.	कजाखस्तान	56	30	2,000
7.	मेक्सिको	259	240	5,600
8.	पेरू	308	240	6,000
9.	रूस	230	220	4,000
10.	स्वीडन	69	70	1,100
11.	तजाकिस्तान	65	65	ना
12.	टर्की	71	72	860
13.	अन्य देश	591	520	5,000
14.	विश्व कुल	4,720	4,400	88,000

***Source:** USGS, 2021*

जस्ता (Zinc)

जस्ता एक बहुमूल्य धातु है, जिसका उपयोग विभिन्न धातुओं में मिश्रण के काम में किया जाता है। विश्व के जस्ता उत्पादन करने वाले प्रमुख देशों को **Fig. 7.26** एवं **तालिका 7.24** में दिखाया गया है।

तालिका 7.24: अग्रणी जिंक उत्पादक देश

क्र. सं.	देश	उत्पादन हजार मीट्रिक टन में		भंडार हजार मीट्रिक टन में
		2019	2020	
1.	संयुक्त राज्य अमेरिका	753	670	11,000
2.	ऑस्ट्रेलिया	1,330	1,400	68,000
3.	बोलीविया	520	330	4,800
4.	कनाडा	336	280	2,300
5.	चीन	4,210	4,200	44,000
6.	भारत	720	720	10,000
7.	कजाखस्तान	304	300	12,000
8.	मेक्सिको	677	600	22,000
9.	पेरू	1,400	1,200	20,000
10.	रूस	260	260	22,000
11.	स्वीडन	245	220	3,600
12.	अन्य देश	1,950	2,000	34,000
	विश्व कुल	**12,700**	**12,000**	**250,000**

***Source:** USGS, 2021*

Fig. 7.26 World zinc deposits

निकिल (Nickle)

निकिल का उपयोग अन्य धातुओं जैसे- लोहा, क्रोमियम, ताँबा, एल्युमीनियम विशेष रूप से स्टेनलेस स्टील को मजबूत बनाने के लिए किया जाता है। निकिल यूनिक प्रोपर्टी (मान) की खोज 1751 में स्वीडन के कैमिस्ट और खनन विशेषज्ञ बारोन एक्सेल फ्रेड्रिक क्रोनस्टैड्ट द्वारा की गई थी। निकिल पृथ्वी पर पांचवाँ सबसे प्रचूर मात्रा में पाया जाने वाला तत्व है। अधिकांशत: निकिल पृथ्वी की सतह से 1800 मील नीचे पाया जाता है।

निकिल का उपयोग, विशेषकर धातुओं पर पॉलिश करने के काम में किया जाता है। निकिल का उत्पादन करने वाले प्रमुख देशों को **Fig. 7.27** एवं **तालिका 7.25** में दिखाया गया है।

तालिका 7.25: विश्व में निकिल के अग्रणी उत्पादक

क्र. सं.	देश	उत्पादन मीट्रिक टन में		भंडार मीट्रिक टन में
		2019	2020	
1.	संयुक्त राज्य अमेरिका	13,500	16,000	100,000
2.	ऑस्ट्रेलिया	159,000	170,000	20,000,000
3.	ब्राजील	60,600	73,000	16,000,000
4.	कनाडा	181,000	150,000	2,800,000
5.	चीन	120,000	120,000	2,800,000
6.	क्यूबा	49,200	49,000	5,500,000
7.	डोमिनिकन गणराज्य	56,900	47,000	ना
8.	इंडोनेशिया	853,000	760,000	21,000,000
9.	नया केलडोनिया	208,000	200,000	ना
10.	फिलीपींस	323,000	320,000	4,800,000
11.	रूस	279,000	280,000	6,900,000
12.	अन्य देश	310,000	290,000	14,000,000
	विश्व कुल	**2,610,000**	**2,500,000**	**94,000,000**

***Source:** USGS, 2021*

विश्व के प्रमुख औद्योगिक क्षेत्र (Industrial Regions)

विश्व के प्रमुख औद्योगिक क्षेत्रों को **Fig. 7.28** से लेकर **Fig. 7.30** में दर्शाया गया है तथा प्रत्येक औद्योगिक क्षेत्र के विशेष उद्योगों का विवरण **तालिका 7.26** में दिया गया हैं।

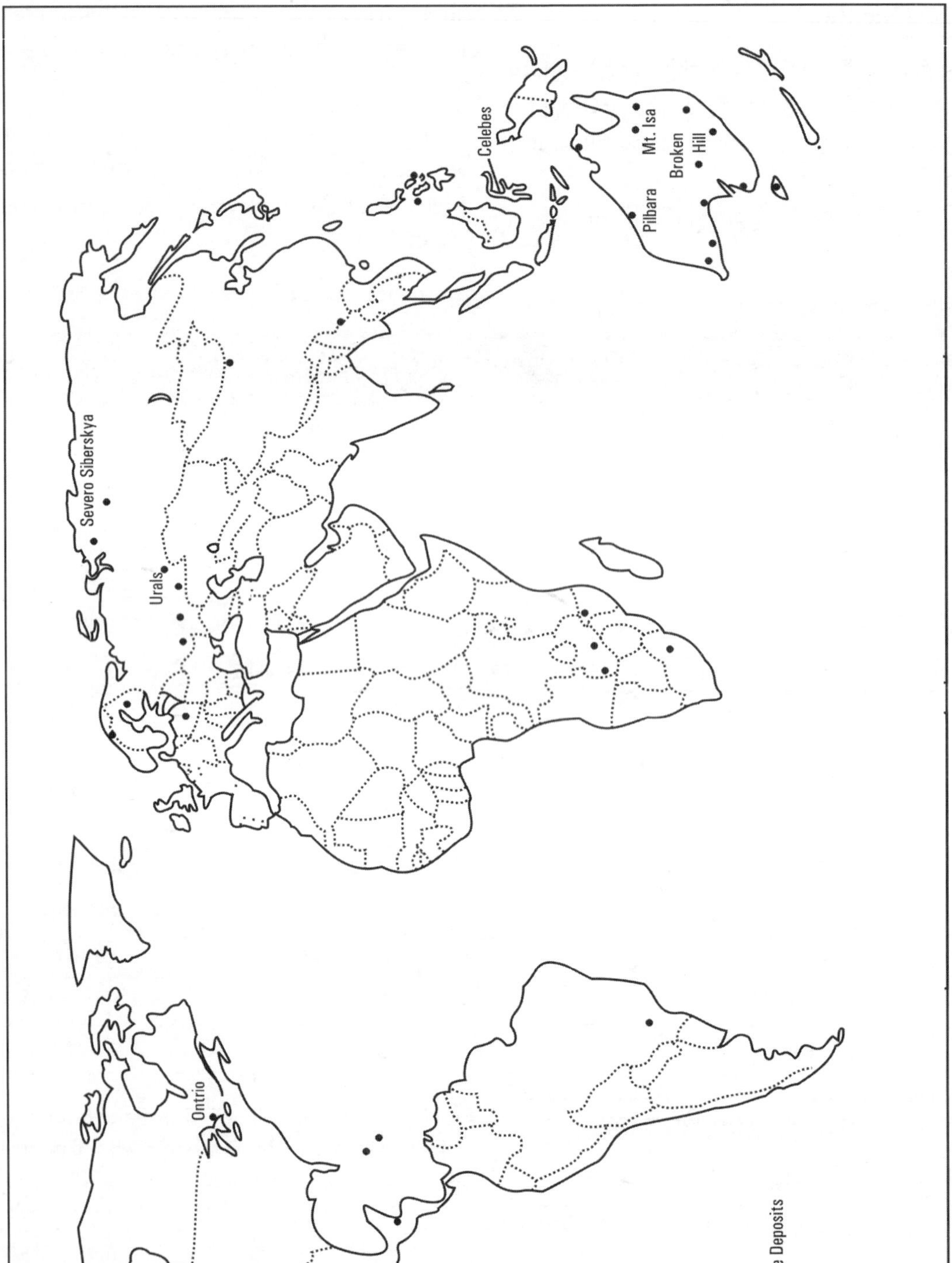

Fig. 7.27 World – Nickle deposits

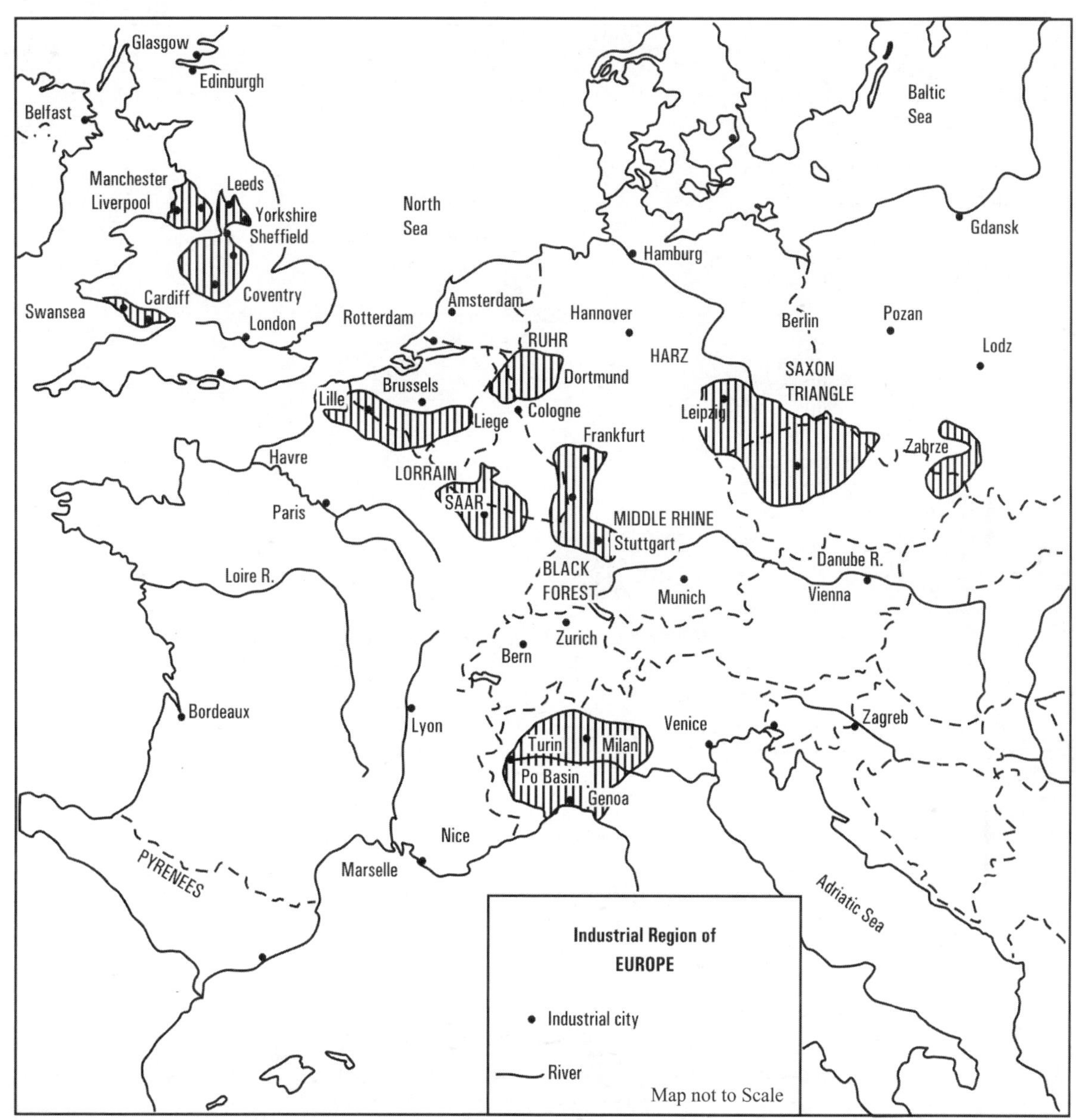

Fig. 7.28 Industrial regions of Europe

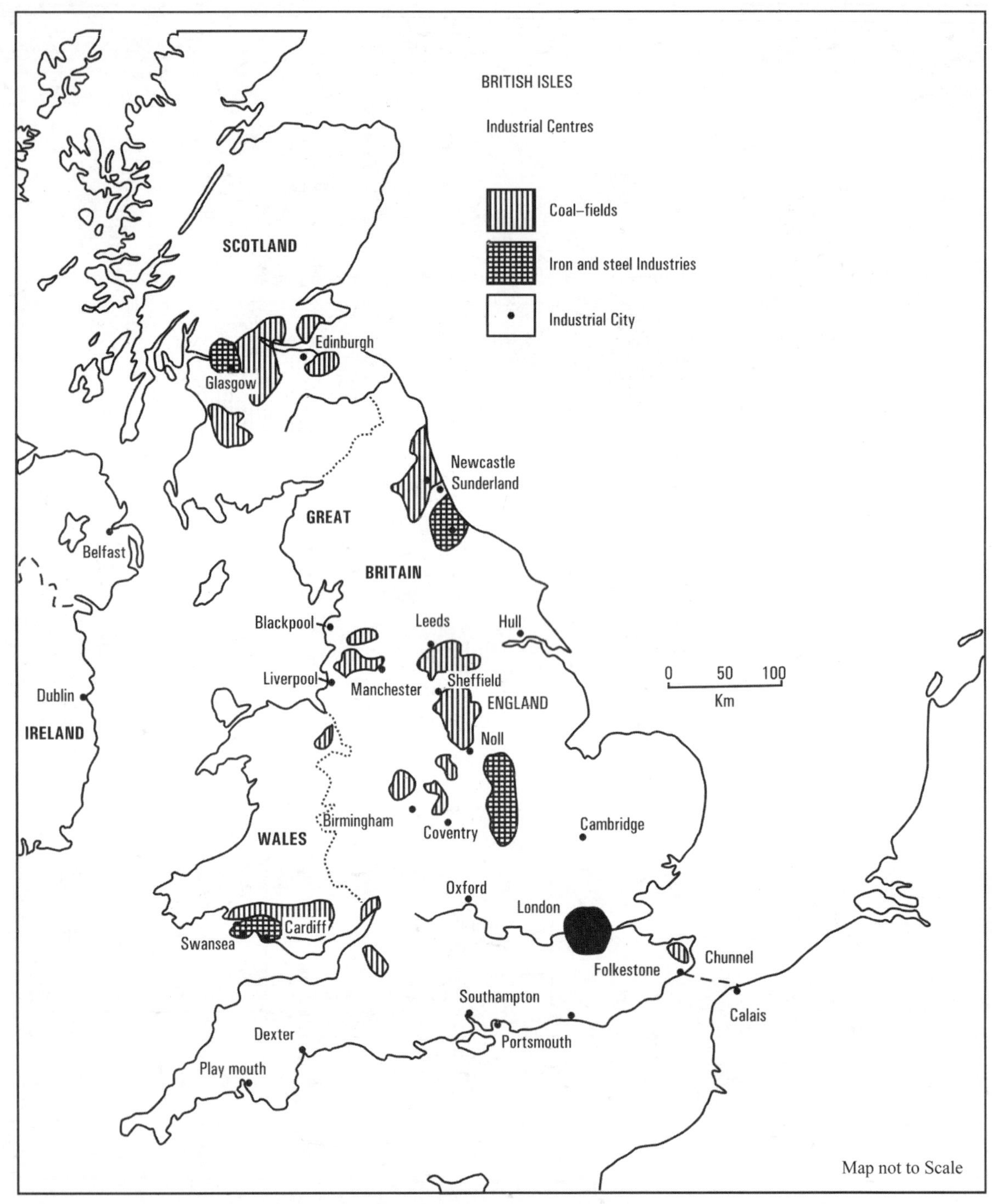

Fig. 7.29 Industrial regions of U.K

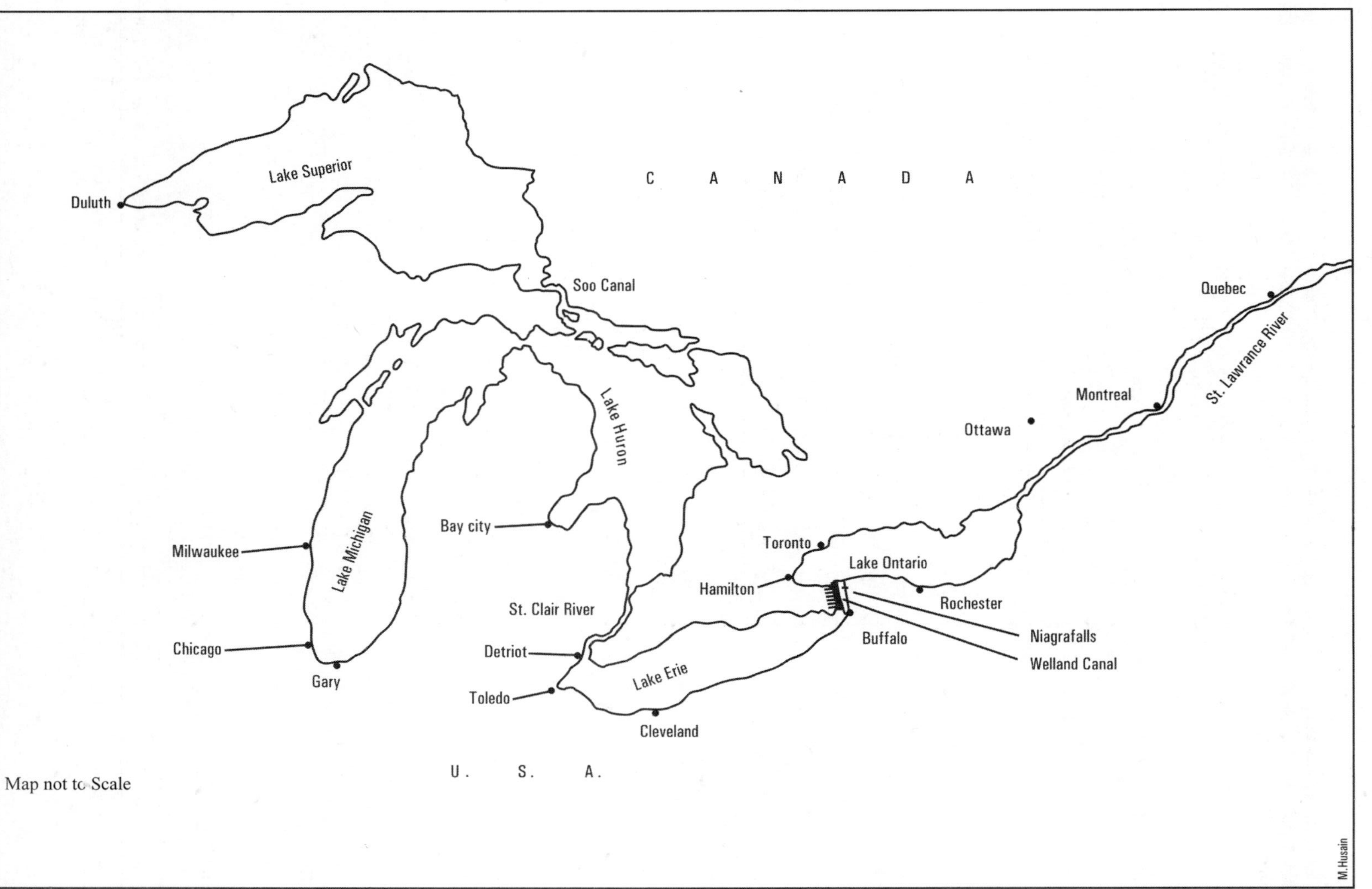

Fig. 7.30 Industrial towns around the Great Lakes of North America

तालिका 7.26: विश्व के प्रमुख औद्योगिक क्षेत्र

क्र.सं.	औद्योगिक क्षेत्र	मुख्य उद्योग
	यूरोप	
1.	बोहेमा (जर्मनी)	लोहा-इस्पात, भारी मशीनें, खनन-मशीनें, बिजली का सामान, हल्की मशीनें, कृषि मशीनें तथा उपभोक्ता की वस्तुएं **(Fig. 7.28)**।
2.	लॉरेन (फ्रांस)	लोहा तथा इस्पात, सूती तथा ऊनी वस्त्र, इंजीनियरिंग का सामान, वाहन, बिजली का सामान, औषधियाँ तथा खाद्य वस्तुएं **(Fig. 7.28)**।
3.	मॉस्को (रूस)	लोहा तथा इस्पात, सूती तथा ऊनी वस्त्र, इंजीनियरिंग का सामान, वाहन, विभिन्न प्रकार की मशीनें, औषधियाँ तथा खाद्य पदार्थ **(Fig. 7.28)**।
4.	पो. बेसिन (इटली)	वाहन, इलेक्ट्रॉनिक वस्तुएं, कृषि यन्त्र, उपभोक्ता की वस्तुएं तथा वित्त सम्बन्धी सेवाएं **(Fig. 7.28)**।
5.	रूर बेसिन (जर्मनी)	लोहा तथा इस्पात, खनन मशीनें, पेट्रोलियम पदार्थ, इलेक्ट्रॉनिक वस्तुएं, कृषि यंत्र, औषधियाँ तथा उपभोक्ता की वस्तुएं **(Fig. 7.28)**।
6.	सार-बेसिन (फ्रांस तथा जर्मनी)	लोहा तथा इस्पात, वाहन, इलेक्ट्रॉनिक वस्तुएं, रसायनिक पदार्थ, सूती-ऊनी वस्त्र तथा उपभोक्ता की वस्तुएं **(Fig. 7.28)**।
7.	ज़बर्जी (Zabrze)	भारी मशीनें, खनन मशीनें तथा यन्त्र, बिजली तथा इलेक्ट्रॉनिक का सामान, सूती-ऊनी वस्त्र, उपभोक्ता वस्तुयें तथा खाद्य पदार्थ (यूनाइटेड किंगडम (U.K.) **(Fig. 7.29)**।
8.	कार्डिफ़-स्वानसी (वेल्स)	जलपोत निर्माण, लोहा तथा इस्पात, भारी मशीनें, नाभिकीय ऊर्जा, तेल-शोध कारखाना, विभिन्न प्रकार की मशीनें तथा उपभोक्ता की वस्तुएं **(Fig. 7.29)**।
9.	ग्लासगो (स्कॉटलैंड)	जलपोत निमाण, लोहा तथा इस्पात, भारी मशीनें, वायुयान, वाहन, इलेक्ट्रॉनिक वस्तुएं, उपभोक्ता वस्तुएं तथा खाद्य पदार्थ **(Fig. 7.29)**।
10.	न्यू-कासल (इंग्लैंड)	कोयला खनन, विभिन्न प्रकार की मशीनें, सूती-ऊनी वस्त्र, रासायनिक पदार्थ तथा उपभोक्ता वस्तुएं **(Fig. 7.29)**।
11.	वोल्गा-औद्योगिक केन्द्र (रूस)	तेल-शोध कारखाने, रासायनिक पदार्थ, ट्रैक्टर, कृषि मशीनें, उपभोक्ता वस्तुएं **(Fig. 7.29)**।
	संयुक्त राज्य अमेरिका	
12.	बफैलो	बफैलो लोहा तथा इस्पात, बिजली का सामान, रसायनिक पदार्थ, मशीनें, खाद्य पदार्थ तथा उपभोक्ता वस्तुएं **(Fig. 7.30)**
13.	क्लिवलैण्ड	क्विललैंड वाहन, लोहा तथा इस्पात, भारी तथा हल्की मशीनें, वैज्ञानिक यन्त्र आदि **(Fig. 7.30)**।
14.	डेट्रॉइट (मोटर-नगर)	कारें तथा परिवहन के यंत्र, रासायनिक पदार्थ, इंजीनियरिंग का सामान, उपभोक्ता वस्तुएं **(Fig. 7.30)**।
15.	डुलुथ	दुलिथ अनाज का निर्यात, बिजली का सामान आदि **(Fig. 7.30)**।
16.	गैरी	गैरी भारी मशीनें, बिजली का सामान, इंजीनियरिंग का सामान, कृषि मशीनें आदि **(Fig. 7.30)**।
17.	मिल्वाकी	मिल्वाकी रासायनिक पदार्थ, हल्की मशीनें, इलेक्ट्रॉनिक का सामान तथा खाद्य पदार्थ **(Fig. 7.30)**।
18.	टोलेडो	टोलेडो वाहन, लौह-इस्पात, डेयरी-पदार्थ, फलों को डिब्बों में बन्द करना **(Fig. 7.30)**।
19.	टोरण्टो (कनाडा)	लौह-इस्पात, वायुयान, सूती-वस्त्र मशीनें इत्यादि **(Fig. 7.30)**।

संदर्भ (References)

- Alexander, J.W., T.A. Harshorn, 1988, ***Economic Geography***, 3rd ed., New Delhi, Prentice Hall of India.
- DE Blij, H.J. and B. Alexander, 1999, ***Human Geography: Culture, Society and Space***, 6th ed., New York, John Wiley & Sons.
- Husain, M., 2011, ***Understanding Geographical Map Entries***, New Delhi, Tata McGraw Hill.
- Husain, M., 2004, ***World Geography***, Jaipur, Rawat Publications.
- Mosley, Leonard, 1973, ***Power Play: Oil in Middle East***, New York, Random House.
- Symons, L., 1968, ***Agricultural Geography***, London.
- Susan M., 1997, ***Oxford Dictionary of Geography***, Indian edition, Oxford University Press.
- Wheeler, James, O. et.al. 1998, ***Economic Geography***, New York, John Wiley & Sons.

Web references

- https://investingnews.com/daily/resource-investing/base-metals-investing/lead-investing/lead-producingcountries/
- https://ourworldindata.org/renewable-energy
- https://yearbook.enerdata.net/coal-lignite/coal-world consumption-data.html
- https://yearbook.enerdata.net/crude-oil/worldproduction-statitistics.html
- https://www.worldatlas.com/
- https://www.statista.com/statistics/267380/iron-oremine-production-by-country/
- https://www.power-technology.com/features/top-fivecoal-producing-countries-world/
- https://www.world-nuclear.org/information-library/current-and-future-generation/nuclear-power-in-theworld-today.aspx
- https://www.hydropower.org/sites/default/files/publications-docs/2019_hydropower_status_report.pdf
- https://www.hydropower.org/status2019
- https://www.nsenergybusiness.com/news/tophydro power-producing-countries/
- https://www.redplanet.green/top-6-largest-producershy droelectric-power/
- https://www.nsenergybusiness.com/news/tophydro power-producing-countries/
- https://www.iea.org/fuels-and-technologies/solar
- https://www.thebalance.com/the-10-biggest-tinproducers-2012-2340292

8 अध्याय
कृषि (Agriculture)

कृषि वह कला और विज्ञान है जिसके अंतर्गत मिट्टी की जुताई, फसलें उगाना, पशुओं को पालतू बनाने और पालने आदि की क्रियाओं को सम्मिलित किया जाता है। कृषि भूगोल को कृषि गतिविधियों की स्थानिक भिन्नताओं के अध्ययन और विवरण के विषय रूप में परिभाषित किया जाता है।

विश्व का आहार (Feeding the World)

यद्यपि विश्व कृषि उत्पादन से सभी को 2720 कैलोरी प्रतिदिन प्राप्त हो सकती है, जो एक व्यक्ति को स्वस्थ रखने के लिये पर्याप्त है, फिर भी विश्व में 80 करोड़ व्यक्ति प्रतिदिन भूखे सोते हैं।

प्रमुख आहार (Staple Food)

किसी प्रदेश अथवा क्षेत्र के मुख्य भोजन को प्रमुख आहार कहते हैं। ये आहार सस्ते एवं ऊर्जा से परिपूर्ण होते हैं। विश्व के अधिकतर लोगों का प्रमुख आहार चावल, गेहूँ, जौ, जई, ज्वार तथा मक्का हैं। उष्णार्द्र जलवायु प्रदेशों मे कन्द-मूल (Root Crops), कसावा (Cassava) इत्यादि प्रमुख आहार हैं।

भुखमरी (Starvation)

यदि किसी व्यक्ति को पर्याप्त मात्रा में भोजन न मिले तो भुखमरी की स्थिति उत्पन्न हो जाती है। इसके विपरीत यदि संतुलित आहार न खाया जाए तो कुपोषण की स्थिति उत्पन्न हो जाती है। इसीलिए हो सकता है कि व्यक्ति दिन में तीन बार खाना खाने के बाद भी कुपोषण का शिकार हो जाए। विश्व की लगभग 13 प्रतिशत जनसंख्या भुखमरी की शिकार है अथवा प्रत्येक सात में से एक व्यक्ति भूख से पीड़ित है। सूखा, बाढ़, प्राकृतिक आपदाओं तथा युद्ध इत्यादि से भुखमरी की स्थिति उत्पन्न हो जाती है।

वास्तविक दरिद्रता (Absolute Poverty)

ऐसी भुखमरी एवं दरिद्रता जिससे मानव जीवन ही संकट में पड़ जाए, वास्तविक दरिद्रता कहलाती है। विश्व स्तर पर यदि किसी व्यक्ति की प्रतिदिन आय एक डॉलर से कम हो तो उसको वास्तविक दरिद्रता कहते हैं।

सापेक्षिक दरिद्रता (Relative Poverty)

यदि किसी देश में संसाधनों का अभाव हो तो वहाँ की जनसंख्या सापेक्षिक दरिद्रता से पीड़ित कहलाती है। समाज का एक अंग जीवन की मूलभूत आवश्यकताओं को पूरा करने में असमर्थ होता है ।

विश्व के कृषि प्रदेश (Agricultural Regions of the World)

विश्व को सबसे पहले कृषि प्रदेशों में डी ह्विटल्सी (D. Whittlesy) ने 1536 में विभाजित किया था। कृषि प्रादेशीकरण उन्होंने निम्न आधारों पर किया था:

1. फसलों एवं पशुओं के संयोजन
2. भूमि उपयोग की सघनता
3. कृषि उत्पादन की बिक्री
4. कृषि का मशीनीकरण
5. कृषि के यन्त्रों के लिये मकानों के प्रकार

ह्विटल्सी के कृषि प्रदेशों को **Fig. 8.1** में दिखाया गया है।

1. **जीवन निर्वाह/चलवासी चरवाही (Subsistence Nomadic Herding):** चलवासी चरवाही पारिस्थितिकी पर आधारित भूमि उपयोग है। इसमें परिवार की अनिवार्य आवश्यकताओं की आपूर्ति के लिये पशुपालन किया जाता है। इस प्रकार का भूमि उपयोग मरुस्थलों, अर्द्ध मरुस्थलों, अधिक ठंडे प्रदेशों (नॉर्वे, स्वीडन, रूस) तथा ऊँचे पर्वतीय क्षेत्रों के घास के मैदानों का उपयोग करने के लिये किया जाता है। मौसम अनुसार यह खानाबदोश एक स्थान से दूसरे स्थान पर चारे और पानी की तलाश में प्रस्थान करते रहते है। मुख्य पशुओं में भेड़, बकरियाँ, घोडे, गधे, ऊँट, रेंडियर, याक, अल्पका तथा वी-कोना सम्मिलित हैं।

   इस प्रकार का भूमि उपयोग सहारा मरुस्थल (मॉरिटानिया, माली, नाइजर, चाड, सूडान, लीबिया, अल्जीरिया आदि) ईरान, इराक, जॉर्डन, कुवैत, कजाखस्तान, किर्गिस्तान, ओमान, सऊदी-अरब, सीरिया, तुर्कमेनिस्तान, यमन में भी इस प्रकार की जीवन-शैली देखी जा सकती है। यूरोप में नॉर्वे, स्वीडन, फिनलैंड तथा रूस में चलवासी-चरवाही की जाती है। इस प्रकार का भूमि उपयोग प्रतिदिन घटता जा रहा है **(Fig. 8.2)**।

2. **पशु फार्म कृषि (Livestock Ranching):** पशु फार्म की कृषि में बड़े-बड़े कृषि फार्मों पर पशु पालन किया जाता है। इस प्रकार की कृषि प्राय: समतल घास के मैदानों में की जाती है। पशु फार्म कृषि स्टैपी (मध्य एशिया), यूरोप, उ. अमेरिका के प्रेयरी घास के मैदान, द. अमेरिका के पम्पाज, द. अफ्रीका के वेल्ड और ऑस्ट्रेलिया के डाऊन्स घास के मैदानों में की जाती है। अच्छी नस्ल की गायें, भेड-बकरियाँ तथा घोड़े पाले जाते हैं तथा लाखों की संख्या में प्रतिवर्ष उनको बूचड़खानों (Slaughter Houses) में भेज दिया जाता है **(Fig. 8.3)**।

3. **झूमिंग अथवा चलवासी कृषि (Shifting Cultivation or Slash and Burw Jhuming):** चलवासी कृषि का इतिहास उतना ही पुराना है जितना कि कृषि का इतिहास नव पाषाण युग (8000 ईसा पूर्व) में कृषि आरम्भ हुई और तभी से कुछ स्थानों पर चलवासी कृषि की जाती रही है। जंगलों से ढके पर्वतीय ऊष्ण-आर्द्र जलवायु के क्षेत्रों में इस प्रकार की खेती आज भी देखी जा सकती है **(Fig. 8.4 - 8.5)**।

   चलवासी कृषि की मुख्य विशेषतायें निम्न प्रकार हैं:

   (i) कृषि भूमि पूरे गाँव की सम्पत्ति होती है, निजी सम्पत्ति नहीं।
   (ii) कृषि करने के स्थान (खेत) हर साल बदल दिये जाते हैं।
   (iii) फसलें जीवन निर्वाह के लिए उगाई जाती हैं।
   (iv) खेतों की जुताई में बैलों तथा पशुओं का उपयोग नहीं किया जाता।
   (v) गोबर की खाद तथा रासायनिक खाद का उपयोग नहीं किया जाता।
   (vi) मिश्रित फसलों की खेती की जाती है।
   (vii) खेतों का चक्र सामान्यत: 15 से 25 वर्ष होता है।
   (viii) सघन खेती नहीं की जाती।
   (ix) प्रति एकड़ उत्पादन बहुत कम होता है।
   (x) इस प्रकार खेती एक प्रकार के समयवाद पर निर्भर है। इस प्रकार की कृषि करने वालों का सिद्धान्त (Philoshophy) है कि, ''प्रत्येक व्यक्ति से उसकी क्षमता के अनुसार तथा प्रत्येक को उसकी आवश्कयता के अनुसार।''

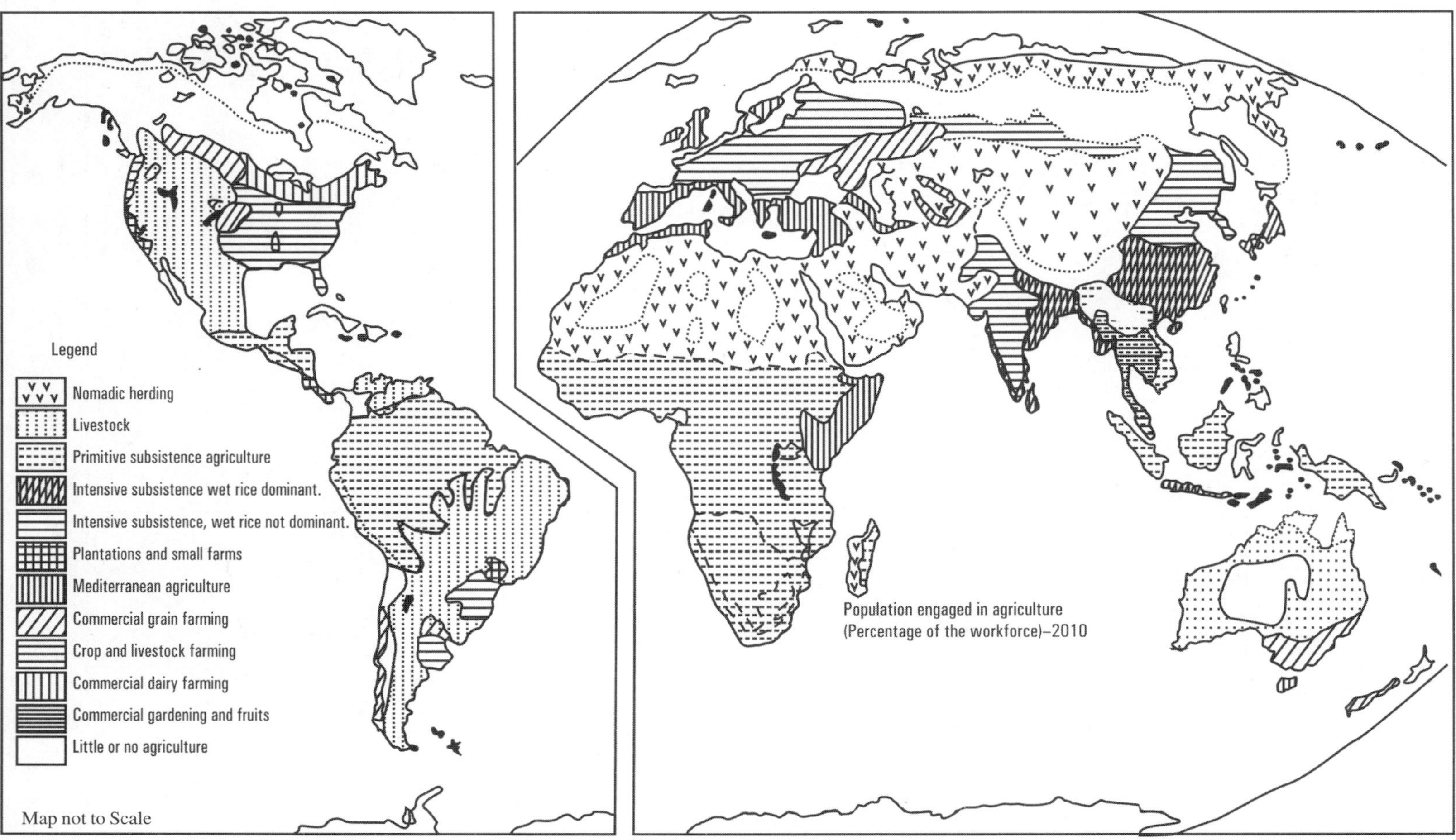

Fig. 8.1 World Agricultural regions (after D.Whittlesey)

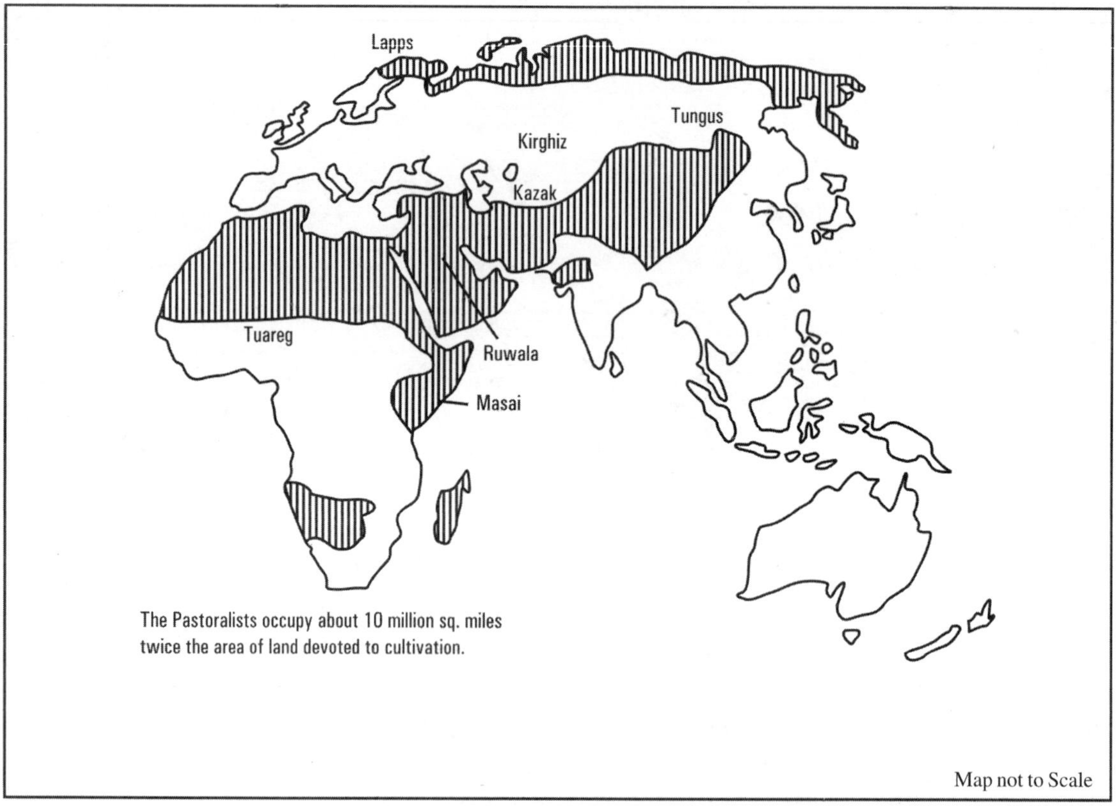

Lapps
Tungus
Kirghiz
Kazak
Tuareg
Ruwala
Masai
The Pastoralists occupy about 10 million sq. miles twice the area of land devoted to cultivation.
Map not to Scale

Fig. 8.2 Subsistence Nomadic Herding

Map not to Scale

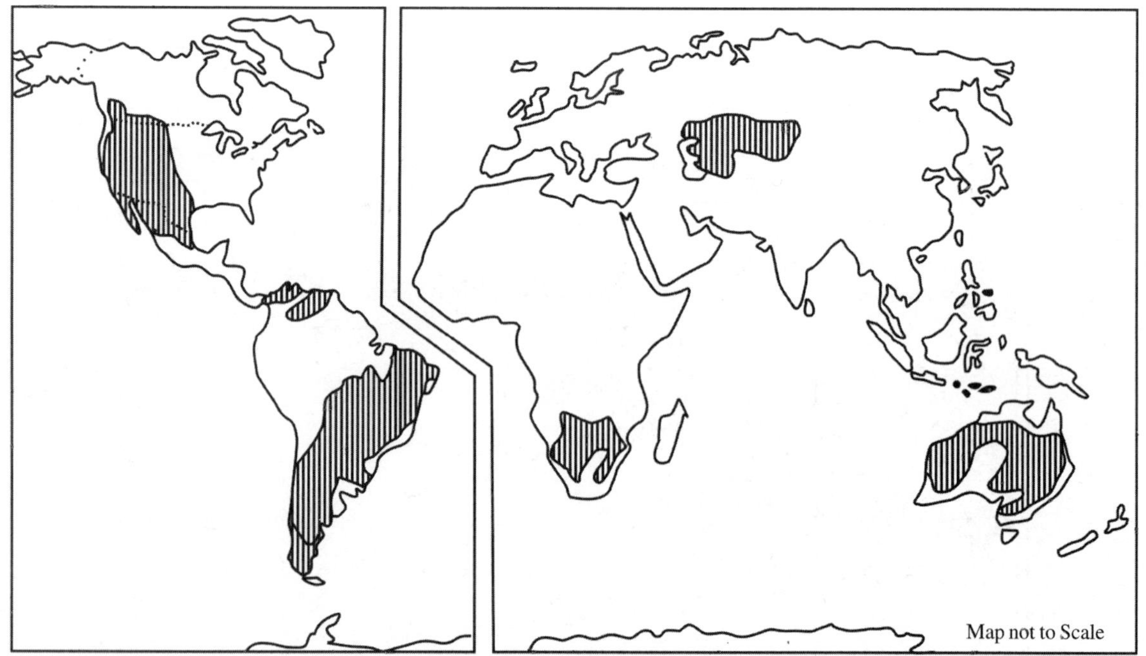

Fig. 8.3 Livestock ranching

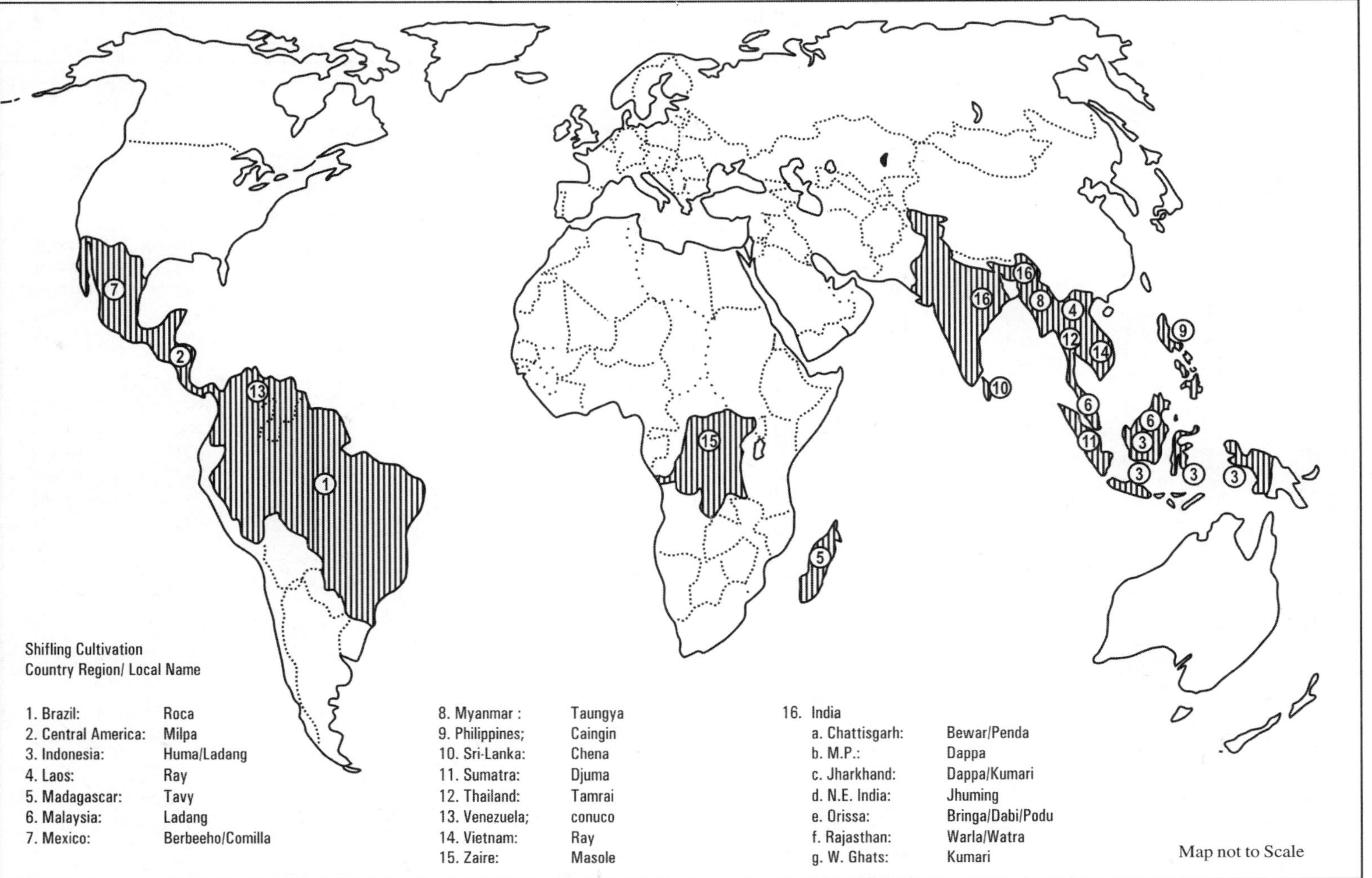

Fig. 8.4 Shifting cultivation

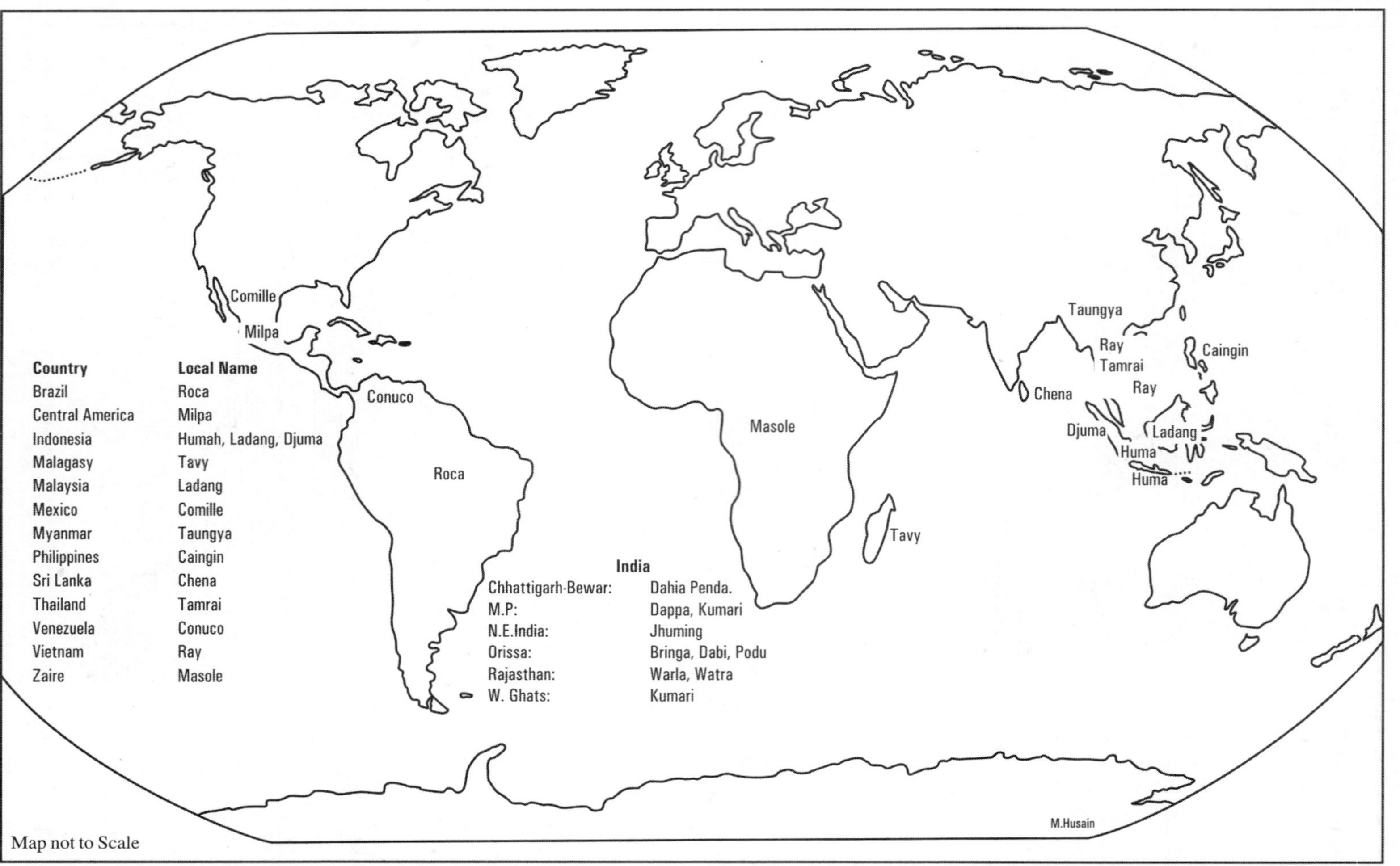

Fig. 8.5 Local names of shifting cultivation

4. **गहन जीवन निर्वाह कृषि (Intensive Subsistence Agriculture):** गहन जीवन निर्वाह कृषि में फसलें किसान अपने परिवार की आवश्यकताओं की आपूर्ति के लिये उगाता है। मानसूनी एशिया तथा अफ्रीका के कुछ भागों में इस प्रकार की खेती की जाती है **(Fig. 8.6)**। इस प्रकार की खेती की प्रमुख विशेषताएं निम्न प्रकार हैं:

(i) खेती का आकार छोटा।
(ii) जोत की इकाई (Size of Holdings) छोटी।
(iii) खेत बिखरे हुए।
(iv) खेतों की जुताई के लिये बैल, भैंस का प्रयोग।
(v) घरेलू श्रम पर आधारित कृषि।
(vi) अधिकतर क्षेत्रफल अनाज की फ़सलों को दिया जाता है।
(vii) अधिकतर किसान ऋण के भार से दबे रहते हैं।

5. **बागानी कृषि (Plantation Agriculture):** बागानी कृषि, यूरोपवासियों ने उत्तरी, मध्य तथा दक्षिणी अमेरिका के उष्णार्द्र जलवायु के क्षेत्रों में 19वीं शताब्दी में आरम्भ की थी। इस प्रकार की खेती मुख्यत: पश्चिमी द्वीप समूह (West Indies), दक्षिणी-पूर्वी एशिया तथा अफ्रीका के उष्णार्द्र जलवायु के प्रदेशों में की जाती है **(Fig. 8.7)**। बागानी कृषि की मुख्य विशेषताएं निम्न प्रकार हैं:

(i) इस प्रकार की कृषि उष्णार्द्र जलवायु प्रदेशों में की जाती है।
(ii) खेती का आकार बहुत बडा होता है।
(iii) इसमें सदाबहार, नक़दी फसलों की खेती की जाती है।
(iv) प्रमुख फसलों में रबड़, चाय, कॉफी, कोकर, नारियल, जूट, हैम्प, केला, गन्ना, गर्म-मसाले, अनन्नास, इत्यादि सम्मिलित हैं।
(v) इसमें श्रमिक खेतों पर ही रहते हैं।
(vi) इसमें अधिक पूँजी की आवश्यकता होती है।
(vii) बागीचों में उत्पादन करने वाली वस्तुओं को डिब्बों में बन्द करके बाज़ार में भेजा जाता है।

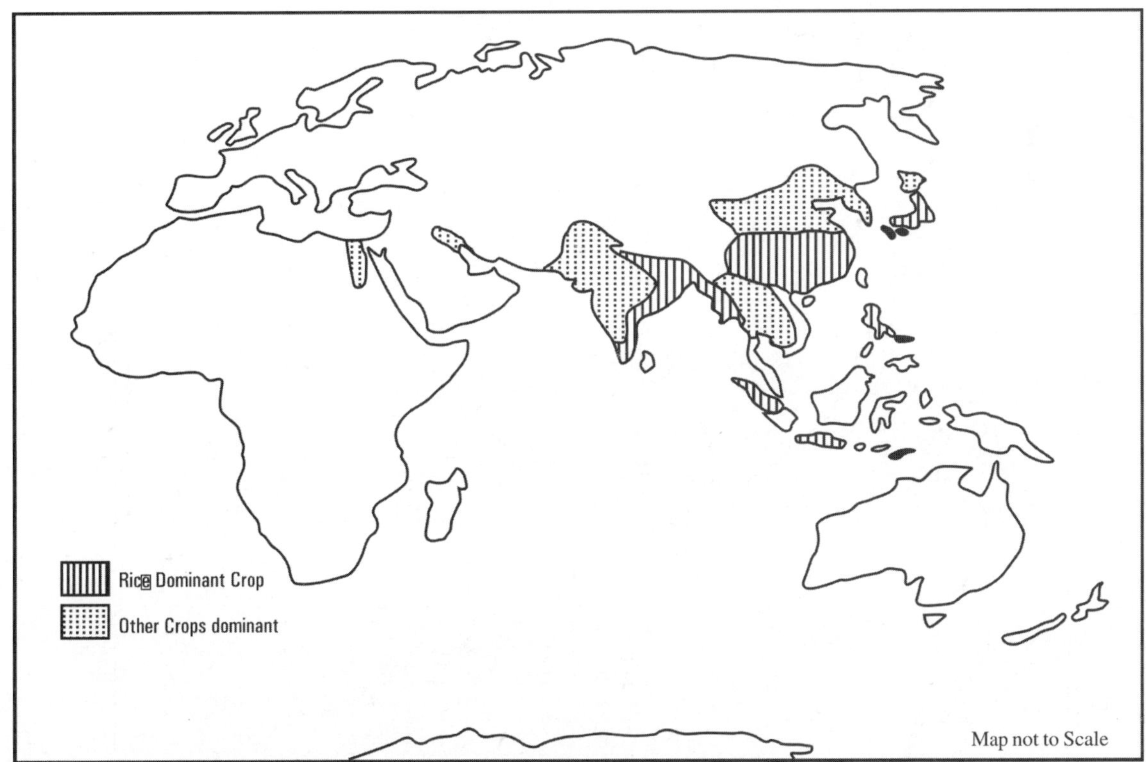

Fig. 8.6 Intensive subsistence agriculture

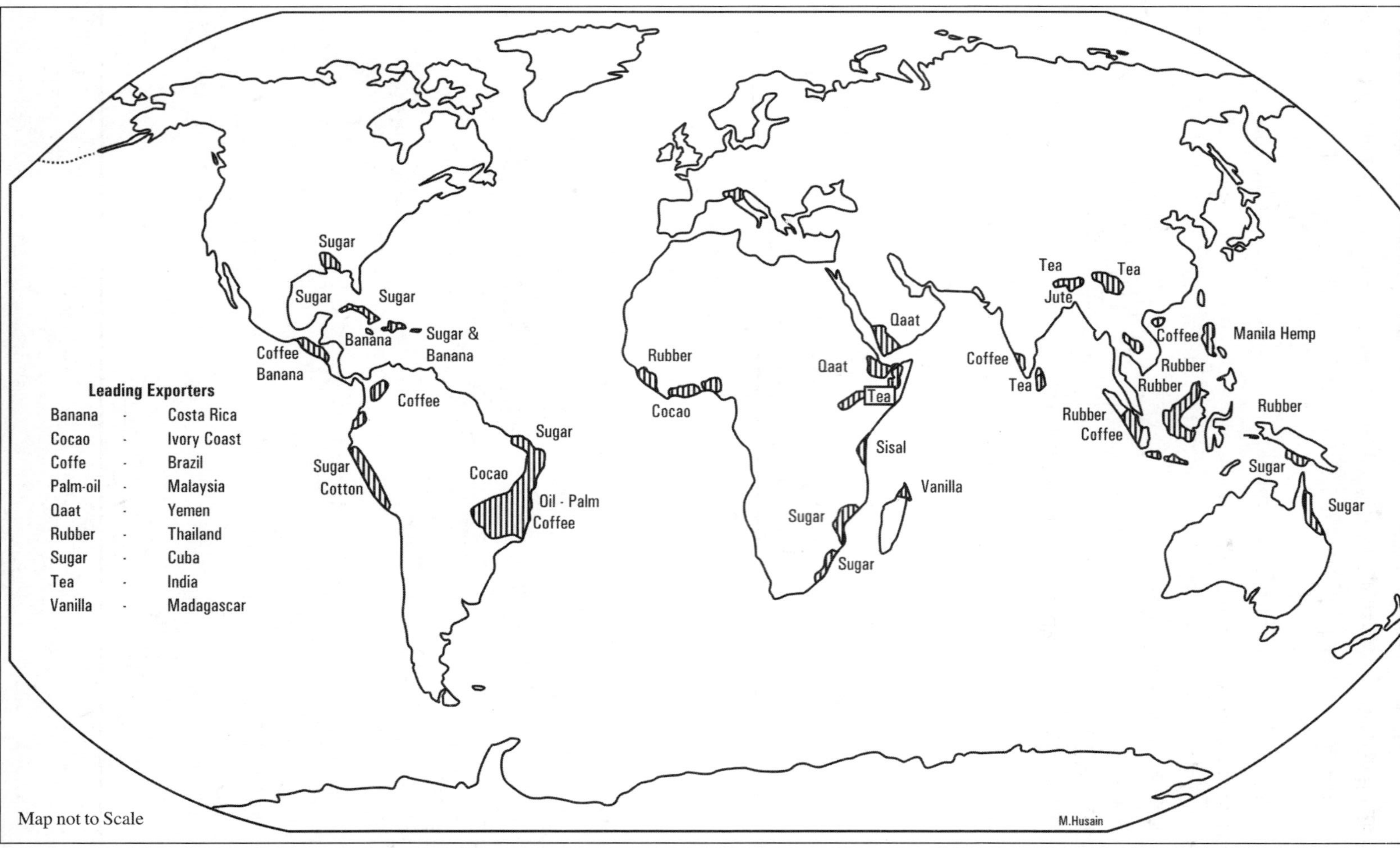

Fig. 8.7 World – Major plantation crops

(viii) बागानी उत्पादनों की मांग निरन्तर बढ़ रही है।
(ix) ऐसी कृषि में मज़दूरों का शोषण होता है।
(x) विश्व में मांग और उसके बारे में अन्य जरूरी मानकों को पूरा करने के लिए अंत्य उत्पाद को पूरी तरह प्रसंस्कृत किए जाने की जरूरत होती है

6. **विस्तृत कृषि (Extensive Agriculture):** विस्तृत कृषि शीतोष्ण कटिबन्धीय के देशों में की जाती है, जिनमें कनाडा, संयुक्त राज्य अमेरिका, रूस, मध्य एशिया तथा अर्जेन्टीना प्रमुख हैं। विस्तृत कृषि की प्रमुख विशेषतायें निम्न प्रकार हैं:
(i) फ़सलों को मशीनों के द्वारा उगाया जाता है।
(ii) खेतों का आकार प्राय: 240 से 16,000 हेक्टयर होता है।
(iii) थोड़ी संख्या में श्रमिक काम करते है।
(iv) प्रति एकड़ उत्पादन कम होता है, परन्तु प्रति श्रमिक उत्पादन अधिक।
(v) ऐसी कृषि प्रदेशों में जनसंख्या घनत्व कम है।
(vi) अधिकतर क्षेत्रफल गेहूँ तथा जौ की खेती को दिया जाता है।
(vii) अधिकतर अनाज का निर्यात किया जाता है।

7. **भूमध्य सागरीय कृषि (Mediterranean Type of Agriculture):** भूमध्य सागरीय प्रकार की कृषि भूमध्य सागर के तटीय भाग, लघु एशिया (Asia Minor), केलिफोर्निया, मध्य चिली, दक्षिणी अफ्रीका का केप-प्रान्त, प. ऑस्ट्रेलिया का दक्षिणी-पश्चिमी भाग तथा तस्मान द्वीप पर पाई जाती है। इस प्रकार की कृषि की मुख्य विशेषतायें निम्न प्रकार हैं:
(i) सबसे अधिक क्षेत्रफल खट्टे फलों (सेब, संतरा, अंगूर, मौसमी, नींबू इत्यादि) को दिया जाता है। आनाज की फसलें गेहूँ, जौ आदि का स्थान दूसरा है।
(ii) शीत ऋतु में गेहूँ और जौ प्रमुख फसलें उगाई जाती होती हैं।
(iii) जोत की इकाई प्राय: मध्यम से बड़े आकार की होती है।
(iv) खेतों के आकार में विविधता पाई जाती है।
(v) ग्रीष्म ऋतु में फसलों और फलों के बग़ीचों की सिंचाई की जाती है।
(vi) ज़ैतून, अन्जीर तथा अंगूर के बग़ीचों का क्षेत्रफल अधिक होता है।
(vii) पर्वतीय भागों में भेड़ें पाली जाती हैं।
(viii) किसानों का जीवन स्तर ऊँचा हैं।

8. **मिश्रित अथवा व्यापारिक अनाज तथा पशुपालन कृषि (Mixed Farming or Commercial Crops and Livestorck):** इस प्रकार की कृषि में अनाज की फसलों तथा पशुधन पालने का काम साथ किया जाता है। मिश्रित कृषि यूरोप, यूरेशिया, उत्तरी अमेरिका में 90° पश्चिम अक्षांश के पूर्वी क्षेत्रों में की जाती है। इस प्रकार की कृषि की मुख्य विशेषताएं निम्न प्रकार से हैं:
(i) कृषि जोत (Size of holdings) का आकार प्राय: बड़ा होता है।
(ii) इस प्रकार की खेती तुलनात्मक रूप से अधिक जनसंख्या के देशों एवं प्रदेशों में की जाती है।
(iii) अधिकतर कृषि कार्य मशीनों के द्वारा किया जाता है।
(iv) फसलों में प्रमुख फ़सल मक्का है। अधिकतर आनाज पशुओं (सूअरों) तथा मुर्गियों को खिलाया जाता है।
(v) प्रति हेक्टेयर उत्पादन अधिक होता है।
(vi) शीत ऋतु में घास को सुखाकर पशुओं का चारा तैयार किया जाता है।
(vii) श्रमिकों का वेतन तथा जीवन स्तर ऊँचा होता है।

9. **डेयरी फार्मिंग (Dairy Farming):** डेयरी फार्मिंग प्राय: शीतोष्ण कटिबंध के देशों में की जाती है, जिनमें डेनमार्क, नीदरलैंड, जर्मनी, फ्रांस, ब्रिटेन, संयुक्त राज्य अमेरिका तथा न्यूजीलैंड प्रमुख है। दुग्ध उद्योग के लिये बढ़िया नस्ल की गायों को पाला जाता है, जिनमें फ्रेज़ियन तथा हेरीफ़र्ड नस्ल की गायें प्रमुख हैं। डेयरी फार्मिंग की प्रमुख विशेषतायें निम्न प्रकार हैं:
(i) अधिक पूंजी निवेश की आवश्यकता।
(ii) अधिकतर कार्य मशीनों के द्वारा किया जाता है।
(iii) पशु (गाय) तथा कृषि भूमि में एक विशेष अनुपात पाया जाता है।

उदाहरण के लिए ब्रिटेन, फ्रांस, डेनमार्क, नीदरलैंड और जर्मनी में प्रति एकड़ कृषि भूमि पर केवल एक गाय पाली जा सकती है। इस सिद्धान्त को तोड़ने वालों को दण्ड दिया जाता है क्योंकि यह पशुओं पर अत्याचार के समान माना जाता है।

10. **उद्यान-कृषि अथवा द्रव्य फार्मिंग (Horticulture or Truck Farming):** उद्यान कृषि एक विशेष प्रकार की खेती है जिसमें फलों, सब्जियों तथा फूलों की फसलें उगाई जाती हैं। इस प्रकार की खेती ऐसे क्षेत्रों में की जाती हैं जहाँ भारी औद्योगीकरण तथा नगरीकरण हुआ हो। वास्तव में भारी नगरीकरण के क्षेत्रों में फलों, सब्जियों तथा फूलों की भारी मांग बनी रहती है। संयुक्त राज्य अमेरिका, उत्तरी-पश्चिमी यूरोप, जापान, ऑस्ट्रेलिया तथा न्यूजीलैंड जैसे देशों में अधिकतर नगरों के निकट इस प्रकार की खेती देखी जा सकती है। उद्यानी कृषि की विशेषतायें निम्न प्रकार हैं:
   (i) जोत की इकाई (Size of holding) का आकार प्राय: छोटा होता है।
   (ii) उद्यानी कृषि के खेतों तक पक्की सड़कें होती हैं जिससे फलों, फूलों और सब्जियों को बाजार तक ले जाने में आसानी होती है।
   (iii) इसमें अधिक पूँजी निवेश की आवश्कता होती है।
   (iv) फलों, फूलों और सब्जियों को तोड़कर एकत्रित करने तथा मण्डियों तक पहुँचाने के लिये अधिक श्रम की आवश्यकता होती है।
   (v) उद्यानी कृषि वैज्ञानिक ढंग से की जाती है।
   (vi) किसानों के पास कृषि उत्पादन को बाजार तक ले जाने के लिये अपने विशेष ट्रक एवं परिवहन होते हैं।
   (vii) किसानों की आय अधिक तथा जीवन स्तर ऊँचा होता है।

तालिका 8.1: विश्व की प्रमुख फसलों के लिये भौगोलिक परिस्थितियाँ तथा वितरण

क्र.सं.	फसल	भौगोलिक परिस्थितियां	प्रमुख उत्पादक देश
1.	चावल	*तापमान:* 20°-25°C *वर्षा:* 100 सेमी. *मिट्टी:* चिकनी मिट्टी	चीन, भारत, इण्डोनेशिया, बंग्लादेश, थाइलैंड, जापान, म्यांमार वियतनाम, मलेशिया *प्रमुख निर्यातक देश:* थाइलैंड **(Fig. 8.8)**
2.	गेहूँ	*तापमान:* 10°C-25°C *वर्षा:* 50-75 सेमी. *मिट्टी:* दोमट	चीन, भारत, संयुक्त राज्य अमेरिका, रूस, ऑस्ट्रेलिया, कनाडा, फ्रांस, पाकिस्तान, तुर्की, द. अफ्रीका, अर्जेन्टीना *प्रमुख निर्यातक देश:* संयुक्त राज्य अमेरिका **(Fig. 8.10)**
3.	जौ	*तापमान:* 10°C-25°C *वर्षा:* 50-75 सेमी. *मिट्टी:* दोमट	रूस, चीन, कनाडा, संयुक्त राज्य अमेरिका, फ्रांस, ब्रिटेन, जर्मनी, तुर्की *प्रमुख निर्यातक देश:* रूस **(Fig. 8.10)**
4.	मक्का	*तापमान:* 15°C-25°C *वर्षा:* 40-75 सेमी. *मिट्टी:* दोमट	संयुक्त राज्य, चीन, ब्राजील, मैक्सिको रूस, रोमानिया, भारत, द. अफ्रीका *प्रमुख निर्यातक देश:* संयुक्त राज्य अमेरिका **(Fig. 8.11)**
5.	ज्वार	*तापमान:* 20°C-27°C *वर्षा:* 50-75 सेमी. *मिट्टी:* दोमट तथा रेगर	चीन, संयुक्त राज्य अमेरिका, भारत, नाइजीरिया, यूक्रेन, थाइलैंड, रूस, तुर्की, फिलीपीन्स। *प्रमुख निर्यातक देश:* संयुक्त राज्य **(Fig. 8.12)**
6.	सोयाबीन	*तापमान:* 15°C-22°C *वर्षा:* 20-60 सेमी. *मिट्टी:* दोमट	चीन, संयुक्त राज्य अमेरिका, ब्राजील, अर्जेन्टीना, यूक्रेन, जापान, रूस, कोलम्बिया *प्रमुख निर्यातक देश:* संयुक्त राज्य अमेरिका **(Fig. 8.13)**
7.	गन्ना	*तापमान:* 20°C-27°C *वर्षा:* 100-150 सेमी. *मिट्टी:* दोमट	ब्राज़ील, भारत, चीन, पाकिस्तान, थाइलैंड, मैक्सिको, क्यूबा, कोलम्बिया *प्रमुख निर्यातक देश:* ब्राज़ील **(Fig. 8.14)**

क्र.सं.	फसल	भौगोलिक परिस्थितियां	प्रमुख उत्पादक देश
8.	चुकन्दर	*तापमान:* 10ºC-20ºC *वर्षा:* 50 सेमी. *मिट्टी:* दोमट	फ्रांस, संयुक्त राज्य अमेरिका, जर्मनी, रूस, चीन, यूक्रेन, पोलैंड, तुर्की, *प्रमुख निर्यातक देश:* फ्रांस **(Fig. 8.14)**
9.	कपास	*तापमान:* 18ºC-25ºC *वर्षा:* 50-75 सेमी. 180 दिन कोहरा मुक्त *मिट्टी:* दोमट, काली, रेगर	चीन, संयुक्त राज्य अमेरिका, भारत, ब्राज़ील, पाकिस्तान, उज्बेकिस्तान मिस्त्र, तुर्की *प्रमुख निर्यातक देश:* संयुक्त राज्य अमेरिका **(Fig. 8.15)**
10.	रबड़ (प्राकृतिक)	*तापमान:* 22ºC-27ºC *वर्षा:* 150-200 सेमी. *मिट्टी:* जलोढ़ मिट्टी	थाईलैंड, इण्डोनेशिया, मलेशिया, भारत, चीन, श्रीलंका, लाइबेरिया, ब्राजील *प्रमुख निर्यातक देश:* थाइलैंड **(Fig. 8.16)**
11.	चाय	*तापमान:* 15ºC-25ºC *वर्षा:* 100-200 सेमी. *मिट्टी:* जलोढ़ मिट्टी	भारत, चीन, श्रीलंका, जापान, केन्या, इण्डोनेशिया, बंग्लादेश, तुर्की *प्रमुख निर्यातक देश:* भारत **(Fig. 8.17)**
12.	कॉफ़ी	*तापमान:* 20ºC-25ºC *वर्षा:* 100-150 सेमी. *मिट्टी:* जलोढ़	ब्राज़ील, कोलम्बिया, इण्डोनेशिया, वियतनाम, आइवरी कोस्ट, मैक्सिको, घाना, कैमरून, भारत *प्रमुख निर्यातक देश:* ब्राज़ील **(Fig. 8.18)**
13.	कोको	*तापमान:* 20ºC-27ºC *वर्षा:* 150-200 सेमी. *मिट्टी:* जलोढ़	आइवरी-कोस्ट, घाना, इण्डोनेशिया, ब्राज़ील, कैमरून, नाइजीरिया, इक्वेडोर, कोस्टा-रिका। *प्रमुख निर्यातक देश:* आइवरी कोस्ट **(Fig. 8.19)**
14.	तम्बाकू	*तापमान:* 18ºC-25ºC *वर्षा:* 75-100 सेमी. *मिट्टी:* जलोढ़	चीन, संयुक्त राज्य अमेरिका, भारत, ब्राज़ील, तुर्की, जापान, द. कोरिया *प्रमुख निर्यातक देश:* संयुक्त राज्य अमेरिका **(Fig. 8.20)**
15.	मूंगफली	*तापमान:* 20ºC-25ºC *वर्षा:* 50-75 सेमी. *मिट्टी:* जलोढ़	भारत, चीन, संयुक्त राज्य अमेरिका, सूडान, सेनेगल, इण्डोनेशिया, अर्जेन्टीना, म्यांमार *प्रमुख निर्यातक देश:* संयुक्त राज्य अमेरिका, सूडान, सेनेगल तथा अर्जेन्टीना।
16.	सेब	*तापमान:* 15ºC-20ºC *वर्षा:* 50-100 सेमी. *मिट्टी:* जलोढ़	संयुक्त राज्य अमेरिका, फ्रांस, इटली, स्पेन, मैक्सिको, भारत, इटली, अर्जेन्टीना, तुर्की *प्रमुख निर्यातक देश:* संयुक्त राज्य अमेरिका **(Fig. 8.21)**
17.	केला	*तापमान:* 18ºC-25ºC *वर्षा:* 100 सेमी. *मिट्टी:* उपजाऊ जलोढ़	ब्राज़ील, कोस्टा-रिका, भारत, मैक्सिको, हौंडुरस, *प्रमुख निर्यातक देश:* कोस्टा-रिका **(Fig. 8.22)**
18.	अंगूर	*तापमान:* 15ºC-20ºC *वर्षा:* 60 सेमी. *मिट्टी:* जलोढ़	स्पेन, फ्रांस, रूस, इटली, संयुक्त राज्य अमेरिका, चिली, अर्जेन्टीना, अल्जीरिया, यूनान, तुर्की, तस्मानिया, (ऑस्ट्रेलिया), मोरक्को, चीन तथा भारत *प्रमुख निर्यातक देश:* **(Fig. 8.23 and Fig. 8.24)**

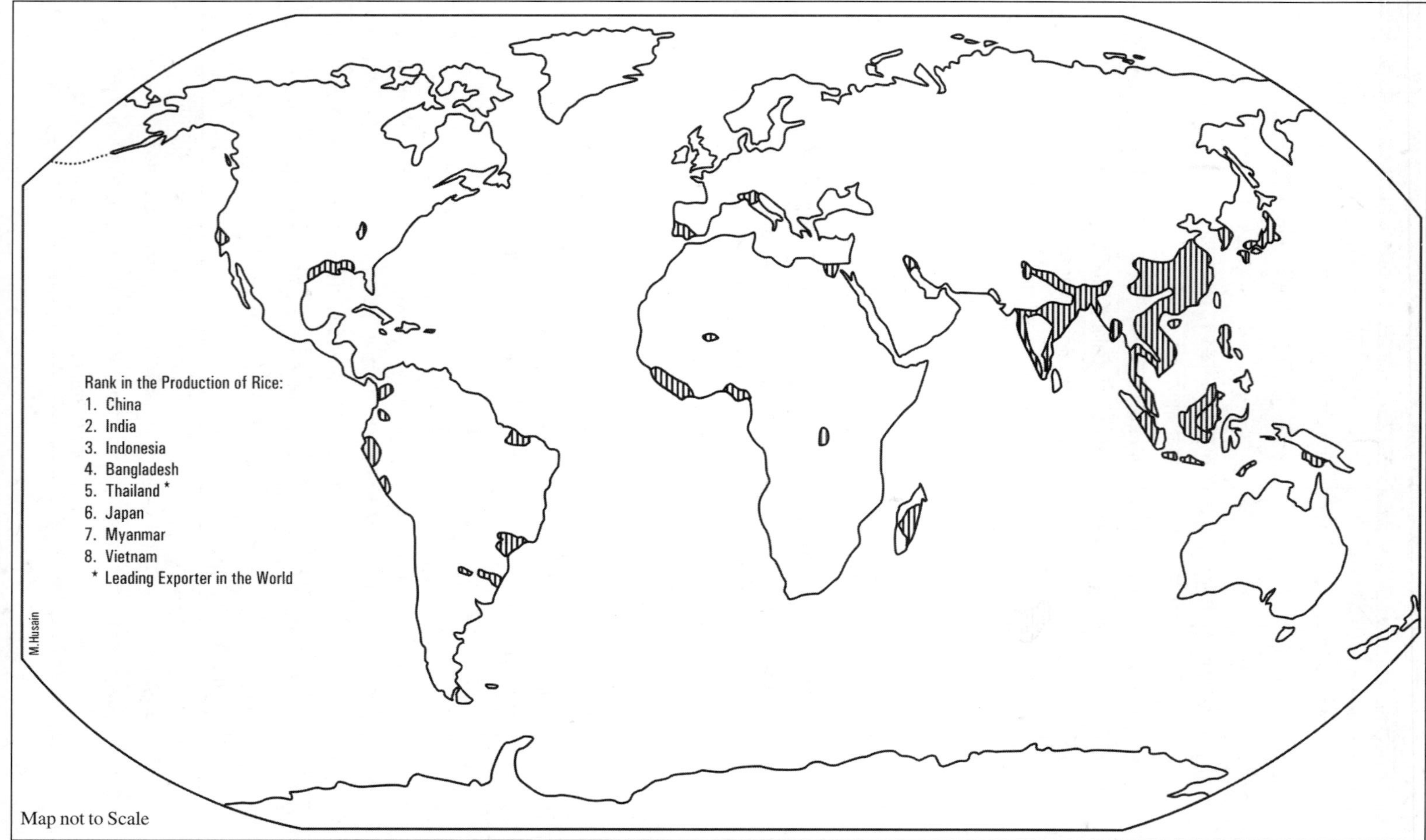

Fig. 8.8 Main rice producing regions of the world

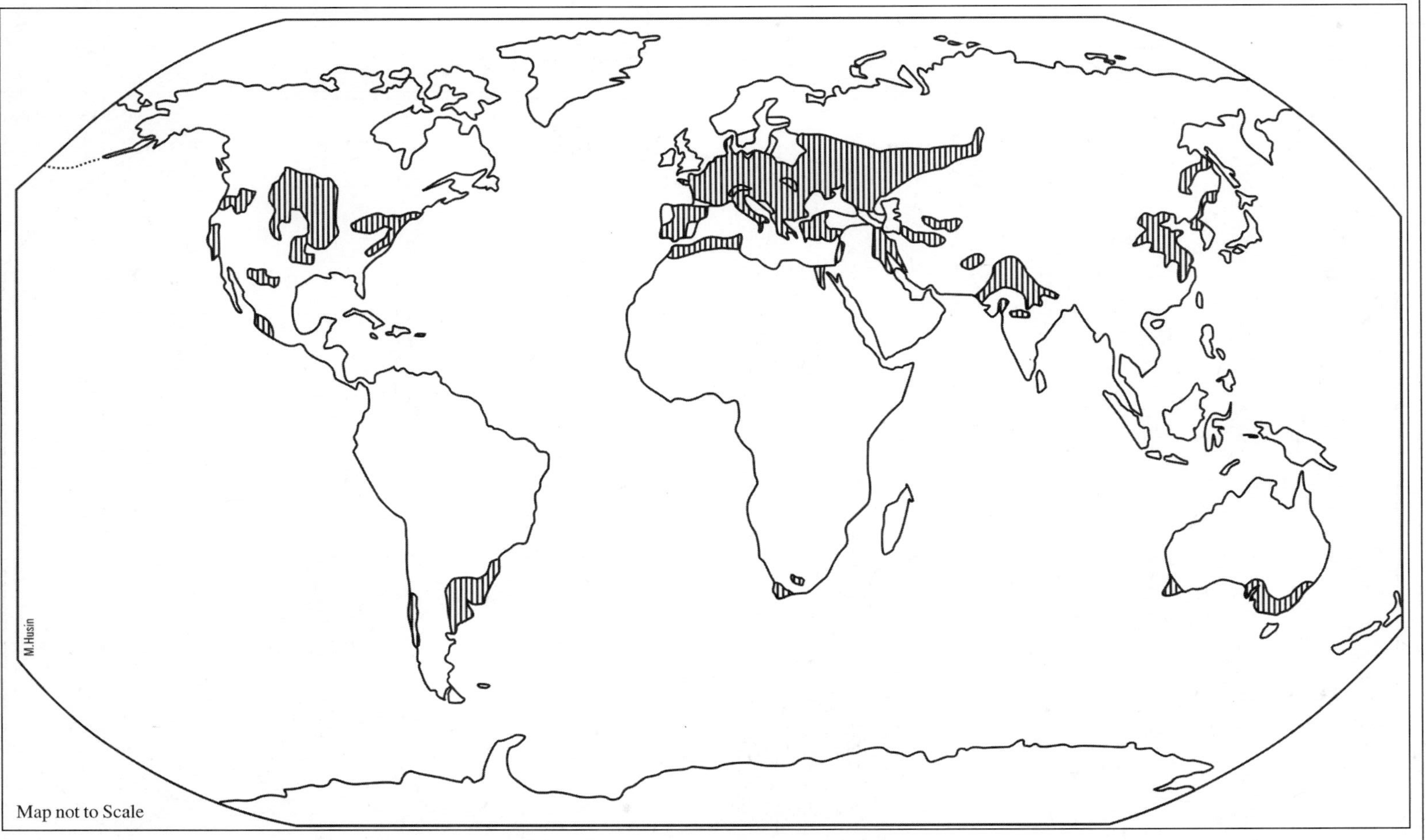

Fig. 8.9 Wheat growing regions of the world

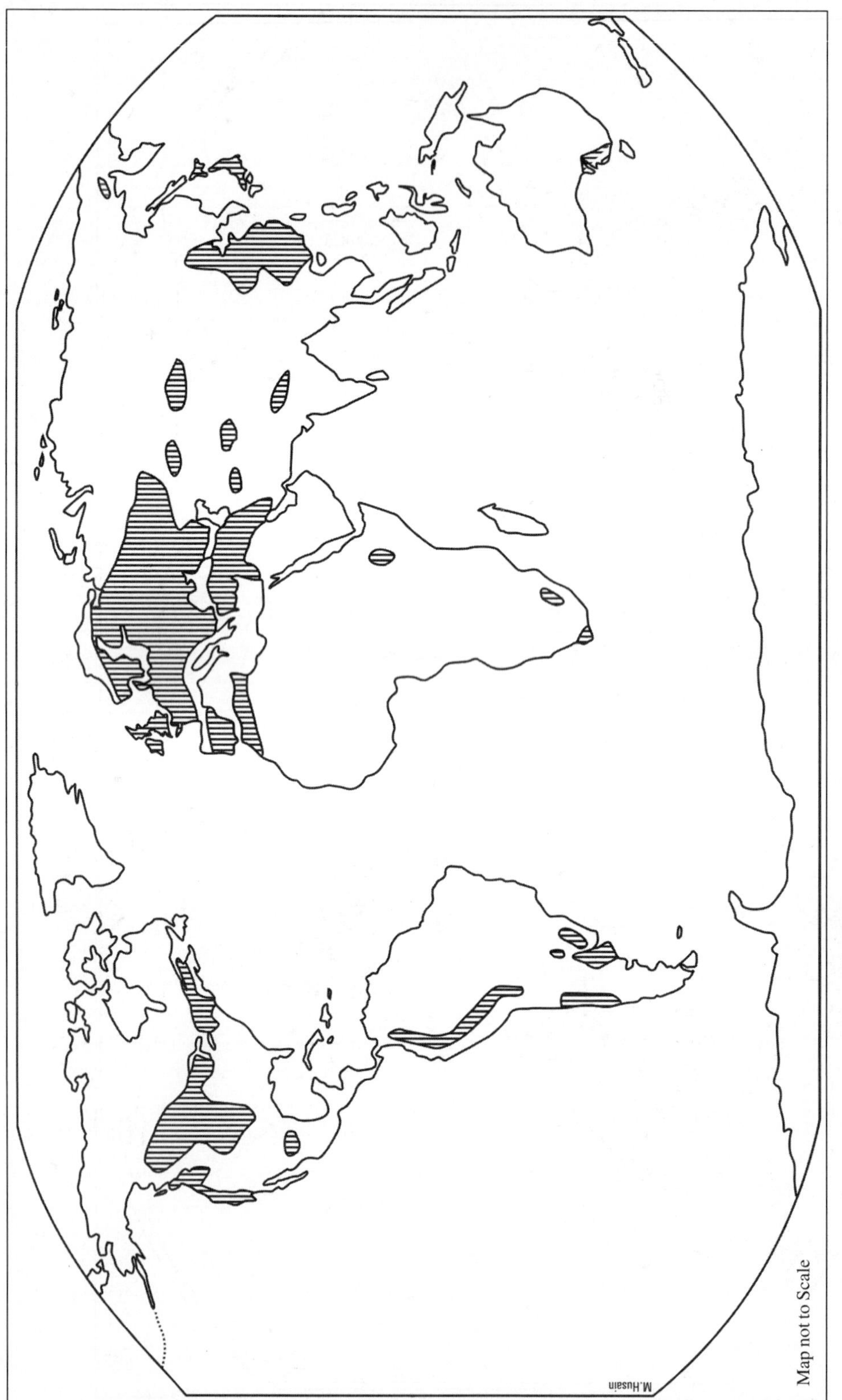

Fig. 8.10 Main barley producing regions of the world

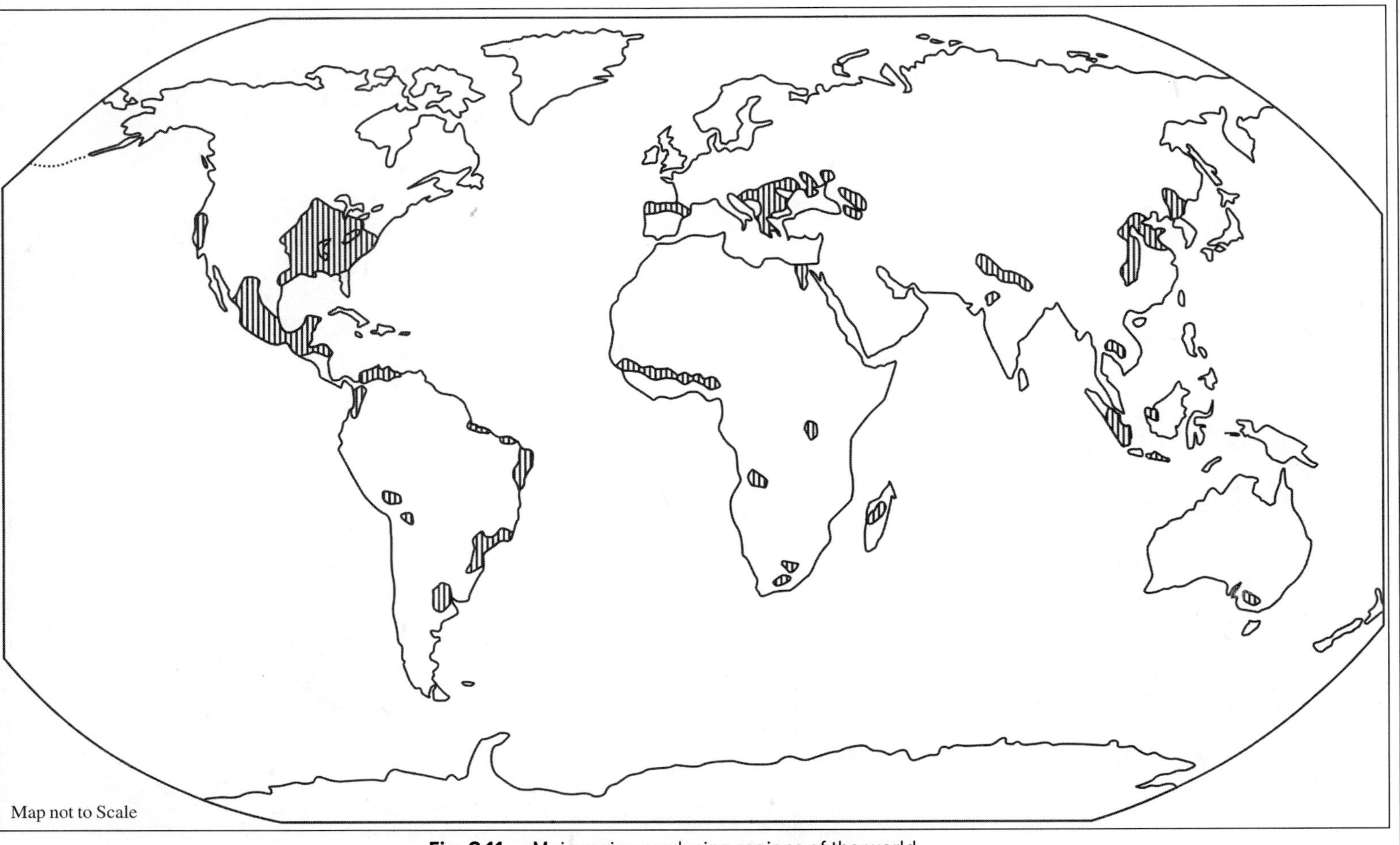

Fig. 8.11 Main maize producing regions of the world

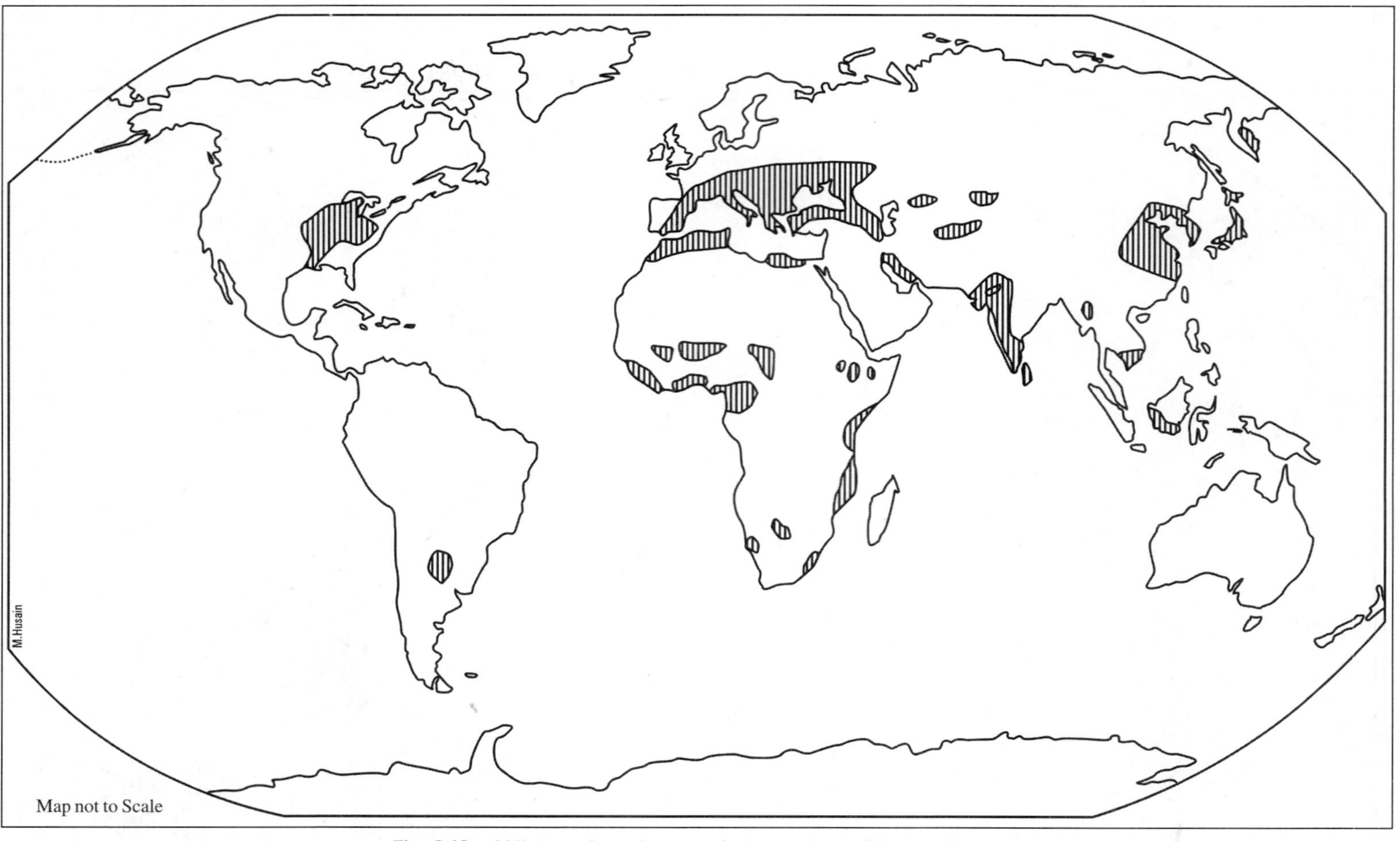

Fig. 8.12 Millets and sorghum producing regions of the world

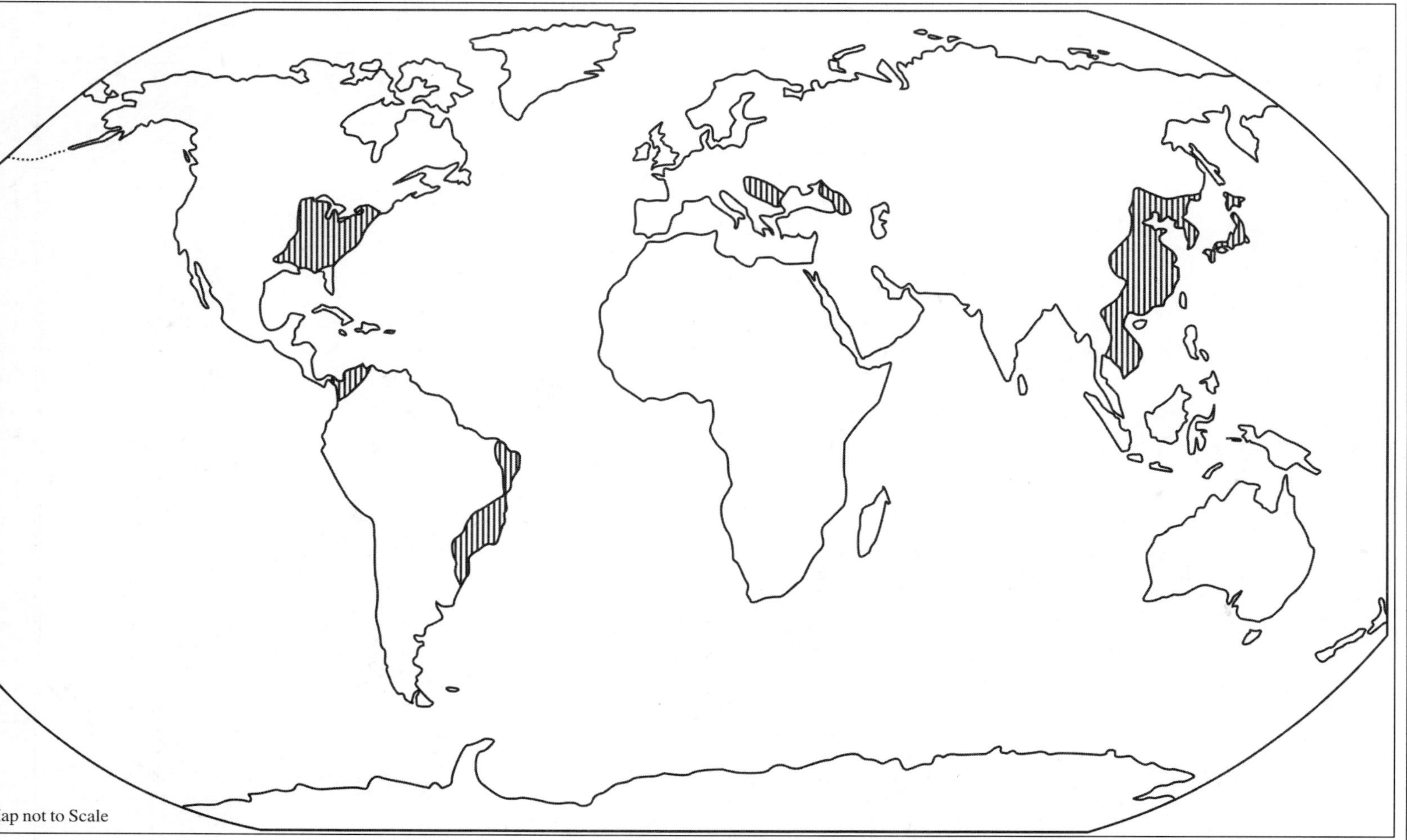

Fig. 8.13 Soybean producing regions of the world

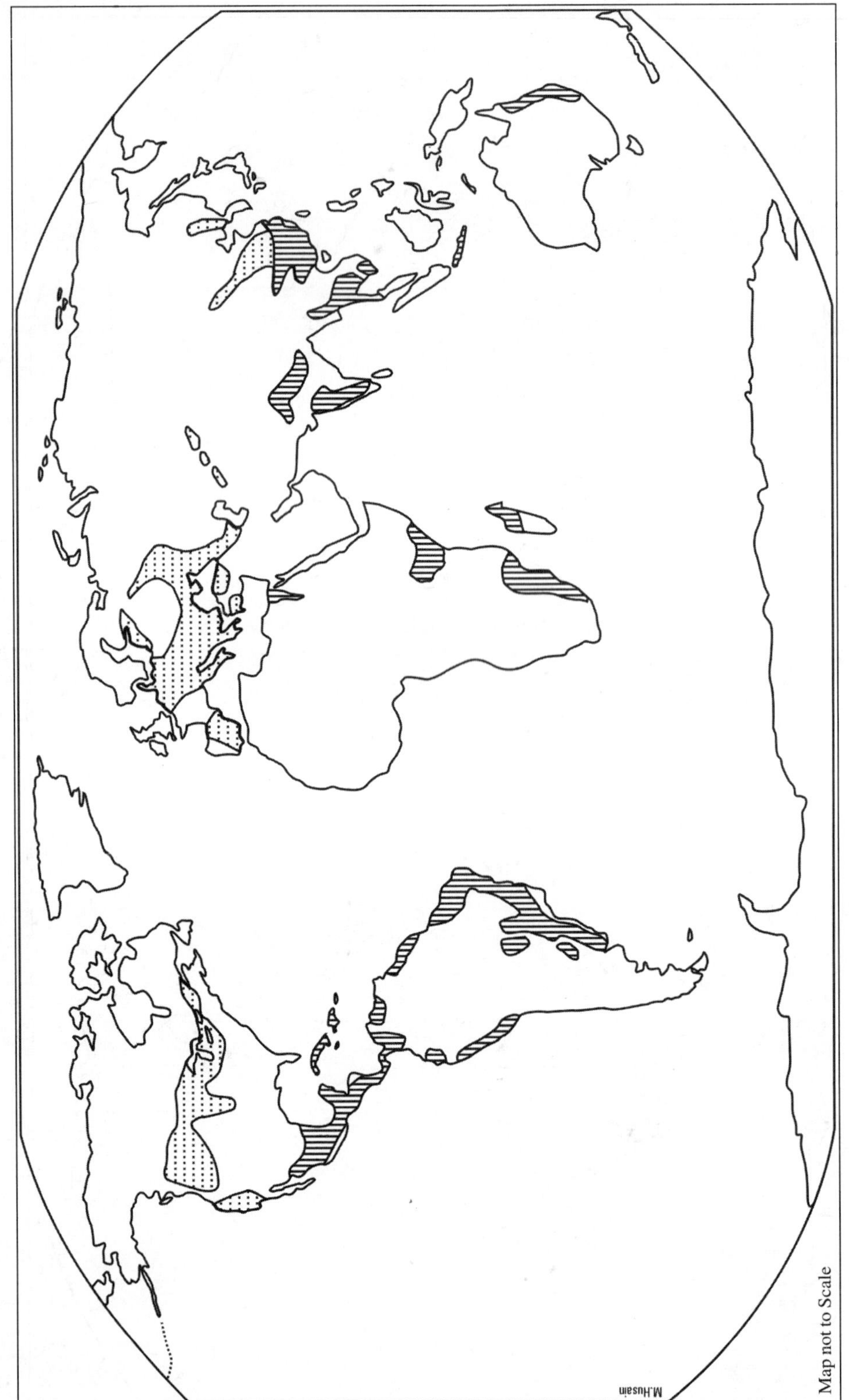

Fig. 8.14 Sugarcane and sugarbeet producing regions of the world

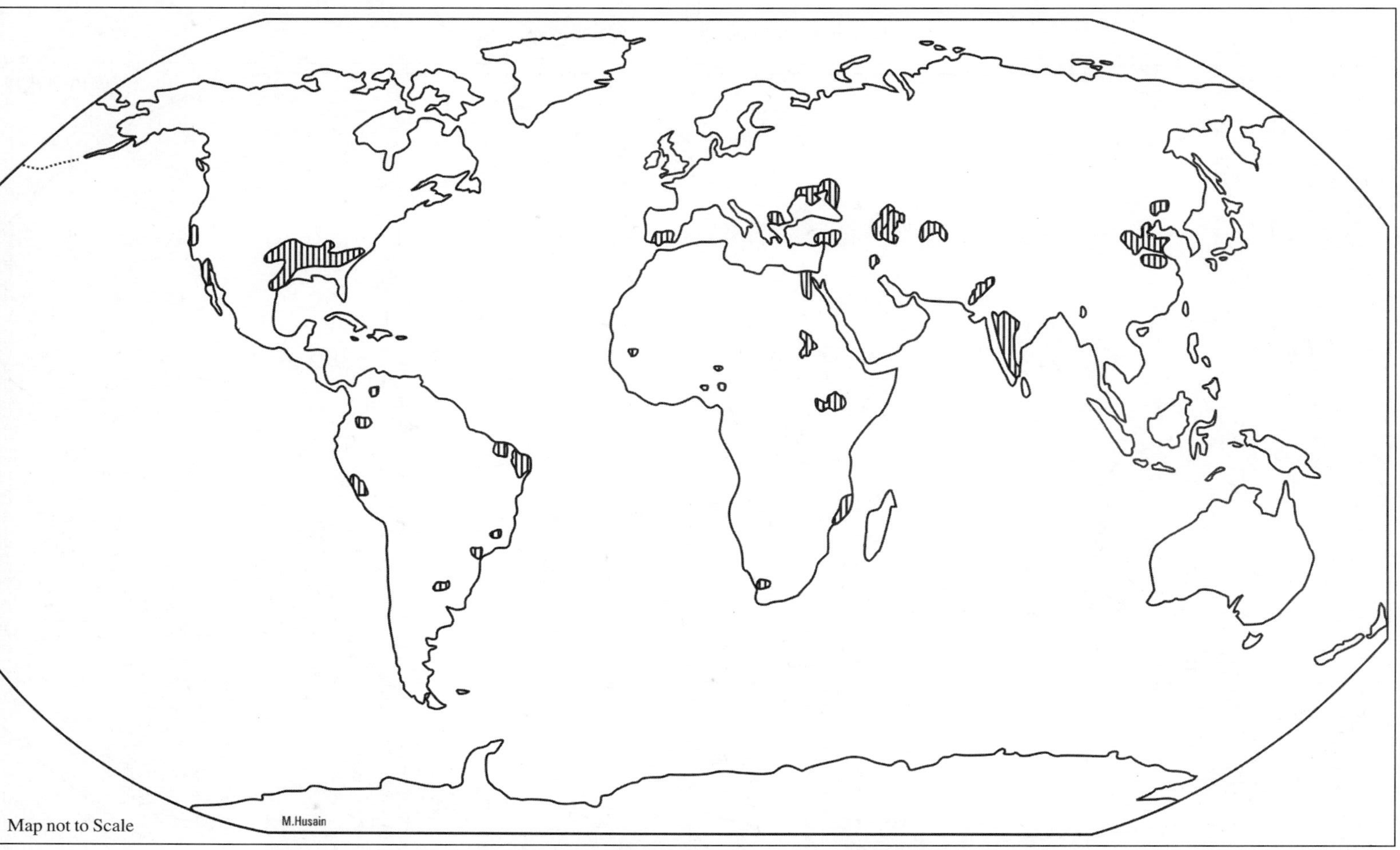

Fig. 8.15 Cotton producing regions of the world

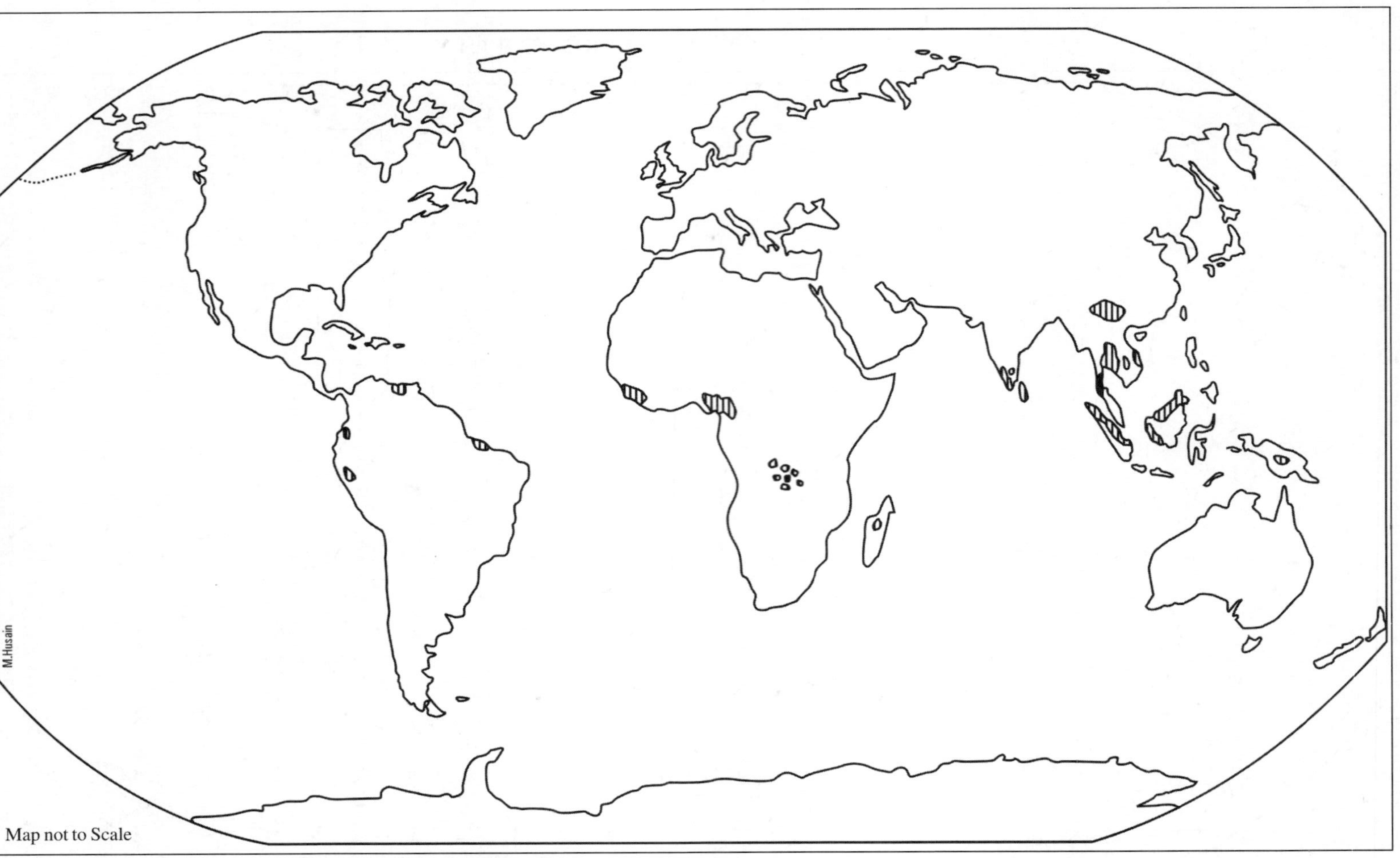

Fig. 8.16 Natural rubber producing regions of the world

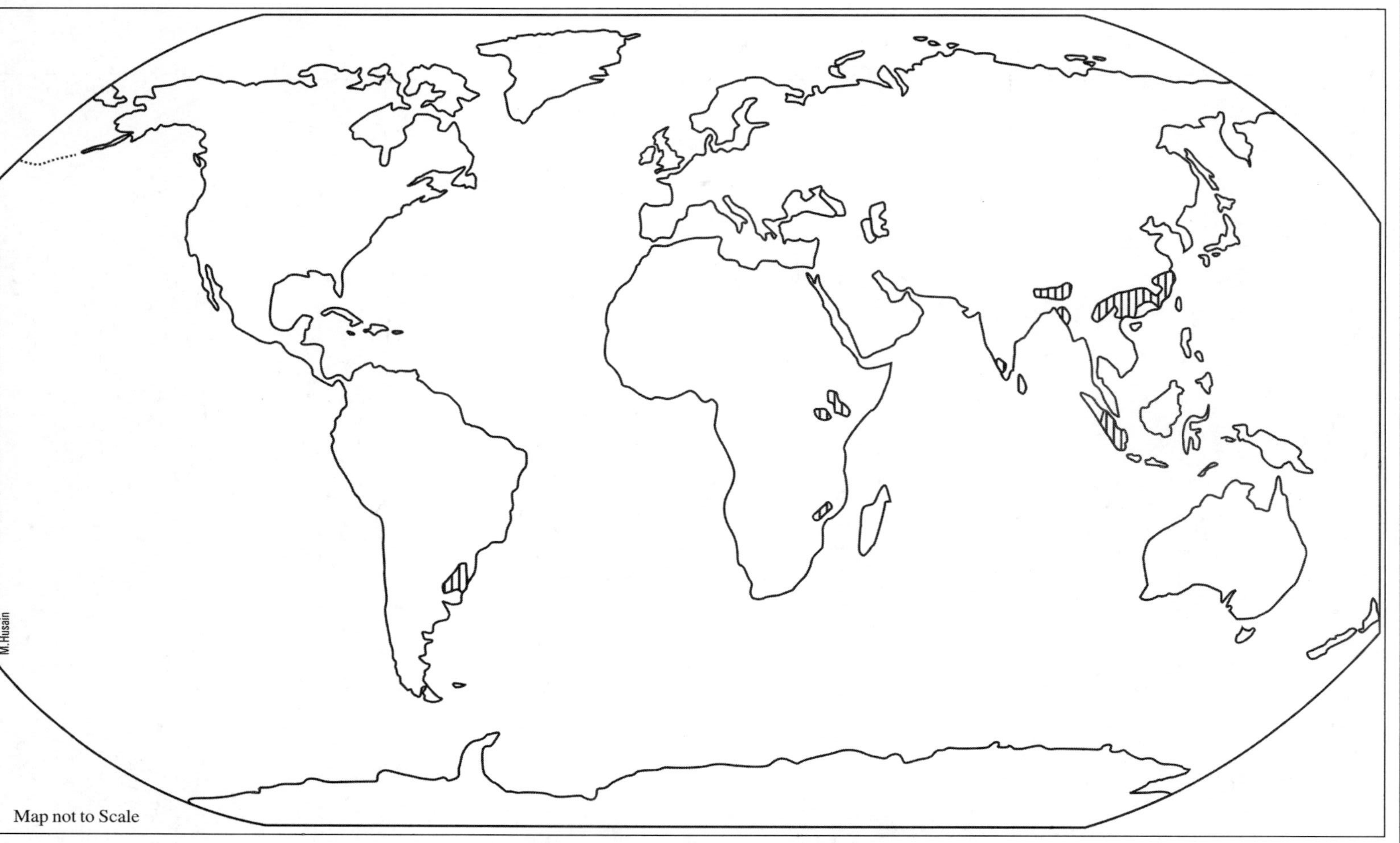

Fig. 8.17 Tea producing regions of the world

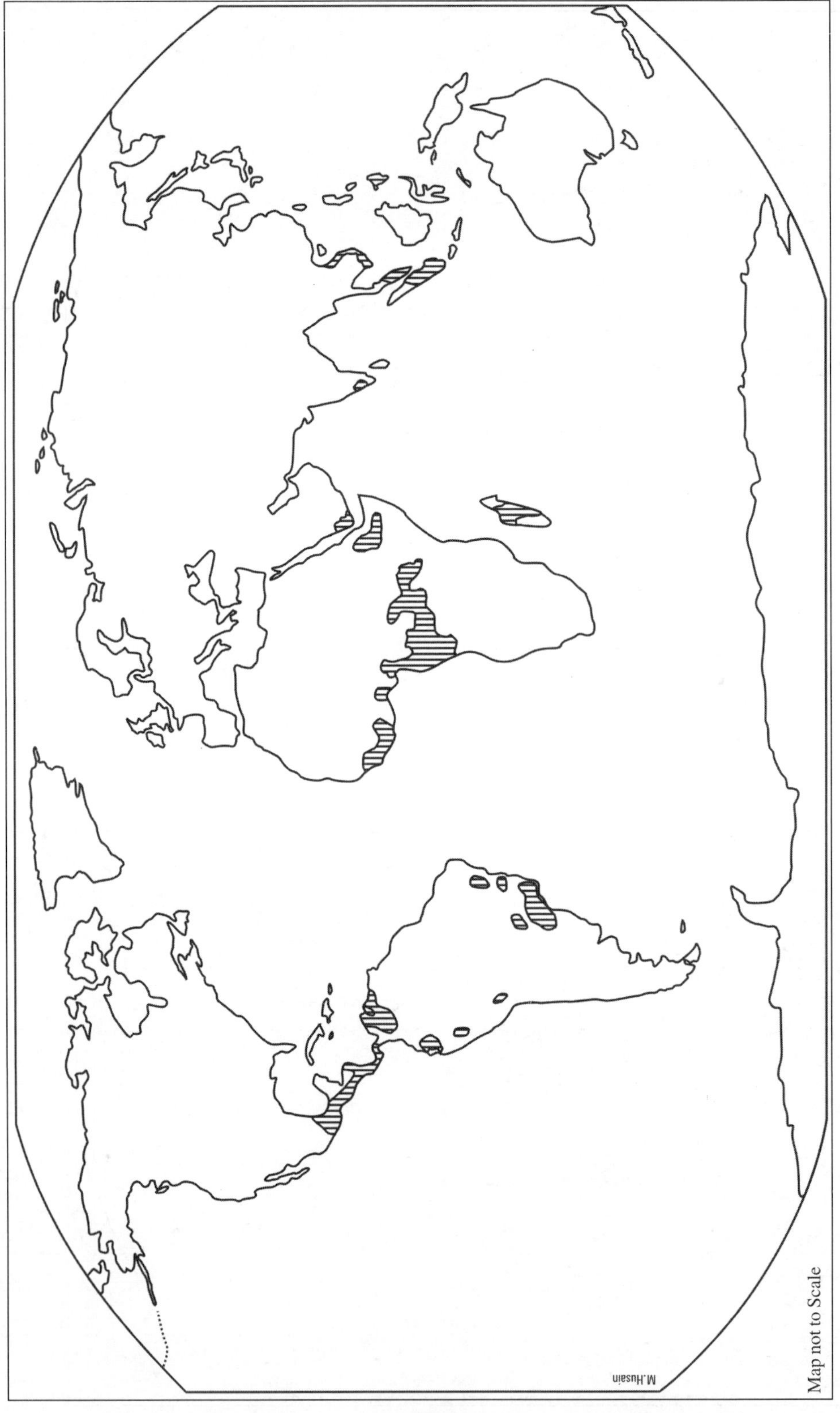

Fig. 8.18 Coffee producing regions of the world

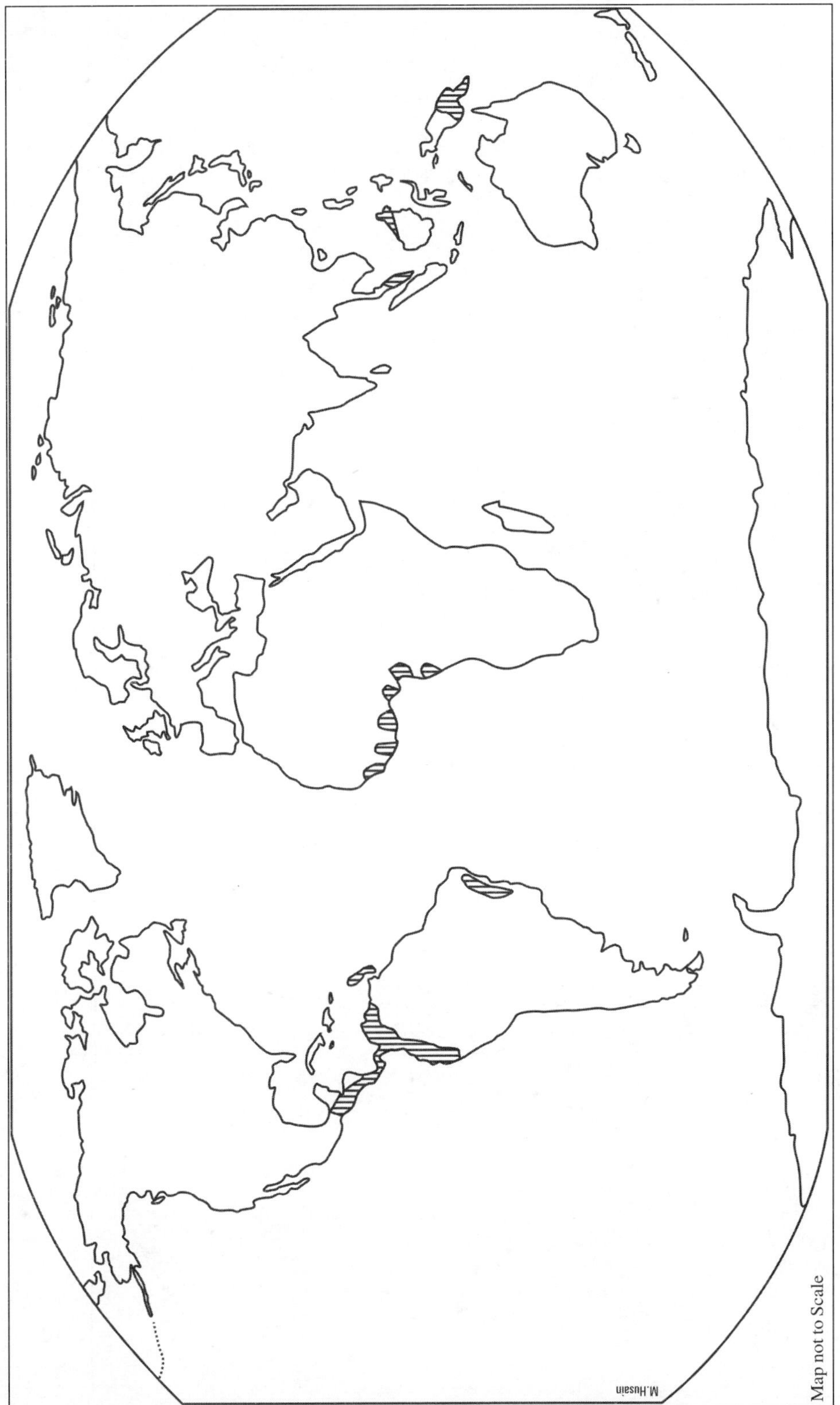

Fig. 8.19 Cocoa producing regions of the world

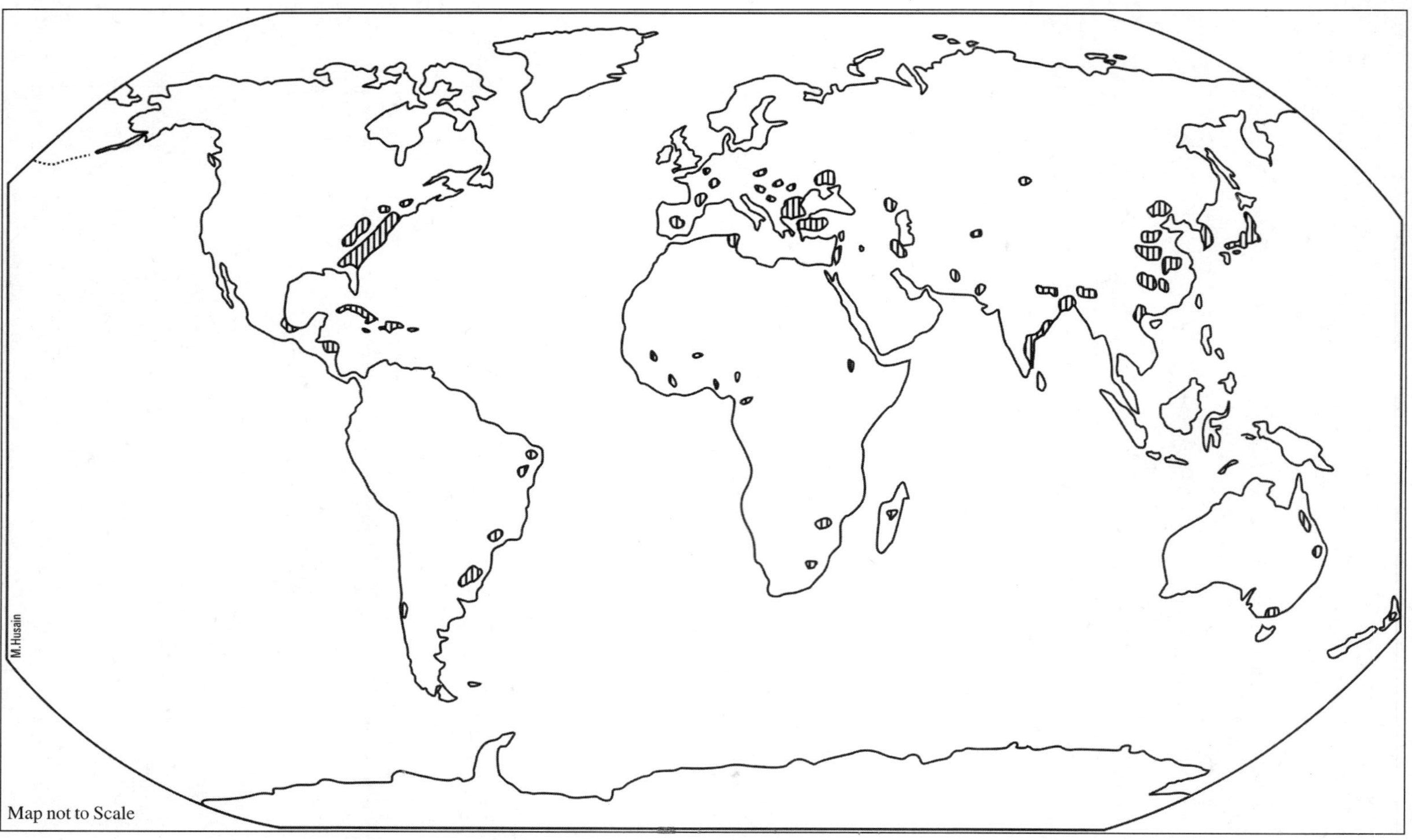

Fig. 8.20 Tobacco producing regions in the world

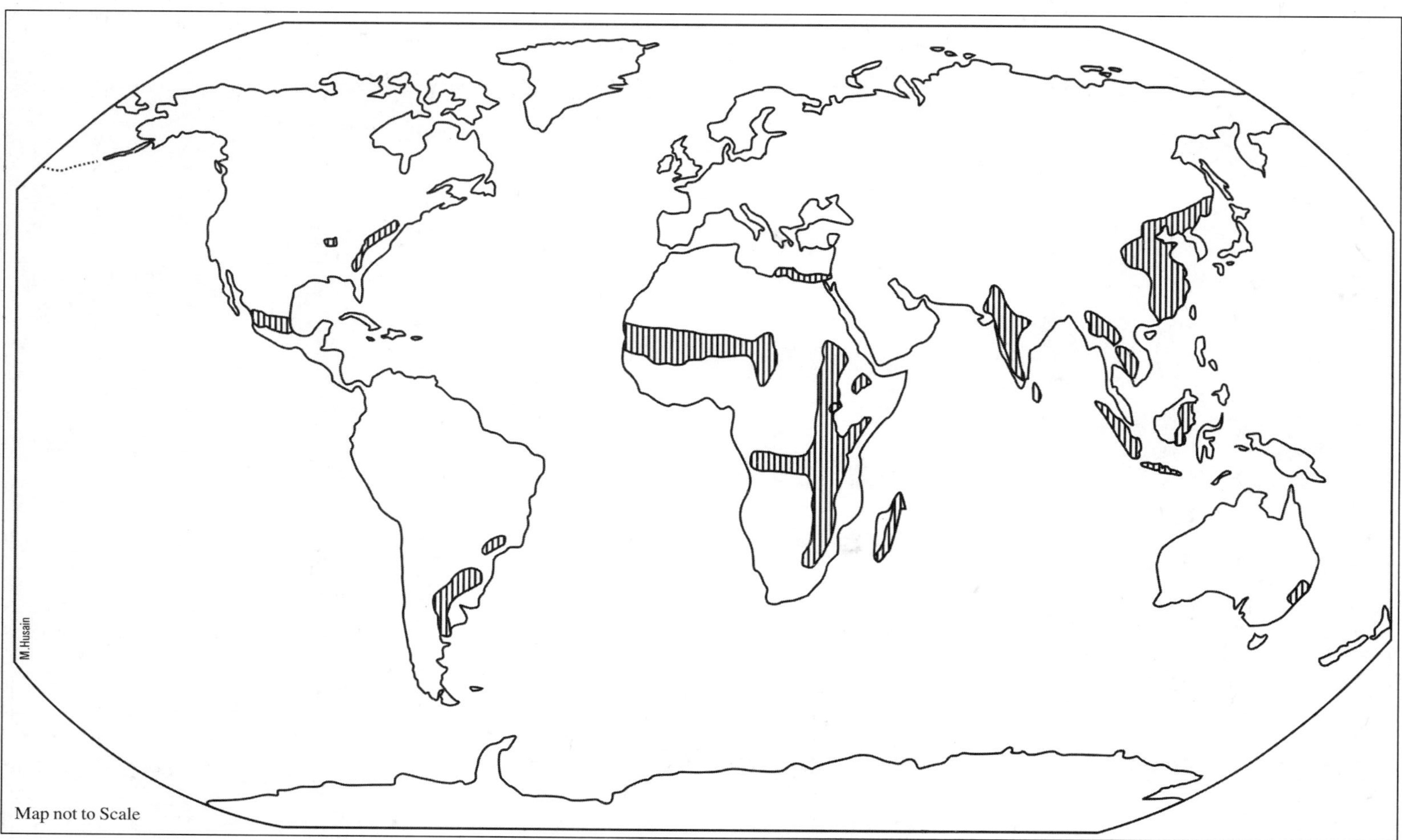

Fig. 8.21 Groundnut producing regions in the world

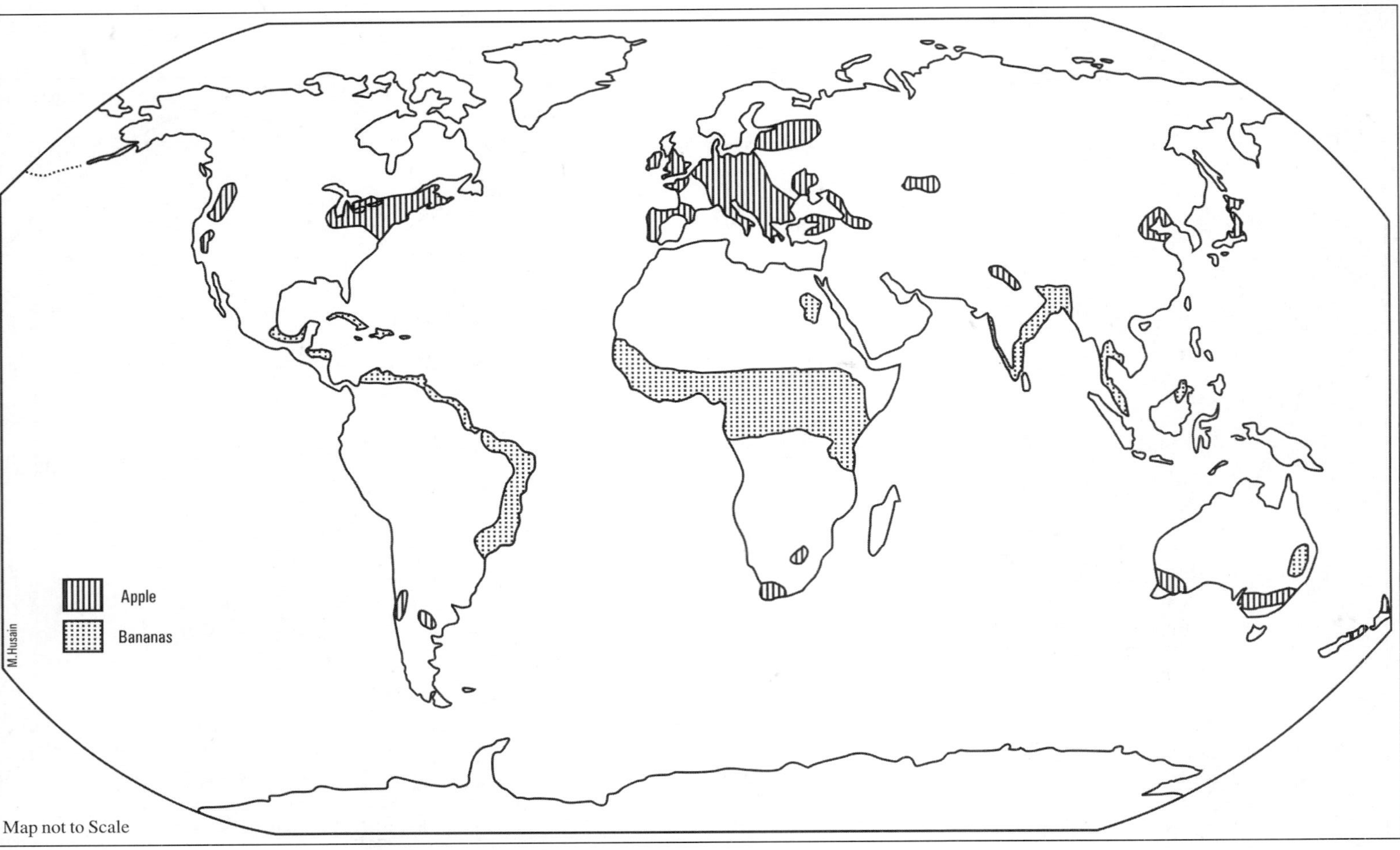

Fig. 8.22 Apple and banana producing regions in the world

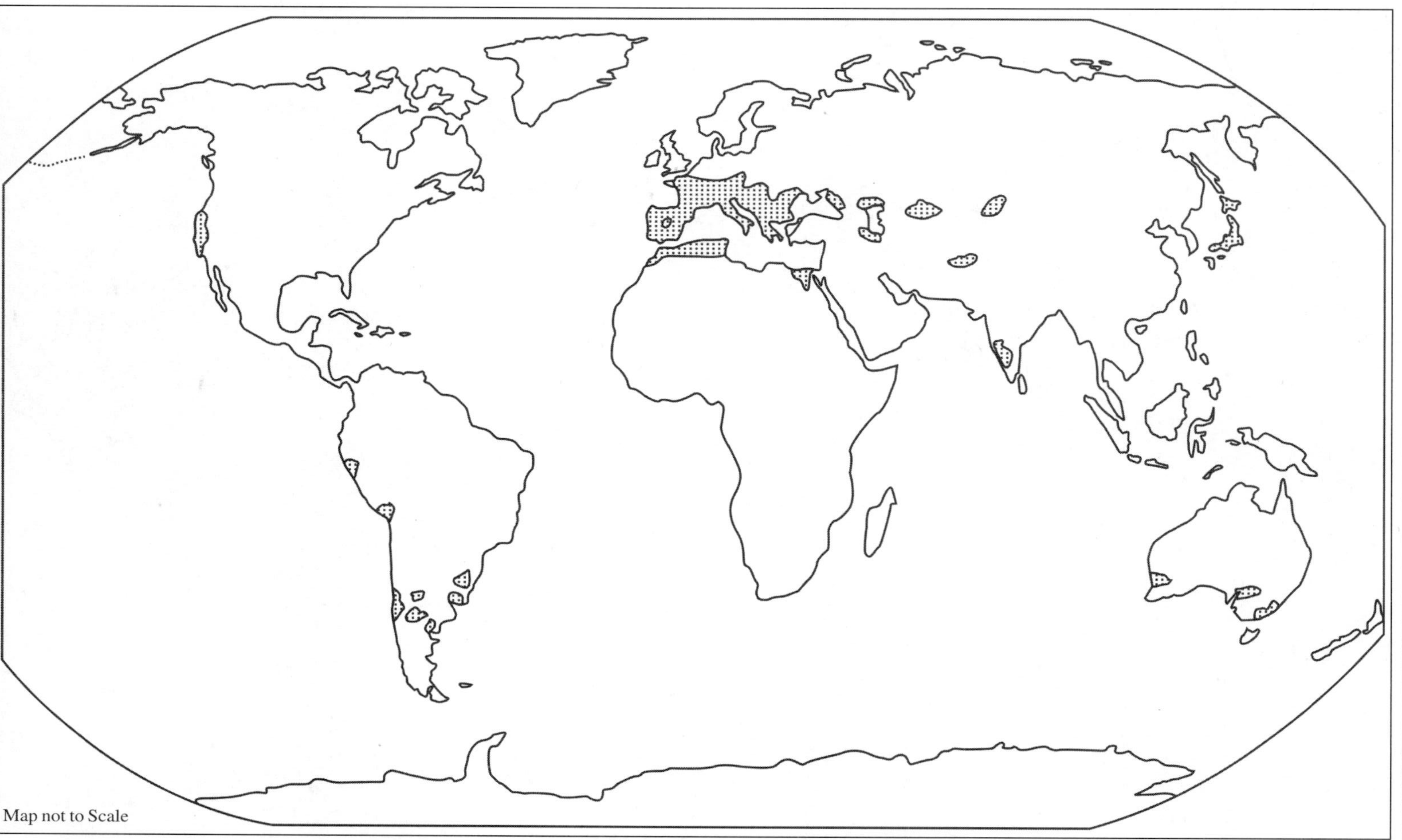

Fig. 8.23 Grapes and wine producing regions in the world

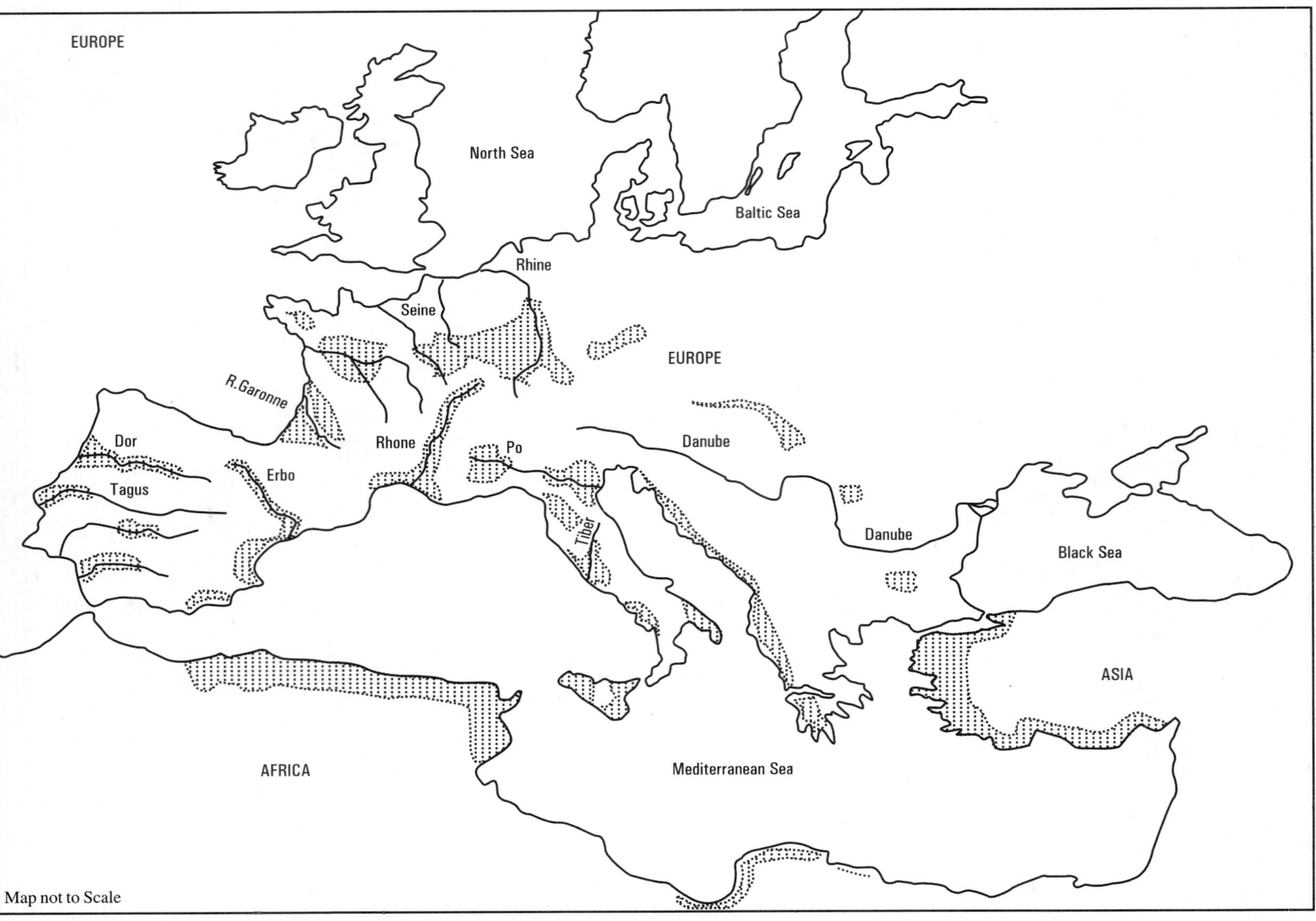

Fig. 8.24 Grapes and Wine Production in the Mediterranean and European Regions

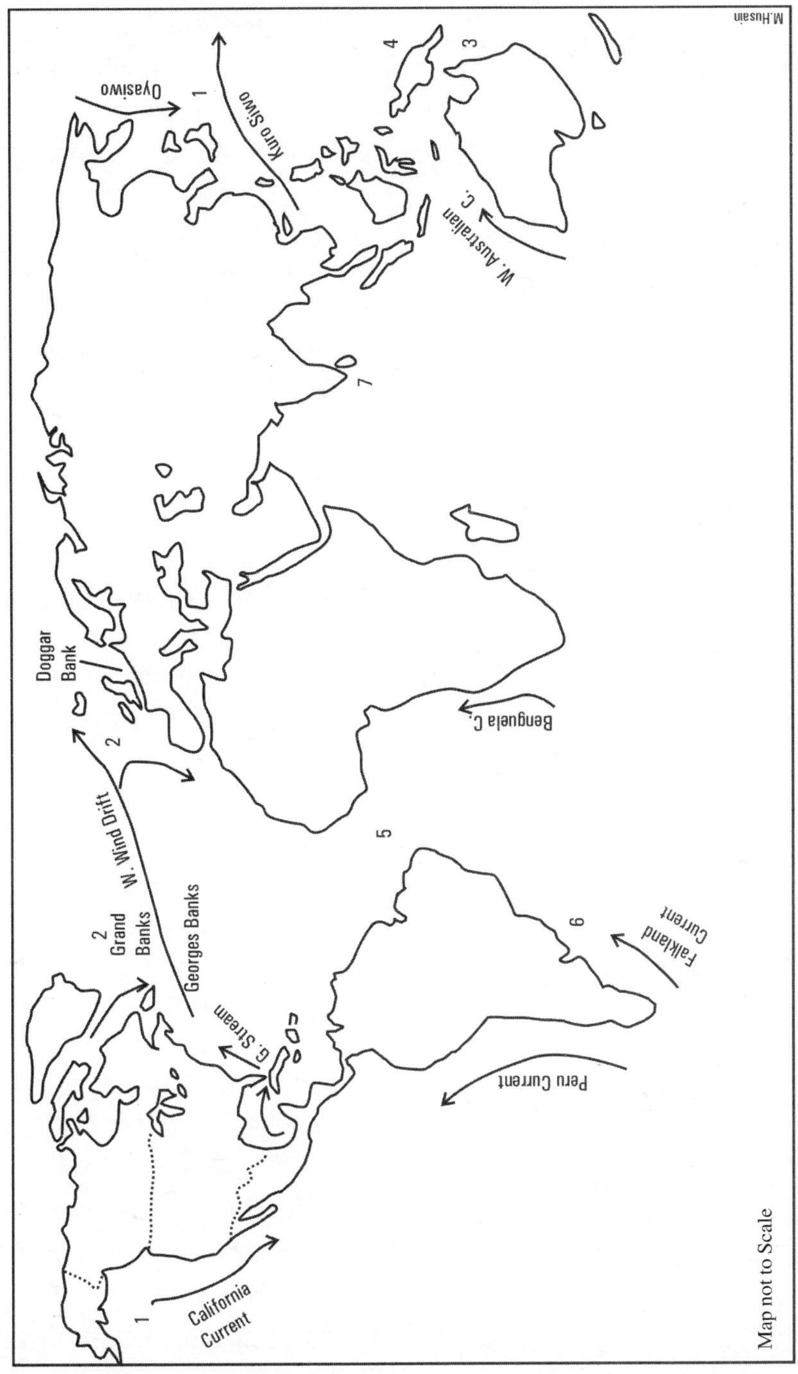

Fig. 8.25 Major fishing regions of the world

मत्स्य पालन और वानिकी (Fishery and Forestry)

मछली पालन और वानिकी प्राकृतिक स्रोतों से कच्चे माल को जमा करना है। वानिकी और मछली पकड़ना महत्वपूर्ण आर्थिक गतिविधियाँ हैं जो विकासशील और विकसित दुनिया में भारी संख्या में लोगों को रोजगार उपलब्ध कराती हैं। इसके अलावा, ये खाद्य निर्माण सामग्रियों और व्यापार के महत्वपूर्ण स्रोत भी हैं।

तटीय क्षेत्र में मछली पालन एक महत्वपूर्ण आर्थिक गतिविधि है विशेषकर दुनिया के शीतोष्ण क्षेत्र के तटीय इलाके में। मछली पकड़ने को दो समूहों में बांटा जा सकता है– (1) ताजे पानी की मछली और (2) खारे पानी की मछली। चीन ताजे पानी और खारे पानी दोनों ही तरह की मछली का सबसे बड़ा उत्पादक है। दुनिया में मछली पकड़ने के सर्वाधिक महत्वपूर्ण क्षेत्र इस तरह से हैं:

1. **उत्तर-पूर्व अटलांटिक क्षेत्र:** यह क्षेत्र यूरोप के पश्चिमी हिस्से में है जो कि पुर्तगाल के तट से नॉर्वे तक जाता है जिसमें नार्थ-सी (उत्तरी समुद्र) भी शामिल है। उत्तरी अटलांटिक बहाव (गल्फ-स्ट्रीम) उत्तरी समुद्र के तट को पूरे वर्ष भर खुला रखता है। उत्तरी समुद्र में स्थित डोग्गर बैंक दुनिया का सर्वाधिक महत्वपूर्ण मछली पकड़ने का स्थान है। कॉड और हिलसा (हेरिंग) इस क्षेत्र में पकड़ी जाने वाली लोकप्रिय मछलियाँ हैं। मछली पकड़ने के व्यवसाय में शामिल देश हैं–बेल्जियम, डेनमार्क, फ्रांस, जर्मनी, आइसलैंड, आयरलैंड, नीदरलैंड्स, नॉर्वे, स्पेन, स्वीडन और यूके *(Fig. 8.25)*।
2. **उत्तर-पश्चिम अटलांटिक तटीय क्षेत्र:** मछली पकड़ने का यह इलाका न्यू-फाउंडलैंड (कनाडा) के आसपास है। यहाँ पर महाद्वीपीय पट्टी काफी चौड़ी है जिसे ग्रैंड बैंक्स (विशाल तट) और जॉर्जेज बैंक (जॉर्ज का तट) कहा जाता है। गल्फ स्ट्रीम का उष्ण पानी और लैब्राडोर धारा का ठंडा पानी इस क्षेत्र में मिलता है। इस तरह की स्थिति प्लवक (प्लांकटोंस) के तेजी से विकास में मदद करती है जो कि मछलियों के खाद्य के रूप में प्रयुक्त होते हैं। यही कारण है कि इस तटीय क्षेत्र में काफी मछलियाँ पाई जाती हैं। इस क्षेत्र की मुख्य मछलियाँ हैं–कॉड, हैडोक, हिलसा, लॉबस्टर, ओएस्टर और पर्च। दक्षिणी हिस्से के उष्ण जल में झींगा बहुतायत में पाया जाता है। सेंट जॉन्स, शेर्लोटटाउन हैलिफैक्स, पोर्टलैंड, बोस्टन और न्यू यॉर्क इस क्षेत्र में मछली पकड़ने के महत्वपूर्ण केंद्र हैं।
3. **उत्तर-पश्चिम प्रशांत क्षेत्र:** यह क्षेत्र उत्तर में बेअरिंग-सी से लेकर दक्षिण में फिलीपींस तक फैला है। कुरोसिवो की उष्ण धारा और ओयासिवो की शीत धारा होन्शु द्वीप (जापान) के पूर्व में मिलते हैं। उष्ण और शीत धारा का मिलना मछलियों की संख्या में वृद्धि के लिए आदर्श स्थितियाँ होती हैं। चीन, जापान, उत्तर और दक्षिण कोरिया और रूस इस क्षेत्र में मछली पालन करते हैं।
4. **उत्तर-पूर्व प्रशांत क्षेत्र:** यह क्षेत्र कनाडा और अमरीका के तटीय क्षेत्र पर अलास्का से कैलिफोर्निया तक फैला है। उत्तर प्रशांत विचलन इस क्षेत्र में उष्ण पानी लाते हैं और इसकी वजह से यह तट वर्ष भर खुला रहता है। इस क्षेत्र में पाई जाने वाली मुख्य मछलियाँ हैं–हलिबट, पिल्चार्ड, साल्मोन, सारडाइन और टूना। तटीय क्षेत्र में मछली पकड़ने के जो महत्वपूर्ण केंद्र हैं उनमें एंकरेज (अलास्का), वैंकूवर (कनाडा), सैन-फ्रांसिस्को और लॉस एंजिलिस (अमरीका)।

मछली, जनसंख्या के अधिकांश हिस्से के लिए प्रोटीन का बहुत बड़ा स्रोत है। लगभग 90 प्रतिशत मछलियां समुद्र से जबकि शेष 10 प्रतिशत अंतर्देशीय जलाशयों से आती हैं।

तालिका 8.2: मछली उत्पादक में अग्रणी देश

क्र. सं.	देश	आखेट मिलियन टन में	मत्स्य पालन	कुल
1.	चीन	17.800	63.700	81.500
2.	इंडोनेशिया	6.584	16.600	23.200
3.	भारत	5.082	5.703	10.800
4.	वियतनाम	2.786	3.635	6.420
5.	संयुक्त राज्य अमेरिका	4.931	0.444	5.375
6.	रूस	4.773	0.174	4.947
7.	जापान	3.275	1.068	4.343
8.	फिलीपींस	2.028	2.201	4.229
9.	पेरू	3.812	0.100	3.912
10.	बांग्लादेश	1.675	2.204	3.878
11.	नॉर्वे	2.203	1.326	3.530
12.	दक्षिण कोरिया	1.396	1.859	3.255
13.	म्यांमार	2.072	1.018	3.090
14.	चिली	1.829	1.050	2.879
15.	थाईलैंड	1.531	0.963	2.493
16.	मलेशिया	1.584	0.408	1.992
17.	मेक्सिको	1.524	0.221	1.746
18.	मिस्र	0.336	1.371	1.706
19.	मोरक्को	1.454	0.001	1.455

Source: FAO

एक्वाकल्चर

पौधों और पशुओं को उगाने को एक्वाकल्चर कहते हैं। आज एक्वाकल्चर दुनिया में मछली उत्पादन का एक फीसदी से भी कम है। चीन और जापान का ताते क्षेत्र एक्वाकल्चर के लिए बहुत ही प्रसिद्ध हैं। एशिया के मानसून वाले क्षेत्र में धान के खेतों में मछली पालन होता है। हाल के वर्षों में जापानी किसानों ने धान के कुछ खेतों को बड़े तालाबों में बदल दिया है ताकि वे उसमें मछली पालन कर सकें। अमरीका के दक्षिणी राज्यों में कैटफिश का उत्पादन बहुत बड़ा व्यवसाय बन गया है। मानव भोजन में मछली का महत्व बना रहेगा। विकासशील देश अपने घरेलू बाजार में खपत के लिए लिए ज्यादा मछली पैदा करना शुरू करेंगे न कि निर्यात के लिए।

समुद्र के कानून

संयुक्त राष्ट्र के लॉ ऑफ द सी कांफ्रेंस 1982 के अनुसार, क्षेत्रीय समुद्री सीमा तट से 12 मील रखा गया है। यह 24 मील का समीपवर्ती क्षेत्र है और 200 मील का विशेष आर्थिक क्षेत्र (ईईजेड) है। इसे समुद्री संधि का कानून (Law of the Sea Treaty) कहते हैं। तटीय समुद्री जल में प्रदूषण दुनिया में मछली पालन के लिए खतरा बना हुआ है। कैडमियम, लीड और मरकरी जैसे भारी तत्व जो औद्योगिक क्षेत्रों में नदियों में छोड़ जाते हैं, वह सब समुद्र तट पर पहुँच जाते हैं। इसके अलावा तटों पर तेल के फैलने की वजह से एक्वाकल्चर को नुकसान पहुँच रहा है।

वानिकी (Forestry)

समकालीन विश्व में वानिकी एक महत्वपूर्ण आर्थिक गतिविधि है। लकड़ी खाना पकाने और गर्मी बनाए रखने जैसे कार्यों में जरूरी ईंधन के रूप में प्रयुक्त होता है। लकड़ी का 50 प्रतिशत प्रयोग औद्योगिक कार्यों जैसे- बोर्ड, गूदा और साजसज्जा में होता है। दुनिया में जंगलों के वितरण के बारे में ***Fig. 8.26*** में दिया गया है।

जैसाकि ***Fig. 8.26*** में दिखाया गया है कि वाणिज्यिक वानिकी दुनिया के दो बड़े हिस्सों में होता है। इनमें पहली पट्टी जो कि उत्तरी गोलार्द्ध में ऊंचाई पर है, दुनिया को लगभग घेरे हुए है। जंगलों की दूसरा पट्टी भूमध्यरेखीय क्षेत्र में है और दक्षिण अमरीका और मध्य अफ्रीका में इसका बड़ा हिस्सा आता है। उष्णकटिबंधीय क्षेत्र में पैदा होने वाली लकड़ी की दुनिया में काफी मांग है और ये लकड़ी हैं–महोगनी, देवदार, सागौन, आबनूस और बालसा। इसके अलावा जापान, दक्षिण अमरीका, मेडागास्कर, चिली, म्यांमार, थाईलैंड, दक्षिण पूर्व ऑस्ट्रेलिया, न्यूजीलैंड और पूर्वी यूरोप के कुछ देश में वाणिज्यिक वानिकी बड़े पैमाने पर होता है। अमेजन बेसिन का जंगल भूमध्यरेखीय क्षेत्र का दुनिया का सबसे बड़ा जंगल है। अमेजन बेसिन के जंगल को सेलवास बोला जाता है ***(Fig. 8.27)***।

दुनिया का सबसे लंबा पेड़ उत्तरी कैलिफोर्निया के देवदार (फिर और पाइन) पेड़ हैं। यहाँ रेडवुड सेक्वोइसा की ऊंचाई 100 मीटर तक जाती है और इसका व्यास लगभग 6 मीटर तक होता है। कैलिफोर्निया में डगलस फर पेड़ भी 100 मीटर लंबा होती है। मध्य–अक्षांश के कठोर लकड़ी वाले पर्णपाती पेड़ों में बलूत, शाहबलूत, हिकोरी, चिनार, सनौबर और बिर्च के पेड़ ज्यादा मशहूर हैं।

औद्योगिक लकड़ी के बड़े उत्पादक देशों में अमरीका, रूस और कनाडा शामिल हैं जबकि भारत ईंधन की लकड़ी का प्रमुख उत्पादक है। भारत के बाद जिन देशों का स्थान आता है वे हैं–ब्राजील और चीन ***(तालिका 8.3)***, ***(तालिका 8.4)***।

तालिका 8.3: वन उत्पादों में वैश्विक उत्पादन और व्यापार, 2020

उत्पाद	इकाई	उत्पादन				निर्यात			
		2020	तुलनात्मक बदलाव (%)			2020	तुलनात्मक बदलाव (%)		
			2019	2000	1980		2019	2000	1980
गोल लकड़ी	लाख वर्ग मीटर	3 912	−1%	12%	25%	140	−2%	19%	50%
लकड़ी का ईंधन	लाख वर्ग मीटर	1 928	−1%	7%	15%	6	−15%	79%	
औद्योगिक गोल लकड़ी	लाख वर्ग मीटर	1 984	−2%	17%	37%	134	−1%	17%	43%
लकड़ी के टुकड़े और अन्य समूह	मिलियन टन	50	3%			31	6%		
सावन (Sawan) लकड़ी	लाख वर्ग मीटर	473	−3%	23%	12%	153	−3%	34%	118%
लकड़ी आधारित पैनल	लाख वर्ग मीटर	367	−1%	107%	280%	88	−2%	67%	490%
प्लाईवुड	लाख वर्ग मीटर	118	2%	103%	200%	28	−6%	60%	326%
कण बोर्ड, ओएसबी और फाइबरबोर्ड	लाख वर्ग मीटर	250	−2%	109%	335%	60	0%	71%	622%
लकड़ी की लुग्दी	मिलियन टन	186	−2%	9%	48%	69	1%	80%	226%
लकड़ी के अलावा अन्य रेशों से बना गूदा	मिलियन टन	11	−1%	−26%	55%	0.4	7%	15%	79%
बरामद कागज	मिलियन टन	229	−1%	59%	352%	45	−8%	83%	716%
कागज और पेपरबोर्ड	मिलियन टन	401	−1%	24%	137%	111	−2%	13%	218%
वन उत्पाद मूल्य	यूएस $ बिलियन					244	−10%	68%	331%

Source: *FAOSTAT-Forestry database- https://www.fao.org/forestry/statistics/80938/en/*

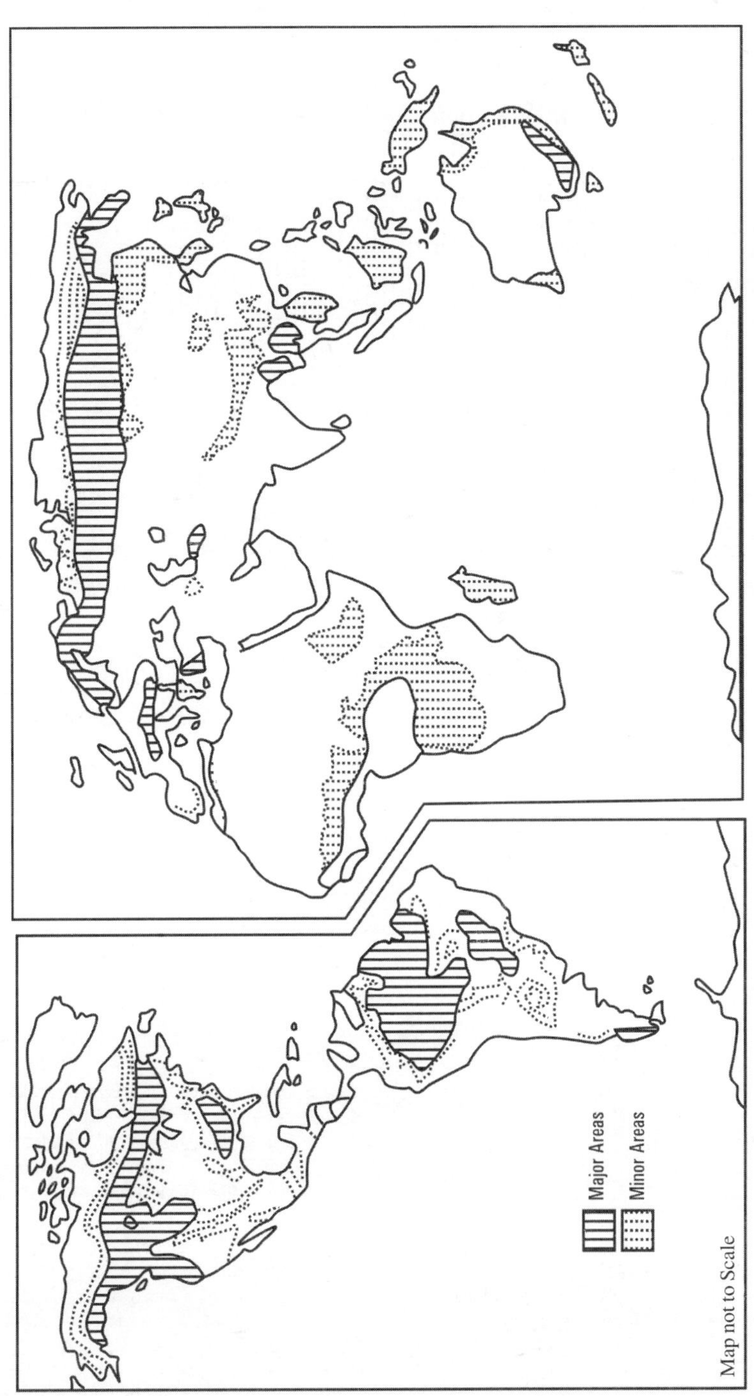

Fig. 8.26 Major forest regions of the world

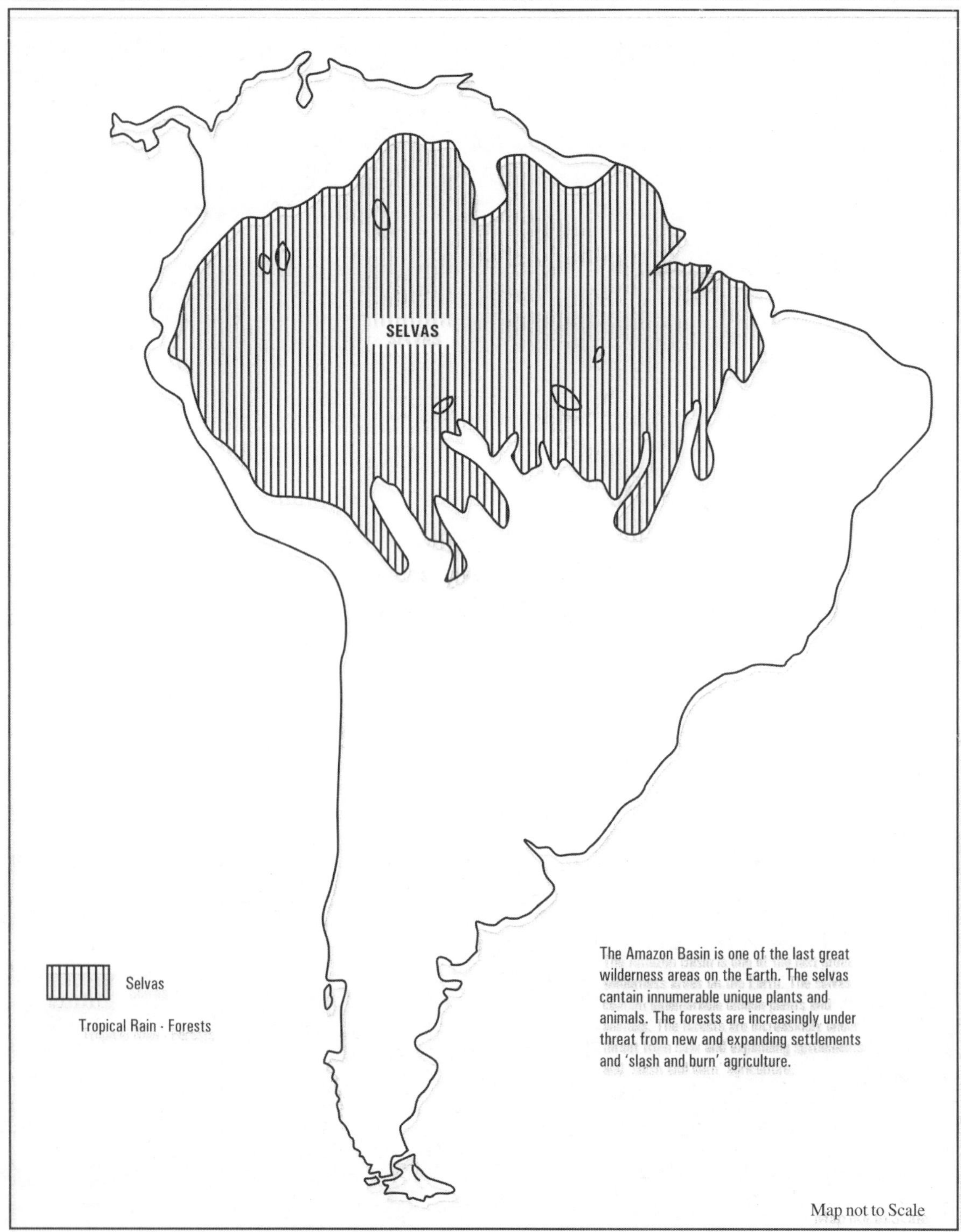

Fig. 8.27 South America – Selvas (Equatorial forests)

तालिका 8.4: प्रमुख ईंधन-लकड़ी उत्पादक देश

पद	देश	वैश्विक उत्पादन का प्रतिशत (2020)
1.	भारत	16
2.	चीन	8
3.	ब्राजील	6
4.	इथियोपिया	6
5.	कांगो लोकतांत्रिक गणराज्य	5
6.	नाइजीरिया	3
7.	अमेरिका	3

Source: *FAOSTAT&Forestry database*

तालिका 8.5: अग्रणी औद्योगिक गोल लकड़ी

पद	देश	वैश्विक उत्पादन का प्रतिशत (2020)
1.	संयुक्त राज्य अमेरिका	19
2.	रूसी संघ	10
3.	चीन	9
4.	ब्राजील	7
5.	कनाडा	7
6.	इंडोनेशिया	4
7.	स्वीडन	4
8.	जर्मनी	3
9.	फिनलैंड	3

Source: *FAOSTAT-Forestry database*

संदर्भ (References)

- Alexander, T.A. and J.W. Hartshorn, 1988, ***Economic Geography***, New Delhi, Prentice Hall of India.
- Banks, F.E. 1979, ***Bauxite and Aluminum: An Introduction to the Economics of Non-fuel Minerals,*** Lexington, Mass: D.C. Heath.
- Calzonetti, F.J. and Barry D. Solomon, 1985, eds. ***Geographical Dimensions of Energy***, Boston, Reidel Publishing Company.
- Cook, Earl, 1977, ***Energy: The Ultimate Resource***? Resource Paper 77.4, Washington, D.C., Association of American Geographers.
- Crabbe, David, and Richard McBride, 1979, ***The World Energy Book***, Cambridge Mass. MIT Press.
- Ezra, D., 1978, ***Coal and Energy***, New York, Wiley.
- Grigg, B.D., 1973, ***The Agricultural Systems of the World,*** Cambridge University Press.
- Husain, M., 2004, ***Systematic Agricultural Geography***, Jaipur, Rawat Publication.
- Mikesell, R.F., 1979, ***The World Copper Industry***, Washington, D.C., Resources for the Future.
- Morgan, G. C., G.C. Leong, 1982, ***Human and Economic Geography***, 2nd. ed. Oxford University Press.
- Morgan, W.B., and R.J.C. Munton, 1971, ***Agricultural Geography***, London.
- Marian, 1980, ***Mineral Processing in Developing Countries***, New York, United Nations Industrial Development Organisation.
- Turner, Louis, 1978, ***Oil Companies in International System***, London, Allen & Unwin.
- Wagstaff, H. Reid, 1974, ***A Geography of Energy***, Dubuque, Iowa, Wm. C. Brown.
- https://www.worldatlas.com/articles/leading-countries-in-fishing-and-aquaculture-output.html

मानव भूगोल Human Geography

भूगोल, अनुसंधान के एक क्षेत्र के रूप में, प्रकृति और इसके गठनात्मक संरचनाओं के बौद्धिक और वैज्ञानिक अनुसंधान और ज्ञान से संबंधित है। अन्य शब्दों में यह पृथ्वी की सतह के परिवर्तनशील चरित्र का सटीक, व्यवस्थित और तर्कसंगत विवरण और व्याख्या प्रदान करने से संबंधित है। जबकि मानव भूगोल, भूगोल का एक प्रमुख क्षेत्र है जो की मूल रूप से उन पद्धतियों से संबंधित है जिसमें स्थान, विस्तार और पर्यावरण दोनों ही आंशिक रूप से मानवीय गतिविधियों का परिणाम और स्थिति है। मानव भूगोल में मनुष्य केंद्रीय विषय है, इसलिए, पृथ्वी की सतह पर उसका हस्तक्षेप उन तरीकों पर ध्यान आकर्षित करने के लिए मनाया जाता है जिसमें विभिन्न प्राकृतिक घटनाएं मानव जाति और इसके विपरीत प्रकृति मानव जाति को प्रभावित करती हैं । इस तरह की घटनाएं मनुष्य को अकेले नहीं बल्कि उसके सामान्य वातावरण के हिस्से के रूप में प्रभावित करती हैं, और अनगिनत अन्य अन्य कारण भी चाहे वह कितने ही दूर क्यों न हो उसकी गतिविधियों पर कुछ प्रभाव डालते हैं। निम्नलिखित पैराग्राफों में पर्यावरण के मानव व्यवसाय और कई सांस्कृतिक और आर्थिक गतिविधियों और परिदृश्यों का विस्तृत अध्ययन किया गया है:

प्रथम अथवा देशी लोग (विश्व की प्रमुख जनजातियां) [First People (Major Tribes of the World)]

विश्व की प्रमुख जनजातियों को जनजातीय लोग कहा जाता है, प्रथम लोग अथवा देशी लोग, ये मूल निवासी अपने आपको कई नामों से पुकारते हैं और ये विश्व की जनसंख्या का लगभग 6.2% है। इन जनजातियों की संस्कृति में अत्यधिक विविधता पाई जाती है। आदि काल से ही इनका शोषण होता रहा है जो आज भी जारी है। कुछ विद्वान उनको परमात्मा का स्वरूप समझते हैं तो कुछ उनको आर्थिक उन्नति में बाधा समझते हैं। वास्तव में वे ऐसे लोग हैं जो प्रकृति से गहरा सम्बन्ध रखते हैं, उनको अपनी परम्पराओं से प्यार है। इनमें से बहुत-से लोग आखेट युग में, कुछ कारखानों में काम करते, कुछ का जीवाकोपार्जन सरकारी नौकरियों से होता है। विकसित समाज की धन के द्वारा सहायता भी करते हैं। विश्व की कुछ प्रमुख जनजातियों को **(Fig. 9.1)** में दिखाया गया है।

विश्व में 370 मिलियन से अधिक लोग जनजाति वर्ग के हैं तुलनात्मक रूप से इनका जीवन स्तर नीचा है, साक्षरता एवं शिक्षा में भी पीछे हैं तथा इनकी औसत आयु भी कम है,

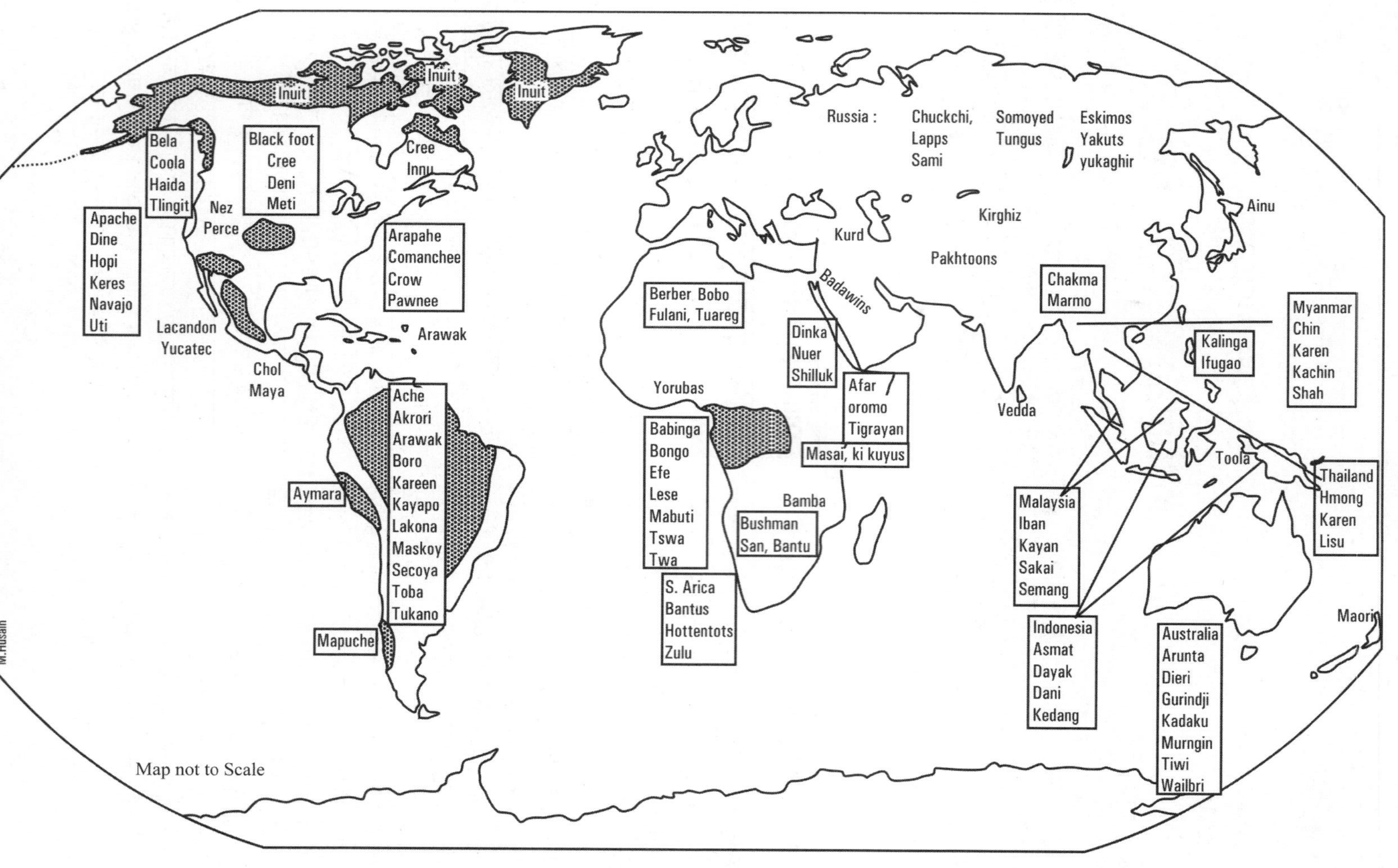

Fig. 9.1 Indigenous people of the world

तालिका 9.1: विश्व के आदिवासी

क्र.सं.	महाद्वीप/देश	आदिवासी एवं जनजातियां
1.	अफ्रीका	अफार, बबिंगा, बन्टु, बरबर, बोंगो, केबो, बुशमैन, दिनका, इफ़ी, फ़लानी, होटेन्टोट, किकुयो, लेसी, मबूती मसाई, न्यूर, ओरोमो, सान, शिलक, टिगमेपाने, स्वा, तुरेग, तवा, जूलू **(Fig. 9.1)**
2.	एशिया	ऐनू, अस्मत, बद्दू, चकमा, चिन, डानी, उयाक्, हमांग, हरेन, इबान, इफ़ागु, काचिन, कलिंगा, करेन, क्यान, केडांग, कुर्द, लिसु, मारमो, फ़रव़तून, सकाई, सीमांग, शाह, वेड्डा **(Fig. 9.2)**
3.	ऑस्ट्रेलिया	अरन्टा, बिदजानदजारा, डीरी, गुरिंडजी, कडाकु, कमिलाराई, कडाकू, मर्णगिन, टिवी, वैल्बरी
4.	यूरोप/रूस	चुकची, एस्कीमो, कोनयाक, लाप्प, नेमत, समोयेद, टंगस, सामी, याकूत, युखागिर **(Fig. 9.3** तथा **Fig. 9.4)**
5.	उत्तरी अमेरिका संयुक्त राज्य/मेक्सिको	वेला, ब्लैकफुट, कूला, डेनी, क्री, हैदा, इन्नु, इनूट, मेटी, टलिनित **(Fig. 9.5** तथा **Fig. 9.6)** अपाचे, अरापाहो, चोल, कोमानाची, करो, डेन, होपी, केरेज, लकाण्डो, माया, नबाजो, नेज़, पावनी, पर्सी, उटी, युकोटेक
6.	द. अमेरिका	अची, अकरोरी, अरावक, अयमारा, बोरो, करीन, क्यापो, लकोना, मपूची, मस्कोय, सिकोया, तोबा

परन्तु अपनी जीवन शैली एवं संस्कृति उनकी अलग पहचान बनाती है। उनमें जागरुकता बढ़ी है तथा वह अपने संसाधनों तथा भूमि को फिर से प्राप्त करना चाहते हैं। नगरीकरण तथा औद्योगीकरण से इनकी संस्कृति को भारी हानि पहुँच रही है। ऑस्ट्रेलिया, न्यूज़ीलैंड, साइबेरिया, संयुक्त राज्य अमेरिका तथा कनाडा के आदिवासियों को भारी क्षति हुई है।

अंतर्राष्ट्रीय श्रम संगठन और वर्ल्ड बैंक द्वारा उपलब्ध कराए गए आंकड़ों और सूचनाओं के अनुसार, दुनिया भर के 90 देशों में, दुनिया में लगभग 476.6 मिलियन मूल निवासी (indigenous) लोग हैं, जो 5,000 विभिन्न समूहों से संबंधित हैं। वे वैश्विक आबादी का सिर्फ 6 प्रतिशत हिस्सा बनाते हैं, लेकिन यह आबादी अत्यधिक गरीबों का लगभग 19 प्रतिशत हिस्सा है। उनकी जीवन प्रत्याशा दुनिया भर में गैर- मूल निवासी लोगों की जीवन प्रत्याशा से 20 वर्ष कम है। वे दुनिया के हर क्षेत्र में रहते हैं, लेकिन उनमें से लगभग 70% आबादी एशिया और प्रशांत क्षेत्र में रहती है, इसके बाद अफ्रीका में 16.3%, लैटिन अमेरिका और कैरेबियन में 11.5%, उत्तरी अमेरिका में 1.6% और यूरोप और मध्य एशिया में 0.1% लोग रहते हैं।

इन्डीजीन्स की कोई सार्वभौमिक परिभाषा नहीं है, हालांकि इनमें विशेषताएं हैं जो आदिवासी लोगों में सामान्यत: प्रवृत्ति होती है:

- आदिवासी लोगों की जनसंख्या भिन्न है जो अपने देश की उत्तर उपनिवेशी संस्कृति से प्रमुख रूप से सम्बन्धित है। वर्तमान उत्तर उपनिवेशी देशों में वे अधिकांशत: अल्पसंख्यक हैं। बोलीविया और ग्वाटेमाला में आदिवासी लोगों की जनसंख्या वहाँ की जनसंख्या के आधे से भी अधिक है।
- आदिवासी लोगों की प्राय: अपनी भाषा, संस्कृति और परम्पराएं हैं जिन पर उनके पूर्वजों के साथ रहने के सम्बन्धों का प्रभाव दिखाई देता है। आज आदिवासी लोग 4000 भाषाएँ बोलते हैं।
- आदिवासी लोगों की सांस्कृतिक परम्पराएं अलग हैं जो आज भी व्यवहार में हैं।
- आदिवासी लोगों की अपनी भूमि और क्षेत्र है जिनसे वे असंख्य तरीकों से बंधे हुए हैं।

Fig. 9.2 Major tribes of South East Asia

- आदिवासी लोग स्वयं को आदिवासी के रूप में पहचानते हैं। आदिवासी लोगों के उदाहरणों में आर्कटिक के इनुइट, एरिजोना के व्हाइट माउंटेन अपाचे, यानोमामी और अमेजन के तुपी लोग, पूर्वी अफ्रीका में मासाई जैसे पारंपरिक पशुचारक, और आदिवासी लोग जैसे फिलीपींस के पहाड़ी क्षेत्र के बोंटोक लोग शामिल हैं।

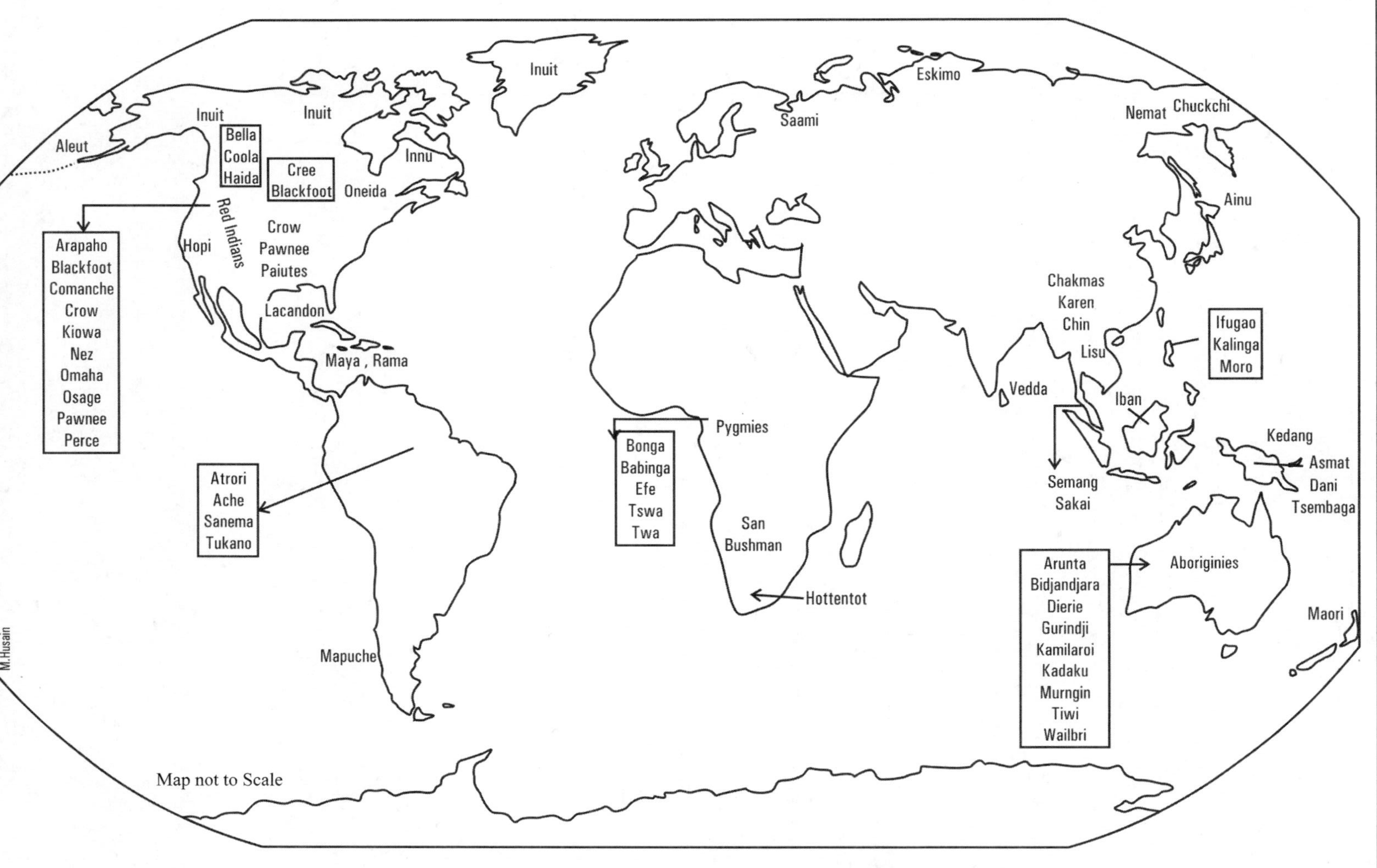

Fig. 9.3 World – Main hunters and food - gatherers

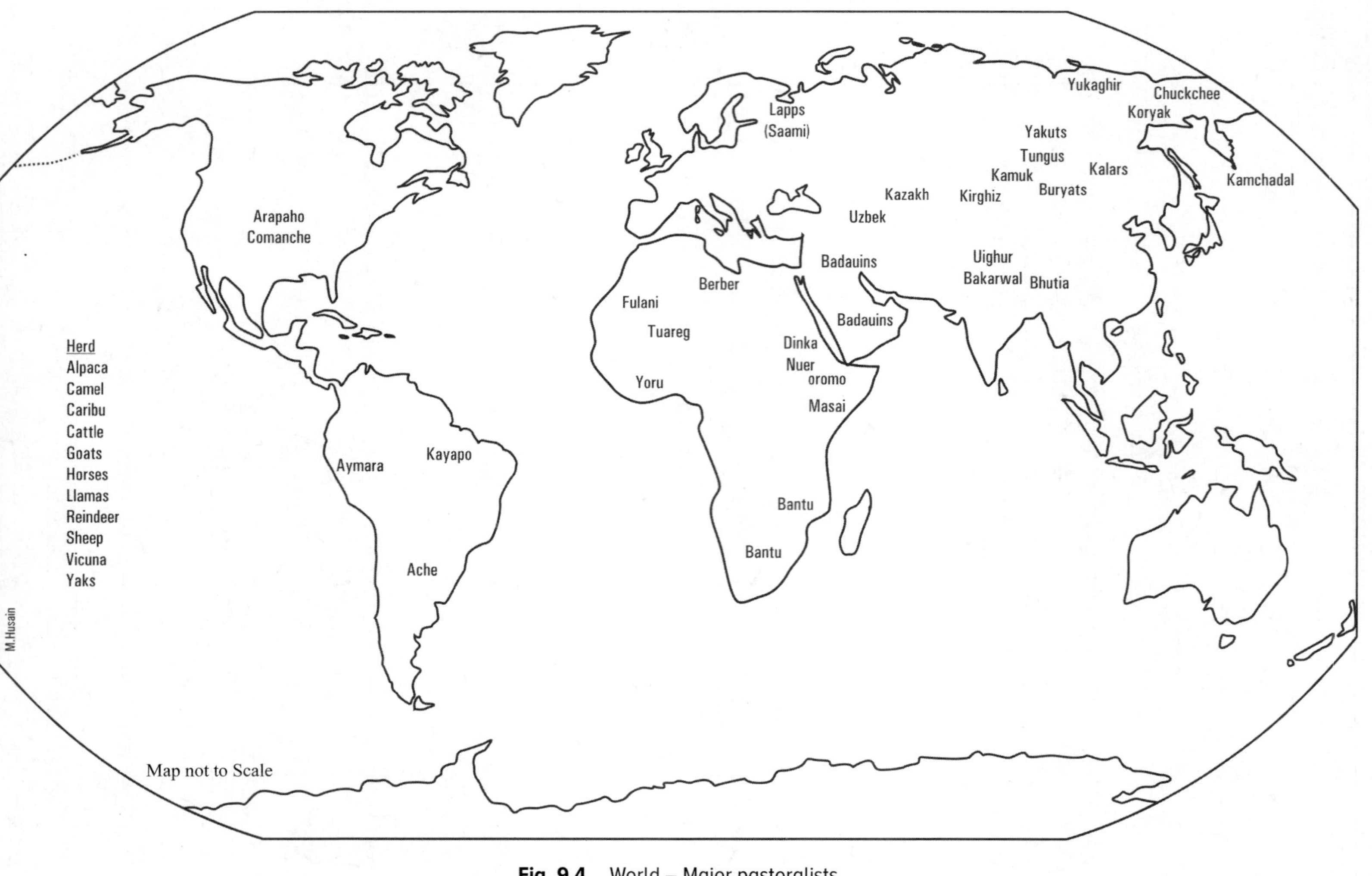

Fig. 9.4 World – Major pastoralists

अफ्रीका के आदिवासी (Indigenous of Africa)

अफार (Afar)

अफ़ार आदिवासी इथोपिया, इरीट्रिया, जबूती तथा सोमालिया के रहने वाले हैं। इनमें से अधिकतर आखेट युग में हैं तथा कुछ लोग अल्प-विकसित कृषि करके ज्वार, मक्का तथा दलहन की कृषि भी करते हैं।

बाका (बबिंगा, ब्याका, बिबापा, बबेगा)

बाका कैमरून के दक्षिणी-पूर्वी भाग के जंगलों के रहने वाले हैं, जिनकी संख्या लगभग 40 हजार है। यह अभी तक आखेट युग में हैं और पेड़ों पर झोंपड़ी बनाकर रहते हैं।

बन्टु (Bantu)

दक्षिणी तथा दक्षिणी-पूर्वी अफ्रीका की बन्टु एक प्रमुख जनजाति है। इनमें से अधिकतर तंज़ानिया, केन्या, ज़िम्बाब्वे तथा इथोपिया में रहते हैं।

बेम्बा (Bemba)

जाम्बिया की रहने वाली यह जनजाति छोटे-छोटे अधिवासों में रहती है। प्रत्येक अधिवास की जनसंख्या 100 से 200 तक होती है। इनकी कुल जनसंख्या लगभग ढाई लाख है। यह लोग अल्पविकसित कृषि करते हैं तथा समय मिलने पर आखेट भी करते हैं।

बरबर (Berber)

अल्जीरिया, मोरक्को तथा ट्यूनीशिया के मरुस्थलों में रहने वाले बरबर ख़ानाबदोश (Nomads) हैं। ये पशुपालन तथा व्यापार भी करते हैं।

बुशमैन सान (Bushman, San)

कालाहरी के मरुस्थल में रहने वाले बुशमैन को सान भी कहते हैं। ये जनजातियाँ बोत्सवाना तथा नामीबिया के रहने वाले हैं। आखेट युग के ये लोग सरल जीवन बिताते हैं और अपने सीमित प्राकृतिक संसाधनों का उपयुक्त उपयोग करते हैं।

डिंका (Dinka)

डिंका सूडान की जनजाति है। इनकी कुल जनसंख्या लगभग 15 लाख है। अफ्रीका में डिंका सबसे लम्बे कद की जनजाति है। यह नील नदी के बेहरूनग़जल के क्षेत्र मे रहती है। पशुपालन तथा जीवन निर्वाह कृषि इनका मुख्य कार्य है।

इफी (Efe)

विश्व में सबसे छोटे कद के लोग इफी हैं। यह जनजाति कांगो गणतंत्र के जंगलों में रहती है और तीर-कमान से शिकार करती है। इसके अतिरिक्त ये जंगलों से कन्द-मूल तथा फल-फूल भी एकत्रित करते हैं।

फूला/फूलानी (Fula/Fulani)

फुलान जनजाति प. सहारा के देशों में रहती हैं। इनकी जनसंख्या लगभग 2.7 करोड़ है जो चाड, आइवरी कोस्ट, गिनी, गिनी-बिस्साऊ, गैम्बिया, घाना, लाइबेरिया, माली, मॉरिटानिया, नाइजर, नाइजीरिया, सेनेगल, सिएरा-लियोन, सूडान तथा टोगो में रहती है। ये इस्लाम धर्म के मानने वाले खानाबदोश हैं।

हाटेन्टाट (Hottentot)

हाटेन्टाट जनजाति द. अफ्रीका के कारू मरुस्थल एवं अर्द्ध-मरुस्थल में रहती है। ये पशुपालन करते हैं तथा पशुओं को बोझा ढोने के काम मे भी लाते हैं।

किकुयूज (Kikuyus)

केन्या में रहने वाले किकुयूज़ मूलत: खेती करते हैं। इनकी मुख्य फसलों मे ज्वार, मक्का तथा दालें सम्मिलित हैं।

लेसी (Lese)

नीग्रो प्रजाति के लेसी पिग्मी आखेट तथा कन्द-मूल पर जीवन निर्वाह करते हैं। ये कांगो बेसिन के घने जंगलों में रहते हैं।

मबूती (Mabuti)

मबूती पिग्मी जनजाति, कांगो बेसिन के इतूरी जलप्रांतों में रहती है। इनका जीवन निर्वाह आखेट तथा कन्द-मूल, फल-फूल पर है।

मसाई (Masai)

पूर्वी अफ्रीका के पठारी भाग (कीन्या/युगाण्डा) के आदिवासी मसाई पशुपालन करते हैं। इनका कद लम्बा, शरीर पतला तथा भुजायें लम्बी होती हैं। इनकी त्वचा का रंग चॉकलेटी होता है। यह काले तथा लाल रंग के बैल पालते हैं। इनके कबीले भी काले तथा लाल रंग के बैलों से सम्बोधित किए जाते हैं।

न्यूर (Nuer)

सूडान तथा इथोपिया में रहने वाली न्यूर जनजाति पशु-पालन पर जीवन निर्वाह करती हैं।

पिग्मी (Pygmies)

कांगो बेसिन में रहने वाले छोटे कद के लोगों को पिग्मी कहते हैं। ये आखेट तथा कन्द-मूल पर जीवन निर्वाह करते हैं।

शिलुक अथवा चोलो (Shilluk or Chollo)

सूडान की एक प्रमुख जनजाति जो पशुपालन करती है। ये ईसाई धर्म के मानने वाले है।

स्वा (Tswa)

पिग्मी जनजाति का एक क़बीला है। ये आखेट तथा भोजन का संग्रहण करते हैं।

तुरेग (Tuareg)

तुरेग सहारा मरुस्थल में ऊँट पालने वाले खानाबदोश। यह चारे तथा पानी की तलाश में निरन्तर एक स्थान से दूसरे स्थान पर पलायन करते रहते है।

त्वा (Twa)

कांगो बेसिन में रहने वाला एक पिग्मी क़बीला है और आखेट युग में जीवन यापन करता है।

योरूबा अथवा बोलोकी (Yorubas or Boloki)

यह जनजाति नाइजीरिया तथा बेनिन देशों में गिनी की खाड़ी के तट पर रहते हैं। ये कुशल किसान हैं। आबिदजान इनकी संस्कृति का प्रमुख नगर है।

जुलू (Zulu)

द. अफ्रीका के नैटाल राज्य की जनजाति जुलू कहलाती है। इनकी जनसंख्या लगभग एक करोड़ दस लाख है।

एशिया के आदिवासी (Indigenous People of Asia)

ऐनू (Ainu/Aynu)

जापान के होकापडो द्वीप के आदिवासी जो रूस के क्युराइल द्वीप में भी आबाद हैं। इनका सम्बंध श्वेत प्रजाति से है। जापान की ऐनू जनजाति की साक्षरता 50 प्रतिशत है।

आधुनिकीकरण के कारण इनकी जीवन शैली में परिवर्तन हो रहा है। ये जड़ात्मवाद (जीववाद), बौद्ध तथा रूसी-ईसाई धर्म के मानने वाले हैं **(Fig. 9.1)**।

बद्दू-रूवाला (Badawins-Ruwala)

बद्दू शब्द की उत्पत्ति अरबी भाषा के शब्द अल-बैद से हुई है जिसका अर्थ बदिया अर्थात मरुस्थल के रहने वाले हैं।

दक्षिण-पश्चिम एशिया के रहने वाले बद्दू खानाबदोश कबीले हैं जो ऊंट, भेड़, बकरी तथा घोड़े पालते हैं तथा अपने पशु-धन के साथ एक स्थान से दूसरे स्थान पर पानी और चारे की तलाश में घूमते रहते हैं। इनकी कुल जनसंख्या लगभग दस लाख है **(Fig. 9.1 तथा 9.4)**।

चकमा (Chakmas)

बंग्लादेश के चटगाँव की पहाडियों में रहने वाली जनजाति। इनमें से कुछ चकमा भारत के त्रिपुरा राज्य की पहाडियों में भी रहते हैं। इनका सम्बंध तिब्बती-म्यांमारी मिश्रित जनजाति से है। **(Fig. 9.1)**।

चिन (Chin)

म्यांमार के आदिवासी चिन पश्चिमी म्यांमार की पहाड़ियों में रहते हैं। इनकी जनसंख्या लगभग 16 लाख है। इनमें से कुछ लोग मिज़ोरम तथा बंग्लादेश में भी रहते हैं। इनका सम्बंध तिम्बती-म्यांमार जनजातियों से है **(Fig. 9.1** तथा **9.2)**।

डयाक (Dayak/Dyak)

डयाक बोर्नियो द्वीप के आदिवासी हैं। इनमें से अधिकतर आखेट युग में हैं। इनकी 200 से अधिक उप-प्रजातियाँ हैं **(Fig. 9.2)** ।

हमोंग (Hmong)

ये थाइलैंड के आदिवासी हैं और अफीम की खेती करते हैं, जिसकी सबसे बड़ी माँग संयुक्त राज्य अमेरिका में है। इसकी चरस, गांजे, अफीम तथा हीरोइन के रूप में अवैध तौर पर तस्करी की जाती है।

इबान (Iban)

यह ड्याक जनजाति की एक उप-जनजाति है, जो मलेशिया के सबाह राज्य में रहती है। कुछ इबानी कबीले ब्रुनई तथा इण्डोनेशिया के प. कलिमंटान राज्य में रहते हैं।

ये लोग हैड हंटिंग (शत्रु का सिर काट कर लाने) की परम्परा का पालन करते हैं।

इफुगाव (Ifugao)

यह फिलीपीन्स के इफुगु प्रान्त के रहने वालों को इफुगाव जनजाति कहते हैं। ये सीढ़ीनुमा खेती के लिये प्रसिद्ध हैं।

कलिंगा (Kalinga): यह फिलीपीन्स के कलिंगा राज्य में निवास करने वाली एक आदिम जनजाति है तथा अपने जीवन निर्वाह के लिए खेती करती हैं।

करेन (Karen/Kwa/Kayin/Kanyaw)

यह म्यांमार के दक्षिण-पश्चिम भाग में रहने वाले आदिवासी। देश की सात प्रतिशत जनसंख्या इस उपजाति से सम्बन्ध रखती है। ये जंगलों को जलाकर झूमिंग प्रकार की खेती करते हैं।

केडांग (Kedang)

ये बोर्निया द्वीप के रहने वाले केडांग खेती पर निर्भर हैं। यह पितृ प्रधान समाज है। ये लोग शादी-विवाह निकट सम्बंधियों में करते हैं।

किर्गीज/कज़्ज़ाक (Kirghiz-Kazak)

मूल रूप से इनका सम्बंध तर्क प्रजाति से है। मध्य एशिया की इस जनजाति के अधिकतर लोग किर्गिस्तान में रहते हैं। भेड़, बकरी, घोड़े आदि पालना इनके जीवन का आधार है। इनके अधिवास को युर्त (Yurt) कहते हैं।

कुर्द (Kurds)

ईराक एवं तुर्की के कुर्दिस्तान के लोगों को कुर्द कहते हैं। यह दक्षिण-पश्चिम एशिया के इराक, ईरान, सीरिया, लेबनान, तुर्की, जॉर्जिया तथा अर्मीनिया में रहते हैं। इनकी भाषा फ़ारसी से मिलती-जुलती है। यह विश्व की सबसे बड़ी जनजाति है, जिसका अपना कोई देश नहीं हैं।

जिंगपो-काचिन (Jingpo-Kachin)

जिंगपो आदिवासी म्यांमार की काचिन पहाड़ियों के रहने वाले हैं। इस जनजाति के कुछ लोग भारत के अरुणाचल प्रदेश में भी रहते हैं।

पख्तून (Pakhtoons)

यह अफ़गानिस्तान की जनजाति है, जिसका सम्बंध आर्यों से है। इनका सम्बंध युद्ध और सेना से है। यह निडर जनजाति

पश्तो भाषा बोलती है, जो फारसी का एक विकृत स्वरूप है।

सकाई (Sakai)

मलेशिया, आदिवासी, सकाई, नीग्रीटो प्रजाति से हैं। घाटियों, जंगलों तथा मैदान में रहने वाली सकाई जनजाति आखेट युग में है।

आखेट के लिये यह लोग ब्लो-पाइप (Blow-Pipe) का उपयोग करते हैं।

सीमांग (Semang)

छोटे कद के सीमांग आदिवासी नीग्रीटो उपजाति से सम्बन्धित हैं। पर्वतों तथा जंगलों में रहने वाले मलेशिया के यह आदिवासी आखेट युग में है।

टोयला (Toala)

सुलवासी अथवा सेल्बीज 'इंडोनेशिया' के ये आदिवासी आखेट युग में हैं तथा नीग्रेटो प्रजाति से सम्बंधित हैं। ये तीर-कमान से आखेट करते हैं तथा अपने तीर की नोक पर एक प्रकार के जहर का उपयोग करते हैं।

वैद्दा (Vedda)

श्रीलंका के आदिवासी वैद्दा आखेट युग में हैं। आखेट के अतिरिक्त कन्द-मूल, फल-फूल तथा प्रारंभिक अवस्था की खेती करते हैं।

ऑस्ट्रेलिया तथा न्यूज़ीलैंड के आदिवासी (Indigenous People of Australia and New Zealand)

अरन्टा (Arunta)

अरन्टा ऑस्ट्रेलिया के मरुस्थल में रहने वाली जनजाति है। इनका जीवन आधार कन्द-मूल तथा आखेट पर है **(Fig. 9.1 तथा 9.3)**।

गुरिंदजी (Gurindji)

ऑस्ट्रेलिया के उत्तरी भाग में विक्टोरिया बेसिन की आखेट युग की जनजाति।

टिवी (Tiwi)

यह डार्विन नगर के निकट बार्थस्ट तथा मेलाविली द्वीपों पर रहने वाली जनजाति है। यह अपने शरीर को गेरू से रंगते हैं। छिपकली, साँप, सूअर, जंगली भैंस, कछुए तथा मछली आदि का शिकार करते हैं। लड़कियों का शिशु अवस्था में ही 22 वर्षीय व्यक्ति से विवाह कर दिया जाता है, जिनको 14 वर्ष की आयु में अपने पति के साथ रहना होता है। किसी धनी के 20 स्त्रियाँ भी होती हैं।

वालपीरि (Warlpiri)

ये लोग उत्तरी ऑस्ट्रेलिया के टनामाना मरुस्थल के रहने वाले हैं। ये अलायस चश्मे (Alice Spring) के आस-पास रहते हैं। इनकी कुल जनसंख्या पाँच से छह हजार है।

यूरेशिया के आदिवासी (Indigenous People of Eurasia)

एस्कीमो (Eskimo)

एस्कीमो साइबेरिया के टुण्ड्रा प्रदेश के आदिवासी हैं, जो मछली, करेबू तथा रेंडियर का शिकार करते हैं। शीत ऋतु में इग्लू (बर्फ का घर) बनाकर रहते हैं। ऋतु परिवर्तन के साथ ये स्थान परिवर्तन करते रहते हैं।

युकाघिर (Yukaghir)

साइबेरिया के मध्य तथा पूर्वी भाग के टुण्ड्रा प्रदेश के रहने वाले युकाघिर एस्कीमो की एक उपजाति है। ये लोग वर्खोयांस्क तथा स्टानोबाई के पर्वतीय क्षेत्र में कोलेमा नदी घाटी में रहते हैं।

मछली एवं रेंडियर का शिकार करते हैं तथा शीतकाल में इग्लू में रहते हैं। ये हस्की कुत्ते पालते हैं जो स्लेज

गाड़ी (बर्फ पर चलने वाली गाड़ी) को खींचने के काम में लाये जाते हैं।

उत्तरी अमेरिका के आदिवासी (Indigenous People of North America)

अरावक (Arawak)

यह लोग एण्टीलिस तथा बहामास द्वीप (वेस्टइंडीज़) के रहने वाले हैं। विश्वास किया जाता है कि कोलम्बस का सम्पर्क सबसे पहले इन्हीं लोगों से हुआ था **(Fig. 9.1** तथा **9.5)**।

अपाची (Apache, Tineh, Tinde)

अपाची दक्षिण-पश्चिम संयुक्त राज्य अमेरिका के रहने वाले है। इनके मुख्य क्षेत्र अरिज़ोना, कोलोराडो, न्यू मेक्सिको तथा ओकलाहोमा राज्य हैं **(Fig. 9.1** तथा **9.5)**। कुछ अपाची फोनिक्स, डेन्वर, सानडियागो तथा लॉस एंजलिस जैसे महानगरों में बस गये हैं।

ब्लैकफुट (Blackfoot, Sikshika)

रॉकी पर्वत के पूर्व में सास्केचवान नदी के बेसिन में ब्लैकफुट आदिवासी रहते हैं **(Fig. 9.5)**। ब्लैकफुट रेड इण्डियन की एक उपजाति है। ये घुड़सवारी करते हैं तथा जंगली भैंसे का शिकार करते हैं। भैंसे की खाल के कपड़े बनाते हैं तथा खाल से ही अपने तम्बू (टैंट) बनाते हैं।

बेल्ला, कूला, हैदा तथा तिलिंगित (Bella, Coola, Hiada, Tlingit)

ये सभी आदिवासी मछलियों का शिकार करते हैं। अलास्का से कोलम्बिया के तट तक इनकी बस्तियाँ हैं। यह प्रशांत महासागर से आधुनिक विधियों के द्वारा हैलिबट, कॉड तथा सेलमन मछलियों का शिकार करते है। इनकी आय तथा जीवन स्तर ऊँचा है।

क्री (Cree)

कनाडा के शीतकटिबंध के आदिवासी करी, जेम्स-खाड़ी के आसपास रहते हैं। अधिकतर करी क्यूबेक, ओंटारियो, मैनिटोक, अल्बटी तथा सास्केचवान राज्यों में रहते हैं। इनकी कुल जनसंख्या लगभग दो लाख है। ये मछलियों तथा पशुओं का शिकार करते हैं।

क्रीक (Creek-Muskogee)

अल्बामा, फ्लोरिडा, जॉर्जिया, लूसियाना, ओकलाहोमा, टेक्सास, द. केरोलिना तथा मध्य जॉर्जिया के आदिवासी। इनके जीवन पर शिक्षा तथा नगरीकरण का अत्यधिक प्रभाव पड़ा है।

क्रो (Crow)

उत्तरी अमेरिका की यलोस्टोन नदी घाट में क्रो नामक आदिवासी रहते हैं। ये पशुओं का शिकार करते हैं तथा कन्द-मूल, फल-फूल पर अपना जीवन व्यतीत करते हैं।

होपी-यूमा (Hopi-Yuma)

अरिजोना के मरुस्थल में होपी जनजाति के लोग जहां भी सम्भव हो सिंचाई करके खेती करते हैं। ये सघन बस्तियों में रहते है, जिनको प्युबलो (Pueblo) कहते हैं। इनकी मुख्य फसलें मक्का, सब्जियाँ, ख़रबूजे, खीरे तथा कपास हैं। यह एक महिला प्रधान समाज है। भूमि पर महिलाओं ही का अधिकार होता है।

इन्यूट (Inuit, Eskimo, Innu Yupik, Inupiaq)

अलास्का, नूनावट, ग्रीनलैंड, कनाडा तथा निकटवर्ती द्वीपों के एस्कीमो को इन्यूट कहा जाता है। इनका सम्बंध मंगोल प्रजाति से है। सर्दियों में ये इग्लू में रहते है तथा स्लेज गाड़ी को चलाने के लिये अच्छी नस्ल के हस्की कुत्ते पालते हैं।

मैटिस (Metis, Bois, Brule)

मनीटोबा, सास्केचवान, मोन्टाना (कनाडा) की जनजाति जो मंगोल तथा श्वेत प्रजाति का मिश्रण हैं।

नवाजो (Navajo Dine, Dineh)

दक्षिण-पूर्वी अरिज़ोना में सान-जुआन नदी में रहने वाले आदिवासी **(Fig. 9.5)**।

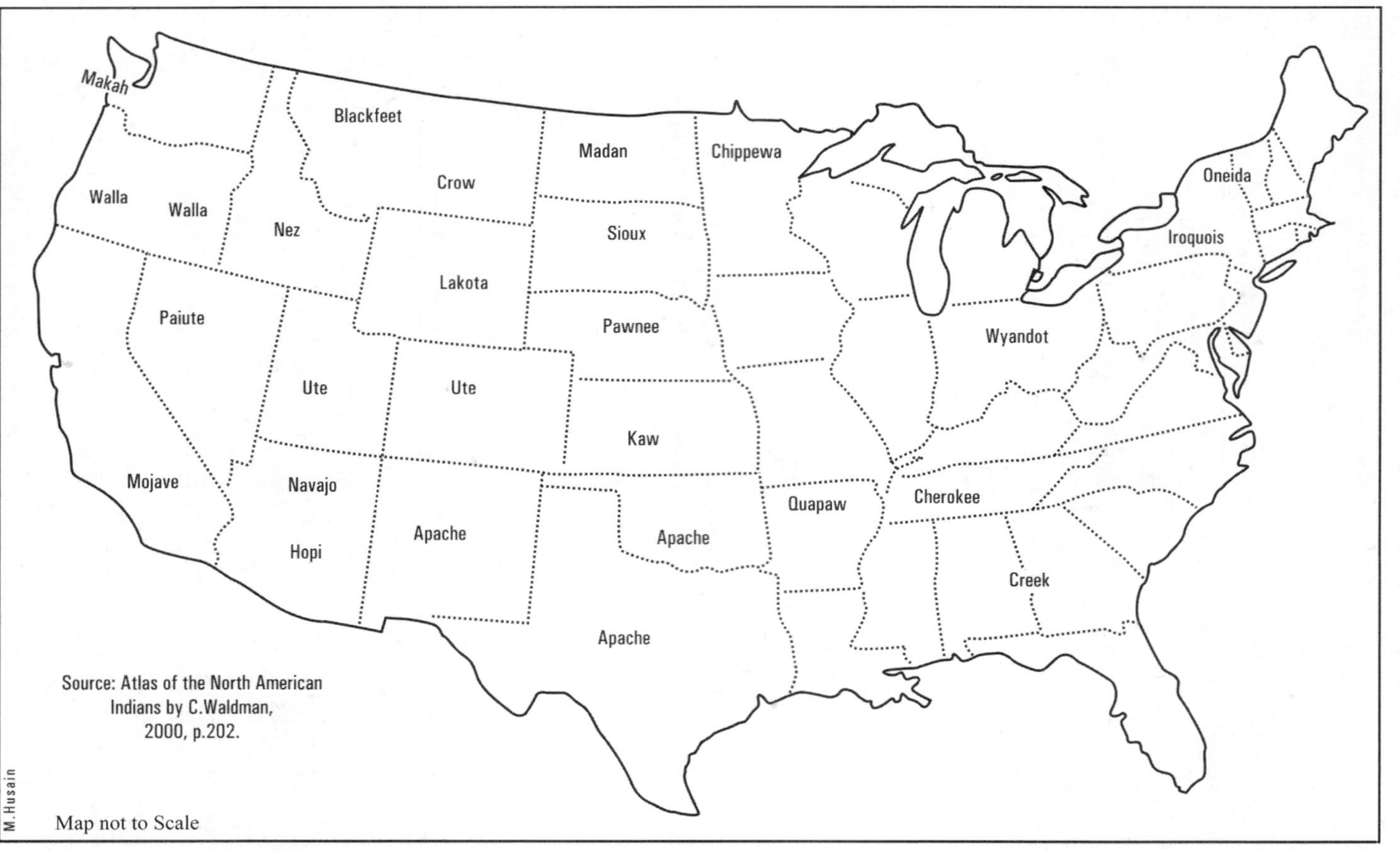

Fig. 9.5 Red Indian tribes of U.S.A. (North America)

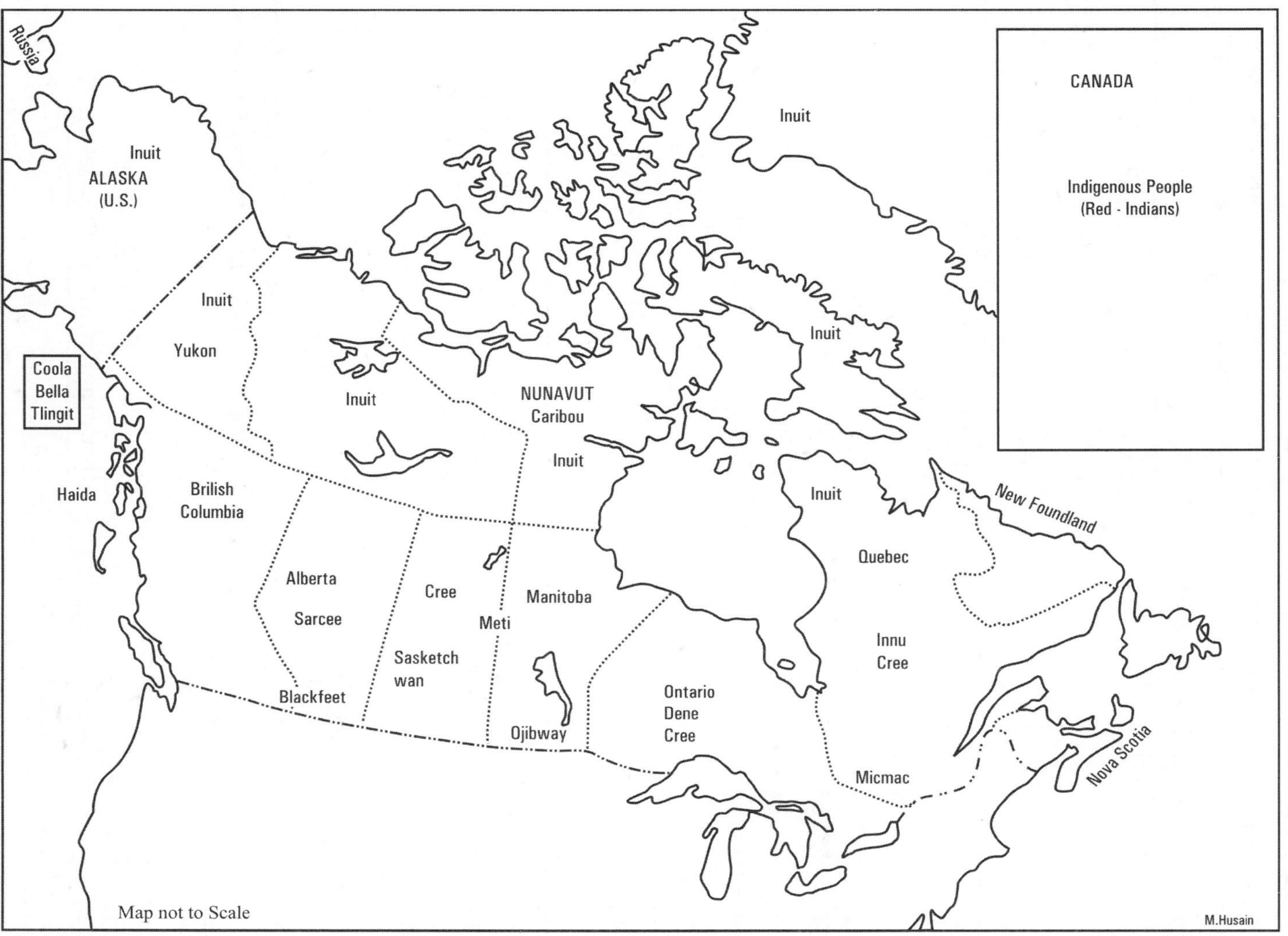

Fig. 9.6 Indigenous people of Canada (North America)

पैयुत्स (Paiute, Pahut)

रेड-इण्डियन मूल के पैटू आदिवासी उत्तरी अमेरिका के ग्रेट बेसिन में रहते हैं। यह लगभग 100 व्यक्तियों के समूह में रहते हैं। शीत ऋतु में यह किसी विशेष स्थान पर अपनी झोंपड़ियां बना लेते हैं, जिनको विकियुप (Wikiup) कहते हैं। कन्द-मूल, फल-फूल तथा आखेट पर अपना जीवन बिताते हैं।

पावनी (Pawnee)

यह कंसास, नेबरास्का तथा ओकलाहोमा राज्यों में निवास करने वाली एक आदिम जनजाति है **(Fig. 9.5)**।

द. अमेरिका के आदिवासी (Indigenous People of South America)

अची (Achi)

अची अमेज़न बेसिन के आदिवासी हैं जो ब्राज़ील तथा कोलम्बिया की सीमा पर रहते है। वास्तव में यह अमेरिकन-इण्डियन हैं। इनका मुख्य कारोबार खेती है। फसलों में दहलन, बीन, अनानास, सब्जियाँ तथा शकरकन्द उगाते हैं। ये पशुपालन नहीं करते **(Fig. 9.1)**।

अयमारा (Aymara)

यह पेरू के तट पर रहने वाले मछुआरे हैं। इनकी जीवन-शैली चिली के मपूची तथा कनाडा के कोला आदिवासियों से मिलती है।

बोरो (Boro)

बोरो जनजाति ब्राज़ील तथा पेरू की सीमा प्रदेश में निवास करती है। वास्तव में ये रेड-इण्डियन हैं परन्तु श्वेत लोगों के सम्पर्क में आने से इनकी प्रजाति मिश्रित हो गई है। ये एक ही बड़ा झोंपड़ा बनाते हैं, जिसमें साठ-सत्तर व्यक्ति रहते हैं। ये पशु-धन नहीं पालते। ये प्रारम्भिक प्रकार की खेती करते हैं और विभिन्न प्रकार की सब्जियाँ, शकरकन्द, मक्का, आलू तथा अनानास की खेती करते हैं।

मपूची (Mapuche)

चिली के तट पर रहने वाले मछुआरे, जो आधुनिक यन्त्रों के द्वारा प्रशान्त महासागर से मछलियाँ पकड़ते हैं **(Fig. 9.1)**।

विश्व जनसंख्या के प्रतिरूप (Population Patterns of the World)

पृथ्वी पर लगभग 7.6 अरब लोग रहते हैं। जनसंख्या में निरन्तर वृद्धि होती रहती हैं। विकासशील देशों में जनसंख्या वृद्धि अधिक तीव्रता से होती है। उदाहरण के लिये भारत की जनसंख्या 2001 में 1.028 अरब थी जो 2011 में बढ़कर 1.210 अरब हो गई अर्थात एक दशक (2001-2011) में 18.1 करोड़ जनसंख्या वृद्धि हुई जो ब्राज़ील जैसे बड़े देश की कुल जनसंख्या से अधिक है। इस प्रकार भारत की जनसंख्या में एक दशक में 17.64 प्रतिशत वृद्धि हुई।

विश्व जनसंख्या का विवरण बहुत असमान है। विश्व में सबसे अधिक जनसंख्या चीन में रहती है, दूसरा स्थान भारत का है, तीसरा संयुक्त राज्य अमेरिका, ब्राज़ील, पाकिस्तान, रूस, नाइजीरिया, बांग्लादेश तथा जापान का स्थान है।

जनसंख्या घनत्व (Density of Population)

औसत जनसंख्या प्रति वर्ग किलोमीटर जनसंख्या घनत्व कहलाता है, विश्व की जनसंख्या का वितरण **Fig. 9.7** में तथा जनसंख्या घनत्व **Fig. 9.8** में दिखाया गया है। विश्व की औसत जनसंख्या घनत्व 57 (2016) व्यक्ति प्रति वर्ग किलोमीटर है, जबकि भारत का औसत जनसंख्या घनत्व 2011 की जनगणना के अनुसार 382 व्यक्ति प्रति वर्ग किलोमीटर है। गरीबी तथा जनसंख्या वृद्धि में प्रत्यक्ष सम्बन्ध है। गरीबी रेखा से नीचे के लोगों की जनसंख्या तीव्र गति से बढ़ती है। जनसंख्या वृद्धि पर साक्षरता, शिक्षा, आय तथा जीवन स्तर का भी प्रभाव पड़ता है।

प्राकृतिक जनसंख्या वृद्धि (Natural Growth of Population)

जन्म दर तथा मृत्यु दर के अन्तर को जनसंख्या वृद्धि दर कहते हैं। प्राकृतिक जनसंख्या वृद्धि में विदेशों को पलायन करने वाले तथा विदेशों से आने वाले व्यक्तियों को सम्मिलित

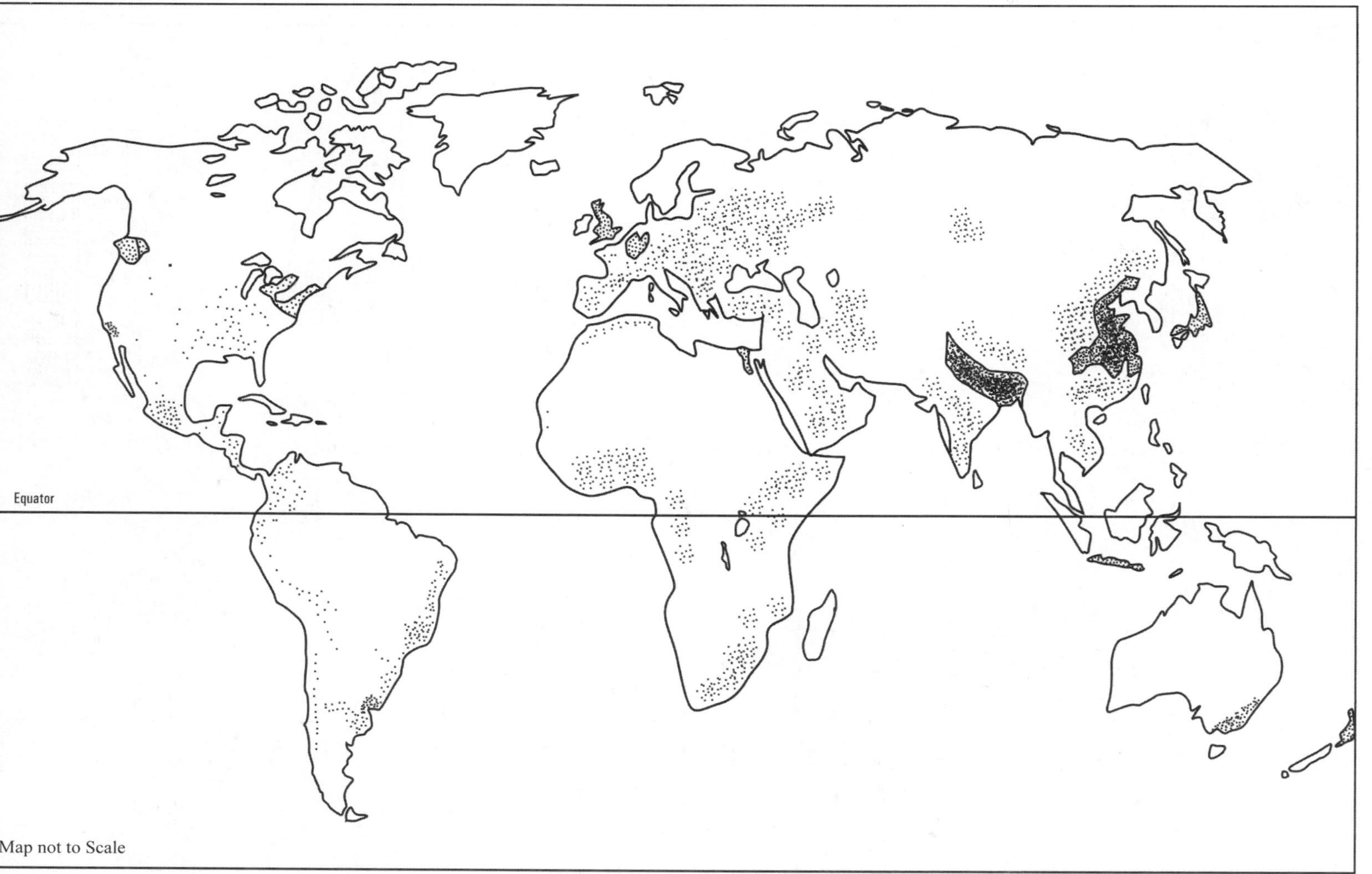

Fig. 9.7 World distribution of population

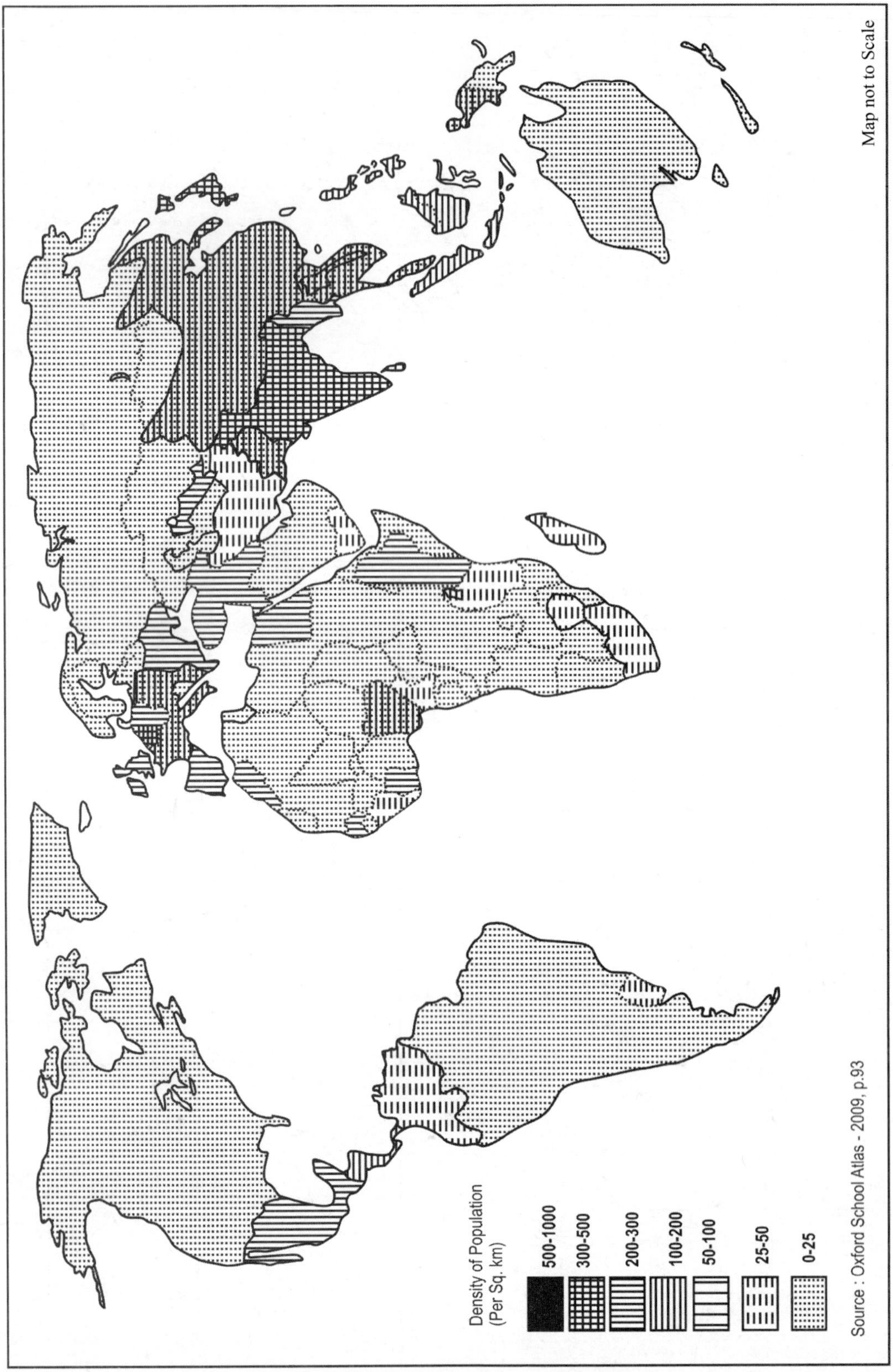

Source : Oxford School Atlas - 2009, p.93

Fig. 9.8 World – Density of population

नहीं किया जाता। विश्व की जनसंख्या वृद्धि 1.2 (2018) प्रतिशत प्रतिवर्ष है।

जीवन प्रत्याशा (Life Expectancy)

विश्व में औसत जीवन प्रत्याशा पुरुष और महिलाओं के लिए क्रमशः 70 और 75 वर्ष है, मेडिकल सुविधाओं और जीवन स्तर के बढ़ने के कारण इसके बढ़ने की आशा ही होगी। जीवन प्रत्याशा रिकार्ड 85 वर्ष है (2017)।

आधिक्य जनसंख्या (Overpopulation)

जनसंख्या का आधिक्य एक सोचनीय स्थिति है। जहाँ विद्यमान मानव जनसंख्या पृथ्वी की सहन करने की क्षमता से अधिक हो जाती है। जनसंख्या आधिक्य कई कारणों से होता है जैसे-मृत्यु दर में कमी, अच्छी चिकित्सा सुविधाएँ, जनन क्षमता के उपचार में नई तकनीकों का उपयोग, अप्रवास करना, परिवार नियोजन में कमी, शिक्षा की कमी आदि। अधिक जनसंख्या के कारण प्राकृतिक संसाधनों का अधिक दोहन, पर्यावरण की गुणवत्ता में कमी, लड़ाई झगड़े और युद्ध, बेरोजगारी में वृद्धि और जीवन जीने की उच्च कीमत आदि होता है।

लुप्त महिलाएं (Missing Women)

विश्व के विकसित तथा विकासशील सभी देशों में महिलाएं असुविधा की स्थिति में है। अधिकांश देशों में श्रम के क्षेत्र में एक ही प्रकार के कार्य के लिए उनको समान वेतन नहीं दिया जाता और निर्णय लेने में उनकी भूमिका समान नहीं होती। वास्तव में उनके साथ भेद-भाव बरता जाता है तथा कहीं-कहीं तो महिला होने के कारण उनकी जान के लाले पड़े रहते हैं। बहुत-से समाजों में महिलाओं तथा बालिकाओं को निम्न समझा जाता है और शिक्षा आदि के लिये समान अवसर प्रदान नहीं किये जाते। संयुक्त-राष्ट्र संघ के जनसंख्या कोष के आंकड़ों के अनुसार, 2006 में लगभग 20 करोड़ कन्या शिशुओं को जन्म से पहले ही मार दिया गया। भारत तथा चीन में इस प्रकार लुप्त बालिकाओं की संख्या सबसे अधिक है। ऐसा जन्म से पहले गर्भ में ही लिंग की पहचान करके कन्या-भ्रूण के गर्भपात के कारण होता है। पितृ प्रधान समाजों में महिलाओं के साथ अधिक भेद-भाव बरता जाता है। बहुत-से समाजों में परिवार सम्मान के कारण लड़कियों को मार दिया जाता है। अन्तर्राष्ट्रीय स्तर पर महिलाओं का व्यापार भी किया जाता है, जिस कारण बहुत-सी महिलाओं को अपनी जान से हाथ धोने पड़ते हैं। संक्षेप में, कानून बनाने के बावजूद भी सभी समाजों में महिलाओं के साथ भेद-भाव बरता जाता है।

विश्व के कुछ देशों का लिंग निष्पक्षता सूचकांक (Gender Gap Index) **तालिका 9.2** में दिया गया है। ये आंकड़े सर्वप्रथम 2006 में वर्ल्ड ईकोनॉमिक फोरम द्वारा जारी किया गया था।

लिंग समानता सूची (The Gender Equity Index)

यह महिलाओं और पुरुषों की शिक्षा, आर्थिक और राजनैतिक सशक्तीकरण के बीच के अंतर को नापता है। जीईआई के आंकलन का तरीका सभी परिस्थितियों में आवश्यकता के प्रति प्रतिक्रिया को देखना है जो महिलाओं के अनुकूल नहीं है। जब कोई ऐसी स्थिति होती है जिसमें महिलाएं पुरुषों के संदर्भ में आनुपातिक हानि में होती है, तो जीईआई 100 अंकों के उच्चतम माप तक नहीं पहुँचता। सूची का अन्तिम मान नकारात्मक असमानता के उस अंश पर आधारित है जो दिए गए देश या क्षेत्र में महिलाओं के लिए प्रबल हैं चाहे वहाँ असमानता महिलाओं के पक्ष में हो। (इसे पुरुषों के लिए नकारात्मक कहा जाता है)

प्रवासन (Migration)

प्राचीन काल से ही मानव प्रवासन करता आया है। आज के समय में परिवहन के साधनों में उन्नति, शिक्षा तथा रोजगार के अधिक अवसरों के कारण मानव प्रवासन में तेजी आई है। कुछ लोगों को प्राकृतिक आपदाओं बाढ़, सूखा, भूकम्प, ज्वालामुखी, सुनामी, भू-स्खलन के कारण प्रवसन के लिये मजबूर होना पड़ता है। 11 मार्च, 2011 को जापान में तोहोकू (Tohoku) भूकम्प के कारण न्यूक्लियर ऊर्जा संयत्र को भारी क्षति हुई थी, जिसके कारण बड़ी नाभिकीय विकिरण हुआ और बड़ी संख्या में लोगों को पलायन करना पड़ा था।

सांस्कृतिक विविधता के कारण प्राय: प्रवसन करने वालों के साथ भेद-भाव बरता जाता है, जिससे तनाव तथा

तालिका 9.2: लैंगिक समानता सूचकांक 2020

क्र. सं.	देश	अंक		पद परिवर्तन	स्कोर परिवर्तन	
		0-1		2020	2020	2006
1.	आइसलैंड	0,892	0,892	–	+0,016	+0,111
2.	फिनलैंड	0,861	0,861	1	+0,029	+0,065
3.	नॉर्वे	0,849	0,849	–1	+0,007	+0,050
4.	न्यूजीलैंड	0,840	0,840	2	+0,041	+0,089
5.	स्वीडन	0,823	0,823	–1	+0,003	+0,009
6.	नामीबिया	0,809	0,809	6	+0,025	+0,122
7.	रवांडा	0,805	0,805	2	+0,014	NA
8.	लिथुआनिया	0,804	0,804	25	+0,059	+0,096
9.	आयरलैंड	0,800	0,800	–2	+0,002	+0,066
10.	स्विट्ज़रलैंड	0,798	0,798	8	+0,019	+0,098
11.	जर्मनी	0,796	0,796	–1	+0,010	+0,044
12.	निकारागुआ	0,796	0,796	–7	–0,008	+0,139
13.	बेल्जियम	0,789	0,789	14	+0,039	+0,081
14.	स्पेन	0,788	0,788	–6	–0,006	+0,056
15.	कोस्टा रिका	0,786	0,786	–2	+0,003	+0,092
16.	फ्रांस	0,784	0,784	–1	+0,003	+0,132
17.	फिलीपींस	0,784	0,784	–1	+0,003	+0,032
18.	दक्षिण अफ्रीका	0,781	0,781	–1	+0,001	+0,068
19.	सर्बिया	0,780	0,780	20	+0,044	NA
20.	लातविया	0,778	0,778	–9	–0,007	+0,069

Source: *World Economic Forum Report, 2021*

NA = आंकड़े अनुपलब्ध

हिंसा की स्थिति उत्पन्न हो जाती है। युद्ध क्षेत्रों से बहुत से लोग सीमावर्ती देशों में शरण लेते हैं।

अफगानिस्तान, इराक, मिस्त्र, लीबिया, (2011) में इसी प्रकार से भारी जनसंख्या को युद्ध क्षेत्रों से पलायन करना पड़ा।

सांस्कृतिक विविधता (Cultural Diversity)

प्रत्येक समाज और समुदाय की जीवन शैली में अन्तर पाया जाता है। इसलिये विश्व के विभिन्न देशों तथा प्रदेशों में विविधता पाई जाती है। संस्कृति के प्रमुख तथ्यों में नृजातीयता, भाषा, धर्म, रीति-रिवाज, लोक गीत तथा लोक नृत्य सम्मिलित हैं। बहुत-से देशों में बहुसंस्कृति, बहुभाषी तथा बहुधर्मी समाज पाये जाते हैं। विश्व में सैकड़ों धर्मों के लोग रहते हैं जो हजारों भाषायें बोलते हैं।

धर्म (Religion)

धर्म की विद्वानों ने अलग-अलग परिभाषायें दी हैं। 18वीं सदी के फ्रैड्रिक शलीरमाशर के अनुसार धर्म का अर्थ है। ''पूर्ण समर्पण का भाव'' धार्मिक जीवन की प्रमुख विशेषतायें हैं- 1. परम्परा (मुस्लिम हदीस), 2. मिथिक, पौराणिक कथा, 3. मुक्ति (मोक्ष), 4. धार्मिक स्थल तथा धार्मिक पदार्थ, 5. पवित्र कर्म, 6. धार्मिक ग्रंथ, 7. पवित्र पुरुष समुदाय, तथा; 8. पवित्र अनुभाव।

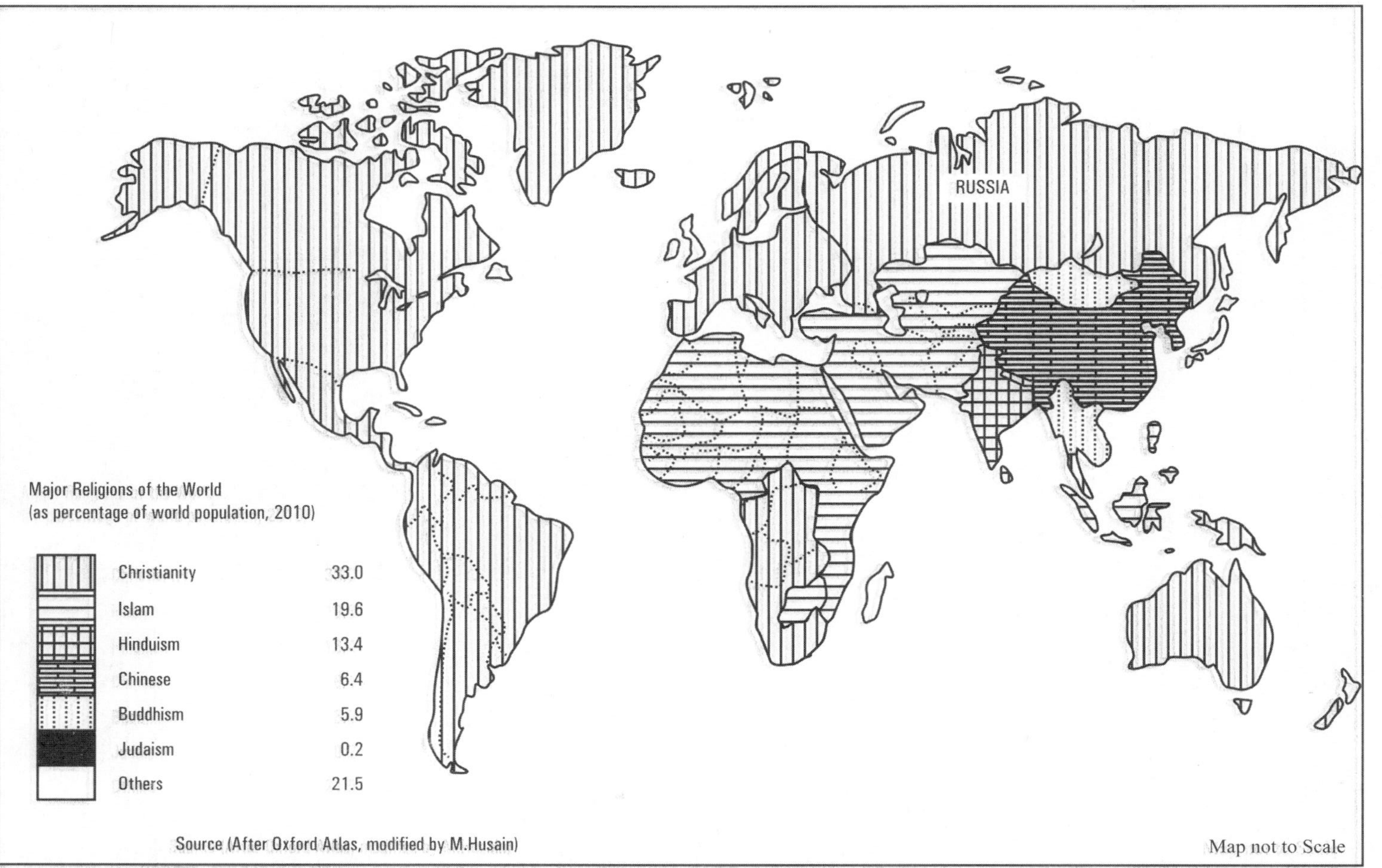

Source (After Oxford Atlas, modified by M.Husain)

Fig. 9.9 Major religions of the world

भाषा की भाँति धर्म भी संस्कृति का एक ही मुख्य अंग है। सभी समाज किसी-न-किसी धर्म को मानने वाले हैं यहाँ तक कि नास्तिकता को भी कुछ विद्वानों ने एक प्रकार का धर्म ही माना है।

विश्व के प्रमुख धर्म और विभिन्न देशों में उनका वितरण **Fig. 9.9** में दिखाया गया है, जबकि विभिन्न देशों में उनकी संख्या **तालिका 9.3** में दी गई है।

तालिका 9.3: देश के अनुसार विभिन्न धर्मों के अनुयायी

श्रेणी	देश का नाम	अनुयायियों की संख्या	अनुयायी % में
		बुद्धिष्ट	
1.	चीन	244,130,000	18.20
2.	थाइलैण्ड	64,420,000	93.20
3.	जापान	45,820,000	36.20
4.	स्थानभार	38,410,000	87.90
5.	श्रीलंका	14,450,000	69.30
6.	वियतनाम	14,380,000	16.40
7.	कम्बोडिया	13,690,000	96.90
8.	द. कोरिया	11,050,000	22.90
9.	भारत	9,250,000	0.80
10.	मलेशिया	5,010,000	19.80
		ईसाई	
1.	संयुक्त राज्य अमेरिका	213,000,000	65
2.	ब्राजील	175,700,000	91.4
3.	मेक्सिको	122,500,000	83.6
4.	रूस	117,640,000	93
5.	फिलीपीन्स	110,644,000	85
6.	नाइजीरिया	92,281,000	52.8
7.	काँगो	68,558,000	95.6
8.	इथियोपिया	54,978,000	64.5
9.	इटली	54,070,000	91.5
10.	जर्मनी	47,200,000	57.3
		हिन्दू	
1.	भारत	1,053,000,000	79.80
2.	नेपाल	23,500,000	81.30
3.	बांग्लादेश	14,300,000	8.54
4.	इंडोनेशिया	4,400,000	1.69
5.	पाकिस्तान	3,626,000	1.85
6.	श्रीलंका	2,671,000	12.60
7.	संयुक्त राज्य अमेरिका	2,230,000	0.70
8.	मलेशिया	1,949,000	6.30
9.	यूनाइटेड किंगडम	832,000	1.70
10.	मॉरीशस	600,423	48.50

	मुसलमान		
1.	इंडोनेशिया	229,000,000	87.20
2.	पाकिस्तान	200,400,000	96.50
3.	भारत	195,000,000	14.20
4.	बांग्लादेश	153,700,000	90.40
5.	नाइजीरिया	99,000,000	49.60
6.	मिस्र	87,500,000	92.35
7.	ईरान	82,500,000	99.40
8.	टर्की	79,850,000	99.20
9.	अल्जीरिया	41,240,913	99.00
10.	सूडान	39,585,777	97.00
	यहूदी		
1.	इजरायल	6,738,500	78.80
2.	संयुक्त राज्य अमेरिका	5,700,000	1.75
3.	फ्रांस	453,000	0.70
4.	कनाडा	390,500	1.06
5.	यूनाइटेड किंगडम	290,000	0.43
6.	आर्जेंटीना	180,300	0.41
7.	रूस	172,000	0.12
8.	जर्मनी	116,000	0.14
9.	ऑस्ट्रेलिया	113,400	0.46
10.	ब्राजील	93,200	0.04

Source: worldpopulationsreview.com

भाषाएं (Languages)

भाषा समाजीकरण का एक प्रमुख माध्यम है। सांस्कृतिक तथा ऐतिहासिक धरोहर के संचय के लिये भाषा अनिवार्य है।

भाषाओं का विकास धीरे-धीरे होता है। विश्व की प्रमुख भाषायें **तालिका 9.4** में दी गई है। विश्व की प्रमुख भाषाओं को निम्न 16 वर्गों में विभाजित किया गया है।

तालिका 9.4: भाषाओं के प्रमुख वर्ग

1.	अफ्रो-एशियेंटिक	9.	मलायो-फोनेशियन
2.	इण्डो-अमेरिकन	10.	मॉन-खामेर
3.	ऑस्ट्रोनेशियन	11.	नाइजर-कांगो
4.	द्रविडियन	12.	नाइलो-सहारा
5.	इण्डो-यूरोपियन	13.	पापुआन
6.	कॉकेसियन	14.	चीनी-तिब्बतन
7.	जापानी	15.	यूरेलिक एवं अल्टाई
8.	खोयसान	16.	अवर्गीकृत

Source: *The Nystrom Desk Atlas, 2008, Herff Jones Education Division, India napolis, p.43.*

इण्डो-यूरोपियन भाषाएं (Indo -European Languages)

विश्व में सबसे अधिक बोली जाने वाली भाषा इण्डो-यूरोपियन है। विश्व की प्रमुख इण्डो-यूरोपियन भाषाओं तथा उनके प्रमुख देशों को **तालिका 9.5** में दिया गया है।

तालिका 9.5: इण्डो-यूरोपियन भाषाएं

भाषा वर्ग	भाषा उपवर्ग	भाषाओं के नाम
1. इण्डो-आर्यन (Indo-Aryan)	इण्डिक	1. हिन्दी 2. ऊर्दू 3. बांग्ला (बंगाली) 4. पंजाबी
	ईरानी	1. पर्शियन (फारसी एवं दरी) 2. पश्तो 3. ताजिक 4. कुर्दिश
2. इटैलिक (Italic)	लैटिन अथवा रोमन	1. पुर्तगाली 2. स्पेनिश 3. फ्रैंच 4. इटैलियन 5. रोमानियाई
3. सेल्टिक (Celtic)	सेल्टिक	1. वेल्स गैलिक
4. जर्मेनिक (Germanic)	प. जर्मेनिक (West Germanic)	1. डच 2. जर्मन 3. इंग्लिश
	उत्तरी जर्मेनिक (North Germanic)	1. आईस लैंडिक 2. नॉर्वेजियन 3. स्वीडिश 4. डैनिश
5. बाल्टो-स्लेविक (Balto-Slavic)	बाल्टिक (Baltic)	1. लिथुएनियन 2. लाटवियन
	वेस्ट सलेविक (West slavic)	1. पोलिश 2. चैक
	दक्षिणी स्लेविक (South Slavic)	1. स्लोवेनियन 2. सर्बियन क्रोएशियाई 3. मैसीडोनियाई 4. बुल्गेरियन
	ईस्ट स्लेविक (East Slavic)	1. यूक्रेनियन 2. बेलारूस 3. रूसी
6. अन्य इण्डो-यूरोपियन भाषायें		1. अल्बेनियन 2. यूनानी 3. अर्मीनियन

Source: *The Nystrom Desk Atlas, 2008, Nystrom, Herff Jones Education Division.*

नगरीकरण (Urbanization)

विश्व की लगभग आधी जनसंख्या नगरों में रहती है। विगत पचास वर्षों में विश्व की नगरीय जनसंख्या में चार गुना वृद्धि हुई है। जैसे-जैसे कृषि क्षमता बढ़ी और कृषि का मशीनीकरण हुआ तो बहुत-से मज़दूरों तथा धनी किसानों ने नगरों की ओर प्रस्थान किया। विश्व के विभिन्न देशों की नगरीय जनसंख्या **Fig. 9.10** में दिखाई गई है। इस मानचित्र से देखा जा सकता है कि बड़े विकसित देशों में 75 से 97 प्रतिशत जनसंख्या नगरों में रहती है। इसके विपरीत अफ्रीका के अधिकतर देशों में 25 प्रतिशत से कम जनसंख्या नगरीय है। एशिया के जापान, द. कोरिया, हांगकांग, कुवैत, ईरान, सिंगापुर, सऊदी अरब, इजराइल, तुर्की तथा यू.ए.ई. में लगभग 50 प्रतिशत अथवा इससे अधिक जनसंख्या नगरीय है **(Fig. 9.10)**।

अन्तर्राष्ट्रीय व्यापार संगठन (International Trade Organisations)

तालिका 9.6: अन्तर्राष्ट्रीय व्यापार संगठन

क्र.सं.	व्यापार संगठन	सदस्य देशों की संख्या	सदस्य देश
1.	एपीईसी - एशिया प्रशान्त आर्थिक सहयोग	21	ऑस्ट्रेलिया, ब्रूनी, दारुसलम, कनाडा, चिली, चीन, चाइनीज ताइवे, हॉगकॉग, इण्डोनेशिया, जापान, मलेशिया, मेक्सिको, न्यूजीलैण्ड, पापुआ न्यू गिनी, पेरू, कोरिया, फिलीपीन्स, रूस, वियतनाम, सिंगापुर, थाइलैण्ड, संयुक्त राज्य अमेरिका
2.	एएमयू - अरब माघरेज संगठन	5	अल्जीरिया, लीबिया, मोरक्को, मॉरीशस, ट्यूनीसिया
3.	सीएएफटीए - डीआर- मध्य अमेरिकन स्वतंत्र व्यापार समझौता-5		संयुक्त राज्य अमेरिका और कोस्टरिका, द डोमिनीकन रिपब्लिक, एल सलवाडोर ग्वाटेमाला, होन्डूरस और निकारगुआ
4.	ईसीसीएएस - मध्य अफ्रीकी देशों का आर्थिक समुदाय		अंगोला, बुरण्डी, कमरुन, मध्य अफ्रीकी गणराज्य, चाड, प्रजातांत्रिक गणराज्य काँगों, भूमध्यरेखीय गुएना, गैबोन, खाण्डा और साओ टोमी और प्रिजिप।
5.	ईएसी - पूर्वी अफ्रीकन समुदाय	6	बुरण्डी, कीनिया, खाण्डा, द. सूडान, तंजानिया और युगाण्डा
6.	ईसीओडब्ल्यूएएस - पश्चिमी अफ्रीकी देशों का आर्थिक समुदाय	15	बेनिन, बुर्कीना फासो, बुल्गारिया, कोशिया साइप्रस, चैक गणराज्य, डेनमार्क, फिनलैण्ड एस्टोनिया, फ्रांस, जर्मनी, ग्रीस, हंगरी, आयरलैण्ड, इटली, लातविया, लिथुनिआ लवन्जेमवर्ग, माल्टा, नीदरलैण्ड, पोलैण्ड, पुर्तगाल और रोमानिया
7.	ईयू-यूरोपियन संगठन	27	आस्ट्रिया, बेल्जियम, बुल्गारिया, क्रोशिया साइप्रस, चैक गणराज्य, डेनमार्क, एस्टोनिया, फिनलैण्ड, फ्रांस, जर्मनी, ग्रीस, हंगरी, आयरलैण्ड, इटली, लाटविआ, लिव्यूनिआ लक्जेमबर्ग, माल्टा, नीदरलैण्ड, पोलैण्ड, पुर्तगाल, रोमानिया, स्लोवाकिया, स्पेन, स्वीडन, स्लोवानिआ
8.	ईयूआरएएसईसी - यूरेशियन आर्थिक समुदाय	7	बेलारूस, कजाखस्तान, किर्गिस्तान, रूस, तजाकिस्तान और उजबेकिस्तान
9.	जीसीसी-खाड़ी सहयोग संगठन	6	सऊदी अरब, कुवैत, यूएई, कतर, वहरीन, ओमान
10.	एमईआरसीओएसयूआर-दक्षिणी सामान्य बाजार	5	अर्जेन्टीना, ब्राजील, परागुए, उसगुए और वेनेजुएला (दिसम्बर 2016 से सस्पेन्ड)

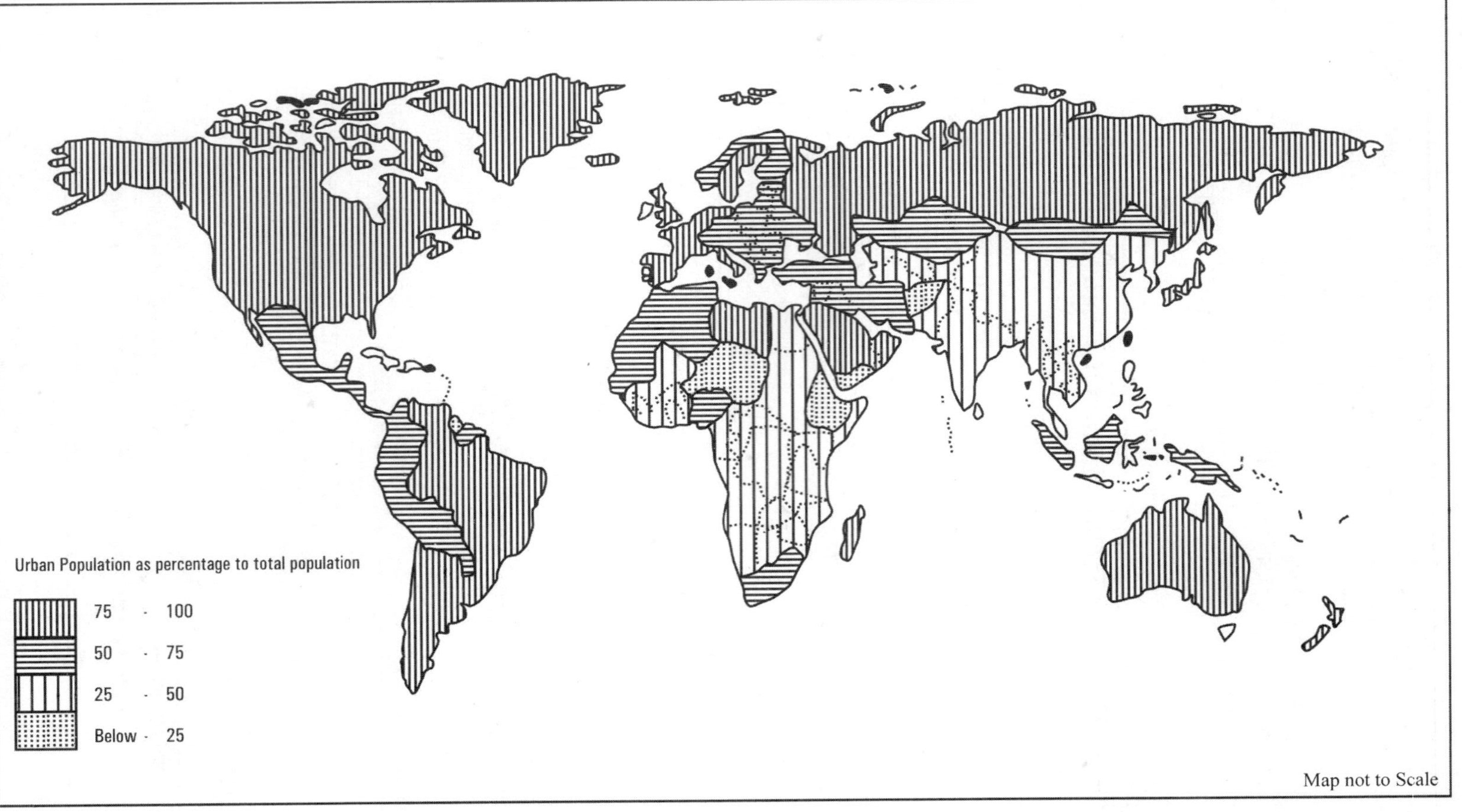

Fig. 9.10 World urbanisation

11.	एनएएफटीए (नाफ्टा)-उत्तरी अमेरिका स्वतंत्र व्यापार सहयोग	3	कनाडा, मेक्सिको, संयुक्त राज्य अमेरिका
12.	एसएएआरसी (सार्क)-दक्षिण एशिया सहयोग संगठन	8	भारत, अफगानिस्तान, पाकिस्तान, बांग्लादेश, नेपाल, भूटान, मालदीव और श्रीलंका
13.	एसएसीयू-दक्षिण अफ्रीकी कस्टम संगठन	5	बोत्सबना, लैसोथो, नामीबिया, दक्षिण अफ्रीका और स्विट्रलैण्ड

Source: *World Bank*

यूरोपीयन संघ (European Union)

यह विश्व का एक बडा महत्वपूर्ण आर्थिक संगठन है, जो स्वतंत्र व्यापार में सहायक है। इसके कुछ सदस्य देशों की मुद्रा भी एक ही है, जिसको यूरो (Euro) कहते हैं। इसके सदस्य देशों में ऑस्ट्रिया, बेल्जियम, बुल्गारिया, चैक-गणराज्य, डेनमार्क, फिनलैंड, फ्रांस, जमर्नी, ग्रीस (यूनान), हंगरी, आयरलैंड, इटली, लाटविया, लिथुआनिया, माल्टा, नी. दरलैंड, पोलैंड, पुर्तगाल, रोमानिया, स्लोवाकिया, स्लोवेनिया, स्पेन, स्वीडन, क्रोएशिया, साइप्रस, एस्टोनिया, लक्ज़मबर्ग इसके सदस्य है **(Fig. 9.12)**।

विश्व मुद्रा बाजार (World Money Market)

विश्व वित्त बाजार पर टोक्यो, न्यूयॉर्क तथा लन्दन बाजार का अधिपत्य रहा है। इनकी भौगोलिक अवस्थिति ऐसी है कि दिन के 24 घंटे कोई न कोई बाजार खुला रहता है। 1980 के पश्चात काफी अधिक प्रौद्योगिकीय विकास हुआ है, जिसके कारण विश्व वित्तीय बाजार में भारी सरलता तथा तेजी आई है।

मानव विकास सूचकांक (Human Development Index)

मानव विकास सूचकांक का विकास 1990 में हुआ। इसके जनक पाकिस्तानी अर्थशास्त्री महबूब-उल-हक थे। उन्होंने मानव विकास सूचकांक इन आंकड़ों पर तैयार किया। 1. औसत आयु, 2. साक्षरता तथा शिक्षा, 3. औसत आय तथा जीवन स्तर, 4. मानव गरीबी सूचकांक, 5. लिंग विकास, 6. लैंगिक सशक्तीकरण। विश्व के मानव विकास में अधिक तथा कम विकसित देशों को **Fig. 9.13** में दिखाया गया है तथा विभिन्न देशों का मानव-विकास में स्थान **तालिका 9.7** में दिया गया है।

तालिका 9.7 के अध्ययन से पता चलता है कि मानव विकास सूचकांक में नॉर्वे का स्थान प्रथम है। उसके पश्चात क्रमशः आयरलैंड, स्विट्जरलैंड, हांगकांग, आइसलैंड, जर्मनी तथा का नम्बर आता है। भारत का स्थान 131 है, जबकि श्रीलंका का स्थान 72, पाकिस्तान का 154 तथा बंग्लादेश का 133 है।

सबसे नीचे नाइजर का स्थान 189 है। मध्य अफ्रीकी गणराज्य 188, चाड 187, द-सूडान 185 तथा बुरून्डी का स्थान 185 है। संक्षेप में कहा जा सकता है कि, उत्तरी-पश्चिमी यूरोप के देश मानव विकास सूचकांक में बहुत विकसित हैं, परन्तु अफ्रीका के अधिकतर देश मानव विकास सूचकांक में बहुत कम विकसित हैं।

भारत की स्थिति मानव विकास सूचकांक में 130वें अंक के आसपास बनी रहती है।

कोविड-19 महामारी (COVID-19 Pandemic)

कोविड-19 महामारी प्रकृति में अत्यधिक संक्रामक एक वायरस कोरोना वायरस का संक्रमण है। कोरोना वायरस का नाम लैटिन शब्द 'कोरोना' से बना है जिसका अर्थ है 'मुकुट'। यह पहली बार चीन से रिपोर्ट किया गया था जहां 31 दिसंबर, 2019 को हुबेई प्रांत के वुहान में निमोनिया के एक समूह की सूचना मिली थी।

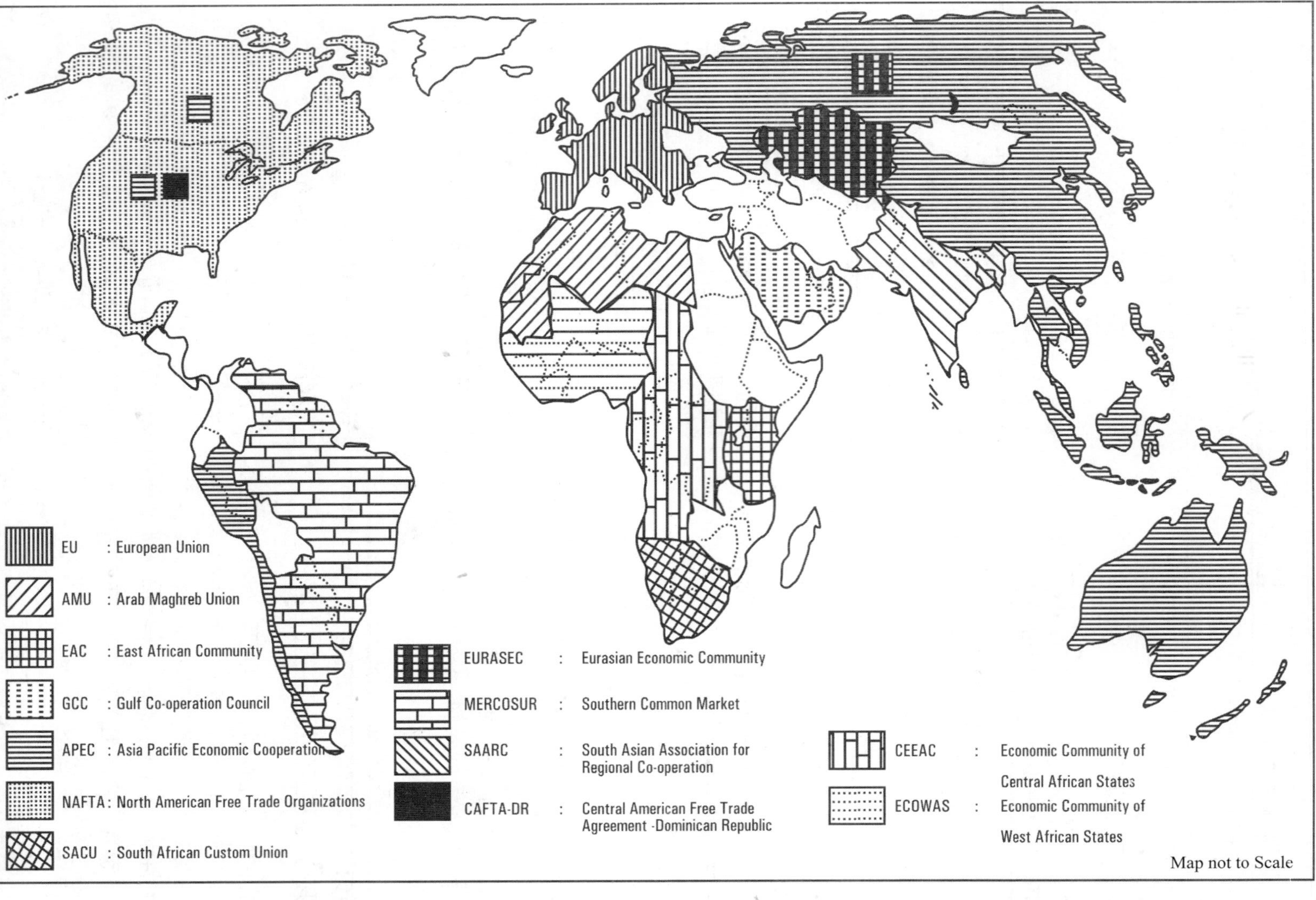

Fig. 9.11 International Trade Organisation (After the Nystrom Desk Atlas, 2008, p.41.)

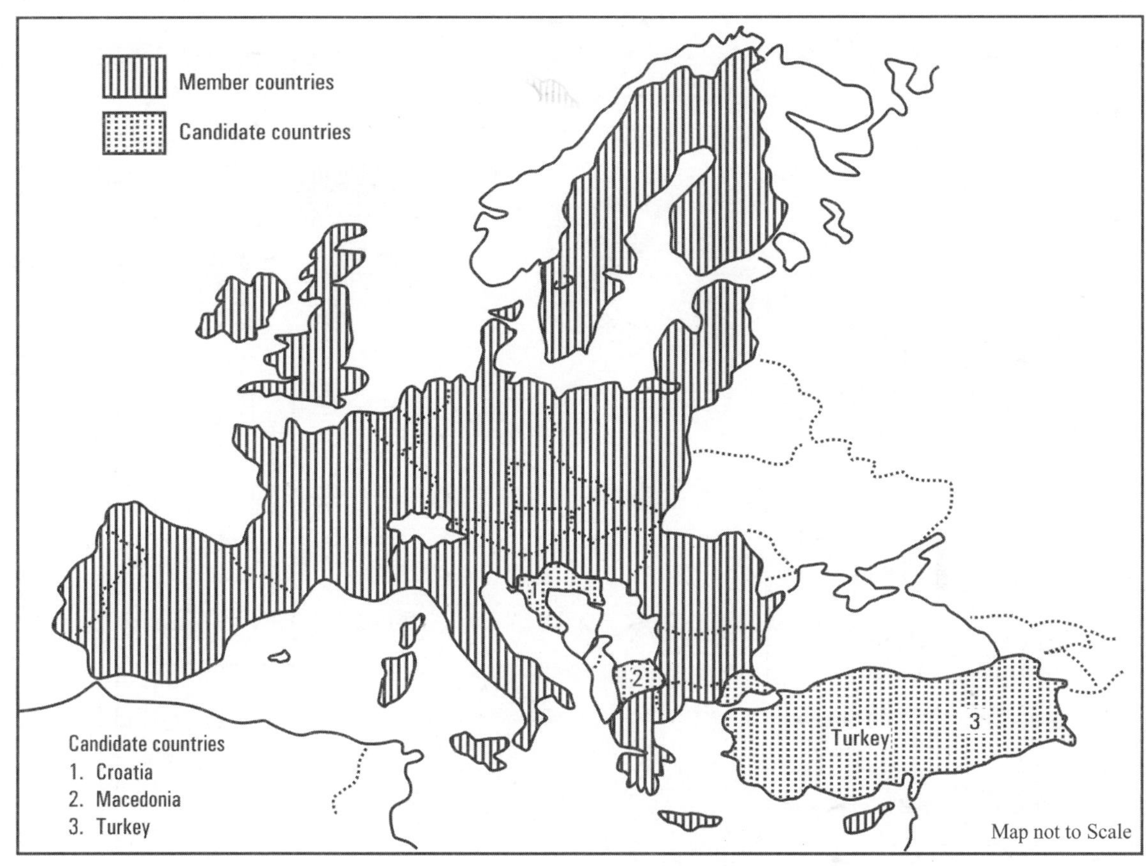

Fig. 9.12 Countries of European Union

विश्व स्वास्थ्य संगठन, (डब्ल्यूएचओ) द्वारा 30 जनवरी, 2020 को इसके प्रकोप को सार्वजनिक स्वास्थ्य आपातकाल घोषित किया गया था। संगठन द्वारा 11 फरवरी, 2020 को कोरोना रोग (COVID-19) पैदा करने वाले वायरस के नाम की घोषणा SARS-CoV-2 के रूप में की गई थी। वायरस जूनोटिक है जिसका अर्थ है कि यह जानवरों और मनुष्यों के बीच फैलता है। अपने प्रसार के बाद से वायरस ने अपने कई प्रकार विकसित कर लिये हैं। इस वायरस के लिए अभी कई वैक्सीन उपलब्ध हैं। अप्रैल 2022 तक, वैश्विक स्तर पर 11,294 मिलियन से अधिक वैक्सीन खुराक दी जा चुकी थीं। बुजुर्ग और जरूरतमंद लोगों को बूस्टर डोज मुहैया कराई जा रही है।

अप्रैल, 2022 तक, विश्व स्वास्थ्य संगठन की रिपोर्ट के अनुसार, वैश्विक स्तर पर 6,190,349 मौतों के साथ COVID-19 के 50,186, 525 पुष्ट मामले सामने आए हैं।

वैश्विक स्तर COVID-19 के मामले, अप्रैल 2022

क्र.सं.	वैश्विक क्षेत्र	मामलों
1.	अमेरिका	151,691,843
2.	यूरोप	209,507,148
3.	पूर्वी भूमध्यसागर	21,653,390
4.	दक्षिण-पूर्व एशिया	57,506,064
5.	वेस्टर्न पेसिफिक	51,151,175
6.	अफ्रीका	86,76,141

सोशल डिस्टेंसिंग, चेहरे को मास्क से ढकना, हाथ धोना इस बीमारी से बचाव के कुछ उपाय हैं। लॉकडाउन, नियंत्रण, संपर्क अनुरेखण, परीक्षण, 28 दिनों तक के संगरोध, अलगाव ने देशों को शृंखला को तोड़ने या वक्र को समतल करने के लिए और प्रसार को सीमित करने में मदद की है।

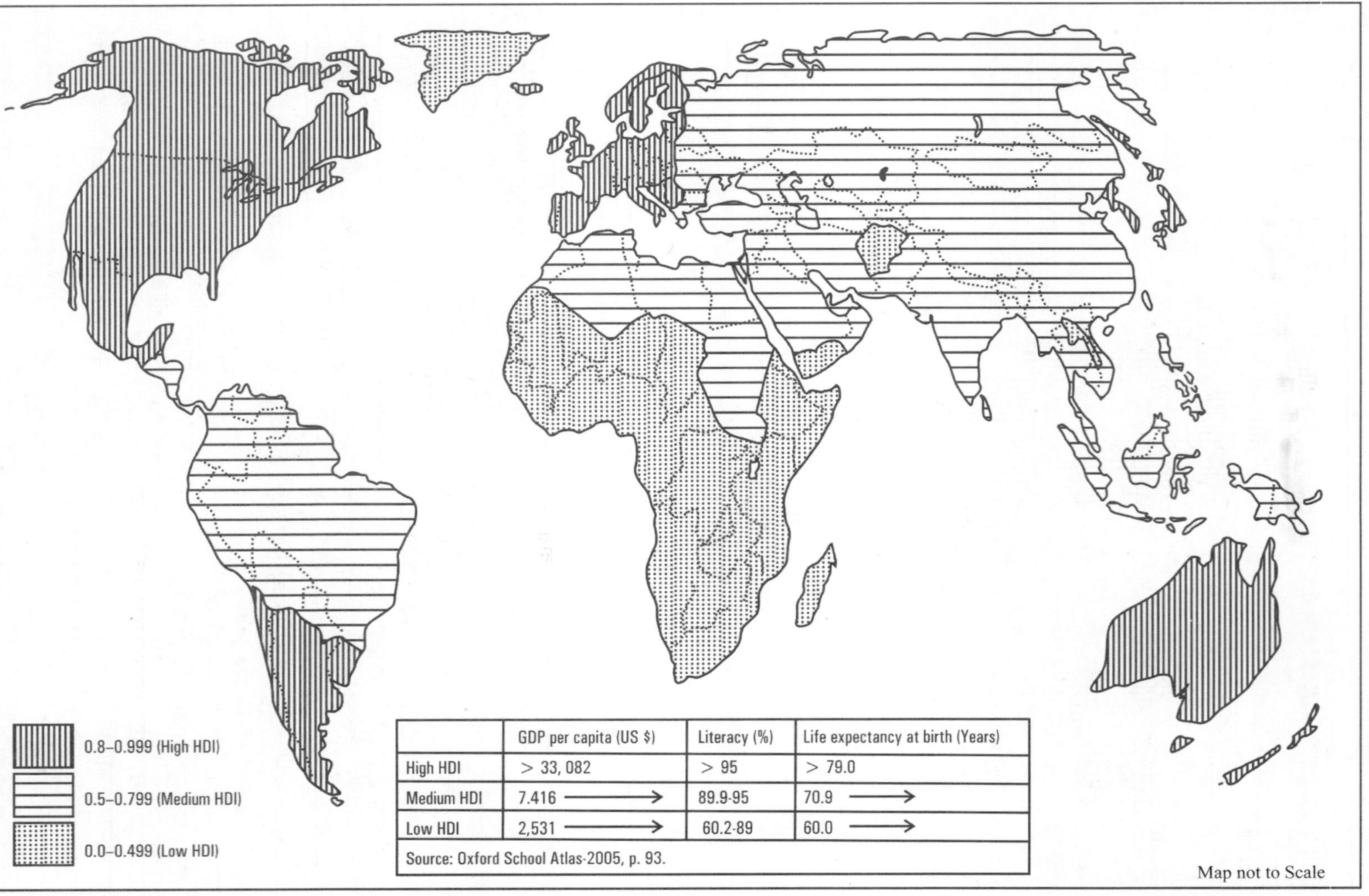

	GDP per capita (US $)	Literacy (%)	Life expectancy at birth (Years)
High HDI	> 33, 082	> 95	> 79.0
Medium HDI	7.416 ⟶	89.9-95	70.9 ⟶
Low HDI	2,531 ⟶	60.2-89	60.0 ⟶

Source: Oxford School Atlas-2005, p. 93.

Fig. 9.13 World – Human Development

तालिका 9.7: मानव विकास सूचकांक (2020)

क्र. सं.	एचडीआई रैंक	मानवीय विकास सूचकांक (एचडीआई) मूल्य 2019	ग्रहों का दबाव-समायोजित एचडीआई (पीएचडीआई) मूल्य 2019	ग्रहों का दबाव-समायोजित एचडीआई (पीएचडीआई) एचडीआई मूल्य (%) से अंतर 2019	ग्रहों का दबाव-समायोजित एचडीआई (पीएचडीआई) एचडीआई रैंक से अंतर 2019,	समायोजन कारक ग्रहों के लिए दबाव मूल्य 2019	एसडीजी 9.4 कार्बन डाइआक्साइड उत्सर्जन प्रति व्यक्ति (उत्पादन) (टन) 2018	कार्बन डाइआक्साइड उत्सर्जन (उत्पादन) सूचकांक मूल्य 2018	एसडीजी 8.4, 12.2 सामग्री पदचिह्न प्रति व्यक्ति (टन) 2017	सामग्री पदचिह्न सूचकांक मूल्य 2017
बहुत उच्च मानव विकास										
1	नॉर्वे	0.957	0.781	18.4	−15	0.816	8.3	0.881	37.9	0.752
2	आयरलैंड	0.955	0.833	12.8	1	0.872	8.1	0.884	21.5	0.859
2	स्विट्जरलैंड	0.955	0.825	13.6	0	0.864	4.3	0.938	32.1	0.790
4	हांगकांग, चीन (एसएआर)	0.949	–	–	–	–	5.9	0.916	–	–
4	आइसलैंड	0.949	0.768	19.1	−26	0.809	10.8	0.846	34.8	0.772
6	जर्मनी	0.947	0.814	14.0	−1	0.859	9.1	0.869	23.0	0.849
7	स्वीडन	0.945	0.817	13.5	1	0.865	4.1	0.941	32.2	0.789
8	ऑस्ट्रेलिया	0.944	0.696	26.3	−72	0.737	16.9	0.758	43.4	0.716
8	नीदरलैंड	0.944	0.794	15.9	−6	0.842	9.5	0.864	27.7	0.819
10	डेनमार्क	0.940	0.824	12.3	5	0.876	6.1	0.913	24.6	0.839
11	फिनलैंड	0.938	0.770	17.9	−19	0.821	8.5	0.878	36.1	0.763
11	सिंगापुर	0.938	0.656	30.1	−92	0.700	7.1	0.898	76.1	0.501
13	यूनाइटेड किंगडम	0.932	0.825	11.5	10	0.885	5.6	0.919	22.7	0.851
14	बेल्जियम	0.931	0.800	14.1	4	0.859	8.7	0.876	24.1	0.842
14	न्यूजीलैंड	0.931	0.808	13.2	6	0.867	7.3	0.895	24.5	0.840
16	कनाडा	0.929	0.721	22.4	−40	0.776	15.3	0.781	34.9	0.771
17	संयुक्त राज्य अमेरिका	0.926	0.718	22.5	−45	0.775	16.6	0.763	32.5	0.787
18	ऑस्ट्रिया	0.922	0.771	16.4	−11	0.837	7.7	0.889	32.9	0.784
19	इजराईल	0.919	0.797	13.3	7	0.867	7.7	0.890	23.9	0.843
19	जापान	0.919	0.781	15.0	2	0.850	9.1	0.869	25.9	0.830
19	लिकटेंस्टाइन	0.919	–	–	–	–	4.0	0.942	–	–
22	स्लोवेनिया	0.917	0.800	12.8	11	0.873	6.9	0.901	23.7	0.845
23	कोरिया गणतंत्र	0.916	0.746	18.6	−19	0.814	12.9	0.816	28.6	0.813
23	लक्समबर्ग	0.916	0.495	46.0	−131	0.541	15.9	0.773	105.6	0.308
25	स्पेन	0.904	0.795	12.1	11	0.880	5.7	0.918	24.1	0.842
26	फ्रांस	0.901	0.801	11.1	16	0.889	5.2	0.926	22.5	0.853
27	चेकिया	0.900	0.768	14.7	−5	0.853	9.9	0.858	23.0	0.849

28	माल्टा	0.895	0.794	11.3	13	0.887	3.6	0.948	26.5	0.826
29	एस्तोनिया	0.892	0.711	20.3	−40	0.797	14.8	0.788	29.6	0.806
29	इटली	0.892	0.792	11.2	12	0.888	5.6	0.920	21.9	0.857
31	संयुक्त अरब अमीरात	0.890	0.609	31.6	−87	0.685	21.3	0.694	49.6	0.675
32	यूनान	0.888	0.768	13.5	0	0.865	7.0	0.899	25.8	0.831
33	साइप्रस	0.887	0.767	13.5	−2	0.865	6.3	0.910	27.5	0.820
34	लिथुआनिया	0.882	0.746	15.4	−8	0.846	4.8	0.931	36.3	0.762
35	पोलैंड	0.880	0.752	14.5	−5	0.855	9.1	0.870	24.5	0.839
36	एंडोरा	0.868	–	–	–	–	6.1	0.912	–	–
37	लातविया	0.866	0.777	10.3	9	0.897	3.7	0.947	23.2	0.848
38	पुर्तगाल	0.864	0.780	9.7	15	0.903	5.0	0.929	18.7	0.878
39	स्लोवाकिया	0.860	0.720	16.3	−21	0.837	6.6	0.905	35.3	0.769
40	हंगरी	0.854	0.781	8.5	21	0.915	5.1	0.926	14.9	0.903
40	सऊदी अरब	0.854	0.707	17.2	−33	0.827	18.4	0.736	12.4	0.919
42	बहरीन	0.852	0.691	18.9	−42	0.811	19.8	0.717	14.4	0.906
43	चिली	0.851	0.774	9.0	14	0.910	4.6	0.934	17.5	0.885
43	क्रोएशिया	0.851	0.779	8.5	19	0.916	4.5	0.936	16.0	0.895
45	कतर	0.848	0.581	31.5	−84	0.685	38.0	0.456	13.2	0.913
46	अर्जेंटीना	0.845	0.778	7.9	20	0.920	4.4	0.937	14.7	0.904
47	ब्रुनेई दारुस्सलाम	0.838	0.672	19.8	−49	0.802	18.5	0.735	20.0	0.869
48	मोंटेनेग्रो	0.829	0.738	11.0	−1	0.890	3.2	0.954	26.7	0.825
49	रोमानिया	0.828	0.760	8.2	11	0.917	3.8	0.946	16.9	0.889
50	पलाउ	0.826	–	–	–	–	13.2	0.811	–	–
51	कजाखस्तान	0.825	0.672	18.5	−46	0.815	17.6	0.749	18.1	0.881
52	रूसी संघ	0.824	0.728	11.7	−4	0.883	11.7	0.832	9.9	0.935
53	बेलारूस	0.823	0.781	5.1	33	0.949	6.9	0.901	0.4	0.997
54	टर्की	0.820	0.746	9.0	10	0.910	5.2	0.926	16.2	0.894
55	उरुग्वे	0.817	0.704	13.8	−20	0.862	2.0	0.971	37.7	0.753
56	बुल्गारिया	0.816	0.745	8.7	9	0.913	6.3	0.910	12.8	0.916
57	पनामा	0.815	0.778	4.5	30	0.955	2.6	0.963	8.0	0.947
58	बहामा	0.814	0.733	10.0	6	0.900	4.7	0.933	20.2	0.868
58	बारबाडोस	0.814	0.758	6.9	18	0.932	4.5	0.936	11.1	0.927
60	ओमान	0.813	0.704	13.4	−15	0.866	13.9	0.801	10.4	0.932
61	जॉर्जिया	0.812	0.772	4.9	30	0.951	2.6	0.962	9.1	0.940
62	कोस्टारिका	0.810	0.779	3.8	37	0.961	1.6	0.977	8.3	0.946
62	मलेशिया	0.810	0.699	13.7	−18	0.863	8.1	0.884	24.2	0.842
64	कुवैत	0.806	0.547	32.1	−74	0.678	23.7	0.661	46.5	0.696
64	सर्बिया	0.806	0.732	9.2	10	0.908	5.2	0.926	16.7	0.891
66	मॉरीशस	0.804	0.727	9.6	9	0.904	3.8	0.945	20.8	0.864

67	सेशल्स	0.796	0.699	12.2	–13	0.879	6.7	0.903	22.3	0.854
67	त्रिनिदाद और टोबैगो	0.796	0.603	24.2	–54	0.758	31.3	0.552	5.6	0.963
69	अल्बानिया	0.795	0.756	4.9	28	0.951	1.6	0.977	11.4	0.925
70	क्यूबा	0.783	0.749	4.3	27	0.957	2.5	0.964	7.8	0.949
70	ईरान (इस्लामिक रिपब्लिक ऑफ)	0.783	0.698	10.9	–12	0.891	8.8	0.874	14.1	0.908
72	श्री लंका	0.782	0.765	2.2	34	0.979	1.1	0.984	4.1	0.973
73	बोस्निया और हर्जेगोविना	0.780	0.718	7.9	8	0.920	6.5	0.907	10.2	0.933
74	ग्रेनेडा	0.779	–	–	–	–	2.4	0.965	–	–
74	मेक्सिको	0.779	0.733	5.9	22	0.941	3.8	0.946	9.8	0.936
74	संत किट्स और नेविस	0.779	–	–	–	–	4.6	0.934	–	–
74	यूक्रेन	0.779	0.720	7.6	13	0.924	5.1	0.927	12.1	0.920
78	अंतिगुया और बार्बूडा	0.778	0.713	8.4	7	0.917	5.9	0.916	12.5	0.918
79	पेरू	0.777	0.743	4.4	28	0.956	1.7	0.975	9.6	0.937
79	थाईलैंड	0.777	0.716	7.9	9	0.921	4.2	0.941	15.0	0.902
81	आर्मीनिया	0.776	0.745	4.0	32	0.960	1.9	0.973	8.2	0.947
82	उत्तर मैसेडोनिया	0.774	0.720	7.0	19	0.930	3.5	0.950	13.8	0.910
83	कोलंबिया	0.767	0.729	5.0	26	0.951	2.0	0.972	10.7	0.930
84	ब्राजील	0.765	0.710	7.2	10	0.927	2.2	0.969	17.4	0.886
85	चीन	0.761	0.671	11.8	–16	0.881	7.0	0.899	20.9	0.863
86	इक्वेडोर	0.759	0.718	5.4	19	0.947	2.5	0.965	11.0	0.928
86	सेंट लूसिया	0.759	–	–	–	–	2.3	0.967	–	–
88	आजरबाइजान	0.756	0.720	4.8	24	0.953	3.7	0.947	6.3	0.959
88	डोमिनिकन गणराज्य	0.756	0.727	3.8	28	0.962	2.3	0.967	6.6	0.957
90	मोल्दोवा (गणराज्य)	0.750	0.734	2.1	36	0.979	1.3	0.982	3.8	0.975
91	एलजीरिया	0.748	0.721	3.6	29	0.963	3.7	0.947	3.1	0.980
92	लेबनान	0.744	0.688	7.5	–2	0.924	3.5	0.949	15.4	0.899
93	फिजी	0.743	0.713	4.0	21	0.959	2.4	0.966	7.2	0.953
94	डोमिनिका	0.742	–	–	–	–	2.5	0.964	–	–
95	मालदीव	0.740	0.689	6.9	1	0.931	3.0	0.958	14.5	0.905
95	ट्यूनीशिया	0.740	0.710	4.1	19	0.960	2.7	0.961	6.3	0.959
97	संत विंसेंट अँड थे ग्रेनडीनेस	0.738	–	–	–	–	2.0	0.971	–	–
97	सूरीनाम	0.738	0.687	6.9	1	0.931	3.1	0.956	14.2	0.907
99	मंगोलिया	0.737	0.657	10.9	–10	0.891	8.9	0.873	13.9	0.909
100	बोत्सवाना	0.735	0.637	13.3	–18	0.867	3.0	0.958	34.1	0.776

101	जमैका	0.734	0.700	4.6	18	0.954	2.8	0.960	7.9	0.948
102	जॉर्डन	0.729	0.700	4.0	19	0.961	2.4	0.965	6.7	0.956
103	परागुआ	0.728	0.686	5.8	5	0.943	1.1	0.985	15.1	0.901
104	टोंगा	0.725	–	–	–	–	1.3	0.981	–	–
105	लीबिया	0.724	0.673	7.0	3	0.929	8.1	0.884	3.9	0.974
106	उज्बेकिस्तान	0.720	0.691	4.0	15	0.960	2.8	0.960	6.0	0.960
107	बोलीविया (बहुराष्ट्रीय राज्य)	0.718	0.695	3.2	17	0.968	2.0	0.972	5.5	0.964
107	इंडोनेशिया	0.718	0.691	3.8	16	0.963	2.3	0.967	6.3	0.959
107	फिलीपींस	0.718	0.701	2.4	24	0.977	1.3	0.982	4.4	0.971
110	बेलीज	0.716	0.690	3.6	16	0.964	1.5	0.979	7.8	0.949
111	समोआ	0.715	0.690	3.5	17	0.965	1.3	0.981	7.9	0.948
111	तुर्कमेनिस्तान	0.715	0.595	16.8	−18	0.832	13.7	0.805	21.5	0.859
113	वेनेजुएला (बोलीवियाई गणराज्य)	0.711	0.670	5.8	7	0.942	4.8	0.931	7.3	0.952
114	दक्षिण अफ्रीका	0.709	0.648	8.6	−1	0.914	8.1	0.884	8.5	0.945
115	फिलिस्तीन, राज्य	0.708	–	–	–	–	0.7	0.991	–	–
116	मिस्र	0.707	0.684	3.3	15	0.967	2.4	0.965	4.8	0.968
117	मार्शल द्वीप समूह	0.704	–	–	–	–	2.6	0.963	–	–
117	वियतनाम	0.704	0.664	5.7	7	0.943	2.2	0.969	12.7	0.917
119	गैबॉन	0.703	0.680	3.3	16	0.967	2.5	0.964	4.5	0.971
120	किर्गिजस्तान	0.697	0.669	4.0	11	0.960	1.6	0.977	8.7	0.943
121	मोरक्को	0.686	0.668	2.6	11	0.974	1.8	0.974	3.9	0.975
122	गुयाना	0.682	–	–	–	–	3.1	0.955	– बी	–
123	इराक	0.674	0.642	4.7	3	0.953	5.3	0.924	2.8	0.982
124	एल साल्वाडोर	0.673	0.654	2.8	8	0.972	1.1	0.984	6.3	0.959
125	तजाकिस्तान	0.668	0.657	1.6	12	0.984	0.6	0.991	3.7	0.976
126	काबो वर्दे	0.665	0.641	3.6	5	0.964	1.2	0.983	8.6	0.944
127	ग्वाटेमाला	0.663	0.650	2.0	10	0.980	1.1	0.985	3.9	0.975
128	निकारागुआ	0.660	0.647	2.0	9	0.980	0.9	0.988	4.3	0.972
129	भूटान	0.654	0.624	4.6	4	0.954	1.6	0.977	10.4	0.932
130	नामीबिया	0.646	0.621	3.9	4	0.961	1.7	0.975	8.2	0.946
131	भारत	0.645	0.626	2.9	8	0.971	2.0	0.972	4.6	0.970
132	होंडुरस	0.634	0.621	2.1	6	0.980	1.0	0.985	4.0	0.974
133	बांग्लादेश	0.632	0.625	1.1	9	0.988	0.5	0.992	2.4	0.985
134	किरिबाती	0.630	–	–	–	–	0.6	0.991	–	–
135	साओ टोमे और प्रिंसिपे	0.625	0.610	2.4	6	0.976	0.6	0.992	5.9	0.961
136	माइक्रोनेशिया (संघीय राज्य)	0.620	–	–	–	–	1.3	0.981	–	–

137	लाओ पीपुल्स डेमोक्रेटिक रिपब्लिक	0.613	0.586	4.4	−2	0.956	2.7	0.961	7.5	0.951
138	इस्वातिनी (राज्य)	0.611	0.587	3.9	0	0.961	1.1	0.985	9.6	0.937
138	घाना	0.611	0.601	1.6	5	0.984	0.6	0.991	3.6	0.977
140	वानुअतु	0.609	0.592	2.8	3	0.971	0.5	0.992	7.6	0.950
141	तिमोर-लेस्ते	0.606	–	–	–	–	0.4	0.994	–	–
142	नेपाल	0.602	0.595	1.2	7	0.988	0.3	0.995	2.8	0.982
143	केन्या	0.601	0.594	1.2	6	0.988	0.4	0.995	3.0	0.980
144	कंबोडिया	0.594	0.584	1.7	3	0.984	0.6	0.991	3.6	0.976
145	भूमध्यवर्ती गिनी	0.592	–	–	–	–	4.3	0.938	–	–
146	जाम्बिया	0.584	0.576	1.4	1	0.986	0.3	0.996	3.5	0.977
147	म्यांमार	0.583	0.578	0.9	3	0.992	0.5	0.993	1.4	0.991
148	अंगोला	0.581	0.570	1.9	2	0.981	1.1	0.984	3.4	0.978
149	कांगो	0.574	0.567	1.2	2	0.988	0.6	0.991	2.2	0.986
150	जिम्बाब्वे	0.571	0.562	1.6	2	0.983	0.8	0.988	3.2	0.979
151	सोलोमन इस्लैंडस	0.567	–	–	–	–	0.3	0.996	–	–
151	सीरियाई अरब गणराज्य	0.567	0.554	2.3	1	0.977	1.7	0.976	3.4	0.978
153	कैमरून	0.563	0.558	0.9	3	0.991	0.3	0.995	1.9	0.987
154	पाकिस्तान	0.557	0.547	1.8	2	0.982	1.1	0.985	3.2	0.979
155	पापुआ न्यू गिनी	0.555	0.547	1.4	3	0.985	0.9	0.987	2.6	0.983
156	कोमोरोस	0.554	–	–	–	–	0.3	0.996	–	–
157	मॉरिटानिया	0.546	0.539	1.3	1	0.987	0.6	0.991	2.5	0.984
158	बेनिन	0.545	0.535	1.8	−1	0.981	0.6	0.991	4.4	0.971
159	युगांडा	0.544	0.539	0.9	3	0.991	0.1	0.998	2.5	0.983
160	रवांडा	0.543	0.537	1.1	2	0.989	0.1	0.999	3.1	0.980
161	नाइजीरिया	0.539	0.532	1.3	0	0.987	0.6	0.991	2.7	0.982
162	कोटे डी आइवर	0.538	0.535	0.6	3	0.995	0.3	0.995	0.9	0.994
163	तंजानिया (संयुक्त गणराज्य)	0.529	0.526	0.6	1	0.994	0.2	0.997	1.4	0.991
164	मेडागास्कर	0.528	0.526	0.4	2	0.996	0.2	0.998	0.8	0.994
165	लिसोटो	0.527	0.503	4.6	−4	0.954	1.3	0.982	11.4	0.925
166	जिबूती	0.524	0.518	1.1	2	0.988	0.7	0.990	2.3	0.985
167	जाना	0.515	0.509	1.2	2	0.989	0.4	0.994	2.5	0.984
168	सेनेगल	0.512	0.505	1.4	0	0.987	0.7	0.989	2.4	0.984
169	अफगानिस्तान	0.511	0.508	0.6	3	0.994	0.3	0.996	1.2	0.992
170	हैती	0.510	0.507	0.6	3	0.994	0.3	0.996	1.4	0.991
170	सूडान	0.510	0.500	2.0	0	0.980	0.5	0.993	5.0	0.967
172	गाम्बिया	0.496	0.491	1.0	0	0.990	0.3	0.996	2.3	0.985
173	इथियोपिया	0.485	0.483	0.4	0	0.997	0.1	0.998	0.8	0.995

174	मलावी	0.483	0.481	0.4	0	0.996	0.1	0.999	1.2	0.992
175	कांगो (लोकतांत्रिक गणराज्य)	0.480	0.477	0.6	0	0.993	0.0	1.000	2.0	0.987
175	गिनी-बिसाऊ	0.480	–	–	–	–	0.2	0.997	–	–
175	लाइबेरिया	0.480	0.476	0.8	–1	0.993	0.3	0.995	1.6	0.990
178	गिन्नी	0.477	0.473	0.8	0	0.991	0.3	0.996	2.3	0.985
179	यमन	0.470	0.467	0.6	0	0.994	0.4	0.995	1.1	0.993
180	इरिट्रिया	0.459	0.449	2.2	–1	0.978	0.2	0.997	6.2	0.959
181	मोजाम्बिक	0.456	0.452	0.9	1	0.992	0.3	0.996	2.0	0.987
182	बुर्किना फासो	0.452	0.446	1.3	0	0.986	0.2	0.997	4.0	0.974
182	सेरा लिओन	0.452	0.442	2.2	–1	0.978	0.1	0.998	6.4	0.958
184	माली	0.434	0.427	1.6	–2	0.984	0.2	0.997	4.6	0.970
185	बुरुन्डी	0.433	0.431	0.5	1	0.994	0.0	0.999	1.6	0.990
185	दक्षिण सूडान	0.433	0.430	0.7	0	0.993	0.2	0.998	1.6	0.989
187	कागज़ का टुकड़ा	0.398	0.396	0.5	0	0.994	0.1	0.999	1.5	0.990
188	केन्द्रीय अफ्रीकी गणराज्य	0.397	0.393	1.0	0	0.991	0.1	0.999	2.6	0.983
189	नाइजर	0.394	0.390	1.0	0	0.989	0.1	0.999	3.2	0.979
190	कोरिया (लोकतांत्रिक जन प्रतिनिधि)	–	–	–	–	0.988	1.2	0.983	1.0	0.993
191	मोनाको	–	–	–	–	–	–	–	–	–
192	नाउरू	–	–	–	–	–	4.7	0.933	–	–
193	सैन मैरीनो	–	–	–	–	–	–	–	–	–
194	सोमालिया	–	–	–	–	0.992	0.0	0.999	2.3	0.985
195	तुवालू	–	–	–	–	–	1.0	0.986	–	–
	बहुत उच्च मानव विकास	0.898	0.760	15.4	–	0.846	10.4	0.851	24.2	0.841
	उच्च मानव विकास	0.753	0.688	8.6	–	0.914	5.1	0.927	15.2	0.900
	मध्यम मानव विकास	0.631	0.615	2.5	–	0.975	1.6	0.977	4.0	0.974
	निम्न मानव विकास	0.513	0.508	1.0	–	0.990	0.3	0.996	2.2	0.985
	विकासशील देश	0.689	0.651	5.5	–	0.944	3.4	0.952	9.6	0.937
	अरब राज्य	0.705	0.666	5.5	–	0.944	4.8	0.931	6.5	0.958
	पूर्वी एशिया और प्रशांत	0.747	0.676	9.5	–	0.905	5.5	0.921	16.9	0.890
	यूरोप और मध्य एशिया	0.791	0.728	8.0	–	0.920	5.5	0.921	12.2	0.920
	लातिन अमेरिका और कैरेबियन	0.766	0.720	6.0	–	0.940	2.8	0.960	12.4	0.919
	दक्षिण एशिया	0.641	0.622	3.0	–	0.971	2.0	0.972	4.6	0.970

	उप सहारा अफ्रीका	0.547	0.539	1.5	–	0.985	0.8	0.988	2.8	0.982
	कम-से-कम विकसित देश	0.538	0.533	0.9	–	0.990	0.3	0.995	2.3	0.985
	छोटे द्वीप विकासशील राज्य	0.728	0.680	6.6	–	0.935	3.2	0.954	12.9	0.915
	आर्थिक सह संचालन के लिए संगठन एवं विकास	0.900	0.766	14.9	–	0.851	9.5	0.864	24.8	0.838
	विश्व	0.737	0.683	7.3	–	0.927	4.6	0.934	12.3	0.919

Source: *UNDP, Human Development Report 2020*

संदर्भ (References)

- Haq, M. U., 1992, ***Human Development in Changing World***, New York, United Nations Development Programme.
- Hitchock, Susan Tyler and J.L. Esposito, 2004, ***Geography of Religion***, National Geographic, Washington, D.C.
- ***Human Development Reports 2010***, United Nations Development Programme.
- Husain, M., 2009, ***Concise Geography***, New Delhi, Tata McGraw Hill.
- Husain, M., 2011, ***Human Geography***, 4th ed., Jaipur, Rawat Publications.
- Husain, M., 2015, ***Geography of India***, 6th Ed., New Delhi, Tata McGraw Hill.
- ***India 2009 – A Reference Manual***, Publication Division, Ministry of Information and Broadcasting.
- Husain, M., 2009, ***Geographical Map Entries***, New Delhi, Tata McGraw Hill.
- ***India 2009-A Reference Manual***, Publication Division, Ministry of Information and Broadcasting.
- McCarta, R., 1990, ***'The Gaia Atlas of First People'***.
- Morgan, G.C. and G.C. Leong, 1972, ***Human and Economic Geography***, New Delhi, Oxford University Press.
- Nag, P., 2007, ***National School Atlas***, Kolkata, NATMO.
- NATMO, 2006, ***National Atlas***, Kolkata.
- ***Oxford Student Atlas for India***, 2004.
- Susan Mayhew, 1997, ***Oxford Dictionary of Geography***, Indian New edition, Oxford University Press.
- ***The Nystrom Desk Atlas***, 2008, Nystrom, Herff Jones Education Division, Indianapolis.
- Waldman, C., 2000, ***Atlas of the North American Indian***, Revised Edition, New York, Checkmark Books.

भाग–II

भारत का भूगोल
(INDIA'S GEOGRAPHY)

- भारतः भौतिक पर्यावरण एवं विकास
  (India: Physical Environment and Development)
- भारत की जनसंख्या
  (India's Population)
- भारत की सामाजिक एवं आर्थिक चुनौतियां
  (Socioeconomic Challenges of India)
- भारतीय राज्य एवं संघशासित क्षेत्र
  (Indian States and Union Territories)

10 अध्याय

भारतः भौतिक पर्यावरण एवं विकास (India: Physical Environment and Development)

आकार एवं अवस्थिति (Size and Location)

क्षेत्रफल में भारत विश्व का सातवाँ तथा जनसंख्या में चीन के पश्चात दूसरा सबसे बड़ा देश है। मानव सभ्यता का साक्षी, भारतवर्ष हिमालय की बर्फ़ से ढकी चोटियों से लेकर अंडमान-निकोबार के दक्षिणी छोर इंदिरा प्वाइंट तक फैला हुआ है। पूर्व में अरुणाचल प्रदेश एवं ब्रह्मपुत्र की उपजाऊ घाटी से लेकर पश्चिम में थार के बंजर मरुस्थल तक व्याप्त है।

भारत का क्षेत्रफल 32,87,263 वर्ग किलोमीटर है। भारत का अक्षांशीय विस्तार 8° 4′N से 37° 6′N तथा 68° 7′ पूर्व से लेकर 97° 25′ पूर्व तक है। इसकी उत्तर से दक्षिण की लम्बाई 3214 किलोमीटर, तथा पश्चिम से पूर्व की लम्बाई 2933 किलोमीटर है।

भारत के सीमान्त की लम्बाई लगभग 15,200 किलोमीटर है तथा मुख्य भू-भाग (Mainland) के तट की लम्बाई द्वीप की तटीय लम्बाई को मिलाकर 7,516.6 किलोमीटर है। भारत के राज्यों तथा संघशासित (Union Territories) राज्यों की सूची **तालिका 10.1** में दी गई है:

तालिका 10.1: भारत के राज्य तथा केन्द्र प्रशासित क्षेत्र

क्र.सं.	राज्य/तथा केन्द्र प्रशासित क्षेत्र	राजधानी
1.	आन्ध्र प्रदेश	अमरावती
2.	अरुणाचल प्रदेश	ईटानगर
3.	असम	दिसपुर
4.	बिहार	पटना
5.	छत्तीसगढ़	रायपुर
6.	गोवा	पणजी
7.	गुजरात	गांधी नगर
8.	हरियाणा	चण्डीगढ़
9.	हिमाचल प्रदेश	शिमला

10.	झारखण्ड	राँची
11.	कर्नाटक	बंगलुरु
12.	केरल	तिरुवनन्तपुरम
13.	मध्य प्रदेश	भोपाल
14.	महाराष्ट्र	मुम्बई
15.	मणिपुर	इम्फ़ाल
16.	मेघालय	शिलांग
17.	मिज़ोरम	आईज़ोल
18.	नागालैंड	कोहिमा
19.	ओडिशा	भुवनेश्वर
20.	पंजाब	चण्डीगढ़
21.	राजस्थान	जयपुर
22.	सिक्किम	गंगटोक
23.	तामिलनाडु	चेन्नई
24.	त्रिपुरा	अगरतला
25.	उत्तर प्रदेश	लखनऊ
26.	उत्तराखण्ड	देहरादून
27.	प. बंगाल	कोलकाता
28.	तेलंगाना	हैदराबाद
संघ प्रशासित प्रदेश		
1.	अण्डमान तथा निकोबार द्वीप समूह	पोर्ट ब्लेयर
2.	चण्डीगढ़	चण्डीगढ़
3.	दादरा नगर हवेली और दमनदीव	दमन
4.	दिल्ली एन.सी.आर. (राष्ट्रीय राजधानी क्षेत्र)	दिल्ली
5.	लक्षद्वीप द्वीप समूह	कवारत्ती
6.	पुदुचेरी	पुदुचेरी
7.	जम्मू-कश्मीर (31 अक्टूबर 2019)	श्रीनगर
8.	लद्दाख (31 अक्टूबर 2019)	लेह

भारत की सीमा अफ़गानिस्तान, पाकिस्तान, चीन, नेपाल, भूटान, म्यांमार तथा बांग्लादेश से मिलती है। दक्षिण में पाक-जल डमरूमध्य (Palk-Strait) भारत को श्रीलंका से अलग करती है। निकटवर्ती देशों के साथ भारत की सीमा की लम्बाई **तालिका 10.2** में दिखाई गई है।

भारत की सीमा, पड़ोसी देशों के साथ

1. **अफ़गानिस्तान:** जम्मू-कश्मीर।
2. **बांग्लादेश:** असम, मेघालय, मिज़ोरम, त्रिपुरा तथा प. बंगाल।
3. **भूटान:** अरुणाचल प्रदेश, असम, सिक्किम तथा प. बंगाल।

तालिका 10.2: भारत की सीमा, पड़ोसी देशों के साथ

क्र.सं.	देश	लम्बाई (किलोमीटर में)	कुल लम्बाई का प्रतिशत
1.	बांग्लादेश	4096	26.95
2.	चीन	3917	25.99
3.	पाकिस्तान	3310	21.78
4.	नेपाल	1752	11.53
5.	म्यांमार	1458	9.89
6.	भूटान	587	3.86
7.	अफ़गानिस्तान	80	0.52

4. **चीनः** अरुणाचल प्रदेश, हिमाचल प्रदेश, जम्मू-कश्मीर, सिक्किम तथा उत्तराखण्ड।
5. **म्यांमारः** अरुणाचल प्रदेश, मणिपुर, मिजोरम तथा नागालैंड।
6. **नेपालः** बिहार, सिक्किम, उत्तराखण्ड, उत्तर प्रदेश तथा प. बंगाल।
7. **पाकिस्तानः** गुजरात, जम्मू-कश्मीर, पंजाब तथा राजस्थान।

भारत की अन्तर्राष्ट्रीय सीमाएँ (International Borders of India)

1. वाघा बॉर्डर/अटारी बॉर्डर, पंजाब (भारत - पाकिस्तान)
2. मोरेह, मणिपुर (भारत - म्यानमार)
3. नाथूला पास, सिक्किम (भारत - चीन)
4. लोंगेवाला, राजस्थान (भारत - पाकिस्तान)
5. दावकी-तामिबल, मेघालय (भारत - बांग्लादेश)
6. कच्छ के रण, गुजरात (भारत - पाकिस्तान)
7. पेंगोंग झील, लद्दाख (भारत - चीन)
8. सोनौली बार्डर, उत्तर प्रदेश (भारत - नेपाल)
9. धनुषकोडी, तामिलनाडु (भारत - श्रीलंका)
10. जयगाँव, पश्चिम बंगाल (भारत - भूटान)

भारत के चार कोने (Four Corners of India)

1. **उत्तरतम बिन्दु (The Northernmost Point):** जम्मू और कश्मीर में स्थित सियाचिन हिमनद (Glacier) वास्तविक नियंत्रण रेखा के तहत उत्तरतम बिन्दु है।
2. **दक्षिणतम बिन्दु (Southernmost Point):** तमिलनाडु में स्थित **कन्याकुमारी** भारत की मुख्य भूमि का दक्षिणतम बिन्दु है।
3. **पूर्वतम बिन्दु (Easternmost Point):** अरुणाचल प्रदेश के लाहित जिले में स्थित एक छोटा-सा गाँव किबिथ भारत का पूर्वतम बिन्दु है।
4. **पश्चिम बिन्दु (Westernmost Point):** गुजरात के कच्छ के रण में स्थित गौरमाटा भारत का पश्चिमतम बिन्दु है।

पर्वत श्रृंखलाएँ (The Mountain Ranges)

भारत में पर्वतों का विस्तार 2400 किमी. से अधिक है। भारत की सात पर्वत श्रृंखलाएँ निम्न प्रकार हैं-

1. हिमालय
2. पटकी और अन्य श्रृंखलाएँ भारत की उत्तरी और उत्तरी-पूर्वी सीमा बनाती हैं।
3. विंध्याचल, जो इण्डो-गैंगेटिक मैदान को दक्षिण के पठार से अलग करती है।
4. सतपुड़ा
5. अरावली
6. सह्याद्री, जो पश्चिमी तटीय मैदान के पूर्वी किनारे को ढकती हैं।
7. पूर्वी घाट

भारत के भौगोलिक अतिरेक (India: Geographical Extnemes)

अधिकतम तापमान वाला स्थानः बरियावाली, जिला बिकानेर, 56° C, 5 जून, 1991

सबसे ठंडा (Coldest) स्थान: दराज़-लद्दाख (जम्मू-कश्मीर) –45°

सबसे अधिक वर्षा का स्थान: मासिनराम (Mawsynram)-मेघालय, औसत वार्षिक वर्षा लगभग 11875 मिलीमीटर।

सबसे ऊँचा शिखर: K_2, जम्मू-कश्मीर।

सबसे लम्बी नदी: गंगा 2510 किलोमीटर, बेसिन 861,400 वर्ग किलोमीटर।

सबसे बड़ा नदीय द्वीप: माजुली (Majuli): ब्रह्मपुत्र नदी में। इस द्वीप का क्षेत्रफल लगभग 1500 वर्ग किलोमीटर।

भारत का सबसे बडा मरुस्थल: थार का मरुस्थल, क्षेत्रफल लगभग 259,000 वर्ग किमी.

भारत का सबसे बडा पठार: दक्कन का पठार क्षेत्रफल - 100,000 वर्ग किलोमीटर।

सबसे ऊँचा जल-प्रपात: शरावती नदी पर अवस्थित जोग (Jog) जल-प्रपात, जिसका जल 253 मीटर की ऊँचाई से गिरता है।

सबसे लम्बी तटीय रेखा का राज्य: गुजराज, तट की लम्बाई 1600 किलोमीटर।

सबसे लम्बा समुद्र तट (Beach): मैरिना बीच (Marina-Beach)-चेन्नई के इस बीच की लम्बाई लगभग 13 किलोमीटर है। यह विश्व के सबसे लम्बे बीचों मे से एक है।

सबसे बड़ी खारे (लवणीय) जल की झील (Brackish-Water Lake): ओडिशा की चिल्का झील, जिसका क्षेत्रफल लगभग 916 वर्ग किलोमीटर है।

सबसे लम्बी सुरंग: चेनानी-नासरी सुरंग, जिसकी लम्बाई 9.28 किलोमीटर है। यह सुरंग जम्मू-श्रीनगर राष्ट्रीय मार्ग पर स्थित है।

सबसे लम्बी नहर: इंदिरा गांधी नहर, जिसकी लम्बाई 682 किलोमीटर है।

सबसे ऊँचा बाँध: भाखड़ा बांध सतलज नदी पर बनाये गये इस बाँध की ऊँचाई 226 मीटर है।

पूर्ण रूप से हिमालय पर्वत में अवस्थित राज्य: हिमाचल प्रदेश तथा सिक्किम।

आंशिक रूप से हिमालय पर्वत में अवस्थित राज्य: असम, जम्मू-कश्मीर, तथा उत्तराखण्ड

भारत तथा पाकिस्तान की सीमा का नाम: रैडक्लिफ रेखा (Red Cliff Line)

पाकिस्तान एवं अफ़गानिस्तान की सीमा का नाम: डूरण्ड रेखा (Durand Line)

टैन डिग्री चैनल (Ten Degree Channel): यह जलसंधि अण्डमान द्वीप समूह को निकोबार द्वीप समूह से अलग करती है।

ग्रेट-चैनल: यह लघु-अण्डमान को दक्षिण अण्डमान से अलग करता है।

तालिका 10.3: सबसे लम्बी तटीय रेखा वाले राज्य तथा केन्द्र प्रशासित प्रदेश

क्र.सं.	राज्य तथा केन्द्र प्रशासित प्रदेश	तट की रेखा की लम्बाई (किमी. में)
1.	अण्डमान तथा निकोबार	1962
2.	गुजरात	1215
3.	आन्ध्र प्रदेश	974
4.	तमिलनाडु	907
5.	महाराष्ट्र	653

भारत के भौगोलिक प्रदेश (Physiographic Divisions of India)

भू-आकृतियों एवं उच्चावच के आधार पर, भारत को निम्नलिखित प्रदेशों में विभाजित किया जा सकता है:

1. हिमालय का पर्वतीय प्रदेश
2. उत्तरी भारत का मैदान
3. प्रायद्वीप का पठार
4. तटीय मैदान
5. भारत के द्वीप समूह

हिमालय अथवा हिमाद्री (Himalayas or Himadri)

हिमालय पर्वत विश्व के सबसे ऊँचे, तरुण अवस्था के पर्वत हैं। सिन्धु नदी की घाटी से लेकर ब्रह्मपुत्र नदी की घाटी (Gorge) तक हिमालय पर्वत की लम्बाई लगभग 2400 किलोमीटर है।

जम्मू-कश्मीर में इनकी चौड़ाई 500 किलोमीटर तथा अरुणाचल प्रदेश में हिमालय की चौड़ाई लगभग 200 किलोमीटर है।

हिमालय के दक्षिणी छोर पर शिवालिक तथा उत्तरी भारत का मैदान फैले हुये हैं **(Fig. 10.1)**। हिमालय के ऊँचे शिखर **Fig. 10.2** में दिखाए गए हैं।

हिमालय पर्वत में 8000 मीटर से ऊँचे शिखरों की संख्या 21 है तथा 7500 मीटर से अधिक ऊँचे शिखरों की संख्या 40 है।

हिमालय पर्वत के सबसे ऊँचे शिखरों को **Fig. 10.2** में दिखाया गया है तथा उनकी ऊँचाई **तालिका 10.4** में दी गई हैं।

तालिका 10.4: हिमालय पर्वत श्रृंखला के सबसे ऊंचे शिखर

क्र.सं.	शिखर (Peak)	नेपाली नाम	चीनी नाम	ऊँचाई [समुद्र तल से (मी.)]
1.	माऊँट एवरेस्ट	सागरमाथा	गोमोलंग्मा	8848 मी.
2.	K-2 (काराकोरम पर्वत)	–	–	8611 मी.
3.	कंचनजंगा	कंचनजंगा	–	8598 मी.
4.	लोत्से (Lhotse)	लोथस	लोथसे	8516 मी.
5.	मकालू	मकालू	मकालू-शान	8463 मी.
6.	चो-ओयू	चो-ओयू	कुवूवूयाग	8201 मी.
7.	धौलगिरि	धवलगिरि	–	8167 मी.
8.	मनासालू	मनासालू	–	8163 मी.
9.	नंगा पर्वत	–	–	8126 मी.
10.	अन्नपूर्णा	–	–	8091 मी.

हिमालय पर्वत के भाग

हिमालय पर्वत को निम्न चार समानान्तर भागों में विभाजित किया जा सकता है:

1. **टैथीज़/ तिब्बती अथवा पार हिमालयः** इस भाग में कराकोरम, लद्दाख तथा जास्कर पर्वत मालायें सम्मलित हैं।
2. दीर्घ अथवा वृहद् हिमालय (Higher or Greater Himalaya)
3. लघु हिमालय (Lesser Himalaya)
4. बाह्य-हिमालय अथवा शिवालिक

1. **टैथीज़/ तिब्बती अथवा पार-हिमालयः** दीर्घ हिमालय पार इन पर्वत मालाओं की चौड़ाई लगभग 40 किलोमीटर है। इसकी ऊँचाई 3000 मीटर से

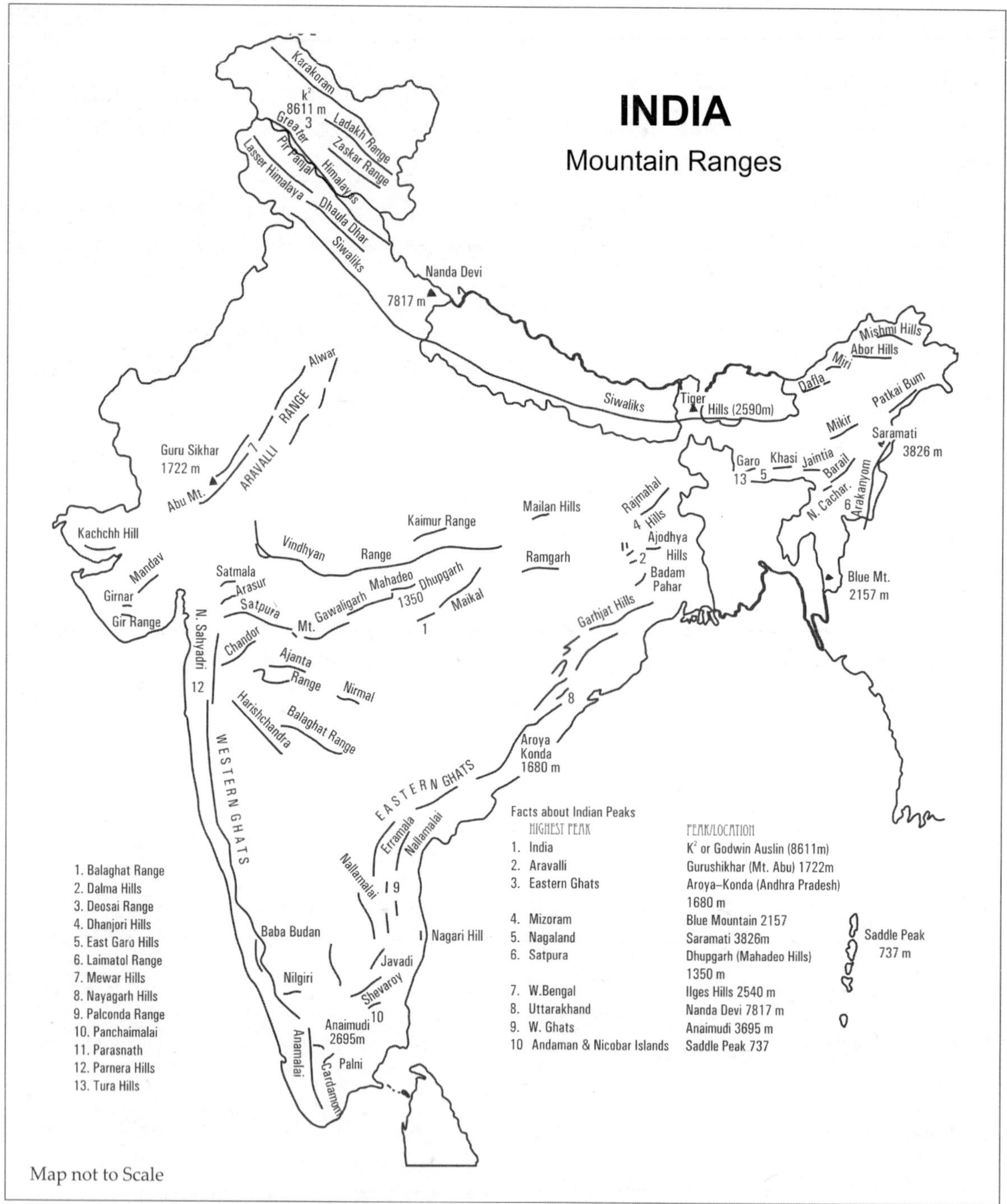

Fig. 10.1 Mountain ranges

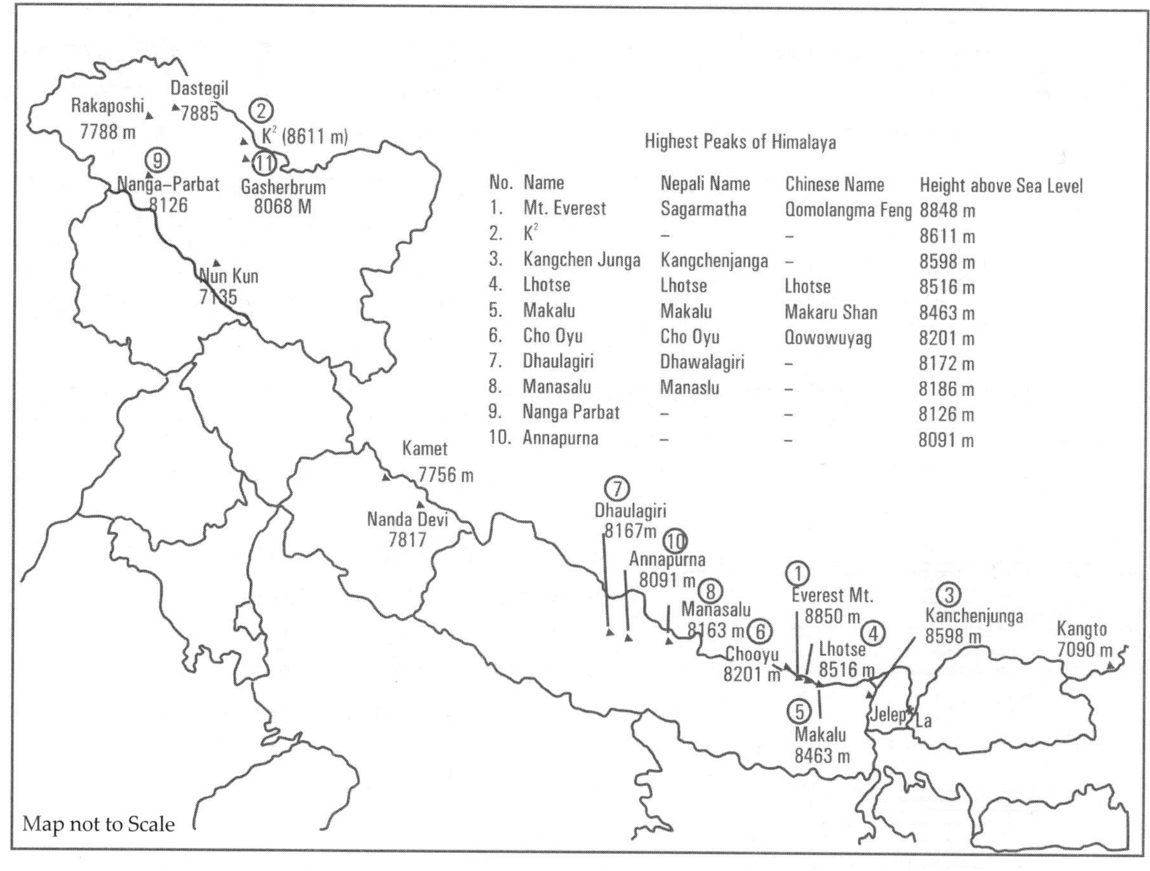

Highest Peaks of Himalaya

No.	Name	Nepali Name	Chinese Name	Height above Sea Level
1.	Mt. Everest	Sagarmatha	Qomolangma Feng	8848 m
2.	K²	–	–	8611 m
3.	Kangchen Junga	Kangchenjanga	–	8598 m
4.	Lhotse	Lhotse	Lhotse	8516 m
5.	Makalu	Makalu	Makaru Shan	8463 m
6.	Cho Oyu	Cho Oyu	Qowowuyag	8201 m
7.	Dhaulagiri	Dhawalagiri	–	8172 m
8.	Manasalu	Manaslu	–	8186 m
9.	Nanga Parbat	–	–	8126 m
10.	Annapurna	–	–	8091 m

Fig. 10.2 Highest peaks of Himalaya

लेकर 4000 मीटर तक है। इनकी चट्टानें जीवाश्मी हैं, जो कैम्ब्रियन (Cambrian) युग से लेकर इयोसीन (Eocene) युग की बनी हुई हैं।

2. **आन्तरिक / दीर्घ अथवा वृहद् हिमालयः** दीर्घ हिमालय में विश्व का सबसे ऊँचा शिखर सम्मलित है। इसकी औसत ऊँचाई 6000 मीटर से अधिक ऊँचे है। हिमालय का यह भाग ग्रेनाइट एवं नीइस (Granite and Gneisses) का बना हुआ है। इसकी चौड़ाई लगभग 50 किलोमीटर है।

3. **लघु हिमालयः** दीर्घ हिमालय के दक्षिण में लघु हिमालय श्रृंखला व्याप्त है। इनमें बहुत-सी जटिल तथा पेचीदा श्रेणियाँ फैली हुई हैं, जिनमें पीरपंजाल (Pir-Panjal) तथा धौलाधर (Dhauladhar) श्रेणियाँ सम्मिलित हैं। लघु-हिमालय की चौड़ाई लगभग 80 किलोमीटर है। इनकी चट्टानों में जीवाश्म नहीं पाये जाते हैं।

4. **बाह्य हिमालय अथवा शिवालिकः** लघु हिमालय के दक्षिण में शिवालिक पर्वत फैले हुए हैं। यह पर्वत माला टर्शियरी (Tertiary) युग की चट्टानों से बनी हुई है। पश्चिम से पूर्व की ओर 2400 किलोमीटर लम्बाई तक फैले शिवालिक की चौड़ाई 10 किलोमीटर से 50 किलोमीटर तथा ऊँचाई 1300 मीटर के आस-पास है।

हिमालय पर्वत का समाज पर प्रभाव

हिमालय पर्वत का भारत की जलवायु तथा समाज पर गहरा प्रभाव पड़ा है। भारत के लिये हिमालय का महत्व निम्न प्रकार है:

1. **जलवायुः** भारत की जलवायु पर हिमालय पर्वत का भारी प्रभाव पड़ा है। बंगाल की खाड़ी तथा अरब सागर से आने वाली मानसूनी हवाओं के रास्ते में हिमालय पर्वत एक रोधक का काम करते हैं तथा ये हवायें

भारत में अधिक वर्षा देती हैं। साईबेरिया से आने वाले अति ठंडी हवाओं को भारत में आने से रोकता है। कहा जाता है कि यदि हिमालय पर्वत न होता तो उत्तरी भारत के मैदान में भारी हिमपात होता तथा इसकी फ़सलों के प्रतिरूपों एवं जनसंख्या घनत्व पर भारी प्रभाव पड़ता।

2. **सदानीरा नदियों का उद्‌गम:** भारत में अधिकतर सदानीर नदियाँ हिमालय के ग्लेशियरों (Glaciars) से निकलती हैं, जिनमें गंगा, ब्रह्मपुत्र, सिन्धु, सतलज आदि मुख्य हैं।

3. **उपजाऊ भूमि:** उत्तरी भारत की बड़ी तथा उनकी सहायक नदियाँ हर साल मैदानी भाग में भारी मात्रा में उपजाऊ अवसाद एकत्रित करती हैं, जिससे मिट्टी की उर्वकता बनी रहती है।

4. **वन सम्पदा:** हिमालय पर्वत विभिन्न प्रकार के घने जंगलों से ढके हुये हैं, जिनमें बहुत-सी जड़ी-बूटियाँ भी पाई जाती हैं।

5. **पन-बिजली:** हिमालय पर्वत में बहने वाली नदियों पर बाँध बनाकर पन-बिजली का उत्पादन किया जा रहा है।

   चिनाब नदी पर दूलहस्ती, बग़लिहार तथा सलाल, सतलज नदी पर भाखड़ा बाँध, भागीरथी नदी पर टिहरी बांध ऐसे ही कुछ उदाहरण हैं।

6. **सुरक्षा:** हिमालय पर्वत ने एक सुरक्षक एवं संतरी का काम किया है। 1962 के चीन के आक्रमण को छोड़कर भारत पर कभी भी उत्तर की ओर से आक्रमण नहीं हुआ है।

7. **खनिज सम्पदा:** हिमालय पर्वत में बहुत-से खनिज पाये जाते हैं, जिनमें ताँबा, सीसा, जस्ता, निकिल, कोबाल्ट, टंगस्टन, सोना, चान्दी, बहुमूल्य पत्थर जिप्सम, चूने का पत्थर, संगमरमर तथा इमारती पत्थर सम्मिलित हैं।

8. **पर्यटन:** हिमालय पर्वत के सुन्दर एवं प्राकृतिक दृश्य बड़ी संख्या में पर्यटकों को आकर्षित करते हैं।

   गुलमर्ग, सोनमर्ग, पहलगाम, यूसमर्ग, श्रीनगर (कश्मीर), डलहौजी, धर्मशाला, चम्बा, शिमला, कुल्लू, मनाली, मसूरी, नैनीताल, देहरादून, रानीखेत, बागेश्वर, अल्मोड़ा, दार्जिलिंग, गंगटोक तथा ईटानगर विश्व प्रसिद्ध पर्यटक केन्द्र हैं।

9. **धार्मिक स्थल:** हिमालय पर्वत में बहुत-से धार्मिक तथा सांस्कृतिक स्थल स्थित हैं, जिनमें अमरनाथ, वैष्णों देवी, बद्रीनाथ, केदारनाथ, गंगोत्री, ज्वालाजी, उत्तर काशी, हरिद्वार तथा यमनोत्री उल्लेखनीय हैं।

10. **अल्पाईन-चारागाह (Alpine Pastures):** हिमालय पर्वत की ऊँचाइयों पर बहुत-से घास के मैदान हैं जो शीत ऋतु में बर्फ़ में दब जाते हैं तथा ग्रीष्म काल में बक्करवाल, गुज्जर, भूटिया आदि अपने पशुओं को इन चारागाहों में चराते हैं।

11. **अनूसूचित जनजातियों की संस्कृति का गवाह:** हिमालय पर्वत में बहुत-सी अनुसूचित जनजातियां रहती हैं। उनकी जीवन शैली तथा संस्कृति इन्हीं पर्वतों में सुरक्षित हैं।

भारत की मुख्य पर्वत श्रेणियाँ तथा उनके सबसे ऊँचे शिखर (Mountain Ranges and Highest Peaks of India)

- **भारत का सबसे ऊँचा शिखर:** K-2 (गॉडविन, ऑस्टेन) 8611 मीटर **(Fig. 10.2)**।
- **अरावली पर्वत की सबसे ऊँची चोटी:** गुरु-शिखर (माउंट आबू) 1722 मीटर **(Fig. 10.3)**।
- **सतपुडा का सबसे ऊँचा शिखर:** धूपगढ़ (महादेव श्रृंखला) 1350 मीटर **(Fig. 10.3)**।
- **पश्चिमी घाट का सबसे ऊँचा शिखर तथा दक्षिण के प्रायद्वीप का सबसे ऊँचा शिखर:** अनाईमुदी (Anaimudi) यह अन्नामलाई की पहाड़ियों में अवस्थित है, जिसकी ऊँचाई 2695 मीटर है **(Fig. 10.3)**।
- **पूर्वी घाट का सबसे ऊँचा शिखर:** देवडी-मुण्डा (ओडिशा) 1598 मीटर **(Fig. 10.3)**।
- **नीलगिरि पर्वत का सबसे ऊँचा शिखर:** डोडा-बेटा: 2636 मीटर **(Fig. 10.3)**।
- **अण्डमान-निकोबार द्वीप समूह का सबसे ऊँचा शिखर:** सैडिल-पीक 737 मीटर **(Fig. 10.3)**।
- **अरुणाचल प्रदेश का सबसे ऊँचा शिखर:** कांगटो (Kangto) 4740 मीटर (भूटान के निकट) **(Fig. 10.3)**।

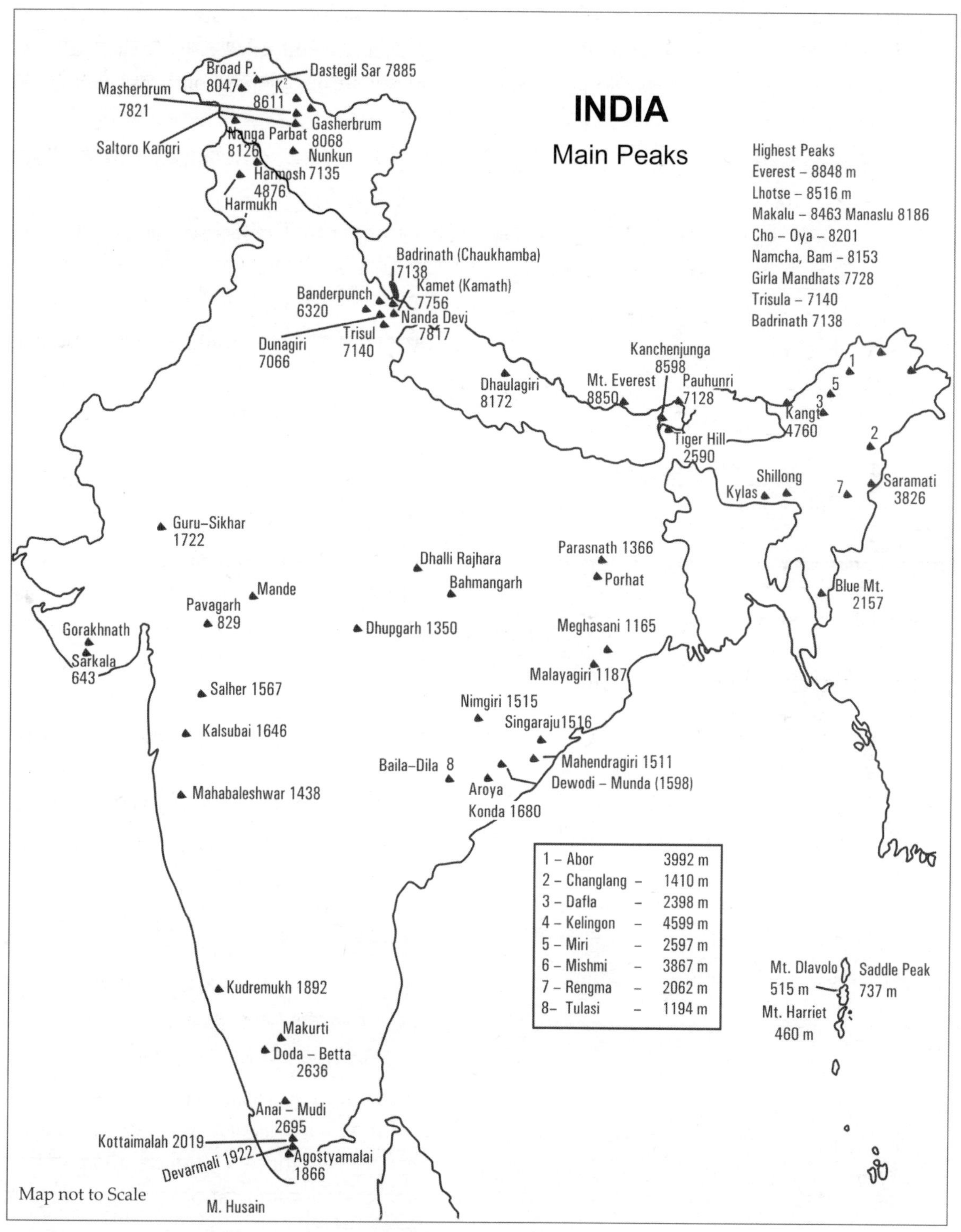

Fig. 10.3 Main peaks

- **गुजरात का सबसे ऊँचा शिखर:** गिर-पहाड़ियों में सरकाला शिखर 643 मीटर **(Fig. 10.3)**।
- **झारखण्ड का सबसे ऊँचा शिखर:** पारसनाथ: 1366 मीटर **(Fig. 10.3)**।
- **महाराष्ट्र का सबसे ऊँचा शिखर:** कलसुबाई-1646 मीटर **(Fig. 10.3)**।
- **मिज़ोरम का सबसे ऊँचा शिखर:** ब्लू-माऊंटेन (Blue-Mountain) 2157 मीटर **(Fig. 10.3)**।
- **नागालैंड का सबसे ऊँचा शिखर:** सरामती शिखर 3826 मीटर **(Fig. 10.3)**।
- **प. बंगाल का सबसे ऊँचा शिखर:** टाइगर हिल (Tiger Hill) 2590 मीटर **(Fig. 10.3)**।
- **उत्तराखण्ड का सबसे ऊँचा शिखर:** नन्दा देवी 7817 मीटर **(Fig. 10.3)**।

शृंखला तथा भ्रंश (Series and Faults)

किसी निकाय (System) की क्रमिक अस्थिति को शृंखला (Series) कहते हैं। किसी शैल-तन्त्र में बहुत-सी सीरीज़ होती हैं। आर्थिक दृष्टि से भारत की कुछ महत्वपूर्ण सीरीजों का संक्षिप्त वर्णन निम्नलिखित है **(Fig. 10.4)**:

1. **बिज्वार सीरीज़ (Bijwar Series):** बिज्वार-सीरीज़ विंध्यन पर्वतमाला की एक सीरीज़ है। विंध्यन की इस संरचना में बहुमूल्य पत्थर तथा हीरे (Diamonds) पाये जाते हैं।
2. **चम्पानेर सीरीज़ (Champanar Series):** वडोदरा के निकट अरावली पर्वत की एक भुजा में चम्पानेर शृंखला स्थित है। इस सीरीज़ में संगमरमर तथा स्लेट का पत्थर पाया जाता है।
3. **चैम्पियन सीरीज़ (Champion Series):** कर्नाटक राज्य में, बंगलुरु के पूर्व में अवस्थित चैम्पियन सीरीज़ सोने की खान के लिये प्रसिद्ध है। भारत का लगभग 60 प्रतिशत सोना इसी सीरीज से प्राप्त किया जाता है। एक अनुमान के अनुसार प्रत्येक टन चट्टान में 5.5 ग्राम सोना पाया जाता है।
4. **चिल्पी सीरीज़ (Chilpi Series):** यह शृंखला मध्य प्रदेश के छिंदवाड़ा एवं बालाघाट जिलों में फैली हुई हैं। इस सीरीज़ में ताँबा, हरा-पत्थर तथा मैगनीज़ पाया जाता है।

   इस सीरीज़ के खनिज भिलाई एवं मलंजखण्ड को भेजे जाते हैं।
5. **क्लोज़पेट सीरीज़ (Closepet Series):** यह सीरीज़ बालाघाट एवं छिंदवाड़ा जिलों में फैली हुई हैं। धारवाड़ युग की बनी इन चट्टानों में ताँबा-खनिज पाया जाता है।
6. **दामुदा-सीरीज़ (Damuda Series):** झारखण्ड, प. बंगाल में फैली हुई इस सीरीज़ में कोयले एवं लोहे के भंडार पाये जाते हैं।

   रानीगंज, झरिया, बोकारो, धनबाद, कार्णपुर एवं डाल्टनगंज की मुख्य कोयले की खानें इसी सीरीज़ में अवस्थित हैं।
7. **आयरन सीरीज़ (Iron Series):** झारखण्ड एवं ओडिशा की सीमा पर अवस्थित इस सीरीज़ में लोहे के बड़े भंडार हैं। यहाँ से लौह-खनिज जमशेदपुर, राउरकेला, बोकारो एवं दुर्गापुर के कारखानों को भेजा जाता है।
8. **कल्डागी सीरीज़ (Kaldagi Series):** कर्नाटक राज्य के रायचूर ज़िले में फैली कल्डागी सीरीज़ सोने-चान्दी एवं बहुमूल्य पत्थर के लिये प्रसिद्ध है।
9. **खोण्डोलाईट सीरीज़ (Khondolite Series):** ओडिशा एवं आंध्र प्रदेश के पूर्वी घाट में अवस्थित, इमारती पत्थर, चार्कोनाईट (Charkonite) के लिये प्रसिद्ध है।
10. **पंचेट सीरीज़ (Panchat Series):** झारखण्ड तथा (प. बंगाल) की सीमा पर अवस्थित पंचेट सीरीज़ में उत्तम प्रकार का कोयला पाया जाता है।
11. **रियालो-सीरीज़ (Rialo Series) :** इसको दिल्ली सीरीज़ के नाम से भी जाना जाता है। दिल्ली से अलवर तक फैली इस सीरीज़ में उत्तम प्रकार का संगमरमर पाया जाता है। मकराना की प्रसिद्ध संगमरमर की खानें इसी सीरीज़ में अवस्थित हैं।

12. **सकोली सीरीज़ (Sakoli Series):** मध्य प्रदेश के जबलपुर तथा रीवा ज़िलों में फैली इस सीरीज़ में डोलोमाइट, शिस्ट तथा संगमरमर पाया जाता है।
13. **सासर सीरीज़ (Sausar Series) :** यह सीरीज़ नागपुर एवं भंडारा जिलों में फैली हुई हैं। इस सीरीज़ में अभ्रक तथा संगमरमर पाया जाता है।
14. **तलचर सीरीज़ (Talcher Series):** ओडिशा में अवस्थित इस सीरीज़ में कोयले के भारी भंडार पाये जाते हैं।

भ्रंश (Fault)

यदि चट्टानों की परतों में दरारें पड़ जायें या टूट जायें तो उसको भ्रंश कहते हैं। भारत के कुछ मुख्य भ्रंश निम्न हैं:

1. **मुख्य मध्य थ्रस्ट (Main Central Thrust):** यह भ्रंश दीर्घ हिमालय को लघु हिमालय से अलग करता है **(Fig. 10.4)**।
2. **मुख्य सीमा भ्रंश (Main Boundary Fault):** यह भ्रंश लघु हिमालय को शिवालिक से अलग करता है **(Fig. 10.4)**।
3. **हिमालियन बाह्य भ्रंश (Himalayan Front Fault):** यह भ्रंश शिवालिक को उत्तरी भारत के मैदान से अलग करता है **(Fig. 10.4)**।
4. **ग्रेट बाऊँडरी भ्रंश (Great Boundary Fault):** यह भ्रंश अरावली पर्वत को विंध्यन पर्वत से अलग करता है **(Fig. 10.4)**।
5. **डॉकी भ्रंश (Dauki Fault):** यह भ्रंश मेघालय के पठार को बांग्लादेश के मैदान से अलग करता है **(Fig. 10.4)**।

जल विभाजक (Watersheds)

तीन मुख्य जलविभाजक हैं जो निम्नलिखित है-

1. हिमालयन शृंखलाएँ।
2. विन्ध्य और सतपुड़ा शृंखलाएँ।
3. पश्चिमी घाट

भारत का जल-अपवाह (Drainage of India)

सामान्यत: जल अपवाह प्राकृतिक होता है और ढलान के अनुसार पानी बहता है, परन्तु मानव स्वयं भी नदी-नाले खोद कर जल-अपवाह करता है। किसी नदी में जहाँ तक का पानी बह कर आता है उस नदी का बेसिन कहलाता है। भारत के जल अपवाह को दो भागों में विभाजित किया जा सकता है- (1) प्रायद्वीप का जल-अपवाह, तथा; (2) हिमालय एवं उत्तरी भारत का जल-अपवाह।

नदियों में जल की वार्षिक उपलब्धता लगभग 1,858,100 मिलियन क्यूबिक मीटर है जिसमें एक तिहाई (33.8%) से अधिक का योगदान ब्रह्मपुत्र इसके साथ गंगा (25.2%), गोदावरी (6.4%), सिन्धु (4.3%), महानदी (3.6%), कृष्णा (3.4%), और नर्मदा (2.9%) का योगदान है। शेष 20.4% का योगदान अन्य नदियों का है।
(**स्रोत**- मनोरमा ईयर बुक 2019)

हिमालय अथवा उत्तरी भारत का जल-अपवाह

हिमालय पर्वत से निकलने वाली बहुत-सी नदियाँ अन्तर्राष्ट्रीय नदियों का स्थान रखती हैं। अन्तर्राष्ट्रीय नदियों में सिंधु, सतलज, गंगा, कोसी तथा ब्रह्मपुत्र नदियाँ उल्लेखनीय हैं। इनमें से अधिकतर नदियाँ अपनी किशोर अवस्था में हैं। इन नदियों के पर्वतीय भागों में जल प्रपात, खड़े ढलान, गहरी घाटियाँ तथा नदियों के चबूतरे पाये जाते हैं।

प्रायद्वीप का जल-अपवाह (The Peninsular Drainage System)

प्रायद्वीप का जल-अपवाह उत्तरी भारत के जल-अपवाह की तुलना में बहुत पुराना है। दक्षिण भारत की अधिकतर नदियाँ मौसमी हैं। इनमें से बहुत-सी नदियाँ अपनी वृद्धावस्था में हैं और आधार तल (Base Level) के निकट हैं।

भारत के मुख्य जल-अपवाह बेसिन (Major Drainage Basins of India)

किसी नदी तथा उसकी सहायक नदियों के द्वारा जितने भू-भाग का जल-अपवाह करती हैं वह क्षेत्र उस नदी का बेसिन कहलाता है। जल-अपवाह निकास की मात्रा के आधार पर भारत के नदी बेसिनों को निम्न तीन भागों में विभाजित किया जा सकता है **(Fig. 10.5)**:

1. **नदियों के बड़े बेसिन:** जिनका बेसिन क्षेत्रफल 20,000 वर्ग किलोमीटर से अधिक हो।

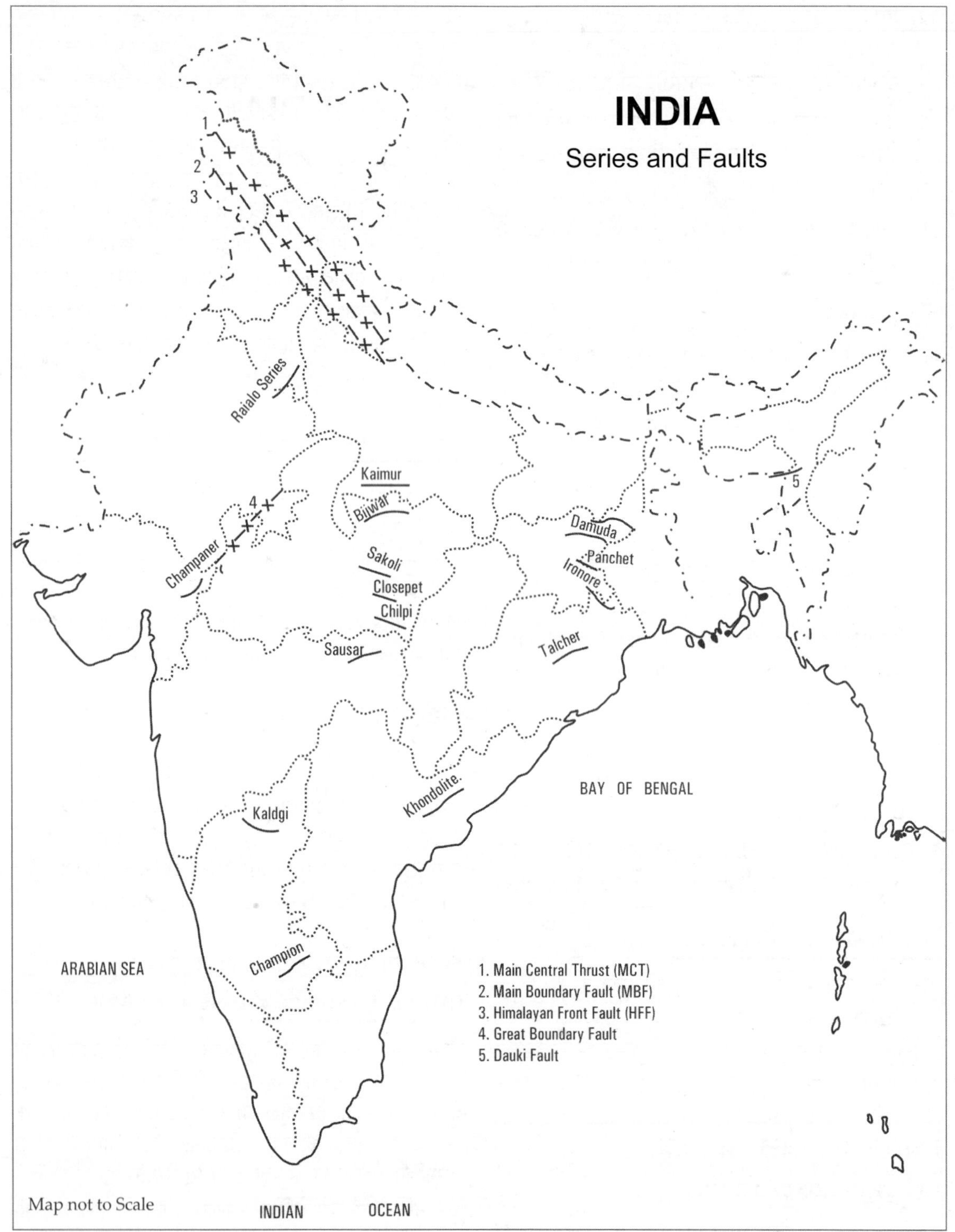

Fig. 10.4 Main series and faults

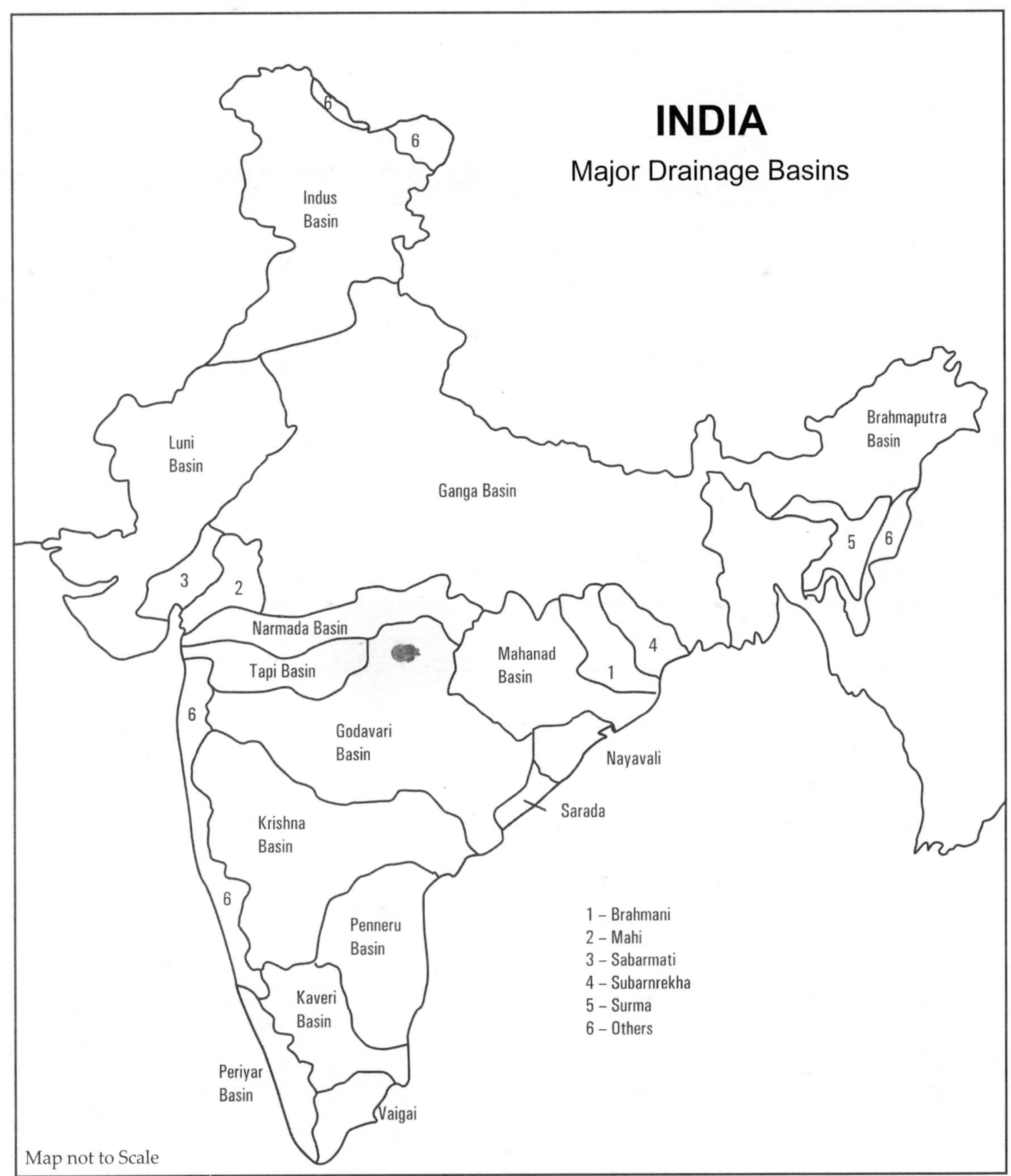

Fig. 10.5 Major drainage basins of India

2. **मध्य वर्ग के नदी बेसिनः** क्षेत्रफल 2000 से लेकर 20,000 वर्ग किलोमीटर तक।
3. **लघु वर्ग के नदी बेसिनः** क्षेत्रफल 2000 वर्ग किलोमीटर से कम।

भारत में कुल मिलाकर नदियों के 113 बेसिन हैं, जिनमें से 14 बड़े, 44 मध्य वर्ग के तथा 55 छोटे बेसिन हैं। बड़े क्षेत्रफल के नदी बेसिन निम्न प्रकार हैं **(तालिका 10.5)**–

(i) गंगा, (ii) सिंधु, (iii) गोदावरी, (iv) कृष्णा, (v) ब्रह्मपुत्र, (vi) महानदी, (vii) नर्मदा, (viii) कावेरी, (ix) तापी, (x) पेन्नार, (xi) ब्रह्माणी (xii) माही, तथा; (xiii) स्वर्णरेखा।

तालिका: 10.5: नदियों के बड़े बेसिन

क्र.सं.	नदी बेसिन	बेसिन का क्षेत्रफल *	प्रतिशत क्षेत्रफल	वार्षिक जल-अपवाह (M^3/K^2)	प्रतिशत
1.	गंगा	861,404	26.2	468,700	25.2
2.	सिंधु	321,284	9.8	78,500	4.3
3.	गोदावरी	312,812	9.5	118,000	6.4
4.	कृष्णा	258,948	7.9	62,800	3.4
5.	ब्रह्मपुत्र	258,008	7.8	627,000	33.8
6.	महानदी	141,589	4.3	66,640	3.6
7.	नर्मदा	98,795	3.0	54,600	2.9
8.	कावेरी	87,900	2.7	20,950	1.1
9.	ताप्ती	65,150	2.0	17,982	0.9
10.	पेन्नार	55,213	1.7	3,238	0.2
11.	ब्रह्माणी	39,033	1.2	18,310	1.0
12.	माही	34,481	1.0	11,800	0.6
13.	स्वर्णरेखा	19,296	0.6	7,940	0.4
14.	साबरमती	21,895	0.7	3,800	0.2
15.	मध्यम तथा छोटे बेसिन	711,833	23.6	–	16.0
	कुल	**328,76,97**	**100.00**	**1,561,170**	**100.00**

* बेसिन भारत में

Source: *S.P. Das Gupta, 1989*

भारत की सबसे लम्बी नदियाँ **Fig. 10.6** तथा **तालिका** 10.6 में दिखाई गई हैं।

तालिका 10.6: भारत की सबसे लम्बी नदियाँ

क्र.सं.	नदी	लम्बाई (किलोमीटर में)
1.	गंगा*	2525
2.	गोदावरी	1465
3.	कृष्णा	1400
4.	यमुना	1370
5.	नर्मदा	1312
6.	घाघरा	1080
7.	सतलज*	1050
8.	महानदी	858
9.	कावेरी	805
10.	सोन	780
11.	कोसी	730
12.	ब्रह्मपुत्र*	725

* भारत में नदी की लम्बाई

तालिका 10.7: भारत की नदियों की मुख्य सहायक नदियाँ

क्र.सं.	नदी	बाईं ओर की सहायक नदियां	दाईं ओर की सहायक नदियां
1.	ब्रह्मपुत्र	सुवनश्री, मानस	लोहित, दिहांग, धनसीरी
2.	गंगा	अलकनंदा, राम गंगा, गोमती, काली, सरजू, राप्ती, घाघरा, (करनाली) गण्डक, त्रिशूली, बूढ़ी गंडक, बागमती, कोसी, महानन्दा	यमुना, सोन, रिहन्द, अजय, दामोदर, रूपनारायण, सिलाय, हल्दी **(Fig. 10.6)**
3.	गोदावरी	सबरी, इन्द्रावती, प्राणहिता, वैनगंगा, पेनगंगा, वर्धा, पूर्णा, दुधाणा	मंजिरा, मंहर, किरनारिसानी **(Fig. 10.6)**
4.	सिन्धु	जास्कर, सूरू, दरास, कृष्ण गंगा, झेलम, चिनाव, रावी, ब्यास, सतलज	शियोक, नूबरा, गिलगिट, **(Fig. 10.6)**
5.	कावेरी	हिरंगी, हेमावती, लोकपावनी, शिमशा, स्वर्णरेखा, भवानी	लक्ष्मण तीर्थ, नानगंज, अमरावती **(Fig. 10.6)**
6.	कृष्णा	मुरेरू, मूसी, हल्लिया, भीमा पंचगंगा, दूधगंगा	कोयना, मालप्रभा, घाटप्रभा, तुंगभद्रा **(Fig. 10.6)**
7.	महानदी	इब, माण्ड, हसदेव, शिवनाथ	ओंग, जोंक, तेल
8.	लूनी	बांडी, सुकड़ी, जवाई, सुलेरी	–
9.	नर्मदा	बुरनेर, बन्जार, शार, शक्कर, तवा, कुण्डी	हिरण, बनी, कोलार **(Fig. 10.6)**
10.	सतलज	–	पारछू, स्पीती, ब्यास
11.	ताप्ती	सिपरा, कपरा, खुर्सी, मोना, पुर्णा, गिरना, पंझरा	बैतूल, पटकी, सुक्री, मोरे, अरुणावती, गोमाई **(Fig. 10.6)**
12.	यमुना	टोंस, हिण्डन	चम्बल, बानस, सिन्धु, बेतवा, धनसान, केन

तालिका 10.8: प्रायद्वीपीय नदियों के बारे में प्रमुख तथ्य

क्र. सं.	नदी	उद्‌गम (कि.मी.)	लम्बाई (वर्ग कि.मी.)	बेसिन	जल-अपवाह (मिलियन घन मीटर)	मुख्य सहायक नदियाँ
1.	महानदी	दण्डकारण्य (रामपुर जिले में)	857	141,600	67,000	इब, माण्ड, हसदेव, सेबनाथ, ओंग, जोंक एवं तेल
2.	गोदावरी	टिरिम्बाक पठार (नासिक के पास)	1465	312,812	105,000	मंजरा, मुला, पेनगंगा, वर्धा वेनगंगा, इन्द्रावती, सबरी, पराणहिता
3.	कृष्णा	महाबलेश्वर के निकट	1400	258,948	67,670	कोयना, घाटप्रभा, मालप्रभा, भीमा, तुंगभद्रा, मूसी, मुनेरू
4.	कावेरी	ताल-कावेरी पश्चिमी घाट	800	87,900	20,950	हिरंगी, हेमावती, लोकपावनी, शिमशा, अरकावती, लक्ष्मण तीर्थ, कबानी, भवानी, अमरावती, सुबानवती
5.	नर्मदा	अमरकंटक पठार	1310	98,796	40,700	हिरण, ओंरांग, बनी, कोलार वर्नहेर, बंजार, शखर, तवा कुण्डी
6.	तापी	मुल्ताई (जिला बैतूल, म.प्र.)	730	65,145	17,980	पूर्णा, बैतूल, पटकाई, गंजल, धतरंज, बोकड, अमरावती

भारत के मुख्य हिमनद (Glaciers)

नीचे के ओर खिसकती हुई हिम को हिमनद कहते हैं। हिमालय पर्वत में लगभग 15,000 ग्लेशियर हैं। आकार में हिमालय के हिमनदों (ग्लेशियर) की लम्बाई 2 किलोमीटर से लेकर 60 किलोमीटर तक है। हिमालय हिमनदों का क्षेत्रफल लगभग 16,000 वर्ग किलोमीटर है। पूरे हिमालय में हिमरेखा (Snowline) सागर स्तर से लगभग 4200 मीटर ऊँची है, जबकि पश्चिमी हिमालय में हिम रेखा की ऊँचाई लगभग 4000 मीटर है। हिमालय के दक्षिणी ढलानों की ढाल उत्तरी ढलानों की तुलना में नीची है, जिसका मुख्य कारण दक्षिणी ढलानों पर वर्षा का अधिक होना है। भारत के कुछ मुख्य हिमनद निम्नलिखित हैं:

बियाफ़ो हिमनद (Biafo Glacier)

कराकोरम पर्वत की बरालदोह घाटी (Braldoh Valley) में स्थित बियाफ़ो ग्लेशियर की लम्बाई 59 किलोमीटर है। इसकी प्रोथ (Snout) 5125 मीटर की ऊँचाई पर है। ध्रुवीय प्रदेशों के बाहर, बियाफ़ो विश्व का चौथा सबसे बड़ा ग्लेशियर है **(Fig. 10.7)**।

चोंगो-लुंग्मा ग्लेशियर (Chango Lungma Glacier)

कराकोरम पर्वत की रकापोशी श्रेणी (Rakaposhi Range) में अवस्थित, चोंगोलुंग्मा ग्लेशियर की लम्बाई लगभग 50 किलोमीटर है। पश्चिम से पूर्व की ओर बहते हुये यह ग्लेशियर 2075 मीटर की ऊँचाई पर समाप्त हो जाता है **(Fig. 10.7)**।

गशेरबरूम ग्लेशियर (Gasherbrum Glacier)

कराकोरम पर्वत में अवस्थित इस ग्लेशियर की लम्बाई लगभग 21 किलोमीटर है। इस हिमनद का स्नाऊट (Snout) 4345 मीटर की ऊँचाई पर है **(Fig. 10.7)**।

गंगोत्री अथवा गोमुख ग्लेशियर (Gangotri or Gaumukh Glacier)

पवित्र गंगा का उद्‌गम गंगोत्री ग्लेशियर से होता है। इस ग्लेशियर का उद्‌गम (Snout) सागर स्तर से 3880 मीटर ऊँचाई पर स्थित है **(Fig. 10.7)**।

हिस्पर ग्लेशियर (Hispar Glacier)

कराकोरम में अवस्थित इस ग्लेशियर की लम्बाई 61 किलोमीटर है। ध्रुवीय प्रदेशों के बाहर यह विश्व का तीसरा सबसे लम्बा ग्लेशियर है। दक्षिण की ओर बहते हुए इस ग्लेशियर के उद्‌गम (Snout) की ऊँचाई लगभग 3000 मीटर है **(Fig. 10.7)**।

कंचनजंगा ग्लेशियर (Kanchenjunga Glacier)

सिक्किम-नेपाल की सीमा में अवस्थित इस ग्लेशियर की लम्बाई 21 किलोमीटर है। कोसी की एक सहायक नदी का उद्‌गम इसी ग्लेशियर से होता है **(Fig. 10.7)**।

कांग्टो ग्लेशियर (Kangto Glacier)

अरुणाचल प्रदेश के पश्चिम में अवस्थित कांग्टो ग्लेशियर की लम्बाई 7089 मीटर है।

मना ग्लेशियर (Mana Glacier)

उत्तराखण्ड-तिब्बत की सीमा पर अवस्थित माना ग्लेशियर की लम्बाई 18 किलोमीटर है।

मिलम ग्लेशियर (Milam Glacier)

कुमाऊँ (उत्तराखण्ड) के दूसरे सबसे बड़े इस ग्लेशियर की लम्बाई लगभग 20 किलोमीटर है।

पिण्डारी ग्लेशियर (Pindari Glacier)

त्रिशूल-नन्दा देवी के क्षेत्रों से पिण्डारी ग्लेशियर तक सरलतापूर्वक पहुँचा जा सकता है। इसी कारण देश-विदेश के बहुत-से पर्यटक इस ग्लेशियर पर आते हैं।

सियाचिन ग्लेशियर (Siachin Glacier)

कराकोरम पर्वत की नूबरा घाटी में स्थित सियाचिन ग्लेशियर की लम्बाई 75 किलोमीटर है। इसका क्षेत्रफल लगभग 450 वर्ग किलोमीटर है। इस ग्लेशियर की जिह्वा (Snout) 3705 मीटर की ऊँचाई पर है **(Fig. 10.7)**।

सोनापानी ग्लेशियर (Sonapani Glacier)

पीरपंजाल की चन्द्रा घाटी में अवस्थित सोनापानी ग्लेशियर की लम्बाई लगभग 18 किलोमीटर है। रोहतांग दर्रे के निकट यह ग्लेशियर 4000 मीटर की ऊँचाई पर है।

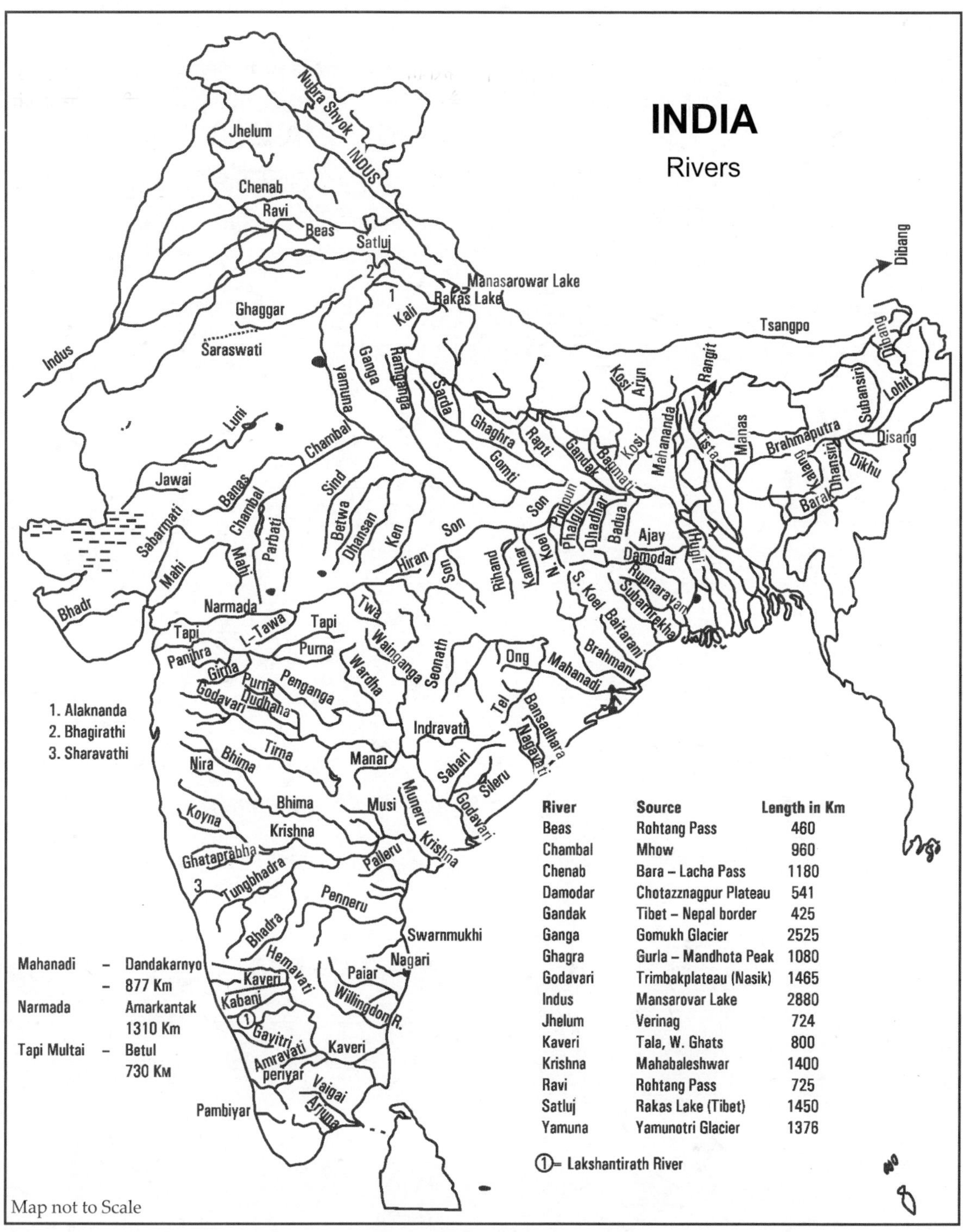

River	Source	Length in Km
Beas	Rohtang Pass	460
Chambal	Mhow	960
Chenab	Bara – Lacha Pass	1180
Damodar	Chotazznagpur Plateau	541
Gandak	Tibet – Nepal border	425
Ganga	Gomukh Glacier	2525
Ghagra	Gurla – Mandhota Peak	1080
Godavari	Trimbakplateau (Nasik)	1465
Indus	Mansarovar Lake	2880
Jhelum	Verinag	724
Kaveri	Tala, W. Ghats	800
Krishna	Mahabaleshwar	1400
Ravi	Rohtang Pass	725
Satluj	Rakas Lake (Tibet)	1450
Yamuna	Yamunotri Glacier	1376

Fig. 10.6 Rivers and their tributaries

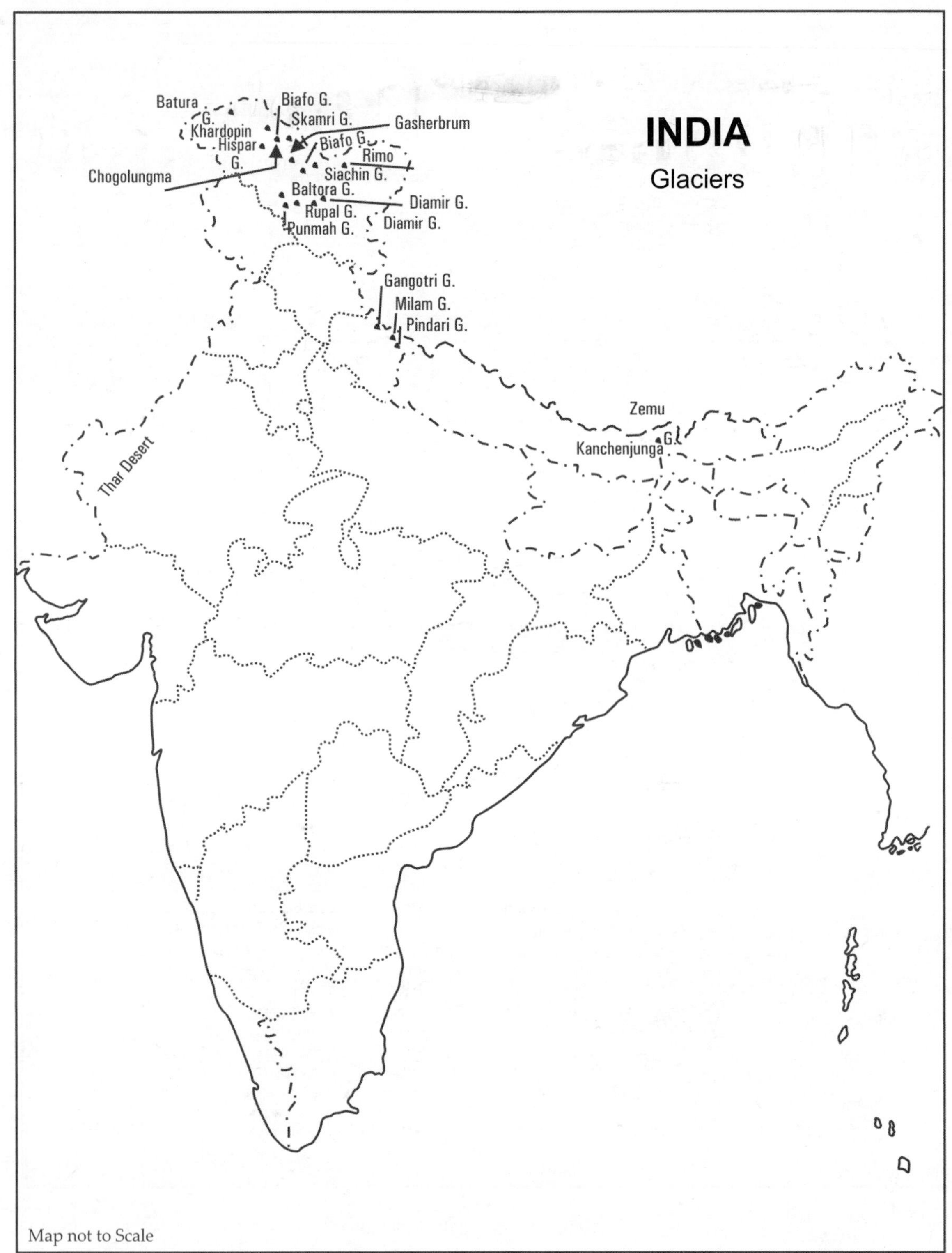

Fig. 10. 7 Main glaciers of India

ज़ेमू ग्लेशियर (Zemu Glacier)

कंचनजंगा शिखर के पूर्वी ढलान पर अवस्थित ज़ेमू ग्लेशियर की लम्बाई लगभग 25 किलोमीटर है। तीस्ता नदी का उद्गम इसी ग्लेशियर से होता है।

सासैनी

कराकोरम में स्थित इस ग्लेशियर की लम्बाई 68 किलोमीटर है।

भारत के मुख्य दर्रे (Main Passes of India)

दर्रे (Passes)

पर्वतों में पाये जाने वाले रास्तों को दर्रे कहते हैं। भारत के मुख्य 2 दर्रों को **Fig. 10.8** में अंकित किया गया है:

1. **अघिलदर्रा (Aghil Pass):** कराकोरम में अवस्थित अघिल दर्रा लद्दाख़ को चीन के सिंक्यिंग राज्य से जोड़ता है।
2. **बलचा धुरा (Blacha-Dhura):** यह उत्तराखण्ड के कुमाऊं को तिब्बत से जोड़ता है। कैलाश पर्वत एवं मानसरोवर को जाने वाला रास्ता इसी दर्रे से होकर गुजरता है।
3. **बानिहाल दर्रा (जवाहर सुरंग):** यह डोडा जिले के बानिहाल नगर को कश्मीर घाटी के काजीगुण्ड से जोड़ता है। इसको जवाहर सुरंग भी कहते हैं।
4. **बारालाचा दर्राः** यह दर्रा हिमाचल प्रदेश को लद्दाख से जोड़ता है।
5. **मोरघाटः** यह मुम्बई को नासिक से जोड़ता है।
6. **बोमडिला (Bomdila Pass):** यह असम के तेज़पुर नगर को अरुणाचल प्रदेश के तवांग (Tawang) नगर से जोड़ता है।
7. **बुम-ला (Bum-La):** यह अरुणाचल प्रदेश को ल्हासा से जोड़ता है।
8. **चांग-ला (Chang-La):** यह लद्दाख को तिब्बत से जोड़ता है।
9. **दिफु-दर्रा (Diphu-Pass):** यह अरुणाचल प्रदेश को म्यांमार (Myanmar) से जोड़ता है।
10. **गोरनघाट (Goran-Ghat):** यह उदयपुर को सिरोही से जोड़ता है।
11. **जेलेपला (Jelep-La):** यह गंगटोक (सिक्किम) को ल्हासा से जोड़ता है
12. **कराकोरम दर्राः** यह दर्रा लद्दाख को चीन के सिंकियांग प्रान्त से जोड़ता है।
13. **खरडुगला दर्रा (Khardungla):** यह दर्रा लेह के सियाचिन ग्लेशियर से जोड़ता है। यह रास्ता नूबरा नदी घाटी से गुज़रता है।
14. **लिपु-लेख दर्रा (Lipu Lekh Pass):** यह दर्रा उत्तराखण्ड को तिब्बत से जोड़ता है।
15. **माणा-दर्रा (Mana-Pass):** यह दर्रा उत्तराखण्ड को तिब्बत से जोड़ता है।
16. **नाथूला (Nathu-La):** चुम्बी-घाटी से गुजर कर यह दर्रा सिक्किम को तिब्बत से जोड़ता है।
17. **निती-दर्रा (Niti-Pass):** यह दर्रा उत्तराखण्ड को तिब्बत से जोड़ता है।
18. **पालघाट (Palghat):** यह दर्रा कोयम्बटूर को एर्णाकुलम (केरल) से जोड़ता है। इसको पालक्कड़ दर्रा भी कहते हैं।
19. **शेनकोटा (Shencottah) दर्राः** यह दर्रा मदुरई (तामिलनाडु) को केरल के कोच्चि से जोडता है।
20. **शिपकीला (Shpki-La):** सतलज नदी की घाटी के रास्ते, यह दर्रा हिमाचल प्रदेश को तिब्बत से जोड़ता है।
21. **थागाला (Thaga-La):** यह दर्रा उत्तराखण्ड को तिब्बत से जोड़ता है।

सागरीय-तट (Sea-Beaches)

सागरों के तटों पर, लहरों के द्वारा जमा किये गये निक्षेपों को सागरीय-बीच (Sea-Beaches) कहते हैं।

भारत के मुख्य सी-बीच **Fig. 10.9** में दर्शाये गये हैं तथा उनके नाम **तालिका 10.9** में दिये गये हैं।

तालिका 10.9: भारत के सी-बीच (Sea-Beaches)

क्र.सं.	राज्य/संघीय प्रदेश	सी-बीच (Sea-Beaches)
1.	आन्ध्र प्रदेश	भीमुनीपटनम, मानगिनापुडी, माईपाडू, रूषि-कोण्डा, वोडारिवु
2.	गोवा	अन्जुना, अगोन्डा, अरमबोल, कोल्वा, डोना-पौला, वगाटोर
3.	गुजरात	बाइट, द्वारका, चोखड़, गोपनाथ, माण्डवी, नवी-बन्दर, सोमनाथ, वरावल
4.	कर्नाटक	करवार, कुत्ले, माल्पे, मरावना, मुर्देश्वर, ओम, उल्लाल
5.	केरल	अलप्पी, बेकल, चिराई, कप्पाड, कोल्लम, कोबालम, लाईट-हाउस, रॉकहोम, समुद्रा, शांगुमुघम, थिरूमुल्लावरम, वकीला, वैली, विपीन, गुण्डा-द्वीप
6.	लक्षद्वीप	बन ग्राम, कदामत, कवारत्ती, मिनिकोय।
7.	महाराष्ट्र	अलीबाग, बेसीन, बोराई, चौपाटी, धानू, गणपतिपुले, हरिश्वार, मनोडी, जंज़ीरा, जूहू, किहिम, माल्वन, माण्डवा, मारवे, मुरड, श्रीवर्धन, सिंधुदुर्ग, वालनेश्वर, वेनगुरला, विजय दुर्ग
8.	ओडिशा	बोलीघाय, चान्दीपुर, छतरापुर, घिरमाथा, गोपालपुर, कोर्णाक, पारादीप, पुरी
9.	अण्डमान-निकोबार द्वीप समूह	चिरया-टापू, बनदूर, कोरबीन-गुफा, कुरूसाडा, मण्डापम, नील द्वीप, साधुरंगापटनम
10.	पुदुचेरी	पुदुचेरी-बीच
11.	तमिलनाडु	कवेलोंग, मेरिना, पियुवरम, पुलीकट, वटीकोटो।
12.	प. बंगाल	दीघा, फेराज़रगनी, गंगा-सागर, शंकरपुर
13.	दमन	दिवाका, जयपोरे
14.	दीव (Diu)	चकरातीथ, नगाओ

भारत की मुख्य झीलें (Lakes of India)

स्थिर जल का ऐसा भाग जो चारों ओर थल से घिरा हो, झील कहलाता है। झीलें, आकार, क्षेत्रफल एवं गहराई में विविधता रखती हैं। विश्व में कैस्पियन सागर सबसे बड़ी झील है, जबकि सुपीरियर झील का दूसरा तथा अफ्रीका की विक्टोरिया झील का स्थान तीसरा है। भारत में खारे पानी की सबसे बड़ी चिल्का झील है, जबकि मीठे पानी की सबसे बड़ी झील वूलर (Wular) है। **Fig. 10.10** में भारत की मुख्य झीलों को दिखाया गया है, जबकि उनका नाम एवं राज्य **तालिका** 10.10 में दिये गये हैं।

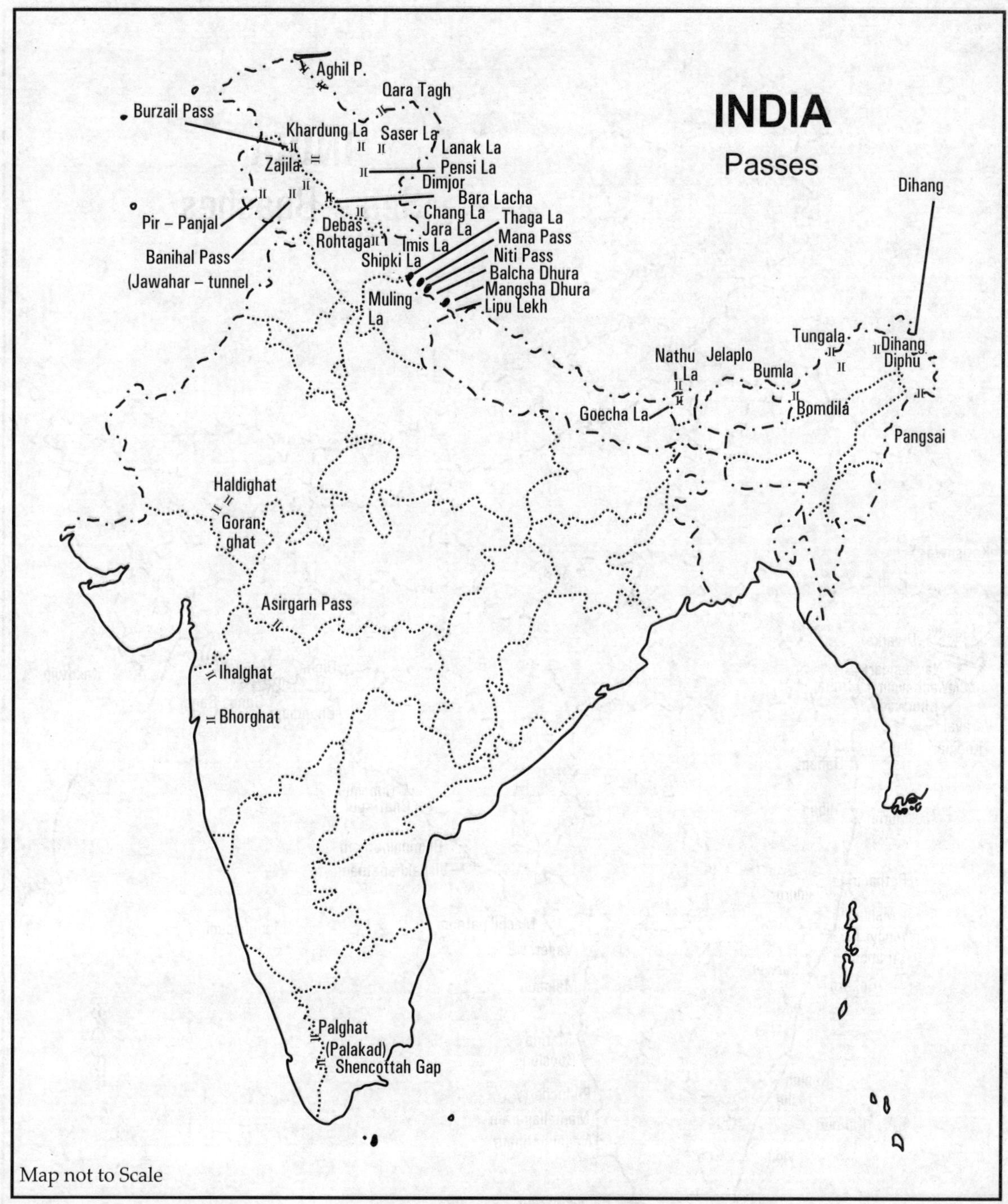

Fig. 10.8 India main passes

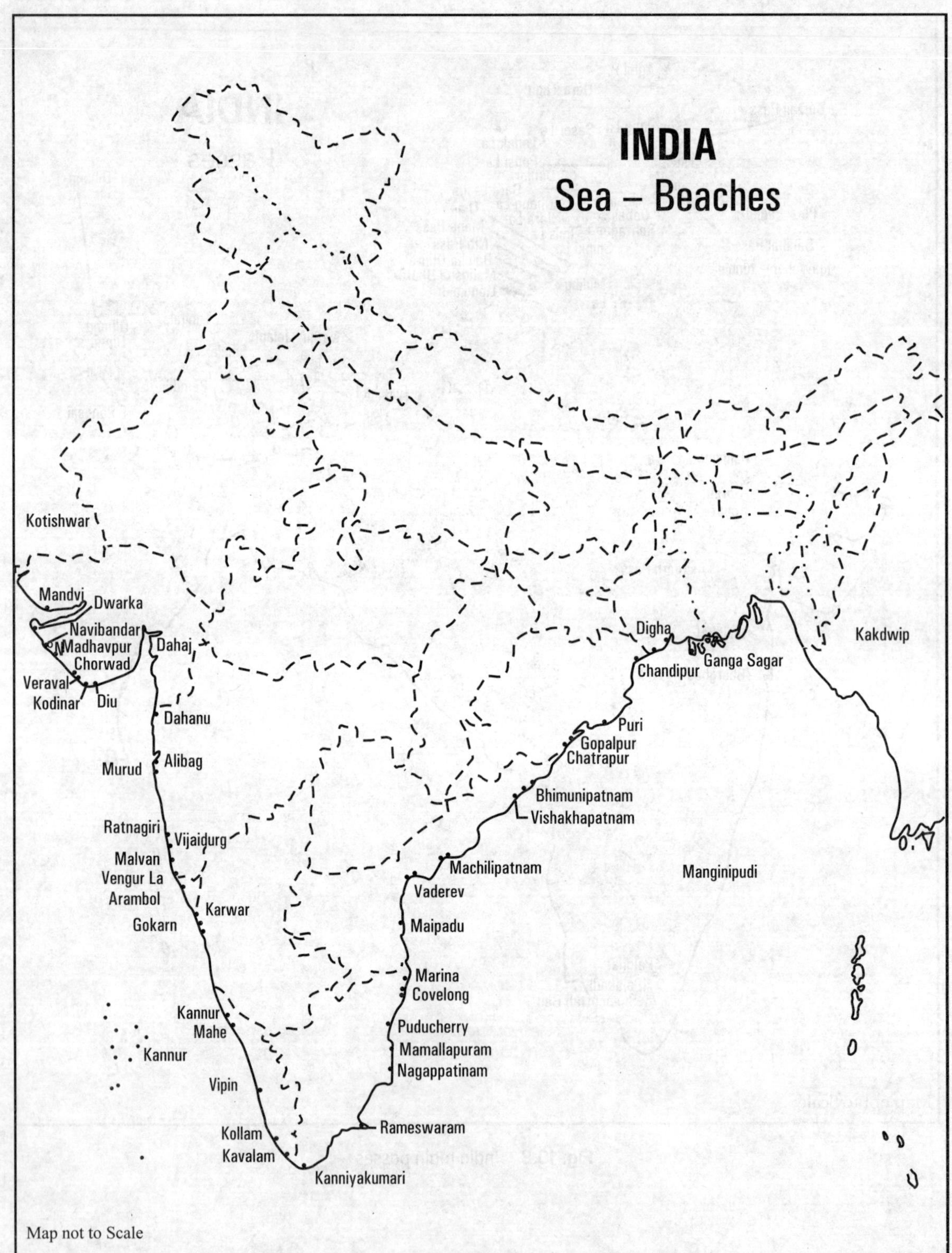

Fig. 10.9 Sea-beaches of India

तालिका 10.10: भारत की मुख्य झीलें

क्र.सं.	झील	राज्य	विशेषताएँ
1.	अष्टमुदी	केरल	लैगून
2.	भीमताल	उत्तराखण्ड	–
3.	चिल्का	ओडिशा	(लैगून), सबसे बड़ी खारे पानी की झील
4.	डल	कश्मीर	–
5.	देवताल	उत्तराखण्ड	सर्वाधिक ऊँचाई पर स्थित झील
6.	गोविन्द बल्लभ पन्त सागर	छत्तीसगढ़ और उत्तर प्रदेश	रिहन्द नदी पर मानव निर्मित सबसे बड़ी झील
7.	कोलेरु	आन्ध्र प्रदेश	कृष्णा और गोदावरी नदियों के डेल्टा के मध्य स्थित
8.	लोकटक	मणिपुर	–
9.	लोनार	महाराष्ट्र	–
10.	नैनीताल	उत्तराखण्ड	–
11.	नक्की	राजस्थान	–
12.	निजामसागर	आन्ध्र प्रदेश	–
13.	परशुराम कुण्ड	अरुणाचल प्रदेश	–
14.	पोंग मोरारी	लद्दाख	–
15.	पुलिकट	आन्ध्र प्रदेश	–
16.	पुष्कर	राजस्थान	–
17.	रविन्द्र सरोवर	पश्चिम बंगाल	ढकुरिया झील के नाम से भी जाना जाता है।
18.	साल्ट लेक	कोलकाता	–
19.	साँभर	राजस्थान	अन्तरिक खारे पानी की झील
20.	थोल	गुजराज	कृत्रिम मीठे पानी की झील
21.	तसो मोरारी	लद्दाख	इसे पहाड़ झील भी पुकारा जाता है।
22.	उदयपुर	राजस्थान	पंछोला
23.	उच्च एवं निम्न झील	मध्य प्रदेश	भोपाल में निम्न झील से छोटे तालाब की तरह जाना जाता है।
24.	वेबनाद कायल	केरल	लैगून
25.	वूलर	कश्मीर	भारत की सबसे बड़ी मीठे पानी की झील

जल प्रपात (Waterfalls)

नदी-मार्ग में यदि जल ऊँचाई से गिरे तो उसे जल प्रपात कहते हैं। भारत में बहुत से जल प्रपात हैं **Fig. 10.11**। एव **तालिका** 10.11 कुछ मुख्य जल प्रपात निम्नलिखित हैं:

तालिका 10.11: भारत के मुख्य जल प्रपात

क्र.सं.	जलप्रपात	ऊँचाई (मीटर में)	नदी	राज्य
1.	बरेही पानी (Barehipani)	399	बूढ़ा-बलंगगा	मयूरभंज (ओडिशा)
2.	बकीना जलप्रपात	209	सीता	शिमोगा (कर्नाटक)
3.	जोग जलप्रपात	253	श्रीवती	शिमोगा (कर्नाटक)
4.	खंडाधार जलप्रपात	244	कोरापानी	सुन्दरगढ़ (ओडिशा)

5.	वाटॉन्ग-जलप्रपात	229	लू-नदी	सरचिप (मिज़ोरम)
6.	मैगोड-जलप्रपात	198	बेती नदी	उत्तर कनाडा (कर्नाटक)
7.	लोध/बूढ़ाघाघ-जलप्रपात	143	बूढ़ा नदी	लतेहार (झारखण्ड)
8.	चचाई-जलप्रपात	130	बीहड़ नदी	मध्य प्रदेश
9.	बुण्डला-जलप्रपात	100	बुन्डला	कांगड़ा (हिमाचल प्रदेश)
10.	हुण्डरू-जलप्रपात	99	स्वर्णरेखा	राँची (झारखण्ड)
11.	तीर्थगढ़-जलप्रपात	91	कागरा	बस्तर (छत्तीसगढ़)
12.	अथिराप्पिल्ली	25	चलाकुडी नदी	केरल
13.	दूधसागर	320	माडवी	गोआ
14.	नोहसंबगी थियांग (सैवन सिस्टर)	315	चेरापूँजी	मेघालय
15.	दोसेगर (जलप्रपातों की श्रृंखला)	15 से 20 और उनमें से एक की ऊँचाई 200 मीटर है।	–	महाराष्ट्र
16.	चित्रकूट (नियाग्रा फाल)	29 मीटर	इन्द्रावती	छत्तीसगढ़
17.	धुँआधार	30 मीटर	नर्मदा	मध्य प्रदेश

मानसून (Monsoon)

मानसून अरबी भाषा का शब्द है, जिसका अर्थ मौसम होता है। हिन्द-महासागर में चलने वाली पवनों के लिये मानसून शब्द का प्रयोग सबसे पहले अरब के व्यापारियों ने किया था, जिसका अर्थ उन पवनों से है जो प्रत्येक छह महीनों के पश्चात अपनी दिशा में पूर्ण परिवर्तन कर लेती हैं। भारत में एक साल को निम्न मौसमों में विभाजित किया जाता है :

1. उत्तरी पूर्वी मानसून का मौसम:
   (i) शीत ऋतु – जनवरी से फरवरी (January - February)
   (ii) ग्रीष्म ऋतु – मार्च से मई (March - May)
2. दक्षिण पश्चिम मानसून का मौसम :
   (i) वर्षा ऋतु (Season of General Rains)
   (ii) मानसून वापसी का मौसम (Season of Retreating Monsoon)

भारत के अधिकतर भाग में अधिकतर वर्षा दक्षिणी पश्चिमी मानसून से होती है।

प्राकृतिक वनस्पति (Natural Vegetation)

वृक्षों का ऐसा समूह जो प्रकृति में स्वयं उत्पन्न होता है, प्राकृतिक वनस्पति कहलाता है। पृथ्वी के अधिकतर जंगलों में मानव हस्तक्षेप के कारण उनका स्वरूप बदला है। जंगलों को साफ करके खेत तथा घास के मैदान बना लिये गये हैं, या कारखाने स्थापित कर लिये गये हैं। इस समय विश्व के कुछ ही भागों में प्राकृतिक वनस्पति अपने मूल स्वरूप में है।

तालिका 10.12: भारत-वनों के अंतर्गत क्षेत्र

क्र. सं.	समूह	प्रकार समूह	क्षेत्र किमी.^{2} में	कुल क्षेत्रफल का प्रतिशत
1.	समूह 1	उष्णकटिबंधीय आर्द्र सदाबहार वन	19,572	2.74
2.	समूह 2	उष्णकटिबंधीय अर्ध सदाबहार वन	69,195	9.69
3.	समूह 3	उष्णकटिबंधीय नम पर्णपाती वन	1,31,805	18.47
4.	समूह 4	तटीय और दलदली वन	5,478	0.77
5.	समूह 5	उष्णकटिबंधीय शुष्क पर्णपाती वन	2,80,547	39.30

6.	समूह 6	उष्णकटिबंधीय कांटेदार वन	13,259	1.86
7.	समूह 7	उष्णकटिबंधीय शुष्क सदाबहार वन	835	0.12
8.	समूह 8	उपोष्णकटिबंधीय चौड़ी पत्ती वाले पहाड़ी वन	31,015	4.35
9.	समूह 9	उपोष्णकटिबंधीय देवदार वन	17,801	2.49
10.	समूह 10	उपोष्णकटिबंधीय शुष्क सदाबहार वन	173	0.02
11.	समूह 11	पर्वतीय नम समशीतोष्ण वन	20,185	2.83
12.	समूह 12	हिमालय के नम समशीतोष्ण वन	28,727	4.02
13.	समूह 13	हिमालयी शुष्क शीतोष्ण वन	4,255	0.60
14.	समूह 14	उप अल्पाइन वन	12,672	1.78
15.	समूह 15	नम अल्पाइन स्क्रब	652	0.09
16.	समूह 16	सूखी अल्पाइन स्क्रब	2,396	0.34
17.	समूह 17	वृक्षारोपण/टीओएफ	75,221	10.54
		कुल क्षेत्रफल	**713,789**	**100.00**

Source: *ISFR Report 2021, Government of India*

भारत के विभिन्न प्रदेशों में वनों की प्रतिशत भागीदारी **तालिका 10.13** में दी गई हैं

तालिका 10.13: भारत में वनों का भौगोलिक वितरण।

क्र.सं.	प्रदेश	कुल वन प्रदेश का क्षेत्रफल
1.	भारत के प्रायद्वीप का पठार एवं पहाड़ियाँ	57.00
2.	हिमालय प्रदेश	18.00
3.	पश्चिमी घाट एवं पश्चिमी तटीय मैदान	10.50
4.	पूर्वी घाट एवं पूर्वी तटीय मैदान	9.50
5.	उत्तरी भारत का मैदान	5.00
	कुल	**100.00**

- भारत में 713789 वर्ग किमी. क्षेत्र में वन है जो देश के कुल भौगोलिक क्षेत्रफल का 21.71% है।
- भारत में वनों के वितरण को निम्न वर्गों में विभाजित किया जा सकता है–

  गैर वन – 76.87%

  साधारण घने – 9.33%

  बहुत घने – 3.04%

  झाड़ियाँ – 1.42%
- राज्यों में सर्वाधिक घने वन मिजोरम (84.53%), अरुणाचल प्रदेश (79.33%), मेघालय (76.00%), मणिपुर (74.34%) में है।
- राज्य जिनमें वन क्षेत्र 70% से अधिक है वे हैं– मिजोरम, लक्ष्यद्वीप, अण्डमान एवं निकोबार द्वीप समूह, अरुणाचल प्रदेश, नागालैंड, मेघालय और मणिपुर।
- वन क्षेत्र में कमी के कारणों में कृषि, स्थानान्तरणीय काल, जीवीय विकासात्मक कार्यकलापों के लिए वन भूमि में परिवर्तन, कृषि विस्तार के लिए वनों की कटाई और प्राकृतिक आपदाएँ आदि हैं।
- ISFR 2016 और ISFR 2019 की रिपोर्ट में वनावरण में बदलाव देखा गया है। इसमें राष्ट्रीय स्तर पर वनावरण में 3976 वर्ग किमी. की वृद्धि हुई है। इस वृद्धि में आन्ध्र प्रदेश, कर्नाटक और केरल ने क्रमशः 990 वर्ग किमी., 1025 वर्ग किमी. और 823 वर्ग किमी. का योगदान दिया है। यह सब पौधा रोपड़ और संरक्षण क्रियाओं के कारण हुआ है।

स्रोत- ISFR-2021 के मुताबिक भारत मे 1540 वर्ग किमी. वन क्षेत्र की वृद्धि दर्ज की गई है।

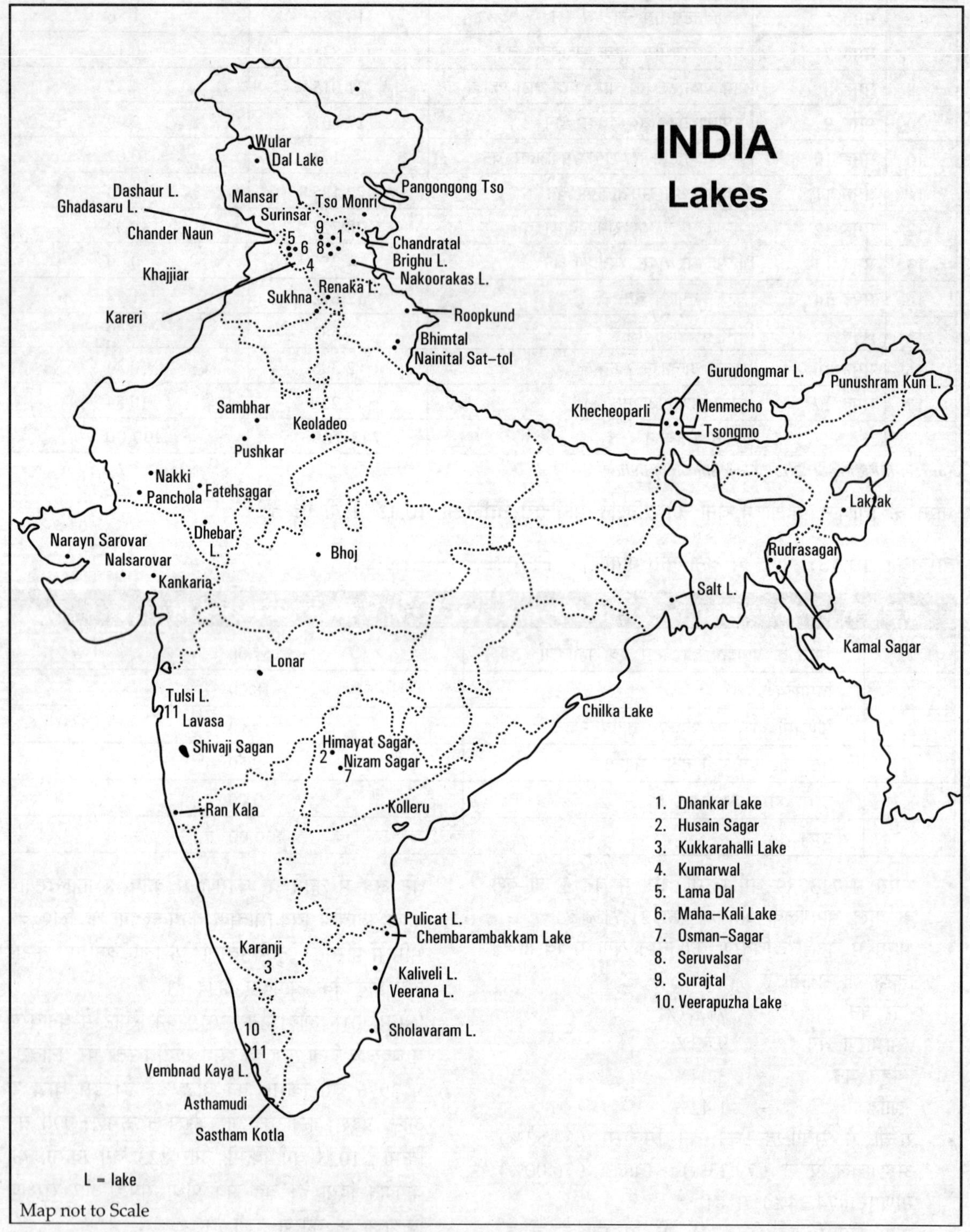

Fig. 10.10 Main lakes of India

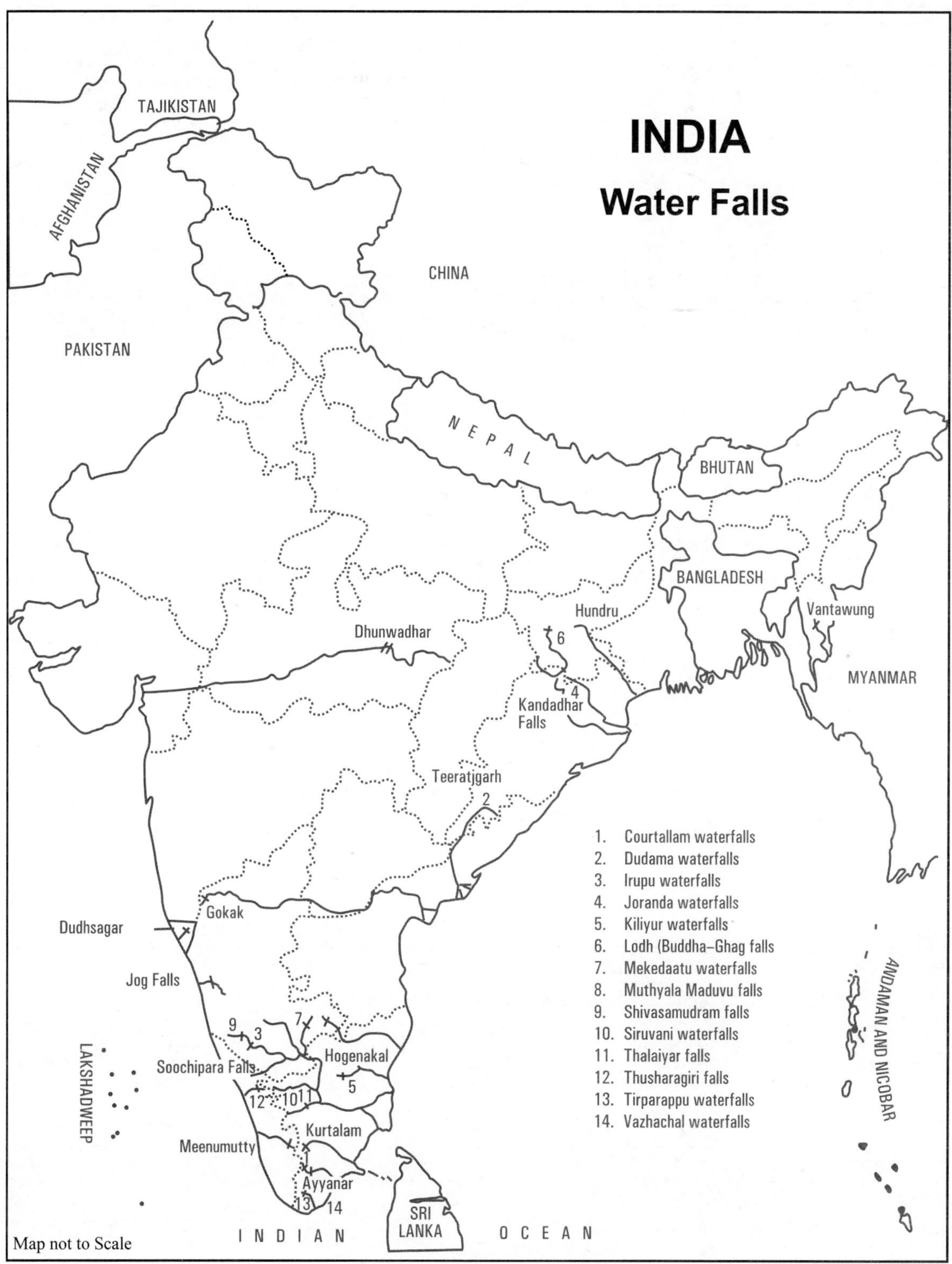

Fig. 10.11 India – Major waterfalls

बायोम संरक्षित क्षेत्र (Biosphere Reserves)

ऐसा बहुद्देशीय संरक्षित क्षेत्र जिसमें जैविक विविधता (Genetic Diversity) को सुरक्षा प्रदान की जाये। इसकी सीमायें विधायिका द्वारा निर्धारित की जाती हैं **Fig. 10.12**।

जैवमण्डल आरक्षित (Biosphere Reserves) क्षेत्र में पयर्टन की अनुमति नहीं होती, परन्तु शिक्षा एवं शोध कार्य को प्रोत्साहन दिया जाता है। भारत जैवमण्डल आरक्षित क्षेत्र को **तालिका** 10.14 में दिया गया है।

तालिका 10.14: भारत के जैवमंडल रिजर्व्स

क्र.सं.	जीवमंडल रिजर्व	स्थापना वर्ष	भौगोलिक क्षेत्र किमी^{2} में	राज्य	मुख्य जीव
1.	नीलगिरि*	1986	5520	तमिलनाडु, केरल, कर्नाटक	नीलगिरि तहर, शेर की पूंछ वाला मकाक
2.	नंदा देवी*	1988	6407	उत्तराखंड	नीलगिरि तहर, शेर की पूंछ वाला मकाक
3.	नोकरेक*	1988	0820	मेघालय	लाल पांडा
4.	मानसी	1989	2837	असम	लाल पांडा, गोल्डन लंगूर
5.	सुंदरबन*	1989	9630	पश्चिम बंगाल	रॉयल बंगाल टाइगर
6.	मन्नार की खाड़ी*	1989	10,500	तमिलनाडु तट	डुगोंग या समुद्री गाय
7.	ग्रेट निकोबार	1989	0885	अंडमान व निकोबार द्वीप समूह	खारे पानी का मगरमच्छ
8.	सिमलीपाल*	1994	5569	ओडिशा	गौर, रॉयल बंगाल टाइगर, जंगली हाथी
9.	डिब्रू-Saikhowa	1997	0765	अरुणाचल प्रदेश	गोल्डन लंगूर
10.	दिहांग-दिबांग	1998	5111	अरुणाचल प्रदेश	कस्तूरी मृग, मिश्मी ताकिन, लाल गोरल, एशियाई काला भालू
11.	पंचमढ़ी*	1999	4928	मध्य प्रदेश	विशाल गिलहरी, उड़ने वाली गिलहरी
12.	कंचन्जोंगा	2000	2931	सिक्किम (कंचनजंगा)	लाल पांडा, हिम तेंदुआ
13.	अगस्त्यमलाई	2001	3500	केरल	नीलगिरि तहर, हाथी
14.	अचानकमार अमरकंटक	2005	3835	मध्य प्रदेश	ब्लैकबक, चिंकारा, भेड़िये, विशाल गिलहरी
15.	कच्छ	2008	12,454	गुजरात	भारतीय जंगली गधा
16.	ठंडे रेगिस्तान	2009	7770	लाहौल-स्पीति और लद्दाख	हिम तेंदुआ
17.	शेषाचलम Seshachalam	2010	4756	आंध्र प्रदेश	पतला लोरिस और पैंगोलिन (गंभीर रूप से लुप्तप्राय प्रजातियां)
18.	पन्ना	2011	2999	मध्य प्रदेश	बाघ, चीतल, चिंकारा, सांभर और काला रीछ
	कुल		84,668		

*Biosphere reserves on the UNESCO Network of Biosphere Reserves

Source: *ENVIS Centre for Wildlife and Restricted Areas*

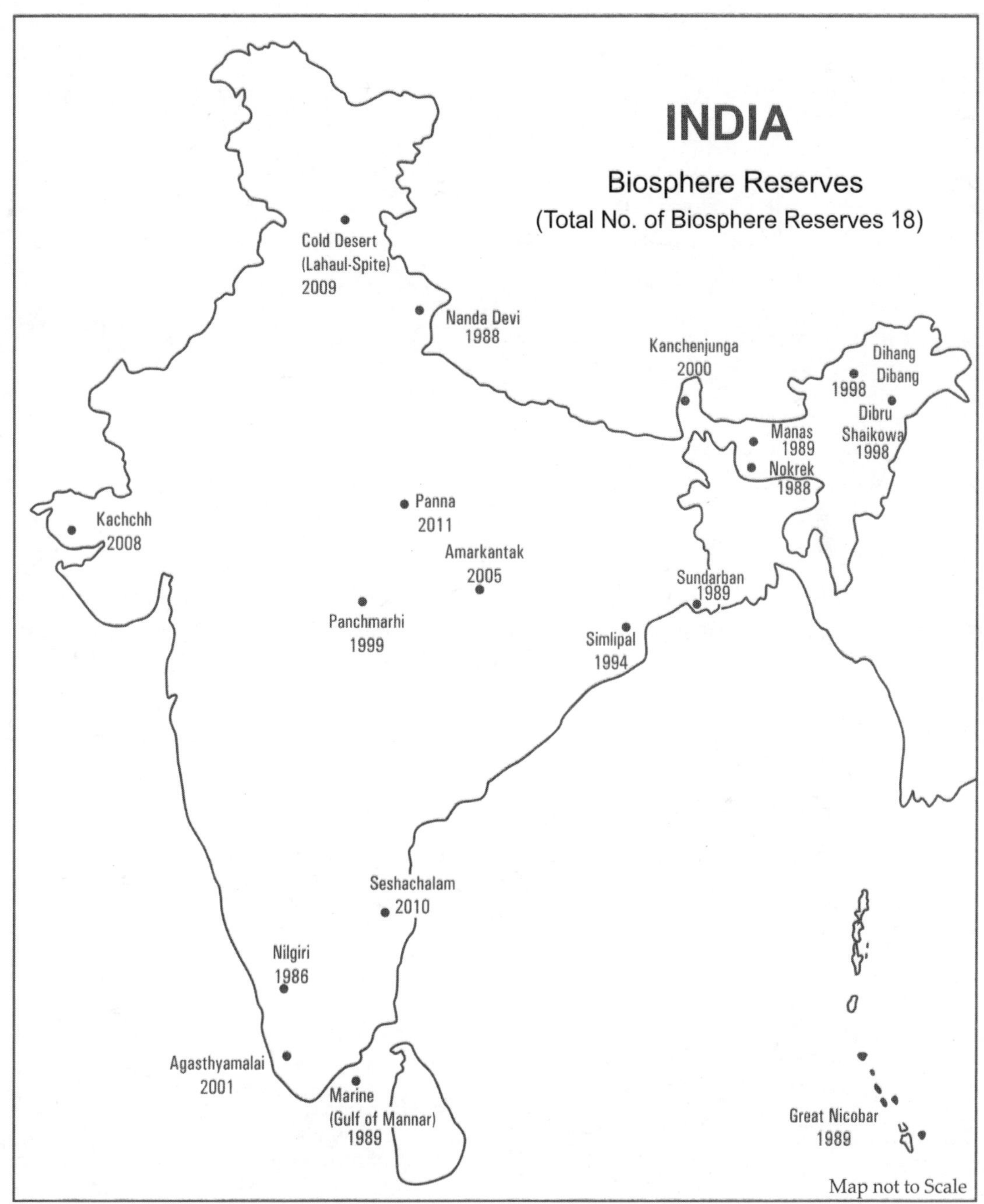

Fig. 10.12 Biosphere reserves of India

राष्ट्रीय उद्यान (National Park)

राष्ट्रीय उद्यान एक ऐसे क्षेत्र को कहते हैं, जिसमें प्राकृतिक वनस्पति, जीव-जन्तुओं, प्राकृतिक सौन्दर्य एवं जनजातियों की संस्कृति को सुरक्षा प्रदान की जाये। राष्ट्रीय उद्यान की सीमाओं को विधायिका निर्धारित करती है तथा इनमें पयर्टन करने की अनुमति होती है। भारत में 2014 के आंकड़ों के अनुसार राष्ट्रीय उद्यानों की संख्या 102 तथा अभयारण्यों की संख्या 515 हैं। भारत के मुख्य उद्यानों को **Fig. 10.13** में दिखाया गया है, जबकि **तालिका 10.15** में उनकी

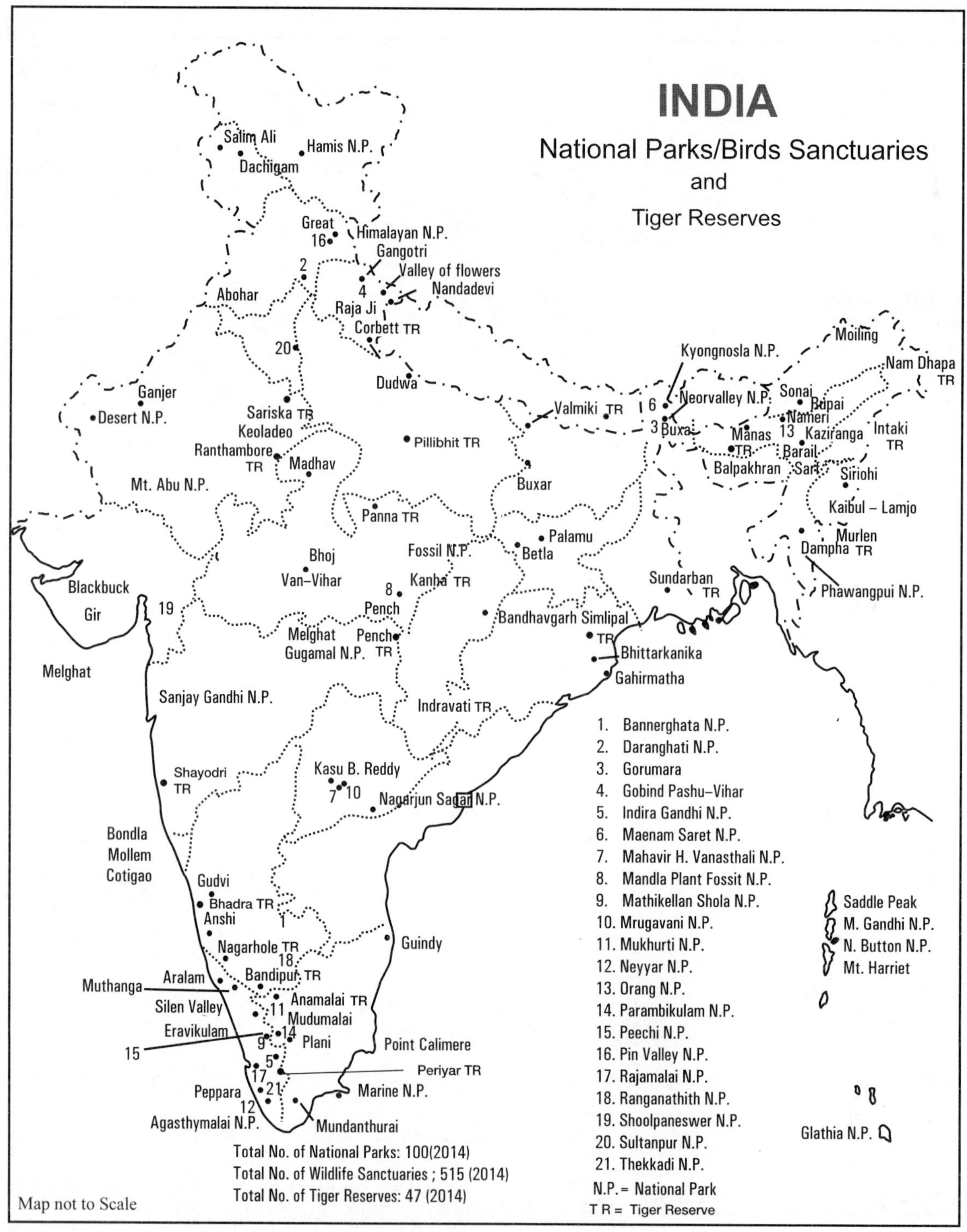

Fig. 10.13 National parks, bird sanctuaries and tiger reserves of India

अवस्थिति तथा मुख्य विशेषताओं का वर्णन किया गया है।

अभयारण्य (Sanctuary)

ऐसा क्षेत्र, जिसमें लुप्त होने वाले पशु-पक्षियों तथा वृक्षों इत्यादि को संरक्षण प्रदान किया जाये, अभयारण्य कहलाता है। भारत में जुलाई 2014 के आंकड़ों के अनुसार 515 अभयारण्य हैं।

इनकी सीमायें निर्धारित नहीं होतीं और पयर्टन की अनुमति होती है परन्तु शिक्षा एवं शोध कार्य करने की सुनिश्चित सुविधा उपलब्ध नहीं होती **(Fig. 10.13, तालिका 10.15)**।

तालिका 10.15: भारत के मुख्य राष्ट्रीय उद्यान, बाघ (टाइगर) तथा पक्षी संरक्षित क्षेत्र

क्र.सं.	राज्य/संघीय क्षेत्र	रिज़र्व का नाम	स्थिति	विशेषता
1.	आन्ध्र प्रदेश	(i) कोलेरू (ii) नागार्जुन सागर	पक्षी विहार राष्ट्रीय उद्यान	– बाघ संरक्षण
2.	अरुणाचल प्रदेश	(i) नाम-दफा (ii) पाखु नमीरी (अरुणाचल प्रदेश एवं असम)	राष्ट्रीय उद्यान राष्ट्रीय उद्यान	बाघ संरक्षण बाघ संरक्षण
3.	असम	(i) काज़ीरंगा (ii) मानस (बरपेटा)	राष्ट्रीय उद्यान राष्ट्रीय उद्यान	गैण्डा संरक्षण बाघ संरक्षण
4.	बिहार	(i) बक्सर (ii) वाल्मिकी	राष्ट्रीय उद्यान राष्ट्रीय उद्यान	बाघ संरक्षण बाघ संरक्षण
5.	छत्तीसगढ़	(i) इन्द्रावती	राष्ट्रीय उद्यान	बाघ संरक्षण
6.	गोवा	(i) महावीर (ii) मोलम	राष्ट्रीय उद्यान राष्ट्रीय उद्यान	– –
7.	गुजरात	(i) गिर (ii) वालवडर (भावनगर) (iii) रण-कच्छ	राष्ट्रीय उद्यान राष्ट्रीय उद्यान वन्य जीवन अभ्यारण्य	एशियाई-शेर भारतीय जंगली गधा
8.	हरियाणा	(i) सुल्तानपुर झील	चिड़िया अभयारण्य	–
9.	हिमाचल प्रदेश	(i) वृहद् हिमालयन राष्ट्रीय उद्यान (ii) कुंगाती	राष्ट्रीय उद्यान अभयारण्य	– –
10.	जम्मू-कश्मीर	(i) डाचीगाम (श्रीनगर) (ii) हेमीस (Hamis)	राष्ट्रीय उद्यान राष्ट्रीय उद्यान	कश्मीरी हंगल –
11.	झारखण्ड	(i) बेतला (ii) पलामू	राष्ट्रीय उद्यान बाघ संरक्षित	– –
12.	कर्नाटक	(i) बान्दीपुर (ii) बनेरघट्टा (iii) भद्रा (iv) नगरहोल	राष्ट्रीय उद्यान राष्ट्रीय उद्यान राष्ट्रीय उद्यान राष्ट्रीय उद्यान	बाघ संरक्षण – बाघ संरक्षण –
13.	केरल	(i) इराविकुलम (इडुक्की जिला) (ii) पेरियार (iii) साईलेंट वैली	राष्ट्रीय उद्यान राष्ट्रीय उद्यान राष्ट्रीय उद्यान	– जंगली हाथी बाघ संरक्षण

14.	मध्य प्रदेश	(i) बान्धवगढ़ (ii) बोरी-सतपुड़ा (iii) कान्हा (iv) पेंच (v) माधव (शिवपुरी) (vi) तदोबा (चन्द्रापुर)	राष्ट्रीय उद्यान राष्ट्रीय उद्यान राष्ट्रीय अभयारण्य राष्ट्रीय उद्यान राष्ट्रीय उद्यान राष्ट्रीय उद्यान	बाघ संरक्षण बाघ संरक्षण बाघ संरक्षण बाघ संरक्षण – –
15.	महाराष्ट्र	(i) बोरिवली (ग्रेटर मुम्बई) (ii) मेलघाट (अमरावली-जनपद) (iii) पेंच (नागपुर)	राष्ट्रीय उद्यान बाघ संरक्षित राष्ट्रीय उद्यान	– बाघ संरक्षण –
16.	मणिपुर	(i) केबुल लमाजो (ii) सिरोही	राष्ट्रीय उद्यान राष्ट्रीय उद्यान	– –
17.	मेघालय	(i) बालपाखरन (गारो)	राष्ट्रीय उद्यान	–
18.	मिज़ोरम	(i) दम्फा (ii) मुर्लिन	राष्ट्रीय उद्यान राष्ट्रीय उद्यान	बाघ संरक्षण –
19.	नागालैंड	(i) इन्टाकी	राष्ट्रीय उद्यान	–
20.	ओडिशा	(i) गहिरमठा (ii) सिमलीपाल (मयूरभंज)	वन्य जीव अभयारण्य वन्य जीव अभयारण्य	हरा-कछुआ बाघ संरक्षण
21.	पंजाब	(i) अबोहर	वन्य जीव अभयारण्य	–
22.	राजस्थान	(i) केवलादेव (भरतपुर) (ii) रणथम्भौर (iii) सरिस्का (अलवर) (iv) मरुस्थल राष्ट्रीय उद्यान	राष्ट्रीय उद्यान पक्षी विहार बाघ संरक्षण राष्ट्रीय उद्यान राष्ट्रीय उद्यान	– – बाघ संरक्षण बाघ संरक्षण –
23.	सिक्किम	(i) कनचनजंगा आरक्षित	राष्ट्रीय उद्यान	जैवमण्डल
24.	तमिलनाडु	(i) गुइन्डी (ii) कलाकड मुन्डनथुराई (iii) मुदुमलाय	राष्ट्रीय उद्यान राष्ट्रीय उद्यान राष्ट्रीय उद्यान	– – –
25.	उत्तराखण्ड	(i) जिम कार्बेट (नैनीताल) (ii) राजाजी राष्ट्रीय उद्यान (iii) फूलों की घाटी	राष्ट्रीय उद्यान राष्ट्रीय उद्यान राष्ट्रीय उद्यान	बाघ संरक्षण – –
26.	उत्तर प्रदेश	(i) दुधवा	राष्ट्रीय उद्यान	बाघ संरक्षण
27.	प. बंगाल	(i) बक्सा (ii) सुन्दरवन (24-परगना)	वन्य जीव अभयारण्य वन्य जीव अभयारण्य	बाघ संरक्षण बाघ संरक्षण
28.	अण्डमान-निकोबार द्वीप समूह	(i) माऊंट हैरियत् (ii) सैड्ल-पीक	राष्ट्रीय उद्यान राष्ट्रीय उद्यान	जैवमण्डल आरक्षित –

बाघ संरक्षण (Tiger Reservas)

भारत सरकार ने फरवरी 1992 में बाघ संरक्षण परियोजना आरम्भ किया था। इस योजना के अंतर्गत बाघों को संरक्षण प्रदान किया गया। इस परियोजना को जिन 13 राज्यों में लागू किया गया उनके नाम इस प्रकार हैं। आन्ध्र प्रदेश, अरुणाचल प्रदेश, असम, झारखण्ड, कर्नाटक, केरल, मेघालय, नागालैंड, ओडिशा, तमिलनाडु, उत्तराखण्ड, उत्तर प्रदेश तथा प. बंगाल। विश्व के बाघों की कुल संख्या का

70% भारत में पाया जाता है। 2006 में बाघों की संख्या 1411 थी जो बढ़कर 2018 में 2967 हो गई। वर्ष 2019 के आंकड़ों के अनुसार भारत में बाघ संरक्षित क्षेत्र (श्रण स्थान) 50 हैं। भारत के मुख्य बाघ संरक्षण निम्न प्रकार हैं:

1. अन्नामलाई – पारम्बीकुलम (तमिलनाडु)
2. बरेल – सेफंग (असम-मेघालय)
3. दालमा वन्य – जीव अभयारण्य (झारखण्ड)
4. कमेंग – सोनितपुर (अरुणाचल प्रदेश-असम)
5. काज़ीरंगा – कर्बीलोंग-इन्टकी (असम-नागालैंड)
6. निलम्बूर – साइलेंट वैली (केरल-तमिलनाडु)
7. पेरियार – मदुरई (तमिलनाडु)
8. राजाजी जिम – कॉर्बेट (उत्तराखण्ड)

घड़ियाल परियोजना (Crocodile Projects)

भारत सरकार ने 1975 में घडियाल-प्रोजेक्ट आरम्भ किया। इस प्रोजेक्ट का उद्देश्य घड़ियालों को संरक्षण प्रदान करना है।

गहिरमठा (ओडिशा) इसी योजना के अंतर्गत स्थापित किया गया था **(Fig. 10.13)**। चेन्नई में एक घड़ियाल बैंक (Crocodile Bank) स्थापित किया गया है।

रामसर सम्मेलन (Ramsar Convention)

ईरान के नगर रामसर में 2 फरवरी, 1971 को अन्तर्राष्ट्रीय सम्मेलन हुआ, जिसका मुख्य उद्देश्य आर्द्र-भूमियों (Wetlands) का संरक्षण करना है।

प्रतिवर्ष 2 फरवरी को हर साल आर्द्र भूमि (Wetlands) दिवस मनाया जाता है। भारत का मुख्य आर्द्र भूमियां **तालिका 10.16** में दिखाई गई हैं, जबकि **Fig. 10.14** में उनके स्थान अंकित किये गये हैं।

तालिका 10.16: भारत के आर्द्रभूमि और मैंग्रोव (किमी.^{2} में)

क्र.सं.	राज्य/संघ राज्य क्षेत्र और जिला	सदाबहार (बहुत घना)	सदाबहार (मध्यम घना)	सदाबहार (विरल)	कुल	2019 के आंकलन के संबंध में परिवर्तन
1.	आंध्र प्रदेश	0.00	213.09	191.69	404.78	0.64
2.	गोवा	0.00	20.72	6.62	27.34	1.34
3.	गुजरात	0.00	168.85	1,006.22	1,175.07	-2.20
4.	कर्नाटक	0.09	1.93	10.59	12.61	2.57
5.	केरल	0.00	4.73	4.63	9.36	0.46
6.	महाराष्ट्र	0.00	89.98	234.31	324.29	4.02
7.	ओडिशा	80.43	94.31	84.24	258.98	8.34
8.	तमिलनाडु	1.11	26.95	16.88	44.94	0.11
9.	पश्चिम बंगाल	994.31	692.02	427.44	2,113.77	1.66
10.	अंडमान और निकोबार द्वीपों	398.73	168.34	49.38	616.45	0.17
11.	डी एंड एनएच और दमन और दीव	0.00	0.00	3.09	3.09	-0.01
12.	पांडिचेरी	0.00	0.00	1.64	1.64	0.00
	कुल योग	**1,474.67**	**1,480.92**	**2,036.73**	**4,992.32**	**17.10**

Source: *ISFR Report 2021, Government of India*

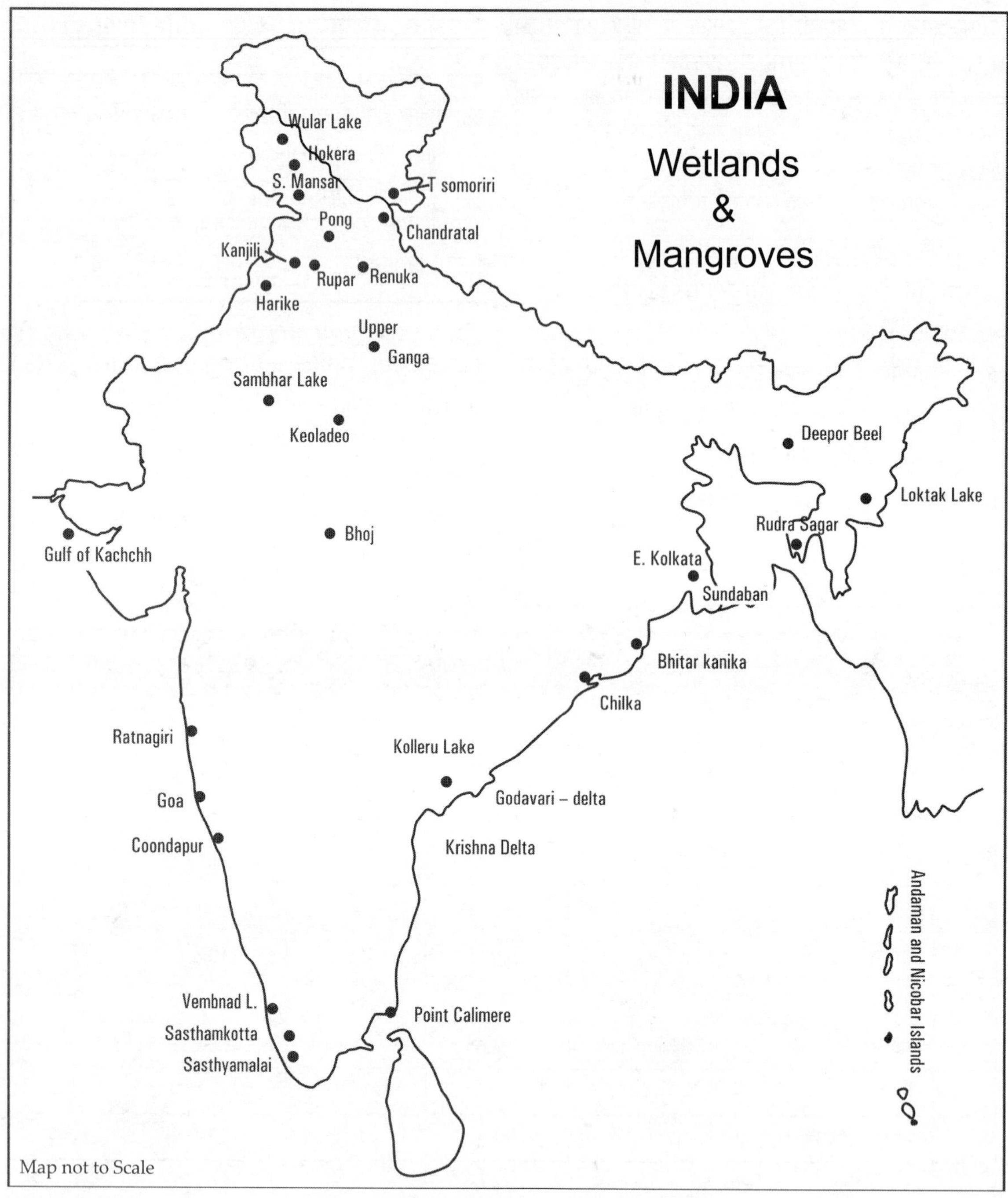

Fig. 10.14 Wetlands and mangroves of India

आर्द्र-भूमियां (Wetlands)

भारत की मुख्य आर्द्र भमियों को **Fig. 10.14** में दर्शाया गया है। मुख्य आर्द्र भूमियों के नाम निम्न प्रकार हैं:

भोज (मध्य प्रदेश), चन्द्रताल, पोंग (हिमाचल प्रदेश), डिपोर-बील (असम), पूर्वी-कोलकाता (प. बंगाल), हरिके, कंजीलि (पंजाब), हरिके, तसो-मोरारी, श्लर (जम्मू-कश्मीर), केवलादेव, साम्भर (राजस्थान), कोलेरू (आन्ध्र प्रदेश), प्वाइंट-केलिमर (तमिलनाडु) रण-कच्छ (गुजरात), रुद्रसागर (त्रिपुरा), सस्थामलाय, सस्थमकोटा, वेम्बनाद (केरल)।

भारत की मिट्टियाँ (Soils of India)

भारत के मृदा सर्वेक्षण विभाग (Soil Survey Division) ने भारत की मिट्टियों को निम्न प्रकार में विभाजित किया है:

1. जलोढ़ मिट्टी (Alluvial Soils)
2. लाल मिट्टी (Red Soils)
3. रेगुर या काली मिट्टी (Regur or Black Soils)
4. पर्वतीय मरुस्थली मिट्टी (Desert Mt. Soils)
5. लेटेराइट मिट्टी (Lateritic Soils)
6. लाल एवं काली मिट्टी (Red and Black Soils)
7. रेतिली मिट्टी
8. उप-पर्वतीय मिट्टियाँ (Submontane Soils)

तालिका 10.17: मिट्टियों के प्रकार तथा उनका क्षेत्रफल

क्र.सं.	मिट्टी का प्रकार	क्षेत्रफल (मिलियन हेक्टेयर में)	प्रतिशत
1.	जलोढ़ मिट्टी (Alluvial Soils)	143.1	43.36
2.	लाल मिट्टी	61.0	18.49
3.	रेगुर अथवा काली मिट्टी	49.8	15.09
4.	पर्वतीय मरुस्थली मिट्टी	18.2	5.51
5.	लाल तथा काली मिट्टी	17.8	5.40
6.	रेतीली मिट्टी	14.6	4.42
7.	लेटेराइट मिट्टी (Lateritic Soils)	12.2	3.70
8.	अन्य मिट्टियाँ	13.3	4.03
	कुल	**330.0**	**100.00**

Source: *Chatterji, S.P., 1973 & 1986.*

1. जलोढ़ मिट्टी (Alluvial Soils): जलोढ़ मिट्टी बहुत उपजाऊ होती है। भारत में 43 प्रतिशत मिट्टियाँ इसी प्रकार की हैं। नदियों द्वारा बनी इन मिट्टियों को दो वर्गों में विभाजित किया जा सकता है–(1) खादर, तथा; (2) भांगर।

खादर की मिट्टियाँ नदियों के बाढ़ग्रस्त क्षेत्रों में पाई जाती हैं। खादर मिट्टी के क्षेत्रों में चावल, गन्ना, गेहूँ, सब्जियाँ उगाई जाती हैं। भांगर मिट्टी सामान्यत: बाढ़ग्रस्त नहीं होती। ये मिट्टियाँ भी उपजाऊ होती हैं। इनमें कैल्शियम कार्बोनेट के कंकड़ पाये जाते हैं। *भांगर* मिट्टी में चावल, गेहूँ, जौ, तिलहन, दलहन, गन्ना, चारा और सब्जियों की खेती की जाती हैं **(Fig. 10.15)**।

2. लाल मिट्टी (Red Soils): लाल मिट्टी ऐसी चट्टानों पर विकसित होती हैं जिनमें लोहे की मात्रा होती है। वर्षा होने पर जंग लगने के कारण इनका रंग लाल पड़ जाता है। इस प्रकार की मिट्टी आन्ध्र प्रदेश, अरुणाचल प्रदेश, छत्तीसगढ़, झारखण्ड, कर्नाटक, केरल, मध्य प्रदेश, मेघालय, मिज़ोरम, नागालैंड, ओडिशा, तमिलनाडु एवं त्रिपुरा में पाई जाती है। समतल धरातल की लाल मिट्टी में चावल, मक्का, ज्वार, दलहन तथा तिलहन की खेती की जाती है। तमिलनाडु एवं आन्ध्र प्रदेश में मूँगफली की खेती भी इन मिट्टियों में की जाती है। कुल मिट्टी के लगभग 18 प्रतिशत भाग पर लाल मिट्टियाँ फैली हुई हैं।

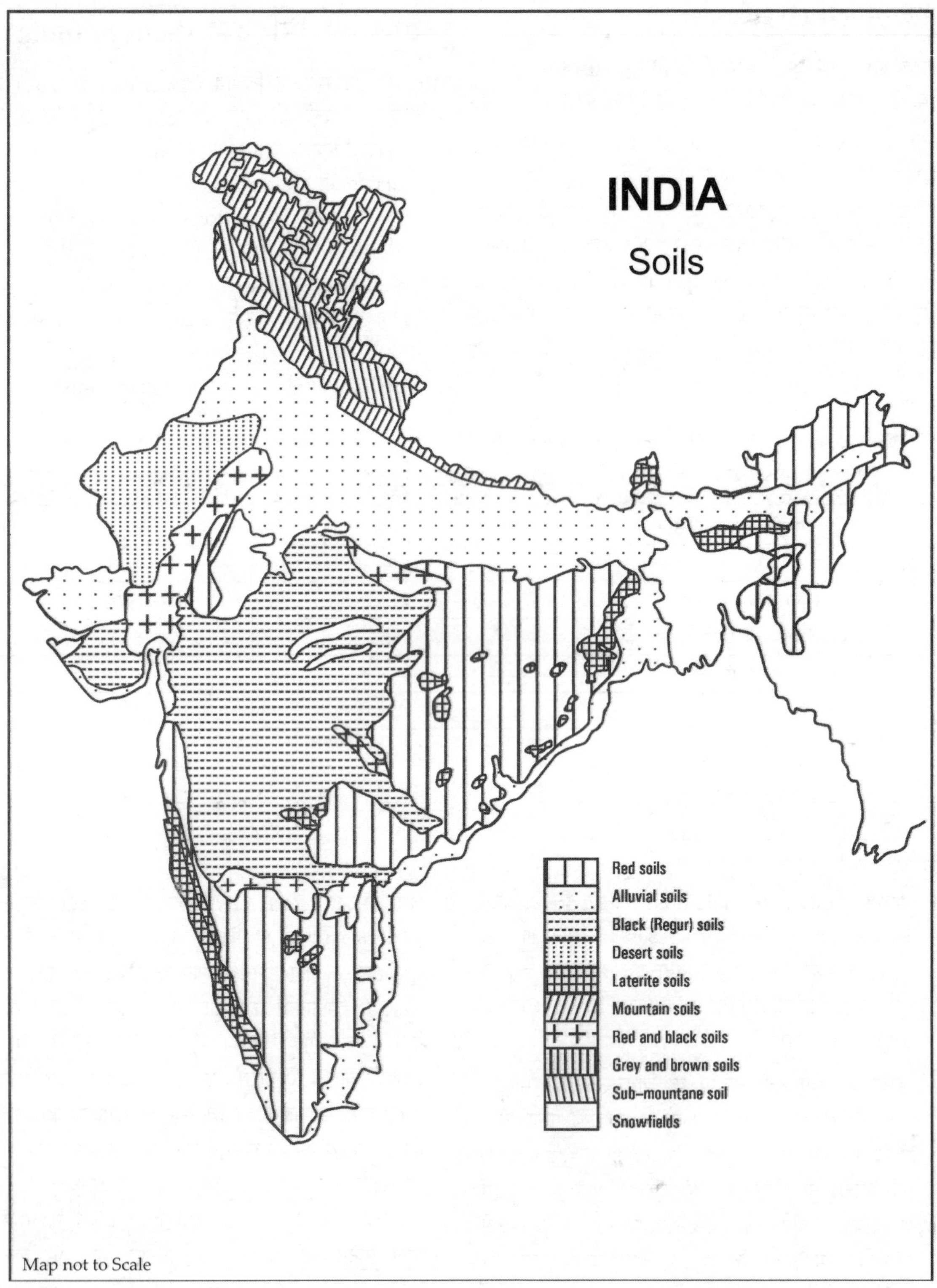

Fig. 10.15 Soils

तालिका 10.18: भारत-लवणता और क्षारीयता प्रभावित क्षेत्र

क्र.सं.	राज्यों का नाम	समस्या से प्रभावित क्षेत्र (क्षार, लवण और अम्ल) मिट्टी (लाख हेक्टेयर)			
		क्षार	खारा	अम्ल	कुल
1.	आंध्र प्रदेश*	1.94	0.60	0.01	2.55
2.	अरुणाचल प्रदेश	0.00	0.00	17.69	17.69
3.	असम	0.00	0.00	19.95	19.95
4.	बिहार	1.06	0.40	0.41	1.87
5.	छत्तीसगढ	0.13	0.00	23.42	23.55
6.	गोवा	0.00	0.00	1.03	1.03
7.	गुजरात	5.45	15.59	0.00	21.04
8.	हरियाणा	1.84	0.46	0.02	2.32
9.	हिमाचल प्रदेश	0.00	0.00	0.76	0.76
10.	जम्मू और कश्मीर	0.00	0.00	0.78	0.78
11.	झारखंड	0.00	0.00	7.35	7.35
12.	कर्नाटक	1.45	0.02	0.93	2.40
13.	केरल	0.00	0.21	24.26	24.47
14.	मध्य प्रदेश	1.24	0.00	4.82	6.06
15.	महाराष्ट्र	4.21	1.71	2.69	8.61
16.	मणिपुर	0.00	0.00	15.97	15.97
17.	मेघालय	0.00	0.00	10.23	10.23
18.	मिजोरम	0.00	0.00	11.63	11.63
19.	नागालैंड	0.00	0.00	15.16	15.16
20.	ओडिशा	0.00	1.31	2.03	3.34
21.	पंजाब	1.52	0.00	0.00	1.52
22.	राजस्थान	1.52	0.82	0.00	2.34
23.	सिक्किम	0.00	0.00	0.58	0.58
24.	तमिलनाडु	3.52	0.11	4.27	7.90
25.	त्रिपुरा	0.00	0.00	7.09	7.09
26.	उत्तराखंड	0.00	0.00	4.00	4.00
27.	उत्तर प्रदेश	13.20	0.22	0.00	13.42
28.	पश्चिम बंगाल	0.00	4.08	4.18	8.26
29.	अन्य	0.00	1.76	0.00	1.76
	कुल (लाख हेक्टेयर)	**37.08**	**27.29**	**179.26**	**243.63**
	कुल (मिलियन हेक्टेयर)	**3.70**	**2.73**	**17.93**	**24.36**

*Includes the area of Telangana state

Source: *ICAR & NAAS (2010). Degraded and Wastelands of India-Status and Spatial Distribution, New Delhi*

3. रेगुर या काली मिट्टी (Regur or Black Soils): दक्कन के लावा पठार पर विकसित मिट्टी को रेगुर अथवा काली मिट्टी कहते है। भारत के लगभग 15 प्रतिशत भाग पर रेगुर मिट्टियाँ फैली हुई हैं। रेगुर

तालिका 10.19: भारत-बीहड़ प्रभावित क्षेत्र

क्र.सं.	राज्य	वर्ग किमी. में क्षेत्रफल		
		अवनालिका युक्त और/या उबड़-खाबड़ बीहड़ भूमि (मध्यम)	अवनालिका युक्त और/या उबड़-खाबड़ बीहड़ भूमि (गहरा)	कुल
1.	आंध्र प्रदेश	115.72	1.83	117.55
2.	अरुणाचल प्रदेश	–	–	–
3.	असम	–	–	–
4.	बिहार	66.99	–	66.99
5.	छत्तीसगढ़	65.21	15.43	80.64
6.	दिल्ली	–	–	–
7.	गोवा	–	–	–
8.	गुजरात	218.20		218.2
9.	हरियाणा	–	–	–
10.	हिमाचल प्रदेश	64.33	2.59	66.92
11.	जम्मू और कश्मीर	898.15	2481.05	3379.2
12.	झारखंड	270.02	0.90	270.92
13.	कर्नाटक	80.19	0.14	80.33
14.	केरल	–	–	–
15.	मध्य प्रदेश	1471.60	11.42	1483.02
16.	महाराष्ट्र	502.14	–	502.14
17.	मणिपुर	1.29	–	1.29
18.	मेघालय	–	–	–
19.	मिजोरम	–	–	–
20.	नागालैंड	–	–	–
21.	ओडिशा	594.28	14.74	609.02
22.	पंजाब	22.06	–	22.06
23.	राजस्थान	981.34	318.02	1299.36
24.	सिक्किम	–	–	–
25.	तमिलनाडु	182.58	1.14	183.72
26.	तेलंगाना	128.01	0.04	128.05
27.	त्रिपुरा	0.48	–	0.48
28.	उत्तराखंड	–	–	–

Source: *NRSC, ISRO :* ***Wastelands Atlas of India-2019;*** *Land Use & Cover Monitoring Division, Land Resources, Land Use Mapping & Monitoring Group, Remote Sensing Application Area, National Remote Sensing Centre, Hyderabad.*

मिट्टी महाराष्ट्र, गुजरात, मध्य प्रदेश, आन्ध्र प्रदेश एवं कर्नाटक के कुछ भाग में फैली हुई है। वर्षा होने पर यह मिट्टी चिपचिपी हो जाती है, परन्तु यदि मिट्टी सूख जाए तो लोहे के समान कठोर हो जाती है। रेगुर मिट्टी में कपास, ज्वार, मक्का, दलहन, संतरे, खट्टे फल इत्यादि की खेती होती है।

4. **पर्वतीय मरुस्थली मिट्टी (Desert Mt. Soils):** इस प्रकार की मिट्टी अरावली पर्वत तथा शुष्क मरुस्थल के ऊँचे भागों में पाई जाती है। इसका उपयोग बाजरे, दलहन तथा तिलहन की फसलों के लिये किया जाता है।

5. **लाल एवं काली मिट्टी (Red & Black Soils):** लाल एवं काली मिट्टी, परिवर्तित एवं लावा की चट्टानों पर विकसित होती है। यह मिट्टी गुजरात तथा प. मध्य प्रदेश के भागों में फैली हुई है। इसका उपयोग मक्का, ज्वार, दलहन, तिलहन के लिये होता है।

6. **मरुस्थली अथवा रेतली मिट्टी (Desert or Sandy Soil):** संरचना की दृष्टी से इस प्रकार की मिट्टियों में रेत की मात्रा अधिक होती है। इनमें वर्षा का पानी तेज़ी से नीचे छन जाता है। राजस्थान, गुजरात तथा हरियाणा के पश्चिमी भाग में रेतीली मिट्टी फैली हुई है। इनमें मुख्य रूप से बाजरा, दलहन तथा तिलहन की खेती की जाती है।

7. **लेटेराइट मिट्टी (Lateritie Soils):** लेटेराइट शब्द लैटिन भाषा से लिया गया है, जिसका शाब्दिक अर्थ 'ईंट' है। यह मिट्टी मानसूनी जलवायु में पाई जाती हैं। इनमें ह्यूमस (Humas) की मात्रा कम होती। परन्तु लौह-ऑक्साइड (Iron-Oxide), की मात्रा अधिक होती है। लैटेराइट ऊटी, प. बंगाल, आन्ध्र प्रदेश, छत्तीसगढ़, झारखण्ड, तामिलनाडु तथा केरल के कुछ भागों में पाई जाती। चावल इसकी मुख्य फसल है, परन्तु प्रति एकड़ उत्पादन कम होता है। इस मिट्टी के बग़ीचों में उत्तम प्रकार का काजू होता है।

8. **अन्य मिट्टियाँ (Other Soils):** अन्य मिट्टियों में

(i) ***घूसर-भूरी मिट्टी:*** ये मिट्टियां ग्रेनाइट तथा क्वार्टज़ाईट चट्टानों पर विकसित होती हैं जिन पर बाजरा तथा दलहन की खेती की जा रही है। यह राजस्थान एवं गुजरात में पाई जाती है।

(ii) ***पर्वतीय मिट्टियाँ:*** ये मिट्टियाँ हिमालय, अण्डमान निकोबार तथा पश्चिमी घाट के ढलानों पर पाई जाती है। इनमें ह्यूमस (Humus) की पर्याप्त मात्रा होती है। इनमें मक्का, दलहन तथा तिलहन की खेती की जाती है। इस मिट्टी का अपरदन इनकी मुख्य समस्या है।

(iii) ***करेवा मिट्टियाँ (Karewa Soils):*** करेवा मिट्टी कश्मीर एवं भद्रवा की घाटियों में पाई जाती है। इनमें मुख्यतः केसर (Saffron) की खेती की जाती है। बादाम, अख़रोट के बग़ीचे भी करेवा मिट्टी में उगाये जाते हैं। करेवा मिट्टी में रेत, सिल्ट तथा बोल्डर इत्यादि का मिश्रण पाया जाता है।

भारत के जल-संसाधन (Water Resources of India)

जल एक बहुमूल्य संसाधन है। जनसंख्या की तीव्र वृद्धि, सिंचाई, औद्योगीकरण एवं नगरीकरण के कारण जल की मांग निरन्तर बढ़ रही है। भारत सरकार के द्वारा जल-संसाधन के विकास और उपयुक्त उपभोग के लिये दिशा-निर्देश दिए गए हैं एवं नीति बनाई है।

एक अनुमान के अनुसार भारत में प्रतिवर्ष 1869 बिलियन घन मीटर जल उपलब्ध है, जिसमें से 1123 बिलियन घन मीटर जल ही उपयोग के योग्य है **Fig. 10.16**।

सिंचाई (Irrigation)

भारत की कृषि को प्रायः मानसून पर सट्टा कहा जाता है। जिन प्रदेशों में वर्षा की मात्रा कम और वर्षा की विविधता अधिक पाई जाती है वहाँ फसलों की सिंचाई अनिवार्य हो जाती है। वास्तव में ऐसे प्रदेशों में सफल खेती करने के लिये सिंचाई करनी पड़ती है।

भारत के अधिकतर भागों में शीत ऋतु में वर्षा नहीं होती इसलिये रबी की फसलों को सिंचाई की आवश्यकता पड़ती है। भारत में सिंचाई आदि काल से की जा रही है। भारत के मुख्य सिंचाई साधनों का संक्षिप्त वर्णन निम्न में प्रस्तुत किया गया है।

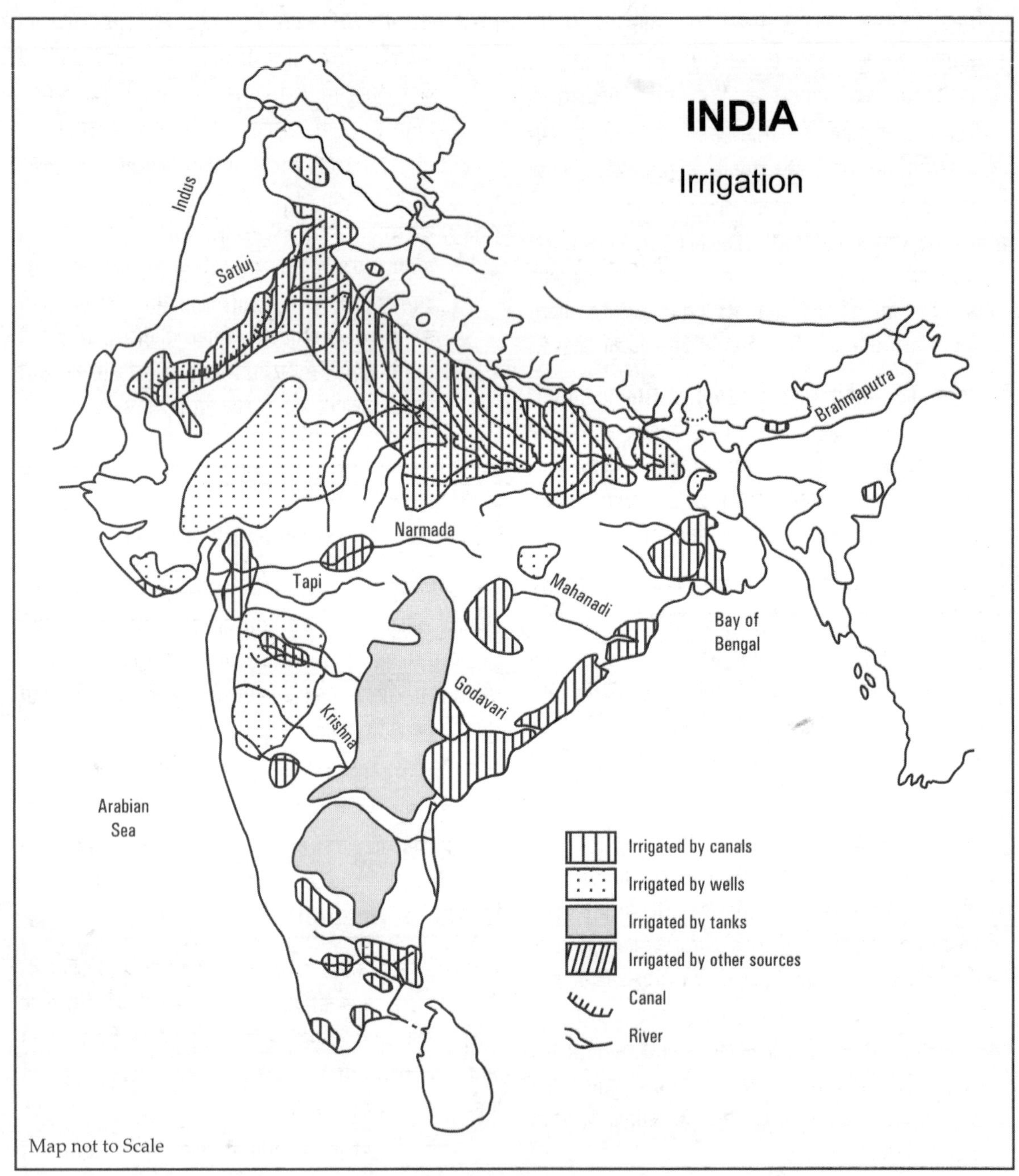

Fig. 10.16 Sources of irrigation

नहरें (Canals)

भारत में प्राचीन काल से ही नहरों के द्वारा सिंचाई की जाती रही है। नहरों द्वारा अधिकतर सिंचाई उत्तरी भारत के मैदान में होती है।

अपर-बारी दोआब, भाखड़ा, इन्दिरा गांधी गंगा नहर, पूर्वी तथा पश्चिमी यमुना नहरें, आगरा, शारदा भारत की मुख्य नहरें हैं (**तालिका** 10.20)।

तालिका 10.20: नहर के अंतर्गत क्षेत्र और सिंचाई के अन्य स्रोत

राज्य/संघ क्षेत्र	शुद्ध सिंचित क्षेत्र					शुद्ध सिंचित क्षेत्र (कॉलम 4 से 8)
	नहर	टैंक	कुएं		अन्य श्रोत	
			नलकूप	अन्य कुएं		
(1)	(4)	(5)	(6)	(7)	(8)	(9)
आंध्र प्रदेश	1303	232	1101	45	116	2796
अरुणाचल प्रदेश	–	–	–	–	55	55
असम	100	9	40	44	173	366
बिहार	965	59	1957	23	111	3115
छत्तीसगढ़	899	30	559	16	62	1565
गोवा	4	8	2	1	1	16
गुजरात	771	45	1122	2181	114	4233
हरियाणा	1206	–	2066	–	–	3273
हिमाचल प्रदेश	4	0	25	3	84	117
जम्मू और कश्मीर	297	7	4	4	17	329
झारखंड	4	66	27	75	58	231
कर्नाटक	1193	138	1815	321	565	4032
केरल	83	49	43	124	105	404
मध्य प्रदेश	1917	346	4318	3400	1368	11349
महाराष्ट्र	1047	–	2098	–	–	3145
मणिपुर	–	–	–	–	72	72
मेघालय	101	–	–	–		101
मिजोरम	16	–	–	–	–	16
नागालैंड	–	–	–	–	118	118
ओडिशा	–	–	–	–	1092	1092
पंजाब	1167	–	2944	–	–	4111
राजस्थान	2017	35	4034	2035	162	8283
सिक्किम	–	–	–	–	15	15
तमिलनाडु	636	322	516	1087	5	2565
तेलंगाना	425	240	1045	402	98	2210
त्रिपुरा	6	2	8	1	70	87
उत्तराखंड	80	0	211	11	20	323
उत्तर प्रदेश	2183	80	10743	1270	117	14392
पश्चिम बंगाल	–	–	–	–	3107	3107
इंडिया	**16429**	**1668**	**34708**	**11042**	**7707**	**71554**

Source: *Government of India (2021).* ***Land Use Statistics At A Glance, 2009-10 To 2018-19****, Ministry of Agriculture and Farmers Welfare, Department of Agriculture & Farmers Welfare, Directorate of Economics & Statistics, New Delhi.*

तालिका 10.21: भारत की मुख्य नहरें

क्र.सं.	नहर	स्रोत/वर्ष	सिंचित क्षेत्र	सिंचित जिले/राज्य
1.	इन्दिरा गांधी नहर	हरिके बैराज (सतलज-ब्यास नदी) उद्घाटन 1 मार्च, 1958	8.6 मिलयन हेक्टेयर	राजस्थान, इस नहर से पंजाब में सिंचाई नहीं होती।
2.	भाखड़ा नहर	सतलज नदी उद्घाटन 1954	1.5 मिलयन हेक्टेयर	पंजाब (लुधियाना, पटियाला, जालन्धर, फिरोजपुर), हरियाणा, राजस्थान
3.	शारदा नहर	बनबसा, भारत-नेपाल सीमा के निकट उद्घाटन - 1928	8 लाख हेक्टेयर	बरेली, लखीमपुर, खीरी, पीलीभीत, शाहजहांपुर, हरदोई, लखनऊ, उन्नाव, प्रतापगढ़, सीतापुर, सुल्तानपुर, बाराबांकी, इलाहाबाद, रायबरेली
4.	ऊपरी गंगा नहर	करखल (हरिद्वार) उद्घाटन - 1854	7 लाख हेक्टेयर	हरिद्वार, सहारनपुर, मुजफ्फरनगर, मेरठ, ग़ाजियाबाद, बागपत, बुलन्दशहर, अलीगढ़ मथुरा, एटा, मैनपुरी, कानपुर
5.	सरहिन्द नहर	रूपनगर (रोपड़)	7 लाख हेक्टेयर	पटियाला, संगरूर, भटिंडा, लुधियाना फिराजपुर, (पंजाब), हिसार सिरसा, फ़तेहाबाद, (हरियाणा)
6.	निचली गंगा नहर	नरौरा (बुलन्दशहर) उदघाटन - 1878	4.6 लाख हेक्टेयर	बुलन्दशहर, अलीगढ़, मथुरा, आगरा, एटा, मैनपुरी, इटावा, कानपुर
7.	बिष्ठ दोआब नहर	भाखड़ा-नांगल परियोजना का एक अंग	7 लाख हेक्टेयर	जलन्धर एवं होशियारपुर
8.	पश्चिमी यमुना	ताजेवाला, सहारनपुर-अंबाला की सीमा पर। इस नहर की खुदाई फिरोज शाह तुग़लक ने की थी।	4 लाख हेक्टेयर	अम्बाला, यमुनानगर, कुरुक्षेत्र, करनाल, पानीपत, रोहतक, हिसार, सिरसा, जीन्द
9.	अपर बारी	माधवपुर दोआब-नहर	3.5 लाख हेक्टेयर उद्घाटन - 1859	गुरुदासपुर, अमृतसर पठानकोट (रावी नदी)
10.	तवा-नहर	तवा-बैराज	3 लाख हेक्टेयर	होशंगाबाद
11.	पूर्वी यमुना नहर	फैज़ाबाद सहारनपुर उद्घाटन - 1831	2 लाख हेक्टेयर	सहारनपुर, मुजफ़्फ़रनगर, मेरठ, बाग़पत, गाज़ियाबाद
12.	मैटूर नहर	मैटूर नहर	1.2 लाख हेक्टेयर	सलेम, तिरुचरापल्ली

नहरी सिंचाई के लाभ

नहरों द्वारा सिंचाई के निम्नलिखित लाभ हैं:

1. नहरें, सिंचाई का एक सदाबहार साधन हैं।
2. नहरों सिंचाई फसलों की सिंचाई का सस्ता साधन है।
3. नहरी पानी में बहुत-से अवसाद होते हैं, जो खेतों की उर्वरकता को बढ़ाते हैं।
4. नहरी सिंचाई के क्षेत्रों में कृषि टिकाऊ तथा लाभदायक होती है।
5. नहरें बाढ़ को रोकने में सहायक होती हैं।

नहरी सिंचाई की हानियाँ

नहरी सिंचाई से निम्नलिखित हानियाँ होती हैं:

1. नहरी जल का दुरुपयोग।
2. खेतों में अधिक जल भराव से भूमि जलमग्न की समस्या उत्पन्न होती है।
3. नहरी सिंचाई के क्षेत्रों में भूमिगत-जलस्तर (Underground water-table) ऊँचा हो जाता है।
4. वर्षा ऋतु में बहुत-सी नहरों का जल बर्बाद होता रहता है।
5. नहरी सिंचाई समतल मैदानों में ही की जा सकती है।
6. जल भराव क्षेत्रों में भारी मात्रा में उत्पन्न हो जाते हैं।
7. अर्द्ध-मरुस्थलीय सिंचित क्षेत्र के खेतों की मिट्टी में लवणता बढ़कर ऊसर तथा कल्लर भूमि उत्पन्न होने का डर बना रहता है।

नलकूपों एवं कुओं द्वारा सिंचाई

भारत के सिंचित प्रदेश का अधिकतर भाग नलकूपों तथा कुओं के द्वारा सिंचित किया जाता है। भारत के सिंचित प्रदेश का लगभग 54 प्रतिशत क्षेत्र नलकूपों के द्वारा सिंचित किया जाता है। भारत के अधिकतर नलकूप उत्तरी भारत के मैदान में लगे हैं। भारत के 95 प्रतिशत नलकूप उत्तर प्रदेश, पंजाब, हरियाणा, राजस्थान, मध्य प्रदेश, महाराष्ट्र, आन्ध्र प्रदेश, कर्नाटक तथा प. बंगाल में हैं।

नलकूप-सिंचाई के लाभ

नलकूपों द्वारा सिंचाई के निम्नलिखित लाभ हैं:

1. नलकूप थोड़े समय में लगाये जा सकते हैं।
2. नलकूप उपयुक्त स्थान पर लगाये जा सकते हैं।
3. नलकूप लगाने में कम धन खर्च आता है।
4. नलकूप के जल को आवश्यकतानुसार इस्तेमाल में लाया जा सकता है।
5. नलकूप के जल में नाइट्रेट (Nitrate) तथा सल्फ़ेट जैसे खनिज मिले होते हैं जिससे खेतों की उर्वरकता बढ़ती है।

नलकूप सिंचाई से हानि

नलकूप सिंचाई से निम्नलिखित हानियाँ होने की संभावनायें होती हैं:

1. नलकूप से केवल थोड़े से क्षेत्र की सिंचाई की जा सकती है।
2. भूमिगत जल का ह्रास होता है।
3. सिंचाई का महँगा साधन। नलकूप चूँकि बिजली अथवा डीजल से चलाये जाते हैं इसलिये सिंचाई लागत अधिक आती है।
4. यदि मानसून असफल रहे तो भूमिगत जल का स्तर नीचा हो जाता है तथा नलकूप को फिर से नीचा करने का खर्चा बढ़ जाता है।

तालाबों (Tanks) के द्वारा सिंचाई

पोखर तथा तालाबों से अधिकतर सिंचाई भारतीय प्रायद्वीप के पूर्वी भाग में की जाती है जहाँ की भू-आकृतियों में बहुत-से बड़े छोटे तालाब पाये जाते हैं। तमिलनाडु के चेंगलापट्टू, उत्तरी अर्काट, दक्षिणी अर्काट जिलों तथा आंध्र प्रदेश के नैल्लोर (Nellore) तथा वारंगल जिलों में बहुत-से तालाब हैं, जिनका उपयोग जल सिंचाई के लिये किया जाता है। इनके अतिरिक्त, कर्नाटक, महाराष्ट्र, मध्य प्रदेश, छत्तीसगढ़, ओडिशा तथा प. बंगाल और उत्तर प्रदेश के कुछ भागों में भी सिंचाई तालाबों से की जाती है। पोखर तथा तालाबों से बड़े क्षेत्रों की सिंचाई नहीं की जा सकती, साथ-ही-साथ यह सिंचाई का महंगा साधन है।

फुहारा अथवा छिड़काव सिंचाई (Sprinkler Irrigation)

फुहारा सिंचाई एक प्रकार से वर्षा जैसी सिंचाई है। इस विधि की प्रमुख विशेषता है कि इसको ऊबड़-खाबड़ कृषि भूमि

तालिका 10.22: भारत-सामान्य भूमि उपयोग, 2018-19

क्र.सं.	भूमि श्रेणियाँ	क्षेत्रफल (मिलियन हेक्टेयर में	प्रतिशत
1.	कुल भौगोलिक क्षेत्र	328.75	
2.	भूमि उपयोग के लिए कुल रिपोर्टिंग क्षेत्र (3+4+5+6+7)	307.79	93.62
3.	वनों के अंतर्गत क्षेत्र	72.01	23.40
4.	खेती के लिए उपलब्ध नहीं क्षेत्र	44.51	14.46
	(a) गैर-कृषि उपयोग के लिए क्षेत्र	27.34	8.88
	(b) बंजर और कृषि अयोग्य भूमि	17.16	5.58
5.	परती को छोड़कर अन्य असिंचित भूमि	25.75	8.37
	(a) स्थायी चरागाह और चरागाह भूमि	10.38	3.37
	(b) वृक्ष फसलों और उपवनों की भूमि	3.15	1.02
	(c) कृषि योग्य अपशिष्ट	12.22	3.97
6.	परती भूमि	26.16	8.50
	(a) वर्तमान परती	14.53	4.72
	(b) अन्य परती	11.63	3.78
7.	शुद्ध बोया गया क्षेत्र	139.35	45.27
8.	एक से अधिक बार बोया गया क्षेत्र (9-10)	48.51	15.76
9.	कुल फसली क्षेत्र	197.32	64.11
10.	एक से अधिक बार बोया गया क्षेत्रफल	57.97	18.83
11.	कृषि भूमि/कृषि योग्य भूमि (5b+5c+6+7)	180.89	58.77
12.	जुती हुई जमीन	153.89	50.00
13.	फसल गहनता	–	141.6
14.	सिंचाई के अधीन क्षेत्र	71.55	23.25

Source: *Government of India (2021).* ***Land Use Statistics At A Glance, 2009-10 To 2018-19****, Ministry of Agriculture and Farmers Welfare, Department of Agriculture & Farmers Welfare, Directorate of Economics & Statistics, New Delhi.*

में फसलों को सींचा जा सकता है। इसमें पानी की बचत होती है तथा मिट्टी को टिकाऊ एवं उपजाऊ बनाने में भी सहायक होती है, मृदा अपरदन को रोकती है, तथा जल की क्षमता को बढ़ाती है। कही क्षेत्रों तथा जिन क्षेत्रों में भूगर्त जल कम है, यह एक प्रभावशाली सिंचाई की विधि है।

ड्रिप सिंचाई (Drip Irrigation)

इस तरीके से होने वाली सिंचाई में पानी लक्ष्य तक पहुंचाया जाता है लेकिन यह प्रक्रिया धीमी होती है क्योंकि पानी की रुक-रुक कर निरंतर गिरती बूँदें और इसकी पतली धारा एक यांत्रिक डिवाइस से निकलती है। इस प्रक्रिया में पानी की बचत होती है और यह ऐसे क्षेत्र के लिए ज्यादा उपयोगी है जहाँ की मिट्टी की किस्म खराब होती है, जहाँ मृदा क्षरण नहीं होता है। यह खाद की क्षमता को बढ़ा देता है।

सिंचाई सम्भावनाएं (Irrigation Potential)

योजनाबद्ध विकास के कारण पिछले दशकों में सिंचाई के क्षेत्रफल में भारी वृद्धि हुई है। उदाहरण के लिये 1951 में सिंचाई क्षेत्र संभवत: 22.6 मिलयन हेक्टेयर था, जो दसवीं पंचवर्षीय योजना में बढ़कर 103 मिलंयन हेक्टेयर हो गया। 1978 से सिंचाई परियोजनाओं को निम्नलिखित तीन वर्गों में विभाजित किया जाता है:

तालिका 10.23: भारत में जोत का आकार, 2015-16

क्र. सं.	आकार समूह	कृषि जनगणना 2015-16		जोत का प्रतिशत कुल जोत जोत	संचालित क्षेत्र का प्रतिशत कुल क्षेत्रफल में	औसत संचालित क्षेत्र प्रति जोत (हे. में)
		जोत की संख्या ('000 में)	संचालित क्षेत्र ('000 हेक्टेयर में)			
1.	2.	3.	4.	5.	6.	7.
1.	सीमांत (1.00 हेक्टेयर से कम)	100251	37923	68.45	24.03	0.38
2.	छोटा (1.00 - 2.00 हेक्टेयर)	25809	36151	17.62	22.91	1.40
3.	अर्ध-मध्यम (2.00 - 4.00 हेक्टेयर)	13993	37619	9.55	23.84	2.69
4.	मध्यम (4.00 - 10.00 हेक्टेयर)	5561	31810	3.80	20.16	5.72
5.	बड़ा (10.00 हेक्टेयर और अधिक)	838	14314	0.57	9.07	17.07
	कुल	**146454**	**157817**	**100.00**	**100.00**	**1.08**

Source: *Government of India (2019). Agriculture Census 2015-16, Agriculture Census Division, Department of Agriculture, Co-Operation & Farmers Welfare, Ministry of Agriculture & Farmers Welfare, New Delhi.*

तालिका 10.24: भारत में जोत का औसत आकार

क्र. सं.	राज्य/संघ राज्य क्षेत्र	कृषि जनगणना 2015-16							
		भूमि जोत का औसत आकार						परिचालित जोत की संख्या	परिचालित जोत का क्षेत्र
		सीमांत	छोटा	आधा-मध्यम	मध्यम	विशाल	सभी आकार समूह		
1.	2.	3.	4.	5.	6.	7.	8.	9.	10.
1	अंडमान और निकोबार आइलैंड्स	0.46	1.48	2.74	4.49	39.53	1.78	12	21
2	आंध्र प्रदेश	0.40	1.42	2.62	5.49	18.71	0.94	8524	8004
3	अरुणाचल प्रदेश	0.53	1.27	2.67	5.82	15.59	3.35	113	380
4	असम	0.42	1.41	2.73	5.17	72.80	1.09	2742	2976
5	बिहार	0.25	1.25	2.60	5.29	14.48	0.39	16413	6457
6	चंडीगढ़	0.43	1.37	2.91	5.40	15.92	1.22	1	1
7	छत्तीसगढ़	0.43	1.41	2.67	5.67	16.10	1.24	4011	4992
8	दादरा और नगर हवेली	0.53	1.34	2.75	5.79	15.68	1.38	15	21
9	दमन और दीव	0.22	1.34	2.71	5.89	13.11	0.36	8	3
10	दिल्ली	0.45	1.40	2.81	5.72	16.13	1.39	21	29
11	गोवा	0.39	1.66	3.25	6.75	28.08	1.10	75	82
12	गुजरात	0.53	1.45	2.76	5.66	14.80	1.88	5321	9978
13	हरियाणा	0.49	1.46	2.89	6.07	19.04	2.22	1628	3609
14	हिमाचल प्रदेश	0.40	1.40	2.71	5.64	15.85	0.95	997	944
15	जम्मू और कश्मीर	0.33	1.38	2.65	5.41	20.40	0.59	1417	842
16	झारखंड	0.38	1.36	2.72	5.64	15.33	1.10	2803	3091

17	कर्नाटक	0.44	1.40	2.67	5.69	15.45	1.36	8681	11805
18	केरल	0.12	1.34	2.54	5.32	51.04	0.18	7583	1395
19	लक्षद्वीप	0.18	1.21	2.43	5.45	17.53	0.27	10	3
20	मध्य प्रदेश	0.49	1.41	2.70	5.67	14.83	1.57	10003	15670
21	महाराष्ट्र	0.44	1.33	2.59	5.59	16.66	1.34	15285	20506
22	मणिपुर	0.53	1.29	2.48	4.89	11.09	1.14	150	172
23	मेघालय	0.46	1.32	2.73	5.55	16.17	1.29	232	300
24	मिजोरम	0.60	1.28	2.29	4.65	12.82	1.25	90	112
25	नागालैंड	0.56	1.24	2.68	5.84	14.67	4.87	197	956
26	ओडिशा	0.57	1.58	2.75	5.55	21.70	0.95	4866	4619
27	पुदुचेरी	0.29	1.45	2.73	5.60	17.38	0.62	34	21
28	पंजाब	0.60	1.40	2.67	5.67	14.85	3.62	1093	3954
29	राजस्थान	0.48	1.42	2.82	6.10	17.04	2.73	7655	20873
30	सिक्किम	0.41	1.39	2.72	5.68	17.21	1.27	72	91
31	तमिलनाडु	0.35	1.39	2.69	5.59	21.84	0.75	7938	5971
32	तेलंगाना	0.44	1.40	2.60	5.48	14.22	1.00	5948	5972
33	त्रिपुरा	0.30	1.46	2.65	5.07	14.82	0.49	573	282
34	उत्तर प्रदेश	0.38	1.39	2.71	5.51	14.98	0.73	23822	17450
35	उत्तराखंड	0.43	1.39	2.68	5.44	26.22	0.85	881	747
36	पश्चिम बंगाल	0.49	1.60	2.74	4.81	361.08	0.76	7243	5487
	अखिल भारतीय	**0.38**	**1.40**	**2.69**	**5.72**	**17.07**	**1.08**	**146454**	**157817**

Source: *Government of India (2019). Agriculture Census 2015-16, Agriculture Census Division, Department of Agriculture, Co-Operation & Farmers Welfare, Ministry of Agriculture & Farmers Welfare, New Delhi.*

1. **बड़ी परियोजनाएं (Major Projects):** 10,000 हेक्टेयर से अधिक
2. **मध्यम वर्ग की परियोजनाएं:** 2000 से 10,000 हेक्टेयर
3. **लघु वर्ग की परियोजनाएं:** 2000 हेक्टेयर से कम।

लघु वर्ग की परियोजनायें सिंचाई के लिये बहुत उपयोगी हैं। यह भारत के सभी भागों में स्थित हैं। सिंचाई की छोटी परियोजनाओं में अधिकतर भूमिगत जल का उपयोग होता है। विश्व बैंक (World Bank) के एक अध्ययन के अनुसार, भारत की सिंचित भूमि का 20 से 40 मिलियन हेक्टेयर क्षेत्रफल जलभराव तथा लवणता की समस्याओं से ग्रस्त है। ऐसी समस्याओं के कारण भी भारत की फसलों का प्रति एकड़ उत्पादन कम है। कृषि उत्पादन को बढ़ाने के लिये, सिंचाई तथा जल संसाधनों पर विशेष बल दिया जा रहा है।

राष्ट्रीय जल संसाधन नीति, 2002

भारत की जल संसाधन नीति, 2002 में जल के सदुपयोग पर विशेष बल दिया गया है। इस नीति के मुख्य बिन्दु निम्न प्रकार हैं:

1. उपलब्ध जल का टिकाऊ ढंग से सदुपयोग।
2. जल संसाधनों में जानकारी एवं आँकड़े एकत्रित करना।
3. जल संरक्षण तथा आपूर्ति संगठित करना।
4. जल की मात्रा एवं गुणवत्ता पर बल देना।
5. जल-उपभोक्ताओं को जल परियोजनाओं में सम्मिलित करना।
6. पर्याप्त प्रशिक्षण एवं शोध कार्य पर बल देना।
7. जल प्रभावित परियोजनाओं से प्रभावित परिवारों का पुनर्वास कराना।

8. निजी क्षेत्र को जल संसाधन परियोजनाओं में सम्मिलित करना।
9. सेवा क्षमता पर बल देना।
10. जल का उपभोग करने वालों की जिम्मेदारी निर्धारित करना।

तालिका 10.25: भारत में फसलों के मौसम

फसली मौसम का नाम	उत्तरी भारत के राज्यों की मुख्य फसलें	द. भारत के राज्यों की मुख्य फसलें
खरीफ़ (जून-सितम्बर)	चावल, कपास, बाजरा, मक्का, ज्वार, तूर, उड़द, मूँग, लोबिया, ग्वार, चारा, सब्जियाँ इत्यादि	चावल, मक्का, रागी, ज्वार, मूँगफली, दलहन, सब्जियां इत्यादि
रबी (अक्टूबर-अप्रैल)	गेहूँ, जौ, जई, चना, सरसों, तिलहन, मसूर, मटर, बर्सीम, चारा, सब्जियां, इत्यादि	चावल, मक्का, रागी, दलहन, ज्वार, सब्जियाँ इत्यादि
जायद (अप्रैल-जून)	ककड़ी, खीरा, तरबूज, खरबूजा, सब्जियाँ, चारा इत्यादि	चावल, सब्जियां, ककड़ी, तरबूज, ख़रबूजा इत्यादि

शुष्क कृषि (Dry Land Farming)

भारत के कम वर्षा के जिन प्रदेशों में सिंचाई के बिना कृषि की जाती है, वे शुष्क कृषि के क्षेत्र कहे जाते हैं।

शुष्क कृषि में गोबर की खाद, बार-बार खेत की जुताई, फसलों की निराई-गुड़ाई तथा खरपतवार को खेत से निकालने पर विशेष बल दिया जाता है। भारत में शुष्क कृषि ऐसे प्रदेशों में की जाती है जहां वार्षिक वर्षा 40-70 सेमी. से कम रहती है। शुष्क कृषि प्रदेशों में वर्षा फसलें उगाने के लिये तो काफी होती परन्तु वर्षा अस्थिर अथवा चंचल होती है। वर्षा किसी वर्ष सामान्य से बहुत कम और कभी सामान्य से बहुत अधिक होती है। शुष्क कृषि प्रदेशों में प्रायः सामान्य से कम होती है, जिसके कारण सूखा पड़ता रहता है और किसी वर्ष अत्यधिक हो जाती है जिससे बाढ़ आ जाती है। लगभग 80 प्रतिशत वार्षिक वर्षा 10-15 दिन में हो जाती है।

भारत में 62 प्रतिशत कृषि क्षेत्र वर्षा पर निर्भर करते हैं, जिनसे अनाज के कुल उत्पादन का 40 प्रतिशत उत्पादित किया जाता है। शुष्क कृषि की प्रमुख विशेषताएं **तालिका 10.26** में दी गई हैं।

तालिका 10.26: शुष्क कृषि अथवा वर्षा पर आधारित कृषि

क्र.सं.	प्रमुख विशेषताएं	शुष्क कृषि	वर्षा आधारित कृषि
1.	वर्षा	70 सेमी. से कम	70. सेमी. से अधिक
2.	फसलों के लिये आर्दता (Moisture) की उपलब्धि	कमी (Shortage)	पर्याप्त (Adequate)
3.	फसलें उगने का समय	एक वर्ष में 200 दिन से कम	एक वर्ष में 200 दिन से अधिक
4.	फसलें उगाने की विधि (Cropping System)	केवल एक फसल अथवा मिश्रित फसलें (Single or intercropping crops)	दो फसलें या मिश्रित फसलें (Two crops or double cropping)
5.	प्रतिबंध (Constraint)	वायु तथा जल के द्वारा अपरदन (Water erosion)	बहते जल के द्वारा अपरदन
6.	प्रदेश (Regions)	मरुस्थल एवं अर्द्ध-मरुस्थलीय प्रदेश	आर्द्र एवं अर्द्ध आर्द्र प्रदेश

भारत में सिंचित कृषि एवं वर्षा आधारित कृषि क्षेत्रफल **तालिका 10.27** में दिखाया गया है।

तालिका 10.27: सिंचित एवं वर्षा आधारित कृषि भूमि क्षेत्रफल

क्र.सं.	वर्ग (मिलियन हेक्टेयर में)	क्षेत्रफल (कुल कृषि योग्य भूमि का %)	कुल कृषि भूमि का क्षेत्रफल
1.	कुल क्षेत्रफल	143.8	100.00
2.	शुष्क कृषि क्षेत्रफल	34.5	24.00
3.	वर्षा आधारित कृषि क्षेत्रफल*	65.5	45.50
4.	सिंचित कृषि क्षेत्रफल	43.8	30.50

* पन्द्रह मिलियन हेक्टर बाढ़ग्रस्त क्षेत्र सम्मिलित है।

शुष्क कृषि प्रदेशों की निम्न समस्यायें हैं जिनके कारण फसलें प्राय: फेल हो जाती हैं:

1. **थोड़ी वर्षा तथा वर्षा का असमान वितरण (Inadequate and Uneven Distribution of Rainfall):** जैसा कि ऊपर लिखा जा चुका है, शुष्क कृषि प्रदेशों में औसत वार्षिक वर्षा कम होती है तथा वर्षा में भारी उतार-चढ़ाव होता रहता है जिसका फसलों के उत्पादन पर प्रतिकूल प्रभाव पड़ता है।
2. **फसलों के उगाने के दौरान लम्बे समय तक वर्षा का न होना (Prolonged Dryspells During the Crop Period):** मानसून की एक विशेषता यह है कि वर्षा ऋतु के दौरान लम्बे समय तक वर्षा न होने से सूखे जैसी परिस्थिति उत्पन्न हो जाती है जिसके कारण फसलों के उत्पादन पर प्रतिकूल प्रभाव पड़ता है।
3. **मानसून का देर से आना तथा जल्द वापिस होना (Late Onset and Early Cessation of Rains):** मानसून जब देरी से आता है तो फसलों की रोपाई तथा बिजाई (Sowings) कम क्षेत्रफल पर होती है। यदि वर्षा समय से पहले समाप्त हो जाये तो फसलें आंशिक अथवा पूर्ण रूप से नष्ट हो सकती हैं।
4. **मृदा की नमी ग्रहण करने की क्षमता में कमी आ जाती है (Low Moisture Retention of Soil):** रेतीली मृदा के क्षेत्रों से वाष्पीकरण के कारण उसकी नमी ग्रहण करने की क्षमता कम हो जाती है।
5. **मृदा की उर्वकता कम हो जाती (Low Fertility of Soil):** मानसून के विफल होने पर मिट्टी की उर्वरकता पर प्रतिकूल प्रभाव पड़ता है।

शुष्क कृषि को टिकाऊ बनाने के उपाय (Strategy for Sustainable Development)

शुष्क कृषि क्षेत्रों में फसलों का प्रति एकड़ उत्पादन प्राय: कम होता है। फसलों का उत्पादन बढ़ाने के लिये उपयुक्त फसलों का चयन करना, खेतों की बार-बार जुताई करके उनमें नमी को बनाये रखना, खरपतवार को निराइ-गुड़ाई के द्वारा मिट्टी की नमी का सदुपयोग करना, फसलों के खलियान सुरक्षित रखना तथा अनाज को सुरक्षित ढंग से संचित करना। निम्न उपायों से शुष्क कृषि को अधिक उपजाऊ एवं टिकाऊ बनाया जा सकता है:

1. **खेतों में आर्द्रता/नमी का संरक्षण करना (Moisture Conservation):** शुष्क कृषि का उत्पादन बढ़ाने के लिये खेतों मे नमी बनाए रखने से भारी लाभ होता है। बार-बार खेत की जुताई करने से आर्द्रता बनाई रखी जा सकती है।
2. **उपयुक्त फसलों का चयन करना (Choice of Crops):** शुष्क कृषि प्रदेशों में थोड़े समय में तैयार होने वाली फसलों को उगाया जाना चाहिये। बाजरा, दलहन आदि की खेती उपयुक्त है। गेहूँ के मुकाबले में जौ की फसल अधिक उपयोगी फसल मानी जाती है।
3. **फसलों को जल्द बोना चाहिये (Early Sowing):** शुष्क कृषि प्रदेशों में फसलों को जल्द अथवा पहली वर्षा के साथ बो देने से उत्पादन में वृद्धि होती है। इससे फसलों को वर्षा का पूरा लाभ प्राप्त होता है तथा फसलों को बीमारी भी कम लगती है।

4. **फसलों की सघनता उपयुक्त होनी चाहिये (Optimum Plant Protection):** खेत में न तो अत्यधिक बीज बोना चाहिये और न ही बहुत कम।

5. **मिश्रित कृषि (Intercropping):** फसलों को मिश्रित रूप से उगाने से भी फसलों का उत्पन्न बढ़ जाता है। मूंगफली के साथ अरहर, ज्वार के साथ अरहर, ज्वार के साथ उड़द, बाजरे के साथ मूंग मिश्रित फसलें हैं।

6. **पोषण प्रबन्धन (Nutrient Management):** शुष्क कृषि प्रदेशों की मृदा की तुलना में सिंचित कृषि प्रदेशों की मिट्टी अधिक उपजाऊ होती है। सिंचित प्रदेशों की कृषि में रासायनिक खादों का अधिक उपयोग किया जाता है, जिससे उर्वरकता बढ़ाने की कोशिश की जाती है।

7. **खरपतवार प्रबन्धन (Weed Management):** संचित कृषि की तुलना में शुष्क कृषि प्रदेशों में खरपतवार की मात्रा कम होती है। शुष्क प्रदेशों में वर्षा कम होती है, इसलिये खरपतवारों की मात्रा भी कम होती है। खरपतवार मृदा की 30 प्रतिशत नमी को चूस लेता है, जिसको फसलों से निराई (Hoeing) करके समाप्त करना अनिवार्य है।

8. **कीटाणु प्रबन्धन (Pest Management):** शुष्क कृषि प्रदेशों में कीटाणु नाशिक औषधियों का उपयोग करके उन पर नियंत्रण पाया जा सकता है। समय से फसलें बोने से भी कीटाणुओं पर नियन्त्रण पाया जा सकता है।

9. **जल एकत्र करना (Water Harvesting):** वर्षा के जल को एकत्रित करना तथा उनका संचय करने से भी शुष्क कृषि प्रदेशों के उत्पादन को बढ़ाया जा सकता है।

10. **शुष्क कृषि में नई उपयुक्त प्रौद्योगिकी का उपयोग (Integrated Dry Land Technology):** शुष्क कृषि प्रदेशों में चौमुखी प्रौद्योगिकी का उपयोग करना अनिवार्य है ताकि फसलों का उत्पादन बढ़ाया जा सके और कृषि पर सह-क्रियाशील (Synergetic) प्रभाव पड़े।

11. **खेतों को फसल काटने के पश्चात घासपात अथवा पतवार से ढँकना (Mulching):** शुष्क प्रदेशों के खेतों से 60 से 70 प्रतिशत आर्द्रता एवं वर्षा जल वाष्पीकरण के कारण समाप्त हो जाता है। वाष्पीकरण प्रक्रिया को मलचिंग (Mulching) के द्वारा बहुत हद तक कम किया जा सकता है। इस प्रकार मलचिंग से मृदा को संरक्षण मिलता तथा मिट्टी में नमी भी बनी रहती है।

मलचिंग शुष्क कृषि प्रदेशों में कई प्रकार से की जा सकती है, जैसे:

(i) मृदा-मल्च, धूल-मल्च, (ii) स्टबल (Stubble) मलचिंग, (iii) घास-पात मलचिंग, इत्यादि।

12. **शुष्क कृषि के लिये उपयुक्त बीजों का इस्तेमाल करना (Selection of Proper Crop Varieties for Dry-Land Farming):** शुष्क कृषि के लिये ऐसे बीजों का चयन करना चाहिये जो कम वर्षा होने पर भी अच्छा उत्पादन दे सकें और फसल कम समय में तैयार हो सके। कृषि विशेषज्ञों के लिये निम्न प्रकार के बीचज उपयुक्त हैं।

ज्वार (Millets)	CSH-1, CSH-2, CSH-4
बाजरा (Pearl Millet)	HB-1, HB-3, NHB-5
गेहूँ (Wheat)	C-306, K-65, K-68
जौ (Barley)	ज्योति, करण-4, करण-15, करण-19
मूँग (Green Gram)	T-44, जवाहर 45
उड़द (Black-Gram)	T-9, माश-2
चना (Gram)	RS-10, T-1, T-3
सरसों (Mustard)	पूसा बरानी

Source : Sankara Reddy, G.H. and T. Yellamanda Reddy, Principal of Agronomy, Kalyani publishers.

पारिस्थितिकी - कृषि (Eco-Farming)

भारतीय कृषि में ईको-फार्मिंग पर बीसवीं शताब्दी के आख़िरी दशक में ध्यान दिया गया। इस प्रकार की खेती में फसलों के उगाने मे गोबर की खाद, हरी खाद, नीम की

पत्तियों की खाद, कम्पोस्ट खाद का प्रयोग किया जाता है। इस प्रकार की खेती में रासायनिक खाद तथा कीटाणुनाशक दवाइयों का इस्तेमाल नहीं किया जाता है। इसमें फसल चक्र वैज्ञानिक (Scientific) होता है, अर्थात् दहलन तथा हरी खाद की फसलों को फसल चक्र में अनिवार्य रूप से सम्मिलित किया जाता है। इस प्रकार भूमि की उर्वरकता (Fertility) बनी रहती है।

कॉन्ट्रैक्ट-कृषि (Contract Farming)

कॉन्ट्रैक्ट-कृषि अधिक लाभ अर्जित करने के लिये की जाती है। इस प्रकार की कृषि में किसी कम्पनी एवं किसान/किसानों के बीच एक समझौता (contract) होता है, जिसकी निम्नलिखित प्रतिबद्धताएं होती हैं:

1. इस प्रकार की खेती में विशेष प्रकार की फसलें उगाई जाती हैं, जिनमें विशेषकर सब्जियों, फूलों, कुक्कुटपालन तथा फलों की खेती पर बल दिया जाता है। फसलों के उत्पादन की ख़रीद कम्पनी करती है। ख़रीदारी के पश्चात फल तथा सब्जियों को डिब्बों में संरक्षित किया जाता है।
2. कम्पनी द्वारा उत्पादों को पूर्व निर्धारित मूल्य पर खरीदा जाता है।

कॉन्ट्रैक्ट कृषि के लाभ

इस प्रकार की खेती के निम्न लाभ हैं:

1. कृषि उत्पादन की बिक्री सुनिश्चित होती है।
2. खुले बाज़ार की तुलना में किसान की वस्तुयें ऊँचे मूल्य पर बिकती हैं।
3. किसान को फसलों के उत्पादन में पूंजी लगाने की समस्या नहीं रहती। लागत ख़र्च की जिम्मेदारी कम्पनी की होती है।
4. किसानों को कम्पनियाँ विशेष जानकारी प्रदान करती हैं। कम्पनियों के पास कृषि के विशेषज्ञ होते हैं।

कॉन्ट्रैक्ट कृषि से हानियाँ:

इस प्रकार की कृषि के प्रमुख दोष निम्नलिखित हैं:

1. यदि किसान ने मेहनत करके उत्तम प्रकार की फसल उगाई है तो उसको लाभ नहीं मिलता। उत्पादन का मूल्य पहले ही निर्धारित किया जा चुका होता है।
2. किसान की स्वतंत्रता समाप्त हो जाती है। मुख्य निर्णय कम्पनी लेती है।
3. किसान की जीवन-शैली मशीन की तरह हो जाती है, जिससे जीवन नीरस हो जाता है।
4. किसान की तुलना में कम्पनी को अधिक लाभ की संभावना अधिक होती है।

प्राकृतिक आपदाएं (Natural Hazards)

प्राकृतिक आपदाएं अकस्मात आती हैं तथा मानव जीवन को भारी हानि पहुँचाती है। प्राय: आने वाली प्राकृतिक आपदाओं में भूकम्प, ज्वालामुखी विस्फोट, सुनामी, सूखा, बाढ़, चक्रवात, भू-स्खलन, हिमस्खलन (एवेलांश) आदि सम्मिलित हैं। कुछ मुख्य प्राकृतिक आपदाओं का संक्षिप्त वर्णन नीचे दिया गया है:

सूखा (Drought)

विभिन्न भूगोलवेत्ताओं ने सूखे की अलग-अलग परिभाषाएं प्रस्तुत की हैं। भारत के जलवायु विभाग के अनुसार यदि लगातार 22 दिनों तक 0.25 सेमी. से कम वर्षा रिकॉर्ड की जाये तो सूखा घोषित कर दिया जाता है। परन्तु यह परिभाषा भारत के सभी भागों के लिए उपयुक्त नहीं। मेघालय के पठार, विशेषकर चेरापूंजी एवं मासिनराम में यदि 15 दिन में 0.25 सेमी. वर्षा रिकॉर्ड न की जाये तो सूखे की परिस्थिति उत्पन्न हो जाती है। भारत में प्राय: सूखा मानसून-फेल होने के कारण पड़ता है। 1982, 1998 तथा 2009 में जब अल-नीनो सबल था तो भारतीय मानसून विफल हुआ और देश के अधिकतर भागों में सूखा पड़ गया था। प्रत्येक पाँच वर्ष में दो साल सूखा पड़ता है। भारत के सूखा पीड़ित क्षेत्रों को **Fig. 10.17** में दिखाया गया है।

(i) राजस्थान के मरुस्थलीय तथा अर्द्ध-मरुस्थलीय क्षेत्र

अरावली पर्वत के पश्चिम में थार का मरुस्थल फैला हुआ है। राजस्थान के मरुस्थल एवं निकटवर्ती अर्द्ध-मरुस्थलीय भागों में औसत वार्षिक वर्षा 15 सेन्टीमीटर से 60 सेन्टीमीटर तक होती है। यहाँ वर्षा की विविधता 20 से 60 प्रतिशत से अधिक है। फलस्वरूप यह भारत का सबसे अधिक सूखाग्रस्त क्षेत्र है।

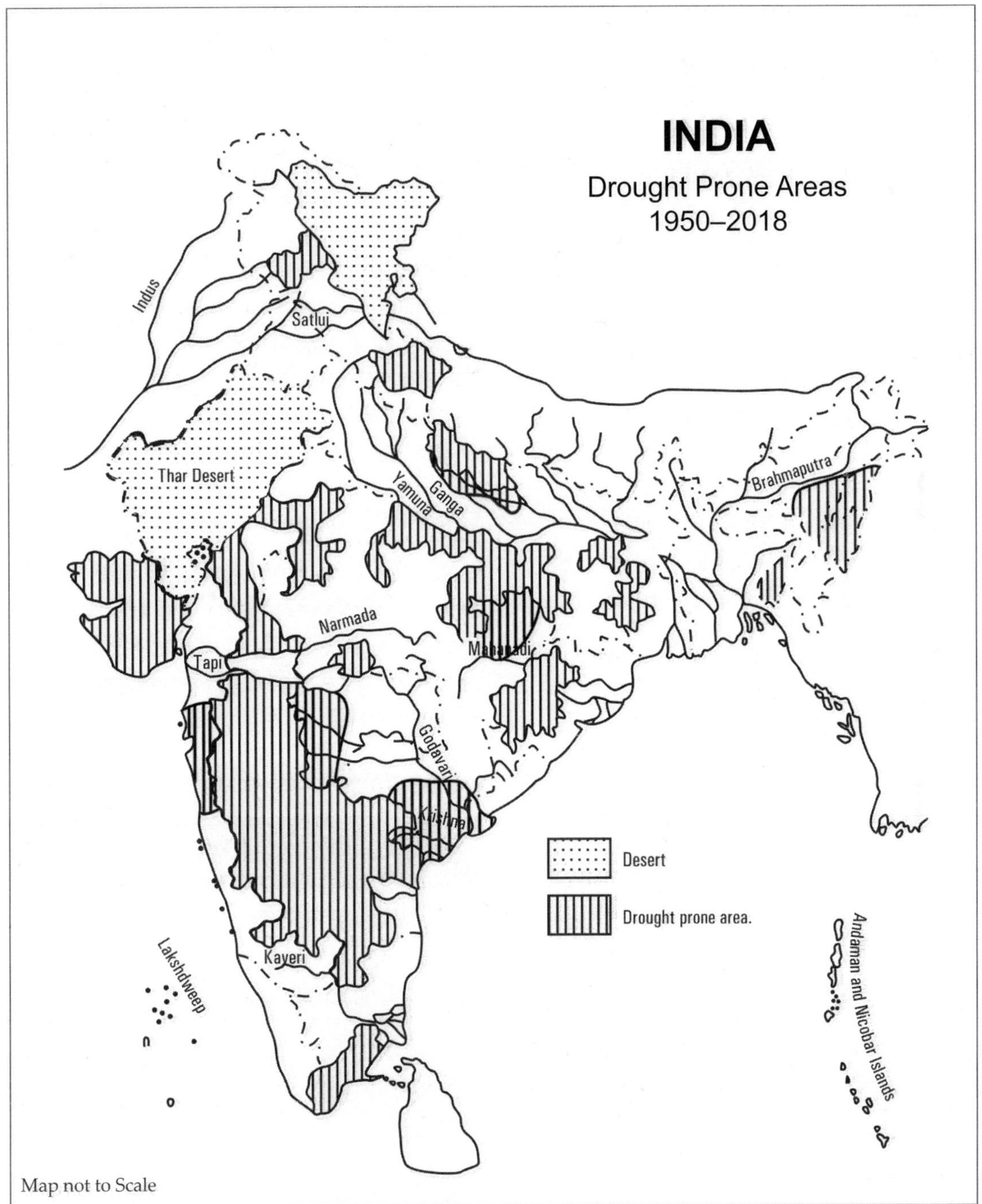

Fig. 10.17 Drought prone areas

(ii) पश्चिमी घाट का पूर्वी वर्षा रहित क्षेत्र

यह क्षेत्र आन्ध्र प्रदेश, महाराष्ट्र एवं कर्नाटक के उत्तरी पश्चिमी भाग में फैला हुआ है। इस क्षेत्र में भी औसत वार्षिक वर्षा 60 सेन्टीमीटर से कम और वर्षा की विविधता 30 प्रतिशत से अधिक है। यहाँ भी प्राय: सूखे की परिस्थिति बनी रहती है।

(iii) अन्य सूखाग्रस्त क्षेत्र

ओडिशा के कालाहाण्डी, प. बंगाल के पुरुलिया-बाँकुरा जिले, बुन्देलखण्ड (यू.पी.), बघेलखण्ड (एम.पी.) लद्दाख तथा तमिलनाडु के मदुरई इत्यादि जिलों में प्राय: मानसून फेल होने पर सूखा पड़ जाता है। भारत में सूखे के कारण बहुत बार अकाल पड़े हैं, जिनमें से निम्नलिखित वर्षों में सूखे के कारण भारी जान-माल की हानि हुई थी:

1961-63 - बिहार एवं बंगाल का अकाल
1965-66 - महाराष्ट्र का अकाल
1966-67 - ओडिशा का अकाल
1982-83 - हरियाणा - राजस्थान
1987-88 - बोलनगिरि-कालाहाण्डी (ओडिशा)
2009-10 - भारत के अधिकतर भाग।
2013 - महाराष्ट्र
2015 - महाराष्ट्र

सूखा-प्रबन्धन (Drought Management)

भारत सरकार ने सूखाग्रस्त क्षेत्रों पर विशेष ध्यान दिया है तथा ऐसे क्षेत्रों के रहने वालों के लिये बहुत-सी राहत की योजनायें तैयार की हैं। 1987 से पहले सूखाग्रस्त क्षेत्रवासियों को अनाज-चारे की सहायता तथा रोज़गार का प्रावधान किया जाता था। इस प्रकार की योजनाओं का भारत सरकार पर भारी वित्तीय दबाव पड़ता। 1987 के पश्चात सरकार ने ऐसे क्षेत्रों के लिये चौमुखी विकास की योजना तैयार की हैं।

बाढ़ (Floods)

नदी का जलस्तर ऊँचा होकर (ऊपर उठकर) जब किनारों को पार करके आस-पास के क्षेत्रों में फैल जाये तो उसको बाढ़ कहते हैं। नदी में बाढ़ निम्न कारणों से आती है - 1. अत्यधिक वर्षा, 2. बाँध का टूट जाना, 3. नदी मार्ग में यदि हिम का बांध बन गया हो और वह टूट जाए 4. ऊँचा ज्वार-भाटा, या; 5. चक्रवात के कारण सागर का जल, थल पर चढ़ जाये।

भारत में अधिकतर बाढ़ अचानक अधिक वर्षा के कारण आते हैं। बाढ़ की भीषणता यद्यपि अलग-अलग प्रदेशों में अलग-अलग होती है। भारत सरकार के राष्ट्रीय बाढ़ आयोग के अनुमान के अनुसार भारत की 40 मिलियन हेक्टेयर भूमि बाढ़ के प्रकोप में आ सकती हैं। अधिकतर बाढ़ गंगा-ब्रह्मपुत्र के बेसिन में आती है। भारत के जिन राज्यों में बाढ़ की बारम्बारता अधिक है उनमें आन्ध्र प्रदेश, असम, बिहार, गुजरात, ओडिशा, तमिलनाडु, उत्तर प्रदेश तथा पश्चिम बंगाल उल्लेखनीय हैं। एक अनुमान के अनुसार भारत में बाढ़ से प्रति वर्ष पाँच करोड़ लोग प्रभावित होते हैं तथा दो अरब रुपये से अधिक का आर्थिक नुकसान होता है।

चक्रवात (Cyclones)

भारत में बंगाल की खाड़ी, खम्भात की खाड़ी और अरब सागर में उष्णकटिबंधीय चक्रवात आते रहते हैं। अधिकांश चक्रवात प्राय: सितम्बर और अक्टूबर के महीनों में आते हैं। इन चक्रवातों की उत्पत्ति के बारे में अभी तक विश्वसनीय ज्ञान प्राप्त नहीं है।

तालिका 10.28: भारत चक्रवातों के मार्ग एवं क्षेत्र

वर्ष	प्रभावित क्षेत्र	अधिकतम वायु गति (किलोमीटर/घंटा)
नवम्बर 1955	तमिलनाडु	195
दिसम्बर 1955	तमिलनाडु	200
अक्टूबर 1971	पारादीप (ओडिशा)	170
सितम्बर 1976	प. बंगाल	160
नवम्बर 1977	आन्ध्र प्रदेश	195
नवम्बर 1978	आन्ध्र प्रदेश	205
नवम्बर 1989	द. आन्ध्र प्रदेश	225
दिसम्बर 1993	तमिलनाडु	135
अक्टूबर 1999	पारादीप (ओडिशा)	225
मई 2011	गुजरात	215
मई 2019	ओडिशा, पश्चिम बंगाल	170-180

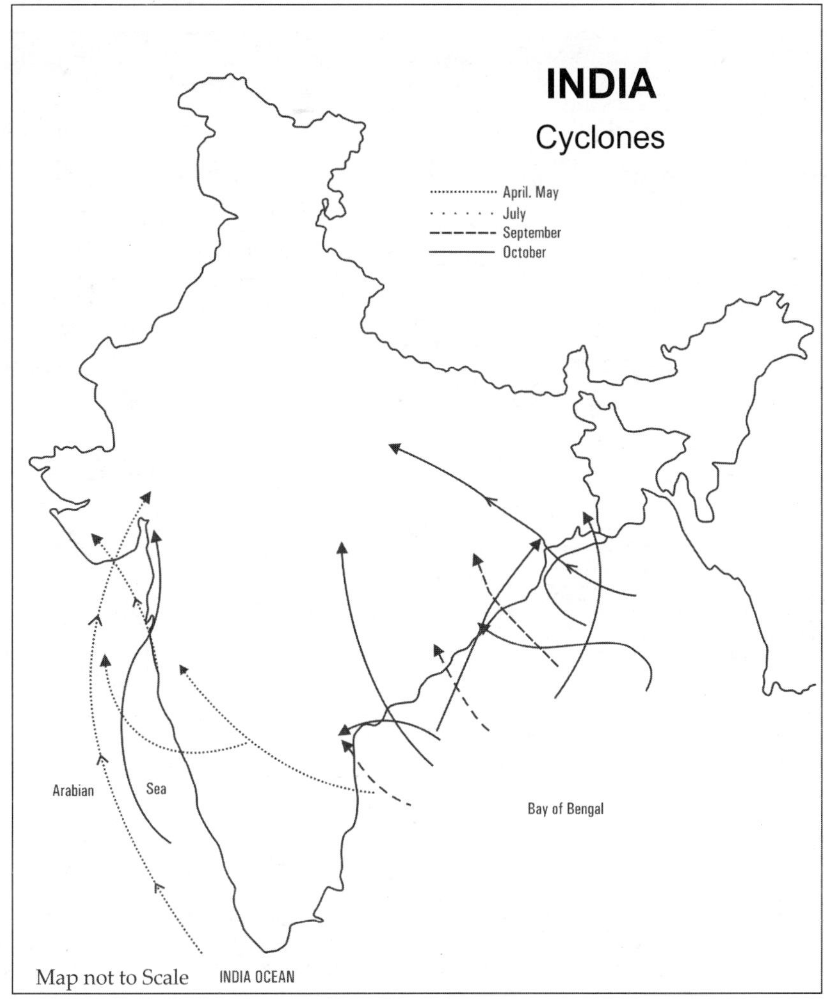

Fig. 10.18 Cyclones

बंगाल की खाड़ी में आने वाले चक्रवातों से भारतीय पूर्वी तटीय मैदान पर भारी नुकसान होता है। खम्भात की खाड़ी के तटों पर भी इन से भारी नुकसान पहुँचता है। प. बंगाल तथा ओडिशा के तट पर अप्रैल और मई के महीनों में आने वाली तूफानी हवाओं को ''काल-बैसाखी'' कहते हैं। भारत में आने वाले उष्णकटिबंधीय चक्रवातों के मार्ग **Fig. 10.18** में दिखाये गये हैं।

भूकम्प (Earthquakes)

भूकम्प पृथ्वी के वे कम्पन होते हैं, जो लचीलेपन की क्षमताओं से दूर दबाव पड़ने से चट्टानों के फटने या उनमें दरार आने और अचानक ही संचलन से उत्पन्न होते हैं।

भूकम्प को पृथ्वी की ऊपरी सतह में 'फोकस' अथवा 'हाइपोसेण्टर' के नाम से जाने जाने वाले बिंदू अथवा स्थल में पपड़ीदार चट्टानों के अचानक हिलने से उत्पन्न हुए झटकों की श्रृंखला भी कहा जाता है। भारत में बड़े भूकम्पों को **तालिका** 10.29 एवं **Fig. 10.19** के अंतर्गत दर्शाया गया है।

तालिका 10.29: भारत में बड़े भूकम्प

क्र.सं.	दिवस/वर्ष	स्थान/क्षेत्र पर तीव्रता	रियक्टर मापक	प्रभाव
1.	जून 16, 1819	भुज (गुजरात)	8.0	2000 व्यक्ति मरे, अल्लाह बांध का निर्माण हुआ
2.	जून 12, 1885	मेघालय पठार	8.7	शिलांग, गुवाहाटी, नवगाँव और सिल्हट में जान-माल की हानि।
3.	जुलाई 14, 1885	पूर्वी बंगाल (वर्तमान का बांग्लादेश ढाका क्षेत्र)		लगभग छह लाख वर्ग किलोमीटर का क्षेत्र प्रभावित हुआ। भारी जानी, माली नुकसान
4.	जून 12, 1897	शिलांग (मेघालय)	8.7	भारी तबाही 2000 व्यक्ति भरे
5.	मार्च 4, 1905	कांगड़ा-धर्मशाला के निकट (हिमाचल प्रदेश)	8.5	20,000 व्यक्ति मरे
6.	जून 15, 1934	बिहार-नेपाल सीमा	8.4	दस हजार से अधिक लोग मरे
7.	जून 26	अण्डमान-निकोबार द्वीपों के निकट	8.1	द्वीप पर कई मीटर तक भ्रंश उत्पन्न हो गया
8.	जनवरी 26, 1950	अण्डमान-निकोबार द्वीप समूह	8.1	बंगाल की खाड़ी में सुनामी उत्पन्न हुई
9.	अगस्त 15, 1950	अरुणाचल प्रदेश की सीमा पर	8.7	लगभग 2 हजार व्यक्ति मरे
10.	जनवरी 26, 2001	भुज-रण-कच्छ गुजरात	8.0	30 हजार से अधिक व्यक्ति मरे
11.	अक्टूबर, 2005	मुज़फ्फराबाद (पा. अ. कश्मीर)	8.0	भारी जान-माल का नुकसान
12.	अगस्त 10, 2009	अण्डमान द्वीप	7.5	सुनामी की चेतावनी दी गई
13.	मई 12, 2015	नेपाल, भारत	7.3	–

सुनामी (Tsunami)

जब धरती हिलती है तो भूकंप आता है और जब यही भूकंप समुद्र में आता है तो सुनामी बन जाता है। यानि समुद्र में उठा तूफान ही सुनामी कहलाता है। समुद्री तुफान को जापान में सुनामी कहा जाता है। सुनामी लहरों की गति बहुत तीव्र होती है, जो कभी 2400 किलोमीटर प्रति घंटा से अधिक हो जाती है। तटों के निकट पहुँचकर इन लहरों की ऊँचाई पाँच, छह मीटर से अधिक हो जाती है, जिन से भारी जान-माल का नुकसान होता है।

बादल फटना (Cloudburst)

16 जून, 2013 की हिमालायी सुनामी के रूप में जाने जाना वाला उत्तराखण्ड का वर्षा प्रस्फोट भारत के हाल के इतिहास में वर्षा प्रस्फोट की सबसे भयानक आपदाओं में से एक है।

मेघ प्रस्फोट (Cloud Burst) अचानक होने वाली भारी बारिश है जिससे भयंकर बाढ़ (Flash-Flood) आ जाती है। वर्षा प्रस्फोट कभी-कभी ओले तथा गर्जन के साथ वर्षण (Precipitation) है, जो सामान्यता कुछ मिनटों में मूसलाधार वर्षा करके जल्द समाप्त हो जाती है। परन्तु अत्यधिक वर्षा के कारण भारी बाढ़ आ जाती है। बाढ़ के अतिरिक्त वर्षा प्रस्फोट भूस्खलन (Landslides), बर्फीले तूफान, हिमस्खलन (Avalanches), मृदासर्पण (Solifluction), पंकवाह (Mudflow), भूवाह (Earthflow), मलबे की बौछार, शैलस्खलन, अवतलन (Subsidence), अवपतन (Slumps), भूमि सपर्ण (Soil-Creep) और व्यापक तबाही के रूप में विनाशकारी हालात पैदा करने की क्षमता रखता है।

सामान्यत: वर्षा प्रस्फोट, कपासी-काले बादलों (Cumulous-Nimbus Clouds) से होता है। ये बादल सागर स्तर से 15 किलोमीटर तक की ऊँचाई तक विकसित हो सकते हैं। कई वर्षा प्रस्फोटों में एक घंटे में 13 सेमी. (5.2) इंच तक वर्षा हो सकती है। वर्षा की बून्दों का आकार बहुत बड़ा होता है। संक्षेप में अचानक भारी, अल्पकालिक और अक्सर पूर्वानुमान न की जा सकते काली (Unpredictable) बारिश का वर्णन करने के लिये वर्षा-प्रस्फोट शब्द का प्रयोग किया जाता है।

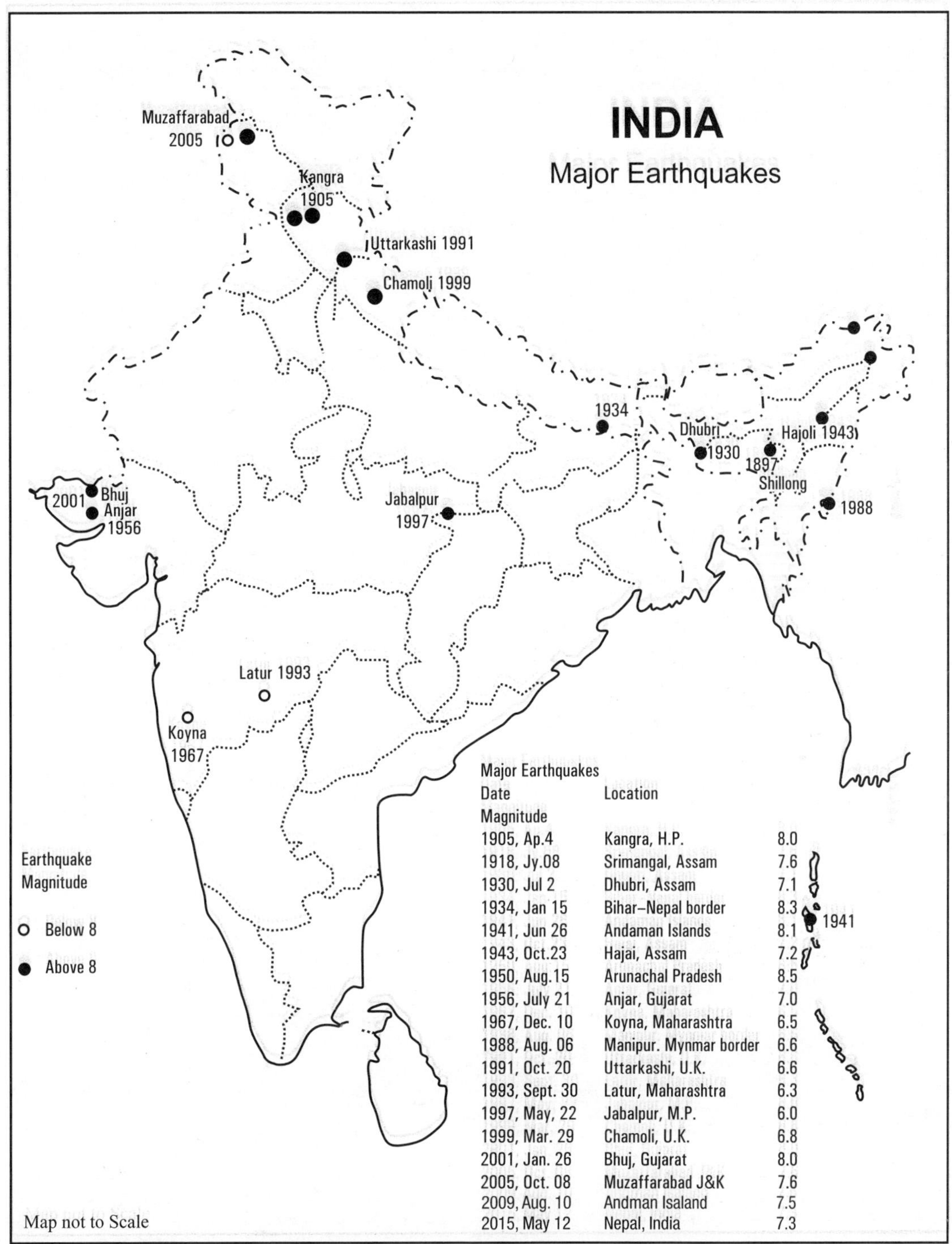

Major Earthquakes

Date	Location	Magnitude
1905, Ap.4	Kangra, H.P.	8.0
1918, Jy.08	Srimangal, Assam	7.6
1930, Jul 2	Dhubri, Assam	7.1
1934, Jan 15	Bihar–Nepal border	8.3
1941, Jun 26	Andaman Islands	8.1
1943, Oct.23	Hajai, Assam	7.2
1950, Aug.15	Arunachal Pradesh	8.5
1956, July 21	Anjar, Gujarat	7.0
1967, Dec. 10	Koyna, Maharashtra	6.5
1988, Aug. 06	Manipur. Mynmar border	6.6
1991, Oct. 20	Uttarkashi, U.K.	6.6
1993, Sept. 30	Latur, Maharashtra	6.3
1997, May, 22	Jabalpur, M.P.	6.0
1999, Mar. 29	Chamoli, U.K.	6.8
2001, Jan. 26	Bhuj, Gujarat	8.0
2005, Oct. 08	Muzaffarabad J&K	7.6
2009, Aug. 10	Andman Isaland	7.5
2015, May 12	Nepal, India	7.3

Fig. 10.19 Major earthquakes of India

वर्षा प्रस्फोट की विशेषता-वर्षा लैंगमुइर वर्षण (Langmuir-Precipitation) के नाम से जानी जाती है, जिसमें वर्षा की बूँदें गिरते समय आपस में टकरा कर बड़ी बूँदें बन जाती हैं। ऐसी बूँदें आकार में बड़ी होने के साथ तेजी से गिरती हैं। लैंगमुइर वर्षण प्रक्रिया केवल उन बादलों के लिये लागू होती है जो हिमांक बिन्दु (Freezing Point) से ऊपर होते हैं। वर्षा प्रस्फोट के बादल के सबसे ऊपर के भाग में तापमान 5° सेमी. से कम नहीं होता। ऐसे कपासी-काले बादलों (Cumulou-Nimbus) में विभिन्न आकार (Size) की बूँदें अलग-अलग वेग के साथ गिरती हैं, जिसके कारण वे पृथ्वी के धरातल की ओर आते हुये एक-दूसरे से टकरा कर और भी बड़े आकार की बन जाती हैं। बादल प्रस्फोट में बूँदों का आकार सामान्य से बहुत अधिक बड़ा होता है जो तीव्र गति एवं वेग के साथ गिरती हैं। बादल प्रस्फोट में कभी-कभी बूँदें इतने शोर के साथ गिरती हैं कि वह डरावनी, भयानक एवं कष्टदायक हो जाती हैं।

मौसम विज्ञानियों के अनुसार बादल प्रस्फोट में वर्षा की दर लगभग 10 सेमी. प्रति घंटा होती है। यह वर्षा कपासी-काले बादलों से होती है, जिनकी पृथ्वी धरातल से लेकर कई किलोमीटर तक होती है। वर्षा प्रस्फोटन के दौरान चन्द मिनटों में 20 से.मी. से अधिक वर्षा हो जाती है। वर्षा प्रस्फोटन से जान-माल तथा सम्पत्ति का भारी नुकसान होता है जो प्रायः भयानक प्राकृतिक आपदा का रूप ले लेती है। उत्तराखण्ड में 16 जून, 2013 का बादल प्रस्फोट ने बड़े पैमाने पर मन्दाकिनी घाटी में जान-माल की हानि पहुँचाई थी सामाजिक मूलभूत ढाँचे (सड़कों, मार्गों इत्यादि) को भारी नुकसान पहुँचा था। यदि बादल प्रस्फोट की वर्षा की घंटों तक जारी रहे तो उससे अचानक भारी एवं भयंकर बाढ़ आ जाती है, सड़कें टूट जाती हैं, मार्गों के स्थान पर, नाले-नालियाँ बन जाती है, जिससे परिवास तथा एक स्थान से दूसरे स्थान पर जाने में भारी बाधा पड़ती है। पशु-पक्षी पानी में बह जाते हैं, और चरम-मामलों में यह समूचे शहर को बहा ले जाती है। वर्ष 2013 की 16 जून, 2013 के बादल प्रस्फोट में मन्दाकिनी नदी की घाटी में स्थिति, केदारनाथ, रामबाड़ा, गौरी कुण्ड इत्यादि को ऐसी बाढ़ के प्रकोप को झेलना पड़ा था। इस त्रासदी (Tragedy) के प्रकोप और विनाश को देखते हुये इसको हिमालयी सुनामी (Himalaya Tsunami) का नाम दिया गया था। 16 जून, 2013 का बादल प्रस्फोट, भारत के हाल के इतिहास में सबसे बड़ी आपदाओं में से एक माना जाता है।

बादल-प्रस्फोट (Cloud-Burst) प्रायः गर्मी के मौसम में होता है। खेती करने वाले समुदाओं में कभी-कभी उनका स्वागत भी किया जाता है क्योंकि इनसे होने वाली वर्षा से मुर्झाई एवं सूखी फसलें हरी-भरी हो जाती हैं। प्रभावित लोग ऐसे समय पर जान बचाकर नदी के बहाव से दूर, पर्वतों की ऊँचे ढलानों की ओर पलायन करते हैं। **(तालिका 10.30)**

तालिका 10.30: विश्व के प्रमुख बादल विस्फोट

अवधि	वर्षा	स्थान	दिनांक
1 मिनट	38.1 मिमी. (1.5 इंच)	बस्से-टेरे, ग्वादेलूप, वेस्टइण्डीज	26 नवम्बर, 1970
15 मिनट	198.12 मिमी. (9.7 इंच)	प्लंब प्वाइंट, जमैका	12 मई, 1916
1 घंटा	250 मिमी. (9.84 इंच)	लेह, लद्दाख, भारत	3 अगस्त, 2010
10 घंटे	940 मिमी. (37 इंच)	मुम्बई, भारत	26 जुलाई, 2005
20 घंटे	2329 मिमी. (91.69)	गंगा का डेल्टा (भारत)	जनवरी 1966
24 घंटे	2010 मिमी. (80.4 इंच)	मुबई	19 जून, 2015
2 घंटे	220 मिमी.	उत्तराखंड	16 जून 2015
2 घंटे	100 मिमी.	सिंघल क्षेत्र और तेनाली जिला	1 जुलाई, 2016
36 घंटे	199 मिमी.	अरुणाचल प्रदेश (प. केमांग जिला)	8 जुलाई 2019

भारतीय उपमहाद्वीप में, वर्षा प्रस्फोट सामान्यतया तब होती है जब आर्द्रता मुक्त मानसूनी बादल (बंगाल की खाड़ी या अरब सागर से उठकर उत्तरी भारत की ओर अग्रसर होते हैं। यह आर्द्र मानसूनी हवायें हिमालय से टकराकर ऊपर उठती हैं और कभी-कभी प्रति घंटा 75 मिमी. जैसी घनी बरसात करती हैं।

उत्तराखंड में 2015 बादल फटने की आपदा

'देवभूमि' उत्तराखंड अपने भव्य हिमाच्छदित शिखरों, सुन्दर जंगलों एवं विस्मयजनक कल-कल करती नदियों के कारण भारतीय संस्कृति में एक पवित्र प्रदेश माना जाता है। लाखों तीर्थयात्री एवं पर्यटक प्रतिवर्ष उत्तराखंड राज्य में श्रद्धा से आते हैं। इन सभी आकर्षणों के बावजूद उत्तराखंड राज्य अति संवेदनशील पारिस्थितिकी मण्डल (Ecosphere) है। उत्तराखंड में अचानक बादल-प्रस्फोट, भूस्खलन, बर्फीले तूफान और आकस्मिक बाढ़ जैसी आपदायें आती रहती हैं। किसी भी विकास परियोजना को तैयार करते समय इस बात का विशेष ध्यान रखना चाहिये कि प्राकृति को स्थान और आदर दोनों चाहिये।

बादल-प्रस्फोट, भूस्खलन और आकस्मिक बाढ़ उत्तराखण्ड में लगभग प्रत्येक वर्ष घटित होती हैं। उत्तराखण्ड राज्य के आधुनिक इतिहास में 16 जून, 2013 का वर्ष बादल प्रस्फोट (Cloudburst) एक अभूतपूर्व-विपदा थी। इस प्राकृतिक आपदा से जीवन, संपत्ति, फसलों और संरचनात्मक ढांचे को भारी नुकसान पहुँचा था। बहुत-से राजमार्गों के क्षतिग्रस्त होने, पुल बह जाने बिजली व दूरभाष सेवाओं के ठप हो जाने, होटलों व धर्मशालाओं के नष्ट हो जाने के कारण बहुत-सी ग्रामीण बस्तियों से संपर्क टूट गया था। बहुत-से लोग बाढ़ में डूब गये और भारी जान माल का नुकसान हुआ, इसलिये इस आपदा को 'हिमालयी सुनामी' (Himalayan Tsunami) का नाम दिया गया था। उत्तराखण्ड वर्षा प्रस्फोट से भागीरथी, अलकनन्दा, खासतौर से मन्दाकनी नदी घाटियों के लगभग 48,000 वर्ग किलोमीटर के क्षेत्रफल को हानि पहुँची थी। इस आपदा में केदारनाथ तीर्थस्थल, रामबाड़ा, गौरी कुण्ड तथा गुप्तकाशी स्थलों एवं कस्बों को भारी नुकसान पहुँचा था **(Fig. 10.19 and 10.19a)**।

जैसा ऊपर वर्णित है, बादल प्रस्फोट एक प्राकृतिक घटना एवं आपदा है। इस घटना में बहुत थोड़े समय में अत्यधिक वर्षा हो जाती है। 16 जून, 2013 को उत्तराखण्ड में भारी विनाशकारी बादल प्रस्फोट हुआ था। पर्यावरण एवं पारिस्थितिकी के विशेषज्ञों के अनुसार विपदा घटित होने की प्रतीक्षा में थी। पहाड़ों पर अवैध निर्माण, होटलों के रूप में जर्जर ढांचों की भारी संख्या में अबाधित वृद्धि, जिनका दिखावे के तौर पर रख-रखाव किया जाता है तथा जंगलों को भारी मात्रा में काटना, बहुमंजिल इमारतों का निर्माण आदि इस त्रासदी के लिये उत्तरदायी माने जाते हैं। मानव के द्वारा प्राकृति से अत्यधिक छेड़छाड़ के कारण ही यह घटना घटित हुई थी।

उत्तराखण्ड की नदियों पर 150 से अधिक बाँध बनाकर पनबिजली उत्पादन की योजनायें बनाई गईं। निर्णयकर्ताओं और नियोजिकों ने उत्तराखण्ड को 'ऊर्जा प्रदेश' और भारत की 'पर्यटक राजधानी' के रूप में बदलने का महत्वकांक्षी लक्ष्य निर्धारित किया जो पारिस्थितिकी एवं पर्यावरण के सिद्धान्तों के विरुद्ध है।

इसके अतिरिक्त अंधाधुंध वनोन्मूलन, भवनों का अविवेकपूर्ण निर्माण, सड़क निर्माण के लिये चट्टानों को विस्फोट से उडाना, पर्यावरण कानूनों के क्रियान्वयन का अभाव और पर्यावरण प्रभाव आंकलन (Environmental Impact Assessment) के उदासीनतापूर्ण क्रियान्वयन ने उत्तराखण्ड राज्य को आपदाओं एवं प्राकृतिक संकटों के प्रति संवेदनशील बना दिया है कि प्राकृतिक शक्तियों को मानवीय हस्तक्षेप के द्वारा वश में करना एक भ्रम है। भारत के सभी पर्वतीय क्षेत्रों के लिये एक धारणीय विकास (Sustainable Development) के लिये पारिस्थितिकी विज्ञान के सिद्धान्तों पर एक दीर्घकालीन नियोजन अपनाने की तत्काल आवश्यकता है।

बादल फटना विपदा का प्रबन्धन (Cloudburst Management)

वर्षा प्रस्फोट के घटित होने पर जीवन एवं संपत्ति की क्षति को कम करने के लिये निम्न उपाय करने से भारी लाभ हो सकता है:

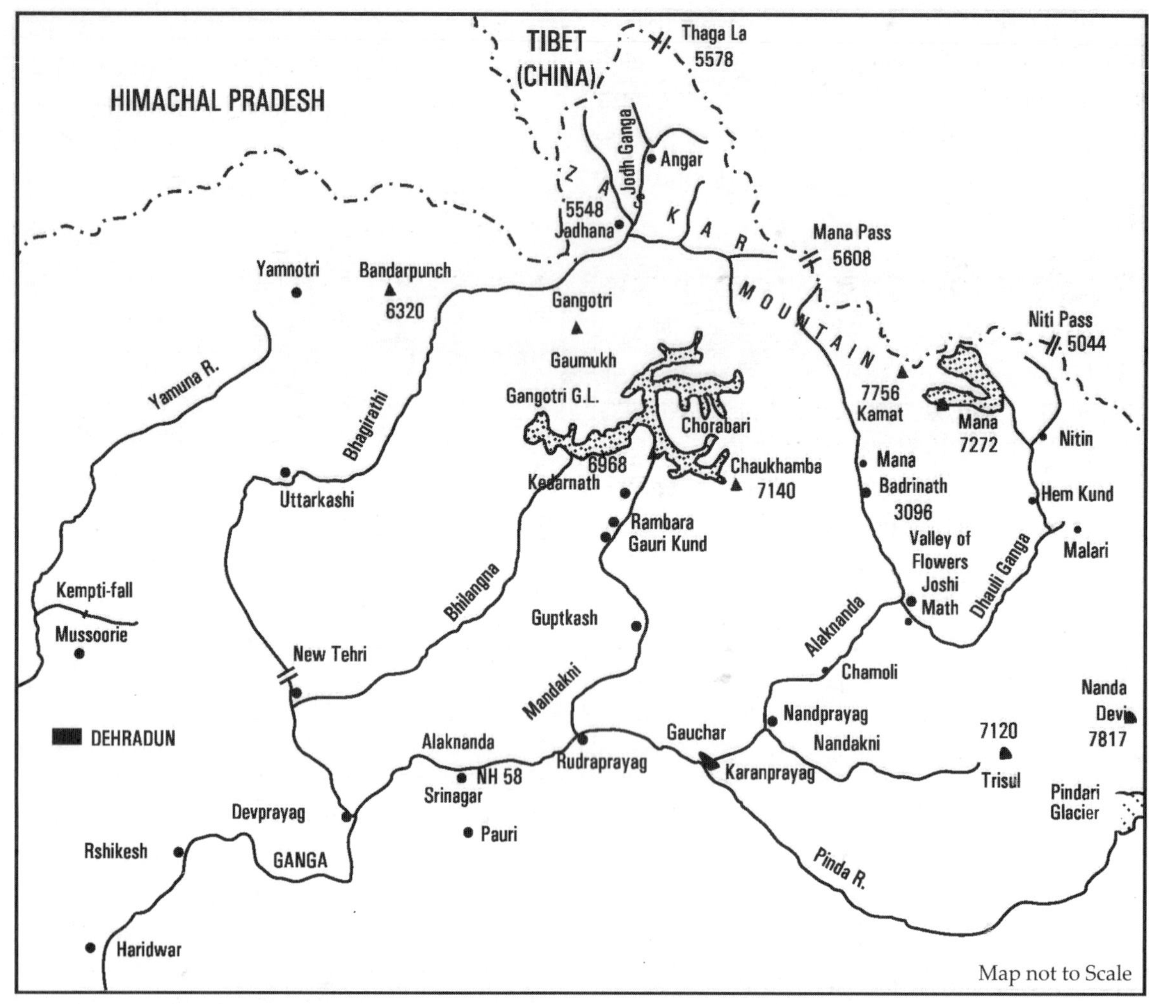

Fig. 10.19-A Cloudburst Region of Uttarakhand (16th June, 2013)

तालिका 10.31: भारत में हाल ही में बीते समय में बादल फटने से हुई हानि

वर्ष	स्थान	मृत्यु
अगस्त, 1998	गुवालपारा (असम)	400
जलाई, 1970	अलकनंदा बेसिन (उत्तराखंड)	500
15 अगस्त, 1997	चिरगांव-शिमला (हि.प्र.)	115
17 अगस्त, 1998	मिलाप गाँव, कुमाऊँ मंडल (उत्तराखंड)	250
26 जुलाई, 2004	मुंबई (महाराष्ट्र)	>5000
6 अगस्त, 2010	लेह-लद्दाख	>1000
16 जून, 2013	केदारनाथ (उत्तराखण्ड)	कई हजारों
19 जून, 2015	मुंबई (महाराष्ट्र)	116

(i) वैज्ञानिक एवं विश्वसनीय आंकडों पर आधारित पारिस्थितिकी संवेदनशील का सीमांकन करनी। नदियों में जल के अधिकतम एवं न्यूनतम जल-अपवाह को निर्धारित करना चाहिये।

(ii) मौसम सम्बंधी सूचनाओं का उचित प्रबंध तथा प्रसारण करके लोगों में जागरुकता उत्पन्न करनी चाहिये।

(iii) ग्रामीण एवं नगरीय बस्तियों के लिये सुरक्षित स्थानों का चयन करना चाहिये।

(iv) सड़कों, मकानों की निर्माण तकनीकों व संरचनात्मक ढांचे के विकास के लिये अपनाई जाने वाली विधियों का व्यापक नवीकरण एवं पुनरीक्षण किया जाना चाहिये।

(v) बांधों और सड़कों को बनाने के लिये किये जाने वाले विस्फोट पहाड़ों को कमजोर कर देते हैं और पेड़ों की जड़ों को हिला देते हैं। ऐसे विस्फोट रोके या न्यूनतम किये जाने चाहिये।

(vi) नदी, पोखर, तालाबों के भवनों द्वारा अतिक्रमण पर सख्ती से प्रतिबंध लगाया जाना चाहिये।

(vii) विकास और नियोजन में बड़े बांधों के स्थान पर लघु जल विद्युत परियोजनाओं को वरीयता दी जानी चाहिये।

(viii) पर्वतीय भागों में अनुशासित पर्यटन पर बल दिया जाना चाहिये।

(ix) दामोदर घाटी परियोजना के नमूने पर, विकास की योजनायें बनानी चाहिये।

(x) वाहनों की बहुतायत से प्रदूषण फैलता है, इसलिये पर्यावरण को बचाने के लिये वाहनों का उचित प्रबंधन करना चाहिये।

(xi) हिमालय सुनामी जैसी त्रासदी से निपटने के लिये आपदा प्रबन्धन को सक्षम होना चाहिये और फौरन राहत के उपाये करने चाहिये।

(xii) संवेदनशील क्षेत्रों में मनोरंजन केन्द्रों को इस प्रकार विकसित करना चाहिये कि उनका पारिस्थितिकी पर कम-से-कम प्रतिकूल प्रभाव पड़े।

(xiii) प्राकृतिक आपदा का मुकाबला करने के लिये जरूरी संसाधनों और भौतिक आधारभूत ढांचे को मजबूत किया जाना चाहिये।

(xiv) राहत और पुनर्वास उपायों में कोई भेद-भाव नहीं करना चाहिये।

(xv) वर्षा-प्रस्फोट के बाद के उपायों में मलबे और पत्थरों के नीचे दबे लोगों को निकालने के लिये तुरन्त प्रभावी प्रबन्ध करने चाहिये।

(xvi) पयर्टन धार्मिक स्थलों के आस-पास अत्यधिक व अनियंत्रित विकास में भारी योगदान देता है। धार्मिक स्थलों से प्राधिकरण नहीं होने दिया जाना चाहियें।

(xvii) प्रभावित क्षेत्रों में पीने के पानी, खाने और दवाईयों का तुरन्त प्रबन्ध होना चाहिये। त्रासदी के बाद महामारी प्रबंधन करना चाहिये।

(xviii) संवेदनशील स्थानों पर बहुमंजिल इमारतों के निर्माण की अनुमति नहीं होनी चाहिये।

यदि ये कदम साथ-साथ उठाये जायें तो वर्षा प्रस्फोट त्रासदी को बहुत हद तक कम किया जा सकता है।

भारत के शक्ति संसाधन (Power Resources)

किसी भी देश के आर्थिक एवं सामाजिक विकास के लिये ऊर्जा संसाधनों का उपलब्ध होना अनिवार्य है। ऊर्जा के मुख्य संसाधनों में कोयला, पेट्रोलियम, प्राकृतिक गैस और पन-बिजली सम्मिलित हैं। इनके अतिरिक्त आज के युग में नाभिकीय (Nuclear), सौर ऊर्जा, पवन ऊर्जा, ज्वार-भाटा ऊर्जा और भूगर्भीय ऊर्जा पर भी विशेष ध्यान दिया जा रहा है।

विद्युत ऊर्जा (Electricity)

विद्युत ऊर्जा का एक साफ-सुथरा साधन है। विद्युत, पानी, कोयले, प्राकृतिक गैस, पवन, सागरीय लहरों, सूर्य, चश्मों तथा परमाणु (Atomic Energy) से पैदा की जाती है। विद्युत से प्रदूषण कम होता है।

किसी देश में विद्युत के प्रति व्यक्ति उपभोग उस देश के आर्थिक विकास का सूचकांक माना जाता है। भारत में

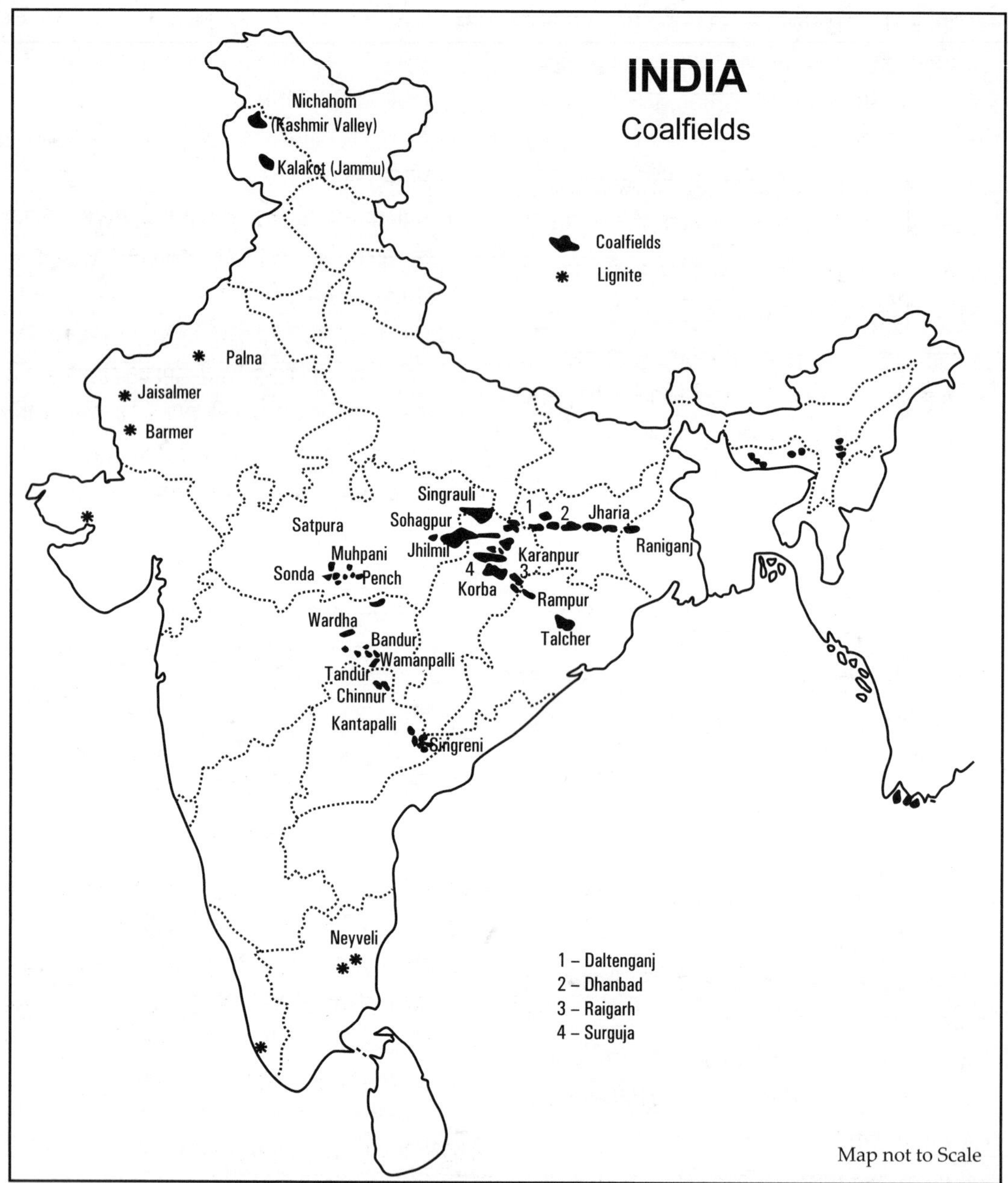

Fig. 10.20 Major coalfields of India

विद्युत का उपभोग प्रति व्यक्ति, प्रतिवर्ष 350 KWH है, जबकि विश्व का औसत 1000 KWH तथा संयुक्त राज्य में 7000 KWH है। भारत में विद्युत ऊर्जा का उत्पादन 1950-51 में 2.3 हजार MW था, जो 2016-17 में बढ़कर 377.1 हजार मेगावाट हो गया।

भारत में सबसे अधिक विद्युत का उत्पादन कोयले से किया जाता है। भारत की कुल विद्युत का 60 प्रतिशत उत्पादन कोयले से किया जाता हैं

तालिका 10.32: भारत-स्थापित विद्युत क्षमता (हजार मेगावाट में)

वर्ष	हाइड्रो	थर्मल	नाभिकीय	आरईएस * (एमएनआरई)	कुल योग
1950-51	0.6	1.1	-	0.6	2.3
1960-61	1.9	2.7	-	1.0	5.6
1970-71	6.4	8.0	0.4	1.6	16.3
1980-81	11.8	17.6	0.9	3.1	33.3
1990-91	18.8	45.8	1.5	8.6	74.7
2000-01	25.0	76.0	2.9	15.2	119.1
2015-16	41.5	201.0	4.9	18.0	265.4
2018-19	45.4	223.0	6.7	74.08	350.16
2019-20	45.7	231.0	6.7	87.03	370.11
2020-21	46.2	235.0	6.7	94.43	382.15

Source: *Central Electricity Authority, Government of India*

आरईएस * छोटी जल विद्युत परियोजनाओं, बायोमास गैसीफायर, बायोमास पावर

तालिका 10.33: भारत-कोयला भंडार 2020-21

क्र. सं.	भारत में कोयला भंडार			भारत में कोयला उत्पादन	
	राज्य / कोयला क्षेत्र	कुल भंडार (मिलियन टन में)	अखिल भारतीय भंडार का प्रतिशत	कुल उत्पादन (मिलियन टन में)	कुल उत्पादन का प्रतिशत
A.	**गोंडवाना कोलफील्ड्स**	**342,397**	**99.99**	**716.084**	**100.00**
1.	झारखंड	85,602	25.00	119.296	16.66
2.	ओडिशा	84,652	24.72	154.150	21.53
3.	छत्तीसगढ	69,432	20.28	158.409	22.12
4.	पश्चिम बंगाल	32,937	9.62	34.596	4.83
5.	मध्य प्रदेश	29,285	8.55	132.531	18.51
6.	तेलंगाना	22,225	6.49	52.603	7.35
7.	महाराष्ट्र	12,728	3.72	47.435	6.62
8.	बिहार	2,751	0.80	AN	0.00
9.	आंध्र प्रदेश	1,607	0.47	AN	0.00
10.	उत्तर प्रदेश	1,062	0.31	17.016	2.38
11.	सिक्किम	101	0.03	AN	0.00
12.	असम	14	0.004	0.036	0.01
B.	**तृतीयक कोयला क्षेत्र**	**1,623**	**100.00**		
1.	मेघालय	576	35.49	0.00	AN
2.	असम	511	31.48	AN	AN
3.	नागालैंड	446	27.48	AN	AN
4.	अरुणाचल प्रदेश	90	5.55	AN	AN
5.	जम्मू और कश्मीर	AN	AN	0.012	0.002

Source: *Govt. of India (2021). Provisional Coal Statistics 2020-21, Coal Controller, Ministry of Coal, Kolkata*

AN=Not available

पेट्रोलियम (Petroleum)

पेट्रोलियम ऊर्जा का एक महत्वपूर्ण संसाधन है, जो परतदार चट्टानों में पाया जाता है। भारत के विभिन्न राज्यों में पेट्रोलियम के भंडारों एवं उत्पादन क्षेत्रों को **Fig. 10.21** एवं **तालिका 10.34** में दिखाया गया है।

तालिका 10.34: राज्यवार कच्चे तेल का उत्पादन (हजार मीट्रिक टन में)

राज्य/स्रोत	2011-12	2012-13	2013-14	2014-15	2015-16	2016-17	20117-18	2018-19	2019-20
आंध्र प्रदेश	305	295	297	254	295	276	322	296	243
अरुणाचल प्रदेश	118	120	111	76	57	55	50	43	56
असम	5,025	4,863	4,710	4,466	4,185	4,203	4,345	4,309	4,093
गुजरात	5,778	5,332	5,061	4,653	4,459	4,605	4,591	4,626	4,707
राजस्थान	6,553	8,593	9,180	8,848	8,602	8,165	7,887	7,667	6,653
तमिलनाडु	246	238	226	240	255	284	345	395	415
कुल तटवर्ती	**18,025**	**19,441**	**19,585**	**18,537**	**17,853**	**17,588**	**17,540**	**17,336**	**16,166**
कुल अपतटीय	**20,061**	**18,421**	**18,203**	**18,924**	**19,089**	**18,421**	**18,145**	**16,868**	**16,003**
कुल योग	**38,086**	**37,862**	**37,788**	**37,461**	**36,942**	**36,009**	**35,684**	**34,203**	**32,169**

Source: *Government of India, Indian Petroleum and Natural Gas Statistics 2019-20, Ministry of Petroleum, Economics and Statistics Division*

प्राकृतिक गैस (Natural Gas)

प्राकृतिक गैस तेल के कुओं से ही प्राप्त होती है। प्राकृतिक गैस चूँकि हल्की होती है इसलिये यह तेल के ऊपर पाई जाती है। प्राकृतिक गैस का उपयोग मुख्य रूप से रासायनिक खाद, रासायनिक वस्तु के उत्पादन, वाहन एवं घरों में खाने पकाने के लिये इस्तेमाल की जाती है।

भारत में प्राकृतिक गैस के भंडारों का पता लगाना तेल एवं प्राकृतिक गैस आयोग का कार्य है। भारत में प्राकृतिक गैस के भंडार की मात्रा 450 बिलयन क्यूबिक मीटर है। प्राकृतिक गैस के कुल भंडार का 75 प्रतिशत भाग बेसीन बेसिन (Bassein Basin) तथा बॉम्बे हाई में पाया जाता है। गुजरात में 12 प्रतिशत, आन्ध्र प्रदेश 7 प्रतिशत, असम में 6 प्रतिशत गैस के भंडार हैं। इनके अतिरिक्त बारमेड़ (राजस्थान), कांगड़ा (हिमाचल प्रदेश) तथा फ़िरोजपुर (पंजाब) मे भी प्राकृतिक गैस के भंडार हैं। भारत में प्राकृतिक गैस के उत्पादन को **तालिका 10.35** में दिखाया गया है।

तालिका 10.35: भारत-प्राकृतिक गैस उत्पादन की प्रवृत्ति

वर्ष	उत्पादन (मिलियन क्यूबिक मीटर)
1960-61	17
1970-71	76
1980-81	200
1990-91	12,870
2000-01	20,920
2005-06	25,750
2012-13	35,407
2014-15	33,656
2015-16	32,249
2018-19	32,055
2019-20	30,066

Source: *Petroleum Planning Analysis Ministry of Petroleum & Natural Gas (Government of India)*

भारत के तेल-शोध कारखाने (Oil Refineries of India)

तेल-शोध कारखानों में कच्चे तेल को साफ़ करके पेट्रोलियम, डीज़ल, घासलेट, तथा बिटुमिन (Bitumen) तैयार किया जाता है। भारत के मुख्य तेल-शोध कारखानों को **Fig. 10.21** में दर्शाया गया है तथा उनकी क्षमता **तालिका** 10.36 में दिखाई गयी है।

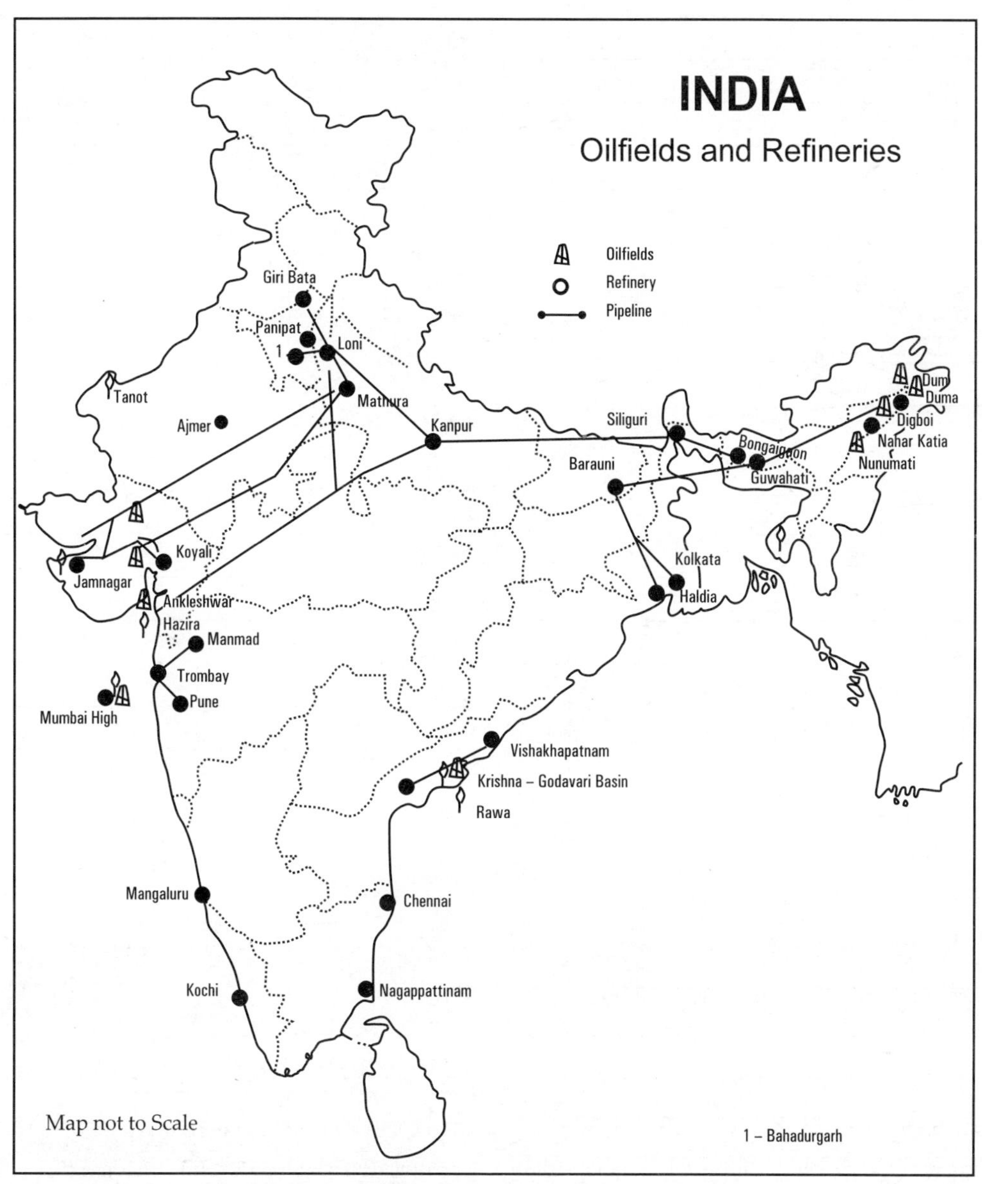

Fig. 10.21 Oilfields and petroleum refineries of India

तालिका 10.36: भारत के तेल-शोध कारखाने

क्र.सं.	तेल-शोध कारख़ाना	राज्य	उद्घाटन वर्ष
1.	डिग्बोई, IOC	असम	1901
2.	ट्राम्बे, HPCL	महाराष्ट्र	1954
3.	ट्राम्बे, BPCL	महाराष्ट्र	1955
4.	विशाखापत्तनम, HPCL	आन्ध्र प्रदेश	1957
5.	नूनमति, IOC	असम	1962
6.	बरौनी, IOC	बिहार	1964
7.	कोयली, IOC	गुजरात	1965
8.	कोच्चि, CRL	केरल	1966
9.	चेन्नई, MRL	तमिलनाडु	1969
10.	हल्दिया, IOC	प. बंगाल	1975
11.	बोंगाईगाँव, IOC	असम	1979
12.	मथुरा, IOC	उत्तर प्रदेश	1982
13.	नुमालीगढ़, IOC	असम	1999
14.	जामनगर, R.P.	गुजरात	1999
15.	करनाल, IOC	हरियाणा	1998
16.	मंगलुरु, HPCL	कर्नाटक	1998
17.	पनागुंडी, IOC	तमिलनाडु	1999
18.	पानीपत, IOC	हरियाणा	–
19.	गुवाहाटी, IOC	असम	–
20.	वाडीनार, एस्सार ऑयल लिमिटेड	गुजरात	–
21.	जामनगर, रिलायंस इंडस्ट्रीज (डीटीए)	गुजरात	–
22.	जामनगर, रिलायंस इंडस्ट्रीज (एसईजेड)	गुजरात	–
23.	विशाखापत्तनम (विशाखापत्तनम)	आंध्र प्रदेश	7 मई 2020
	कुल		**913.50**

Source: *Statistical Abstracts, India-2016-17*

भारत पेट्रोलियम के मामले में आत्मनिर्भर नहीं है और अपनी आवश्यकता का लगभग 80 प्रतिशत आयात करता है। अधिकतर आयात सऊदी अरब, कुवैत, ओमान, संयुक्त अरब अमीरात, ईरान आदि से किया जाता है।

भारत में बिजली का उत्पादन 1898 में दार्जिलिंग में आरम्भ हुआ था, जबकि ताप-बिजली का उत्पादन 1899 में कोलकाता में आरम्भ हुआ। इनके पश्चात् मैटूर (Mettur) परियोजना तैयार की गई। भारत में नेशनल थर्मल पॉवर कॉर्पोरेशन (NTPC), 1975 में स्थापित किया गया।

पनबिजली (Hydro Electricity)

भारत पन-बिजली उत्पन्न करने वाला विश्व का महत्वपूर्ण देश है। अधिकतर पन-बिजली उत्पादन प्रोजेक्टस पर्वतों में है। भारत के मुख्य पन-बिजली प्रोजेक्टस को **Fig. 10.22** में दिखाया गया है, जबकि उनका विभिन्न राज्यों में वितरण **तालिका 10.37** में दिया गया है।

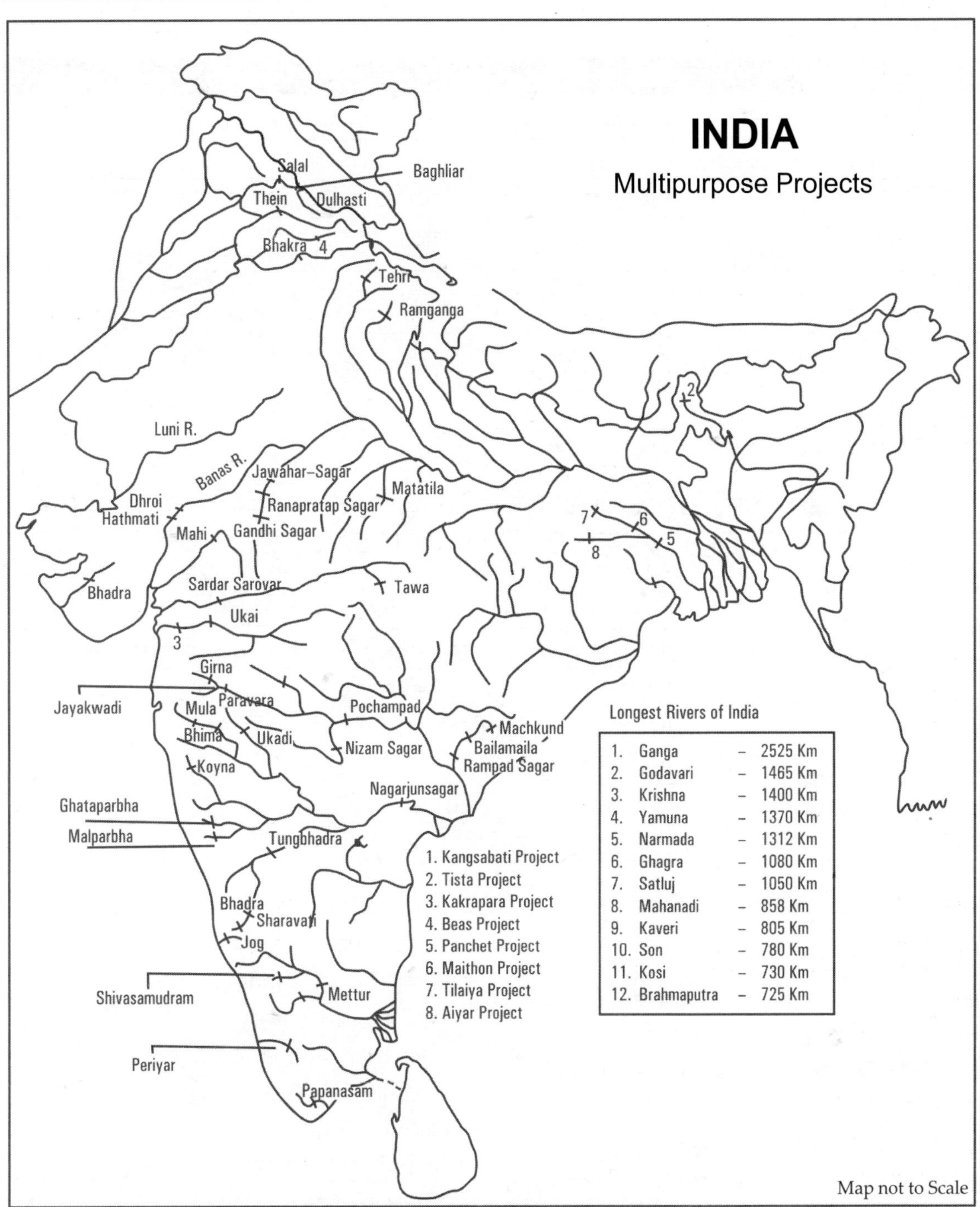

Fig. 10.22 Multipurpose projects of India

तालिका 10.37: बहुद्देशीय परियोजनायें विभिन्न राज्यों में

क्र.सं.	राज्य	परियोजना का नाम
1.	आन्ध्र प्रदेश	मछकुण्ड, नागार्जुन-सागर, निजाम-सागर, सिलेरू, श्रीसेलम
2.	बिहार	कोसी
3.	गुजरात	भद्रा (काठियावाड़), हथमाटी (साबरमती), उकाई (तापी)
4.	जम्मू-कश्मीर	दूल-हस्ती, बग़लिहार, सलाल (चेनाब), लोउर-झेलम।
5.	झारखण्ड	मायथन, पंचट, तिलया, (दामोदर नदी)
6.	कर्नाटक	भद्रा, कृष्णा सागर, महात्मा गांधी (जोग-जलप्रपात), मुनीराबाद, शरावती, शिवसमुद्रम (कावेरी)
7.	केरल	इडुक्की, कल्लाडा, कुट्टीअड्डी, पल्लीवासल, परम्भीकुलम, परियार, पोरिंगल, सोनियार, सबारिगिरि।
8.	मध्य प्रदेश	जवाहर सागर, प्रताप सागर, (चम्बल), तवा (नर्मदा)
9.	महाराष्ट्र	भोला, भटनागर (Beed) गिरना, खोपाली, कोयला, पुर्णा, पैथीन, वैतरणी
10.	उत्तरी-पूर्वी भारत के राज्य	दिखु, डोयान (नागालैंड), गोमती (त्रिपुरा), कोपाली (असम), खजडोंग, किरदेमकुलाय (मेघालय), लोकटक (मणिपुर), रनगानाड़ी (अरुणाचल प्रदेश), सिरलुई तथा बराबी (मिज़ोरम)
11.	ओडिशा	हीराकुड (महानदी), बाली मेला, रेनगाली (ब्रह्माणी), इन्द्रावती
12.	पंजाब-हिमाचल प्रदेश	भाखड़ा-नांगल (सतलज), डेरह (ब्यास), गिरी-बाटा, चमेरा, पोंग, सियुल, बास्सी, भाभानगर
13.	राजस्थान	राणा प्रताप सागर (चम्बल)
14.	तमिलनाडु	मैटूर, परियार, अलियार, कोडायार, मोयार, पापनासम, सुरूलियार।
15.	उत्तराखण्ड	टिहरी, कोटेश्वर (भागीरथी)
16.	उत्तर प्रदेश	रिहन्द, रामगंगा, छिबरो (टोन्स)
17.	प. बंगाल	पंचेट, कांगसाबती, मयूराक्षी

भारत की मुख्य बहुद्देशीय परियोजनाएं (Multipurpose Projects)

भारत की कुछ मुख्य बहुद्देशीय परियोजनायें निम्न प्रकार हैं:

1. दामोदर घाटी निगम (Damodar Valley Corporation - DVC)
2. मयूराक्षी परियोजना (झारखण्ड-प.बंगाल)
3. कंगसाबाती परियोजना (बाँकुरा जिला-प.बंगाल)
4. तीस्ता घाटी परियोजना (प. बंगाल)
5. नागार्जुन सागर परियोजना (आन्ध्र प्रदेश)
6. तुंगभद्रा परियोजना (आन्ध्र प्रदेश-कर्नाटक)
7. पोचम्पाद परियोजना (आन्ध्र प्रदेश)
8. काकरापार परियोजना (गुजरात)
9. उकाई परियोजना (गुजरात)
10. माही परियोजना (गुजरात)
11. भद्रा परियोजना (गुजरात)
12. अपर कृष्णा परियोजना (कर्नाटक)
13. घाटप्रभा परियोजना (कर्नाटक)
14. मालप्रभा परियोजना (कर्नाटक)
15. तवा परियोजना (होशंगाबाद-मध्य प्रदेश)
16. चम्बल परियोजना (राजस्थान)
17. भीमा परियोजना (पुणे-शोलापुर जिले-महाराष्ट्र)
18. हीराकुंड परियोजना (ओडिशा)
19. तवाकवाड़ी परियोजना (महाराष्ट्र)

20. भाखड़ा-नांगल परियोजना (हिमाचल प्रदेश-पंजाब)
21. व्यास परियोजना (हिमाचल प्रदेश)
22. पारम्बीकुलम-अल्लीयार परियोजना (तमिलनाडु)
23. इन्दिरा गांधी नहर परियोजना
24. गण्डक परियोजना (गण्डक नदी)
25. रिहंद परियोजना (उत्तर प्रदेश)
26. कोसी परियोजना (बिहार)
27. साबरमती परियोजना (गुजरात)
28. पानम परियोजना (पंचमहल जिला-गुजरात)
29. कंजन परियोजना (गुजरात)
30. महानदी परियोजना (मध्य प्रदेश)
31. हसदेव बोगो एवं बारगी परियोजना (मध्य प्रदेश)
32. शादी-सहायक तथा रामगंगा परियोजना (उत्तराखण्ड)
33. उकाडी परियोजना (कृष्णा एवं पेनगंगा नदियाँ, महाराष्ट्र)
34. थियन परियोजना (पंजाब)

ताप-बिजली (Thermal Power)

भारत की 60 प्रतिशत बिजली कोयले से तैयार की जाती है। भारत के मुख्य ताप-बिजली घरों-पतराटू, बरौली, मुज़फ्फरपुर (बिहार), तलचर (ओडिशा), टीटागढ़, कोसीपुर, दुर्गापुर, बण्डेल, संतालदिह, गौरीपुर, दीसरगढ़, कोलाघाट, फरक्का (प. बंगाल), अहमदाबाद, धुवारण, गांधीनगर, कवास, साबरमती, उकाई तथा उत्तरण (गुजरात), सतपुड़ा, कोरवा (मध्य प्रदेश), बलहारशाह, भुसावल, चोला, कोराडी, खापरखेड़ा, नासिक एवं पार्ली (महाराष्ट्र) को **Fig. 10.23**

तालिका 10.38: भारत के प्रमुख ताप-विद्युत गृह

क्र.सं.	राज्य	ताप-बिजली घरों के नाम
1.	आन्ध्र प्रदेश	भ्रदाचलम, कोठगुड्डम, मानगुरु, नैल्लौर, रामागुड्डम, विजयवाड़ा
2.	असम	बोंगाईगाँव, चन्द्रापुर, नामरूप
3.	बिहार	बरौनी, कहलगाँव
4.	छत्तीसगढ़	कोरबा
5.	दिल्ली	बदरपुर, इन्द्राप्रस्थ, राजघाट
6.	गुजरात	अहमदाबाद, बनास, धुवारण, गांधीनगर, कच्छ, कान्धला, महुआ, पोरबन्दर, साबरमती, शाहपुर, सिबका, उकाई, उतरण, वंसखोबरी
7.	हरियाणा	फ़रीदाबाद, पानीपत, यमुनानगर
8.	जम्मू-कश्मीर	कालाकोट
9.	झारखंड	बोकारो, चन्द्रापुर, स्वर्णरेखा
10.	मध्य प्रदेश	अमरकंटक, सतपुड़ा, विंध्याचल
11.	महाराष्ट्र	बल्हारशाह, भौसावल, चन्द्रापुर, चोला, धोबल, खपार-खेडा, कोराडा, नासिक, पारस, पार्ली, ट्रॉम्बे, उरन
12.	पंजाब	भटिंडा, रूपनगर
13.	राजस्थान	अण्टा, बाँसवाड़ा, कोटा, पालाना, स्वाय-माधोपुर
14.	ओडिशा	बालीमेला, तलचर
15.	तमिलनाडु	इन्नौर, मैटूर, नेवेली, तूतीकोरिन
16.	उत्तर प्रदेश	बहराईच, डोरीघाट, गोरखपुर, हरदुआगंज, जवाहरपुर, कानपुर, मऊ, मुरादाबाद, ओबरा, पनकी, परिछा, टूंडला
17.	प. बंगाल	बीरभूम, बुन्डेल, दुर्गापुर, फ़रक्का, गौरीपुर, कालीघाट, कोलकाता, मुर्शीदाबाद, संतालदिह, टीटागढ़

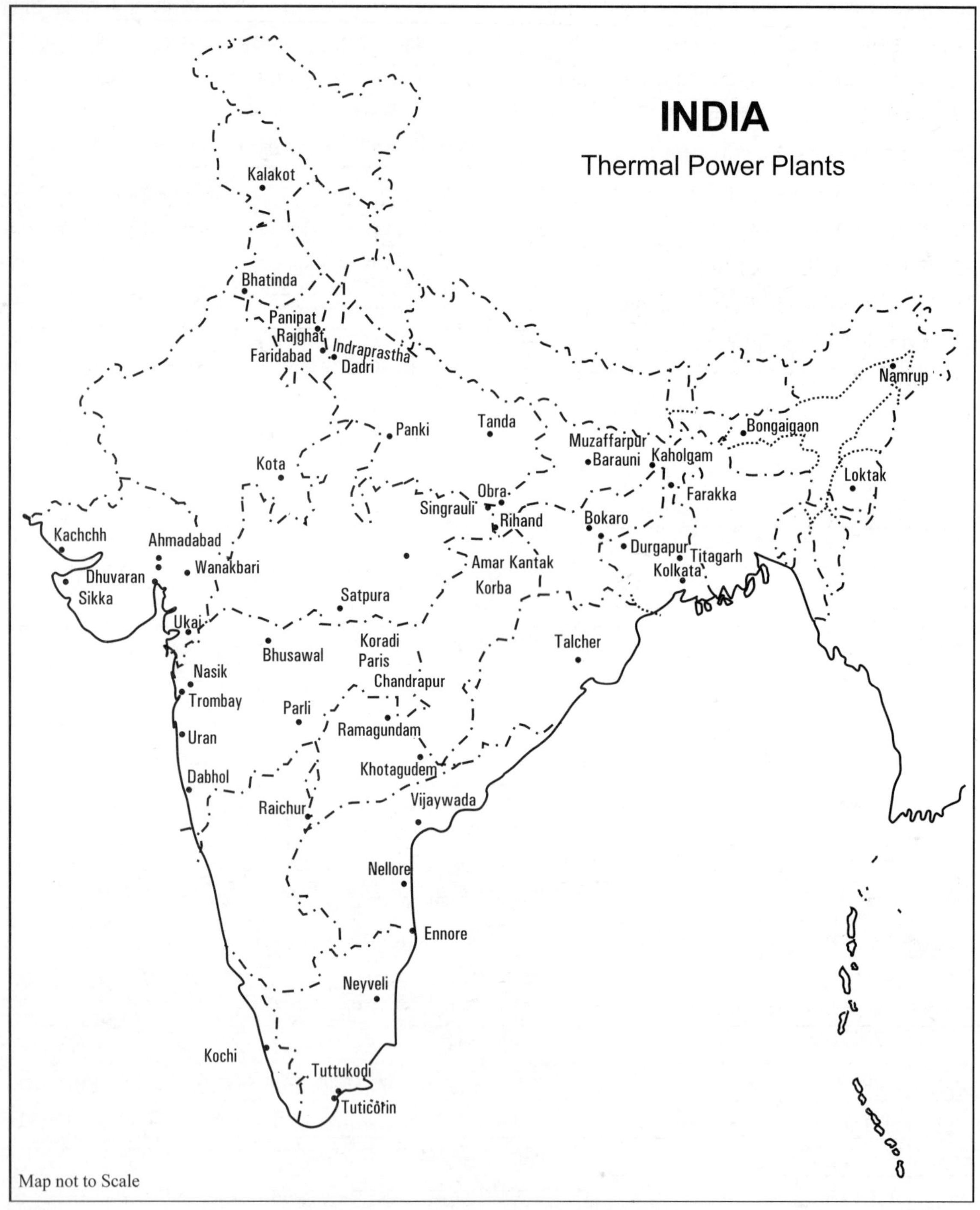

Fig. 10.23 Thermal power plants of India

में दिखाया गया है। उत्तरी भारत में मुख्य ताप-बिजली घरों में राजघाट (दिल्ली), फ़रीदाबाद, पानीपत, तथा सूरजपुर (हरियाणा), भटिंडा (पंजाब), ओबरा, हरदुआगंज, रेणुसागर, पांकी-कानपुर, दादरी, रिहंड, (उत्तर प्रदेश), कालाकोट (जम्मू) है।

दक्षिण भारत में मुख्य ताप-बिजली घरों में कोठागुड्डम, विजयवाडा, रामागुड्डम, नैल्लोर (आन्ध्र प्रदेश), इन्नौर, तूतीकोरिन, बेसिन-ब्रिज (तमिलनाडु), रायचूर (कर्नाटक) तथा कोच्चि (केरल) हैं।

इनके अतिरिक्त प्राकृतिक गैस के द्वारा भी बिजली का उत्पादन किया जाता है। गैस-ताप-बिजली घरों में कामरूप, चन्द्रापुर, बोंगाईगाँव तथा लकवा मुख्य है। नामरूप में कूड़ा इत्यादि से बिजली पैदा की जाती है।

पन-बिजली परियोजनाएं

भाखड़ा-नांगल-सतलज नदी (हिमाचल प्रदेश-पंजाब), भाभानगर, किन्नौर जनपद (हिमाचल प्रदेश), नपथा-झाखड़ी बस्सी, बेरा-सियुल तथा चमेरा (हिमाचल प्रदेश), लोअर झेलम (Lower Jhelam), दौल-हस्ती, बग़लिहार, सलाल (चिनाब नदी, जम्मू-कश्मीर), राणा प्रताप सागर, जवाहर सागर (चम्बल नदी), टिहरी बांध, कोटेश्वर बांध (भागीरथी नदी-उत्तराखण्ड), खोदरी, छिवरो (टोंस नदी)।

दक्षिण भारत की पन-बिजली परियोजनाएं हैं: लोअर-सिलेरू (Lower Sileru), अपर -सिलेरू (ओडिशा), निज़ाम सागर, नागार्जुनसागर, श्रीसेलम (कृष्णा नदी), तुंगभद्रा बांध (आन्ध्र प्रदेश), सवारत्ती, काली नदी, महात्मा गांधी बांध (जोग जल-प्रपात), भद्रा, शिवसमुद्रम, (कावेरी नदी), शिमा सपुरा, मुनिराबाद, लिंगनमाकको (कर्नाटक), इडुक्की (परियार-केरल), सबारिगिरि, कुट्टीपाडी, शोलायार, सेन्गुलम, पराम्भीकुलम, निरियामंगलम, कालाडा, पोल्लीवासल, पोरिंगल तथा पोनियार (केरल), पयकारा, मैटूर, कोडेयार, शोलायार, अलियार, मोयार, साकरपाथी तथा पापनाशम (तामिलनाडू)।

उत्तर-पूर्व की पन-बिजली परियोजनाओं में मुख्य परियोजनायें हैं– दीखू डोयांग (नागालैंड), गोमुती (त्रिपुरा), लोकटक (मणिपुर), खानडोंग तथा किरदेमकुलाई (मेघालय), कोपिली, (असम) सिरलुइ तथा बराबी (मिज़ोरम), रंगानदी (अरुणाचल प्रदेश), दामोदर घाटी परियोजना (झारखण्ड, प. बंगाल) इत्यादि।

दामोदर घाटी निगम, देश की पहली बहुद्देशीय नदी घाटी परियोजना है जिसकी क्षमता 2146 मेगावाट थी। इसमें 1920 मेगावाट तापबिजली, 144 मेगावाट पनबिजली और 82 मेगावाट गैस टरबाइन से उत्पादित बिजली शामिल है।

नाभिकीय ऊर्जा (Nuclear Power)

भारत में यूरेनियम के पर्याप्त भंडार हैं। यूरेनियम को नाभिकीय ऊर्जा में ईंधन के तौर पर इस्तेमाल किया जाता है। भारत में 1954 में परमाणु ऊर्जा संस्थान, (Atomic Energy Institution, Trombay) ट्रॉम्बे में स्थापित किया गया था और 1987 में भारतीय परमाणु शक्ति निगम स्थापित किया गया था। भारत का पहला परमाणु संयंत्र तारापुर (महाराष्ट्र) में 1969 में स्थापित किया गया था, जिसकी उत्पादन क्षमता 320 MW थी। इसके पश्चात 1972 में रावतभाटा की स्थापना की गई थी। भारत के मुख्य परमाणु संयंत्रों की सूची, **तालिका 10.39** में दी गई है।

सौर ऊर्जा (Solar Engery)

जिन स्थानों पर नए परमाणु ऊर्जा संयंत्र लगे जा रहे हैं–वे हैं बरगी या चुटका (मध्य प्रदेश), हरिपुर (पश्चिम बंगाल), कवाडा (आंध्र प्रदेश), कुडनकुलम (तमिलनाडु), कुम्हरिया (हरियाणा) और मेथी-वरदी-काठियावाड़ (गुजरात)।

सौर ऊर्जा एक गैर-पारम्परिक परन्तु ऊर्जा का महत्वपूर्ण साधन है। इस समाप्त न होने वाली ऊर्जा को मकानों, दफ्तरों को गर्म करने, पानी गर्म करने, फ्रिज को ठंडा रखने और खाना पकाने के काम में इस्तेमाल किया जाता है। इससे प्रदूषण भी नहीं फैलता। भारत के बहुत-से भागों में सौर ऊर्जा उत्पादन हेतु संयंत्र लगाये गये हैं, जिनमें सुन्दरवन के डेल्टा के सागर द्वीप, जोधपुर (राजस्थान), कोयम्बटूर (तमिलनाडु), कल्याणपुर (अलीगढ़-यू.पी.) उल्लेखनीय है।

पवन ऊर्जा (Wind Energy)

सौर ऊर्जा के साथ-साथ, पवन ऊर्जा भी एक महत्वपूर्ण अपरम्परागत ऊर्जा का साधन है। भारत के राज्य स्तर पर

तालिका 10.39: भारत के परमाणु विद्युत केन्द्र (Nuclear Plants)

क्र.सं.	विद्युत केन्द्र	राज्य	प्रारम्भ होने का वर्ष	क्षमता (मेगावाट)
1.	तारापुर	महाराष्ट्र	1969	1400
2.	रावतभाटा	राजस्थान	1972	1180
3.	कलपक्कम	तमिलनाडु	1984	440
4.	नरोरा	उत्तर प्रदेश	989	440
5.	काकरापारा	गुजरात	1993	440
6.	कैगा	कर्नाटक	1993	880
7.	कुडनकुलम	तमिलनाडु	2002	1864
8.	जैतापुर	महाराष्ट्र	2017	9900
9.	बारगी-चुटका	मध्य प्रदेश	प्रस्तावित है लेकिन 2015 से इसका प्रखर विरोध हो रहा है।	1400
10.	कवाडा चुटका	मध्य प्रदेश	प्रस्तावित है लेकिन 2015 से इसका प्रखर विरोध हो रहा है।	4×700
11.	छय्या मेठी-विर्दी	गुजरात	शुरू नहीं	6×1000
12.	कुम्हारिया	गोरखपुर, हरियाणा	प्रस्तावित	2×700
13.	माही बांसवाड़ा	राजस्थान	प्रस्तावित	2×700

Source: *Department of Atomic Energy, Government of India, March 2018*

तालिका 10.40: भारत-स्थापित पवन ऊर्जा क्षमता

वर्ष	स्थापित क्षमता (मेगावाट में)	वर्ष	स्थापित क्षमता (मेगावाट में)
2005	6270	2013	21264
2006	7850	2014	23444
2007	9587	2015	26777
2008	10925	2016	32280
2009	13064	2017	34046
2010	16084	2018	35626
2011	18421	2019	37669
2012	20149	2020	38785

Source: *Central Electricity Authority*

संभावित पवन ऊर्जा (Potential Wind Energy) **तालिका 10.40** में दिया गया है।

तालिका 10.40A के अध्ययन से ज्ञात होता है कि, संभावित पवन ऊर्जा सबसे अधिक गुजरात राज्य में उसके पश्चात आन्ध्र प्रदेश, कर्नाटक, मध्य प्रदेश तथा राजस्थान एवं तमिलनाडु का नम्बर आता है।

भारत के खनिज संसाधन (Mineral Resources of India)

भारत में विभिन्न प्रकार के खनिज पदार्थ पाये जाते है। कुछ महत्वपूर्ण खनिजों के उत्पादन के आंकड़े निम्न तालिकाओं में दिये गये हैं:

Fig. 10.24 Nuclear power plants of India

तालिका 10.40A: राज्यव्यापी और वर्षवार पवन ऊर्जा स्थापित क्षमता (मेगावाट)

क्र.सं.	राज्य	वर्षवार स्थापित क्षमता					31.12.2020 तक कुल क्षमता	100 मीटर ऊंचाई पर चालू पवन ऊर्जा की कुल संख्या
		2005-06	2008-09	2010-11	2012-13	2014-15		
1.	तमिलनाडु	857.1	431.1	997.4	174.6	124.45	9,428.44	8
2.	गुजरात	84.6	313.6	312.8	208.3	126.90	8,192.52	12
3.	महाराष्ट्र	545.1	183.0	239.1	288.6	273.45	5,000.33	8
4.	कर्नाटक	143.8	316.0	254.1	201.7	230.50	4,868.80	13
5.	राजस्थान	73.3	199.6	436.7	615.4	267.70	4,326.82	1 1
6.	आंध्र प्रदेश	0.5	0.0	55.4	202.2	166.30	4,092.45	10
7.	मध्य प्रदेश	11.4	25.1	46.5	9.6	143.90	2,519.89	7
8.	तेलंगाना	–	–	–	–	–	128.10	–
9.	केरल	0.0	16.5	7.4	0.0	0.0	62.50	–
10.	अन्य	0.0	0.0	0.0	0.0	0.0	4.30	–
	कुल	**1,716.2**	**1,484.9**	**2,349.2**	**1,700.4**	**1,333.2**	**38,624.15**	**69**

Source: *Ministry of New & Renewable Energy, Government of India; https://mnre.gov.in*

तालिका 10.41: भारत-अग्रणी लौह अयस्क उत्पादक राज्य

क्र.सं.	राज्य	2018-19	2019-20	2020-21(पी)
1.	आंध्र प्रदेश	654	825	360
2.	छत्तीसगढ़	34,893	34,728	36,989
3.	गोवा	0	0	94
4.	झारखंड	23,433	25,015	21,434
5.	कर्नाटक	29,823	31,392	34,542
6.	मध्यप्रदेश	2,802	3,343	4,094
7.	महाराष्ट्र	660	1,131	1,249
8.	ओडिशा	1,13,119	1,46,637	1,04,631
9.	राजस्थान	1,108	1,012	1,088
10.	तेलंगाना	2	0	0
	कुल	**2,06,495**	**2,44,083**	**2,04,482**

Source: *Ministry of Mines Home, Government of India.*

तालिका 10.42: भारत के लोहे के मुख्य खनन केन्द्र

क्र.सं.	राज्य	लोहे का प्रकार	खनन केन्द्र
1.	कर्नाटक	मैग्नेटाइट (उत्तम लोहा)	केमानगुण्डी (बाबा-बुद्दन, चिकमंगलूर), सन्दूर, तथा होज़पेट (बिलेरी जनपद) चित्रदुर्गा, धारवाड़, शिमोगा, तुम्कुर (Tumkur), उत्तर-कन्नड़
2.	ओडिशा	हैमेटाइट	कटक, केन्दुझाड (वयोंझर), कोरापट, बराबिल-कोयरा घाटी, बादामपहाड़ (मयूरभंज), संभलपुर, कण्डाधार (सुन्दरगढ़), दायत्री पहाड़ी (Daitri Hill), केन्दुझाड़ तथा कटक की सीमा पर
3.	छत्तीसगढ़	हैमेटाइट	बेलाड़ीला, दल्ली-रझारा (दुर्ग-जनपद), बिलासपुर, जगदलपुर, रामगढ़, सरगुजा
4.	गोवा	हैमेटाइट	पिरना, अडोलपाले, असनोरा
5.	झारखण्ड	सिडेराइट तथा लिमोनाइट	अनन्तापुर, कडप्पाह, गुन्टूर, खम्माम, कुर्नूल, नैल्लोर (आन्ध्र प्रदेश), भावनगर, जूनागढ़, वडोदरा (गुजरात) कांगडा, मण्डी (हिमाचल प्रदेश) चन्द्रापुर, रत्नागिरि, सिन्धु दुर्ग (महाराष्ट्र) अलवर, भीलवाड़ा, बूंदी, जयपुर, उदयपुर (राजस्थान) अल्मोड़ा, गढ़वाल, नैनीताल (उत्तराखण्ड) मिर्जापुर (उत्तर प्रदेश) बीरभूम, बर्द्धवान, दार्जिलिंग (प. बंगाल) कोयम्बटूर, सलेम (तमिलनाडु)

तालिका 10.43: मैगनीज भंडार-भारत के अग्रणी उत्पादक राज्य (2020)

क्र.सं.	राज्य	मात्रा हजार टन में	अखिल भारतीय प्रतिशत	जिले/खनन केंद्र
1.	मध्य प्रदेश	958	32.99	बालाघाट, छिंदवाड़ा
2.	महाराष्ट्र	722	24.86	नागपुर, भांडा, रत्नागिरी
3.	ओडिशा	538	18.53	सुंदरगढ़, कालाहांडी, कोरापुट, केंदुझारी
4.	कर्नाटक	333	11.47	उत्तर कन्नड़, शिमोगा, बेल्लारी, तुमकुर, चित्रदुर्ग
5.	आंध्र प्रदेश	331	11.40	श्रीकाकुलम, विशाखापत्तनम, कुडप्पा, गुंटूर, विजयाराग्राम
6.	अन्य	22	0.76	गोवा, पंचमहल और वडोदरा (गुजरात), उदयपुर, बांसवाड़ा (राजस्थान), सिंहभूम, धनबाद, (झारखंड)
	भारत	**2904**	**100.00**	

Source: *Indian Bureau of Mines (2020).* ***Statistical Profiles Of Minerals 2019-20****, Ministry of Mines (Government of India) Mining & Mineral Statistics Division, Controller General, Nagpur*

तालिका 10.44: तांबा-अग्रणी उत्पादक राज्य (2019-20)

क्र. सं.	राज्य	उत्पादन हजार टन में		अखिल भारतीय प्रतिशत	जिले/खनन केंद्र
		अयस्क	ध्यान केंद्रित		
1.	मध्य प्रदेश	288	8	7.29	मलंजखंड (बालाघाट), बड़गांव (बैतूल)
2.	राजस्थान	2,544	65	64.37	झुंझुनू (खेतड़ी सिंघाना), भीलवाड़ा, अजमेर, चित्तौड़गढ़, अलवर जिला डूंगरपुर, जयपुर, पाली, सीकर, सिरोही
3.	झारखंड	1,120	52	28.34	हजारीबाग, संथाल परगना, सिंहभूमि
	भारत	**3,952**	**125**	**100.00**	

Source: *Indian Bureau of Mines (2020).* ***Statistical Profiles Of Minerals 2019-20****, Ministry of Mines (Government of India) Mining & Mineral Statistics Division, Controller General, Nagpur*

Fig. 10.25 Iron ore deposits of India

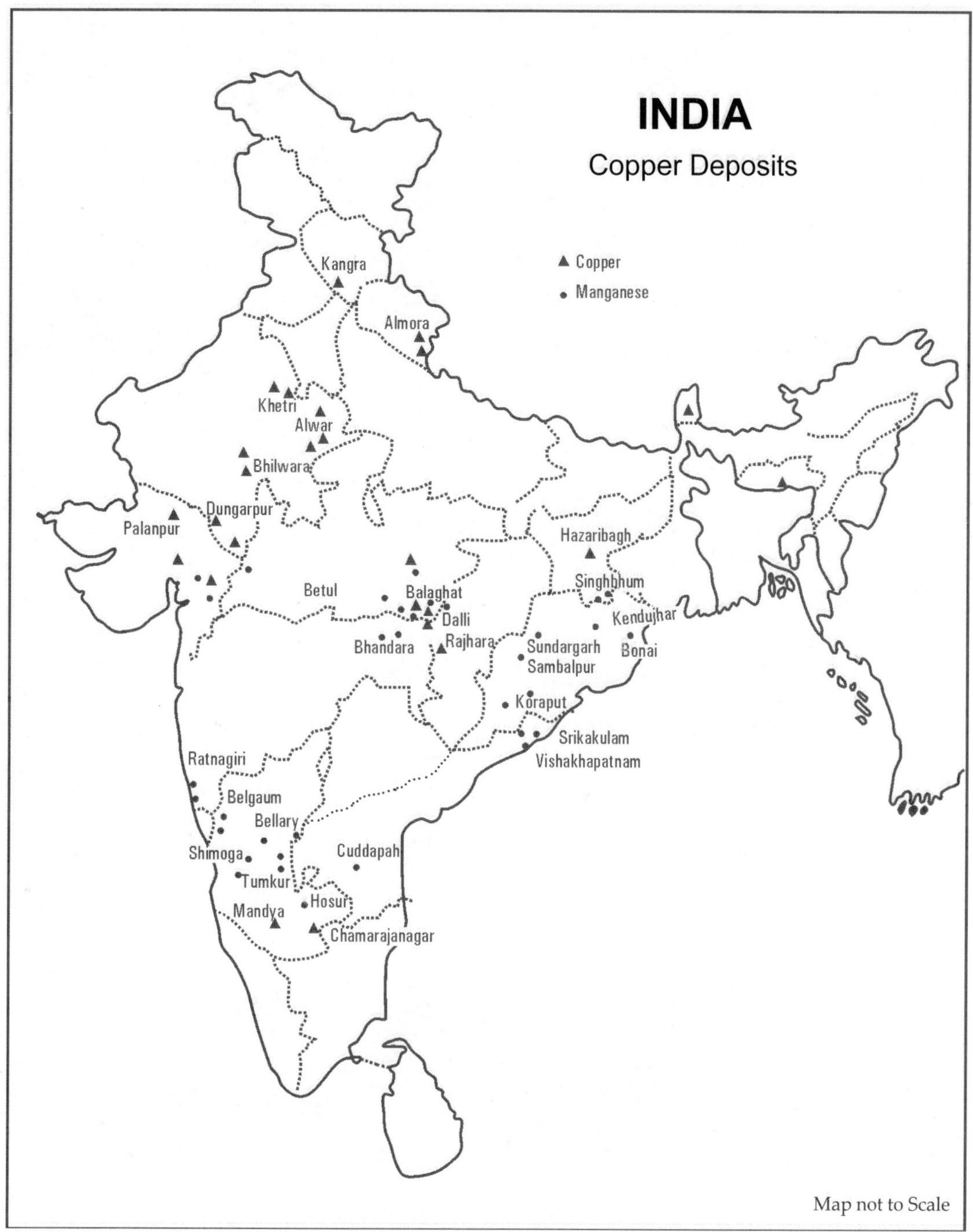

Fig. 10.26 Main copper and manganese deposits of India

Fig. 10.27 Bauxite deposits of India

तालिका 10.45: भारत में बॉक्साइट का उत्पादन (2019-20)

क्र. सं.	राज्य	उत्पादन हजार टन में		प्रतिशत में उत्पादन	मुख्य जिले/खनन केंद्र
		2018-19	2019-20		
1.	ओडिशा	15,414	15,483	70.94	कालाहांडी, कोरापुट, सुंदरगढ़, बोलांगीर संबलपुर
2.	गुजरात	2,185	2,074	9.50	अमरेली, भावनगर, जामनगर, जूनागढ़, कच्छी
3.	झारखंड	2,413	1,419	6.50	दुमका, लोहरदगा, गुमला, मुंगेर, पलामू, रांची
4.	छत्तीसगढ़	1,502	1,566	7.18	अमरकंटक-पठार, बिलासपुर, दुर्ग, रायगढ़, सरगुजा
5.	महाराष्ट्र	1,425	596	2.73	कोल्हापुर, पुणे, रत्नागिरी, सतारा, ठाणे
6.	मध्य प्रदेश	750	686	3.14	बालाघाट, कटनी, जबलपुर, मैकाल रेंज, मंडला, शहडोल
7.	गोवा	1	0	0.00	उत्तर जिला पोंडा
8.	तमिलनाडु	–	–	–	मदुरै, नीलगिरि, सेलमे
9.	अन्य	–	–	–	आंध्र प्रदेश, जम्मू और कश्मीर, केरल
	भारत	**23,690**	**21,824**	**100.00**	

Source: *Ministry of Mines,* ***Annual Report 2017-18****; Indian Bureau of Mines (2020).* ***Statistical Profiles Of Minerals 2019-20****, Ministry of Mines (Government of India) Mining & Mineral Statistics Division, Controller General, Nagpur*

तालिका 10.46: अभ्रक लघु खनिज (2019-20)

क्र.सं.	राज्य अमेरिका	हजार टन में उत्पादन	कुल उत्पादन का प्रतिशत	प्रमुख खनन जिले या केंद्र
1.	आंध्र प्रदेश/तेलंगाना	16822	51.25	खम्मम, कृष्णा, नेल्लोर, विशाखापत्तनम, और पश्चिम गोदावरी
2.	राजस्थान	16000	48.75	अजमेर, भीलवाड़ा, डूंगरपुर, सीकर, टोंक, उदयपुर
	कुल	**32822**	**100.00**	

Source: *Indian Minerals Year Book, 2020*

तालिका 10.47: चूना पत्थर का उत्पादन (2019-20)

क्र.सं.	राज्य	उत्पादन लाख टन में		अखिल भारतीय उत्पादन का प्रतिशत	मुख्य जिले/खनन केंद्र
		2018-19	2019-20		
1.	आंध्र प्रदेश	48,295	42,535	11.84	कडफ, गुंटूर, कुरनूल, कृष्णा
2.	असम	1,652	1,552	0.43	
3.	बिहार	240	556	0.15	
4.	छत्तीसगढ़	42,398	42,699	11.88	बस्तर, बिलासपुर, रायगढ़
5.	गुजरात	26,651	22,845	6.36	अमरेली, जूनागढ़, खेड़ा, सूरत
6.	हिमाचल प्रदेश	12,034	12,528	3.49	बिलासपुर, चंबा, कांगड़ा
7.	जम्मू और कश्मीर	1,228	936	0.26	
8.	झारखंड	1,248	783	0.22	
9.	कर्नाटक	34,378	34,228	9.53	बेलगाम, बीजापुर, चित्रदुर्ग, मैसूर, उत्तर-कन्नड़, तुमकुर

Fig. 10.28 Mica deposits of India

10.	केरल	325	398	0.11	
11.	मध्य प्रदेश	50,102	46,969	13.07	बैतूल, दमोह, जबलपुर, रावा, सतना, सागरी
12.	महाराष्ट्र	14,991	14,614	4.07	चंद्रपुर, नांदेड़, अहमदनगर, यवतमाली
13.	मेघालय	7,195	7,259	2.02	
14.	ओडिशा	5,289	5,627	1.57	
15.	राजस्थान	76,567	72,375	20.14	अजमेर, अलवर, बीकानेर, चित्तौड़गढ़, डूंगरपुर, कोटा, नागौर, पाली
16.	तमिलनाडु	23,864	24,461	6.81	कोयंबटूर, मदुरै, सेलम
17.	तेलंगाना	30,895	26,161	7.28	नलगोंडा, खम्मम
18.	उत्तर प्रदेश	2,622	2,806	0.78	
	इंडिया	**379,974**	**359,332**	**100.00**	

Source: *Indian Bureau of Mines (2020). Statistical Profiles of Minerals 2019-20, Ministry of Mines (Government of India) Mining & Mineral Statistics Division, Controller General, Nagpur*

तालिका 10.48: डोलोमाइट–भारत के प्रमुख उत्पादक राज्य

क्र.सं.	राज्य	उत्पादन टनों में और वर्ष			प्रमुख खनन जिले और केंद्र
		2017–18	2018–19	2019–20	
1.	आंध्र प्रदेश	1887027	2034682	2039342	अनंतपुर, कुरनूल, खम्मम
2.	गुजरात	1444688	1455352	AN	
3.	तेलंगाना	480600	653025	518052	
4.	महाराष्ट्र	472244	468890	465667	
5.	राजस्थान	307371	285000	177000	अजमेर, अलवर, भीलवाड़ा, जयपुर, जैसलमेर, झुंझुनू, जोधपुर, नागौर, पाली, सवाई माधोपुर, सीकर, और उदयपुर
6.	कर्नाटक	628114	628114	913373	बेलगाम, बीजापुर, चित्रदुर्ग, मैसूर, उत्तर-कन्नड़, और तुमकुर
7.	ओडिशा	AN	AN	AN	गंगापुर, कोरापुट, संबलपुर, सुदरगढ़
8.	छत्तीसगढ़	AN	AN	AN	बस्तर, बिलासपुर, दुर्ग, रायगढ़
9.	झारखंड	AN	AN	AN	चाईबासा, पलामू, सिंहभूमि

Source: *Indian Bureau of Mines (2020).* ***Statistical Profiles of Minerals 2019-20****, Ministry of Mines (Government of India) Mining & Mineral Statistics Division, Controller General, Nagpur*

सूती वस्त्र उद्योग (Cotton Textile Industry)

सूती वस्त्र उद्योग भारत के पुराने उद्योगों में से एक है। इस उद्योग से भारत की बड़ी जनसंख्या को रोज़गार मिलता है। छोटे-बड़े स्तर पर भारत के हर एक राज्य में सूती वस्त्र उद्योग स्थापित है। सूती वस्त्रों का निर्यात करके भारी मात्रा में विदेशी मुद्रा अर्जित की जाती है। सूती वस्त्र उद्योग में भारत के 18 प्रतिशत लोग रोज़गार पाते हैं। भारत के कुल निर्यात में 20% भागीदारी सूती वस्त्रों की है।

15वीं शताब्दी तक सूती वस्त्र में भारत का एकाधिकार था। भारत के सूती एवं रेशमी वस्त्रों की यूरोपीय देशों में भारी मांग थी। परन्तु ईस्ट इंडिया कम्पनी आने के पश्चात् इस उद्योग का ह्रास हुआ। अंग्रेजों ने भारत से कपास निर्यात करके इंग्लैंड में सूती वस्त्र के कारखाने स्थापित कर लिये और ब्रिटेन के तैयार कपड़े के लिये भारत एक महत्वपूर्ण बाजार बन गया।

तालिका 10.49: भारत में कपास का राज्यवार उत्पादन

राज्य	2019-20			2020-21 (पी)			2021-22 (पी)		
	क्षेत्र	उत्पादन	पैदावार	क्षेत्र	उत्पादन	पैदावार	क्षेत्र	उत्पादन	पैदावार
पंजाब	2.48	9.50	651	2.52	10.23	690	3.04	13.68	765
हरियाणा	7.23	26.50	623	7.40	18.23	419	6.95	20.43	500
राजस्थान	7.6	29.00	649	8.08	32.07	675	7.07	25.97	624
गुजरात	26.55	89.00	570	22.70	72.70	544	22.57	80.96	610
महाराष्ट्र	44.91	87.00	329	42.86	95.88	380	39.37	89.86	388
मध्य प्रदेश	6.50	20.00	523	5.72	17.83	530	6.16	19.21	530
तेलंगाना	21.27	54.00	432	23.59	59.95	432	20.51	65.87	546
आंध्र प्रदेश	6.57	18.00	466	6.06	16.04	450	5.78	20.26	596
कर्नाटक	8.17	20.00	416	8.2	23.20	481	6.37	17.24	460
तमिलनाडु	1.70	6.00	600	1.12	2.50	379	0.74	1.61	370
ओडिशा	1.7	4.00	400	1.71	4.99	496	2	6.82	580
अन्य	0.09	2.00	3778	0.11	0.22	340	0.13	0.27	353
कुल	**134.77**	**365**	**404**	**130.07**	**353.84**	**417**	**120.69**	**362.18**	**458**

Source: *The Cotton Corporation of India Limited.*

पी = प्रक्षेपित

भारत में सूती वस्त्र का पहला कारखाना सी.एन. देवर (C.N. Dewar) ने 1854 में मुम्बई (तत्कालीन बम्बई) में लगाया था। 19वीं एवं बीसवीं शताब्दी में इस उद्योग में तीव्र गति से उन्नति हुई। इस समय भारत के मुख्य सूती वस्त्र का उत्पादन करने वाले देशों को **Fig. 10.29** में दिखाया गया है तथा विभिन्न राज्यों में सूती वस्त्र का उत्पादन **तालिका 10.49** में दिखाया गया है।

सूती वस्त्र का उत्पादन करने वाले अन्य राज्यों में पंजाब, मध्य प्रदेश, उत्तर प्रदेश, राजस्थान, पुदुचेरी, कर्नाटक एवं केरल के नाम उल्लेखनीय हैं।

सूती वस्त्र उद्योग की मुख्य समस्याओं में, कच्चे माल (रूई) की कमी, पुरानी मशीनें, ऊर्जा की कमी, हड़ताल, कृत्रिम वस्त्रों से मुकाबला तथा अन्तर्राष्ट्रीय बाज़ार में मुकाबला है।

लौह-इस्पात उद्योग (Iron and Steel Industry)

भारत में लौह-इस्पात एक बहुत पुराना उद्योग है। इस उद्योग का भारत में इतिहास लगभग चार हजार वर्ष पुराना माना जाता है। कुतुब मीनार (दिल्ली) के पास लौहा स्तंभ 350 ई. पुराना माना जाता है।

भारत में लोहा-इस्पात का पहला आधुनिक कारखाना पोर्टो-नोबा (मद्रास-चेन्नेई) के निकट 1830 में स्थापित किया गया था। परन्तु इस कारखाने को सफलता नहीं मिली।

इस कारखाने में लोहे को पिघलाने के लिये लकड़ी के कोयले का प्रयोग किया जाता था, जिसके कारण इसको बन्द करना पड़ा।

आधुनिक लौह-इस्पात उद्योग की स्थापना 1907 में पड़ी जब श्री जे.एन. टाटा ने साकची (जमशेदपुर) में कारखाना स्थापित किया। स्वतंत्रता के पश्चात् दूसरी पंचवर्षीय योजना (1956-61) में लौह-इस्पात के उद्योग पर विशेष बल दिया गया।

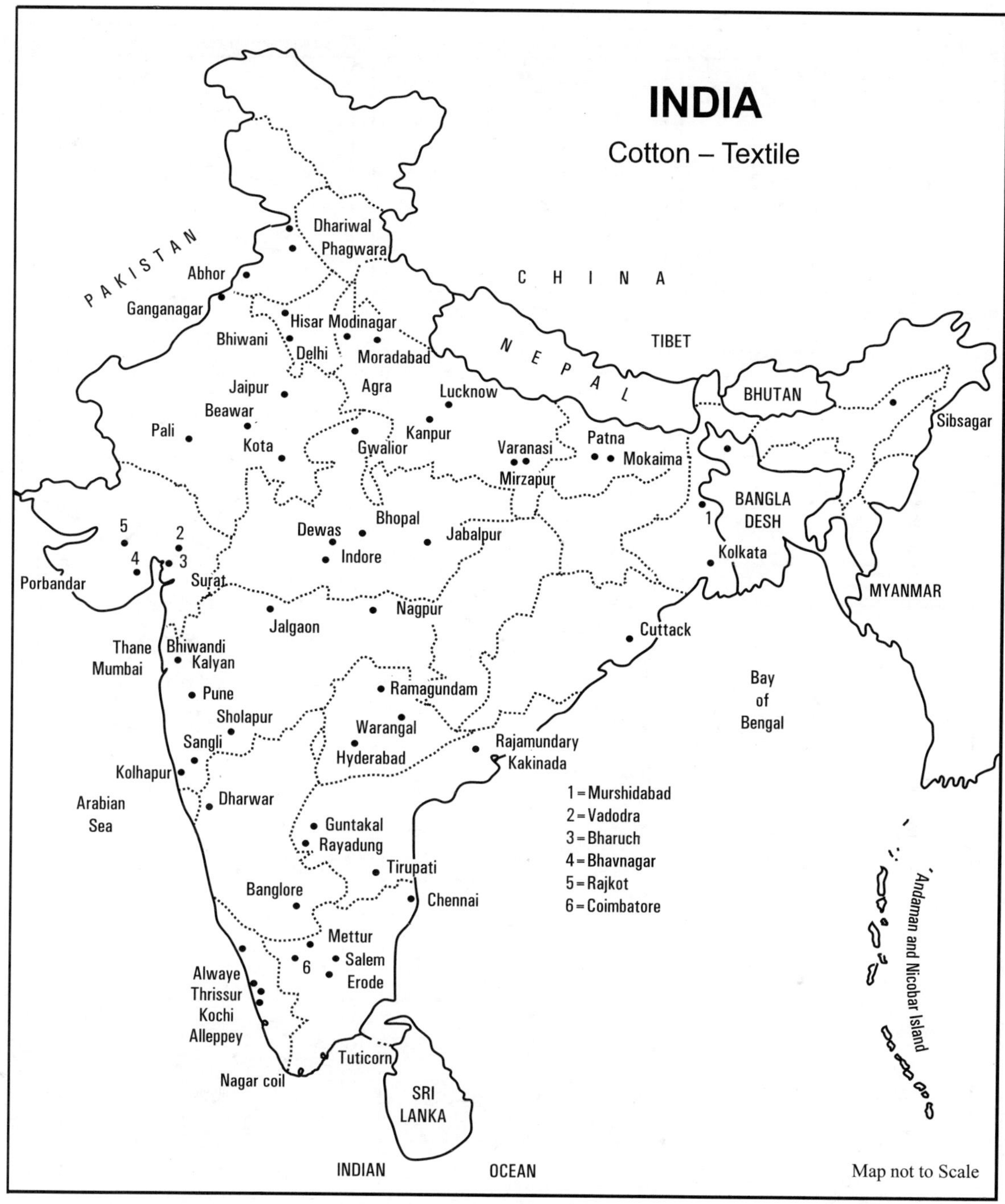

Fig. 10.29 Cotton textiles

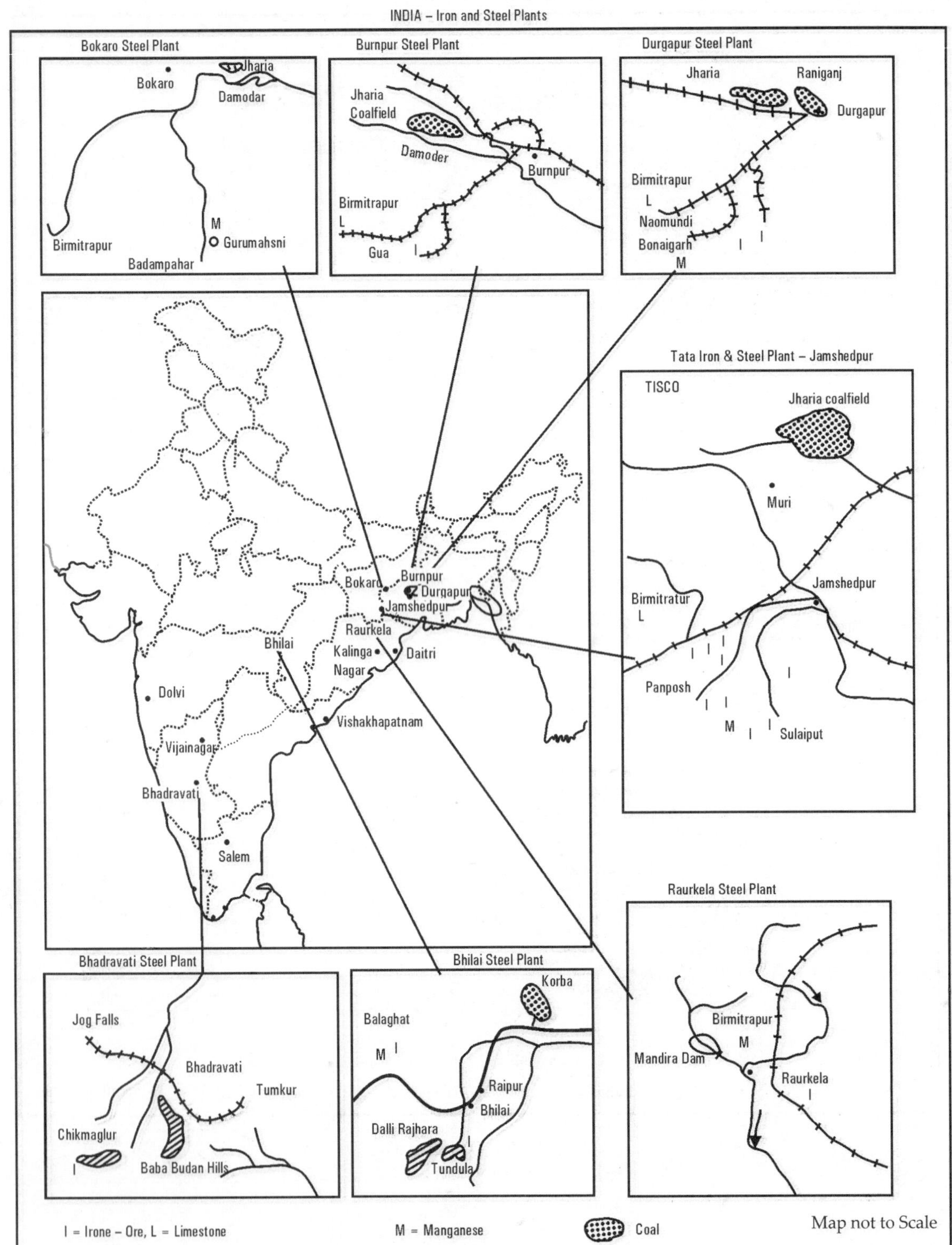

Fig. 10.30 Iron & Steel plants of India

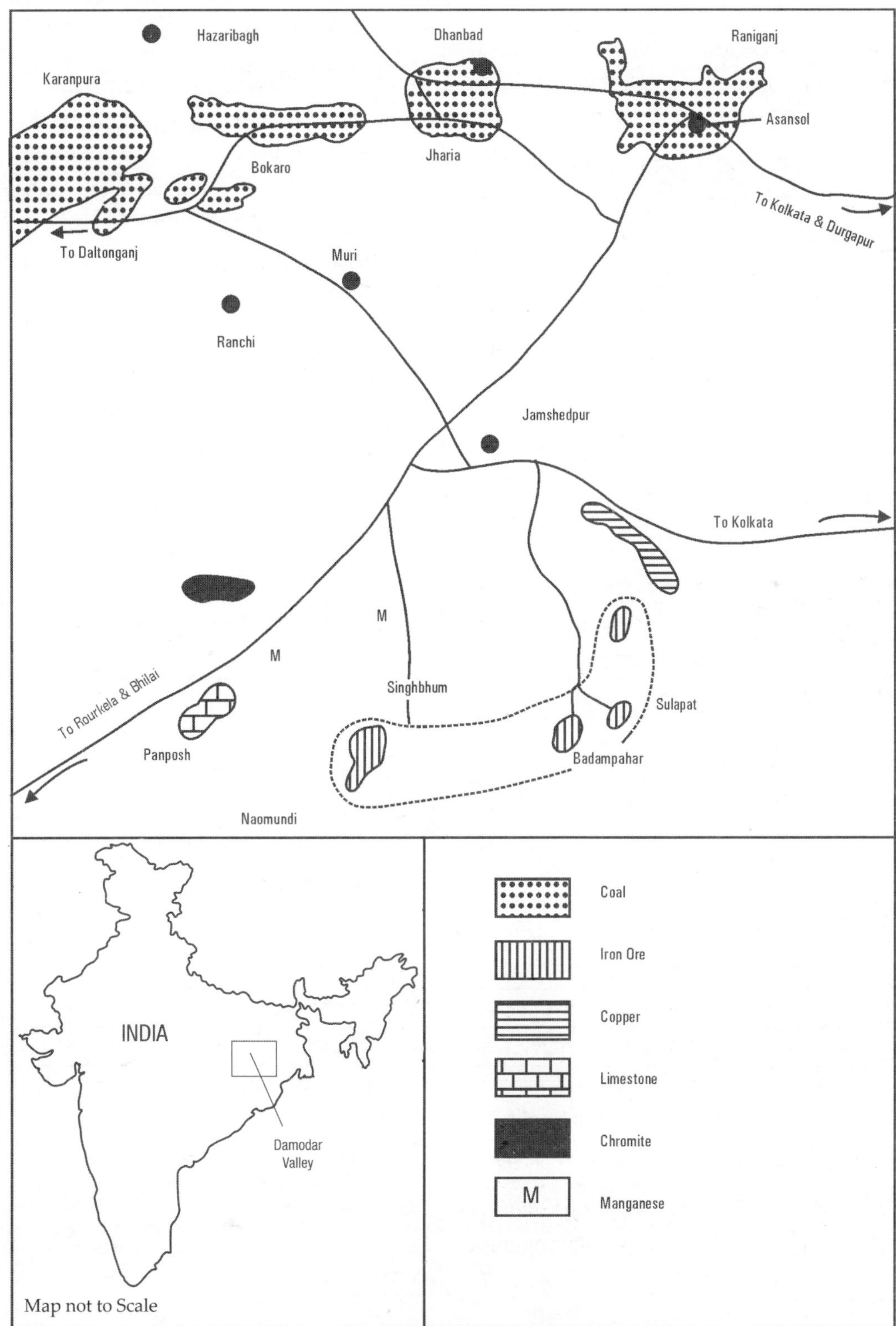

Fig. 10.31 Damodar Valley – Minerals and industrial centres

इस पंचवर्षीय योजना में भिलाई, राउरकेला, दुर्गापुर, बोकारो जैसे आधुनिक लौह-इस्पात के कारख़ाने स्थापित किये गये। इन कारख़ानों में सोवियत संघ, जर्मनी एवं ब्रिटेन ने सहायता प्रदान की।

इनके अतिरिक्त दुर्गापुर, बोकारो, बर्नपुर, भद्रावती, सलेम, विशाखापत्तनम, विजयनगर, कलिंगा नगर, दायत्री तथा दौलवी में आधुनिक लोहे तथा इस्पात के कारखाने स्थापित किये गये हैं। भारत के लौह-इस्पात के अधिकतर कारखाने छोटे नागपुर के पठार, विशेषकर दामोदर नदी घाटी में लगाये हैं। इसीलिये इसको भारत का रूर बेसिन कहा जाता है। भारत के मुख्य लौह-इस्पात के कारख़ाने की अवस्थिति तथा लोहे, कोयले, मैगनीज़ इत्यादि का वितरण **(Fig. 10.30)** में दर्शाया गया है।

राष्ट्रीय राजमार्ग (National Highways)

भारत में राष्ट्रीय राजमार्गों का विकास और रखरखाव केंद्र सरकार द्वारा किया जाता है। 2021 में राष्ट्रीय राजमार्गों के नेटवर्क की कुल लंबाई 1,40,995 किमी. थी। भारत के राष्ट्रीय राजमार्गों को **चित्र 10.32** में दिखाया गया है, जबकि तालिका **10.50** विभिन्न राष्ट्रीय राजमार्गों पर मुख्य शहरों को दर्शाती है।

रोडवेज की लंबाई निम्नानुसार दी गई है:

राष्ट्रीय राजमार्ग/	
एक्सप्रेसवे	140995 किमी
राज्य राजमार्ग	171039 किमी
अन्य सड़कें	60,59,813 किमी
कुल	**63,71,847 किमी**

तालिका 10.50: भारत के मुख्य राजमार्ग

रा. मा. नं.	मार्ग	लम्बाई किमी. में
44 (पुराना रा. मा. 7)	श्रीनगर-कन्याकुमारी	3745
27	पोरबन्दर-सिल्चर	3507
48 (पुराना रा. मा. 8)	दिल्ली-चेन्नई	2807
52	हिसार, जयपुर, कोटा, इन्दौर धुले, औरंगाबाद, बीजापुर, हुबली	2317
30	सितारगंज (उत्तराखण्ड)-इब्राहिमपत्तनम (आन्ध्र प्रदेश)	2010
6	जोरबट (मेघालय)-सिलिंग (मिजोरम)	1873
53	हजीरा (गुजरात)-पाराद्वीप बंदरगाह (ओडिशा)	1781
16 (पुराना रा. मा. 5)	स्वर्ण चतुर्भुज योजना का हिस्सा पश्चिम बंगाल-आन्ध्र प्रदेश	1659
66 (पुराना रा. मा. 17)	पनवेल-कन्याकुमारी	1593
19 (पुराना रा. मा. 2)	दिल्ली-कोलकाता (ग्रान्द्रदूम रोड का ऐतिहासिक भाग)	1435
34	गंगोत्रीधाम (उत्तराखण्ड)-लखनादोन (जबलपुर)	1426
2	दिब्रूगढ़, असम, नागालैण्ड, मणिपुर, मिजोरम (उत्तर-पूर्व क्षेत्र का दूसरा सबसे लम्बा मार्ग)	
13 (पुराना रा. मा. 229)	तवांग (अरुणाचल प्रदेश)-पासीघाट (असम)	
47	बंबनबोर (गुजरात)-नागपुर (महाराष्ट्र)	
31	उत्तर प्रदेश - पश्चिम बंगाल	

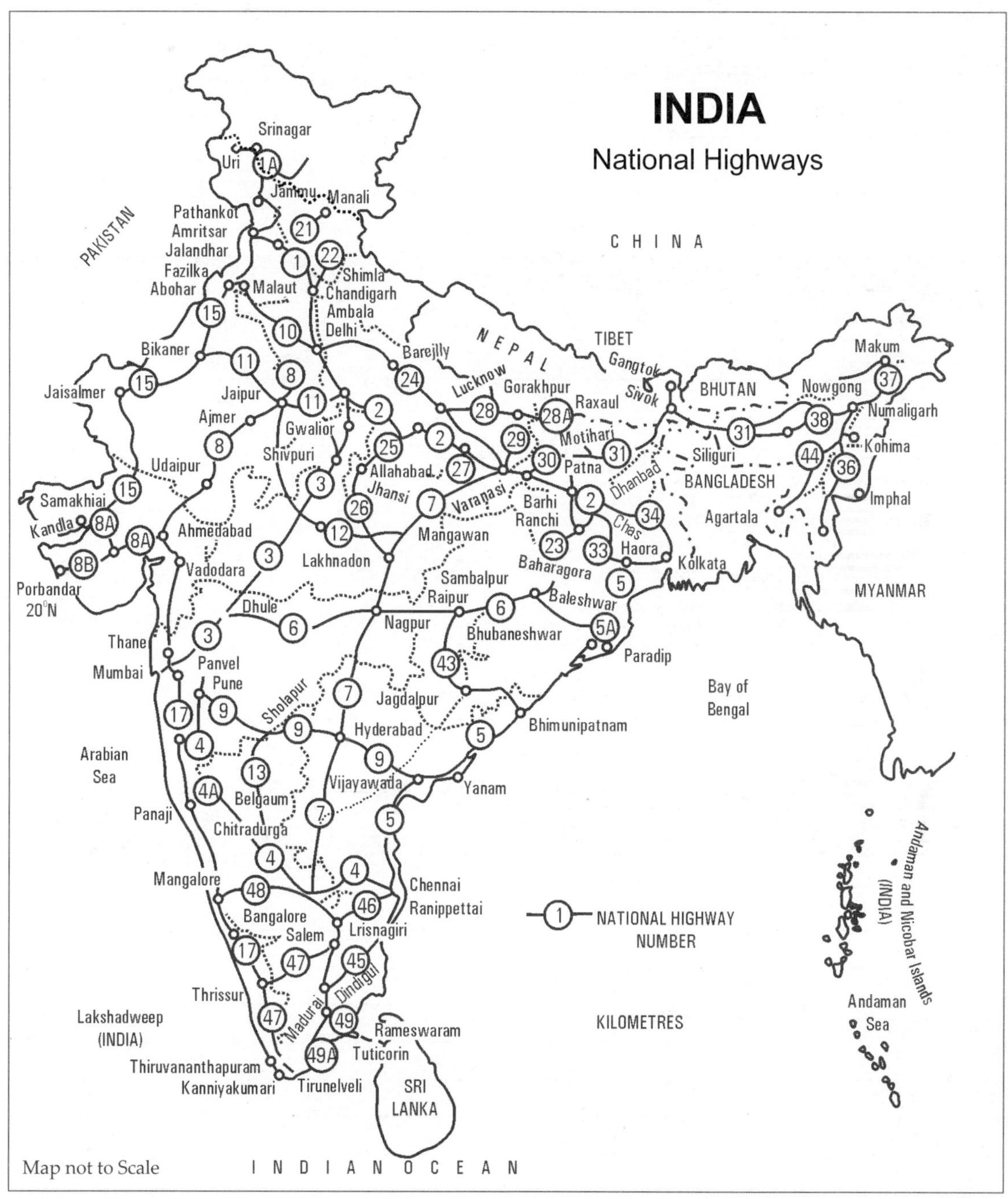

Fig. 10.32 Network of National highways

स्वर्णिम चतुर्भुज मार्ग (Golden Quadrilateral)

राष्ट्रीय राजमार्ग विकास परियोजना (The National Highways Development Project – NHDP) 1999 में सड़कों के विकास के लिये एक बड़ी परियोजना तैयार की गई, जिसको स्वर्णिम चतुर्भुज राजमार्ग का नाम दिया गया है। इस परियोजना का उद्देश्य चार महानगरों दिल्ली-मुम्बई-चेन्नई-कोलकाता-दिल्ली को जोड़ना है। इस स्वर्णिम राजमार्ग को **Fig. 10.33** में दर्शाया गया है तथा इसके विभिन्न भागों की लम्बाई **तालिका 10.51** में दी गई है।

तालिका 10.51: स्वर्णिम चतुर्भुज के विविध भागों की लम्बाई

क्षेत्र	स्वर्णिम-चतुर्भुज की लम्बाई
1. दिल्ली-मुम्बई	1419
2. मुम्बई-चेन्नई	1290
3. चेन्नई-कोलकाता	1684
4. कोलकाता-दिल्ली	1453
कुल लम्बाई	**5846**
गलियारे (Corridor) की लम्बाई (i) उत्तर-दक्षिण-गलियारा (Corridor) जो श्रीनगर (जम्मू-कश्मीर) को कन्याकुमारी से जोड़ता है 4000 किमी. (ii) पूर्व से पश्चिम गलियारा (East West Corridor) जो सिल्चर को पोरबन्दर से जोड़ता है 3300 किमी. कुल गलियारे (Corridor) की लम्बाई 7300 किमी.	

तालिका 10.52: राष्ट्रीय राजमार्गों की राज्य-वार लंबाई, 2021

क्र. सं.	राज्य/संघ राज्य क्षेत्र का नाम	राष्ट्रीय राजमार्गों की कुल संख्या	कुल लंबाई (किमी. में)
(1)	(2)	(3)	(4)
1.	आंध्र प्रदेश	54	8,207
2.	अरुणाचल प्रदेश	13	2,537
3.	असम	38	4,077
4.	बिहार	54	5,940
5.	चंडीगढ़	1	15
6.	छत्तीसगढ़	20	3,620
7.	दिल्ली	13	157
8.	गोवा	6	299
9.	गुजरात	43	7,885
10.	हरियाणा	39	3,259
11.	हिमाचल प्रदेश	19	2,607
12.	जम्मू और कश्मीर	11	1,752
13.	झारखंड	31	3,430
14.	कर्नाटक	45	7,656

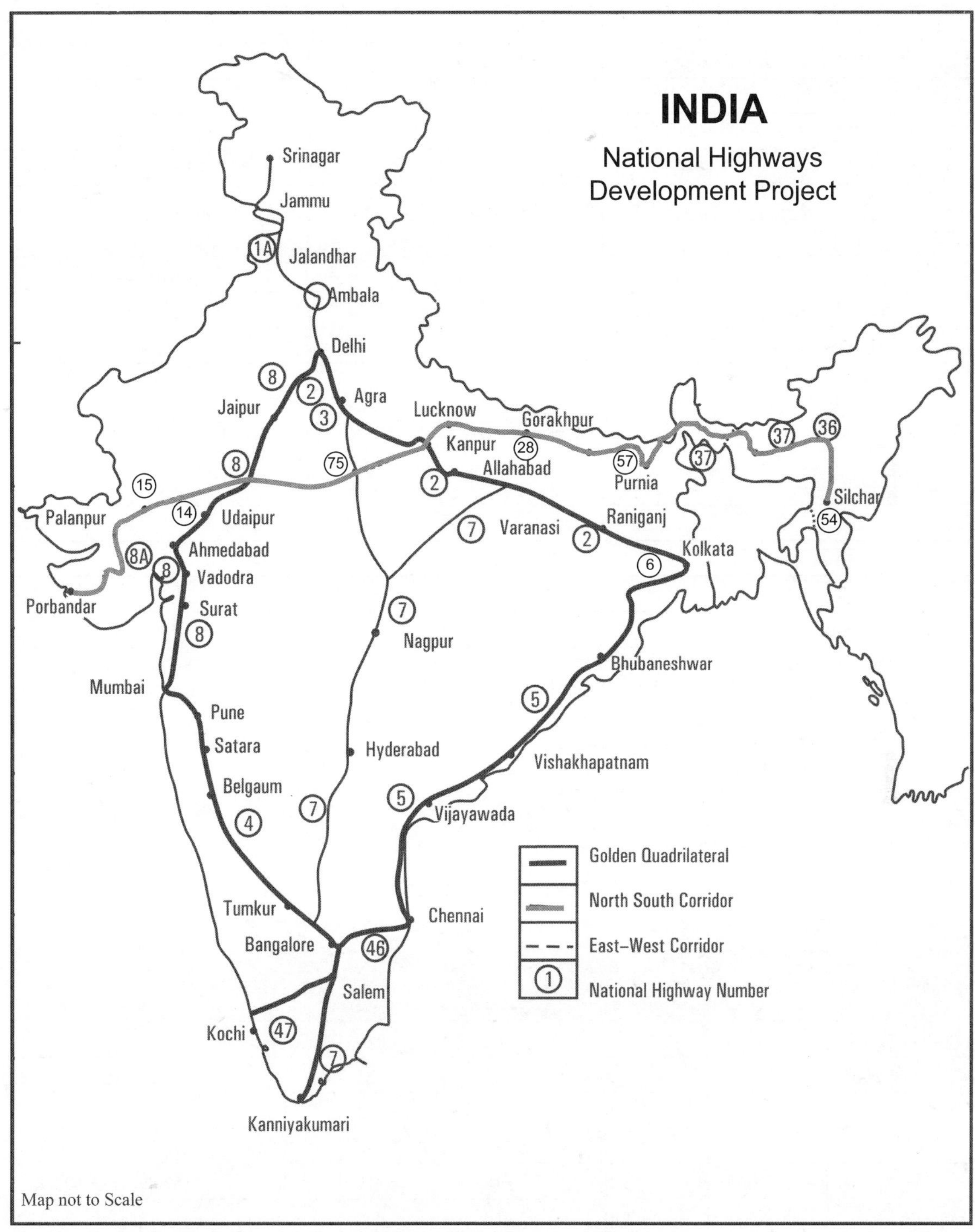

Fig. 10.33 Golden Quadrilateral

15.	केरल	11	1,782
16.	लद्दाख	3	806
17.	मध्य प्रदेश	46	8,911
18.	महाराष्ट्र	102	18,317
19.	मणिपुर	11	1,840
20.	मेघालय	5	1,156
21.	मिजोरम	9	1,423
22.	नागालैंड	12	1,670
23.	ओडिशा	32	5,897
24.	पुदुचेरी	2	64
25.	पंजाब	37	4,105
26.	राजस्थान	51	10,477
27.	सिक्किम	8	709
28.	तमिलनाडु	50	6,858
29.	तेलंगाना	30	4,926
30.	त्रिपुरा	6	854
31.	उत्तर प्रदेश	87	12,245
32.	उत्तराखंड	24	3,449
33.	पश्चिम बंगाल	34	3,675
34.	ए. एंड एन. आइलैंड्स	1	331
35.	दादरा नगर हवेली	2	37
36.	दमन और दीव	2	22
	कुल		**140,995**

Source: *Ministry of Road Transport and Highways, Government of India*

तालिका 10.53: रेलवे लाइनों की राज्यवार लंबाई और नई रेलवे लाइन के लिए सर्वेक्षण, 2020

राज्य/संघ राज्य क्षेत्र	क्षेत्रफल हजार किलोमीटर में	मार्ग किलोमीटर	ट्रैक किलोमीटर	कुल ट्रैक किलोमीटर	रेलवे की लंबाई प्रति हजार किलोमीटर		
					मार्ग किलोमीटर	ट्रैक किलोमीटर	कुल ट्रैक किलोमीटर
आंध्र प्रदेश	160.21	3,965	6,221	7,826	24.75	38.83	48.85
अरुणाचल प्रदेश	83.74	12	12	26	0.14	0.14	0.31
असम	78.44	2,519	2,763	3,734	32.11	35.23	47.60
बिहार	94.16	3,803	5,356	6,736	40.39	56.88	71.53
चंडीगढ़	0.11	16	18	79	140.35	157.89	692.98
छत्तीसगढ़	135.19	1,170	2,270	3,005	8.65	16.79	22.23
दिल्ली	1.48	184	346	706	124.07	233.31	476.06
गोवा	3.70	69	69	105	18.64	18.64	28.36
गुजरात	196.02	5,327	6,535	8,167	27.18	33.34	41.66

हरियाणा	44.21	1,703	2,630	3,224	38.52	59.49	72.92
हिमाचल प्रदेश	55.67	312	317	376	5.60	5.69	6.75
जम्मू और कश्मीर	42.24	298	366	493	7.05	8.66	11.67
झारखंड	79.71	2,573	4,400	6,176	32.28	55.20	77.48
कर्नाटक	191.79	3,572	5,043	6,446	18.62	26.29	33.61
केरल	38.86	1,047	1,749	2,138	26.94	45.00	55.01
मध्य प्रदेश	308.25	5,140	8,330	9,844	16.68	27.02	31.94
महाराष्ट्र	307.71	5,823	8,813	11,809	18.92	28.64	38.38
मणिपुर	22.33	13	13	18	0.58	0.58	0.81
मेघालय	22.43	9	9	13	0.40	0.40	0.58
मिजोरम	21.08	2	2	6	0.09	0.09	0.28
नागालैंड	16.58	11	11	23	0.66	0.66	1.39
ओडिशा	155.71	2,703	4,637	5,721	17.36	29.78	36.74
पुदुचेरी	0.48	22	22	27	45.93	45.93	56.37
पंजाब	50.36	2,265	2,775	3,631	44.97	55.10	72.10
राजस्थान	342.24	6,019	8,267	9,279	17.59	24.16	27.11
तमिलनाडु	130.06	4,033	5,657	6,963	31.01	43.50	53.54
तेलंगाना	112.08	1,871	2,713	3,255	16.69	24.21	29.04
त्रिपुरा	10.49	265	265	337	25.27	25.27	32.14
उत्तर प्रदेश	240.93	8,799	13,071	15,485	36.52	54.25	64.27
उत्तराखंड	53.48	346	461	555	6.47	8.62	10.38
पश्चिम बंगाल	88.75	4,212	7,726	10,408	47.46	87.05	117.27
कुल	**3287.26**	**68,103**	**1,00,866**	**1,26,611**	**20.72**	**30.68**	**38.52**

Source: *Ministry of Railways, Indian Railways Year Book 2020 – 21, Government of India, New Delhi*

तालिका 10.54: भारत के बड़े राज्यों में रेलमार्गों की लम्बाई

क्र.सं.	राज्य	रेल मार्गों की लम्बाई (प्रति 1000 वर्ग किलोमीटर)
1.	पंजाब	42.78
2.	प. बंगाल	41.85
3.	बिहार	30.82
4.	उत्तर प्रदेश	30.20
5.	तमिलनाडु	29.96
6.	गुजरात	28.73
7.	असम	27.58
8.	गोवा	20.72
9.	आन्ध्र प्रदेश	17.39
10.	महाराष्ट्र	17.00

तालिका 10.55: भारतीय रेल जोन

जोन (Zone)	निर्माण तिथि	मुख्यालय
1. दक्षिण	14.04.1951	चेन्नई
2. मध्य	05.11.1951	मुम्बई (CST)
3. पश्चिम	05.11.1951	मुम्बई (चर्च गेट)
4. उत्तर	14.04.1952	नई दिल्ली
5. उत्तर-पूर्व	14.04.1952	गोरखपुर
6. दक्षिण-पूर्व	01.08.1955	कोलकाता
7. पूर्व	01.08.1955	कोलकाता
8. उत्तर-पूर्व	15.01.1958	मालेगाँव (गुवाहाटी)
9. दक्षिण-मध्य	02.10.1966	सिकन्दराबाद
10. पूर्व-मध्य	01.10.2002	हाजीपुर
11. उत्तर-पश्चिम	01.04.2003	जयपुर
12. पूर्व-तट	01.04.2003	भुवनेश्वर
13. उत्तर-मध्य	01.04.2003	इलाहाबाद
14. दक्षिण-पूर्व-मध्य	01.04.2003	बिलासपुर
15. दक्षिण-पश्चिम	01.04.2003	हुबली
16. पश्चिम-मध्य	01.04.2003	जबलपुर
17. मेट्रो रेलवे, कोलकाता	24.10.1984	कोलकाता
18. दक्षिण तट रेलवे	26.02.2019	विशाखापतनम

अन्तर्राष्ट्रीय व्यापार (International Trade)

विश्व के विकसित तथा धनी देशों ने विश्व व्यापार के प्रतिरूपों को भारी तौर पर प्रभावित किया है। उनकी आधुनिक टेक्नोलॉजी, निवेश करने की क्षमता तथा कूट नीति से विश्व व्यापार प्रभावित है। 1990 में सोवियत संघ का विघटन हुआ, जिसका प्रभाव भी विश्व व्यापार पर पड़ा है। चीन तथा भारत की उभरती आर्थिक शक्ति का भी विश्व आयात-निर्यात पर प्रभाव पड़ा।

अन्तर्राष्ट्रीय व्यापार का आर्थिक, उन्नति पर भारी प्रभाव पड़ता है। पिछले लगभग 30 वर्षों में भारी उद्योगों की तुलना में बैंकिंग बीमा (Insurance), पयर्टन, एयर-लाइन्स, तथा जहाज़रानी की विश्व व्यापार में भागीदारी बढ़ी है। भारत के मुख्य निर्यात एवं आयात की प्रतिशत भागीदारी **तालिका 10.56** तथा **10.57** में दी गई हैं।

तालिका 10.56: भारत-निर्यात की वस्तु संरचना (2021-22)

	वस्तु समूह	प्रतिशत शेयर		
		2019-20	2020-21	2021-22 पी
I. कृषि और संबद्ध		**11.2**	**14.3**	**11.6**
1.	चाय	0.3	0.3	0.2
2.	कॉफी	0.2	0.2	0.2
3.	अनाज	2.1	3.5	2.9
4.	अनिर्मित तम्बाकू	0.2	0.2	0.1
5.	मसाले	1.2	1.4	1.0
6.	काजू	0.2	0.1	0.1
7.	तेल भोजन	0.3	0.5	0.2
8.	फल और सब्जियां और दालें	0.5	0.6	0.4
9.	समुद्री उत्पाद	2.1	2.0	1.9
10.	कच्चा कपास	0.3	0.7	0.6
II. अयस्क और खनिज		**2.2**	**3.2**	**2.4**
11.	लौह अयस्क	0.8	1.7	1.2

12.	प्रसंस्कृत खनिज	0.3	0.3	0.2
13.	अन्य अयस्क और खनिज	0.7	0.8	0.7
III. विनिर्मित के माल		**71.3**	**71.2**	**69.3**
14.	चमड़ा और विनिर्माण	0.9	0.7	0.6
15.	चमड़े के जूते	0.7	0.5	0.5
16.	रत्न और आभूषण	11.5	8.9	9.7
17.	ड्रग्स, फार्मास्यूटिकल्स और बढ़िया रसायन	1.2	1.5	1.1
18.	रंजक/ और कोयला रसायन	0.9	0.9	0.8
19.	धातुओं का निर्माण	4.9	5.6	5.7
20.	मशीनरी और उपकरण	8.6	8.5	8.0
21.	परिवहन उपकरण	6.8	6.2	5.8
22.	प्राथमिक और अर्ध-निर्मित लोहा और इस्पात	3.0	4.2	6.3
23.	इलेक्ट्रॉनिक सामान	3.5	3.5	3.0
24.	सूती धागे, कपड़े, बने-बनाए आदि	2.8	3.0	3.3
25.	रेडीमेड कपड़े	4.9	4.2	3.7
26.	हस्तशिल्प	0.6	0.6	0.5
IV. कच्चा और पेट्रोलियम उत्पाद (कोयला सहित)		**13.6**	**9.2**	**14.7**
V. अन्य और अवर्गीकृत आइटम		**1.8**	**2.1**	**2.0**
कुल निर्यात		**100.0**	**100.0**	**100.0**

Source: *Economic Survey 2021-22*

तालिका 10.57 भारत-प्रमुख वस्तुओं का आयात (2021-22)

वस्तु समूह		प्रतिशत शेयर		
		2019-20	2020-21	2021-22 पी
I. खाद्य और संबद्ध उत्पाद		**3.5**	**4.5**	**4.6**
1.	अनाज	0.1	0.1	0.0
2.	दालें	0.3	0.4	0.3
3.	काजू	0.3	0.3	0.3
4.	खाद्य तेल	2.0	2.8	3.2
II. ईंधन		32.2	25.1	30.0
5.	कोयला	4.7	4.1	4.4
6.	पोल (petroleum, oil, and lubricants)	27.5	21.0	25.6
III. उर्वरक		**1.6**	**1.9**	**1.9**
IV. पेपर बोर्ड मैन्युफैक्चरर्स और न्यूजप्रिंट		**0.8**	**0.8**	**0.8**
V. पूंजीगत सामान		**13.7**	**12.7**	**9.7**
7.	चुनाव और मशीन उपकरण को छोड़कर मशीनरी	4.0	4.1	3.6
8.	विद्युत मशीनरी	4.0	3.5	3.0

9.	परिवहन उपकरण	5.3	4.7	2.9
10.	परियोजना के सामान	0.4	0.4	0.2
VI. अन्य		35.4	41.6	40.0
11.	रसायन	6.6	7.9	7.8
12.	मोती कीमती अर्ध-कीमती पत्थर	4.7	4.8	5.4
13.	लोहा और इस्पात	2.3	2.1	2.0
14.	अलौह धातु	2.8	3.0	2.9
15.	सोना और चांदी	6.5	9.0	9.0
16.	व्यावसायिक उपकरण, ऑप्टिकल सामान, आदि	1.1	1.1	1.3
17.	इलेक्ट्रॉनिक सामान	11.5	13.8	11.7
VII. अवर्गीकृत		**12.8**	**13.3**	**13.0**
कुल आयात		**100.0**	**100.0**	**100.0**

Source: *Economic Survey 2021-22*

संदर्भ (References)

- Bharucha, J.P., 1998, ***Vegetation of India***, Oxford University Press.
- Das Gupta, S.P., 1989, **'India's Water Resource Potential'** Man and Ecology School of Fundamental Research, Calcutta.
- Deshpande, C.D., 1982, India–***A Regional Interpretation***, New Delhi, Northern Book Centre.
- Husain, M., 2008, ***Geography of India***, Tata McGraw Hills.
- Joshi, H.L., 1990, ***Industrial Geography of India***, Jaipur, Rawat Publications.
- Learmonth, A.T.A., 1964, ***The Vegetation of Indian Subcontinent***, Canberra.
- Manorama Year book 2019
- Muthiah, S.A., 1987, ***A Social and Economic Atlas of India***, New Delhi, Oxford University Press.
- NATMO, ***Irrigation Atlas of India***, 2nd ed., Kolkata.
- *India 2010*, Publication Division Ministry of Information and Broadcasting, Govt. of India.
- Tiwari, R.C., 2004, ***Geography of India***, Allahabad, Paryag Pustak Bhawan.
- Wadia, N.D.N., 1994, ***Minerals of India***, National Book Trust.

चीन के पश्चात् विश्व में सबसे अधिक जनसंख्या भारत की है। भारत में जनसंख्या वितरण बहुत असमान है।

जनसंख्या के वितरण पर प्रत्यक्ष एवं अप्रत्यक्ष प्रभाव भू-आकृतियों, उच्चावच, जलवायु, मिट्टी, खनिज तथा प्राकृतिक वनस्पति का पडता है। इनके अतिरिक्त जनसंख्या वितरण पर सामाजिक, सांस्कृतिक तथा आर्थिक परिस्थितियों का भी प्रभाव पड़ता है। भारत की जनसंख्या की मुख्य विशेषतायें संक्षेप में निम्नलिखित हैं:

जनसंख्या वृद्धि (Growth of Population)

किसी देश या प्रदेश में जनसंख्या वृद्धि, जन्म दर एवं मृत्य दर पर निर्भर करती है। भारत की 1901 से 2011 की जनसंख्या वृद्धि के आंकड़े **तालिका 11.1** में दिये गये हैं, जबकि **Fig. 11.1** में भारत के विभिन्न राज्यों में जनसंख्या वृद्धि के प्रतिरूप दिखाये गये हैं **तालिका 11.2**।

तालिका 11.1: भारत की जनसंख्या वृद्धि 1901-2011

वर्ष	जनसंख्या	दशकीय जनसंख्या वृद्धि	दशकीय जनसंख्या वृद्धि में परिवर्तन वृद्धि	श्रेणिक जनसंख्या वृद्धि (1901-2011)
1901	23,83,96,327	-	-	-
1911	25,20,93,390	5.75	-	5.75
1921	25,13,21,213	10.31	-6.05	5.42
1931	27,89,77,238	11.00	11.31	17.02
1941	31,86,60,580	14.22	3.22	33.67
1951	36,10,88,090	13.31	-0.91	51.47
1961	43,92,34,771	21.64	8.33	84.25
1971	54,81,59,652	24.80	3.16	129.94
1981	68,33,29,097	24.66	-0.14	186.64
1991	84,64,21,039	23.87	-0.79	255.05

2001	1,02,87,37,436	21.54	−2.33	331.47
2011	1,21,01,95,000	17.64	−3.84	362.28
2030*	1,51,00,00,000	24.77	–	–

***Source:** Census of India 2011. *UNO Projection, June 2017.*

तालिका 11.2: वर्ष 2001-11 के बीच कुछ चुनिंदा राज्यों में दशकीय जनसंख्या वृद्धि

क्र. सं.	राज्य	दशकीय वृद्धि दर (प्रतिशत में)
1.	मेघालय	27.9
2.	अरुणाचल प्रदेश	26.0
3.	बिहार	25.4
4.	जम्मू और कश्मीर	23.6
5.	मिजोरम	23.7
6.	राजस्थान	21.3
7.	मध्य प्रदेश	20.3
8.	उत्तर प्रदेश	20.9
9.	सिक्किम	12.36
10.	केरल	4.9
11.	नागालैंड	−0.6

***Source:** Census of India 2011.*

1901 से प्रत्येक दस वर्ष पर दर्ज की गई भारतीय जनसंख्या को देखने से यह पता चलता है कि 1911-21 के दशक को छोड़कर भारत की जनसंख्या निरन्तर बढ़ी है (**तालिका 11.1 एवं 11.2**)।

1901 से भारत की कुल जनसंख्या 238 मिलियन थी, जो 1951 में 361 मिलियन हो गई तथा 2011 में बढ़कर 1210.19 मिलियन हो गई। **तालिका 11.1** में यह देखा जा सकता है कि जनगणना वर्ष 1921, 1951 तथा 1981 में कई महत्वपूर्ण परिवर्तन हुए हैं।

भारत की 2001 से 2011 की दशकीय जनसंख्या वृद्धि **Fig. 11.1** में दिखाई गई है।

Fig. 11.1 के अध्यन से ज्ञात होता है कि भारत में 2001 तथा 2011 के दशक में सबसे अधिक जनसंख्या वृद्धि बिहार में (25.7%) हुई। बिहार के पश्चात् छत्तीसगढ़ (22.59%), और झारखण्ड (22.34%) का स्थान है। सब से कम दशकीय जनसंख्या वृद्धि नागालैंड में केवल (0.47%) है। तत्पश्चात् केरल में 4.86 प्रतिशत, गोवा 8.17 प्रतिशत है। उत्तरी भारत के राज्यों की तुलना में दक्षिण भारत के राज्यों में जनसंख्या वृद्धि कम है **(Fig. 11.1)**।

जनसंख्या घनत्व (Density of Population)

जनसंख्या घनत्व से मानव तथा भूमि के अनुपात का ज्ञान होता है। जनसंख्या घनत्व जानने के लिये किसी देश की कुल जनसंख्या को उसके कुल क्षेत्रफल से विभाजित किया जाता है। जनसंख्या घनत्व को प्रतिवर्ग किलोमीटर में दिखाया जाता है। भारत के विभिन्न राज्यों के जनसंख्या घनत्व (2001-2011) को **तालिका 11.3** में दिखाया गया है। तथा **Fig. 11.2** में जनसंख्या घनत्व के प्रतिरूप दिखाये गये हैं।

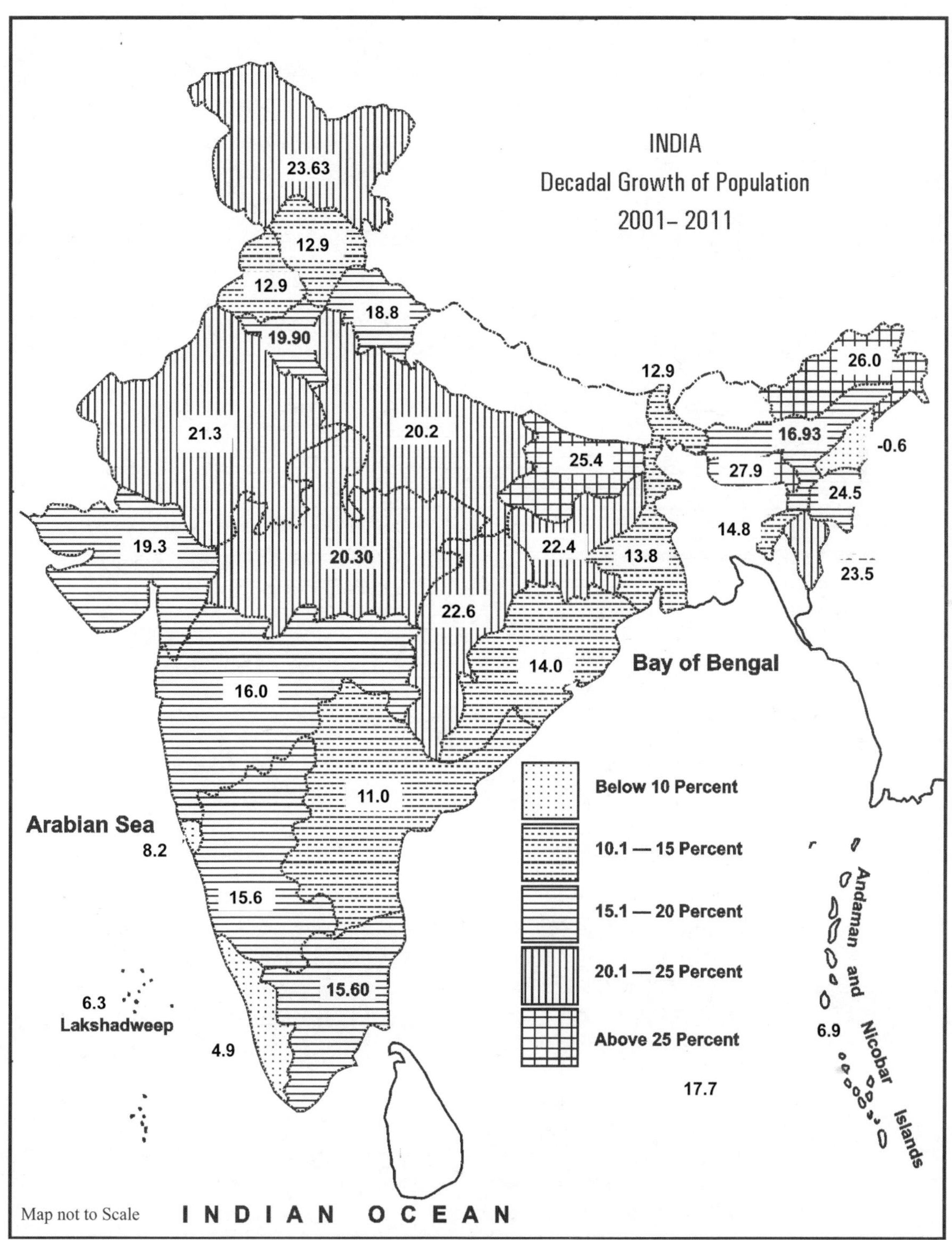

Fig. 11.1 Percentage decadal growth of population 2001-2011

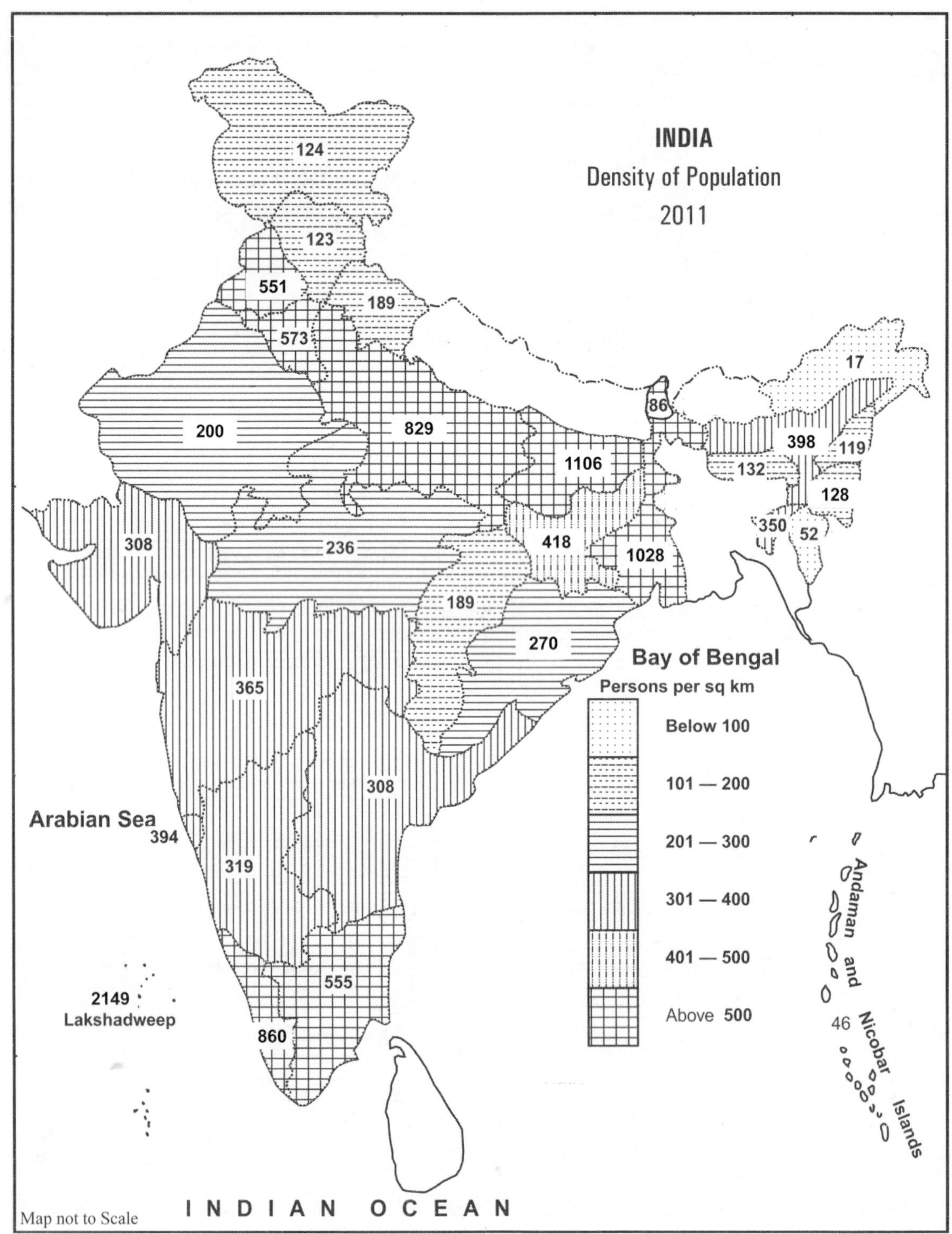

Fig. 11.2 Density of Population 2011

तालिका 11.3: भारत: जनसंख्या घनत्व, 2001 तथा 2011

क्र.सं.	राज्य	जनसंख्या घनत्व (प्रति वर्ग किमी.)	
		2001	2011
1.	पश्चिम बंगाल	903 (अधिकतम)	1028
2.	बिहार	881	1102 (अधिकतम)
3.	केरल	819	860
4.	उत्तर प्रदेश	690	829
5.	पंजाब	484	551
6.	तमिलनाडु	480	555
7.	हरियाणा	478	573
8.	गोवा	364	394
9.	असम	340	398
10.	झारखंड	338	414
11.	महाराष्ट्र	315	365
12.	त्रिपुरा	305	350
13.	आंध्र प्रदेश	277	308
14.	कर्नाटक	276	319
15.	गुजरात	258	308
16.	ओडिशा	236	269
17.	मध्य प्रदेश	196	236
18.	राजस्थान	165	201
19.	उत्तराखण्ड	159	189
20.	छत्तीसगढ़	154	189
21.	नागालैंड	120	119
22.	हिमाचल प्रदेश	109	123
23.	मणिपुर	111	122
24.	मेघालय	103	132
25.	जम्मू एवं कश्मीर*	100	124
26.	सिक्किम	76	86
27.	मिजोरम	42	52
28.	अरुणाचल प्रदेश	13	17
29.	दिल्ली	9340	11,297
30.	चंडीगढ़	7900	9,252
31.	पुदुचेरी	2034	2,034
32.	लक्षद्वीप	1895	2,013
33.	दमन एवं दीव	1413	2,169
34.	दादरा एवं नगर हवेली	449	69,82,169
35.	अंडमान एवं निकोबार द्वीप समूह	043	46
	भारत	**324**	**382**

Source: *Census of India, 2001 and 2011 *Declared UT in 2019*

Fig. 11.2 को देखने से ज्ञात होता है कि भारत के बड़े राज्यों में बिहार का जनसंख्या घनत्व सबसे अधिक है, जहाँ 1102 व्यक्ति प्रति वर्ग किलोमीटर हैं। बिहार के पश्चात् प. बंगाल (1028), केरल (860) तथा उत्तर प्रदेश (829) का स्थान आता है। जनंसख्या का सबसे कम घनत्व अरुणाचल प्रदेश का है जहां केवल 17 व्यक्ति प्रतिवर्ग किलोमीटर रहते हैं। अरुणाचल के पश्चात् मिज़ोरम में 52 तथा सिक्किम में 86 व्यक्ति प्रति वर्ग किलोमीटर रहते हैं **(तालिका 11.3)**।

लिंग अनुपात (Sex-Ratio)

लिंग अनुपात का अर्थ है कि प्रति 1000 पुरुषों पर स्त्रियों की संख्या कितनी है। जनसांख्यिकी तत्व में लिंग अनुपात सबसे महत्वपूर्ण है क्योंकि यह प्रजनन क्षमता, वैवाहिक स्थिति, श्रम-शक्ति, प्रवास प्रतिरूप, जनसंख्या वृद्धि तथा सामाजिक-आर्थिक सम्बन्ध को निर्धारित करता है, इससे एक निश्चित समय पर समाज में स्त्री-पुरुष के बीच संख्यात्मक समानता का आंकलन किया जाता है। भारत में स्त्री-पुरुष अनुपात सदैव स्त्रियों के प्रतिकूल रहा है।

2011 की जनगणना के अनुसार भारत में लिंग अनुपात 940:1000 था **(तालिका 11.4)**। इस विपरीत लिंगानुपात का मुख्य कारण स्त्रियों के प्रति भेदभाव तथा उनकी ऊँची मृत्यु दर को माना जाता है। भारत के विभिन्न राज्यों में लिंगानुपात सम्बंधित आंकड़े **Fig. 11.3** में दर्शाये गये हैं **(तालिका 11.5)**।

तालिका 11.4: भारत में लिंगानुपात (1901-2011)

जनसंख्या वर्ष	लिंगानुपात (स्त्रियाँ प्रति हजार पुरुष)
1901	972
1911	964
1921	955
1931	950
1941	945
1951	946
1961	941
1971	930
1981	934
1991	927
2001	933
2011	943

***Source:** Census of India 2011*

तालिका 11.4 के अध्ययन से ज्ञात होता है कि 1901 में भारत में लिंगानुपात 972/1000 था जो 1991 में घटकर 927 रह गया, परन्तु 2001 में लिंगानुपात में छह स्त्री प्रति हजार की वृद्धि हुई तथा लिंगानुपात बढ़कर 933 स्त्री प्रति हज़ार पुरुष हो गया और 2011 में बढ़कर 940/1000 हो गया।

Fig. 11.3 के परीक्षण से ज्ञात होता है कि भारत के राज्यों में सबसे अधिक लिंगानुपात 1048/1000 केरल में है, जिसके पश्चात आन्ध्र प्रदेश में 992, छत्तीसगढ़ में 991, ओडिशा में 978 तथा झारखण्ड में 947 है। इसके विपरीत सबसे कम लिंगानुपात हरियाणा में 877 तथा पंजाब में 893 है। केन्द्र शासित प्रदेशों में पुदुचेरी में सबसे अधिक लिंग अनुपात (1038) है तथा दमन एवं दीव में यह सबसे कम (618) है। चंडीगढ़ में भी लिंग अनुपात 818 महिलाएं प्रति हजार पुरुष हैं (2011)।

तालिका 11.5 में यह देखा जा सकता है कि 20वीं सदी के प्रारंभ में (1901) में लिंग अनुपात 972 था, जो 1941 तक निरंतर घटता गया। स्वतंत्रता के बाद लिंग अनुपात में तेजी से गिरावट आई। 1991 में यह सबसे कम (927) दर्ज की गयी। 2001 तथा 2011 में लिंगानुपात में वृद्धि हुई जो 2011 में 943 स्त्रियां प्रति हजार हो

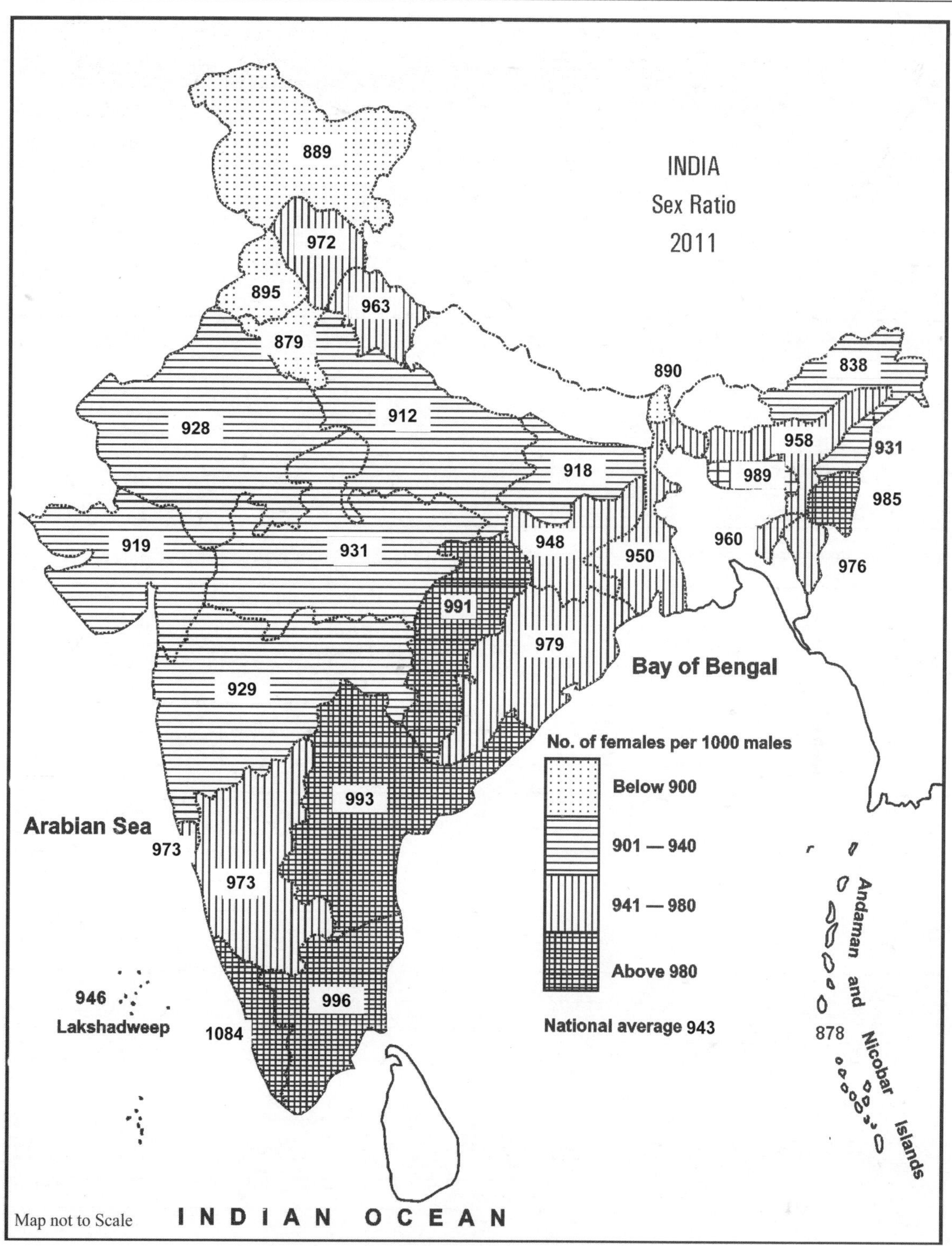

Fig. 11.3 Sex - ratio (2011)

तालिका 11.5: भारत: राज्यानुसार लिंग अनुपात *(2001-2011)*

राज्य/केन्द्रशासित प्रदेश	लिंग अनुपात	
	2001	2011
राज्य		
आंध्र प्रदेश	978	992
अरुणाचल प्रदेश	901	920
असम	932	954
बिहार	932	916
छत्तीसगढ़	990	991
गोवा	960	968
गुजरात	921	918
हरियाणा	861 (निम्नतम)	879
हिमाचल प्रदेश	970	974
जम्मू एवं कश्मीर*	900	883
झारखंड	941	947
कर्नाटक	964	968
केरल	1058 (अधिकतम)	1084
मध्य प्रदेश	920	930
महाराष्ट्र	922	925
मणिपुर	978	987
मेघालय	975	986
मिजोरम	938	975
नागालैंड	909	931
ओडिशा	972	978
पंजाब	874	893
राजस्थान	922	926
सिक्किम	875	889
तमिलनाडु	986	995
त्रिपुरा	950	961
उत्तराखण्ड	964	963
उत्तर प्रदेश	898	908
पश्चिम बंगाल	934	947
केन्द्रशासित प्रदेश		
अंडमान एवं निकोबार द्वीप समूह	846	878
चंडीगढ़	773	818
दादरा एवं नगर हवेली	811	775
दमन एवं दीव	709	618
दिल्ली	821	866
लक्षद्वीप	947	946
पुदुचेरी	1001	1038
भारत	933	940

***Source:** Census of India, 2011. *Declared UT in 2019*

गया है। सामाजिक-सांस्कृतिक कारक तथा जन्म से पहले भ्रूणों की लिंग जांच देश में घटते लिंग अनुपात का मुख्य कारण है। दिलचस्प बात यह है कि अनुसूचित जनजाति, ईसाई मुस्लिम प्रभुत्व वाले क्षेत्रों तथा द. भारत में लिंग अनुपात राष्ट्र स्तर से अधिक है। राज्यानुसार लिंग अनुपात को **तालिका 11.5** में दिया गया है।

तालिका 11.5 में यह देखा जा सकता है कि राज्य स्तर पर लिंग अनुपात में विविधता अधिक है। केरल, जिसका लिंग अनुपात 1048 स्त्री प्रति हजार पुरुष है, एकमात्र राज्य है जहाँ स्त्रियों की संख्या पुरुषों से अधिक है। उच्च लिंग अनुपात स्त्रियों के प्रति कम भेदभाव तथा निम्न कन्या शिशु हत्या दर का सूचक है। इसके विपरीत हरियाणा तथा पंजाब में लिंग अनुपात सबसे कम क्रमशः 877 तथा 893 है। ये दोनों राज्य कृषि, उद्योग तथा मानव सूचकांक में काफ़ी विकसित माने जाते हैं।

साक्षरता दर (Literacy Rate)

साक्षरता की अवधारणा जो एक देश से दूसरे देश में भिन्न होती है-सामान्यतः न्यूनतम शिक्षण स्तर का उल्लेख करती है। यह सामाजिक-सांस्कृतिक विकास तथा राजनैतिक जागरुकता का एक महत्वपूर्ण सूचक है। यह सामाजिक-आर्थिक परिवर्तन का एक बड़ा कारक है क्योंकि इसके द्वारा विशेष निपुणता तथा व्यवसायिक योग्यता अर्जित की जा सकती है। साक्षरता, सामाजिक परिवर्तन की प्रक्रिया को त्वरित करता है।

जनगणना 2011 के अनुसार 'साक्षरता समझ के साथ किसी भाषा में पढ़ने तथा लिखने की क्षमता है। 6 वर्ष से कम आयु के बच्चों को साक्षरता निर्धारित करने के लिए सम्मिलित नहीं किया जाता, चाहे वे पढ़ना-लिखना भी जानते हों। साक्षरता किसी राष्ट्र, नृजातीय समूह अथवा समुदाय के सामाजिक-आर्थिक तथा सांस्कृतिक व्यवस्था को प्रतिबिम्बित करती है। साक्षरता का मुख्य लाभ यह है कि यह अधिक रोज़गार के अवसर प्रदान करती है। साक्षर तथा शिक्षित व्यक्तियों का व्यक्तित्व बेहतर होता है तथा वे दूसरों को अच्छी तरह से प्रभावित कर सकते हैं। साक्षरता दर अनेक सामाजिक-सांस्कृतिक, राजनैतिक तथा भौतिक कारकों द्वारा प्रभावित होती है। भारत में 1951 से 2011 तक साक्षरता प्रतिशत **तालिका 11.6** में दिखाई गई है तथा 2011 की साक्षरता दर को **Fig. 11.4** के द्वारा दर्शाया गया है।

तालिका 11.6: भारत : साक्षरता दर, 1951-2011

जनगणना वर्ष	व्यक्ति (%)	पुरुष (%)	महिला (%)
1901	5.35	9.83	0.60
1911	5.92	10.56	1.05
1921	7.16	12.21	1.81
1931	9.50	15.59	2.93
1941	16.10	24.60	7.30
1951	18.33	21.16	8.86
1961	28.3	40.44	15.35
1971	34.45	45.96	21.97
1981	43.57	56.38	29.76
1991	52.21	64.13	39.29
2001	64.83	75.26	53.67
2011	72.98	80.88	64.63

टिप्पणी: वर्ष 1951, 1961 तथा 1971 के लिए साक्षरता दर 5 या उससे अधिक वर्ष की जनसंख्या के लिए है तथा 1981, 1991 तथा 2001 के लिए साक्षरता दर 7 या उससे अधिक वर्ष की जनसंख्या के लिए है।

Source: *Census of India-2011*

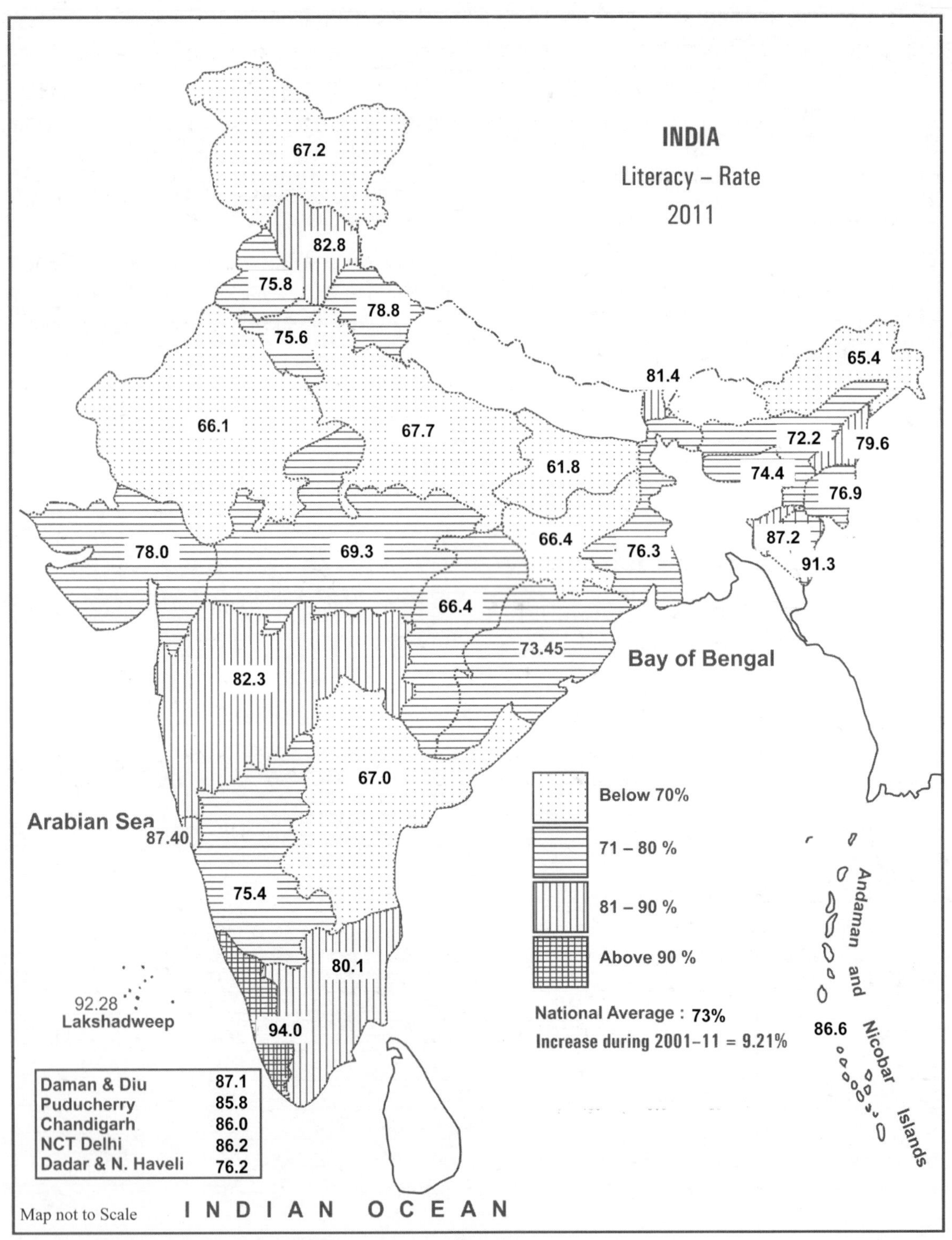

Fig. 11.4 Effective literacy rate — 2011

राज्य स्तर पर साक्षरता दर **Fig. 11.4** में दिखाई गयी है। **तालिका 11.7** साक्षरता प्रतिशत को दर्शाती है।

तालिका 11.7: साक्षरता दर के अनुसार राज्यों एवं केन्द्रशासित प्रदेशों की श्रेणी/स्थान - 2011

श्रेणी/स्थान	भारत/राज्य/केन्द्रशासित प्रदेश	साक्षरता
1.	केरल	94.00
2.	लक्षद्वीप	92.28
3.	मिजोरम	91.33
4.	त्रिपुरा	87.75
5.	गोवा	87.40
6.	दमन एवं दीव	87.07
7.	पुदुचेरी	86.55
8.	चंडीगढ़	86.43
9.	रा.रा. क्षेत्र दिल्ली	86.34
10.	अंडमान एंव निकोबार द्वीप समूह	86.27
11.	हिमाचल प्रदेश	83.78
12.	महाराष्ट्र	82.91
13.	सिक्किम	82.20
14.	तमिलनाडु	80.33
15.	नागालैंड	80.11
16.	मणिपुर	79.85
17.	उत्तराखण्ड	79.63
18.	गुजरात	79.31
19.	दादरा एवं नगर हवेली	77.65
20.	प. बंगाल	77.08
21.	पंजाब	76.68
22.	हरियाणा	76.64
23.	कर्नाटक	75.60
24.	मेघालय	75.48
25.	ओडिशा	73.45
26.	असम	73.18
27.	छत्तीसगढ़	71.04
28.	मध्य प्रदेश	70.63
29.	उत्तर प्रदेश	69.72
30.	जम्मू एवं कश्मीर	68.74
31.	आंध्र प्रदेश	67.66
32.	झारखंड	67.63
33.	राजस्थान	67.06
34.	अरुणाचल प्रदेश	66.95
35.	बिहार	63.82
	भारत	**72.98**

Source: *Census of India, 2011*

साक्षरता का स्थानिक प्रतिरूप *(Spatial Patterns of Literacy)*

भारत में साक्षरता दर राज्य-स्तर पर **Fig. 11.5** में दिखाई गई है। 1901 में भारत की साक्षरता दर 5.35 प्रतिशत थी (पुरुष: 9.83%, महिला: 0.60%)। साक्षरता दर निरन्तर बढ़ता रही है, 1951 में यह 18.33 प्रतिशत थी (पुरुष: 27.16 प्रतिशत, महिला: 8.86 प्रतिशत) तथा 2001 में यह बढ़कर 64.84 प्रतिशत (पुरुष: 75.26%, महिला: 53.67%) हो गयी, जबकि 2011 में साक्षरता बढ़कर 74.04 प्रतिशत रिकॉर्ड की गई। पुरुष साक्षरता 82.1% तथा महिला साक्षरता 65.46% हो गई। पुरुष-महिला साक्षरता अन्तर 24.84 प्रतिशत (1991) से घटकर 16.6 प्रतिशत (2011) हो गया है **(तालिका 11.6)**। पिछले 60 वर्षों में महिलाओं तथा पुरुषों के बीच साक्षरता में अन्तर सबसे अधिक वर्ष 1981 में था (26.62 प्रतिशत)।

पुरुष-महिला साक्षरता में सबसे कम अन्तर वर्ष 1901 में दर्ज किया गया (9.23%), इसी वर्ष सबसे कम साक्षरता दर भी दर्ज की गयी (5.35%)।
केन्द्र शासित प्रदेशों में सबसे अधिक साक्षरता दर लक्षद्वीप (92.28%) में है, दिल्ली एवं चंडीगढ़ में यह दर क्रमशः 86.34 तथा 86.43 प्रतिशत है।

बिहार में सबसे कम साक्षरता दर है (कुल: 63-82%; पुरुष: 73.5% तथा महिला: 53.33%)। जम्मू एवं कश्मीर (68.74%), अरुणाचल प्रदेश (66.95%) तथा उत्तर प्रदेश (69.72%) में भी साक्षरता दर कम है। उत्तराखंड, मध्य प्रदेश, राजस्थान तथा हरियाणा में यह दर क्रमशः 79.63, 70.6, 67.64 प्रतिशत है **(Fig. 11.5)**।

भारत के केरल, लक्षद्वीप, मिजोरम, त्रिपुरा, गोवा, दमन एवं दीव, पुदुचेरी, चंडीगढ़, दिल्ली, अंडमान एवं निकोबार द्वीप-समूह में साक्षरता 85 प्रतिशत (2011) से अधिक रिकॉर्ड की गई जो योजना आयोग के लक्ष्य के अनुकूल है।

तालिका 11.8: भारत-आयु संयोजन (1901-2011)

वर्ष	आयु वर्ग (युवा आयु वर्ग) (0-15 वर्ष)	आयु वर्ग (श्रम बल) (15-60 वर्ष)	आयु वर्ग (वरिष्ठ नागरिक) (60 वर्ष से अधिक)
1901	38.1	56.8	5.1
1911	37.8	56.9	5.2
1921	38.60	56.0	5.4
1931	38.5	56.4	5.1
1941	39.1	55.2	5.7
1951	37.5	56.9	5.6
1961	37.5	56.9	5.6
1971	42.0	52.0	6.0
1981	39.7	54.1	6.2
1991	37.8	55.5	6.7
2001	37.3	55.8	6.9
2011	32.0	58.5	9.5

Source: *Census of India, 2011*

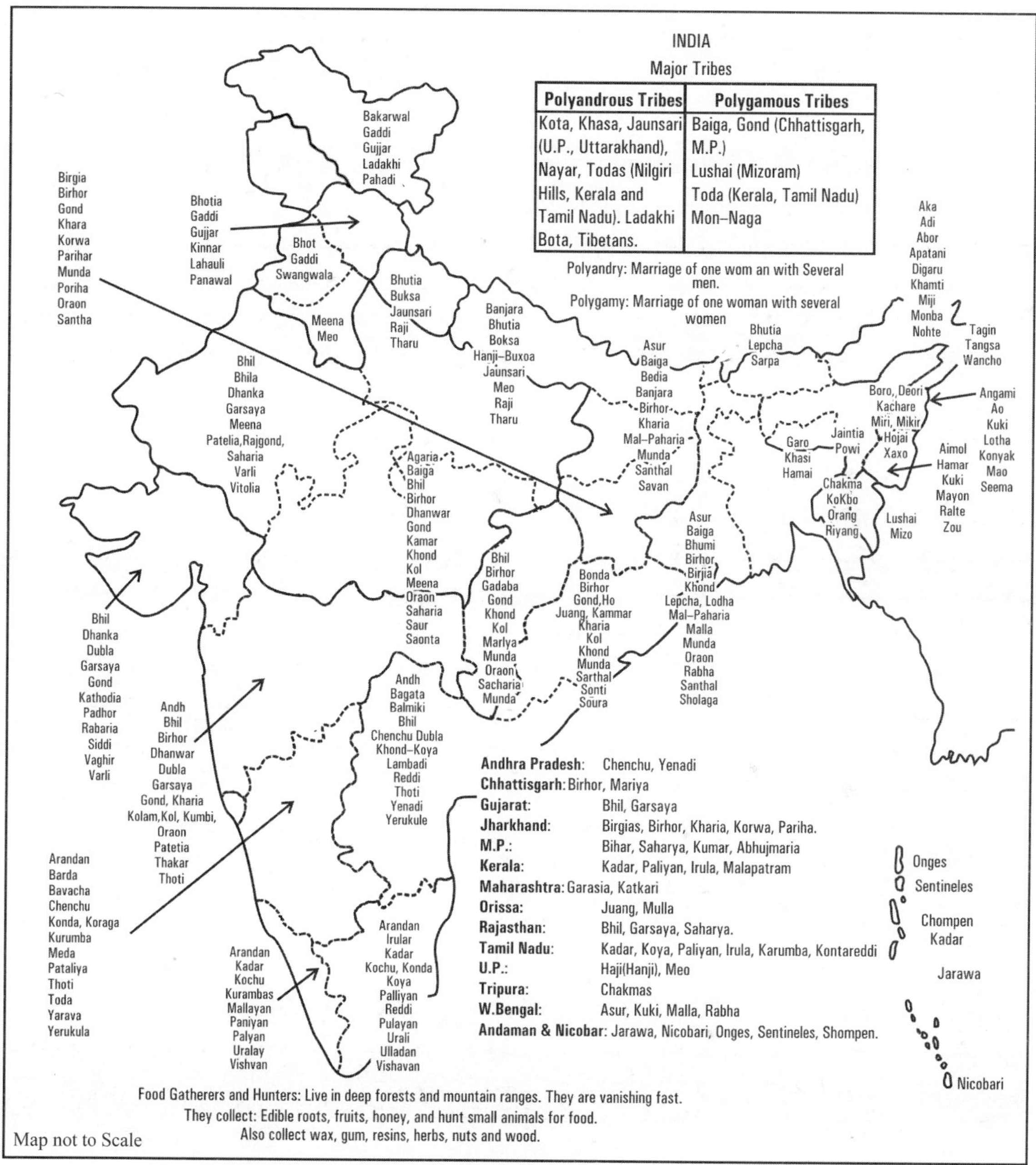

Fig. 11.5 Major tribes of India

आयु संयोजन (Age Composition)

आयु संयोजन भी जनसंख्या की एक महत्वपूर्ण विशेषता है। इसके द्वारा प्रत्याशित आयु, श्रम-बल तथा निर्भर जनसंख्या (युवा वर्ग वशिष्ठ नागरिक) का निर्धारण किया जा सकता है।

तालिका 11.8 में यह देखा जा सकता है कि पिछले सदी में जनसंख्या में 37 से 42 प्रतिशत के बीच युवा आयु वर्ग था, श्रम बल 52 से 57 प्रतिशत के बीच था। युवा आयु वर्ग का सबसे अधिक निर्भरता अनुपात वर्ष 1971 में था जब यह बढ़कर 42 प्रतिशत हो गया। वरिष्ठ नागरिक आयु वर्ग में निरंतर बढ़ोत्तरी हुई है, 1901 में यह 5.1 प्रतिशत था जो 2011 में बढ़कर लगभग 9.5 प्रतिशत हो गया (**तालिका 11.8**)।

व्यावसायिक सरंचना

2009-10 में भारत की लगभग 50 प्रतिशत जनसंख्या कृषि पर प्रत्यक्ष रूप से आधारित थी। 20 प्रतिशत उद्योगों तथा 30 प्रतिशत सेवा क्षेत्र पर निर्भर थी।

ग्रामीण तथा नगरीय जनसंख्या

ग्रामीण तथा नगरीय जनसंख्या किसी देश के औद्योगिक विकास का सूचक माना जाता है। जैसे-जैसे औद्योगिक विकास होता है, किसी देश की नगरीय जनसंख्या में वृद्धि होती जाती है। भारत में विभिन्न दशकों में नगरीय जनसंख्या का अनुपात **तालिका 11.9** में दिया गया है।

तालिका 11.9: ग्रामीण-शहरी जनसंख्या

वर्ष	जनसंख्या का ग्रामीण अनुपात % में	जनसंख्या का शहरी अनुपात % में
1901	89.2	10.8
1951	82.7	17.3
1961	82.0	18.0
1971	80.1	19.9
1981	76.7	23.3
1991	74.3	25.7
2001	72.2	27.8
2011	70.0	30.0

***Source:** Census of India, 2011*

ग्रामीण तथा नगरीय वास्तविक जनसंख्या एवं उनका प्रतिशत भाग **तालिका 11.10** में दिया गया है।

तालिका 11.10: भारतीय ग्रामीण तथा नगरीय जनसंख्या, 1901-2011

जनगणना वर्ष	ग्रामीण जनसंख्या (करोड़ों में)	नगरीय जनसंख्या (करोडों में)	ग्रामीण जनसंख्या (प्रतिशत में)	नगरीय जनसंख्या (प्रतिशत में)
1901	21.3	2.6	89.2	10.8
1911	22.6	2.6	89.7	10.3
1921	22.3	2.8	88.8	11.2
1931	24.6	3.3	88.0	12.0
1941	27.5	4.4	86.1	13.9
1951	29.9	6.2	82.7	17.3
1961	36.0	7.9	82.0	18.0

1971	43.9	10.9	80.1	19.9
1981	52.4	15.9	76.7	23.3
1991	62.9	21.8	74.3	25.7
2001	74.3	28.6	72.2	27.8
2011	84.7	36.3	70.0	30.0

Source: *Census of India, 2011*

तालिका 11.10 के परीक्षण से पता चलता है कि 1901 में 10.8 प्रतिशत जनसंख्या नगरों में रहती थी जो 2001 में बढ़कर 28 प्रतिशत तथा 2011 में 30 प्रतिशत हो गई।

भारत की धार्मिक संरचना (Religious Composition of India)

किसी देश में भाषा के साथ-साथ धार्मिक संरचना भी जनसंख्या का महत्वपूर्ण तत्व होता है। सभी समाजों में धर्म और धार्मिक मान्यताओं की आर्थिक विकास में महत्वपूर्ण भूमिका होती है।

भारत में हिन्दू धर्म, बौद्ध धर्म, जैन धर्म और सिख धर्म का जन्म हुआ। इनके अतिरिक्त भारत में यहूदी, ईसाई, इस्लाम और पारसी धर्म के मानने वाले दक्षिण-पश्चिमी तथा मध्य एशिया से आये। विभिन्न धर्मों के पालन का प्रतिशत अनुपात **तालिका 11.11** में दिया गया है।

तालिका 11.11: भारत में विभिन्न धर्मों का प्रतिशत 2011

धार्मिक समूह	जनसंख्या (मिलियन)	कुल जनसंख्या का प्रतिशत
1. हिन्दू धर्म	966.2	79.80
2. इस्लाम धर्म	172.3	14.23
3. ईसाई धर्म	291.8	2.3
4. सिख धर्म	20.7	1.71
5. बौद्ध धर्म	8.47	0.70
6. जैन धर्म	4.48	0.37
अन्य	7.99	0.89

Source: *Census of India, 2011*

भाषाएं

भारत एक धर्म-निरपेक्ष देश है। भारत में बहुत-सी भाषायें बोली जाती हैं। भारतीय जनगणना के अनुसार भारत में 187 भाषायें बोली जाती हैं जिनमें से 94 भाषाओं के बोलने वालों की संख्या दस हजार से अधिक है। भारत में बोली जाने वाली भाषाओं को निम्न वर्गों में विभाजित किया जाता है:

1. **इण्डो-यूरोपीय भाषाएं:** भारत की लगभग 73 प्रतिशत जनसंख्या इन भाषाओं को बोलती है।
2. **द्रविड़ियन भाषाएं:** 20 प्रतिशत
3. **ऑस्ट्रिक भाषाएं:** 4.5 प्रतिशत
4. **साइनो-तिब्बती भाषाएं:** 2.5 प्रतिशत

तालिका 11.12: भारतीय भाषाएं

भाषा-वर्ग	उप-वर्ग	बांच/ग्रुप	प्रदेश क्षेत्र
1. ऑस्ट्रिक (निषद) (4.5%)	ऑस्ट्रो-एशियाटिक ऑस्ट्रो-नेशियन	मोन-खमिर मुण्डा	मेघालय, निकोबार असम, बिहार, छत्तीसगढ़, झारखण्ड, मध्य प्रदेश, महाराष्ट्र, ओडिशा, प. बंगाल
2. द्रविडियन (20%)		द. द्रविडियन मध्य द्रविड़ियन उत्तरी द्रविड़ियन	तमिलनाडु, कर्नाटक, केरल आन्ध्र प्रदेश, छत्तीसगढ़, झारखण्ड, मध्य प्रदेश, ओडिशा झारखण्ड, मध्य प्रदेश, ओडिशा, प. बंगाल
3. साइनो-तिब्बतन (किराता) 0.85%	साइनो-तिब्बतन	तिब्बती-हिमालयन	जम्मू-कश्मीर, हिमाचल प्रदेश, सिक्किम
4. इण्डो-यूरोपियन (73%)	इण्डो-आर्यन	ईरानियन (फारसी) दर्दी (दरी) इण्डो-आर्यन	भारत के बाहर जम्मू-कश्मीर असम, बिहार, छत्तीसगढ़, गोवा, गुजरात, हरियाणा, हिमाचल प्रदेश, जम्मू-कश्मीर, झारखण्ड, मध्य प्रदेश, महाराष्ट्र, ओडिशा, पंजाब, उत्तर प्रदेश, उत्तराखण्ड, प. बंगाल

Source: *Ahmad, A., 1999, Social Geography of India, Jaipur, Rawat Publications*

भारत की अनुसूचित जनजातियाँ (Scheduled Tribes of India)

भारत की जनजातियां जो भारतीय संविधान के प्रावधानों के अनुसार 'अनुसूचित जनजाति' के वर्ग के अंतर्गत आती हैं। 2001 के आंकड़ों के अनुसार अनुसूचित जनजातियों की जनसख्या 8.43 करोड़ थी। भारत में 365 अनुसूचित जनजातियाँ भारतीय संविधान में थीं जिनकी संख्या बढ़कर 425 से भी अधिक हो गई। कई मानव जातियाँ अनुसूचित जनजाति सूची में शामिल होने के लिये भारत सरकार को आवेदन दे चुकी हैं।

भारत की अनुसूचित जनजातियों का सम्बंध विभिन्न प्रजातियों नृजातियों, भाषाई तथा धर्मों से है। अधिकतर जनजातियाँ सामान्यत: पर्वतों पहाड़ियों तथा जंगलों में रहती हैं।

अनुसूचित जनजातियाँ देशज होती हैं। उन्हें अक्सर ''चौथी दुनिया'' के लोग कहा जाता है। अनुसूचित जनजातियाँ अपने पर्यावरण एवं संस्कृति का सम्मान करती हैं। वे पूर्व तथा वर्तमान उपनिवेशवाद से पीड़ित हैं। अनुसूचित जनजातियों ने भूमि से एक नज़दीकी सम्बंध कायम रखा है। उनके समाज में देने तथा लेने का एक सहयोगी व्यवहार देखा जाता है। वे पृथ्वी तथा उसके द्वारा समर्थित जीवन का आदर करते हैं। उनके जीवन का दर्शन कहता है। ''सबसे क्षमता के अनुसार तथा सबको आवश्कतानुसार'' भारत की आर्थिक अनुसूचित जनजातियों का संक्षिप्त वर्णन निम्न में दिया गया है:

1. **अण्डमान तथा निकोबार द्वीप:** अंडमानी, शोम्पेन, जरावा, निकोबारी, ओंगे तथा सेंटेलिज।
2. **आन्ध्र प्रदेश:** अन्ध, बगाटा, बाल्मिकी, बिधु, भील, चेन्चु, डोरा, दुबला, गडाबा, गोंड, जटायु, कम्मारा, कोन्डा, कोन्डा-रेड्डी, खोण्ड, कोतिया, कोया, कुलिया,

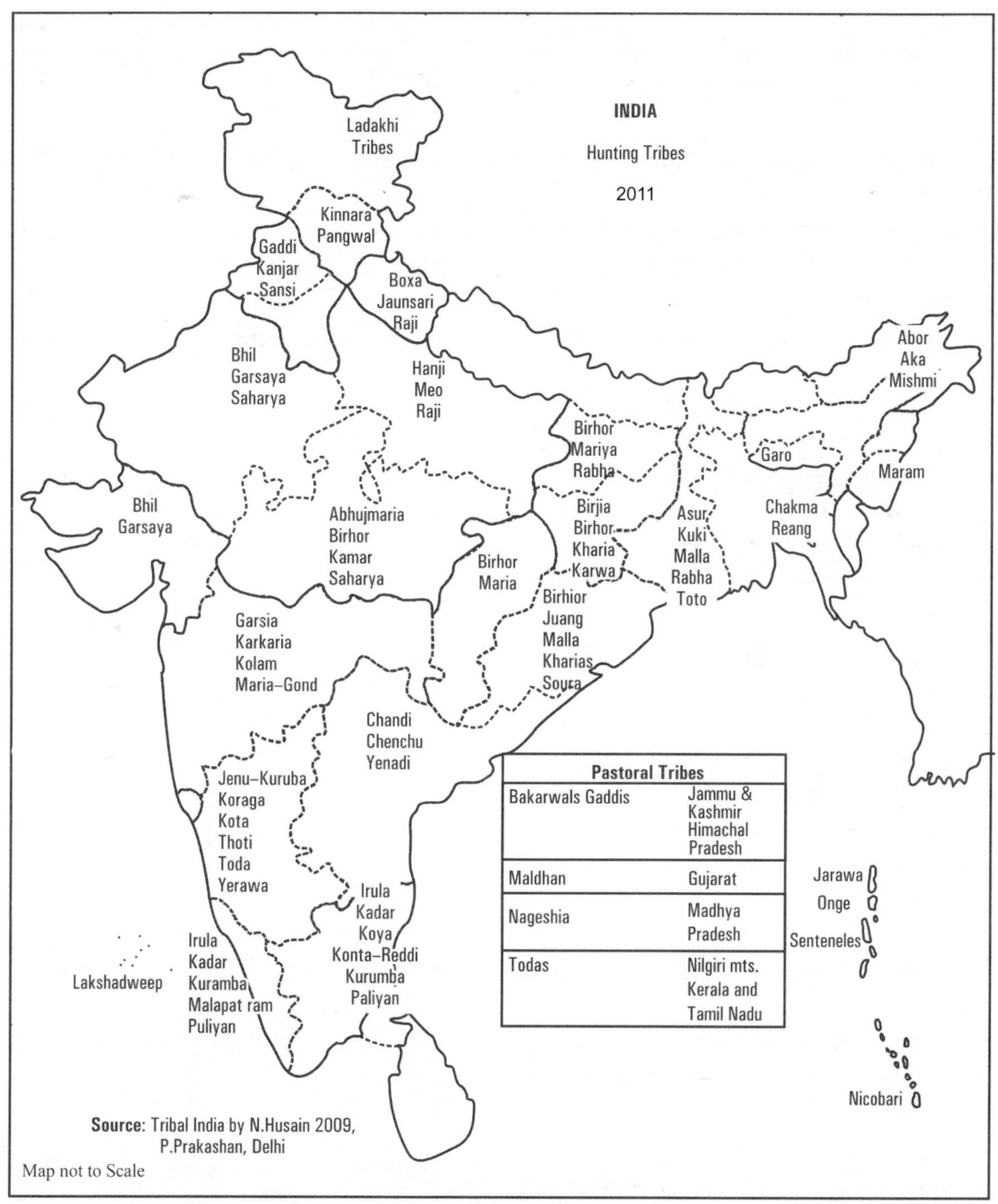

Pastoral Tribes	
Bakarwals Gaddis	Jammu & Kashmir Himachal Pradesh
Maldhan	Gujarat
Nageshia	Madhya Pradesh
Todas	Nilgiri mts. Kerala and Tamil Nadu

Fig. 11.6 Hunting tribes of India

कुटुनायाकन, लम्बाडी, माली, माने-डोरा, नरवा-डोरा, नायक, पोरजा, प्रधान रेड्डी, रेड्डी-डोरा, रोना/रेना, सबरा, सुगाली, टोटी, यनाडिया तथा यरकुला।

3. **अरुणाचल प्रदेशः** अबोर, अदि, अका, अपातनी, दाफ़ला, दिगारू, गोम्बा, खम्टी, मिजी, मिश्मी, मोनबा, नोक्टे तथा सिंहपो।

4. **असमः** बोरो, चकमा, दिमसा, दिवारी, होज़ा, होजाई, कचारी, लालुंग, मिकिर, मीरी, खाखा (गंग)।

5. **बिहारः** असुर, बैगा, बन्जारा, बेदिया, बिंझिया, बिरहोर, बिरजिया, चेरो, चिक, गोंड, हो, करमाली, खारिया, खेरवार, खोंड, कोरा, कोरवा, लोहार, महली, माल-पहाड़िया, मुण्डा, ओराओं, पहाड़िया, संथाल, सौथी तथा स्वार।

6. **गुजरातः** भील, धनका, दुबला, गर्साया, गोंड, कठोड़िया, खारिया, सिडी, वाघिर, वर्ली।

7. **हिमाचल प्रदेशः** भोट, भूटिया, गद्दी, गुज्जर, कन्नौरी, लाहुली, लाम्बा, पांगवाल, पहाड़ी।

8. **जम्मू-कश्मीरः** बक्करवाल, बौद्ध, लद्दाखी, गुज्जर तथा पहाड़ी।

9. **कर्नाटकः** अरण्डान, बदी, बामचा, बावचा, भील, गोधरा, चेन्चु धनका, ढ़ोडिया, दुबला, एकलिगा, गोडालु, गमता, हसदारू, हबकी, कादर, हैकुरूबा, कठोडी, कोकना, कोलीधोर, कोया, कोरूबा, कुडिया, कन्यान, कुरूमन, कोटा, कोरागा, कोण्डा-रेड्डी, कोण्डा-कोकुश, कम्मारा, कोरागा, कुरूम्बा, मलायकुडी, मलेरू, मराठा, मेडा, मन्नी, मुडुगर, मलायकंडी, मदियान, नैकडा, पालियार-पर्घी, पटालिया, पोमजला, पोरामा, पुन्यान, रठावा, रागोंड, सोलगा, सोलीगुरू, ठोटी, टोडा, विटोलिया, वरावा, वर्ली, इरावा।

10. **केरलः** अरण्डान, अरूलाज, इरावलन, कादर, कन्नीकर, कोचुविलान, कादियन, कम्मारा, कहुनयाकन, कोचु, कोण्डाकाकस, कोरागा, कोटा, कूडिया, कुरम्बास, कोरीचाचन, कुरूमान, मलाय, मल्लयान, मन्नार, मलाय-कन्डी, मन्नी, पल्लयान, पल्लियार, पनियान, पालयान, पुलियान, उराली/उराले, उलाडाना तथा विश्वान।

11. **मध्य प्रदेशः** अगरिया, अन्ध, बैगा, भील, भूमिया, भील, बिरहोर, बियार, चंचवार, धन्वार, डमोर, गडब्बा, गरासिया, गोंड, कमार, कीर, खैरवार, खोण्ड, कोल, कोरवा, मीणा, नट, नगासिया, निहाल, ओराओ, पानिका, प्रधान, सहारिया, सौर, स्वार, सौंटा।

12. **मणीपुरः** ऐमोल, हमार, कुकी, म्योन, राल्ते तथा ज़ू।

13. **मेघालयः** गारो, जयंतिया, खाली तथा पवी।

14. **मिजोरमः** लुशाई, मिज़ो, मात, तथा पाकी।

15. **नागालैंडः** अंगामी, आव, कोनयाक, कुकी, लोठा, मिकिर, मोन, रेंग्मा तथा सीमा।

16. **पंजाबः** भोट, बोध, गद्दी, स्वांगवाला।

17. **ओडिशाः** बगट्टा, बन्जारा, बथूड़ी, बौगा, भरुआ, भोटाडा, भूमिया, बिंझवार, बिरहुल, बिरहोर, चेन्चु, दाल, देसुआ, गोंडिया, गोंड, कोरा, हो, जुआंग, कम्मार, खरियार, खोड़, किसान, कोल, कोली, कोण्डा, कोतिया, कोली, कोन्डा, कोल्हा, लोढ़, लुहार, माडिया, महाली, मिघी, मुण्डा, ओराओ, पेटिया, परेंगा, पोण्डो, पोराजा, राजोर, शाबर, संथाल, सोंटी तथा सूरा।

18. **राजस्थानः** अन्ध, बदी, बवचा/बामचा, भैना, भतरा, भील, भीला, ईयां बिंझवार, बिरहुल, चरण, चोधारा, धनका, धाँवर, ढ़ोडिया, ढ़ोर, दुब्ला, गामित, गरसाया, गोंड, हल्वार/हल्बी, कमार, कन्ध, कठोडी/कटकरी, कौधरी, खरिया, खरवार, कोकना, कोकली, कोल, कोली, कोलम, कोरकू, कोरवा, कोया, कुक्का, कुन्बी, कुवार, मल्हार, मीणा, नैकडा, नैका, नगासिया, निहाल, ओराओं, सौंटा, स्वार, सिड्डी, ठाकुर, ठोटी, वर्ली तथा विटोलिया।

19. **तमिलनाडुः** अरानदान, इयुदियान, इरावालाना, इरूलिया, इरूलार, कादर, काकाश, कमडि, कानियान, कोचू, कोण्डा, कोण्डा-रेड्डी, कोरागा, कोटा, कोया, कुडिया, कुलायान, कोचुवेलन, कुरूमन, कुरम्बा, मलाई-अर्यान, मलसार, मैली किण्डी, कल्याली, मल्यान, मनान, मुदुगार, मथुरान, पनियान, पल्लियान, पलियार, शोल्गा, उराले, उल्लादान, उराली तथा विश्वान।

20. **उत्तर प्रदेशः** बन्जारा, भोकसा, भूटिया बुक्सा, हान्जी, जौनसरी, कंजर, राजी, सांसी तथा थारू।

21. **प. बंगालः** असुर, बैगा, बादिया, बन्जारा, बरायक, भूमिज, बिरहोर, बिरजिया, भूमिजी, भूतिया, चियो, चिक, चकमा, गारो, गोण्ड, हो, हाजंग, खोण्ड, कोरा, करमाली, खरवार, खुण्ड, किसान, कोरवा, लेप्चा, लोधा, खेरिया, लपेचा, लोहारा, माघ, माही,

मालपहाड़िया, मुण्डा, महाली, मल्ला, मेच, मेरू, मुण्डा, ओराओ, रभा, संथाल, सौरिया, सवार, शोलागा।

भारत की आखेट युग की अनुसूचित जनजातियाँ

भारत के पर्वतीय भागों और जंगलों में आज भी बहुत-सी आखेट युग की अनुसूचित जनजातियाँ पाई जाती हैं। विभिन्न राज्यों की आखेट युग की मुख्य जनजातियाँ निम्न प्रकार हैं:

1. **आन्ध्र प्रदेश:** चेन्चु इनाडी।
2. **छत्तीसगढ़:** बिरहोर, मारिया।
3. **गुजरात:** भील, गरसाया।
4. **झारखण्ड:** ब्रिजियास, बिरहोर, खारिया, कवी।
5. **केरल:** इरूला, कादर, कोरवा, कुरम्बा, मालापतरम, पलियान।
6. **महाराष्ट्र:** गरसाया, करकारिया, कोलम, मारिया, गोण्ड।
7. **मध्य प्रदेश:** अबूझमारिया, बिरहोर, कमार, सहारिया।
8. **ओडिशा:** बिरहोर, जुआंग, खरिया, मल्ल, सांवरिया।
9. **राजस्थान:** भील, गरसय्या, सहारिया।
10. **तमिलनाडु:** इरूला, कादर, कोण्टा-रेड्डी, कोया, कुरूम्बा, पालियान।
12. **अण्डमान-निकोबार द्वीप:** जरावा, निकोबारी, ओंगे, सेण्टाली, शोम्पने।

बहुपतिका (Polyandrous) जनजातियाँ

कोता, खासा, जौनसारी (उत्तर प्रदेश), उत्तराखण्ड, नायर, टोडा (नीलगिरि की पहाड़ियाँ, तमिलनाडु-केरल), बोटा-तिब्बतन (लद्दाख़-जम्मू कश्मीर)

बहुविवाही जनजातियाँ (Polygamous Tribes)

बैगा गोंड (छत्तीसगढ़-मध्य प्रदेश), लुशाई (तमिलनाडु, केरल), मोन (नागालैंड)।

जनजातियों का आर्थिक वर्गीकरण

मजूमदार के अनुसार, अनुसूचित जनजातियों को निम्न आर्थिक वर्गों में विभाजित किया जा सकता है:

1. **आखेट युग की जनजातियाँ:** चेन्चु, चान्दी (आन्ध्र प्रदेश), कादर, मालापन्नम, कुरम्बा (केरल), पालियान (तमिलनाडु), गारो (मेघालय), बिरहोर, कोरवा, पहाड़ी-खारिया-छोटानागपुर (झारखण्ड-ओडिशा), जुआंग (ओडिशा)।
2. **झूमिंग (Shifting Cultivation) पर आधारित जनजातियाँ:** झूमिंग प्रकार की खेती पर आधारित जनजातियाँ असम, अरुणाचल प्रदेश, मेघालय, मिज़ोरम, मणिपुर, नागालैंड, त्रिपुरा, झारखण्ड, छत्तीसगढ़ और मध्य प्रदेश में रहती हैं। इस प्रकार की खेती करने वाली जनजातियों में असुर, गोंड, बैगा, मुण्डा तथा उत्तरी-पूर्व राज्यों की जनजातियाँ सम्मिलित हैं।
3. **स्थाई कृषि करने वाली जनजातियाँ:** बोडो, मीरी, खाखा (असम), गोंड (छत्तीसगढ़-मध्य प्रदेश), भील, मीना (राजस्थान) आदि।
4. **दस्तकार/शिल्पकार, जनजातियाँ:** असुर (बिहार), अगरया (मध्य प्रदेश), कोलम (महाराष्ट्र), अरूला (तमिलनाडु)। ये जनजातियाँ सुन्दर चटाईयाँ बनाती हैं।
5. **चरागाही/पशुचारी जनजातियाँ:** बक्करवाल, गद्दी (जम्मू-कश्मीर तथा हिमाचल प्रदेश), मालधन (गुजरात), ये लोग भेड, बकरियाँ तथा गाय या भैंस पालते हैं।
6. **लोक-कलाकार जनजातियाँ:** बहुत-सी अनुसूचित जनजातियाँ लोक नृत्य, नट, सपेरे, आदि की कला दिखाकर अपना जीविकापार्जन करती हैं। इन जनजातियों में तमिलनाडु के कोता, ओडिशा के मुंडुपट्टू, उत्तर प्रदेश के नट, बादी, सपेरे, डोम हैं।
7. **कृषि मज़दूर-जन जातियाँ:** भारत की बहुत-सी अनुसूचित जनजातियाँ खेती-बाड़ी में किसानों के साथ काम करके अपना जीविकापार्जन करती हैं। एक अनुमान के अनुसार अनुसूचित जनजातियों के 20 प्रतिशत खेतीहर मज़दूर हैं। इस प्रकार की जनजातियाँ असम, बिहार, छत्तीसगढ़, झारखण्ड, मध्य प्रदेश, ओडिशा, उत्तर प्रदेश, उत्तराखण्ड तथा प. बंगाल में रहती हैं।
8. **सेवा तथा व्यापार में लगी जनजातियाँ:** राजस्थान के मीणा, मिज़ोरम के लुशाई, मेघालय के खासी, नागालैंड के अंगामी आदि मुख्यतौर पर सेवा-क्षेत्र तथा व्यापार में लगे हुये हैं। भारत की जनजातियों तथा अनुसूचित जनजातियों का विभिन्न राज्यों में वितरण **तालिका 11.13** में दिया गया है।

तालिका 11.13: अनुसूचित जातियों तथा अनुसूचित जनजातियों का विभिन्न राज्यों में वितरण-2011

क्र. सं.	भारत/राज्य संघीय क्षेत्र	कुल जनसंख्या जातियों की	अनुसूचित जातियों का जनसंख्या (हजार में)	अनुसूचित जनजाति का प्रतिशत	अनुसूचित जनसंख्या (हजार में)	अनुसूचित जनजातियों का प्रतिशत
	भारत	**1,028,610**	**166,636**	**16.20**	**84,326**	**8.20**
1.	जम्मू कश्मीर	10,069,917	770	7.59	1106	10.90
2.	हिमाचल प्रदेश	6078,248	1502	24.72	245	4.02
3.	पंजाब	24,289,296	7029	28.85	00	00
4.	चण्डीगढ़	900,914	158	17.50	00	00
5.	उत्तराखण्ड	8,470,562	1517	17.87	256	3.02
6.	हरियाणा	21,082,982	4091	19.87	00	00
7.	दिल्ली	13,782,976	2342	16.92	00	0.00
8.	राजस्थान	56,473,122	9694	17.16	7098	12.56
9.	उत्तर प्रदेश	166,052,859	35,148	21.15	108	0.06
10.	बिहार	82,878,796	13,148	15.72	758	0.91
11.	सिक्किम	540,493	27	5.02	111	20.60
12.	अरुणाचल प्रदेश	1091,117	6	0.56	705	64.22
13.	नागालैंड	1988,636	00	00	1774	89.15
14.	मणिपुर	2,388,634	60	2.77	741	34.22
15.	मिज़ोरम	8,91,058	00	0.03	839	94.50
16.	त्रिपुरा	3,191,168	556	17.37	993	31.05
17.	मेघालय	2,306,069	11	0.48	1993	85.94
18.	असम	1,091,117	1826	6.85	3309	12.41
19.	प. बंगाल	80,221,171	18,453	23.02	4407	5.50
20.	झारखण्ड	26,909,428	3189	11.84	7087	26.30
21.	ओडिशा	36,706,920	6082	16.53	8145	22.13
22.	छत्तीसगढ़	20,795,956	2419	11.61	6617	31.76
23.	मध्य प्रदेश	60,385,118	9155	15.17	12,233	20.27
24.	गुजरात	50,596,992	3593	7.09	7481	14.76
25.	दमन एवं दीव	158,059	5	3.06	14	8.85
26.	दादरा एवं नगर हवेली	220,451	4	1.86	137	62.24
27.	महाराष्ट्र	96,752,247	9882	10.20	8577	8.85
28.	आन्ध्र प्रदेश	1,091,117	12,339	16.19	5024	6.59
29.	कर्नाटक	52,733,958	8564	16.20	3464	6.55
30.	गोवा	1,343,998	24	1.77	1	0.04
31.	लक्षद्वीप	60,595	00	00	57	94.51
32.	केरल	31,838,619	3124	9.81	364	1.14
33.	तमिलनाडु	62,110,839	11,858	1900	651	1.04
34.	पुदुचेरी	973,829	158	1619	00	00
35.	अण्डमान-निकोबार	356,265	00	00	29	8.27

Source: *Census of India, 2011*

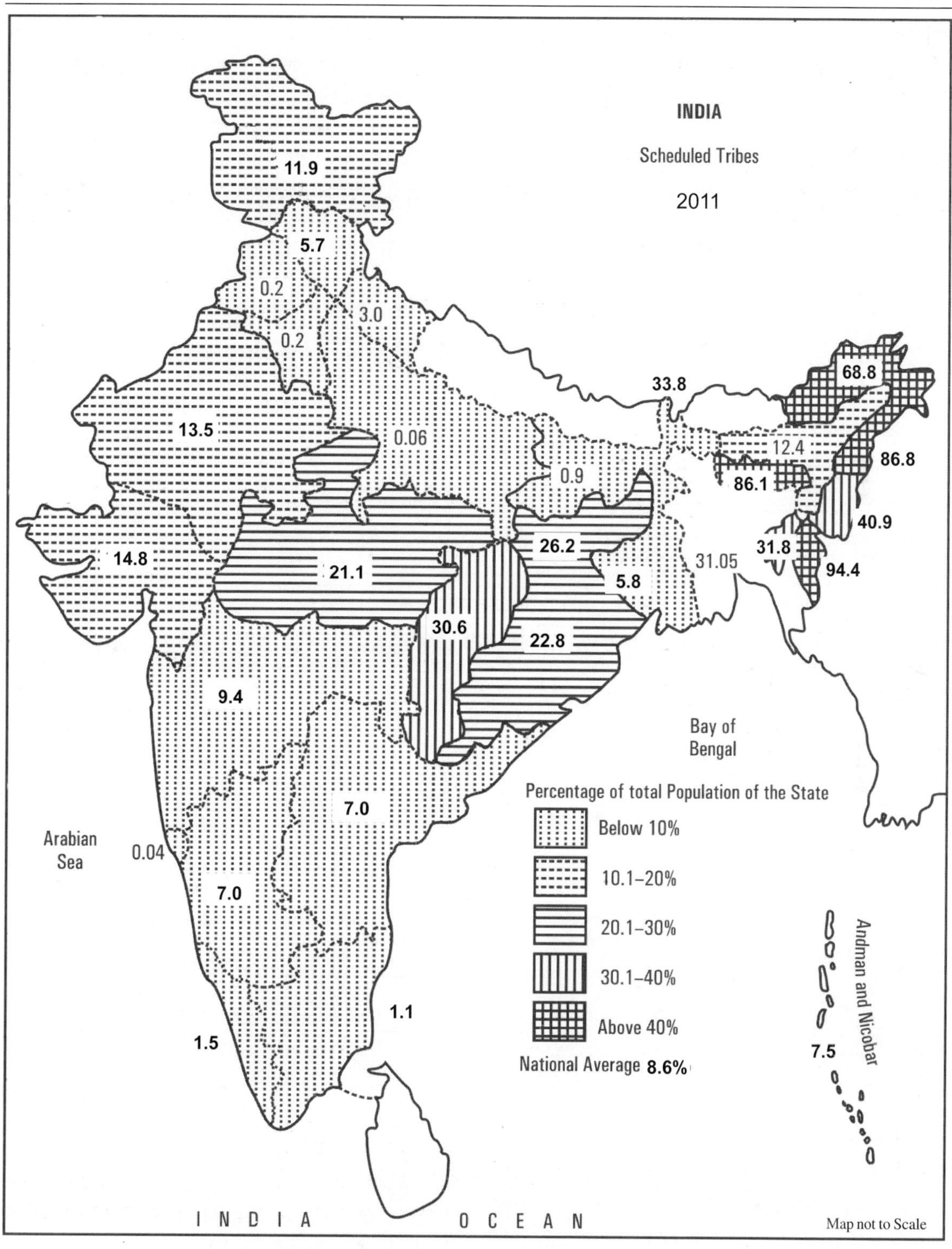

Fig. 11.7 Density of scheduled tribes, 2011

तालिका 11.13 के परीक्षण से ज्ञात होता है कि भारत में अनुसूचित जनजातियों का प्रतिशत सबसे अधिक (94.51%) लक्षद्वीप में है, जिसके बाद मिज़ोरम में 94.50%, नागालैंड 89.15% तथा मेघालय 86% है। इसके विपरीत गोवा, हरियाणा, पंजाब तथा उत्तर प्रदेश में 0.1% से भी कम अनुसूचित जनजातीय जनसंख्या है ।

तालिका 11.14: भारत के विभिन्न क्षेत्रों की अनुसूचित जनजातियाँ

क्षेत्र / प्रदेश	जनजातियाँ
1. उत्तरी-पूर्वी भारत	अरुणाचल प्रदेश, असम, मणिपुर, मेघालय, मिज़ोरम, नागालैंड, त्रिपुरा तथा सिक्किम **(Fig. 11.8)**।
2. मध्य भारत	आन्ध्र प्रदेश, बिहार, छत्तीसगढ़, दादरा एवं नगर हवेली, दमन एवं दीव, गुजरात, झारखण्ड, मध्य प्रदेश, महाराष्ट्र, ओडिशा, राजस्थान तथा प. बंगाल।
3. अन्य क्षेत्र	अंडमान-निकोबार द्वीप समूह, हिमाचल प्रदेश, जम्मू-कश्मीर, कर्नाटक, केरल, लक्षद्वीप, उत्तराखण्ड तथा उत्तर प्रदेश।

छठे अनुच्छेद में दी गई अनुसूचित जनजातियाँ (The Sixth Scheduled Tribes)

भारतीय संविधान की धारा 244, अनुच्छेद छह के अंतर्गत उत्तरी-पूर्वी भारत के निम्न क्षेत्रों को अनुसूचित जनजातीय क्षेत्र घोषित किया गया है **(तालिका 11.15)**

तालिका 11.15: भारत के छठे अनुच्छेद में दी गई अनुसूचित जनजातियाँ

अनुच्छेद का भाग	राज्य	अनुसूचित जनजातियाँ
प्रथम भाग	असम	1. उत्तरी कछार-पर्वतीय जनपद 2. कर्बी-आंगलोंग, जनपद 3. बोडोलैंड
द्वितीय भाग	मेघालय	1. खासी जनपद 2. जयन्तिया जनपद 3. गारो जनपद
द्वितीय भाग-।	त्रिपुरा	त्रिपुरा जनजातीय क्षेत्र
तृतीय भाग	मिजोरम	1. कचमा जनपद 2. मारा-जनपद जिला 3. लाय

Source: *India 2009, pp-969-70*

अनुसूचित जातियाँ (Scheduled Castes)

अनुसूचित जाति (शेड्यूलकास्ट) शब्द का सबसे पहले उपयोग भारत सरकार अधिनियम, 1935 में किया गया था। डॉ. भीमराव अम्बेडकर ने उनको दलित वर्ग (Depressed Class) तथा महात्मा गांधी ने 'हरिजन' के नाम से सम्बोधित किया था।

अनुसूचित जातियों की उत्पत्ति प्राचीन काल में हुई। हिन्दू धर्म में वशी आश्रम के अंतर्गत उनको सबसे घटिया काम करने वाले वर्ग में रखा गया और उनको शूद्र के नाम से पुकारा जाने लगा। भारत की मुख्य अनुसूचित जातियाँ **(Fig. 11.9)** में दिखाई गई हैं।

यह भारत के सभी राज्यों तथा संघीय क्षेत्रों में पाई जाती हैं। विभिन्न राज्यों में उनका प्रतिशत भिन्न-भिन्न है।

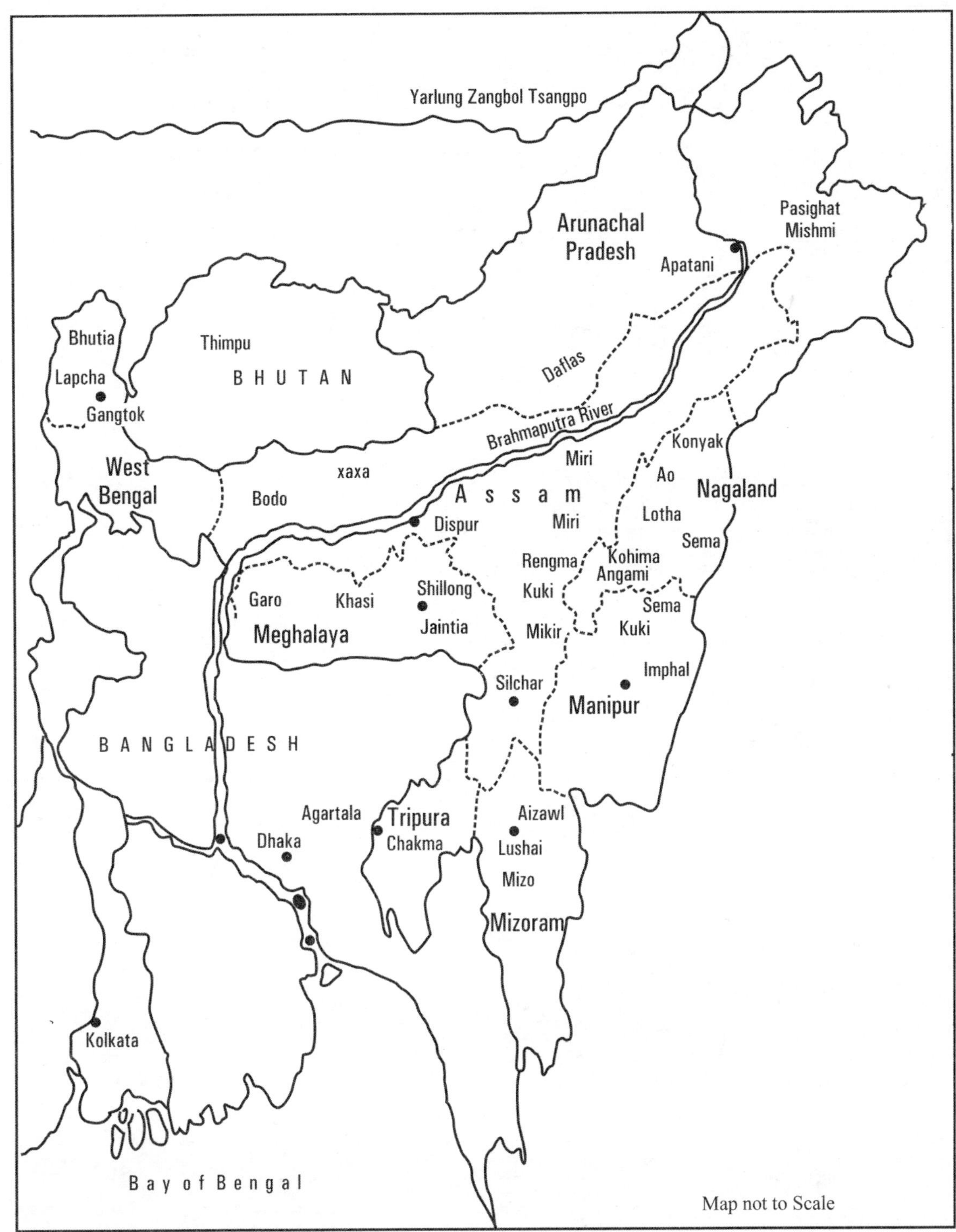

Fig. 11.8 North-East India – Major tribes

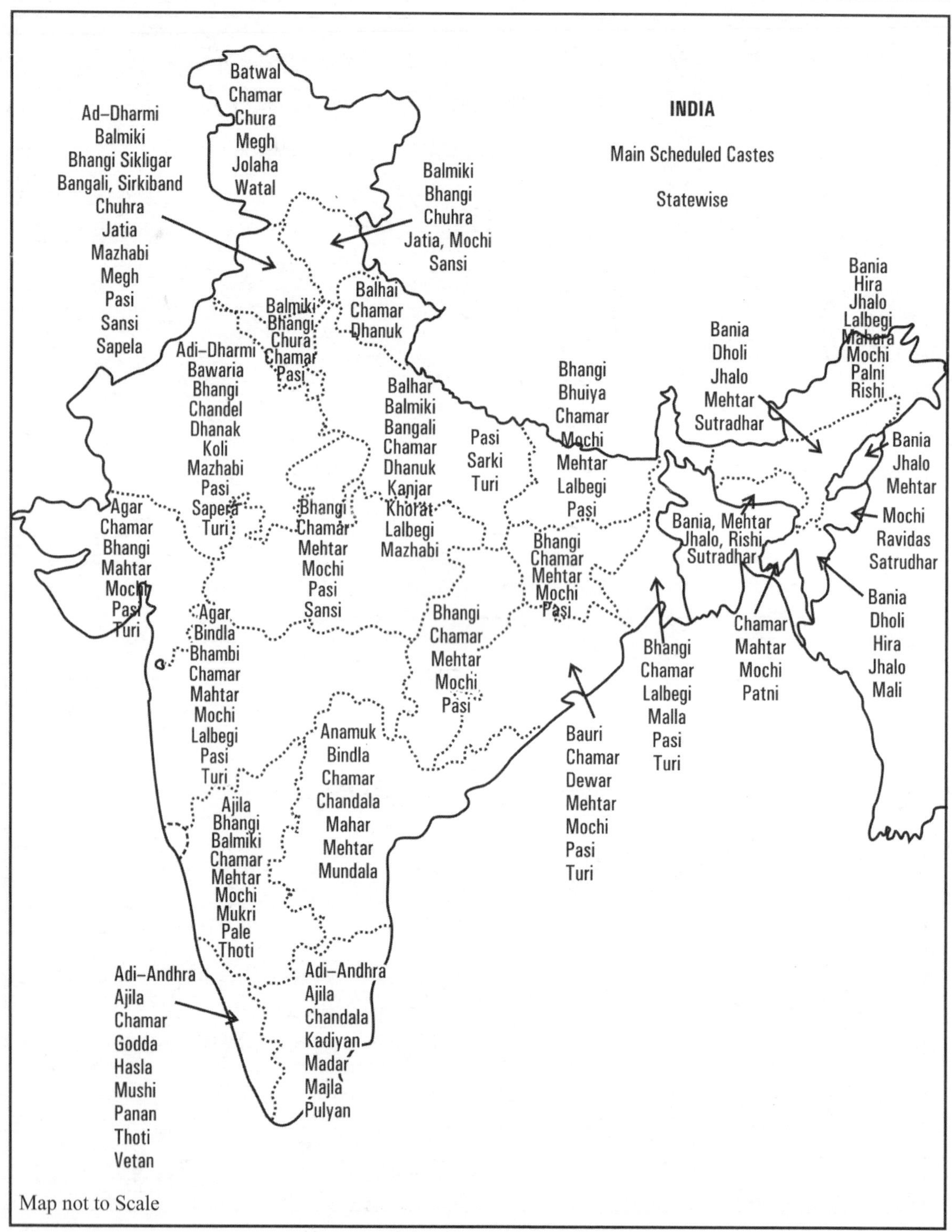

Fig. 11.9 Main scheduled castes of India

कुल जनसंख्या में उनका प्रतिशत **तालिका 11.13** में दिया गया है। इस तालिका के परीक्षण से पता चलता है कि अनुसूचित जातियों की प्रतिशत जनसंख्या पंजाब में 28.85 प्रतिशत है, जिसके पश्चात उत्तर प्रदेश में 21.95 प्रतिशत, हरियाणा 19.35 प्रतिशत तथा उत्तराखण्ड 17.87 प्रतिशत है। उत्तर-पूर्व के राज्यों में उनकी जनसंख्या नाममात्र की है।

अनुसूचित जाति/अनुसूचित जनजाति/अन्य पिछड़ावर्ग के लिए सरकारी योजनाएँ

अनुसूचित जाति के छात्रों के लिए प्री-मैट्रिक छात्रवृत्ति

इस योजना की शुरुआत 2012 में की गई थी। इस योजना के तहत सहायता के रूप में 100% खर्चा केन्द्र सरकार द्वारा प्रदान किया जाता है।

अनुसूचित जातियों के लिए ओवरसीज छात्रवृत्ति

इस योजना के तहत संस्थानों द्वारा वसूल की जाने वाली फीस जैसे-मासिक रख-रखाव भत्ता, यात्रा वीजा फीस, बीमा किश्त, वार्षिक आकस्मिक भत्ता, दुर्घटना यात्रा भत्ता प्रदान किया जाता है। प्रत्येक वर्ष 100 छात्रों को यह छात्रवृत्ति प्रदान की जाती है इसमें 30 प्रतिशत छात्रवृत्ति महिलाओं के लिए निर्धारित है।

बाबू जगजीवन राम छात्रावास योजना

इस योजना का उद्देश्य अनुसूचित जाति के छात्र और छात्राओं को छात्रावास की सुविधा उपलब्ध कराना है जो माध्यमिक विद्यालयों, उच्चतर माध्यमिक विद्यालयों, कालेजों और विश्वविद्यालयों में अध्ययन कर रहे हैं।

अनुसूचित जाति के छात्रों के लिए राजीव गांधी राष्ट्रीय शिक्षावृत्ति

इस योजना के तहत अनुसूचित जाति के उन छात्रों को आर्थिक सहायता प्रदान की जाती है जो एम. फिल, पीएच डी. कर रहे हैं।

अनुसूचित जातियों के लिए उद्यम पूँजी कोष

अनुसूचित जातियों के लिए एक उद्यम पूंजी कोष की स्थापना की घोषणा सरकार ने वर्ष 2014 में की थी। इस कोष की स्थापना का उद्देश्य अनुसूचित जाति के लोगों को उद्यम लगाने के लिए प्रोत्साहित करना है और उन्हें रियाती वित्त सहायता प्रदान की जाती है।

साख वृद्धि गारण्टी योजना

अनुसूचित जाति के युवा उद्यमियों की साख वृद्धि में सहायता के लिए सरकार ने 2014 में ₹200 करोड़ के आवंटन की घोषणा की।

आदिवासी महिला सशक्तीकरण योजना (AMSY)

आदिवासी महिलाओं के आर्थिक विकास के लिए यह एक महत्वपूर्ण योजना है। इस योजना के तहत उन्हें उच्च रियाती दर पर ऋण उपलब्ध कराया जाता है। इसके तहत एन. एस.टी.एफ.डी.सी. द्वारा योजना/योजनाओं, प्रोजेक्ट/प्रोजेक्टों को ₹50,000 का टर्म लोन प्रति व्यक्तिगत यूनिट/लाभकारी केन्द्र को उपलब्ध कराया जाता है।

भारत लिमिटेड का जनजातीय सहकारी विपणन विकास संगठन

इसकी स्थापना 1987 में राष्ट्रीय स्तर पर एक शीर्ष संस्था के रूप में बहु-राज्य सहकारी संस्थाएं अधिनियम, 1984 के तहत की गई थी। यह संस्था आदिवासी उत्पादों के लिए 'बाजार विकास' और इस संगठन के सदस्यों के लिए 'सेवा प्रदाता' की तरह काम करती है।

वनबन्धु कल्याण योजना

इसका उद्देश्य आदिवासी लोगों की आवश्यकताओं के अनुरूप वातावरण बनाना और उनकी पवित्र प्राचीन मान्यताओं का विकास करना है।

आदिवासी बच्चों की शिक्षा के लिए अम्ब्रैला योजना

इस योजना के अन्तर्गत निम्नलिखित योजनाएं हैं-

(a) आदम स्कूलों की स्थापना करना

(b) छात्रावासों की स्थापना करना

(c) आदिवासी क्षेत्रों में व्यावसायिक प्रशिक्षण देना

(d) प्री-मैट्रिक और पोस्ट-मैट्रिक छात्रवृत्ति देना

अन्य पिछड़ा वर्ग (OBC) के लिए प्री-मैट्रिक छात्रवृत्ति

इस योजना का उद्देश्य ओ.बी.सी. के उन छात्रों को प्रेरित करना है जो प्री-मैट्रिक स्तर पर पढ़ रहे हैं। इस योजना के लिए योग्यता वार्षिक आय ₹2,50,500/- से अधिक नहीं होनी चाहिए।

अन्य पिछड़ा वर्ग (OBC) के लिए पोस्ट-मैट्रिक छात्रवृत्ति

इस योजना का उद्देश्य ओ.बी.सी. के उन छात्रों को आर्थिक सहायता उपलब्ध कराना है जो पोस्ट मेट्रीकुलेशन या पोस्ट सेकेण्ड्री स्तर पर पढ़ाई कर रहे हैं, जिससे वे अपनी यह पढ़ाई पूर्ण कर सके। इस योजना के लिए परिवार की वार्षिक आय ₹1,00,000/- से अधिक नहीं होनी चाहिए।

अन्य पिछड़ा वर्ग (OBC) के लड़के और लड़कियों के लिए छात्रावासों का निर्माण

इस योजना का उद्देश्य उन छात्रों को छात्रावास सुविधा उपलब्ध कराना है जो सामाजिक और शिक्षिक रूप से पिछड़े वर्ग से सम्बन्धित है, विशेष रूप से ग्रामीण क्षेत्रों से, ऐसे छात्रों को सेकेण्ड्री और उच्च शिक्षा जारी रखने के लिए सामर्थ्यवान बनाना है। छात्रों के छात्रावासों के निर्माण पर होने वाले व्यय को केन्द्र और राज्य सरकारों द्वारा 60:40 के अनुपात में वहन किया जाता है, वहीं लड़कियों के छात्रावासों के कुल व्यय के 90:10 के अनुपात में वहन किया जाता है।

शैक्षिक ऋण पर ब्याज अनुदान की डॉ. अम्बेडकर योजना

इस योजना का उद्देश्य अन्य पिछड़ा वर्ग (OBC) और आर्थिक रूप से पिछड़े वर्ग (EBCS) के प्रतिभाशाली छात्रों को शिक्षा ऋण पर ब्याज अनुदान प्रदान करना है जिससे उनको विदेशों में पढ़ाई के अवसर मिल सकें।

राष्ट्रीय पिछड़ा वर्ग वित्त और विकास निगम (NBCFDC)

राष्ट्रीय पिछड़ा वर्ग वित्त और विकास निगम, भारत सरकार के सामाजिक न्याय और सशक्तीकरण मंत्रालय के संरक्षण में वर्ष 1992 में नियमित किया गया था। यह गरीब वर्ग के लोगों को कौशल विकास और स्व-रोजगार उद्यम में सहायता करता है।

भारतीय अल्पसंख्यक (Indian Minorites)

भारत में मुस्लिम, ईसाई, सिख, बौद्ध तथा ईसाई अल्पसंख्यकों में सम्मलित किये जाते हैं। 1992 में अल्पसंख्यकों के लिये राष्ट्रीय आयोग (National Commission on Minorities) स्थापित किया गया था। भारत में अल्पसंख्यकों की संख्या 18.74 प्रतिशत है। भारत सरकार ने अल्पसंख्यकों के आर्थिक एवं सामाजिक विकास के लिये निम्न उपाय किये हैं:

1. संवैधानिक उपाय

भारतीय संविधान में अल्पसंख्यकों के लिये निम्न प्रावधान हैं:

(i) **अल्पसंख्यकों के लिये राष्ट्रीय आयोग:** भारत सरकार ने जनवरी 1978 में जिस आयोग को स्थापित करने की घोषणा की थी उसको 1992 में संसद के द्वारा पारित करके स्थापित किया गया। इस आयोग में अध्यक्ष तथा उपाध्यक्ष सहित सात सदस्य होते हैं। इसका अध्यक्ष तथा अन्य कम से कम चार सदस्य अल्पसंख्यक वर्ग के होते हैं। यह आयोग आवश्यक वैधानिक, आर्थिक एवं सामाजिक उत्थान के लिये सुझाव देता है तथा उन पर आवश्यक कारवाई करता है।

(ii) **धर्म एवं भाषाओं के लिये राष्ट्रीय आयोग:** इस आयोग का मुख्य कार्य आर्थिक एवं सामाजिक दृष्टि से पिछड़े समुदायों की पहचान करना तथा उनके लिये कार्य करना है।

(iii) **केन्द्रीय वक्फ परिषद (Central Wakf Council):** केन्द्रीय वक्फ परिषद का मुख्य कार्य चल तथा अचल सम्पत्ति का, इस्लाम धर्म मानने वालों के आर्थिक स्थलों एवं परोपकारी कार्यों की देख-रेख करना है। यह वक्फ़ केन्द्रीय कानून मन्त्रालय के अंतर्गत आता है। वक्फ़ सम्पत्ति के साथ-साथ यह शिक्षा विकास के लिये भी कार्य करता है।

(iv) **अल्पसंख्यक भाषाओं के विकास के लिये विशेष अधिकारी:** भाषायी अल्पसंख्यकों के अधिकारी को भाषायी आयुक्त कहते हैं। इनका मुख्यालय इलाहाबाद में है।

(v) राष्ट्रीय अल्पसंख्यक विकास-वित्तीय निगम: अल्पसंख्यकों के रोज़गार तथा आर्थिक विकास के लिये यह निगम उचित तथा योग्य व्यक्तियों तथा परिवारों की सहायता करता है। विशेष ध्यान उन परिवारों पर दिया जाता है जो गरीबी रेखा से नीचे हैं।

(vi) शिक्षा विकास: मौलाना आज़ाद एजुकेशनल फाउण्डेशन: यह एक पंजीकृत सोसाइटी है जो अल्पसंख्यक बच्चों की शिक्षा पर विशेष ध्यान देती है। इस फाउण्डेशन का मुख्य ध्यान मुस्लिम बच्चों की शिक्षा पर होता है।

अल्पसंख्यक मामलों का मन्त्रालय

यह मन्त्रालय 29 जनवरी, 2006 को स्थापित किया गया था। इस मन्त्रालय का मुख्य उद्देश्य अल्पसंख्यकों के चौमुखी विकास पर बल देना है।

प्रधानमन्त्री का 15 सूत्री कार्यक्रम

प्रधानमंत्री ने जून 2006 में अल्पसंख्यकों के विकास के लिये 15 सूत्री कार्यक्रम की घोषणा की थी। इस प्रोग्राम के मुख्य बिन्दु निम्न हैं:

1. शिक्षा के अवसर प्रदान करना।
2. आर्थिक विकास में अल्पसंख्यकों की भागीदारी को बढ़ावा देना।
3. अल्पसंख्यकों के जीवन स्तर को ऊपर उठाना।
4. साम्प्रदायिक भाईचारे को बढ़ावा देना।
5. सरकारी योजनाओं का लाभ ग़रीबों तक पहुँचाना।
6. जहां सम्भव हो सरकारी योजनाओं का 15 प्रतिशत अल्पसंख्यक विकास के लिये प्रयोग किया जाये।

अल्पसंख्यक समाज के उत्थान के लिये निम्न योजनाएं भी तैयार की गई हैं:

1. **मैरिट-कम-मींस-स्कॉलरशिप (Merit-Cum-Means Scholarship):** इस योजना के अन्तर्गत केन्द्रीय सरकार ने बीस हजार नई छात्रवृत्तियों की स्थापना की है। इनमें से प्रत्येक छात्रवृत्ति की राशि बीस हजार रुपये प्रतिवर्ष है।
2. **मैट्रिकोत्तर स्कॉलरशिप (Post Matric Scholarship):** इस योजना का पूरा धन केन्द्रीय सरकार से आता है। यह छात्रवृत्ति ग्यारहवीं कक्षा से लेकर पी.एच.डी. तक के छात्रों को दी जाती है। इस स्कॉलरशिप की राशि तीन हज़ार प्रतिवर्ष से लेकर दस हज़ार रुपये प्रतिवर्ष है।
3. **मैट्रिक-पूर्व स्कॉलरशिप (Pre-matric Scholarship):** इन स्कॉलरशिप की राशि केन्द्र तथा राज्य सरकारों के बजट से 75:25 के अनुपात में आती हैं।

   इसके अंतर्गत कक्षा एक से कक्षा दस तक के छात्रों को सम्मिलित किया जाता है। इसकी धन राशि रुपये 4700 प्रतिवर्ष है।
4. उन जिलों का पता लगाना जिनमें अल्पसंख्यक जनसंख्या अधिक है।
5. **कोचिंग आदि का प्रबंध करना:** यह योजना 2007 में आरम्भ की गई थी।

मानव संसाधन (Human Resources)

मानव किसी देश का बहुमूल्य संसाधन है। मानव संसाधन का मतलब है मानव पूंजी। देश को मानव संसाधन के विकास के लिए मानवशक्ति योजना लागू करनी चाहिए।

मानव संसाधन को परिसंपत्ति और देनदारी दोनों ही समझना चाहिए। आर्थिक विकास के लिए प्राकृतिक और मानव संसाधन दोनों का उचित प्रयोग आवश्यक है। प्राकृतिक संसाधन का उचित प्रयोग मुख्यत: मानव संसाधन कितने है, इस बात पर निर्भर करता है। लेकिन जरूरत से अधिक जनसंख्या हुई तो वह विकास के पूरे फायदे को निगल लेगा।

मानव पूंजी के निर्माण से अर्थ है देश की जनसंख्या की योग्यता और कौशल का विकास। मानव संसाधन का विकास करने के लिए देश को चाहिए कि वह मानवशक्ति के बारे में योजना शुरू करे ताकि वह मानव संसाधन का विकास कर सके।

मानव संसाधन का महत्त्व

मानव संसाधन विकास के निम्नलिखित गुण हैं:

1. **मानव संसाधन का उचित प्रयोग:** मानव संसाधन का गुणवत्तापूर्ण और मात्रात्मक विकास प्राकृतिक संसाधनों के उचित प्रयोग के लिए बहुत जरूरी होता है।

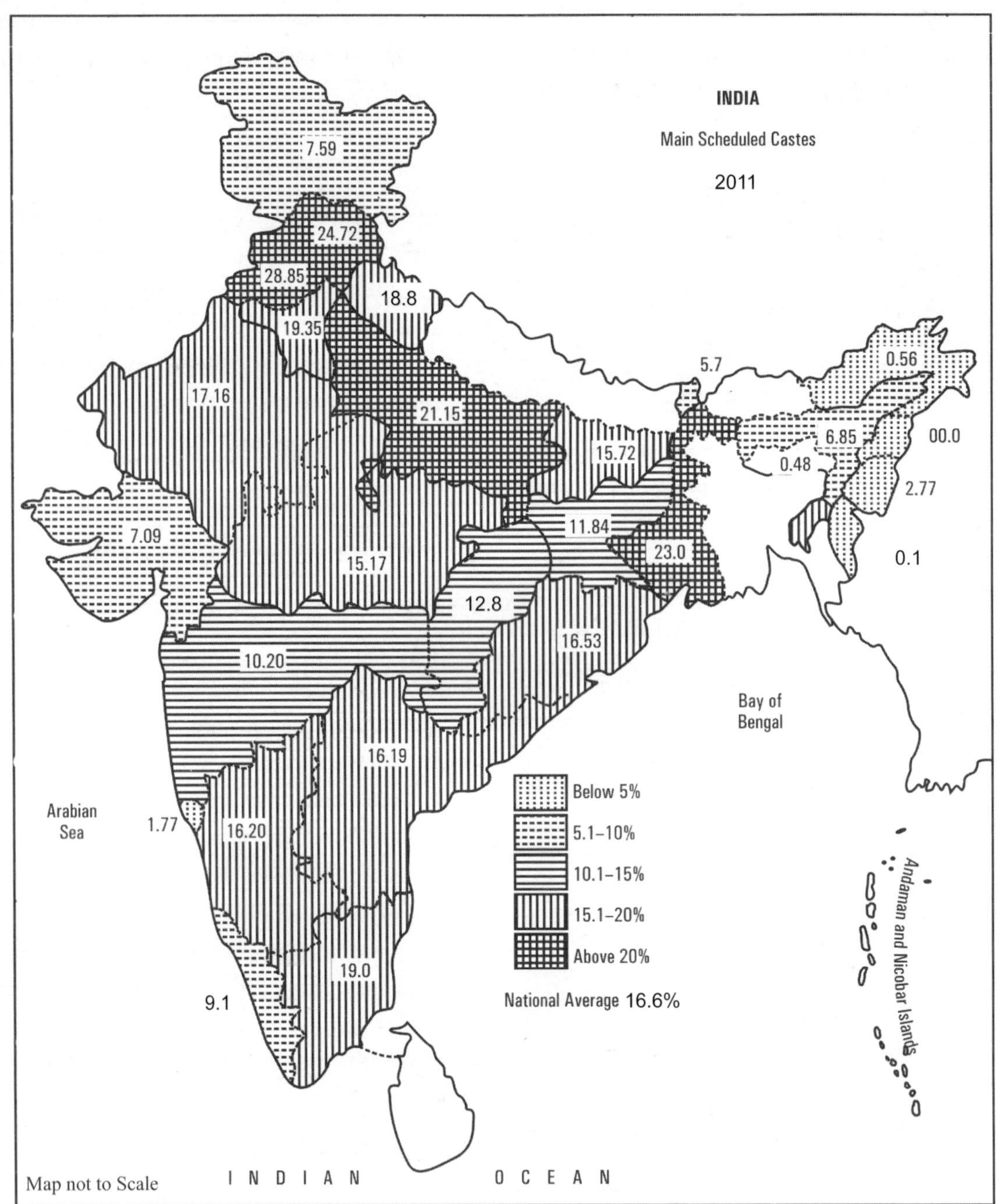

Fig. 11.10 Density of scheduled caste population, 2011

2. **उत्पादन में वृद्धिः** प्रमुख समाज विज्ञानियों जैसे प्रो. गाल्ब्रेथ का कहना है कि, औद्योगिक विकास के बड़े हिस्से के पीछे पूंजी निवेश नहीं बल्कि लोगों में निवेश और इस निवेश के कारण लोगों में हुआ सुधार है।
3. **कौशल विकासः** अविकसित देशों में धीमी आर्थिक प्रगति मानव पूंजी में निवेश नहीं करने के कारण होता है।

4. **उत्पादन में वृद्धिः** ज्ञानवान और कौशल कार्यकर्ता अपने पास उपलब्ध संसाधनों का उचित प्रयोग करते हैं जिसकी वजह से उत्पादन में वृद्धि होती है।
5. **प्रति व्यक्ति आय में वृद्धि होती है:** मानव संसाधन विकास मानव पूंजी के निर्माण द्वारा देश में प्रति व्यक्ति आय को बढ़ा सकता है।
6. **उत्पादन क्षमता में योगः** मानव पूंजी निर्माण के रूप में मानव संसाधन का विकास देश की उत्पादन क्षमता में जरूरी वृद्धि कर सकता है।
7. **आर्थिक परिवर्तन का औजारः** मानव संसाधन विकास लोगों को ज्ञानवान, कुशल और शारीरिक रूप से स्वस्थ बना सकता है। यह लोगों के व्यवहार में परिवर्तन ला सकता है और उनकी निजी गुणवत्ता में वृद्धि कर सकता है।
8. **जीवन की गुणवत्ता में सुधारः** मानव संसाधन विकास सामान्य रूप से लोगों के जीवन की गुणवत्ता में सुधार की गति को बढ़ा सकता है।

मानव विकास (Human Development)

मानव विकास रिपोर्ट 2020 के अनुसार, भारत 189 देशों में से 131वें स्थान पर है। राज्य स्तर पर भारत का मानव विकास सूचकांक **Fig. 11.11** में चित्रित किया गया है। इन आंकड़ो से देखा जा सकता है कि केरल और पंजाब अपेक्षाकृत अधिक विकसित हैं, जबकि बिहार, ओडिशा, उत्तर प्रदेश, छत्तीसगढ़, मध्य प्रदेश, झारखंड और पूर्वोत्तर भारत के सभी राज्य मानव विकास में राष्ट्रीय औसत से काफी नीचे हैं।

भारत में गरीबी (Poverty in India)

सरकारी आँकड़ों के अनुसार भारत की लगभग एक-तिहाई जनसंख्या गरीबी रेखा से नीचे है। भारत के विभिन्न राज्यों में गरीबी के प्रतिरूप **Fig. 11.12** में दिखाये गये हैं तथा सम्बधित आँकड़े **तालिका 11.17** में दिये गये हैं।

इस तालिका की समीक्षा से ज्ञात होता है कि सब से अधिक गरीबी रेखा से नीचे की प्रतिशत जनसंख्या ओडिशा में 46.4 प्रतिशत है। ओडिशा के पश्चात झारखण्ड (40.3%), है। गरीबी रेखा से सबसे कम प्रतिशत जनसंख्या पंजाब में 8.4 प्रतिशत, हरियाणा में 14 प्रतिशत तथा केरल में 15 प्रतिशत है।

राष्ट्रीय जनसंख्या नीति, 2000 (The National Population Policy of India, 2000)

चीन के पश्चात भारत में विश्व की दूसरी सबसे बड़ी जनसंख्या रहती है। भारत की तीव्र जनसंख्या वृद्धि के कारण भारत सरकार ने 2000 में एक नई जनसंख्या नीति घोषित की गई थी। इस जनसंख्या नीति के मुख्य बिन्दु निम्न हैं:

1. प्रजनन तथा शिशु सुरक्षा सम्बन्धी विषयों पर बल देना।
2. चौदह वर्ष तक के बच्चों के लिए शिक्षा अनिवार्य की जाये तथा स्कूल छोड़ने वाले बच्चों की संख्या कम की जाये।
3. शिशु मृत्यु-दर को कम किया जाये।
4. माताओं की मृत्यु दर घटा कर 100 प्रति 1000 तक लाया जाये।
5. लड़कियों की 18 तथा लड़कों की शादी 21 वर्ष से पहले न की जाये
6. सभी बच्चों का टीकाकरण होना चाहिए।
7. सभी शिशुओं का जन्म प्रशिक्षित दाईयों (Midwives) के द्वारा तथा 80 प्रतिशत बच्चों का जन्म प्रसूति-गृह में होना चाहिये।
8. जनन क्षमता के बारे में जानकारी देना तथा मार्गदर्शन करना।
9. सौ प्रतिशत जन्म तथा मृत्यु का पंजीकरण अनिवार्य
10. एड्स (AIDS) की बीमारी की रोकथाम करना।
11. महामारियों की रोकथाम करना।
12. छोटे परिवार के महत्त्व पर बल देना।
13. भारतीय औषधियों पर बल देना।
14. परिवार नियोजन के सम्बंध में जागरुकता उत्पन्न की जाये।

रणनीतियां (Strategies)

राष्ट्रीय जनसंख्या नीति, 2000 के उद्देश्यों को प्राप्त करने के लिये निम्न उपाय तथा रणनीतियां बहुत सहायक हो सकती हैं:

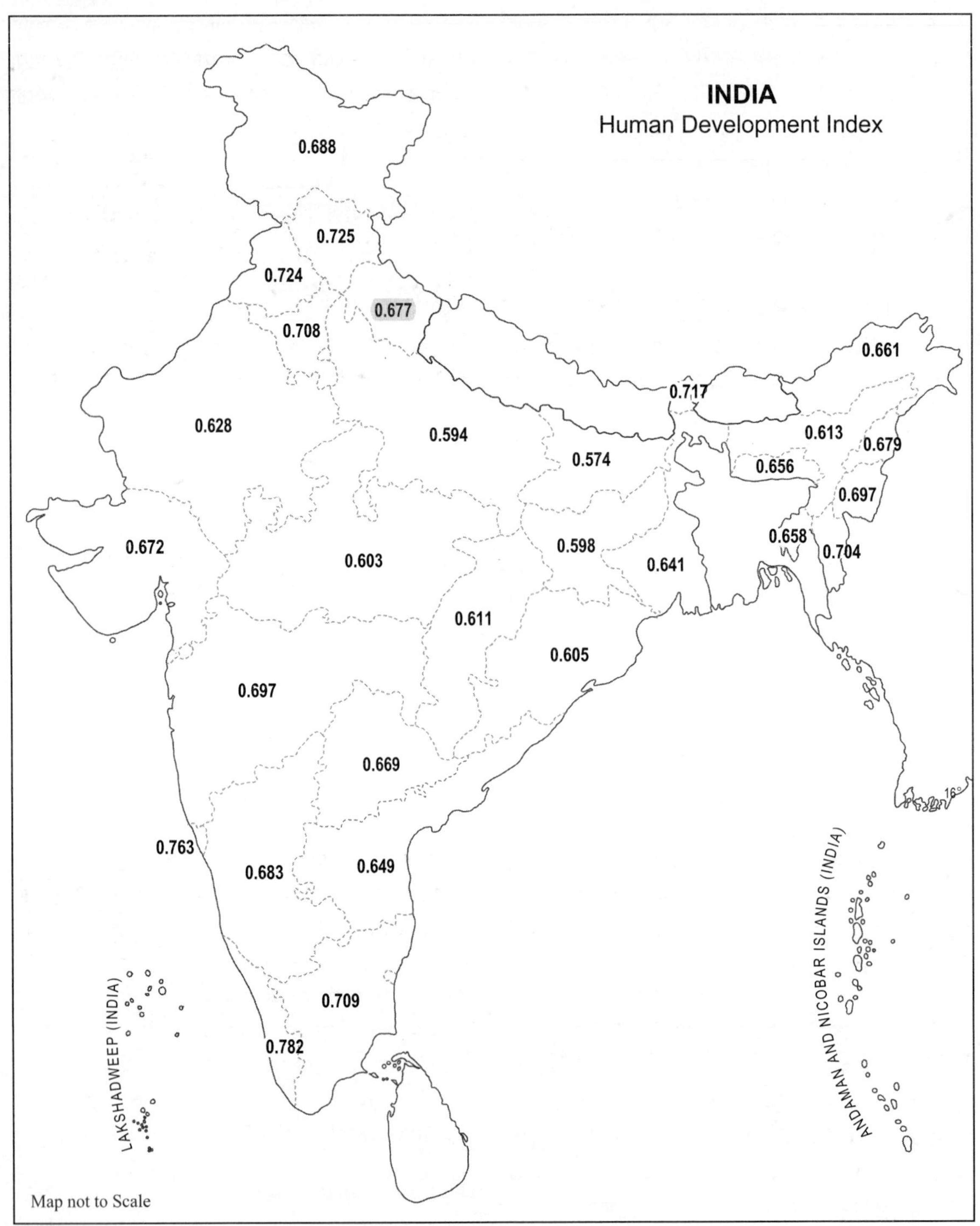

Fig. 11.11 INDIA – Human Development Index

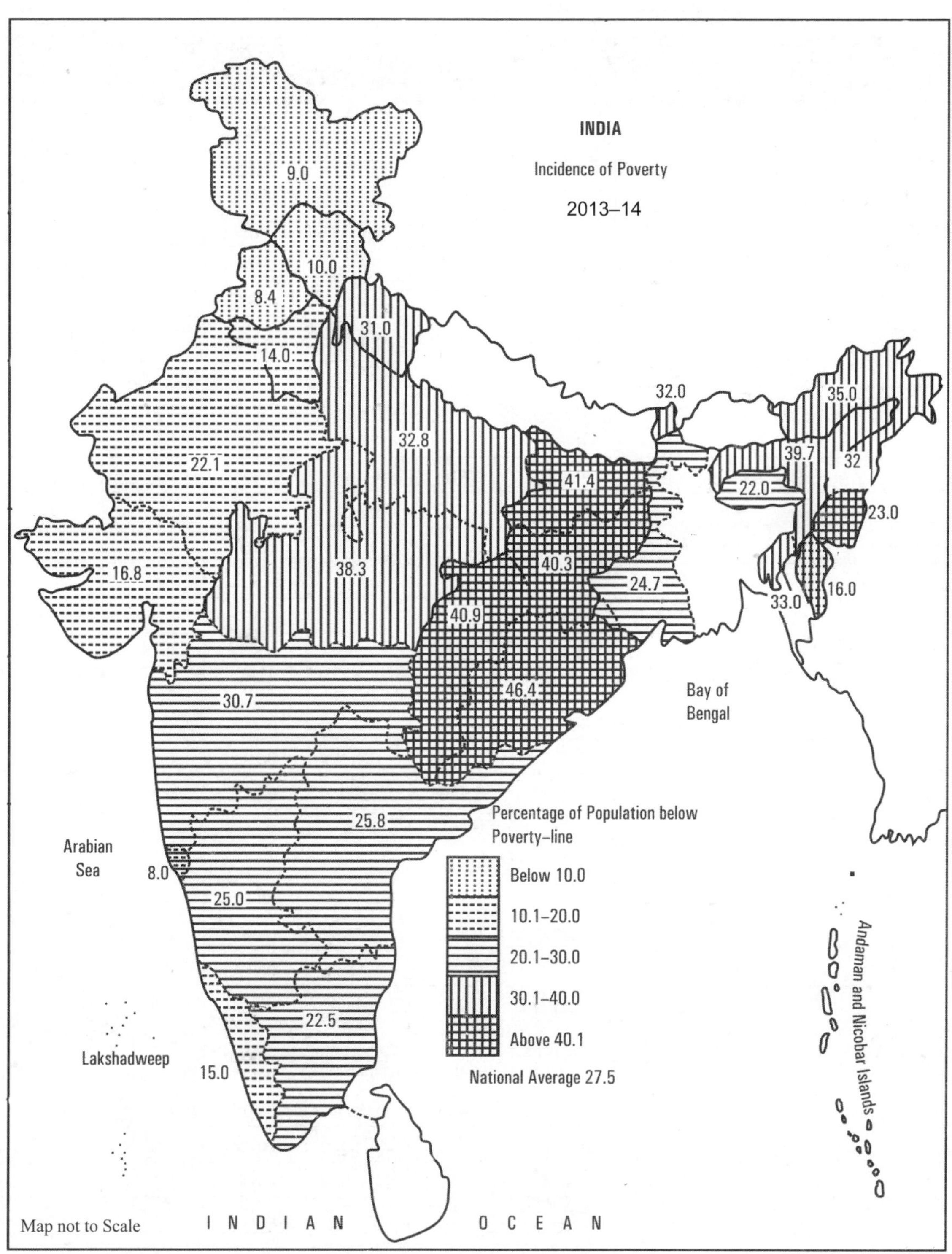

Fig. 11.12 India: Incidence of poverty – 2013-14

तालिका 11.16: भारत-मानव विकास सूचकांक, 2019

राज्य/संघ राज्य क्षेत्र	मानव विकास सूचकांक वर्ष						
	1990	1994	1999	2004	2009	2014	2019
अंडमान व निकोबार द्वीप समूह	0.678	0.690	0.688	0.711	0.707	0.714	0.741
आंध्र प्रदेश	0.422	0.442	0.468	0.516	0.565	0.618	0.649
अरुणाचल प्रदेश	0.436	0.461	0.497	0.525	0.613	0.670	0.661
असम	0.408	0.435	0.479	0.519	0.555	0.590	0.613
बिहार	0.376	0.398	0.429	0.459	0.500	0.546	0.574
चंडीगढ़	0.627	0.637	0.632	0.654	0.648	0.703	0.776
छत्तीसगढ	0.554	0.562	0.556	0.577	0.571	0.582	0.611
दादरा और नगर हवेली	0.666	0.678	0.676	0.699	0.695	0.671	0.663
दमन और दीव	0.645	0.657	0.657	0.679	0.676	0.683	0.708
गोवा	0.552	0.575	0.604	0.658	0.721	0.758	0.763
गुजरात	0.469	0.490	0.518	0.561	0.596	0.639	0.672
हरियाणा	0.465	0.494	0.541	0.579	0.622	0.674	0.708
हिमाचल प्रदेश	0.478	0.515	0.580	0.631	0.660	0.694	0.725
जम्मू और कश्मीर	0.493	0.508	0.518	0.572	0.627	0.670	0.688
झारखंड	0.554	0.563	0.557	0.577	0.572	0.576	0.598
कर्नाटक	0.442	0.468	0.509	0.553	0.594	0.646	0.683
केरल	0.545	0.565	0.584	0.661	0.707	0.748	0.782
लक्षद्वीप	0.687	0.699	0.698	0.721	0.717	0.724	0.751
मध्य प्रदेश	0.403	0.423	0.450	0.488	0.525	0.571	0.603
महाराष्ट्र	0.493	0.517	0.550	0.591	0.633	0.673	0.697
मणिपुर	0.494	0.518	0.552	0.587	0.660	0.702	0.697
मेघालय	0.455	0.467	0.465	0.518	0.597	0.650	0.656
मिजोरम	0.526	0.544	0.558	0.616	0.672	0.700	0.704
नागालैंड	0.533	0.537	0.517	0.547	0.633	0.688	0.679
नई दिल्ली	0.577	0.609	0.659	0.683	0.703	0.725	0.746
ओडिशा	0.397	0.419	0.450	0.483	0.522	0.572	0.605
पुदुचेरी	0.713	0.725	0.723	0.747	0.743	0.732	0.740
पंजाब	0.496	0.526	0.572	0.605	0.645	0.693	0.724
राजस्थान	0.401	0.425	0.460	0.497	0.535	0.589	0.628
सिक्किम	0.538	0.546	0.540	0.580	0.622	0.677	0.717
तमिलनाडु	0.470	0.495	0.532	0.585	0.634	0.681	0.709
तेलंगाना	0.616	0.626	0.620	0.642	0.637	0.643	0.669
त्रिपुरा	0.444	0.475	0.526	0.552	0.594	0.638	0.658
उतर प्रदेश	0.393	0.418	0.454	0.491	0.524	0.564	0.594

उत्तरांचल	0.621	0.630	0.623	0.645	0.639	0.652	0.683
पश्चिम बंगाल	0.439	0.464	0.499	0.529	0.562	0.607	0.641
कुल	**0.429**	**0.453**	**0.489**	**0.527**	**0.568**	**0.616**	**0.646**

Source: *Global Data Lab, Human Development Index (5.0)*

तालिका 11.17: भारत में निर्धनता 2013

राज्य/संघीय क्षेत्र	गरीबी रेखा से नीचे जनसंख्या प्रतिशत	राज्य/संघीय क्षेत्र	गरीबी रेखा से नीचे जनसंख्या प्रतिशत
1. ओडिशा	32.59	20. मेघालय	11.87
2. बिहार	40.69	21. गुजरात	16.63
3. छत्तीसगढ़	39.93	22. मिज़ोरम	20.87
4. झारखण्ड	36.96	23. केरल	5.26
5. असम	31.98	24. हरियाणा	11.26
6. मध्य प्रदेश	31.65	25. हिमाचल प्रदेश	8.06
7. अरुणाचल प्रदेश	36.89	26. जम्मू-कश्मीर	10.35
8. त्रिपुरा	14.05	27. पंजाब	5.26
9. उत्तर प्रदेश	29.43	28. गोवा	5.09
10. सिक्किम	8.19	**संघीय क्षेत्र**	
11. नागालैंड	18.88	1. अण्डमान-निकोबार	21.99
12. उत्तराखण्ड	11.26	2. दादर तथा नगर हवेली	–
13. महाराष्ट्र	17.35	3. लक्षद्वीप	15.00
14. आन्ध्र प्रदेश*	9.20	4. दमन-दीव	14.00
15. कर्नाटक	20.91	5. दिल्ली	10.00
16. प. बंगाल	19.98	6. पुदुचेरी	10.00
17. मणिपुर	36.89	7. चण्डीगढ़	5.70
18. राजस्थान	14.71		
19. तमिलनाडु	11.28	**कुल**	**21.92**

* टिप्पणी: इसमें तेलंगाना भी शामिल है।

Source: *Human Development Report of India, 2013*

1. जनसंख्या योजनाओं का विकेन्द्रीकरण किया जाये।
2. परिवार-नियोजन को ग्रामीण स्तर तक फैलाया जाये।
3. महिलाओं को समाज में ऊँचा स्थान दिया जाये तथा उनके स्वास्थ्य एवं पोषण का ध्यान रखा जाये।
4. बच्चों की स्वास्थ्य संबंधी सेवा पर बल दिया जाये।
5. परिवार नियोजन की आवश्यक सामग्री की आपूर्ति की जाये।
6. परिवार नियोजन योजनाओं मे लोगों की भागीदारी को बढ़ाया जाये। नगरीय कच्ची बस्तियों, विस्थापित तथा पलायन करने वाले लोगों पर विशेष ध्यान दिया जाये।
7. स्वास्थ्य सम्बंधित सभी प्रकार की सेवाओं पर ध्यान दिया जाये।
8. एन.जी.ओ. (NGO) की सहायता ली जाये।
9. परिवार नियोजन विषय में शोध कार्य किया जाये।
10. शिक्षा तथा जागरुकता अभियान चलाया जाये।
11. भारत सरकार ने इस दिशा में राष्ट्रीय जनसंख्या आयोग स्थापित किया, जिसके अध्यक्ष स्वयं प्रधानमंत्री हैं।

तालिका 11.18: भारत के नगरों के वर्ग की जनसंख्या, 2011

नगरों का वर्ग		2011
I	>100,000	2,27,899
II	50,000 से 99,999	41,328
III	20,000 से 49,999	58,174
IV	10,000 से 9,999	31,866
V	5000–9999	15,883
VI	<5000	1956
	सभी वर्ग	3,77,106
	कुल जनसंख्या में शहरी प्रतिशत	31.2

***Source:** Census of India, 2011*

तालिका 11.19: दस लाख से अधिक जनसंख्या वाले नगर, 2011

स्थान	नगर का नाम	जनसंख्या (लाख में)
1.	ग्रेटर मुम्बई	18,394,912
2.	दिल्ली	16349831
3.	कोलकाता	14057999
4.	चेन्नई	8653521
5.	हैदराबाद	7677081
6.	बंगलुरु	8520435
7.	अहमदाबाद	6357693
8.	पुणे	5057709
9.	सूरत	4591246
10.	कानपुर	2715555
11.	जयपुर	3046163
12.	लखनऊ	2902920
13.	नागपुर	2497870
14.	पटना	2049156
15.	इन्दौर	2,170,295
16.	वडोदरा	1,822,221
17.	भोपाल	1,886,100
18.	कोयम्बटूर	2,136,916
19.	लुधियाना	1,618,829
20.	कोच्चि	2,119,724
21.	विशाखापत्तनम	1,728,128
22.	आगरा	1,760,285
23.	वाराणसी	1,420,902
24.	मदुरई	1,465,625

25.	मेरठ	1,420,902
26.	नासिक	1,561,809
27.	जबलपुर	1,268,848
28.	जमशेदपुर	1,339,438
29.	आसनसोल	1,242,414
30.	धनबाद	1,196,214
31.	फ़रीदाबाद	1,414,050
32.	इलाहाबाद	1,212,395
33.	अमृतसर	1,183,549
34.	विजयवाड़ा	1,476,931
35.	राजकोट	1,390,640
36.	कन्नूर	1,640,986
37.	तिरुवनंतपुरम	1,679,754
38.	गाजियाबाद	2,375,820
39.	कोझीकोड	2,038,399
40.	त्रिचूर	1,861,269
41.	मल्लापुरम	1,699,960
42.	श्रीनगर	1,264,202
43.	बसई विरार	1,222,390
44.	औरंगाबाद	1,193,167
45.	जोधपुर	1,138,300
46.	रायपुर	1,123,558
47.	रांची	1,120,374
48.	ग्वालियर	1,117,740
49.	कोल्लम	1,110,668
50.	भिलाई	1,064,222
51.	चंडीगढ़	1,026,459
52.	तिरुचिरापल्ली	1,022,518
53.	कोटा	1,001,694

Source: *Census of India, 2011*

नगरीय कच्ची बस्तियाँ (Urban Slums)

कच्ची बस्तियों में मकानों का आकार छोटा होता है तथा उनमें जीवन की बेसिक सुविधाओं का अभाव होता है। ऐसी बस्तियों के उत्पन्न होने के कारण निम्न हैं:

1. **तीव्र जनसंख्या वृद्धि:** सामान्यत: विभिन्न राज्यों से पलायन करके बेरोज़गार लोग इन बस्तियों में रहने लगते हैं। भारत की ग्रामीण जनसंख्या तीव्र गति से बढ़ रही है।
2. कृषि भूमि पर जनसंख्या का भारी दबाव।
3. बेरोज़गारी।
4. बड़े नगरों में रोज़गार के अधिक अवसर।
5. नगरों की चमक-दमक तथा आधुनिक जीवन-शैली।

कच्ची बस्तियों में गरीबी, कुपोषण, बीमारी, निम्न जीवन स्तर, मूलभूत सुविधाओं की कमी तथा अपराधीकरण मुख्य विशेषतायें हैं। भारत के विभिन्न राज्यों में कच्ची बस्तियों में रहने वालों की जनसंख्या प्रतिशत दिखाई गई है। सबसे अधिक कच्ची बस्तियों में 33 प्रतिशत जनसख्या हरियाणा में रहती है, उसके पश्चात आन्ध्र प्रदेश में 32.6 प्रतिशत तथा महाराष्ट्र में 31.65 प्रतिशत है।

तालिका 11.20: मलिन बस्तियों (Slums) का तुलनात्मक भाग प्रतिशत में (2001 और 2011)

राज्य	प्रतिशत भाग (2001)	प्रतिशत भाग (2011)
महाराष्ट्र	22.9	18.1
आन्ध्र प्रदेश	12.0	15.6
प. बंगाल	8.9	9.8
तमिलनाडु	8.1	8.9
मध्य प्रदेश	7.2	8.7
कर्नाटक	4.5	5.0
राजस्थान	3.0	3.2
दिल्ली	3.9	2.7
पंजाब	2.8	2.2
छत्तीसगढ़	2.1	2.9
हरियाणा	3.2	2.5
ओडिशा	2.1	2.4
बिहार	1.6	1.9
जम्मू कश्मीर, उत्तराखण्ड, झारखण्ड, असम, केरल, त्रिपुरा, पुदुचेरी, हिमाचल प्रदेश, चंडीगढ़, नागालैंड, मिजोरम, मेघालय, सिक्किम, अरुणाचल प्रदेश, गोआ, अण्डमान और निकोबार द्वीप समूह	–	1 प्रतिशत से कम
जम्मू कश्मीर, उत्तराखण्ड, झारखण्ड, चंडीगढ़, मेघालय, असम, पुदुचेरी, त्रिपुरा, केरल	1 प्रतिशत से कम	–
मणिपुर, दमन द्वीप, दादरा नगर हवेली, लक्षद्वीप	–	कोई भी मलिन बस्ती सूचित नहीं
हिमाचल प्रदेश, सिक्किम, अरुणाचल प्रदेश, नागालैंड, मणिपुर, मिजोरम, दमनदीव, दादरा नगर हवेली, अण्डमान एवं निकोबार द्वीप समूह	कोई भी मलिन बस्ती सूचित नहीं	–

Source: Primary Census Abstract for Slums, 2011 Office of the Registrar General & Census Commissioner, India

संदर्भ (References)

- Ezra, Derek, 1978, **Coal and Energy**, New York, Wiley.
- Hartshorn, T.A., J.W. Alexander, **Economic Geography**, New Delhi, Prentice-Hall of India Pvt. Ltd.
- Hasnain, N., 1991, **Tribal India**, Delhi, Palaka Prakashan.
- Husain, M., 2008, **Geography of India**, Delhi, Tata McGraw Hills.
- Primary census Abstract for slums, 2011 cencus of India. 2011
- **The Nystrom Desk Atlas**, 2008, Indianapolis, Herff Jones Education Division.
- United Nations, 1981, **Translational Corporations in the Copper Industry**, New York, UN.

12 अध्याय भारत की सामाजिक एवं आर्थिक समस्याएं (Socioeconomic Challenges of India)

वैश्वीकरण एवं भारतीय समाज (Globalization and Indian Society)

वैश्विक स्तर पर प्राकृतिक एवं मानवीय घटनाओं की अन्त:क्रियाओं की अवधारणा को वैश्वीकरण के रूप में जाना जाता है। इससे आशय विश्व के विभिन्न देशों के बीच परस्पर बढ़ते जुड़ाव की ओर रुझान से है। यह प्राथमिक तौर पर आर्थिक, सामाजिक, सांस्कृतिक, राजनैतिक, प्रौद्योगिकीय तत्वों का परस्पर आदान-प्रदान है जो समाजों, राष्ट्रों एवं देशों के बीच घटित होता है। दूसरे शब्दों में, यह एक ऐसी प्रक्रिया है जिसके द्वारा एक समाज अर्थव्यवस्था, उत्पादन, वितरण, व्यापार, संस्कृति, कला, संगीत, फैशन, परम्पराओं व जीवन शैली के क्षेत्रों में बाहरी प्रभावों के प्रति अपने आप को खोजता है।

वैश्वीकरण एवं उदारीकरण के आर्थिक-समाजिक निहितार्थ बहुआयामी हैं। वैश्वीकरण के आर्थिक आयाम अधिक सुप्रकट एवं दूरगामी हैं। लोगों के काम-काज, रोज़गार कार्य दशायें, आमदनी, परिवार के सामाजिक स्तर, आजादी और सामाजिक सुरक्षा, संस्कृति, पहचान, महिला सशक्तीकरण पर वैश्वीकरण के नाना प्रकार के प्रभाव होते हैं।

यद्यपि देशों का परस्पर जुड़ाव अति प्राचीन काल से जारी है। इस प्रक्रिया को पहली बार 20वीं सदी के उत्तरार्द्ध के आस-पास वैश्वीकरण का नाम दिया गया। वैश्वीकरण पर अधिकतर साहित्य 1970 और 1980 के दशकों के उत्तरार्द्ध से प्रकाश में आया। समसामयिक वैश्वीकरण भूतकाल में देखी गई प्रक्रिया से मुख्यतौर पर परस्पर आदान-प्रदान और जुड़ाव के परिणाम के अर्थों में भिन्न है। आज हर चीज पहले की तुलना में अधिक तेज गति से होती है। वैश्वीकरण की मौजूदा प्रक्रिया, जिसका आमतौर पर देशों के बीच व्यापार और निवेश के मार्ग में से अवरोधों को क्रमिक रूप से हटाने के रूप में वर्णन किया जाता है, जिसका उद्देश्य प्रतिस्पर्द्धा के द्वारा मोटे तौर पर आर्थिक एवं सामाजिक विकास के लिये आर्थिक कुशलता हासिल करना है।

वैश्वीकरण का सर्वाधिक महत्वपूर्ण रूप आर्थिक वैश्वीकरण है। यह मुख्य रूप से पूंजी, श्रम, प्रौद्योगिकी, आसूचना और उत्पादों के मुक्त आवागमन का परिणाम है, जिनसे अर्थव्यवस्था, संस्कृति, सामाजिक एवं आर्थिक वातावरण प्रभावित होता है।

वैश्वीकरण में भारतीय बाज़ार में विदेशी मुद्रा को मुक्त रूप से प्रतिस्पर्द्धा करने के योग्य बनाने में संरक्षात्मक उपायों की समाप्ति जैसी कई विशेषतायें निहित हैं। इसके अतिरिक्त, इसका अर्थ बिना अधिक पाबंदियों के विदेशी निवेशों को

अनुमति देता है। संक्षेप में, यह सीमाहीन विश्व है। इसका अर्थ निर्यात और आयात दोनों को बढ़ाने के लिये, आयात शुल्क में कमी करना है। इसमें विश्व माल-सेवाओं, श्रम और पूंजी का मुक्त आवागमन तथा विदेशियों से पूर्ण रूप से राष्ट्रीय व्यवहार होता है, जिसे आर्थिक तौर पर कहा जाता है कि कोई विदेशी नहीं।

व्यापारिक कंपनियों की दृष्टि से वैश्वीकरण का अर्थ है, कि वे क्षेत्रीय या राष्ट्रीय स्तर पर कारोबार करने के बजाय, अब लाभ के लिये अंतर्राष्ट्रीय स्रोतों से कच्चा माल, श्रम और बाजार प्राप्त कर सकती हैं। यदि धनी और विकसित देशों में श्रम और कच्चा माल महंगे होते हैं तो वह उन स्थानों को चुन सकती हैं, जहाँ उत्पादन के ये घटक सस्ते हैं। बैंकिंग और बीमा जैसे सेवा क्षेत्रों में इसका आशय संबन्धित आंकड़ों (Data) का महज दूसरे कंप्यूटर को अंतरण करना है।

आधुनिक वैश्वीकरण की मुख्य विशेषताएं

1. उत्पादन तथा श्रम का मुक्त रूप से एक देश से दूसरे को आयात-निर्यात करना।
2. विदेशी निवेशकों एवं उद्योगपतियों को अपने नागरिकों की भाँति सुविधाएं एवं सम्मान देना।
3. यह सीमाहीन विश्व (The Borderless World) है, जिसमें पूँजी एवं श्रम को एक देश से दूसरे देश में लाने ले जाने की अनुमति होती है।
4. आधुनिकीकरण को बढ़ावा मिलता है।
5. अन्तर्राष्ट्रीय तथा बहुराष्ट्रीय (मल्टीनेशनल) की प्रक्रियाओं में पारस्परिक सम्बंध स्थापित करना।
6. अन्तर्राष्ट्रीय स्तर पर सूचना, ज्ञापन, खबरों का आदान-प्रदान करना।
7. उत्पादन का आधुनिकीकरण करना।
8. वस्तुओं का उत्पादन मांग एवं बाजार को ध्यान में रखकर करना।
9. उत्पादन मुख्यत: निर्यात के लिये करना।
10. विचारों, टेक्नोलॉजी का आदान-प्रदान करना।
11. बड़े पैमाने पर वस्तुओं तथा उत्पादन करना तथा सेवाओं का आदान-प्रदान करना।
12. श्रम और लोगों का एक देश से दूसरे देश को पलायन (Migration) करना।
13. अंतर्राष्ट्रीय व्यापार को अंतर्राष्ट्रीय मुद्रा कोष (International Monetory Fund), विश्व बैंक (World Bank) तथा विश्व व्यापार संगठन (World trade Organisation) के द्वारा नियंत्रित (Regulate) करना।
14. विदेशी प्रत्यक्ष निवेश की अनुमति देना (Foreign direct Investments).
15. सड़कों, बिजली, दूरसंचार सेवा तथा मूलभूत सेवाओं में प्रत्यक्ष विदेशी निवेश को प्रोत्साहित करना।

उदारीकरण (Liberalisation)

आर्थिक अभिशासन (Economic Governance) में उदारीकरण को सरकार की भूमिका में आमतौर पर कमी के रूप में परिभाषित किया जाता है। यह आर्थिक क्षेत्रों सरकार की निकासी और निजी क्षेत्र द्वारा उसका प्रतिस्थापन्न है।

उदारीकरण की मुख्य विशेषताएं

1. आधारभूत एवं प्रमुख उद्योगों, बैंकिंग, बीमा आदि क्षेत्रों में सार्वजनिक क्षेत्र की कमी।
2. सार्वजनिक सामाजिक सेवाओं, जैसे-शिक्षा, आवास, और स्वास्थ्य रक्षा में सरकार की भूमिका में कमी।
3. निजी क्षेत्र की व्यापक सहभागिता के द्वारा भावी विकास।

निजीकरण (Privatisation)

मोटे तौर पर निजीकरण का आशय है – सार्वजनिक स्वामित्व की आस्तियों की क्रमिक रूप से निजी स्वामित्व को बिक्री। निजीकरण निम्न तकनीकों में से किसी या सभी को काम में लेकर किया जा सकता है:

1. **अंशों की सार्वजनिक बिक्री:** किसी सार्वजनिक सीमित कम्पनी (Public Limited Company) के सारे अंश या उनका हिस्सा जनता को बिक्री के लिये प्रस्तावित किया जाता है।
2. **अंशों की निजी बिक्री:** सार्वजनिक स्वामित्व के उद्यम को पूरा या आंशिक तौर पर निजी व्यक्तियों या क्रेताओं के समूह को बेचा जाता है।

3. **सरकारी स्वामित्व के उद्यम में नया निजी निवेश:** निजी अंश निगर्म में निजी या सार्वजनिक क्षेत्र द्वारा सब्सिडी दी जाती है।
4. **सार्वजनिक क्षेत्र में निजी क्षेत्र का प्रवेश:** सार्वजनिक क्षेत्र के लिये आरक्षित क्षेत्रों में निजी समूहों को प्रवेश दिया जाता है, जैसे-भारत में बिजली एवं दूरसंचार क्षेत्र।

उदारीकरण निजीकरण एवं वैश्वीकरण के पक्ष में तर्क

1. भारत में आर्थिक वृद्धि दर आठ प्रतिशत तक बढ़ाना।
2. वैश्विक चुनौतियों के मुकाबले के लिये औद्योगिक क्षेत्र की प्रतिस्पर्द्धात्मक क्षमता में वृद्धि।
3. आमदनी एवं संपदा के वितरण से गरीबी और असमानता में कमी।
4. यह सार्वजनिक क्षेत्र की दक्षता, उत्पादकता एवं लाभ बढ़ाता है।
5. यह महत्वपूर्ण क्षेत्रों में निजी क्षेत्र के निवेश को बढ़ावा देता है।
6. यह विदेशी प्रत्यक्ष निवेश के प्रवाह को बढ़ावा देता है।
7. यह ज्यादा ग्रामीण एवं नगरीय रोज़गार का सृजन करता है।

वैश्वीकरण एवं उदारीकरण के विरुद्ध तर्क

1. द्वितीयक (उद्योगों) एवं तृतीयक क्षेत्रों (Secondary and territory Sectors) की तुलना में कृषि क्षेत्र की उपेक्षा की जाती है।
2. विश्व बैंक और अन्तर्राष्ट्रीय मुद्रा कोष के दबाव में इस नीति को अपनाया गया है, जिससे इन अन्तर्राष्ट्रीय वित्तीय संस्थाओं के सामने भारतीय अर्थव्यवस्था के समर्पण के रूप में माना जाता है।
3. वैश्वीकरण ने विदेशी प्रौद्योगिकी पर देश की निर्भरता बढ़ाई है और यह देशी प्रौद्योगिकी के सुधार में विफल है।
4. वैश्वीकरण ने विदेशी सहायता व कर्ज पर देश की निर्भरता बढ़ाई है।
5. वैश्वीकरण ने देश की आर्थिक संप्रभुता को क्षति पहुँचाई है।
6. वैश्वीकरण ने बिना वैकल्पिक रोज़गार की पर्याप्त व्यवस्था किये कामगारों की बड़े पैमाने पर छंटनी (Retrenchment) के द्वारा बेरोजगारी की समस्या को और गंभीर बना दिया है।
7. निजीकरण पर बहुत अधिक बल दिया जाता है।
8. विलासिता की वस्तुओं के उत्पादन को प्रोत्साहन के द्वारा वैश्वीकरण, उपभोक्तावाद व खतरनाक प्रवृत्ति को प्रोत्साहित करता है।
9. वैश्वीकरण बढ़ती कीमतों, वित्तीय घाटे, सब्सिडी और सरकारी गैर-योजना ख़र्च की प्रवृत्ति पर रोकथाम में विफल रहा है।

भारत में वैश्वीकरण (Globalisation in India)

भारत में वैश्वीकरण को 1990 के दशक में प्रोत्साहन मिला। वर्ष 1991 में भारत में (i) उदारीकरण, (ii) वैश्वीकरण एवं; (iii) निजीकरण की आर्थिक नीति अपनाई।

वैश्वीकरण के लिये भारत में आयात शुल्क घटाया तथा निर्यात से पाबन्दी हटाई। विदेशी प्रत्यक्ष निवेश को बढ़ावा देने के लिये बहुत-सी पाबंदियों पर छूट दी। विदेशी प्रौद्योगिकी एवं दक्षता (Skill) को पाबंदियों से मुक्त किया।

सरकार के लाइसेंस तन्त्र (Licensing System) में उदारीकरण आरम्भ किया। रासायनिक खाद एवं कृषि उत्पादनों से रियायत छूट (Subsidies) को समाप्त किया।

गरीबी उन्मूलन, शिक्षा एवं स्वास्थ्य सेवाओं के लिये दी जाने वाली धन राशि में भारी कटौती की गई।

शिक्षा एवं स्वास्थ्य का निजीकरण (Privatisation) किया गया तथा निजी कंपनियों को बैंकों तथा बीमा के मैदान में भारत में अपना कारोबार करने की अनुमति दी।

भारतीय समाज पर वैश्वीकरण का प्रभाव (Effect of Globalisation in Indian Society)

वैश्वीकरण का भारत के लोगों, मजदूरों, परिवारों तथा पूरे समाज पर गहरा प्रभाव पड़ा है। वैश्वीकरण के भारतीय

समाज पर अनुकूल तथा प्रतिकूल प्रभावों को संक्षिप्त में नीचे दिया गया है:

1. वैश्वीकरण का रोजगार के अवसरों, मजदूरों के परिवारों, कर्मशालाओं के माहौल, आमदनी (आय), सुरक्षा, पहचान (Identity), रीति-रिवाजों तथा सांस्कृति पर गहरा प्रभाव पड़ा है।
2. सरकारी नौकरियों में रोजगार के अवसरों में कमी आई है तथा निजी क्षेत्र (Private Sector) में रोजगार के अवसर बढ़े हैं। यह और बात है कि निजी सेक्टर में मजदूरों और काम करने वालों का शोषण होता है। प्राइवेट कंपनियां मनमाने ढंग से लोगों की नियुक्ति करते हैं और जब चाहते हैं उनको नौकरियों से निकाल देते हैं। (in fact, the private sector "Hire and fire the workers at will")
3. प्राइवेट सेक्टरों (Private Sectors) में शिक्षा एवं स्वास्थ्य सेवाएं बहुत महंगी हैं।
4. निजी सेक्टर में बढ़ती हुई प्रतिस्पर्द्धा (Competition) से बेरोजगारी को बढ़ावा मिलता हैं क्योंकि नौकरियों से मजदूरों की छटनी होती रहती है। वास्तव में निजी सैक्टर में नौकरी कम सुरक्षित होती है।
5. यन्त्रीकरण, स्वचलीकरण (Automation) तथा नई टेक्नोलॉजी (New Technology) से हुनरमंद कारीगरों, कुशल एवं अकुशल मजदूरों के रोजगार के अवसरों में समय के साथ-साथ कमी होती जाती है। कुशल मजदूरों को भी नई मशीनों पर काम करने के लिये ट्रेनिंग की आवश्यकता पड़ती है।
6. विदेशी रेशमी कपड़े (चीन तथा कोरिया का रेशम) ने बिहार के भागलपुर नगर के बुनकरों को बेरोजगार कर दिया है। भारत में चीन के रेशम की मांग इसलिये बढ़ी हुई है, क्योंकि यह सस्ता एवं चमकीला है।
7. वैश्वीकरण के कारण 24 से 54 वर्ष के स्त्री आयु वर्ग में स्त्रियों को कोमल उद्योगों (Soft Industries) में काफी रोज़गार मिले हैं। कोमल उद्योगों में सिले-सिलाये कपडे, जूते, खिलौने, कम्प्यूटर तथा सेमी कण्डकटर उद्योग सम्मिलित हैं। इन कोमल उद्योगों (Soft Industries) में 40 प्रतिशत रोज़गार स्त्रियों के पास हैं।
8. वैश्वीकरण के फलस्वरूप दरिद्रता रेखा (Below Poverty Line) के नीचे रहने वाले लोगों की संख्या में वृद्धि हुई है।
9. किसानों की आय पर वैश्वीकरण का प्रतिकूल प्रभाव पड़ा है। बहुत-से किसान कर्जे और महंगाई के कारण आत्महत्या करने लगे हैं।
10. गाँव से भारी संख्या में श्रमिक बड़े नगरों की ओर रोजगार की तलाश में पलायन कर रहे हैं, जिससे नगरों में झुग्गी-झोंपड़ी (Slums) बस्तियों में वृद्धि हो रही है।
11. अनाज (Cereal) तथा नकदी फसलों (Cash Crops) का अधिक उत्पादन करने के लिये, रासायनिक खाद एवं कीटाणुनाशक दवाईयों का अधिक इस्तेमाल किया जाता है, जिससे जल प्रदूषण की समस्या उत्पन्न हो गई है तथा मृदा का रासायनिक समीकरण बदल गया है।
12. मछलियों के निर्यात के लिये सागरों एवं महासागरों से भारी मात्रा में मछली पकड़ी जाती है, जिससे सागरों में मछलियों की संख्या घट रही है।
13. पेप्सी एवं कोका कोला जैसे मृदु पेय (Soft Drinks) में हानिकारण कीटाणु-नाशक (Insecticides and Pesticides) के तत्व पाये गये हैं। केरल में मृदु पेय की 90 फैक्ट्री लगाने से भूगर्त जल में भारी कमी आई है। इन फैक्ट्रियों से निकलने वाले जहरीला कूड़ा-करकट (Toxic Wastes) से पर्यावरण का भारी ह्रास हुआ है।
14. अंग्रजी लोगों की सामान्य भाषा (Linqua-Franca) का रूप धारण करती जा रही है। जगह-जगह अंग्रेजी माध्यम में स्कूल खोले जा रहे हैं, जिससे राष्ट्र भाषा को हानि पहुंच रही है।
15. नगरीय तथा ग्रामीण समाजों में सांस्कृतिक प्रदूषण खतरनाक रूप धारण कर रहा है। सामाजिक मूल्य, मान्यताएं एवं परम्पराएं तेजी से बदल रही हैं।
16. वैश्वीकरण का जीवन शैली, तौर तरीकों (Manners and Etiquettes) के अतिरिक्त, कला, साहित्य, चित्रकला, नाच, गाने तथा मूर्तिकला (Sculpture) पर गहरा प्रभाव पड़ रहा है।

धारणीय विकास (Sustainable Development)

विश्व पर्यावरण एवं विकास आयोग (World Commission on Enviornment and Development) 1987 में धारणीय विकास की परिभाषा दी गई है। इस परिभाषा के अनुसार, ''ऐसा विकास जो वर्तमान की आवश्यकताओं की आपूर्ति करता है तथा भविष्य की पीढ़ियों की आवश्यकताओं की आपूर्ति करता हो, धारणीय विकास कहलाता है।'' वास्तव में धारणीय विकास की परिभाषा संसाधनों के सदुपयोग पर आधारित है। इस बिन्दु पर 1992 में पृथ्वी सम्मेलन (Earth Summit) पर बल दिया गया जो ब्राज़ील के रियो डी जिनेरियो नगर में आयोजित किया गया था।

धारणीय विकास की मुख्य विशेषताएं निम्न प्रकार हैं:

1. धारणीय विकास में संसांधनों को इस प्रकार विकास किया जाता है कि पर्यावरण पर प्रतिकूल प्रभाव न पड़े।
2. धारणीय विकास के द्वारा लोगों के जीवन स्तर को बेहतर बनाया जाता है। तथा संसाधनों को भी टिकाऊ अवस्था में रखा जाता है।
3. धारणीय विकास मे प्राकृतिक एवं सामाजिक संसाधनों को संरक्षण प्रदान किया जाता है।

धारणीय विकास वर्तमान समय की परम आवश्यकता है। संसाधनों एवं जनसंख्या भूगोल के विशेषज्ञ इस ओर विशेष ध्यान दे रहे हैं तथा शोध कार्य कर रहे हैं। धारणीय विकास के बारे में ब्रन्टलैंड (Brundtland) महोदय ने अपनी रिपोर्ट (Our Common Future) में निम्न बिन्दुओं पर विशेष ध्यान दिया था:

1. धारणीय विश्व (Sustainable world)
2. धारणीय पर्यावरण (Sustainable Environment)
3. धारणीय मानव विकास (Sustainable Human development)
4. धारणीय शान्ति एवं विकास (Sustainable Peace and development)
5. धारणीय उपभोग (sustainable consumption)
6. धारणीय प्रौद्योगिकी (Sustainable technology)

धारणीय विकास के सूचकांक (Indicators of Sustainable Development)

पारिस्थितिकी तन्त्र (Ecosystems) की धारणीयता (Sustainablity) निम्न सूचकांकों के आधार पर मापी जा सकती है:

1. **पारिस्थितिकी सूचकांक (Ecological Indicators):** पारिस्थितिकी सूचकांकों में भूमि उपयोग, भूमि उपयोग के प्रतिरूपों में परिवर्तन, बायोमास (Biomass) की मात्रा एवं गुणवत्ता, मिट्टी की उर्वरकता एवं उत्पादकता तथा प्रचलित-उपलब्ध टेक्नोलॉजी।
2. **भूमि उपयोग के बदलते प्रतिरूप (Changing Patterns of Land Use):** राजस्व-रिकॉर्ड (Revenue Records) खसरा, खतौनी तथा दूर-संवेदी (Remote Sensing) की सहायता से वर्तमान भूमि उपयोग का अध्ययन करना तथा भविष्य के लिये धारणीय विकास की योजना तैयार करना।
3. **बायोमास की मात्रा एवं गुणवत्ता (Biomass Quantity and Quality):** जल तथा थल के परितन्त्रों से प्राप्त होने वाले बायोमास का मात्रा एवं उसकी गुणवत्ता के आधार पर भी धारणीय विकास का अनुमान लगाया जा सकता है।
4. **जलीय उपलब्धता:** नदियों, झीलों, पोखर, तालाब तथा भूगर्त जल (Underground Water) के आधार पर भी धारणीय विकास का अन्दाज़ा लगाया जा सकता है।
5. **मिट्टी की उर्वरकता (Fertility of Soil):** मृदा का सदुपयोग तथा वैज्ञानिक फसल चक्र (Scientific Rotation of Crops) भी धारणीय विकास का महत्वपूर्ण सूचकांक माना जाता है।
6. **ऊर्जा (Energy):** ऊर्जा की मात्रा तथा उसका सदुपयोग भी धारणीय विकास का आंकलन करने का एक महत्वपूर्ण सूचकांक है। ऊर्जा में सौर ऊर्जा, कोयला, प्राकृतिक गैस, पेट्रोलियम, जियोथर्मल ऊर्जा (Geothermal Energy), पवन तथा सागरी लहरें, ज्वार-भाटा (Tidal Energy) इत्यादि सम्मलित हैं।

7. **आर्थिक सूचकांक (Economic Indicators):** लागत खर्च (Input) एवं उत्पादन (Output) भी धारणीय विकास को परखने के महत्वपूर्ण सूचकांक हैं।
8. **सामाजिक सूचकांक (Social Indicators):** लोगों का जीवन स्तर तथा सुख सम्पनता भी धारणीय विकास का एक महत्वपूर्ण सूचकांक है।

उपरोक्त सूचकांकों के आधार पर धारणीय विकास को परखा जा सकता है।

पर्यावरण (Environment)

पर्यावरण प्रभाव मूल्यांकन निर्धारण (Environmental Impact Assessment)

संयुक्त राज्य अमेरिका में संघीय योजनाओं के पारिस्थितिक, सामाजिक एवं आर्थिक प्रभावों का मूल्यांकन करने के लिये 1969 में राष्ट्रीय पर्यावरण नीति अधिनियम (National Environmental Policy Act) पारित किया गया था। अब विश्व के अधिकतर देशों में किसी भी बड़ी परियोजना का आरम्भ करने से पहले पर्यावरण पर उसके प्रभावों का मूल्यांकन करना अनिवार्य है।

उद्देश्य

पर्यावरण प्रभाव मूल्यांकन के मुख्य उद्देश्य निम्न प्रकार हैं:

1. जिस क्षेत्र में कोई विकास परियोजना आरम्भ करनी हो उसका भौगोलिक परिप्रेक्ष्य (Perspective) प्रस्तुत करना।
2. बहुस्तरीय विकास योजनाओं के कुल प्रभाव का अवलोकन करना।
3. पर्यावरण संरक्षण की प्राथमिकतायें तैयार करना।
4. विकास नीति के विकल्प तलाश करना।
5. सूचनाओं एवं आँकड़ों की कमी (Information Gaps) का पता लगाना।
6. पर्यावरण प्रभाव मूल्यांकन के आधार पर संशोधन करना।
7. प्रस्तावित परियोजना के सकारात्मक एवं नकारात्मक पहलुओं का पता लगाना।
8. पर्यावरण संरक्षण के लिये प्रयास जारी रखना तथा विकास करने वालों को उत्तरदायी ठहराना।

भारत में पर्यावरण प्रभाव मूल्यांकन (Environmental Impact Assessment in India)

भारत में पर्यावरण प्रभाव मूल्यांकन 1978 में आरम्भ हुआ था। वर्तमान में निम्न परियोजनाओं का पर्यावरण प्रभाव मूल्यांकन किया जाता है:

1. सभी बड़ी परियोजनाएं, उदाहरण के लिये (i) नदी घाटी परियोजनाएं, (ii) ताप-बिजली घर, (iii) खनन (Mining), (iv) बडे उद्योग, (v) न्यूक्लियर पॉवर प्लांट (Nuclear Power Plants), (vi) रेलवे, राष्ट्रीय राजमार्ग, नदियों के पुल, फ्लाई ओवर (Flyovers) (vii) बन्दरगाह एवं पोताश्रय (Ports and harbours), (viii) हवाई अड्डे, (ix) नये स्थापित नगर तथा (x) परिवहन एवं दूरसंचार परियोजनाएं।
2. वह सभी परियोजनाएं, जिनकी स्वीकृति/मंजूरी अनुमति सार्वजनिक निवेश बोर्ड (Public Investment Board), योजना आयोग (Planning Commission) अथवा केन्द्रीय विद्युत प्राधिकरण (Central Electricity Authority) इत्यादि से लेनी पड़ती है।
3. ऐसी सभी परियोजनाएं, जिनको पर्यावरण तथा वन मन्त्रालय को निर्दिष्ट किया जाये।
4. ऐसी सभी परियोजनाएं, जो आपदा संवेदनशील क्षेत्रों से सम्बंधित हों।
5. ऐसी सभी परियोजनाएं, जिनका लागत खर्च पचास करोड़ से अधिक हों।

भारत सरकार की जनवरी 1994 की अधिसूचना (Notification) के अनुसार 29 प्रकार की विकास योजनायें पर्यावरण प्रभाव मूल्यांकन के अंतर्गत आती हैं। इस सूची में सिंचाई, खनन, उद्योग, ऊर्जा, परिवहन, पयर्टन तथा दूरसंचार की परियोजनायें सम्मिलित हैं।

उपरोक्त प्रकार की परियोजनाओं के प्रभाव का मूल्यांकन करने के लिये पर्यावरण एवं वन मन्त्रालय ने छह स्थानों पर केन्द्र स्थापित किये हैं जिनके नाम निम्न प्रकार हैं– (i) बंगलुरु, (ii) भोपाल, (iii) भुवनेश्वर, (iv) चण्डीगढ़, (v) लखनऊ, तथा; (vi) शिलांग।

यदि किसी प्रोजेक्ट को अनुमति न देकर उसको अस्वीकार किया जाये तो उसकी अपील नेशनल पर्यावरण अपिलैट अथॉरिटी (National Environment Appellate Authority) को की जा सकती है। इस प्रकार परियोजना को गुणवत्ता के आधार लगाया जा सकता है, जो न्यायपूर्ण कार्यवाही के लिये अनिवार्य है।

पर्यावरण कार्य-योजना (Environment Action Plan)

भारत सरकार ने जनवरी 1994 में पर्यावरण कार्य योजना तैयार की, जिसके उद्देश्य निम्नलिखित हैं:

(i) जैव-विविधता (Biodiversity) को संरक्षण प्रदान करना, जिसमें वन तथा सागरीय प्राणी सम्मलित हैं।

(ii) मृदा में आर्द्रता बनाये रखना।

(iii) औद्योगिक प्रदूषण तथा कूड़े-कचरे का प्रबन्धन करना।

(iv) स्वच्छ टेक्नोलॉजी (Clean Technology) का इस्तेमाल करना।

(v) नगरीय पर्यावरण पर ध्यान देना तथा प्रदूषण कम करना।

(vi) पर्यावरण शिक्षा, ट्रेनिंग एवं जागरुकता को बढ़ावा देना।

(vii) ऊर्जा के वैकल्पिक संसाधनों का प्रावधान करना।

पर्यावरण ऑडिट/ईको-ऑडिटिंग (Environmental Audit/Eco-Auditing)

पर्यावरण प्रभाव मूल्यांकन को पर्यावरण ऑडिट अथवा ईको-ऑडिटिंग (Eco-Auditing) कहते हैं। ईको-ऑडिटिंग में प्रदूषण करने वाले तत्वों एवं पदार्थों की सूची तैयार की जाती है। ईको-ऑडिटिंग में लागत, उत्पादन एवं कूड़े-कचरे के प्रबंधन का अवलोकन किया जाता है।

पारिस्थितिकी ऋण (Ecological Debt)

पारिस्थितिकी कर्ज का संबंध विकासशील देशों के संसाधनों का विकसित देशों द्वारा दोहन से है। यूँ तो पारिस्थितिकी कर्ज एक नई अवधारणा है, परन्तु इसकी शुरुआत 17वीं शताब्दी में ब्रिटेन एवं यूरोप में औद्योगिक क्रांति के समय से हो चुकी थी। अन्तर्राष्ट्रीय पर्यावरण संगठन के अनुसार, विकसित देशों ने विकासशील देशों के संसाधनों को बुरी तरह लूटा है। धनी-विकसित देशों की उन्नति का आधार गरीब देशों के संसाधन रहे हैं। विकसित देशों ने न केवल विकासशील देशों का अपने लाभ के लिये उपयोग ही नहीं किया, बल्कि इनके द्वारा निष्कासित ग्रीन हाऊस गैसों के विसर्जन से भूमण्डलीय तापन (Global Warming) की परिस्थिति उत्पन्न हो रही है। भूमण्डलीय तापन के कारण विश्व स्तर पर पर्यावरण प्रदूषण की समस्या उत्पन्न हो रही है। भूमण्डलीय व तापन से विश्व के विकसित एवं विकासशील देश सभी प्रभावित हो रहे हैं। जंगलों का काटना तथा मांस-उत्पादन भी भूमण्डलीय-तापन के लिये जिम्मेदार हैं। विकासशील देशों की सरकारें इस परिस्थिति से निपटने में सक्षम नहीं हैं। विकासशील देशों को गरीबी से उबारने के लिये विकसित-धनी देशों की जिम्मेदारी बहुत अधिक है।

विकासशील देश कर्जदार के रूप में (Creditors)

इकोलॉजिकल क्रेडिट (Ecological Credit) के निम्न संघटक (Components) हैं:

(i) कार्बन कर्ज (Carbon-Debt): विकसित देशों ने सदियों से विकासशील देशों का भारी मात्रा में दोहन किया है, इसलिये धनी देश, गरीब देशों के कर्जदार हैं।

(ii) जैविक लूट (Biopiracy): स्थानीय देशज ज्ञान का जो प्रयोगशालाओं में उपयोग हो रहा और जो कार्टेजिना प्रोटोकॉल (Cartagena Protocol) के अंतर्गत आता है उसका कर्ज, तथा

(iii) बहुराष्ट्रीय निगमों (Multinational Corporation): जो विकासशील देशों के पर्यावरण को हानि हुई, उसका कर्ज।

इनके अतिरिक्त पारिस्थितिकी कर्ज (Ecological Debt) शोषण निवारण का कार्य करता है, ताकि विकासशील देशों के धारणीय विकास में सहायता मिल सके।

ब्लैक कार्बन (Black Carbon)

ब्लैक कार्बन वर्तमान समय में जलवायु परिवर्तन का कार्बन-डाईऑक्साइड (CO_2)के पश्चात् दूसरा सबसे बड़ा कारण है। ब्लैक-कार्बन सूर्य की ऊष्मा को अधिक मात्रा में तीव्र गति से सोख लेता है। ब्लैक कार्बन का उत्सर्जन भौतिक एवं मानवीय दोनों ही कारणों से होता है। ब्लैक कार्बन का उत्सर्जन विशेष रूप से उस समय होता है। जब लकड़ी, कोयले, ईंधन पूर्ण रूप से न जलें। वाहनों से जलने वाले डीजल, लकड़ी को जलाने से प्राय: इस गैस का उत्सर्जन होता है। ब्लैक कार्बन के उत्सर्जन को कम करने का प्रयास करने चाहिये और इस समय ऐसी टेक्नोलॉजी उपलब्ध है जिससे ब्लैक कार्बन को कम किया जा सकता है।

कार्बन कर्ज (Carbon Debt)

विश्व के विकसित एवं विकासशील देशों में ग्रीन-हाऊस गैसों (Green House Gases) का उत्सर्जन समान मात्रा में नहीं है। उदाहरण के लिये, संयुक्त राज्य अमेरिका में प्रति व्यक्ति कार्बन-उत्सर्जन सात टन प्रतिवर्ष है, जबकि भारत में यह मात्रा केवल आधा टन प्रति व्यक्ति प्रतिवर्ष है। विकसित देशों में अधिकतर ऊर्जा उपभोग ईंधन (कोयला, पेट्रोल, प्राकृतिक गैस, लकड़ी आदि) से होता है जिसके कारण भारी मात्रा में कार्बन-डाई-ऑक्साइड (CO_2) का उत्सर्जन होता है। ऐसे प्रदूषण से भूमण्डलीय तापन में वृद्धि होती जा रही है। जिसके फलस्वरूप प्राकृतिक आपदाओं में वृद्धि होती जाती है। ऐसी प्राकृतिक आपदाओं से विशेष रूप से विकासशील एवं गरीब देशों की जनता अधिक प्रभावित होती है।

प्राकृतिक आपदाओं से जान-माल की हानि होती है, फसलें बर्बाद हो जाती हैं, घरों, सडकों, रेल मार्गों को नुकसान पहुँचता है। ऐसी परिस्थितियों में धनी-विकसित देश, आपदा प्रभावित देशों को धन उपलब्ध कराते हैं। वास्तव में विकसित देश गरीब देशों के कर्जदार हैं। साथ-ही-साथ विकासशील देशों के जंगल तथा सागर एवं महासागर ग्रीन हाऊस गैसों को सोखने का कार्य करते हैं।

कार्बन क्रेडिट (Carbon Credit)

कार्बन क्रेडिट (Carbon Credit) की अवधारणा की उत्पत्ति क्योटो प्रोटोकॉल से हुई थी, जिसमें 169 देशों ने हिस्सा लिया था। क्योटो प्रोटोकॉल ने कानूनी तौर पर प्रत्येक देश की ग्रीन हाऊस गैसों के उत्सर्जन की सीमा निर्धारित की थी।

क्योटो प्रोटोकॉल के अनुसार विकसित देशों को ग्रीन हाऊस गैसों के उत्सर्जन पर निम्न फॉर्मूले के आधार पर सीमा निर्धारित करनी है:

(i) ग्रीन हाऊस गैसों का उत्सर्जन क्योटो प्रोटोकॉल की निर्धारित सीमा या उससे कम होना चाहिये।

(ii) जो देश ग्रीन हाऊस गैसों के उत्सर्जन को कम करने में सफल हुये हैं, उनको कार्बन-क्रेडिट एवं सर्टिफिकेट (प्रमाण-पत्र) जारी किये जायेंगे। ग्रीन हाऊस गैसों में जलवाष्प (Water Vapour), कार्बन-डाइ-ऑक्साइड (CO_2), मिथेन, नाइट्रस-ऑक्साइड तथा ओज़ोन सम्मिलित हैं।

कार्बन फुटप्रिन्ट (Carbon Footprint)

कार्बन फुटप्रिंट पृथ्वी पर पाये जाने वाले ऐसे चिन्ह हैं जो मानव की प्रक्रियाओं के कारण उत्सर्जित कार्बन के द्वारा उत्पन्न होते हैं। दूसरे शब्दों में, ये चिन्ह पर्यावरण पर मानव के प्रभाव को दर्शाते हैं। इनको कार्बन-डाइ-ऑक्साइड (Carbon Dioxide) की इकाई में मापा जाता है।

कार्बन कुण्ड (Carbon Sink)

कोई भी वस्तु जो कार्बन मुक्त करने की तुलना में कार्बन को अधिक सोखती हो कार्बन कुण्ड (Carbon Sink) कहलाती है। जंगल, मृदा, सागर, महासागर, जलाशय तथा वायुमण्डल कार्बन का संचय (Store) करते हैं और इनमें से कार्बन का संचार एक से दूसरे में होता रहता है। इस प्रकार का संचार कार्बन चक्र (Carbon cycle) कहलाता है।

कार्बन के इस प्रकार के निरंतर में वन एक कार्बन कुण्ड का कार्य करता है। कार्बन कुण्ड प्राकृतिक हो सकता है और मानव द्वारा निर्मित भी। मानव द्वारा बनाये गये कार्बन कुण्डों में (i) कचरा भराई (Landfill), तथा (ii) कार्बन संचय (storage) स्थल सम्मिलित हैं।

कार्बन व्यापार (Carbon Trading)

कार्बन व्यापार (Carbon Trading) का प्रचलन 2002 में आरम्भ हुआ था। कार्बन व्यापार सूची में प्रदूषण व्यापार को भी क्योटो प्रोटोकॉल में सम्मिलित किया गया था। ग्रीन हाऊस गैसों (Green House Gases) पर फोकस (Focus) करने के साथ कार्बन व्यापार मॉनिटर संस्था (Carbon Trading Watch Monitors) प्रदूषण व्यापार का पर्यावरण, पारिस्थितिकी, सामाजिक एवं आर्थिक न्याय पर प्रभाव का लेखा-जोखा भी तैयार करती है।

भारत में भूमि सुधार (Land Reforms in India)

भूमि सुधार का तात्पर्य प्राय: अमीरों से भूमि लेकर गरीबों को देने या बाँटने को कहते हैं। विस्तृत रूप से भूमि सुधार में भूमि स्वामित्व (Land Ownership), भूमि ऑपरेशन (Land Operation), भूमि को पट्टे पर उठाना (Leasing), भूमि की ख़रीद-व-फरोख्त तथा भूमि-विरासत अर्थात उत्तराधिकार सम्मिलित हैं।

भारत जैसे कृषि प्रधान देश में जहां भूमि सीमित है और भूमि अभाव है तथा जहाँ अधिकतर ग्रामीण जनता गरीबी रेखा से नीचे (Below poverty Line) रहती है वहाँ आर्थिक एवं राजनैतिक दृष्टि से भूमि सुधार अनिवार्य हो जाता है। भारत में भूमि सुधार का मुख्य उद्देश्य भूमि स्वामित्व के प्रतिरूप में परिवर्तन करके ग्रामीण समाज की सामाजिक एवं आर्थिक स्थिति में परिवर्तन लाना है। इसी कारण स्वतंत्रता के पश्चात भूमि सुधार को प्राथमिकता दी गई थी।

भूमि सुधार सामाजिक समानता (Eqivity) एवं सामाजिक न्याय के सिद्धान्तों पर आधारित है। इसके द्वारा कृषि भूमि का पुन: वितरण, भूमि-स्वामित्व में परिवर्तन, खेतों की चकबंदी तथा भूमि की मालगुजारी (लगान) इत्यादि में परिवर्तन एवं सुधार करना है। इसलिये भूमि सुधार में निम्न उपायों को सम्मिलित किया जाता है:

(i) मध्यस्थ (Intermediary) का उन्मूलन करना।

(ii) काश्तकारी, अधिभोग, भूमि दखल व कब्जा में सुधार (Tenancy Reforms), मालगुजारी अथवा लगान विनियम (Rent Regulation) करना तथा भूमि स्वामित्व में संशोधन करना।

(iii) जोत की इकाई (Size of Holdings) की ऊपरी सीमा निर्धारित करना (Ceiling of Land Holding) तथा अधिशेष भूमि (Surplus Land) को खेतीहर मजदूरों तथा सीमांत किसानों में बाँटना।

(iv) खेतों की चकबंदी करना तथा जोत को बिखराव एवं छोटा आकार होने से बचाना।

(v) सहकारी फार्म (Co-operative Farms) स्थापित करना।

(vi) खसरा-खतौनी रिकॉर्ड तन्त्र को सुदृढ़ बनाना।

1. **मध्यस्थ (Intermediary) का उन्मूलन:** ब्रिटिश राज्य के दौरान कृषि भूमि प्रबंधन के लिये जमींदारी, महालवाड़ी, एवं रैयतवाड़ी प्रथा आरम्भ की थी, जिससे खेती करने वालों का शोषण होता था और जमींदार वर्ग उनके खून-पसीने से उगाई गई फसलों से लाभ उठाकर भोग विलास और आराम का जीवन व्यतीत करते थे। स्वतन्त्रता के फौरन बाद इसलिये मध्यस्थ वर्ग के उन्मूलन को प्राथमिकता दी गई थी।

2. **जमींदारी तन्त्र (Zamindari System):** भारत में लार्ड कॉर्नवालिस (Lord Cornwallis) ने 1793 में जमींदारी तन्त्र बंगाल प्रांत में आरम्भ किया था। इस प्रथा के अंतर्गत कृषि भूमि पर कुछ लोगों का अधिकार होता था, जिनको जमींदार कहा जाता था। सरकार के ख़जाने में भूमि की मालगुजारी (Revenues) यही जमींदार जमा करते थे। इस प्रकार ईस्ट इण्डिया कंपनी एक ऐसा वर्ग पैदा कर दिया था जो ब्रिटिश सरकार का वफ़ादार बना रहे। जमींदारी बस्तियों को दो वर्गों में विभाजित किया गया

(i) स्थाई बस्तियाँ, जिनकी मालगुजारी (लगान) स्थिर अथवा निश्चित (Fixed) था, तथा;

(ii) अस्थाई बस्तियाँ जिनकी मालगुजारी (लगान) प्रत्येक 20 से 40 वर्ष के बीच संशोधित की जाती थी। इस प्रकार ब्रिटिश सरकार तथा कृषि भूमि जोतने वाले के बीच में एक मध्यस्थ वर्ग जमींदार के रूप में उत्पन्न हो गया।

जमींदार वर्ग समाज में एक परजीवी (Parasite) का रूप धारण करके खेती करने वाले गरीब किसानों का बुरी तरह से शोषण करने लगा। जमींदार किसानों से भारी मालगुजारी वसूल करते, जुल्म, अत्याचार ढाते तथा स्वयं भोग विलास का जीवन व्यतीत करते थे। इन हालात को ध्यान में रखते हुये, स्वतन्त्रता के बाद जमींदारी उन्मूलन कानून पास किया गया।

(i) महलवाड़ी व्यवस्था (Mahalwari System): महलवाड़ी व्यवस्था (Mahalwari System) में भूमि का स्वामित्व गाँव के समुदायों (Communities) के पास होता था। इस प्रकार पूरा गांव सरकार को मालगुजारी (Revenues) देने के लिये जिम्मेदार होता था। महलवाड़ी व्यवस्था को आगरा-अवध प्रान्त में लागू किया गया था, बाद में पंजाब प्रान्त में भी लागू कर दिया गया। कृषि भूमि की इस प्रणाली के अन्तर्गत कुछ शिक्षित एवं थोड़े पढ़े-लिखे लोगों को लम्बरदार (Lumberdar) बना दिया जाता। लम्बरदार अपने विस्तृत परिवार के लोगों से मालगुजारी (Revenue) एकत्रित करके सरकारी ख़जाने में जमा कराने का काम करता। इस सेवा में लम्बरदार को एकत्रित की गई मालगुजारी धन राशि का पाँच प्रतिशत कमीशन के तौर पर दिया जाता था।

(ii) रैयतवाड़ी व्यवस्था (Royatwari system): रैयतवाड़ी व्यवस्था (Royatwari system) को 1892 में मद्रास प्रान्त में लागू किया गया था। बाद में यह प्रणाली बम्बई, बराड तथा मध्य भारत (मध्य प्रदेश) में लागू की गई थी। रैयतवाड़ी व्यवस्था, हिन्दू संयुक्त परिवार की देन माना जाता है। रैयतवाड़ी व्यवस्था में प्रत्येक किसान अपनी कृषि भूमि की मालगुजारी सरकार को देने के लिये स्वयं जिम्मेदार होता था। जब तक कोई किसान सरकार को लगान (Revenue) अदा करता रहता उसको बेदखल नहीं किया जा सकता था। रैयत को कृषि भूमि पर पूर्ण अधिकार प्राप्त होते थे तथा वह अपनी कृषि भूमि के किसी भाग को शिकमी देना या उप-किरायेदारी (Sublet) करने का अधिकार भी रखता था।

स्वतंत्रता के पश्चात् जमींदारों के अत्याचारों से मध्यस्थ वर्ग (Intermediaries) के उन्मूलन के लिये कानून बनाये गये। सबसे पहले 1942 में मद्रास में तथा 1949-50 में बंबई में, 1951 में हैदराबाद, बिहार, मध्य प्रदेश तथा असम में, 1952 में उड़ीसा, पंजाब, सौराष्ट्र तथा राजस्थान, 1954 में कर्नाटक, प. बंगाल एवं दिल्ली में जमींदारी उन्मूलन की गई।

जमींदारी उन्मूलन से तीस लाख काश्तकारों (Tenants) तथा बटाई किसानों (Share Croppers) को भूमिधारी अर्थात् कृषि भूमि पर मालिकाना अधिकार प्राप्त हुये और इस प्रकार पूरे देश में 25 लाख हेक्टेयर भूमि पर काश्तकारों को भूमिधारी के अधिकार प्राप्त हो गये। जमींदारी उन्मूलन से 260,000 जमींदारों का खात्मा हुआ।

3. भूस्वामी सुधार (Tenancy Reform): जमींदारी खात्मा एवं रैयतवाड़ी (Toyatwari) तन्त्र के अंतर्गत कृषि भूमि प्राय: किसानों को पट्टे पर या किराये पर दो जाती थी। छोटे या सीमांत किसान कृषि भूमि जमीदारों से पट्टे पर लेते थे। पट्टे या किराये पर कृषि भूमि लेने वाले काश्तकार निम्न तीन प्रकार के होते थे:

(i) ***स्थाई काश्तकार (Permanent Tenants):*** स्थाई काश्तकार भूमि के वास्तविक स्वामी माने जाते थे तथा उनके देहान्त के पश्चात भूमि/जमीन उनकी सन्तान (बेटों) को मिलती थी।

(ii) ***अस्थाई काश्तकार (Tenants at will on temporary tenants):*** इन काश्तकारों को जमींदार

अपनी इच्छानुसार बदलता रहता था, तथा उनकी संतान का कृषि हेतु पट्टे पर ली गई जमीन पर कोई अधिकार नहीं होता था।

(iii) शिकमी काश्तकार (sub-tenants): कुछ स्थाई काश्तकार अपनी पट्टे पर ली गई भूमि को अपने से छोटे किसानों को किराए या पट्टे पर दे देते थे, जिनको शिकमी (sub-tenants) कहा जाता था।

जमींदार अस्थाई एवं शिकमी किसानों के लगान को स्वेच्छानुसार बढ़ाता रहता था, उनसे बेगार लेता (Begar or Free services) लेता था और उनका भिन्न-भिन्न प्रकार से शोषण करता रहता था। भूस्वामी सुधार के अंतर्गत काश्तकारों को भूमिधर बनाया गया।

4. ***लगान अथवा मालगुजारी पद्धति में सुधार (Regulation of Rent):*** वर्ष 1951 से पहले कृषि भूमि का लगान अथवा मालगुजारी कृषि उत्पादन का 50 प्रतिशत निर्धारित थी। प्रथम एवं दूसरी पंचवर्षीय योजना में इसको घटा कर 20 या 25 प्रतिशत कर दिया गया। चौथी पंचवर्षीय योजना के दौरान कृषि भूमि लगान का पूर्ण रूप से उन्मूलन कर दिया गया।

5. ***कृषि भूमि अधिकतम सीमा सुधार (Land Ceiling):*** भूमि सुधार के अंतर्गत प्रत्येक किसान की अधिकतम कृषि भूमि की सीमा का भी निर्धारण किया गया। सीलिंग अधिनियम (Ceiling Act) वर्ष 1972 में लागू किया गया। प्रत्येक राज्य में सिंचित एवं बारानी (असिंचित भूमि) कृषि भूमि निर्धारित की गई। यह सीमा निम्न प्रकार थी। (i) एक वर्ष में दो फसलें उगाने वाली सिंचित भूमि 4.05 हेक्टयेर से लेकर 7.28 हेक्टयेर, (ii) घटिया में 21.58 हेक्टयेर से कम, (iii) सीमा निर्धारण, बाग-बागीचों तथा नकदी फसलों (Plantation Crops), चाय के बागीचों इत्यादि पर लागू नहीं होगी। (iv) धार्मिक स्थलों की परोपकारी भूमि (Charitable) को राज्य सरकारें सीलिंग (Ceiling) से बाहर रख सकती हैं। (v) सीलिंग से प्राप्त की गई भूमि का बंटवारा करते समय भूमिहर मजदूरों, अनुसूचित जातियों एवं जन-जातियों को प्राथमिकता दी जानी चाहिए। (vi) सीलिंग द्वारा प्राप्त की गई भूमि का मुआवजा/क्षतिपूर्ति (Compensation) भूमि के बाजारी मूल्य से कम होना चाहिये, (vii) मुआवजा, किश्तों में अदा किया जाना चाहिये।

6. **भूमि रिकार्ड (Land Records):** कृषि भूमि सुधार के लिये अनिवार्य है कि रिकॉर्ड आधुनिक ढंग से तैयार किए जाएं। सातवीं पंचवर्षीय योजना में कृषि भूमि के वैज्ञानिक सर्वेक्षण (Scientific Survey) पर बल दिया गया था, जिसमें कम्प्यूटर के द्वारा रिकॉर्ड आंकड़े एवं खतौनी तैयार करना भी सम्मिलित था।

भारत में भूमि सुधार का मूल्यांकन (An Appraisal of Land Reforms in India)

यद्यपि भारत में बड़े उत्साह एवं जोशोख़रोश के साथ भूमि सुधार की प्रक्रिया आरम्भ की गई थी लेकिन कुछ समय बाद इस उत्साह में कमी देखने को मिली। भूमि सुधार में संतोषजनक प्रगति न होने के मुख्य कारण निम्न हैं:

1. **विधि/कानून निर्माण में कमी (Faults in Legislation):** भूमि सुधार कानून में कुछ निहित कमजोरियाँ हैं। इन कमज़ोरियों में निजी काश्त (Personal Cultivation) किसानों के द्वारा सीमा से अधिक भूमि का रखना, बड़े किसानों के द्वारा अपने रिश्तेदारों के नाम पर कृषि भूमि का बैनामा (Transfer) करना सम्मिलित हैं। इस प्रकार बड़े किसान सीमा निर्धारण से बच जाते हैं।

2. **राजनैतिक इच्छा शक्ति की कमी (Lack of Political Will):** भूमि सुधार कानून लागू करने के लिये राजनैतिक इच्छा शक्ति अनिवार्य है, जिसकी कमी के कारण भूमि सुधार केवल एक नारा (Slogan) बन कर रह गया है।

3. **नौकरशाही रुकावटें (Bureaucratic Obstacles):** भारतीय नौकरशाही अपने कर्तव्य निभाने में कमी करते हैं और कई बार नेताओं के प्रभाव में आ जाते हैं जिसके कारण कानूनों का सही ढंग से पालन नहीं हो पाता।

4. **समन्वयन की कमी (Lack of Co-ordination):** भूमि सुधार लागू करने वाली बहुत-सी एजेंसियों (Agencies) में तालमेल न होने के कारण भी कानून लागू करने में देरी होती है।

5. **भूमि सुधार कानूनों में विविधता (Variation in Laws Related in Land Reforms):** देश के विभिन्न राज्यों में भूमि सुधार के कानूनों में विभिन्नता पाई जाती है, जिसके कारण राष्ट्रीय स्तर पर उनको लागू करने में कठिनाई आती है।
6. **मुकद्मेबाजी (Litigation):** कानूनी कमियों के कारण लोगों में मुकद्मेबाजी में भारी वृद्धि आई है। मुकद्मों के चलते हुये भूमि सुधार कानून लागू करने में देरी होती है।
7. **भूमि रिकॉर्ड में कमी (Incomplete land records):** भारत सरकार द्वारा तैयार किये गये रिकॉर्ड (खतौनी आदि) अधूरे होते हैं, जिसके कारण भूमि के सही मालिक का पता लगाने में कठिनाई आती है तथा भूमि सुधार कानून लागू करने में देरी होती है।

सुझाव (Suggestions)

यदि निम्न सुझावों पर ध्यान देकर काम किया जाय तो भूमि सुधार प्रभावशाली ढंग से लागू किया जा सकता है:

1. **प्रभावशाली ढंग से भूमि सुधार कानून का पालन (Effective Implementation):** भूमि सुधार कानून लागू करने के लिये समय सीमा निर्धारित की जानी चाहिये।
2. **नौकरशाही दक्षता:** सरकारी मशीनरी अथवा नौकरशाही को सक्षम होना चाहिये।
3. **रिकॉर्ड अपडेट (Records Updating):** भूमि रिकॉर्ड, खसरा, खतौनी में इन्द्राज पूर्ण रूप से तैयार होनी चाहिये।
4. **कानूनी सरलता (Simplifying Legal Methods):** भूमि संबंधी मुकद्मों को जल्द निपटाने के लिये स्पेशल कोर्ट बनाये जाने चाहिये।
5. भूमि सुधार कानून सख़्त बनाये जाने चाहिये और ऐसे होने चाहिये जिनको आसानी से चुनौती न दी जा सके।
6. **जन-जागरुकता:** भूमि सुधार कानूनों के बारे में ग्रामीण समाज को जानकारी देकर जागरुकता फैलाई जानी चाहिए।
7. **चकबंदी (सीलिंग):** चकबंदी द्वारा प्राप्त की गई भूमि को जल्द बंटवारा किया जाना चाहिए।
8. **ग्रामीण सोसायटियां (Village Societies):** प्रत्येक गाँव में एक भूमि सुधार समिति की स्थापना करनी चाहिये जो भूमि सुधार कानूनों को जल्द लागू कराये।
9. **वित्तीय सहायता (Financial Assistance):** चकबंदी (Ceiling) से प्राप्त भूमि जिन गरीब लोगों को दी जाये उनको वित्तीय सहायता दी जानी चाहिये ताकि वे भूमि का सदुपयोग कर सकें। उनको तकनीकी जानकारी देने का प्रबंध भी होना जरूरी है।

जल-विभाजक प्रबंधन (Watershed Management)

दो जल अपवाह क्षेत्रों की सीमा को जल विभाजक करते हैं। यह सीमा दो जल अपवाहों के क्षेत्रफल को एक-दूसरे से अलग करती हैं। दूसरे शब्दों में, कोई भी क्षेत्रफल जिसमें वर्षा का जल एकत्रित होकर किसी नदी-नाले के द्वारा अपवाहित होता है। वॉटरशेड (Watershed) कहलाता है। यह नदी बेसिन का पयार्यवाची है। प्रत्येक वॉटरशेड का क्षेत्रफल भिन्न-भिन्न होता है। कोई वॉटरशेड चन्द हेक्टयर और कोई हजारों हेक्टयर क्षेत्रफल पर फैला होता है। क्षेत्रफल के आधार पर वॉटरशेड को (i) दीर्घ वॉटरशेड, (ii) मध्यम वॉटरशेड, एवं (iii) लघु-वॉटरशेड में विभाजित किया जा सकता है। वॉटरशेड के भौतिक, जैविक, आर्थिक एवं सामाजिक तथ्यों में पारस्परिक संबंध होता है और दूसरे पर आश्रित होते हैं तथा प्रभावित करते हैं।

उद्देश्य (Objectives)

जलविभाजक प्रबंधन के मुख्य उद्देश्य निम्न प्रकार हैं:

(i) पारिस्थितिकी संतुलन स्थापित करना।

(ii) मिट्टी का संरक्षण कर, वर्षा जल संचय करना (Rain Water Harvasting) तथा भूगर्त जल का पुन: संभरण (Recharge) करना।

(iii) वॉटरशेड के क्षेत्रफल में टिकाऊ कृषि का विकास करना, वानिकी एवं वृक्षारोपण करना, पशुपालन करना।

(iv) फसलों का उत्पादन बढ़ाने के लिये उचित फसल चक्र अपनाना।

(v) क्षेत्र के लोगों की आय बढ़ाने के लिये विकल्पों का पता लगाना।

वॉटरशेड प्रबन्धन के सिद्धान्त (Watershed Management)

वॉटरशेड प्रबन्धन के मुख्य सिद्धान्त निम्न प्रकार हैं:

(i) भूमि उपयोग उसकी क्षमता के अनुसार किया जाना चाहिये।

(ii) वर्षा जल संरक्षण (Rain Water Harvesting)।

(iii) वर्षा के अधिकतर जल को जलाशयों, झीलों, तालाबों आदि में संचित करना।

(iv) भूमि को अपरदन एवं अपरदन-नालियों (Gully and Rill) से बचाना।

(v) उपयुक्त स्थानों पर जल संचय के लिये बाँध (Check dams) बनाना। तथा भूगर्त जल को रिचार्ज करना।

(vi) उपयुक्त फसलों के प्रतिरूपों की पहचान करना।

(vii) प्रति हेक्टयर एवं प्रति जल इकाई से अधिक उत्पादन करना।

(viii) फसलों एवं कृषि सघनता में वृद्धि करना।

(ix) सीमान्त भूमि (Marginal Land) एवं कम उपजाऊ एवं बन्जर भूमि का सदुपयोग करना।

(x) बाजारों, मण्डियों, गोदामों, सडकों जैसी मूलभूत सुविधाओं को विकसित करना।

(xi) पारिस्थितिकी, परितन्त्र एवं पर्यावरण को टिकाऊ बनाना।

विधि तन्त्र (Methodology)

वॉटरशेड-प्रबंधन में जल संचय, जल उपयोग एवं सदुपयोग पर विशेष बल दिया जाता है। इस विधि तन्त्र में उपयुक्त मानचित्रों तथा दूर संवेदी (Remote Sensing) का उपयोग किया जाता है। इस प्रकार के मानचित्रों भूमि, जल, तथा प्राकृतिक वनस्पति के प्रतिरूपों को दर्शाकर उनका अवलोकन किया जाता है।

प्राकृतिक साधनों के मानचित्रों के साथ-साथ फसलों के प्रतिरूपों, उनकी प्रति हेक्टयेर उत्पादकता, फसलों की बीमारियों इत्यादि का अवलोकन किया जाता है। इन मानचित्रों की सहायता से सम्भावित जलाशयों एवं बांधों के निर्माण के स्थलों का निर्धारण किया जाता है। इस प्रकार के मानचित्रों के अध्ययन के पश्चात उपयुक्त कृषि पद्धति, सामाजिक वानिकी (Social Forestry), मृदा संरक्षण, तथा जल संरक्षण (Water Conservation) को योजनायें बनाई जाती हैं और पर कार्यवाही की जाती है। भिन्न-भिन्न भौगोलिक परिस्थितियों के अनुसार, विधि तन्त्र में परिवर्तन एवं संशोधन किया जाता है।

धारणीय कृषि तथा ईको-फार्मिंग (Sustainable Agriculture and Eco-Farming)

धारणीय कृषि को टिकाऊ कृषि एवं ईको-फार्मिंग कहते हैं। टिकाऊ कृषि की बहुत-सी परिभाषायें दी जाती है। एक परिभाषा के अनुसार, धारणीय कृषि ऐसी कृषि को कहते हैं जो वर्तमान समय की आवश्यकताओं की आपूर्ति करे तथा भविष्य की पीढ़ियों की आवश्यकताओं की भी आपूर्ति हो सके और परितन्त्र स्वास्थ्य रूप में बना रहे।

करोड़ों की तीव्र गति से बढ़ती जनसंख्या को आनाज की तथा कृषि-आधारित उद्योगों के लिये कच्चे माल की आपूर्ति के लिये कृषि की उत्पादकता को बढ़ाने की आवश्यकता है तथा पारिस्थितिकी तन्त्र को विशेष क्षति न हो इस तथ्य का भी ध्यान रखा जाना है। ईको-फार्मिंग (Eco-Farming) में गोबर, कम्पोस्ट तथा हरी खाद का इस्तेमाल किया जाता है। साथ ही साथ फसलों का हेर-फेर (Rotation of Crops) वैज्ञानिक ढंग से किया जाये अर्थात् मृदा उत्पादकता कम करने वाली फसलों के पश्चात दलहन की फसलें लगाना।

संक्षेप में, धारणीय कृषि (Sustainable Agriculture) उपलब्ध संसाधनों एवं प्रौद्योगिकी के साथ अधिकतम उत्पादन करना एवं परितन्त्र को टिकाऊ बनाये रखना ही धारणीय कृषि कहलाता है। इसमें मृदा संरक्षण एवं जैविक विविधता को संरक्षित किया जाता है।

टिकाऊ कृषि की विशेषताएं (Characteristics of Sustainable Agriculture)

धारणीय अथवा टिकाऊ कृषि में रासायनिक खादों एवं कीटनाशक दवाईयों का कम से कम इस्तेमाल किया जाता है। गोबर, कम्पोस्ट तथा हरी-खाद के उपयोग पर बल दिया जाता है ताकि मृदा की उर्वरकता बनी रहे तथा पारिस्थितिकी पर प्रतिकूल प्रभाव न पड़े।

धारणीय कृषि (Sustainable Agriculture) आधुनिक कृषि से भिन्न होती है। इन दो प्रकार की कृषि प्रणालियों एवं उनकी मुख्य विशेषताओं को संक्षेप में **तालिका 12.1** में वर्णित किया गया है।

आधुनिक कृषि की समस्याएं (Problems of Modern Agriculture)

आधुनिक कृषि, उद्योगों की भाँति संसाधनों का शोषण करती है। बड़े उद्योगों तथा खनन से निष्काषित प्रदूषण से कृषि भूमि भी प्रदूषित हो रही है। रासायनिक खाद तथा कीटाणुनाशक दवाईयों से मिट्टी, भूगर्त जल, नदियों, झीलों तथा जलाशयों में प्रदूषण की गम्भीर समस्या उत्पन्न हो गई है। कृषि भूमि की उर्वरकता तीव्र गति से कम हो रही है। आधुनिक कृषि के प्रतिकूल प्रभाव पर नियन्त्रण पाना एक कठिन कार्य हो रहा है। आधुनिक कृषि के पारिस्थितिकी तथा समाज पर पड़ने वाले प्रभाव को संक्षिप्त में नीचे दिया गया है।

तालिका 12.1: धारणीय एवं आधुनिक कृषि की तुलना

विशेषताएं	धारणीय कृषि (Sustainable Agriculture)	आधुनिक कृषि (Modern Agriculture)
पौधे-पौष्टिक पदार्थ (Plant Nutrients)	गोबर, कम्पोस्ट तथा हरी खाद का इस्तेमाल तथा वैज्ञानिक फसल चक्र (Scientific Rotation Crops)	रासायनिक खाद, कीटाणु नाशक दवाईयों का इस्तेमाल
नाशक जीव/पेस्टे (Pest)	वैज्ञानिक फसल चक्र तथा जैविक पदार्थों द्वारा	जहरीले रासायनिक पदार्थों के द्वारा बीमारी फैलाने वाले कीटाणुओं पर नियन्त्रण करना।
निवेश (Input)	भारी विविधता, नवीकरण तथा जैव-निम्नीकरण निवेश (Biodegradable Inputs) का इस्तेमाल।	प्रति हेक्टयेर अधिक उत्पादन, जैविक विविधता का अभाव तथा रासायनिक पदार्थो का निवेश
पारिस्थितिकी (Ecology)	स्थाई तथा धारणीय पारिस्थितिकी (Stable and Sustainbale Ecology)	अस्थिर तथा अधारणीय पारिस्थितिकी (Fragile and unsustainable ecology)
संसाधनों का उपयोग (Use of Resources)	जंगलों, भूगर्त जल, तथा मछलियों का एक सीमित मात्रा में दोहन करना ताकि नवीनीकरण हो सके।	जंगलों, भूगृत जल, तथा मछलियों का अत्यधिक दोहन करना, जिसके कारण उनका नवीनीकरण कम और कठिन होता है।
खाद्य पदार्थों की गुणवत्ता (Quality of Food Material)	स्वास्थ्य के दृष्टिकोण से सुरक्षित (Food Materials are safe)	खाद्य पदार्थों में जहरीले पदार्थों के अवशेष पाये जाते हैं। (Food materials contain toxic residues)

आधुनिक कृषि के परिणाम (Consequences of Modern Agriculture)

1. **भूमि अवक्रमन (Land Degradation):** भारत की 80 प्रतिशत मिट्टियां अपरदन (Erosion) से प्रभावित हैं। भूमि के अवक्रमन के कारण बहुत-से जैविक लुप्त (Extinct) हो गये हैं।
2. **वनों का ह्रास (Depletion of Forests):** बहुत-से क्षेत्रों में जंगलों का काटा जा रहा है या उनको जलाकर झूमिंग प्रकार की खेती की जाती है। परिणामस्वरूप जंगलों के क्षेत्रफल में निरन्तर कमी होती जा रही है।
3. **अत्यधिक सिंचाई (Over-Irrigation):** अवश्यकता से अधिक सिंचाई के कारण कृषि भूमि ऊसर अथवा कल्लर (Saline or Alkaline) होती जा रही हैं तथा उनके रासायनिक तत्वों में परिवर्तन हो रहा है।
4. **मिट्टी के पौष्टिक तत्वों का ह्रास (Depletion of Soil Nutrients):** कृषि भूमि की उर्वरकता बनाये रखने के लिये पौष्टिक तत्वों का ठीक प्रबन्धन करना अनिवार्य होता है। आधुनिक कृषि में अधिक उत्पादन करने के चक्कर में इन तत्वों का ठीक से प्रबंधन नहीं हो पाता।

टिकाऊ कृषि के उपाय (Strategy for Sustainable agriculture)

1. **कृषि फार्म खाद (Farmyard Manure):** टिकाऊ कृषि के लिये गोबर, कम्पोस्ट तथा हरी खाद का उपयोग अनिवार्य होता है। आधुनिक कृषि में इस प्रकार की खादों का उपयोग कम होता है इसलिये मिट्टी की उर्वरकता कम हो रही है।
2. **प्रभावशाली एवं प्रगुण जल प्रबंधन (Efficient Water Management):** वर्षा के जल की प्रगुण प्रबन्धन की आवश्यकता है। जल प्रबंध का अर्थ है कि वर्षा जल का संचय, सिंचाई में जल का उचित उपयोग और खेत में जलभराव (Waterlogging) न होने देना।
3. **खरपतवार प्रबन्धन (Weed Management):** आधुनिक कृषि में खरपतवार को भी रासायनिक दवाईयों से समाप्त करने का प्रयास किया जाता है, जिससे मिट्टी की उर्वरकता बढ़ाने वाले बहुत सूक्ष्म प्राणी मर जाते हैं और भूमि की उर्वरकता में कमी आती है। खरपतवार प्रबन्धन जैविक पदार्थों के द्वारा किया जाना चाहिये। नीम की खाद खरपतवार प्रबन्धन में उपयोगी होती है। समय-समय पर गुड़ाई-नराई करके खरपतवार को फसल से साफ करना चाहिये।
4. **नाशक जीव प्रबंधन (Pest Management):** प्राय: ईको-फार्मिंग (Eco Farming) की फसलों में बीमारी कम लगती है। यदि बीमारी उत्पन्न हो जाए तो जैविक विधियों से नाशक जीव प्रबन्धन करना चाहिये। नीम की निबोलियों की खाद फसलों की बीमारियों को दूर करने का एक महत्वपूर्ण उपाय है।
5. **फसल चक्र (Rotation of Crops):** वैज्ञानिक फसल चक्र अपनाना चाहिये। धारणीय कृषि के फसल चक्र में मिट्टी की उर्वरकता कम करने वाली फसलों के पश्चात दलहन की फसल उगानी चाहिये। दलहनों से खेत में नाइट्रोजन की मात्रा में वृद्धि होती है। समय-समय पर खेत में हरी खाद (Green Manuring crep) उगानी चाहिये। हरी-खाद की फसलों में सन, जूट, ढैंचा एवं बर्सीम प्रमुख हैं।

धारणीय कृषि से पारिस्थितिकी में संतुलन स्थापित होता है, लागत खर्च कम आता है, पर्यावरण प्रदूषण कम होता है। धारणीय कृषि की कुछ सीमायें एवं समस्याएं भी हैं। उदाहरण के लिये धारणीय कृषि में प्रति हेक्टेयर उत्पादन तथा कुल उत्पादन कम होता है। फसलों की बीमारियों को जल्दी से नियंत्रित नहीं किया जा सकता। आधुनिक कृषि को धारणीय कृषि अथवा ईको फार्मिंग (Ecofarming) में बदलने के लिये तीन तीन से छह वर्ष का समय लगता है, जो कृषि में एक लम्बा समय माना जाता है।

भारत में टिकाऊ कृषि (Eco-farming) आन्दोलन की शुरुआत वर्ष 1981 हुई थी। उत्तराखण्ड, हिमाचल प्रदेश, जम्मू-कश्मीर, पंजाब, हरियाणा आदि के कुछ भागों में यह सफलतापूर्वक की जा रही है। कुछ वैज्ञानिकों का विचार है कि भारत की तीव्र गति से बढ़ती जनसंख्या की आवश्यकताओं की आपूर्ति ईको फार्मिंग (Ecofarming) के द्वारा नहीं की जा सकती।

सामाजिक वानिकी (Social Forestry)

सामाजिक वानिकी, ग्रामीण एवं नगरीय समुदायों के हित में, प्राकृतिक वनों के क्षेत्रों के बाहर किसी सरकारी भूमि, ग्राम समाज, किसान की निजी भूमि अथवा किसी अन्य क्षेत्र की भूमि पर वृक्षारोपण एवं वृक्ष उगाने को कहा जाता है। सामाजिक वानिकी को समुदाय वानिकी (Community Forestry) भी कहते हैं। गाँव में समुदाय वानिकी ग्राम समाज की भूमि पर लगाई जाती है। सामुदायिक वानिकी को 'लोगों की, लोगों के लिये, लोगों द्वारा' के तौर पर परिभाषित किया गया है।

वर्ष 1952 तथा 1988 की राष्ट्रीय वन नीति में सामाजिक वानिकी के महत्व पर बल दिया गया था। सामाजिक वानिकी से लोगों को ईंधन हेतु लकड़ी, चारे और घास के अतिरिक्त बहुत-से अन्य एवं अप्रत्यक्ष लाभ हैं, जैसे-व्यष्टि-जलवायु, वर्षा का अधिक होना, मिट्टी संरक्षण, मिट्टी के अपरदन में कमी तथा पारिस्थितिकी तन्त्र को टिकाऊ अवस्था में बनाये रखना। पारिस्थितिकी तन्त्र के साथ बहुत-से सामाजिक मूल्य जुड़े हुये है, जिनमें सांस्कृतिक, आध्यात्मिक, सामाजिक, आर्थिक, औषधिय, पारिस्थितिकीय, आमोद-प्रमोद और सौन्दर्य बोध सम्मिलित हैं।

यद्यपि सामाजिक वानिकी (Social Foresty) का उद्देश्य समाज के सभी वर्गों को लाभ पहुँचाने के लिये किया जाता है, परन्तु इसकी देख-रेख सही तौर पर नहीं हो पाती और लगाये गये वृक्ष जल्द नष्ट हो जाते हैं, इसलिये इसको 'साझी त्रासदी' (Tragedy of Commons) नाम भी दिया जाता है।

सामाजिक वानिकी के उद्देश्य (Objectives of Social Forestry)

सामाजिक वानिकी के उद्देश्य निम्न प्रकार हैं:

1. फसल प्रतिरूपों की उत्पादकता बढ़ाना, मृदा संरक्षण करना, जल संचय एवं उसका सदुपयोग करना।
2. लोगों के लिए ईंधन हेतु लकड़ी, काष्ठ, बाँस तथा पशुओं के लिये चारागाह तैयार करना।
3. वृक्षों की पत्तियों को गाय-भैंस एवं भेड़-बकरियों के लिये चारे के रूप में इस्तेमाल करना।
4. वृक्षों की पत्तियों से तेल तथा पेड़ों से गोंद, राल (Resins) आदि प्राप्त करना।
5. पशुचरण से गोबर की खाद तैयार करना तथा उसका इस्तेमाल करके कृषि-भूमि की उर्वरकता (Fertility) बढ़ाना।
6. ग्रामीण लोगों के लिये रोज़गार के नये अवसर उपलब्ध कराना।
7. कागज उद्योग के लिये कच्चा माल तथा लुग्दी (Pulp) के लिये लकड़ी उपलब्ध कराना।
8. कृषि उपकरणों के लिये लकड़ी उपलब्ध कराना।
9. गाँव में कुटीर उद्योग को प्रोत्साहन देना।
10. भूमि का उपयोग उसकी उत्पादक क्षमता के अनुसार इस्तेमाल करना।
11. मृदा एवं जल संरक्षण करना।
12. अनुसूचित जनजातियों के प्राकृतिक आवासों को सुरक्षा प्रदान करना।
13. मनोरंजन की सुविधायें उपलब्ध कराना।
14. सौन्दर्य बोध (Asthetics) के दृश्यों को संरक्षण प्रदान करना।
15. टिकाऊ ग्रामीण विकास में सहायक होना।
16. पारिस्थितिकी विविधता संरक्षण करते हुये कृषि को सुरक्षा प्रदान किया जाना।

सामाजिक वानिकी के संघटक (Components of Social Forestry)

सामाजिक वानिकी के निम्न संघटक हैं:

1. **कृषि वानिकी अथवा सिल्वीकल्चर (Agro-forestry or silviculture):** बहुत-से किसान अपने खेतों की सीमाओं पर पेड़ लगाते हैं और कुछ किसान पूरे खेत में पेड़ों को फसलों के तौर पर उगाते हैं।
2. **विस्तार वानिकी (Extension Forestry):** परम्परागत प्राकृतिक वनों से दूर ऐसे बन्जर क्षेत्रों में पेड़ लगाना जहाँ वनस्पति नहीं है, विस्तार वानिकी कहलाती है।

3. **मिश्रित वानिकी (Mixed Forestry):** मिश्रित वानिकी में खेत में वृक्षों के साथ-साथ आनाज अथवा चोर की फसलें उगाई जाती हैं। यह प्राय: ग्राम समाज की भूमि पर उगाई जाती है।

4. **आश्रय वानिकी (Shelter Belt):** प्राय: मरुस्थली अथवा अर्द्ध-मरुस्थली क्षेत्रों में मृदा अपरदन को रोकने के लिये शेल्टर बेल्ट (Shelter Belt) के रूप में वृक्षों को लगाया जाता है।

5. **रेखीय भू-पट्टी पर पौधारोपण (Linear Strip Plantation):** सड़कों, रेलमार्गों नहरों आदि के किनारे भूमि की रेखीय पट्टियों पर तेजी से बढ़ने वाले वृक्ष लगाये जाते हैं। इसे भी सामाजिक वानिकी कहते हैं।

6. **अवक्रमित वनों का पुनर्वनारोपण (Reafforestation of Degraded Forests):** जिन वनों से भारी संख्या में वृक्षों को काट लिया गया है या जला दिया गया है, ऐसे क्षेत्रों में मानव द्वारा वृक्षारोपण को अवक्रमित वनों का पुनर्वनारोपण कहते हैं।

7. **आमोद-प्रमोद वानिकी (Recreational Forestry):** इस प्रकार की सामाजिक वानिकी प्राय: उद्यानों तथा मनोरंजन स्थलों में लगाई जाती है। इस प्रकार की वानिकी को सौन्दर्य बोधात्मक वानिकी के रूप में भी जाना जाता है।

सामाजिक वानिकी के लिये निम्न वृक्ष उपयुक्त माने जाते हैं-गन्ध सफेदा अथवा यूकेलिप्ट्स (Eucalyptus), पॉपलर (poplar), जामुन (Jamun), सिरस (Siras), शीशम (Sisso), इमली, बेर, सेन्जी इत्यादि।

कृषि वानिकी (Agro Forestry)

1970 के दशक में प्रचलित कृषि वानिकी ने विश्व की सभी विकसित और विकासशील देशों में अपना स्थान बनाया है। कृषि वानिकी को निम्न प्रकार से परिभाषित किया जाता है।

कृषि वानिकी एक उपयुक्त भूमि प्रबन्धन प्रणाली है, जिससे भूमि की उपज बढ़ती है। इसमें वृक्षों और फसलों को साथ-साथ उगाया जाता है। कोई-कोई किसान तो पूरे खेत में पेड़ लगाकर उनकी फसल के रूप में देख-भाल करता है और पाँच से सात वर्षों के पश्चात उनको काट कर धन अर्जित करता है।

सरल शब्दों में, कृषि वानिकी कुशल भूमि-प्रयोग की प्रणाली है, जिसमें फसलों के साथ पेड़ आदि उगाये जाते हैं। धारणीय आधार पर उत्पादकता बढ़ाने के लिये सकारात्मक अंत:क्रियाएं अपेक्षित होती हैं।

कृषि वानिकी आंध्र प्रदेश, असम, बिहार, छत्तीसगढ़, गुजरात, हिमाचल प्रदेश, हरियाणा, झारखंड, कर्नाटक, केरल, महाराष्ट्र, नगालैंड, ओडिशा, पंजाब, राजस्थान, तमिलनाडु, सीमान्ध्रा, तेलंगाना, उत्तराखंड, उत्तर प्रदेश और पश्चिम बंगाल में काफी लोकप्रिय हो गयी है।

हालांकि, कृषि-वानिकी से सीमान्त और लघु किसानों और भूमिहीन कामगारों से ज्यादा बड़े किसानों को फायदा हुआ है। कई ऐसे भू-स्वामी जो दूर रहते हैं, अपनी कृषि लायक जमीन पर वाणिज्यिक पेड़ लगा देते हैं ताकि उनकी जमीन पर कब्जा नहीं हो सके। इस तरह कृषि मजदूरों के हाथ से रोजगार छिन जाता है। जिस भूमि पर अच्छी खेती हो सकती थी और जिसमें अनाज और वाणिज्यिक फसलें उगाई जा सकती थी, उस भूमि को इस खेती से अलग कर देने से खाद्यान्नों का संकट पैदा हो सकता है और इससे औद्योगिक कच्चे माल की कमी भी हो सकती है। इसलिए इस कार्यक्रम के लिए नई रणनीति और इसको पुनर्व्यवस्थित करने की जरूरत है ताकि इसके वास्तविक लक्ष्य को प्राप्त किया जा सके।

भारत में जनसंख्या के दबाव और 340 व्यक्ति प्रति वर्ग किलोमीटर (2011) के जनसंख्या घनत्व, और 150 प्रति वर्ग किलोमीटर पशुधन के दबाव को देखते हुए भुखमरी, गरीबी, अपर्याप्त आवास और पर्यावर्णीय क्षरण के खिलाफ एक ही हथियार प्रयोग में लाया जा सकता है और वह है कृषि-वानिकी पर अमल।

कृषि-वानिकी में शोध और विकास के लिए एकीकृत प्रयास जरूरी है जोकि किसानों और समाज को स्वीकार्य हो और जो उनकी आजीविका में सुधार ला सके। इसके अलावा यह ऐसा हो जिसमें ज्यादा बायोमास के उत्पादन की संभावना हो और जो सूक्ष्म-जलवायु/जलवायु में सुधार ला सके। यह प्रयास क्षेत्र-विशेष के अनुरूप हो क्योंकि किसानों/लोगों की

सामाजिक-आर्थिक स्थिति और जलवायु की परिस्थितियाँ उस क्षेत्र के अनुरूप होती हैं। यह भी जरूरी है कि विशेष क्षेत्रों जैसे- तटीय क्षेत्र को ज्यादा महत्त्व दिया जाए। तटीय क्षेत्र की कृषि और कृषि-वानिकी उत्पादकता को टिकाऊ बना सकता है और इसके साथ-साथ यह तटीय क्षेत्र की नाजुक पारिस्थितिकी को क्षरण से बचाया जा सकता है।

सामाजिक और कृषि-वानिकी, इस तरह के न केवल विकल्प हैं, बल्कि जरूरत भी। प्राकृतिक संसाधनों के क्षरण और जलवायु परिवर्तन की आशंका जैसी वैश्विक समस्याओं को देखते हुए यह जरूरी हो गया है। कार्बन जब्ती, बायो-रेमेडिएशन और उत्पादन प्रणाली में विविधता लाने में इसकी भूमिका से यह उम्मीद की जाती है कि यह एक ऐसे पारिस्थितिकीय प्रणाली से टिकाऊ उत्पादन सुनिश्चित करेगा जिससे कि अतंत: स्वस्थ और खुशनुमा वातावरण तैयार होगा।

कृषि वानिकी के प्रतिकूल प्रभाव

(i) कृषि वानिकी ने सीमान्त व लघु किसानों और भूमिहीन मजदूरों की तुलना में बड़े किसानों को अधिकतम पहुँचा। बहुत-से भूस्वामी जो स्वयं खेती नहीं करते (Absentee Landlords) पर कृषि भूमि पर अपना स्वामित्व रखने के लिये कृषि वानिकी की जाती है।

(ii) अच्छी प्रकार की भूमि में कृषि वानिकी लगाने से आनाज, नकदी, फसलों, फल तथा सब्जियों के उत्पादन में कमी आई है।

(iii) कृषि वानिकी से खेतिहर मजदूर रोजगार से वंचित हुये हैं।

(iv) कृषि वानिकी से उपजाऊ भूमि में वृक्षों की जड़ों का जाल फैल भूमि की उर्वरकता को कमजोर करता है।

(v) पड़ोसी किसानों की फसलों के उत्पादन में कमी आती है। पड़ोसी किसानों में झगड़े की सम्भावना बढ़ती है तथा झगड़ों से मुकद्मे-बाजी को बढ़ावा मिलता है।

कृषि वानिकी में अनुसंधान की आवश्यकता है, ताकि बन्जर क्षेत्रों व पहाड़ी ढलानों को हरा-भरा बनाकर पारिस्थितिकी को धारणीय बनाया जाए तथा समाज को आर्थिक व सांस्कृतिक लाभ पहुँचाया जाये।

संक्षेप में, मानव द्वारा वृक्षारोपण से समाज तथा पारिस्थितिकी को बहुत-से लाभ होते हैं। इस दिशा में प्रयास निरन्तर जारी रखने की आवश्यकता है। वृक्षारोपण के पश्चात वृक्षों की देख-भाल पर पूरा ध्यान देने से सामाजिक वानिकी कार्यक्रम और भी सफल हो सकता है।

भारत में ग्रामीण विकास योजनाएं (Programmes of Rural Development in India)

भारत की लगभग 70 प्रतिशत जनसंख्या गाँव में रहती है, जो प्रत्यक्ष अथवा अप्रत्यक्ष रूप से खेती पर निर्भर है। इसलिये ग्रामीण विकास भारत की प्राथमिकता है। भारत में प्रथम पंचवर्षीय योजना से ही ग्रामीण विकास पर बल दिया जाता रहा है। सबसे पहले प्रथम पंचवर्षीय योजना के दौरान 2 अक्टूबर, 1952 को समुदाय विकास योजना (Community Development Programme) को आरम्भ किया गया था। ग्रामीण विकास से सम्बंधित कुछ महत्वपूर्ण योजनाओं का संक्षेप में निम्नलिखित विवरण दिया गया है:

1. सम्पूर्ण अथवा एकीकृत ग्रामीण विकास योजना (Integrated Rural Development Programme)

सम्पूर्ण ग्रामीण विकास योजना भारत में छठी पंचवर्षीय योजना (1980-85) में आरम्भ की गई थी। इसका उद्देश्य गाँव में स्वरोजगार को बढ़ावा देना, गरीबों को सस्ते ब्याज पर ऋृण देना ताकि वे उत्पादन करने वाले उपकरण, मशीन आदि खरीद कर अपनी आय बढ़ा सकें।

मुख्य उद्देश्य

(i) गाँव के गरीबों को स्वयं रोजगार को बढ़ावा देना, (ii) गरीबों को सस्ते ब्याज पर धन का प्रबन्ध करना ताकि वे किसी प्रकार की मशीन आदि खरीद कर काम धंधा कर सके; (iii) छोटे किसानों को सिंचाई के साधन विकसित करने के लिये धन का प्रबन्ध करना; (iv) छोटे तथा सीमांत

किसानों को बैल, गाय, भैंस आदि खरीदने के लिये रुपये का प्रबंध करना, तथा; (v) कुटीर उद्योग को प्रोत्साहन करना।

2. राष्ट्रीय ग्रामीण रोजगार योजना (National Rural Employment Programme-NREP)

राष्ट्रीय ग्रामीण रोजगार योजना अक्टूबर 1980 की काम के बदले आनाज योजना के स्थान पर आरम्भ की गई योजना में केन्द्र एवं राज्य की वित्तीय जिम्मेदारी 50:50 की है। इस योजना को वेतन-रोजगार कार्यक्रम (Wage Employement Programme) के तौर पर आरम्भ किया गया था।

उद्देश्य (Objectives)

राष्ट्रीय ग्रामीण योजना के लक्ष्य निम्न प्रकार थे।

(i) लगभग 300 से 400 मिलियन रोजगार के घंटे ग्रामीण बेरोजगार एवं अर्द्ध-बेरोजगारों को प्रति वर्ष उपलब्ध कराना।

(ii) गांव में सामाजिक आर्थिक एवं कल्याणकारी मूलभूत सुविधाएं विकसित करना, जिनमें कुएं, नलकूप, पोखर, तालाब, ग्रामीण सड़कें, स्कूल तथा पंचायत घर बनवाना प्रमुख हैं।

(iii) ग्रामीण लोगों की आय बढ़ाकर उनके जीवन स्तर को ऊँचा उठाना। और गाँव के गरीब लोगों के लिए काम के बदले अनाज का प्रबंध करना।

3. ग्रामीण खेतिहर मजदूरों के लिये रोजगार गारण्टी कार्यक्रम (Rural Landless Employment Gaurantee Programme-RLEGP)

खेतिहर मजदूरों की रोजगार गारण्टी कार्यक्रम (RLEGP) 15 अगस्त 1983 को आरम्भ किया गया था। इसका मुख्य उद्देश्य खेतिहर मजदूरों के लिये रोजगार के नये अवसर उपलब्ध कराना तथा उनके जीवन स्तर को बेहतर बनाना था। धन की कमी के कारण इस कार्यक्रम में रोजगार की गारण्टी नहीं दी जा सकी थी। इस कार्यक्रम में खेतिहर मजदूरों के साथ-साथ अनूसूचित जनजाति, अनुसूचित जाति के लोगों तथा स्त्रियों को प्राथमिकता दी गई थी।

4. जवाहर रोजगार योजना (Jawahar Rozgar Yojna-JRY)

28 अप्रैल, 1989 को तत्कालीन प्रधानमन्त्री स्व. राजीव गांधी ने जवाहर रोजगार योजना आरम्भ की थी। इस रोजगार योजना के अंतर्गत, सभी ग्रामीण रोजगार योजनाओं को सम्मिलित कर लिया गया था।

उद्देश्य/विशेषताएं

जवाहर रोजगार योजना की मुख्य विशेषतायें जवाहर निम्न प्रकार थीं:

(i) यह देश की सभी ग्राम पंचायतों के लिये लागू की जानी थी।

(ii) इय योजना से देश के 440 लाख परिवारों को लाभ पहुँचाना था।

(iii) इस योजना की 80 प्रतिशत धन राशि केन्द्रीय सरकार द्वारा तथा शेष 20 प्रतिशत राशि राज्य सरकारों द्वारा वहन की जानी थी।

(iv) जनसंख्या के अनुपात में सभी राज्यों को धन राशि केन्द्र सरकार द्वारा उपलब्ध करानी थी।

(v) 3000 से 4000 तक की जनसंख्या वाले प्रत्येक गांव को एक लाख रूपये की धनराशि प्रदान करने का प्रावधान किया गया था।

(vi) इस योजना के अंतर्गत स्त्रियों को 30 प्रतिशत भागीदारी दी गई थी।

5. राष्ट्रीय सामाजिक सहायता कार्यक्रम (NSAP-National Social Assistance Programme)

राष्ट्रीय सामाजिक सहायता कार्यक्रम का श्री गणेश 15 अगस्त, 1995 को किया गया था। इसकी मुख्य विशेषताएं निम्न प्रकार हैं:

(i) *वृद्धावस्था पेंशन योजना*, प्रति व्यक्ति 1000 रुपये।

(ii) *राष्ट्रीय परिवार लाभ योजना* के अंतर्गत प्राकृतिक कारणों से मृत्यु होने पर प्रति परिवार को पाँच हजार

तथा दुर्घटना के कारण मृत्यु पर दस हजार रूपये की धन राशि का प्रावधान।

(iii) *राष्ट्रीय माता लाभ योजना में* गर्भवती स्त्रियों को पहले दो जीवित बच्चों के जन्म पर तीन सौ रूपये देने का प्रावधान।

6. ग्रामीण ग्रुप जीवन बीमा योजना (Rural Group Life Insurance Scheme-RGLIS)

यह योजना 15 अगस्त, 1995 को आरम्भ की गई थी। इस योजना का उद्देश्य ग्रामीण लोगों को सामूहिक जीवन बीमा के अंतर्गत लाना था तथा जिन लोगों की अकस्मात मृत्यु हो जाये उनके परिवारों को राहत पहुँचाना था।

7. स्वर्ण जयन्ती ग्राम स्वरोजगार योजना Swarna Jayanti Gram Swarogar Yojana-(SGSY)

ग्रामीण चौमुखी विकास प्रोग्राम (IRDF) तथा नौजवानों के रोजगार, स्त्रियों तथा बच्चों के लिये स्वर्ण ग्राम स्वरोजगार योजना आरम्भ की गई थी। अप्रैल 1999 में आरम्भ की गई इस योजना का मुख्य उद्देश्य था गरीबों को गरीबी रेखा से ऊपर उठाकर उनके जीवन स्तर को बेहतर करना।

8. जवाहर ग्राम समृद्धि योजना (Jawahar Gram Samradhi Yojna)

जवाहर रोजगार योजना को फिर से समृद्धि प्रदान करने के लिए इस योजना को अप्रैल 1999 में लागू किया गया था। वास्तव में यह एक वेतन-रोजगार कार्यक्रम है। इसका आधारभूत उद्देश्य गाँव में रोजगार के अवसर उत्पन्न करने वाले कार्य करने हैं।

9. सम्पूर्ण ग्रामीण रोजगार योजना (Sampoorna Grameen Rozgar Yojna)

सम्पूर्ण ग्रामीण रोजगार योजना सितम्बर 2001 में आरम्भ की गई थी। इस योजना के अंतर्गत रोजगार एवं खाद्य सामग्री प्रदान करना है।

10. प्रधानमंत्री ग्राम-सड़क योजना (Pradhan Mantri Gram Sadak Yojna)

इस योजना का श्रीगणेश 25 दिसम्बर, 2000 को किया गया था। इस योजना के अंतर्गत सभी ग्रामीण बस्तियों की सड़कों के द्वारा एक-दूसरे से जोड़ना था।

11. प्रधानमंत्री ग्रामोदय योजना (Pradhan Mantri Gramodaya Yojna)

प्रधानमंत्री ग्रामोदय योजना 2000-01 में आरम्भ की गई थी। इसका मुख्य उद्देश्य गाँव में स्वास्थ्य, प्राथमिक शिक्षा, पीने का पानी, आवास तथा ग्रामीण सड़कों का निर्माण करना है। इन सुविधाओं से गाँव के लोगों का जीवन स्तर बेहतर करने का उद्देश्य था।

12. काम के बदले खाना 2001 (Food for work Programme)

फरवरी 2001 को काम के बदले भोजन का कार्यक्रम आरम्भ किया गया था। आरम्भ में यह पांच महीने के लिये जिसकी सीमा बाद में बढ़ा दी गई थी। इस कार्यक्रम को छत्तीसगढ़, गुजरात, हिमाचल प्रदेश, मध्य प्रदेश, महाराष्ट्र, ओडिशा, राजस्थान तथा उत्तराखण्ड में लागू किया गया था।

13. अन्नपूर्णा (Annapurna)

अन्नपूर्णा कार्यक्रम 1 अप्रैल, 2000 को आरम्भ किया गया था। यह पूर्ण रूप से केन्द्रीय सरकार की योजना थी और इसकी पूर्ण वित्तीय जिम्मेदारी केन्द्रीय सरकार की है। इसका मुख्य लाभ वरिष्ठ नागरिकों तथा पेंशन प्राप्त करने वाले नागरिकों को होता था। अन्नपूर्णा योजना को राष्ट्रीय वृद्धावस्था पेंशन योजना (एनओएपीएस) में बेहतर क्रियान्वयन के लिए मिला दिया गया है। इस योजना के अंतर्गत गेहूँ दो रुपये प्रति किलो तथा चावल तीन रुपये प्रति किलो की दर से दिया जाता है।

14. राष्ट्रीय काम के बदले भोजन कार्यक्रम (National Food for Work Programme)

केन्द्रीय सरकार की राष्ट्रीय काम के बदले भोजन का

कार्यक्रम नवम्बर 2004 में आरम्भ की गई थी। इस योजना का मुख्य उद्देश्य जल संरक्षण योजनाओं में रोजगार के अवसर उपलब्ध कराना था।

15. महात्मा गांधी राष्ट्रीय ग्रामीण रोजगार गारंटी योजना (Mahatma Gandhi National Rural Employment Guarantee Scheme)

महात्मा गांधी राष्ट्रीय रोजगार गारंटी योजना 1 फरवरी, 2006 को आरम्भ की गई थी। पहले योजना को 200 जिलों में लागू किया गया था। वास्तव में रोजगार गारण्टी की भारत में यह पहली योजना है।

वर्ष 2007-2008 में इस योजना को 330 जिलों में लागू किया जा चुका था। वर्तमान में इस समय इस योजना का लाभ 640 जिलों तक पहुँच रहा है।

रेशम उत्पादन (Sericulture)

भारत विश्व में रेशम का दूसरा सबसे बड़ा उत्पादक है। इसका उत्पादन 2010-11 के दौरान 16,360 मीट्रिक टन (एमटी) से बढ़कर 2019-20 के दौरान 35,468 मीट्रिक टन हो गया। भारत को रेशम की सभी पांच ज्ञात किस्मों अर्थात। शहतूत-टसर, ओक-टसर, उष्णकटिबंधीय टसर, ईरी- टसर और मुगा-टसर के उत्पादन का एक अनूठा गौरव प्राप्त है। इनमें से बॉम्बेक्स मोरी शहतूत की पत्तियों पर जीवन यापन करता है। लगभग 98% से अधिक शहतूत रेशम का उत्पादन पांच पारंपरिक रेशम उत्पादन वाले राज्यों, अर्थात् (i) कर्नाटक, (ii) आंध्र प्रदेश, (iii) पश्चिम बंगाल, (iv) तमिलनाडु और (v) जम्मू और कश्मीर में किया जाता है। 15 अन्य गैर-पारंपरिक राज्यों (असम, अरुणाचल प्रदेश, बिहार, छत्तीसगढ़, हिमाचल प्रदेश, झारखंड, केरल, मध्य प्रदेश, महाराष्ट्र, मणिपुर, ओडिशा, पंजाब, त्रिपुरा, उत्तराखंड और उत्तर प्रदेश) में भी बड़ी मात्रा में रेशम का उत्पादन होता है।) मूगा रेशम का कीड़ा भारत के लिए स्थानिक है, और इसका उत्पादन ब्रह्मपुत्र घाटी और उत्तर पूर्व भारत के राज्यों तक ही सीमित है।

भारत ने आजादी के बाद से शहतूत के कच्चे रेशम उत्पादन में अभूतपूर्व प्रगति की है। केंद्रीय रेशम बोर्ड की स्थापना से पहले, देश में रेशम उत्पादन केवल 1154 टन/वर्ष था, और रेशम उत्पादन को गरीब किसानों का सहायक व्यवसाय माना जाता था।

भारतीय रेशम का लगभग 65 प्रतिशत हथकरघा पर और 30 प्रतिशत पारंपरिक बिजली करघों पर बुना जाता है। बेहतर और बड़े पावर-लूम वाली आधुनिक रेशम बुनाई फैक्ट्रियों का कुल उत्पादन का केवल 5 प्रतिशत हिस्सा है। देश में करीब 227,700 हैंडलूम और 29,340 पावर-लूम हैं। इनमें से कर्नाटक में 8% हथकरघा और 85% बिजली करघे हैं। प्रमुख हथकरघा समूह वाराणसी (उत्तर प्रदेश), कांचीपुरम (तमिलनाडु) और धर्मावरम (आंध्र प्रदेश) में स्थित हैं। भारत में उत्पादित महत्वपूर्ण रेशमी के नाम कपड़े सादे रेशमी कपड़े, चरखा रेशम, शिफॉन, चिनॉन, क्रेप, ओरांजा, साटन और मुर्शिदाबादी-रेशम हैं।

मधुमक्खी पालन (Apiculture)

मधुमक्खियों के पालने तथा उनके प्रबन्धन को मधुमक्खी पालन कहते हैं। मधुमक्खी पालन को घरेलू उद्योग से लेकर बड़े पैमाने पर किया जाता है। इस उद्योग से शहद के अतिरिक्त मोम भी प्राप्त किया जाता है। मधु एक संतुलित आहार के रूप में जाना जाता है। मोम से 300 से अधिक प्रकार की वस्तुयें तैयार की जाती हैं। इसका इस्तेमाल दवाइयों, मोमबत्ती, लोशन, लिपस्टिक, पॉलिश, पेंट और वॉर्निश आदि बनाने में उपयोग होता है।

मधुमक्खी पालन से किसानों की आय में वृद्धि होती है तथा इस अधिक धन की आवश्यकता नहीं होती इसलिये छोटे और सीमांत किसान भी इसको करके अपनी आय में वृद्धि कर सकते हैं। वर्तमान समय में मधुमक्खी पालन कृषि में एक लागत (Input) के तौर पर समझा जाने लगा है, क्योंकि जिन क्षेत्रों में मधुमक्खी पालन किया जाता है उनमें परागण की मात्रा में वृद्धि होती है और फसलों का उत्पादन बढ़ता है।

भारत के सभी राज्यों एवं केन्द्रीय शासिक प्रदेशों में मधुमक्खी पालन किया जाता है।

तालिका 12.2: विश्व में कच्चा रेशम उत्पादन

क्र.सं.	देश	वैश्विक रेशम उत्पादन (मीट्रिक टन में)					
		2015	2016	2017	2018	2019	2020
1.	बांग्लादेश	44.00	44.00	41.00	41.00	41.00	41.00
2.	ब्राजील	600.00	650.00	600.00	650.00	469.00	377.00
3.	बुल्गारिया	8.00	9.00	10.00	10.00	10.00	10.00
4.	चीन	1,70,000.00	1,58,400.00	1,42,000.00	1,20,000.00	68,600.00	53,359.00
5.	कोलंबिया	0.50	–	–	–	0.50	0.50
6.	मिस्र	0.83	1.20	1.10	1.25	1.50	1.50
7.	भारत	28,523.00	30,348.00	31,906.00	35,261.00	35,820.00	33,770.00
8.	इंडोनेशिया	8.00	4.00	2.50	2.50	2.50	2.50
9.	ईरान	120.00	125.00	120.00	110.00	227.00	270.00
10.	जापान	30.00	32.00	20.00	20.00	16.00	16.00
11.	मेडागास्कर	5.00	6.00	7.00	7.00	7.50	7.50
12.	उत्तर कोरिया	350.00	365.00	365.00	350.00	370.00	370.00
13.	रोमानिया	–	–	–	–	0.50	0.50
14.	फिलीपींस	1.20	1.82	1.50	2.00	2.00	2.00
15.	दक्षिण कोरिया	1.00	1.00	1.00	1.00	1.00	1.00
16.	सीरिया	0.30	0.25	0.25	0.25	0.50	0.50
17.	थाईलैंड	698.00	712.00	680.00	680.00	700.00	520.00
18.	ट्यूनीशिया	3.00	2.00	2.00	2.00	2.00	2.00
19.	टर्की	30.00	32.00	30.00	30.00	5.00	5.00
20.	युगांडा	–	–	–	–	3.10	3.00
21.	उज्बेकिस्तान	1,200.00	1,256.00	1,200.00	1,8000.00	2,037.00	2,037.00
22.	वियतनाम	450.00	523.00	520.00	680.00	795.00	969.00
	कुल	2,02,073	1,92,512	1,77,507	1,59,648	1,09,111	91,765

***Source:** International Sericulture Commission, UNO*

तालिका 12.3: भारत में कच्चे रेशम उत्पादन की प्रवृत्ति

वर्ष	रेशम (लाख किग्रा.)
1950–51	52.50
1960–61	78.32
1970–71	231.90
1980–81	459.30
1990–91	114.85
2000–01	165.00
2014–15	178.00
2015–16	243.00
2016–17	281.90
2017–18	326.80
2018–19	354.68
2019–20	358.20
2020–21	337.70

***Source:** Central Silk Board, Ministry of Textiles, Government of India, Bengaluru*

तालिका 12.4: भारत में रेशम उत्पादन

राज्य/क्षेत्र	शहतूत वृक्षारोपण (हे में)	शहतूत कच्चा रेशम (एमटी)			वन्य सिल्क				कुल (एम+वी) (एमटी)
		बाइवोल्टाइन संकर	क्रॉस नस्ल	कुल	टसर	इरी	मूगा	कुल	
आंध्र प्रदेश	44607.2	1446.0	6511.0	7957.0	4.5	–	–	4.5	7961.5
अरुणाचल प्रदेश	278.0	–	3.5	3.5	–	58.0	2.5	60.5	64.0
असम	2095.0	57.6		57.6		3680.0	159.9	3839.9	3897.4
बिहार	598.0	–	2.2	2.2	45.5	8.2		53.7	55.9
बोडोलैंड	413.0	11.0		11.0		1369.3	38.0	1407.3	1418.2
छत्तीसगढ	242.4	0.8	6.9	7.7	472.2	–	–	472.2	479.9
हरयाणा	213.7	0.8	–	0.8	–	–	–	–	0.8
हिमाचल प्रदेश	3183.0	31.0	–	31.0	–	–	–	–	31.0
जम्मू और कश्मीर	8183.0	117.0	–	117.0	–	–	–	–	117.0
झारखंड	552.4	–	2.6	2.6	2399.0	0.1	–	2399.1	2401.7
कर्नाटक	106384.3	2015.7	9126.9	11142.6	–	–	–		11142.6
केरल	144.1	13.4	–	13.4	–	–	–		13.4
मध्य प्रदेश	2018.0	39.2	16.0	55.2	6.0	–	–	6.0	61.2
महाराष्ट्र	7154.0	407.5	1.0	408.5	19.1	–	–	19.1	427.6
मणिपुर	3291.2	135.0	14.2	149.2	5.0	347.4	2.1	354.6	503.8
मेघालय	3289.0	49.9	4.2	54.1	–	1102.9	35.1	1138.0	1192.1
मिजोरम	1678.8	73.3	20.0	93.3	0.1	7.7	2.4	10.3	103.6
नगालैंड	694.4	10.7	1.2	11.9	0.0	587.8	0.4	588.3	600.1
ओडिशा	457.2	2.0	0.1	2.1	130.0	5.1	–	135.1	137.2
पंजाब	1164.3	3.3	–	3.3	–	–	–	–	3.3
सिक्किम	300.0	1.0	–	1.0	–	–	–	–	1.0
तमिलनाडु	23268.0	2037.5	117.0	2154.4	–	–	–	–	2154.4
तेलंगाना	4770.0	289.4	0.1	289.5	7.9	–	–	7.9	297.4
त्रिपुरा	2064.0	26.7	83.8	110.5	–	–	–	–	110.5
उत्तर प्रदेश	3711.6	162.9	95.2	258.1	17.5	33.2	–	50.7	308.7
उत्तराखंड	3478.4	39.0		39.0	0.0	1.4	–	1.4	40.4
पश्चिम बंगाल	15733.9	37.9	2224.1	2262.1	29.6	3.0	0.1	32.6	2294.7
कुल	**239966.8**	**7008.7**	**18230.0**	**25238.6**	**3136.4**	**7204.0**	**240.5**	**10580.9**	**35819.6**

Source: *Central Silk Board, Ministry of Textiles, Government of India] Bengaluru*

मधुमक्खियों की प्रजातियां (Species of Honeybee)

मधुमक्खियों की मुख्यत: निम्नलिखित चार प्रजातियां हैं:

(i) **लघु मधुमक्खी (Little Honey Bee or Apis Florae):** प्राकृति में रहने वाली ये छोटी मधुमक्खियां होती हैं और प्राय: मैदानों में 300 मीटर तक की ऊँचाई तक आवास करती हैं। ये आमतौर पर झाड़ियों में अपना छत्ता बनाती हैं। छत्ते के ऊपर ये एक से अधिक परतों में बैठी रहती हैं। शहद के एक छत्ते से 200-250 ग्राम शहद प्राप्त होता है।

(ii) **चट्टानी मधुमक्खी (Apis dorsata):** ये मधुमक्खियां बड़े आकार की होती हैं। ये अपना छत्ता वृक्ष की शाखा पर बनाती हैं। ये अपने छत्ते को एक पर्दे (Curtain) की भाँति ढके रहती हैं। एक छत्ते से 5 किलो तक मधु प्राप्त हो सकता है। ये मक्खियां मैदानों से पर्वतों तक काफी दूरी तक पलायन करती रहती हैं। इस प्रकार ये विपरीत जलवायु परिस्थितियों एवं खराब मौसम का सामना करने में सक्षम हैं।

(iii) **भारतीय मधुमक्खी (Apis cerana):** एशियाई मूल की ये मधुमक्खियां भारतीय मधुमक्खियां भी कहलाती हैं। भारत के अधिकतर भागों में इनको पाला जाता है और व्यापारिक स्तर पर शहद का उत्पादन किया जाता है। यह प्रतिवर्ष 12 से 15 किलो शहद का उत्पादन करती हैं।

(iv) **पश्चिमी मधुमक्खी (Western Bee or Apis Melifera):** विश्व में सबसे अधिक इसी मधुमक्खी का पालन किया जाता है और सबसे अधिक व्यापार इसी के शहद का किया जाता है। अन्य मधुमक्खियों की तुलना में इनका आकार लम्बा होता है। उत्तरी-पश्चिमी भारत में इसका पालन करने में भारी सफलता मिली है। ये एक वर्ष में 40 किलो शहद का उत्पादन करती हैं।

मधुमक्खी पालन उपकरण (Bee Keeping Equipment)

मधुमक्खियों को आधुनिक छत्तों में पाला जाता है। छत्तों का डिजाइन 'मधुमक्खियों के लिए जगह' के सिद्धांत पर आधारित होता है। फ्रेम के बीच में जगह होती है, फ्रेम की छड़ों के बीच जगह होती है और इसके भीतरी सतह पर भी जगह होती है जो मधुमक्खियों को घूमने के लिए पर्याप्त जगह उपलब्ध कराती है। मधुमक्खियों की अलग-अलग प्रजातियों के लिए अलग-अलग तरह के छत्तों का प्रयोग किया जाता है।

छत्तों के अलावा, मधुमक्खी पालन के लिए स्मोकर, मधुमक्खी-आवरण, मधुमक्खियों के झुंड को पकड़ने वाला, दस्ताने, खोलने वाले चाकू, शहद निकालने वाला और मधुमक्खी स्टैंड।

मधुमक्खी पालक का काम समशीतोष्ण वातावरण में ठंड की लंबी अवधि के बाद वसंत में शुरू होता है। उष्णकटिबंधीय जलवायु वाले क्षेत्र में यह जाड़े में शुरू होता है। देश के विभिन्न हिस्सों में मधुमक्खी कॉलोनी का निर्माण और शहद का निर्माण अक्टूबर से मई तक होता है। बच्चों की संख्या ज्यादा बढ़ाकर कॉलोनियों की संख्या बढ़ाने की कोशिश की जाती है। बच्चों को पैदा करने की प्रक्रिया तिलहनों में फूल आने से शुरू होती है और यह शहद के बनने तक जारी रहती है।

मधुमक्खियाँ कई तरह की बीमारियों से प्रभावित होती हैं जोकि बैक्टीरिया, फंगी, प्रोटोजोआ और विषाणुओं से पैदा होती हैं। इनमें से अधिकांश बीमारियां संक्रामक होती हैं और ये बहुत जल्दी फैलती हैं। मधुमक्खियों की कॉलोनी इन संक्रमणों से बच सकती हैं पर अगर यह संक्रमण तीव्र है तो इससे कॉलोनी नष्ट हो जाती हैं। उन्नत उपकरणों से अब इन बीमारियों का इलाज संभव है। जरूरत इस बात की होती है कि शुरू में ही संक्रमण की पहचान कर ली जाए क्योंकि इस अवस्था में कॉलोनीज का इलाज करना आसान होता है। बीमारियों की रोकथाम इसके प्रबंधन की सर्वाधिक महत्वपूर्ण बात है।

मधुमक्खी पालन दुनिया भर में होता है और भारत में भी यह एक सहयोगी कृषि कार्य है। भारत में यह आंध्र प्रदेश, अरुणाचल प्रदेश, असम, बिहार, छत्तीसगढ़, गोवा, गुजरात, हरियाणा, हिमाचल प्रदेश, जम्मू-कश्मीर, झारखंड, कर्नाटक, केरल, मध्य प्रदेश, महाराष्ट्र, मणिपुर, ओडिशा, पंजाब, राजस्थान, तमिलनाडु, उत्तर प्रदेश, उत्तराखंड और पश्चिम बंगाल में होता है।

तालिका 12.5: भारत की प्रमुख कृषि क्रांतियां

क्र.सं.	भारत में क्रांतियाँ	उत्पाद	व्यक्ति के साथ संबद्ध
1.	काली क्रांति	पेट्रोलियम उत्पाद	–
2.	नीली क्रांति	मछली पालन	–
3.	भूरी क्रांति	हनी-मधुमक्खी (एपिकल्चर)	
4.	सदाबहार क्रांति	कृषि का समग्र विकास	–
5.	ग्रे क्रांति	आवास विकास उर्वरक	–
6.	स्वर्ण क्रांति	बागवानी निर्पख	तृतज
7.	स्वर्ण फाइबर क्रांति	जूट	–
8.	हरित क्रांति	कृषि	नॉर्मन बोरलॉग, एम.
9.	गुलाबी क्रांति	झींगा, प्याज, दवा	स्वामीनाथन, डब्ल्यू. जी.
10.	लाल क्रांति	मांस और टमाटर	दूर्गेश पटेल, विशाल
11.	गोल क्रांति	आलू	
12.	रजत फाइबर क्रांति	कापस	
13.	रजत क्रांति	पोल्ट्री और अंडे	इंदिरा गांधी, वर्गीज कुरियन
14.	श्वेत क्रांति	डेयरी विकास	
15.	पीली क्रांति	तेल-बीज	
16.	प्रोटीन क्रांति	प्रौद्योगिकी ड्राइव द्वितीय हरित क्रांति	प्रधानमंत्री नरेंद्र मोदी और अरुण जेटली द्वारा गढ़ा गया

भारत में कृषि उत्पाद को बेचना (Marketing of Agricultural Products in India)

कृषि उत्पादकों को खेत से लेकर, उसकी ढुलाई, मण्डी में बेचना तथा उपभोक्ता तक पहुँचाने तक की प्रक्रियाएं सम्मिलित होती हैं। जब किसी कृषि उत्पादन को विदेशी को भेजा जाये तो उसे अन्तर्राष्ट्रीय व्यापार कहते हैं।

कृषि बाजार उस कुशल प्रणाली को कहते हैं जिसके द्वारा किसानों के कृषि उत्पाद को बाजार में बेचा जाता है। किसानों की आय एवं ग्रामीण लोगों के जीवन-स्तर को ऊँचा उठाने में उनको उनकी कृषि पैदावार का उचित मूल्य मिलना बहुत आवश्यक है।

वर्तमान में कृषि उत्पादकों की बिक्री *(Marketing)* निम्न चार प्रकार से की जाती है:

(i) **कृषि उत्पाद को गाँव में ही बेचना (Sale in Villages):** कुछ किसान अपने कृषि उत्पाद को गाँव में साहूकारों (Money Lenders) को बेच देते हैं। वास्तव में 50 प्रतिशत पैदावार गांव में ही बेच दी जाती है।

(ii) **कृषि उत्पाद को पैंठ (Weekly Market) में बेचना:** बहुत से किसान अपनी कृषि पैदावार को पेंठ अथवा हाट में बेच देते हैं। पेंठ, ग्रामीण क्षेत्रों में लगने वाले साप्ताहिक बाज़ार को कहते हैं।

(iii) **कृषि मण्डियों में उत्पादकों को बेचना (Sale in Agricultural Markets):** भारत में लगभग आठ हजार अनाज की मण्डियों (Agricultural Markets) हैं, जो छोटे-बड़े नगरों में फैली हुई हैं। इन मण्डियों में किसान अपने उत्पादकों को स्वयं ले जाते हैं तथा 'दलाल' (Middle-man or broker) की सहायता से उत्पादों को बेच देते हैं। इस प्रकार से उत्पाद को खरीदने वालों को महाजन कहा जाता है। महाजन ऐसी खरीदी गई वस्तुओं को उपभोक्ताओं को ऊँचे दामों में बेच कर लाभ कमाते हैं।

(iv) **सहकारी मार्केटिंग (Co-operative Marketing):** भारत के कुछ भागों में किसान सहकारी-समितियों

(Co-Operative Socieities) का संगठन करते हैं। इस प्रकार से सामूहिक रूप से कृषि वस्तुओं को बेचकर बेहतर मूल्य प्राप्त करते हैं।

भारतीय कृषि बाजारों की समस्या (Problems of Indian Agricultural Marketing)

भारत की कृषि उत्पाद की मुख्य समस्याओं को संक्षेप में निम्न में प्रस्तुत किया गया है:

(i) **कृषि भण्डारों अथवा गोदामों की कमी (Lack of Storage Facilities):** भारत में कृषि उत्पाद को भण्डारों (Stores) में रखने की भारी कमी है। एक अनुमान के अनुसार प्रतिवर्ष 20 से 30 प्रतिशत उत्पादन बारिश अथवा चूहे इत्यादि से खराब हो जाते हैं।

(ii) **उपयुक्त परिवहन का अभाव (Lack of Transporation):** भारत के अधिकतर भाग में ग्रामीण सड़कों की हालत बेहतर नहीं हैं, जिसके कारण फसल पैदावार को मण्डियों तक ले जाने में भारी कठिनाई आती है।

(iii) **विपत्ति के कारण बिक्री (Distress Sale):** अधिकतर छोटे तथा सीमांत किसान गरीब हैं, इसलिये अपनी आवश्यकताओं की आपूर्ति के लिये उनको अपनी पैदावार को सस्ते दामों (मूल्य) पर तुरन्त बेचना पड़ता है।

(iv) **कृषि मण्डियों में मूलभूत सुविधाओं की कमी (Inadequate Infrastructural Facilities in the Agricultural Markts):** भारत की मण्डियों में किसानों को अपनी पैदावार को बेचने के लिये लंबे समय तक इंतजार करना पड़ता है। वस्तुओं को जल्द बेचने के लिये किसानों को दलालों की सहायता लेनी पड़ती है। ये दलाल किसी की पैदावार पर भारी लाभ कमाते हैं।

(v) **दलाल (Intermediaries or Dalal):** भारत की कृषि मण्डियों में भारी संख्या में दलाल पाये जाते हैं। उत्पादन की बिक्री पर अधिक लाभ इन बिचौलियों या दलालों को होता है।

(vi) **नियंत्रित बाजारों की कमी (Lack of Regulated Markets):** भारत के सभी क्षेत्रों में बहुत-से अनियंत्रित बाजार हैं। इन बाजारों में उत्पादन को तोलने के मानक यन्त्रों की कमी हैं।

(vii) **फसलों के उत्पादकों के श्रेणीकरण का अभाव (Lack of Grading):** कृषि उत्पादकों को ग्रेडिंग न करने से किसान को उचित मूल्य नहीं मिल पाता।

(viii) **वित्तीय सहायता संस्थाओं का अभाव (Lack of Institutional Financing):** उपयुक्त वित्तीय सहायता की संस्थाएं न होने के कारण किसान प्राय: भारी ब्याज पर साहूकारों से कर्जा लेता है। ऐसे ऋणी किसानों को अपने उत्पादन को सस्ते मूल्य पर साहूकारों को बेचना पड़ता है।

सुधार के उपाय (Measures Taken)

भारत में अधिकतर कृषि उत्पादन निजी साहूकारों के द्वारा अथवा दलालों के माध्यम से बेचा जाता है। फलस्वरूप किसानों को उनकी पैदावार का उचित मूल्य नहीं मिल पाता। किसानों को उनके कृषि उत्पादनों का उचित मूल्य दिलाने के लिए निम्न उपाय प्रभावशाली हो सकते हैं:

(i) **नियंत्रित बाजारों की स्थापना करना (Establishment of Regulated Markets):** उचित मूल्य दिलाने के लिये नियंत्रित बाजारों की स्थापना की जानी चाहिए। वर्तमान 70 प्रतिशत कृषि उत्पादन नियंत्रित बाजारों या मण्डियों में बेचा जाता है। ऐसे बाजारों एवं मण्डियों की संख्या में वृद्धि किए जाने की आवश्यकता है।

(ii) **ग्रेडिंग एवं मानकीकरण (Grading and Standardization):** भारत सरकार में आटा, घी, मक्खन, अण्डे इत्यादि के मानकीकरण का प्रावधान कानून के द्वारा किया है। जिन वस्तुओं का मानकीकरण किया जाता है उन पर एगमार्क (Agmark) की मोहर कृषि विपणन विभाग के द्वारा लगाई जाती है। इसके अतिरिक्त केन्द्रीय गुणवक्ता नियन्त्रण प्रयोगशाला (Central Quality Control Laboratory) नागपुर में

स्थापित की गई है। साथ ही साथ देश के अन्य भागों में आठ अन्य केन्द्र भी एगमार्क (Agmark) के नमूनों की जाँच के लिये स्थापित किये हैं।

(iii) कृषि उत्पादन भंडारों का निर्माण करना (Construction of Storage Facilities): भारत में सेण्ट्रल वेयरहाऊसिंग कॉर्पोरेशन (Central Warehousing Corporation) की स्थापना 1957 में की थी। इसका उद्देश्य कृषि उत्पदनों को रखने के लिये गोदाम और भंडार गृहों का निर्माण करना था। राज्य सरकारों ने बहुत-से अपने गोदामों का भी निर्माण किया था।

(iv) बाजार के मूल्यों की जानकारी से अवगत कराना (Dissemination of Market Information): आकाशवाणी (All india Radio) तथा दूरदर्शन के द्वारा किसानों कृषि उत्पनों के मूल्यों की जानकारी देते रहनी चाहिये।

(v) सहकारी बाजार समितियों का गठन करना (Establishment of Co-operative Marketing Societies): यह सहकारी समितियां किसानों को ब्याज की सस्ती दरों पर रुपया उधार देने का प्रबंध भी करती हैं।

(vi) वस्तुओं के बोर्ड (Commodity Boards): कृषि की विशेष वस्तुओं के बोर्ड स्थापित करना- जैसे, रबड, चाय, काफी, तम्बाकू, गर्म मसालों, नारियल, तिलहन तथा फलों के बोर्ड।

(vii) किसानों रुपया उधार पर देने का प्रबंध करना।

(viii) सड़कों की समय से मरम्मत एवं विस्तार कराना (Improvement and Extension of Roads)।

(ix) कृषि उत्पादनों का मानकीकरण करना (Provisions for Standardization of Produce)।

तालिका 12.6: विभिन्न कृषि जींसों का विपणन अधिशेष (1950-51 और 2014-15)

जीन्स का नाम	बाजार में बिक्री उत्पादन का प्रतिशत (1950-51)	बाजार में बिक्री उत्पादन का प्रतिशत (1914-15)	2014-15 में अधिशेष मात्रा (लाख टन)
चावल	30.0	74.0	595.4
गेहूं	30.0	65.5	436.8
मक्का	24.0	77.0	110.3
ज्वार	24.0	54.25	39.2
बाजरा	27.0	61.35	56.0
अरहर	50.0	76.18	19.1
चना	35.0	94.15	52.2
दाल	55.0	87.21	8.6
मूंगफली	68.3	89.15	61.5
रेपसीड-मस्टर्ड	84.3	90.23	68.7
सोयाबीन	NA	95.55	66.2
सूरजमूखी	NA	98.25	12.5
गन्ना	100	95.00	235.62
कपास	100	95.00	27.8
जूट	100	91.60	17.2
प्याज	NA	85.15	54.5
आलू	NA	86.25	202.15
औसत	79.00		

NA: Data Not available.

(x) **सरकार द्वारा कृषि उत्पादनों के लिये उचित मूल्य निर्धारित करना (Formulation of Suitable Agriculture price policy):** इस नीति के द्वारा किसानों को उनकी वस्तुओं का उचित मूल्य दिलाया जा सकता है।

बाजार की मूलभूत सुविधाएं (Market Infrastructure)

किसी भी तन्त्र (System) की कार्यक्षमता का आधार उसकी मूलभूत सुविधाओं (Infrastructure) पर निर्भर करता है। बाजार की मूलभूत सुविधाओं में मंडियों (Markets) का जाल ग्रेडिंग (Grading), ग्रामीण सड़कें, परिवहन की सुविधा और दूरसंचार सुविधाएं सम्मिलित हैं।

भारत में हरित क्रान्ति (1964-65) से पहले केवल लगभग 1000 नियंत्रित मंडियां (Regulated Markets) थीं। इस समय इनकी संख्या बढ़कर 8000 से अधिक हो गई हैं। किसानों के लिये मंडियों की दूरी फलस्वरूप कम हो गया है। इस समय प्रत्येक 400 वर्ग किलोमीटर में एक कृषि मंडी है।

इनके अतिरिक्त 27,000 से अधिक साप्ताहिक बाजार (Weekly Markets) हैं। इन साप्ताहिक बाजारों को पेंठ, हाट, शत्ती तथा शाण्डी कहते हैं।

गोदाम की सुविधाएं (Storage Facilities)

कृषि उत्पादों को सुरक्षित रखने के लिये गोदाम अथवा भंडारों का निर्माण अनिवार्य है। गोदामों वस्तुओं अनाज इत्यादि को नमी, कीटाणोमा (Insects) से और चूहों से सुरक्षा प्रदान करते हैं। भारतीय खाद्य निगम (Food Corporation of India), वेयर हाऊसिंग (Warehousing Corporation) आदि ने बहुत-से गोदामों का निर्माण किया है, जिनमें 233 लाख टन उत्पादों को सुरक्षित रखा जा सकता है।

संस्थागत मूलभूत सुविधाएं (Institutional Infrastructure)

बाजार की भौतिक सुविधाओं के साथ-साथ, संस्थागत सुविधाओं को विकसित करना भी अनिवार्य है। इन संस्थाओं में निम्नलिखित सम्मिलित हैं:

(i) भारतीय खाद्य निगम, (Food Corporation of India)

(ii) भारतीय कपास निगम, (Cotton Corporation of India)

(iii) भारतीय पटसन निगम, (Jute Corporation of India)

(iv) राष्ट्रीय डेयरी विकास बोर्ड, (National Dairy development Board)

(v) बाग़ानी कृषि हेतु बोर्ड (Commodity Boards for plantation Boards)

(vi) विशिष्ट विपणन निगम, (Special Marketing Corporation) तथा

(vii) कृषि लागत एवं मूल्य निगम (Commission on Agricultural Costs and Prices CACP)

सहकारी बाजार संस्थाएं (Co-operative Marketing Institutions - CMI)

भारत की प्रमुख सहकारी बाजार संस्थायें निम्न प्रकार हैं:

(i) नेशनल एग्रीकल्चरल को-ऑपेरेटिव मार्केटिंग फेडरेशन (National Agricultural Co-operative Marketing Federation - NAFED),

(ii) राज्य स्तरीय कृषि सहकारी-बाजार संघ (State Level Agricultural Co-operative Marketing Federation),

(iii) राज्य स्तरीय कृषि बाजार बोर्ड (State Level Agricultural Marketing Boards),

(iv) प्राइमरी, केन्द्रीय एवं राज्य-स्तरीय बाजार सीमितियां अथवा संघ (Primary, Central and State Level Marketing Societies or Unions),

(v) स्पेशल मार्केटिंग सोसायटी (Special Marketing or Processing societies), तथा;

(vi) ट्राइबल को-ऑपरेटिव मार्केटिंग फेडरेशन (Tribal Co-operative Marketing Federation–TRIFED)

हाल में उठाए गए कदम–समय के साथ कृषि के लिए विपणन संबंधी जरूरतें बदलती रही हैं और कृषि उत्पादों के विपणन के लिए नए विकल्प और नए कर्ता उभरे हैं। उत्पादकों और उपभोक्ताओं की जरूरतों को देखते हुए कृषि

विपणन के नए तरीकों को सफल बनाने के लिए सरकार ने हाल के वर्षों में कुछ बड़े कदम उठाए हैं। इनमें शामिल हैं मॉडल एपीएमसी अधिनियम, ईसीए 1955 की सूची से कई कृषि उत्पादों को हटाना, उत्पादकों को कंपनियों के गठन में मदद करना और खाद्य प्रसंस्करण क्षेत्र में निवेश पर मिलने वाला लाभ। मॉडल एपीएमसी अधिनियम उत्पादकों और खरीदारों के बीच उत्पादों की खरीद/बिक्री को सीधे संभव बनाता है और ठेके की खेती को प्रश्रय देने की इसमें व्यवस्था है। यह अधिनियम निजी और सहकारी क्षेत्र को कृषि बाजार स्थापित करने की अनुमति देता है; यह राज्य की मंडी के अलावा एक और विकल्प उपलब्ध कराता है। ये सभी शुरुआत बाजार में प्रतिस्पर्धा को बढ़ाने के उद्देश्य से की गई है। इसका उद्देश्य बाजार से बिचौलिए द्वारा ली जाने वाली राशि को कम करना और बाजार के ऊर्ध्व और क्षैतिज एकीकरण में सुधार लाना है ताकि अंततः उत्पादक और उपभोक्ता को लाभ हो।

सरकारी प्रत्यक्ष हस्तक्षेप (Direct Government Intervention)

भारत सरकार पिछले पांच दशकों से कृषि बाजार में प्रत्यक्ष रूप से हस्तक्षेप करती है। यह हस्तक्षेप निम्न प्रकार है:

1. कृषि उत्पादों की खरीदारी ऊँची दरों पर करना -1965 (Price Support and Procurement, 1965),
2. सुरक्षित भंडार रखना (Maintenance of Buffer Stock and Operational Stock),
3. सरकारी वितरण प्रणाली (Public Distribution System),
4. खुले बाजार में कृषि उत्पादों को बेचना (Open Market Operation)

कृषि व्यापार (Agricultural Trade)

स्वतंत्रता प्राप्त करने से पहले भारत के व्यापार पर साम्राज्यवाद का प्रभाव था। ब्रिटिश सरकार के समय मुख्यतः कच्चे माल का निर्यात किया जाता था तथा तैयार माल का आयात। कुल आयात में 70 से 80 प्रतिशत खाद्य पदार्थों को आयात किया जाता था। स्वतंत्रता प्राप्त करने के पश्चात निर्यात एवं आयात की वस्तुओं में भारी परिवर्तन हुआ है।

निर्यात संरचना (Composition of Export)

आजादी के पश्चात् भारत में वैश्वीकरण (Globalisation), उदारीकरण (Liberalisation) तथा निजीकरण (Privatisation) की नीति पर अमल करना आरम्भ हुआ।

इस नीति के मुख्य उद्देश्यों में (i) निर्यात को बढ़ावा देना, (ii) तैयार माल आयात करना, (iii) देश की आन्तरिक अर्थव्यवस्था को दृढ़ता प्रदान करना, तथा (iv) उत्तम आधुनिक प्रौद्योगिकी का आयात करना था।

भारत से निर्यात की जाने वाली कृषि वस्तुएं (Composition of Export)

वर्ष 1991 में वैश्वीकरण, उदारीकरण तथा निजीकरण आरम्भ हुआ तब से कृषि उत्पादनों के निर्यात में विशेष परिवर्तन आया है। सागरीय एवं जलाशयों से प्राप्त की गई उत्पादनों के निर्यात में वृद्धि हो रही है, फिर भी चावल का निर्यात अधिक है। चावल, सागरीय-पदार्थों के पश्चात तिलहन पदार्थों, (Oil-meals) का स्थान तीसरा है। बासमती चावल के स्थान पर चावल की अन्य किस्मों के निर्यात में वृद्धि हुई है।

कभी-कभी भारत से गेहूँ का निर्यात किया जाता है। वास्तव में गेहूँ के निर्यात पर भारी उतार-चढ़ाव देखा जाता है। कभी-कभी गेहूँ का आयात भी किया जाता है। कपास और चीनी के निर्यात में उतार-चढ़ाव आते रहते हैं। भारत में उत्तम प्रकार की दालों का भी निर्यात किया जाता है। चीनी का कभी बहुत निर्यात किया जाता है तथा कभी चीनी का आयात भी किया जाता है।

उपरोक्त के अतिरिक्त चाय, गर्म मसाले, कॉफी तथा तम्बाकू का रिवायती ढंग से निर्यात किया जाता है, परन्तु गर्म-मसालों को छोड़कर इनके निर्यात में कमी आई है। दूध, मांस, फल तथा सब्जियों के निर्यात में कुछ वृद्धि हुई है।

कृषि वस्तुओं का आयात (Composition of Import)

कृषि आयात में खाद्य सामग्री, जीवित पशु, खाने का तेल, कपास, लकड़ी इत्यादि सम्मिलित हैं। वर्ष 1994 से डालडा (सब्जियों का तेल) का तेल सबसे अधिक आयात किया जाता है। लगभग 5 मिलियन टन डालडा अथवा खाने के तेल का आयात किया जाता है। फल, गिरीदार फल (काष्ठ फल), काजू, बादाम को भी आयात किया जाता है। आयात किये जाने वाले काजू को प्रसंस्करण (Processing) के पश्चात निर्यात कर दिया जाता है। पिछले कुछ वर्षों में गर्म मसालों के आयात सहित चीनी, गेहूँ, प्याज इत्यादि के आयात में वृद्धि हुई है।

किसान क्रैडिट कार्ड (KCC)

'किसान क्रैडिट कार्ड' योजना की घोषणा 1998-99 के बजट में की गई थी, और यह नाबार्ड (NABARD-National Bank for Agriculture and Rural Development) द्वारा तैयार की गई थी। इस योजना के तहत किसानों को ₹3 लाख तक का कृषि ऋण दिया जाता है और इस कार्ड की वैधता 5 वर्ष के लिए है। भारत सरकार ने वर्ष 2017-18 में ₹20,339 करोड़ मंजूर किए थे।

प्रधानमंत्री फसल बीमा योजना

प्रधानमंत्री फसल बीमा योजना की शुरुआत 13 जनवरी 2016 को की गई थी। खरीफ फसल 2017 के लिए 13.79 करोड़ किसानों का बीमा किया गया था जिसमें से 13.79 करोड़ किसान लाभावित हुए थे।

इस योजना के मुख्य उद्देश्य और विशेषताएं निम्नलिखित हैं-

उद्देश्य

1. इस योजना का उद्देश्य ऐसे किसानों को बीमा सुरक्षा और आर्थिक सहायता प्रदान करना है जिनकी किसी अधिसूचित फसल में नुकसान-महामारी, प्राकृतिक आपदाओं और बीमारियों के कारण हुआ है।
2. किसानों की आय को स्थिर करना।
3. किसानों को नई और आधुनिक कृषि को व्यवहार में लाने के लिए प्रोत्साहित करना।
4. कृषि क्षेत्र में साख की गति को बनाए रखना।

प्रमुख विशेषताएं

- एकरूप प्रीमियम होगा। किसानों को खरीफ फसल के लिए 2 प्रतिशत और रबी फसल के लिए 1.5 प्रतिशत प्रीमियम देना होगा। वार्षिक व्यापारिक और बागबानी फसलों के सन्दर्भ में प्रीमियम 5 प्रतिशत होगा।
- किसानों द्वारा भुगतान की जाने वाली प्रीमियम की दरें बहुत कम हैं बचे हुए प्रीमियम का भुगतान सरकार द्वारा किया जाएगा जिससे किसानों की फसल में प्राकृतिक आपदाओं से होने वाले नुकसान का पूरे बीमा की राशि को प्रदान करके किया जाता है।
- सरकारी अनुदान की कोई ऊपरी सीमा नहीं है। यद्यपि बचा हुआ प्रीमियम 90% है, यह सरकार द्वारा दिया जाएगा।
- पहले प्रीमियम दर का निश्चित प्रावधान था जिससे किसानों को कम भुगतान दिया जा रहा था। अब इस प्रावधान को हटा दिया गया है जिससे किसानों को बिना कटौती बीमा के दावे का पूर्ण भुगतान मिलेगा।
- नई तकनीक का उपयोग इसके विस्तार को प्रोत्साहित करेगा। स्मार्टफोन रिमोट सेन्सिंग ड्रोन, और जीपीएस तकनीक का उपयोग फसल कटाई के आंकड़े इक्कठा करने में किया जाएगा जिससे दावों के भुगतान में देरी को कम किया जाएगा।
- 2016-17 में प्रस्तुत किए गए बजट में इस योजना के लिए ₹5,550 करोड़ का आवंटन किया गया था।

आर्थिक समसामयिक घटनाएं

महानिदेशालय का व्यापार सुधार (DGTR)

यह वाणिज्य मंत्रालय के अधीन कार्य करता है। यह शीर्ष राष्ट्रीय प्राधिकरण है जो सभी व्यापार सुधार-परिमाणों का परीरक्षण और प्रबन्धन करता है। डीजीटीआर ने एआरटीआईएस (ARTIS-Applications in Trade for Indian Industry and Stakeholder) की शुरुआत की है जो व्यापार के सही मापदण्ड विकसित करती है।

केन्द्रीय प्रत्यक्ष कर बोर्ड (CBDT)

कर प्रशासन में पारदर्शिता और जिम्मेदारी निर्धारित करने के लिए एक कम्प्यूटर निर्गमित पहचान तंत्र की शुरुआत अक्टूबर 2019 में की गई थी। यह आयकर विभाग के साथ परीक्षण, कर निर्धारण, पैनल्टी अपील (जुर्माना पुनरावेदन) आदि से सम्बन्धित सभी संवाद करने के लिए उपयुक्त है।

करदाता का कर निर्धारण बिना चेहरे और नाम के अक्टूबर 2019 से शुरू किया गया है।

रैपो दर

अल्पकालिक आवश्यकताओं की पूर्ति हेतु जिस ब्याज दर पर व्यापारिक बैंक रिजर्व बैंक से नकदी ऋण लेते हैं वह रेपो दर कहलाती है इसका मुद्रास्फीति की दर को नियंत्रित करने में महत्वपूर्ण योगदान है।

वित्तीय एक्शन कार्यबल (FATF)

यह सरकार की आन्तरिक नीति निर्धारक निकाय है जो विदेशों से आंतकवादियों को धन उपलब्ध कराने और अवैध तरीके से धन के आदान-प्रदान को देखती है। इसकी शुरुआत 1989 में पेरिस (फ्रांस) में सम्पन्न हुए जी-7 सम्मेलन में हुई थी। विश्व के आर्थिक परिदृश्य पर इसका प्रभाव पड़ने के साथ ही भारत पर भी इसका प्रभाव पड़ा। मुद्रास्फीत के डर के कारण भारतीय रुपये की कीमत में 16% की कमी हो गई। अमेरिका और चीन के बीच की व्यापारिक स्पर्धा के कारण कच्चे तेल की कीमतें बढ़ गई।

सरकारी ई-बाजार स्थल (GeM)

इसकी शुरुआत वाणिज्य मंत्रालय द्वारा की गई थी। यह सरकारी विभागों, सार्वजनिक क्षेत्र की इकाईयों और अन्य संगठनों से सामान्य सामान की ऑनलाइन खरीदारी की सुविधाएं एक ही स्थान पर उपलब्ध कराता है। GeM ने इसके लिए 14 सार्वजनिक क्षेत्र के और प्राइवेट बैंकों के साथ समझौता ज्ञापन (MoU) पर हस्ताक्षर किए हैं।

फास्ट टेग

यह एक साधारण टेग या डिवाइस है जिसका उपयोग रेडियो तरंग पहचान तकनीक के माध्यम से स्वचालिक टॉल वसूली के लिए किया जाता है। इसके लिए वाहनों को नकद हस्तान्तरण के लिए रुकने की आवश्यकता नहीं होती है।

टीम कैशलैस इन्डिया

इसकी शुरुआत मास्टर कार्ड द्वारा की गई है और इसका ब्रान्डएम्बैस्डर महेन्द्र सिंह धोनी को बनाया गया है।

प्रधानमंत्री की आर्थिक सलाहकार परिषद्

यह देश के आर्थिक मामलों पर सरकार को सलाह देने वाली एक स्वतंत्र संस्था है। इसका पुनर्गठन विवेक देबराय की अध्यक्षता में 2 वर्ष के लिए किया गया है। इसमें 2 अंशकालिक सदस्य होंगे, पहले यह 3 थे।

रोधात्मक निगरानी पोर्टल

सेन्ट्रल थीम इन्टीग्रिटी - 'ए वे ऑफ लाइफ' के तहत पंजाब नेशनल बैंक ने पी वी पोर्टल की शुरुआत की है। यह स्टॉफ के सदस्यों को कार्यप्रणाली में भूल को रोकने और अच्छा व्यवहार करने के लिए प्रोत्साहित करता है।

बहुद्देश्यीय पहचान पत्र

यह वह कार्ड है जिसका प्रयोग आधार कार्ड, पासपोर्ट, डाइविंग लाइसेंस, वोटर कार्ड, बैंक खाता आदि के लिए किया जाएगा। इस विचार का सुझाव केन्द्रीय गृहमंत्री अमित शाह ने 23 सितम्बर 2019 को दिया था। 2021 की जनगणना को भी डिजिटल किया जाएगा और राष्ट्रीय जनसंख्या रजिस्ट्रर (NPR) तैयार होगा। यह प्रक्रिया 16 भाषाओं में की जाएगी और इस पर ₹12,000 करोड़ खर्च होगा।

बीबीपीएस

भारत बिल भुगतान तंत्र एक एकीकृत बिल भुगतान तंत्र है। इसकी शुरुआत भारतीय रिजर्व बैंक द्वारा भारत बिल भुगतान तंत्र के क्षेत्र को विस्तृत करने के लिए की गई थी। बीबीपीएस का उद्देश्य एक एकीकृत बिल भुगतान तंत्र का कार्यान्वियन करना है जो एजेन्टों के नेटवर्क के माध्यम से ग्राहकों को अंतरसंचालित और सुगम बिल भुगतान सेवाएं प्रदान करता है। यह तंत्र कई प्रकार के भुगतान करने में सक्षम होगा तथा तुरन्त ही भुगतान की पुष्टि करता है।

एनआईआरबीआईके योजना

'एनआईआरबीआईके' योजना की शुरुआत एक्सपोर्ट क्रैडिट गारन्टी कॉर्पोरेशन ऑफ इंडिया द्वारा निर्यातकों के धन की उपलब्धता और उधारी प्रक्रिया को आसान बनाने के लिए की गई थी। इस योजना की घोषणा 14 सितम्बर को वित्तमंत्री श्रीमती निरमला सीतारमण द्वारा निर्यात को बढ़ावा देने के एक भाग के रूप में की गई थी। इस योजना को एक्सपोर्ट क्रैडिट इन्श्योरेन्स स्कीम के नाम से भी जाना जाता है। यह मूलधन और ब्याज का 90% तक बीमा कवर गारण्टी प्रदान करती है।

खादी और ग्रामीण उद्योग आयोग (KVIC)

खादी और ग्रामीण उद्योग आयोग ने अपने शहद मिशन के तहत पिछले डेढ़ वर्ष में 1.10 लाख मधुमक्खी बॉक्सों का वितरण सम्पूर्ण भारत में किया है। इसने किसानों, बेरोजगार युवाओं और आदिवासी लोगों के लिए 11,000 से अधिक नए रोजगार पैदा किए हैं और इन मधुमक्खी बॉक्सों के माध्यम से ₹4 करोड़ का 430 मैट्रिक टन शहद निकाला गया है। इस मिशन की शुरुआत अगस्त 2017 में हुई थी।

डालर 5 ट्रिलियन

2024 तक भारत की अर्थव्यवस्था को 5 ट्रिलियन डॉलर की अर्थव्यवस्था बनाने का लक्ष्य रखा गया है। 2014 में भारत की जीडीपी $1.85 ट्रिलियन डॉलर की थी। आज यह $2.7 ट्रिलियन डॉलर की है और भारत विश्व की छठी बड़ी अर्थव्यवस्था है। अगर भारत 12% के स्तर से विकास करता है तब यह 2018 के $2.7 ट्रिलियन के स्तर से भारत 2024 तक $5.33 ट्रिलियन तक पहुँच जाएगा।

ईक्यूयूआईपी

मानव संसाधन विकास मंत्रालय ने अगले 5 वर्षों में उच्च शिक्षा तक पहुंच बनाने और इसकी गुणवत्ता में सुधार लाने के लिए ₹1.5 लाख करोड़ की एक महत्वाकांक्षी योजना की शुरुआत की है।

एलीफेन्ट बॉन्ड्स

व्यापार और उद्योग पर सरकार द्वारा नियुक्त यह एक उच्च स्तर की समिति है जिसने यह सुझाव दिया है कि जो लोग अपनी छुपी हुई आय घोषित करते हैं इसका 50% इस बॉन्ड्स में इंवैस्ट करना आवश्यक है। एलीफेन्ट बॉन्ड्स 25 वर्ष के लिए सर्वश्रेष्ठ बॉन्ड्स हैं जिसमें लोगों को घोषित की हुई छुपी आय का 50% इसमें इनवेस्ट करना बाध्यकारी होगा।

भारत में नक्सलवाद (Naxalism in India)

नक्सलवाद 1962-63 में प. बंगाल के नक्सलवादी क्षेत्र से आरम्भ हुआ था। इस समय नक्सलवाद से प्रभावित क्षेत्रों को **Fig. 12.1** में दिखाया गया है।

Fig. 12.11 के अध्ययन से विदित होता है कि आन्ध्र प्रदेश, छत्तीसगढ़, झारखण्ड, मध्य प्रदेश, ओडिशा, कर्नाटक, केरल, तमिलनाडु, उत्तर प्रदेश तथा प. बंगाल के कुछ भाग नक्सलवाद प्रभावित हैं। भारत सरकार इस समस्या को देश के लिये बहुत बड़ा ख़तरा मान रही है।

नागरिकता संशोधन अधिनियम (CAA)

नागरिकता संशोधन अधिनियम 2019, 11 दिसम्बर 2019 को संसद में पारित किया गया था। इसके द्वारा 1955 के नागरिकता अधिनियम में संशोधन किया गया है। यह अधिनियम ऐसे हिन्दू, सिख, बौद्ध, जैन, पारसी और इसाई धर्म के अल्पसंख्यकों को भारतीय नागरिकता प्रदान करता है जो पड़ोसी मुस्लिम बाहुल्य देशों-पाकिस्तान, बांग्लादेश और अफगानिस्तान से धार्मिक उत्पीरण के कारण 2014 से पहले भारत आ गए थे। इस श्रेणी के अल्पसंख्यकों को 6 वर्षों में भारतीय नागरिकता प्रदान की जाएगी।

(*Source:* E. Times of India Jan 9, 2020)

राष्ट्रीय जनसंख्या रजिस्टर (NPR)

राष्ट्रीय जनसंख्या रजिस्टर भारत के सामान्य निवासियों का सामान्य रजिस्टर है। इसे नागरिकता अधिनियम 1955 और नागरिकता (नागरिकों का पंजीकरण और राष्ट्रीय पहचान पत्र जारी करना) नियम 2008 के प्रावधानों के तहत स्थानीय (गांव/उपनगर) उपजिला, जिला, राज्य और राष्ट्रीय स्तर पर तैयार किया जा रहा है। इसका उद्देश्य देश में हर सामान्य निवासी का एक व्यापक पहचान का आंकड़ा आधार तैयार

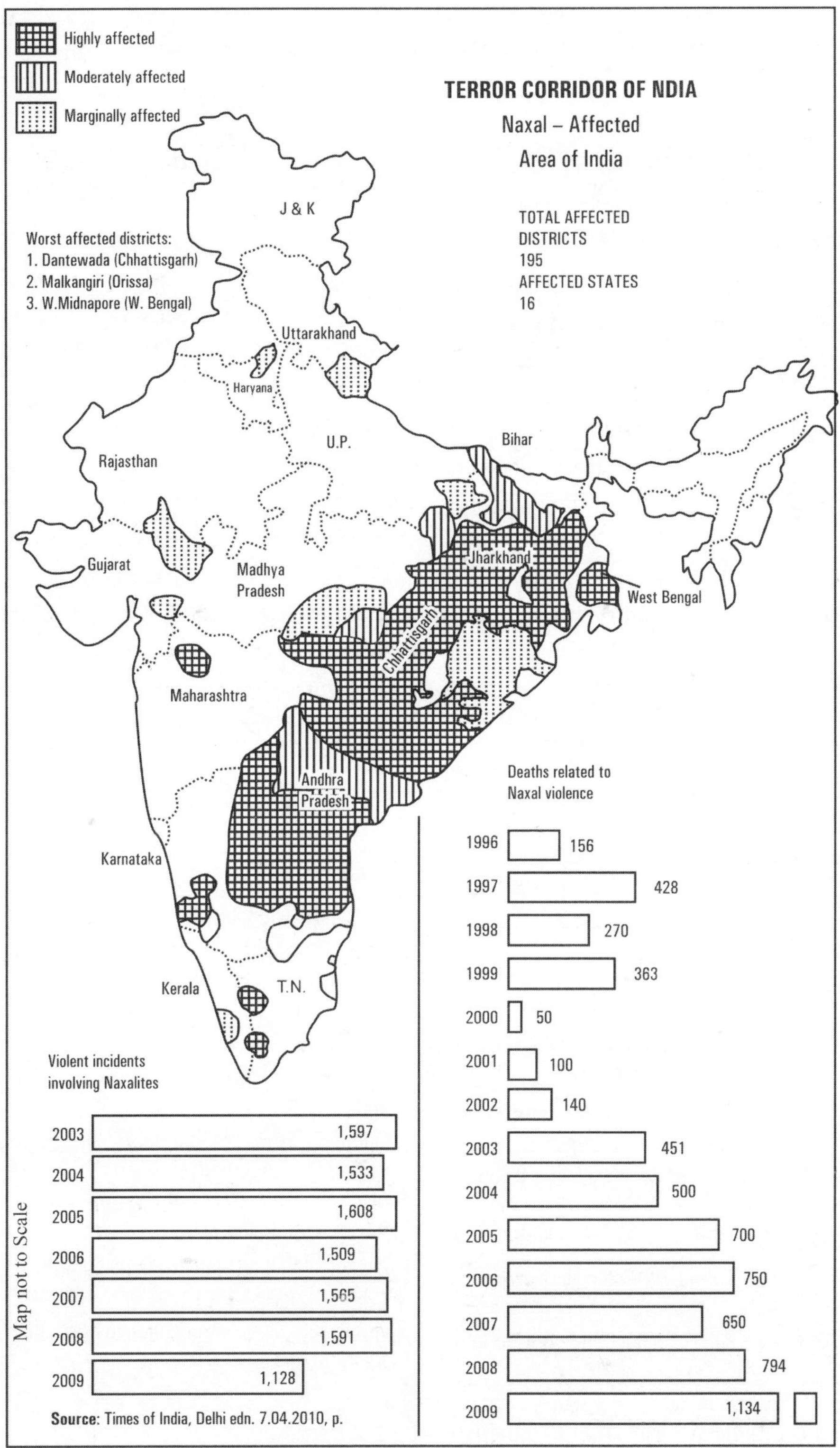

Fig. 12.1 Naxal affected areas of India

करना है। इसके जनसांख्यिकीय और बायोमेट्रिक विवरण शामिल विवरण शामिल होंगे। राष्ट्रीय जनसंख्या रजिस्टर का आधुनिकीकरण (updation) 2021 की जनगणना के चरण में घरों की सूची के साथ अप्रैल से सितम्बर 2020 तक असम को छोड़कर देश के सभी राज्यों व संघशासित क्षेत्रों में पूर्ण किया जाएगा। (*Source:* https//conrusindia.gov.in/2011-common/Introduction To Npr.html)

राष्ट्रीय नागरिक रजिस्टर (NRC)

नागरिकों का राष्ट्रीय रजिस्टर भारत सरकार द्वारा मेनटेन्ड किया जाता है। यह उन नागरिकों का सरकारी दस्तावेज (Record) है, जो कानूनन भारतीय नागरिक हैं। इसमें नागरिकता अधिनियम 1955 के अनुसार भारतीय नागरिकों की जनसांख्यिकीय जानकारी शामिल है। यह रजिस्टर सबसे पहले 1951 की जनगणना में तैयार किया गया था। अभी तक असम के लिए आँकड़ा आधार (database) बना हुआ है।

कोरोना महामारी (Corona Pandemic)

COVID-19 महामारी द्वितीय विश्व युद्ध के बाद दुनिया के सामने सबसे बड़ी चुनौती है। भारत में भी, इसने हमारी अर्थव्यवस्था और समाज दोनों को बहुत प्रभावित किया। भारत में इसका पहला मामला 30 जनवरी 2020 को केरल से सामने आया था। अन्य देशों की तरह इसने हमारे देश को विभिन्न लहरों में प्रभावित किया है। पहली लहर के दौरान भारत को 25 मार्च 2020 को सख्त तालाबंदी के तहत रखा गया था, जिसने बड़े पैमाने पर प्रवासन और लगभग सभी बाहरी गतिविधियों को बंद कर दिया था। मार्च 2021 के महीने में शुरू हुई दूसरी लहर, जिसके परिणामस्वरूप हजारों लोगों की जान चली गई और दैनिक मामलों की संख्या जनवरी में 15,000 से बढ़कर अप्रैल 2021 के अंत में प्रति दिन 400,000 से अधिक हो गई थी। सभी स्वास्थ्य सुविधाएं अभिभूत थीं और जीवन रक्षक ऑक्सीजन गैस और सिलेंडरों की भारी कमी की खबरें थीं।

20 अप्रैल 2022 तक, भारत में कुल सक्रिय मामलों की संख्या 12,340 थी, और 42,513,248 लोगों को छुट्टी दे दी गई थी। कोरोना वायरस के संक्रमण से अब तक कम से कम 522,006 लोगों की मौत हो चुकी है। भारत उन देशों में से एक है जिसने अपने नागरिकों को मुफ्त टीके लगाने में उल्लेखनीय सफलता हासिल की है। स्वास्थ्य और परिवार कल्याण मंत्रालय द्वारा उपलब्ध कराए गए आंकड़ों के अनुसार भारत के सभी राज्यों में 1,86,90,56,607 से अधिक खुराक दी जा चुकी हैं।

संदर्भ (References)

- Agricultural Policy : vision 2020, India Agrucultural Research Institute
- Arnon, L., 1972, ***Crop Production in Dry Regions,*** Vol. I, Leonard Hill, London.
- Boyer, H., 1988, Advances in Droughytt Tolerance in Plants-***Advances in Agronomy***, 56: pp. 187–219.
- Critchley, W. and Siegert, K., 1991, ***Water Harvesting***, F.A.O., Rome, pp. 133.
- Darwin, C., 1959: ***The Origin of Species,*** Murry, London.
- Dhar, P.K., 2013, Indian Economy, Delhi, Kalyani Publisher.
- Draft Fifth Five Year Plan, 1974–76, Vol. II, p. 42.
- Husain, M. 2013, ***Environment & Ecology***, New Delhi, Access Publishing India.
- Husain, M., 2013, Geography of India, Delhi, Tata McGraw Hill.
- ICAR, 2012, Handbook of Agriculture, 6th ed. New Delhi. Johnston, R.J. and David M. Smith, ***The Dictionary of Human Geography***, 3rd ed. Blackwell.
- ICAR, 2012, Handbook of Agriculture, New Delhi
- Joshi, P.C., Land Reforms Implementation and Role of Administrator, EPW, September
- Khusro, A.M., Economies of Land Reforms and Farm Size in India, 1973, p. xiii
- Odum, E.P., ***Fundamentals of Ecology***, Saunders, Philadelphia.
- Singh, S., 2010, ***Environmental Geography***, Allahabd, Prayag Pustak Bhandar.
- UNESCO 1981: ***MAB Information System: Biosphere Reserve***, Compilation No. 2, p. 313.
- Venkatsubbiah, H., Indian Economy since Independence, p. 51.
- Vayas, A.K., 2011, Introduction to Agriculture, New Delhi, Jain Brothers.

Web reference

- https : // www.india.gov.in/topics/agriculture.

13 अध्याय भारतीय राज्य एवं संघशासित क्षेत्र (Indian States and Union Territories)

भारत की जनगणना (2011) दो चरणों में की गई थी- घरों का सूचीकरण और जनसंख्या। उस समय 28 राज्य, 7 संघशासित क्षेत्र थे जिनमें 640 जिले, 497 शहर, 5767 तहसील और 6 लाख से अधिक गाँव शामिल थे। 2014 में आंध्रप्रदेश राज्य को विभाजित करके नए राज्य तेलंगाना का निर्माण हुआ। इसके साथ ही भारत में 29 राज्य 7 संघ शासित राज्य हो गए जनवरी 2002 में दादर एवं नगर हवेली और दमन दीव को मिलाकर एक केन्द्र शासित क्षेत्र दादर नगर हवेली और दमन दीव बनाया गया इसके बाद 6 केन्द्र शासित राज्य हो गए। जम्मू कश्मीर से अनुच्छेद 370 हटाने के बाद इस राज्य को दो केन्द्रशासित प्रदेशों में विभाजित कर दिया गया है। इसके बाद भारत में 28 राज्य 8 केन्द्र शासित क्षेत्र हो गए है।

वर्तमान में इस अध्याय में प्रत्येक राज्य और केन्द्र शासित क्षेत्र की सम्पूर्ण झलक और पूर्ण जानकारी सारणी, मूलपाठ और मानचित्रों के माध्यम से दी गई है।

भारतीय जनसंख्या से सम्बन्धित प्रमुख तथ्य (जनगणना 2011)

- कुल जनसंख्या: 1210.19 मिलियन (विश्व जनसंख्या का 17.5%)
- जनसंख्या घनत्व: 382 व्यक्ति प्रति वर्ग किमी.
- लिंग अनुपात: 943/1000
- बच्चों का लिंग अनुपात (0-6 वर्ष): 914/1000
- साक्षरता दर: 72.98%
- पुरुष साक्षरता दर: 80.88%
- महिला साक्षरता दर: 64.63%
- सर्वोत्तम साक्षरता दर: केरल 94%
- निम्नतम साक्षरता दर: बिहार 61.8%
- सबसे अधिक जनसंख्या वाला राज्य: उत्तर प्रदेश (199 मिलियन)
- दूसरा सबसे अधिक जनसंख्या वाला राज्य: महाराष्ट्र (112.4 मिलियन)
- सबसे अधिक जनसंख्या घनत्व वाला राज्य: बिहार (1102 व्यक्ति प्रति वर्ग किमी.)
- दूसरा सबसे अधिक जनसंख्या घनत्व वाला राज्य: प. बंगाल (1029 व्यक्ति प्रति वर्ग किमी.)
- 2001-11 में प्रतिशत वृद्धि: 17.72%

तालिका 13.1: सर्वाधिक जनसंख्या वाले महानगर

नगर	2011-19
मुम्बई	18,394,912
दिल्ली	16,349,831
कोलकाता	14,035,959
चेन्नई	8,653,521
बेंगलुरु	8,520,435

तालिका 13.2: शीर्ष साक्षर राज्य

नगर	2011-19 (प्रतिशत में)
केरल	94.00
लक्ष्यद्वीप	91.85
मिजोरम	91.33
गोआ	88.70
त्रिपुरा	87.22

तालिका 13.3: श्रेष्ठ लिंगानुपात

नगर	2011-19
केरल	1084
पुदुचेरी	1037
तामिलनाडु	996
आन्ध्र प्रदेश	993
छत्तीसगढ़	991

तालिका 13.4: जनसंख्या, साक्षरता, लिंगानुपात, घनत्व और दशकीय वृद्धि का राज्यवार वितरण

राज्य/संघशासित प्रदेश	राजधानी	भाषा	जनसंख्या	वृद्धि (% में)	क्षेत्र वर्ग (किमी. में)	घनत्व (प्रतिवर्ग किमी. में)	लिंगानुपात (प्रति 1000 पर महिलाएं)	साक्षरता (% में)
उत्तर प्रदेश	लखनऊ	हिन्दी, उर्दू	199,812,341	20.23	240,928	829	912	67.68
महाराष्ट्र	मुम्बई	मराठी, हिन्दी, कोकड़ी	1,12,374,333	15.99	307,713	365	929	82.34
बिहार	पटना	हिन्दी, उर्दू	104,099,452	25.42	94,163	1106	918	61.80
पश्चिम बंगाल	कोलकाता	बांग्ला	91,276,115	13.84	88,752	1028	950	76.26
आन्ध्र प्रदेश	अमरावती	तेलुगू	4,580,777	10.98	2,75,045	308	993	67.02
मध्य प्रदेश	भोपाल	हिन्दी, उर्दू	72,626,809	20.35	3,08,252	236	931	69.32
तमिलनाडु	चेन्नई	तमिल	72,147,030	15.61	1,30,060	555	996	80.09
तेलंगाना	हैदराबाद	तेलुगू, उर्दू	35,193,978	-	1,14,840	307	985	66.46
राजस्थान	जयपुर	राजस्थानी, हिन्दी	68,548,437	21.31	3,42,239	200	928	66.11
कर्नाटक	बेंगलुरु	कन्नड़	61,095,297	15.60	1,91,791	319	973	75.36
गुजरात	गाँधीनगर	गुजराती, हिन्दी	60,439,692	19.28	1,96,024	308	919	78.03
ओडिशा	भुवनेश्वर	उड़िया	41,947,218	14.05	1,55,707	270	979	72.87
केरल	तिरुअनन्तपुरम	मलयालम	334,066,061	4.91	38,852	860	1084	94.00
झारखण्ड	राँची	हिन्दी, सन्थाली	32,988,134	22.42	79,716	414	948	66.41
असम	दिसपुर	असमी, बांग्ला	31,205,576	17.07	78,438	398	958	72.19
पंजाब	चंडीगढ़	पंजाबी, हिन्दी	27,743,338	13.89	50,362	551	895	75.84
छत्तीसगढ़	रायपुर	हिन्दी	25,545,198	22.61	1,35,192	189	991	70.28
हरियाणा	चंडीगढ	हिन्दी	25351462	19.90	44212	573	879	75.55

दिल्ली	नई दिल्ली	हिन्दी, उर्दू पंजाबी, अंग्रेजी	1678794	21.21	1483	1132	868	86.21
जम्मू कश्मीर लद्दाख	श्रीनगर लेह	उर्दू कश्मीरी, लदाखी, दरी पंजाबी, बल्ती पहाड़ी, डोगरी	12541302	23.64	222236	56	889	67.16
उत्तराखण्ड	देहरादून	हिन्दी	10086292	18.81	53483	189	963	78.82
हिमाचल प्रदेश	शिमला	हिन्दी, पहाड़ी	6864602	12.94	55673	123	972	82.80
त्रिपुरा	अगरतला	बांग्ला, कोकबोरक	3673917	14.84	10486	350	960	87.22
मेघालय	शिलाँग	खासी और गारो	2966889	27.95	22429	132	989	74.43
मणिपुर	इम्फाल	मणिपुरी	2855794	24.50	22327	128	985	76.94
नागालैंड	कोहिमा	अंगामी, आओ, चांग, कोन्यक, लोथ	1978502	−0.58	16579	119	931	79.55
गोआ	पणजी	कोंकणी, गुजराती, मराठी	1458545	8.23	3702	397	973	88.70
अरुणाचल प्रदेश	इटानगर	बिस्सी, बांची दफला, नीसी	1383727	26.03	83743	17	938	65.38
पुदुचेरी	कराईकाल	तमिल, तेलुगू, मलयालम, फ्रेंच	1247453	28.08	490	2547	1037	85.85
मिजोरम	आइजॉल	मिजो, अंग्रेजी	1097206	23.48	21081	52	976	91.33
चंडीगढ	चंडीगढ	पंजाबी, हिन्दी	1055450	17.19	114	9258	818	86.05
सिक्किम	गंगटोक	लेप्चा, भूटिया, नेपाली	610577	12.89	7096	86	890	81.04
अण्डमान निकोबार दीप समूह	पोर्टब्लेयर	बांग्ला, हिन्दी, निकोबारीज, तमिल	380581	6.86	8249	46	876	86.06
दादर एवं नगर हवेली	सिलवासा	गुजराती, हिन्दी	343709	55.88	491	700	774	76.02
दमन व दीव	दमन	गुजराती	2,43,247	53.76	111	2191	618	87.01
लक्षद्वीप	कवरत्ती	मलयालम	64,473	6.30	30	2149	946	91.08
भारत	नई दिल्ली	–	1,210,854,977	17.64	3,287,240	382	940	74.04

तालिका 13.5: राज्य की राजधानी, भाषा, पशु, पक्षी, वृक्ष और फूल

राज्य/ संघशासित प्रदेश	राजधानी	भाषा	पशु	पक्षी	वृक्ष	पुष्प
उत्तर प्रदेश	लखनऊ	हिन्दी, उर्दू	स्वाम्प हिरण	सारस	अशोक	पलाश
महाराष्ट्र	मुम्बई	मराठी, हिन्दी, कोंकणी	भारतीय भीमकाय गिलहरी	पीले पैरों वाला हरा कबूतर	आम	जारुल

बिहार	पटना	हिन्दी, उर्दू	गौर	हाउस तोता	पवित्र	सफेद ऑर्चिड वृक्ष
पश्चिम बंगाल	कोलकाता	बांग्ला	–	–	–	–
आन्ध्र प्रदेश	अमरावती	तेलुगू	–	–	नीम	जैस्मिन
मध्य प्रदेश	भोपाल	हिन्दी, उर्दू	बारहसिंघा	एशियन पेराडाइज	केला	पैरट ट्री
तमिलनाडु	चेन्नई	तमिल	नीलगिरि तहर	पन्ना कबूतर	पामिरा ताड़	ग्लोरी लिली
तेलंगाना	हैदराबाद	तेलुगू, उर्दू	जिंका	नीलकंठ	जम्मी चेट्टू	कीनू का फूल
राजस्थान	जयपुर	राजस्थानी, हिन्दी	चिंकारा	सोनचिड़िया	खेजरी	रोहिरा
कर्नाटक	बेंगलुरु	कन्नड़	भारतीय हाथी	एशियन कोयल	चन्दन	कमल
गुजरात	गाँधीनगर	गुजराती, हिन्दी	एशियन शेर	राजहंस	आम	गेंदा का फूल
ओडिशा	भुवनेश्वर	उड़िया	साभर	नीलकंठ	पीपल	अशोक
केरल	तिरुअनन्तपुरम	मलयालम	भारतीय हाथी	धनेश पक्षी	नारियल	अमलताश
झारखण्ड	राँची	हिन्दी, सन्थाली	भारतीय हाथी	एशियन कोयल	साल	पलाश
असम	दिसपुर	असमी, बंगाली	एक सींग वाला गेंडा	सफेद पंखों वाली जंगली बत्तख	होलाँग	कोपोऊ फूल
पजाब	चंडीगढ़	पंजाबी, हिन्दी	–	–	शीशम	–
छत्तीसगढ़	रायपुर	हिन्दी	जंगली भैंसा	–	पहाड़ी मैना	साल
हरियाणा	चंडीगढ़	हिन्दी	काला हिरण	काला तीतर	पीपल	कमल
दिल्ली	नई दिल्ली	हिन्दी, उर्दू, पंजाबी, अंग्रेजी	नीलगाय	घरेलू गौरेया	–	–
जम्मू कश्मीर लद्दाख	श्रीनगर लेह	उर्दू कश्मीरी, लदाखी, दरी पंजाबी बाल्टी पहाड़ी, डोगरी		काली गर्दन वाला साख	चिनार	कमल
उत्तराखण्ड	देहरादून	हिन्दी	कस्तूरी हिरण	हिमालयन मोनल (डाँफे)	बुरान्स	ब्रह्मकमल
हिमाचल प्रदेश	शिमला	हिन्दी, पहाड़ी	हिम तेंदुआ	जजुराना	देवदार	बुरांस
त्रिपुरा	अगरतला	बांग्ला, कोकबोरक	फायरे का लंगूर	हरा शाही कबूतर	अगर	रानी अनानास
मेघालय	शिलाँग	खासी और गारो	धूमिल तेंदुआ	पहाड़ी मैना	सफेद टीक	भिंडी का फूल
मणिपुर	इम्फाल	मणिपुरी	संगाई हिरण	हम तीतर	भारतीय महागोनी	लिली
नागालैंड	कोहिमा	अंगामी, आओ चांग, कोन्यक लोथ	गौर	ब्लाइड ट्रॅगोपॅन	पित्रपादप (एल्डर)	बुरांस
गोआ	पणजी	कोंकणी, गुजराती, मराठी	गौर	काली कलगी वाली बुलबुल	आस्ना	–
अरुणाचल प्रदेश	इटानगर	बिस्सी, बांची दफला, नीसी	मिथुन	धनेस पक्षी	होलांग	भिंडी का फूल
पुदुचेरी	कराईकाल	तमिल, तेलुगू, मलयालम, फ्रेंच	गिलहरी	एशियन कोयल	बेल वृक्ष	नागलिंग
मिजोरम	आइजॉल	मिजो, अंग्रेजी	सुमात्रन सीरो	ह्यूम तीतर	अंजनी	लालवंद

चंडीगढ	चंडीगढ	पंजाबी, हिन्दी	–	–	–	–
सिक्किम	गंगटोक	लेप्चा, भूटिया, नेपाली	लाल पांडा	रक्त तीतर	रोगेडेंड्रोन	नोबल ऑर्चिड
अण्डमान निकोबार द्वीप समूह	पोर्ट ब्लेयर	बांग्ला, हिन्दी, निकोबारीज, तमिल	समुद्री गाय	अण्डमान जंगली कबूतर	–	–
दादर एवं नगर हवेली	सिलवासा	गुजराती, हिन्दी	–	–	–	–
दमन एवं दीव	दमन	गुजराती	–	–	–	–
लक्षद्वीप	कावारन्ती	मलयालम	बटरफलाई फिश	नॉडी टर्न	ब्रैड फूट	–

तालिका 13.6: मुख्य फसलें, उद्योग, राष्ट्रीय राजमार्ग और रेलवेज

राज्य/संघशासित प्रदेश	मुख्य फसलें	मुख्य उद्योग	राष्ट्रीय राजमार्ग (किमी. में)	रेलवेज
उत्तर प्रदेश	चावल, गेहूँ, मक्का	चीनी, चमड़ा, धातु काँच का काम	8483	345
महाराष्ट्र	चावल, गेहूँ, कपास	चमड़ा, हवाई जहाज, फार्मा, ऑटो मोबाइल्स	7048	5725
बिहार	चावल, गेहूँ, कपास, जूट	चीनी, कागज, सिल्क, चमड़ा	4701	3652
पश्चिम बंगाल	चावल, आलू, जूट	चाय, चीनी रसायन, खाद	2910	4070
आन्ध्र प्रदेश	चावल, ज्वार, रागी, मक्का	लौह इस्पात, जूट, दवा, पोत निर्माण, हवाई जहाज	4670	3657
मध्य प्रदेश	चावल, गेहूँ, सिल्क, गन्ना	सीमेन्ट	5184	4979
तमिलनाडु	चावल, दालें	चमड़ा, ऑटो मोबाइल्स, लौहा इस्पात, सीमेंन्ट	5006	4027
तेलंगाना	–	कागज, सीमेन्ट, फैशन आइटम	1676	–
राजस्थान	गेहूँ, बाजरा, ज्वार	मार्बल, कपड़ा, सीमेन्ट, चीनी	7886	5898
कर्नाटक	चावल, गेहूँ, तम्बाकू, सूरजमुखी, कपास, सिल्क	हवाई जहाज, ग्लास, सूचना प्रौद्योगिकी	6432	3281
गुजरात	चावल गेहूँ, बाजरा, कपास, ऊन	सीमेन्ट, कागज	18017	2008
ओडिशा	चावल	लोह इस्पात, एल्यूमिनियम	4645	2529
केरल	चावल, नारियल, काली मिर्च, इलाइची	पोत निर्माण, कागज, सूचना प्रौद्योगिकी	1811	1050
झारखण्ड	चावल, मक्का	लोह इस्पात, सीमेन्ट, कागज	2632	2294
असम	चावल, चाय, जूट	तेल शोधन, खाद, कागज	3784	2471
पजाब	गेहूँ, चावल	साईकिल, खेल का सामान, चीनी, पेकागज, ऊन	2239	2269
छत्तीसगढ़	चावल, गेहूँ, मक्का, दालें, जूट	खान, लौह, सीमेन्ट	3079	1196
हरियाणा	चावल, गेहूँ	डेरी, ऑटोमोबाइल्स इन्जी., चीनी	2307	1630
दिल्ली	गेहूँ, बाजरा, ज्वार	सूचना प्रौद्योगिकी, दूरसंचार, निर्माण, पर्यटन	80	183
जम्मू कश्मीर लद्दाख	चावल, गेहूँ, रेशम, ऊन, मेवा, केशर	पर्यटन	2593	298

उत्तराखण्ड	गन्ना, चावल, गेहूँ	पर्यटन	2593	298
हिमाचल प्रदेश	गेहूँ, मक्का	वन उत्पाद	2466	296
त्रिपुरा	चावल, रेशम	हथकरघा	577	151
मेघालय	चावल, मक्का	हस्तशिल्प	1204	–
मणिपुर	चावल, मक्का	हस्तशिल्प	1746	1
नागालैंड	चावल	कागज, प्लाईवुड	1080	13
गोआ	चावल, रागी	मत्स्य, पोत निर्माण	262	69
अरुणाचल प्रदेश	चावल, मक्का, गेहूँ, सरसों	प्लाईवुड, हस्तशिल्प	2513	12
पुदुचेरी	चावल, दालें, नारियल, कपास	इन्जीनियरिंग, पर्यटन, कपड़ा	64	22
मिजोरम	चावल	हस्तशिल्प	1381	2
सिक्किम	गेहूँ, चावल, ज्वार, बाजरा	चमड़ा, खाद्य	309	–
अण्डमान निकोबार द्वीप समूह	धान, दालें, सरसों, नारियल	हस्तशिल्प, मत्स्य	331	–
दादर एवं नगर हवेली	धान, रागी, ज्वार, बाजरा	निर्माण, इन्जीनियरिंग	–	–
दमन एवं दीव	धान, रागी, चावल, दालें	पर्यटन, दवा निर्माण	–	–
लक्षद्वीप	नारियल, मीठा आलू	पर्यटन, नारियल, जूट	–	–

Source: *Ministry of Road Transport and Highways, Government of India;* ***Source:*** *Ministry of Railways*

1. आन्ध्र प्रदेश (Andhra Pradesh)

क्षेत्रफल: 1,60,205 वर्ग किलोमीटर

जनसंख्या: 7,62,10,007 (2011)

राजधानी: अमरावती

भाषायें: तेलुगू तथा उर्दू

आन्ध्र प्रदेश राज्य उत्तर में महाराष्ट्र, छत्तीसगढ़ तथा ओड़िशा; पश्चिम में कर्नाटक तथा महाराष्ट्र; दक्षिण में तमिलनाडु तथा पूर्व में बंगाल की खाड़ी से घिरा हुआ है।

जिले: 1. अनन्तपुर, 2. चित्तूर, 3. कुड़प्पा, 4. पूर्वी गोदावरी, 5. गुन्टूर, 6. कृष्णा, 7. कुर्नूल, 8. प्रकाशम (ओंगोले), 9. रंगा-रेड्डी, 10. श्रीकाकुल, 11. विशाखापत्तनम, 12. विजयनगरम, 13. प. गोदावरी, 14. एसपीएस आर नैल्लोर, 15. वाई एस आर।

कृषि: आन्ध्र प्रदेश की लगभग 62 प्रतिशत जनसंख्या प्रत्यक्ष एवं अप्रत्यक्ष रूप से खेती पर निर्भर करती है। राज्य की मुख्य फसल चावल है। इसके अतिरिक्त मक्का, ज्वार-बाजरा, दलहन, तिलहन, कपास, तम्बाकू, गन्ना, चारा और सब्जियों की खेती की जाती है।

राज्य का लगभग 23 प्रतिशत क्षेत्रफल वनों के अंतर्गत है। वनों से लकड़ी, टीक तथा वन पदार्थ प्राप्त किये जाते है। आन्ध्र प्रदेश के किसानों पर अन्य राज्यों की तुलना में सबसे अधिक ऋण है।

खनिज पदार्थ: भारत में सबसे अधिक एसबेस्टस (Asbestos) के भंडार आन्ध्र प्रदेश में हैं। अन्य खनिजों में ताँबा, मैगनीज, अभ्रक, हीरे, बहुमूल्य पत्थर तथा चूने का पत्थर उल्लेखनीय हैं।

सिंचाई परियोजनाएं: आन्ध्र प्रदेश में बहुत-सी बहुउद्देशीय पन-बिजली परियोजनायें लगाई गई हैं, जिनमें नागार्जुन सागर, श्रीसेलम, अपर सिलेरू लोवर सिलेरू तथा तुंगभद्रा मुख्य हैं। सिंचाई की मुख्य परियोजनाओं में वमसाधार, गोदावरी-डेल्टा परियोजना, पेन्नार नहर परियोजना, निज़ाम सागर आदि उल्लेखनीय हैं। ताप-बिजली घरों में रामगुण्डम, कोठा गुड्डम, विजयवाड़ा, मुड्डानूर तथा सिहाद्री भारी क्षमता के हैं।

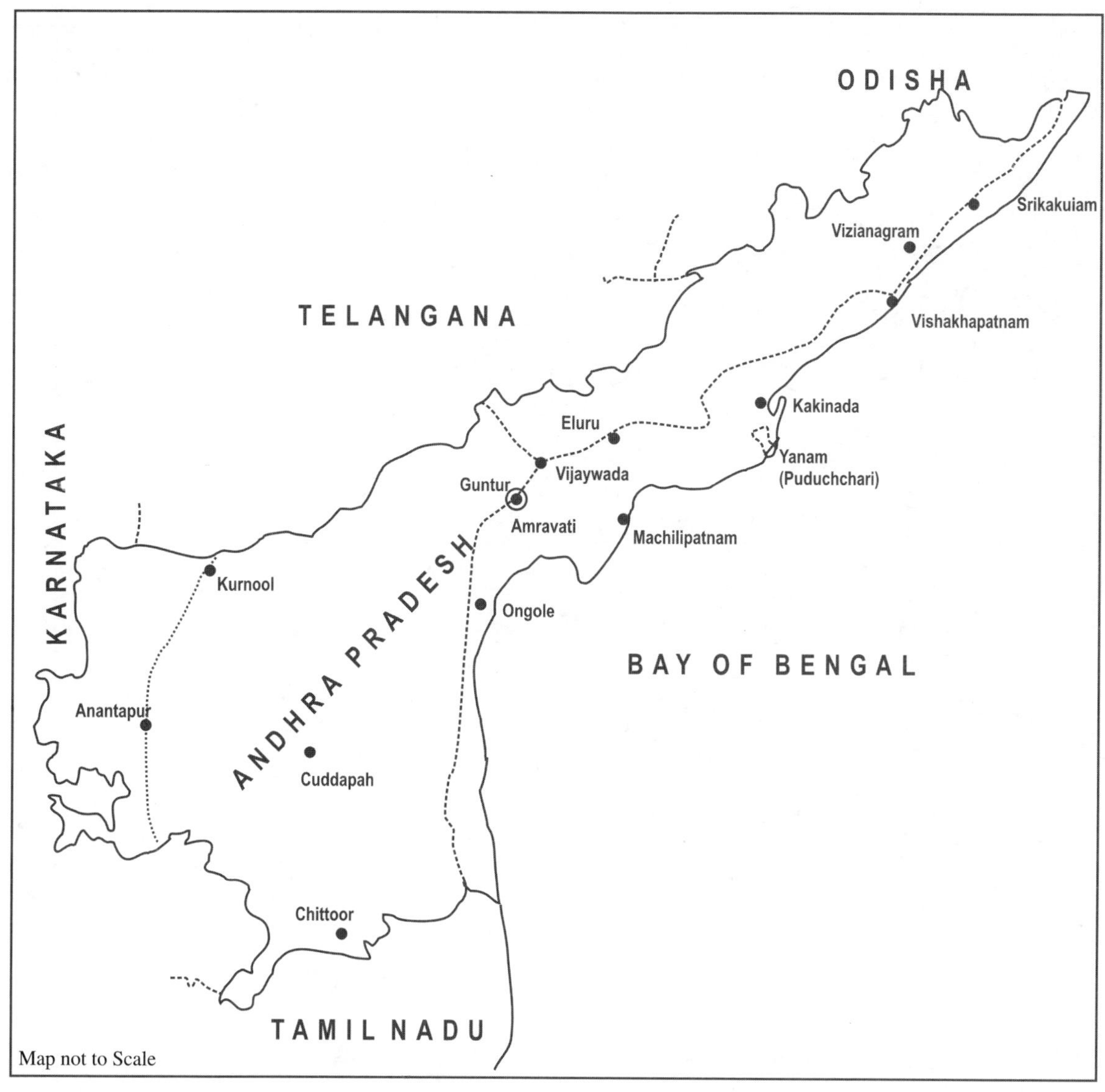

Fig. 13.1 Andhra Pradesh

पर्यटन केन्द्र: आन्ध्र प्रदेश के पर्यटन केन्द्रों में अराकू घाटी, भद्राचलम, चार मीनार (हैदराबाद), गोलकुण्डा-दुर्ग, वारंगल का किला, नागार्जुनसागर, सालारजंग संग्रहालय, हज़ार-स्तूपों का मंदिर तथा हैदराबाद मुख्य हैं।

2. अरुणाचल प्रदेश (Arunachal Pradesh)

क्षेत्रफल: 83,743 वर्ग किलोमीटर

जनसंख्या: 13,83,727 (2011)

राजधानी: ईटानगर

भाषायें: अका, मिजी, मोनपा, शेरदुकपेन

अरुणाचल प्रदेश को पूर्ण राज्य का दर्जा 20 फरवरी, 1978 मे दिया गया था। इससे पहले इसको उत्तर-पूर्वी सीमांत अभिकरण (नॉर्थ-ईस्ट फ्रन्टियर एजेंसी) (NEFA) के नाम से जाना जाता था।

अरुणाचल प्रदेश उत्तर में तिब्बत (चीन), पूर्व में म्यांमार, दक्षिण में असम एवं नागालैंड तथा पश्चिम में भूटान से घिरा हुआ है।

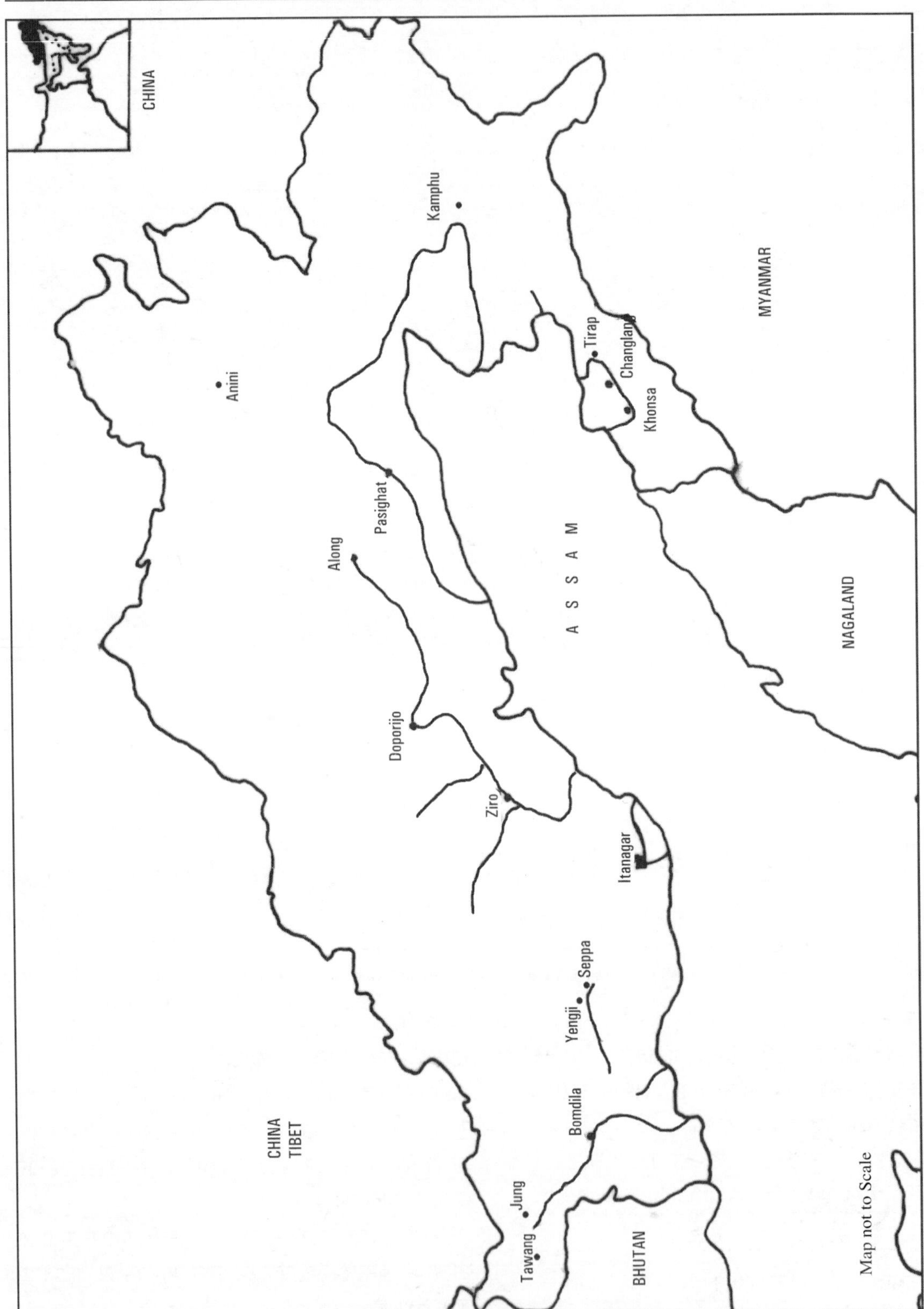

Fig. 13.2 Arunachal Pradesh

जिले: 1. अन्जाव, 2. चांगलांग, 3. दिबांग-घाटी, 4. पूर्वी-कामेंग, 5. पूर्वी-सियांग, 6. काडाडी, 7. कुरुन्ग कुमे, 8. लोहित, 9. लांगडिंग, 10. निचली दिबांग घाटी, 11. निचली-सुबानसीरा, 12. नामसाई, 13. पायुमदारे, 14. सियाग, 15. तवांग, 16. तिराप, 17. ऊपरी-सियांग, 18. ऊपरी-सुबानसीरी, 19. पश्चिमी-कामेंडा, 20. पश्चिमी-सियांग, 21. निचला सियांग, 22. लापा राडा, शी योमी।

अरुणाचल प्रदेश की अधिकतर जनसंख्या कृषि पर आधारित है। पर्वतीय ढलानों पर जंगल जलाकर खेती की जाती है, जिसको झूमिंग कहते हैं। यहाँ बाग़ानी-खेती की फसलों को विशेष प्रोत्साहन दिया जा रहा है, जिनमे सेब, सन्तरे, अनन्नास, वृक्षारोपण तथा सब्जियों की कृषि मुख्य है।

अरुणाचल प्रदेश के मुख्य खनिजों में कोयला, चूना-पत्थर तथा इमारती पत्थर मुख्य हैं।

यहाँ के पर्यटक केन्द्रों में अलोंग, बर्मादला, नामधापा, ईटानगर, खोनसा, मालीनिथन, पासीघाट, परशुरामकुण्ड, तेजु तथा तवांग मुख्य हैं।

3. असम (Assam)

क्षेत्रफल: 78,438 वर्ग किलोमीटर

जनसंख्या: 3,12,05,576 (2011)

राजधानी: दिसपुर

भाषायें: असमी तथा बंगाली

असम राज्य उत्तर में भूटान एवं अरुणाचल प्रदेश; पूर्व में नागालैंड, मणिपुर तथा अरुणाचल प्रदेश; दक्षिण में मिजोरम तथा पश्चिम में प. बंगाल एवं मेघालय से घिरा हुआ है।

जिले: 1. दक्षिणी सालमारा, 2. दीमा हसाओ, 3. बोंगाइगांव, 4. कछार, 5. चिरांग, 6. डारांग, 7. घेमाजी, 8. धुबरी, 9. डिब्रूगढ़, 10. गोलपाड़ा, 11. गोलाघाट, 12. हैलाकण्डी, 13. जोराहट, 14. कामरूप-देहात, 15. पूर्वी कार्बी आंगलांग, 16. पश्चिमी कार्बी आंगलांग, 17. करीमगंज, 18. कोकराझार, 19. लखीमपुर, 20. मोरीगाँव, 21. नौगाँव 22. नलबारी, 23. शिवसागर, 24. सोनितपुर, 25. तिनसुखिया, 26. कामरूप नगर, 27. ऊदलगुड़ी, 28. चराईदेव, 29. माजुली, 30. बिश्वानाथ, 31. बक्सा, 32. बर्पेटा, 33 होजाई, 34. कामरुप मैट्रो, 35. कोराझार, 36. द. सालमारा मेंकाचर।

कृषि: असम एक कृषि प्रधान देश है। इसकी मुख्य फसलों में चावल, जूट, चाय, तिलहन, दलहन, मक्का, गन्ना, आलू तथा सब्जियाँ सम्मिलित हैं। इनके अतिरिक्त संतरे, अनन्नास, सुपारी, नारियल, आम, अमरूद, सीताफल, आदि फल सम्मिलित हैं।

असम कृषि पर आधारित उद्योगों के लिये प्रसिद्ध हैं। मुख्य उद्योगों में पेट्रोलियम तथा रसायनिक वस्तुयें, कृषि यन्त्र, जूट के कारखाने, चाय की फैक्ट्री तथा टिम्बर आधारित उद्योग सम्मलित हैं। कुटीर उद्योगों में हथ-करघा, बाँस का सामान, पीतल के बर्तन तथा लकड़ी का सामान उल्लेखनीय हैं। असम में रेशम उद्योग भी विकसित है। यहाँ की टसर (Tassar) मूगा एवं एण्डी रेशम विश्व प्रसिद्ध है।

पर्यटन केन्द्र: हाफ़लांग (स्वास्थ्य केन्द्र), काज़ीरंगा अभ्यारण्य, मानस बाघ परियोजना, कामरूप, पोबी-तोरा, ओरांग, माजुली (विश्व का सबसे बड़ा नदी द्वीप), हाजो, सुवालकुची, इत्यादि मुख्य पयर्टन केन्द्र हैं।

4. बिहार (Bihar)

क्षेत्रफल: 94,163 वर्ग किलोमीटर

जनसंख्या: 10,40,99,452 (2011)

राजधानी: पटना

भाषायें: हिन्दी, उर्दू

जिले: बिहार राज्य उत्तर में नेपाल; पूर्व में पश्चिम बंगाल; दक्षिण में झारखण्ड तथा पश्चिम में उत्तर प्रदेश से घिरा हुआ है।

जिले: 1. अररिया, 2. अरवल, 3. औरंगाबाद, 4. बाँका, 5. बेगूसराय, 6. भागलपुर, 7. भोजपुर, 8. बक्सर, 9. दरभंगा, 10. पूर्वी चम्पारण, 11. गया, 12. गोपालगंज, 13. जमुई, 14. जहाँनाबाद, 15. कैमूर, 16. कटिहार, 17. खगड़िया, 18. किशनगंज, 19. लखीसराय, 20. मधेपुरा, 21. मधुबनी, 22. मुंगेर, 23. मुजफ्फरपुर, 24. नालन्दा, 25. नवादा, 26. पटना, 27. पूर्णिया, 28. रोहतास, 29. सहरसा, 30. समस्तीपुर, 31. सारण, 32. शेख़पुरा, 33. शिवहार, 34. सीतामढ़ी, 35. सिवान, 36. सुपाल, 37. वैशाली, 38. प. चम्पारण।

बिहार की मुख्य नदियों में गंगा, सोन, पुनपुन, फालगु, बडुआ, गंडक, बागमती, कोसी तथा गंडक सम्मलित हैं।

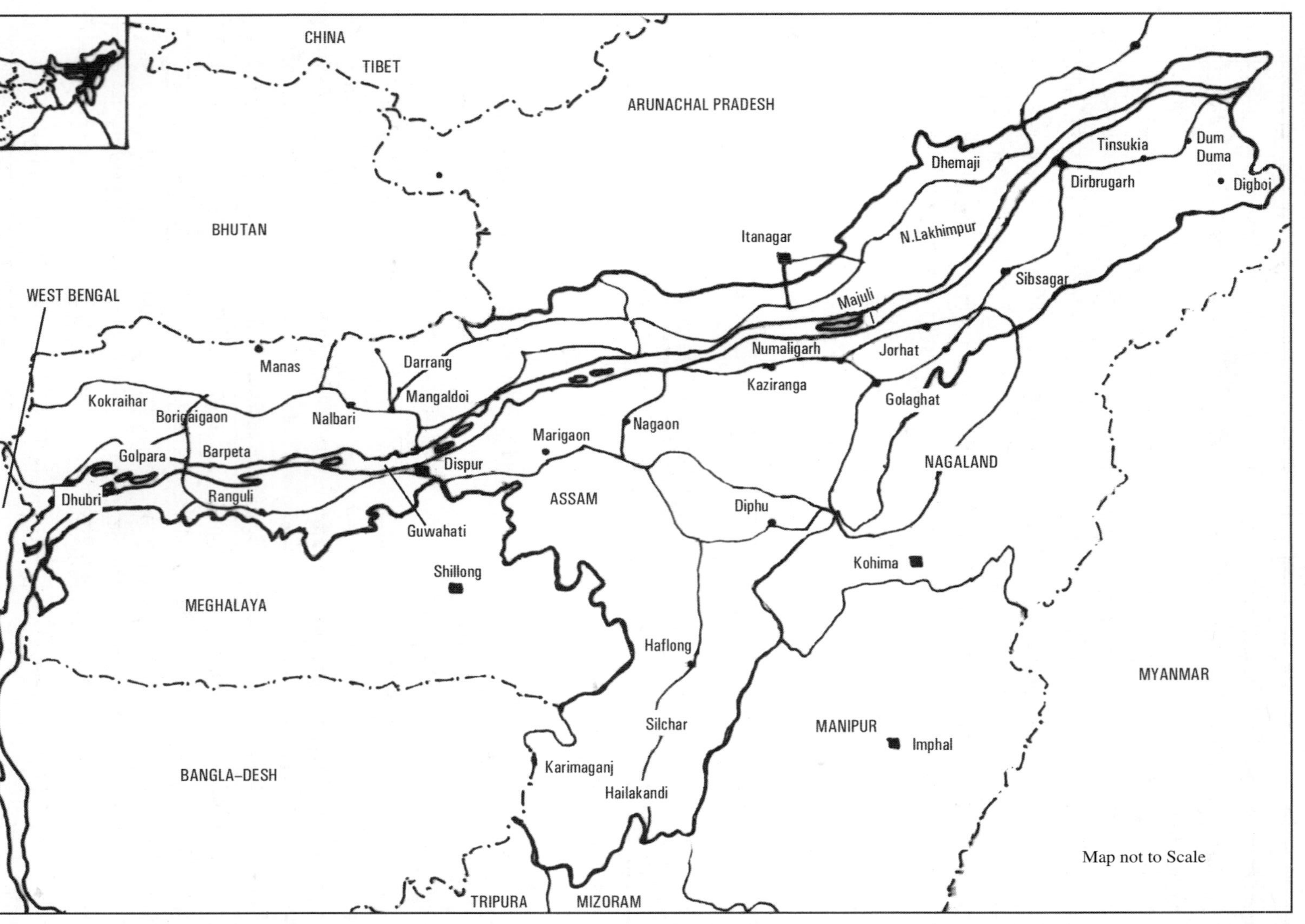

Fig. 13.3 Assam

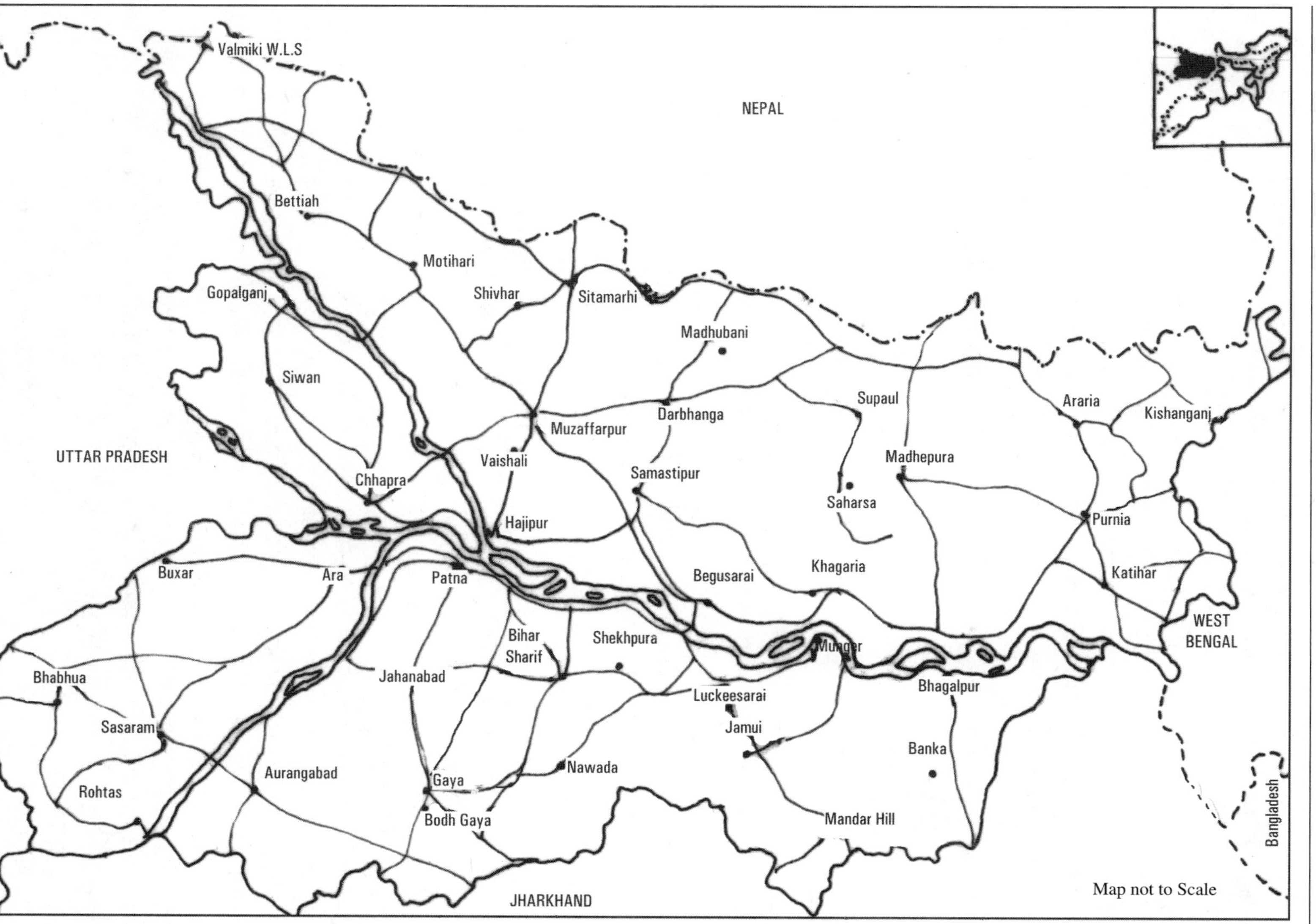

Fig. 13.4 Bihar

कृषिः बिहार की 70 प्रतिशत से अधिक जनसंख्या कृषि पर आधारित है। मुख्य फसलों में चावल, गेहूँ, मक्का, तिलहन, दलहन, गन्ना, जूट, सब्ज़ियाँ, इत्यादि सम्मलित हैं

उद्योगः मुजफ्फरपुर में रेल के डिब्बे, बरौनी में तेल-शोध कारखाना, सिवान में सूती वस्त्र, भागलपुर में रेशमी कपड़े, अन्य नगरों में चमड़े का सामान, औषधियां तथा कुटीर उद्योग हैं।

पर्यटन केन्द्रः बिहार के मुख्य पयर्टन केन्द्रों में नालन्दा, राजगीर, वैशाली, खापुरी (भगवान-महावीर का निर्वाण स्थल), गया, पटना, सासाराम (शेरशाह सूरी का मकबरा) तथा जहाँनाबाद उल्लेखनीय हैं।

5. छत्तीसगढ़ (Chattisgarh)

क्षेत्रफलः 1,35,192 वर्ग किलोमीटर

जनसंख्याः 2,55,45,198 (2011)

राजधानीः रायपुर

भाषाः हिन्दी

छत्तीसगढ़ राज्य नवम्बर 2000 में मध्य प्रदेश को विभाजित करके बनाया गया था। यह भारत का 26वाँ राज्य बनाया गया था। छत्तीसगढ़; उत्तर में उत्तर प्रदेश तथा मध्य प्रदेश; पूर्व में झारखण्ड तथा ओडिशा; दक्षिण में आन्ध्र प्रदेश;, पश्चिम में मध्य प्रदेश तथा महाराष्ट्र से घिरा हुआ है। क्षेत्रफल में छत्तीसगढ़ देश का नवां सबसे बड़ा राज्य है।

जिलेः 1. बालोद, 2. बालोदा बाजार, 3. बलरामपुर, 4. बस्तर, 5. बेमेतारा, 6. बीजापुर, 7. बिलासपुर, 8. दान्तेवाडा, 9. धमतरी, 10. दुर्ग, 11. गरियाबान्द, 12. जांजगीर-चांपा, 13. जशपुर, 14. कवर्धा, 15. कांकेर, 16. कोरबा, 17. कोरिया, 18. महासमन्द, 19. मुंगेली, 20. नारायणपुर, 21. रायगढ़, 22. रायपुर, 23. राजनन्दगाँव, 24. सरगुजा, 25. सुकमा, 26. सूरजपुर, 27. कोंडागांव।

कृषिः छत्तीसगढ़ की 80 प्रतिशत से अधिक जनसंख्या खेती-बाडी में लगी हुई है। इसका केवल 35 प्रतिशत क्षेत्रफल ही कृषि योग्य है। मुख्य फसलों में चावल, मक्का, गेहूँ, तिलहन, दलहन, मूंगफली, फल तथा सब्जियाँ सम्मलित हैं। इस राज्य के लगभग 17 लाख हैक्टेयर भूमि पर सिंचाई की सुविधा उपलब्ध है।

छत्तीसगढ़ में बहुत-से खनिज पाये जाते हैं, जिनमें से कोयला, लोहा, मैगनीज़, बाक्साईट, टिन, सोना, चांदी, हीरे, संगमरमर, स्लेट तथा चूना-पत्थर मुख्य हैं।

देश का लगभग 15 प्रतिशत लोहा-इस्पात छत्तीसगढ़ में तैयार किया जाता है। लौह-इस्पात उद्योग का सबसे बड़ा कारखाना भिलाई में स्थित है। लोहा के अतिरिक्त कृषि-यन्त्र, प्लास्टिक, सूती-वस्त्र उद्योग उल्लेखनीय हैं।

छत्तीसगढ़ अनुसूचित जनजातियों की संस्कृति के लिये भी जाना जाता है। मुख्य पयर्टक स्थलों में कैलाश-गुफा, चित्रकूट-जलप्रपात, तीर्थ-जलप्रपात, पाली तथा केण्डाई जलप्रपात भी देश-विदेश के पर्यटकों को आकर्षित करते हैं। खनिज पदार्थ से युक्त छत्तीसगढ़ में अनुसूचित जनजातियों का जीवन स्तर काफी नीचा है।

6. गोवा (Goa)

क्षेत्रफलः 3,702 वर्ग किलोमीटर

जनसंख्याः 14,58,545 (2011)

राजधानीः पणजी

भाषायेंः कोंकणी, मराठी तथा गुजराती

गोवा के उत्तर में महाराष्ट्र तथा कर्नाटक, दक्षिण-पूर्व में कर्नाटक तथा पश्चिम में अरब सागर स्थित हैं।

जिलेः 1. उत्तरी गोवा (पणजी), दक्षिणी गोवा (मुर्मूगांव)।

कृषिः गोवा की मुख्य फसल चावल है। इसके अतिरिक्त दलहन, रागी, तिलहन तथा सब्जियाँ मुख्य फसलें हैं। नकदी-फसलों में नारियल, सुपारी, काजू, गन्ना, केला तथा अनन्नास हैं।

पन-बिजली तथा सिंचाई की परियोजनाओं में सिलालम तथा अनजुनेम हैं। इन परियोजनाओं से बिजली की आपूर्ति बढ़ रही है तथा सिंचाई का क्षेत्रफल बढ़ रहा है।

गोवा में 7110 छोटे बड़े कारखानें हैं तथा 20 औद्योगिक क्षेत्र हैं। गोवा में लोहा, बॉक्साइट तथा मैगनीज़ के भंडार हैं।

पर्यटन केन्द्रः गोवा के मुख्य पयर्टन केन्द्रों में अन्जुना, बागा, कोल्वा, कालगुट, हमर्ल, मिरामार, वगोतर सी-बीच (Sea Beach) विश्व प्रसिद्ध हैं। माण्डवी जलप्रपात भी भारी संख्या में पर्यटकों को आकर्षित करते हैं। इनके अतिरिक्त गोवा के बोण्डला, कोटिगाओ, तथा डॉ. सलीम-अली पक्षी विहार भी आर्कषण के केन्द्र हैं।

गोवा में पुर्तगाली संस्कृति की झलक हर तरफ़ देखी जा सकती है। यहाँ साक्षरता दर तथा जीवन स्तर दोनों ऊँचे

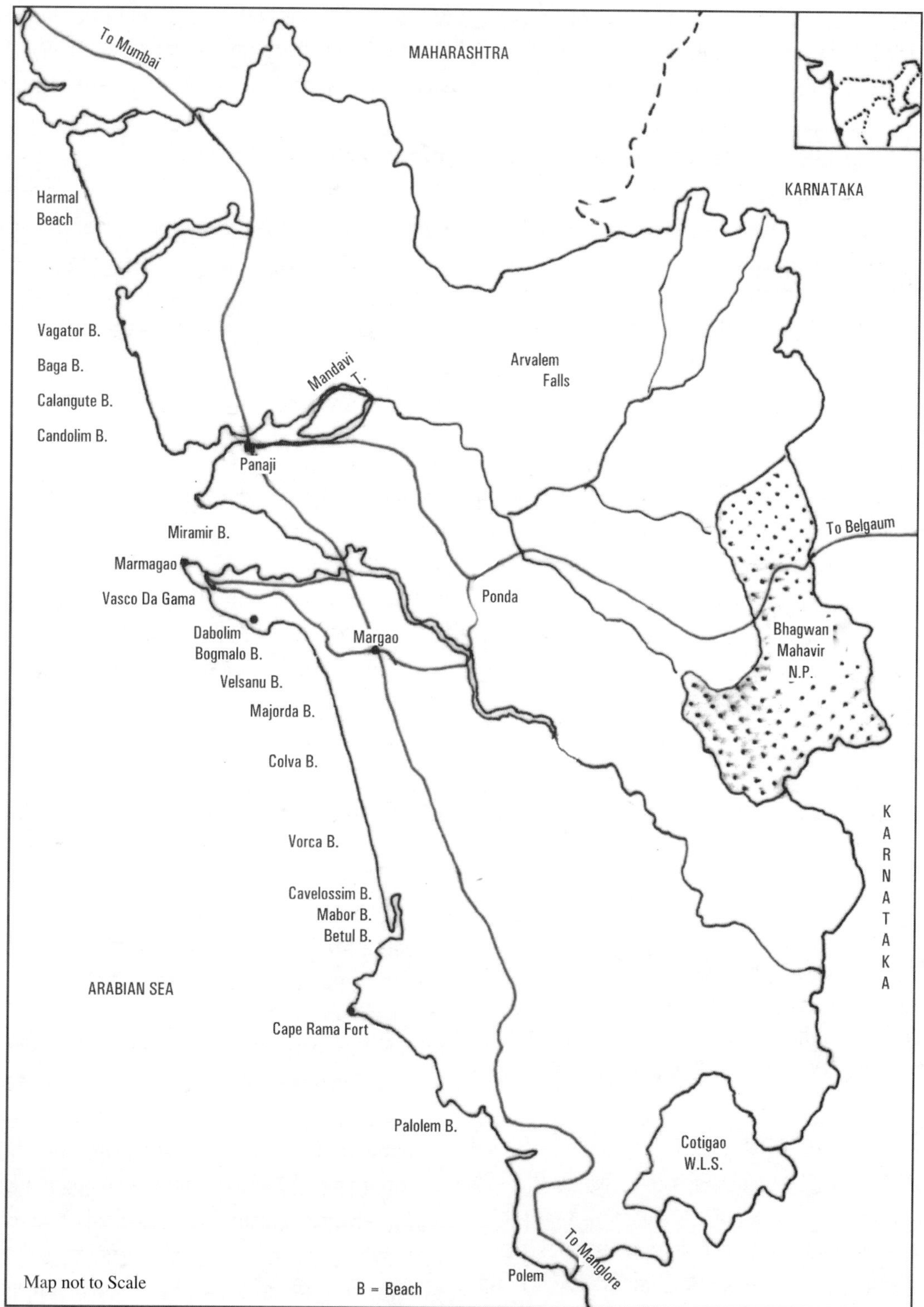

To Mumbai
MAHARASHTRA
KARNATAKA
Harmal Beach
Vagator B.
Baga B.
Calangute B.
Candolim B.
Mandavi T.
Arvalem Falls
Panaji
Miramir B.
Marmagao
Vasco Da Gama
Ponda
To Belgaum
Dabolim
Bogmalo B.
Margao
Bhagwan Mahavir N.P.
Velsanu B.
Majorda B.
Colva B.
Vorca B.
Cavelossim B.
Mabor B.
Betul B.
KARNATAKA
ARABIAN SEA
Cape Rama Fort
Palolem B.
Cotigao W.L.S.
To Manglore
Polem
Map not to Scale
B = Beach

Fig. 13.5 Goa

हैं। महिलाओं का सामाजिक स्तर ऊँचा है तथा शिशु मृत्यु दर केवल ग्यारह प्रति हजार है जो भारत के सभी राज्यों की तुलना में सबसे कम है। विकास पथ पर, गोवा का मानव विकास सूचकांक काफी ऊँचा है। इन्हीं कारणों से गोवा के निवासियों की जीवन-शैली अधिक अनुशासित तथा जीवन मंगलमय है।

7. गुजरात (Gujarat)

क्षेत्रफल: 1,96,244 वर्ग किलोमीटर
जनसंख्या: 6,04,39,692 (2011)
राजधानी: गांधी नगर
भाषायें: गुजराती तथा हिन्दी

गुजरात राज्य 1 मई, 1960 को महाराष्ट्र राज्य का विभाजन करके बनाया गया था। इसके उत्तर में पाकिस्तान एवं राजस्थान, पूर्व में महाराष्ट्र तथा दक्षिण में अरब सागर फैला हुआ है।

जिले: 1. अहमदाबाद, 2. अमरेली, 3. आनन्द, 4. अरावली, 5. बनासकाँठा (पालनपुर), 6. भरूच, 7. भावनगर, 8. बातोद, 9. छोटा उदेपुर, 10. दहोद, 11. डांग (अहवा), 12. देवभूमि द्वारका, 13. गाँधीनगर, 14. गिर सोमनाथ, 15. जामनगर, 16. जूनागढ़, 17. कच्छ, 18. खेडा, 19. महिसागर, 20. महेसाना, 21. मोरवी, 22. नर्मदा (राजपिपला), 23. नवाश्री, 24. पंचमहल (गोधरा), 25. पाटन, 26. पोरबन्दर, 27. राजकोट, 28. साबरकाँठा (हिम्मतनगर), 29. सूरत, 30. सुरेन्द्रनगर, 31. तापी (व्यारा), 32. वडोदरा, 33. वाल्सद (वालसाड)।

कृषि: गुजरात के उपजाऊ मैदानों में गेहूँ, चावल, मक्का, बाजरा, तिलहन, दलहन, कपास, मूँगफली, तम्बाकू, सौंफ, हल्दी तथा इसबगोल (Isabgol) की खेती की जाती है। सिंचित क्षेत्रों का उत्पादन सभी फसलों के राष्ट्रीय औसत से अधिक है।

सरदार सरोवर तथा अन्य परियोजनाओं के पश्चात सिंचित क्षेत्र में काफी वृद्धि हुई है। 2007 के आँकड़ों के अनुसार गुजरात के सिंचित प्रदेश का क्षेत्रफल 42.26 लाख हेक्टेयर है।

उद्योग: गुजरात राज्य में नाना प्रकार के कारखानें स्थापित हैं, जिनमें 23,300 (2008) पंजीकृत फैक्ट्रियाँ हैं। मुख्य उद्योगों में सूती वस्त्र, तेल-शोध कारखाने, रसायन तथा औषधि उद्योग, रसायनिक खाद, इन्जीनियरिंग का सामान, कृषि-यन्त्र तथा इलेक्ट्रॉनिक की वस्तुयें उल्लेखनीय हैं। काण्डा एक अन्तर्राष्ट्रीय बन्दरगाह है, जिसके द्वारा 530 लाख टन सामान का आयात-निर्यात किया जाता है।

पर्यटन केन्द्र: सांस्कृतिक पर्यटकों के लिये अम्बाजी, भद्रश्वर, द्वारका, गिरनार, पालिथाना, पावगढ़, शामलाजी, पोरबन्दर, सोमनाथ तथा तरंग्गा प्रसिद्ध हैं। अन्य स्थानों में पाटन, सिद्धपुर, दबोही, मोघरो, थैटाल, उमारत वादनगर, गाँधीनगर, अहमदाबाद, चोरवाड़ (सी-बीच), भावनगर, सूरत, वडोदरा, जामनगर आदि आकर्षण का केन्द्र हैं।

8. हरियाणा (Haryana)

क्षेत्रफल: 44,212 वर्ग किलोमीटर
जनसंख्या: 2,53,51,462 (2011)
राजधानी: चण्डीगढ़
भाषा: हिन्दी

हरियाणा राज्य 1 नवम्बर, 1966 को पंजाब राज्य का विभाजन करके बनाया गया। इसके उत्तर में हिमाचल प्रदेश एवं पंजाब, पूर्व में उत्तर प्रदेश एवं दिल्ली तथा दक्षिण एवं पश्चिम में राजस्थान स्थित हैं।

जिले: 1. अम्बाला, 2. भिवानी, 3. चरखी दादरी, 4. फ़रीदाबाद, 5. फ़तेहाबाद 6. गुडगाँव, 7. हिसार, 8. झज्जर, 9. जिन्द, 10. कैथल, 11. करनाल, 12. कुरुक्षेत्र, 13. महेन्द्रगढ़, 14. मेवात, 15. पलवल, 16. पंचकुला, 17. पानीपत, 18. रेवाड़ी, 18. रोहतक, 19. सिरसा, 20. सोनीपत, 21. यमुनानगर, 23. नूह।

कृषि: हरियाणा एक कृषि प्रधान राज्य है। हरियाणा की 65 प्रतिशत जनसंख्या खेती पर निर्भर है। गेहूँ, चावल, मक्का, तिलहन, मूँगफली, दलहन, कपास, गन्ना, सब्जियाँ तथा फल मुख्य फसलें हैं।

हरियाणा का अधिकतर कृषि क्षेत्र नहरों तथा नलकूपों द्वारा सिंचित है। हथिनीकुण्ड बैराज के निर्माण के पश्चात् बाढ़ को रोकने में सहायता मिली है। घग्गर नदी पर कई छोटे बाँधों पर निर्माण कार्य चल रहा है, जिनमें कौशल्या बाँध, डंगराना बाँधदीवानवाला बाँध तथा चमला बाँध उल्लेखनीय हैं।

उद्योग: हरियाणा का औद्योगिक आधार काफ़ी मज़बूत है। हरियाणा में 1350 बड़े तथा 80 हज़ार छोटे कारखाने स्थित हैं। भारत में सबसे अधिक कारों का उत्पादन हरियाणा में होता है। कारों के अतिरिक्त मोटर-साईकिल, ट्रैक्टर, फ्रिज

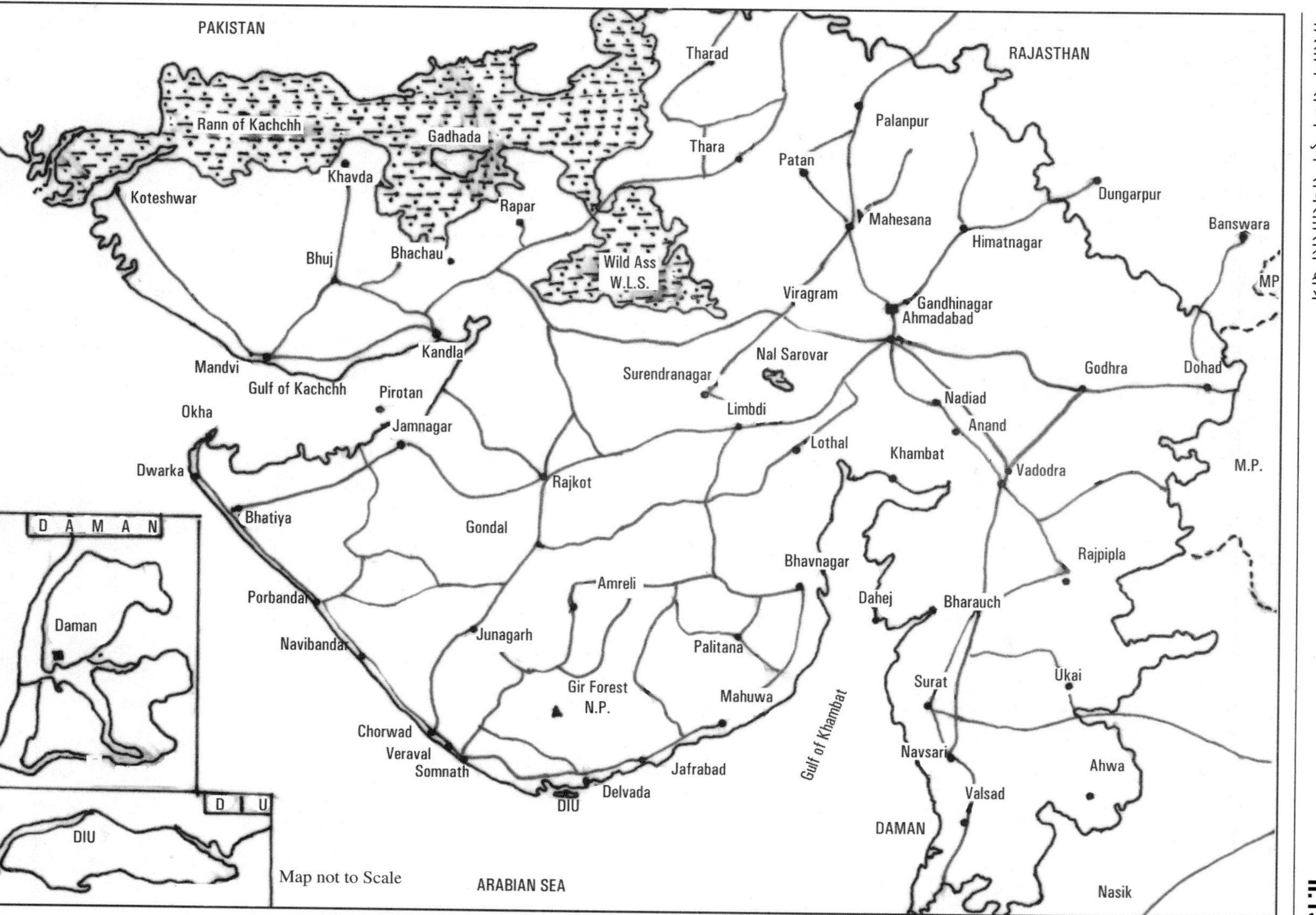

Fig. 13.6 Gujarat

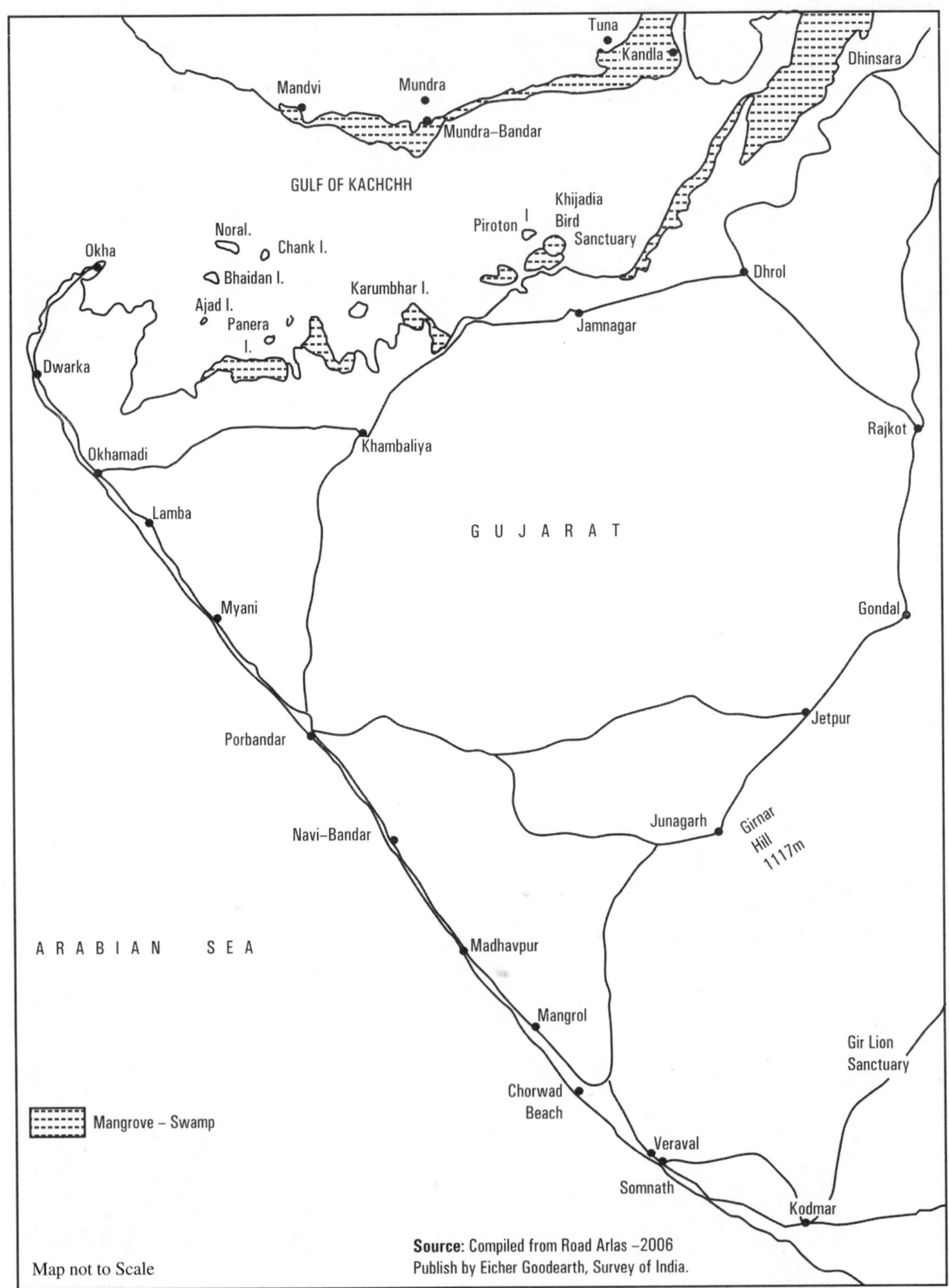

Fig. 13.7 Islands and Mangrove of Gulf of Kachchh

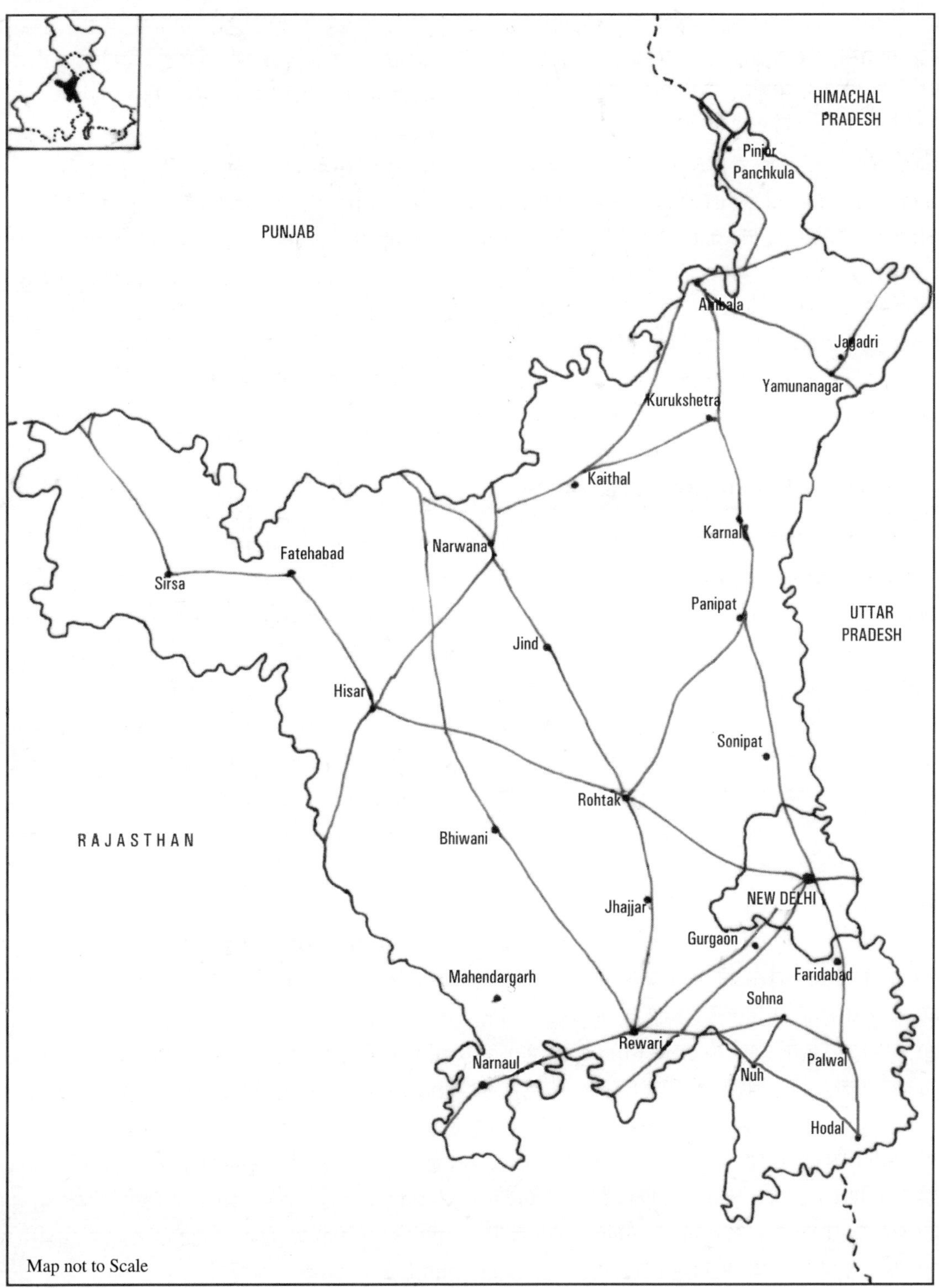

Fig. 13.8 Haryana

तथा वैज्ञानिक उपकरण तैयार किये जाते हैं। पानीपत के हथकरघा वस्त्र, पंचरंगा-अचार, विश्वभर में प्रसिद्ध हैं। मुख्य औद्योगिक केन्द्रों में बरवाला, फरीदाबाद, गुड़गाँव, जगाधरी, करनाल, पलवल, पानीपत, रोहतक, यमुनानगर मुख्य हैं।

पर्यटन केन्द्रः हरियाणा में 44 पयर्टक स्थल (Tourist Complex) बनाये गये हैं, जिनमें ब्ल्यू-जय (समालखा), स्काईलार्क (पानीपत), चकवर्ती झील (उचाना), प्राकीत (पिपली), किंगफिशर (अम्बाला), मागपी (फरीदाबाद), दर्बाचिक (होडल), शमा (गुड़गाँव), जंगली-बरबर (धारूहेडा), गौरैया (बहादुरगढ़), मैना (रोहतक), ब्ल्यूबर्ड (हिसार), रेडबिशप (पंचकुला) तथा पिंजौर-गार्डन उल्लेखनीय हैं।

9. हिमाचल प्रदेश (Himachal Pradesh)

क्षेत्रफलः 55,673 वर्ग किलोमीटर

जनसंख्याः 68,64,602 (2011)

राजधानीः शिमला

भाषायें: हिन्दी, पहाड़ी

हिमाचल प्रदेश के उत्तर में जम्मू-कश्मीर, पूर्व में तिब्बत (चीन) एवं उत्तराखण्ड, दक्षिण में पंजाब तथा हरियाणा सम्मिलित हैं।

जिलेः 1. बिलासपुर, 2. चम्बा, 3. हमीरपुर, 4. कांगडा, 5. किन्नौर, 6. कुल्लू, 7. लाहौल-स्पीती, 8. मण्डी, 9. शिमला, 10. सिरमौर, 11. सोलन, 12. ऊना।

कृषिः हिमाचल प्रदेश की 70 प्रतिशत जनसंख्या कृषि पर आधारित है। राज्य का केवल दस प्रतिशत क्षेत्रफल ही कृषि योग्य है। हिमाचल प्रदेश की कुल आय का 22 प्रतिशत खेती से प्राप्त होता है। हिमाचल प्रदेश के बाग़ीचों में सेब, आम, अमरूद, लीची, आदि सम्मलित हैं। फलों के बाग़ीचों की ओर सरकार का विशेष ध्यान है। मुख्य खनिजों में जिप्सम, चूना-पत्थर, स्लेट, सेंधा नमक, बहुमूल्य पत्थर तथा इमारती पत्थर प्रसिद्ध हैं।

उद्योगः हिमाचल प्रदेश सरकार ने 2004 में नई औद्योगिक नीति की घोषणा की थी। इस नीति के अंतर्गत, उद्योग लगाने वालों को विशेष सुविधायें प्रदान की गई थी।

पर्यटन केन्द्रः हिमाचल प्रदेश में पर्यटकों के लिये बहुत-से स्थल तथा प्राकृतिक सौंदर्य स्थल पाये जाते हैं, जिनमें शिमला, कुफरी, नारकण्डा, भाखड़ा बांध, चण्डविक जलप्रपात, डलहौजी, कल्पा, कांगड़ा, कसौली, खज्जियार, मनाली, पार्वती-घाटी, फागु, समर-हिल, तारा-देवी, ऊना प्रसिद्ध हैं।

हिमाचल प्रदेश में बहुत से ऋषि-मुनि पैदा हुये, जिनमें ऋषि व्यास, परासर, वशिष्ट, मार्कणदेव इत्यादि सर्व परिचित हैं। बौध धर्म के धर्म गुरु दलाई-लामा भी हिमाचल प्रदेश के धर्मशाला में रहते हैं। इस राज्य की प्राकृतिक सुन्दरता को देखने के लिये हज़ारों पर्यटक यहाँ साल भर आते रहते हैं।

10. झारखण्ड (Jharkhand)

क्षेत्रफलः 79,714 वर्ग किलोमीटर

जनसंख्याः 3,29,88,134 (2011)

राजधानीः राँची

भाषायें: हिन्दी तथा संथाली

झारखण्ड राज्य 15 नवम्बर, 2000 को बिहार राज्य के विभाजन के फलस्वरूप स्थापित किया गया था। झारखण्ड के उत्तर में बिहार, पूर्व में पश्चिम बंगाल, दक्षिण में ओड़ीशा तथा पश्चिम में छत्तीसगढ़ स्थित हैं।

जिलेः 1. बोकारो, 2. चतरा, 3. देवधर, 4. धनबाद, 5. दुमका, 6. गढ़वा, 7. गिरिडीह, 8. गोड्डा, 9. गुमला, 10. हजारीबाग, 11. जमतारा, 12. खूँटी, 13. कोडरमा, 14. लतेहार, 15. लोहरदगा, 16. पाकुर, 17. प. सिंहभूम, 18. पलामू, 19. पूर्वी सिंहभूम, 20. रामगढ़, 21. राँची, 22. साहेबगंज, 23. सरायकेला खरसावां, 24. सिमडेगा।

कृषिः झारखण्ड की अधिकतर जनसंख्या खेती-बाड़ी पर निर्भर है। इस राज्य में केवल 38 लाख हैक्टेयर भूमि कृषि योग्य है।

खनिजः खनिज पदार्थों में झारखण्ड एक धनी राज्य है। इसमें, कोयले, लोहे, मैगनीज़, अभ्रक, चूना-पत्थर, स्लेट, ताँबे के पर्याप्त भंडार हैं।

उद्योगः लौह-इस्पात, झारखण्ड का मुख्य उद्योग है। जमशेदपुर, बोकारो लौह-इस्पात के लिये प्रसिद्ध हैं। इनके अतिरिक्त रसायनिक खाद, लोकोमोटिव, इन्जीनियरिंग का सामान तैयार किया जाता है।

पर्यटन केन्द्रः झारखण्ड में बहुत-से स्थान पर्यटकों के लिये आकर्षण का केन्द्र बने हुये हैं। झारखण्ड के लोढ़

Fig. 13.9 Himachal Pradesh

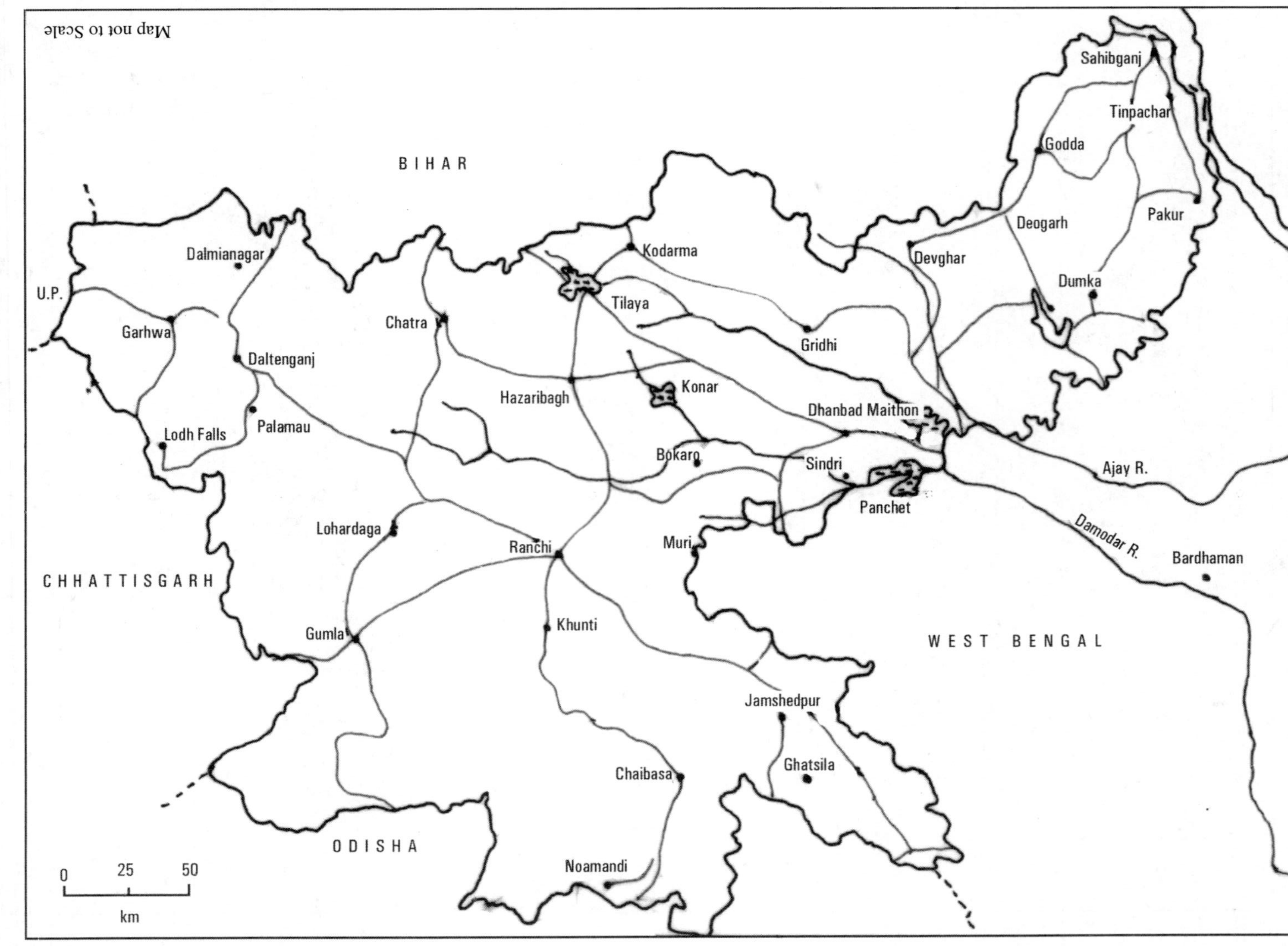

Fig. 13.10 Jharkhand

जल-प्रपात, दाल्म राष्ट्रीय उद्यान, बेतला राष्ट्रीय उद्यान, तिलैया बांध पर्यटकों के लिये विशेष आकर्षण के केन्द्र हैं।

11. कर्नाटक (Karnataka)

क्षेत्रफल: 1,91,791 वर्ग किलोमीटर

जनसंख्या: 6,10,95,297 (2011)

राजधानी: बंगलुरु (पूर्व-बंगलौर)

भाषा: कन्नड़

कर्नाटक के उत्तर में महाराष्ट्र, पूर्व में आन्ध्र प्रदेश, दक्षिण में तमिलनाडु एवं केरल तथा पश्चिम में अरब सागर फैला हुआ है।

जिले: 1. बागलकोट, 2. बंगलुरु शहरी, 3. बंगलुरु-देहात, 4. बेलागावी, 5. बेल्लारी, 6. बीदर, 7. विजयापुरा, 8. चामराजानगर, 9. चिकबालापुर, 10. चिकमंगलूरू, 11. चित्रदुर्ग, 12. दक्षिण कन्नड, 13. देवनागरी, 14. धारवाड, 15. गडाग, 16. कालाबर्ग, 17. हासन, 18. हावेरी, 19. कोडागु, 20. कोलार, 21. कोप्पल, 22. माण्ड्या, 23. मैसूरु, 24. रायचूर, 25. रामानगरा, 26. शिमोगा, 27. तुमकुरु, 28. ऊडुपी, 29. उत्तर कन्नड, 30, यादगीर।

कृषि: कर्नाटक की लगभग 56 प्रतिशत जनसंख्या खेती-बाड़ी पर निर्भर है। यहाँ की मुख्य फसलों में चावल, मक्का, तिलहन, दलहन, गन्ना, कपास तथा मूँगफली सम्मिलित हैं। भारत में सबसे अधिक काफ़ी का उत्पादन कर्नाटक राज्य में होता है। कर्नाटक में दुग्ध उद्योग भी तेज़ी से विकसित हो रहा है।

उद्योग: कर्नाटक भारत में आई.टी. उद्योग में सबसे आगे है। बंगलुरु एवं मैसूर भारत में तेज़ी से आई.टी. उद्योग में प्रगति कर रहे हैं। बंगलुरु में वायुयान, इन्जीनियरिंग का सामान तैयार किया जाता है।

पर्यटन केन्द्र: दक्षिण भारत का कर्नाटक राज्य पर्यटकों के लिये भारी आर्कषण का केन्द्र रहा है। इसके सुन्दर नगरों, राष्ट्र-उद्यानों एवं जलप्रपातों को देखने के लिये बहुत-से पर्यटक साल भर कर्नाटक आते रहते हैं।

12. केरल (Kerala)

क्षेत्रफल: 38,863 वर्ग किलोमीटर

जनसंख्या: 3,34,06,061 (2011)

राजधानी: तिरुवनन्तपुरम

भाषा: मलयालम

केरल राज्य के उत्तर में कर्नाटक, पूर्व में तमिलनाडु तथा पश्चिम में अरब सागर स्थित है।

जिले: 1. अलाप्पुजा, 2. एर्णाकुलम, 3. इडुक्की, 4. कन्नौर, 5. कसरागोड, 6. कोट्टायम, 7. कोल्लम, 8. कोझीकोड, 9. मालापुरम, 10. पालाक्कड़, 11. पठनमथिटा, 12. तिरुवनन्तपुरम, 13. त्रिचूर, 14. वायानाड।

कृषि: केरल की लगभग 50 प्रतिशत जनसंख्या खेती-बाड़ी पर निर्भर है। केरल के मुख्य कृषि उत्पादनों में नारियल, रबड़, काली मिर्च, लौंग, इलायची, कोको, अदरक, सुपारी, चाय, कॉफी, जायफल, जावित्री, आदि सम्मलित हैं।

अनाज की फसलों में चावल, मक्का सम्मलित हैं। नकदी फसलों में सबसे महत्वपूर्ण नारियल है, जिसके बाग़ीचे नौ लाख हैक्टेयर भूमि पर फैले हुये हैं। काली मिर्च, लौंग और इलायची के निर्यात से बड़ी मात्रा में विदेशी मुद्रा अर्जित की जाती है। भारत के रबड़ के कुल क्षेत्रफल का 83 प्रतिशत भाग केरल में हैं।

केरल की सिंचाई योजनाओं में मवाथापुज़ा, इडामालायार, काराफुजा, कुरियाकुट्टी, कराप्पारा तथा मालनकारा सम्मिलित हैं।

उद्योग: केरल के मुख्य उद्योगों में हैंडलूम, नारियल की वस्तुयें, हस्तकला वस्तुयें तथा काजू साफ़ करने के उद्योग सम्मिलित हैं। अन्य उद्योगों में चाय, कॉफ़ी, रबड़ को साफ़ करके डिब्बों में बन्द करना, बिजली का सामान, टेलीफोन, ट्रांसफॉर्मर, औषधियाँ टाईल्स (Tiles), रसायनिक पदार्थ, सिगार, बीड़ी, साबुन इत्यादि मुख्य हैं।

पर्यटन केन्द्र: केरल सागरीय तट (**Sea-Beaches**) पर्यटकों के लिये भारी आकर्षण का केन्द्र हैं। तिरुवनन्तपुरम के निकट कोवलम बीच विश्व के प्रसिद्ध है। वेम्बनाड तथा अस्थामुदी झीलों में नौका प्रतियोगिताओं को देखने के लिये भी बड़ी संख्या में पर्यटक आते हैं। केरल के जलप्रपात, हिल-स्टेशन,

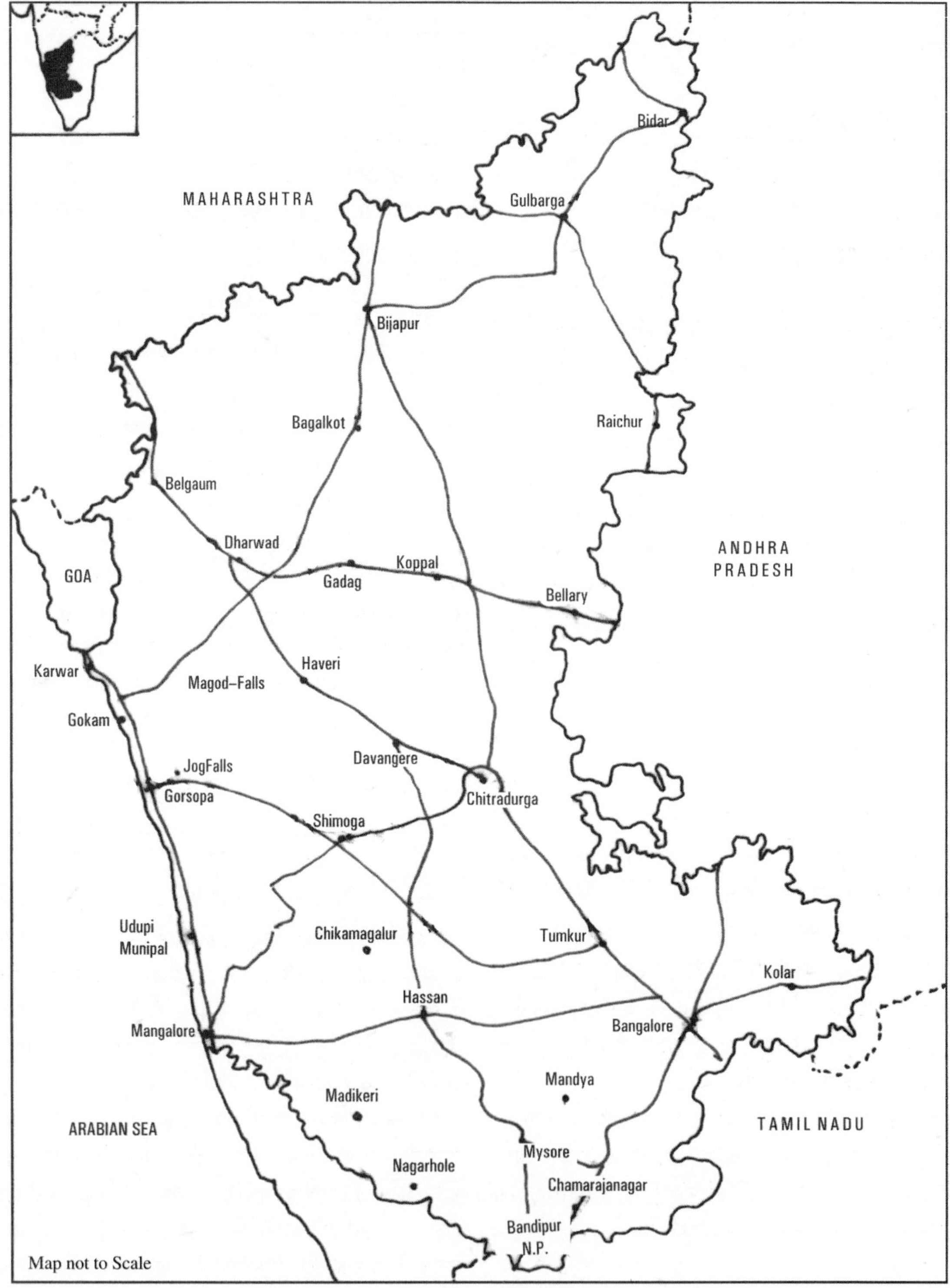

Fig. 13.11 Karnataka

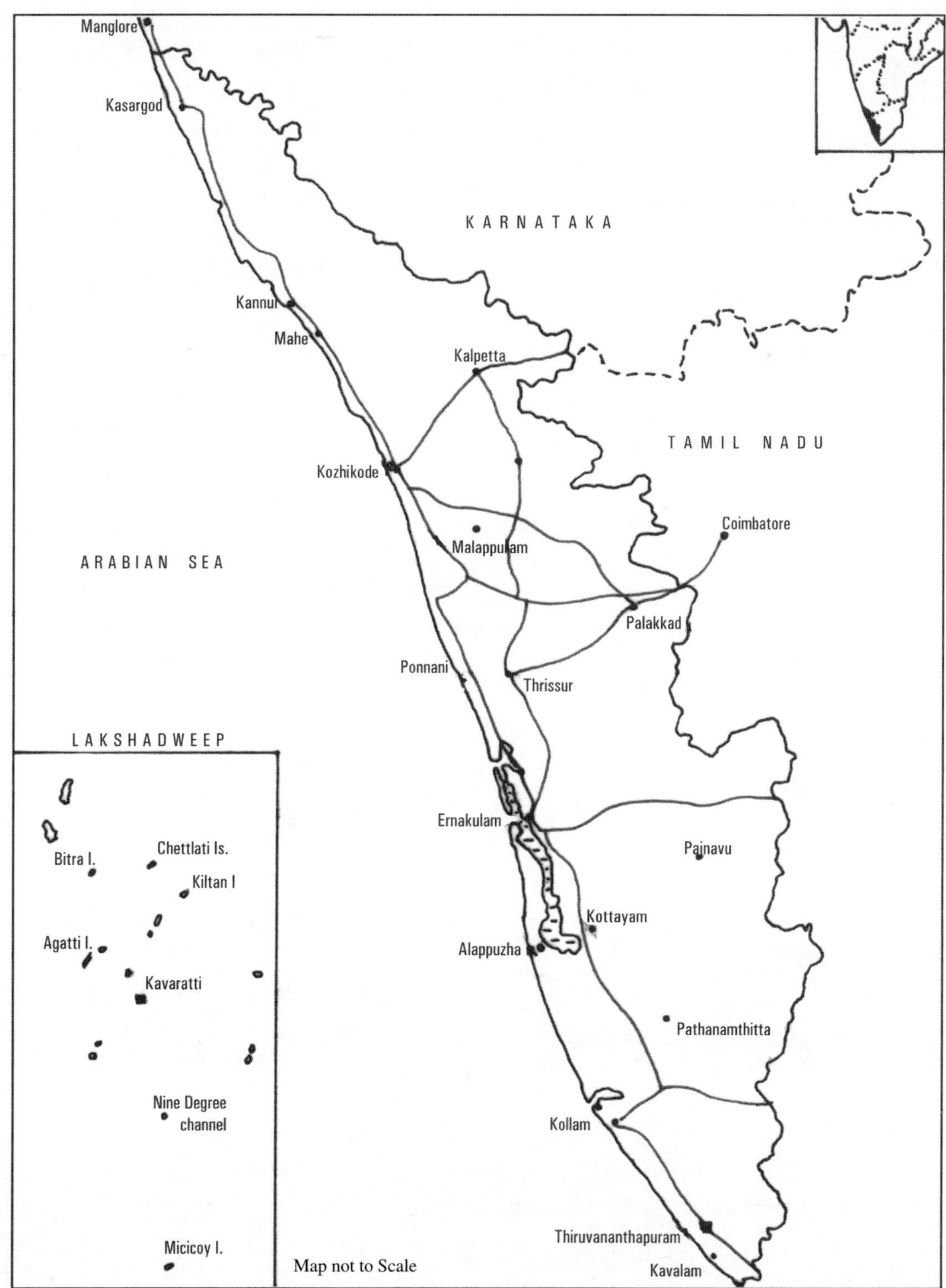

Fig. 13.12 Kerala

राष्ट्रीय उद्यान भी पर्यटकों को आकर्षित करते हैं। भारत के राज्यों में केरल की साक्षरता तथा लिंग-अनुपात सबसे अधिक है। मानव विकास में केरल का स्थान सबसे ऊपर है। चौमुखी विकास भी केरल राज्य में सबसे अधिक हुआ है।

13. मध्य प्रदेश (Madhya Pradesh)

क्षेत्रफल: 3,08,000 वर्ग किलोमीटर
जनसंख्या: 7,26,26,809 (2011)
राजधानी: भोपाल
भाषा: हिन्दी

मध्य प्रदेश के उत्तर में उत्तर प्रदेश पूर्व में छत्तीसगढ़, दक्षिण में महाराष्ट्र तथा पश्चिम में गुजरात एवं राजस्थान स्थित हैं।

जिले: 1. आगर मालवा, 2. अलीराजपुर, 3. अनूपनगर, 4. अशोकनगर, 5. बालाघाट, 6. बरवानी, 7. बैतूल, 8. भिंड, 9. भोपाल, 10. बुरहानपुर, 11. छतरपुर, 12. छिन्दवाड़ा 13. दामोह, 14. दतिया, 15. देवास, 16. धार, 17. डिण्डोरी, 18. गुना, 19. ग्वालियर, 20. हरदा, 21. होशंगाबाद, 22. इन्दौर, 23. जबलपुर, 24. झाबुआ, 25. कटनी, 26. खण्डवा, 27. खरगोन, 28. माण्डला, 29. मंदसौर, 30. मुरैना, 31. नरसिंहपुर, 32. नीचम, 33. पन्ना, 34. रायसेन, 35. राजगढ़, 36. रतलाम, 37. रीवा, 38. सागर, 39. सतना, 40. सिहोर, 41. सिवनी, 42. सिंगरौली, 43. शहडोल, 44. शाजापुर, 45. शिवपुर, 46. शिवपुरी, 47. सीधी, 48. टीकमगढ़, 49. उज्जैन, 50. उमरिया, 51. विदिशा, 52. निवारी।

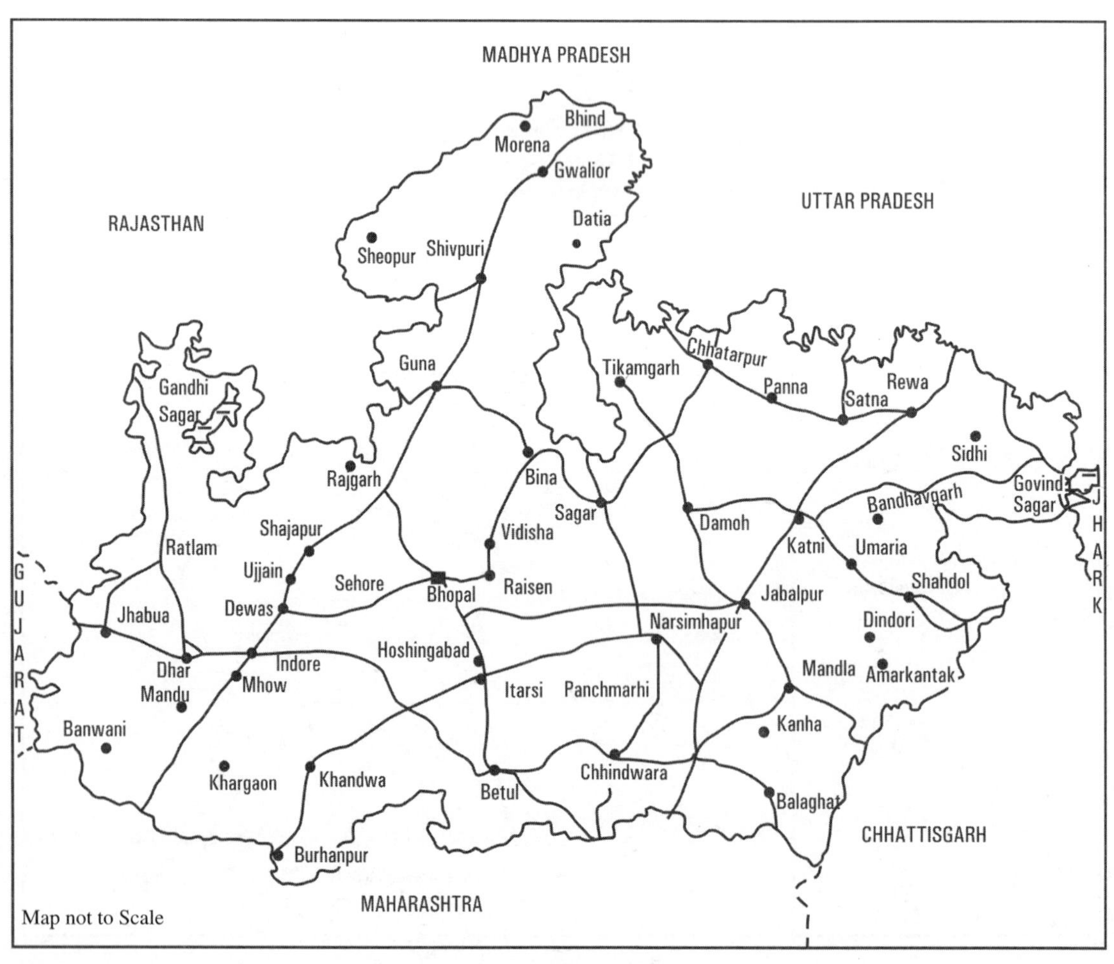

Fig. 13.13 Madhya Pradesh

कृषि: मध्य प्रदेश की 75 प्रतिशत जनसंख्या प्रत्यक्ष अथवा अप्रत्यक्ष रूप से कृषि पर निर्भर है। गेहूँ, चावल, चना, दलहन, तिलहन, कपास, मक्का, चारा तथा सब्जियाँ मुख्य फसलें हैं। राज्य में फलों के बाग़ीचों पर विशेष ध्यान दिया जा रहा है।

उद्योग: मध्य प्रदेश में बहुत से खनिज पाये जाते हैं। मुख्य खनिजों में कोयला, डोलोमाइट, बॉक्साइट, ताँबा, हीरे, बहुमूल्य पत्थर, इमारती पत्थर उल्लेखनीय हैं। राज्य में सूती, रेशमी, ऊनी वस्त्र, इलेक्ट्रॉनिक्स, वाहन, बिजली का सामान आदि तैयार किए जाते हैं। भारत हैवी इलेक्ट्रिकल्स (भोपाल) में भारी मशीनें बनाई जाती हैं। देवास में नोट-छापने के काग़ज का कारखाना है। मध्य प्रदेश कुटीर उद्योग एवं हस्तकला के लिये भी प्रसिद्ध है।

पर्यटन स्थल: अमरकंटक, बाँधवगढ़, भीमबेटका, भोपाल, इन्दौर, उज्जैन, साँची तथा पचमढ़ी आकर्षण के मुख्य केन्द्र हैं। जबलपुर के निकट धुँवाधार जलप्रपात (Dhunwadhar Waterfall) को देखने के लिये भी बहुत-से पर्यटक साल भर आते हैं।

14. महाराष्ट्र (Maharashtra)

क्षेत्रफल: 3,07,713 वर्ग किलोमीटर

जनसंख्या: 11,23,74,333 (2011)

राजधानी: मुम्बई

भाषा: मराठी, हिन्दी, कोंकणी

महाराष्ट्र राज्य के उत्तर में गुजरात एवं छत्तीसगढ़, आन्ध्र प्रदेश, पूर्व में तथा दक्षिण में कर्नाटक एवं गोवा स्थित हैं, जबकि पश्चिम की सीमा अरब सागर बनाता है।

जिले: 1. अहमदनगर, 2. अकोला, 3. अमरावती, 4. औरंगाबाद, 5. बीड, 6. भण्डारा, 7. बुलधाना, 8. चन्द्रापुर, 9. धुले, 10. गढ़चिरौली, 11. गोंडिआ, 12. हिंगोली, 13. जलगाँव, 14. जालना, 15. कोल्हापुर, 16. लातूर,

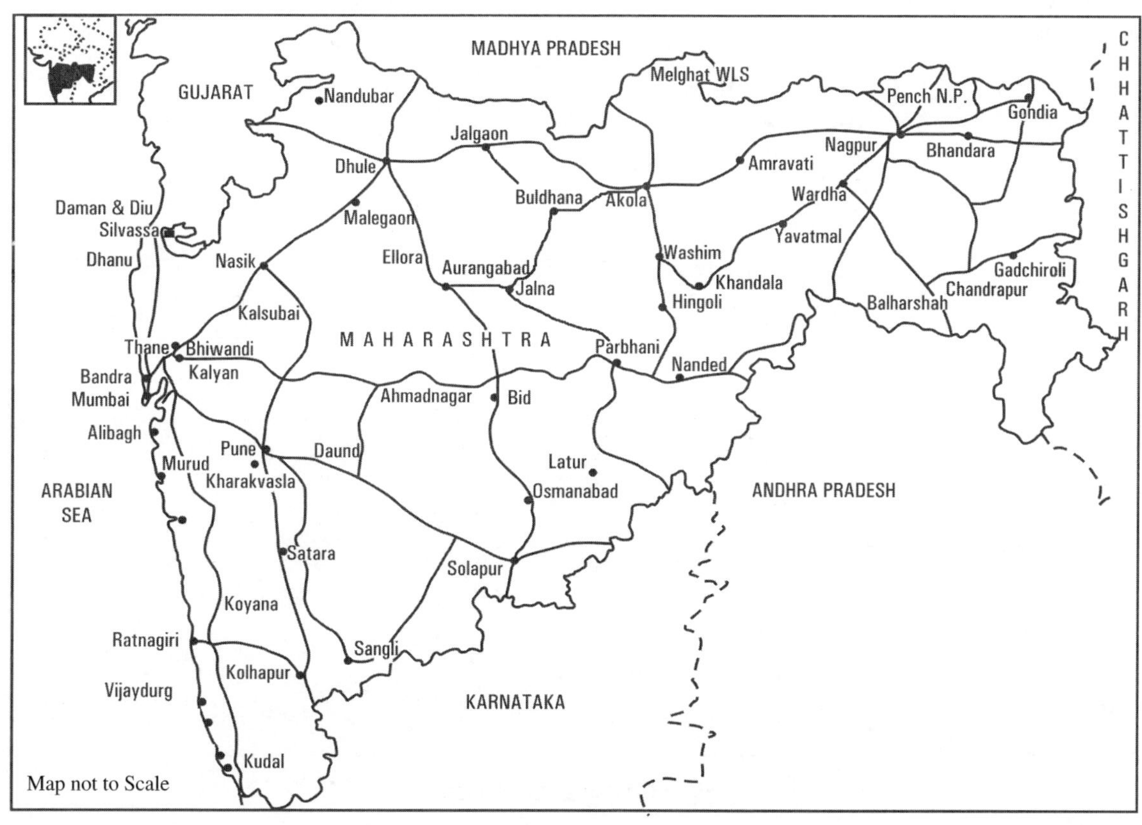

Fig. 13.14 Maharashtra

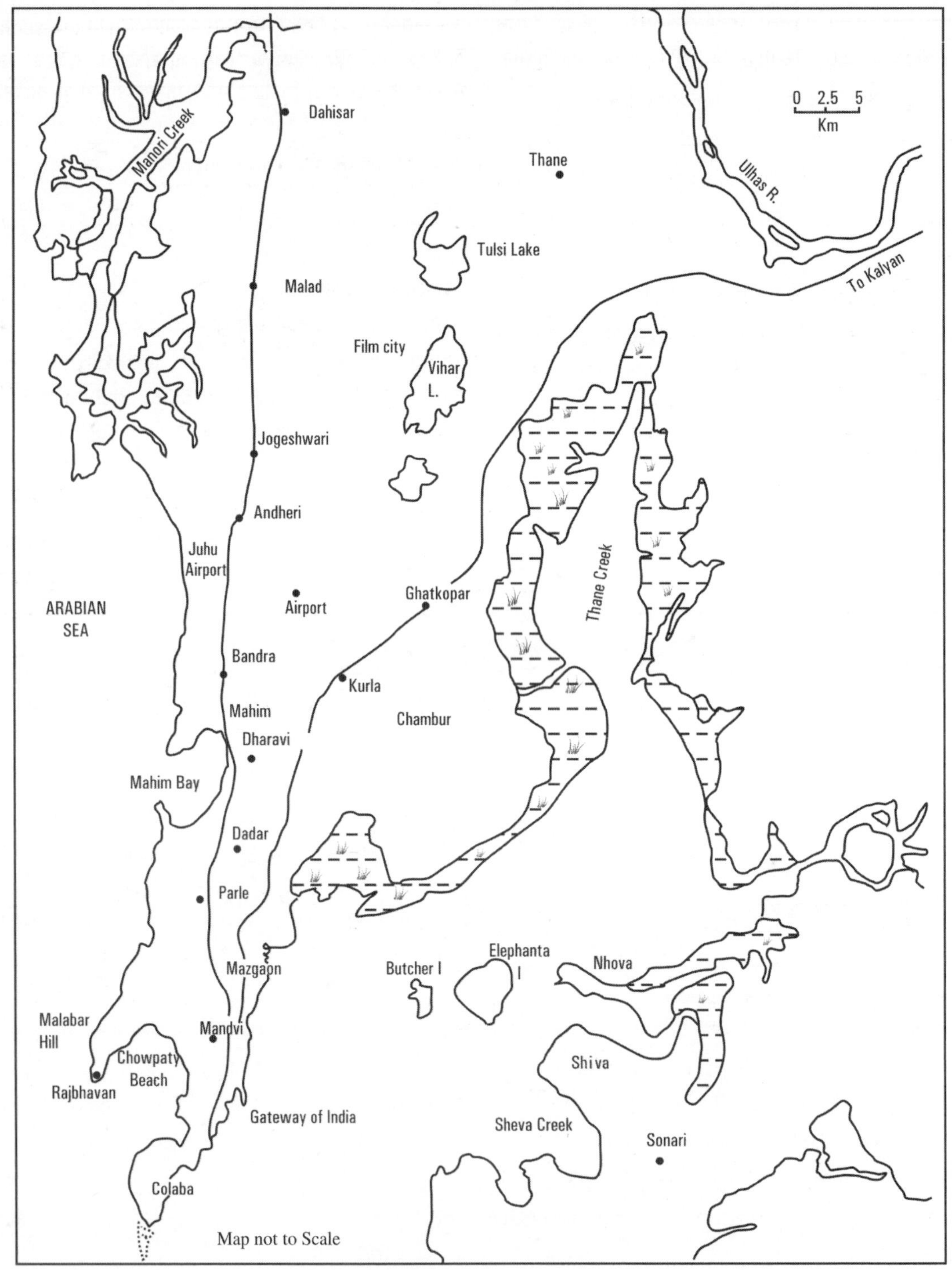

Fig. 13.15 Greater Mumbai

17. मुम्बई-सिटी, 18. मुम्बई-उपनगर, 19. नागपुर, 20. नानडेड, 21. नंदुबार, 22. पुणे, 23. उस्मानाबाद, 24. पालघर, 25. परभनी, 26. पुणे, 27. रायगढ़, 28. रत्नागिरि, 29. सांगली, 30. सतारा, 31. सिंधुदुर्ग, 32. शोलापुर, 33. ठाणे, 34. वर्घा, 35. वाशिम, 36. यावतमाल।

कृषिः महाराष्ट्र की 65 प्रतिशत जनसंख्या खेती पर आधारित है। चावल, मक्का, कपास, ज्वार, दलहन, तिलहन तथा गन्ना मुख्य फसलें हैं। फलों के बाग़ीचों में संतरे, आम, अमरूद, सपोटा, पपीता, अंगूर आदि मुख्य हैं।

उद्योगः मुम्बई को भारत की वित्तीय राजधानी भी कहा जाता है। सबसे अधिक जनसंख्या वाले भारत के इस नगर में नाना प्रकार के उद्योग स्थापित हैं। मुख्य उद्योगों में सूती-वस्त्र, वाहन, बिजली का सामान, मशीनें, रसायनिक पदार्थ, दवाइयाँ, काग़ज, छपाई, फिल्म सम्मिलित हैं। बॉम्बे-क्रीक (Bombay Creek) पर स्थित इस महानगर में मुम्बई एवं जवाहरलाल नेहरू बंदरगाह (न्वाहशेवा) बड़े बन्दरगाह हैं। भारत का सबसे अधिक आयात-निर्यात मुम्बई बन्दरगाह से ही होता है।

पर्यटन स्थलः अजंता, एलोरा, एलिफैंटा, खण्डाला, लवासा, महाबलेश्वर, नासिक तथा पंचगनी मुख्य पर्यटन स्थल हैं। इनके अतिरिक्त जैजूरी, नांदेड तथा कोल्हापुर धार्मिक एवं सांस्कृतिक स्थल हैं।

15. मणिपुर (Manipur)

क्षेत्रफलः 22,327 वर्ग किलोमीटर

जनसंख्याः 28,55,794 (2011)

राजधानीः इम्फाल

भाषाः मणिपुरी

मणिपुर को 21 जनवरी, 1972 को पूर्ण राज्य का दर्जा मिला था। इसके उत्तर में नागालैंड, पूर्व में म्यांमार, दक्षिण में मिज़ोरम तथा पश्चिम में असम स्थित है।

जिलेः 1. बिशनुपुर, 2. चाण्डेल, 3. चुराचान्दपुर, 4. पूर्वी इम्फ़ाल, 5. प. इम्फ़ाल, 6. सेनापति, 7. तमेंगलोंग, 8. थाडबल, 9. उखरूल, 10. कांगपोकवी, 11. तेंगनाउपाल, 12. फर्जावल, 13. नोनी, 14. कामजोंग, 15. जिरीबाम, 16. काकचिंग।

कृषिः मणिपुर की 70 प्रतिशत जनसंख्या प्रत्यक्ष एवं अप्रत्यक्ष रूप से खेती पर निर्भर करती है। मुख्य फसलों में चावल, मक्का, दलहन तथा तिलहन मुख्य फसलें हैं। राज्य का प्रति हेक्टेयर उत्पादन ऊँचा है परन्तु बढ़ती जनसंख्या का कृषि भूमि पर भारी प्रभाव है।

कृषि के विकास के लियेः 1. उत्तम बीज, 2. सिंचाई पर बल, 3. मशीनीकरण, गोबर तथा हरी खाद का उपयोग, 4. कृषि उत्पादन को उचित मूल्य पर बेचने का प्रबंध, 5. कृषि के बारे में शोध कार्य, तथा; 7. किसानों को कृषि के प्रति जागरुक करना जरूरी है।

मणिपुर में सिंचाई तथा पन-बिजली उत्पन्न करने के लिये लोकटक, कोपिली, खनाडोंग, थोबल, सिनोडा मुख्य परियोजनायें हैं।

पर्यटन स्थलः लोकटक झील, केबुल लामजो राष्ट्रीय उद्यान तथा सिराय मुख्य पयर्टन केन्द्र हैं जहां हजारों पर्यटक साल भर आते हैं।

16. मेघालय (Meghalaya)

क्षेत्रफलः 22,429 वर्ग किलोमीटर

जनसंख्याः 29,66,889 (2011)

राजधानीः शिलांग

भाषाः खासी एवं गारो

उत्तर तथा पूर्व में असम, दक्षिण तथा पश्चिम में बांग्लादेश से घिरा हुआ है।

जिलेः 1. पूर्वी गारो हिल, 2. पूर्वी जयन्तिया हिल, 3. पूर्वी खासी हिल, 4. उत्तरी गारो हिल, 5. राय भोई (नांगपो), 6. दक्षिण गारो हिल, 7. दक्षिणी पश्चिम गारो हिल, 8. दक्षिणी पश्चिमी खासी हिल, 9. पश्चिमी गारो हिल, 10. पश्चिमी जयन्तिया हिल, 11. पश्चिमी खासी हिल।

कृषिः मेघालय एक कृषि प्रधान राज्य है, जिसकी लगभग 80 प्रतिशत जनसंख्या खेती पर आधारित है। चावल, मक्का, दलहन, तिलहन, जूट, अनन्नास, आदि मुख्य फसलें हैं। पर्वतीय ढलानों पर जंगलों को काट कर खेती की जाती है, जो झूमिंग कहलाती है।

पर्यटन स्थलः पर्यटक स्थलों में चेरापूंजी, मासिनराम, बडापानी गुफायें तथा एलिफैंटा जलप्रपात मुख्य हैं। नोकरेक राष्ट्रीय उद्यान भी पर्यटकों के लिये आकर्षण केन्द्र है।

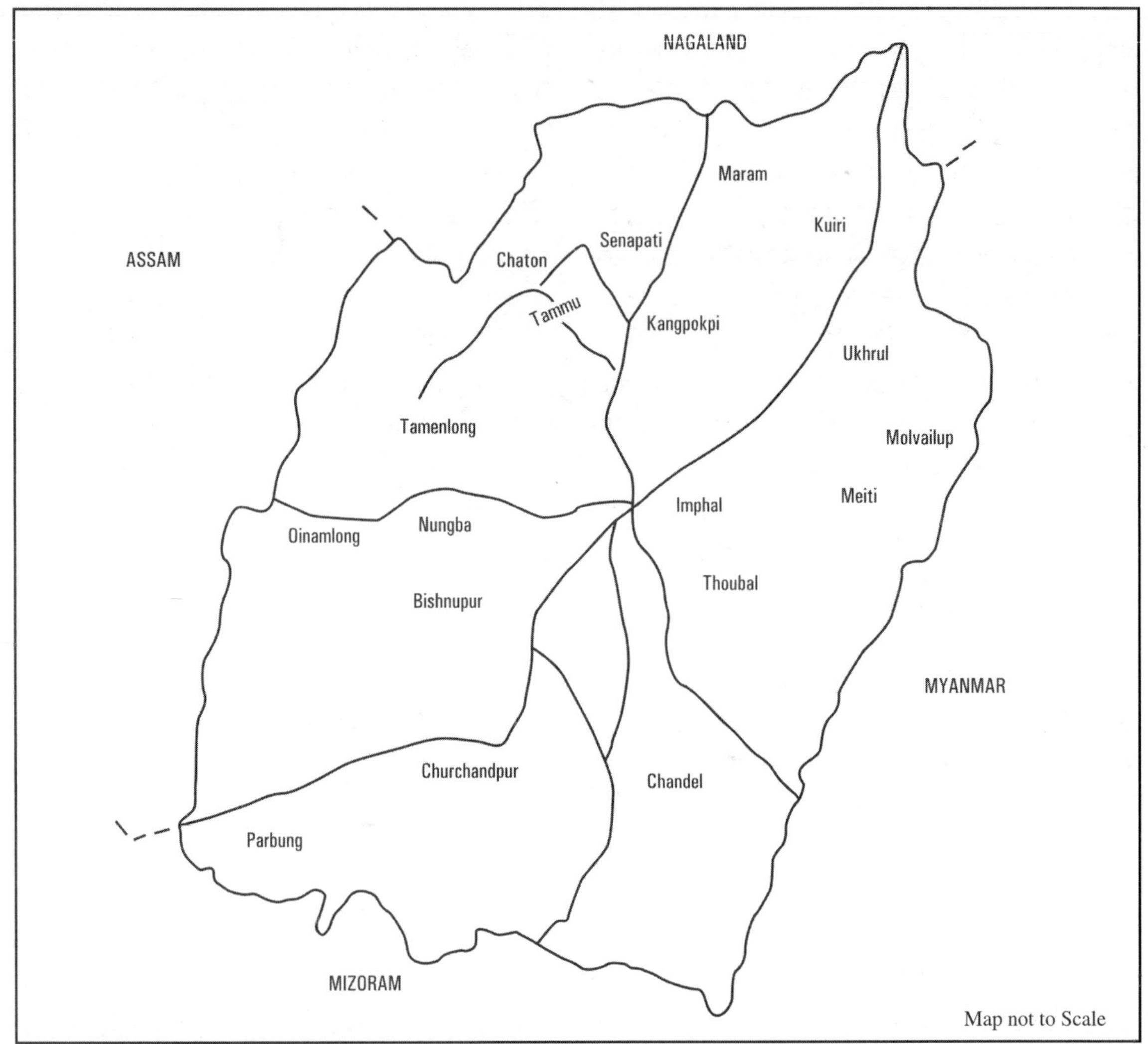

Fig. 13.16 Manipur

शिलांग से लगभग 35 किलोमीटर की दूरी पर एक छोटा हवाई अड्डा है।

17. मिज़ोरम (Mizoram)

क्षेत्रफल: 21,081 वर्ग किलोमीटर
जनसंख्या: 10,97,206 (2011)
राजधानी: आइजोल
भाषायें: मिज़ो तथा अंग्रेजी

मिज़ोरम को राज्य का दर्जा फरवरी 1987 में मिला था। इस प्रकार 1987 में मिज़ोरम देश का 23वां राज्य बन गया था।

जिले: 1. आइजोल, 2. चम्पाई, 3. कोलासिब, 4. लावंगटिआई, 5. लुंगलेल, 6. मामित सैहा, 7. सर्चिप, 8. चिमटुईपुई, 9. सेतुल, 10. हमारथियल, 11. रव्वाजायल।

कृषि: मिज़ोरम की 80 प्रतिशत जनसंख्या खेती-बाड़ी पर निर्भर है। पर्वतीय ढलानों पर जंगल काटकर और उनको जलाकर खेती की जाती है। यहाँ की मुख्य फसलों में

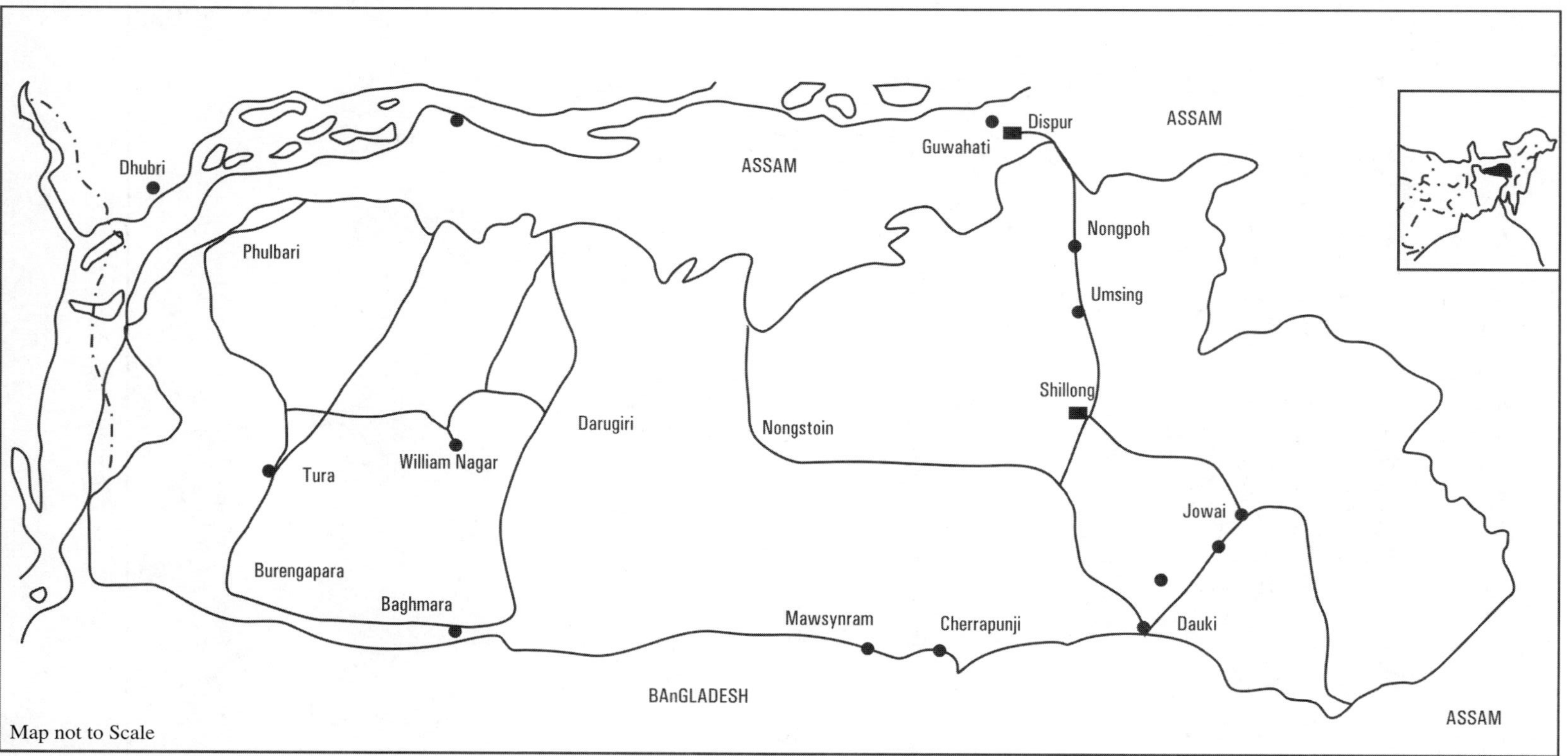

Fig. 13.17 Meghalaya

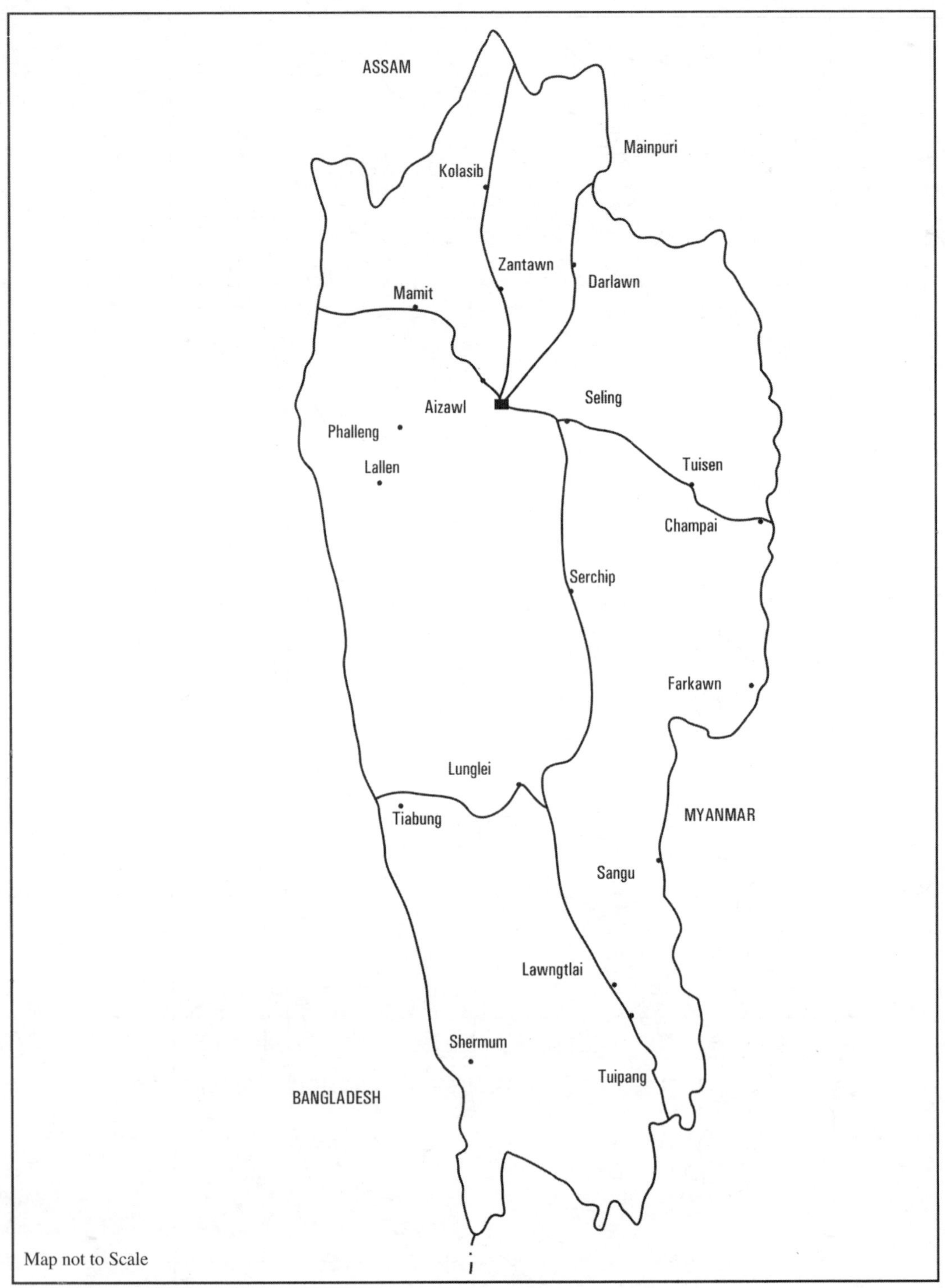

Fig. 13.18 Mizoram

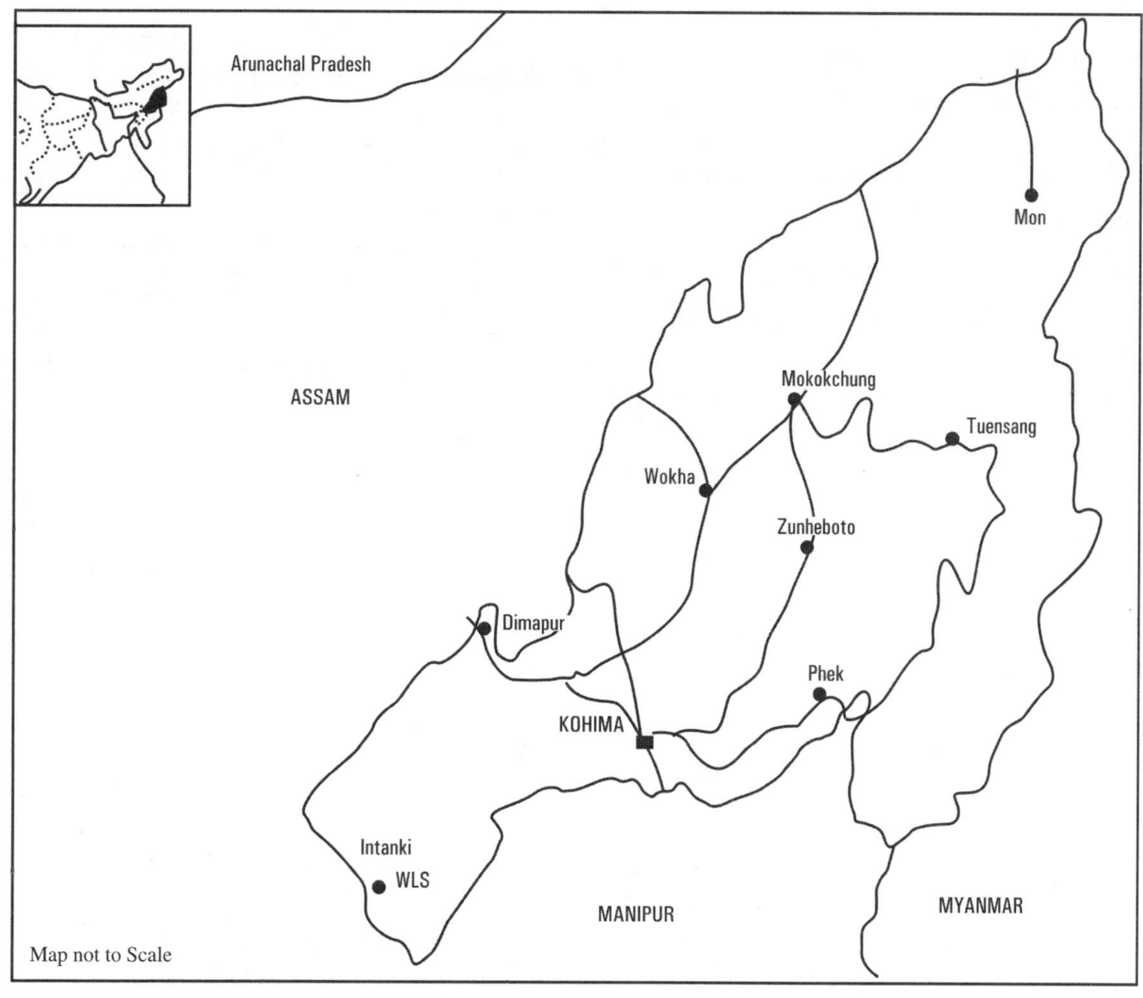

Fig. 13.19 Nagaland

चावल, मक्का, दलहन, तिलहन, आलू, सब्जियाँ, अनन्नास तथा अदरक आदि उल्लेखनीय हैं।

उद्योग: औद्योगिक दृष्टि से मिज़ोरम एक कम विकसित राज्य है। औद्योगिक नीति, 2000 के अनुसार मिज़ोरम में सूचना-प्रौद्योगिकी, इलेक्ट्रॉनिक तथा कृषि आधारित उद्योगों को बढ़ावा दिया गया है। मिजोरम में पन-बिजली में कोलोडेन (Kolodyne), तुरियल, थुईपंगलुई तथा कौ-तलाबन्ग परियोजनायें मुख्य हैं। पयर्टन स्थानों में आइजोल, कोलासिब, सर्चिप, चम्पाई, लुंगले तथा वन्टांग जलप्रपात उल्लेखनीय हैं।

18. नागालैंड (Nagaland)

क्षेत्रफल: 16,579 वर्ग किलोमीटर

जनसंख्या: 19,78,502 (2011)

राजधानी: कोहिमा

भाषायें: अंगामी, आव, छंग, कोनयाक, लोठा तथा नगामी

नागालैंड 16वें राज्य के रूप में 1 दिसम्बर, 1963 को स्थापित किया गया था। इसके उत्तर तथा पश्चिम में असम, पूर्व में म्यांमार तथा दक्षिण में मणिपुर स्थित हैं।

जिले: 1. दीमापुर, 2. किफाइरे, 3. कोहिमा, 4. लांगलेंग, 5. मोकोकचुँग, 6. मोन, 7. पेरेन, 8. फेक, 9. तुएनसांग, 10. वोखा, 11. जुनहेबोटो।

कृषि: नागालैंड की 70 प्रतिशत जनसंख्या कृषि पर आधारित है। पर्वतीय ढलानों पर जंगलों को जलाकर झूमिंग प्रकार की खेती की जाती है।

उद्योग: नागालैंड में औद्योगिक विकास अपनी शिशु अवस्था में है। हैंडलूम, कुटीर उद्योग तथा कृषि पर आधारित उद्योग ही नागालैंड में विकसित हो रहे हैं।

दीमापुर के निकट गणेशनगर एक औद्योगिक केन्द्र के रूप में विकसित हो रहा है।

19. ओडिशा (Odisha)

क्षेत्रफल: 1,55,707 वर्ग किलोमीटर

जनसंख्या: 4,19,74,218 (2011)

राजधानी: भुवनेश्वर

भाषा: उड़िया

प्राचीनकाल में ओडिशा को कलिंग के नाम से जाना जाता था। ओडिशा राज्य के उत्तर में झारखण्ड, दक्षिण में आन्ध्र प्रदेश तथा पश्चिम में छत्तीसगढ़ स्थित है; जबकि इसके दक्षिण पूर्व में बंगाल की खाड़ी फैली हुई हैं।

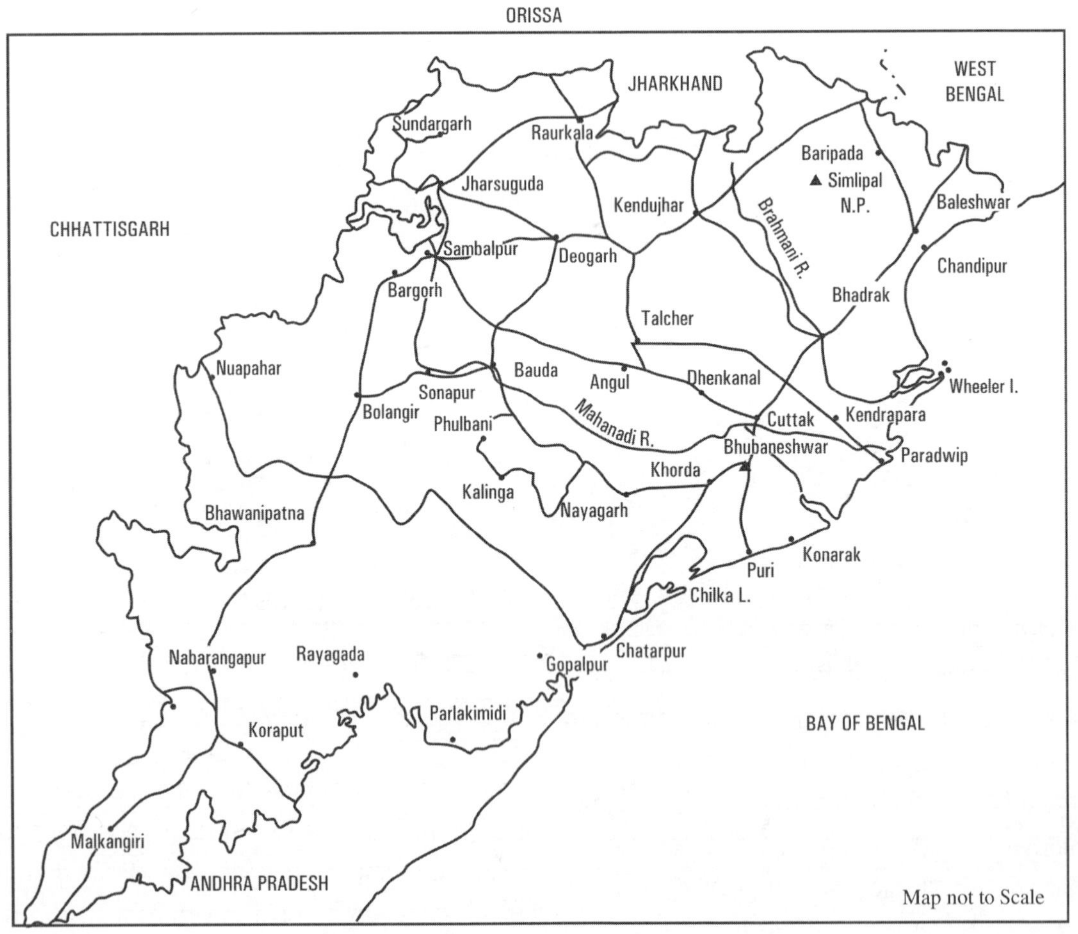

Fig. 13.20 Odisha

जिले: 1. अंगुल, 2. बारगढ़, 3. भद्रक, 4. बालासोर, 5. बालनगीर, 6. बौद्ध, 7. कटक, 8. देवगढ़, 9. धेन्कानाल, 10. गजपति, 11. गंजाम, 12. जगतसिंहपुर, 13. जाजपुर, 14. झरसुगुडा, 15. कालाहांडी, 16. कंधमाल, 17. केन्द्रपाड़ा, 18. क्योंझर, 19. खुदी, 20. कोरापुट, 21. मल्कानगिरि, 22. मयूरभंज, 23. नवापाड़ा, 24. नवारंगपुर, 25. नयागढ़, 26. पुरी, 27. रायगाड़ा, 28. सम्भलपुर, 29. सोनपुर, 30. सुन्दरगढ़।

कृषि: ओडिशा की 65 प्रतिशत से अधिक जनसंख्या कृषि पर निर्भर है। यहां मुख्य रूप से चावल, मक्का, तिलहन, दलहन, गन्ना और सब्जियों की खेती की जाती है।

ओडिशा में लोहे, कोयले, बॉक्साइट टिन, मैगनीज, स्लेट, चूना-पत्थर के भंडार हैं। राउरकेला, कनिंगा, डियातरी में लोहा एवं इस्पात के आधुनिक कारखाने हैं। कोरापुट में एल्यूमिनियम का कारखाना है।

ओडिशा में परादीप, गोपालपुर तथा धर्मा महत्वपूर्ण बन्दरगाह हैं।

20. पंजाब (Punjab)

क्षेत्रफल: 50,362 वर्ग किलोमीटर

जनसंख्या: 2,77,43,338(2011)

राजधानी: चण्डीगढ़

भाषायें: पंजाबी तथा हिन्दी

पंजाब राज्य के उत्तर में जम्मू-कश्मीर तथा हिमाचल प्रदेश, पूर्व में हिमाचल प्रदेश एवं हरियाणा, दक्षिण में हरियाणा एवं राजस्थान तथा पश्चिम में पाकिस्तान से घिरा हुआ है।

जिले: 1. अमृतसर, 2. बरनाला, 3. भटिंडा, 4. फ़रीदकोट, 5. फ़िरोजपुर, 6. फ़तेहगढ़ साहिब, 7. गुरुदासपुर, 8. होशियारपुर, 9. जालन्धर, 10. कपूरथला, 11. लुधियाना, 12. मनसा, 13. मोगा, 14. श्री मुक्तसर साहिब, 15. पटियाला, 16. रूपनगर, 17. संगरूर, 18. तरणतारण, 19. साहिबजादा अजीत सिंह नगर (मोहाली), 20. शहीद भगत सिंह नगर (नवाशहर), 21. फजिल्का, 22. पठानकोठ।

कृषि: पंजाब एक कृषि प्रधान देश है। इसके 84 प्रतिशत क्षेत्रफल पर खेती की जा रही है। कृषि की सघनता 189 प्रतिशत है अर्थात् प्रत्येक खेत से लगभग दो फसलें उगाई जाती हैं। यद्यपि पंजाब राज्य का क्षेत्रफल देश के क्षेत्रफल का केवल 1.5 प्रतिशत है फिर भी देश का 20 प्रतिशत गेहूँ, 11 प्रतिशत चावल तथा 13 प्रतिशत कपास का उत्पादन पंजाब में होता है। इसी कारण पंजाब को "खाद्यान्न का टोकरा" (Food Basket) कहा जाता है।

भाखड़ा-नांगल बाँध, पोंग बांध, हरिके-बैराज और रंजीत सागर बाँध पंजाब की बहुद्देशीय परियोजनायें हैं।

उद्योग: पंजाब में विभिन्न प्रकार के कृषि आधारित उद्योग हैं। इनके अतिरिक्त मशीनें, कलपुर्जे, रेल के डिब्बे, रासायनिक पदार्थ, सूती व ऊनी वस्त्र तथा हथकरघा मुख्य उद्योग हैं।

पर्यटन स्थल: पंजाब में अमृतसर का स्वर्ण मंदिर, जालियांवाला बाग़, आनन्दपुर साहिब, रॉक गार्डन तथा भाखड़ा-नांगल बांध मुख्य पर्यटक स्थल हैं।

21. राजस्थान (Rajasthan)

क्षेत्रफल: 3,42,239 वर्ग किलोमीटर

जनसंख्या: 6,85,48,437 (2011)

राजधानी: जयपुर

भाषायें: हिन्दी तथा राजस्थानी

राजस्थान के उत्तर पश्चिम में पाकिस्तान, उत्तर-पूर्व में हरियाणा एवं उत्तर प्रदेश, पूर्व में मध्य प्रदेश तथा दक्षिण में गुजरात एवं मध्य प्रदेश फैले हुये हैं।

जिले: 1. अजमेर, 2. अलवर, 3. बाँसवाड़ा, 4. बारां, 5. बारमेड़, 6. भरतपुर, 7. भीलवाड़ा, 8. बीकानेर, 9. बून्दी, 10. चित्तौड़गढ़, 11. चुरू, 12. दौसा, 13. धौलपुर, 14. डुंगरपुर, 15. हनुमानगढ़, 16. जयपुर, 17. जैसलमेर, 18. जालोर, 19. झालावाड़, 20. झुंझनू, 21. जोधपुर, 22. करौली, 23. कोटा, 24. नागौर, 25. पाली, 26. प्रतापगढ़, 27. राजसमंद, 28. सवाई माधोपुर, 29. सीकर, 30. सिरोही, 31. श्रीगंगानगर, 32. टोंक, 33. उदयपुर।

कृषि: राजस्थान की मुख्य फसलों में ज्वार, बाजरा, मक्का, चावल, दलहन, तिलहन, गेहूँ, जौ, सरसों, कपास, सब्जियाँ, लाल-मिर्च, मेथी, तम्बाकू तथा फल (आम, कीनू, माल्टा) आदि हैं।

राजस्थान में कई सिंचाई परियोजनायें हैं, जिनमें कोटा बैराज, राणा प्रताप सागर, गांधी नगर, चम्बल परियोजना तथा इन्दिरा गाँधी नहर के नाम उल्लेखनीय है।

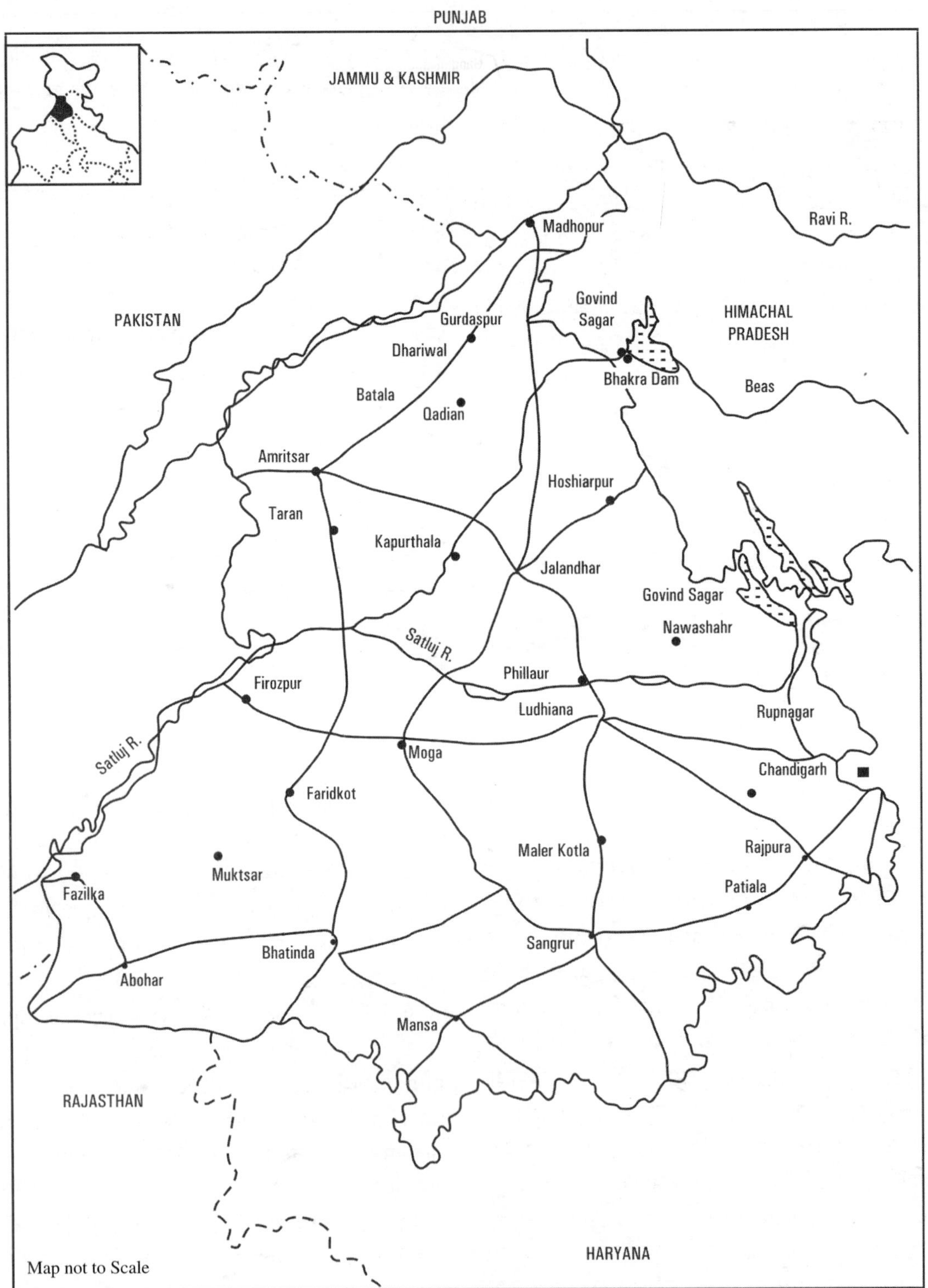

Fig. 13.21 Punjab

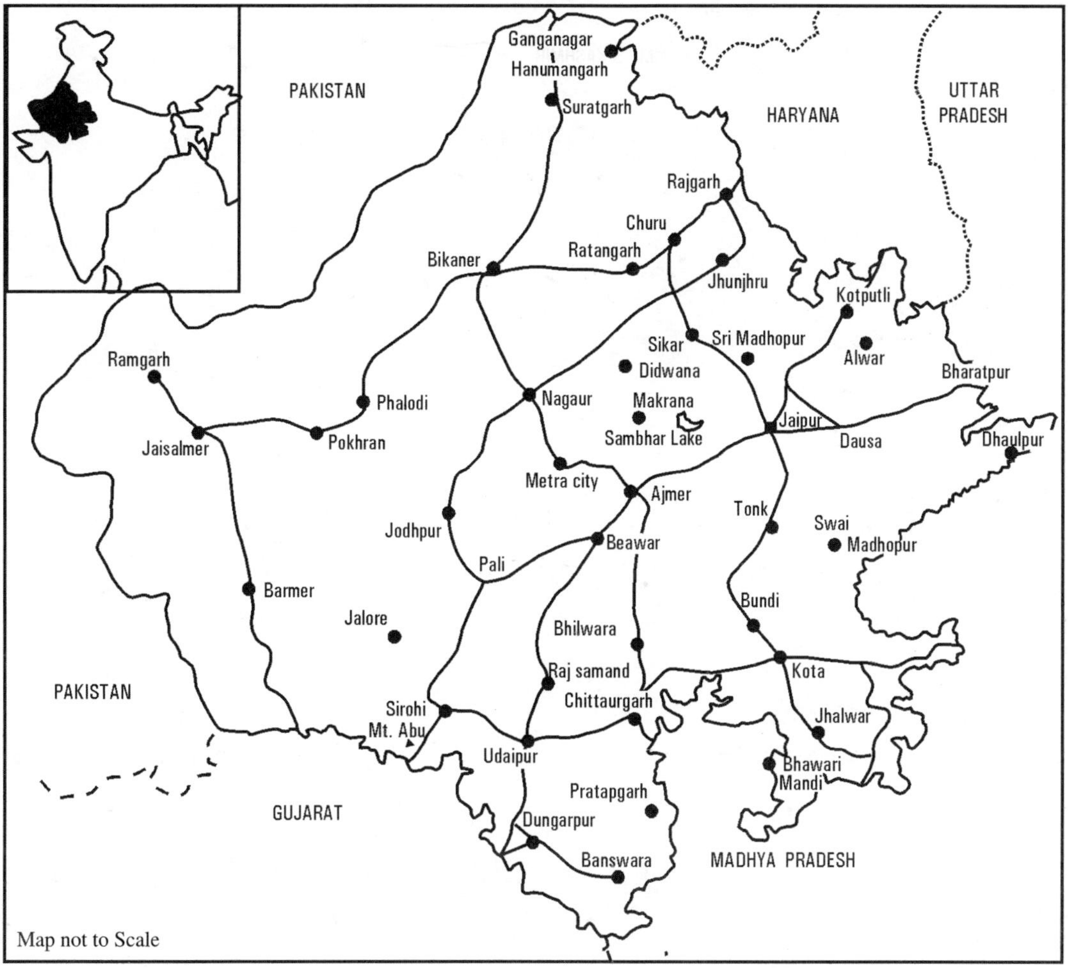

Fig. 13.22 Rajasthan

खनिजः राजस्थान में ताँबे, जस्ता, सीसा, चाँदी, अभ्रक, संगमरमर, बहुमूल्य पत्थर, ग्रेनाईट, एस्बेस्टस, तथा इमारती पत्थर भारी मात्रा में पाये जाते हैं।

उद्योगः राजस्थान के मुख्य उद्योगों में सूती वस्त्र, सीमेंट, रासायनिक पदार्थ, डालडा मशीनें, रेल के डिब्बे, संगमरमर का सामान, वैज्ञानिक यन्त्र आदि सम्मलित हैं।

पर्यटन स्थलः जयपुर, जोधपुर, उदयपुर, अलवर, भरतपुर, माऊँट-आबू, बीकानेर, चित्तौड़गढ़, धौलपुर, डूंगरपुर, जैसलमेर आदि यहां के मुख्य पर्यटन स्थल हैं।

22. सिक्किम (Sikkim)

क्षेत्रफलः 7,096 वर्ग किलोमीटर

जनसंख्याः 6,10,577 (2011)

राजधानीः गंगटोक

भाषायेंः लेपचा, भूटिया तथा नेपाली

सिक्किम एक छोटा राज्य है। सिक्किम के उत्तर में तिब्बत (चीन), पूर्व में तिब्बत तथा भूटान, दक्षिण में प. बंगाल तथा पश्चिम में नेपाल स्थित है।

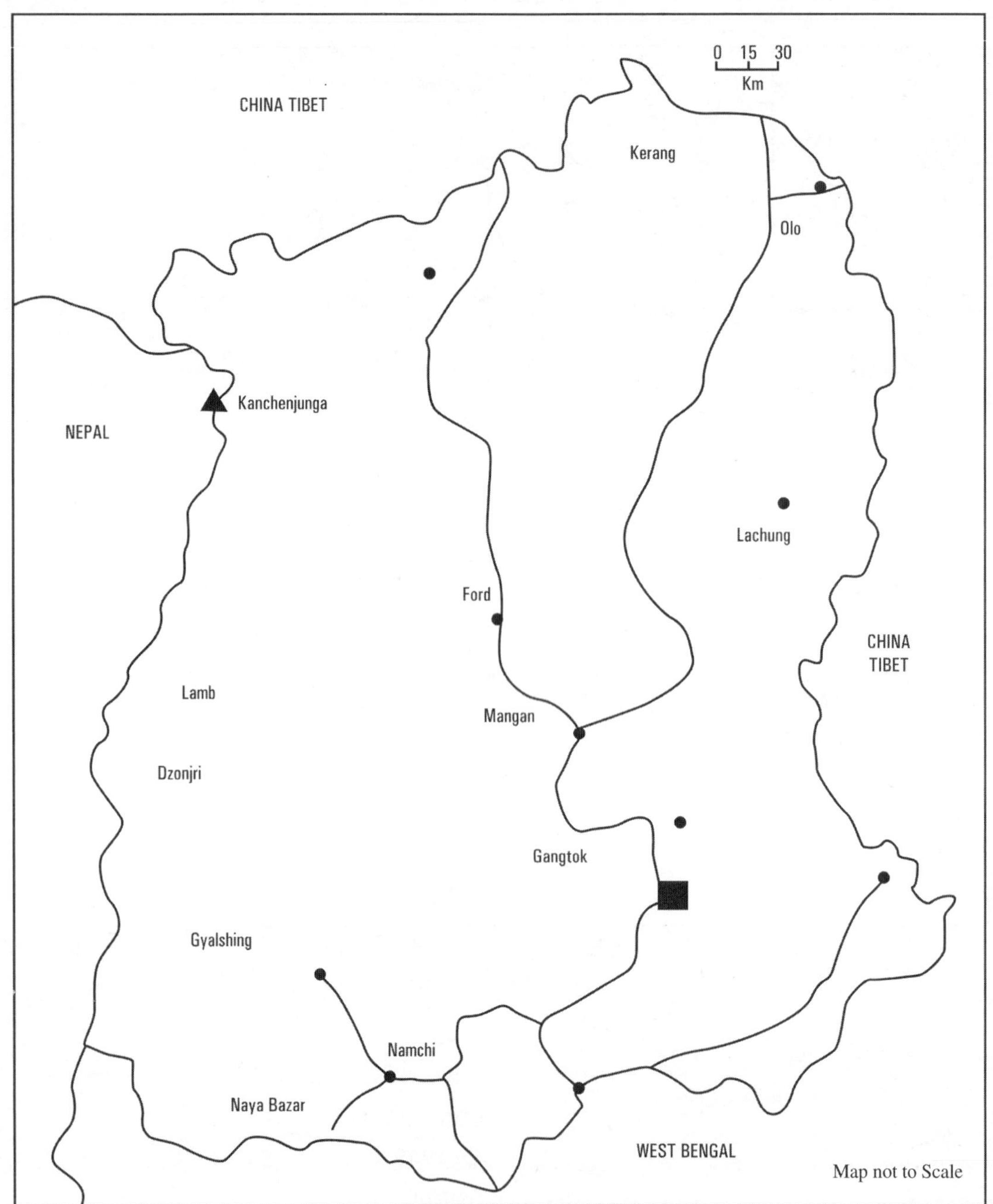

Fig. 13.23 Sikkim

जिले: 1. पूर्वी सिक्किम, 2. उत्तरी सिक्किम, 3. दक्षिणी-सिक्किम, 4. प. सिक्किम।

कृषि: सिक्किम कृषि प्रधान राज्य है। लगभग 64 प्रतिशत जनसंख्या खेती पर आधारित है। मुख्य फसलों में मक्का, चावल, गेहूँ, आलू, अदरक मुख्य फसलें हैं।

सिक्किम में कोणधारी वन तथा सुन्दर घाटियाँ मुख्य संसाधन हैं। यहाँ के उद्योगों में हस्तकला, धातु का सामान, लकड़ी की वस्तुएं, चांदी के बर्तन सम्मिलित हैं। तीस्ता एवं रंगित पनबिजली परियोजनाओं से बिजली उत्पन्न की जा रही है।

23. तमिलनाडु (Tamilnadu)

क्षेत्रफल: 1,30,058 वर्ग किलोमीटर

जनसंख्या: 7,21,47,030 (2011)

राजधानी: चेन्नई

भाषाएं: तमिल

तमिलनाडु के उत्तर में आन्ध्र प्रदेश तथा कर्नाटक, पश्चिम मे केरल तथा पूर्व एवं दक्षिण में बंगाल की खाड़ी एवं हिन्द महासागर फैले हुये हैं।

जिले: 1. अरियालुर, 2. चेन्नई, 3. कोयम्बटूर, 4. कुड्डालोर, 5. धर्मापुरी, 6. डिण्डीगुल, 7. इरोडे, 8. काँचीपुरम, 9. करूर, 10. किशनगिरी, 11. मदुराई, 12. नागपट्टनम, 13. कन्याकुमारी, 14. नामक्कल, 15. पेराम्बूर, 16. पुडुकोट्टाई, 17. रामानाथपुरम, 18. सलेम, 19. सिवागांगेई, 20. तन्जावुर, 21. नीलगिरि, 22. थेनी, 23. थिरूवालुर, 24. थिरूवरूर, 25. थूटूकुडी (टूटीकोरिन), 26. तिरुच्चिरापल्ली, 27. तिरूनेल्वेली, 28. तिरूप्पुर, 29. तिरूवन्नामलाई, 30. द. नीलगिरी, 31. वेल्लोर, 32. विलुपुरम, 33. विरुधु नगर, 34. रानीपेट, 35. तेनमाशी, 36. कल्लाकुष्ची।

कृषि: खेती-बाड़ी, तमिलनाडु का मुख्य कारोबार है। इसकी मुख्य फसलों में चावल, मक्का, दलहन, तिलहन, मूंगफली, कपास, नारियल, काजू, चाय, कॉफ़ी तथा गर्म मसालें मुख्य हैं। चंदन की लकड़ी, आबनूस तथा रबड़ वृक्ष भी तमिलनाडु में पाये जाते हैं।

उद्योग: सूती वस्त्र, वाहन, रासायनिक-पदार्थ, रेल के डिब्बे, चमड़े का सामान, खाद, रसायन, चीनी तथा विभिन्न प्रकार की मशीनें तथा बिजली का सामान तैयार किया जाता है। पन-बिजली एवं सिंचाई की परियोजनाओं में परियार, पालर, पारम्भीकुलम, अरानियार, अर्मावती तथा चिथार मुख्य हैं।

तमिलनाडु के बन्दरगाहों में चेन्नई, इन्नौर तथा तूतीकोरिन अन्तर्राष्ट्रीय स्थान रखते हैं।

पर्यटन स्थल: चेन्नई, इलागिरि, काँचीपुरम, कन्याकुमारी, कोडाइकनाल, मदुरई, ऊटी, रामेश्वरम, तिरुणविली तथा तंजावुर यहां के मुख्य पयर्टन-स्थल हैं।

24. तेलंगाना (Telangana)

क्षेत्रफल: 1,12,077 वर्ग किलोमीटर

जनसंख्या: 3,50,03,674

राजधानी: हैदराबाद

इसका निर्माण 2 जून 2014 को हुआ था। भारत के 29 वे राज्य के रुप में इसका निर्माण हुआ और इसकी राजधानी हैदराबाद को बनाया गया।

जिले: 1. हैदराबाद, 2. आदिलाबाद, 3. करीम नगर, 4. खम्मन, 6. महबूब नगर, 7. मेडक, 8. नालगोंडा, 8. निजामाबाद, 9 रंगारेड्डी, 10. सांगा रेड्डी, 11. वारंगल, 12. सेर्यापेट, 13. मेदचल मल्काजगिरी, 14. विकराबाद, 15. वारंगल नगरीय, 16. जोगूलांबा गडवाल, 17. निर्मल, 18. कामारेड्ड़ी, 19. कोमाराम भीम आसिफाबाद, 20. जागीतियल, 21. राजन्ना सिसिला, 22. जयशंकर मूवालपल्ली, 23. जनगाँव, 24. नारायणपेट 25. मनचेयिल, 26. पेड्डापल्ली, 27. नगरकुर्नूल, 28. मुलुगु, 29. भद्राद्री कोथागुडेम, 30. महबूबाबाद, 31. सिद्दिपेट, 32. वानापार्थी, 33. यादाद्री भुवनगिरी

25. त्रिपुरा (Tripura)

क्षेत्रफल: 10,491 वर्ग किलोमीटर

जनसंख्या: 36,73,917 (2011)

राजधानी: अगरतला

भाषायें: बंगाली तथा कोकबोरक

उत्तर-पश्चिम और दक्षिण में त्रिपुरा बांग्लादेश से घिरा हुआ है, जबकि पूर्व में असम तथा मिज़ोरम स्थित हैं।

जिले: 1. धलाई, 2. गोमती, 3. खोवाई, 4. उत्तरी त्रिपुरा, 5. सेपाहीजाला, 6. दक्षिण-त्रिपुरा, 7. ऊनाकोटी, 8. पश्चिम त्रिपुरा।

त्रिपुरा में गाउमती, खुबाई तथा मानु पन-बिजली परियोजनायें हैं। उदयपुर के निकट पालाताना में एक नई पन-बिजली परियोजना तैयार की जा रही है।

कृषि: त्रिपुरा एक कृषि प्रधान राज्य है जिसमें चावल, जूट, तिलहन, दलहन तथा मक्के की खेती की जाती है।

पर्यटन स्थल: त्रिपुरा के पर्यटन केन्द्रों में अगरतला, उदयपुर, पिलक, वेलोनिया, अम्बास, कैलाशहर तथा कुम्हार घाट उल्लेखनीय हैं।

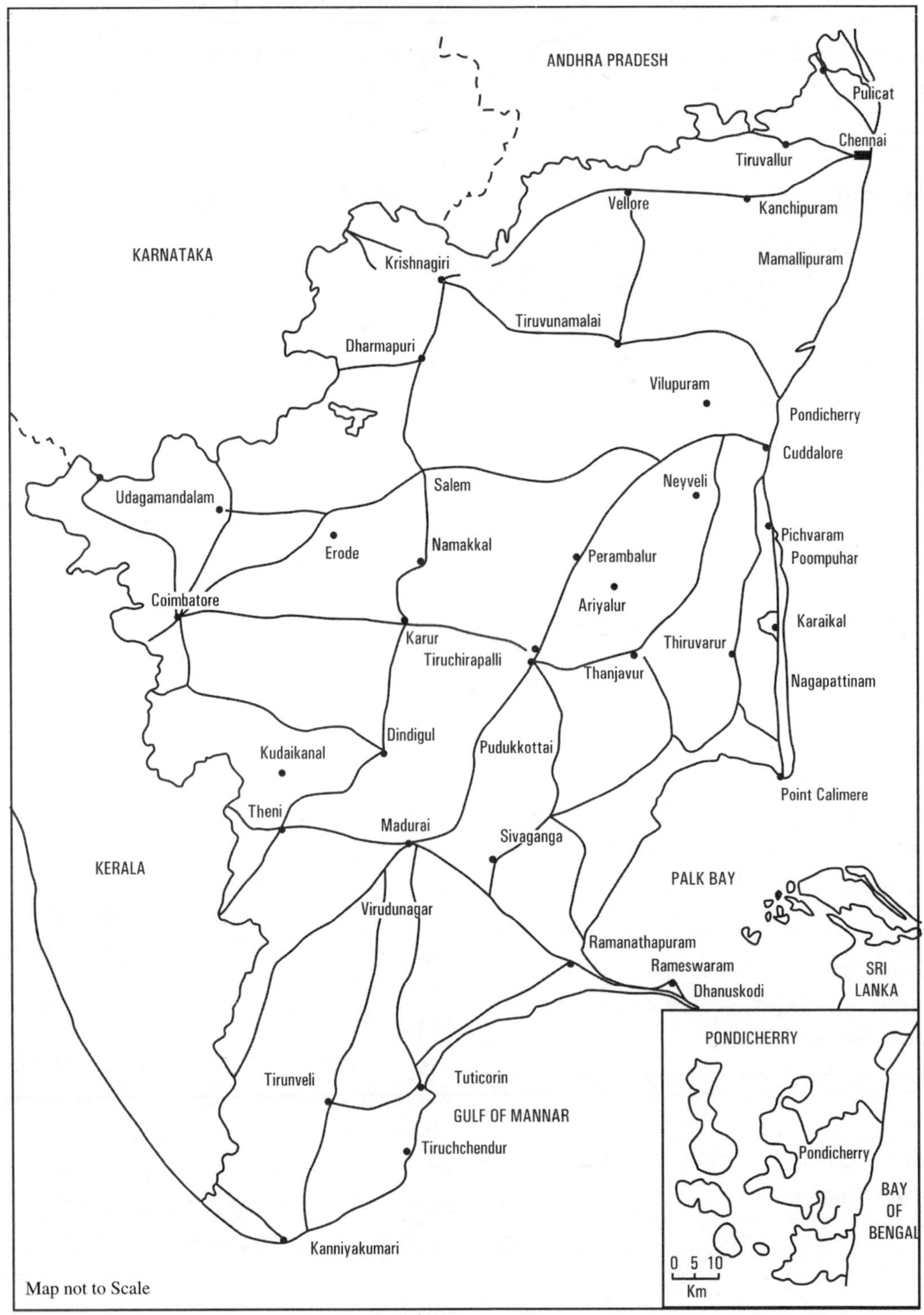

Fig. 13.24 Tamil Nadu

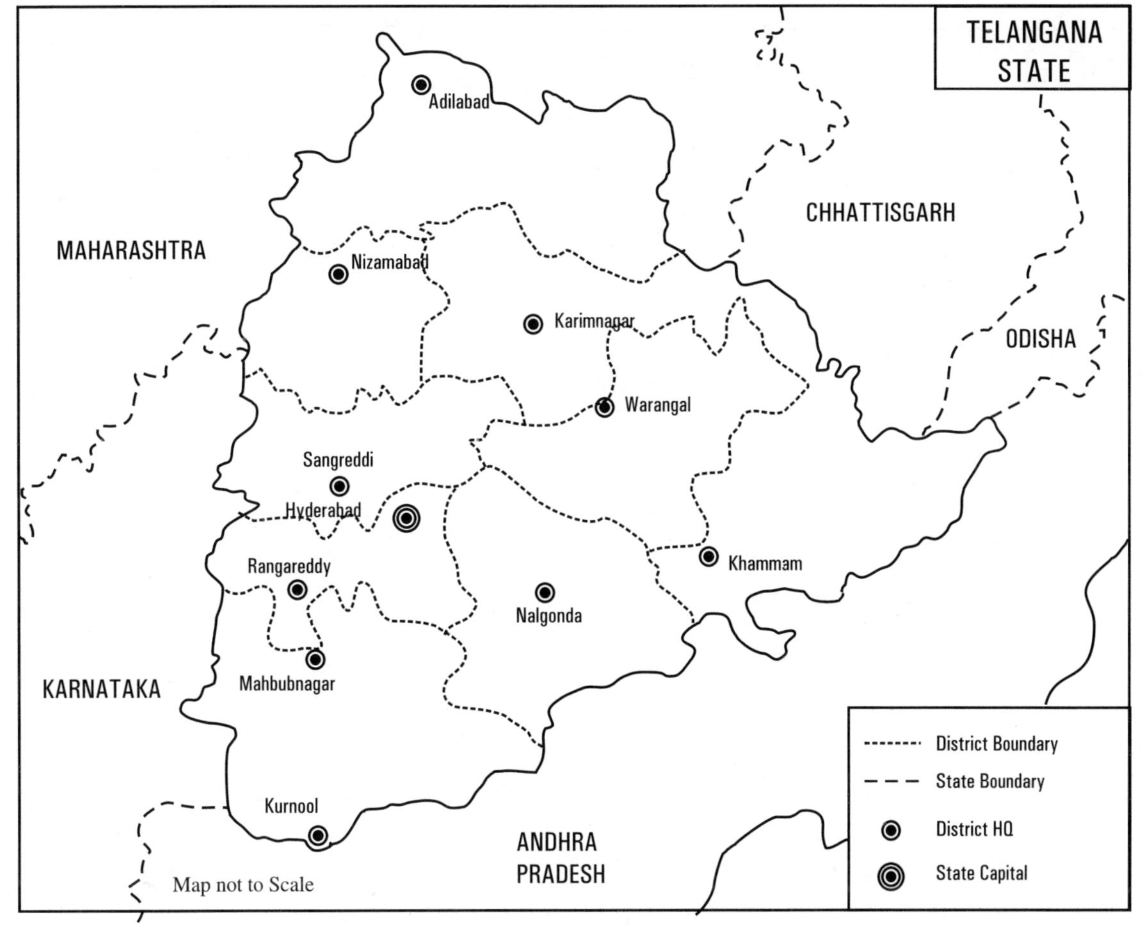

Fig. 13.25 Telangana State (Created on 2nd June, 2012)

26. उत्तराखण्ड (Uttarakhand)

क्षेत्रफल: 53,484 वर्ग किलोमीटर

जनसंख्या: 1,00,86,292 (2011)

राजधानी: देहरादून

भाषा: हिन्दी

परिचय: उत्तराखण्ड राज्य का गठन 9 नवम्बर, 2000 को उत्तर प्रदेश के विभाजन द्वारा किया गया था। उत्तराखण्ड के उत्तर में तिब्बत, पश्चिम में हिमाचल प्रदेश और हरियाणा दक्षिण में उत्तर प्रदेश तथा पूर्व में नेपाल स्थित हैं।

जिले: 1. अल्मोड़ा, 2. बागेश्वर, 3. चमोली, 4. चम्पावत, 5. देहरादून, 6. हरिद्वार, 7. नैनीताल, 8. पौढ़ी-गढ़वाल, 9. पिथौरागढ़, 10. रुद्रप्रयाग, 11. टिहरी-गढ़वाल, 12. ऊधमसिंह नगर, 13. उत्तर-काशी।

परिचय: उत्तराखण्ड को देव-भूमि भी कहा जाता है और प्राय: पंचप्रयाग के नाम से भी सम्बोधित किया जाता है। पंचप्रयाग निम्न नदियों के संगम पर स्थित है:

1. **विष्णु-प्रयाग:** अलकनन्दा तथा धौली गंगा के संगम पर।
2. **नन्द-प्रयाग:** अलकनन्दा तथा ऋषि गंगा के संगम पर।
3. **करण-प्रयाग:** अलकनन्दा तथा पिंडारी के संगम पर।
4. **रुद्र-प्रयाग:** अलकनन्दा तथा मन्दाकिनी के संगम पर।
5. **देव-प्रयाग:** अलकनन्दा तथा भागीरथी के संगम पर।

कृषि: उत्तराखण्ड की लगभग 80 प्रतिशत जनसंख्या खेती बाड़ी में लगी है। चावल, गेहूँ, तिलहन, दलहन, मक्का, सब्जियाँ, आम, अमरूद, लीची मुख्य फसलें हैं।

खनिज: खनिजों में संगमरमर, ताँबा, चूना-पत्थर, इमारती पत्थर आदि सम्मलित हैं।

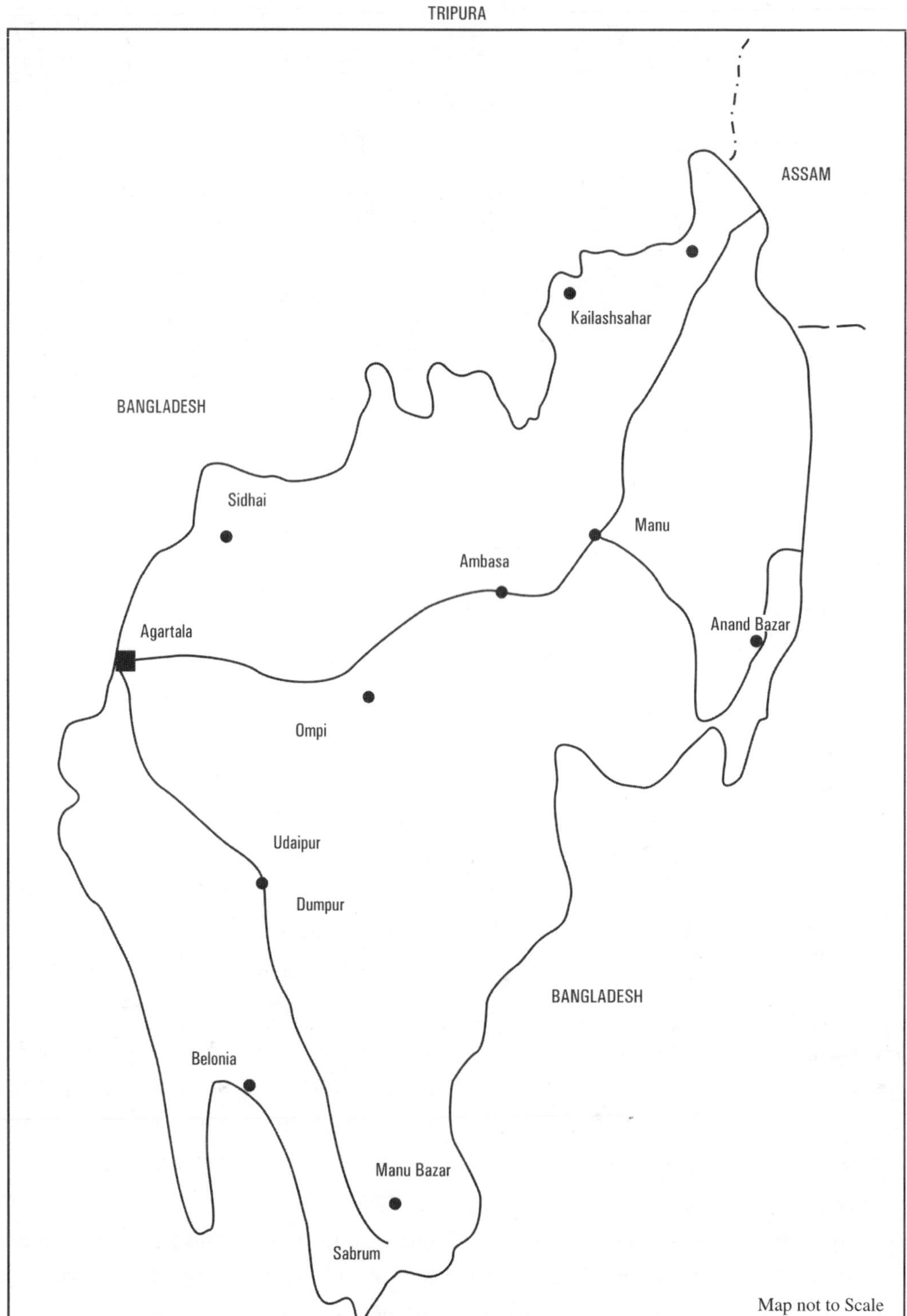

Fig. 13.26 Tripura

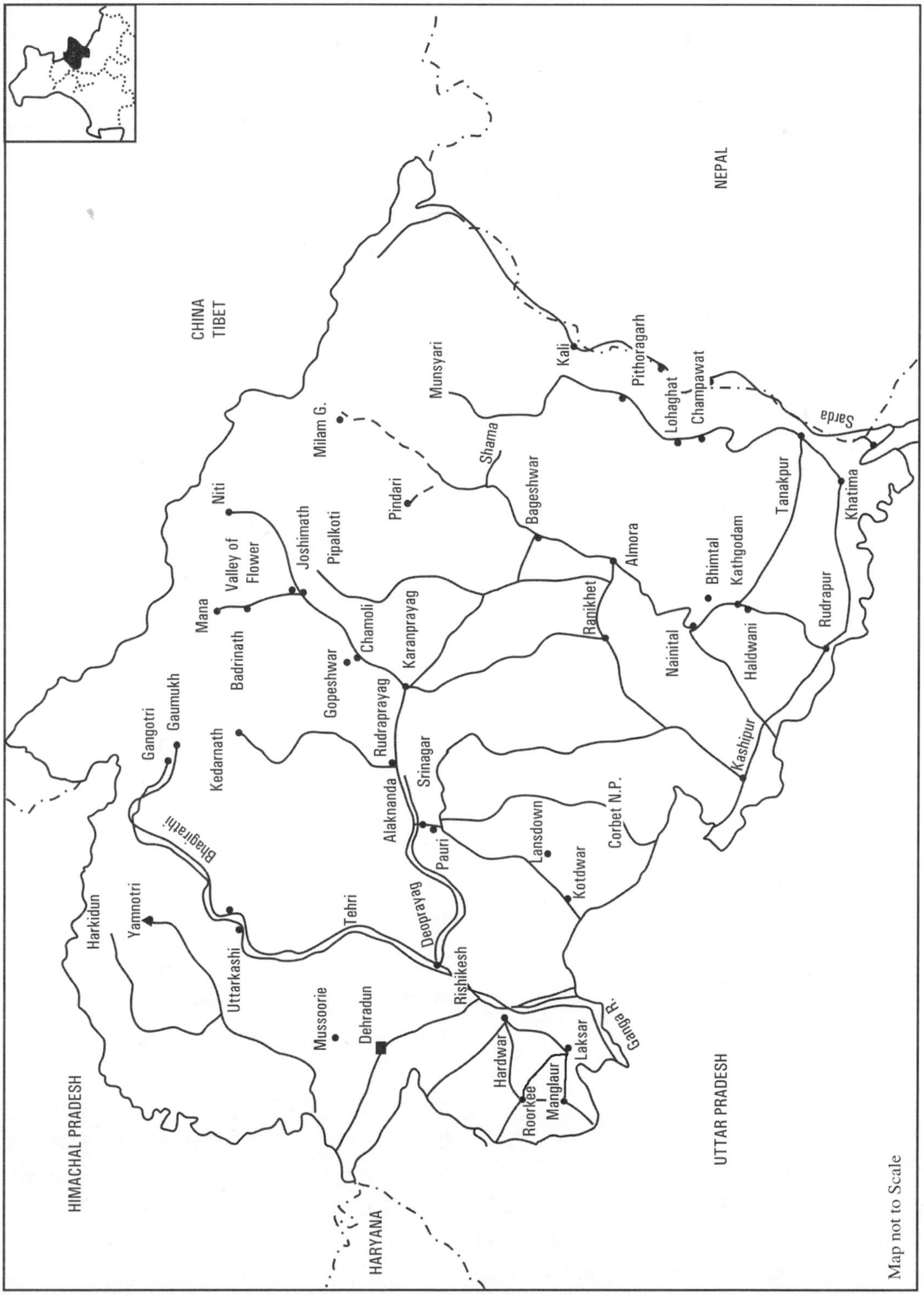

Fig. 13.27 Uttarakhand

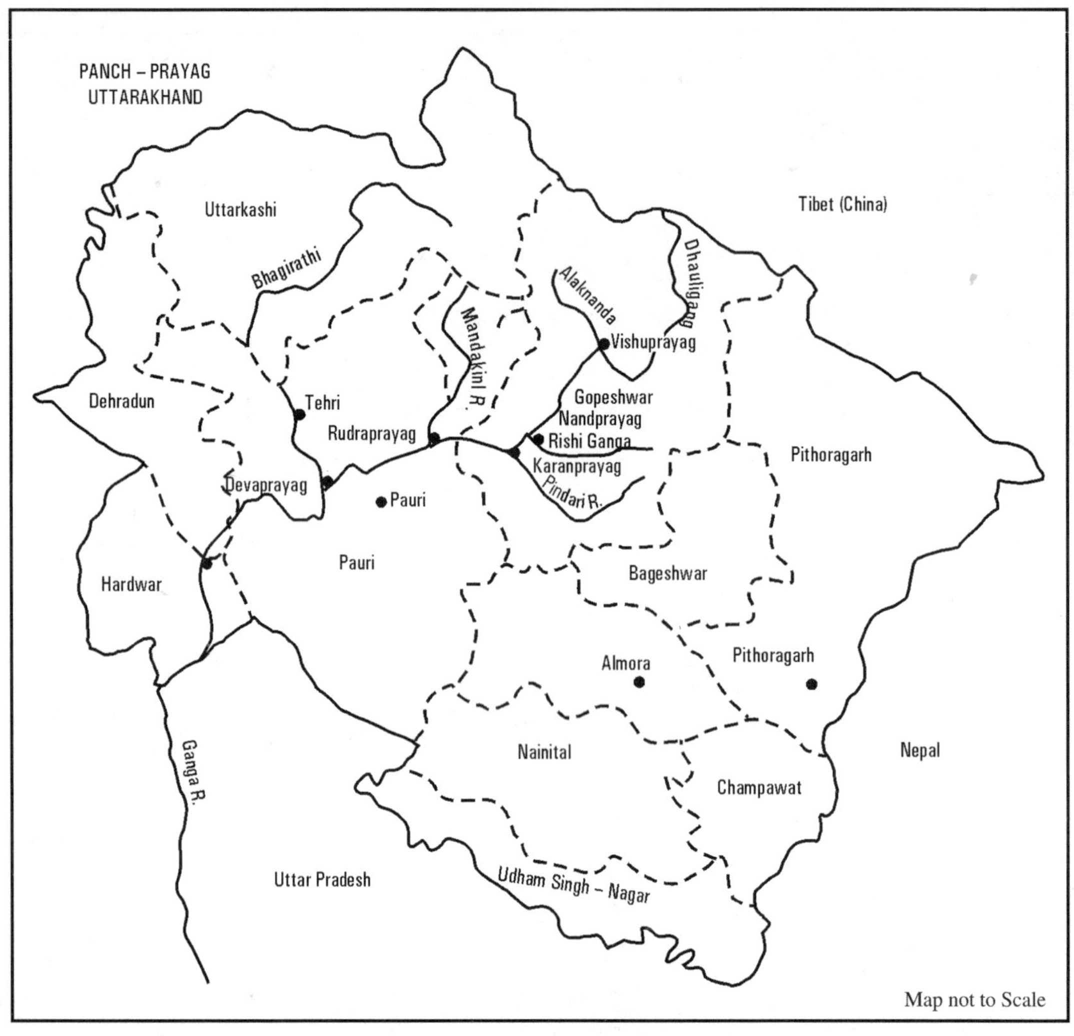

Fig. 13.28 Uttarakhand Holy Places

उद्योग: उद्योगों में मुख्यत: चीनी, औषधियाँ, मशीनें तथा बिजली का सामान सम्मिलित हैं।

पर्यटक स्थल: आवली, बद्रीनाथ, बागेश्वर, भीमताल, चकराता, देहरादून, गंगोत्री, हरिद्वार, हेमकुंड, कसौनी, केदारनाथ, मिलम-ग्लेशियर, लैंस-डाऊन, मसूरी, नैनीताल, नानकमट्ठा, पिंडारी-ग्लेशियर, ऋषिकेश, जिम कार्बेट राष्ट्रीय उद्यान, रूपकुण्ड, रानीखेत, यमुनोत्री तथा विश्व धरोहर फूलों की घाटी राज्य में पर्यटकों के आकर्षण के बड़े केन्द्र हैं। कैलाश पर्वत एवं मानसरोवर झील को जाने वाले यात्री पिथौरागढ़ होते हुये तिब्बत में प्रवेश करते हैं।

27. उत्तर प्रदेश (Uttar Pradesh)

क्षेत्रफल: 2,40,928 वर्ग किलोमीटर

जनसंख्या: 19,98,12,341 (2011)

राजधानी: लखनऊ

भाषायें: हिन्दी तथा उर्दू

उत्तर प्रदेश राज्य के उत्तर में उत्तराखण्ड तथा नेपाल, पूर्व में बिहार तथा झारखण्ड, दक्षिण में मध्य प्रदेश तथा पश्चिम में राजस्थान, दिल्ली तथा हरियाणा फैले हुये हैं।

जिले: 1. आगरा, 2. अलीगढ़, 3. इलाहाबाद, 4. अम्बेडकरनगर, 5. अमेठी (छत्रपति शाहुजी महाराज नगर), 6. अमरोहा

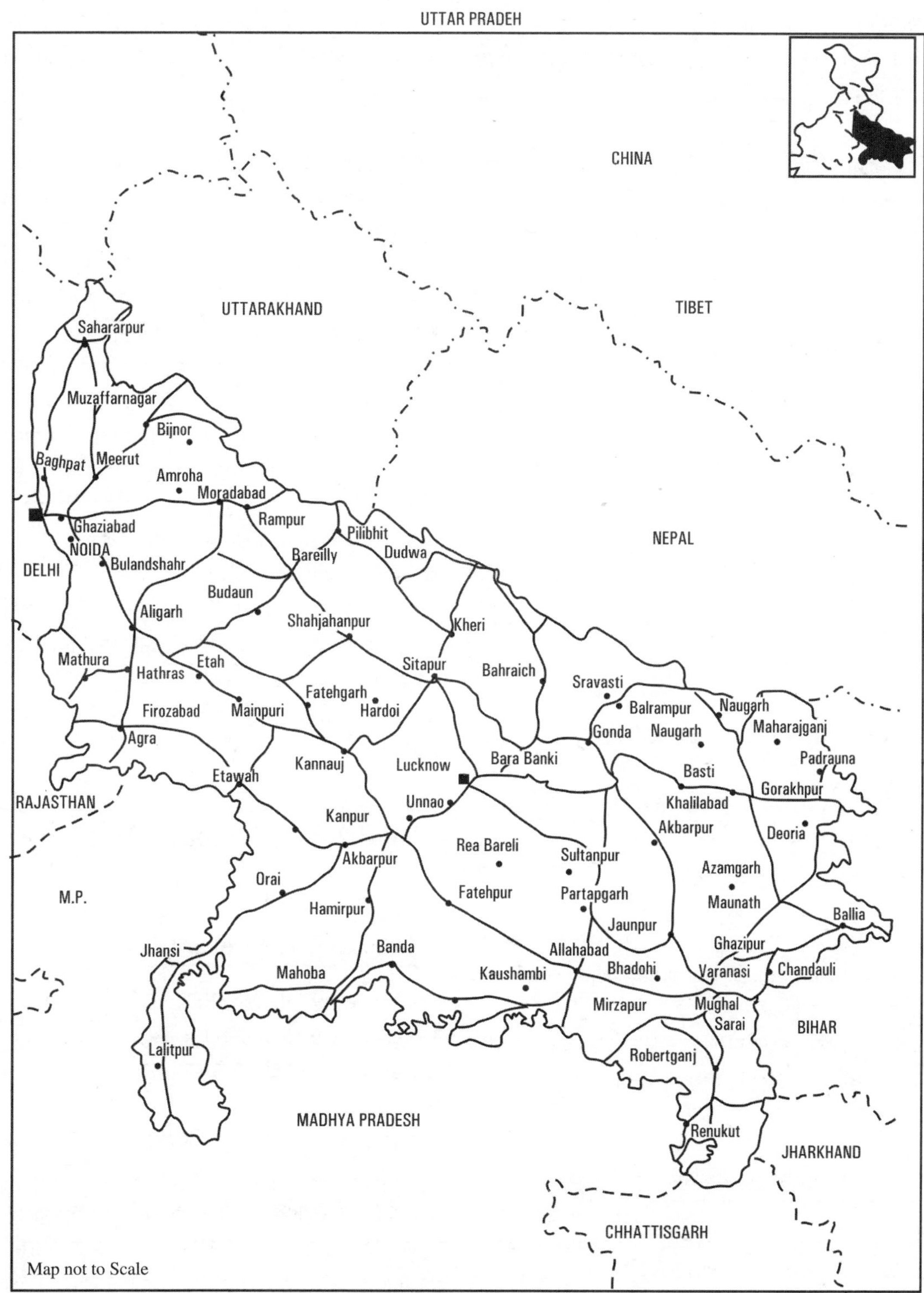

Fig. 13.29 Uttar Pradesh

(जेपीनगर), 7. औरया, 8. आजमगढ़, 9. बाग़पत, 10. बहराइच, 11. बलिया, 12. बलरामपुर, 13. बांदा, 14. बराबंकी, 15. बरेली, 16. बस्ती, 17. भदोही (संत रविदास नगर), 18. बिजनौर, 19. बदायूँ, 20. बुलन्दशहर, 21. चन्दौली, 22. चित्रकूट, 23. देवरिया, 24. एटा, 25. इटावा, 26. फैज़ाबाद, 27. फ़रूर्ख़ाबाद, 28. फ़तेहपुर, 29. फ़िरोजाबाद, 30. गौतमबुद्ध नगर, 31. गाज़ियाबाद, 32. ग़ाजीपुर, 33. गोंडा, 34. गोरखपुर, 35. हमीरपुर, 36. हापुर (पंचशील नगर), 37. हरदोई, 38. हाथरस (महामाया नगर), 39. जालौन 40. जौनपुर, 41. झाँसी, 42. ज्योतिबाफुले नगर, 43. कन्नौज, 44. कानपुर (देहात), 45. कानपुर नगर, 46. काशीरामनगर (कासगंज), 47. कौशाम्बी, 48. कुशीनगर (पडरौणा), 49. लखीमपुर-खीरी, 50. ललितपुर, 51. लखनऊ, 52. महाराजगंज, 53. महोबा, 54. मैनपुरी, 55. मथुरा, 56. मऊ, 57. मेरठ, 58. मिर्जापुर, 59. मुरादाबाद, 60. मुजफ्फ़रनगर, 61. पीलीभीत, 62. प्रतापगढ़, 63. रायबरेली, 64. रामपुर, 65. सहारनपुर, 66. संभल (भीमनगर) 67. संत कबीर नगर, 68. शाहजहांपुर, 69. श्रावस्ती, 70. सिद्धार्थनगर, 71. सीतापुर, 72. सोनभद्र, 73. सुल्तानपुर, 74. उन्नाव, 75. वाराणसी।

कृषि: उत्तर प्रदेश की लगभग 75 प्रतिशत जनसंख्या कृषि पर निर्भर है। मुख्य फसलों में चावल, गेहूं, जौ, गन्ना, मक्का, तिलहन, दलहन, ज्वार, सब्जियाँ, बरसीम, चारा, इत्यादि सम्मिलित हैं।

खनिज: खनिज पदार्थों में कोयला, चूना-पत्थर, इमारती पत्थर, डोलोमाइट, स्लेट इत्यादि मुख्य हैं।

उद्योग: कृषि आधारित उद्योगों, चीनी, सूती व ऊनी वस्त्र, तेलशोध कारखाना, लकड़ी का सामान, मशीनें, चमड़े एवं बिजली का सामान उल्लेखनीय है।

पर्यटन केन्द्र: पर्यटक स्थलों में आगरा, इलाहाबाद, फतेहपुरी, सिकन्दरा, अयोध्या, बरेली, मेरठ, लखनऊ, मथुरा, सारनाथ एवं वाराणसी मुख्य पयर्टक स्थल हैं।

28. प. बंगाल (West Bengal)

क्षेत्रफल: 88,752 वर्ग किलोमीटर

जनसंख्या: 9,12,76,115 (2011)

राजधानी: कोलकाता

भाषा: बांग्ला

प. बंगाल के उत्तर में सिक्किम तथा भूटान, पूर्व में मेघालय, असम तथा बांग्लादेश, दक्षिण में बंगाल की खाड़ी तथा पश्चिम में ओडिशा बिहार एवं झारखण्ड स्थित हैं।

जिले: 1. अलीपुरद्वार, 2. बांकुरा, 3. पश्चिमी वर्धमान, 4. पूर्वी वर्धमान, 5. बीरभूम, 6. कूच-बिहार, 7. दार्जिलिंग, 8. उ. दिनाजपुर, 9. द. दिनाजपुर, 10. हुगली, 11. हावड़ा, 12. जलपाई गुड़ी, 13. झालाग्राम, 14. कोलकाता, 15. कालिमपोंग, 16. माल्दा, 17. प. मिदनापुर, 18. पूर्वी मिदनापुर, 19. मुर्शिदाबाद, 20. नदिया, 21. उत्तरी-24 परगना, 22. द. 24 परगना, 23. पुरुलिया।

कृषि: प. बंगाल की 75 प्रतिशत जनसंख्या खेती पर निर्भर है। मुख्य फसलों में चावल, जूट, चाय, तिलहन, दलहन सम्मिलित हैं।

खनिज: खनिज पदार्थों में कोयला, डोलोमाइट, मैग्नेसाइट, चूना-पत्थर, स्लेट आदि मुख्य हैं।

उद्योग: सूती वस्त्र, तेलशोध कारखाने, लौह-इस्पात, रसायन पदार्थ, चित्तरंजन लोकोमोटिव्स, मशीनें, बिजली का सामान तथा कुटीर उद्योग मुख्य हैं।

पर्यटन केन्द्र: आसनसोल, चित्तरंजन, दार्जिलिंग, दुर्गापुर, दीघा, हावड़ा, मुर्शीदाबाद, शान्ती-निकेतन तथा हल्दिया पर्यटकों के लिये विशेष आर्कषण रखते हैं।

दार्जिलिंग के लिये सिलीगुड़ी से रेल द्वारा यात्रा की जा सकती है।

संघशासित क्षेत्र (Union Territories)

1. अण्डमान एवं निकोबार द्वीप समूह (Andaman & Nicobar Islands)

क्षेत्रफल: 8,249 वर्ग किलोमीटर

जनसंख्या: 3,80,581 (2011)

भाषायें: बांग्ला, हिन्दी, निकोबारी तथा गुर्जान

जिले: 1. द. अंडमान, 2. निकोबार, 3. उ.म. अंडमान

बंगाल की खाड़ी में स्थित अण्डमान तथा निकोबार चारों ओर जल से घिरे हुये हैं।

अण्डमान एवं निकोबार द्वीप समूह की उत्पत्ति ज्वालामुखी उद्‌गार के द्वारा हुई है। इनकी संख्या 200 है। किसी भी द्वीप का क्षेत्रफल 32 किलोमीटर है। इनका सुदूरतम दक्षिणी बिन्दु इन्दिरा प्वाइंट था, जो 26 दिसम्बर, 2004 की सुनामी में सदा के लिए समुद्र में डूब गया।

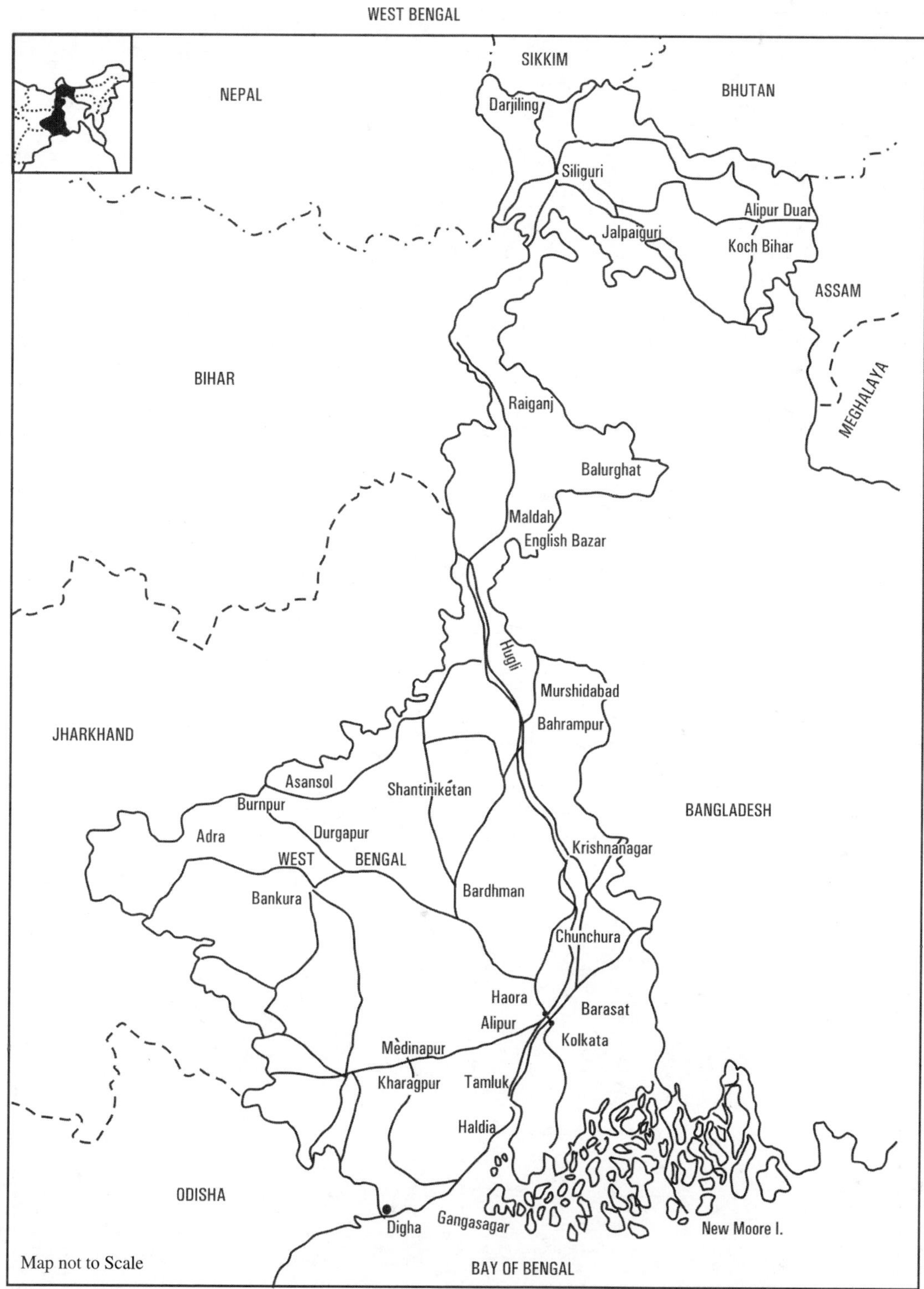

Fig. 13.30 West Bengal

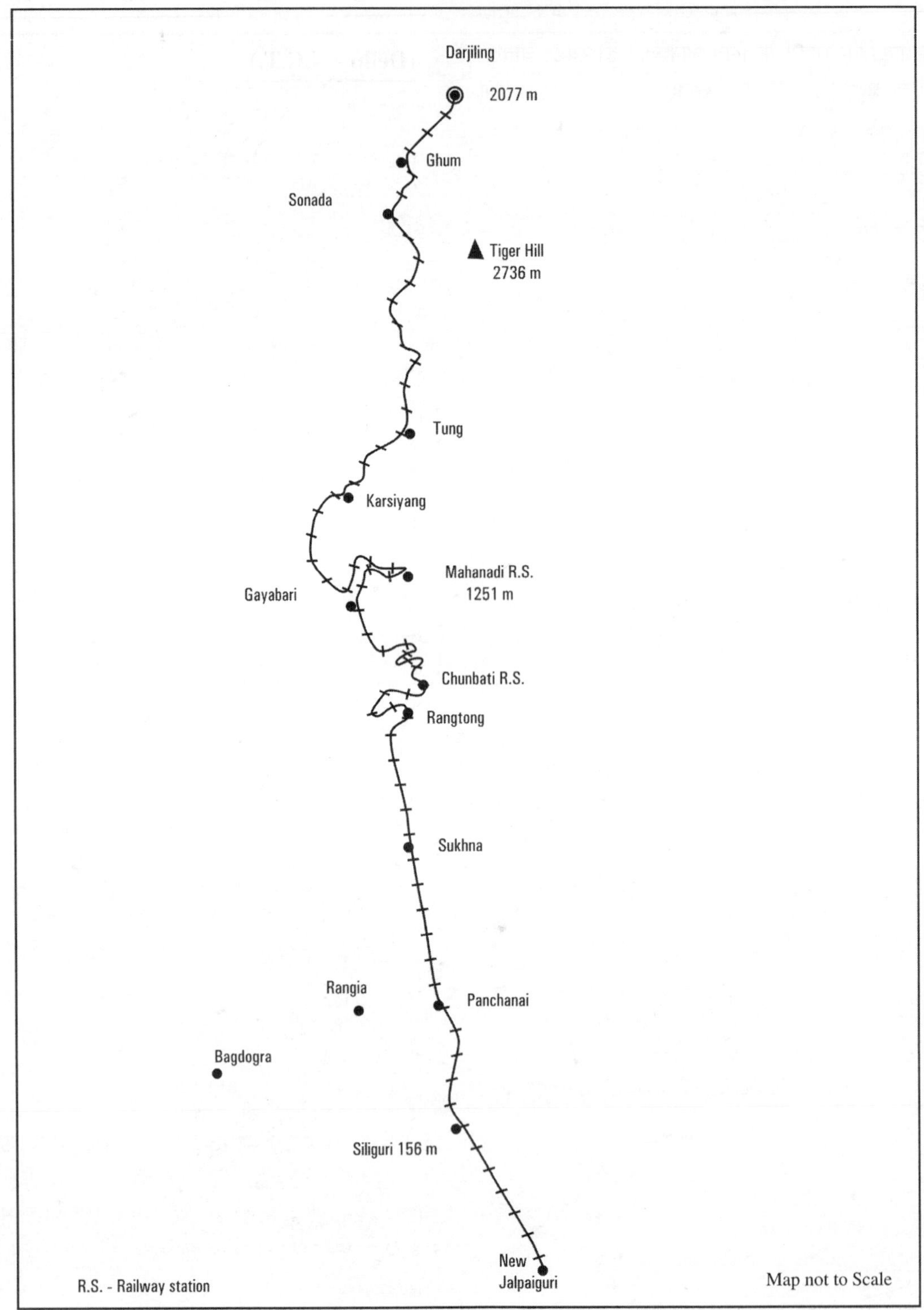

Fig. 13.31 Darjeeling Himalayan Railway.

घनी वनस्पति से ढके अण्डमान-निकोबार द्वीप समूह अपने प्राकृतिक सौंदर्य के लिये जाने जाते हैं। रबड़, चावल, नारियल, कॉफी, चाय, सिनकोना, अनन्नास, फल तथा सब्जियाँ मुख्य फसलें हैं। इन द्वीपों के देखने के लिये प्रतिवर्ष देश-विदेश से पर्यटक बड़ी संख्या में आते हैं।

2. चण्डीगढ़ (Chandigarh)

क्षेत्रफल: 114 वर्ग किलोमीटर
जनसंख्या: 10,55,450 (2011)
भाषायें: पंजाबी तथा हिन्दी
जिला: चण्डीगढ़

चण्डीगढ़ एक संघीय क्षेत्र है। इसकी स्थापना नवम्बर 1966 में की गई थी। यह एक नियोजित नगर है। इस नगर का ख़ाका फ्रांस के आर्किटेक्ट ले. कोरबोज़ियर ने तैयार किया था। चण्डीगढ़ नगर हरियाणा एवं पंजाब की राजधानी है। इस नगर में लगभग 3000 छोटे, बड़े कारखाने हैं।

चण्डीगढ़ का रॉक गार्डन, रोज़गार्डन, डियर पार्क, सुखना झील तथा आर्ट-गैलरी आकर्षण के केन्द्र हैं।

3. दादरा और नगर हवेली (Dadra and Nagar Haveli) एवं दमन और दीव (Daman Div)

क्षेत्रफल: 603 वर्ग किलोमीटर
जनसंख्या: 5,86,956 (2011)
राजधानी: दमन
भाषायें: गुजराती तथा हिन्दी
जिले: 1. दादर और नगर हवेली, 2. दमन, 3. दियू

गुजरात के दक्षिणी भाग तक स्थित दादरा-नगर हवेली और दमन दीव एक संघशासित क्षेत्र है।

यहां के लोगों का मुख्य कारोबार खेती-बाड़ी है। यहाँ की अनुसूचित जनजातियाँ जंगलों से कन्द-मूल, फल-फूल भी एकत्रित करती हैं।

4. दिल्ली - राष्ट्रीय राजधानी क्षेत्र (Delhi - N.C.T.)

क्षेत्रफल: 1483 वर्ग किलोमीटर
जनसंख्या: 1,67,87,941 (2011)
राजधानी: दिल्ली
भाषायें: हिन्दी, उर्दू, पंजाबी तथा अंग्रेजी

दिल्ली के पूर्व में उत्तर प्रदेश स्थित है जबकि शेष तीन तरफ से हरियाणा से घिरा हुआ है।

जिले: 1. द.पू. दिल्ली, 2. मध्य दिल्ली, 3. उत्तर दिल्ली, 4. दक्षिण दिल्ली, 5. उ.पू. दिल्ली, 6. प. दिल्ली, 7. शहादरा, 8. पूर्वी दिल्ली, 9. नई दिल्ली।

कृषि: दिल्ली के ग्रामीण क्षेत्रों में गेहूँ, सरसों, मक्का, बाजरा, दलहन तथा सब्जियों की खेती की जाती है।

दिल्ली के मुख्य उद्योगों में रासायनिक पदार्थ, छोटी मशीनें, बिजली का सामान, डाल्डा, कुटीर उद्योग सम्मलित हैं।

पर्यटक स्थल: कुतुब मीनार, हुमायूँ का मक़बरा, लाल किला, जामा मस्जिद, जन्तर-मन्तर, इण्डिया गेट, राजघाट, बिड़ला मन्दिर, लोटस टेम्पल आदि यहां के मुख्य पर्यटन स्थल हैं।

5. लक्षद्वीप (Lakshadweep)

क्षेत्रफल: 32 वर्ग किलोमीटर
जनसंख्या: 64,473 (2011)
राजधानी: कवारत्ती
भाषा: मलयालम
जिला: लक्षद्वीप

लक्षद्वीप प्रवाल भित्तियों के रूप में हैं, जिनकी संख्या 36 है। लक्षद्वीप केरल के तट से लगभग 280 किलोमीटर से लेकर 480 किलोमीटर की दूरी पर है। इन कम उपजाऊ द्वीपों पर नारियल के बागीचे हैं।

मछली पकड़ना तथा पर्यटकों को सेवा प्रदान करना यहां के लोगों का मुख्य कारोबार है। पर्यटक स्थलों में अगारत्ती, बानग्राम, कालपेनी, कदमत तथा मिनिकॉय मुख्य हैं। इस्लाम धर्म को मानने वाली यहां की जनसंख्या को अनुसूचित जनजाति की सूची में स्थान मिला हुआ है।

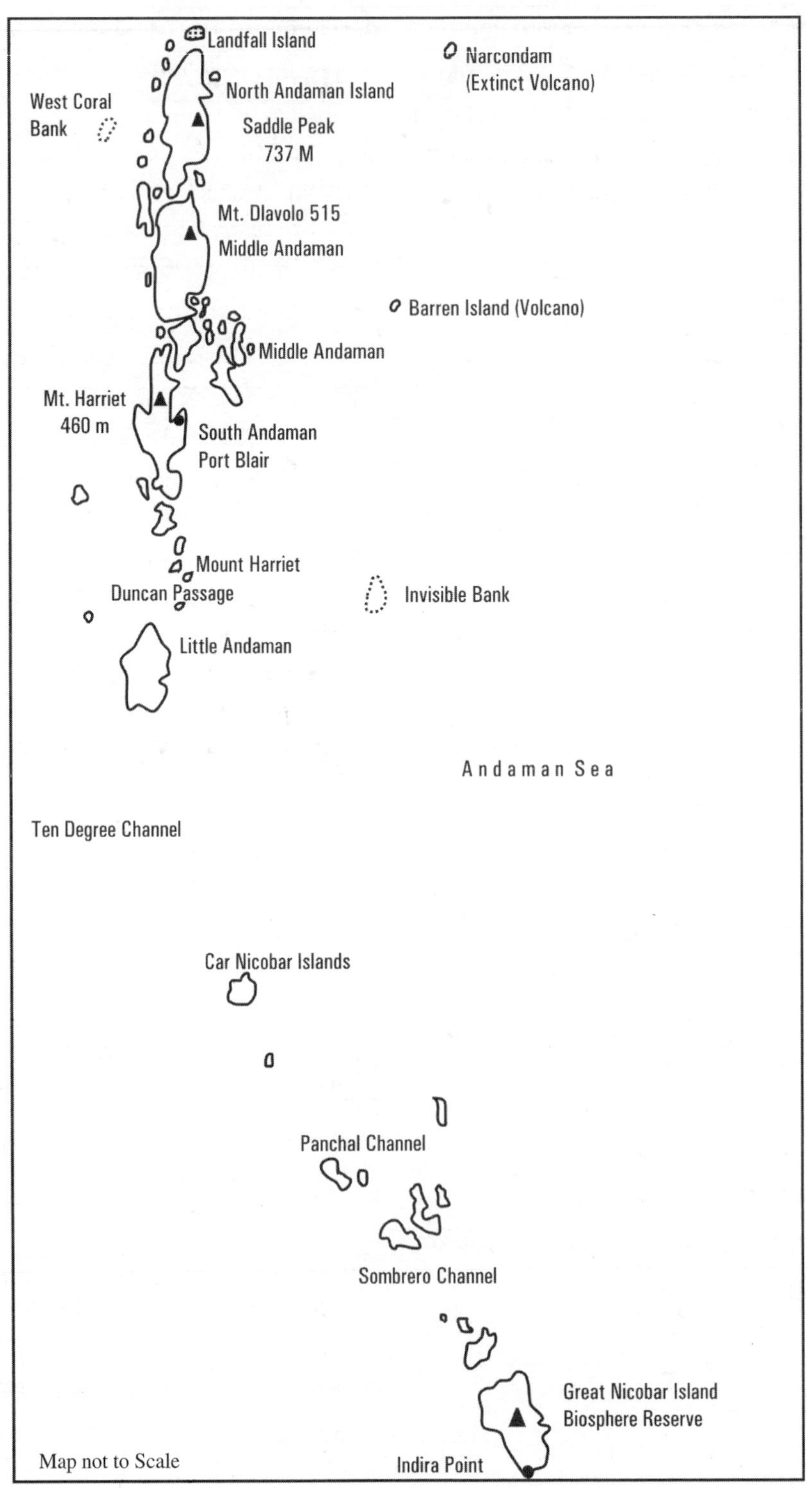

Fig. 13.32 Andaman and Nicobar Islands

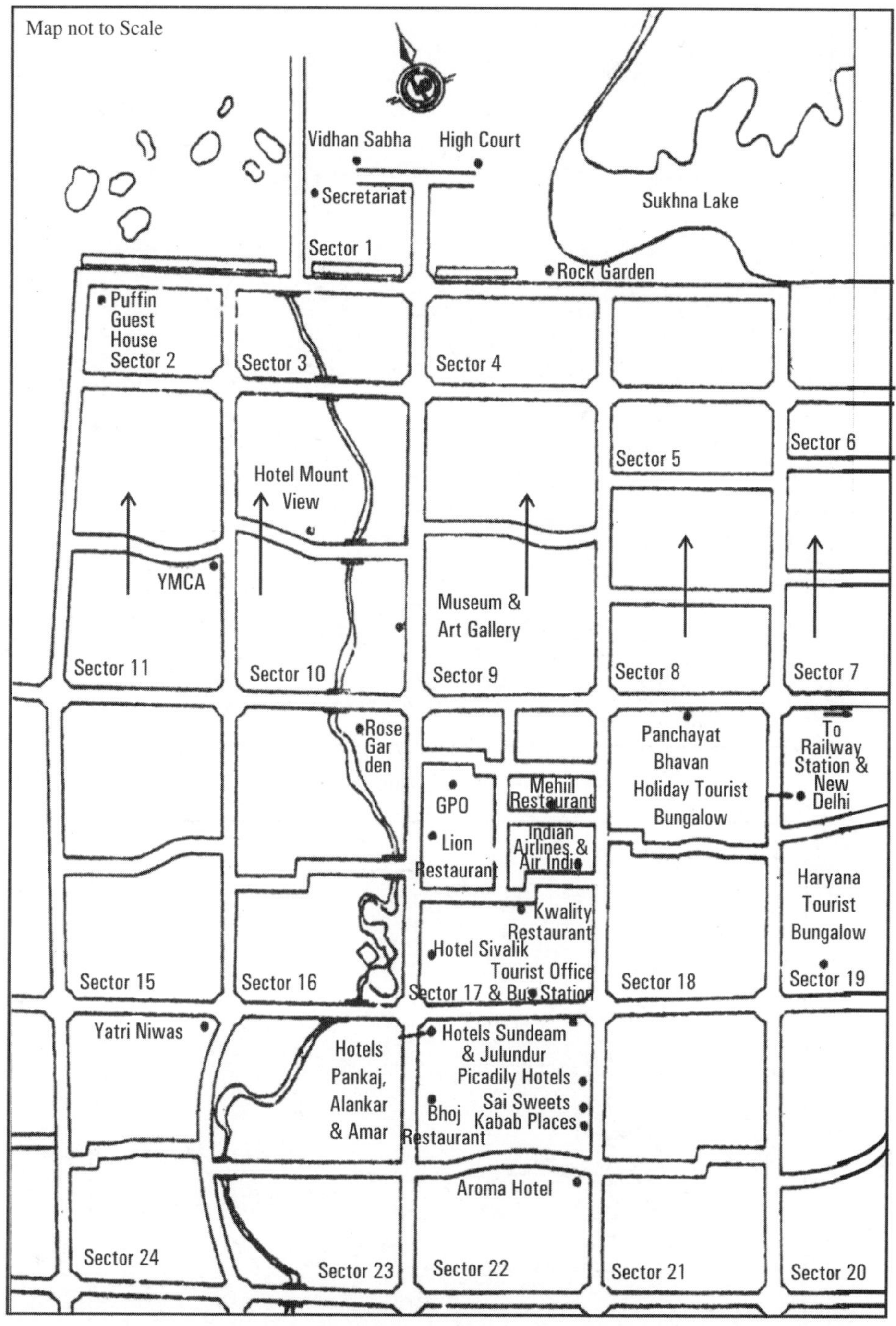

Fig. 13.33 Chandigarh

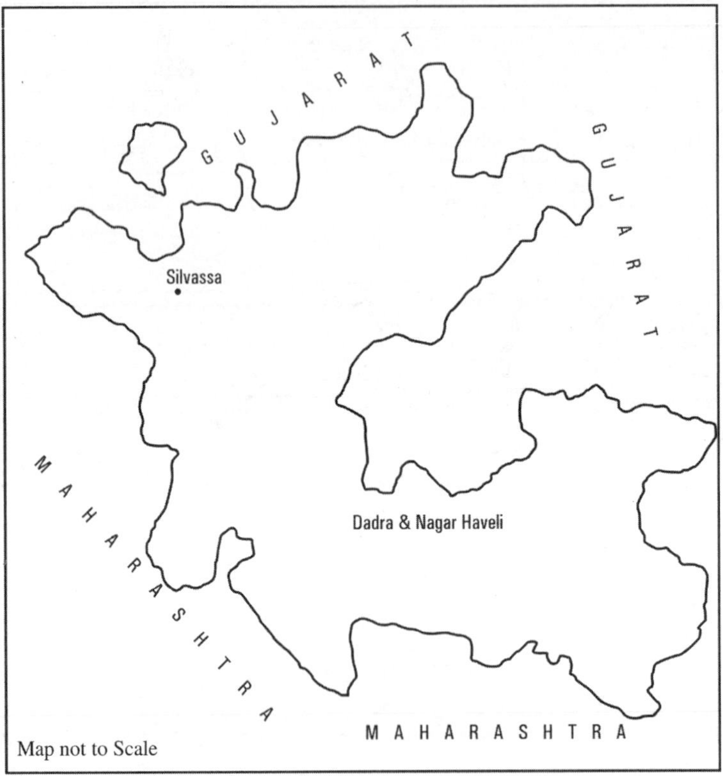

Fig. 13.34 Dadra & Nagar Haveli

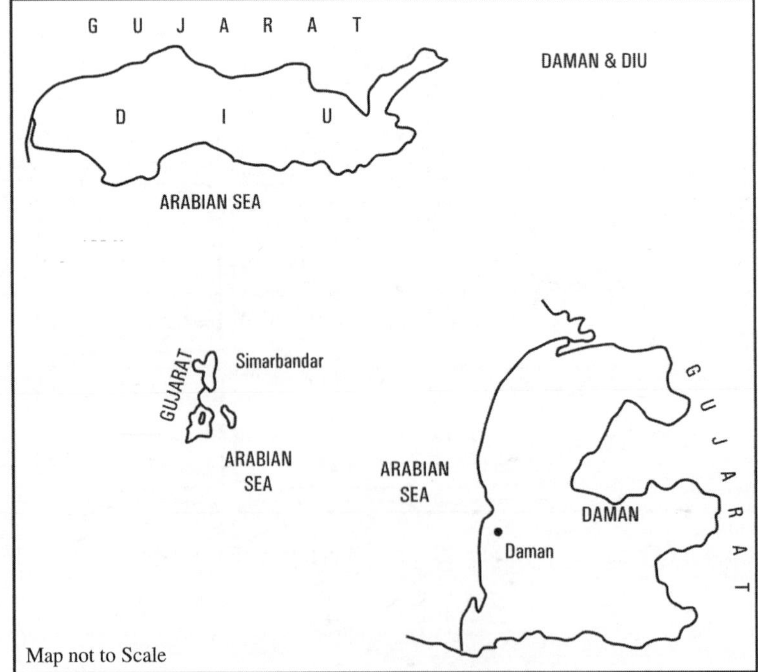

Fig. 13.35 Daman & Diu

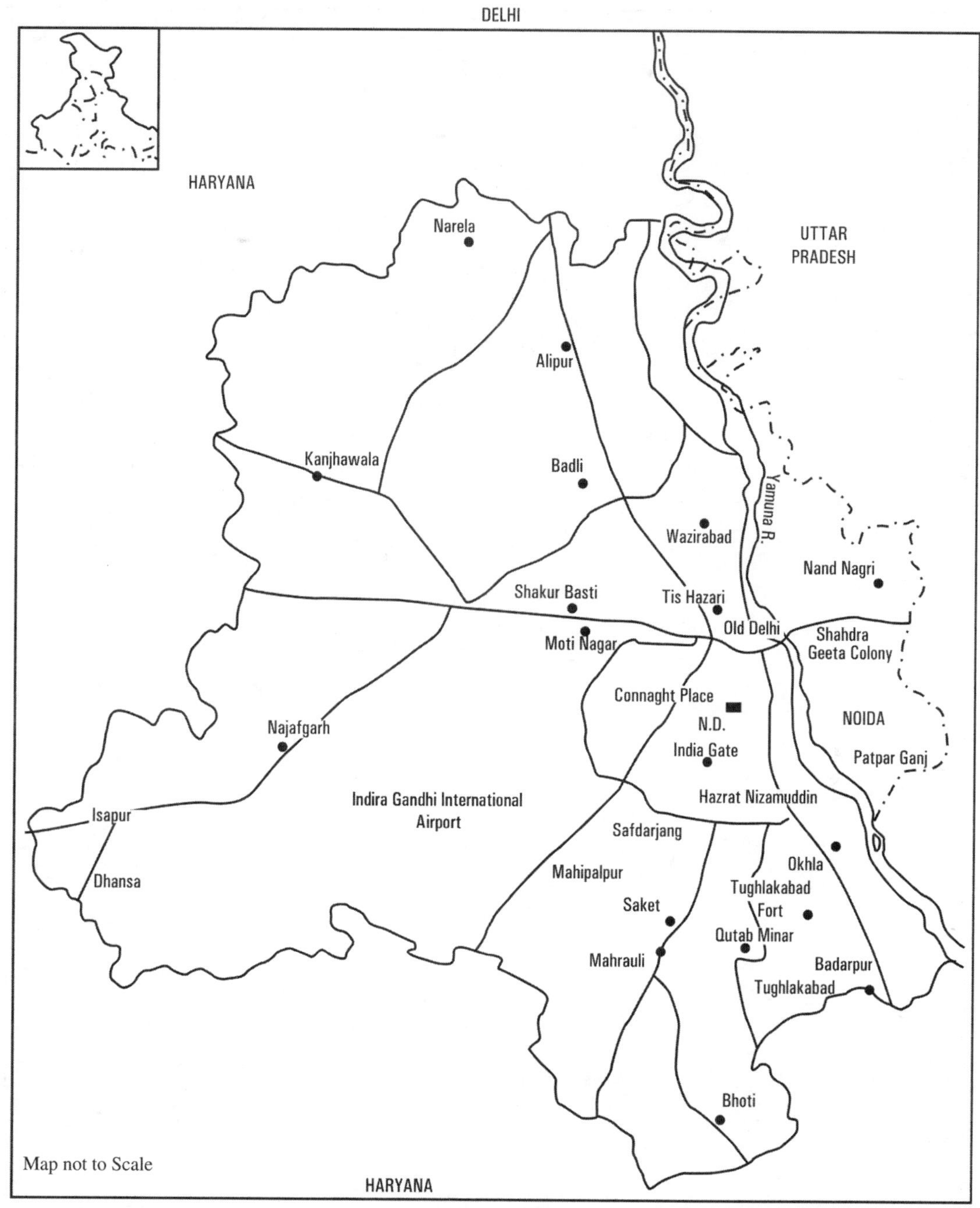

Fig. 13.36 Delhi

6. पुद्चेरी (Puducherry)

क्षेत्रफल: 479 वर्ग किलोमीटर

जनसंख्या: 12,47,953 (2011)

राजधानी: करायकल

भाषायें: तमिल, तेलुगू, मलयालम तथा फ्रैंच

जिले: 1. पाँडीचेरी, 2. करिकल, 3. माहे, 4. यमन

पुद्चेरी 138 वर्षों तक फ्रांस के अधीन रहा। 1 नवम्बर, 1954 को इसको भारत में फिर से मिलाया गया। छोटे-छोटे क्षेत्रों

Fig. 13.37 Lakshadweep

में बिखरा हुआ पुद्चेरी तमिलनाडु और केरल में स्थित है।

कृषिः इस संघशासित प्रदेश की 90 प्रतिशत जनसंख्या कृषि तथा मछली पकड़ने के काम में लगी हुई है।

मुख्य फसलों में चावल, रागी, दलहन, गन्ना, तिलहन तथा कपास हैं। सूती वस्त्र, चीनी, कागज, रासायनिक पदार्थ तथा औषधियां मुख्य उद्योग हैं।

7. जम्मू और कश्मीर (Jammu & Kashmir)

क्षेत्रफलः 2,22,236 वर्ग किलोमीटर (इसमें 78,114 वर्ग किलोमीटर क्षेत्रफल पाकिस्तान के क़ब्जे में 5180 वर्ग किलोमीटर चीन के अधिकार में हैं।

जनसंख्याः 12,541,302 (2011) (इसमें वह जनसंख्या सम्मिलित नहीं जो पाकिस्तान तथा चीन अधिकृत भाग में हैं)

जम्मू कश्मीर के उत्तर में अफ़गानिस्तान, तथा चीन पूर्व में तिब्बत, हिमाचल प्रदेश तथा पंजाब दक्षिण में फैले हुये हैं।

जिलेः 1. अनन्तनाग, 2. बांदीपोर, 3. बारामूला, 4. डोडा, 5. जम्मू, 6. करगिल (लद्दाख), 7. कठुआ, 8. कुपवाड़ा, 9. लेह (लद्दाख), 10. पुलवामा, 11. पुंछ, 12. राजौरी, 13. श्रीनगर, 14. ऊधमपुर।

जम्मू-कश्मीर की मुख्य नदियों में सिंधु, शियोक, नूबरा, सुरू, झेलम, चिनाब तथा तवी मुख्य हैं। चिनाब नदी पर दुलहस्ती, बगलिहार तथा सलाल मुख्य पन-बिजली परियोजनाएं हैं। डल, वूलर, पांगोग तथा मोरारी यहां की बड़ी झीलें हैं।

कृषिः जम्मू-कश्मीर की 80 प्रतिशत जनसंख्या कृषि पर निर्भर है। चीड़, देवदार, सफ़ेदा, स्प्रूस, विलो (Willow), इत्यादि मुख्य लकड़ियाँ वनों से प्राप्त की जाती हैं।

उद्योगः कश्मीर के शॉल, कालीन, नमदे, पेपर-माशी, अख़रोट की लकड़ी एवं सामान, क्रिकेट के बल्ले आदि मुख्य औद्योगिक उत्पादन हैं।

पर्यटन केन्द्रः कश्मीर-घाटी अपने प्राकृतिक सौंदर्य के लिये विश्व प्रसिद्ध है। पर्यटन स्थलों में सोनमर्ग, गुलमर्ग, पहलगाम, यूसमर्ग, वेरीनाग, अच्छाबल, अमरनाथ, वैष्णो देवी विश्व-प्रसिद्ध हैं। हज़ारों पर्यटक प्राकृतिक सौंदर्य देखने के लिये कश्मीर, लद्दाख तथा जम्मू के विभिन्न भागों में आते हैं। पर्वत में यात्रा करने के लिये भी राज्य में पर्याप्त सुविधायें उपलब्ध हैं।

8. लद्दाख (Ladakh)

क्षेत्रफलः 59146 वर्ग किलोमीटर

जनसंख्याः 290492

राजधानीः लेह

भाषाएँः लदाखी

जिलेः लेह, कारगिल

लद्दाख 21 अक्टूबर 2019 को संघशासित क्षेत्र बना। इस तारीख से पहले लद्दाख जम्मू और कश्मीर का भाग था। इसकी राजधानी लेह, कारगिल है। लद्दाख में दो जिले हैं। 2011 की जनगणना के अनुसार लेह और कारगिल की जनसंख्या क्रमशः 133,487 और 140,802 है जिसके 2020 तक 152,175 और 160,514 बढ़ जाने की आशा है। (*Source:* www.census2021.co.in)

इस क्षेत्र की अर्थव्यवस्था पर्यटन पर आधारित है। हंनिश, अलसीलामायुल शी और थिकरो लद्दाख के लोकप्रिय मठ हैं। नुब्रा डिवीजन में 18350 फीट की ऊँचाई पर वैंगोंनझी (आधी चीन में) और दुनिया की सबसे ऊँची मोटर चलने योग्य सड़क खार दोंगल्प मुख्य आकर्षण हैं। वैंगोंन झील, चांगला दर्रा के पार लेह से 150 किमी की दूरी पर 14100 फीट की ऊँचाई पर स्थित है। यह देश की सबसे बड़ी प्राकृतिक खारे पानी की झीलों में से एक है। त्सोमेरिरी झील 15000 फील की ऊँचाई पर स्थित है। यह मोती के आकार की है और इस में बड़े खनिज जमा है।

कुछ और क्षेत्र जैसे-खाल्तसे, नुब्रा और न्योमाजो हिमालय शृंखलाओं के मनोरम दृश्य प्रस्तुत करते हैं, सरकार द्वारा निश्चित क्षेत्रों में जाने के लिए प्रतिबंधित हैं वैश्विक पर्यटकों के लिए खोल दिए गए है। वे मानव शास्त्रीय और नृजातिक वर्णन महत्व के है। ड्रोगवास क्षेत्रों में धाबियामा, दारचिग्स, गारकोन, बटालिक गाँव डार्ड्स के वंशजों से आबाद हैं, जिन्हें सिंधुघाटी में आर्यों की अंतिम जाति माना जाता है।

नुब्रा डिवीजन समुद्रतल से 10,000 फीट की ऊँचाई पर स्थित है। इसको 'लंदुभ्रा' या बागानों/फूलों की घाटी से भी जाना जाता है। हुंडर के रेत के टीलों से डिसकिट और समस्टनलिंग, गोनपा, पनायिक गर्म झरना, दो कूबड़ ऊँट वाली की सफारी, नदी राफ्टिंक, ट्रेकिंग और धूप सेंकना पर्यटकों के लिए विशेष आकर्षण के केन्द्र हैं।

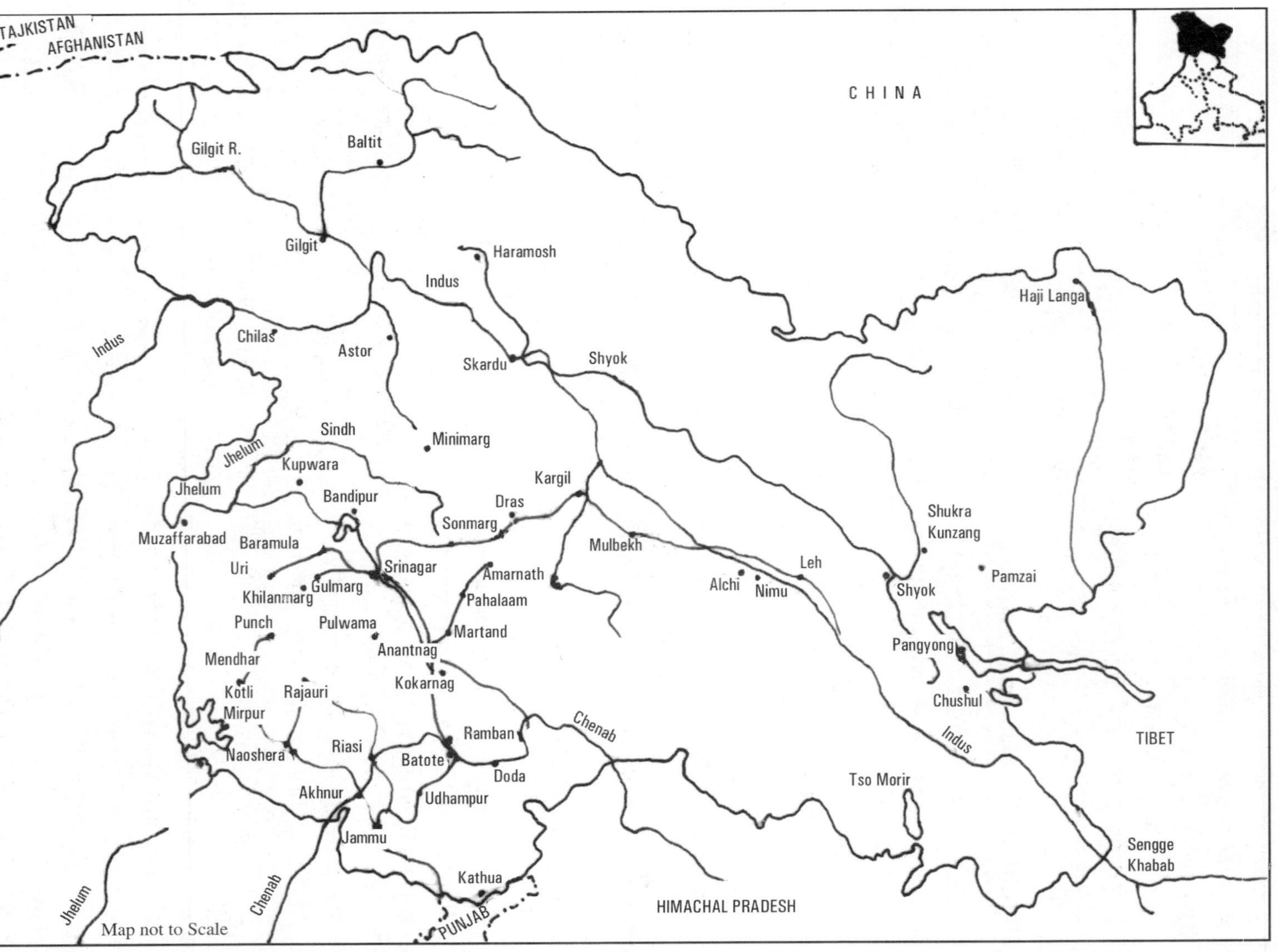

Fig. 13.38 Jammu & Kashmir (before Article 370)

Figure 13.39 Jammu & Kashmir, Ladakh (after article 370)

संदर्भ (References)

- Ahmad, A. 1999, *Social Geography,* Jaipur, Rawat Publications.
- Chatterjee, S.P., 1973, *India, in World Atlas of Agriculture,* Novara.
- Chatterejee, S.P., 1986, *Economic Geography of Asia, Allied* Book Agency, Kolkata.
- Deshpande, C.D, 1992, *India–A Regional Interpretation,* New Delhi, Indian Council of Social Science Research.
- Govt. of India, *India 2010,* Govt. of India Publication Division.
- Hasnain, N., 1991, *Tribal India,* Delhi, Palaka Prakashan.
- Husain, M., 2010, *Geography of India,* 2nd ed. New Delhi, Tata McGraw-Hills Publishing Company Ltd.
- Husain, M., 2005, *Human Geography,* Jaipur, Rawat Publications.
- Husain, M., 2010, *Understanding Geographical Map Entries,* 2nd ed. New Delhi, Tata McGraw Hills.
- Kaushal, B.S., *New Rashtriya School Atlas,* Delhi, Indian Book Depot (Map House)
- Majumdar, D.N., 1944, *Races and Cultures of India,* Lucknow, Universal Publishers.
- Majumdar, D.N., 1967, An *Introduction to Social Anthropology,* Mumbai, Asia Publishing House.
- Nag, P. et al., 1991, *Geography of India,* New Delhi, Concept Publishing Company.
- NATMO, *Forest Atlas of India,* 1976, Calcutta.
- *Oxford Student Atlas,* Oxford University Press.
- Ramesh, A., 1984, *Resource Geography,* (edt), New Delhi, Heritage Publications.
- Shafi, M., *Agricultural Geography,* New Delhi, Dorling Kindersley (India) Pvt. Ltd.
- Singh, R.L., 1971, *India: A Regional Geography,* (ed), NGSI Publication, New Delhi.
- Singh, S., 1991, *Environmental Geography,* Allahabad, Prayag Pustak Bhawan.
- Spate, O.H.K., 1967, *India and Pakistan: A General and Regional Geography,* London, Methuen & Co.
- Tiwari, R.C., 2006, *Geography of India,* Allahabad, Prayag Pustak Bhawan.
- Wadia, D.N, 1994, *Geology of India,* Fourth Edition, New Delhi, Tata McGraw-Hills.